一、小岛风光演示项目

开始场景界面

桥中场景

河边界面

沙滩场景

岩石美景

追逐海鸥

二、太空射击游戏项目

开始场景界面

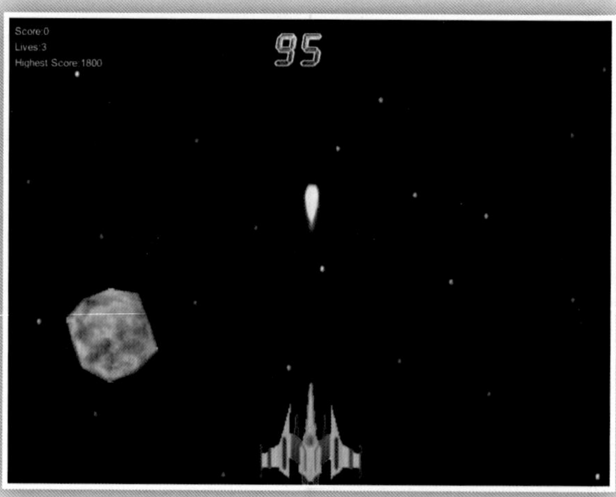

游戏场景界面

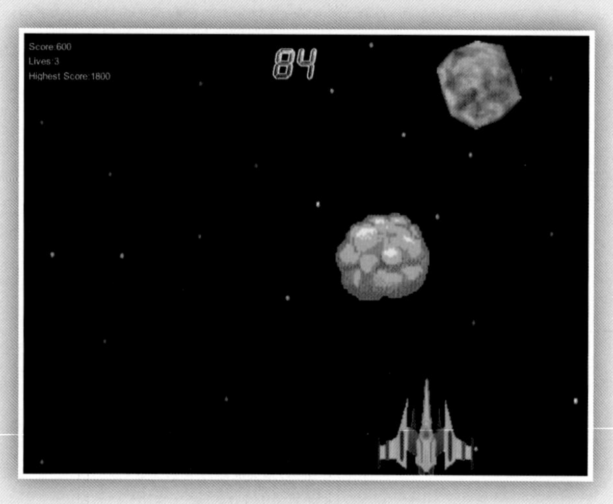

炮弹击中陨石场景界面

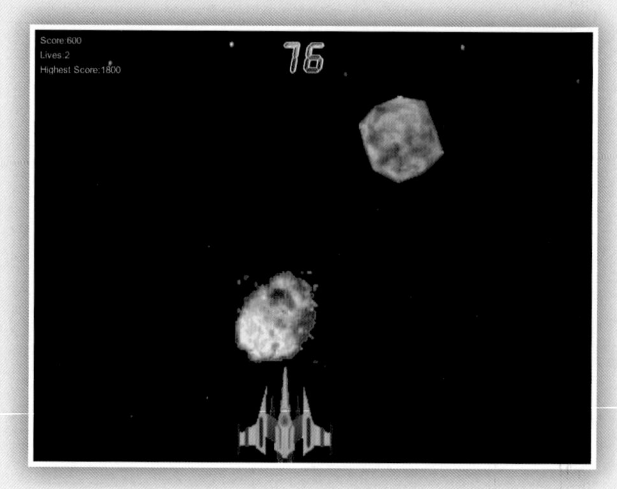

陨石砸中飞机场景界面

赢家场景界面

输家场景界面

三、坦克克星游戏项目

开始场景界面

坦克发射炮弹

炮弹击中飞机爆炸效果

飞机发射炸弹

炸弹击中地面爆炸效果

炸弹击中坦克爆炸效果

四、平台游戏项目

开始场景界面

第一关卡赢家界面

第二关卡人物向右奔跑

第二关卡输家界面

第三关卡人物向左跳跃

第三关卡人物向上跳跃

五、合金弹头游戏项目

开始场景界面

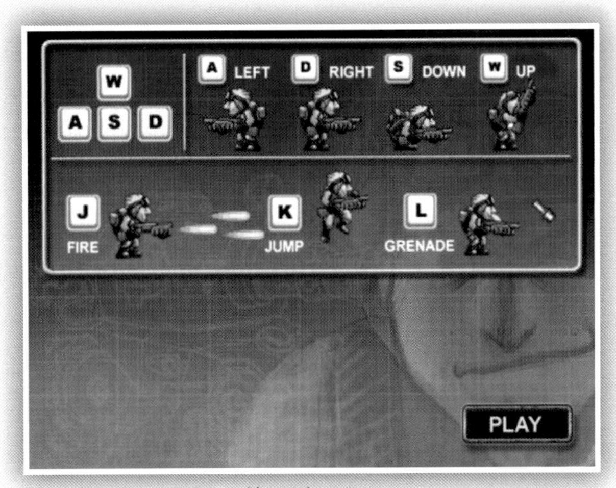

使用说明界面

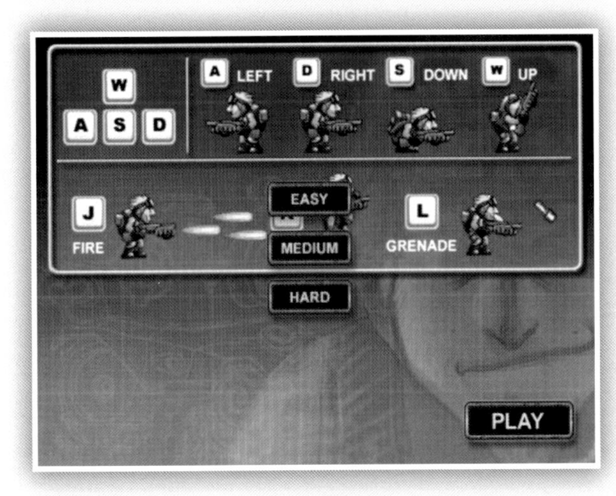

选择难度界面

选择玩家角色界面

关卡开始界面

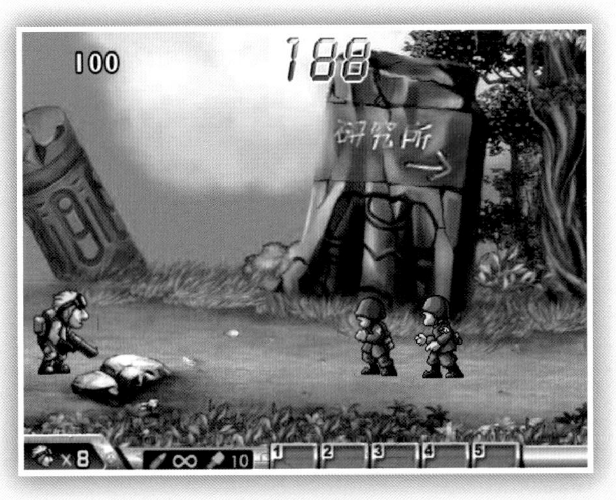

玩家射击界面

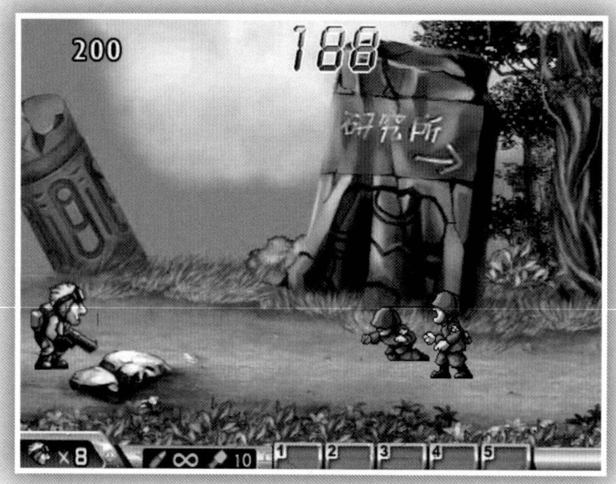

敌人被击中界面

玩家投手榴弹爆炸

敌人投手榴弹爆炸

玩家解救人质

人质动画一

人质动画二

玩家射击扛火箭筒敌人

玩家射击木桶爆炸

飞机发射炸弹爆炸

飞机爆炸

坦克发射炮弹

坦克爆炸

六、大炮射击飞碟3D游戏项目

开始场景界面

炮塔旋转、炮管提升

瞄准飞碟发射炮弹

击中飞碟发生爆炸

发射炮弹

击中飞碟发生爆炸

七、塔桥防御游戏项目

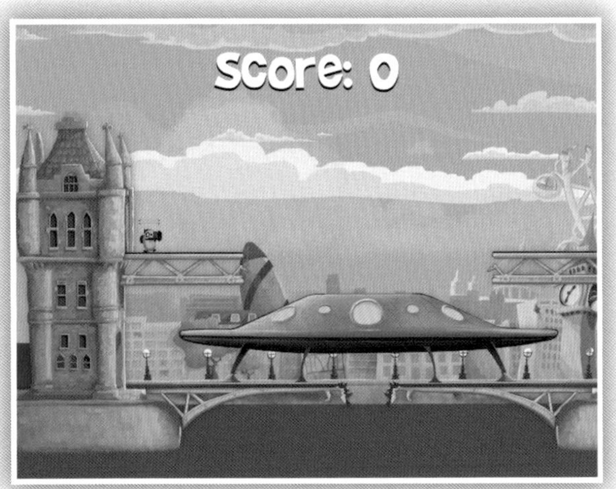

开始场景界面

人物可以跳跃

从天空降落敌人、地雷等

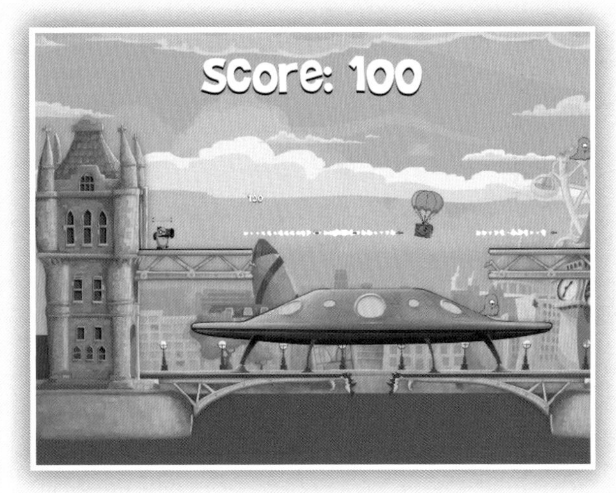

击中地雷之前

击中地雷发生爆炸

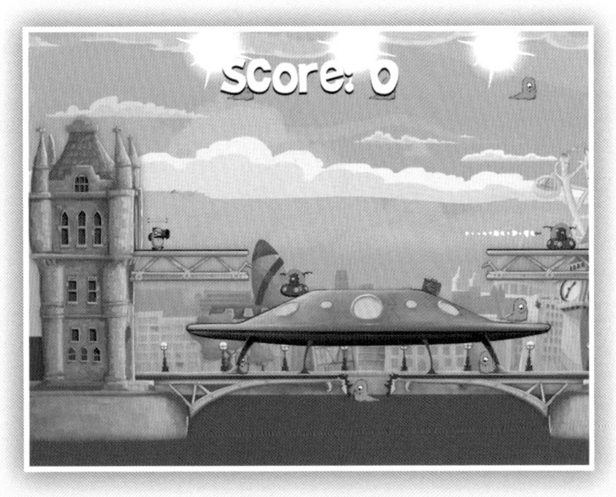

击中敌人飞船之前

飞船击中一次被去掉遮罩

人物可以设置拾取地雷

地雷爆炸

人物被敌人伤害

人物可以拾取医药包

出租车、公共汽车、白天鹅

Unity 4.3 游戏开发项目实战

（C#、JavaScript 版本）

龚老师 编著

内 容 提 要

本书以七个游戏项目为载体，在“做中学，学中做”，深入浅出地介绍最新 Unity 4.3 游戏项目开发的全过程。通过小岛风光项目，熟悉 Unity 4.3 开发工具的安装、使用；通过太空射击游戏项目，掌握游戏开发的基本方法；通过循序渐进的坦克克星游戏项目、平台游戏项目，进一步熟悉相关游戏开发技能；通过较为复杂的合金弹头游戏项目，全面掌握 Unity 开发 2D 游戏的基本方法和技能。在大炮射击飞碟 3D 游戏项目中，介绍 3D 游戏开发的基本概念；最后利用 Unity 4.3 内置的 2D 开发工具，实现塔桥防御游戏项目，其中讲解了最新的粒子系统和最新的动画系统。

本书适用于 Unity 初学者使用，附光盘一张，包括游戏所有的项目资源，还赠送 36 小时的龚老师 Unity3D 游戏项目开发中文视频讲座 9 套。

图书在版编目（CIP）数据

Unity 4.3游戏开发项目实战 : C#、JavaScript版本/
龚老师编著. -- 北京 : 中国水利水电出版社, 2014.2（2015.8 重印）
ISBN 978-7-5170-1493-5

Ⅰ. ①U… Ⅱ. ①龚… Ⅲ. ①游戏程序－程序设计
Ⅳ. ①TP311.5

中国版本图书馆CIP数据核字(2013)第288332号

策划编辑：杨庆川　　责任编辑：陈　洁　　封面设计：梁　燕

书　名	Unity 4.3 游戏开发项目实战（C#、JavaScript 版本）
作　者	龚老师　编著
出版发行	中国水利水电出版社 （北京市海淀区玉渊潭南路 1 号 D 座　100038） 网址：www.waterpub.com.cn E-mail：mchannel@263.net（万水） sales@waterpub.com.cn 电话：（010）68367658（发行部）、82562819（万水）
经　售	北京科水图书销售中心（零售） 电话：（010）88383994、63202643、68545874 全国各地新华书店和相关出版物销售网点
排　版	北京万水电子信息有限公司
印　刷	三河市铭浩彩色印装有限公司
规　格	184mm×240mm　16 开本　48 印张　1160 千字　5 彩插
版　次	2014 年 2 月第 1 版　2015 年 8 月第 2 次印刷
印　数	3001—4500 册
定　价	118.00 元（赠 1DVD）

凡购买我社图书，如有缺页、倒页、脱页的，本社发行部负责调换

I

前言

2005年6月6日，Unity 1.0正式发布，Unity作为Mac系统上的游戏开发引擎，在其后的时间内不断快速更新，2007年10月发布Unity 2.0版本。最值得庆贺的是在2009年3月18日，同时发布了在Mac系统和Windows系统上的Unity 2.5版本，开始提供跨平台的游戏开发引擎。

Unity 3.0版本于2010年3月发布，在该版本中，统一了iPhone和Windows的游戏开发，提供了一致的游戏场景编辑器；而Unity 3.3版本则于2011年3月发布，从该版本开始，全面支持Android开发，实现了三种主要平台的游戏开发。

2012年2月发布的Unity 3.5版本，引入了新的粒子系统；2012年11月发布的Unity 4.0版本，则引入了新的动画系统；2013年7月发布的Unity 4.2版本，支持Windows Phone 8开发；2013年11月发布的最新Unity 4.3版本，则支持内置的2D开发工具。

本书分为三大部分，第一部分为基础篇，第二部分为实例篇，第三部分为Unity 4.3内置2D工具应用篇。

在第一部分的基础篇中，概述Unity 4.3，介绍Unity 4.3的下载、安装和使用，通过小岛风光游戏项目，熟悉Unity 4.3的开发界面，实现基本的游戏场景。

在第二部分的实例篇中，循序渐进地安排了五个游戏项目，这些游戏项目分别是太空射击游戏项目、坦克克星游戏项目、平台游戏项目、合金弹头游戏项目以及大炮射击飞碟3D游戏项目。

在太空射击游戏项目中，学习如何使用sprite预制件显示图片、如何实现游戏场景转换、什么是预制件Prefab对象，以及如何动态创建Prefab对象；讲解碰撞检测、2D动画、倒计时个性化数字以及本地存储实现最高计分，快速进入Unity3D游戏开发领域。

在坦克克星游戏项目中，进一步学习如何使用sprite预制件显示图片、如何实现游戏场景转换、动态创建Prefab对象；讲解碰撞检测、2D动画以及射线瞄准等，熟悉Unity3D游戏开发领域。

在平台游戏项目中，进一步学习如何使用sprite预制件显示图片、如何实现人物动画、各个游戏对象间的碰撞检测等，掌握Unity3D开发游戏的基本概念和基本技能。

在合金弹头游戏项目中，学习如何分析游戏功能，如何实现游戏界面设计、各种游戏对象的动画实现，以及士兵角色、碰撞检测的实现，如何设置摄像机、声音播放，从而实现一个较为复杂的综合游戏项目。

在大炮射击飞碟3D游戏项目中，学习如何创建地形、添加天空盒；如何使用父对象修改子对象的某些属性；使用局部坐标系、世界坐标系；讲解碰撞检测；多个摄像机的切换以及瞄准等，掌握基础的3D开发技能，开始进入Unity3D开发3D游戏开发领域。

在第三部分的Unity 4.3内置2D工具应用篇中，利用Unity 4.3内置的最新2D开发工具，实现一个较为复杂的塔桥防御游戏项目，其中介绍了最新动画系统的开发方法和最新的粒子系统实现步骤。

光盘使用说明

为了方便读者学习，本书附带了一张光盘，光盘中的文件夹结构与内容具体如下表所示。

这里需要说明的是，游戏项目资源中不包括源代码，学习者需要自己学习，对照书中的源代码录入、调试。

光盘内容	所在的文件夹
游戏项目 1．小岛风光 2．太空射击游戏项目 3．坦克克星游戏项目 4．平台游戏项目 5．合金弹头游戏项目 6．大炮射击飞碟3D游戏项目 7．塔桥防御游戏项目	\\1.游戏项目
游戏项目资源 1．小岛风光 2．太空射击游戏项目资源 3．坦克克星游戏项目资源 4．平台游戏项目资源 5．合金弹头游戏项目资源 6．大炮射击飞碟3D游戏项目资源 7．塔桥防御游戏项目资源	\\2.游戏项目资源
1．太空射击游戏项目实战系列17讲　5小时 2．Unity3D中的动画系统　1小时 3．投篮游戏项目实战系列9讲　4小时 4．Unity3D坦克克星游戏9讲　4小时 5．Unity3D Platform游戏7讲　4小时 6．Unity3D机器人之战视频讲座14讲　8小时 7．Unity3D中的GUI设计视频5讲　2小时 8．Unity3D切水果游戏9讲　5小时 9．Unity3D大炮射击飞碟游戏8讲　3小时	\\3.龚老师9套36小时Unity3D中文视频讲座
Unity Setup-4.3.0.exe	\\4.Unity 4.3开发工具

龚老师9套36小时Unity3D中文视频讲座的播放密码为：

2F0B59104CFDA0AB74F29ECE188F4959C100885642FDBE36A5DB3D8512A87E7548

联系我们

本书主要由龚老师编写，参加写作的人员还有龙敏、龚雅、刘恭作、刘连清、龚红佳、丁洁珍、丁汀、王银萍、周礼成、韩桃仙、鲍婧、王欢、林华、林海丹等，在此一并表示感谢。

在本书编写过程中，我们力求精益求精，但难免存在一些错误和不足之处，如果读者使用本书时遇到问题，可以发邮件联系我们（spencergong@yahoo.com）。

编者

2013年11月

II

目　录

第三部分 Unity 4.3 内置 2D 工具应用篇

2005年6月6日，Unity 1.0正式发布，Unity作为Mac系统上的游戏开发引擎，在其后的时间内不断快速更新，2009年3月18日，同时发布了在Mac系统和Windows系统上的Unity 2.5版本，开始为游戏开发者，提供跨平台的游戏开发引擎。Unity 3.3版本则于2011年3月发布，从该版本开始，全面支持Android开发，实现了三种主要平台的游戏开发。2013年7月发布的Unity 4.2版本，则支持Windows Phone 8开发；2013年11月12日发布的最新Unity 4.3版本，具有内置的2D开发工具。

本章首先介绍如何下载、安装和注册Unity 4.3；讲解Unity 4.3的用户界面，说明Unity 4.3的五个窗格和相关导航按钮；最后说明如何使用Unity 4.3进行简单的场景设计。

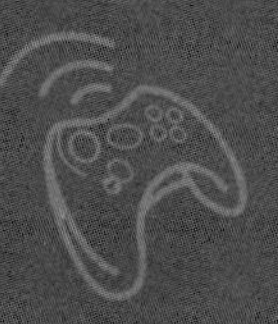

第一部分　基础篇

01 CHAPTER ONE 第一章 Unity 4.3 概述

>> 本章要点

- Unity 4.3 下载、安装和注册
- Unity 4.3 界面介绍
- Unity 4.3 场景设计

1.1 Unity 4.3 下载、安装和注册

首先介绍如何下载最新的 Unity 4.3 版本，如何安装 Unity 4.3，最后再通过免费注册 Unity 4.3 的方式，就可以开始使用 Unity 4.3 开发游戏项目。

1.1.1 Unity 4.3 下载

要下载最新的 Unity 4.3 版本，请访问如下地址：

http://unity3d.com/unity/download

此时浏览器打开如图 1-1 所示的界面。

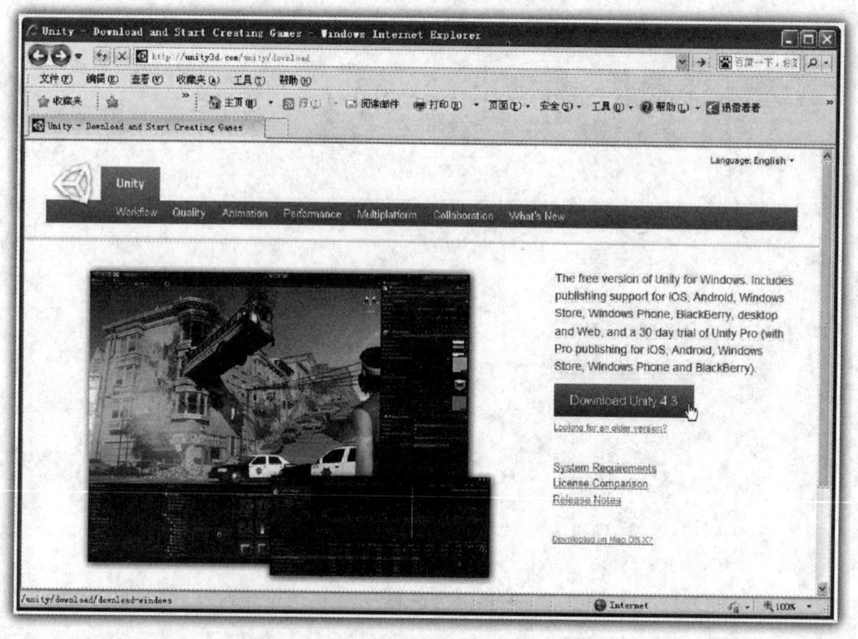

图 1-1　Unity 4.3 下载界面

在图 1-1 中，单击“Download Unity 4.3”蓝色按钮，即可开始下载 Unity 4.3，并出现如图 1-2 所示的感谢下载界面。

Unity 4.3 下载的是一个单独文件——UnitySetup-4.3.0.exe 可执行文件，文件大小为大约为 1G。

为方便大家使用最新的 Unity 4.3 版本，在本书的配套光盘“Unity 4.3 开发工具”目录中，存放了下载的 Unity 4.3 版本——UnitySetup-4.3.0.exe。

1.1.2 Unity 4.3 安装

双击 Unity 4.3 版本——UnitySetup-4.3.0.exe 可执行程序，就会开始加载 Unity 4.3，打开如图 1-3 所示的加载界面。

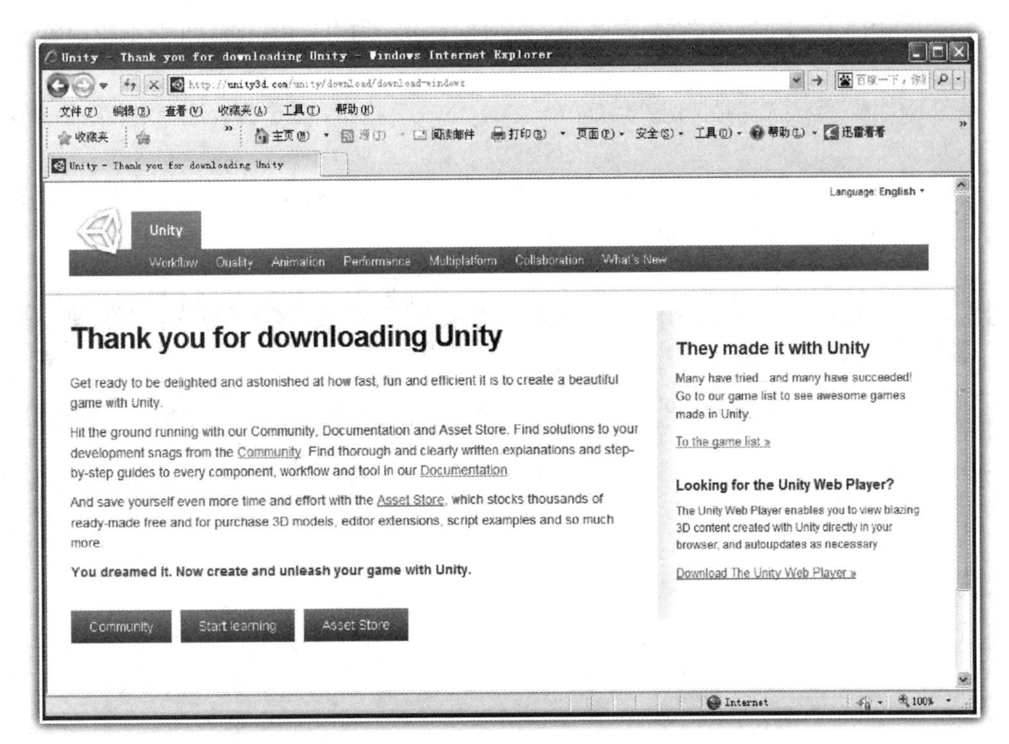

图 1-2　Unity 4.3 感谢下载界面

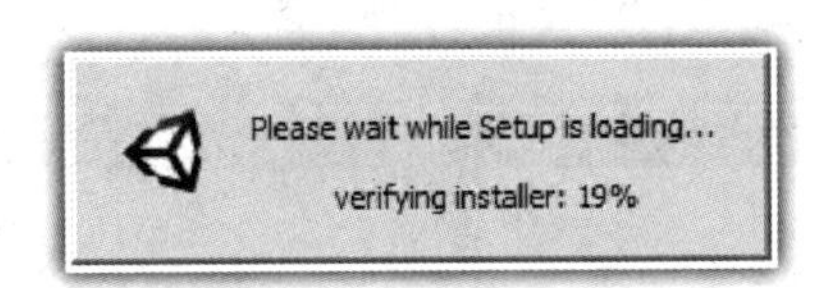

图 1-3　Unity 4.3 加载界面

当 Unity 4.3 完成加载之后，会打开一个欢迎安装的界面，如图 1-4 所示。

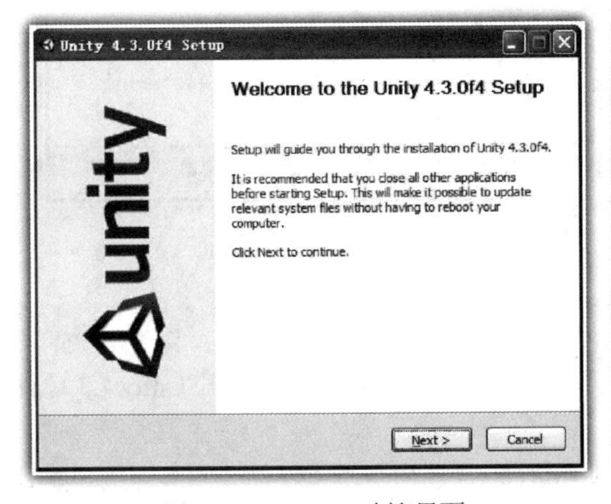

图 1-4　Unity 4.3 欢迎界面

图 1-5　Unity 4.3 用户协议

在图 1-4 中，单击下方的“Next”按钮，此时就会进入到用户协议对话框界面中，如图 1-5 所示。

在图 1-6 中，默认选择相关组件，单击下方的“Next”按钮，就会打开选择安装路径界面，如图 1-7 所示。

在图 1-7 中，单击“Install”按钮，打开 Unity 4.3 的安装进程界面，如图 1-8 所示，需要说明的是，这一安装过程需要较长时间。

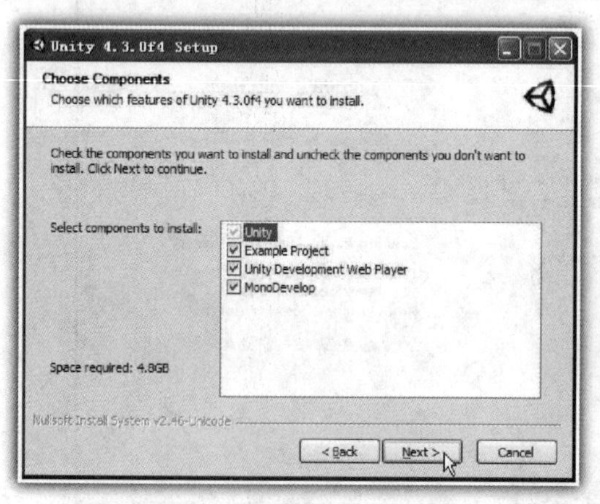

图 1-6　选择组件界面

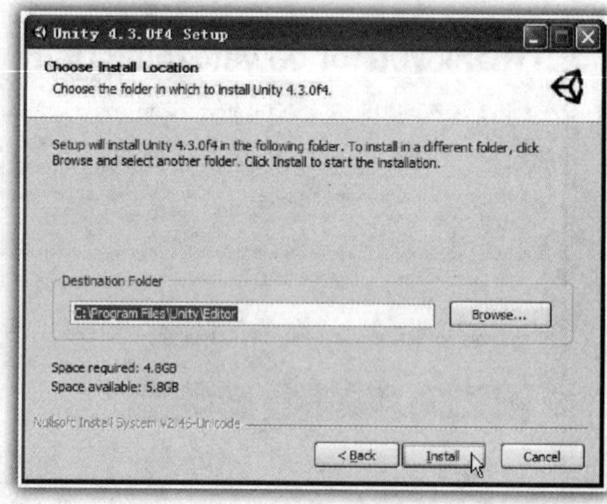

图 1-7　选择安装路径

安装完成之后，打开如图 1-9 所示的安装完成界面。

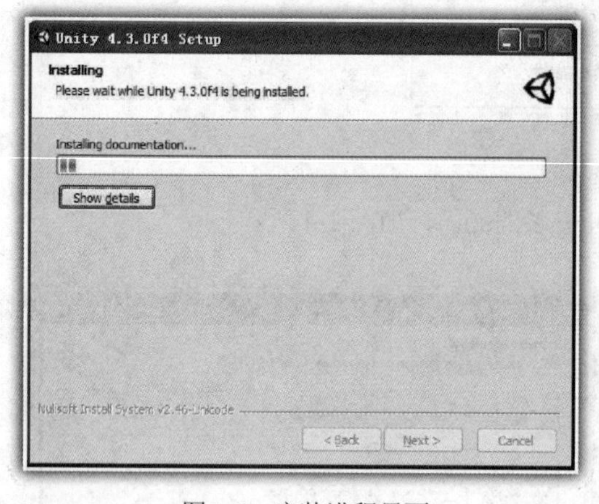

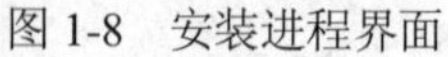
图 1-8　安装进程界面

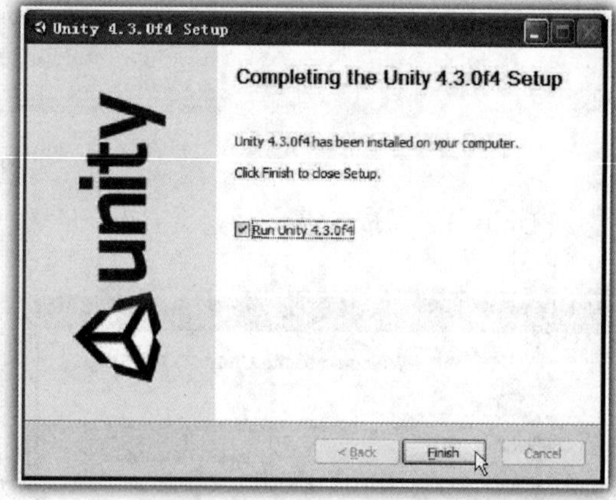

图 1-9　安装完成界面

1.1.3　Unity 4.3 注册

在图 1-9 中，勾选“Run Unity 4.3.0f4”，然后单击“Finish”按钮，就会打开 Unity 4.3 运行的启动界面，如图 1-10 所示。

在启动界面出现之后，Unity 4.3 将会连接到 Unity 的注册服务器上（需要网络连接功能），打开激活许可证界面，如图 1-11 所示。

图 1-10　Unity 4.3 启动界面

在图 1-11 中，勾选“Activate the free version of Unity”，单击“OK”按钮，打开如图 1-12 所示的使用免费版本界面。

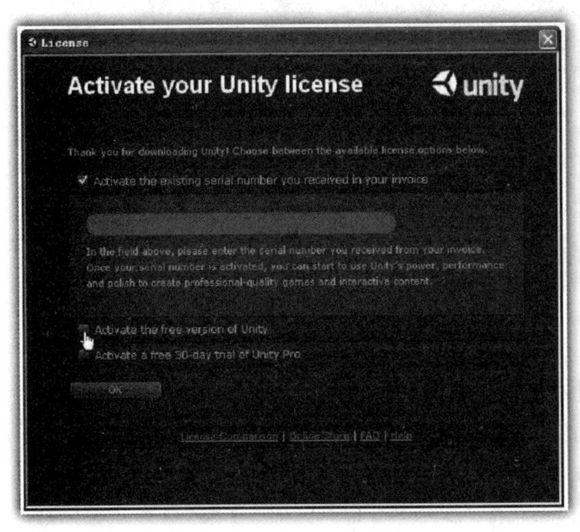

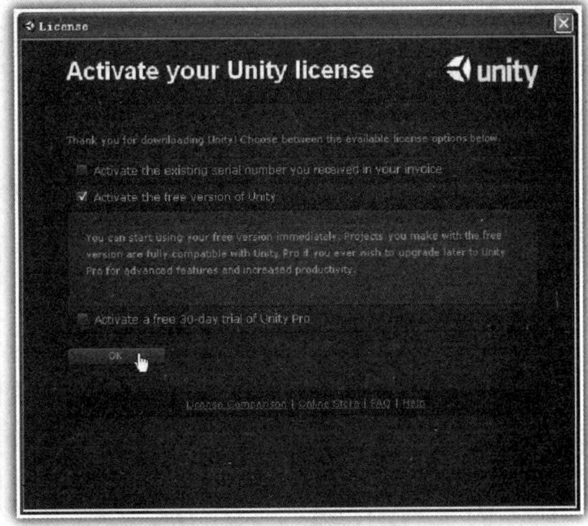

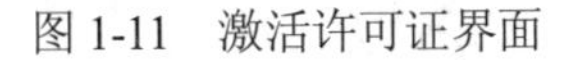

图 1-11　激活许可证界面　　图 1-12　使用免费版本

在图 1-12 中，单击“OK”按钮，打开如图 1-13 所示的用户登录界面，由于是第一次使用 Unity，因此需要创建注册用户信息，单击“Create Account”按钮，出现如图 1-14 所示的注册用户信息界面。

在图 1-14 中，输入相关用户注册信息，即可创建一个新的注册用户；然后输入注册用户名称和用户密码，就可以登录 Unity 官方服务器，如图 1-15 所示。

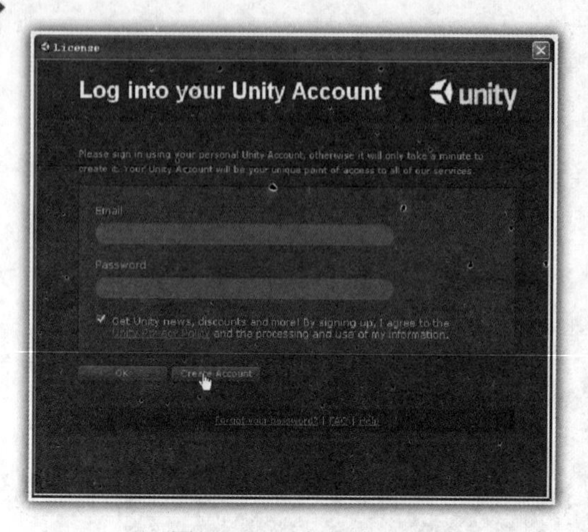

图 1-13　用户登录界面

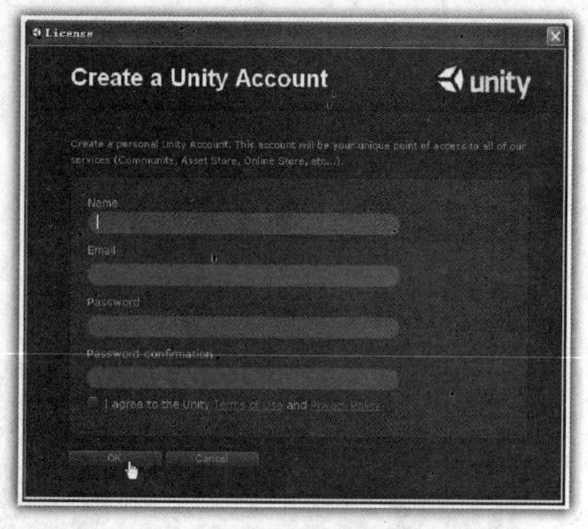

图 1-14　注册用户信息界面

一旦注册用户成功地登录到 Unity 官方服务器，就会打开如图 1-16 所示的成功登录界面。

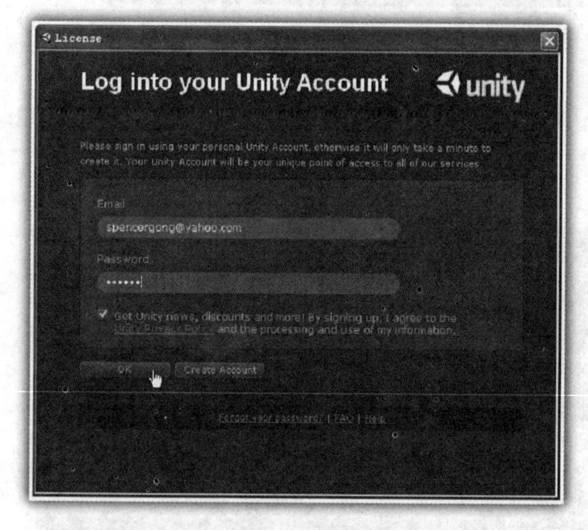

图 1-15　用户登录

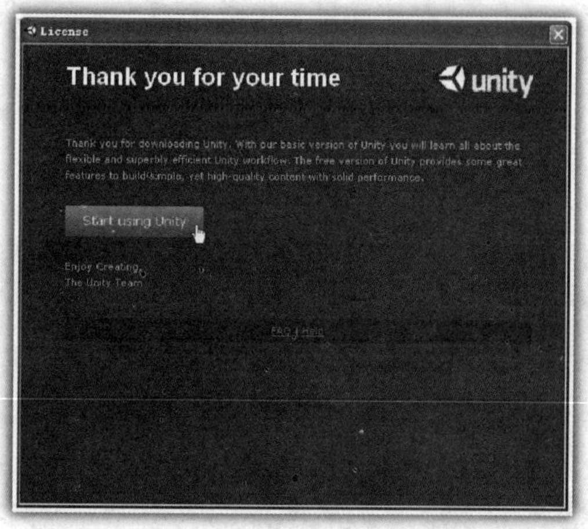

图 1-16　登录成功界面

在图 1-16 中，单击“Start using Unity”按钮，就可以开始使用 Unity 4.3 版本了。

1.2 Unity 4.3 界面介绍

首先介绍如何运行 Unity 4.3，然后介绍 Unity 4.3 的五个窗格，最后说明 Unity 4.3 的四个重要导航按钮。

1.2.1　Unity 4.3 运行

下面介绍如何打开小岛风光演示项目，运行小岛风光演示项目，设置游戏窗口的分辨率，如何实现游戏打包、输出。

1. 打开小岛风光演示项目

首先找到光盘中的游戏项目资源——1.小岛风光——IslandDemo，将整个文件夹IslandDemo拷贝到系统的C盘根目录，如图1-17所示。

然后启动Unity3D软件，此时就会打开一个项目对话框，如图1-18所示。

图1-17　IslandDemo项目文件

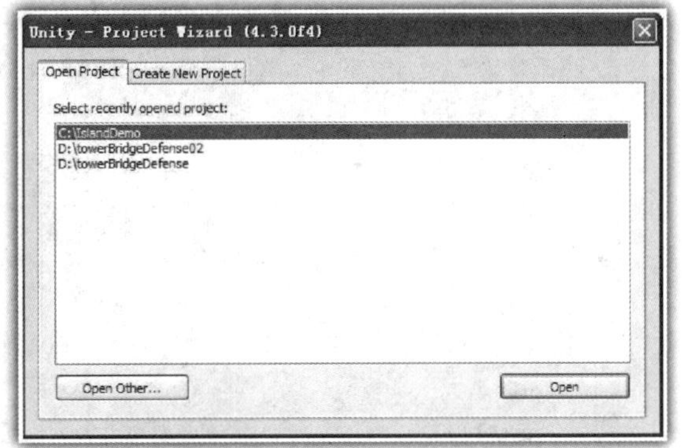

图1-18　打开项目对话框

在图1-18中，选择C盘根目录下的IslandDemo项目，单击“Open”按钮，Unity 4.3就会打开小岛风光项目，如图1-19所示。

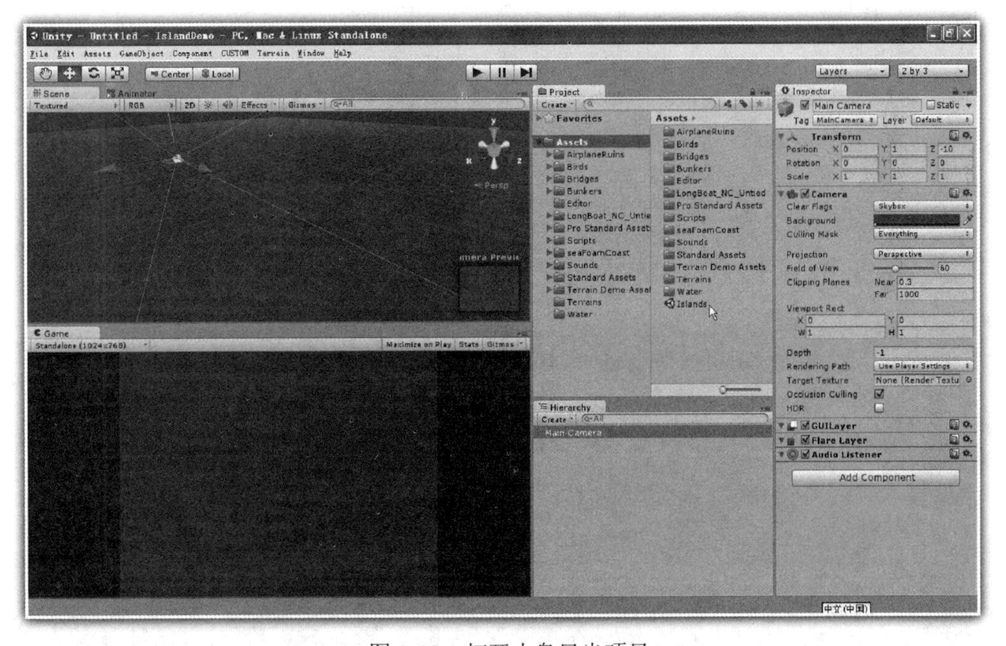

图1-19　打开小岛风光项目

在图1-19中，双击带有Unity图标的Islands游戏场景，就可以进入Islands游戏场景，如

图 1-20 所示。

图 1-20　小岛风光项目

在图 1-20 中，单击工具栏中部的“运行”按钮，就可以在 Unity 4.3 中运行游戏，在界面左边下半部分的“Game”窗格，显示游戏的界面。通过左、右方向键可以控制人物的左、右行走，通过上下方向键，则控制人物的前进或者后退，而通过鼠标则控制人物的朝向，如图 1-21 所示。

图 1-21　运行小岛风光项目

2. 设置游戏窗口分辨率

为方便游戏场景的设计和输出，这里设置游戏的输出界面为固定大小，将游戏窗口的分辨率设置为 800×600。

在图 1-22 中，单击“Build Setting”命令，打开如图 1-23 所示的构建设置对话框，选择平台“Platform”下拉框中的“PC,Mac & Linux...”，单击下方按钮“Player Settings”，在检视器中出现如图 1-24 所示的界面。

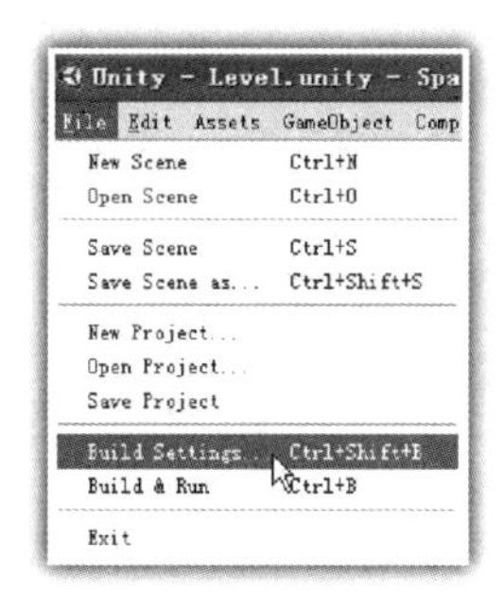

图 1-22　构建设置

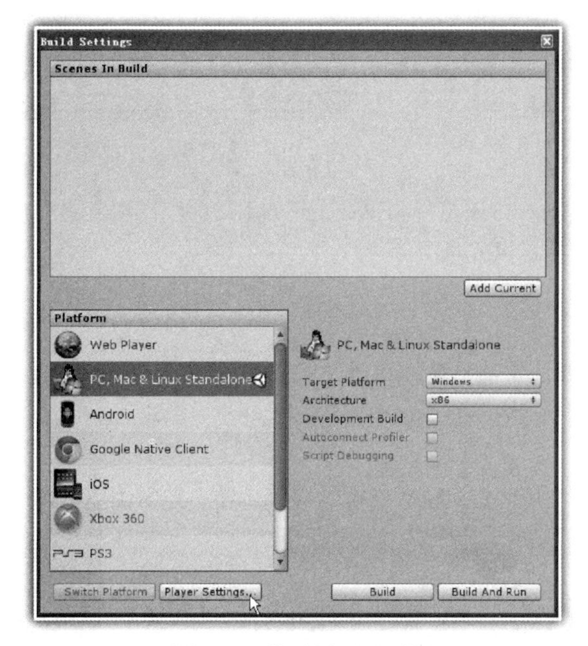

图 1-23　构建设置对话框

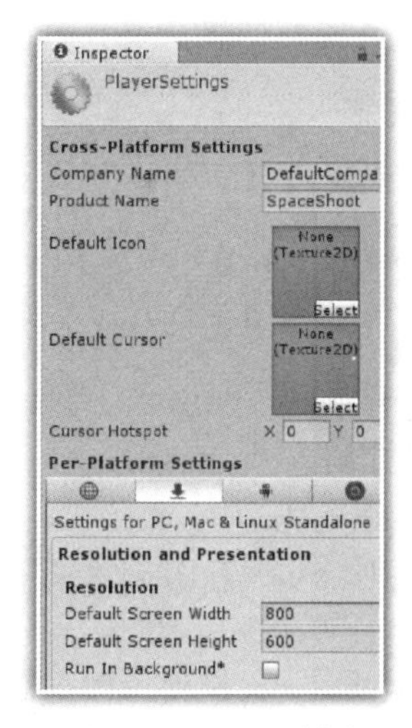

图 1-24　设置分辨率

在图 1-24 中，选择排在第二个的 PC 分辨率窗格，设置游戏界面的输出大小为分辨率 800×600，然后关闭如图 1-24 所示的对话框。

3. 游戏输出

当完成游戏设计之后，就可以打包输出游戏了。

单击菜单“File”→“Build & Run”命令，打开如图 1-23 所示的构建设置对话框，在左边的“Platform”对话框中，选择“PC,Mac & Linux...”，表示输出的游戏是 PC 机器下的 exe 文件，单击“Build”按钮，打开如图 1-25 所示的设置输出文件对话框，在其中输入文件名称为：IslandDemo，单击“保存”按钮，即可开始游戏打包输出的过程。

游戏输出完成之后，包括一个文件和一个文件夹，分别是 IslandDemo.exe 文件和 IslandDemo_Data 文件夹，单击 IslandDemo.exe 文件，就可以运行小岛风光项目。

在如图 1-23 所示的构建设置对话框，在左边的“Platform”对话框中，选择“Web Player”，表示输出的游戏是 Web 文件，打开如图 1-26 所示的设置输出文件夹对话框，在其中输入文件名称为：Web，单击“确定”按钮，最后单击“Build”按钮，即可开始游戏打包输出为 Web 页面的过程。

图 1-25　设置游戏输出文件

图 1-26　设置游戏输出 Web 文件

游戏输出完成之后，包括一个网页 Web.html 文件和 Web.unity3d 文件，在浏览器中打开网页 Web.html 文件，就可以在网页中运行小岛风光项目。

1.2.2　Unity 4.3 的五个窗格

在 Unity 4.3 中，包括五个主要窗格，分别是游戏场景（Scene）窗格、游戏（Game）窗格、游戏项目（Project）窗格、游戏层次（Hierarchy）窗格和检视器（Inspector）窗格，以下分别介绍。

在 Unity 4.3 中，单击工具栏右边的布局“Layout”下拉对话框，在出现的快捷菜单中选择“2 by 3”命令，如图 1-27 所示。

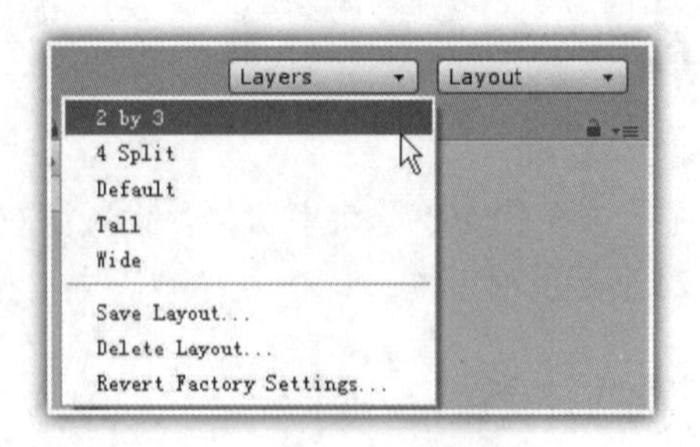

图 1-27　选择“2 by 3”命令

Unity 4.3 会出现如图 1-28 所示的界面布局。

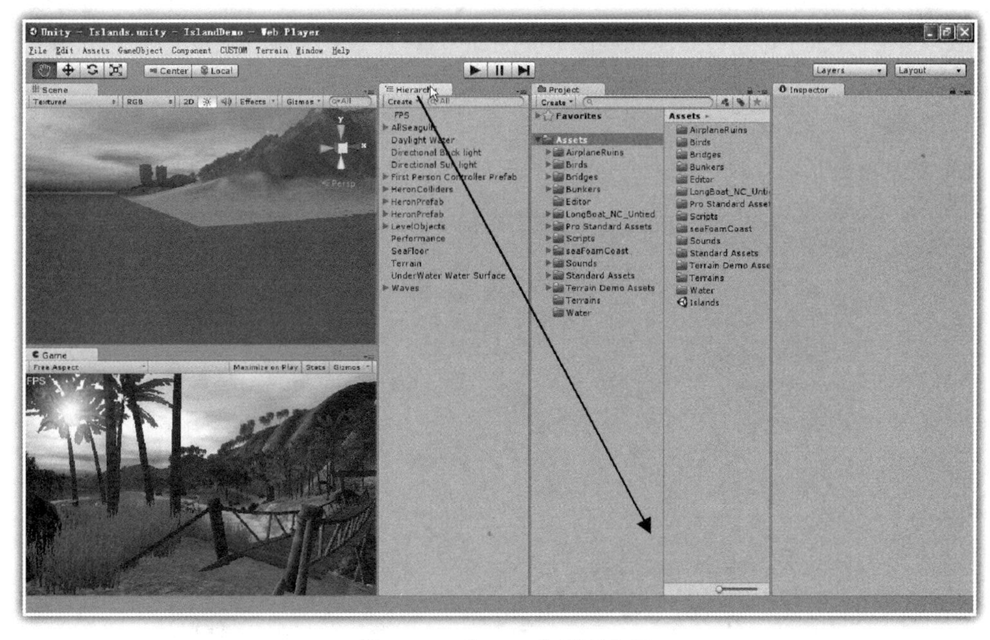

图 1-28 “2 by 3”界面布局

在图 1-28 中，移动鼠标到游戏层次项目（Hierarchy）窗格上，然后拖放该窗格到游戏项目（Project）窗格的下方，出现如图 1-29 所示的界面布局。

图 1-29 设置界面布局

在本书中都统一使用图 1-29 所示的界面布局。在图 1-29 中，包括五个窗格，左边上半部分是游戏场景（Scene）窗格；左边下半部分是游戏（Game）窗格；中间上半部分是游戏项目（Project）窗格；中间下半部分是游戏层次（Hierarchy）窗格；最右边部分则是检视器（Inspector）窗格。

1. 游戏场景（Scene）窗格

游戏场景窗格是设计游戏场景的主要窗格，如图 1-30 所示。

图 1-30　游戏场景（Scene）窗格

在游戏场景窗格中，可以通过后面介绍的导航按钮，移动、旋转或者放大整个游戏场景；还可以针对某一个游戏对象，移动、旋转或者放大该游戏对象，从而可以设计整个游戏场景以及游戏场景中的每一个游戏对象。

游戏场景窗格中显示的界面，只是对于游戏开发者可见，对于输出的游戏来说是不可见的。

2. 游戏（Game）窗格

游戏窗格是游戏运行的输出窗格，如图 1-31 所示。

图 1-31　游戏（Game）窗格

在游戏窗格中所显示的界面，就是游戏的输出界面。因此当运行游戏时，游戏开发者需要关注游戏窗格中的界面。

3．游戏项目（Project）窗格

在游戏项目窗格中，显示的是游戏项目中的各个文件和文件目录，类似于资源管理器，以文件夹的形式管理各种目录和文件。

图 1-32　游戏项目（Project）窗格

在游戏项目窗格中，其中的游戏场景文件，如 Islands，显示有 Unity 的图标。

4．游戏层次（Hierarchy）窗格

在游戏层次窗格中，主要管理在游戏场景窗格或者游戏窗格中的各个游戏对象，这些游戏对象以目录的形式存放，具有父对象、子对象等概念，因此称之为层次。

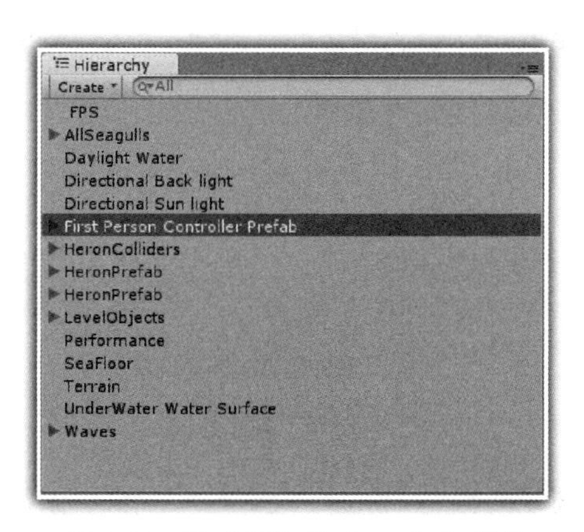

图 1-33　游戏层次（Hierarchy）窗格

5．检视器（Inspector）窗格

如果在层次窗格中，选中任意一个游戏对象，如 First Person Controller Prefab 对象，则会出现该游戏对象的检视器窗格，如图 1-34 所示。

在图 1-34 所示的检视器窗格中，主要显示游戏对象的相关属性，如 Transform 属性、各个代码组件属性等，是设置游戏对象、调整游戏对象相关参数的重要窗格。

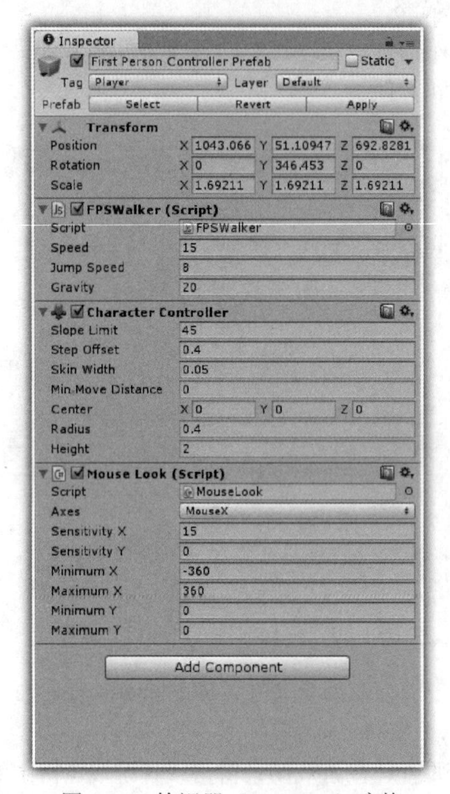

图 1-34　检视器（Inspector）窗格

1.2.3　Unity 4.3 的导航按钮

Unity 4.3 的导航按钮，包括游戏场景按钮、移动按钮、旋转按钮和放大按钮。

1. *游戏场景按钮*

游戏场景按钮，位于四个导航按钮的最左边。

这里需要说明的是，游戏场景按钮，是针对整个游戏场景而言的，单击游戏场景按钮之后，可以在游戏场景中操纵整个游戏场景。

通过移动鼠标，可以上、下、左、右移动整个游戏场景。

通过鼠标滚轮，可以放大、缩小整个游戏场景。

通过鼠标右键或者 Alt+鼠标左键，可以旋转整个游戏场景。

2. *移动按钮*

移动按钮，位于四个导航按钮的第二个位置。

这里需要说明的是，移动按钮以及后面的旋转按钮和放大按钮，不是针对整个游戏场景的，而是针对游戏场景中的每一个游戏对象而言的，也就是说，通过移动按钮可以移动游戏场景中指定的某个游戏对象。

在层次窗格中，选择 First Person Controller Prefab 对象，将鼠标放置在游戏场景窗格中，按下 F 键，则可以在游戏场景窗格中定位并显示 First Person Controller Prefab 对象，如图 1-35 所示。

图 1-35　F 键定位游戏对象

此时再按下移动按钮，在游戏场景窗格中，顺着坐标轴方向移动 First Person Controller Prefab 对象，就可以改变该对象的位置，从而在游戏窗格中改变游戏的输出界面。

3. 旋转按钮

旋转按钮，位于四个导航按钮的第三个位置。

通过旋转按钮，可以旋转游戏场景中指定的某个游戏对象。

在图 1-35 中，如果按下旋转按钮，此时的三维坐标轴将会改变为旋转的球形，如图 1-36 所示。

在图 1-36 中，选择相关坐标轴的球面，左、右或者上、下移动，就可以实现相关游戏对象围绕相关坐标轴的旋转。

图 1-36　球形旋转按钮

4. 放大按钮

放大按钮 ，位于四个导航按钮的第四个位置。

通过放大按钮，可以放大或者缩小游戏场景中指定的某个游戏对象。

在图 1-36 中，如果按下放大按钮，此时的旋转球形，将会改变为拉伸的三维坐标轴，如图 1-37 所示。

图 1-37　拉伸的三维坐标轴

在图 1-37 中，顺着相关坐标轴方向，左、右或者上、下移动，就可以实现相关游戏对象沿着相关坐标轴方向的放大或者缩小。

1.3 Unity 4.3 场景设计

在 Unity 4.3 场景设计中，在大家熟悉上述的五个窗格、四个导航按钮的基础上，对小岛风光的演示项目，进行简单的场景设计，如设计不同的开始场景，重新设计海鸥的位置等。

1.3.1　设计开始场景

重新设计小岛风光的演示项目中的开始场景，移动“First Person Controller Prefab”对象到桥中位置，设计桥中场景；移动“First Person Controller Prefab”对象到岩石的相关位置，设计岩石场景。

1. 设计桥中场景

运行小岛风光的演示项目，图 1-38 所示是原有的开始场景运行界面。

停止运行小岛风光的演示项目。在层次窗格中，首先选择 First Person Controller Prefab 对象，然后将鼠标放置在游戏场景窗格中，按下 F 键，这样就可以在游戏场景窗格中，定位并显示 First Person Controller Prefab 对象。

图 1-38　原有的开始场景

按下移动按钮，在 Z 坐标轴方向移动“First Person Controller Prefab”对象到桥中相关位置，实现将游戏开始场景移动到桥中，如图 1-39 所示。

图 1-39　移动 First Person Controller Prefab 对象 1

按下游戏场景按钮，移动、调整整个游戏场景到相关位置，然后再按下移动按钮，将 First Person Controller Prefab 对象移动到桥中位置，如图 1-40 所示。

图 1-40　移动 First Person Controller Prefab 对象 2

此时运行小岛风光的演示项目，出现如图 1-41 所示的桥中场景。

图 1-41　桥中场景

2. 设计岩石场景

按下游戏场景按钮，移动、调整整个游戏场景到相关位置，在游戏界面的左边出现两个高高的岩石，如图 1-42 所示。

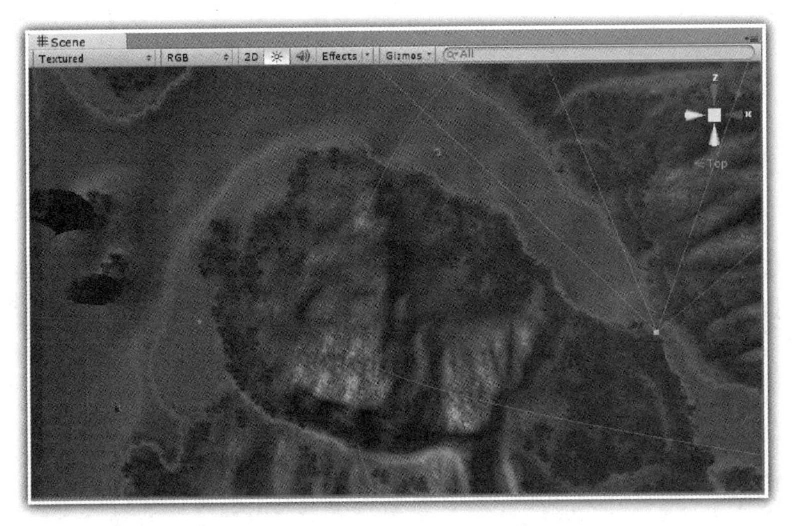

图 1-42　设计岩石场景 1

在图 1-42 中，按下移动按钮，在 X 轴方向、Z 轴方向分别移动"First Person Controller Prefab"对象到岩石附近的沙滩位置，如图 1-43 所示。

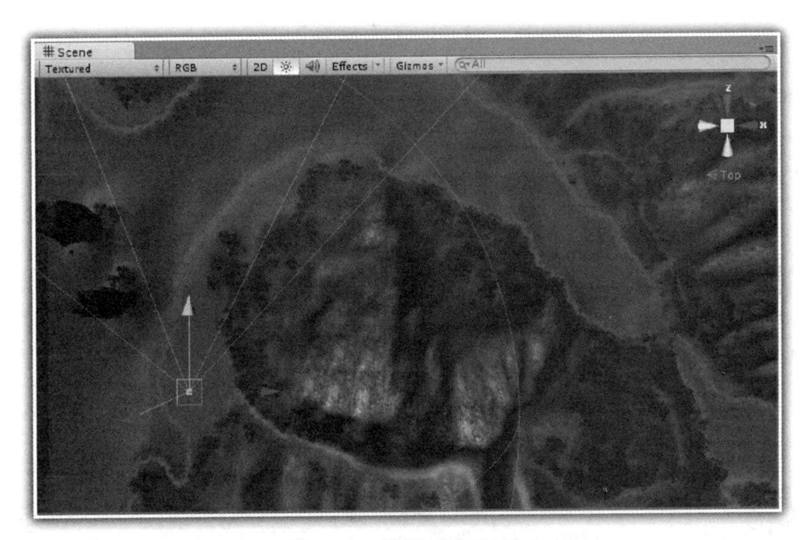

图 1-43　设计岩石场景 2

此时运行小岛风光的演示项目，出现如图 1-44 所示的岩石场景。

1.3.2　重置海鸥位置

重置海鸥位置，将原有的海鸥放置在岩石场景的沙滩之上，并在岩石沙滩上设计多个海鸥。

1. 设计海鸥位置

在游戏层次窗格中，选择"HeronPrefab"对象，按下游戏场景按钮，移动整个游戏场景到如图 1-45 所示位置。

图 1-44　岩石场景

图 1-45　选择海鸥

按下移动按钮，在 X 轴方向、Z 轴方向分别移动“HeronPrefab”对象到岩石附近的沙滩位置，如图 1-46 所示。

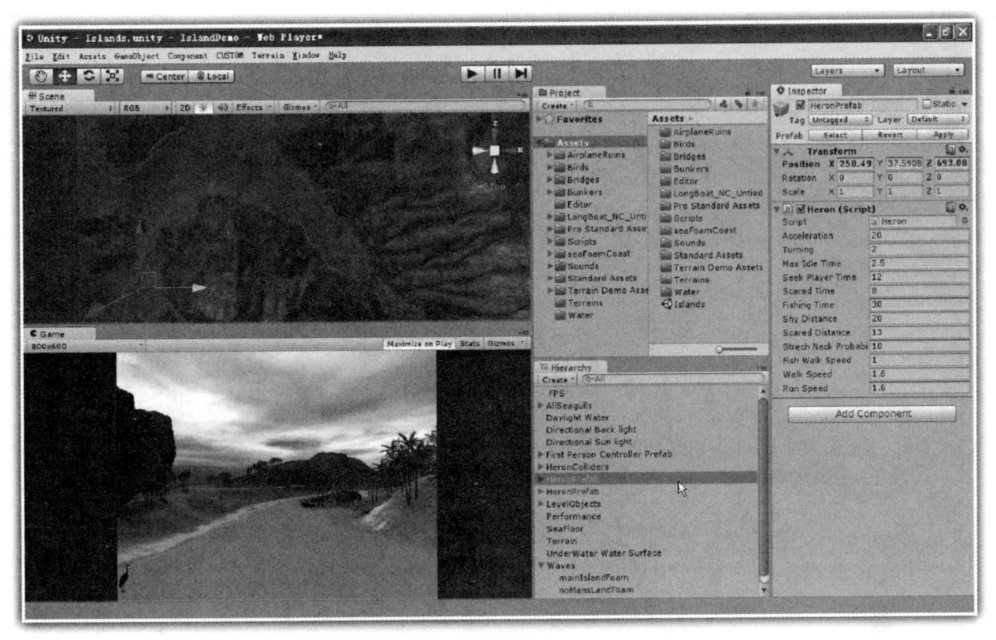

图 1-46　移动海鸥

此时运行小岛风光的演示项目，出现如图 1-47 所示的海鸥场景。

图 1-47　海鸥场景

2．设计多个海鸥

在游戏层次窗格中，选择“HeronPrefab”对象，按下 Ctrl+D 两次，复制两个“HeronPrefab”对象，这样就在沙滩上存在三个重叠的海鸥，分别设置另外两个海鸥距离少许，如图 1-48 所示。

图 1-48　设计多个海鸥

此时运行小岛风光的演示项目，出现如图 1-49 所示的多个海鸥场景。

图 1-49　多个海鸥场景

在运行小岛风光演示项目开始的时候，这些海鸥会向玩家走来，然后停止在画家面前；当玩家面向海鸥向前移动时，海鸥会调转方向而逃离。

太空射击游戏项目是一个基于 2D 的射击类游戏，该游戏项目非常适合于 Unity3D 初学者学习、借鉴，通过一步一步实现该游戏项目，初学者可以迅速掌握 Unity3D 开发游戏的基本概念和基本技能。

在该游戏项目中，学习如何使用 sprite 预制件显示图片、如何实现游戏场景转换、什么是预制件 Prefab 对象，以及如何动态创建 Prefab 对象；讲解碰撞检测、2D 动画、倒计时个性化数字以及本地存储实现最高计分，从而快速进入 Unity3D 游戏开发领域。

第二部分　实例篇

02
CHAPTER TWO
第二章

太空射击游戏项目

>> 本章要点

- 游戏功能分析
- sprite 预制件显示图片
- 游戏场景转换
- 预制件 Prefab 对象、动态创建 Prefab 对象
- 碰撞检测
- 2D 动画
- 倒计时个性化数字
- 本地存储实现最高计分

2.1 游戏功能分析

首先运行太空射击游戏项目，了解太空射击游戏项目是一个什么样的游戏；然后对太空射击游戏项目进行功能分析，对该游戏项目有一个比较深入的了解，以便后面逐步实现这个基于 2D 的射击类游戏。

2.1.1 运行游戏

在光盘中找到游戏项目——2.太空射击游戏项目——SpaceShoot，运行游戏，选择 800×600 的分辨率，打开如图 2-1 所示的开始场景界面。

在开始界面中，单击任何键，进入到游戏场景，如图 2-2 所示。

图 2-1　开始场景界面

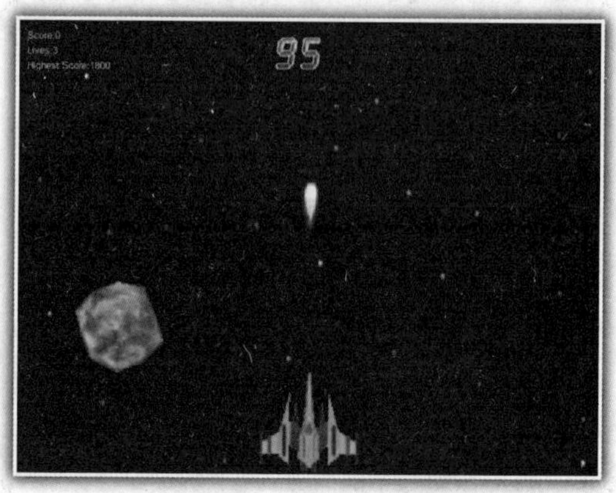

图 2-2　游戏场景界面

在上述游戏场景界面中，左、右键可以左右移动飞机，单击空格键，可以发射炮弹。炮弹每击中陨石一次，就会增加 100 分，并显示爆炸场景。

图 2-3 所示是飞机炮弹击中陨石的爆炸界面。

在游戏场景界面中，陨石每砸中一次飞机，飞机的生命值减 1，并出现爆炸场景，图 2-4 所示是陨石砸中飞机的爆炸界面。

如果飞机生命值一直大于 0，当倒计时为 0 的时候，游戏界面将会转到赢家场景，如图 2-5 所示。

在赢家场景图 2-5 中，单击任意键，又将进入如图 2-2 所示的游戏场景。

如果飞机的生命值等于 0，则游戏界面将会转到输家场景，如图 2-6 所示。在输家场景图 2-6 中，单击任意键，此时就会再次进入如图 2-2 所示的游戏场景。

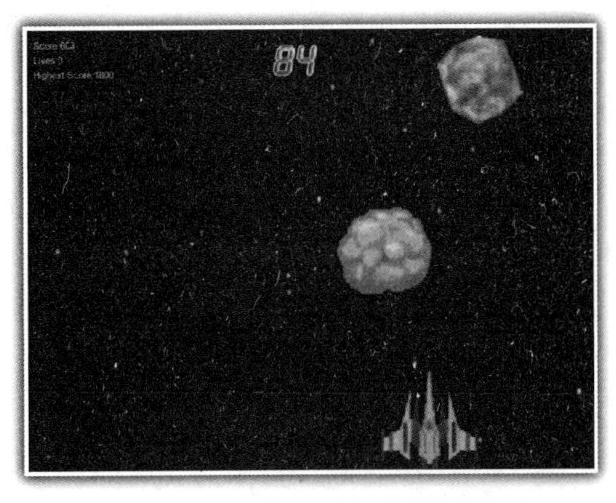

图 2-3　炮弹击中陨石场景界面

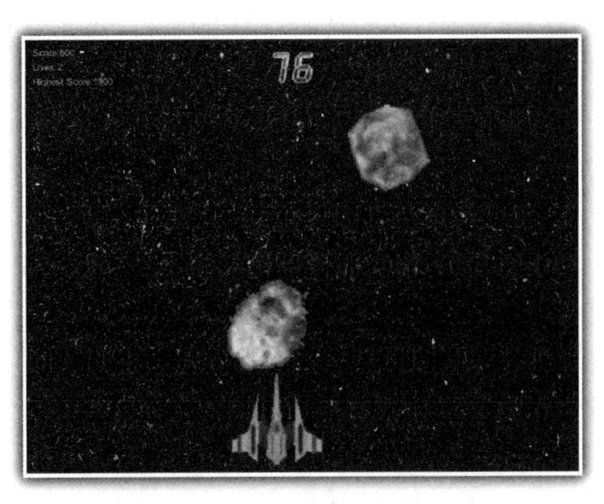

图 2-4　陨石砸中飞机场景界面

图 2-5　赢家场景界面

图 2-6　输家场景界面

2.1.2　游戏功能分析

通过运行上述太空射击游戏，可以看到：整个游戏可以划分为四个游戏场景，它们分别是游戏开始场景、游戏场景、输家场景和赢家场景。

这些场景的逻辑关系如图 2-7 所示。

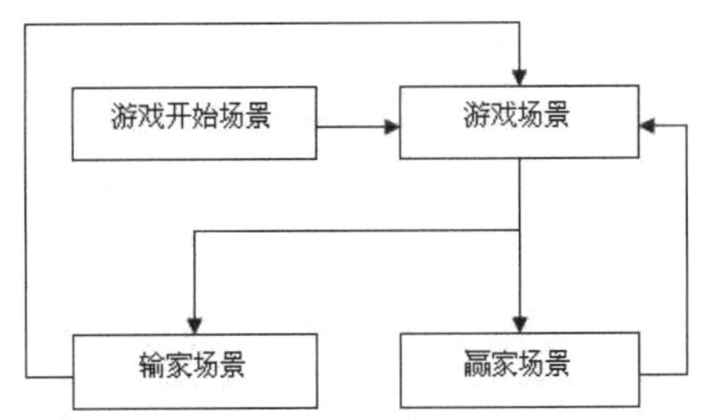

图 2-7　四个游戏场之间的关系

在图 2-7 中，游戏开始场景是游戏运行的开始界面，在游戏开始场景中单击任意键，进入游戏场景，而游戏场景则是游戏的主界面。

在游戏场景中，如果飞机的生命值等于 0，则游戏进入输家场景；如果游戏到倒计时等于0，则游戏进入赢家场景。在输家场景或者在赢家场景中，单击任意键，重新进入游戏场景。

在游戏场景中，主要有三个游戏对象，分别是飞机、陨石和飞机发射的炮弹。当飞机发射的炮弹击中陨石时，会出现爆炸效果；当陨石砸中飞机时，也会出现爆炸效果，因此还有两个爆炸效果对象。为实现游戏的可玩性，还需要显示分数、飞机的生命值和最高计分，并且显示游戏的倒计时。

完成该游戏后，游戏项目的目录结构如图 2-8 所示。其中 Image 目录存放各个游戏对象所对应的的图片；sound 目录存放各种声音文件，如发射炮弹的声音、爆炸声等。四个游戏场景则位于根目录之中。

图 2-9 则显示了 prefabs 目录中的相关预制件对象，如显示 2D 图片的 sprite 预制件、炮弹预制件 projectile 等。

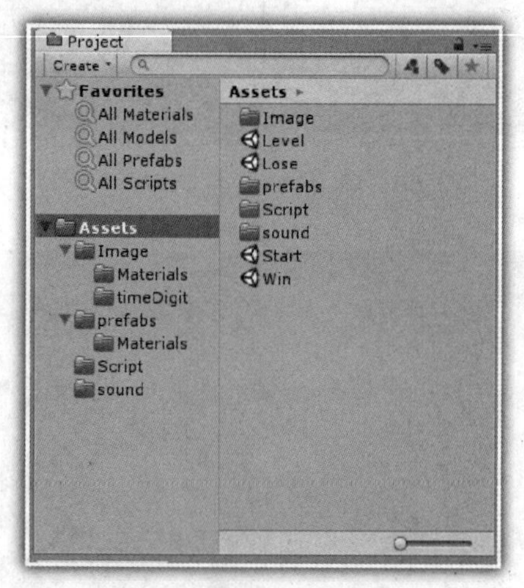

图 2-8　游戏项目的目录结构

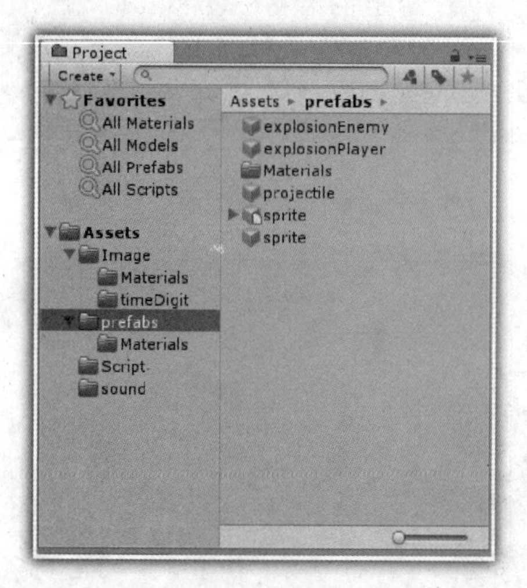

图 2-9　prefabs 目录

对于 C#开发者来说，图 2-10 显示了需要开发者开发的 C#文件，共有 9 个文件；对于 JavaScript 开发者来说，图 2-11 则显示了需要开发者开发的 JavaScipt 文件，共有 9 个文件。

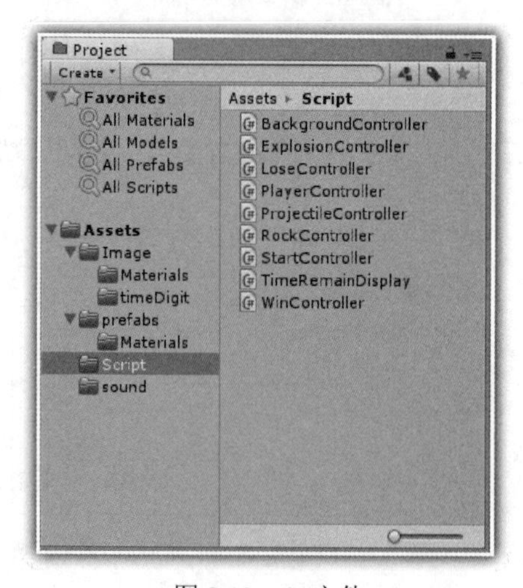

图 2-10　C#文件

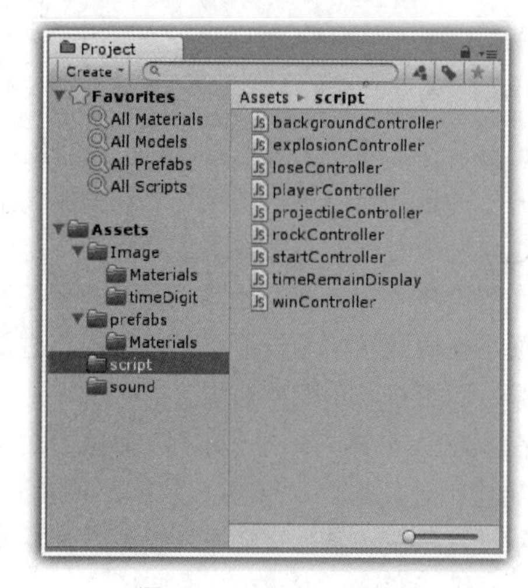

图 2-11　JavaScript 文件

这些开发文件的具体功能说明见表 2-1。

表 2-1　开发文件的功能说明

C#文件名	JavaScript 文件名	功能说明
BackgroundController	backgroundController	实现对太空背景的控制
ExplosionController	explosionController	实现爆炸 2D 动画
LoseController	loseController	实现输家场景界面
PlayerController	playerController	实现控制飞机的左、右移动，发射炮弹等
ProjectileController	projectileController	实现炮弹的飞行、销毁
RockController	rockController	实现陨石的随机降落以及与炮弹、飞机的碰撞检测等
StartController	startController	实现游戏开始场景界面
TimeRemainDisplay	timeRemainDisplay	实现倒计时，个性化的数字显示
WinController	winController	实现赢家场景界面

2.2 飞机移动

要实现飞机移动，首先需要实现显示飞机，然后实现飞机移动，最后实现飞机的左、右循环移动。

2.2.1　显示飞机

下面介绍如何在 Unity3D 中显示飞机。

1. 打开游戏项目资源，新建场景

首先找到光盘中的游戏项目资源——2.太空射击游戏项目资源——SpaceShoot，将整个文件夹 SpaceShoot 拷贝到系统的 C 盘根目录，如图 2-12 所示。

图 2-12　SpaceShoot 项目文件

然后启动 Unity3D 软件，如果 Unity3D 自动打开以前的项目文件，如图 2-13 所示，则需要单击菜单“File”，选择“Open Project”命令，在如图 2-14 所示的对话框中，选择“Open Project”窗格，然后在该窗格中选择文件夹 SpaceShoot，这样就可以打开太空射击游戏 SpaceShoot 的项目资源，如图 2-15 所示。

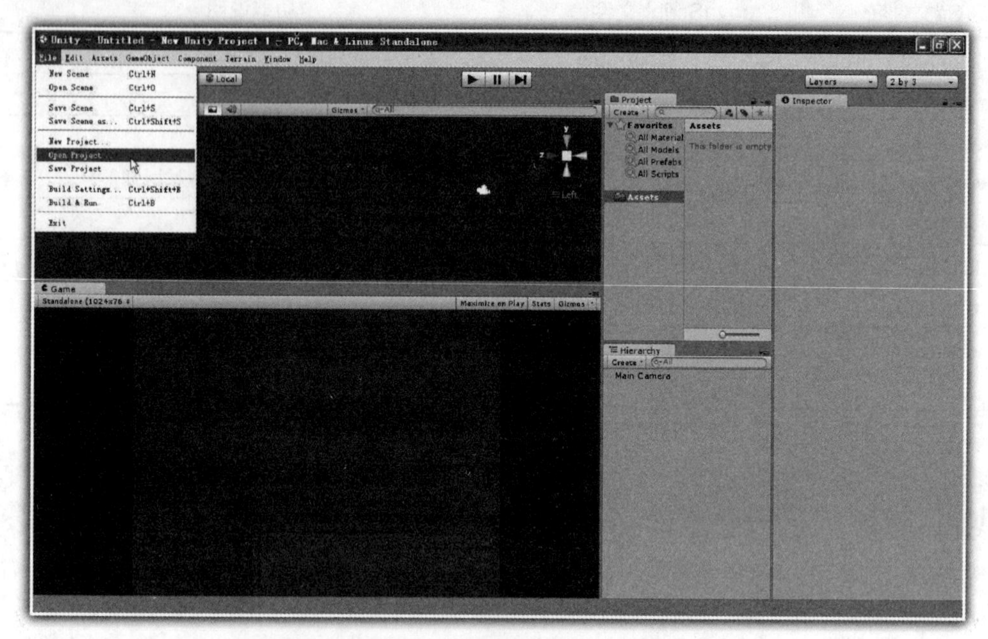

图 2-13　打开新的项目文件

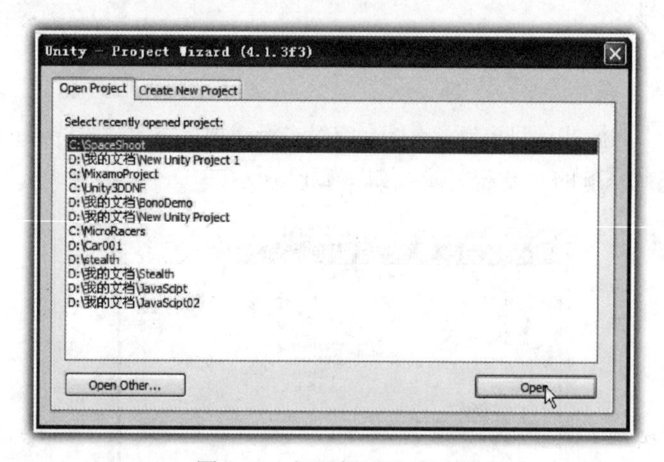

图 2-14　打开新项目对话框

如果 Unity3D 是第一次运行，以前没有创建游戏项目文件，则会打开如图 2-14 所示的对话框，选择“Open Project”窗格，并需要单击“Open Other”按钮，打开“浏览文件夹”对话框，在“浏览文件夹”对话框中选择文件夹 SpaceShoot，同样可以打开如图 2-15 所示的运行界面。

在图 2-15 中，SpaceShoot 项目资源文件中包括三个资源文件夹，它们分别是 Image、prefabs 和 sound。

在 Image 文件中提供了各种图片，以便实现太空射击游戏项目的各种对象，如飞机、陨石、炮弹以及爆炸的效果帧序列图等，如图 2-16 所示。

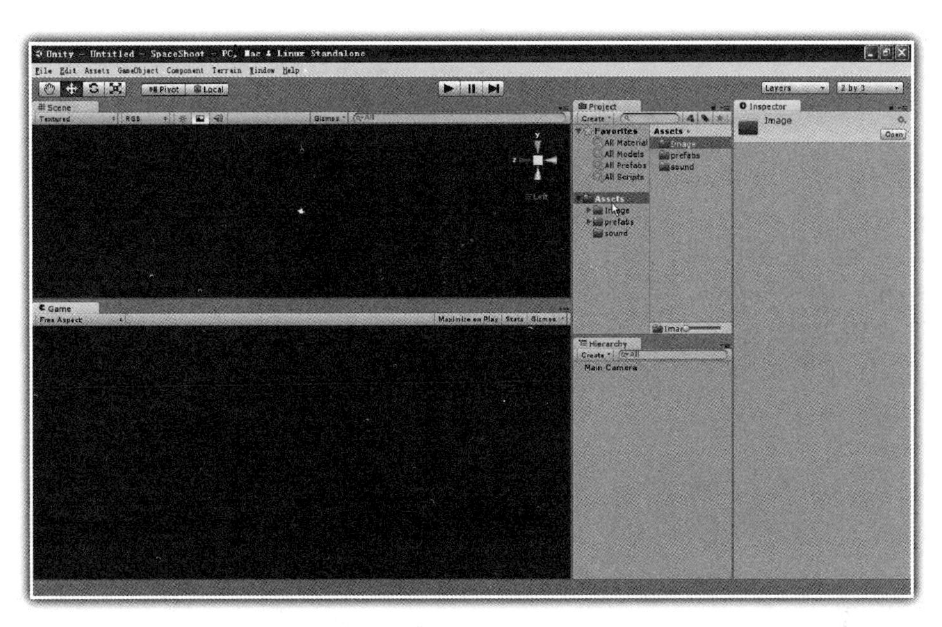

图 2-15　打开 SpaceShoot 项目资源文件

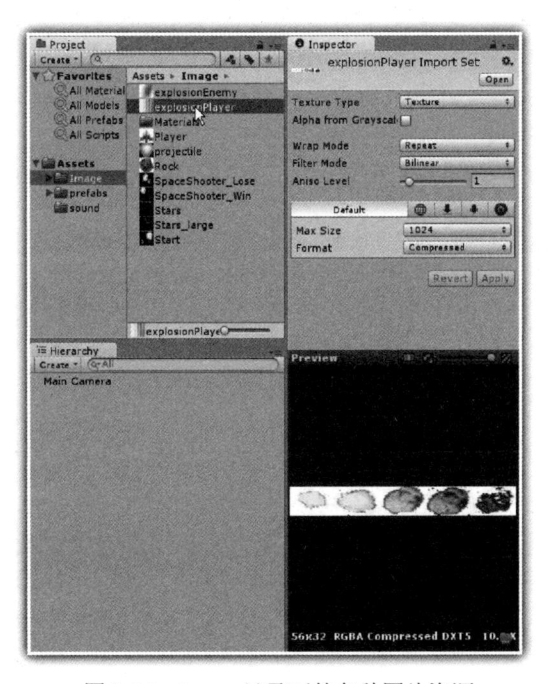

图 2-16　Image 目录下的各种图片资源

在 prefabs 文件中，则提供了一个 sprite 预制对象，用于专门显示 2D 图片，以便构建游戏场景，如图 2-17 所示。

在如图 2-18 所示的 sound 文件夹中，提供了各种声音文件，选择相关声音文件，单击图片右下方的播放按钮，可以在 Unity3D 中直接播放声音。

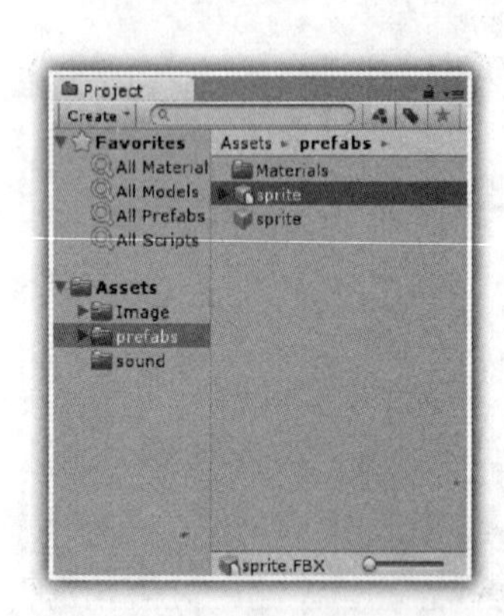
图 2-17　prefabs 目录下的资源

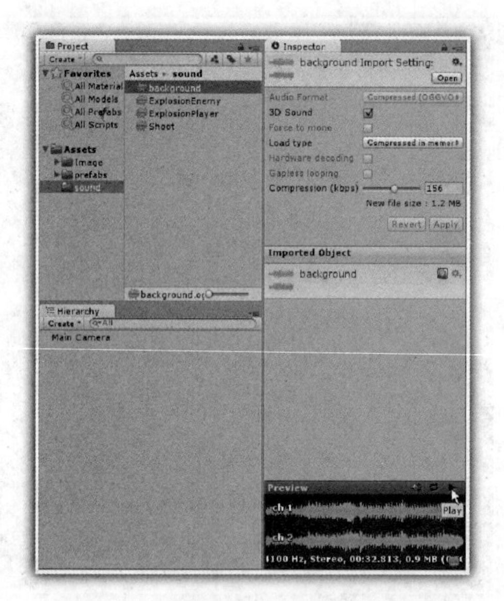
图 2-18　sound 目录下的各种声音文件

由此可见，在太空射击这个 2D 游戏的资源文件中，主要是图片、声音和预制对象。

在图 2-15 中，首先单击菜单“File”→“New Scene”命令；然后再单击菜单“File”→“Save Scene as”命令，打开如图 2-19 所示的保存场景对话框，在其中输入 Level 场景名称，单击“保存”按钮，即可保存该场景。

保存场景后的项目窗格如图 2-20 所示。

图 2-19　保存场景对话框

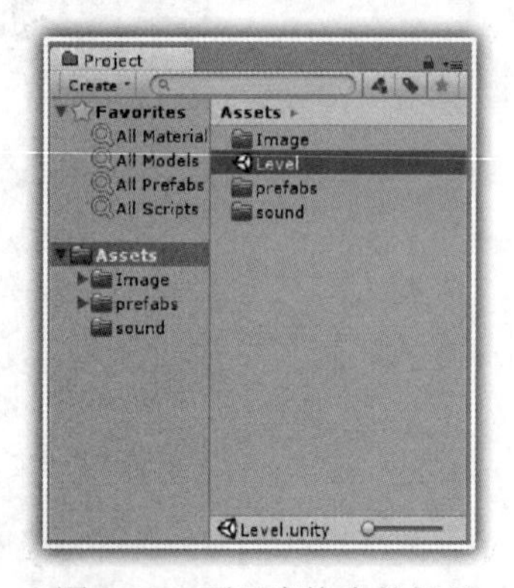
图 2-20　项目窗格中的场景

2. 设置游戏窗口分辨率

为方便游戏场景的设计，这里设置游戏的输出界面为固定大小，将游戏窗口的分辨率设置为 800×600。

在图 2-11 中，单击“Build Setting”命令，打开如图 2-22 所示的构建设置对话框，选择平台“Platform”下拉框中的“PC,Mac & Linux...”，单击下方“Player Settings”按钮，在检视器中出现如图 2-23 所示的界面。

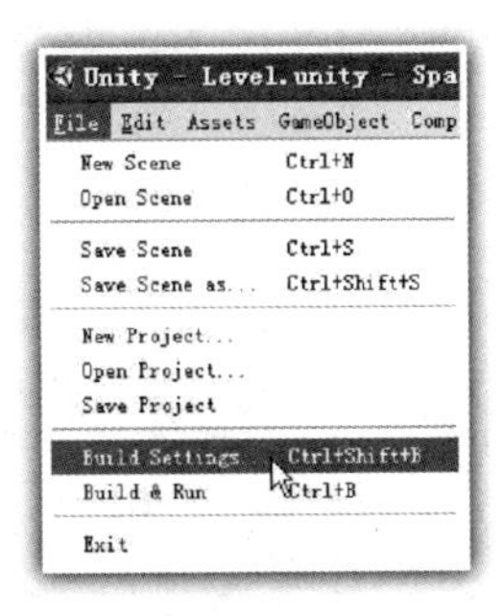

图 2-21　构建设置

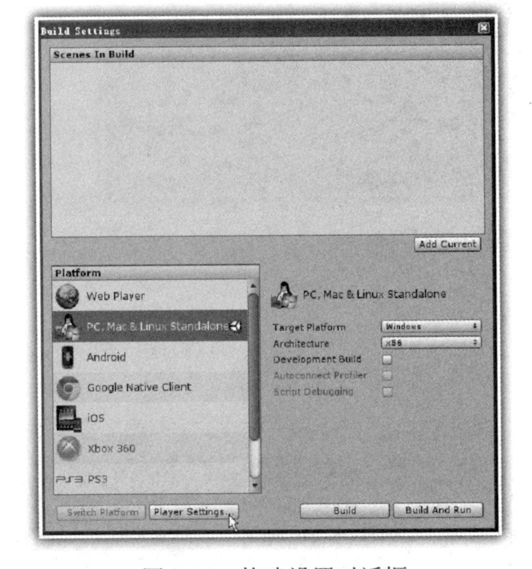

图 2-22　构建设置对话框

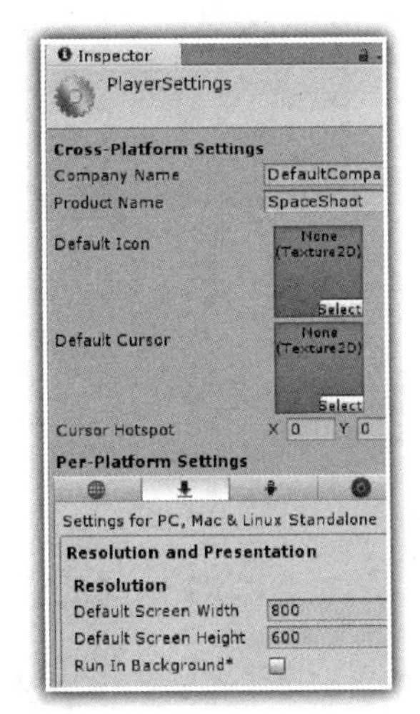

图 2-23　设置分辨率

在图 2-23 中，选择排在第二个的 PC 分辨率窗格，设置游戏界面的输出大小为分辨率 800×600，然后关闭如图 2-23 所示的对话框。

3．设置摄像机

摄像机是 Unity3D 游戏开发中的一个重要组件。当新建一个场景时，Unity3D 会自动生成一个 Main Camera 摄像机对象。

在图 2-15 中，选择层次 Hierarchy 窗格中的 Main Camera 对象，在游戏场景 Scene 窗格中，通过相关场景按钮、游戏对象平移按钮，调整摄像机的显示大小和旋转位置，出现如图 2-24 所示的游戏场景 Scene 界面。

在图 2-24 中，摄象机的形状显示为一个四棱锥体，只有在这个四棱锥体范围内的游戏对象，才能被摄象机所看到，也就是在游戏输出窗格中出现。这个四棱锥体的大小由检视器窗格中的相关参数来决定，如图 2-25 所示。

在图 2-25 所示的摄像机 Camera 组件中，其中的三个参数决定摄像机四棱锥体的大小和形状，它们分别是 Field of View 视角，默认情况为 60 度，该角度决定了四棱锥体的角度，相当于真实世界中照相机的广角。如果将视角设置为 45 度，摄像机的游戏场景 Scene 界面如图 2-26 所示；剪切平面 Clipping planes 中的两个参数为近端平面 near 和远端平面 far，如果设置 near 为 30，far 为 100，此时摄像机的游戏场景 Scene 界面如图 2-27 所示。

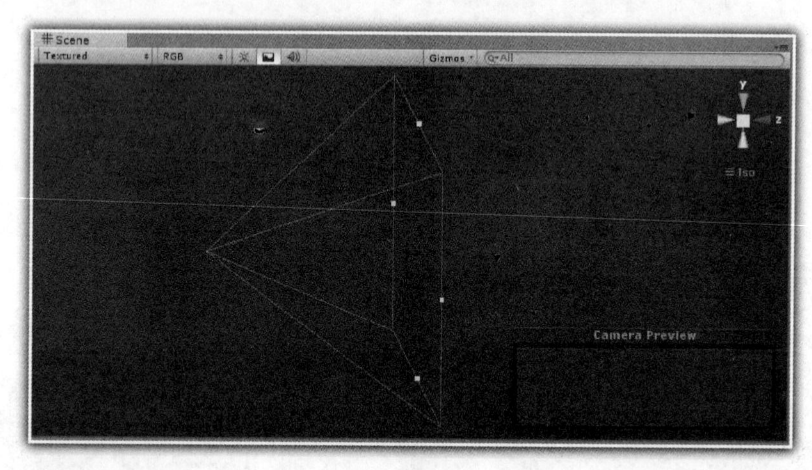

图 2-24　摄象机的形状

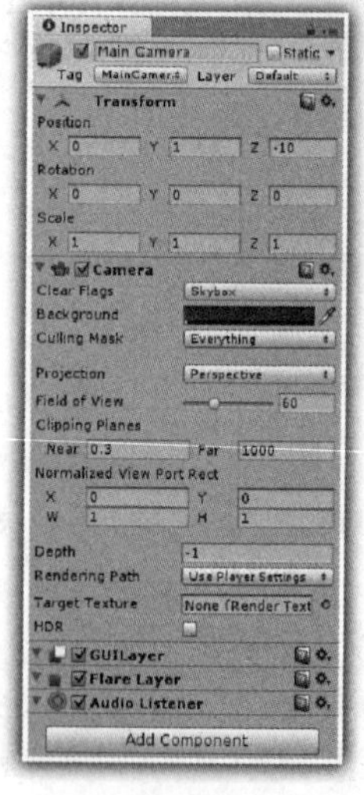

图 2-25　摄像机参数

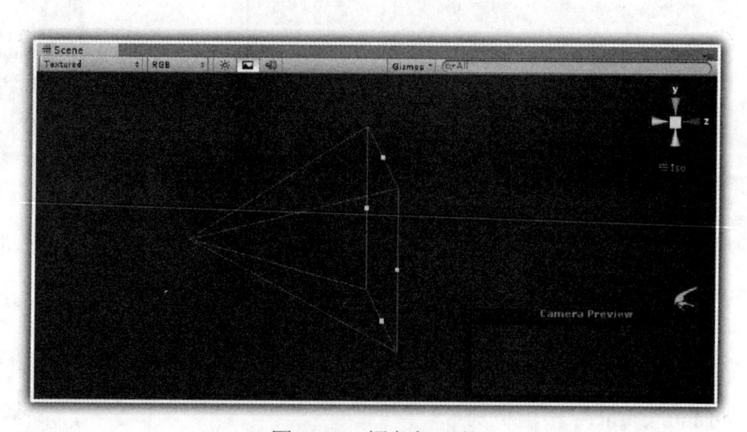

图 2-26　摄象机形状

从图 2-27 中可以看出，近端平面 near 参数决定四棱锥体上截面的位置，远端平面 far 决定四棱锥体的底面位置。只有在这两个平面之间的四棱锥体内的游戏对象，才能在游戏输出窗口中显示。

在图 2-25 所示的摄像机参数中，还有一个重要的参数就是投影方式 Projection。在默认情况下，Unity3D 设置的投影方式为透视投影 Perspective，也就是 3D 投影，其摄像机形状是四棱锥体。

如果设置投影方式 Projection 为正交投影 Orthographic，此时的投影方式则转为 2D 投影，其摄像机形状是长方体，如图 2-28 所示。

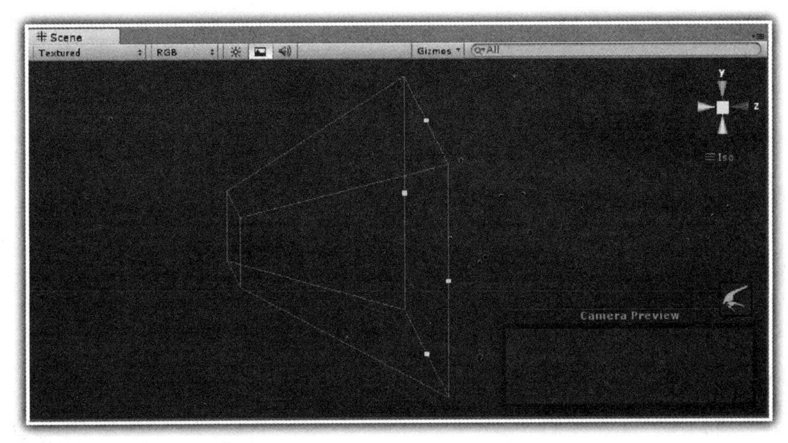

图 2-27　摄象机形状

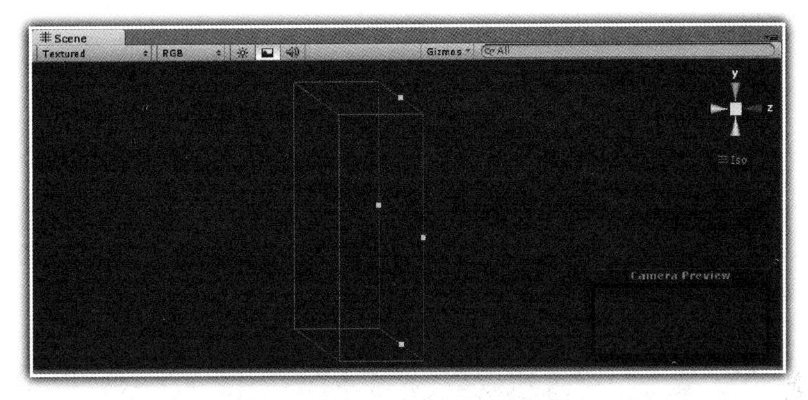

图 2-28　正交投影的摄象机形状

从上述的图 2-28 所示可以看出，只有在这个长方体内的游戏对象，才能在游戏输出窗格中显示。

需要开发的太空射击游戏项目是一个 2D 的游戏，这里需要设置投影方式 Projection 为正交投影 Orthographic，其他参数的设置，如图 2-29 所示。

4. 新建 Player 对象

在项目 Project 窗格中，选择 prefabs 文件夹中的 sprite 对象，直接拖放该对象到层次 Hierarchy 窗格中，并将该对象的名称修改为 Player，如图 2-30 所示。

在成功拖放游戏 sprite 对象之后，游戏窗格中将会显示该对象，如图 2-31 所示。但是该对象的显示结果是非常暗淡，这里需要说明的是，光源也是 Unity3D 中的一个重要组件，而 sprite 对象，则是专门用来显示 2D 图片的一个预制件 prefab。

下面说明如何设置光源以便照亮上述游戏场景，以便可以看得清楚游戏对象 Player。

单击菜单“GameObject”→“Create Other”→“Directuional Light”命令，如图 2-32 所示，此时就会在游戏场景中创建一个平行光对象，该平行光对象的基本属性可以在检视器中设置，如图 2-33 所示。

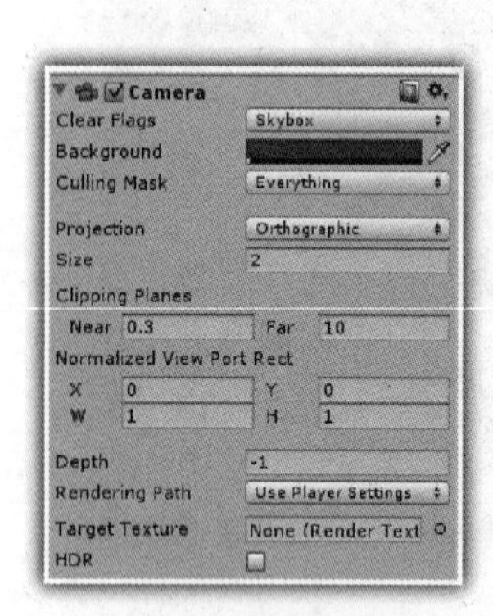

图 2-29 摄像机参数

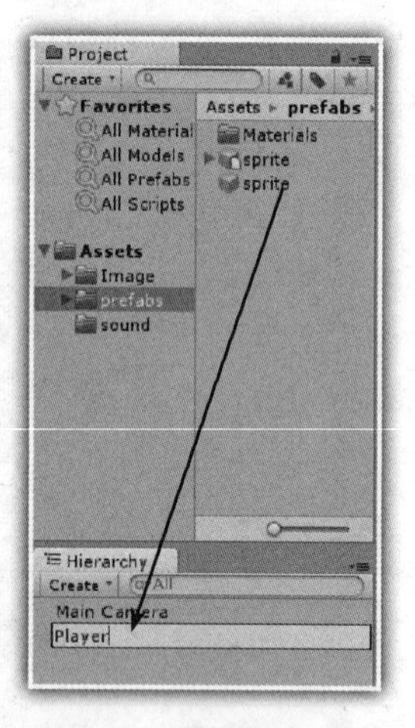

图 2-30 拖放 sprite 对象

图 2-31 游戏窗格

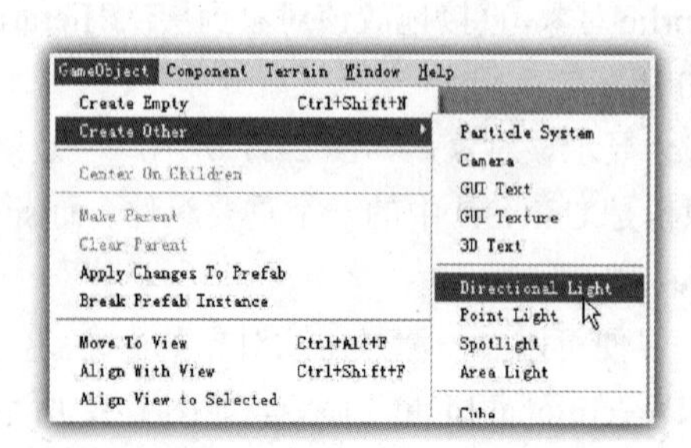

图 2-32 创建平行光

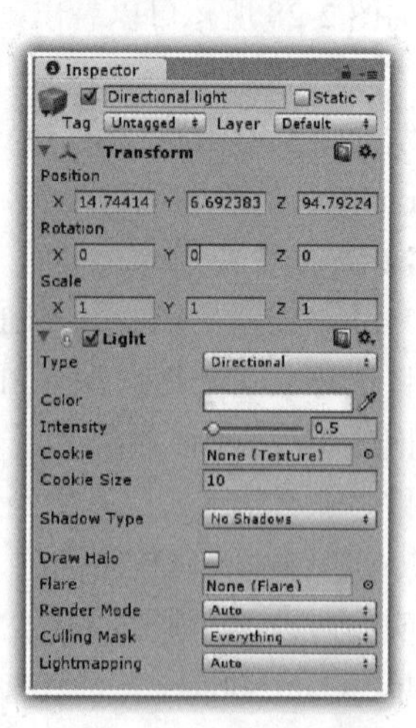

图 2-33 平行光设置

在图 2-33 中，设置该平行光的角度为 0，以便直射照到 Player 对象上，至于位置则无关紧要，并不影响游戏的效果，就像太阳的效果一样，只与角度有关，而与位置无关。

设置完成平行光之后，游戏对象 Player 就变得明亮起来，其效果如图 2-34 所示。

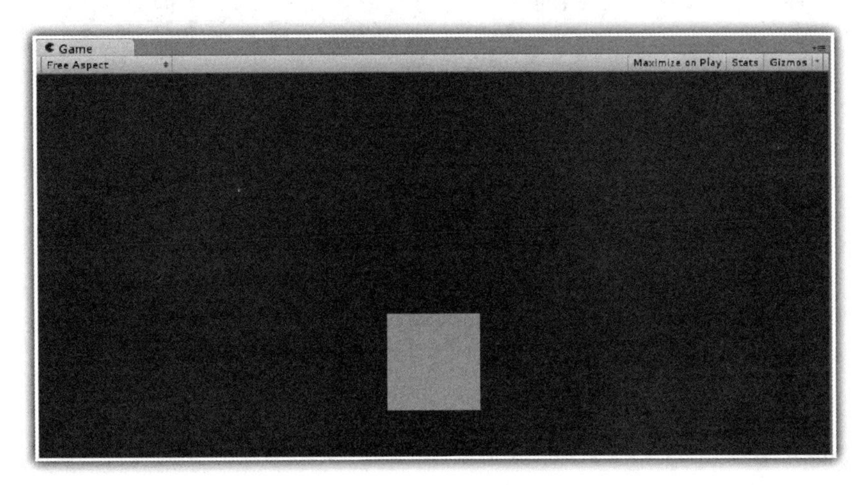

图 2-34　游戏窗格

5. 显示飞机 Player

在项目 Project 窗格中，选择 Image 文件夹中的 Player 图片，直接拖放该对象到层次 Hierarchy 窗格中的 Player 对象之上，如图 2-35 所示。

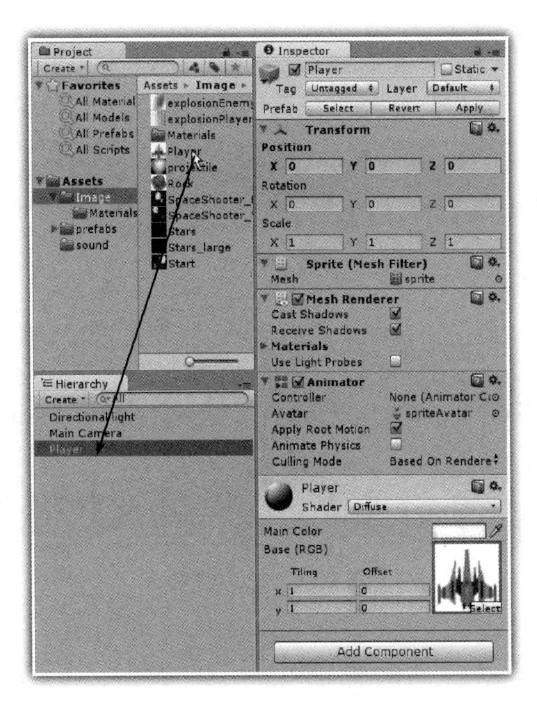

图 2-35　拖放飞机图片

飞机图片拖放成功之后，就会在游戏窗格中显示出该飞机图片，如图 2-36 所示。

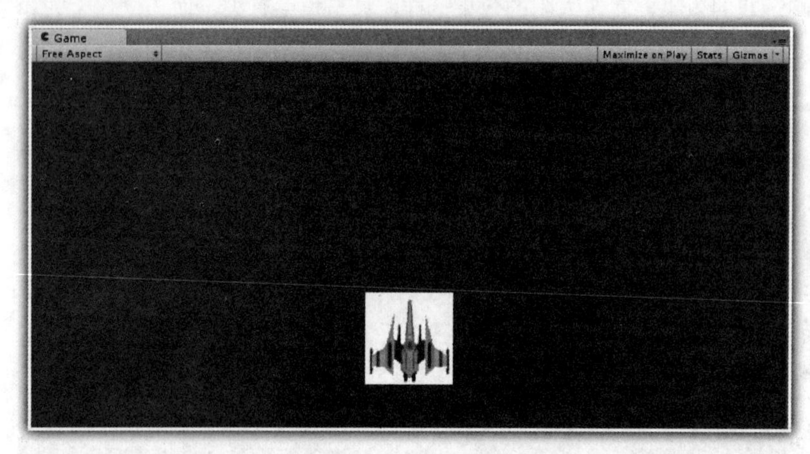

图 2-36　显示飞机

从图 2-36 中可以看出，尽管原始的飞机图片背景是透明的，可是在 Unity3D 中显示的飞机却不是透明的。

下面来设置飞机的背景透明化。

在图 2-37 中，单击飞机图片 Shader 右边的下拉菜单，在出现的快捷菜单中选择“Transparent”→“Diffuse”命令，就可以将原有的飞机透明背景，设置为在 Unity3D 中也是透明的背景，显示的飞机 Player，如图 2-38 所示。

图 2-37　背景透明化设置

图 2-38　显示飞机

2.2.2　飞机移动

要实现飞机移动，开发者需要编写代码，实现游戏对象移动的功能需求；然后将该实现代码拖放到飞机 Player 对象之上，这样 Player 就可以执行该代码，实现飞机移动。

1. 移动飞机 Player

在编写代码之前，首先在 Project 项目窗格中创建一个“Script”的文件夹，专门存放相关代码。

如图 2-39 所示，在右键出现的快捷菜单中选择“Create”→“Folder”命令，创建一个新的文件夹“Script”，如图 2-40 所示。

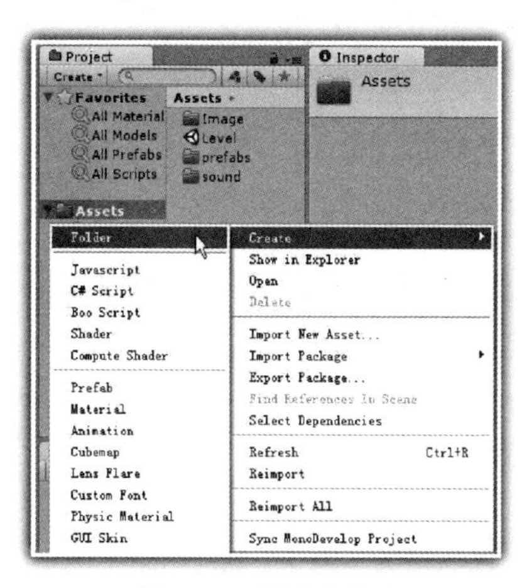

图 2-39　新建文件夹

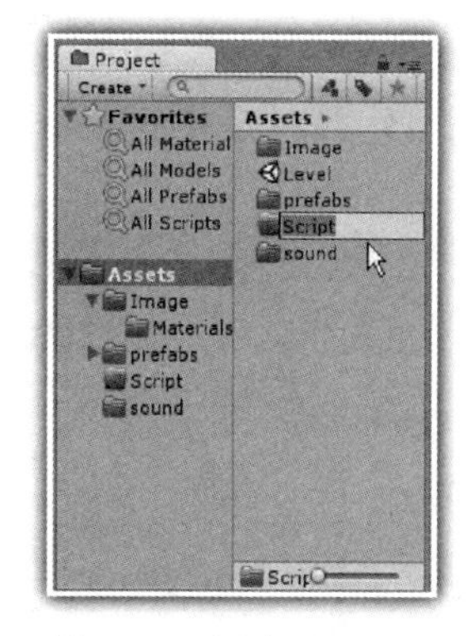

图 2-40　创建“Script”

对于 C#开发者来说，在图 2-41 中，选择 Script 文件夹，在右键出现的快捷菜单中选择“Create”→“C# Script”命令，创建一个 C#文件，该文件名称为 PlayerController，如图 2-42 所示。

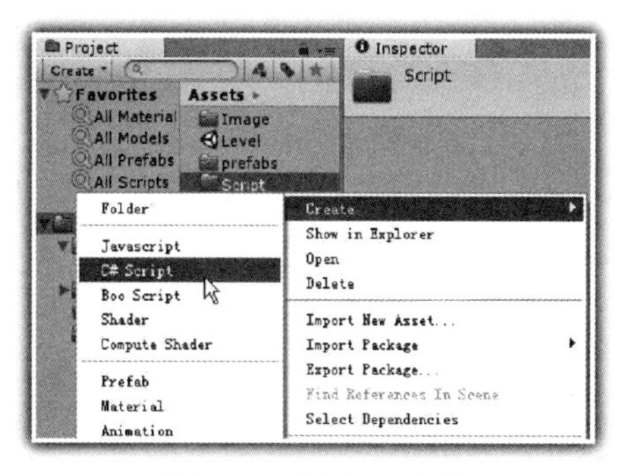

图 2-41　新建 C#文件

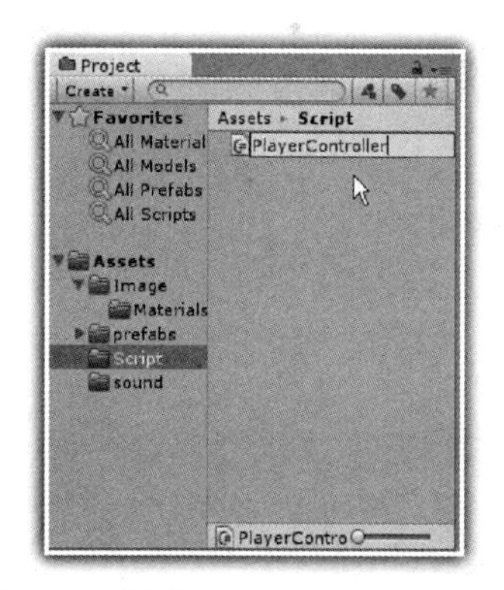

图 2-42　新建 PlayerController.cs 文件

对于 JavaScript 开发者来说，在图 2-43 中，选择 Script 文件夹，在右键出现的快捷菜单中选择“Create”→“Javascript”命令，创建一个 JavaScript 文件，该文件为 playerController.js 文件，如图 2-44 所示。

对于 C#开发者来说，在图 2-42 中，双击 PlayerController 文件，Unity3D 打开如图 2-45 所示的代码编辑界面。

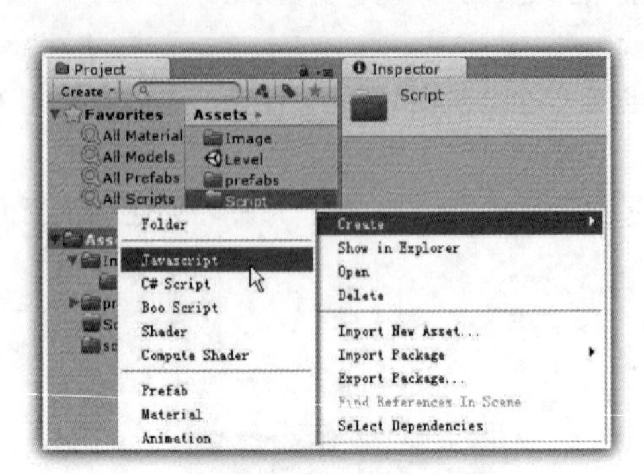

图 2-43　新建 Javascript 文件

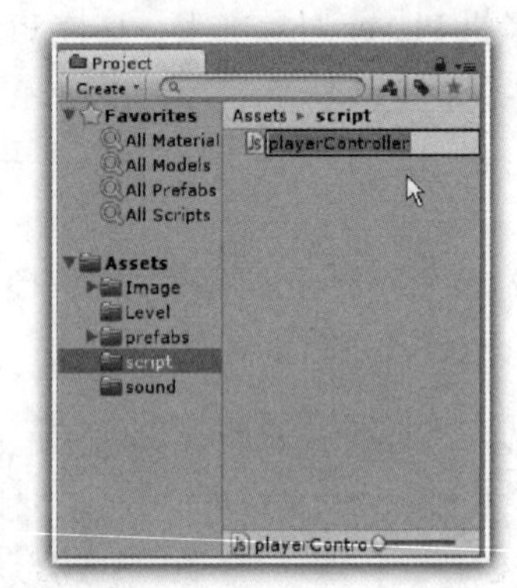

图 2-44　新建 playerController.js 文件

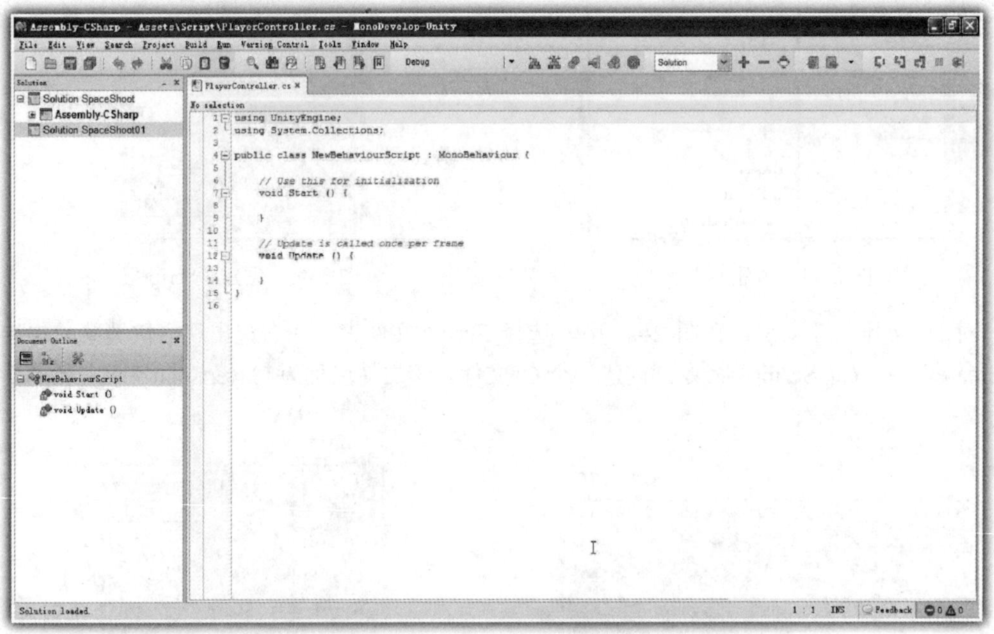

图 2-45　C#代码编辑界面

在图 2-45 中书写相关代码，PlayerController 的 C#代码文件见代码 2-1。

代码 2-1　PlayerController 的 C#代码

```
1: using UnityEngine;
2: using System.Collections;
3:
4: public class PlayerController: MonoBehaviour
5: {
6:
7:     void Update()
8:    {
9:         transform.Translate(Input.GetAxis("Horizontal")*Time.deltaTime,0,0);
```

```
10:     }
11: }
```

在上述 C#代码中，首先需要注意的是 C#的类名称一定要与文件名称一致，这里类的名称为第 4 行代码中 PlayerController，与文件名称 PlayerController 是一致的。

开发者需要在第 7 行到第 10 行之间的 Update()中实现相关代码，以便 Unity3D 逐帧运行 Update()中的相关游戏业务逻辑代码。

在第 9 行中，通过 transform 对象获得执行该代码的游戏对象 Player，然后通过 transform 对象的 Translate 方法，实现 Player 的移动。

在 Translate 方法中，需要输入一个 3D 的矢量值，由于只需要实现飞机 Player 的左、右移动，因此只需要在 3D 矢量值中设置 x 的变量，其他 2 个值保持为 0。

在实现沿 X 变量轴的左、右移动时，为了检测游戏玩家是否按下键盘左、右键，设置了 Input.GetAxis("Horizontal")。如果按下了键盘左键，则 Input.GetAxis("Horizontal")的值为-1；如果按下了键盘右键，则 Input.GetAxis("Horizontal")的值为 1。

通过 Time.deltaTime，获得每帧之间的时间数值，默认情况下大约为 0.02 秒。

在图 2-46 中，选择 PlayerController 代码文件，拖放到层次 Hierarchy 窗格中的 Player 对象之上，如果代码没有编译错误，则可以成功拖放，并在右下角出现 PlayerController 代码组件；如果代码存在编译错误，不能成功拖放，则需要修改错误代码直到编译成功。

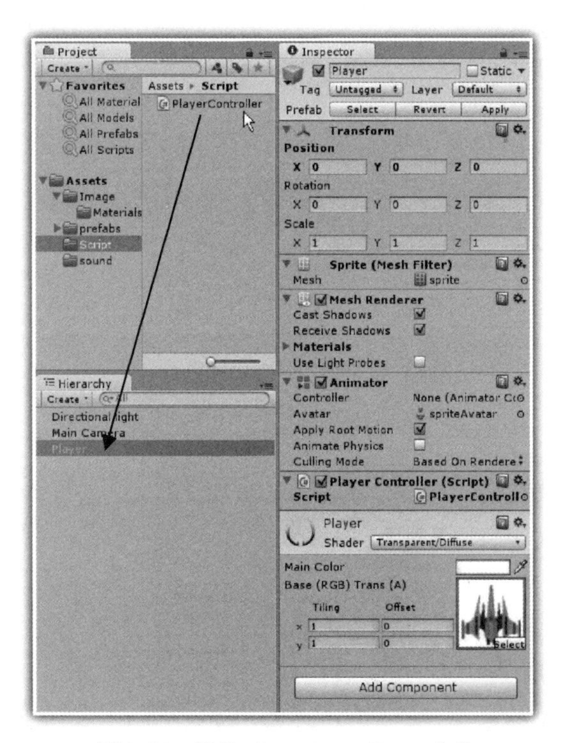

图 2-46　拖放 PlayerController.cs 文件

这里需要说明的是，初学者常常多次重复拖放相同代码，在图 2-47 中，已经拖放了 2 次

PlayerController 代码；单击代码右边的齿轮按钮，在出现的快捷菜单中选择“Remove Component”命令，即可删除多余的代码，如图 2-48 所示。

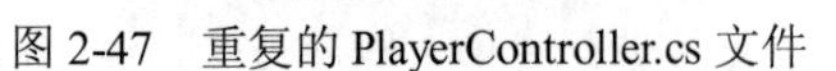

图 2-47　重复的 PlayerController.cs 文件　　　　图 2-48　删除多余的 PlayerController.cs 文件

对于 JavaScript 开发者来说，在图 2-44 中，双击 playerController 文件，Unity3D 打开如图 2-49 所示的的代码编辑界面。

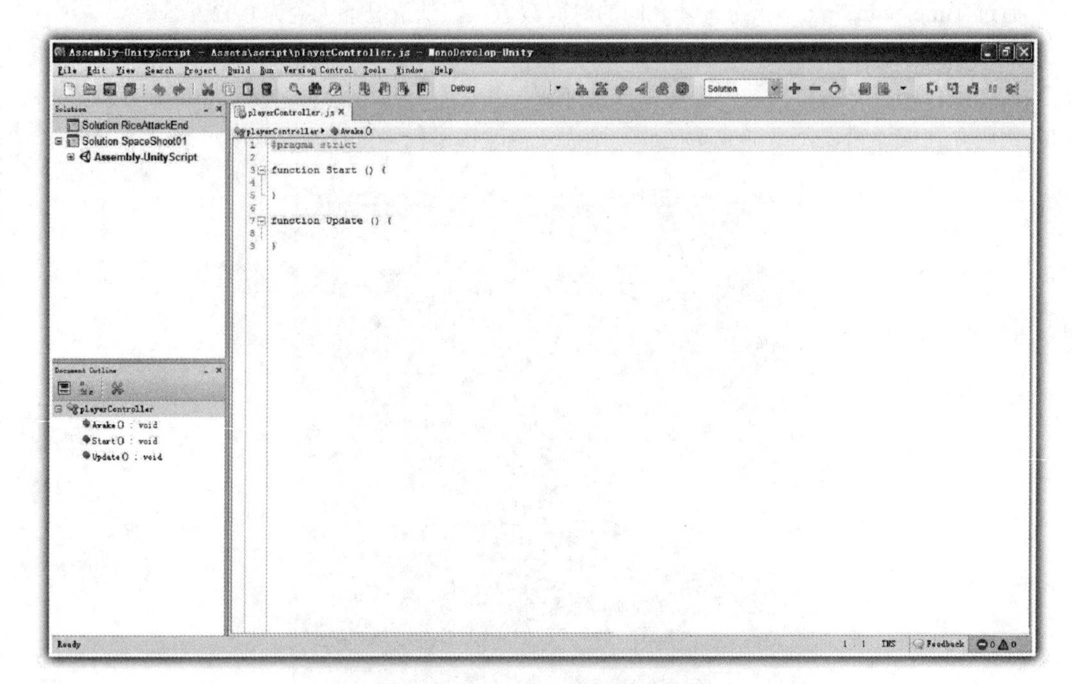

图 2-49　JavaScript 代码编辑界面

在图 2-49 中书写相关代码，playerController 的 JavaScript 代码文件见代码 2-2。

代码 2-2　playerController 的 JavaScript 代码

```
1: function Update()
2: {
3:    transform.Translate(
            Input.GetAxis("Horizontal")*Time.deltaTime,0,0);
4: }
```

在上述 JavaScript 代码中，开发者需要在第 1 行到第 4 行之间的 Update()中实现相关代码，以便 Unity3D 逐帧运行 Update()中的相关游戏业务逻辑代码。

在第 3 行中，通过 transform 对象获得执行该代码的游戏对象 Player，然后通过 transform 对象的 Translate 方法，实现 Player 的移动。

在 Translate 方法中，需要输入一个 3D 的矢量值，由于只需要实现飞机 Player 的左、右移动，因此只需要在 3D 矢量值中设置 x 的变量，其他 2 个值保持为 0。

在实现沿 x 变量轴的左、右移动时，为了检测游戏玩家是否按下键盘左、右键，设置了 Input.GetAxis("Horizontal")。如果按下了键盘左键，则 Input.GetAxis("Horizontal")的值为-1；如果按下了键盘右键，则 Input.GetAxis("Horizontal")的值为 1。

通过 Time.deltaTime，获得每帧之间的时间数值，默认情况下大约为 0.02 秒。

在图 2-50 中，选择 playerController 代码文件，拖放到层次 Hierarchy 窗格中的 Player 对象之上，如果代码没有编译错误，则可以成功拖放，并在右下角出现 playerController 代码组件；如果代码存在编译错误，不能成功拖放，则需要修改错误代码直到编译成功。

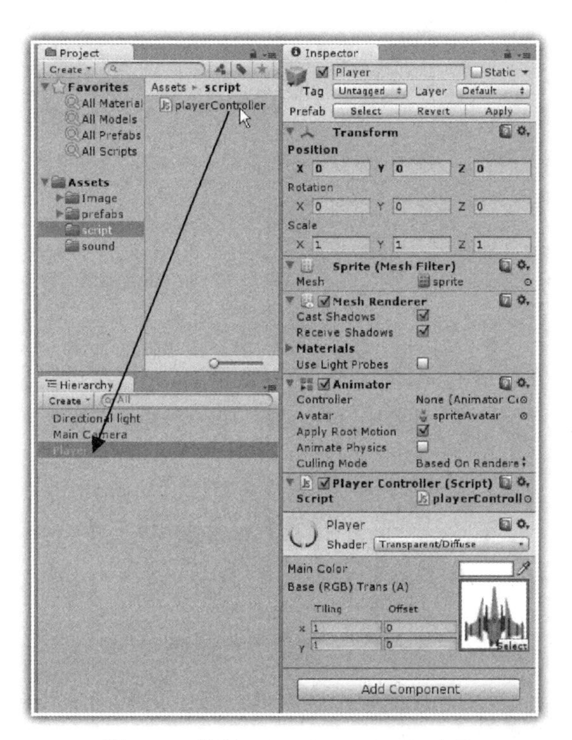

图 2-50　拖放 playerController.js 文件

这里需要说明的是，初学者常常多次重复拖放相同代码，在图 2-51 中，已经拖放了 2 次 playerController 代码；单击代码右边的齿轮按钮，在出现的快捷菜单中选择“Remove Component”命令，即可删除多余的代码，如图 2-52 所示。

单击 Unity3D 中的运行按钮，运行游戏，按下键盘左、右键，此时就会实现飞机移动。

但是左、右移动飞机的速度是不可以调整的，不利于游戏的调试，这里需要添加一个移动的速度变量 speed。

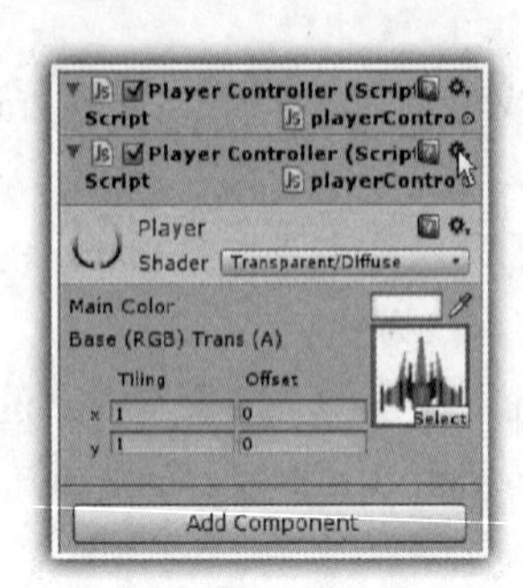

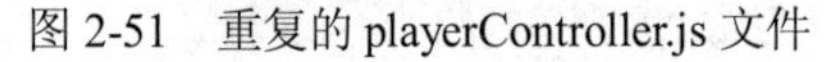
图 2-51　重复的 playerController.js 文件　　图 2-52　删除多余的 playerController.js 文件

对于 C#开发者来说，添加速度变量 speed 之后，PlayerController 的 C#代码文件，见代码 2-3。

代码 2-3　PlayerController 的 C#代码

```
 1: using UnityEngine;
 2: using System.Collections;
 3:
 4: public class PlayerController: MonoBehaviour
 5: {
 6:    public float speed=2.0f;
 7:     void Update()
 8:    {
 9:         transform.Translate(speed*
                 Input.GetAxis("Horizontal")*Time.deltaTime,0,0);
10:      }
11: }
```

在上述 C#代码中，在第 6 行添加了一个速度变量 speed，这里定义的 speed 变量的类型为 public，对于公有属性变量 speed，可以在 Unity3D 中的检视器中显示，方便开发者实时设置变量调试，如图 2-53 所示。

图 2-53　公有属性变量 speed

然后在第 9 行，根据添加的速度变量，实现真正的速度乘以时间等于移动的距离。

对于 JavaScript 开发者来说，添加速度变量 speed 之后，playerController 的 JavaScript 代码文件，见代码 2-4。

代码 2-4　playerController 的 JavaScript 代码

```
1: var speed:float=2.0f;
2: function Update()
3: {
4:    transform.Translate(speed*
```

```
            Input.GetAxis("Horizontal")*Time.deltaTime,0,0);
5: }
```

在上述 JavaScript 代码中，在第 1 行添加了一个速度变量 speed，这里定义的 speed 变量的类型为 public，对于公有属性变量 speed，可以在 Unity3D 中的检视器中显示，方便开发者实时设置变量调试，如图 2-54 所示。

然后在第 4 行，根据添加的速度变量，实现真正的速度乘以时间等于移动的距离。

再次单击 Unity3D 中的运行按钮，运行游戏，选择合适的 speed 变量值，按下键盘左、右键，此时就会实现飞机的合适移动。

2. *循环左、右移动飞机* Player

在上一节中，已经可以实现飞机的左、右移动，但是一旦飞机超出屏幕范围，则飞机再也看不见了。

下面实现一旦飞机超出屏幕左边，则飞机从右边屏幕出来；一旦飞机超出屏幕右边，则飞机从左边屏幕出来，实现所谓的左、右循环移动。

首先设置游戏输出界面的大小，以便在游戏场景中设置相关与界面有关的参数，如什么时候超出屏幕范围等。

在游戏 Game 窗格中单击 Free Aspect 下拉菜单，选择“Standalone (800×600)”，如图 2-55 所示，就会设置 Game 窗格的输出界面大小为 800×600，如图 2-56 所示。

图 2-54　公有属性变量 speed

图 2-55　设置分辨率

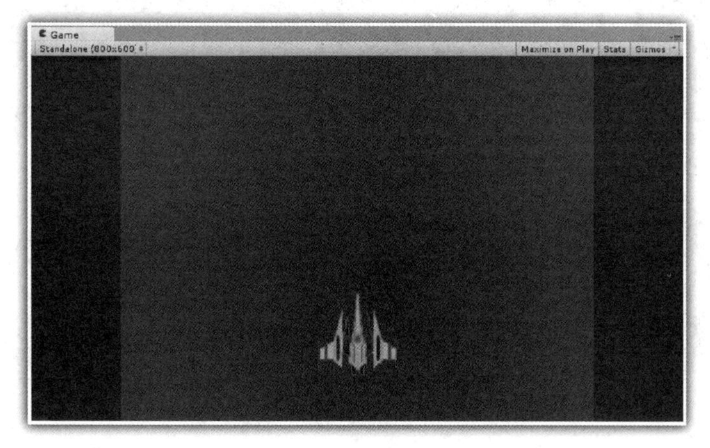

图 2-56　设置游戏界面大小

为寻找飞机移动的左边边界和右边边界，在监视器中调整 X 轴的数值，当飞机刚刚消失之时，此时 X 轴的边界数值设定为-3.2 和 3.2，分别如图 2-57 和 2-58 所示。

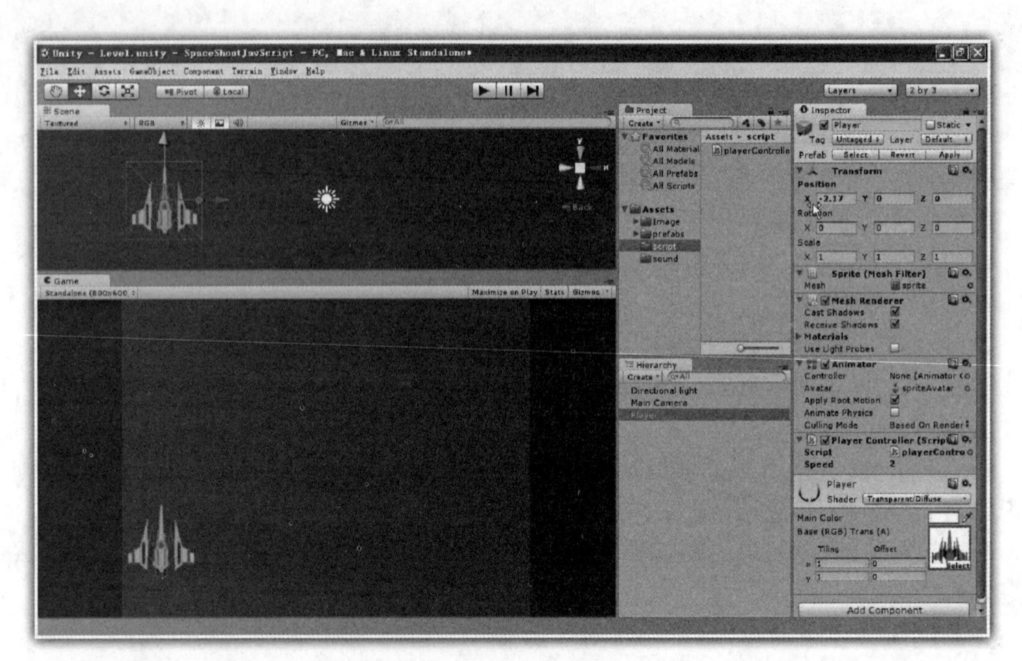

图 2-57　寻找飞机移动的左边边界

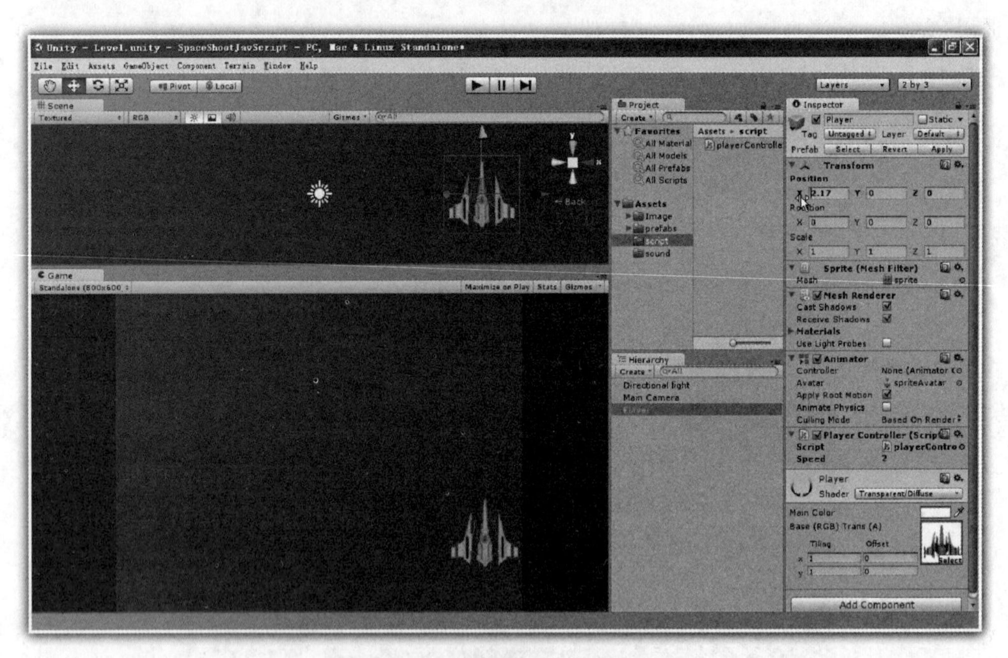

图 2-58　寻找飞机移动的右边边界

对于 C#开发者来说，为实现循环左、右移动飞机，PlayerController 的 C#代码文件，见代码 2-5。

代码 2-5　PlayerController 的 C#代码

```
1: using UnityEngine;
```

```
 2: using System.Collections;
 3:
 4: public class PlayerController: MonoBehaviour
 5: {
 6:   public float speed=2.0f;
 7:
 8:   void Update()
 9:  {
10:     if(transform.position.x < 3.2f && transform.position.x>-3.2f)
11:        transform.Translate(
             speed*Input.GetAxis("Horizontal")*Time.deltaTime,0,0);
12:
13:     if(transform.position.x<=-3.2f)
14:         transform.position=new Vector3(3.1f,
             transform.position.y,transform.position.z);
15:
16:     if(transform.position.x>=3.2f)
17:         transform.position=new Vector3(-3.1f,
             transform.position.y,transform.position.z);
18:
19:  }
20: }
```

在上述 C#代码中，第 10 行判断飞机如果在屏幕之内，则执行原有的第 11 行飞机移动的代码；第 13 行如果飞机处于左边边界，则第 14 行代码将飞机设置为右边的边界位置；第 16 行如果飞机处于右边边界，则第 17 行代码将飞机设置为左边的边界位置。

这里需要说明的是，在 C#中设置飞机的位置时，需要使用 14 行的方法，而不能直接设置其中的一个 X 值，与后面所述的 JavaScript 代码是不一样的。

对于 JavaScript 开发者来说，为实现循环左、右移动飞机，playerController.js 的 JavaScript 代码文件见代码 2-6。

代码 2-6　playerController 的 JavaScript 代码

```
 1: var speed:float=2.0f;
 2:
 3: function Update()
 4: {
 5:   if(transform.position.x>-3.2f && transform.position.x<3.2f)
 6:      transform.Translate(
           speed*Input.GetAxis("Horizontal")*Time.deltaTime,0,0);
 7:
 8:   if(transform.position.x<=-3.2f)
 9:      transform.position.x=3.1f;
10:
11:   if(transform.position.x>=3.2f)
12:      transform.position.x=-3.1f;
13: }
```

在上述 JavaScript 代码中，第 5 行判断飞机如果在屏幕之内，则执行原有的第 6 行飞机移动的代码；第 8 行如果飞机处于左边边界，则第 9 行代码将飞机设置为右边的边界位置；第 11 行如果飞机处于右边边界，则第 12 行代码将飞机设置为左边的边界位置。

此时单击 Unity3D 中的运行按钮，运行游戏，选择合适的 speed 变量值，按下键盘左、右键，就会实现飞机的左、右循环移动。

2.3 发射炮弹

要实现发射炮弹，首先需要创建炮弹，创建跑单的预制件，然后通过 Instantiate 方法发射炮弹。

2.3.1 创建炮弹

下面介绍创建炮弹，实现炮弹移动，添加炮弹被发射的声音以及炮弹的销毁。

1. 新建炮弹对象

在项目 Project 窗格中，首先选择 prefabs 文件夹中的 sprite 对象，直接拖放该对象到层次 Hierarchy 窗格中，然后将该对象的名称修改为 projectile，以便作为炮弹对象，如图 2-59 所示。

为了在 Unity3D 中显示炮弹，在图 2-60 中拖放 projectile 图片到右下方的图片框中，并设置 Shader 为“Transprent”→“Diffuse”，设置图片背景透明化，然后设置 Position 参数：X=0，Y=1，Z=0；Scale 参数：X=0.2，Y=0.5，Z=1。

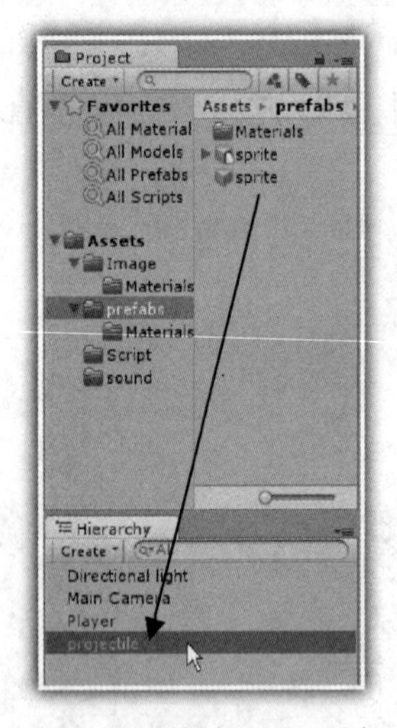

图 2-59　拖放 sprite 对象

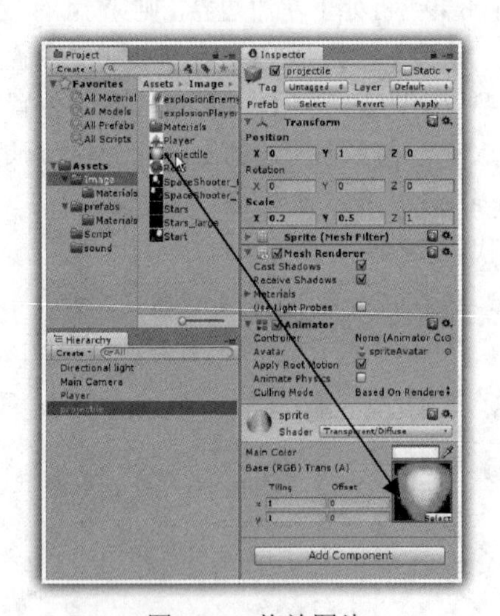

图 2-60　拖放图片

此时在游戏 Game 窗格中就会显示该炮弹对象，如图 2-61 所示。

2. 炮弹移动

为实现炮弹移动，下面需要编写代码。

对于 C#开发者来说，选择 Script 文件夹，在右键出现的快捷菜单中选择“Create”→“C# Script”命令，创建一个 C#文件，该文件的名称设置为 ProjectileController。

ProjectileController 的 C#代码文件，见代码 2-7。

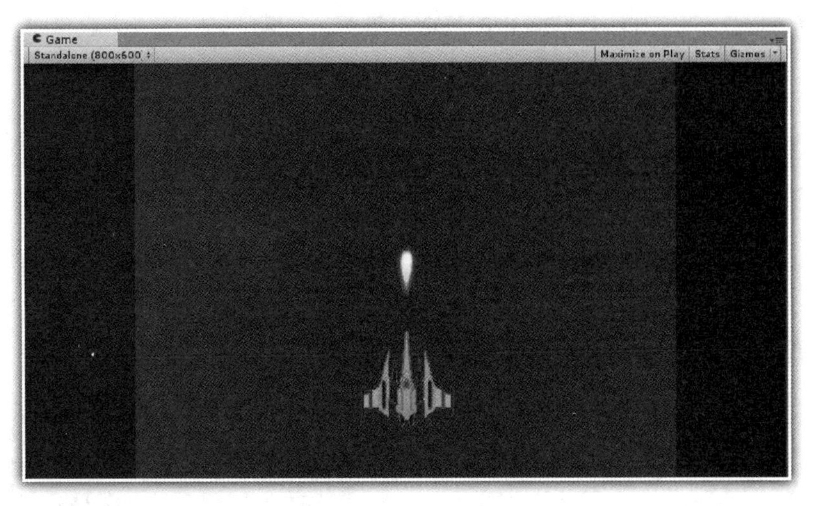

图 2-61　显示炮弹

代码 2-7　ProjectileController 的 C#代码

```
 1: using UnityEngine;
 2: using System.Collections;
 3:
 4: public class ProjectileController : MonoBehaviour
 5: {
 6:  public float speed=5.0f;
 7:
 8:   void Update()
 9:  {
10:     transform.Translate(0,speed*Time.deltaTime,0);
11:   }
12: }
```

在上述 C#代码中，由于炮弹的运动方向是沿着 y 轴运动，因此第 10 行的 Translate 方法在 y 轴方向的移动是 speed*Time.deltaTime，也就是速度乘以时间等于距离。

将上述代码拖放到层次 Hierarchy 窗格中的 projectile 对象之上，如果代码没有编译错误，则可以成功拖放。

对于 JavaScript 开发者来说，选择 Script 文件夹，在右键出现的快捷菜单中选择“Create”→“Javascript”命令，创建一个 JavaScript 文件，该文件为 projectileController.js 文件。

projectileController 的 JavaScript 代码文件，见代码 2-8。

代码 2-8　projectileController 的 JavaScript 代码

```
1: var speed:float=5.0f;
2: function Update()
3: {
4:     transform.Translate(0,speed*Time.deltaTime,0);
5: }
```

在上述 JavaScript 代码中，由于炮弹的运动方向是沿着 y 轴运动，因此第 4 行的 Translate

方法在 y 轴方向的移动是 speed*Time.deltaTime，也就是速度乘以时间等于距离。

将上述代码拖放到层次 Hierarchy 窗格中的 projectile 对象之上，如果代码没有编译错误，则可以成功拖放。

此时单击 Unity3D 中的运行按钮，运行游戏，炮弹就会自动向上快速移动。

3. 炮弹声音

在项目 Project 窗格中，选择 sound 文件夹中的 Shoot 声音文件，在图 2-62 中，单击右下方的播放按钮，即可播放指定的声音文件。

在图 2-63 中，选择 Shoot 声音文件，拖放该文件到层次 Hierarchy 窗格中的 projectile 对象之上，这样就可以让炮弹播放声音了。

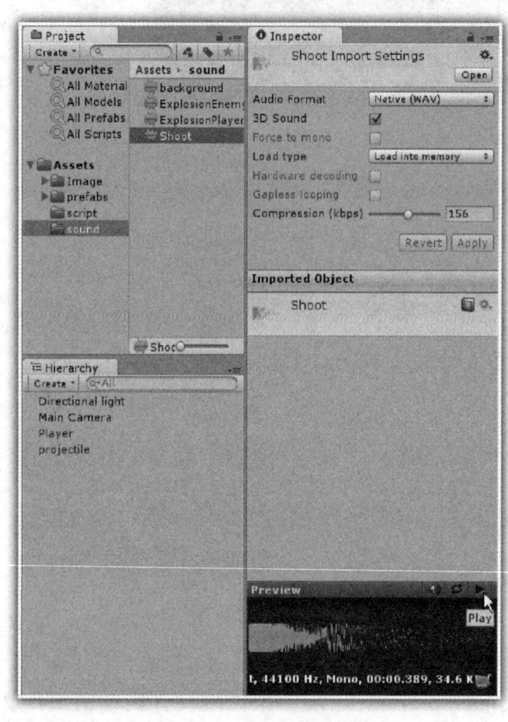

图 2-62　播放炮弹声音

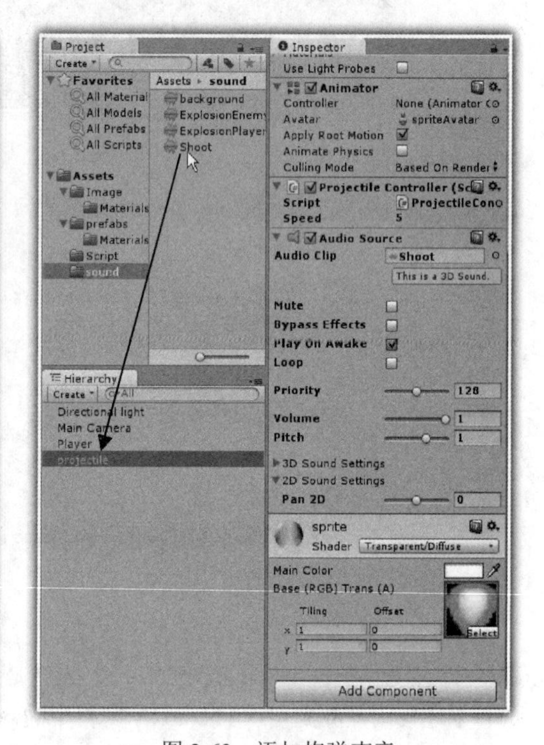

图 2-63　添加炮弹声音

此时单击 Unity3D 中的运行按钮，运行游戏，炮弹会播放被发射的声音，并且会自动向上快速移动。

4. 炮弹销毁

在游戏中，炮弹可以不断被发射，为防止数量众多的炮弹一直向上移动，这里需要将离开屏幕的炮弹销毁。

为寻找炮弹向上移动离开屏幕的边界，调整 Y 轴的数值，慢慢向上移动炮弹，如图 2-64 所示，设置 Y 轴的边界值为 3.5。

对于 C#开发者来说，在 ProjectileControllerd 的 C#代码文件中，添加销毁炮弹的相关代码，见代码 2-9。

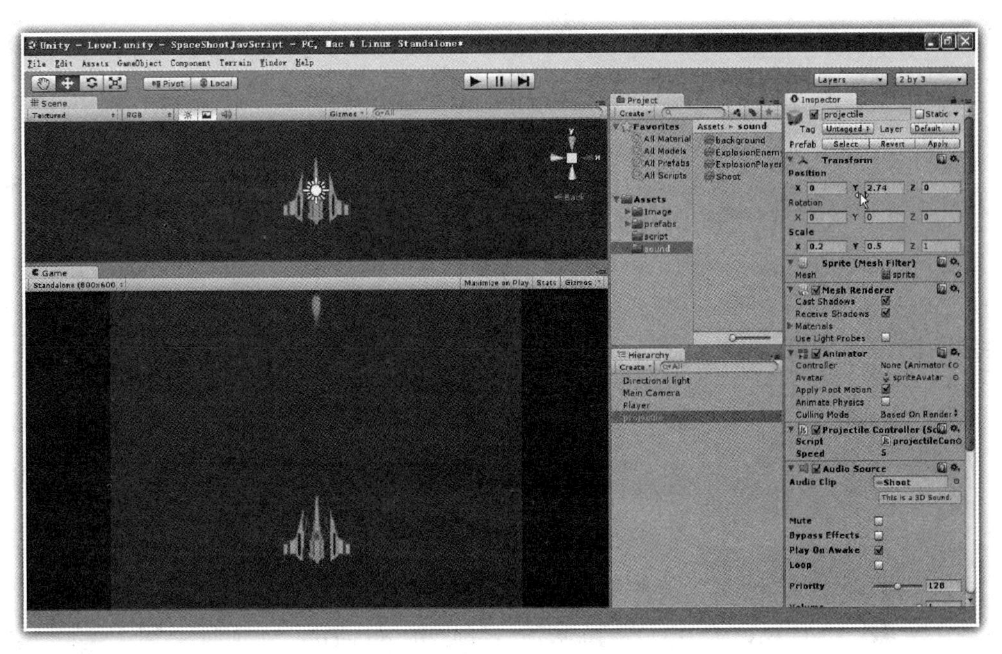

图 2-64 寻找炮弹向上移动离开屏幕的边界

代码 2-9 ProjectileController 的 C#代码

```
 1: using UnityEngine;
 2: using System.Collections;
 3:
 4: public class ProjectileController : MonoBehaviour
 5: {
 6:  public float speed=5.0f;
 7:
 8:   void Update()
 9:  {
10:     transform.Translate(0,speed*Time.deltaTime,0);
11:
12:    if(transform.position.y>3.5f)
13:       Destroy(gameObject);
14:   }
15: }
```

在上述 C#代码中，第 12 行检测炮弹是否离开屏幕上方，如果离开了屏幕，第 13 行就会销毁炮弹。

对于 JavaScript 开发者来说，在 projectileController 的 JavaScript 代码文件中，添加销毁炮弹的相关代码，见代码 2-10。

代码 2-10 projectileController 的 JavaScript 代码

```
1: var speed:float=5.0f;
2: function Update()
3: {
```

```
4:     transform.Translate(0,speed*Time.deltaTime,0);
5:
6:     if(transform.position.y>3.5f)
7:       Destroy(gameObject);
8: }
```

在上述 JavaScript 代码中，添加了第 6 行、第 7 行代码，第 6 行检测炮弹是否离开屏幕上方，如果离开了屏幕，第 7 行就会销毁炮弹。

在 Unity3D 中单击运行按钮，运行游戏，炮弹会播放被发射的声音，并且会自动向上快速移动，当炮弹离开屏幕上方时，炮弹就会被销毁，此时在项目 Project 窗格中的 projectile 对象也会被销毁。

2.3.2 发射炮弹

为实现发射多个炮弹，在 Unity3D 中首先需要创建预制件 prefab 对象，然后通过 Instantiate 方法即可在指定位置发射炮弹。

1. 创建预制件炮弹

要创建预制件炮弹 prefab，或者说是可重用的炮弹对象，在图 2-65 中，在层次 Hierarchy 窗格中，选择前面已经创建的 projectile 对象，直接拖放到 prefabs 中去，此时就会在 prefabs 文件夹中创建一个预制件炮弹 projectile。

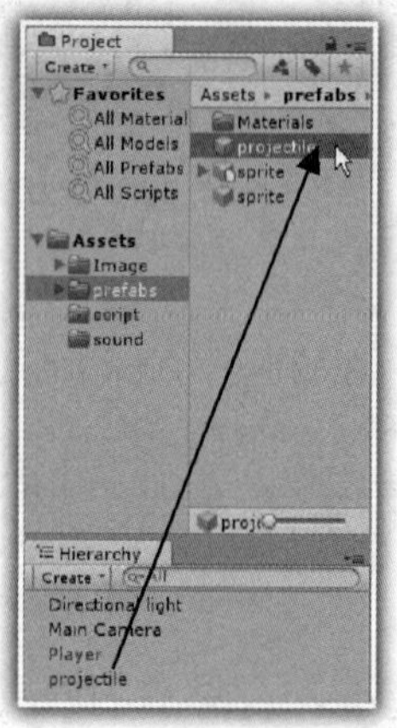

图 2-65 创建 prefab 炮弹

2. 发射炮弹

在 Unity3D 中，通过 Instantiate()方法，就可以实现发射前面所创建的预制件炮弹。

对于 C#开发者来说，要实现发射炮弹，需要找到前面代码 2-5 中的 PlayerController.cs 文件，在其中添加相关代码，见代码 2-11。

代码 2-11 PlayerController 的 C#代码

```
 1: using UnityEngine;
 2: using System.Collections;
 3:
 4: public class PlayerController: MonoBehaviour
 5: {
 6:  public float speed=2.0f;
 7:  public GameObject projectile;
 8:   void Update()
 9:  {
10:     if(transform.position.x < 3.2f && transform.position.x >-3.2f)
11:        transform.Translate(
              speed*Input.GetAxis("Horizontal")*Time.deltaTime,0,0);
12:
13:     if(transform.position.x<=-3.2f)
14:         transform.position=new Vector3(3.1f,
              transform.position.y,transform.position.z);
15:
```

```
16:     if(transform.position.x>=3.2f)
17:         transform.position=new Vector3 (-3.1f,
              transform.position.y,transform.position.z);
18:
19:     if(Input.GetKeyDown(KeyCode.Space))
20:         Instantiate(projectile, transform.position,transform.rotation);
21:
20:}
```

在上述 C#代码中，与代码 2-5 相比较，添加了第 7 行代码和第 19 行、第 20 行代码。

第 7 行代码设置了炮弹对象 projectile，访问属性设置为公有，以便开发者在监视器中设置关联的预制件炮弹；第 19 行通过判断用户是否按下 Space 键，如果按下 Space 键，则执行第 20 行语句，动态创建炮弹对象，从而实现发射炮弹。

在 Instantiate 方法动态创建炮弹时，需要输入三个参数，它们分别是需要创建的对象，如炮弹 projectile，一般情况下都是预制件；需要在什么位置创建该炮弹，这里的位置是飞机画面的中部；最后一个是以什么角度发射这个炮弹，这里设置的角度与飞机一样。

对于 JavaScript 开发者来说，要实现发射炮弹，需要找到前面代码 2-6 中的 playerController.js 文件，在其中添加相关代码，见代码 2-12。

代码 2-12　playerController 的 JavaScript 代码

```
1: var speed:float=2.0f;
2: var projectile:GameObject;
3: function Update()
4: {
5:   if(transform.position.x>-3.2f && transform.position.x<3.2f)
6:      transform.Translate(
         speed*Input.GetAxis("Horizontal")*Time.deltaTime,0,0);
7:
8:   if(transform.position.x<=-3.2f)
9:      transform.position.x=3.1f;
10:
11:   if(transform.position.x>=3.2f)
12:      transform.position.x=-3.1f;
13:
14:    if(Input.GetKeyDown(KeyCode.Space))
15:       Instantiate(projectile, transform.position,transform.rotation);
13: }
```

在上述 JavaScript 代码中，与代码 2-6 相比较，添加了第 2 行代码和第 14 行、第 15 行代码。

第 2 行代码设置了炮弹对象 projectile，访问属性设置为公有，以便开发者在监视器中设置关联的预制件炮弹；第 14 行通过判断用户是否按下 Space 键，如果按下 Space 键，则执行第 15 行语句，动态创建炮弹对象，从而实现发射炮弹。

在 Instantiate 方法动态创建炮弹时，需要输入三个参数，它们分别是需要创建的对象，如炮弹 projectile，一般情况下都是预制件；需要在什么位置创建该炮弹，这里的位置是飞机画面的中部；最后一个是以什么角度发射这个炮弹，这里设置的角度与飞机一样。

在图 2-66 中，在项目 Project 窗格中选择 Player 对象，然后选择层次 Hierarchy 窗格中的

projectile 对象，将该炮弹对象拖放到检视器 C#代码 PlayerController 或者 JavaScript 代码 playerController 中的公有属性 projectile 变量的右边，以便代码可以实例化炮弹。

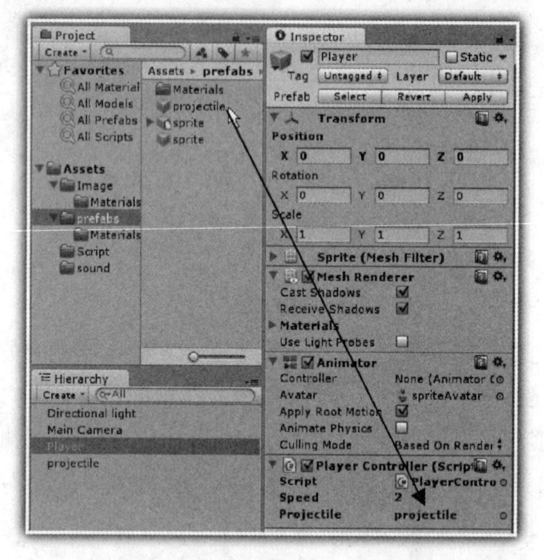

图 2-66　设置关联 prefab 炮弹

这里需要说明的是，在 Unity3D 中，这种拖放相关预制件对象，实现对象相关联的方法，非常重要，大家要逐步深入理解。

在 Unity3D 中单击运行按钮，运行游戏，不断按下 Space 键，不断发射炮弹，此时在项目 Project 窗格中也显示多个 projectile(Clone)对象，如图 2-67 所示，随着炮弹离开屏幕，这些炮弹就会被销毁。

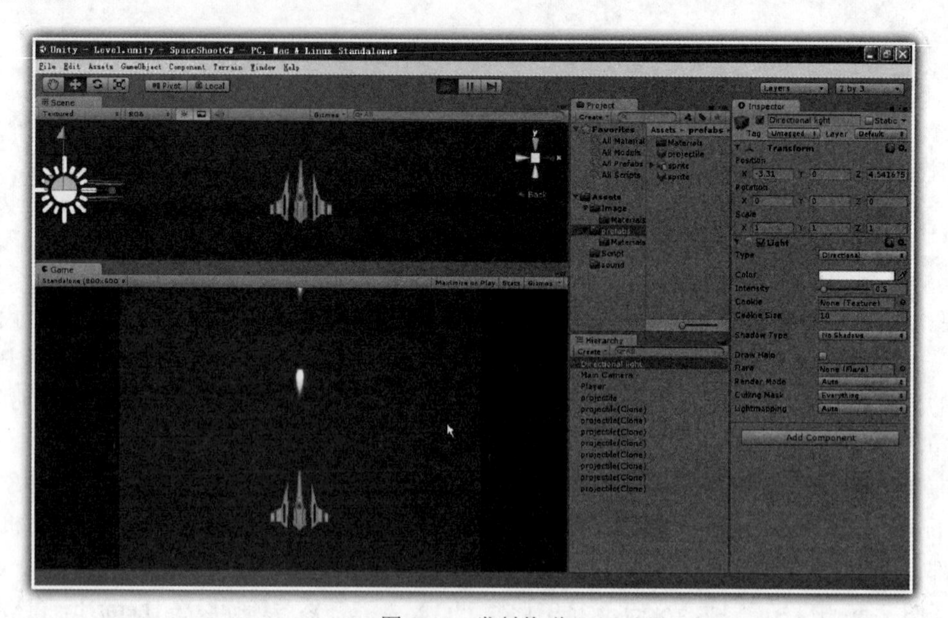

图 2-67　发射炮弹

2.4 陨石降落

在太空射击游戏项目中，陨石从游戏界面上方不断降落，需要飞机发射炮弹击落陨石，否则陨石砸中飞机多次之后，游戏将终止。

2.4.1 显示陨石

在项目 Project 窗格中，选择 prefabs 文件夹中的 sprite 对象，直接拖放该对象到层次 Hierarchy 窗格中，并将该对象的名称修改为 rock，如图 2-68 所示。

为了在 Unity3D 中显示陨石，在图 2-69 中拖放 Rock 图片到层次 Hierarchy 窗格中的 Rock 对象之上，在检视器中设置 Shader 为“Transprent”→“Diffuse”，设置图片背景为透明化，然后设置 Position 参数：X=0，Y=1.5，Z=0；Scale 参数：X=0.8，Y=0.8，Z=1。

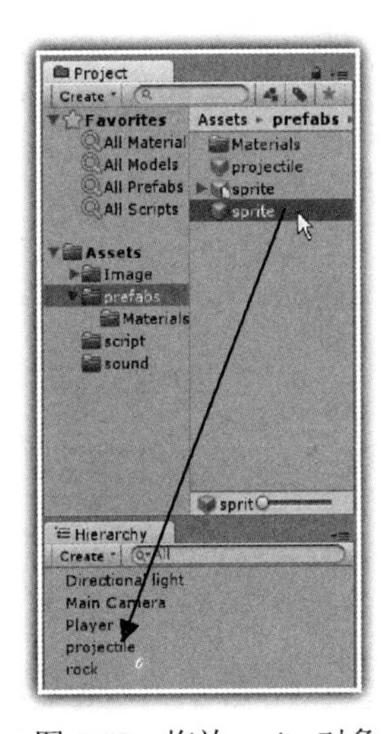

图 2-68　拖放 sprite 对象

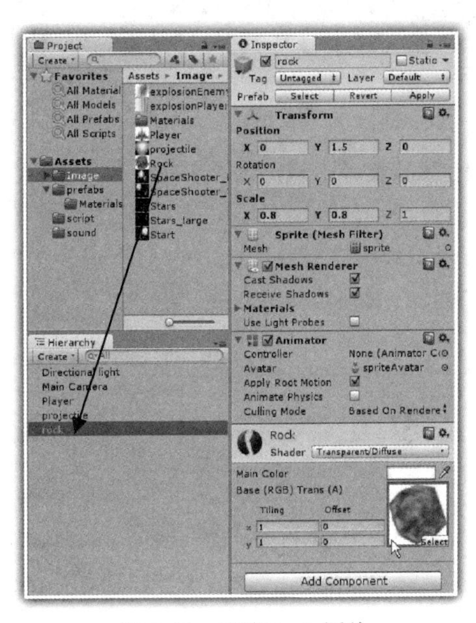

图 2-69　拖放 Rock 图片

这里需要说明的是，不要将图片 Rock 拖放到右下方的图片框中，这种操作是不正确的，大家自己可以测试、实验。

此时在游戏 Game 窗格中就会显示该炮弹对象，如图 2-70 所示。

2.4.2 陨石降落

下面实现陨石的降落以及陨石的随机降落。

1. 陨石降落

陨石降落的代码相对简单。

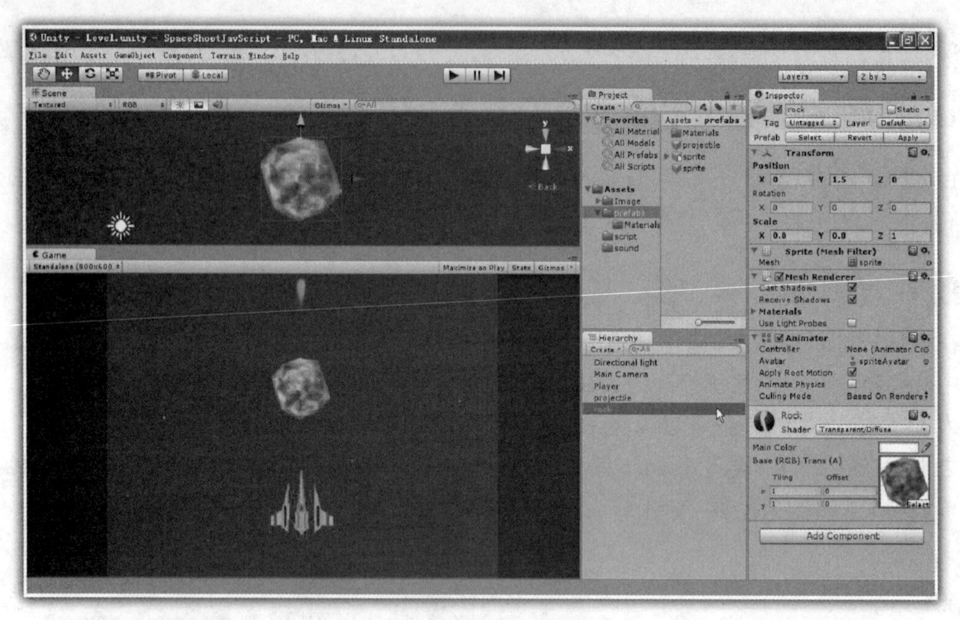

图 2-70　显示陨石

对于 C#开发者来说，选择 Script 文件夹，在右键出现的快捷菜单中选择“Create”→“C# Script”命令，创建一个 C#文件，该文件名称为 RockController.cs。

RockController 的 C#代码，见代码 2-13。

代码 2-13　RockController 的 C#代码

```
 1: using UnityEngine;
 2: using System.Collections;
 3:
 4: public class RockController : MonoBehaviour
 5: {
 6:
 7:   public float speed=2.0f;
 8:
 9:   void Update()
10:   {
11:      transform.Translate(0,-speed*Time.deltaTime,0);
12:   }
13: }
```

在上述 C#代码中，第 11 行代码在 Y 轴方向向下移动陨石，实现陨石降落。

对于 JavaScript 开发者来说，选择 Script 文件夹，在右键出现的快捷菜单中选择“Create”→“Javascript”命令，创建一个 JavaScript 文件，该文件为 rockController.js。

rockController 的 JavaScript 代码，见代码 2-14。

代码 2-14　rockController 的 JavaScript 代码

```
 1: var speed:float=2.0f;
 2:
```

```
3: function Update()
4: {
5:   transform.Translate(0,-speed*Time.deltaTime,0);
6: }
```

在上述 JavaScript 代码中，第 5 行代码在 Y 轴方向向下移动陨石，实现陨石降落。

将上述代码拖放到项目 Project 窗格中的 rock 对象之上，使得 rock 对象可以运行陨石降落的代码。

在 Unity3D 中单击运行按钮，运行游戏，可以看到：陨石从上方降落到下方直到离开屏幕底部。

2. 陨石随机降落

下面实现当陨石降落到屏幕下方，直到离开屏幕底部的时候，陨石会重新返回到屏幕的顶部，并且随机设置上方的左右位置。

为实现上述功能，同样需要知道陨石在屏幕左、右以及上方、底部的位置边界，经过实验，上方的 Y=3.5，底部的 Y=-2.0；左、右边界则分别为 X=-2.1 和 X=2.1。

对于 C#开发者来说，在 RockController.cs 中添加相关代码，见代码 2-15。

代码 2-15　RockController 的 C#代码

```
 1: using UnityEngine;
 2: using System.Collections;
 3:
 4: public class RockController : MonoBehaviour
 5: {
 6:
 7:   public float speed=2.0f;
 8:
 9:   void Update()
10:   {
11:      transform.Translate(0,-speed*Time.deltaTime,0);
12:
13:      if(transform.position.y<-2.0f)
14:        transform.position=new Vector3(Random.Range(-2.1f,2.1f),3.5f,0);
15:   }
16: }
```

在上述 C#代码中，添加了第 13 行、第 14 行代码。第 13 行判断陨石移动是否超出 Y 轴的底部边界，如果超出底部屏幕，则执行第 14 行代码，重新设置陨石在屏幕上方的位置，其中左、右方向的 X 值，采用 Random 的 Range()方法来随机设置，而 Y 则设置为 3.5，从而实现陨石的不断降落。

对于 JavaScript 开发者来说，在 rockController.js 中添加相关代码，见代码 2-16。

代码 2-16　rockController 的 JavaScript 代码

```
1: var speed:float=2.0f;
2:
3: function Update()
4: {
5:   transform.Translate(0,-speed*Time.deltaTime,0);
6:
```

```
 7:   if(transform.position.y<-2.0f)
 8:     transform.position=new Vector3(Random.Range(-2.1f,2.1f),3.5f,0);
 9:
10: }
```

在上述 JavaScript 代码中，添加了第 7 行、第 8 行代码。第 7 行判断陨石移动是否超出 Y 轴的底部边界，如果超出底部屏幕，则执行第 8 行代码，重新设置陨石在屏幕上方的位置，其中左、右方向的 X 值，采用 Random 的 Range()方法来随机设置，而 Y 则设置为 3.5，从而实现陨石的不断降落。

单击运行按钮，运行游戏，此时可以看到：陨石每次都获得随机的左、右位置，不断从上方降落到下方直到离开屏幕底部。

2.5 背景移动

在太空射击游戏项目中，为模拟太空环境，在游戏界面中设置了太空背景，从上到下垂直向下缓慢移动。

2.5.1 单个背景移动

在图 2-71 中，在项目 Project 窗格中选择 sprite 对象，拖放到层次 Hierarchy 窗格中，并修改名称为“background1”，然后拖放 Stars 图片到 background1，调整 background1 的 Scale 参数：X=6，Y=6，Z=1；将 background1 的 Position 参数设置为：X=0，Y=0，Z=1。

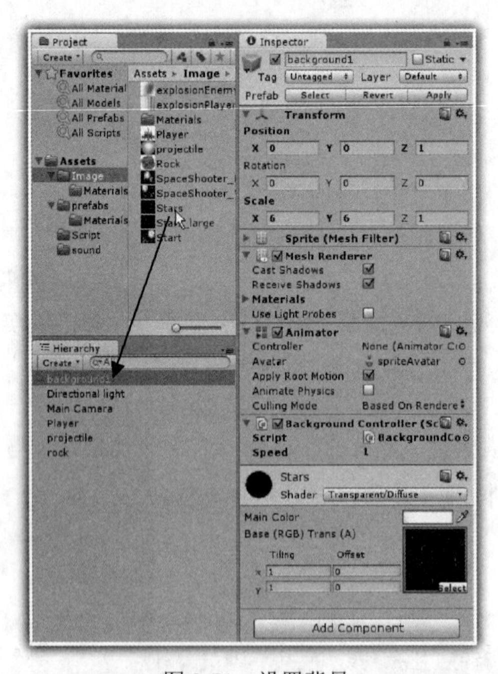

图 2-71　设置背景

此时太空背景消失了，不再显示在游戏 Game 界面中。在层次 Hierarchy 窗格中选择“Main Camera”对象，设置该摄像机的 Position 参数设置为：X=0，Y=1，Z=-8。

此时就会正常显示太空背景，并且太空背景在陨石、飞机和炮弹游戏对象（它们的 Z=0）的后面。

在太空背景向下移动过程中，同样需要知道太空背景离开屏幕底部的边界参数，经过测试后发现，Y=-3.9。

对于 C#开发者来说，在项目 Project 窗格中新建一个 BackgroundController.cs 文件，实现背景移动的代码，见代码 2-17。

代码 2-17　BackgroundController 的 C#代码

```
 1: using UnityEngine;
 2: using System.Collections;
 3:
 4: public class BackgroundController : MonoBehaviour
 5: {
 6:    public float speed=1.0f;
 7:
 8:    void Update()
 9:   {
10:
11:       transform.Translate(0,-speed*Time.deltaTime,0);
12:
13:       if(transform.position.y<-3.9f)
14:         transform.position=new Vector3(0,0,1);
15:
16:    }
17: }
```

在上述 C#代码中，第 11 行实现背景的向下移动；第 13 行代码判断背景是否超出屏幕底部，如果超出屏幕底部，则执行第 14 行代码，重新设置背景的起始位置，以便背景重新向下移动。

将上述代码拖放到 background1 对象之上，以便背景运行上述代码。

对于 JavaScript 开发者来说，在项目 Project 窗格中新建一个 backgroundController.js 文件，实现背景移动的代码，见代码 2-18。

代码 2-18　backgroundController 的 JavaScript 代码

```
1: var speed:float=1.0f;
2:
3: function Update()
4: {
5:   transform.Translate(0,-speed*Time.deltaTime,0);
6:
7:   if(transform.position.y<-3.9f)
8:      transform.position=new Vector3(0,0,1);
9: }
```

在上述 JavaScript 代码中，第 5 行实现背景的向下移动；第 7 行判断陨石移动是否超出 Y 轴的底部边界，如果超出底部屏幕，则执行第 8 行代码，重新设置陨石在屏幕上方的位置，以便背景重新向下移动。

将上述代码拖放到background1对象之上，以便背景运行上述代码。

运行游戏，此时会看到：太空背景可以循环向下移动，不过会出现空白的背景。

2.5.2 两个背景循环移动

为实现背景不断向下循环移动，需要再添加一个背景。

在图2-72中，在项目Project窗格中选择sprite对象，拖放到层次Hierarchy窗格中，并修改名称为“background2”，然后拖放Stars_large图片到background2，调整background2的Scale参数：X=6，Y=6；将background2的Position参数设置为：X=0，Y=6，Z=1。

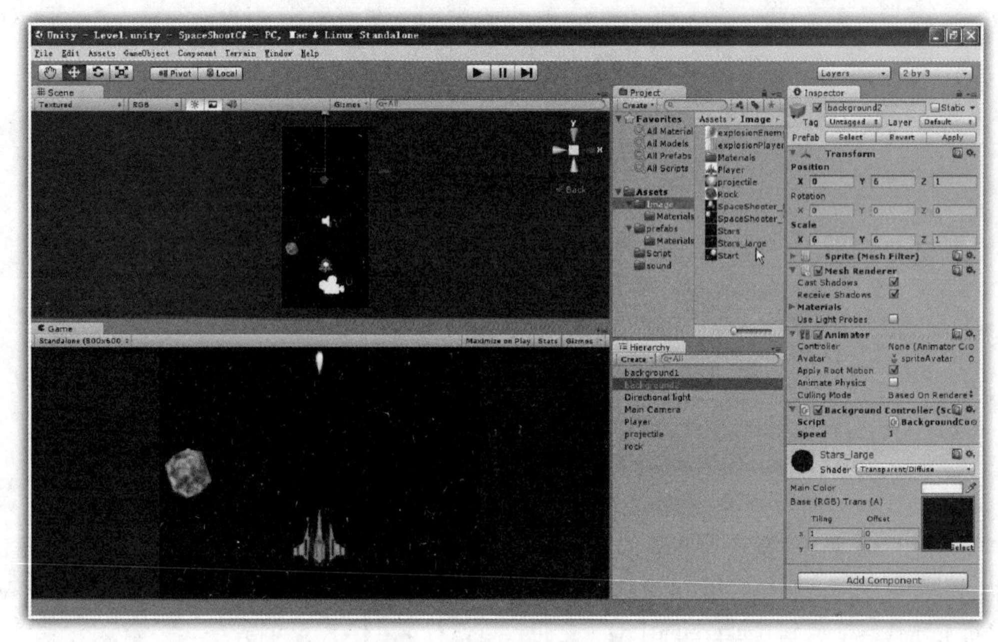

图2-72 设置第二个背景

此时就会在游戏场景Scene窗格中，显示两个无缝连接的太空背景。

对于C#开发者来说，修改BackgroundController.cs文件之后，见代码2-19。

代码2-19 BackgroundController的C#代码

```
 1: using UnityEngine;
 2: using System.Collections;
 3:
 4: public class BackgroundController : MonoBehaviour
 5: {
 6:    public float speed=1.0f;
 7:
 8:    void Update()
 9:   {
10:
```

```
11:        transform.Translate(0,-speed*Time.deltaTime,0);
12:
13:        if(transform.position.y<-3.9f)
14:          transform.position=new Vector3(0,8,1);
15:
16:    }
17: }
```

在上述C#代码中，与代码2-17相比较，只是修改了第14行代码。当背景超出屏幕底部时，需要重新设置背景的起始位置，该位置是在另外一张背景图片的上方，以便无缝连接，此时的初始位置Y应该设置为8。

将上述代码拖放到background2对象之上，以便背景运行上述代码。

对于JavaScript 开发者来说，修改backgroundController.js文件之后，见代码2-20。

代码2-20　backgroundController的JavaScript代码

```
1: var speed:float=1.0f;
2:
3: function Update()
4: {
5:   transform.Translate(0,-speed*Time.deltaTime,0);
6:
7:   if(transform.position.y<-3.9f)
8:      transform.position=new Vector3(0,8,1);
9: }
```

在上述JavaScript代码中，与代码2-18相比较，只是修改了第8行代码。当背景超出屏幕底部时，需要重新设置背景的起始位置，该位置是在另外一张背景图片的上方，以便无缝连接，此时的初始位置Y应该设置为8。

将上述代码拖放到background2对象之上，以便背景运行上述代码。

运行游戏，此时会看到：太空背景可以循环向下移动，不再出现空白的背景。

2.6 碰撞检测

在Unity3D中，要实现碰撞检测，需要满足两个必要条件：第一个条件是碰撞的双方游戏对象必须具有碰撞体；第二个条件是运动的游戏对象必须具有刚体属性。

2.6.1　炮弹与陨石碰撞检测

在炮弹与陨石的碰撞检测中，将炮弹当做运动的游戏对象，因此需要在炮弹中不仅设置碰撞体，还要设置刚体。

1. 添加炮弹碰撞体、刚体和标签

首先需要为炮弹设置碰撞体。

在图2-73中，单击菜单“Component”→“Physics”→“Capsule Collider”命令，为炮弹新建一个胶囊碰撞体。

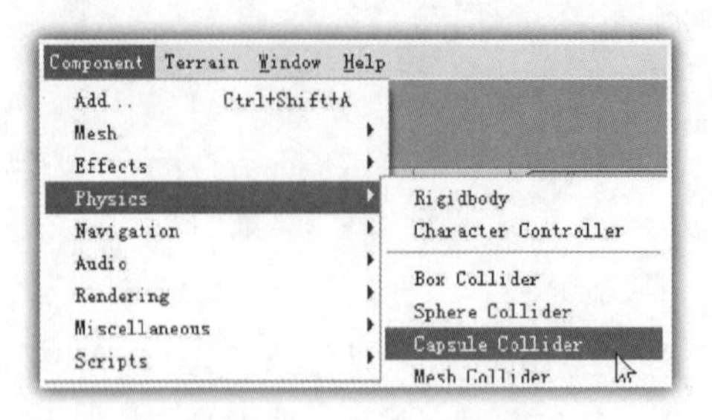

图 2-73　设置胶囊碰撞体

新建炮弹的胶囊碰撞体之后，在游戏场景 Scene 中，查看 projectile 对象，由于炮弹中添加了声音，声音图标遮挡了炮弹，如图 2-74 所示。

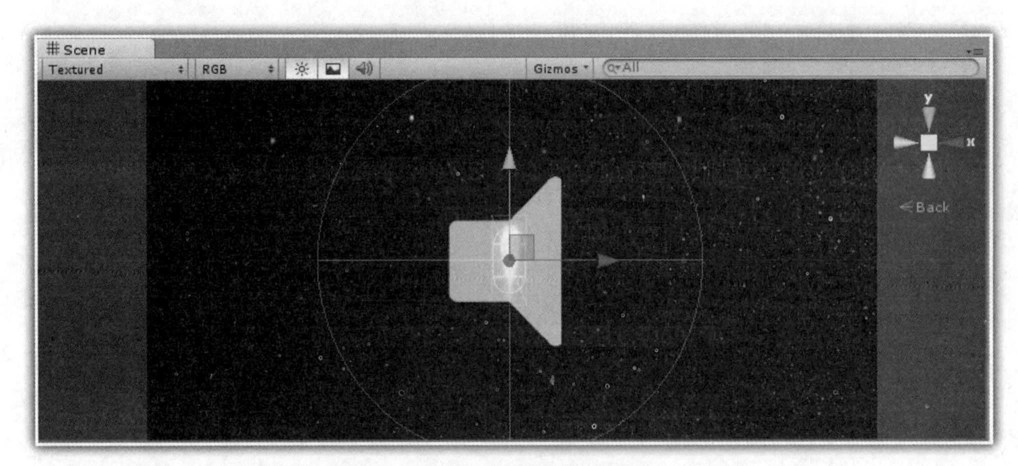

图 2-74　游戏场景中的声音图标

在图 2-75 中，单击“Gizmos”，在出现的下拉菜单中设置滑动按钮到最左边的位置，以便隐藏声音图标。

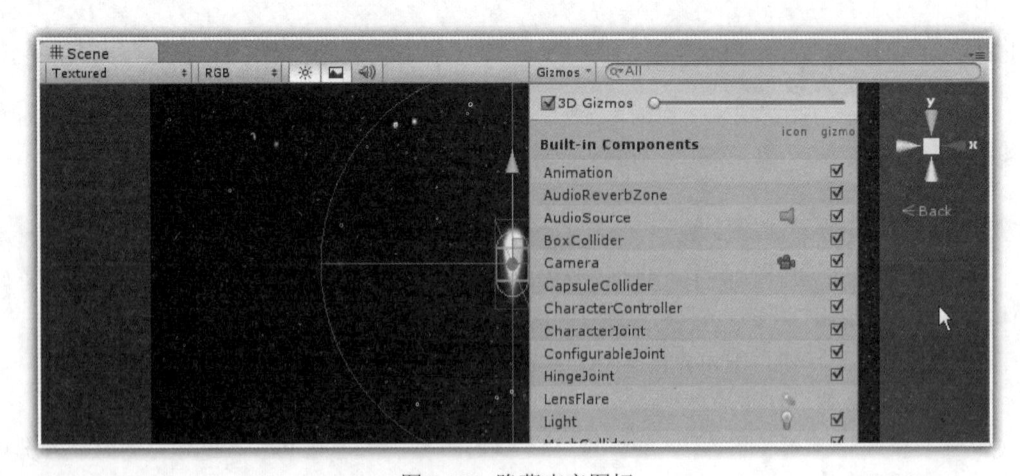

图 2-75　隐藏声音图标

在图 2-76 中，设置胶囊碰撞体的相关参数，以便胶囊碰撞体刚好围绕炮弹的图片。设置 Center 参数均为 0，Radius=0.09，Height=0.72，Direction 则设置为 Y-Axis，并注意勾选 Is Trigger 属性。

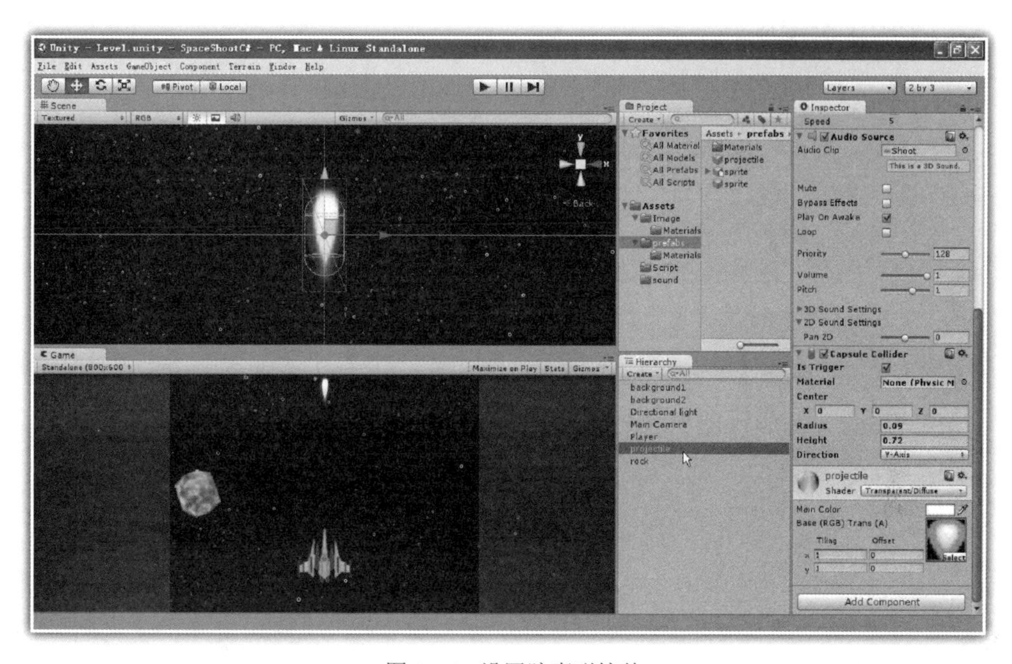

图 2-76　设置胶囊碰撞体

为炮弹添加了胶囊碰撞体之后，还需要为炮弹添加刚体。

单击菜单“Component”→“Physics”→“Rigidbody”命令，为炮弹新建一个刚体，以便炮弹具有物理属性，如图 2-77 所示。

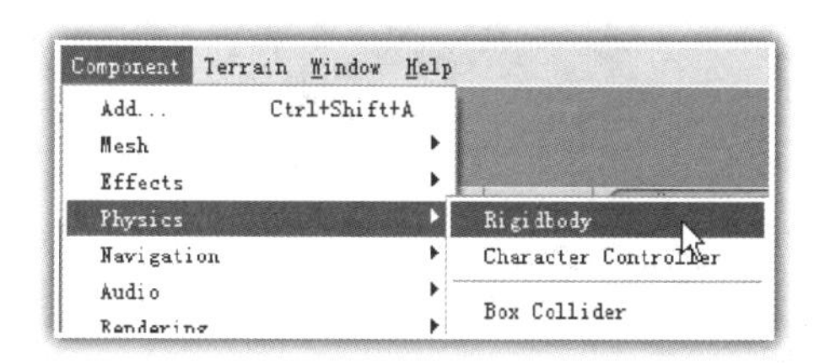

图 2-77　添加刚体

在如图 2-78 所示的设置刚体属性中，将 Use Gravity 非勾选，并设置 Constraints 的参数中的 Freeze Position：Z 轴勾选；Freeze Rotation：X、Y、Z 轴勾选。

为方便后续步骤的碰撞检测，还需要设置炮弹的标签。

在检视器中，单击标签 Tag 右边的下拉菜单，在出现的下拉菜单选择“Add Tag”命令，如图 2-79 所示。

在打开的如图 2-80 所示的界面中，输入标签“projectile”，然后在如图 2-81 所示的界面中，选择刚才新建的标签 projectile，这样炮弹就具有了标签 projectile。

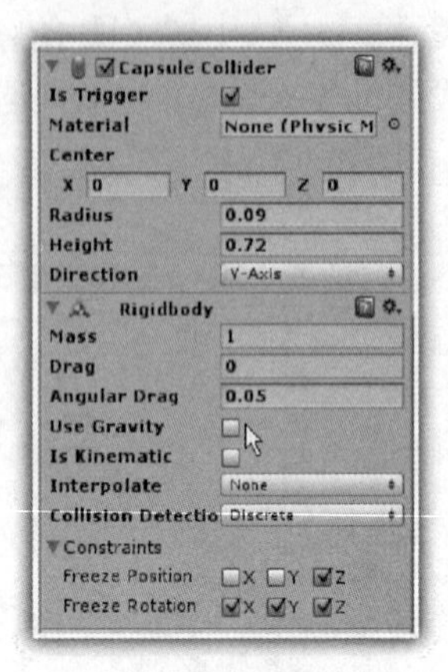

图 2-78　设置刚体

图 2-79　添加标签

成功设置炮弹的碰撞体和刚体之后，在层次 Hierarchy 窗格中选择 projectile 对象，拖放到项目 Project 窗格中的预制件 projectile 之上，更新预制件 projectile，如图 2-82 所示。

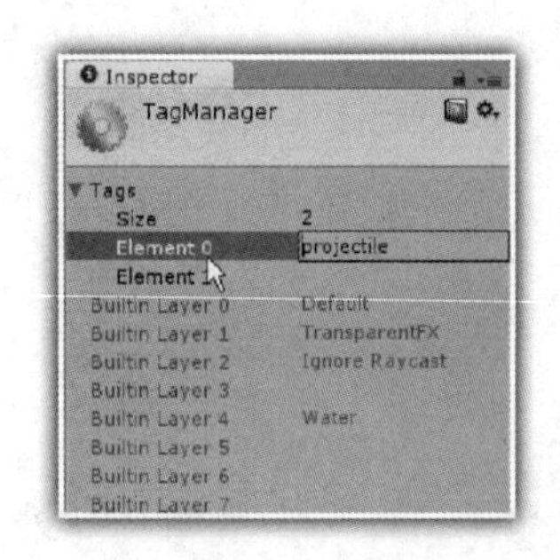

图 2-80　输入标签

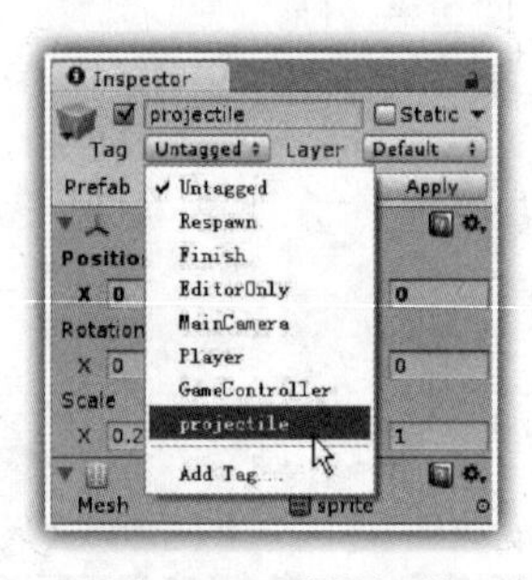

图 2-81　选择标签

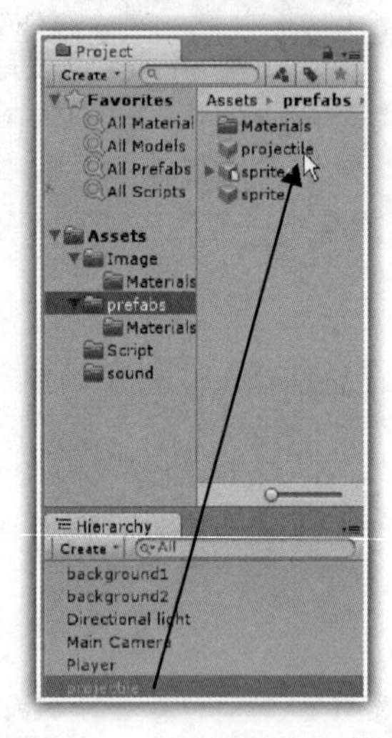

图 2-82　更新炮弹预制件

2. 设置陨石碰撞体

在图 2-83 中，单击菜单“Component”→“Physics”→“Box Collider”命令，为陨石新建一个立方体碰撞体，然后勾选 Is Trigger 属性。

这样，就为陨石也设置了碰撞体。

3. 炮弹与陨石碰撞检测

要实现炮弹与陨石的碰撞检测，这里需要说明的是，还有一个最大的前提就是炮弹与陨石必须处在同一个平面上，即 Position 参数中的 Z=0。

对于 C#开发者来说，在 RockController.cs 中添加碰撞检测的代码，见代码 2-21。

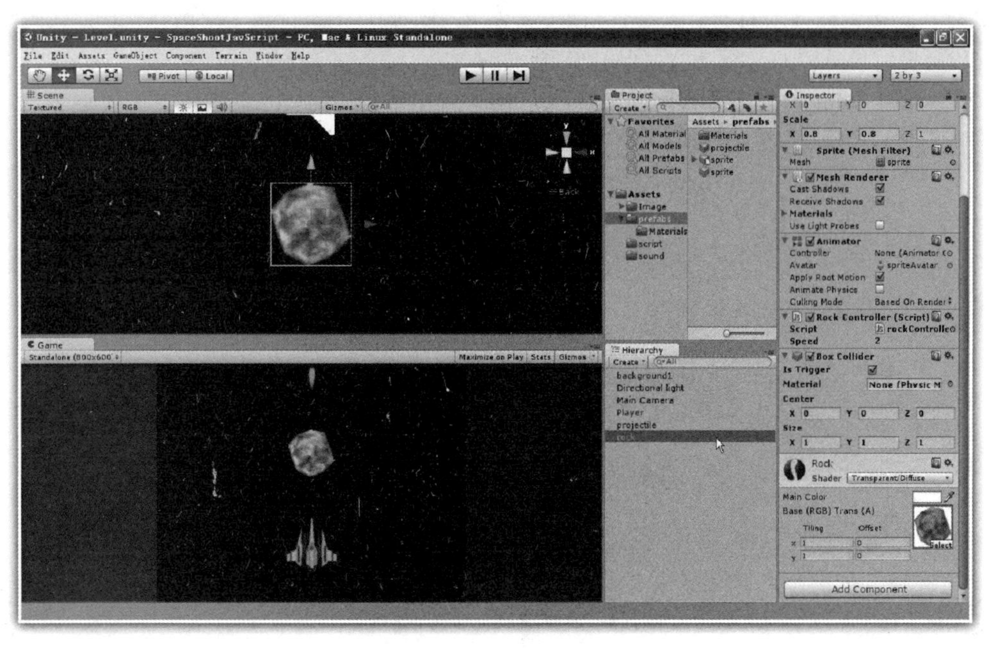

图 2-83　设置立方体碰撞体

代码 2-21　RockController 的 C#代码

```
 1: using UnityEngine;
 2: using System.Collections;
 3:
 4: public class RockController : MonoBehaviour
 5: {
 6:
 7:   public float speed=2.0f;
 8:
 9:   void Update()
10:  {
11:      transform.Translate(0,-speed*Time.deltaTime,0);
12: }
13: }
14:
15: function OnTriggerEnter (other : Collider)
16: {
17:   if(other.tag=="projectile")
18:   {
19:     transform.position=new Vector3(Random.Range(-2.1f,2.1f),3.5f,0);
20:     Destroy(other.gameObject);
21:
22:   }
23: }
```

在上述 C#代码中，与代码 2-13 相比较，添加了第 15 行到第 23 行的碰撞检测代码。其中第 17 行代码检测碰撞陨石的对象是否是炮弹，如果是炮弹，则执行第 19 行、第 20 行代码。第 19 行代码重新设置陨石，第 20 行代码则销毁炮弹。

对于 JavaScript 开发者来说，在 rockController.js 中添加碰撞检测的代码，见代码 2-22。

代码 2-22　rockController 的 JavaScript 代码

```
 1: var speed:float=2.0f;
 2:
 3: function Update()
 4: {
 5:   transform.Translate(0,-speed*Time.deltaTime,0);
 6: }
 7:
 8: function OnTriggerEnter (other : Collider)
 9: {
10:   if(other.tag=="projectile")
11:   {
12:     transform.position=new Vector3(Random.Range(-2.1f,2.1f),3.5f,0);
13:     Destroy(other.gameObject);
14:
15:   }
16:}
```

在上述 JavaScript 代码中，与代码 2-14 相比较，添加了第 8 行到第 16 行的碰撞检测代码。其中第 10 行代码检测碰撞陨石的对象是否是炮弹，如果是炮弹，则执行第 12 行、第 13 行代码。第 12 行代码重新设置陨石，第 13 行代码则销毁炮弹。

重新设置飞机 Position 的 Y=-0.53，让飞机处于屏幕的底部。运行游戏，可以看到：每当炮弹击中陨石之后，炮弹被销毁，陨石重新位于上方不断降落。

2.6.2　飞机与陨石碰撞检测

在飞机与陨石的碰撞检测中，需要将陨石当做运动的游戏对象，因此需要在陨石中添加刚体。

1. 添加陨石刚体

单击菜单“Component”→“Physics”→“Rigidbody”命令，为陨石新建一个刚体，以便陨石具有物理属性，如图 2-84 所示。

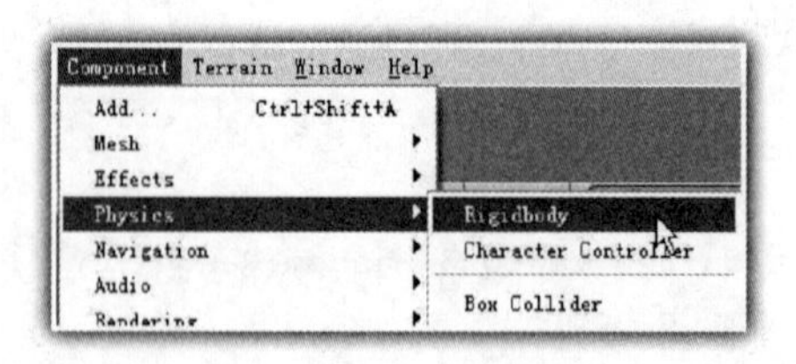

图 2-84　添加刚体

在如图 2-85 所示的设置刚体属性中，设置属性 Use Gravity 为非勾选，并设置 Constraints 参数中的 Freeze Position：Z 轴勾选；Freeze Rotation：X、Y、Z 轴勾选。

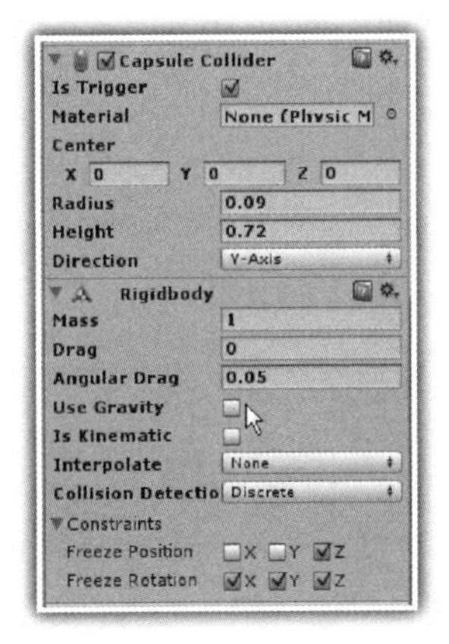

图 2-85　设置刚体

2. 添加飞机碰撞体、标签

在图 2-86 中，单击菜单“Component”→“Physics”→“Box Collider”命令，为陨石新建一个立方体碰撞体，然后勾选 Is Trigger 属性。

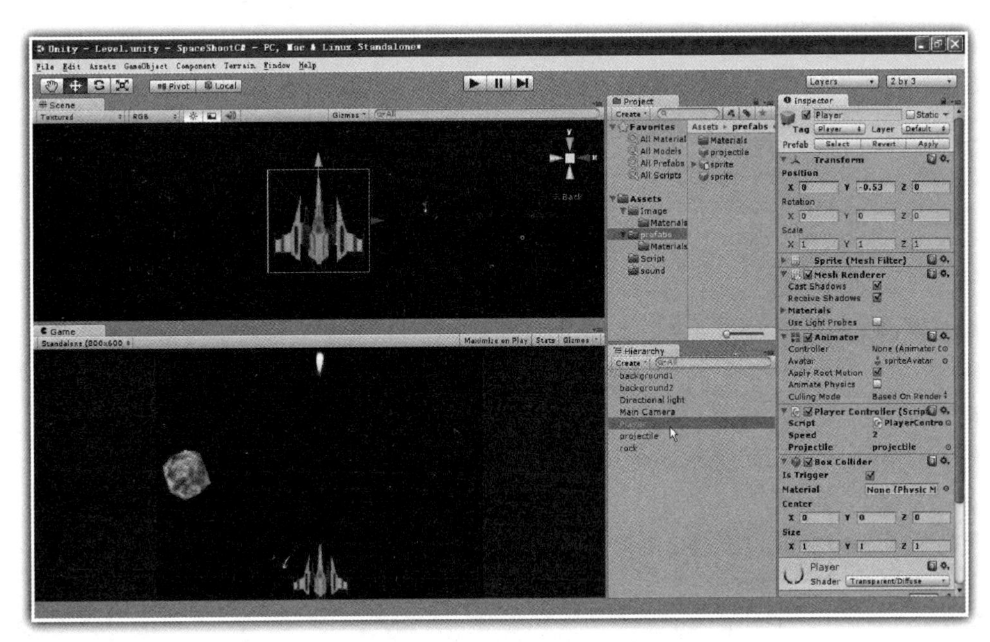

图 2-86　添加飞机的立方体碰撞体

然后为飞机添加标签 Player，并选择飞机的标签为 Player。

3. 飞机与陨石碰撞检测

要实现飞机与陨石的碰撞检测，这里还需要说明的是，飞机与陨石必须处在同一个平面上，即 Position 参数的 Z=0。

对于 C#开发者来说，在 RockController.cs 中添加飞机与陨石的碰撞检测的代码，见代码 2-23。

代码 2-23　RockController 的 C#代码

```
 1: using UnityEngine;
 2: using System.Collections;
 3:
 4: public class RockController : MonoBehaviour
 5: {
 6:
 7:   public float speed=2.0f;
 8:
 9:   void Update()
10:  {
11:      transform.Translate(0,-speed*Time.deltaTime,0);
12: }
13: }
14:
15: function OnTriggerEnter (other : Collider)
16: {
17:  if(other.tag=="projectile")
18:  {
19:    transform.position=new Vector3(Random.Range(-2.1f,2.1f),3.5f,0);
20:    Destroy(other.gameObject);
21:
22:  }
23:
24:  if(other.tag=="Player")
25:   {
26:
27:      transform.position=new Vector3(Random.Range(-2.1f,2.1f),3.5f,0);
28:   }
29: }
```

在上述 C#代码中，与代码 2-21 相比较，添加了第 24 行到第 28 行的飞机与陨石碰撞检测的代码。其中第 24 行代码检测碰撞陨石的对象是否是飞机，如果是飞机，则执行第 27 行代码，重新设置陨石。

对于 JavaScript 开发者来说，在 rockController.js 中添加飞机与陨石碰撞检测的代码，见代码 2-24。

代码 2-24　rockController 的 JavaScript 代码

```
 1: var speed:float=2.0f;
 2:
 3: function Update()
 4: {
 5:   transform.Translate(0,-speed*Time.deltaTime,0);
 6: }
 7:
 8: function OnTriggerEnter (other : Collider)
 9: {
10:   if(other.tag=="projectile")
11:   {
```

```
12:     transform.position=new Vector3(Random.Range(-2.1f,2.1f),3.5f,0);
13:     Destroy(other.gameObject);
14:
15:   }
16:
17:  if(other.tag=="Player")
18:   {
19:
20:      transform.position=new Vector3(Random.Range(-2.1f,2.1f),3.5f,0);
21:    }
22: }
```

在上述 JavaScript 代码中，与代码 2-22 相比较，添加了第 17 行到第 21 行的飞机与陨石碰撞检测的代码。其中第 17 行代码检测碰撞陨石的对象是否是飞机，如果是飞机，则执行第 20 行代码，重新设置陨石。

运行游戏，可以看到：每当陨石与飞机碰撞之后，陨石重新位于上方不断降落。

2.7 爆炸效果

所谓爆炸效果，这里指的是炮弹与陨石碰撞所发生的爆炸效果，以及炮弹与飞机碰撞所发生的爆炸效果。

2.7.1 炮弹与陨石碰撞的爆炸效果

下面讲解如何实现炮弹与陨石碰撞所发生的爆炸效果。

1. 设置爆炸图片

爆炸图片位于 Image 文件夹中，名称为“explosionEnemy”，是一个七帧图像的图片，如图 2-87 所示。

图 2-87　explosionEnemy 序列爆炸图片

在默认情况下，该图片的 Texture Type 设置为 Texture，如图 2-88 所示。

为了得到原始图片的真实尺寸大小，提高图片的清晰度，这里需要重新设置图片的 Texture Type。

在图 2-89 中，选择 Texture Type 为 Advanced，Non Power of 2 为 None，最底部的属性 Format 为 Automatic Truecolor，最后单击“Apply”按钮，即可完成新的设置，此时在 Preview 预览窗口中显示图片原始的尺寸大小为 308×49 像素。也就是说，对于每帧的爆炸图片，大小为 44×49 像素。在项目 Project 窗格中，首先选择 prefabs 文件夹中的 sprite 对象，直接拖放该对象到层次

Hierarchy 窗格中，此时将该对象的名称修改为 explosionEnemy；然后将 Image 文件夹下的 explosionEnemy 图片，拖放到层次 Hierarchy 窗格中的 explosionEnemy 对象之上，设置 explosionEnemy 对象的 Position 参数为：X=0，Y=0.5，Z=0；Scale 参数为：X=0.88，Y=0.98，Z=1，如图 2-90 所示。

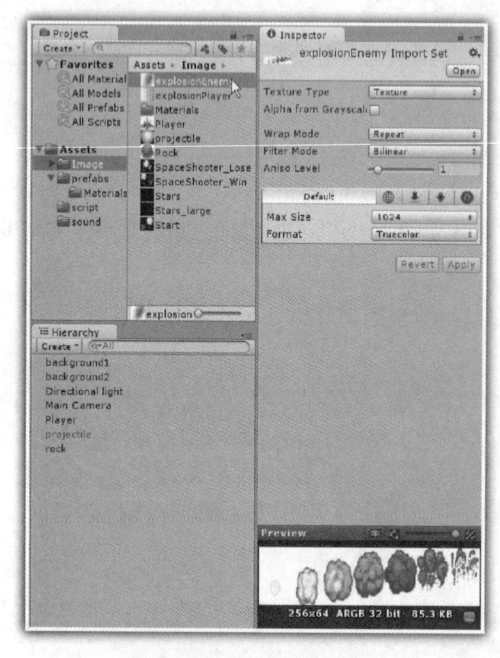

图 2-88　默认的图片设置

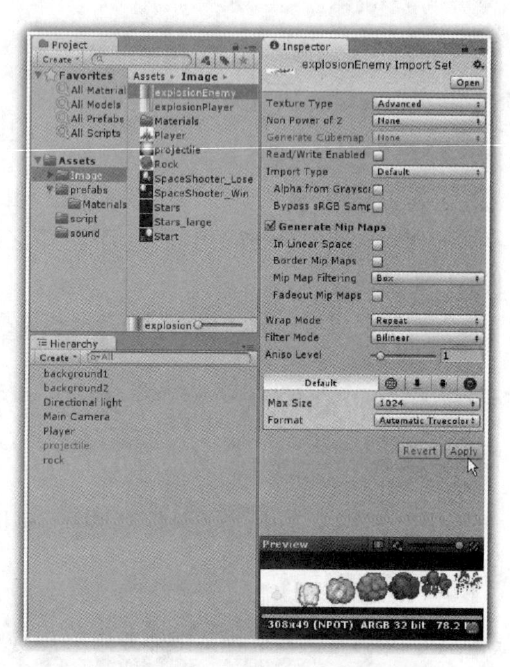

图 2-89　设置陨石爆炸图片

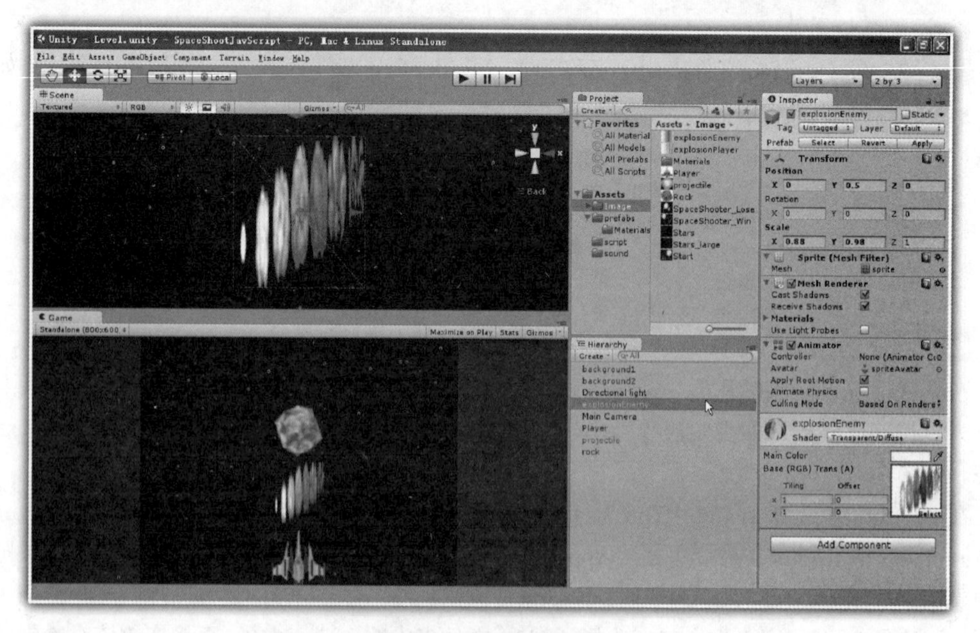

图 2-90　显示爆炸图片

在图 2-90 中，整个爆炸图片（包括七帧爆炸图）显示在 explosionEnemy 对象中，由于七帧序列图片显示在一个大的图片中，爆炸图片看得不太清楚。

为了显示爆炸图片中的每一帧图片，在图 2-91 中，设置 Tiling 属性的 X=0.143，表示是七张图片之一（1/7）；设置 Offset 属性的 X=0，则会显示第一帧爆炸图片。

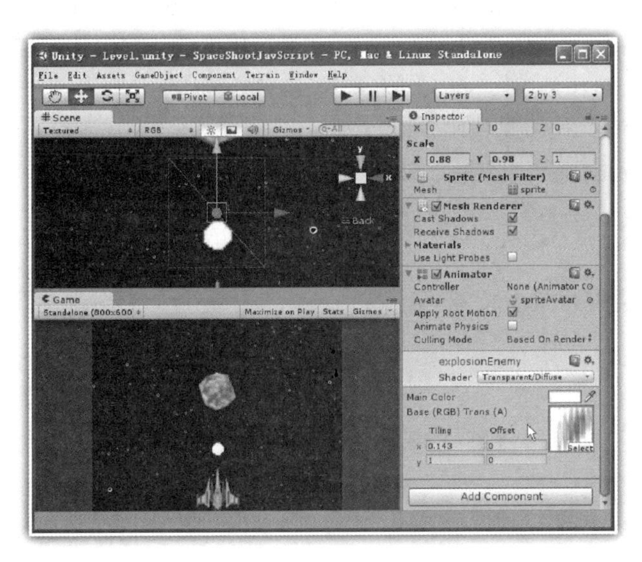

图 2-91　显示第一帧图片

为了显示指定的第二帧爆炸图片，则需要设置 Offset 属性的 X=0.143，如图 2-92 所示。依次类推，为了指定的显示第七帧爆炸图片，则需要设置 Offset 属性的 X=0.858。

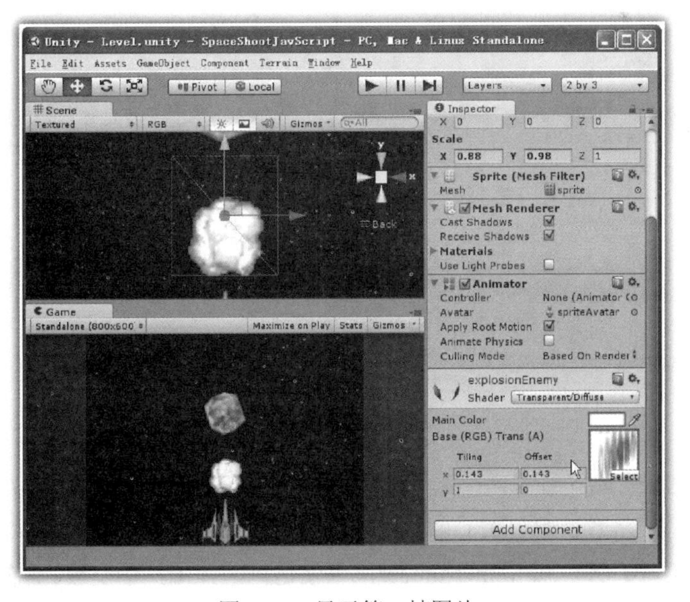

图 2-92　显示第二帧图片

因此，从上面的实验可以看出：为了显示指定帧数的爆炸图片，可以通过设置 Tiling 以及 Offset 属性的 X 值即可。

2. 代码显示爆炸图片

要在代码中显示指定帧数的图片，可以通过 renderer.material.mainTextureScale 语句设置 Tiling 属性；可以通过 renderer.material.mainTextureOffset 语句设置 Offset 属性。

对于 C#开发者来说，选择 Script 文件夹，在右键出现的快捷菜单中选择“Create”→“C# script”命令，创建一个 C#文件，该文件名称为 ExplosionController。在 ExplosionController.cs 中书写实现爆炸动画的代码，见代码 2-25。

代码 2-25　ExplosionController 的 C#代码

```
 1: using UnityEngine;
 2: using System.Collections;
 3:
 4: public class ExplosionController : MonoBehaviour
 5: {
 6:
 7:   public int index=0;
 8:   public int frameNumber=7;
 9:
10:   float  frameRate=0;
11:   float  myTime=0;
12:   int myIndex=0;
13:
14:    void Start()
15:   {
16:      frameRate=1.0f/frameNumber;
17:    }
18:
19:    void Update()
20:   {
21:      myTime+=Time.deltaTime;
22:      myIndex=(int)(myTime*frameNumber);
23:      index=myIndex % frameNumber;
24:
25:      renderer.material.mainTextureScale=new Vector2(frameRate,1);
26:      renderer.material.mainTextureOffset=new Vector2(index*frameRate,0);
27:
28:       if(index==frameNumber-1)
29:         Destroy(gameObject);
30:   }
31:}
```

在上述 C#代码中，第 25 行、第 26 行是关键语句，第 25 行语句设置 Tiling 属性，该属性是一个 2D 矢量值；第 26 行语句设置 Offset 属性，该属性也是一个 2D 矢量值。

在 Tiling 属性中，X=1.0f/frameNumber，也就是每一帧图片的宽度；在 Offset 属性中，X=index*frameRate，每次偏移一帧图片的宽度，从而显示第一帧、第二帧直到第七帧爆炸图片，从而形成爆炸的动画效果，当显示完毕第七帧图片时（代码第 28 行），则执行第 29 行语句，自动删除爆炸效果对象。

代码第 21 行获得爆炸效果运行的整个累计时间，通过 22 行将该时间乘以图片的帧数（这里为 7），然后将最后的结果整型化，通过执行第 23 语句，将整型化的数据除以图片的帧数，求其余数，依次获得 index 的数值分别为 0、1、2 直到 6。

将上述代码拖放到层次 Hierarchy 窗格中的 explosionEnemy 对象之上，以便后面运行爆炸效果。

对于 JavaScript 开发者来说，选择 Script 文件夹，在右键出现的快捷菜单中选择“Create”→“Javascript”命令，创建一个 JavaScript 文件，设置该文件的名称为 explosionController.js 文件。在 explosionController.js 中书写实现爆炸动画的代码，见代码 2-26。

代码 2-26　explosionController 的 JavaScript 代码

```
 1: var index:int=0;
 2: var frameNumber:int=7;
 3:
 4: private var frameRate:float=0;
 5: private var myTime:float=0;
 6: private var myIndex:int =0;
 7:
 8: function Start()
 9: {
10:   frameRate=1.0f/frameNumber;
11: }
12:
13: function Update()
14: {
15:   myTime+=Time.deltaTime;
16:   myIndex=myTime*frameNumber;
17:   index=myIndex%frameNumber;
18:
19:   renderer.material.mainTextureScale=new Vector2(frameRate,1);
20:   renderer.material.mainTextureOffset=new Vector2(index*frameRate,0);
21:
22:   if(index==frameNumber-1)
23:     Destroy(gameObject);
24: }
```

在上述 JavaScript 代码中，第 19 行、第 20 行是关键语句，第 19 行语句设置 Tiling 属性，该属性是一个 2D 矢量值；第 20 行语句设置 Offset 属性，该属性也是一个 2D 矢量值。

在 Tiling 属性中，X=1.0f/frameNumber，也就是每一帧图片的宽度；在 Offset 属性中，X=index*frameRate，每次偏移一帧图片的宽度，从而显示第一帧、第二帧直到第七帧爆炸图片，从而形成爆炸的动画效果，当显示完毕第七帧图片时（代码第 22 行），则执行第 23 行语句，自动删除爆炸效果对象。

代码第 15 行获得爆炸效果运行的整个累计时间，通过 16 行将该时间乘以图片的帧数（这里为 7），然后将最后的结果整型化，通过执行第 17 语句，将整型化的数据除以图片的帧数，求其余数，依次获得 index 的数值分别为 0、1、2 直到 6。

将上述代码拖放到层次 Hierarchy 窗格中的 explosionEnemy 对象之上，以便后面运行爆炸效果。

运行游戏，可以看到：此时会出现爆炸效果的动画，在持续时间大约为 1 秒之后，就自动销毁了。

3. 添加爆炸声音

在项目 Project 窗格中，选择 sound 文件夹中的 explosionEnemy 声音文件，拖放该文件到层次 Hierarchy 窗格中的 explosionEnemy 对象之上，这样就可以在实现爆炸效果动画的时候播放爆炸声音了，如图 2-93 所示。

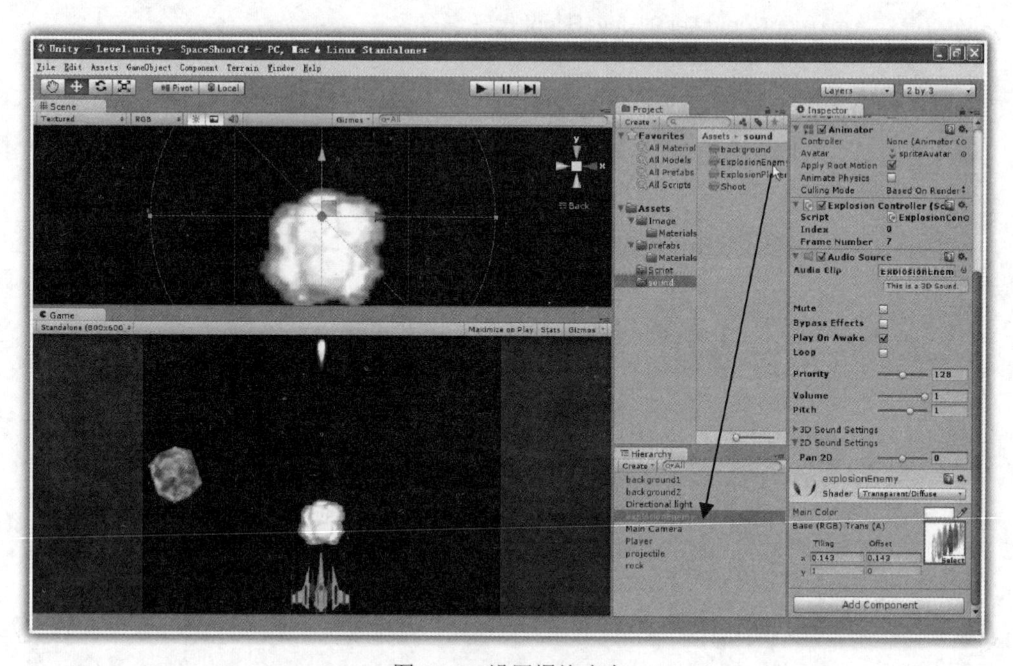

图 2-93 设置爆炸声音

此时运行游戏，可以看到：会出现爆炸效果的动画，并伴随爆炸的声音，在持续时间大约为 1 秒之后，就自动销毁了。

4. 创建爆炸预制件

前面已经创建了爆炸动画，并添加了爆炸的声音，下面来说明如何创建爆炸预制件，以便炮弹与陨石发生碰撞时调用。

在图 2-94 中，在层次 Hierarchy 窗格中，选择已经创建的 explosionEnemy 对象，直接拖放到 prefabs 中去，此时就会在 prefabs 文件夹中创建一个预制件爆炸效果 explosionEnemy。

2.7.2 飞机与陨石碰撞的爆炸效果

下面讲解如何实现飞机与陨石碰撞所发生的爆炸效果。

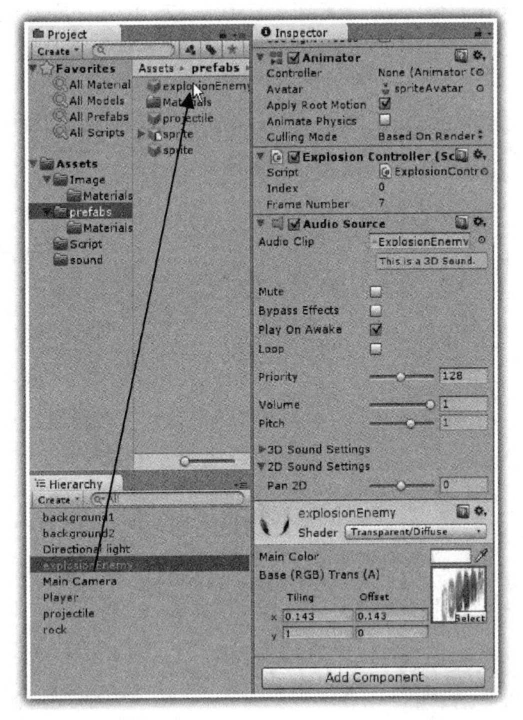

图 2-94　创建 explosionEnemy 预制件

1．设置爆炸效果

爆炸图片位于 Image 文件夹中，名称为“explosionPlayer”，是一个 5 帧图像的图片，如图 2-95 所示。

图 2-95　explosionPlayer 序列爆炸图片

在默认情况下，该图片的 Texture Type 设置为 Texture，如图 2-96 所示。

为了得到原始图片的真实尺寸大小，提高图片的清晰度，这里需要重新设置图片的 Texture Type。

在图 2-97 中，选择 Texture Type 为 Advanced，Non Power of 2 为 None，最底部的属性 Format 为 Automatic Truecolor，最后单击“Apply”按钮，即可完成新的设置，此时在 Preview 预览窗口中显示图片原始的尺寸大小为 210×43 像素。也就是说，对于每帧的爆炸图片，大小为 42×43 像素。

在项目 Project 窗格中，首先选择 prefabs 文件夹中的 sprite 对象，直接拖放该对象到层次 Hierarchy 窗格中，此时将该对象的名称修改为 cxplosionPlayer；然后将 Image 文件夹下的 explosionPlayer 图片，拖放到层次 Hierarchy 窗格中的 explosionPlayer 对象之上，设置

explosionPlayer 对象的 Position 参数为：X=1，Y=0.5，Z=0；Scale 参数为：X=0.84，Y=0.86，Z=1，如图 2-98 所示。

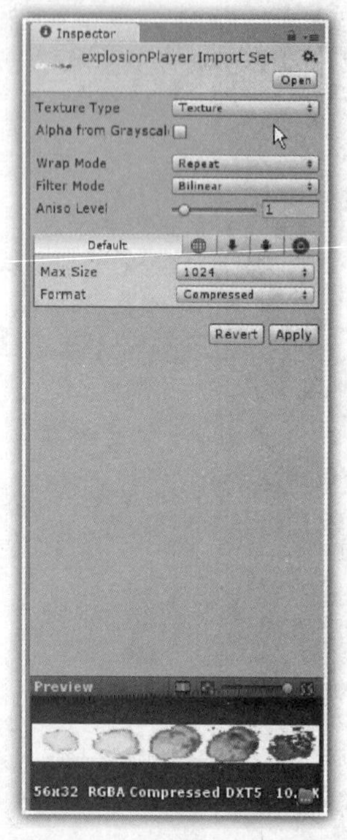

图 2-96 默认的图片设置

图 2-97 设置爆炸序列图片

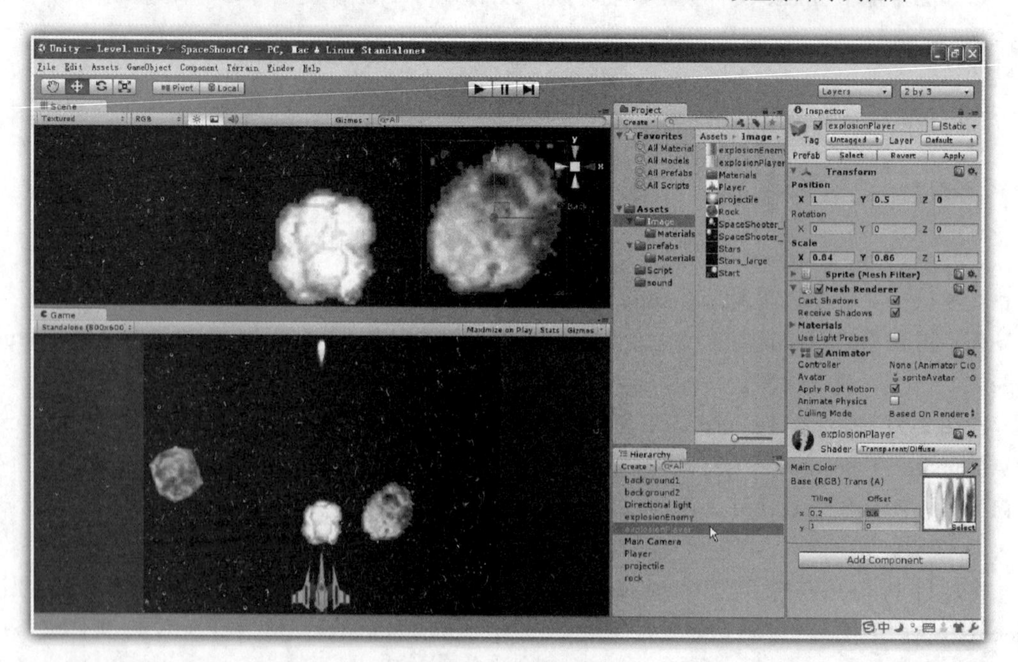

图 2-98 设置爆炸图片

在图 2-98 中，设置 Tiling 属性下的 X=0.20，表示是五张图片之一（1/5）；设置 Offset 属性的 X=0.6，则会显示第四帧爆炸图片。

在图 2-99 中，对于 C#开发者来说，选择项目 Project 窗格 Script 文件夹中的 ExplosionController.cs 代码文件，拖放到层次 Hierarchy 窗格中的 explosionEnemy 对象之上，在检视器中设置 FrameNumber 为数值 5，以便后面运行爆炸效果。

在图 2-100 中，对于 JavaScript 开发者来说，选择项目 Project 窗格 Script 文件夹中的 explosionController.js 代码文件，拖放到层次 Hierarchy 窗格中的 explosionEnemy 对象之上，在检视器中设置 FrameNumber 为数值 5，以便后面运行爆炸效果。

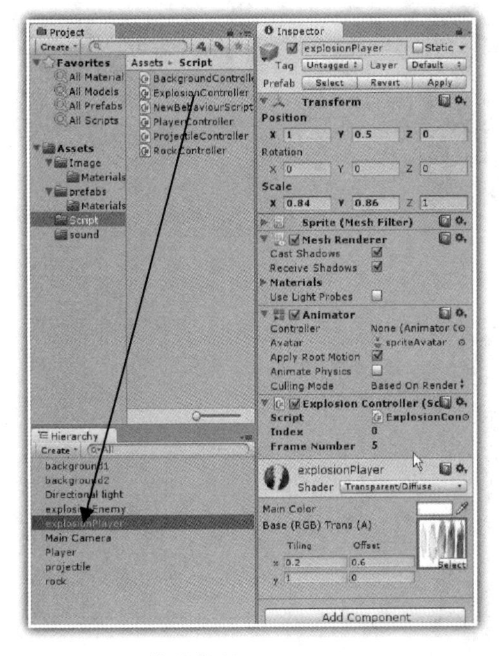

图 2-99　拖放代码 ExplosionController.cs

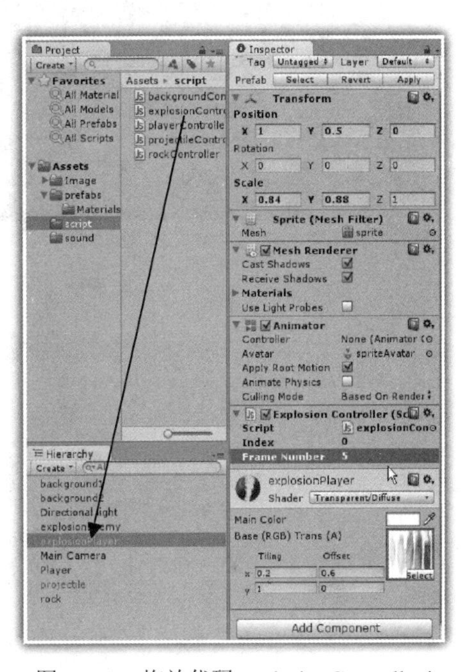

图 2-100　拖放代码 explosionController.js

运行游戏，可以看到：此时会出现新的爆炸效果的动画，在持续时间大约为 1 秒之后，就自动销毁了。

2. 添加爆炸声音

在项目 Project 窗格中，选择 sound 文件夹中的 explosionPlayet 声音文件，拖放该文件到层次 Hierarchy 窗格中的 explosionPlayer 对象之上，这样就可以在实现爆炸效果动画的时候播放爆炸声音了，如图 2-101 所示。

此时运行游戏，可以看到：会出现爆炸效果的动画，并伴随爆炸的声音，在持续时间大约为 1 秒之后，就自动销毁了。

3. 创建爆炸预制件

在图 2-102 中，在层次 Hierarchy 窗格中，选择已经创建的 explosionPlayer 对象，直接拖放到 prefabs 文件夹中去，此时就会在 prefabs 文件夹中创建一个预制件爆炸效果 explosionPlayer。

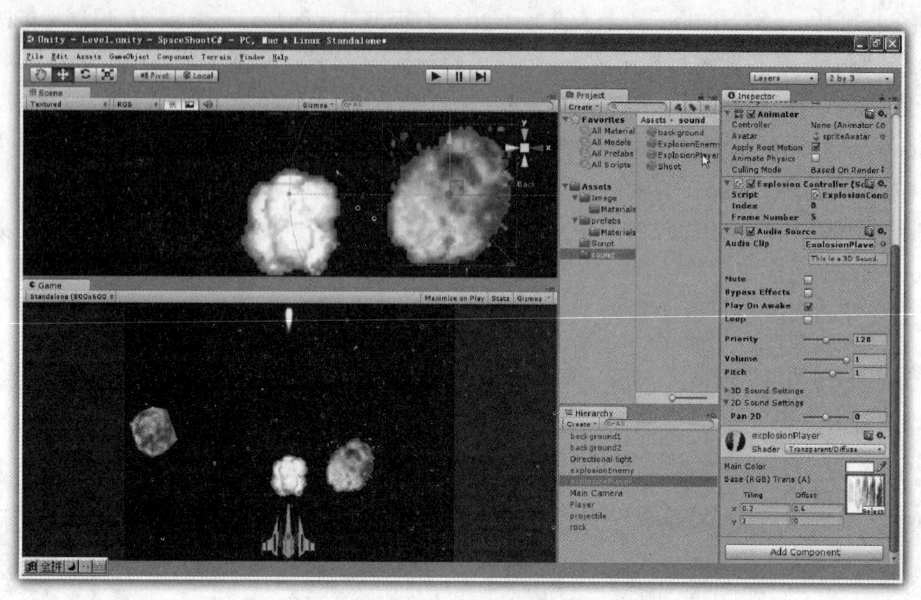

图 2-101　设置爆炸声音

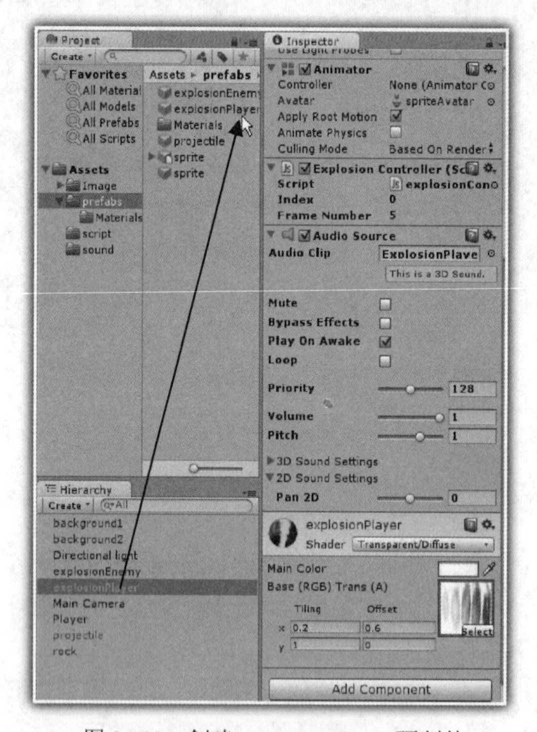

图 2-102　创建 explosionPlayer 预制件

2.7.3　实现爆炸效果

要实现炮弹与陨石碰撞所发生的爆炸效果，以及炮弹与飞机碰撞所发生的爆炸效果，就需要在碰撞检测中添加相关代码，调用前面已经制作好的爆炸预制件。

对于 C#开发者来说，在 RockController.cs 中添加相关代码实现爆炸效果，见代码 2-27。

代码 2-27　RockController 的 C#代码

```
 1: using UnityEngine;
 2: using System.Collections;
 3:
 4: public class RockController : MonoBehaviour
 5: {
 6:   public float speed=2.0f;
 7:   public GameObject explosionEnemy;
 8:   public GameObject explosionPlayer;
 9:   void Update()
10:  {
11:      transform.Translate(0,-speed*Time.deltaTime,0);
12: }
13: }
14:
15: function OnTriggerEnter (other : Collider)
16: {
17:   if(other.tag=="projectile")
18:   {
19:     transform.position=new Vector3(Random.Range(-2.1f,2.1f),3.5f,0);
20:     Destroy(other.gameObject);
21:     Instantiate(explosionEnemy,transform.position,transform.rotation);
22:   }
23:
24:   if(other.tag=="Player")
25:    {
26:      Instantiate(explosionPlayer,transform.position,transform.rotation);
27:      transform.position=new Vector3(Random.Range(-2.1f,2.1f),3.5f,0);
28:    }
29: }
```

在上述 C#代码中，与代码 2-23 相比较，添加了第 7 行、第 8 行语句，用于设置公有的爆炸变量，以便开发者在检视器中关联刚刚完成的 2 个爆炸效果预制件。

在添加的第 21 行代码中，通过 Instantiate()方法，当炮弹碰撞陨石时，调用炮弹碰撞陨石所发生的爆炸效果。

在添加的第 26 行代码中，通过 Instantiate()方法，当陨石碰撞飞机时，调用陨石碰撞飞机所发生的爆炸效果。

在图 2-103 中，拖放爆炸预制件 explosionEnemy、explosionPlayer 到上述代码的变量 explosionEnemy、explosionPlayer 的右边，以便代码分别调用爆炸预制件。

对于 JavaScript 开发者来说，在 rockController.js 中添加相关代码实现爆炸效果，见代码 2-28。

代码 2-28　rockController 的 JavaScript 代码

```
 1: var speed:float=2.0f;
 2: var explosionEnemy:GameObject;
 3: var explosionPlayer:GameObject;
 4: function Update(){
```

```
 5:   transform.Translate(0,-speed*Time.deltaTime,0);
 6: }
 7:
 8: function OnTriggerEnter (other : Collider)
 9: {
10:   if(other.tag=="projectile")
11:   {
12:     transform.position=new Vector3(Random.Range(-2.1f,2.1f),3.5f,0);
13:     Destroy(other.gameObject);
14:     Instantiate(explosionEnemy,transform.position,transform.rotation);
15:   }
16:
17:   if(other.tag=="Player")
18:   {
19:      Instantiate(explosionPlayer,transform.position,transform.rotation);
20:      transform.position=new Vector3(Random.Range(-2.1f,2.1f),3.5f,0);
21:    }
22: }
```

在上述 JavaScript 代码中，与代码 2-24 相比较，添加了第 2 行、第 3 行语句，用于设置公有的爆炸变量，以便开发者在检视器中关联刚刚完成的 2 个爆炸效果预制件。

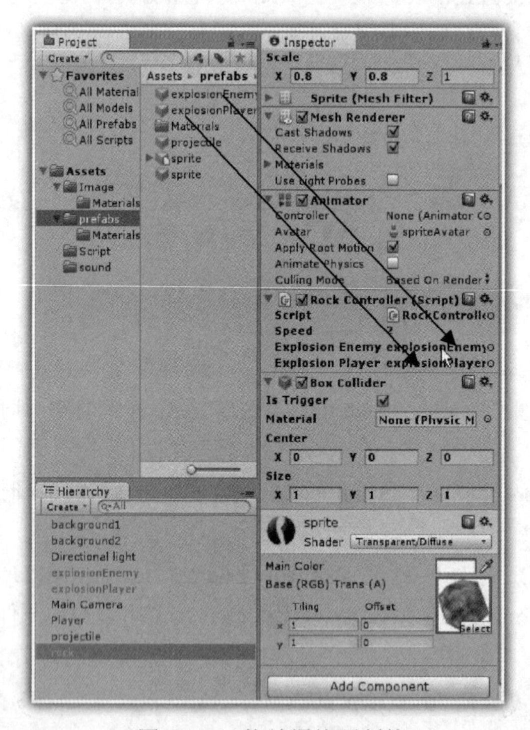

图 2-103　拖放爆炸预制件

在添加的第 14 行代码中，通过 Instantiate()方法，当炮弹碰撞陨石时，调用炮弹碰撞陨石所发生的爆炸效果。

在添加的第 20 行代码中，通过 Instantiate()方法，当陨石碰撞飞机时，调用陨石碰撞飞机所发生的爆炸效果。

在图 2-104 中，拖放爆炸预制件 explosionEnemy、explosionPlayer 到上述代码的变量 explosionEnemy、explosionPlayer 的右边，以便代码分别调用爆炸预制件。

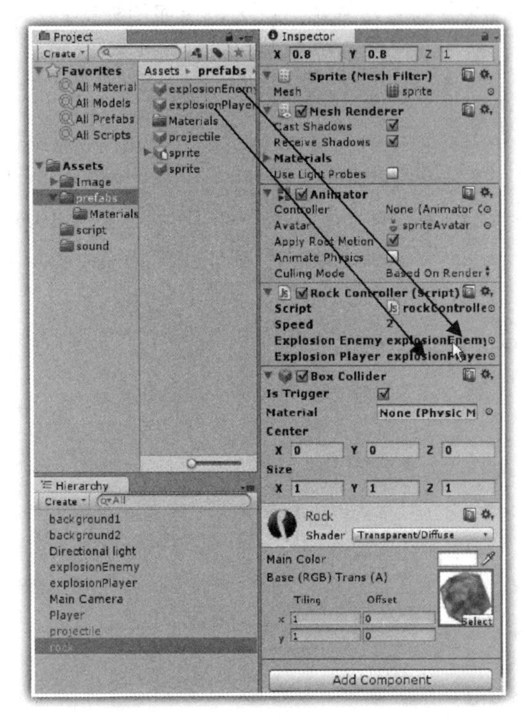

图 2-104　拖放爆炸预制件

运行游戏，当炮弹击中陨石时，陨石消失，并发生爆炸，如图 2-105 所示；当陨石砸中飞机时，陨石消失，同样发生爆炸，如图 2-106 所示。

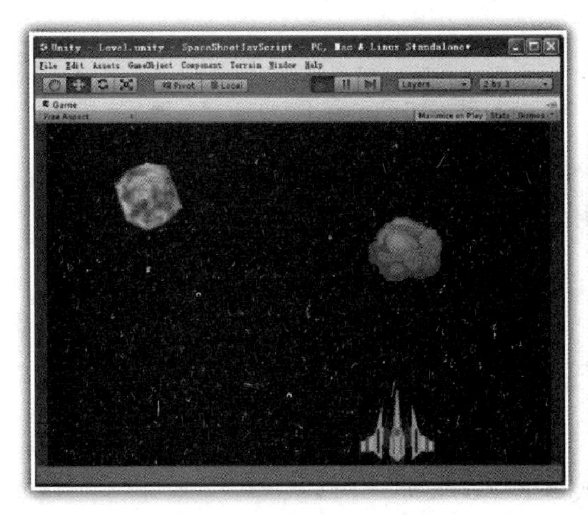

图 2-105　炮弹击中陨石的爆炸

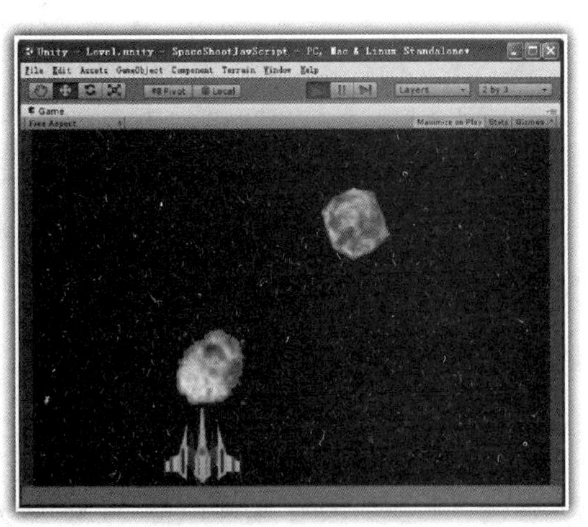

图 2-106　陨石砸中飞机的爆炸

2.8 游戏计分

在游戏计分中，需要实现游戏的分数显示、飞机生命值显示以及游戏的倒计时，还需要添加游戏的背景声音。

2.8.1 添加分数、飞机生命

回忆一下，在前面的 RockController 中，实现了炮弹和陨石的碰撞检测，以及陨石和飞机的碰撞检测。要实现分数显示和飞机的生命值显示，则需要在 RockController 中添加相关代码。

对于 C#开发者来说，在 RockController.cs 中添加相关代码，实现分数显示和飞机的生命值显示，见代码 2-29。

代码 2-29 RockController 的 C#代码

```
 1: using UnityEngine;
 2: using System.Collections;
 3:
 4: public class RockController : MonoBehaviour
 5: {
 6:
 7:   public float speed=2.0f;
 8:   public GameObject explosionEnemy;
 9:   public GameObject explosionPlayer;
10:
11:   public static int score=0;
12:   public static int lives=3;
13:
14:   void Update()
15:   {
16:    transform.Translate(0,-speed*Time.deltaTime,0);
17:
18:     if(transform.position.y<-2.0f)
19:      transform.position=new Vector3(Random.Range(-2.1f,2.1f),3.5f,0);
20:   }
21:
22:   void OnTriggerEnter(Collider other)
23:   {
24:     if(other.tag=="projectile")
25:     {
26:        score+=100;
27:
28:        Instantiate(explosionEnemy,
             transform.position,transform.rotation);
29:       transform.position=new Vector3(Random.Range(-2.1f,2.1f),3.5f,0);
30:       Destroy(other.gameObject);
```

```
31:      }
32:
33:      if(other.tag=="Player")
34:      {
35:        lives--;
36:
37:        Instantiate(explosionPlayer,
              transform.position,transform.rotation);
38:        transform.position=new Vector3(Random.Range(-2.1f,2.1f),3.5f,0);
39:     }
40:    }
41:
42:   void OnGUI()
43:   {
44:      GUI.Label(new Rect(10, 10, 120, 20), "Score:" + score.ToString());
45:      GUI.Label(new Rect(10, 30, 60, 20), "Lives:" + lives.ToString());
46:   }
47: }
```

在上述C#代码中，与代码2-27相比较，添加了第11行、第12行语句，用于定义分数变量score以及飞机生命值lives。需要说明的是，为了保证分数score以及飞机生命值lives只有一个拷贝，这里设置了这2个变量为静态变量。

在检测炮弹与陨石发生碰撞的代码中，添加了代码第26行，每当炮弹击中陨石一次，分数就添加100分。

在检测陨石与飞机发生碰撞的代码中，添加了代码第34行，每当陨石砸中飞机一次，飞机的生命值就减1。

另外，还添加了第42行到第46行的代码，实现在界面中显示分数和飞机生命值。其中第44行使用Unity3D内置的标签显示分数值；第45行则使用标签显示飞机生命值，同样需要说明的是，这些内置的界面控件语句必须写在OnGUI()方法中，这是Unity3D所要求的。

对于JavaScript开发者来说，在rockController.js中添加相关代码实现分数显示和飞机的生命值显示，见代码2-30。

代码2-30　rockController的JavaScript代码

```
 1: var speed:float=2.0f;
 2: var explosionEnemy:GameObject;
 3: var explosionPlayer:GameObject;
 4:
 5: static var score:int=0;
 6: static var lives:int=3;
 7:
 8: function Update()
 9: {
10:   transform.Translate(0,-speed*Time.deltaTime,0);
11:
12:   if(transform.position.y<-2.0f)
13:     transform.position=new Vector3(Random.Range(-2.1f,2.1f),3.5f,0);
```

```
14: }
15:
16: function OnTriggerEnter (other : Collider)
17: {
18:    if(other.tag=="projectile")
19:    {
20:      score+=100;
21:
22:      Instantiate(explosionEnemy,transform.position,transform.rotation);
23:
24:       transform.position=new Vector3(Random.Range(-2.1f,2.1f),3.5f,0);
25:       Destroy(other.gameObject);
26:     }
27:
28:    if(other.tag=="Player")
29:    {
30:       lives--;
31:
32:       Instantiate(explosionPlayer,transform.position,transform.rotation);
33:
34:        transform.position=new Vector3(Random.Range(-2.1f,2.1f),3.5f,0);
35:    }
36: }
37:
38: function OnGUI()
39: {
40:    GUI.Label(new Rect(10, 10, 120, 20), "Score:" + score.ToString());
41:    GUI.Label(new Rect(10, 30, 60, 20), "Lives:" + lives.ToString());
42: }
```

在上述 JavaScript 代码中，与代码 2-28 相比较，添加了第 5 行、第 6 行语句，用于定义分数变量 score 以及飞机生命值 lives。需要说明的是，为了保证分数 score 以及飞机生命值 lives 只有一个拷贝，这里设置了这 2 个变量为静态变量。

在检测炮弹与陨石发生碰撞的代码中，添加了代码第 20 行，每当炮弹击中陨石一次，分数就添加 100 分。

在检测陨石与飞机发生碰撞的代码中，添加了代码第 30 行，每当陨石砸中飞机一次，飞机的生命值就减 1。

另外，还添加了第 38 行到第 42 行的代码，实现在界面中显示分数和飞机生命值。其中第 40 行使用 Unity3D 内置的标签显示分数值；第 41 行则使用标签显示飞机生命值，同样需要说明的是，这些内置的界面控件语句必须写在 OnGUI()方法中，这是 Unity3D 所要求的。

2.8.2 游戏倒计时个性化数字

要给游戏添加倒计时，只需要书写简单的代码，为了显示漂亮的倒计时数字，这里采用了个性化的数字，大家借用该方法可以显示任意个性化的数字，可以将前面的分数和飞机生命值显示界面设计得更好。

对于C#开发者来说，在项目 Project 窗格 Script 文件夹中新建 TimeRemainDisplay.cs 文件，在其中添加相关代码，显示个性化的数字游戏倒计时，见代码 2-31。

代码 2-31　TimeRemainDisplay 的 C#代码

```
 1: using UnityEngine;
 2: using System.Collections;
 3:
 4: public class TimeRemainDisplay : MonoBehaviour
 5: {
 6:    public Texture [] timeNumbers;
 7:    public static int leftTime=100;
 8:
 9:    float myTime;
10:
11:    void Update()
12:    {
13:      myTime+=Time.deltaTime;
14:
15:      if(myTime>1)
16:       {
17:         leftTime--;
18:         myTime=0;
19:       }
20:    }
21:
22:   void  OnGUI()
23:   {
24:      for(int i=0; i < leftTime.ToString().Length; i++)
25:          GUI.DrawTexture(new Rect(350+i*32,20,32,45),
              timeNumbers[ System.Int32.Parse(
               (leftTime.ToString())[i].ToString())]);
26:   }
27: }
```

在上述 C#代码中，第 6 行代码定义了一个图片数组，用于存放个性化的数字，这里需要按顺序存放数字 0、1、2…9，之所以定义为公有类型的变量，主要是方便开发者在检视器中设置、关联这些个性化的数字；第 7 行代码则定义了静态变量 leftTime，用于存储倒计时的剩余时间。

第 13 行代码实现游戏花费时间的累计，每当时间累计到 1 秒（代码第 15 行），则倒计时 leftTime 减去 1，表示游戏已经运行 1 秒钟，并在代码第 18 行重新设置游戏花费的时间为零。

第 22 行到第 26 行代码，实现个性化数字的在游戏界面中显示。在第 24 行中，首先将整型 leftTime 所代表的数字转换为字符串，通过 for 循环，分别得到这些数字。假如这个数是 98，那么转换为字符串后，98 这个字符串的长度为 2。在第 25 行中，(leftTime.ToString())[i]则分别得到相关数字，(leftTime.ToString())[0]是 9，(leftTime.ToString())[1]是 8，这里需要说明的是，得到的这些数字，如 9 和 8，它们是 char 类型，因此还需要转换为字符串形式——(leftTime.ToString())[i].ToString()。再通过 System.Int32.Parse()方法，将这些数字的字符串转换为整型的数字，最后调用 timeNumbers[]数组获得指定数字的图片，分别显示 9 和 8 的个性化数字图片。

而这些对应数字图片的显示，则是通过 GUI.DrawTexture()方法来实现。其中通过设置矩形坐标的位置来实现数字的定位。

选择项目 Project 窗格 Script 文件夹中的 TimeRemainDisplay.cs 代码文件，拖放到层次 Hierarchy 窗格中的 Main Camera 对象之上；然后在图 2-107 中，将项目 Project 窗格内 timeDigit 中的 0 数字图片，拖放到 TimeNumbers 数组名称之上，这样就会为 TimeNumbers 数组添加一个 0 数字图片，重复这一过程，将项目 Project 窗格内 timeDigit 中的 1 数字图片，拖放到 TimeNumbers 数组名称之上，这样就会为 TimeNumbers 数组再添加一个 1 数字图片，最后将 10 个数字图片拖放完成之后，如图 2-108 所示。

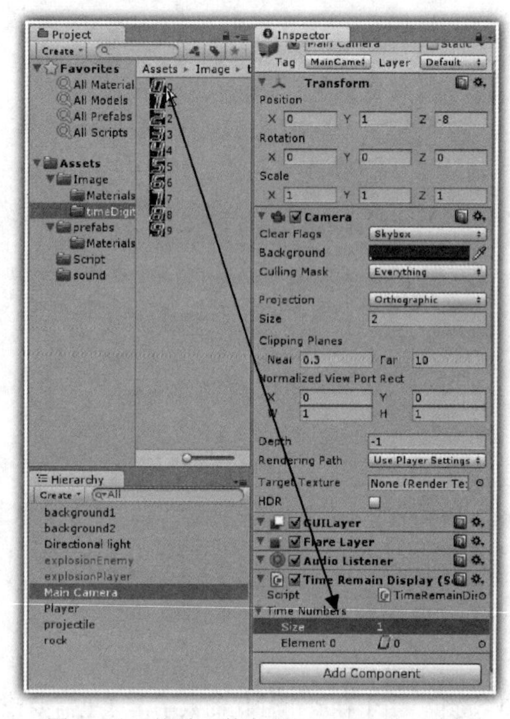

图 2-107　拖放 0 数字到 TimeNumbers 数组

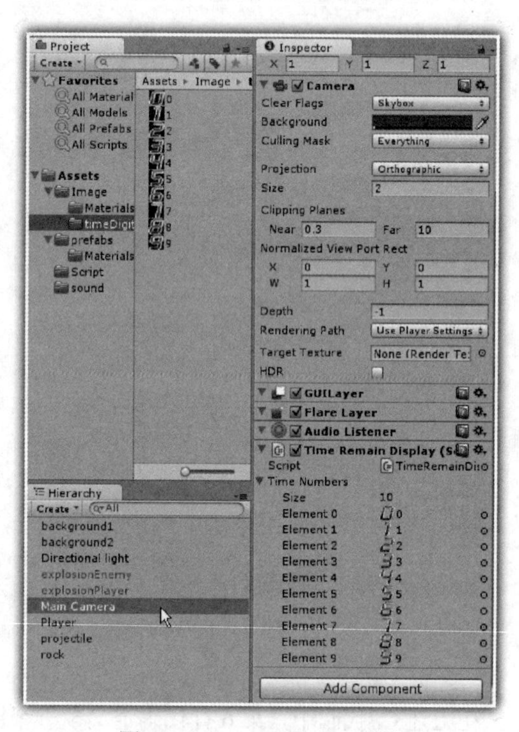

图 2-108　TimeNumbers 数组

对于 JavaScript 开发者来说，在项目 Project 窗格 Script 文件夹中新建 timeRemainDisplay.js 文件，在其中添加相关代码，显示个性化的数字游戏倒计时，见代码 2-32。

代码 2-32　timeRemainDisplay 的 JavaScript 代码

```
1:  var timeNumbers:Texture [];
2:  static var leftTime:int=100;
3:  var myTime:float=0;
4:
5:  function Update()
6:  {
7:    myTime+=Time.deltaTime;
8:
```

```
 9:    if(myTime>1)
10:    {
11:       leftTime--;
12:       myTime=0;
13:    }
14: }
15:
16: function  OnGUI()
17: {
18:    for(var i:int=0; i < leftTime.ToString().Length; i++)
19:        GUI.DrawTexture(new Rect(350+i*32,20,32,45),
               timeNumbers[ System.Int32.Parse(
               (leftTime.ToString())[i].ToString())]);
20: }
```

在上述 JavaScript 代码中，第 1 行代码定义了一个图片数组，用于存放个性化的数字，这里需要按顺序存放数字 0、1、2…9，之所以定义为公有类型的变量，主要是方便开发者在检视器中设置、关联这些个性化的数字；第 2 行代码则定义了静态变量 leftTime，用于存储倒计时的剩余时间。

第 7 行代码实现游戏花费时间的累计，每当时间累计到 1 秒（代码第 9 行），则倒计时 leftTime 减去 1，表示游戏已经运行 1 秒钟，并在代码第 12 行重新设置游戏花费的时间为零。

第 16 行到第 20 行代码，实现个性化数字的在游戏界面中显示。在第 18 行中，首先将整型 leftTime 所代表的数字转换为字符串，通过 for 循环，分别得到这些数字。假如这个数是 98，那么转换为字符串后，98 这个字符串的长度为 2。在第 25 行中，(leftTime.ToString())[i]则分别得到相关数字，(leftTime.ToString())[0]是 9，(leftTime.ToString())[1]是 8，这里需要说明的是，得到的这些数字，如 9 和 8，它们是 char 类型，因此还需要转换为字符串形式——(leftTime.ToString())[i].ToString()。再通过 System.Int32.Parse()方法，将这些数字的字符串转换为整型的数字，最后调用 timeNumbers[]数组获得指定数字的图片，分别显示 9 和 8 的个性化数字图片。

而这些对应数字图片的显示，则是通过 GUI.DrawTexture()方法来实现。其中通过设置矩形坐标的位置来实现数字的定位。

选择项目 Project 窗格 Script 文件夹中的 timeRemainDisplay.js 代码文件，拖放到层次 Hierarchy 窗格中的 Main Camera 对象之上，并在检视器中顺序 timeNumbers 数组所关联的个性化数字图片，如图设置 FrameNumber 为数值 5，以便后面运行爆炸效果。

选择项目 Project 窗格 Script 文件夹中的 TimeRemainDisplay.cs 代码文件，拖放到层次 Hierarchy 窗格中的 Main Camera 对象之上；然后在图 2-109 中，将项目 Project 窗格内 timeDigit 中的 0 数字图片，拖放到 TimeNumbers 数组名称之上，这样就会为 TimeNumbers 数组添加一个 0 数字图片，重复这一过程，将项目 Project 窗格内 timeDigit 中的 1 数字图片，拖放到 TimeNumbers 数组名称之上，这样就会为 TimeNumbers 数组再添加一个 1 数字图片，最后将 10 个数字图片拖放完成之后，如图 2-110 所示。

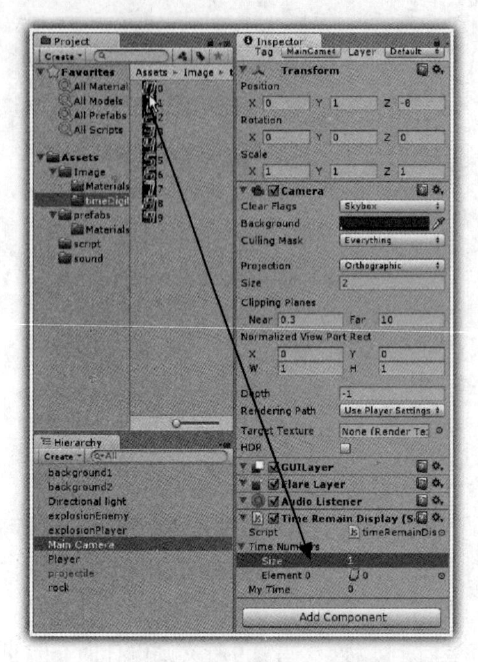

图 2-109　拖放 0 数字到 TimeNumbers 数组

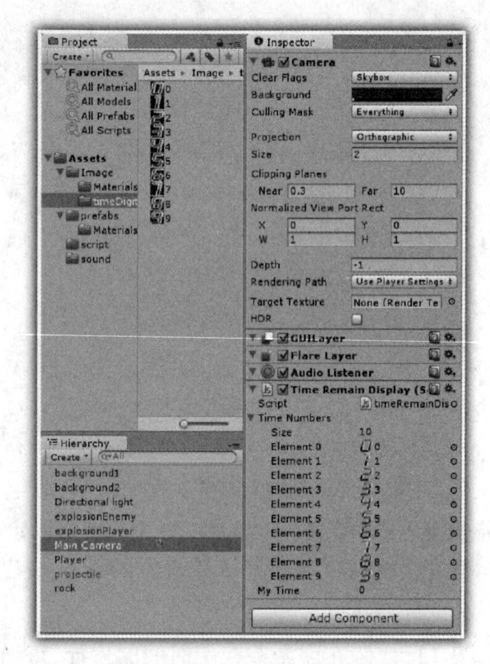

图 2-110　TimeNumbers 数组

2.8.3　添加背景音乐

在项目 Project 窗格中，选择 sound 文件夹中的 background 声音文件，拖放该文件到层次 Hierarchy 窗格中的 Main Camera 对象之上，这样运行游戏时就可以播放背景音乐，如图 2-111 所示。

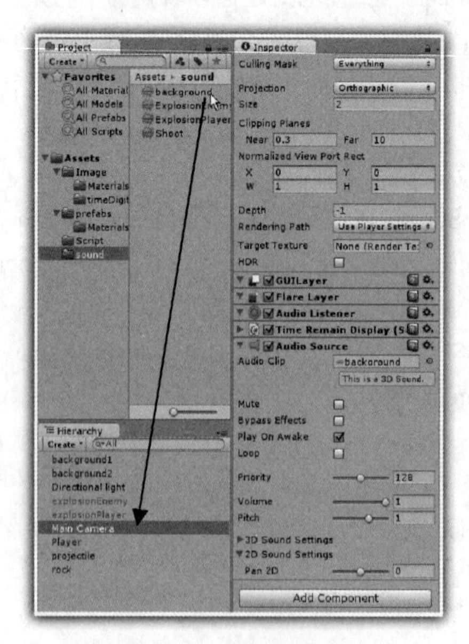

图 2-111　拖放背景声音

运行游戏，此时的背景声音似乎太大，以至于听不清楚炮弹击中陨石时的爆炸声音，以及陨石砸中飞机时的爆炸声音，为此，在如图 2-112 所示的界面中调整声音的音量为 0.3，并勾选 Loop，以便循环播放背景音乐。

再次运行游戏，如图 2-113 所示：此时炮弹每击中陨石一次，除发生爆炸声音和爆炸动画之外，分数数值会加上 100 分；而陨石每砸中飞机一次，除发生爆炸声音和爆炸动画之外，飞机的生命数值会加减去 1；而在中间的 79 数值则是个性化的倒计时，每隔 1 秒，计时器就会减 1。

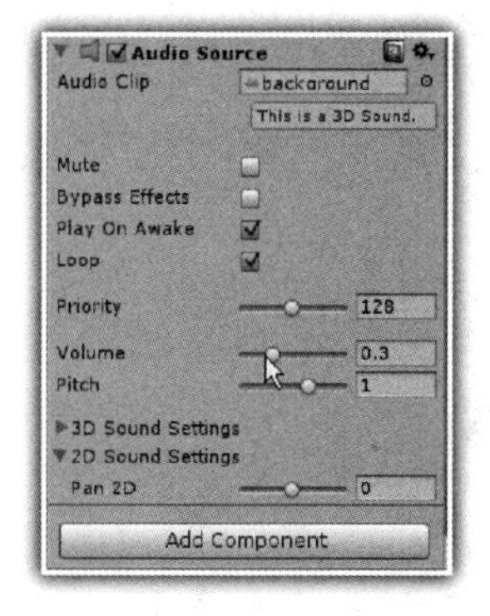

图 2-112　设置背景音乐音量

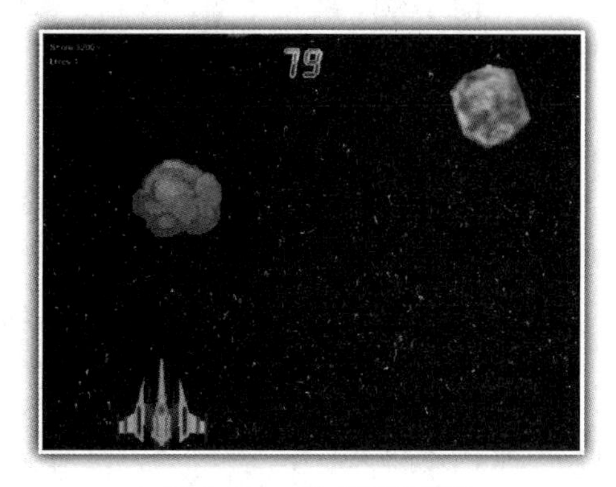

图 2-113　游戏运行界面

2.9 场景转换

在场景转换中，需要另外添加三个游戏场景，它们分别是开始场景、赢家场景和输家场景。

2.9.1　添加开始场景

首先单击菜单“File”，选择“New Scene”命令；然后再单击菜单“File”，选择“Save Scene as”命令，在打开的保存场景对话框中输入 Start 场景名称，单击“保存”按钮，即可添加开始场景，如图 2-114 所示。

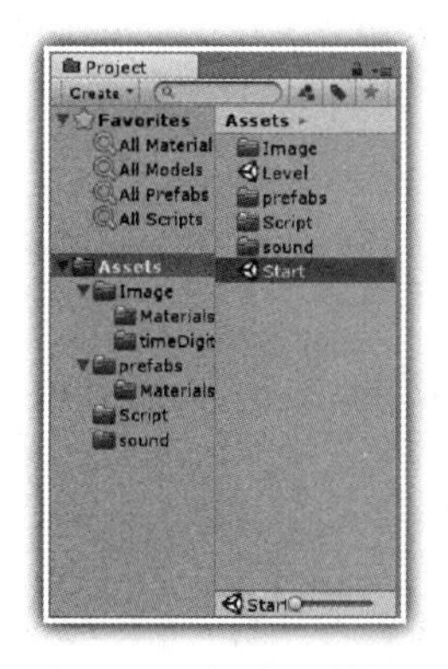

图 2-114　新建开始场景

然后单击菜单“File”，在菜单中选择“Build Setting”命令，打开如图 2-115 所示的构建设置对话框，将项目 Project 窗格中的 Start 场景和 Level 场景分别拖放到“Scenes In Build”窗口中。

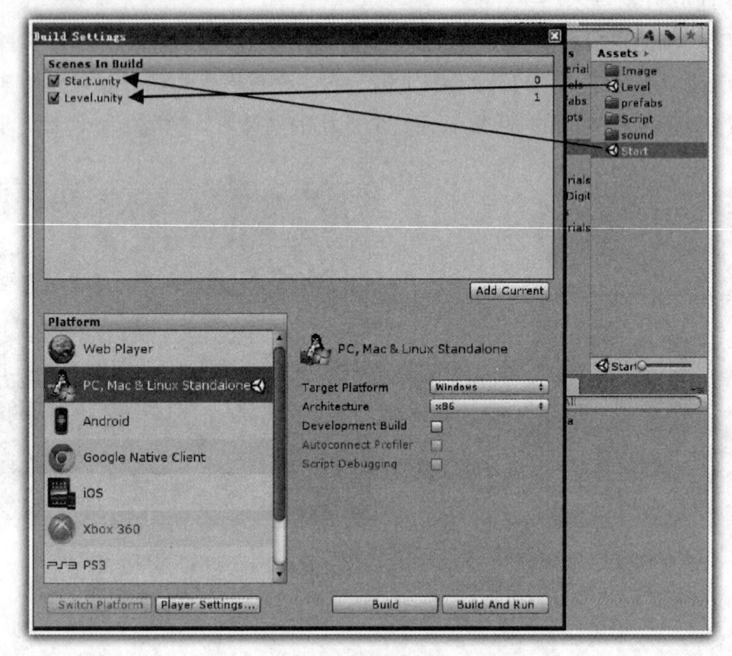

图 2-115　构建游戏场景

对于 C#开发者来说，在项目 Project 窗格 Script 文件夹中新建 StartController.cs 文件，在其中添加相关代码，显示游戏开始场景，见代码 2-33。

代码 2-33　StartController 的 C#代码

```
 1: using UnityEngine;
 2: using System.Collections;
 3:
 4: public class StartController : MonoBehaviour
 5: {
 6:    private string instrctionText = "Instruction:\n\n Press left and
           Right arrow to move.\n Press Space to fire. ";
 7:    public Texture startTextue;
 8:
 9:    void OnGUI()
10:    {
11:        GUI.DrawTexture(new Rect(0, 0, Screen.width, Screen.height),
                                 startTextue);
12:        GUI.Label(new Rect(10,10,250,200),instrctionText);
13:
14:        if(Input.anyKeyDown)
15:          Application.LoadLevel("Level");
16:    }
17: }
```

在上述C#代码中，第6行定义了一个instrctionText变量，用于存放开始场景中的游戏简单介绍，说明如何操作该游戏；第7行定义了一个公有的Texture类型的变量startTexture，以便开发者在检视器中关联开始场景的图片。

第9行到第16行的代码，在OnGUI()方法中，第11行显示开始场景的图片，该图片刚好显示在指定大小的游戏界面中；第12行设置游戏简单介绍的文字信息；第14行检测玩家是否按下键盘上的任何键，如果有按下，则执行第15行代码，实现场景的转换，将场景转换到前面所完成的游戏场景Level。

选择项目Project窗格Script文件夹中的StartController.cs文件，拖放到层次Hierarchy窗格中的Main Camera对象之上，以便开始场景执行该代码；然后拖放Image目录下Start图片到Start Controller代码的Start Texture变量的右边，以便代码关联开始场景图片，如图2-116所示。

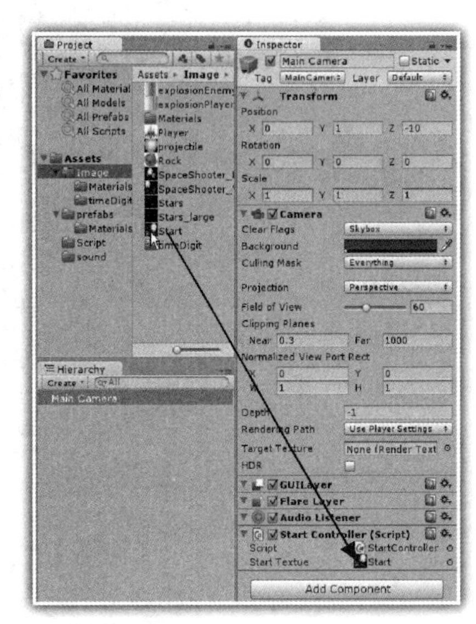

图2-116　关联开始场景图片

对于JavaScript开发者来说，在项目Project窗格Script文件夹中新建startController.js文件，在其中添加相关代码，显示游戏开始场景，见代码2-34。

代码2-34　startController的JavaScript代码

```
 1:  private var instrctionText:String = "Instruction:\n\n Press left and Right
                  arrow to move.\n Press Space to fire. ";
 2:  var  startTextue:Texture;
 3:
 4:  function  OnGUI()
 5:  {
 6:     GUI.DrawTexture(new Rect(0, 0, Screen.width,Screen.height),startTextue);
 7:     GUI.Label(new Rect(10,10,250,200),instrctionText);
 8:
 9:     if(Input.anyKeyDown)
10:       Application.LoadLevel("Level");
11:  }
```

在上述JavaScript代码中，第1行定义了一个instrctionText变量，用于存放开始场景中的游戏简单介绍，说明如何操作该游戏；第2行定义了一个公有的Texture类型的变量startTexture，以便开发者在监视器中关联开始场景的图片。

第4行到第11行的代码，在OnGUI()方法中，第6行显示开始场景的图片，该图片刚好显示在指定大小的游戏界面中；第7行设置游戏简单介绍的文字信息；第9行检测玩家是否按下键盘上的任何键，如果有按下，则执行第10行代码，实现场景的转换，将场景转换到前面所完成的游戏场景Level。

选择项目Project窗格Script文件夹中的StartControllcr.js文件，拖放到层次Hierarchy窗格

中的 Main Camera 对象之上，以便开始场景执行该代码；然后拖放 Image 目录下 Start 图片到 Start Controller 代码的 Start Texture 变量的右边，以便代码关联开始场景图片，如图 2-117 所示。

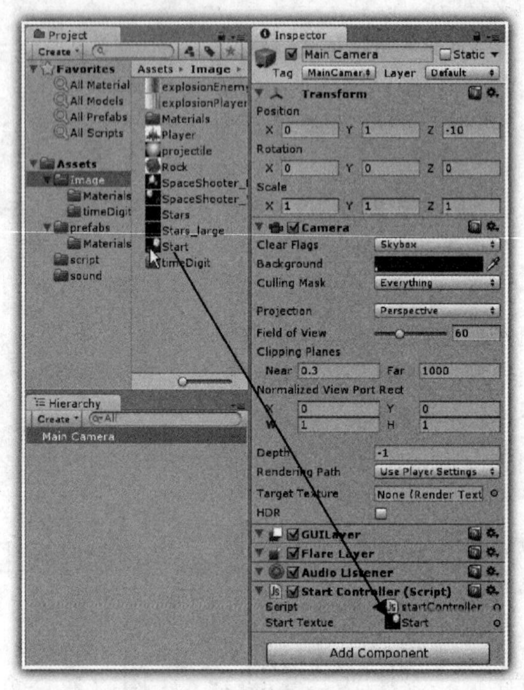

图 2-117　关联开始场景图片

运行游戏，打开如图 2-118 所示的开始场景界面，单击键盘上任何键，就会转换到游戏场景。

图 2-118　开始场景界面

2.9.2　添加赢家场景

在指定的倒计时时间内，如果飞机的生命值大于 0，一旦倒计时时间为 0 的时候，游戏场景会转换到赢家场景；在赢家场景中单击任何键，再次进入游戏场景，重新开始游戏。

单击菜单“File”，选择“New Scene”命令；然后再单击菜单“File”，选择“Save Scene as”命令，在打开的保存场景对话框中输入 Win 场景名称，单击“保存”按钮，即可添加赢家场景。

然后单击菜单“File”，在菜单中选择“Build Setting”命令，打开如图 2-119 所示的构建设置对话框，将项目 Project 窗格中的 Win 场景拖放到“Scenes In Build”窗口中。

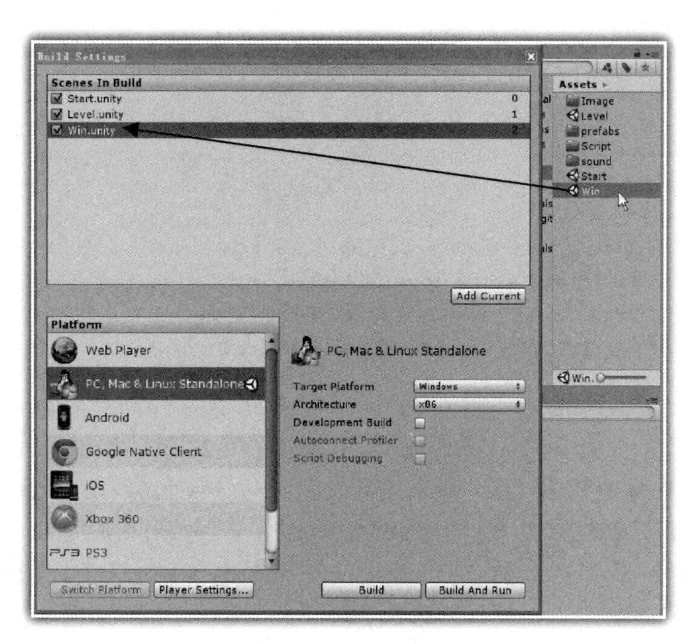

图 2-119　添加游戏场景

对于 C#开发者来说，要实现在游戏场景中，一旦倒计时时间为 0 的时候，游戏场景会转换到赢家场景，需要修改前面的 TimeRemainDisplay.cs 文件，在其中添加相关代码，实现场景转换，见代码 2-35。

代码 2-35　TimeRemainDisplay 的 C#代码

```
 1: using UnityEngine;
 2: using System.Collections;
 3:
 4: public class TimeRemainDisplay : MonoBehaviour
 5: {
 6:   public Texture [] timeNumbers;
 7:   public static int leftTime=100;
 8:
 9:   float myTime;
10:
11:   void Update()
12:   {
13:     myTime+=Time.deltaTime;
14:
```

```
15:     if(myTime>1)
16:      {
17:        leftTime--;
18:        myTime=0;
19:      }
20:
21:     if(leftTime==0)
22:        Application.LoadLevel("Win");
23:
24:  }
25:
26:  void  OnGUI()
27:  {
28:     for(int i=0; i<leftTime.ToString().Length; i++)
29:         GUI.DrawTexture(new Rect(350+i*32,20,32,45),
              timeNumbers[ System.Int32.Parse(
                 (leftTime.ToString())[i].ToString())]);
30:   }
31: }
```

在上述 C#代码中，与代码 2-31 相比较，只是添加了第 21 行、第 22 行语句。第 21 行用于判断倒计时时间是否为 0；如果为 0，则执行第 22 行语句，转换游戏场景到赢家场景。

对于 JavaScript 开发者来说，要实现在游戏场景中，一旦倒计时时间为 0 的时候，游戏场景会转换到赢家场景，需要修改前面的 timeRemainDisplay.js 文件，在其中添加相关代码，实现场景转换，见代码 2-36。

代码 2-36　timeRemainDisplay 的 JavaScript 代码

```
 1:  var timeNumbers :Texture [];
 2:  static var leftTime:int=100;
 3:  var myTime :float=0;
 4:
 5:  function Update()
 6:  {
 7:    myTime+=Time.deltaTime;
 8:
 9:    if(myTime>1)
10:    {
11:       leftTime--;
12:       myTime=0;
13:    }
14:
15:   if(leftTime==0)
16:       Application.LoadLevel("Win");
17:
18: }
19:
20: function  OnGUI()
```

```
21: {
22:    for(var i:int=0; i<leftTime.ToString().Length; i++)
23:       GUI.DrawTexture(new Rect(350+i*32,20,32,45),
             timeNumbers[ System.Int32.Parse(
                 (leftTime.ToString())[i].ToString())]);
24: }
```

在上述的 JavaScript 代码中，与代码 2-32 相比较，只是添加了第 15 行、第 16 行语句。第 15 行用于判断倒计时时间是否为 0；如果为 0，则执行第 16 行语句，实现转换游戏场景到赢家场景。

为实现在赢家场景中单击任何键，再次进入游戏场景，重新开始游戏，需要在 Win 场景中新建代码实现。

对于 C#开发者来说，在项目 Project 窗格 Script 文件夹中新建 WinController.cs 文件，在其中添加相关代码，见代码 2-37。

代码 2-37　WinController 的 C#代码

```
 1: using UnityEngine;
 2: using System.Collections;
 3:
 4: public class WinController : MonoBehaviour
 5: {
 6:   public Texture winTexture;
 7:
 8:    void Start()
 9:    {
10:       RockController.score=0;
11:       RockController.lives=3;
12:       TimeRemainDisplay.leftTime=100;
13:    }
14:
15:   void OnGUI()
16:   {
17:     GUI.DrawTexture(new Rect(0, 0, Screen.width, Screen.height), winTexture);
18:
19:     if(Input.anyKeyDown)
20:       Application.LoadLevel("Level");
21:
22:   }
```

在上述 C#代码中，第 6 行定义了一个公有的 Texture 类型的变量 winTexture，以便开发者在检视器中关联赢家场景的图片。

第 15 行到第 22 行的代码，在 OnGUI()方法中，第 17 行显示赢家场景的图片，该图片刚好显示在指定大小的游戏界面中；第 19 行检测玩家是否按下键盘上的任何键，如果有按下，则执行第 20 行代码，实现场景的转换，将场景转换到前面所完成的游戏场景 Level。

而重新进入游戏场景之后，需要重新初始化相关的参数，如分数、飞机生命值以及倒计时时间，这就是代码第 10 行到第 12 行所实现的功能。

选择项目 Project 窗格 Script 文件夹中的 WinController.cs 文件，拖放到层次 Hierarchy 窗格中的 Main Camera 对象之上，以便赢家场景执行该代码；然后拖放 Image 目录下 Win 图片到 WinController 代码的 winTexture 变量的右边，以便代码关联赢家场景图片。

对于 JavaScript 开发者来说，在项目 Project 窗格 Script 文件夹中新建 winController.js 文件，在其中添加相关代码，见代码 2-38。

代码 2-38 winController 的 JavaScript 代码

```
 1: var winTexture:Texture;
 2:
 3: function Start()
 4: {
 5:   rockController.score=0;
 6:   rockController.lives=3;
 7:   timeRemainDisplay.leftTime=100;
 8: }
 9:
10: function OnGUI()
11: {
12:   GUI.DrawTexture(new Rect(0, 0, Screen.width, Screen.height), winTexture);
13:
14:   if(Input.anyKeyDown)
15:     Application.LoadLevel("Level");
16:
17: }
```

在上述的 JavaScript 代码中，第 1 行定义了一个公有的 Texture 类型的变量 winTexture，以便开发者在检视器中关联赢家场景的图片。

第 10 行到第 17 行的代码，在 OnGUI()方法中，第 12 行显示赢家场景的图片，该图片刚好显示在指定大小的游戏界面中；第 14 行检测玩家是否按下键盘上的任何键，如果有按下，则执行第 15 行代码，实现场景的转换，将场景转换到前面所完成的游戏场景 Level。

而重新进入游戏场景之后，需要重新初始化相关的参数，如分数、飞机生命值以及倒计时时间，这就是代码第 5 行到第 7 行所实现的功能。

选择项目 Project 窗格 Script 文件夹中的 winController.js 文件，拖放到层次 Hierarchy 窗格中的 Main Camera 对象之上，以便赢家场景执行该代码；然后拖放 Image 目录下 Win 图片到 winController 代码的 winTexture 变量的右边，以便代码关联赢家场景图片。

选择项目 Project 窗格中的 Level 场景，运行游戏，可以看到：当倒计时时间为 0 的时候，游戏场景会转换到赢家场景；而在赢家场景中单击任何键，则再次进入游戏场景，重新开始游戏，赢家场景的界面如图 2-120 所示。

2.9.3 添加输家场景

下面介绍如何实现输家场景，如何实现最高计分。

1. 添加输家场景

在指定的倒计时时间内，飞机每被陨石砸中一次，生命值就减 1，如果飞机的生命值等于 0，则游戏场景就会转换到输家场景；在输家场景中单击任何键，再次进入游戏场景，重新开始游戏。

图 2-120　赢家场景界面

单击菜单“File”→“New Scene”命令；然后再单击菜单“File”→“Save Scene as”命令，在打开的保存场景对话框中输入 Lose 场景名称，单击“保存”按钮，即可添加赢家场景。

然后单击菜单“File”→“Build Setting”命令，在打开的构建设置对话框中，将项目 Project 窗格中的 Win 场景拖放到“Scenes In Build”窗口中。

对于 C#开发者来说，在项目 Project 窗格 Script 文件夹中新建 LoseController.cs 文件，在其中添加相关代码，见代码 2-39。

代码 2-39　LoseController 的 C#代码

```
 1: using UnityEngine;
 2: using System.Collections;
 3:
 4: public class LoseController : MonoBehaviour
 5: {
 6:   public Texture loseTexture;
 7:
 8:    void Start()
 9:    {
10:       RockController.score=0;
11:       RockController.lives=3;
12:       TimeRemainDisplay.leftTime=100;
13:    }
14:
15:   void OnGUI()
16:   {
17:     GUI.DrawTexture(new Rect(0, 0, Screen.width, Screen.height),
               loseTexture);
18:
19:     if(Input.anyKeyDown)
20:       Application.LoadLevel("Level");
```

```
21:
22:   }
```

在上述 C#代码中，与代码 2-37 相比较，基本一样，只是类的名称和图片变量的名称不一样而已，这里不再重复。

然后选择项目 Project 窗格 Script 文件夹中的 LoseController.cs 文件，拖放到层次 Hierarchy 窗格中的 Main Camera 对象之上，以便输家场景执行该代码；再拖放 Image 目录下 Lose 图片到 Lose Controller 代码的 Lose Texture 变量的右边，以便代码关联输家场景图片。

对于 JavaScript 开发者来说，在项目 Project 窗格 Script 文件夹中新建 loseController.js 文件，在其中添加相关代码，见代码 2-40。

代码 2-40　loseController 的 JavaScript 代码

```
 1: var loseTexture:Texture;
 2:
 3: function Start()
 4: {
 5:   rockController.score=0;
 6:   rockController.lives=3;
 7:   timeRemainDisplay.leftTime=100;
 8: }
 9:
10: function OnGUI()
11: {
12:   GUI.DrawTexture(new Rect(0, 0, Screen.width, Screen.height),
              loseTexture);
13:
14:   if(Input.anyKeyDown)
15:     Application.LoadLevel("Level");
16:
17: }
```

在上述的 JavaScript 代码中，与代码 2-38 相比较，基本一样，只是类的名称和图片变量的名称不一样而已，这里不再重复。

选择项目 Project 窗格 Script 文件夹中的 winController.js 文件，拖放到层次 Hierarchy 窗格中的 Main Camera 对象之上，以便赢家场景执行该代码；然后拖放 Image 目录下 Win 图片到 winController 代码的 winTexture 变量的右边，以便代码关联赢家场景图片。

然后选择项目 Project 窗格 Script 文件夹中的 loseController.cs 文件，拖放到层次 Hierarchy 窗格中的 Main Camera 对象之上，以便输家场景执行该代码；再拖放 Image 目录下 Lose 图片到 loseController 代码的 loseTexture 变量的右边，以便代码关联输家场景图片。

对于 C#开发者来说，要实现在游戏场景中，一旦飞机生命值为 0 的时候，游戏场景会转换到输家场景，需要修改前面的 RockController.cs 文件，在其中添加相关代码，实现场景转换，见代码 2-41。

代码 2-41　RockController 的 C#代码

```
 1: using UnityEngine;
 2: using System.Collections;
```

```
 3:
 4: public class RockController : MonoBehaviour
 5: {
 6:
 7:    public float speed=2.0f;
 8:    public GameObject explosionEnemy;
 9:    public GameObject explosionPlayer;
10:
11:    public static int score=0;
12:    public static int lives=3;
13:
14:    void Update()
15:   {
16:     transform.Translate(0,-speed*Time.deltaTime,0);
17:
18:      if(transform.position.y<-2.0f)
19:       transform.position=new Vector3(Random.Range(-2.1f,2.1f),3.5f,0);
20:   }
21:
22:    void OnTriggerEnter(Collider other)
23:    {
24:      if(other.tag=="projectile")
25:      {
26:         score+=100;
27:
28:         Instantiate(explosionEnemy,transform.position,transform.rotation);
29:         transform.position=new Vector3(Random.Range(-2.1f,2.1f),3.5f,0);
30:         Destroy(other.gameObject);
31:      }
32:
33:      if(other.tag=="Player")
34:      {
35:        lives--;
36:
37:        if(lives==0)
38:          Application.loadLevel("Lose");
39:
40:        Instantiate(explosionPlayer,transform.position,transform.rotation);
41:        transform.position=new Vector3(Random.Range(-2.1f,2.1f),3.5f,0);
42:     }
43:    }
44:
45:   void OnGUI()
46:   {
47:      GUI.Label(new Rect(10, 10, 120, 20), "Score:" + score.ToString());
48:     GUI.Label(new Rect(10, 30, 60, 20), "Lives:" + lives.ToString());
49:   }
50: }
```

在上述C#代码中，与代码2-29相比较，只是添加了第37行、第38行语句，用于判断飞机生命值lives是否为0；如果为0，则转换游戏场景到输家场景。

对于JavaScript开发者来说，要实现在游戏场景中，一旦飞机生命值为0的时候，游戏场景会转换到输家场景，需要修改前面的rockController.js文件，在其中添加相关代码，实现场景转换，见代码2-42。

代码2-42　rockController的JavaScript代码

```
 1:  var speed:float=2.0f;
 2:  var explosionEnemy:GameObject;
 3:  var explosionPlayer:GameObject;
 4:
 5:  static var score:int=0;
 6:  static var lives:int=3;
 7:
 8:  function Update()
 9:  {
10:    transform.Translate(0,-speed*Time.deltaTime,0);
11:
12:    if(transform.position.y<-2.0f)
13:       transform.position=new Vector3(Random.Range(-2.1f,2.1f),3.5f,0);
14: }
15:
16: function OnTriggerEnter (other : Collider)
17: {
18:    if(other.tag=="projectile")
19:    {
20:      score+=100;
21:
22:      Instantiate(explosionEnemy,transform.position,transform.rotation);
23:
24:       transform.position=new Vector3(Random.Range(-2.1f,2.1f),3.5f,0);
25:       Destroy(other.gameObject);
26:     }
27:
28:    if(other.tag=="Player")
29:    {
30:       lives--;
31:
32:        if(lives==0)
33:          Application.loadLevel("Lose");
34:
35:       Instantiate(explosionPlayer,transform.position,transform.rotation);
36:
37:        transform.position=new Vector3(Random.Range(-2.1f,2.1f),3.5f,0);
38:    }
```

```
39: }
40:
41: function OnGUI()
42: {
43:    GUI.Label(new Rect(10, 10, 120, 20), "Score:" + score.ToString());
44:    GUI.Label(new Rect(10, 30, 60, 20), "Lives:" + lives.ToString());
45: }
```

在上述 JavaScript 代码中，与代码 2-30 相比较，只是添加了第 32 行、第 33 行语句，用于判断飞机生命值 lives 是否为 0；如果为 0，则转换游戏场景到输家场景。

选择项目 Project 窗格中的 Level 场景，运行游戏，可以看到：故意让陨石砸中飞机，当飞机生命值为 0 的时候，游戏场景会转换到输家场景；而在输家场景中单击任何键，则再次进入游戏场景，重新开始游戏，输家场景的界面如图 2-121 所示。

图 2-121　输家场景界面

2. 实现最高计分

要实现最高计分，需要在 RockController 中添加显示最高计分的语句，以及保存最高计分的分数。

对于 C#开发者来说，需要修改前面的 RockController.cs 文件，在其中添加相关代码，见代码 2-43。

代码 2-43　RockController 的 C#代码

```
 1: using UnityEngine;
 2: using System.Collections;
 3:
 4: public class RockController : MonoBehaviour
 5: {
 6:
 7:    public float speed=2.0f;
 8:    public GameObject explosionEnemy;
 9:    public GameObject explosionPlayer;
10:
```

```
11:    public static int score=0;
12:    public static int lives=3;
13:    public static int highScore=0;
14:
15:     void Start()
16:    {
17:      highScore=PlayerPrefs.GetInt("HighScore");
18:    }
19:
20:    void Update()
21:    {
22:       transform.Translate(0,-speed*Time.deltaTime,0);
23:
24:       if(transform.position.y<-2.0f)
25:        transform.position=new Vector3(Random.Range(-2.1f,2.1f),3.5f,0);
26:    }
27:
28:     void OnTriggerEnter(Collider other)
29:     {
30:       if(other.tag=="projectile")
31:       {
32:          score+=100;
33:
34:          Instantiate(explosionEnemy,transform.position,transform.rotation);
35:          transform.position=new Vector3(Random.Range(-2.1f,2.1f),3.5f,0);
36:          Destroy(other.gameObject);
37:      }
38:
39:       if(other.tag=="Player")
40:       {
41:          lives--;
42:
43:          if(lives==0)
44:          {
45:
46:             if(RockController.score > PlayerPrefs.GetInt("HighScore"))
47:            {
48:             highScore=RockController.score;
49:             PlayerPrefs.SetInt("HighScore", RockController.score);
50:            }
51:           else
52:             highScore=PlayerPrefs.GetInt("HighScore");
53:
54:            Application.LoadLevel("Lose");
55:          }
56:
57:          Instantiate(explosionPlayer,transform.position,transform.rotation);
58:          transform.position=new Vector3(Random.Range(-2.1f,2.1f),3.5f,0);
59:       }
```

```
60:     }
61:
62:     void OnGUI()
63:     {
64:      GUI.Label(new Rect(10, 10, 120, 20), "Score:" + score.ToString());
65:      GUI.Label(new Rect(10, 30, 60, 20), "Lives:" + lives.ToString());
66:       GUI.Label(new Rect(10, 50, 120, 20), "Highest Score:" +
                 highScore.ToString());
67:     }
68: }
```

在上述C#代码中，与代码2-41相比较，添加了第13行语句，用于定义最高分的highScore整型变量；在添加的第15行到18行的Start()方法中，用于读取保存的最高分数值。其中第17行读取保存在计算机本地的变量highScore，而采用的是PlayerPrefs类中的GetInt()方法。

然后添加了第46行到第52行的语句，用于判断是否是最高计分，如果是最高计分，则第46行满足条件，执行第48行、49行语句，保存当前的最高计分，并通过PlayerPrefs类中的SetInt()方法，存储最高计分到计算机本地的变量highScore；如果不是最高计分，则执行第52行语句，获得以前保存到最高计分。

最后为实现最高计分的显示，添加了第66行语句，用于在游戏界面中显示最高计分。

对于JavaScript开发者来说，需要修改前面的rockController.js文件，在其中添加相关代码，实现场景转换，见代码2-44。

代码2-44　rockController的JavaScript代码

```
 1: var speed:float=2.0f;
 2: var explosionEnemy:GameObject;
 3: var explosionPlayer:GameObject;
 4:
 5: static var score:int=0;
 6: static var lives:int=3;
 7: static var highScore:int=0;
 8:
 9: function Start()
10: {
11:   highScore=PlayerPrefs.GetInt("HighScore");
12:  }
13:
14: function Update()
15: {
16:   transform.Translate(0,-speed*Time.deltaTime,0);
17:
18:   if(transform.position.y<-2.0f)
19:     transform.position=new Vector3(Random.Range(-2.1f,2.1f),3.5f,0);
20: }
21:
22: function OnTriggerEnter(other:Collider)
23: {
24:   if(other.tag=="projectile")
```

```
25:    {
26:      score+=100;
27:
28:      Instantiate(explosionEnemy,transform.position,transform.rotation);
29:
30:      transform.position=new Vector3(Random.Range(-2.1f,2.1f),3.5f,0);
31:
32:      Destroy(other.gameObject);
33:    }
34:
35:   if(other.tag=="Player")
36:    {
37:      lives--;
38:
39:      if(lives==0)
40:      {
41:        if(rockController.score > PlayerPrefs.GetInt("HighScore"))
42:        {
43:          highScore=rockController.score;
44:          PlayerPrefs.SetInt("HighScore", rockController.score);
45:        }
46:        else
47:          highScore=PlayerPrefs.GetInt("HighScore");
48:
49:        Application.LoadLevel("Lose");
50:      }
51:
52:      Instantiate(explosionPlayer,transform.position,transform.rotation);
53:
54:       transform.position=new Vector3(Random.Range(-2.1f,2.1f),3.5f,0);
55:
56:    }
57:  }
58:
59:  function OnGUI()
60:  {
61:     GUI.Label(new Rect(10, 10, 120, 20), "Score:" + score.ToString());
62:     GUI.Label(new Rect(10, 30, 60, 20), "Lives:" + lives.ToString());
63:     GUI.Label(new Rect(10, 50, 120, 20), "Highest Score:" +
                                            highScore.ToString());
64:
65:  }
```

在上述 JavaScript 代码中，与代码 2-42 相比较，添加了第 7 行语句，用于定义最高分的 highScore 整型变量；在添加的第 9 行到 12 行的 Start()方法中，用于读取保存的最高分数值。其中第 11 行读取保存在计算机本地的变量 highScore，而采用的是 PlayerPrefs 类中的 GetInt()方法。

然后添加了第 41 行到第 47 行的语句，用于判断是否是最高计分，如果是最高计分，则第 41 行满足条件，执行第 43 行、44 行语句，保存当前的最高计分，并通过 PlayerPrefs 类中的 SetInt() 方法，存储最高计分到计算机本地的变量 highScore；如果不是最高计分，则执行第 47 行语句，获得以前保存到最高计分。

最后为实现最高计分的显示，添加了第 63 行语句，用于在游戏界面中显示最高计分。

对于 C#开发者来说，当倒计时时间为 0 的时候，游戏场景会转换到赢家场景，此时要获得最高计分，需要修改前面的 TimeRemainDisplay.cs 文件，在其中添加相关代码，见代码 2-45。

代码 2-45　TimeRemainDisplay 的 C#代码

```
 1: using UnityEngine;
 2: using System.Collections;
 3:
 4: public class TimeRemainDisplay : MonoBehaviour
 5: {
 6:   public Texture [] timeNumbers;
 7:   public static int leftTime=100;
 8:
 9:   float myTime;
10:
11:   void Update()
12:   {
13:     myTime+=Time.deltaTime;
14:
15:     if(myTime>1)
16:      {
17:        leftTime--;
18:        myTime=0;
19:      }
20:
21:     if(leftTime==0)
22:      {
23:
24:        if(RockController.score > PlayerPrefs.GetInt("HighScore"))
25:        {
26:          RockController.highScore=RockController.score;
27:           PlayerPrefs.SetInt("HighScore", RockController.score);
28:        }
29:        else
30:          RockController.highScore=PlayerPrefs.GetInt("HighScore");
31:
32:         Application.LoadLevel("Win");
33:      }
34:  }
35:
36:  void  OnGUI()
37:  {
```

```
38:      for (int i=0; i <  leftTime.ToString().Length; i++)
39:          GUI.DrawTexture(new Rect(350+i*32,20,32,45),
                 timeNumbers[ System.Int32.Parse(
                     (leftTime.ToString())[i].ToString())]);
40:    }
41: }
```

在上述 C#代码中，与代码 2-35 相比较，只是添加了第 24 行到第 30 行语句。第 24 行语句用于判断是否是最高计分，如果是最高计分，则第 24 行满足条件，执行第 26 行、27 行语句，保存当前的最高计分，并通过 PlayerPrefs 类中的 SetInt()方法，存储最高计分到计算机本地的变量 highScore；如果不是最高计分，则执行第 20 行语句，获得以前保存到最高计分。

对于 JavaScript 开发者来说，当倒计时时间为 0 的时候，游戏场景会转换到赢家场景，此时要获得最高计分，需要修改前面的 rockController.js 文件，在其中添加相关代码，见代码 2-46。

代码 2-46　timeRemainDisplay 的 JavaScript 代码

```
 1: var timeNumbers :Texture [];
 2: static var leftTime:int=10;
 3: var myTime :float=0;
 4:
 5:  function Update()
 6:  {
 7:   myTime+=Time.deltaTime;
 8:
 9:   if(myTime>1)
10:    {
11:       leftTime--;
12:       myTime=0;
13:     }
14:
15:   if(leftTime==0)
16:   {
17:     if(rockController.score > PlayerPrefs.GetInt("HighScore"))
18:     {
19:        rockController.highScore=rockController.score;
20:        PlayerPrefs.SetInt("HighScore", rockController.score);
21:     }
22:     else
23:        rockController.highScore=PlayerPrefs.GetInt("HighScore");
24:
25:      Application.LoadLevel("Win");
26:   }
27:  }
28:
29: function  OnGUI()
30: {
31:   for (var i:int=0; i<leftTime.ToString().Length; i++)
32:      GUI.DrawTexture(new Rect(350+i*32,20,32,45),
                 timeNumbers[ System.Int32.Parse(
```

```
                        (leftTime.ToString())[i].ToString())]);
33: }
```

在上述 JavaScript 代码中，与代码 2-36 相比较，只是添加了第 17 行到第 23 行语句。第 17 行语句用于判断是否是最高计分，如果是最高计分，则第 17 行满足条件，执行第 19 行、20 行语句，保存当前的最高计分，并通过 PlayerPrefs 类中的 SetInt()方法，存储最高计分到计算机本地的变量 highScore；如果不是最高计分，则执行第 23 行语句，获得以前保存到最高计分。

运行游戏，将会打开如图 2-122 所示的最高计分界面。

图 2-122　最高计分界面

坦克克星游戏项目同样是一个基于 2D 的射击类游戏，该游戏项目相对于太空射击游戏项目来说，稍微复杂一些，非常适合于 Unity3D 初学者进一步学习、借鉴，通过一步一步实现该游戏项目，初学者可以进一步掌握 Unity3D 开发游戏的基本概念和基本技能。

在该游戏项目中，学习如何使用 sprite 预制件显示图片、如何实现游戏场景转换、什么是预制件 Prefab 对象，以及动态创建 Prefab 对象；讲解碰撞检测、2D 动画以及射线瞄准等，从而进入 Unity3D 游戏开发领域。

03 CHAPTER THREE 第三章 坦克克星游戏项目

>> 本章要点

- 游戏功能分析
- sprite 预制件显示图片
- 游戏场景转换
- 预制件 Prefab 对象、动态创建 Prefab 对象
- 碰撞检测
- 2D 动画
- 射线瞄准

3.1 游戏功能分析

首先运行坦克克星游戏项目，了解坦克克星游戏项目是一个什么样的游戏；然后对坦克克星游戏项目进行功能分析，对该游戏项目有一个比较深入的了解，以便后面逐步实现这个基于2D的射击类游戏。

3.1.1 运行游戏

在光盘中找到游戏项目——3.坦克克星游戏项目——TankBuster，运行游戏，同样选择分辨率是800×600，打开如图3-1所示的开始场景界面。

在开始界面中，单击“A”键，进入到游戏场景，如图3-2所示。

图3-1 开始场景界面

图3-2 坦克发射炮弹

在游戏场景界面中，上、下、左、右键可以移动飞机，单击空格键，可以发射飞机炸弹。不断从右到左运动的坦克会自动瞄准飞机，向飞机发射炮弹。

图3-3所示是坦克自动瞄准飞机后，向飞机发射炮弹，并击中飞机的爆炸效果。

单击空格键，飞机可以发射炸弹，轰炸坦克或者地面，如图3-4所示。

飞机发射的炸弹，一旦接触到坦克运行的地面，就会发生爆炸，并伴随爆炸的声音，如图3-5所示。

飞机发射的炸弹，还可以轰炸坦克，一旦击中坦克，同样也会发生爆炸，并伴随爆炸的声音，而被击中的坦克重新从右边开始运动，如图3-6所示。

3.1.2 游戏功能分析

通过运行上述坦克克星游戏，可以发现：该游戏是一个比较简单的游戏，整个游戏可以划分为两个游戏场景，分别是游戏开始场景和游戏场景。

游戏开始场景是游戏运行的开始界面，在游戏开始场景中单击“A”键，进入游戏场景，而游戏场景则是游戏的主界面。

图 3-3　炮弹击中飞机爆炸效果

图 3-4　飞机发射炸弹

图 3-5　炸弹击中地面爆炸效果

图 3-6　炸弹击中坦克爆炸效果

在游戏场景中，坦克从右到左不断循环移动，并且在移动过程中，自动瞄准飞机，一旦瞄准后就发射炮弹，炮弹击中飞机会发生爆炸；游戏玩家可以通过方向键上、下、左、右移动飞机逃避坦克发射的炮弹；按下空格键，飞机发射炸弹，如果炸弹击中地面，发射爆炸；如果炸弹击中坦克，也会发生爆炸，坦克将会被重置位置。

在游戏场景中，主要有 5 个游戏对象，分别是飞机、坦克、飞机发射的炸弹、坦克发射的炮弹以及地面。

完成该游戏后，游戏项目的目录结构如图 3-7 所示。其中 Images 目录存放各个游戏对象所对应的的图片；Sounds 目录存放各种声音文件，如飞机发射炸弹的声音、爆炸声等。两个游戏场景则位于 Scenes 目录之中。

图 3-8 则显示了 prefabs 目录中的相关预制件对象，如显示 2D 图片的 sprite 预制件、坦克发射的炮弹预制件 projectile 等。

对于 C#开发者来说，图 3-9 显示了需要开发者开发的 C#文件，共有 10 个文件；对于

JavaScript 开发者来说，图 3-10 则显示了需要开发者开发的 JavaScript 文件，共有 10 个文件。

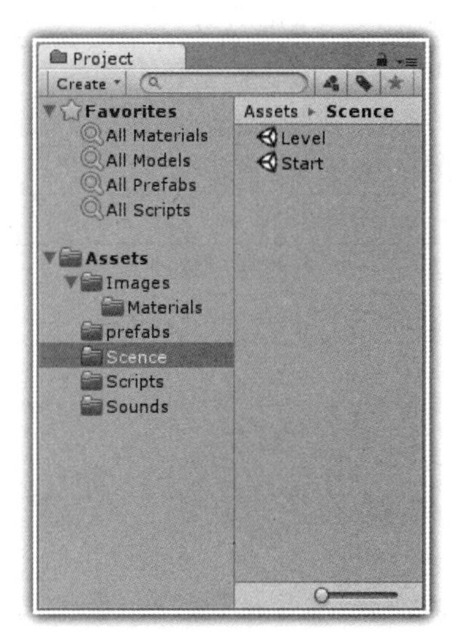

图 3-7　游戏项目的目录结构

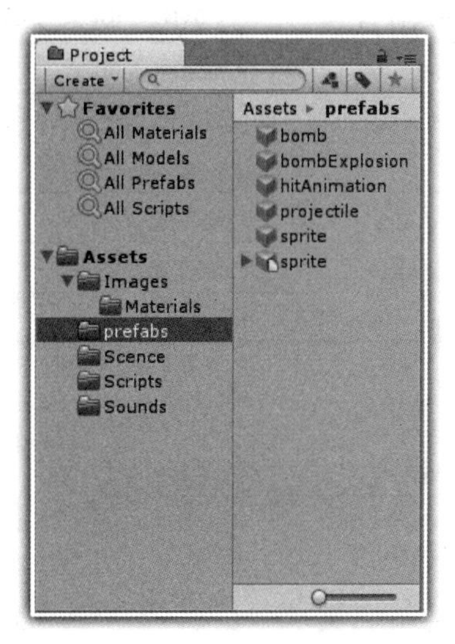

图 3-8　prefabs 目录

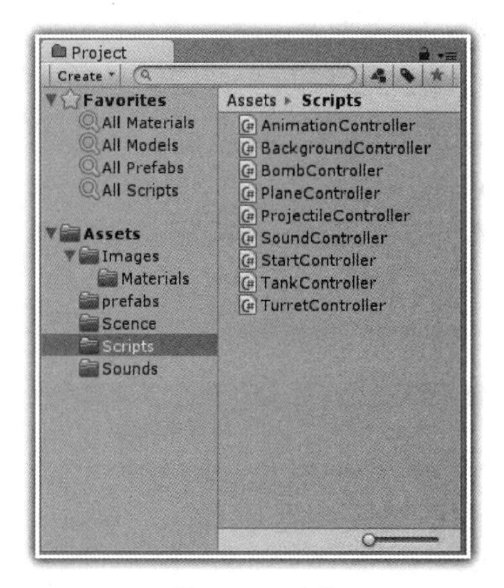

图 3-9　C#文件

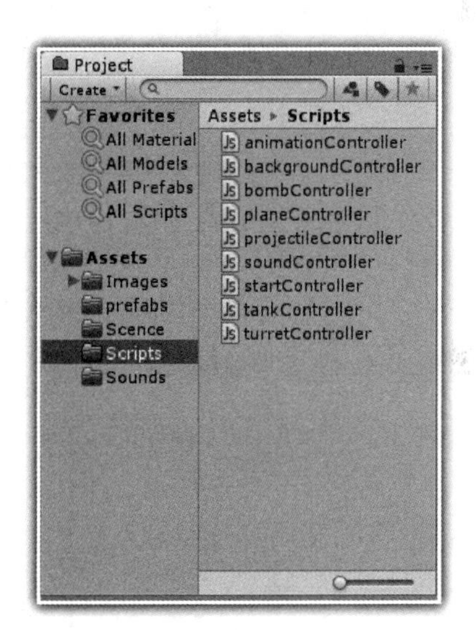

图 3-10　JavaScript 文件

这些开发文件的具体功能说明，见表 3-1。

表 3-1　开发文件的功能说明

C#文件名	JavaScript 文件名	功能说明
AnimationController	animationController	实现 2D 动画的组件
BackgroundController	backgroundController	实现对背景的控制
BombController	bombController	实现对飞机炸弹的碰撞检测、播放发射声音
PlaneController	planeController	实现对飞机的移动控制、发射飞机炸弹

续表

C#文件名	JavaScript 文件名	功能说明
PlayerController	playerController	实现控制飞机的左、右移动，发射炮弹等
ProjectileController	projectileController	实现炮弹的销毁、发射声音和与飞机的碰撞检测
soundController	soundController	实现指定声音在摄像机位置播放
StartController	startController	实现游戏开始场景界面
TankController	tankController	实现坦克从右到左的随机速度移动
TurretController	turretController	实现坦克炮弹的旋转、瞄准和发射炮弹

3.2 开始场景

要实现飞机移动，首先需要实现显示飞机，然后实现飞机移动，最后实现飞机的左、右循环移动。

3.2.1 新建场景

下面介绍如何显示飞机。

1. 打开游戏项目资源，新建场景

首先找到光盘中的游戏项目资源——3.坦克克星游戏项目资源——TankBuster，将整个文件夹 TankBuster 拷贝到系统的 C 盘根目录，如图 3-11 所示。

然后启动 Unity3D 软件，在如图 3-12 所示的对话框中，选择“Open Project”窗格，然后在该窗格中选择文件夹 TankBuster，这样就可以打开坦克克星游戏 TankBuster 的项目资源，如图 3-13 所示。

图 3-11　TankBuster 项目文件

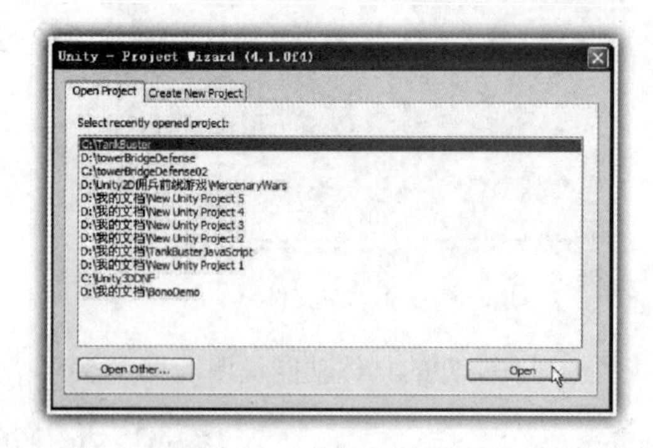

图 3-12　打开新项目对话框

在图 3-13 中，TankBuster 项目资源文件中包括五个资源文件夹，它们分别是 Image、prefabs、Scenes、Scripts 和 Sounds。

在 Image 文件中提供了各种图片，以便实现坦克克星游戏的各种对象，如飞机、坦克、飞机炸弹、坦克炮弹以及爆炸的效果帧序列图等，如图 3-14 所示。

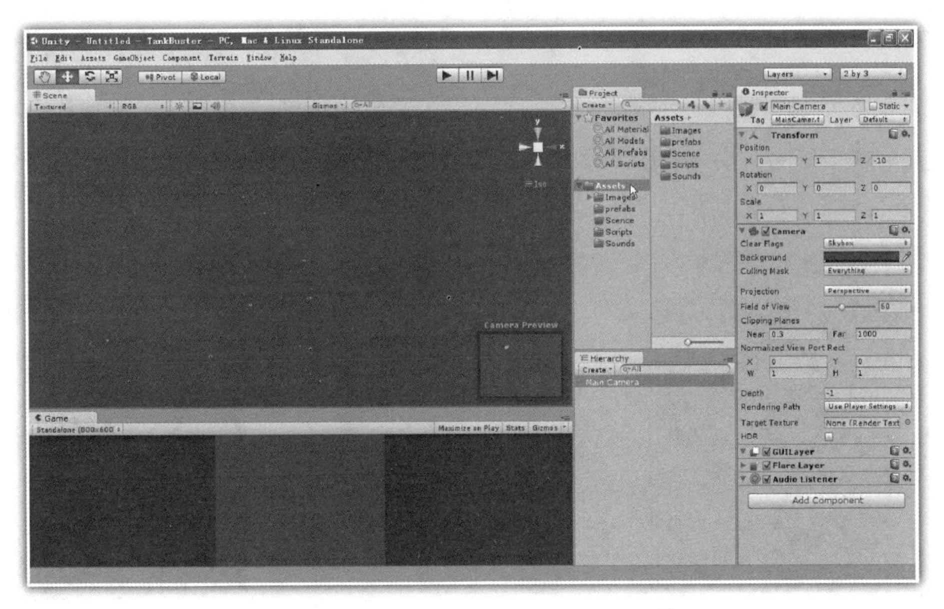

图 3-13　打开 TankBuster 项目资源文件

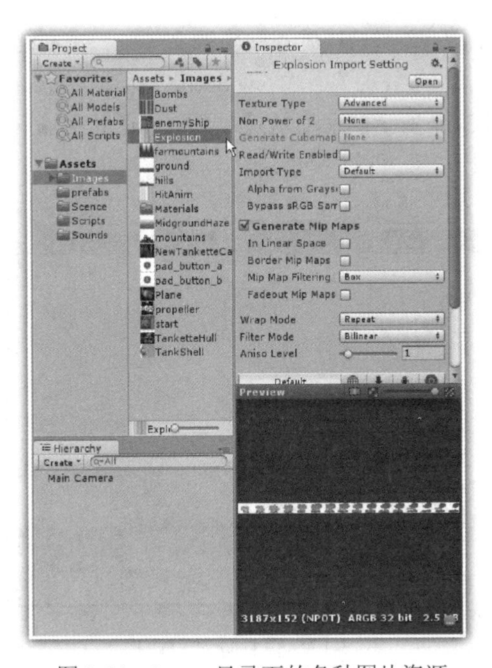

图 3-14　Image 目录下的各种图片资源

在 prefabs 文件中，则提供了一个 sprite 预制对象，用于专门显示 2D 图片，以便构建游戏场景，如图 3-15 所示。

在如图 3-16 所示的 Sounds 文件夹中，提供了各种声音文件，选择相关声音文件，单击图片右下方的播放按钮，可以在 Unity3D 中直接播放声音。

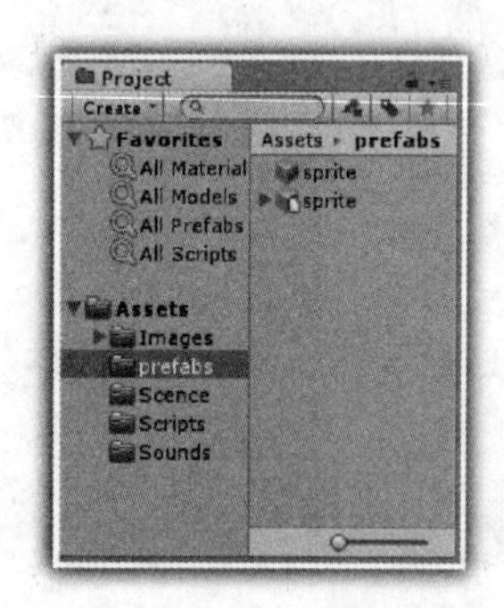

图 3-15　prefabs 目录下的资源

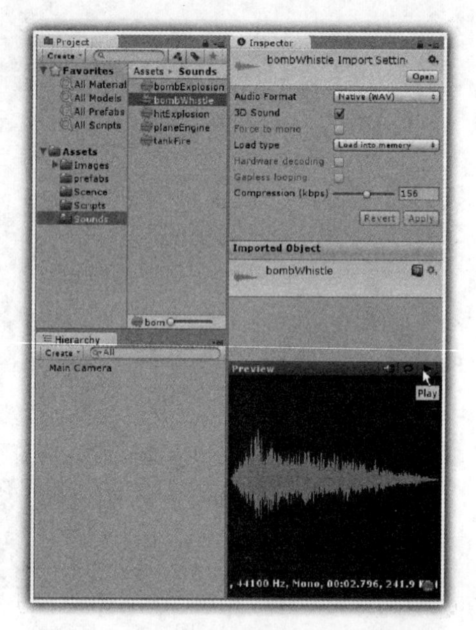

图 3-16　Sounds 目录下的各种声音文件

由此可见，在坦克克星游戏这个 2D 游戏的资源文件中，主要是图片、声音和预制对象。

在图 3-13 中，首先单击菜单“File”→“New Scene”命令；然后再单击菜单“File”→“Save Scene as”命令，打开如图 3-17 所示的保存场景对话框，在其中输入 Start 场景名称，单击“保存”按钮，即可保存该场景。

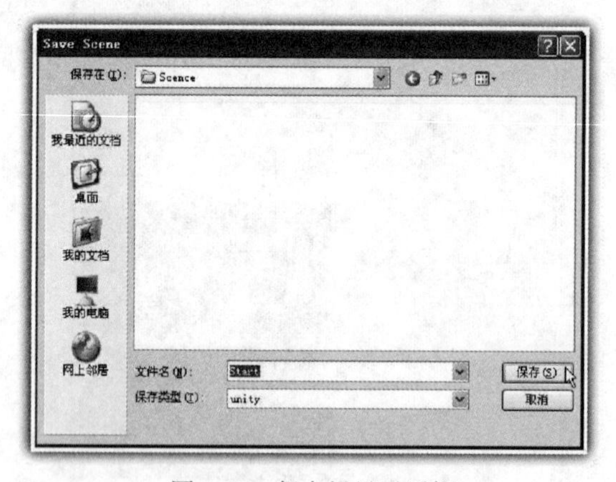

图 3-17　保存场景对话框

保存场景后的项目窗格如图 3-18 所示。

2. 设置游戏窗口分辨率

为方便游戏场景的设计，这里设置游戏的输出界面为固定大小，将游戏窗口的分辨率设置为 800×600。

在图 3-19 中，单击“Build Setting”命令，打开如图 3-20 所示的构建设置对话框，选择平台“Platform”下拉框中的“PC,Mac & Linux...”，单击下方“Player Settings”按钮，在检视器中出现如图 3-21 所示的界面。

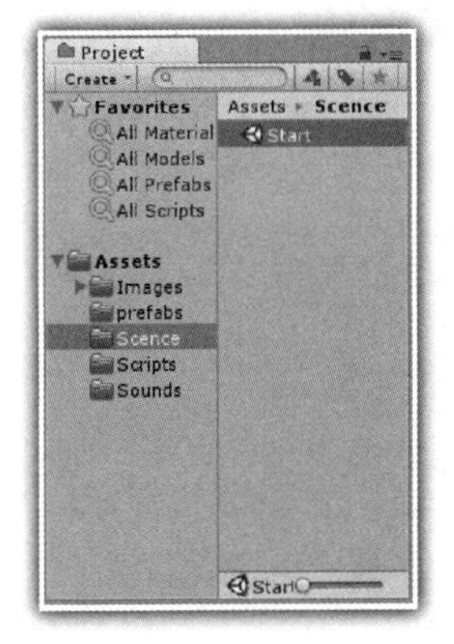

图 3-18　项目窗格中的场景

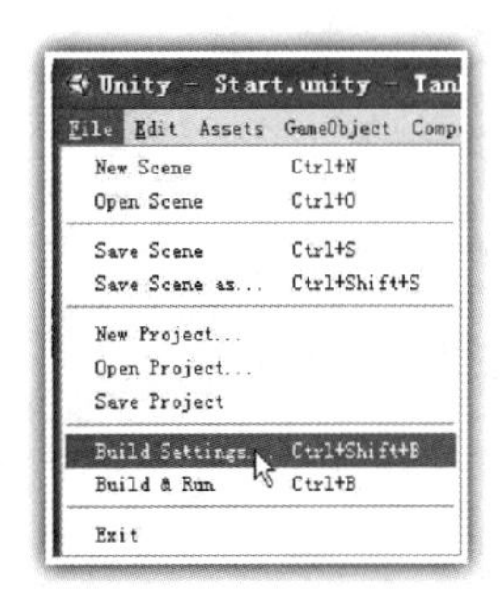

图 3-19　构建设置

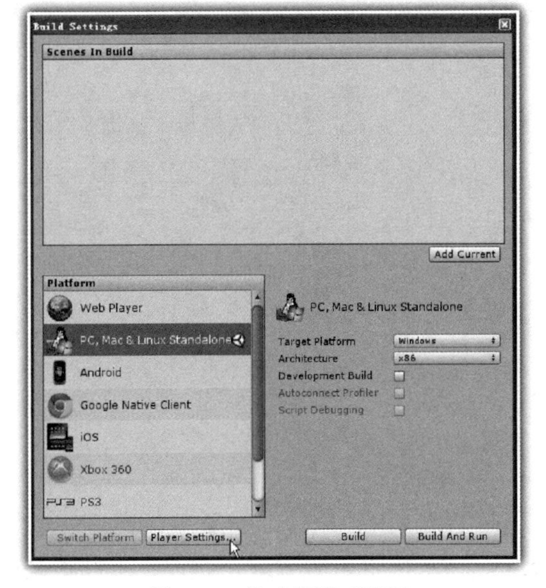

图 3-20　构建设置对话框

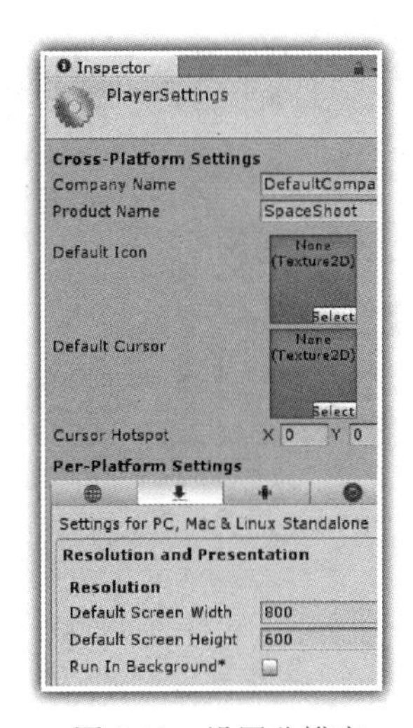

图 3-21　设置分辨率

在图3-21中，选择排在第二个的PC分辨率窗格，设置游戏界面的输出大小为分辨率800×600，然后关闭如图 3-21 所示的对话框。

3.2.2　显示开始场景

要显示开始场景，需要在 Start 场景中，新建代码、书写代码，并将代码拖放到 Main Camera 之上，以便运行所书写的代码。

对于 C#开发者来说，在图 3-22 中，选择 Scripts 文件夹，在右键出现的快捷菜单中选择“Create”→“C# Script”命令，创建一个 C#文件，该文件名称为 StartController，如图 3-23 所示。

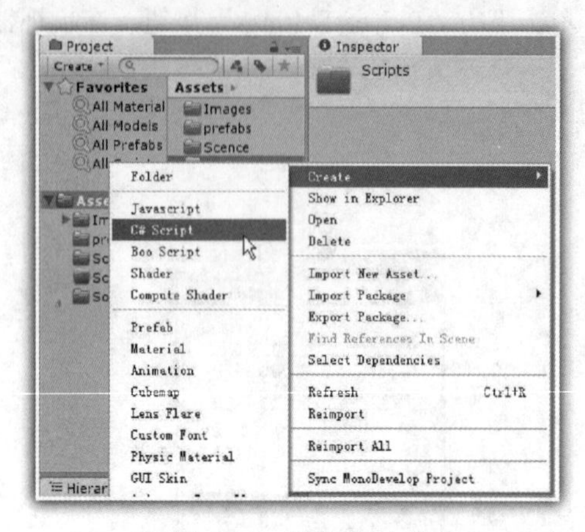

图 3-22　新建 C#文件

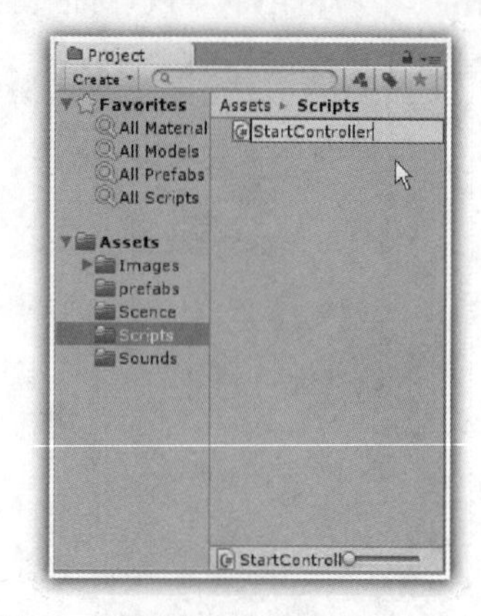

图 3-23　新建 StartController.cs 文件

对于 JavaScript 开发者来说，在图 3-24 中，选择 Scripts 文件夹，在右键出现的快捷菜单中选择“Create”→“Javascript”命令，创建一个 JavaScript 文件，该文件为 startController.js 文件，如图 2-25 所示。

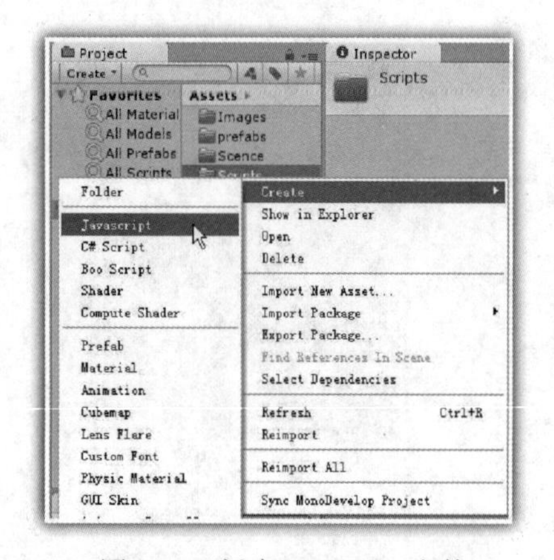

图 3-24　新建 JavaScript 文件

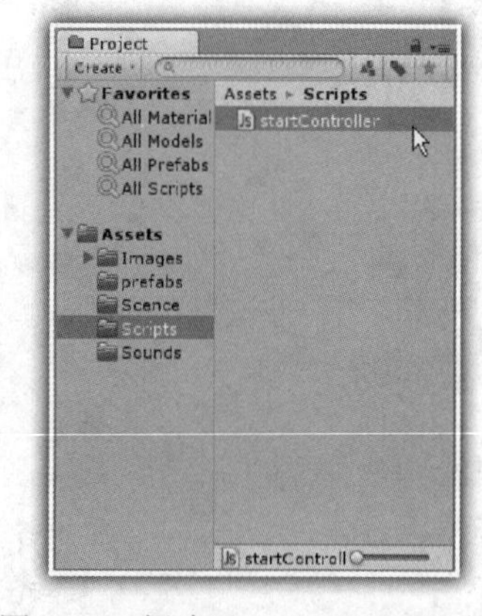

图 3-25　新建 startController.js 文件

对于 C#开发者来说，在图 3-23 中，双击 StartController 文件，Unity3D 打开如图 3-26 所示的代码编辑界面。

在如图 3-26 所示中书写相关代码，StartController 的 C#代码文件，见代码 3-1。

代码 3-1　StartController 的 C#代码

```
1: using UnityEngine;
2: using System.Collections;
3:
4: public class StartController : MonoBehaviour
5: {
6:
7:   public Texture2D startTexture;
```

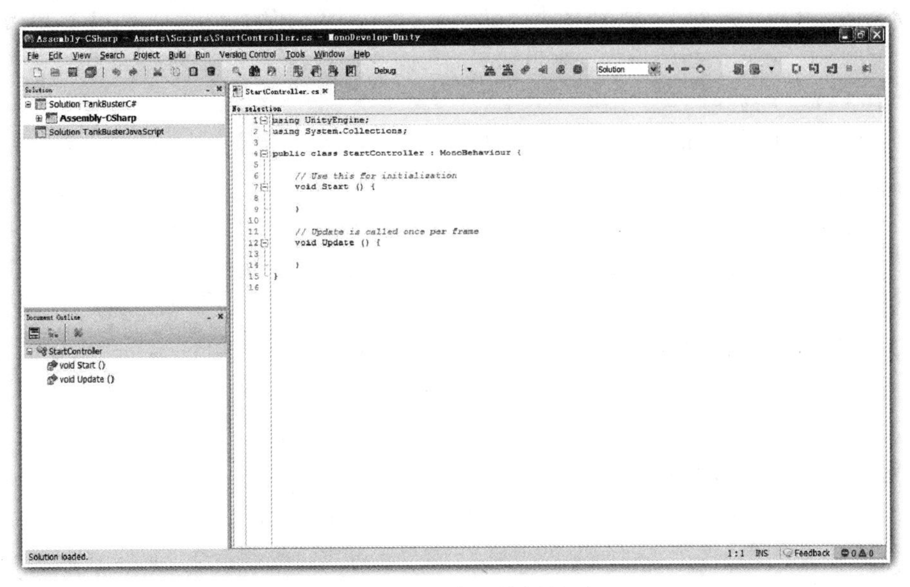

图 3-26　C#代码编辑界面

```
 8:  public Texture2D buttonA;
 9:  public Texture2D buttonB;
10:
11:  void Update()
12:  {
13:    if(Input.GetKeyDown("a"))
14:       Application.LoadLevel(1);
15:
16:   if(Input.GetKeyDown("b"))
17:       Application.Quit();
18:  }
19:
20:  void  OnGUI()
21:  {
22:   GUI.DrawTexture(new Rect(0,0,Screen.width,Screen.height),startTexture);
23:
24:   GUI.Label(new Rect(662,274,100,100),"Load Game");
25:   GUI.DrawTexture(new Rect(662,294,64,64),buttonA);
26:
27:   GUI.Label(new Rect(662,355,200,200),"Exit Game");
28:   GUI.DrawTexture(new Rect(662,378,64,64),buttonB);
29:
30:   GUI.Label(new Rect(619,538,200,200),"spencergong@yahoo.com");
31:  }
32: }
```

在上述 C#代码中，首先需要注意的是 C#的类名称一定要与文件名称一致，这里类的名称为第 4 行代码中 StartController，与文件名称 StartController 是一致的。

开发者需要在第 11 行到第 18 行之间的 Update()中实现相关代码，以便 Unity3D 逐帧运行 Update()中的相关游戏业务逻辑代码。

第 13 行语句用于判断用户是否按下键盘“A”键，如果按下，则执行第 14 行语句，实现游戏场景的转换，转换到游戏场景，这里使用的是游戏场景数字 1，而不是游戏场景名称。在 Unity3D 中，第一个场景的数字是 0。

第 16 行语句则用于判断用户是否按下键盘“B”键，如果按下，则执行第 17 行语句，实现游戏场景的转换，退出游戏场景。

第 7 行、第 8 行和第 9 行分别设置了开始场景的图片以及两个按钮图片，访问属性均设置为公有，以便开发者在监视器中设置关联的图片，从而在代码中引用这些图片，这是 Unity3D 的开发方式之一。

第 20 行到第 31 行的代码用于显示界面中的内置控件，如标签 lable，因此必须在 OnGUI() 方法之中书写这些代码。

第 22 行将 startTexteure 图片显示在 Unity3D 场景中，图片的长度、高度分别为游戏窗口的长度和高度，也就是 800 和 600 像素。

第 24 行显示“Load Game”，第 25 行则显示 A 键的图片；第 27 行显示“Exit Game”，第 28 行则显示 B 键的图片；第 30 行在图片的右下方显示游戏修改者的电子邮件地址。

在图 3-27 中，选择 StartController 代码文件，拖放到层次 Hierarchy 窗格中的 Main Camera 对象之上，如果代码没有编译错误，则可以成功拖放，并在检视器窗格的下方出现 StartController 代码组件；如果代码存在编译错误，不能成功拖放，则需要修改错误代码直到编译成功。

在图 3-28 中，分别选择项目 Project 窗格中的 start 图片、pad_button_a 图片以及 pad_button_b 图片，拖放到 StartController 代码组件中的变量 startTexture、buttonA 和 buttonB 的右边，设置关联的图片，从而在代码中引用这些图片。

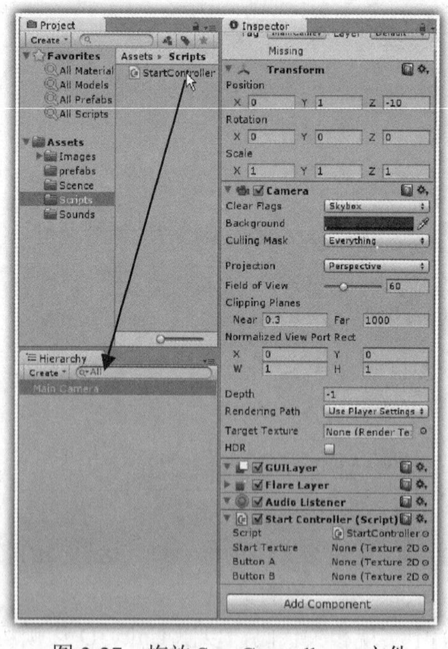

图 3-27　拖放 StartController.cs 文件

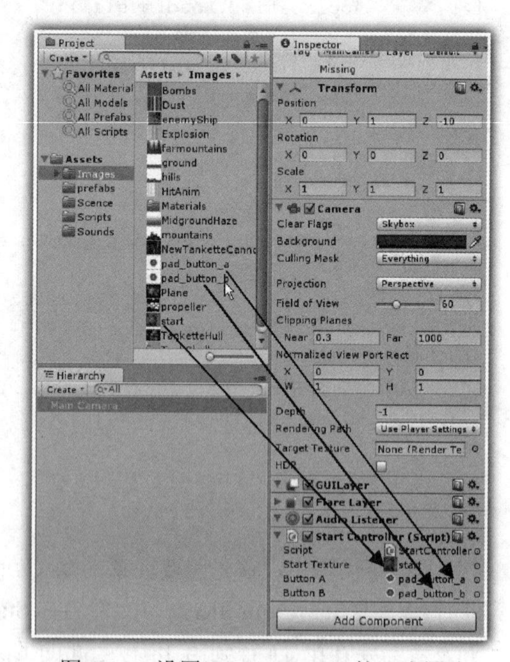

图 3-28　设置 StartController 的三张图片

对于 JavaScript 开发者来说，在图 3-25 中，双击 playerController 文件，Unity3D 打开如图 3-29 所示的代码编辑界面。

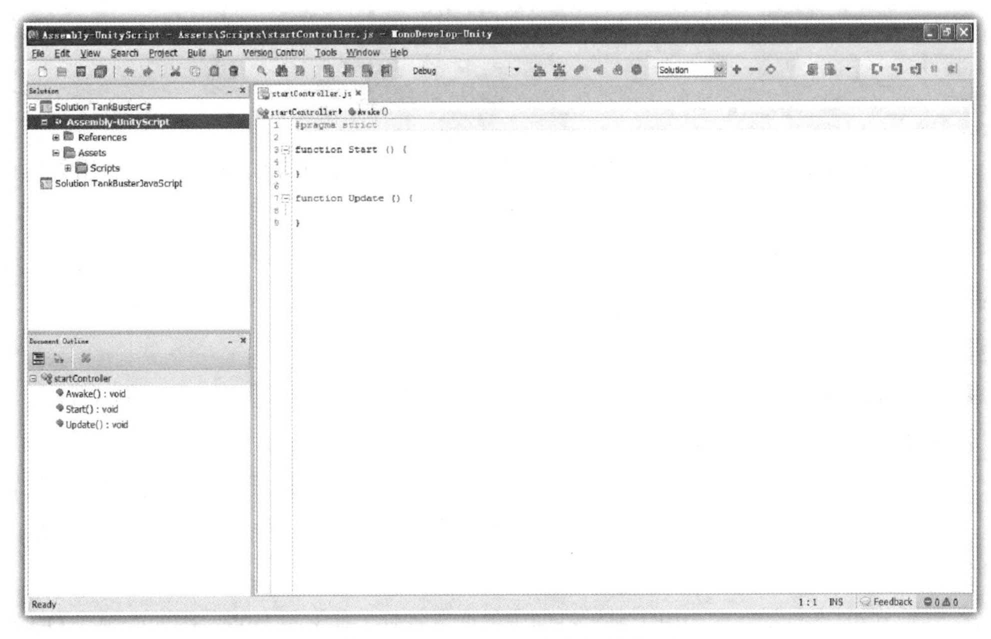

图 3-29　JavaScript 代码编辑界面

在如图 3-29 所示中书写相关代码，startController 的 JavaScript 代码文件，见代码 3-2。

代码 3-2　startController 的 JavaScript 代码

```
 1: var startTexture : Texture2D;
 2: var buttonA : Texture2D;
 3: var buttonB : Texture2D;
 4:
 5: function Update()
 6: {
 7:   if(Input.GetKeyDown("a"))
 8:      Application.LoadLevel(1);
 9:
10:   if(Input.GetKeyDown("b"))
11:      Application.Quit();
12: }
13:
14: function OnGUI()
15: {
16:    GUI.DrawTexture(Rect(0,0,Screen.width,Screen.height),
         startTexture);
17:
18:    GUI.Label(Rect(662,274,100,100),"Load Game");
```

```
19:    GUI.DrawTexture(Rect(662,294,64,64),buttonA);
20:
21:   GUI.Label(Rect(662,355,200,200),"Exit Game");
22:   GUI.DrawTexture(Rect(662,378,64,64),buttonB);
23:
24:   GUI.Label(Rect(619,538,200,200),"spencergong@yahoo.com");
25: }
```

在上述JavaScript代码中，开发者需要在第5行到第12行之间的Update()中实现相关代码，以便Unity3D逐帧运行Update()中的相关游戏业务逻辑代码。

第7行语句用于判断用户是否按下键盘“A”键，如果按下，则执行第8行语句，实现游戏场景的转换，转换到游戏场景，这里使用的是游戏场景数字1，而不是游戏场景名称。在Unity3D中，第一个场景的数字是0。

第10行语句则用于判断用户是否按下键盘“B”键，如果按下，则执行第11行语句，实现游戏场景的转换，退出游戏场景。

第1行、第2行和第3行分别设置了开始场景的图片以及2个按钮图片，访问属性均设置为公有，以便开发者在监视器中设置关联的图片，从而在代码中引用这些图片，这是Unity3D的开发理念之一。

第14行到第25行的代码，用于显示界面中的内置控件，如标签lable，因此必须在OnGUI()方法之中书写这些代码。

第16行将startTexteure图片显示在Unity3D场景中，图片的长度、高度分别为游戏窗口的长度和高度，也就是800和600像素。

第18行显示“Load Game”，第19行则显示A键的图片；第21行显示“Exit Game”，第22行则显示B键的图片；第24行在图片的右下方显示游戏修改者的电子邮件地址。

在图3-30中，选择StartController代码文件，拖放到层次Hierarchy窗格中的Main Camera对象之上，如果代码没有编译错误，则可以成功拖放，并在检视器窗格下方出现的是startController代码组件；如果代码存在编译错误，不能成功拖放，则需要修改错误代码直到编译成功。

在图3-31中，分别选择项目Project窗格中的start图片、pad_button_a图片以及pad_button_b图片，拖放到StartController代码组件中的变量startTexture、buttonA和buttonB的右边，设置关联的图片，从而在代码中引用这些图片。

单击Unity3D中的运行按钮，运行游戏，此时就会出现如图3-32所示的开始场景。

在图3-32中，显示了坦克克星游戏的英文名称，说明了可以利用上、下、左、右键来移动飞机，按下空格键则可以发射飞机炸弹；按下“A”键，可以进入游戏场景；按下“B”键，则退出游戏。

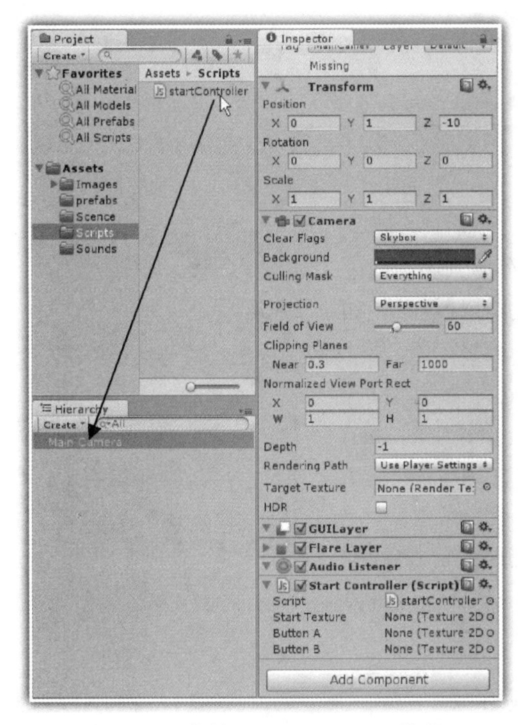

图 3-30　拖放 startController.js 文件

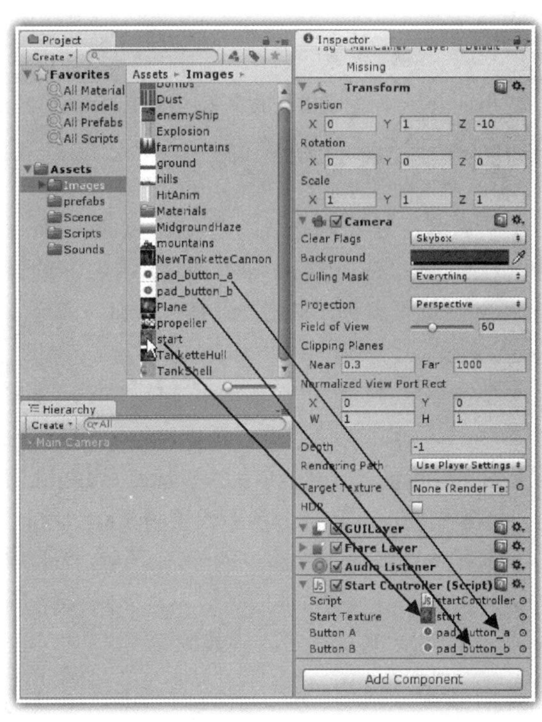

图 3-31　设置 startController 的三张图片

图 3-32　坦克克星开始场景

3.3 游戏场景背景

在游戏场景中，首先需要添加游戏场景背景，实现单个背景的移动，实现两个背景的循环移动。

3.3.1 新建场景

下面介绍新建场景、设置摄像机以及新建游戏场景背景，在坦克克星游戏项目中，游戏场景背景由五个背景对象所组成。

1. 新建场景

首先单击菜单“File”→“New Scene”命令；然后再单击菜单“File”→“Save Scene as”命令，在打开的保存场景对话框中输入 Start 场景名称，单击“保存”按钮，即可添加开始场景，如图 3-33 所示。

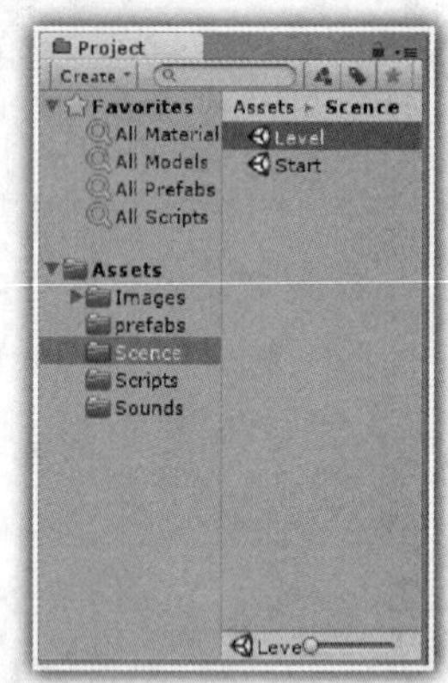

图 3-33 新建游戏场景

单击菜单“File”，在菜单中选择“Build Setting”命令，打开如图 3-34 所示的构建设置对话框，将项目 Project 窗格中的 Start 场景和 Level 场景分别拖放到“Scenes In Build”窗口中。

然后将游戏窗口的分辨率设置为 800×600。

选择项目 Project 窗格中的 Start 场景，然后后单击 Unity3D 中的运行按钮，运行游戏，此时就会出现如图 3-32 所示的开始场景；单击“A”键，则游戏进入游戏场景。

2. 设置摄像机

当新建游戏场景时，Unity3D 会自动生成一个 Main Camera 摄像机对象。

在层次 Hierarchy 窗格中选择 Main Camera 对象，在检视器中显示摄像机的相关参数，如图 3-35 所示。在摄像机参数中，一个重要的参数就是投影方式 Projection。在默认情况下，Unity3D 设置的投影方式为透视投影 Perspective，也就是 3D 投影，其摄像机的形状是一个四棱锥体。

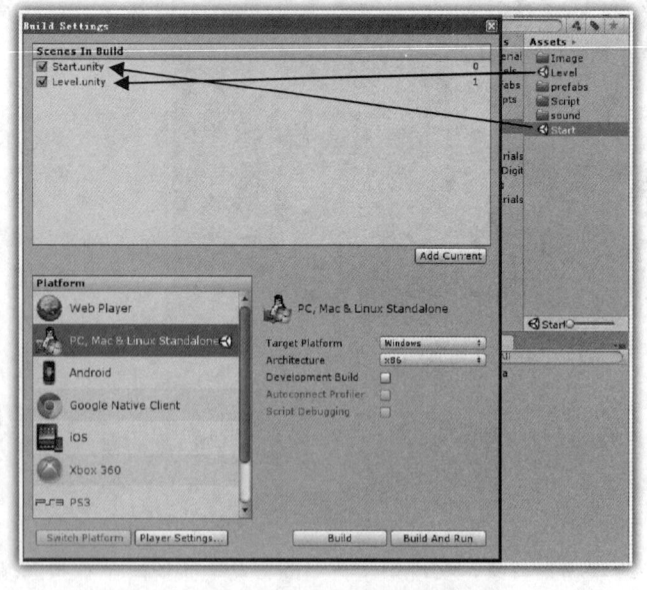

图 3-34 构建游戏场景

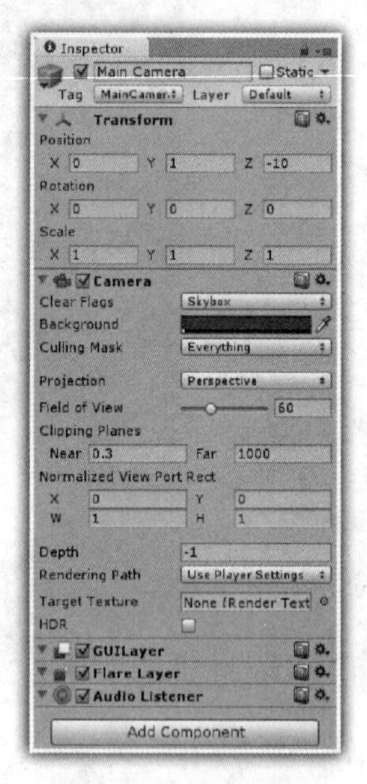

图 3-35 摄像机参数

如果设置投影方式 Projection 为正交投影 Orthographic，则此时的投影方式转为 2D 投影，其摄像机形状是长方体，如图 3-36 所示。

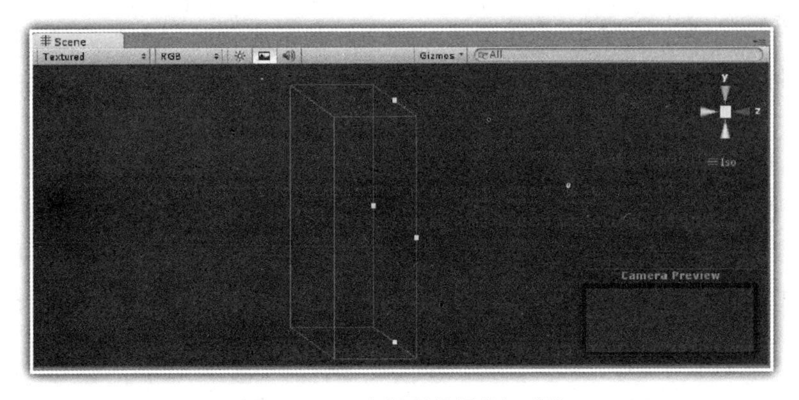

图 3-36　正交投影的摄像机形状

从图 3-36 中可以看出：只有在这个长方体内的游戏对象，才能在游戏输出窗格中显示；超出这个长方体内的游戏对象，不能在游戏界面中显示。

需要开发的坦克克星游戏项目是一个 2D 的游戏，这里需要设置投影方式 Projection 为正交投影 Orthographic；摄像机的位置参数的 X=0，Y=0，Z=-5；而摄像机的 Size=3；近端平面 near=0.3、远端平面 Far=20，如图 3-37 所示。

图 3-37　摄像机参数

3. 新建背景

单击菜单“GameObject”→“Create Empty”命令，在游戏场景中创建一个空白的游戏对象 GameObject，在层次 Hierarchy 窗格中，将该对象的名称修改为 background，并在检视器窗格中设置其位置坐标为原点（0,0,0），如图 3-38 所示。

在如图 3-39 所示的项目 Project 窗格中，选择 prefabs 文件夹中的 sprite 对象，直接拖放该对象到层次 Hierarchy 窗格中，并将该对象的名称修改为 background，同样在检视器窗格中设置其位置坐标为原点（0,0,0）。

此时在游戏输出窗格中可以看到一个暗淡的正方形。

单击菜单“GameObject”→“Create Other”→“Directuional Light”命令，此时就会在游戏场景中创建一个平行光对象。设置该平行光的所有角度为 0，以便直射照到 background 对象上。

此时在游戏输出窗格中可以看到一个明亮的正方形，如图 3-40 所示。

在如图 3-41 所示的项目 Project 窗格中，选择 Images 文件夹中的 ground 图片，直接拖放到层次 Hierarchy 窗格中 background 之上，修改 background 对象的 Scale：X=15，Y=14，Z=1；单击 background 图片 Shader 右边的下拉菜单，在出现的快捷菜单中选择“Transparent”→“Diffuse”命令，就可以将 ground 透明背景设置为在 Unity3D 中也是透明的背景。

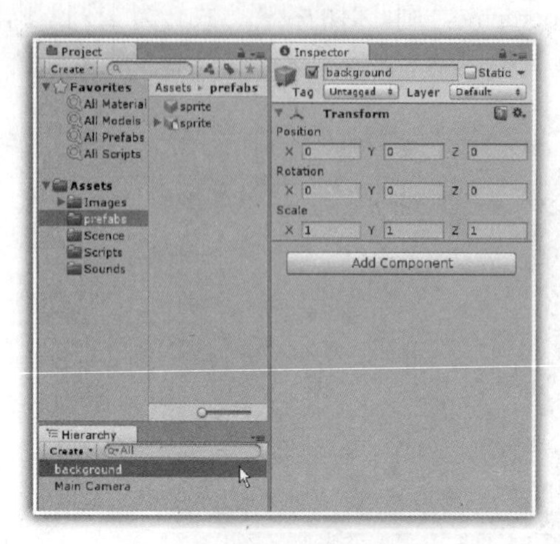

图 3-38　创建空对象

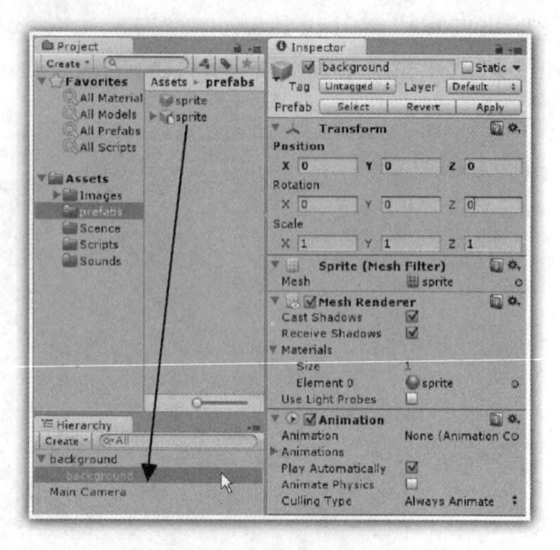

图 3-39　拖放 sprite 预制件

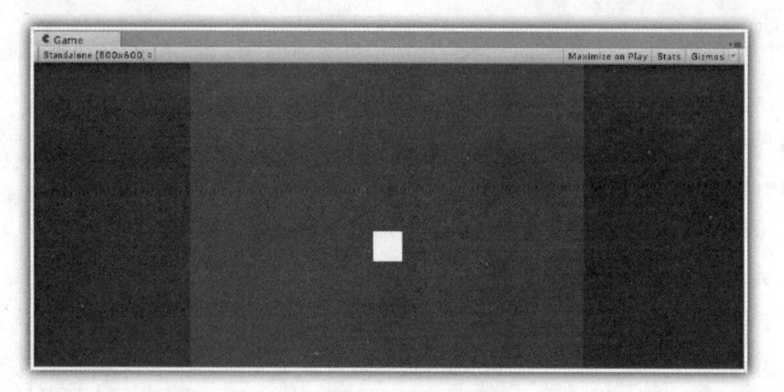

图 3-40　游戏窗格

图 3-41　新建 ground

在如图 3-42 所示的层次 Hierarchy 窗格中，选择 ground，按下 Ctrl+D，复制一个 ground 背景，修改该 ground 为 hill，设置 hill 对象的 Position 参数为：X=0，Y=0.92，Z=1；Scale 参数为：X=15，Y=10，Z=1；然后在 Project 窗格中，选择 Images 文件夹中的 hills 图片，直接拖放到层次 Hierarchy 窗格中 hill 之上，这样就可以显示小山地了。

图 3-42　新建 hill

在如图 3-43 所示的层次 Hierarchy 窗格中，选择 hill，按下 Ctrl+D，复制一个 hill 背景，修改该 hill 为 mountain，设置 mountain 对象的 Position 参数为：X=0，Y=2.49，Z=2；Scale 参数为：X=15，Y=10，Z=1；然后在 Project 窗格中，选择 Images 文件夹中的 mountains 图片，直接拖放到层次 Hierarchy 窗格中 mountain 之上，这样就可以显示高山了。

在如图 3-44 所示的层次 Hierarchy 窗格中，选择 mountain 对象，按下 Ctrl+D，复制一个 mountain 背景，修改该 mountain 为 farMountain，设置 farMountain 对象的 Position 参数为：X=0，Y=1.2，Z=3；Scale 参数为：X=15，Y=10，Z=1；然后在 Project 窗格中，选择 Images 文件夹中的 farMountains 图片，直接拖放到层次 Hierarchy 窗格中 farMountain 之上，这样就可以看到远处的高山了。

在如图 3-45 所示的层次 Hierarchy 窗格中，选择 mountain 对象，按下 Ctrl+D，复制一个 mountain 背景，修改该 mountain 为 enemyShip，设置 enemyShip 对象的 Position 参数为：X=2.33，Y=-2.07，Z=0.5，Scale 参数为：X=3，Y=3，Z=1；然后在 Project 窗格中，选择 Images 文件夹中的 enemyShip 图片，直接拖放到层次 Hierarchy 窗格中 enemyShip 之上，这样就可以看到近处的油罐了。

这里需要说明的是，由于背景分别由五张具有透明背景的图片所组成，因此在 Z 轴方向需要设置相关的值，以保证每张图片在适当的位置，以便五张图片恰当地叠放。

图 3-43　新建 mountain

图 3-44　新建 farMountain

由于 ground 图片在最前面，距离摄像机最近，因此 Z=0；enemyShip 图片则在 ground 图片之后，Z=0.5；而 hill 则处于 ground 图片和 enemyShip 图片之后，Z=1；mountain 很显然距离摄像机更远一些，因此 Z=2；farMountains 背景则距离摄像机最远，这里 Z=3。

从图 3-45 中可以看到，天空背景是默认的蓝色，这里需要修改为淡白色。在层次 Hierarchy 窗格中选择 Main Camera 对象，单击检视器中的 bankground 颜色选取器，在其中设置颜色为淡白色，如图 3-46 所示。

图 3-45　新建 enemyShip

图 3-46　设置天空背景

3.3.2 设置背景

下面介绍如何实现上述背景的移动，以及如何实现 2 个背景的循环移动。

1. 单个背景移动

对于 C#开发者来说，在项目 Project 窗格中，选择 Scripts 文件夹，在右键出现的快捷菜单中选择“Create”→“C# Script”命令，创建一个 C#文件，该文件名称为 BackgroundController.cs，如图 3-47 所示。

对于 JavaScript 开发者来说，在项目 Project 窗格中，选择 Scripts 文件夹，在右键出现的快捷菜单中选择“Create”→“Javascript”命令，创建一个 JavaScript 文件，该文件名称为 backgroundController.js 文件，如图 3-48 所示。

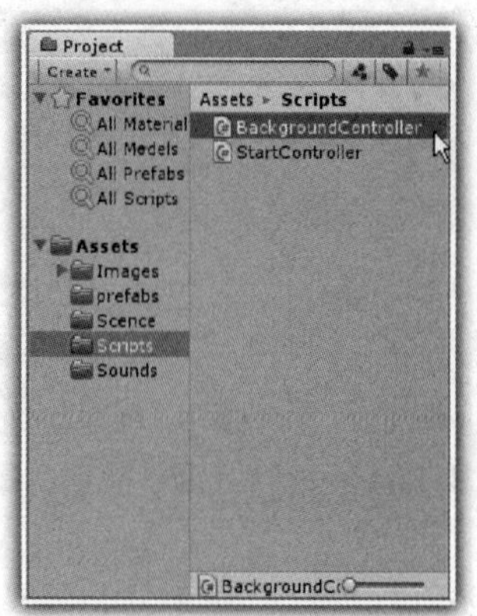

图 3-47 创建 BackgroundController.cs 文件

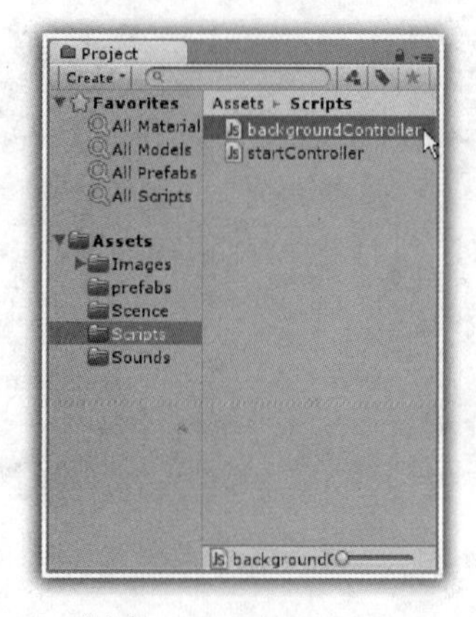

图 3-48 创建 backgroundController.js 文件

对于 C#开发者来说，在 BackgroundController.cs 中书写相关代码，见代码 3-3。

代码 3-3 BackgroundController 的 C#代码

```
 1: using UnityEngine;
 2: using System.Collections;
 3:
 4: public class BackgroundController : MonoBehaviour
 5: {
 6:   public float speed=2.0f;
 7:
 8:   void Update()
 9:   {
10:     transform.Translate(Vector3.left*speed*Time.deltaTime);
11:   }
12: }
```

在上述 C#代码中，第 6 行设置了一个公有的速度变量 speed，以便开发者在游戏运行过程中，在检视器中调整合适的移动速度数值；第 10 行调用 Translate()方法，实现背景图片从右到左的移动，在该方法中的参数是一个矢量值。其中 Time.deltaTime 基本上是一个固定的数值，该数值与设置的每秒刷新多少屏幕帧数有关。

对于 JavaScript 开发者来说，在 backgroundController.js 中书写相关代码，见代码 3-4。

代码 3-4　backgroundController 的 JavaScript 代码

```
1: var speed:float=2.0f;
2: function Update()
3: {
4:   transform.Translate(Vector3.left*speed*Time.deltaTime);
5: }
```

在上述 JavaScript 代码中，第 1 行设置了一个公有的速度变量 speed，以便开发者在游戏运行过程中，在检视器中调整合适的移动速度数值；第 14 行调用 Translate()方法，实现背景图片从右到左的移动，在该方法中的参数是一个矢量值。其中 Time.deltaTime 基本上是一个固定的数值，该数值与设置的每秒刷新多少屏幕帧数有关。

对于 C#开发者来说，在图 3-49 中，选择 BackgroundController 代码文件，拖放到层次 Hierarchy 窗格中的 background 对象之上，如果代码没有编译错误，则可以成功拖放，并在检视器中出现 BackgroundController 代码组件。

对于 JavaScript 开发者来说，在图 3-50 中，选择 backgroundController 代码文件，拖放到层次 Hierarchy 窗格中的 background 对象之上，如果代码没有编译错误，则可以成功拖放，并在检视器中出现 backgroundController 代码组件。

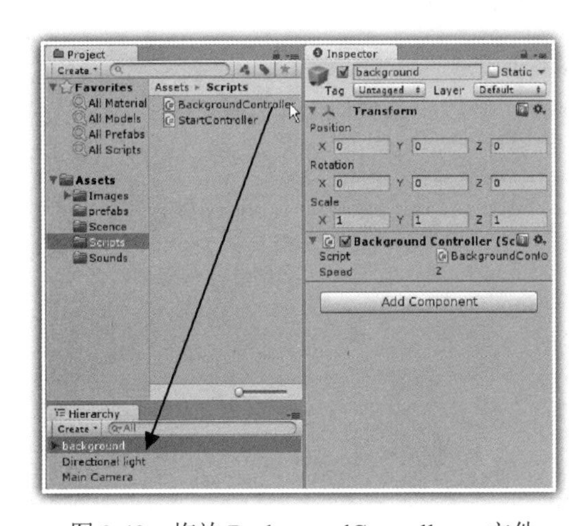

图 3-49　拖放 BackgroundController.cs 文件

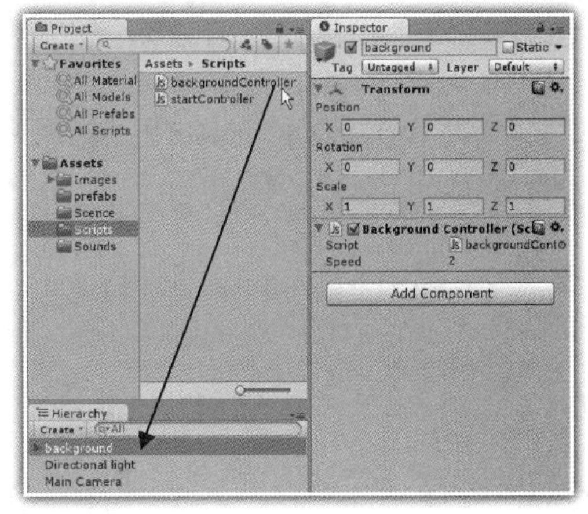

图 3-50　拖放 backgroundController.js 文件

单击 Unity3D 中的运行按钮，运行游戏，此时就会看到游戏背景从右到左缓慢移动。

2. 两个背景移动

在上述背景的移动过程中，游戏背景的右边部分将会出现空白。为实现背景的循环移动，首先需要创建两个相同的背景，然后修改代码。

在如图 3-51 所示的层次 Hierarchy 窗格中，选择 background，按下 Ctrl+D，复制一个 background 背景；选择这个复制的 background 对象，设置该对象的 Position 参数为：X=15，Y=0，Z=0；由于 background 背景的宽度为 15，这样就可以让两张背景图片在左右方向无缝连接了。

从游戏场景设计窗格中可以看出：两张背景图片确实是无缝连接了。

图 3-51　创建二个相同的背景

为实现上述两个背景的循环移动，还需要修改前面的代码。

对于 C#开发者来说，在 BackgroundController.cs 中修改相关代码，见代码 3-3。

代码 3-3　BackgroundController 的 C#代码

```
 1: using UnityEngine;
 2: using System.Collections;
 3:
 4: public class BackgroundController : MonoBehaviour
 5: {
 6:    public float speed=2.0f;
 7:    private bool change=false;
 8:
 9:    void Update()
10:   {
11:     transform.Translate(Vector3.left*speed*Time.deltaTime);
12:
13:     if(transform.position.x<=-14.4)
14:      {
15:         transform.position=new Vector3(15.5f,
                  transform.position.y,transform.position.z);
16:         change=true;
17:      }
18:
19:     if(transform.position.x<0.5 && change)
20:      {
21:         transform.position=new Vector3 (0.5f,
```

```
                    transform.position.y,transform.position.z);
22:         change=false;
23:       }
24:   }
25: }
```

在上述C#代码中，第7行设置了一个布尔型变量change，用于标识是否需要移动背景图片；每张背景的图片宽度是15，因此当第一张图片从X=0向左移动时，当该张图片接近完成时，满足第13行语句的条件，需要将该张图片放置在第二张图片的后面，执行第15行语句，并通过第16行语句设置change变量为true；而第19行到第23行的语句，则是保证当图片循环移动时，第21行重新设置正在界面中显示的图片位置，以便二张背景无缝连接，并通过第22行语句设置重新设置change变量为false。

对于JavaScript 开发者来说，在backgroundController.js中修改相关代码，见代码3-4。

代码3-4　backgroundController 的 JavaScript 代码

```
 1: var speed:float=2.0f;
 2: private var channge:boolean=false;
 3:
 4: function Update()
 5: {
 6:    transform.Translate(Vector3.left*speed*Time.deltaTime);
 7:
 8:   if(transform.position.x<=-14.4)
 9:    {
10:       transform.position.x=15.5;
11:       change=true;
12:    }
13:
14:   if(transform.position.x<0.5 && change)
15:    {
16:       transform.position.x=0.5;
17:       change=false;
18:    }
19: }
```

在上述JavaScript代码中，第2行设置了一个布尔型变量change，用于标识是否需要移动背景图片；每张背景的图片宽度是15，因此当第一张图片从X=0向左移动时，当该张图片接近完成时，满足第8行语句的条件，需要将该张图片放置在第二张图片的后面，执行第10行语句，并通过第11行语句设置change变量为true；而第14行到第18行的语句，则是保证当图片循环移动时，第16行重新设置正在界面中显示的图片位置，以便两张背景无缝连接，并通过第17行语句设置重新设置change变量为false。

下面为游戏场景添加背景声音，也就是飞机飞行的声音。

在项目Project窗格中，选择sound文件夹中的planeEngine声音文件，拖放该文件到层次Hierarchy窗格中的Main Camera对象之上，并勾选在Audio Source组件的Loop变量，以便循环播放该背景声音，如图3-52所示。

再次单击 Unity3D 中的运行按钮，运行游戏，此时就会看到游戏背景会缓慢地从右到左移动，并且是不断地循环移动，还伴随着飞机的飞行背景声音。

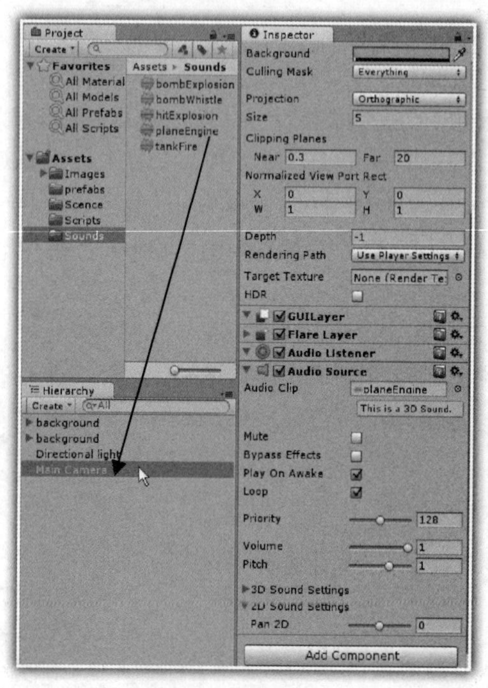

图 3-52 添加背景声音

图 3-53 背景循环移动

3.4 显示飞机

飞机是坦克克星游戏项目中的一个重要游戏对象。首先介绍如何显示飞机对象，实现螺旋桨的动画，然后实现飞机上、下、左、右移动。

3.4.1 显示飞机

下面介绍如何显示飞机，实现飞机的螺旋桨动画。

1. 显示飞机

单击菜单“GameObject”→“Create Empty”命令，在游戏场景中创建一个空白的游戏对象 GameObject，在层次 Hierarchy 窗格中，将该对象的名称修改为 plane，并在检视器窗格中设置其位置坐标为原点（0,0,0）。

然后在项目 Project 窗格中，选择 prefabs 文件夹中的 sprite 对象，直接拖放该对象到层次 Hierarchy 窗格中的 plane 空白对象之中，并将该对象的名称修改为 plane，在检视器窗格中设置其位置坐标为原点（0,0,0），修改 plane 对象的 Scale 参数为：X=3，Y=1.5，Z=1；如图 3-54 所示。

在项目 Project 窗格中，选择 Images 文件夹中的 Plane 飞机图片，直接拖放该对象到层次 Hierarchy 窗格中的 plane 对象之上，如图 3-55 所示。

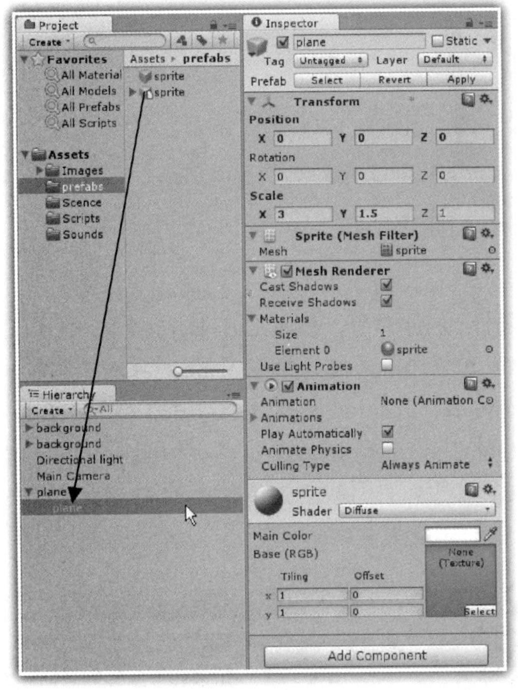

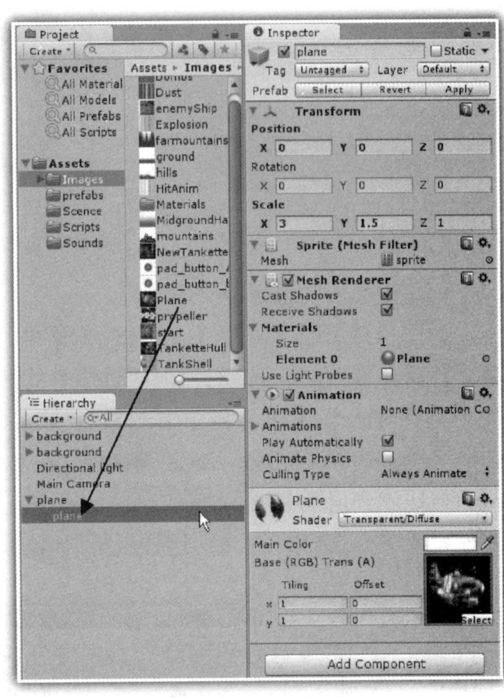

图 3-54　新建 plane 对象

图 3-55　设置飞机

此时在游戏界面中，就会出现如图 3-56 所示的飞机。

图 3-56　显示飞机

2. 实现螺旋桨动画

在 Images 文件夹中的 propeller 图片，是一个三帧的序列图片，如图 3-57 所示。

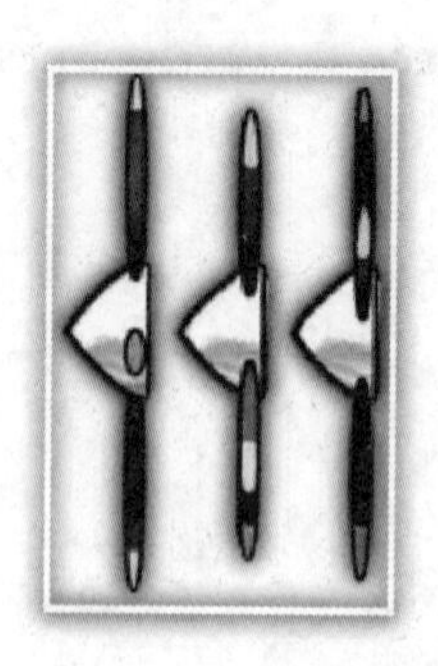

图 3-57　propeller 序列图片

下面说明如何实现螺旋桨的动画。

在如图 3-58 所示的层次 Hierarchy 窗格中，选择 plane 对象，按下 Ctrl+D，复制一个 plane 对象，然后将复制的 plane 对象拖放到原有的 plane 对象之中，成为原有 plane 对象的子对象，修改子对象 plane 的名称为 propeller，设置 propeller 对象的 Position 参数为：X=0.33，Y=0，Z=0.1；Scale：X=0.111，Y=0.666，Z=1；然后在 Project 窗格中，选择 Images 文件夹中的 propeller 图片，直接拖放到层次 Hierarchy 窗格中 propeller 对象之上，并且设置 propeller 的 Shader 之中的 Tilling 属性：X=0.333，Y=1；这样就可以看到飞机的螺旋桨了。

图 3-58　设置螺旋桨

要实现上述的螺旋桨动画，需要书写相关代码来实现。

对于 C#开发者来说，在项目 Project 窗格中，选择 Scripts 文件夹，在右键出现的快捷菜单中选择“Create”→“C# Script”命令，创建一个 C#文件，该文件名称为 AnimationController.cs，其详细代码见代码 3-5。

代码 3-5　AnimationController 的 C#代码

```
 1: using UnityEngine;
 2: using System.Collections;
 3:
 4: public class AnimationController : MonoBehaviour
 5: {
 6:    public int frameNumber=3;
 7:    public bool destroy=false;
 8:
 9:   private int index=0;
10:   private int myIndex=0;
11:   private float frameRate=0;
12:   private float myTime=0;
13:
14:    void Start()
15:   {
16:     frameRate=1.0f/frameNumber;
17:   }
18:
19:    void Update()
20:   {
21:     myTime+=Time.deltaTime;
22:     myIndex=(int)(myTime*frameNumber);
23:     index=myIndex%frameNumber;
24:
25:     renderer.material.mainTextureScale=new Vector2(frameRate,1);
26:     renderer.material.mainTextureOffset=new Vector2(index*frameRate,0);
27:
28:     if(index==frameNumber-1 && destroy)
29:       Destroy(gameObject);
30:
31:    }
32: }
```

在上述 C#代码中，与太空射击游戏项目中的代码 2-25 相比较，只是添加了第 7 行语句设置是否自己销毁动画的 destroy 布尔类型变量，以便开发者在检视器中设置该布尔变量，如果为 true，则可以设置类似的爆炸动画；如果为 false，则可以循环显示动画，也就是螺旋桨所需要的循环动画。

然后在第 28 行添加了一个条件判断 destroy 是否为 true，如果为 true，则执行第 29 行语句，自动销毁动画；如果为 false，则不执行销毁语句，以便动画继续循环。

对于 JavaScript 开发者来说，在项目 Project 窗格中，选择 Scripts 文件夹，在右键出现的快捷菜单中选择“Create”→“Javascript”命令，创建一个 JavaScript 文件，该文件名称为 animationController.js 文件，其详细代码见代码 3-6。

代码 3-6　animationController 的 JavaScript 代码

```
 1: var frameNumber:int=3;
 2: var destroy:boolean=false;
 3:
 4: private var index:int=0;
 5: private var frameRate:float=0;
 6: private var myTime:float=0;
 7: private var myIndex:int =0;
 8:
 9: function Start()
10: {
11:    frameRate=1.0f/frameNumber;
12: }
13:
14: function Update()
15: {
16:    myTime+=Time.deltaTime;
17:    myIndex=myTime*frameNumber;
18:    index=myIndex%frameNumber;
19:
20:    renderer.material.mainTextureScale=new Vector2(frameRate,1);
21:    renderer.material.mainTextureOffset=new Vector2(index*frameRate,0);
22:
23:    if(index==frameNumber-1 && destroy)
24:       Destroy(gameObject);
25:
26: }
```

在上述 JavaScript 代码中，与太空射击游戏项目中的代码 2-26 相比较，只是添加了第 2 行语句设置是否自己销毁动画的 destroy 布尔类型变量，以便开发者在检视器中设置该布尔变量，如果为 true，则可以设置类似的爆炸动画；如果为 false，则可以循环显示动画，也就是螺旋桨所需要的循环动画。

然后在第 23 行添加了一个条件判断 destroy 是否为 true，如果为 true，则执行第 24 行语句，自动销毁动画；如果为 false，则不执行销毁语句，以便动画继续循环。

对于 C#开发者来说，在图 3-59 中，选择 AnimationController 代码文件，拖放到层次 Hierarchy 窗格中的 propeller 对象之上，如果代码没有编译错误，则可以成功拖放，并在检视器中出现 AnimationController 代码组件。

对于 JavaScript 开发者来说，在图 3-60 中，选择 animationController 代码文件，拖放到层次 Hierarchy 窗格中的 propeller 对象之上，如果代码没有编译错误，则可以成功拖放，并在检视器中出现 animationController 代码组件。

此时单击 Unity3D 中的运行按钮，运行游戏，就会看到游戏背景会缓慢地从右到左不断地循环移动，飞机的螺旋桨在旋转，还伴随着飞机的飞行背景声音。

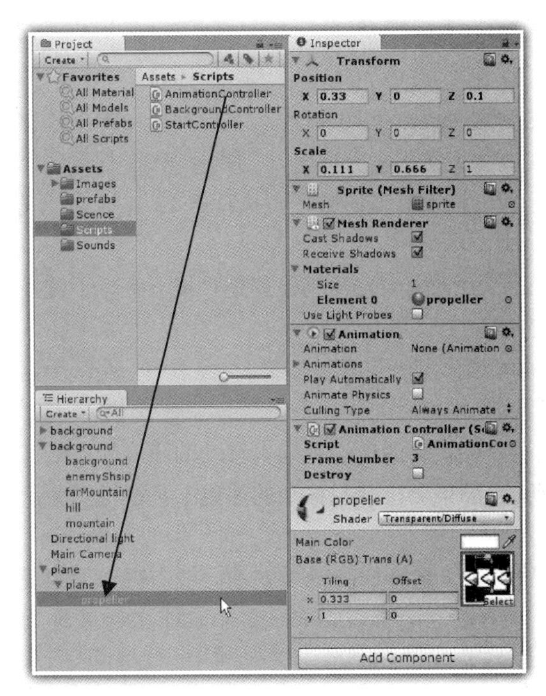

图 3-59　设置 AnimationController.cs 文件

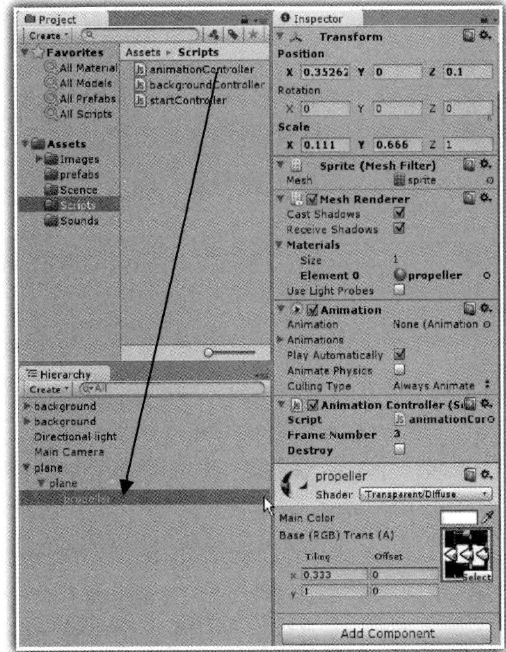

图 3-60　设置 animationController.js 文件

3.4.2　飞机移动

要实现飞机上、下、左、右移动，需要书写相关代码来实现。

对于 C#开发者来说，在项目 Project 窗格中，选择 Scripts 文件夹，在右键出现的快捷菜单中选择“Create”→“C# Script”命令，创建一个 C#文件，该文件名称为 PlaneController.cs，其详细代码见代码 3-7。

代码 3-7　PlaneController 的 C#代码

```
 1: using UnityEngine;
 2: using System.Collections;
 3:
 4: public class PlaneController : MonoBehaviour
 5: {
 6:    public float speed=2.0f;
 7:
 8:    void Update()
 9:   {
10:     if(Input.GetAxis("Horizontal")>0)
11:         transform.Translate(Vector3.right*speed*Time.deltaTime);
12:
13:     if(Input.GetAxis("Horizontal")<0)
14:        transform.Translate(2*Vector3.left*speed*Time.deltaTime);
15:
16:     transform.Translate(Input.GetAxis("Vertical")*Vector3.up*
```

```
            speed*Time.deltaTime);
17:     }
18: }
```

在上述 C#代码中，第 6 行设置了公有的速度变量 speed，以便开发者在检视器中调整该参数到合适的数值；第 10 行检测是否按下右方向键，如果按下右方向键，则执行第 11 行语句，飞机向右移动；第 13 行检测是否按下左方向键，如果按下左方向键，则执行第 13 行语句，飞机向左移动。

第 16 行则实现飞机的上、下移动，通过 Input.GetAxis("Vertical")检测是否按下上、下键，如果按下上键，它的值为 1；如果按下下键，它的值为-1。

这里需要说明的是，在实现飞机左、右移动的时候，为什么不参照第 16 行语句，在一个语句中实现，而要分开左、右移动的方向来实现呢？

请注意飞机左、右移动的速度是不一致的，飞机向左移动的速度是向右移动的速度的 2 倍，主要考虑的因素是：游戏场景中的背景是向左移动的，如果飞机向左移动的速度不是很快的话，将看不出向左移动的效果。

对于 JavaScript 开发者来说，在项目 Project 窗格中，选择 Scripts 文件夹，在右键出现的快捷菜单中选择“Create”→“Javascript”命令，创建一个 JavaScript 文件，该文件名称为 planeController.js 文件，其详细代码见代码 3-8。

代码 3-8　planeController 的 JavaScript 代码

```
 1: var speed:float=2.0f;
 2: function Update()
 3: {
 4:    if(Input.GetAxis("Horizontal")>0)
 5:      transform.Translate(Vector3.right*speed*Time.deltaTime);
 6:
 7:    if(Input.GetAxis("Horizontal")<0)
 8:      transform.Translate(2*Vector3.left*speed*Time.deltaTime);
 9:
10:    transform.Translate(Input.GetAxis("Vertical")*Vector3.up
           *speed*Time.deltaTime);
11: }
```

在上述 JavaScript 代码中，第 1 行设置了公有的速度变量 speed，以便开发者在检视器中调整该参数到合适的数值；第 4 行检测是否按下右方向键，如果按下右方向键，则执行第 5 行语句，飞机向右移动；第 7 行检测是否按下左方向键，如果按下左方向键，则执行第 8 行语句，飞机向左移动。

第 10 行则实现飞机的上、下移动，通过 Input.GetAxis("Vertical")检测是否按下上、下键，如果按下上键，它的值为 1；如果按下下键，它的值为-1。

这里需要说明的是，在实现飞机左、右移动的时候，为什么不参照第 10 行语句，在一个语句中实现，而要分开左、右移动的方向来实现呢？

请注意飞机左、右移动的速度是不一致的，飞机向左移动的速度是向右移动速度的 2 倍，主要考虑的因素是：游戏场景中的背景是向左移动的，如果飞机向左移动的速度不是很快的话，将看不出向左移动的效果。

对于 C#开发者来说，在图 3-61 中，选择 PlaneController 代码文件，拖放到层次 Hierarchy 窗格中的 plane 对象之上，此时在检视器中出现 PlaneController 代码组件。

对于 JavaScript 开发者来说，在图 3-62 中，选择 planeController 代码文件，拖放到层次 Hierarchy 窗格中的 plane 对象之上，此时在检视器中出现 planeController 代码组件。

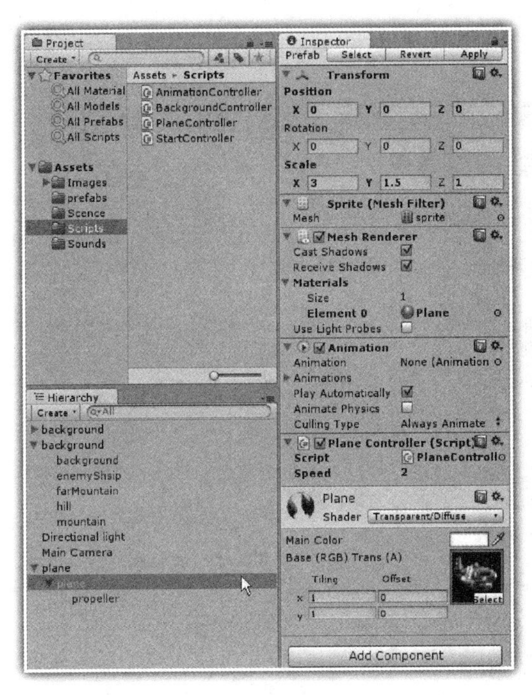

图 3-61　设置 PlaneController.cs 文件

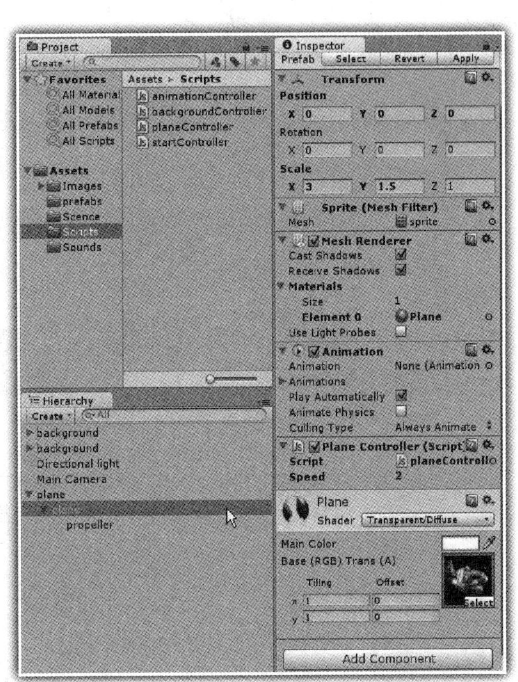

图 3-62　设置 planeController.js 文件

单击 Unity3D 中的运行按钮，运行游戏，此时可以上、下、左、右移动飞机。

3.5 飞机发射炸弹

飞机发射的炸弹，也是坦克克星游戏项目中的一个游戏对象，在实现飞机发射炸弹过程中，首先需要创建炸弹，实现炸弹的动画和被发射的声音；实现炸弹的碰撞检测；在飞机上发射炸弹，显示炸弹与地面的爆炸效果等。

3.5.1 创建炸弹

首先介绍创建飞机炸弹，显示飞机炸弹动画序列中的一帧炸弹图片；实现炸弹的动画；添加炸弹被发射的啸叫声音以及实现炸弹的碰撞检测。

1. 新建炸弹对象

在项目 Project 窗格中，选择 prefabs 文件夹中的 sprite 对象，直接拖放该对象到层次 Hierarchy

窗格中，将该对象的名称修改为 bomb。

设置 bomb 对象的 Position 参数设置为：X=2，Y=0，Z=0；Scale 参数：X=0.7，Y=0.23，Z=1。

然后在项目 Project 窗格中，选择 Images 文件夹中的 bombs 飞机炸弹图片，直接拖放该对象到层次 Hierarchy 窗格中的 bomb 对象之上，由于 bombs 飞机炸弹是一个 16 帧的动画序列，这里需要设置 bomb 的 shader 之中的 Tilling 属性：X=0.0625（也就是 1 除以 16），这样就可以看到飞机的炸弹了，如图 3-63 所示。

图 3-63　新建炸弹

2. *炸弹动画*

对于 C#开发者来说，在图 3-64 中，选择 AnimationController 代码文件，拖放到层次 Hierarchy 窗格中的 bomb 对象之上，然后在检视器中出现的 AnimationController 代码组件中，设置 frameNumber 为 16，表示飞机的炸弹动画序列是 16 帧的图片；非勾选 destroy，表示循环播放炸弹降落过程中的旋转动画。

对于 JavaScript 开发者来说，在图 3-65 中，选择 animationController 代码文件，拖放到层次 Hierarchy 窗格中的 bomb 对象之上，然后在检视器中出现的 animationController 代码组件中，设置 frameNumber 为 16，表示飞机的炸弹动画序列是 16 帧的图片；非勾选 destroy，表示循环播放炸弹降落过程中的旋转动画。

此时单击 Unity3D 中的运行按钮，运行游戏，就会看到飞机炸弹不断旋转的动画。

3. *炸弹声音*

下面介绍如何用代码实现飞机发射炸弹的啸叫声音。

对于 C#开发者来说，在项目 Project 窗格中，选择 Scripts 文件夹，在右键出现的快捷菜单中选择“Create”→“C# Script”命令，创建一个 C#文件，该文件名称为 BombController.cs，其详细代码见代码 3-9。

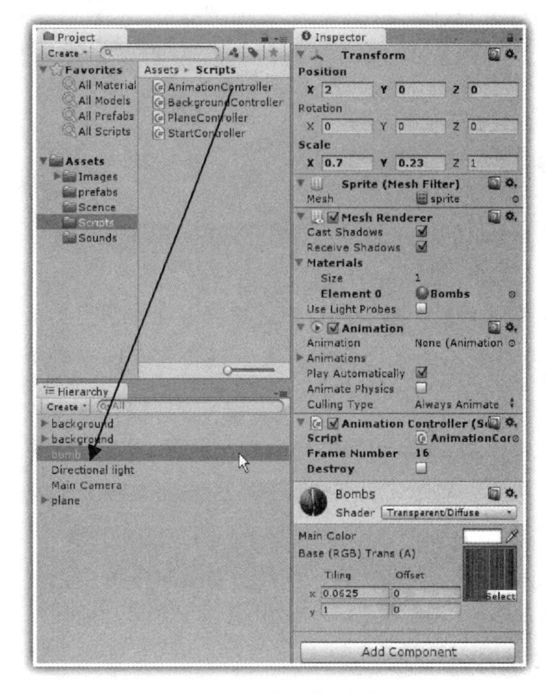

图 3-64　设置炸弹动画

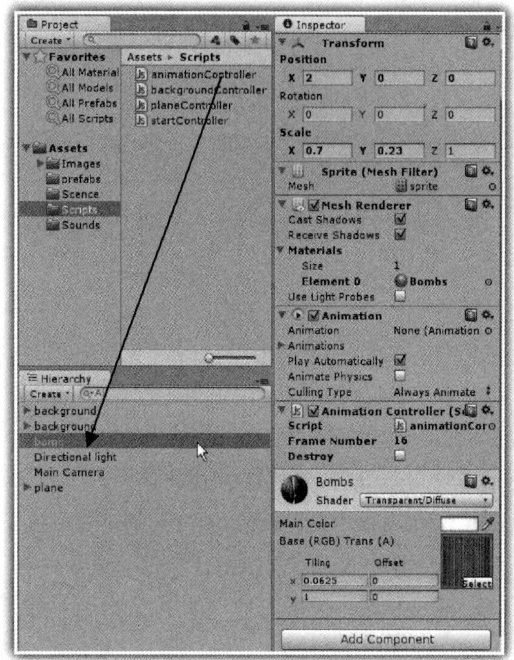

图 3-65　设置炸弹动画

代码 3-9　BombController 的 C#代码

```
 1: using UnityEngine;
 2: using System.Collections;
 3:
 4: public class BombController : MonoBehaviour
 5: {
 6:   public AudioClip bombSound;
 7:
 8:   void Start()
 9:   {
10:       AudioSource.PlayClipAtPoint(bombSound, new Vector3(0, 0, -5));
11:   }
12: }
```

在上述 C#代码中，第 6 行设置了一个公有的声音变量 bombSound，以便开发者在检视器中拖放关联的声音文件，这是 Unity3D 的一个重要开发方式。

第 10 行在 Start()方法中播放一次炸弹被发射的啸叫声音，播放声音的位置固定在摄像机的位置上，因此声音听起来是最大的，炸弹被发射的啸叫声音不随飞机炸弹发射的位置不同而有所变化，这正是 2D 游戏所要求的。

对于 JavaScript 开发者来说，在项目 Project 窗格中，选择 Scripts 文件夹，在右键出现的快捷菜单中选择“Create”→“Javascript”命令，创建一个 JavaScript 文件，该文件名称为 bombController.js 文件，其详细代码见代码 3-10。

代码 3-10 bombController 的 JavaScript 代码

```
1: var bombSound:AudioClip;
2: function Start()
3: {
4:    AudioSource.PlayClipAtPoint(bombSound, Vector3(0, 0, -5));
5: }
```

在上述 JavaScript 代码中，第 1 行设置了一个公有的声音变量 bombSound，以便开发者在检视器中拖放关联的声音文件，这是 Unity3D 的一个重要开发方式。

第 4 行在 Start()方法中播放一次炸弹被发射的啸叫声音，播放声音的位置固定在摄像机的位置上，因此声音听起来是最大的，炸弹被发射的啸叫声音不随飞机炸弹发射的位置不同而有所变化，这正是 2D 游戏所要求的。

在项目 Project 窗格中，选择 AnimationController 代码文件或者 animationController 代码文件，将该文件拖放到层次 Hierarchy 窗格中的 bomb 对象之上，此时就会在检视器中出现 BombController 或者 bombController 代码组件。

在图 3-66 中，选择 Sounds 文件夹之下的 bombWhistle 声音文件，拖放到 BombController 或者 bombController 代码组件中的 bombSound 变量的右边，使得代码关联该声音文件，以便在代码中调用该声音。

单击 Unity3D 中的运行按钮，运行游戏，可以看到飞机炸弹不断旋转，可以听到飞机炸弹被发射的啸叫声音。

4. 炸弹的碰撞检测

要实现飞机炸弹与背景地面的碰撞检测，首先需要为飞机炸弹添加刚体和碰撞体；然后为背景的地面添加碰撞体；最后在 BombController.cs 或者 bombController.js 代码中实现碰撞检测。

在层次 Hierarchy 窗格中，选择 bomb 对象，单击菜单“Component”→“Physics”→“Rigidbody”命令，为飞机炸弹添加一个刚体，展开 Constraints 参数，勾选 Freeze Position 的 Z，设置飞机炸弹不在 Z 轴上移动；勾选 Freeze Rotation 的 X，Y，Z，设置飞机炸弹不旋转；继续单击菜单“Component”→“Physics”→“Box Collider”命令，为飞机炸弹添加一个长方体碰撞体，该碰撞体刚好包围飞机炸弹，如图 3-67 所示。

在图 3-68 中，在层次 Hierarchy 窗格中，选择 ground 对象，单击菜单“Component”→“Physics”→“Box Collider”命令，为 ground 对象添加一个长方体碰撞体，设置该碰撞体的 Center：X=0，Y=-0.4，Z=0；Size：X=1，Y=0.16，Z=1；并且勾选 Is Trigger 属性，使得该碰撞体刚好包围 ground 对象；最后设置该 ground 的标签为 ground。

对另外一个 ground 对象也重复这一过程。

对于 C#开发者来说，在 BombController.cs 文件中添加实现碰撞检测的代码之后，其详细代码见代码 3-11。

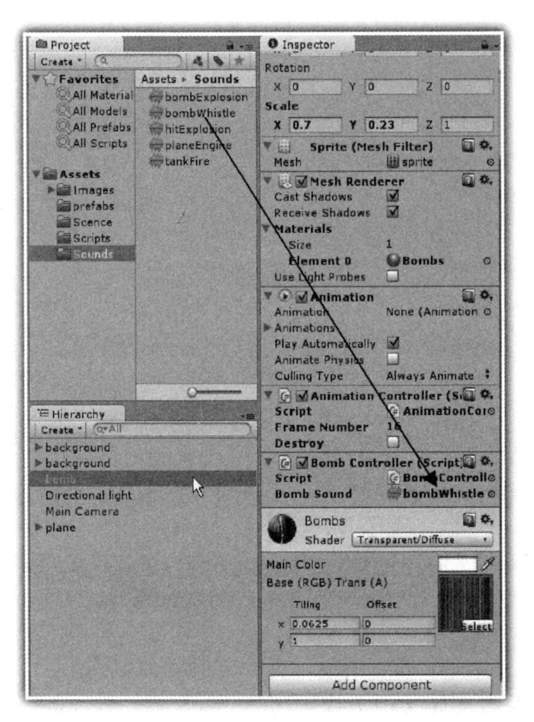

图 3-66　设置声音

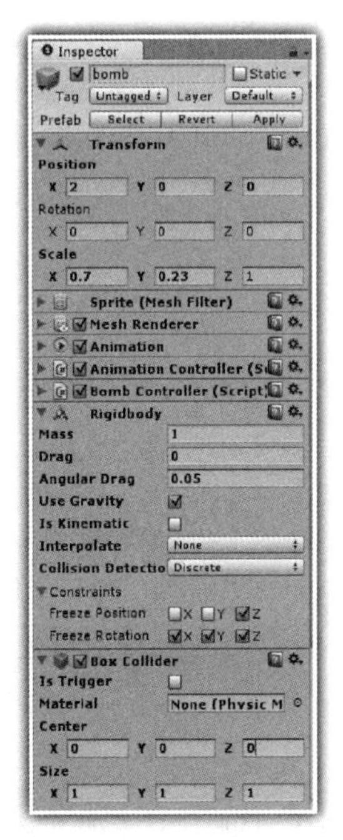

图 3-67　添加炸弹刚体、碰撞体

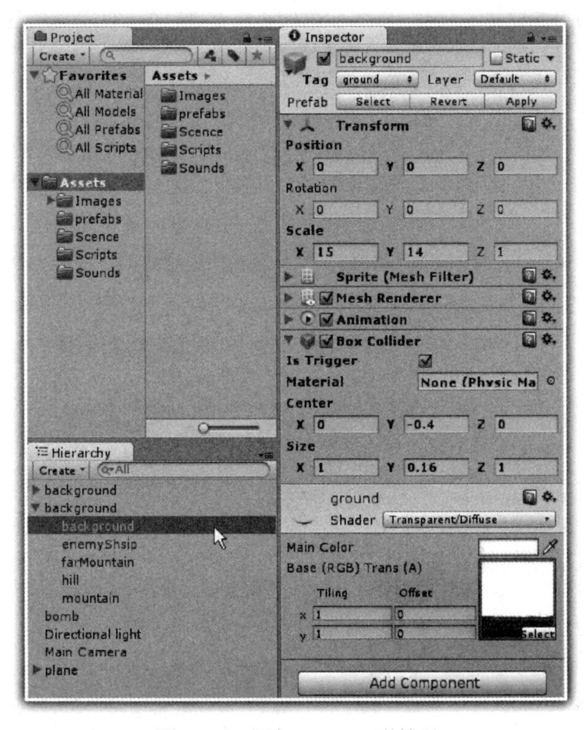

图 3-68　添加 ground 碰撞体

代码 3-11　BombController 的 C#代码

```
 1: using UnityEngine;
 2: using System.Collections;
 3:
 4: public class BombController : MonoBehaviour
 5: {
 6:   public AudioClip bombSound;
 7:
 8:   void Start()
 9:   {
10:      AudioSource.PlayClipAtPoint(bombSound, new Vector3(0, 0, -5));
11:   }
12:
13:   void OnTriggerEnter(Collider other)
14:   {
15:      if(other.tag=="ground")
16:      {
17:         Destroy(gameObject);
18:      }
19:    }
20: }
```

在上述 C#代码中，添加了第 13 行到第 18 行的碰撞检测代码。在飞机炸弹与地面的碰撞检测中，飞机炸弹具有刚体和碰撞体，是运动的物体；而地面的碰撞体设置了 Is Trigger 属性，因此可以采用 OnTriggerEnter()方法检测这 2 个物体之间的碰撞，而不能采用 OnCollisionEnter()方法检测这 2 个物体之间的碰撞。

第 15 行检测被碰撞物体的标签是否是 ground，如果是则执行第 17 句语句，说明飞机炸弹碰撞了地面，销毁该飞机炸弹。

对于 JavaScript 开发者来说，在 bombController.js 文件中添加实现碰撞检测的代码之后，其详细代码见代码 3-12。

代码 3-12　bombController 的 JavaScript 代码

```
 1: var bombSound:AudioClip;
 2: function Start()
 3: {
 4:    AudioSource.PlayClipAtPoint(bombSound, Vector3(0, 0, -5));
 5: }
 6:
 7: function OnTriggerEnter(other :Collider)
 8: {
 9:    if(other.tag=="ground")
10:    {
11:       Destroy(gameObject);
12:    }
13: }
```

在上述 JavaScript 代码中，添加了第 7 行到第 13 行的碰撞检测代码。在飞机炸弹与地面的碰撞检测中，飞机炸弹具有刚体和碰撞体，是运动的物体；而地面的碰撞体设置了 Is Trigger 属性，因此可以采用 OnTriggerEnter()方法检测这 2 个物体之间的碰撞，而不能采用 OnCollisionEnter()方法检测这 2 个物体之间的碰撞。

第 9 行检测被碰撞物体的标签是否是 ground，如果是则执行第 11 句语句，说明飞机炸弹碰撞了地面，销毁该飞机炸弹。

单击 Unity3D 中的运行按钮，运行游戏，可以看到飞机炸弹碰撞到地面之后会销毁，bomb 对象在层次 Hierarchy 窗格中被删除。

3.5.2 发射炸弹

要实现发射飞机炸弹，首先需要新建一个飞机炸弹的预制件，然后通过 Unity3D 中重要的 Instantiate()方法，动态生成飞机炸弹，实现发射飞机炸弹。

1. 新建预制件炸弹

要创建预制件飞机炸弹 prefab，或者说是可重用的飞机炸弹对象，在层次 Hierarchy 窗格中，选择前面已经创建的 bomb 对象，直接拖放到项目 Project 窗格中的 prefabs 文件夹中，此时就会在 prefabs 文件夹中创建一个预制件飞机炸弹 bomb，如图 3-69 所示。

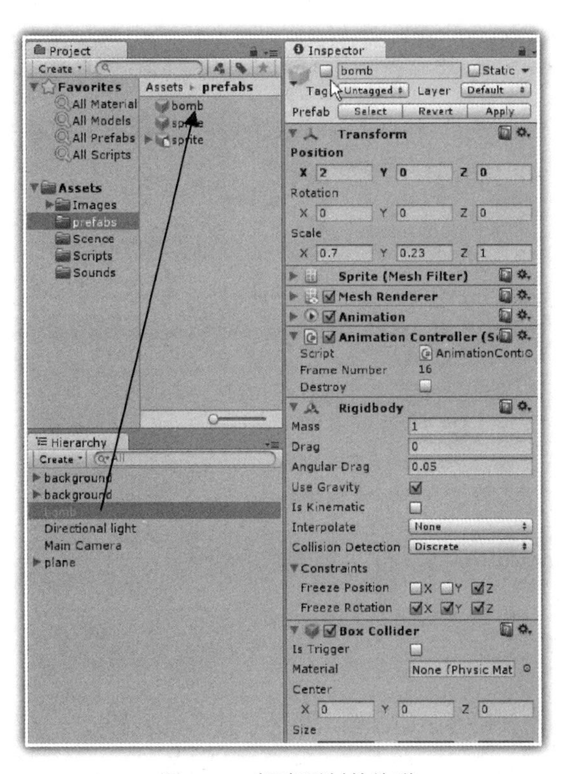

图 3-69 新建预制件炸弹

然后在层次 Hierarchy 窗格中，选择前面已经创建的 bomb 对象，在检视器中非勾选 bomb，以便不在游戏场景中出现该炸弹对象。

2. 发射炸弹

在 Unity3D 中，通过最重要的一个 Instantiate()方法，就可以实现发射前面所创建的预制件炸弹 bomb。

对于 C#开发者来说，需要修改前面移动飞机的 PlaneController.cs 代码，其详细代码见代码 3-13。

代码 3-13　PlaneController 的 C#代码

```
 1: using UnityEngine;
 2: using System.Collections;
 3: public class PlaneController : MonoBehaviour
 4: {
 5:  public float speed=2.0f;
 6:  public Rigidbody bome;
 7:  private Rigidbody myBomb;
 8:   void Update()
 9:  {
10:    if(Input.GetAxis("Horizontal")>0)
11:        transform.Translate(Vector3.right*speed*Time.deltaTime);
12:
13:    if(Input.GetAxis("Horizontal")<0)
14:      transform.Translate(2*Vector3.left*speed*Time.deltaTime);
15:
16:    transform.Translate(Input.GetAxis("Vertical")*Vector3.up*
          speed*Time.deltaTime);
17:
18:    if(Input.GetButtonDown("Jump"))
19:     {
20:        myBomb=Instantiate(bome,transform.position+
             new Vector3(0.2f,-0.5f,0),transform.rotation) as Rigidbody;
21:
22:       if(Input.GetAxis("Horizontal")>0)
23:         myBomb.velocity=new Vector3(3*speed,0,0);
24:        else if(Input.GetAxis("Horizontal")==0)
25:         myBomb.velocity=Vector3.zero;
26:        else
27:         myBomb.velocity=new Vector3(-3*speed,0,0);
28:
29:    }
30:  }
31: }
```

在上述 C#代码中，与代码 3-7 相比较，添加了代码第 6 行，定义了一个公有的 Rigidbody 类型的变量 bomb，以便开发者关联前面所创建的预制件炸弹 bomb；添加了代码第 7 行，定义了一个私有的 Rigidbody 类型的变量 myBomb，是被发射的炸弹对象，以便在代码中设置该炸弹的速度。

还添加了代码 18 行到第 29 行。第 18 行检测玩家是否按下空格键，如果按下空格键，那么

Input.GetButtonDown("Jump")的值就为 true，执行第 20 行语句，创建一个动态的飞机炸弹 myBomb。

这里需要说明的是，Instantiate()方法动态创建的对象在默认状态下是一个 Object 类型的对象，因此需要强制转换为 Rigidbody 类型；而飞机炸弹的创建位置，需要在飞机中心点的下面部分，在悬挂飞机炸弹的稍微下方，因此采用了 new Vector3(0.2f,-0.5f,0)来调整飞机炸弹创建的位置。

第 22 行检测飞机是否向右移动，如果是则执行第 23 行语句，设置飞机炸弹向右运动的速度，使得飞机炸弹具有较为真实的惯性。

第 24 行检测飞机是否没有移动，如果是则执行第 25 行语句，设置飞机炸弹的水平速度为 0。

第 26 行检测飞机是否向左移动，如果是则执行第 27 行语句，设置飞机炸弹向左运动的速度，使得飞机炸弹具有较为真实的惯性。

对于 JavaScript 开发者来说，需要修改前面移动飞机的 planeController.js 代码，其详细代码见代码 3-14。

代码 3-14　planeController 的 JavaScript 代码

```
 1: var speed:float=2.0f;
 2: var bome:Rigidbody;
 3:
 4: private var myBomb:Rigidbody;
 5: function Update()
 6: {
 7:    if(Input.GetAxis("Horizontal")>0)
 8:      transform.Translate(Vector3.right*speed*Time.deltaTime);
 9:
10:    if(Input.GetAxis("Horizontal")<0)
11:      transform.Translate(2*Vector3.left*speed*Time.deltaTime);
12:
13:    transform.Translate(Input.GetAxis("Vertical")*Vector3.up
              *speed*Time.deltaTime);
14:
15:    if(Input.GetButtonDown("Jump"))
16:     {
17:       myBomb=Instantiate(bome,transform.position+Vector2(0.2,-0.5),
              transform.rotation);
18:
19:       if(Input.GetAxis("Horizontal")>0)
20:          myBomb.velocity.x=3*speed;
21:       else if(Input.GetAxis("Horizontal")==0)
22:          myBomb.velocity.x=0;
23:       else
24:          myBomb.velocity.x=-3*speed;;
25:
26:     }
27: }
```

在上述 JavaScript 代码中，与代码 3-8 相比较，添加了代码第 3 行，定义了一个公有的 Rigidbody 类型的变量 bomb，以便开发者关联前面所创建的预制件炸弹 bomb；添加了代码第 4 行，定义了一个私有的 Rigidbody 类型的变量 myBomb，是被发射的炸弹对象，以便在代码中设置该炸弹的速度。

还添加了代码 15 行到第 26 行。第 15 行检测玩家是否按下空格键，如果按下空格键，那么 Input.GetButtonDown("Jump")的值就为 true，执行第 17 行语句，创建一个动态的飞机炸弹 myBomb。

这里需要说明的是，飞机炸弹的创建位置，需要在飞机中心点的下面部分，在悬挂飞机炸弹的稍微下方，因此采用了 Vector2(0.2f,-0.5f)来调整飞机炸弹创建的位置。

第 19 行检测飞机是否向右移动，如果是则执行第 20 行语句，设置飞机炸弹向右运动的速度，使得飞机炸弹具有较为真实的惯性。

第 21 行检测飞机是否没有移动，如果是则执行第 22 行语句，设置飞机炸弹的水平速度为 0。

第 23 行检测飞机是否向左移动，如果是则执行第 24 行语句，设置飞机炸弹向左运动的速度，使得飞机炸弹具有较为真实的惯性。

在图 3-70 中，选择项目 Project 窗格 prefabs 文件夹中的 bomb 预制件，拖放到 PlaneController 或者 planeController 中的 bomb 变量的右边，以便代码关联该预制件，从而可以动态生成飞机炸弹。

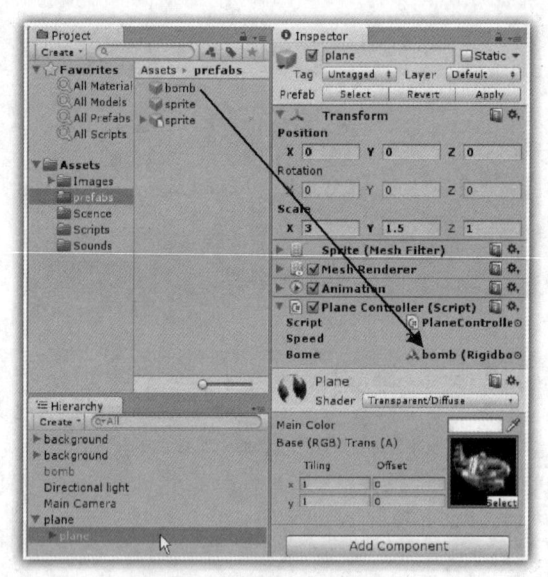

图 3-70　关联预制件炸弹

单击 Unity3D 中的运行按钮，运行游戏，单击空格键，飞机就可以发射炸弹；如果飞机向右移动，飞机炸弹将向前飞行；如果飞机向左移动，飞机炸弹将向后飞行。

3.5.3　炸弹的爆炸

下面介绍如何实现飞机炸弹碰撞到地面后的爆炸效果。

1. 新建爆炸对象

Images 文件夹中的 Explosion 爆炸图片，是一个 16 帧的序列图，如图 3-71 所示。

图 3-71　Explosion 序列爆炸图

在项目 Project 窗格中，选择 prefabs 文件夹中的 sprite 对象，直接拖放该对象到层次 Hierarchy 窗格中，将该对象的名称修改为 bombExplosion。

设置 bombExplosion 对象的 Position 参数设置为：X=4，Y=0，Z=0；Scale 参数：X=3，Y=3，Z=1。

然后在项目 Project 窗格中，选择 Images 文件夹中的 Explosion 爆炸图片，直接拖放该对象到层次 Hierarchy 窗格中的 bombExplosion 对象之上，由于 bombExplosion 爆炸图片是一个 16 帧的动画序列，这里需要设置 bombExplosion 的 Shader 之中的 Tilling 属性：X=0.0625（也就是 1 除以 16），这样就可以看到爆炸的效果了，如图 3-72 所示。

图 3-72　新建爆炸对象

2. 爆炸动画

在图 3-73 中，选择 AnimationController 或者 animationController 代码文件，拖放到层次 Hierarchy 窗格中的 bombExplosion 对象之上，然后在检视器中出现的 AnimationController 或者 animationController 代码组件中，设置 frameNumber 为 16，表示爆炸的动画序列是 16 帧的图片；这里要勾选 Destroy，表示爆炸动画播放完毕之后自动销毁该爆炸对象。此时单击 Unity3D 中的运行按钮，运行游戏，就会看到爆炸动画完成后就消失了。

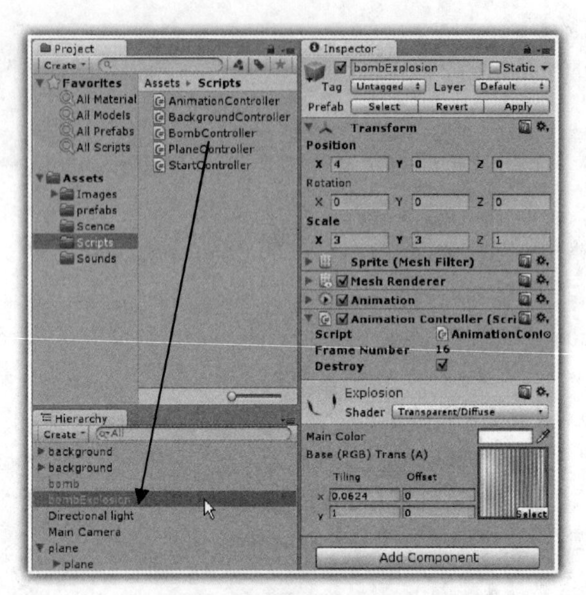

图 3-73　设置爆炸动画

3. 爆炸声音

下面介绍如何用代码实现爆炸的声音。

对于C#开发者来说，在项目 Project 窗格中，选择 Scripts 文件夹，在右键出现的快捷菜单中选择“Create”→“C# Script”命令，创建一个 C#文件，该文件名称为 BombExplosionController.cs，其详细代码见代码 3-15。

代码 3-15　BombExplosionController 的 C#代码

```
 1: using UnityEngine;
 2: using System.Collections;
 3:
 4: public class BombExplosionController : MonoBehaviour
 5: {
 6:   public AudioClip explosionSound;
 7:
 8:   void Start()
 9:   {
10:       AudioSource.PlayClipAtPoint(explosionSound, new Vector3(0, 0, -5));
11:   }
12: }
```

在上述 C#代码中，与代码 3-9 类似，主要实现在摄像机位置播放爆炸声音，以便播放的声音音量最大。

对于 JavaScript 开发者来说，在项目 Project 窗格中，选择 Scripts 文件夹，在右键出现的快捷菜单中选择“Create”→“Javascript”命令，创建一个 JavaScript 文件，该文件名称为 bombExplosionController.js 文件，其详细代码见代码 3-16。

代码 3-16　bombExplosionController 的 JavaScript 代码

```
1: var explosionSound:AudioClip;
2: function Start()
3: {
4:    AudioSource.PlayClipAtPoint(explosionSound, Vector3(0, 0, -5));
5: }
```

在上述 JavaScript 代码中，与代码 3-10 类似，主要实现在摄像机位置播放爆炸声音，以便播放的声音音量最大。

然后将上述 BombExplosionController 或者 bombExplosionController 文件拖放到 Hierarchy 窗格中的 bombExplosion 对象之上。

在图 3-74 中，选择 Sounds 文件夹之下的 bombExplosion 声音文件，拖放到 BombExplosion-Controller 或者 bombExplosionController 代码组件中的 explosionSound 变量的右边，使得代码关联该声音文件，以便在代码中调用该声音。

此时单击 Unity3D 中的运行按钮，运行游戏，就会看到爆炸的动画，并且伴随爆炸的声音，爆炸完成后就消失了。

4. 爆炸预制件

要创建预制件爆炸对象 prefab，或者说是可重用的爆炸对象，在层次 Hierarchy 窗格中，选择前面已经创建的 bombExplosion 对象，直接拖放到项目 Project 窗格中的 prefabs 文件夹中，此时就会在 prefabs 文件夹中创建一个爆炸预制件 bombExplosion，如图 3-75 所示。

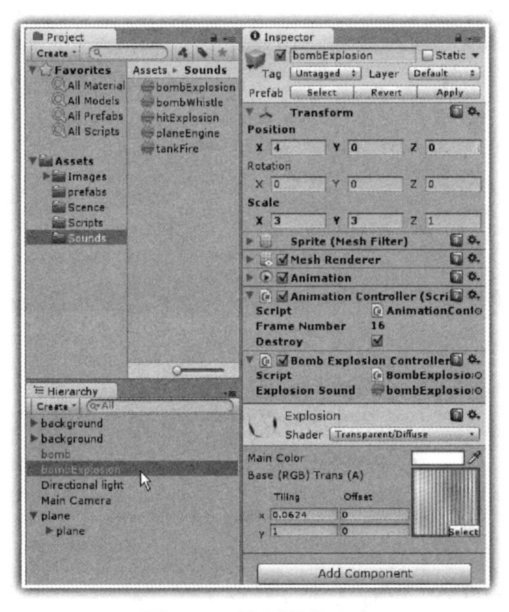

图 3-74　设置爆炸声音

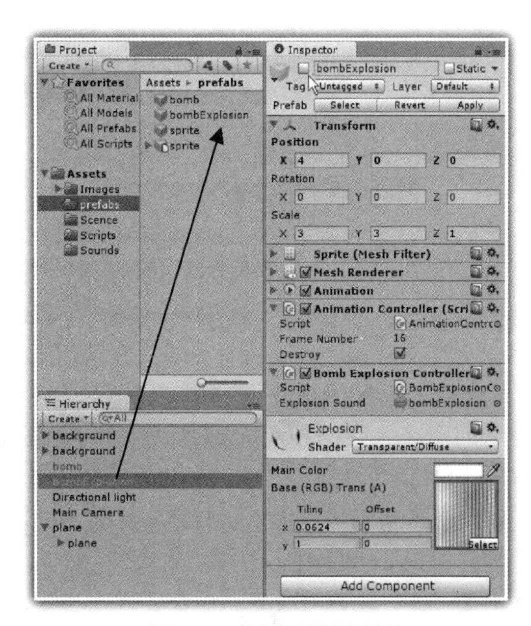

图 3-75　新建预制件爆炸

这里需要说明是，在层次 Hierarchy 窗格中，选择前面已经创建的 bombExplosion 对象，在检视器中非勾选 bombExplosion，以便不在游戏场景中出现该爆炸对象。

在前面飞机发射的炸弹中，炸弹击中地面之后会自动销毁。现在需要在炸弹的控制代码 BombController.cs 或者 bombController.js 中添加调用爆炸的动画预制件 bombExplosion。

对于 C#开发者来说，在 BombController.cs 文件中添加实现爆炸的代码之后，其详细代码见代码 3-17。

代码 3-17　BombController 的 C#代码

```
 1: using UnityEngine;
 2: using System.Collections;
 3:
 4: public class BombController : MonoBehaviour
 5: {
 6:   public AudioClip bombSound;
 7:   public GameObject explosion;
 8:
 9:
10:   void Start()
11:   {
12:       AudioSource.PlayClipAtPoint(bombSound, new Vector3(0, 1, -5));
13:   }
14:
15:   void OnTriggerEnter(Collider other)
16:   {
17:       if(other.tag=="ground")
18:       {
19:          Instantiate(explosion,new Vector3
                 (transform.position.x,transform.position.y+1.5f,-1f),
                 Quaternion.identity);
20:
21:          Destroy(gameObject);
22:       }
23:    }
24: }
```

在上述 C#代码中，与代码 3-11 相比较，添加了代码第 7 行，定义了一个公有的 GameObject 类型的变量 explosion，以便开发者关联前面所创建的预制件爆炸 explosion。

还添加了代码 19 行，创建一个动态的爆炸对象。

对于 JavaScript 开发者来说，在 bombController.js 文件中添加实现爆炸的代码之后，其详细代码见代码 3-18。

代码 3-18　bombController 的 JavaScript 代码

```
 1: var bombSound:AudioClip;
 2:
 3:
 4: private var myExplosion:GameObject;
 5:
 6: function Start()
 7: {
```

```
 8:    AudioSource.PlayClipAtPoint(bombSound, Vector3(0, 0, -5));
 9: }
10:
11: function OnTriggerEnter(other :Collider)
12: {
13:    if(other.tag=="ground")
14:    {
15:      Instantiate(explosion,
             Vector3(transform.position.x,transform.position.y+1.5,-1),
             Quaternion.identity);
16:
17:      Destroy(gameObject);
18:    }
19: }
```

在上述 JavaScript 代码中，与代码 3-12 相比较，添加了代码第 2 行，定义了一个公有的 GameObject 类型的变量 explosion，以便开发者关联前面所创建的预制件爆炸 explosion。

还添加了代码 15 行，创建一个动态的爆炸对象。

单击项目 Project 窗格 prefabs 文件夹中的 bomb 预制件，选择刚刚创建好的 bombExplosion 预制件，拖放到 BombController 或者 bombController 中的 exploison 变量的右边，以便代码关联该预制件，从而可以动态生成爆炸效果，如图 3-76 所示。

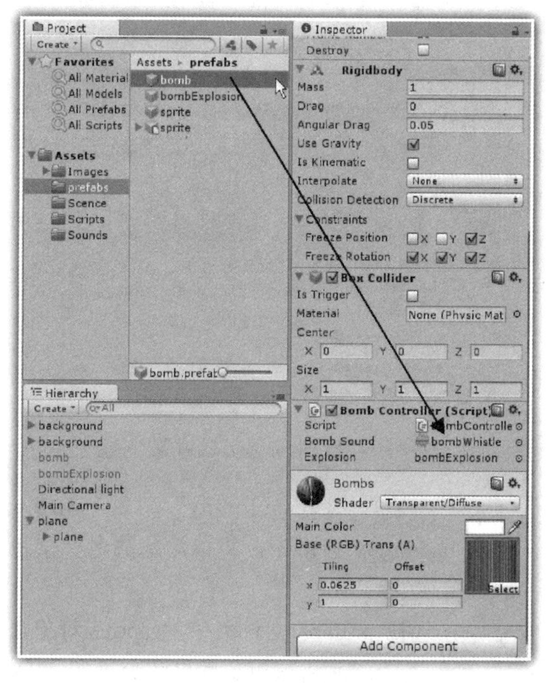

图 3-76　关联爆炸预制件

再次单击 Unity3D 中的运行按钮，运行游戏，按下空格键，发射炸弹，飞机炸弹碰撞到地面之后会发生爆炸，伴随着爆炸声音，然后该爆炸自动销毁。

3.6 显示坦克

坦克是坦克克星游戏项目中的另外一个重要游戏对象。首先介绍如何显示坦克对象，包括显示坦克主体，显示坦克炮塔，然后为坦克添加碰撞体；讲解显示坦克炮弹，实现炮弹的碰撞检测，实现炮弹动画和炮弹预制件；最后讲解坦克运动，实现炮弹的旋转、瞄准和发射炮弹，实现炮弹与飞机的碰撞检测，以及坦克灰尘动画和坦克的运动，坦克与飞机炸弹的碰撞等。

3.6.1 显示坦克

下面介绍如何显示坦克主体和坦克炮台等。

1. 显示坦克

在开始显示坦克时，在层次 Hierarchy 窗格中，选择前面已经创建好的 plane 对象，然后在检视器中非勾选 plane，以便不在游戏场景中出现该飞机对象，使得在该位置可以正常显示坦克对象，如图 3-77 所示。

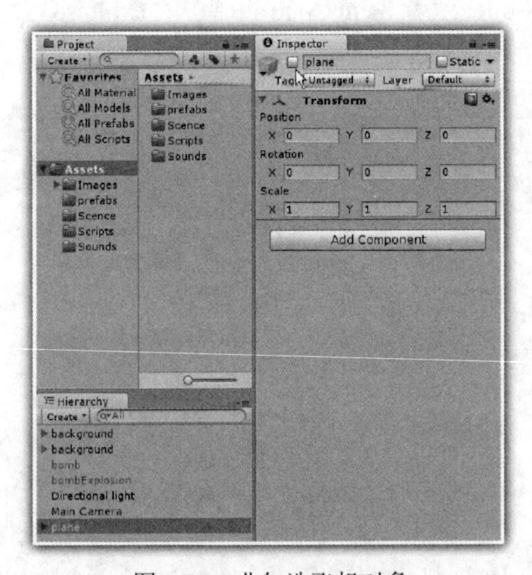

图 3-77　非勾选飞机对象

首先单击菜单“GameObject”，选择“Create Empty”命令，在游戏场景中创建一个空白的游戏对象 GameObject，在层次 Hierarchy 窗格中，将该对象的名称修改为 tank，并在检视器窗格中设置其位置坐标为原点（0,0,0）。

然后在项目 Project 窗格中，选择 prefabs 文件夹中的 sprite 对象，直接拖放该对象到层次 Hierarchy 窗格中的 tank 空白对象之中，并将该对象的名称修改为 tankBody，在检视器窗格中设置其位置坐标为原点（0,0,0），修改 tankBody 对象的 Scale：X=3，Y=2，Z=1。

在项目 Project 窗格中，选择 Images 文件夹中的 TanketteHull 坦克图片，拖放该图片到层次 Hierarchy 窗格中的 tankBody 对象之上，此时就可以显示坦克界面了，如图 3-78 所示。

图 3-78 显示坦克主体

2. 显示坦克炮台

在如图 3-78 所示的层次 Hierarchy 窗格中，选择 tankBody 对象，按下 Ctrl+D，复制一个 tankBody 对象，修改该对象的名称为 turret，设置 turret 对象的 Position：X=-0.45，Y=0.35，Z=-0.1；Scale：X=0.8，Y=0.4，Z=1，然后在 Project 窗格中，选择 Images 文件夹中的 NewTanketteCannon 图片，直接拖放到层次 Hierarchy 窗格中 turret 对象之上，这样就可以看到整个坦克了，包括坦克主体和坦克炮台，如图 3-79 所示。

图 3-79 显示坦克炮台

3. 添加碰撞体

在如图 3-79 所示的层次 Hierarchy 窗格中，选择 tankBody 对象，单击菜单“Component”→“Physics”→“Box Collider”命令，为坦克添加一个长方体碰撞体，调整该碰撞体的位置和尺寸，大约包围好坦克，Size：X=0.95，Y=0.57，Z=1，如图 3-80 所示。

图 3-80　添加坦克碰撞体

这里需要说明的是，有时候单个长方体碰撞体并不能精确地包围游戏对象，如上面的坦克对象，那么可以添加多个长方体碰撞体，从而形成坦克的组合碰撞体。

另外，为方便后面的碰撞检测，这里设置该 tankBody 对象的标签为 tank。

3.6.2　坦克发射的炮弹

坦克发射的炮弹，同样是坦克克星游戏项目中的一个重要游戏对象，在实现坦克发射炮弹的过程中，首先需要创建炮弹，实现炮弹被发射的声音以及炮弹的销毁；实现炮弹的碰撞检测。

1. 新建炮弹

在项目 Project 窗格中，选择 prefabs 文件夹中的 sprite 对象，直接拖放该对象到层次 Hierarchy 窗格中，将该对象的名称修改为 projectile。

设置 projectile 对象的 Position 参数设置为：X=2，Y=0，Z=0；Scale 参数：X=0.8，Y=0.4，Z=1。

然后在项目 Project 窗格中，选择 Images 文件夹中的 TankShell 炮弹图片，直接拖放 TankShell 炮弹图片到层次 Hierarchy 窗格中的 projectile 对象之上，这样就创建了一个炮弹，可以看到炮弹了，如图 3-81 所示。

另外，为方便后面的碰撞检测，这里设置该 projectile 对象的标签为 projectile。

图 3-81　新建炮弹

2. 炮弹的碰撞检测

要实现坦克发射的炮弹与飞机的碰撞检测，首先需要为飞机添加碰撞体；然后为炮弹添加刚体和碰撞体；最后在 ProjectileController.cs 或者 projectileController.js 代码中实现坦克发射炮弹的声音和碰撞检测。

在层次 Hierarchy 窗格中，选择 tank 对象，设置 tank 对象的 Position 参数设置为：X=2，Y=-3.7，Z=0；将坦克放置在合适的游戏界面底部位置。

然后选择 plane 对象，在检视器中勾选 plane，以便在游戏场景中出现该飞机对象；再次选择 plane 对象中的子对象 plane，单击菜单“Component”→“Physics”→“Box Collider”命令，为飞机添加一个长方体碰撞体，该碰撞体刚好包围飞机，设置 Box Collider 下的 Size 参数为：X=0.6，Y=0.64，Z=1，如图 3-82 所示。

另外，这里还设置了 plane 对象的标签为 plane。

在层次 Hierarchy 窗格中，选择 projectile 对象，单击菜单“Component”→“Physics”→“Rigidbody”命令，为炮弹 projectile 添加一个刚体，展开 Constraints 参数，勾选 Freeze Position 的 Z，设置飞机炸弹不在 Z 轴上移动；勾选 Freeze Rotation 的 X、Y 和 Z，设置炮弹不允许在 X、Y 和 Z 轴旋转，非勾选 Use Gravity，不使用重力属性；继续单击菜单“Component”→“Physics”→“Box Collider”命令，为坦克炮弹添加一个长方体碰撞体，设置该碰撞体的大小，让该碰撞体大概包围坦克炮弹。

对于 C#开发者来说，在项目 Project 窗格中，选择 Scripts 文件夹，在右键出现的快捷菜单中选择“Create”→“C# Script”命令，创建一个 C#文件，该文件名称为 ProjectileController.cs，其详细代码见代码 3-19。

图 3-82　设置飞机碰撞体

代码 3-19　ProjectileController 的 C#代码

```
 1: using UnityEngine;
 2: using System.Collections;
 3:
 4: public class ProjectileController : MonoBehaviour
 5: {
 6:   public AudioClip explosionSound;
 7:
 8:   void Start()
 9:   {
10:     AudioSource.PlayClipAtPoint(explosionSound, new Vector3(0, 0, -5));
11:   }
12:
13:    void Update()
14:   {
15:
16:     if(transform.position.x<-8 || transform.position.y>9)
17:        Destroy(gameObject);
18:    }
19:
20:    void  OnCollisionEnter(Collision collison)
21:   {
22:
23:     if(collison.gameObject.tag=="plane")
24:     {
25:        Destroy(gameObject);
```

```
26:      }
27:   }
28: }
```

在上述 C#代码中，主要实现三项功能：首先是播放坦克发射炮弹的声音，也就是第 10 行在摄像机位置播放炮弹被发射的声音；其次是第 13 行到第 18 行的语句，实现炮弹的自动销毁，即第 16 行语句判断炮弹是否超出游戏界面的左边和上方，如果超出这 2 个边界，则执行第 17 行语句，销毁该炮弹对象；最后则是第 20 行到第 27 行的碰撞检测部分。

在碰撞检测中，这里使用了 OnCollisionEnter()方法，这是因为在炮弹和飞机的碰撞体中，都没有被设置 IsTrigger 属性为 true。在碰撞检测的的代码视实现中，通常采用第 23 行语句的方式，通过判断碰撞体的标签来定位碰撞体，当炮弹与飞机发生碰撞时，从而执行第 25 行语句，销毁该炮弹。

对于 JavaScript 开发者来说，在项目 Project 窗格中，选择 Scripts 文件夹，在右键出现的快捷菜单中选择“Create”→“Javascript”命令，创建一个 JavaScript 文件，该文件名称为 projectileController..js 文件，其详细代码见代码 3-20。

代码 3-20　projectileController 的 JavaScript 代码

```
 1: var explosionSound: AudioClip;
 2:
 3: function Start()
 4: {
 5:   AudioSource.PlayClipAtPoint(explosionSound, Vector3(0, 1, -5));
 6: }
 7:
 8: function OnCollisionEnter(collison:Collision)
 9: {
10:
11:    if(collison.gameObject.tag=="plane")
12:    {
13:       Destroy(gameObject);
14:   }
15: }
16:
17: function Update()
18: {
19:
20:    if(transform.position.x<-8 || transform.position.y>9)
21:       Destroy(gameObject);
22: }
```

在上述 JavaScript 代码中，主要实现三项功能：首先是播放坦克发射炮弹的声音，也就是第 5 行在摄像机位置播放炮弹被发射的声音；其次是第 17 行到第 22 行的语句，实现炮弹的自动销毁，即第 20 行语句判断炮弹是否超出游戏界面的左边和上方，如果超出这 2 个边界，则执行第 21 行语句，销毁该炮弹对象；最后则是第 8 行到第 15 行的碰撞检测部分。

在碰撞检测中，这里使用了 OnCollisionEnter()方法，这是因为在炮弹和飞机的碰撞体中，都没有被设置 IsTrigger 属性为 true。在碰撞检测的的代码视实现中，通常采用第 11 行语句的方式，通过判断碰撞体的标签来定位碰撞体，当炮弹与飞机发生碰撞时，从而执行第 13 行语句，销毁该炮弹。

在图 3-83 中，选择 Sounds 文件夹之下的 tankFire 声音文件，拖放到 ProjectileController 或者 projectileController 代码组件中的 explosionbSound 变量的右边，使得代码关联该声音文件，以便在代码中调用该声音。

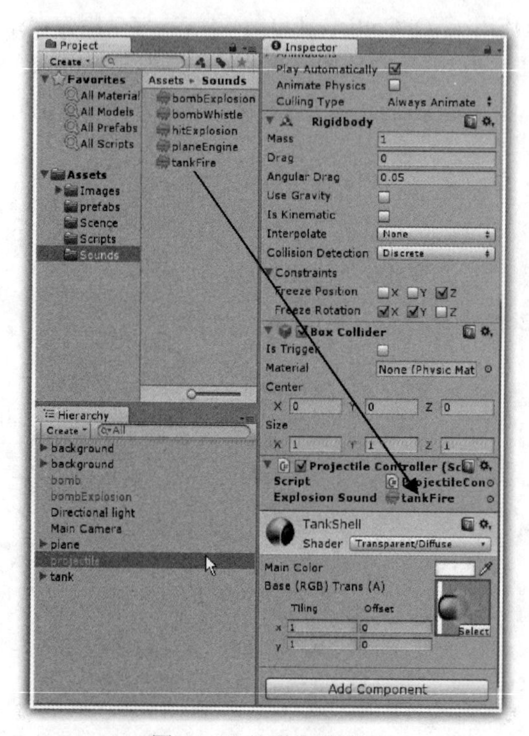

图 3-83　关联炮弹声音

然后将该 projectile 对象拖放到 Project 项目窗口的 prefabs 文件夹中，创建一个 projectile 预制件，对象如图 3-84 所示。

最后在层次 Hierarchy 窗格中，选择 projectile 对象，在检视器中非勾选 projectile，以便在游戏场景中不出现炮弹对象。

3.6.3　炮弹的爆炸

下面介绍如何实现坦克炮弹击中飞机后的爆炸效果。

1. 新建爆炸对象

在项目 Project 窗格中，选择 prefabs 文件夹中的 sprite 对象，直接拖放该对象到层次 Hierarchy 窗格中，将该对象的名称修改为 hitAnimation。

设置 hitAnimation 对象的 Position 参数设置为：X=2，Y=0，Z=0；Scale 参数：X=2，Y=2，Z=1。

图 3-84　设置炮弹预制件

Images 文件夹中的 hitAnimation 爆炸图片，是一个 12 帧的序列图，如图 3-85 所示。

图 3-85　hitAnimation 序列爆炸图片

然后在项目 Project 窗格中，选择 Images 文件夹中的 hitAnimation 爆炸图片，直接拖放该对象到层次 Hierarchy 窗格中的 hitAnimation 对象之上，由于 hitAnimation 爆炸图片是一个 12 帧的动画序列，这里需要设置 hitAnimation 的 Shader 之中的 Tilling 属性：X=0.083（也就是 1 除以 12），这样就可以看到爆炸效果其中一帧图片了。

2. 爆炸动画

在图 3-86 中，选择 AnimationController 或者 animationController 代码文件，拖放到层次 Hierarchy 窗格中的 hitAnimation 对象之上，然后在检视器中出现的 AnimationController 或者 animationController 代码组件中，设置 frameNumber 为 12，表示爆炸的动画序列是 12 帧的图片；这里还要勾选 Destroy，表示爆炸动画播放完毕之后自动销毁该爆炸对象。

3. 爆炸声音

为了实现坦克炮弹被发射的声音，同样需要通过代码实现在摄像机位置，播放该炮弹被发射的声音。

由于该功能已经在代码 bombExplosionController.cs（参见代码 3-15）或者 bombExplosionController.js（参见代码 3-15）中实现，因此将上述代码分别修改为 SoundController.cs 或者 SoundController.js。

对于 C#开发者来说，这里还需要说明的是，在 SoundController.cs 代码文件中，修改类的名称为 SoundController。

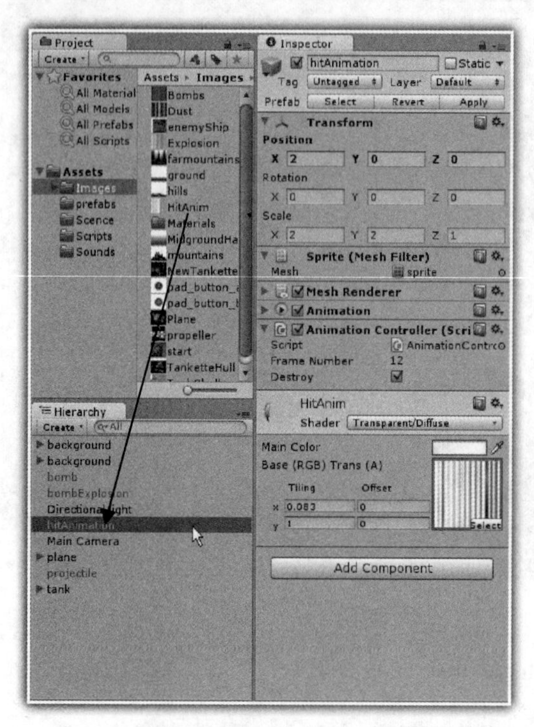

图 3-86　设置爆炸动画

修改上述的类名称之后，要注意重新拖放 SoundController.cs 或者 SoundController.js 文件到 bombExplosion 对象之中，并且再次拖放到 bombExplosion 预制件中。

然后拖放 SoundController.cs 或者 SoundController.js 文件到 hitAmnitaion 对象之中，使得炮弹 hitAmnitaion 对象可以执行该文件。

在图 3-87 中，选择 Sounds 文件夹之下的 hitAmnitaion 声音文件，拖放到 SoundController.cs 或者 SoundController.js 代码组件中的 explosionSound 变量的右边，使得代码关联该声音文件，以便炮弹 hitAmnitaion 对象在代码中调用该声音。

4. 爆炸预制件

接着创建预制件爆炸对象 prefab，或者说是可重用的爆炸对象。

在层次 Hierarchy 窗格中，选择前面已经创建的 hitAnmaition 对象，直接拖放到项目 Project 窗格中的 prefabs 文件夹中，此时就会在 prefabs 文件夹中创建一个爆炸预制件 hitAnmaition，如图 3-88 所示。

这里需要说明是，在层次 Hierarchy 窗格中，选择已经创建的 hitAnmaition 对象，在检视器中非勾选 hitAnmaition，此时就不会在游戏场景中出现该爆炸对象。

3.6.4　坦克运动

在坦克运动时，炮台要不断旋转以便瞄准前方是否有飞机，如果发现飞机，则发射炮弹；

炮弹与飞机实现碰撞检测，炮弹击中飞机，就会发生爆炸效果；还要实现坦克快速运动中的灰尘动画；实现坦克的循环移动；最后检测飞机炸弹与坦克的碰撞。

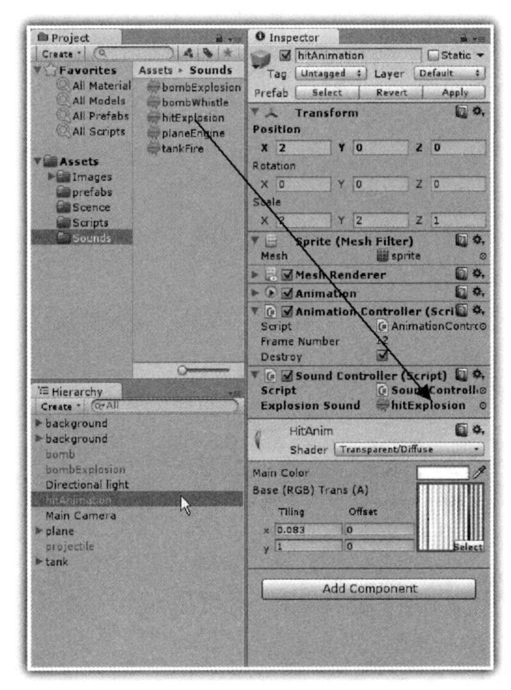

图 3-87　关联爆炸声音

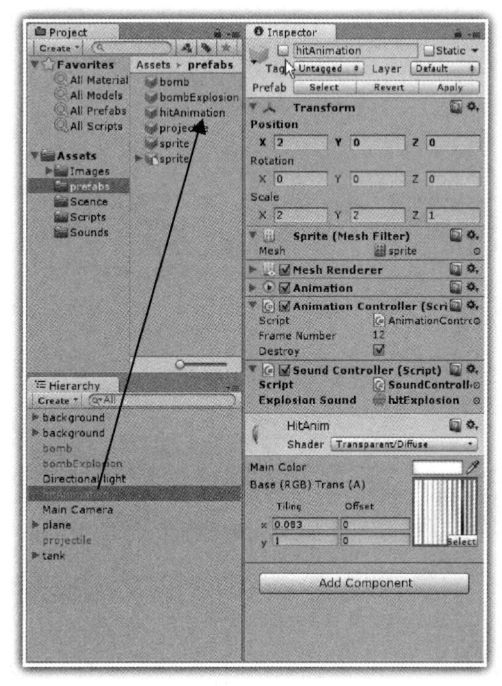

图 3-88　新建爆炸预制件

1．炮台的旋转、瞄准和发射炮弹

通过代码来实现炮台的旋转、瞄准和发射炮弹。

对于 C#开发者来说，在项目 Project 窗格中，选择 Scripts 文件夹，在右键出现的快捷菜单中选择“Create”→“C# Script”命令，创建一个 C#文件，该文件名称为 TurretController.cs，其详细代码见代码 3-21。

代码 3-21　TurretController 的 C#代码

```
 1: using UnityEngine;
 2: using System.Collections;
 3:
 4: public class TurretController : MonoBehaviour
 5: {
 6:   public float speed=1.0f;
 7:   public Rigidbody projectile;
 8:
 9:   private float amtToRotate=0;
10:   private bool isMoving=true;
11:   private Rigidbody myProjectile;
12:
13:    void Start()
```

```
14:   {
15:     amtToRotate=0.1f*speed;
16:   }
17:
18:    void Update()
19:   {
20:       if(transform.localEulerAngles.z>310)
21:       {
22:         if(isMoving)
23:         {
24:            transform.localEulerAngles=new Vector3(transform.
                localEulerAngles.x,transform.localEulerAngles.y,
                transform.localEulerAngles.z-amtToRotate);
25:
26:            var fwd = transform.TransformDirection(Vector3.left);
27:
28:          if(Physics.Raycast(transform.position, fwd, 10))
29:          {
30:             myProjectile=Instantiate(projectile,transform.position+
                   fwd,transform.rotation)as Rigidbody;
31:
32:            myProjectile.velocity=fwd*20;
33:              isMoving=false;
34:
35:              StartCoroutine(waitForTime());
36:          }
37:         }
38:     }
39:      else
40:        transform.localEulerAngles=new Vector3(transform.
              localEulerAngles.x,transform.localEulerAngles.y,347);
41:
42:   }
43:
44:   IEnumerator waitForTime()
45:   {
46:       yield return new WaitForSeconds(1);
47:       isMoving=true;
48:   }
49:
50: }
```

在上述C#代码中，主要实现的功能有三个，分别是炮台旋转、瞄准和发射炮弹。

代码第20行到第40行的条件语句，实现炮台的旋转，从围绕Z轴347度旋转到310度，并且不断重复这个过程；第24行语句是实现炮弹旋转，当炮台旋转角度小于310度时，第40行语句重新设置炮弹的角度为347度。

代码第28行到第36行的条件语句，实现炮台瞄准和发射炮弹。第28行实现炮台瞄准功能，一旦在 10 米之内发现飞机的碰撞体，则 Physics.Raycast (transform.position, fwd, 10)的数值为 true，此时炮台就通过执行第 30 行语句发射炮弹，第 32 行语句设置被发射炮弹的速度，第 33 行语句设置 isMoving 为 false，以便跳出旋转炮台的条件语句块，防止不停地大量发射炮弹。

第 35 行调用延时功能，执行 44 行到第 48 行的语句块，延时 1 秒钟后，第 47 行语句设置 isMoving 为 true，此时就可以再次开始炮台的旋转、瞄准和发射了。

因此，通过这里设置的延时时间，可以调整坦克发射炮弹的快慢，每隔 1 秒钟，坦克就发射一枚炮弹。

对于 JavaScript 开发者来说，在项目 Project 窗格中，选择 Scripts 文件夹，在右键出现的快捷菜单中选择“Create”→“Javascript”命令，创建一个 JavaScript 文件，设置该文件的名称为 turretController.js，其详细代码见代码 3-22。

代码 3-22　turretController 的 JavaScript 代码

```
 1: var speed:float=1;
 2: var projectile:Rigidbody;
 3:
 4: private var amtToRotate:float=0;
 5: private var isMoving:boolean=true;
 6: private var myProjectile:Rigidbody;
 7:
 8: function Start()
 9: {
10:    amtToRotate=0.1*speed;
11: }
12:
13: function Update()
14: {
15:   if(transform.localEulerAngles.z>310)
16:    {
17:      if(isMoving)
18:      {
19:           transform.localEulerAngles.z-=amtToRotate;
20:           var fwd=transform.TransformDirection(Vector3.left);
21:
22:         if(Physics.Raycast(transform.position, fwd, 10))
23:         {
24:             myProjectile=Instantiate(projectile,
                    transform.position+fwd,transform.rotation);
25:
26:             myProjectile.velocity=fwd*20;
27:             isMoving=false;
28:
29:             waitForTime();
30:         }
31:      }
```

```
32:    }
33:    else
34:        transform.localEulerAngles.z=347;
35:
36: }
37:
38: function waitForTime()
39: {
40:    yield WaitForSeconds(1);
41:    isMoving=true;
42: }
```

在上述 JavaScript 代码中，主要实现的功能有三个，分别是炮台旋转、瞄准和发射炮弹。

代码第 15 行到第 34 行的条件语句，实现炮台的旋转，从围绕 Z 轴 347 度旋转到 310 度，并且不断重复这个过程；第 19 行语句是实现炮弹旋转，当炮台旋转角度小于 310 度时，第 34 行语句重新设置炮弹的角度为 347 度。

代码第 22 行到第 30 行的条件语句，实现炮台瞄准和发射炮弹。第 22 行实现炮台瞄准功能，一旦在 10 米之内发现飞机的碰撞体，则 Physics.Raycast (transform.position, fwd, 10)的数值为 true，此时炮台就通过执行第 24 行语句发射炮弹，第 26 行语句设置被发射炮弹的速度，第 27 行语句设置 isMoving 为 false，以便跳出旋转炮台的条件语句块，防止不停地大量发射炮弹。

第 29 行调用延时功能，执行 38 行到第 42 行的语句块，延时 1 秒钟后，第 41 行语句设置 isMoving 为 true，此时就可以再次开始炮台的旋转、瞄准和发射了。

因此，通过这里设置的延时时间，可以调整坦克发射炮弹的快慢，每隔 1 秒钟，坦克就发射一枚炮弹。

在项目 Project 窗格中，选择 TurretController 代码文件或者 turretController 代码文件，将该文件拖放到层次 Hierarchy 窗格中的 turret 对象之上，此时就会在检视器中出现 TurretController 或者 turretController 代码组件，设置旋转速度 speed 为 10；在项目 Project 窗格 prefabs 文件夹中选择 projectile 预制件，拖放到 projectile 变量的右边，以便代码关联该预制件，从而可以动态创建坦克炮弹，如图 3-89 所示。

然后在层次 Hierarchy 窗格中选择 tank 对象，设置 Position 的位置 X=5.1，Y=-3.7，Z=0，以便坦克能够瞄准到游戏界面中部的飞机。

单击 Unity3D 中的运行按钮，运行游戏，坦克将会自动瞄准发射炮弹，上、下、左、右移动飞机，坦克仍然可以自动瞄准，并发射炮弹。

2. 炮弹与飞机的碰撞检测

实际上在坦克发射炮弹的过程中，已经有炮弹与飞机的碰撞检测，当坦克炮弹击中飞机时，炮弹自动销毁。该功能在前面的 ProjectileController.cs（参见代码 3-19）或者 projectileController.js（参见代码 3-19）有基本实现。

下面需要修改 ProjectileController.cs 或者 projectileController.js 代码，实现炮弹击中飞机时，出现爆炸动画，伴随爆炸的声音。

对于 C#开发者来说，修改后的 rojectileController.cs 的代码，见代码 3-23。

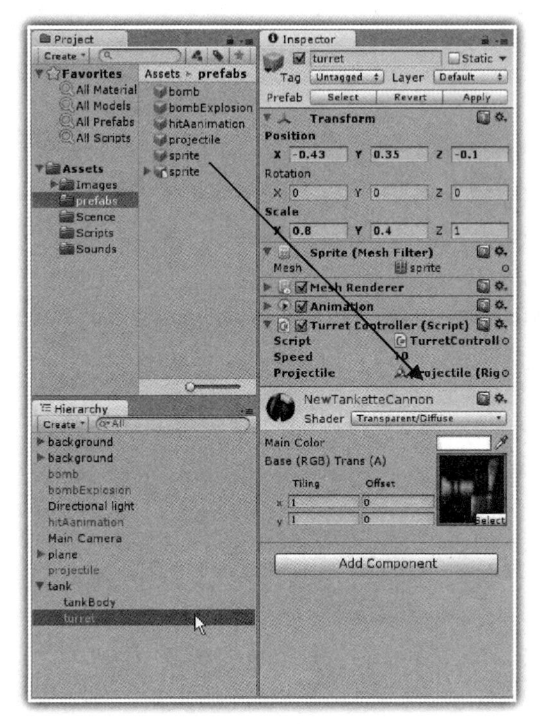

图 3-89　炮台旋转等

代码 3-23　ProjectileController 的 C#代码

```
 1: using UnityEngine;
 2: using System.Collections;
 3:
 4: public class ProjectileController : MonoBehaviour
 5: {
 6:   public AudioClip explosionSound;
 7:   public GameObject explosion;
 8:   void Start()
 9:   {
10:      AudioSource.PlayClipAtPoint(explosionSound, new Vector3(0, 0, -5));
11:   }
12:
13:    void Update()
14:   {
15:
16:      if(transform.position.x<-8 || transform.position.y>9)
17:         Destroy(gameObject);
18:    }
19:
20:    void  OnCollisionEnter(Collision collison)
21:   {
22:
23:      if(collison.gameObject.tag=="plano")
24:      {
```

```
25:          Instantiate(explosion,new Vector3(transform.position.x,
                 transform.position.y,-1),Quaternion.identity);
26:          Destroy(gameObject);
27:       }
28:    }
29: }
```

在上述 C#代码中，与代码 3-19 相比较，只是添加了第 7 行语句，定义了公有的 GameObject 类型的变量 explosion，这样开发者就可以在检视器拖放爆炸动画到这个变量中，关联这个爆炸动画，以便代码动态生成爆炸动画。

还添加了第 25 行语句，调用 Unity3D 中非常重要的 Instantiate()方法，来动态创建爆炸效果。

对于 JavaScript 开发者来说，修改后的 projectileController.js 代码，见代码 3-24。

代码 3-24　projectileController 的 JavaScript 代码

```
 1: var explosionSound:AudioClip;
 2: var explosion:GameObject;
 3: function Start()
 4: {
 5:   AudioSource.PlayClipAtPoint(explosionSound, Vector3(0, 1, -5));
 6: }
 7:
 8: function OnCollisionEnter(collison :Collision)
 9: {
10:    if(collison.gameObject.tag=="plane")
11:    {
12:       Instantiate(explosion,Vector3(transform.position.x,
                 transform.position.y,-1),Quaternion.identity);
13:       Destroy(gameObject);
14:    }
15: }
16:
17: function Update()
18: {
19:
20:    if(transform.position.x<-8 || transform.position.y>9)
21:       Destroy(gameObject);
22: }
```

在上述 JavaScript 代码中，与代码 3-20 相比较，只是添加了第 2 行语句，定义了公有的 GameObject 类型的变量 explosion，这样开发者就可以在检视器拖放爆炸动画到这个变量中，关联这个爆炸动画，以便代码动态生成爆炸动画。

还添加了第 12 行语句，调用 Unity3D 中非常重要的 Instantiate()方法，来动态创建爆炸效果。

修改了上述代码之后，还得重新设置 projectile 对象。在图 3-90 中，在项目 Project 窗格 prefabs 文件夹中选择 hitAnimation 爆炸预制件，拖放到 explosion 变量的右边，以便代码关联该预制件，从而可以动态创建炮弹的爆炸效果。

单击 Unity3D 中的运行按钮，再次运行游戏，坦克将会自动瞄准发射炮弹，并出现击中飞机的爆炸效果和声音。

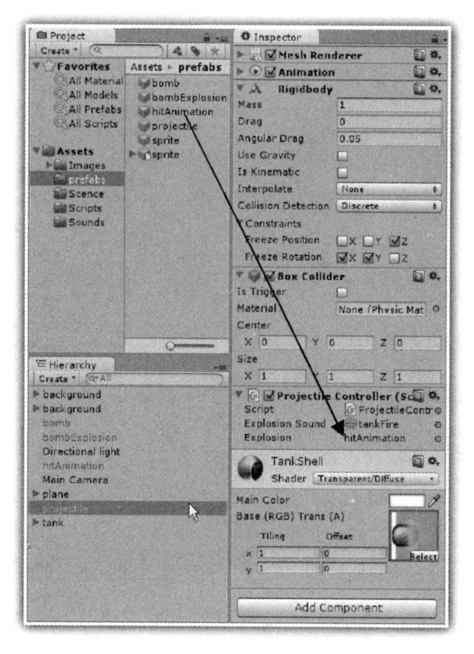

图 3-90 更新 ProjectileController 代码

3. 坦克灰尘动画

在项目 Project 窗格中，选择 prefabs 文件夹中的 sprite 对象，直接拖放该对象到层次 Hierarchy 窗格中的 tank 对象之中，将该子对象的名称修改为 dust。

设置 projectile 对象的 Position 参数设置为：X=0.23，Y=-0.32，Z=-0.1；Scale 参数：X=2，Y=1.5，Z=1。

Images 文件夹中的 Dust 灰尘图片，是一个 4 帧的序列图，如图 3-91 所示。

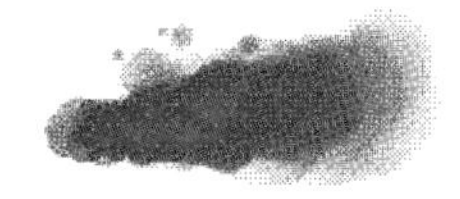   

图 3-91 Dust 序列灰尘图

然后在项目 Project 窗格中，选择 Images 文件夹中的 Dust 灰尘图片，直接拖放 Dust 灰尘图片到层次 Hierarchy 窗格中的 dust 对象之上，由于 Dust 灰尘图片是一个 4 帧的动画序列，这里需要设置 dust 的 Shader 之中的 Tilling 属性：X=0.25（也就是 1 除以 4），这样就可以看到灰尘动画其中一帧图片了。

在图 3-92 中，选择 AnimationController 或者 animationController 代码文件，拖放到层次 Hierarchy 窗格中的 dust 对象之上，然后在检视器中出现的 AnimationController 或者 animationController 代码组件中，设置 Frame Number 为 4，表示爆炸的动画序列是 4 帧的图片；这里不要勾选 Destroy，表示坦克灰尘动画一直不断运行。

再次单击 Unity3D 中的运行按钮，运行游戏，坦克的灰层动画一直在运行，比较具有真实感。

图 3-92　设置坦克灰层动画

4. 坦克运动

要实现坦克从右到左循环移动，同样需要编写代码来实现。

对于 C#开发者来说，在项目 Project 窗格中，选择 Scripts 文件夹，在右键出现的快捷菜单中选择“Create”→“C# Script”命令，创建一个 C#文件，修改该文件名称为 TankController.cs，其详细代码见代码 3-23。

代码 3-23　TankController 的 C#代码

```
 1: using UnityEngine;
 2: using System.Collections;
 3:
 4: public class TankController : MonoBehaviour
 5: {
 6:   public float currentspeed=0;
 7:   public float maxSpeed=10;
 8:   public float minSpeed=3;
 9:
10:   void Start()
11:   {
12:     currentspeed=Random.Range(minSpeed,maxSpeed);
13:   }
14:
15:   void Update()
16:   {
17:     transform.Translate(Vector3.left*currentspeed*Time.deltaTime);
18:
19:     if(transform.position.x<-9.0)
```

```
20:     {
21:        transform.position=new Vector3 (10.0f,
                transform.position.y,transform.position.z);
22:        Start();
23:     }
24:   }
25: }
```

在上述 C#代码中，第 12 行获得坦克运动的随机速度，以便增加游戏的难度；第 17 行实现坦克从右到左运动；第 19 行判断坦克运动是否超出屏幕的左边边界，如果超过边界，则执行第 21 行语句，重新设置坦克在右边的位置，再次开始坦克的从右到左运动；第 22 行再次获得坦克运动的随机速度。

对于 JavaScript 开发者来说，在项目 Project 窗格中，选择 Scripts 文件夹，在右键出现的快捷菜单中选择“Create”→“Javascript”命令，创建一个 JavaScript 文件，修改该文件名称为 tankController.js，其详细代码见代码 3-24。

代码 3-24　tankController 的 JavaScript 代码

```
 1: var currentspeed:float=0;
 2: var maxSpeed:float=10;
 3: var minSpeed:float=3;
 4:
 5: function Start()
 6: {
 7:    currentspeed=Random.Range(minSpeed,maxSpeed);
 8: }
 9:
10: function Update()
11: {
12:    transform.Translate(Vector3.left*currentspeed*Time.deltaTime);
13:
14:     if(transform.position.x<-9.0)
15:     {
16:       transform.position.x=10.0;
17:       Start();
18:     }
19:  }
```

在上述 JavaScript 代码中，第 7 行获得坦克运动的随机速度，以便增加游戏的难度；第 12 行实现坦克从右到左运动；第 14 行判断坦克运动是否超出屏幕的左边边界，如果超过边界，则执行第 16 行语句，重新设置坦克在右边的位置，再次开始坦克的从右到左运动；第 17 行再次获得坦克运动的随机速度。

在项目 Project 窗格中，选择 TankController 代码文件或者 tankController 代码文件，将该文件拖放到层次 Hierarchy 窗格中的 tank 对象之上，以便坦克可以执行上述代码，实现坦克运动。

单击 Unity3D 中的运行按钮，运行游戏，此时坦克不断地从右到左地循环运动。

5. 坦克与飞机炸弹碰撞检测

在实现飞机炸弹与坦克碰撞检测之前，还需要设置 tank 对象的标签为 tank0，如图 3-93 所示。

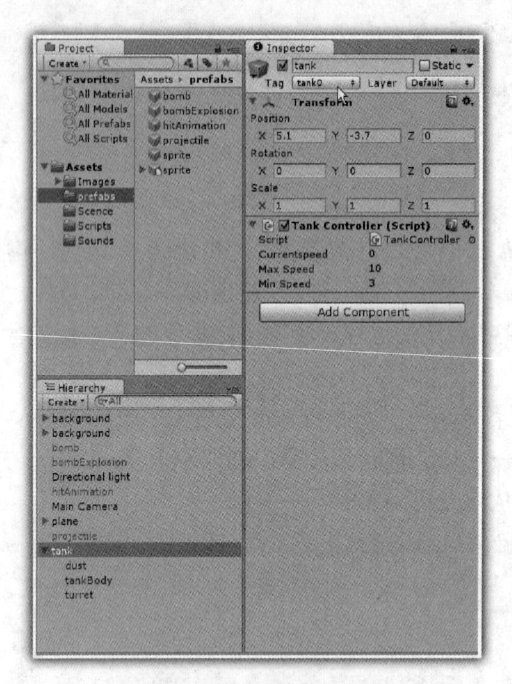

图 3-93　设置坦克标签

对于 C#开发者来说，在 BombController.cs 文件中添加实现飞机炸弹与坦克碰撞检测的代码之后，其详细代码见代码 3-25。

代码 3-25　BombController 的 C#代码

```
 1: using UnityEngine;
 2: using System.Collections;
 3:
 4: public class BombController : MonoBehaviour
 5: {
 6:   public AudioClip bombSound;
 7:   public GameObject explosion;
 8:   private GameObject myTank;
 9:
10:    void Start()
11:    {
12:       AudioSource.PlayClipAtPoint(bombSound, new Vector3(0, 1, -5));
13:    }
14:
15:    void OnTriggerEnter(Collider other)
16:    {
17:       if(other.tag=="ground")
18:       {
19:          myExplosion=Instantiate(explosion,new Vector3
                 (transform.position.x,transform.position.y+1.5f,-1f),
                 Quaternion.identity)as GameObject;
20:
21:          Destroy(gameObject);
```

```
22:       }
23:
24:
25:   void OnCollisionEnter(Collision collison)
26:   {
27:
28:      if(collison.gameObject.tag=="tank")
29:     {
30:         Instantiate(explosion,new Vector3(transform.position.x,
              transform.position.y,-1),Quaternion.identity);
31:         Destroy(gameObject);
32:
33:         myTank=GameObject.FindWithTag("tank0");
34:         myTank.transform.position=new Vector3(10,myTank.transform.
              position.y,myTank.transform.position.z);
35:       }
36:
37:      if(collison.gameObject.tag=="projectile")
38:        Destroy(collison.gameObject);
39:
40:      }
41:
42: }
```

在上述 C#代码中，与代码 3-17 相比较，添加了第 8 行语句以及第 25 行到第 40 行的碰撞检测语句块。

第 8 行用于定义 GameObject 类型的变量 myTank，以便在第 33 行中通过 GameObject.FindWithTag()来获得被飞机炸弹击中的坦克对象，然后在第 34 行中重新设置坦克在游戏界面右边的位置。

第 30 行动态创建飞机炸弹击中坦克的爆炸效果；第 31 行则销毁飞机炸弹对象。

在测试游戏运行过程中，飞机发射的炸弹时常与坦克发射的炮弹互相碰撞，出现不应该有的碰撞现象，因此第 37 行判断飞机炸弹是否碰撞坦克炮弹，如果发生了碰撞，则执行第 38 行语句，销毁掉坦克炮弹。

对于 JavaScript 开发者来说，在 bombController.js 文件中添加实现飞机炸弹与坦克碰撞检测的代码之后，其详细代码见代码 3-26。

代码 3-26 bombController 的 JavaScript 代码

```
 1: var bombSound:AudioClip;
 2: private var myTank:GameObject;
 3:
 4: function Start()
 5: {
 6:    AudioSource.PlayClipAtPoint(bombSound, Vector3(0, 0, -5));
 7: }
 8:
 9: function OnTriggerEnter(other:Collider)
10: {
11:    if(other.tag=="ground")
```

```
12:    {
13:      Instantiate(explosion,
                 Vector3(transform.position.x,transform.position.y+1.5,-1),
                 Quaternion.identity);
14:
15:      Destroy(gameObject);
16:   }
17: }
18:
19: function OnCollisionEnter(collison :Collision)
20: {
21:
22:    if(collison.gameObject.tag=="tank")
23:    {
24:      Instantiate(explosion,Vector3(transform.position.x,
                 transform.position.y,-1),Quaternion.identity);
25:      Destroy(gameObject);
26:      myTank=  GameObject.FindWithTag("tank0");
27:      myTank.transform.position.x=10;
28:    }
29:
30:    if(collison.gameObject.tag=="projectile")
31:      Destroy(collison.gameObject);
32:
33: }
```

在上述 JavaScript 代码中，与代码 3-18 相比较，添加了第 2 行语句以及第 19 行到第 33 行的碰撞检测语句块。

第 2 行语句，用于定义 GameObject 类型的变量 myTank，以便在第 26 行中通过 GameObject.FindWithTag()来获得被飞机炸弹击中的坦克对象，然后在第 27 行中重新设置坦克在游戏界面右边的位置。

第 24 行动态创建飞机炸弹击中坦克的爆炸效果；第 25 行则销毁飞机炸弹对象。

在测试游戏运行过程中，飞机发射的炸弹时常与坦克发射的炮弹互相碰撞，出现不应该有的碰撞现象，因此第 30 行判断飞机炸弹是否碰撞坦克炮弹，如果发生了碰撞，则执行第 31 行语句，销毁掉坦克炮弹。

这里还需要说明的是，通过 GameObject 类的 FindWithTag()方法来获得指定标签的游戏对象这种方式，在游戏开发中非常重要，通过这一方法，不仅可以获得游戏设计过程中的游戏对象，还可以定位动态生成的游戏对象，希望大家慢慢掌握。

这里采用 OnCollisionEnter()方法，来检测飞机炸弹与坦克的碰撞，是因为运行的飞机炸弹具有刚体属性，炸弹与坦克的碰撞体 IsTrigger 属性设置为 false。

运行游戏，可以看到：每当飞机炸弹击中坦克之后，就会发生爆炸，坦克将重新设置在游戏界面的右边，以随机速度重新开始从右到左的移动。

平台游戏项目是一个基于2D的游戏，该游戏项目相对于坦克克星游戏项目来说，又稍微复杂一点，非常适合于Unity3D初学者进一步学习、借鉴，通过一步一步实现该游戏项目，初学者可以进一步掌握Unity3D开发游戏的基本概念和基本技能。

在该游戏项目中，进一步学习如何使用sprite预制件显示图片、如何实现人物动画、各个游戏对象间的碰撞检测等，从而进入Unity3D游戏开发领域。

04 CHAPTER FOUR 第四章 平台游戏项目

>> 本章要点

- 游戏功能分析
- sprite预制件显示图片
- 人物动画
- 碰撞检测

4.1 游戏功能分析

首先运行平台游戏项目，了解平台游戏项目是一个什么样的游戏；然后对平台游戏项目进行功能分析，对该游戏项目有一个比较深入的了解，以便后面逐步实现这个基于 2D 的平台游戏。

4.1.1 运行游戏

在光盘中找到游戏项目资源——4.平台游戏项目资源——Platform，运行游戏，打开如图 4-1 所示的开始场景界面。

在开始界面中，按下左、右方向键，可以控制人物左、右奔跑；按下空格键，可以跳跃；跳跃到第二层平台上，可以拾取钻石；当拾取所有的钻石之后，如果跳跃到第三层平台，进入“Exit”出口图标，此时会弹出一个“YOU WIN”对话框，出现第一关卡的赢家界面，如图 4-2 所示。

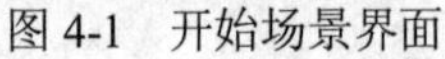
图 4-1　开始场景界面

图 4-2　第一关卡赢家界面

在图 4-2 中，按照弹出的对话框提示，如果单击空格键，此时游戏将从第一关卡转移到第二关卡，如图 4-3 所示。

在图 4-3 中，人物向右奔跑，在第二层右边的平台中，还有敌人在左、右移动；如果玩家在该平台上与敌人相遇，玩家将会死掉，此时会弹出一个“YOU DIED”对话框，出现如图 4-4 所示的界面。

在图 4-4 中，单击空格键，游戏会重新开始第二关卡；如果玩家顺利拾取所有钻石之后，跳跃到第三层平台，进入“Exit”出口图标，则可以进入第三关卡，如图 4-5 所示。

在图 4-5 中，是玩家向左跳跃的界面；钻石存放的位置较高，上、下循环移动，玩家需要跳跃才能拾取钻石。

图 4-6 显示了玩家向上跳跃拾取钻石的界面。如果玩家顺利拿完所有钻石之后，跳跃到第三层平台，进入“Exit”图标，则又可以进入第一关卡，循环运行。

图 4-3　第二关卡人物向右奔跑

图 4-4　第二关卡输家界面

图 4-5　第三关卡人物向左跳跃

图 4-6　第三关卡输向上跳跃

4.1.2　游戏功能分析

通过运行上述平台游戏，可以发现：该游戏应该是一个比较简单的游戏，整个游戏可以划分为三个关卡。

游戏开始场景是游戏运行的第一关卡，玩家可以通过左、右方向键实现人物左、右奔跑；按下空格键，人物可以跳跃；当玩家接触到钻石，就可以拾取钻石；当玩家拾取完所有的钻石之后，如果此时跳跃到第三层平台，进入“Exit”图标，此时就会弹出一个“YOU WIN”对话框；单击空格键，这样就可以转移到第二关卡。

在第二关卡中，在第二层右边的平台上，还有敌人在左、右移动；如果玩家在该平台上与敌人相遇，玩家将会死掉，此时会弹出一个“YOU DIED”对话框；单击空格键，游戏会重新开始第二关卡；如果玩家顺利拾取所有钻石之后，跳跃到第三层平台，进入“Exit”图标，同样会弹出一个“YOU WIN”对话框；单击空格键，这样就可以转移到第三关卡。

在第三关卡中，钻石的高度较高，并且上、下循环移动，玩家可能需要跳跃才能拿完钻石；如果玩家顺利拾取完所有钻石之后，跳跃到第三层平台，进入“Exit”图标，再次弹出一个“YOU

WIN”对话框；单击空格键，这样就可以转移到第一关卡，循环运行。

在平台游戏中，游戏对象相对简单，除去平台之外，主要有四个游戏对象，分别是玩家人物、钻石、敌人、“Exit”出口标志。

完成该游戏后，游戏项目的目录结构如图 4-7 所示。其中 Images 目录存放各个游戏对象所对应的的图片；Sound 目录存放各种声音文件，如背景音乐、玩家跳跃的声音、爆炸声等。三个游戏场景则位于 Scene 目录之中。

图 4-8 则显示了 Prefabs 目录中的相关预制件对象，如显示 2D 图片的 sprite 预制件、平台预制件 3blocks 等。

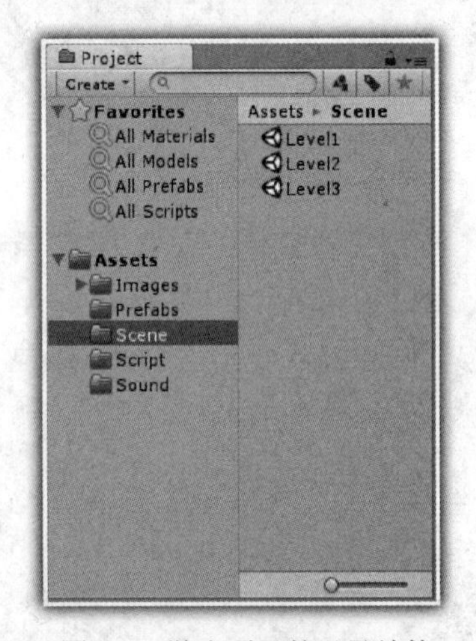

图 4-7 游戏项目的目录结构

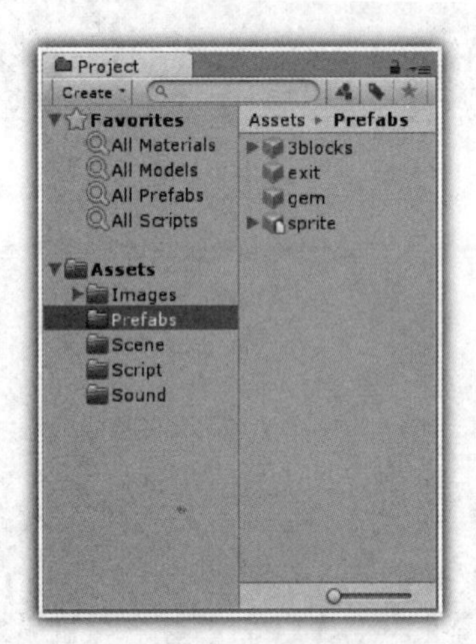

图 4-8 Prefabs 目录

对于 C#开发者来说，图 4-9 显示了需要开发者开发的 C#文件，共有 6 个文件；对于 JavaScript 开发者来说，图 4-10 则显示了需要开发者开发的 JavaScript 文件，共有 6 个文件。

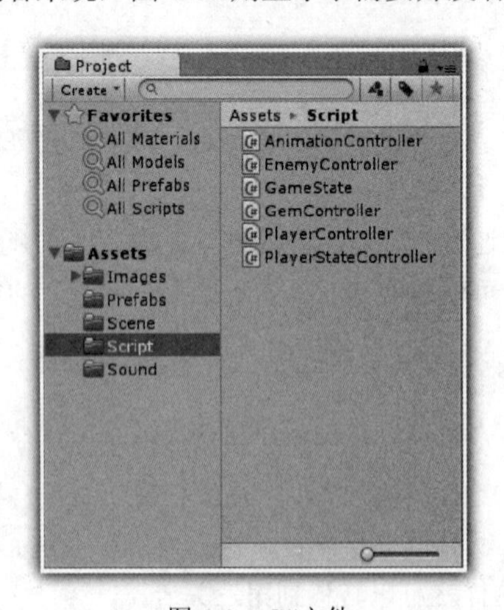

图 4-9 C#文件

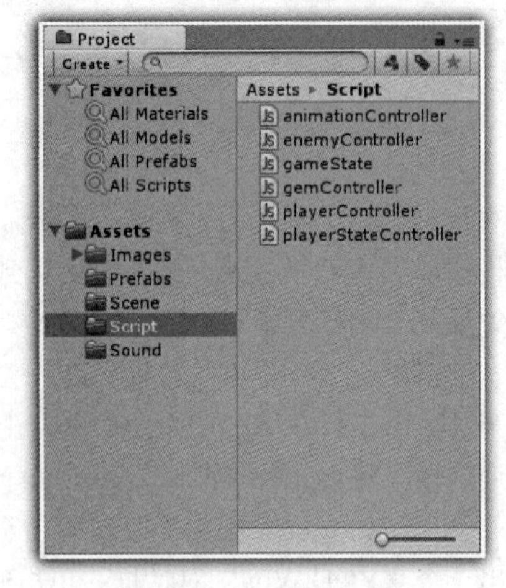

图 4-10 JavaScript 文件

这些开发文件的具体功能说明，见表 4-1。

表 4-1　开发文件的功能说明

C#文件名	JavaScript 文件名	功能说明
AnimationController	animationController	实现 2D 动画的组件
EnemyController	enemyController	实现对敌人左、右移动的控制
GameState	gameState	设置游戏总共九种状态的枚举
GemController	gameController	实现对钻石的控制
PlayerController	playerController	控制玩家左、右移动，跳跃等
PlayerStateController	playerStateController	实现玩家的状态控制以及各种状态下的相关动画

4.2 游戏场景一

在游戏场景一，也就是第一关卡中，需要新建一个场景；设置游戏背景、设置平台；设置钻石，实现钻石移动；实现人物动画和运动。

4.2.1　新建场景

下面介绍如何显示飞机。

1．打开游戏项目资源，新建场景

首先找到光盘中的游戏项目资源——4.平台游戏项目资源——Platform，将整个文件夹 Platform 拷贝到系统的 C 盘根目录，如图 4-11 所示。

图 4-11　Platform 项目文件

然后启动 Unity3D 软件，单击菜单“File”，选择“Open Project”命令，选择文件夹 Platform，这样就可以打开平台游戏 Platform 的项目资源，如图 4-12 所示。

在图 4-12 中，TankBuster 项目资源文件中包括 5 个资源文件夹，它们分别是 Images、Prefabs、Scene、Script 和 Sound。

图 4-12　打开 Platform 项目资源文件

在 Images 文件中提供了各种图片，以便实现平台游戏项目的各种游戏对象，如玩家、敌人、平台等，如图 4-13 所示。

在 Prefabs 文件中，则提供了一个 sprite 预制对象，用于专门显示 2D 图片，以便构建游戏场景，如图 4-14 所示。

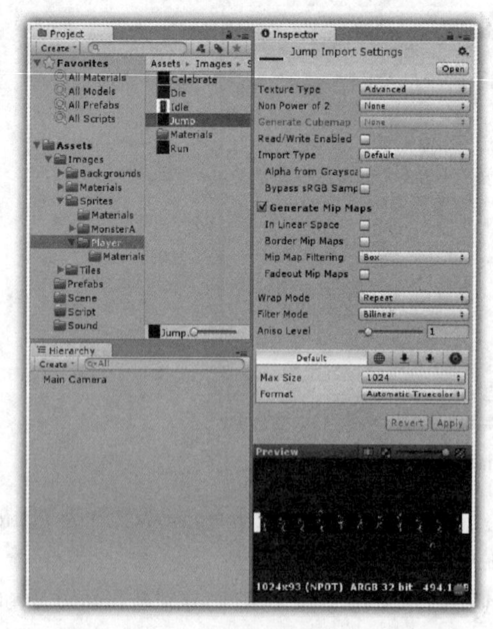

图 4-13　Images 目录下的各种图片资源

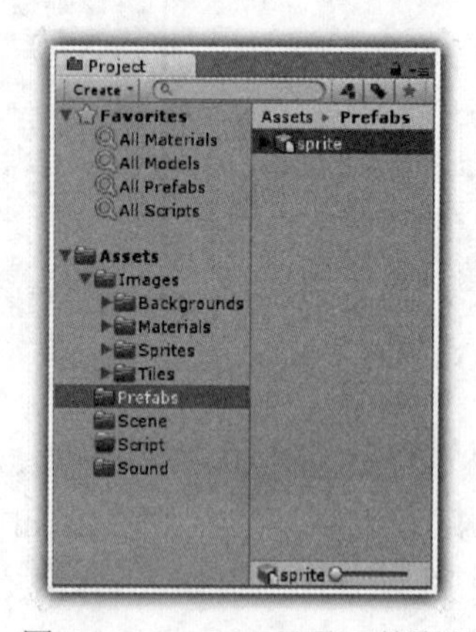

图 4-14　Prefabs 目录下的资源

在如图 4-15 所示的 Sound 文件夹中，提供了各种声音文件，选择相关声音文件，单击图片右下方的播放按钮，可以在 Unity3D 中直接播放声音。

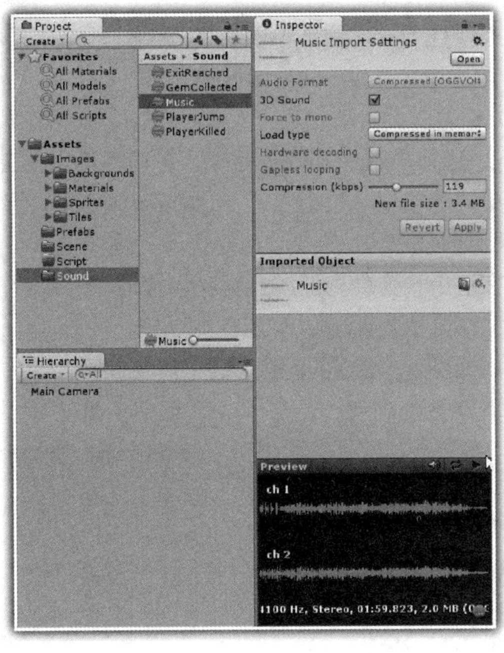

图 4-15 Sound 目录下的各种声音文件

由此可见，在平台游戏这个 2D 游戏的项目资源文件中，提供的资源主要是图片、声音和预制对象。

在图 4-12 中，首先单击菜单“File”→“New Scene”命令；然后再单击菜单“File”→“Save Scene as”命令，打开如图 4-16 所示的保存场景对话框，在其中输入 Level1 场景名称，单击“保存”按钮，即可保存该场景。保存场景后的项目窗格如图 4-17 所示。

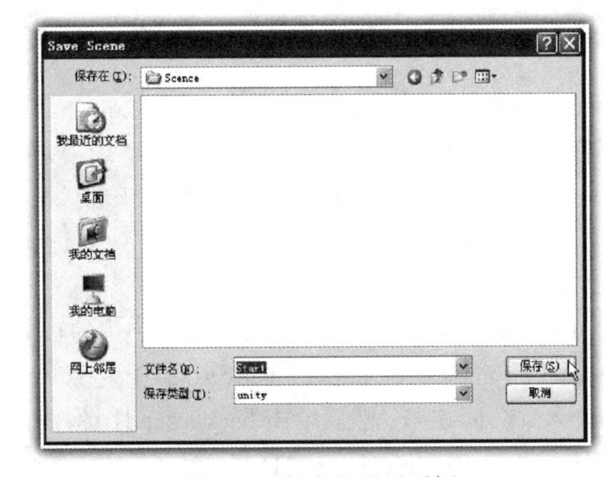

图 4-16 保存场景对话框

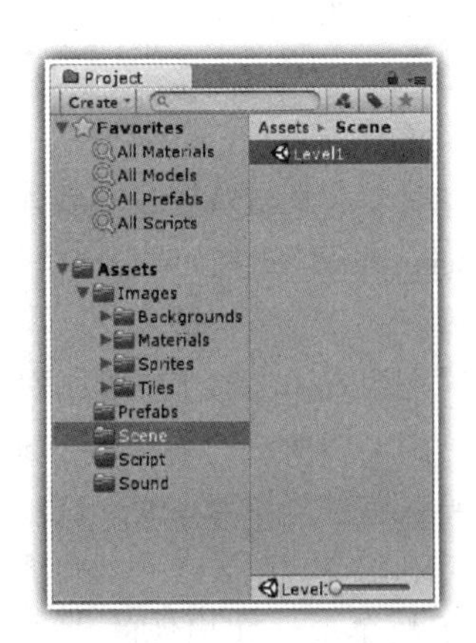

图 4-17 项目窗格中的场景

2. 设置游戏窗口分辨率

为方便游戏场景的设计，这里设置游戏的输出界面为固定大小，将游戏窗口的分辨率设置为 800×600。

设置步骤与前面的游戏项目一样，这里不再重复。

3. 设置摄像机

当新建游戏场景时，Unity3D 会自动生成一个 Main Camera 摄像机对象。

在层次 Hierarchy 窗格中选择 Main Camera 对象，在检视器中就会显示摄像机的相关参数。在摄像机参数中，一个重要的参数就是投影方式 Projection。如果设置投影方式 Projection 为正交投影 Orthographic，则此时的投影方式转为 2D 投影，其摄像机形状是长方体。

需要说明的是：只有在这个长方体内的游戏对象，才能在游戏输出窗格中显示；超出这个长方体内的游戏对象，不能在游戏界面中显示。

需要开发的平台游戏项目是一个 2D 的游戏，这里需要设置投影方式 Projection 为正交投影 Orthographic；摄像机的位置参数的 X=0，Y=0，Z=-5；而摄像机的 Size=5；近端平面 near=0.3、远端平面 Far=20。

4.2.2 游戏场景

在设计游戏场景时，首先需要设置游戏场景背景，然后设置平台、平台碰撞体、出口标志、钻石等，最后添加背景声音。

1. 设置游戏场景背景

单击菜单“GameObject”→“Create Empty”命令，在游戏场景中创建一个空白的游戏对象 GameObject，在层次 Hierarchy 窗格中，将该对象的名称修改为 background，并在检视器窗格中设置其位置坐标为原点（0,0,0）。

在项目 Project 窗格中，选择 Prefabs 文件夹中的 sprite 对象，直接拖放该对象到层次 Hierarchy 窗格中，并将该对象的名称修改为 background1，同样在检视器窗格中设置其位置坐标为原点（0,0,0）。

此时在游戏输出窗格中可以看到一个暗淡的正方形。下面需要创建一平行光对象，照亮游戏场景。

单击菜单“GameObject”→“Create Other”，在出现的快捷菜单中选择“Directuional Light”命令，此时就会在游戏场景中创建一个平行光对象。设置该平行光的所有角度为 0，以便直射照到 background 对象上，至于位置则无关紧要，并不影响游戏的效果，就像太阳的效果一样，只与角度有关，而与位置无关。

此时在游戏输出窗格中可以看到一个明亮的正方形。

在如图 4-18 所示的项目 Project 窗格中，选择 Images 目录下 backgrounds 文件夹中的 Layer1_1 图片，直接拖放到层次 Hierarchy 窗格中 background1 之上，修改 background1 对象 Position 参数为：X=0，Y=0，Z=3；Scale 参数为：X=8，Y=6，Z=1；然后单击 background1 图片 Shader 右边的下拉菜单，在出现的快捷菜单中选择“Transparent”→“Diffuse”命令，就可以将 background1 透明背景设置为在 Unity3D 中也是透明的背景，此时显示的是天空背景界面。

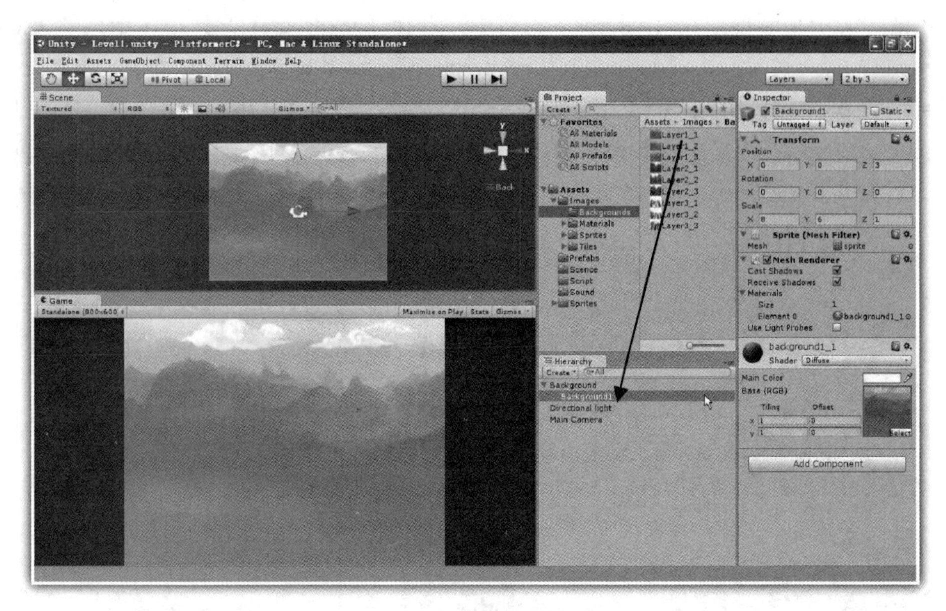

图 4-18　新建天空背景

在如图 4-19 所示的层次 Hierarchy 窗格中，选择 background1，按下 Ctrl+D，复制一个 background1 背景，修改该 background1 为 background2，设置 background2 对象的 Position 参数为：X=0，Y=0，Z=2，Scale 参数为：X=8，Y=6，Z=1；然后在 Project 窗格中，选择 Images 目录下 backgrounds 文件夹中的 Layer2_1 图片，直接拖放到层次 Hierarchy 窗格中 background2 之上，这样就可以看到树木背景界面了。

图 4-19　新建树木背景

在如图 4-20 所示的层次 Hierarchy 窗格中，选择 background2，按下 Ctrl+D，复制一个 background2 背景，修改该 background2 为 background3，设置 background3 对象的 Position 参数为：X=0，Y=0，Z=1，Scale 参数为：X=8，Y=6，Z=1；然后在 Project 窗格中，选择 Images 目录下 backgrounds 文件夹中的 Layer3_1 图片，直接拖放到层次 Hierarchy 窗格中 background3 之上，这样就可以看到石头背景界面了。

图 4-20　新建石头背景

这里需要说明是，这三张背景图片的叠放是有顺序的。石头背景是处在最前面的，这里其位置参数 Z=1，表示距离摄像机最近；树木背景则处在中间位置，位置参数 Z=2，此时距离摄像机稍微远些；而天空背景则是处在最后的，位置参数 Z=3，此时距离摄像机最远。由于这三张背景图片设置了透明化背景，因此这三张图片可以叠加出如图 4-20 所示的最后背景界面效果。

对于初学者来说，不要忘记选择图片 Shader 右边的下拉菜单，在出现的快捷菜单中选择“Transparent”→“Diffuse”命令，设置图片显示透明化。

2. 设置平台

单击菜单“GameObject”，选择“Create Empty”命令，在游戏场景中创建一个空白的游戏对象 GameObject，在层次 Hierarchy 窗格中，将该对象的名称修改为 scene，并在检视器窗格中设置其位置坐标为原点（0,0,0）。

在项目 Project 窗格中，选择 Prefabs 文件夹中的 sprite 对象，直接拖放该对象到层次 Hierarchy 窗格中，并将该对象的名称修改为 block，同样在检视器窗格中设置其位置坐标为原点（0,0,0）。

在如图 4-21 所示的项目 Project 窗格中，选择 Images 目录下 Tiles 文件夹中的 BlockA0 图片，直接拖放到层次 Hierarchy 窗格中 block 之上，修改 block 对象 Position 参数为：X=0，Y=0，Z=0；Scale 参数为：X=0.68，Y=0.48，Z=1。

在如图 4-21 所示的层次 Hierarchy 窗格中，选择 block，按下 Ctrl+D 两次，复制两个 block，分别设置这两个 block 对象的 Position 参数为：X=0.64；X=-0.64；这样就出现了三个横向排列的平台，如图 4-22 所示。

图 4-21　新建平台

图 4-22　三个横向排列平台

单击菜单“GameObject”，选择“Create Empty”命令，在游戏场景中创建一个空白的游戏对象 GameObject，在层次 Hierarchy 窗格中，将该对象的名称修改为 3blocks，并在检视器窗格中设置其位置坐标为原点（0,0,0）。

在层次Hierarchy窗格中，将3blocks对象拖放到Scene中，并将三个block分别拖放到3blocks中，如图 4-23 所示。

为方便设置平台，这里需要创建预制件 3blocks。在层次 Hierarchy 窗格中，选择前面已经创建的 3blocks 对象，直接拖放到项目 Project 窗格中的 Prefabs 文件夹中，此时就会在 Prefabs 文件夹中创建一个预制件 3blocks，如图 4-24 所示。

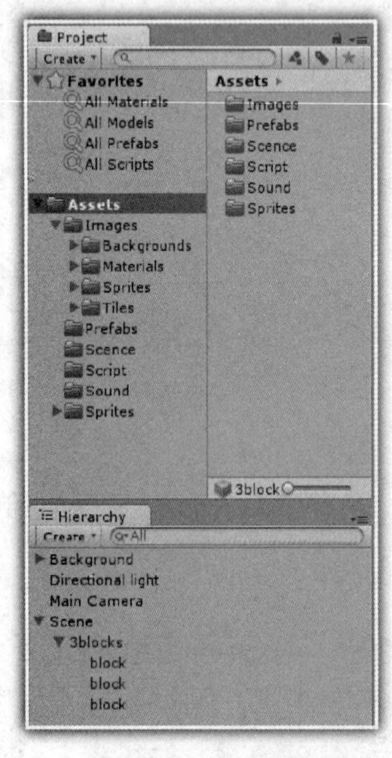

图 4-23　设置 3blocks

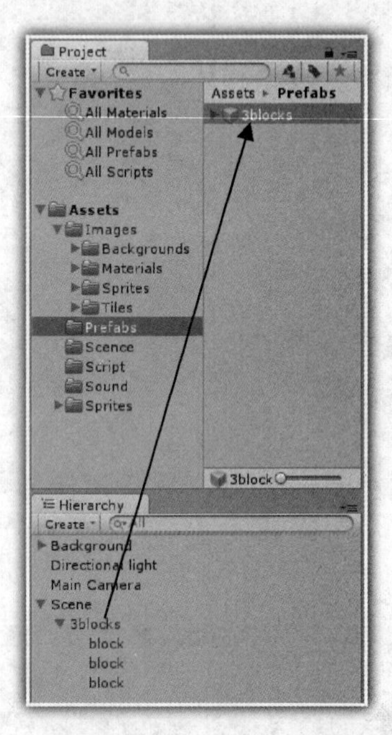

图 4-24　新建 3blocks 预制件

在如图4-24所示的层次Hierarchy窗格中，选择3blocks，按下Ctrl+D两次，复制两个3blocks，设置第一个 3blocks 对象的 Position 参数为：X=2.9，Y=-0.44，Z=0；设置第二个 3blocks 对象的 Position 参数为：X=-2.7，Y=-0.44，Z=0；设置第三个 3blocks 对象的 Position 参数为：X=0，Y=1.65，Z=0；这样就设置了三个不同位置的平台，如图 4-25 所示。

单击菜单“GameObject”，选择“Create Empty”命令，在游戏场景中创建一个空白的游戏对象 GameObject，在层次 Hierarchy 窗格中，将该对象的名称修改为 BottomBlock，并在检视器窗格中设置其位置坐标为原点（0,0,0）。

然后在项目 Project 窗格的 Prefabs 文件夹中，选择预制件 3blocks，拖放 5 次到 Hierarchy 窗格中的 BottomBlock 对象之中，分别设置这 5 个 3blocks 的 Position 参数如下。

设置第一个 3blocks 对象的 Position 参数为：X=0，Y=-2.76，Z=0；设置第二个 3blocks 对象的Position参数为：X=1.92，Y=-2.76，Z=0；设置第三个3blocks对象的Position参数为：X=-1.92，Y=-2.76，Z=0；设置第四个 3blocks 对象的 Position 参数为：X=3.8，Y=-2.76，Z=0；设置第五个 3blocks 对象的 Position 参数为：X=-3.8，Y=-2.76，Z=0；这样就设置了最底部的一排平台，如图 4-26 所示。

图 4-25　三个不同位置的平台

图 4-26　设置底部平台

3. 添加平台碰撞体

这里首先需要说明的是，游戏场景中所有需要碰撞检测的物体必须设置在同一个平面内。这里所有平台对象的 Position 参数为：Z=0；后面的玩家、钻石、出口 Exit 标志以及敌人等对象也必须设置为：Z=0。

为实现玩家人物可以自动在平台上落脚，需要为平台设置碰撞体。

在图 4-27 中，在项目 Project 窗格中的 Prefabs 文件夹中，选择预制件 3blocks，然后单击菜单“Component”→“Physcis”→“Box Collider”命令，为预制件新建一个长方体碰撞体，并设置该碰撞体的 Size 参数为：X=1.92，Y=0.48，Z=1。

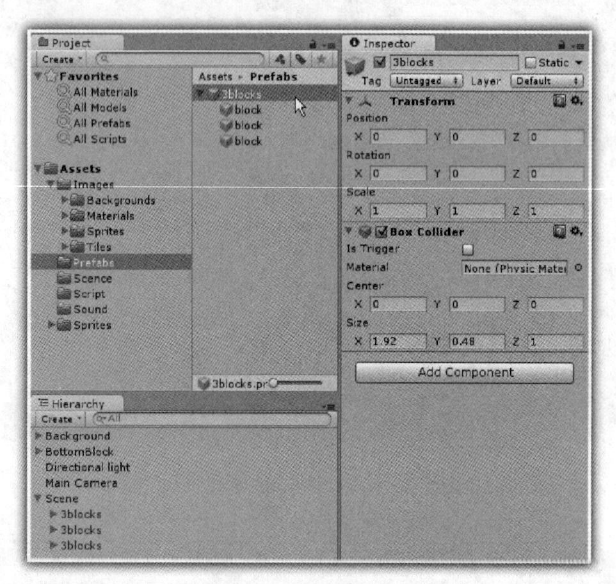

图 4-27　添加碰撞体

此时在层次 Hierarchy 窗格中，同时选择 BottomBlock 对象以及 Scene 对象，就会在游戏场景 Scene 窗格中发现：所有的平台全部具有了碰撞体，都有绿色边框的碰撞体包围这些平台，如图 4-28 所示。

图 4-28　所有平台具有碰撞体

这就是预制件 3blocks 的强大之处，只需要在预制件 3blocks 中添加碰撞体，那么在游戏场景中关联此预制件 3blocks 的所有对象，将会自动更新，将会全部添加新的碰撞体，而不需要在游戏场景中一个对象一个对象地添加碰撞体。

为限制玩家人物左、右的运动范围，还需要添加左、右两边的碰撞体。

单击菜单“GameObject”，选择“Create Empty”命令，在游戏场景中创建一个空白的游戏对象 GameObject，在层次 Hierarchy 窗格中，将该对象的名称修改为 leftCollider，并在检视器窗格中设置其位置坐标为原点（0,0,0）。

在层次 Hierarchy 窗格中，选择 leftCollider 对象，将该对象拖放到 Scene 对象之中，然后单击菜单“Component”→“Physcis”→“Box Collider”命令，为 leftCollider 对象新建一个长方体碰撞体，并设置该碰撞体的 Size 参数为：X=1，Y=7，Z=1；设置 leftCollider 对象的 Position 参数为：X=-4.5，Y=1，Z=0。

此时的 leftCollider 的设计界面如图 4-29 所示。

图 4-29 添加左边碰撞体

在层次 Hierarchy 窗格中，选择 leftCollider，按下 Ctrl+D，复制一个 leftCollider，修改该对象的名称为 rightCollider，设置 rightCollider 对象的 Position 参数为：X=4.5，Y=1，Z=0；这样就添加了右边的碰撞体。

4. 设置出口标志

在项目 Project 窗格中，选择 Prefabs 文件夹中的 sprite 对象，直接拖放该对象到层次 Hierarchy 窗格中的 Scene 对象之中，并将该对象的名称修改为 exit，同样在检视器窗格中设置其位置坐标为原点（0,0,0）。

在项目 Project 窗格中，选择 Images 目录下 Tiles 文件夹中的 Exit 图片，直接拖放到层次 Hierarchy 窗格中 exit 之上，修改 exit 对象 Position 参数为：X=0，Y=2.14，Z=0；Scale 参数为：X=0.68，Y=0.48，Z=1；然后再添加一个 Box Collider，并勾选碰撞体中的 Is Trigger 属性，如图 4-30 所示。

图 4-30　添加出口标志

在图 4-30 中，选择层次 Hierarchy 窗格中的 exit 对象，直接拖放到项目 Project 窗格中的 Prefabs 文件夹中，此时就会在 Prefabs 文件夹中创建一个预制件 exit，以便在后面的关卡设置中使用。

5. 设置钻石

在项目 Project 窗格中，选择 Prefabs 文件夹中的 sprite 对象，直接拖放该对象到层次 Hierarchy 窗格中的 Scene 对象之中，并将该对象的名称修改为 gem，同样在检视器窗格中设置其位置坐标为原点（0,0,0）。

在项目 Project 窗格中，选择 Images 目录下 Sprites 文件夹中的 Gem 图片，直接拖放到层次 Hierarchy 窗格中 gem 之上，修改 gem 对象 Scale 参数为：X=0.32，Y=0.32，Z=1；然后再添加一个 Box Collider，并勾选碰撞体中的 Is Trigger 属性，如图 4-31 所示。

在图 4-31 中，由于钻石图片是一个白色的，为显示金黄色的钻石，单击 Main Color 颜色对话框，设置为金黄色，这样在游戏中的钻石就改变为金黄色的。

对于 C#开发者来说，在项目 Project 窗格中，选择 Script 文件夹，在右键出现的快捷菜单中选择“Create”→“C# Script”命令，创建一个 C#文件，修改该文件的名称为 GemController.cs，在 GemController.cs 中书写相关代码，见代码 4-1。

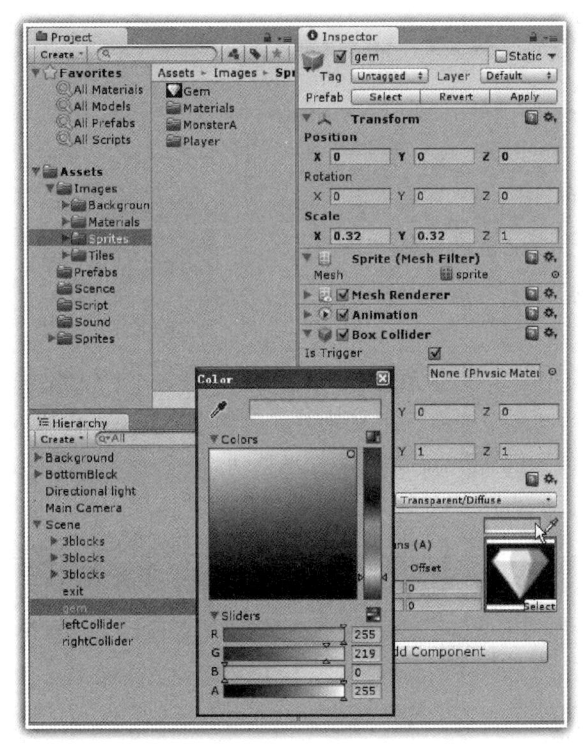

图 4-31　添加 gem 对象

代码 4-1　GemController 的 C#代码

```
 1: using UnityEngine;
 2: using System.Collections;
 3:
 4: public class GemController : MonoBehaviour
 5: {
 6:
 7:   private float speed=0.3f;
 8:   private float startPosition;
 9:   private bool isDown=true;
10:
11:    void Start()
12:   {
13:     startPosition=transform.position.y;
14:   }
15:
16:    void Update()
17:   {
18:
19:      if(isDown)
20:         transform.Translate(Vector3.down*speed*Time.deltaTime);
```

```
21:      else
22:        transform.Translate(Vector3.up*speed*Time.deltaTime);
23:
24:     if((transform.position.y-startPosition)>0)
25:          isDown=true;
26:
27:      if((transform.position.y-startPosition)<-0.40)
28:          isDown=false;
29:
30:    }
31: }
```

在上述 C#代码中，主要实现的功能是，让钻石不断循环上、下移动。第 7 行设置上、下移动的速度变量 speed；第 8 行设置钻石在 Y 轴方向的初始位置 startPosition；第 9 行设置一个布尔类型的变量 isDown，用于判断钻石是否应向下移动。

第 11 行到第 14 行的 Start()方法，在整个程序中只被运行一次，通常用于程序相关变量的初始化。这里设置了 13 行，用于获得钻石在 Y 轴方向的初始位置 startPosition 到底是多少。

在程序不断被循环运行的 Update()方法中，第 19 行到第 22 行的循环语句，执行钻石的向上移动或者向下移动。如果 isDown 为 true，说明需要向下移动，执行第 20 行语句，通过钻石对象的 Translate()方法，向下平移钻石；否则，则说明需要向上移动，执行第 22 行语句，通过钻石对象的 Translate()方法，向上平移钻石。

第 24 行语句判断钻石在 Y 轴方向的位置是否在初始位置的上方，如果是则执行第 25 行语句，设置 isDown 为 true，这说明钻石是以初始位置为最上方位置，开始向下移动的。

第 25 行语句判断钻石在 Y 轴方向的位置是否在初始位置的下方 0.4 米，如果是则执行第 28 行语句，设置 isDown 为 false，这说明钻石移动的最大距离是 0.4 米。

对于 JavaScript 开发者来说，在项目 Project 窗格中，选择 Script 文件夹，在右键出现的快捷菜单中选择“Create”→“Javascript”命令，创建一个 JavaScript 文件，修改该文件的名称为 gemController.js，在 gemController.js 中书写相关代码，见代码 4-2。

代码 4-2　gemController 的 JavaScript 代码

```
 1: private var speed:float=0.3f;
 2: private var startPosition:float;
 3: private var isDown:boolean =true;
 4:
 5: function Start()
 6: {
 7:    startPosition=transform.position.y;
 8: }
 9:
10: function Update()
11: {
12:   if(isDown)
13:       transform.Translate(Vector3.down*speed*Time.deltaTime);
```

```
14:    else
15:       transform.Translate(Vector3.up*speed*Time.deltaTime);
16:
17:   if((transform.position.y-startPosition)>0)
18:       isDown=true;
19:
20:    if((transform.position.y-startPosition)<-0.40)
21:       isDown=false;
22:
23: }
```

在上述 JavaScript 代码中，主要实现的功能是，让钻石不断循环上、下移动。第 1 行设置上、下移动的速度变量 speed；第 2 行设置钻石在 Y 轴方向的初始位置 startPosition；第 3 行设置一个布尔类型的变量 isDown，用于判断钻石是否应向下移动。

第 5 行到第 8 行的 Start()方法，在整个程序中只被运行一次，通常用于程序相关变量的初始化。这里设置了 7 行，用于获得钻石在 Y 轴方向的初始位置 startPosition 到底是多少。

在程序不断被循环运行的 Update()方法中，第 12 行到第 15 行的循环语句，执行钻石的向上移动或者向下移动。如果 isDown 为 true，说明需要向下移动，执行第 13 行语句，通过钻石对象的 Translate()方法，向下平移钻石；否则，则说明需要向上移动，执行第 15 行语句，通过钻石对象的 Translate()方法，向上平移钻石。

第 17 行语句判断钻石在 Y 轴方向的位置是否在初始位置的上方，如果是则执行第 18 行语句，设置 isDown 为 true，这说明钻石是以初始位置为最上方位置，开始向下移动的。

第 20 行语句判断钻石在 Y 轴方向的位置是否在初始位置的下方 0.4 米，如果是则执行第 21 行语句，设置 isDown 为 false，这说明钻石移动的最大距离是 0.4 米。

对于 C#开发者来说，在图 34-32 中，选择 GemController 代码文件，拖放到层次 Hierarchy 窗格中的 gem 对象之上，如果代码没有编译错误，则可以成功拖放，并在检视器中出现 GemController 代码组件。

对于 JavaScript 开发者来说，在图 4-33 中，选择 gemController 代码文件，拖放到层次 Hierarchy 窗格中的 gem 对象之上，如果代码没有编译错误，则可以成功拖放，并在检视器中出现 gemController 代码组件。

单击 Unity3D 中的运行按钮，运行游戏，此时就会看到钻石上、下循环移动。

在层次 Hierarchy 窗格中，选择 gem 对象，直接拖放到项目 Project 窗格中的 Prefabs 文件夹中，就会在 Prefabs 文件夹中创建一个预制件 gem，以便在后面的关卡设置中使用。

下面介绍设置多个钻石以及钻石的位置。

在层次 Hierarchy 窗格中，选择 gem 对象，按下 Ctrl+D 三次，复制三个 gem，这样总共就有四个 gem 对象了。分别设置这四个 gem 的 Position 参数如下。

设置第一个 gem 对象的 Position 参数为：X=-2.5，Y=0.5，Z=0；设置第二个 gem 对象的 Position 参数为：X=2.3，Y=0.4，Z=0；设置第三个 gem 对象的 Position 参数为：X=3.5，Y=0.6，Z=0；设置第四个 gem 对象的 Position 参数为：X=-3.4，Y=0.4，Z=0。

设置完成后的四个钻石，如图 4-34 所示。

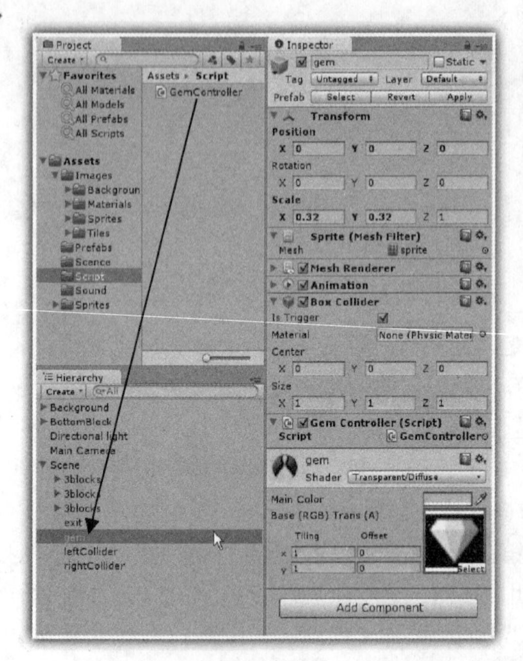

图 4-32 拖放 GemController.cs 文件

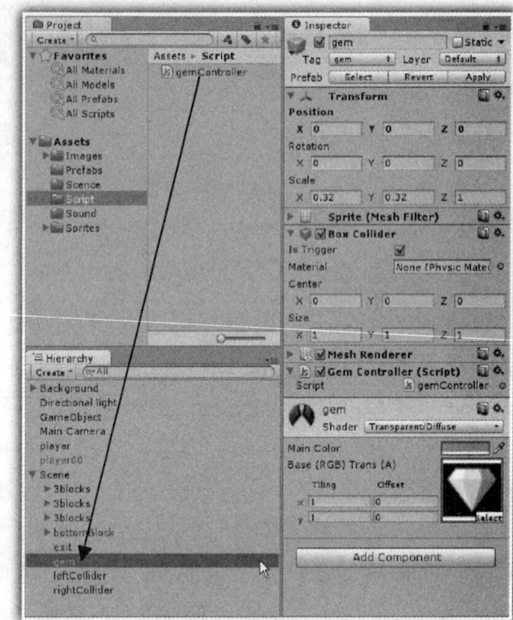

图 4-33 拖放 gemController.js 文件

图 4-34 添加钻石

这里同样需要说明的是，为实现后面的碰撞检测，所有的钻石对象的 Position 参数 Z 都设置为 0，与平台和出口标志都在同一个平面之内。

6. 添加背景声音

为了实现在游戏场景中播放背景声音，在项目 Project 窗格中，选择 Sound 目录下的 Musics

文件，直接拖放到层次 Hierarchy 窗格中 Main Camera 之上，并勾选 Loop 设置，如图 4-35 所示。

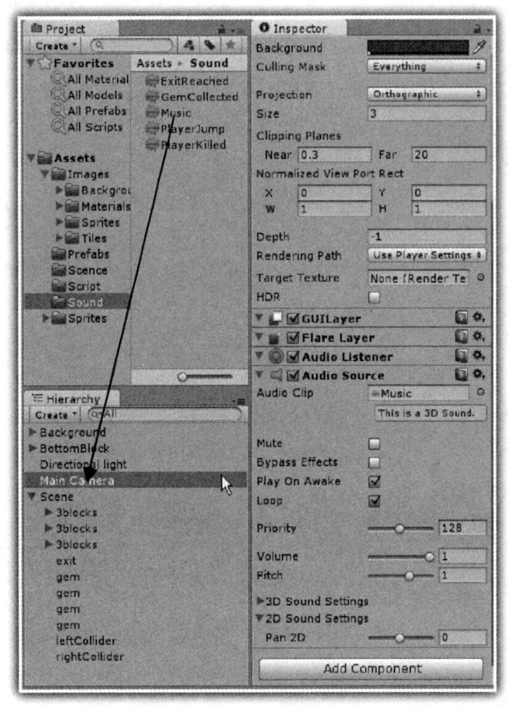

图 4-35　添加背景声音

通过上面的各种游戏设置，例如游戏背景、各种平台、出口标志以及钻石的设置，基本完成了游戏关卡一的游戏场景。

为实现在其他游戏关卡中相关游戏对象的重用，前面已经创建了多个预制件，如平台 3blocks、exit 和 gem。

选择层次 Hierarchy 窗格中的 Scene 对象，直接拖放到项目 Project 窗格中的 Prefabs 文件夹之中，此时就会在 Prefabs 文件夹中创建一个预制件 Scene。这个预制件包括许多游戏对象，如左、右边的碰撞体 leftCollider、rightCollider 等，以便在后面的关卡设置中使用。

4.2.3　人物动画

人物动画是平台游戏项目中的一个重要开发功能，包括许多内容：显示人物，实现人物的左、右奔跑；实现人物的动画控制；人物的状态控制和人物运动控制等。

1．显示人物

在项目 Project 窗格中，选择 Prefabs 文件夹中的 sprite 对象，直接拖放该对象到层次 Hierarchy 窗格中，并将该对象的名称修改为 player，同样在检视器窗格中设置其位置坐标为原点(0,0,0)。

在如图 4-36 所示的项目 Project 窗格中，选择 Images 目录下 Player 文件夹中的 Idle 图片，直接拖放到层次 Hierarchy 窗格中 player 之上，修改 player 对象 Position 参数为：X=0，Y-0，Z=0；并且设置 player 对象的 Tag 为 Player。

图 4-36　添加人物

2. 人物左右奔跑

在 Images 文件夹 Sprites 中的 Player 目录下的 Run 图片，是玩家人物奔跑的 10 帧序列图，如图 4-37 所示。

图 4-37　人物奔跑序列图

为实现人物左右奔跑的动画，首先需要编写实现动画的代码。

对于 C#开发者来说，在项目 Project 窗格中，选择 Script 文件夹，在右键出现的快捷菜单中选择“Create”→“C# Script”命令，创建一个 C#文件，修改该文件的名称为 AnimationController.cs，在 AnimationController.cs 中书写相关代码，见代码 4-3。

代码 4-3　AnimationController 的 C#代码

```
1: using UnityEngine;
2: using System.Collections;
3:
4: public class AnimationController : MonoBehaviour
5: {
6:   public int frameNumber=3;
7:   public bool direction=true;
8:   public bool destroy=false;
9:   public int lastFrameNo=0;
```

```
10:
11:  private bool oneTime=true;
12:  private int index=0;
13:  private float frameRate=0;
14:  private float myTime=0;
15:  private int myIndex=0;
16:
17:   void Update()
18:  {
19:      frameRate=1.0f/frameNumber;
20:     if(oneTime)
21:     {
22:       myTime+=Time.deltaTime;
23:       myIndex=(int)(myTime*(frameNumber-1));
24:       index=myIndex%frameNumber;
25:     }
26:
27:     if(direction)
28:     {
29:       renderer.material.mainTextureScale=new Vector2(frameRate,1);
30:       renderer.material.mainTextureOffset=new Vector2(index*frameRate,0);
31:     }
32:     else
33:     {
34:       renderer.material.mainTextureScale=new Vector2(-frameRate,1);
35:       renderer.material.mainTextureOffset=new Vector2(index*frameRate,0);
36:     }
37:
38:     if(index==frameNumber-1 && destroy)
39:       Destroy(gameObject);
40:
41:     if(lastFrameNo!=0)
42:     {
43:       if(index==lastFrameNo-1)
44:          oneTime=false;
45:
46:     }
47:   }
48: }
```

在上述C#代码中，同样是一个实现动画的组件，与前面游戏的动画组件相比较，主要添加或者修改了三个功能。第一个功能就是设置了direction布尔类型的变量，可以显示动画的左右方向，如人物向右奔跑或者向左奔跑；第一个功能就是设置了lastFrameNo整数类型的变量，用于显示指定的图片，如人物在出口标志时，播放欢呼动画之后，显示指定的静止欢呼的图片；第三个功能就是第23行代码改变为frameNumber-1，而不再是frameNumber。

这里重点来说说frameNumber以及frameNumber-1的区别。

对于原有的frameNumber来说，如果动画序列帧数是2，那么运行整个动画需要的时间大约是 0.5 秒多一点；如果动画序列帧数是 3，那么运行整个动画需要的时间大约是 0.67 秒多一点；如果动画序列帧数是 4，那么运行整个动画需要的时间大约是 0.75 秒多一点；如果动画序列帧数是 N，那么运行整个动画需要的时间大约是((N-1)÷N)秒多一点，因此运行整个动画的时间长度是不一致的，这个时间长度是随着 N 的增加，慢慢增加，最后趋近于 1 秒，对于 10 帧动画序列来说，则需要 0.9 秒运行整个动画；同时运行每帧动画的间隔时间也是不一致，从 0.25 秒逐步降低，对于 10 帧动画序列来说，则需要 0.1 秒运行每帧动画。

对于修改后的 frameNumber-1 来说，则不管动画序列帧数是多少，运行整个动画需要的时间基本上是一致的，大约是 1 秒多一点。这样就可以固定动画运行的时间，以便设计者设计合适的动画，还可以今后再次修改代码，设置整个动画需要的运行的时间。

这里还需要说明的是，对于第 19 行语句，本来可以设置在 Start()方法之中的，但在后面的代码中需要更新这个 frameRate 变量，因此还是放置在 Update()方法中。

对于左、右奔跑的人物动画来说，第 29 行设置向左奔跑，那么第 34 行则设置向右奔跑，差别就在与 mainTextureScale 的 X 属性数值改变为负数即可。

代码第 41 行到第 46 行，判断是否需要显示指定帧数的图片，如果是，则设置 oneTime 变量为 false 值，不再显示动画。

对于 JavaScript 开发者来说，在项目 Project 窗格中，选择 Script 文件夹，在右键出现的快捷菜单中选择“Create”→“Javascript”命令，创建一个 JavaScript 文件，修改该文件的名称为 animationController.js，在 animationController.js 中书写相关代码，见代码 4-4。

代码 4-4　animationController 的 JavaScript 代码

```
 1:  var frameNumber:int=3;
 2:  var direction:boolean=true;
 3:  var destroy:boolean=false;
 4:  var lastFrameNo:int=0;
 5:
 6:  private var oneTime:boolean=true;
 7:  private var index:int=0;
 8:  private var frameRate:float=0;
 9:  private var myTime:float=0;
10:  private var myIndex:int =0;
11:
12:  function Update()
13:  {
14:    frameRate=1.0f/frameNumber;
15:    if(oneTime)
16:    {
17:      myTime+=Time.deltaTime;
18:      myIndex=myTime*(frameNumber-1);
19:      index=myIndex%frameNumber;
20:    }
21:
22:    if(direction)
23:    {
```

```
24:      renderer.material.mainTextureScale=new Vector2(frameRate,1);
25:      renderer.material.mainTextureOffset=new Vector2(index*frameRate,0);
26:    }
27:    else
28:    {
29:      renderer.material.mainTextureScale=new Vector2(-frameRate,1);
30:      renderer.material.mainTextureOffset=new Vector2(index*frameRate,0);
31:    }
32:
33:    if(index==frameNumber-1 && destroy)
34:       Destroy(gameObject);
35:
36:    if(lastFrameNo !=0)
37:    {
38:      if(index==lastFrameNo-1)
39:        oneTime=false;
40:
41:    }
42:  }
```

在上述 JavaScript 代码中，同样是一个实现动画的组件，与前面游戏的动画组件相比较，主要添加或者修改了三个功能。第一个功能就是设置了 direction 布尔类型的变量，可以显示动画的左右方向，如人物向右奔跑或者向左奔跑；第一个功能就是设置了 lastFrameNo 整数类型的变量，用于显示指定的图片，如人物在出口标志时，播放欢呼动画之后，显示指定的静止欢呼的图片；第三个功能就是第 18 行代码改变为 frameNumber-1，而不再是 frameNumber。

这里重点来说说 frameNumber 以及 frameNumber-1 的区别。

对于原有的 frameNumber 来说，如果动画序列帧数是 2，那么运行整个动画需要的时间大约是 0.5 秒多一点；如果动画序列帧数是 3，那么运行整个动画需要的时间大约是 0.67 秒多一点；如果动画序列帧数是 4，那么运行整个动画需要的时间大约是 0.75 秒多一点；如果动画序列帧数是 N，那么运行整个动画需要的时间大约是((N-1)÷N)秒多一点，因此运行整个动画的时间长度是不一致的，这个时间长度是随着 N 的增加，慢慢增加，最后趋近于 1 秒，对于 10 帧动画序列来说，则需要 0.9 秒运行整个动画；同时运行每帧动画的间隔时间也是不一致，从 0.25 秒逐步降低，对于 10 帧动画序列来说，则需要 0.1 秒运行每帧动画。

对于修改后的 frameNumber-1 来说，则不管动画序列帧数是多少，运行整个动画需要的时间基本上是一致的，大约是 1 秒多一点。这样就可以固定动画运行的时间，以便设计者设计合适的动画，还可以今后再次修改代码，设置整个动画需要的运行的时间。

这里还需要说明的是，对于第 14 行语句，本来可以设置在 Start()方法之中的，但在后面的代码中需要更新这个 frameRate 变量，因此还是放置在 Update()方法中。

对于左、右奔跑的人物动画来说，第 24 行设置向左奔跑，那么第 29 行则设置向右奔跑，差别就在与 mainTextureScale 的 X 属性数值改变为负数即可。

代码第 36 行到第 41 行，判断是否需要显示指定帧数的图片，如果是，则设置 oneTime 变量为 false 值，不再显示动画。

在项目窗格中，选择 AnimationController.cs 代码文件或者 animationController.cs 代码文件，拖放到层次 Hierarchy 窗格中的 player 对象之上，并在检视器中出现 AnimationController 代码组件或者 animationController 代码文件。

如图 4-38 所示，在项目 Project 窗格中，选择 Images 目录下 Player 文件夹中的 Run 图片，直接拖放到层次 Hierarchy 窗格中 player 之上，在检视器中设置 AnimationController 或者 animationController 代码组件的 FrameNo 为 10，这是因为人物奔跑 Run 图片的动画序列帧数是 10。

图 4-38　人物奔跑

运行游戏，此时会显示人物向左奔跑的动画；如果在检视器的 AnimationController 或者 animationController 代码组件中非勾选 Direction，则此时会显示人物向右奔跑的动画。

3. 人物动画控制

以上通过在检视器的 AnimationController 或者 animationController 代码组件中，是否勾选 Direction，可以设置人物左、右奔跑的动画。

下面介绍如何通过代码实现人物左、右奔跑的动画。

对于 C#开发者来说，在项目 Project 窗格中，选择 Script 文件夹，在右键出现的快捷菜单中选择“Create”→“C# Script”命令，创建一个 C#文件，修改该文件的名称为 PlayerStateController.cs，在 PlayerStateController.cs 中书写相关代码，见代码 4-5。

代码 4-5　PlayerStateController 的 C#代码

```
1: using UnityEngine;
2: using System.Collections;
3:
4: public enum GameState
5: {
```

```
 6:  idle,
 7:  runLeft,
 8:  runRight
 9: }
10:
11: public class PlayerStateController : MonoBehaviour
12: {
13:  public Texture idle;
14:  public Texture run;
15:  public GameState gameState;
16:
17:  private AnimationController myAnimation;
18:
19:  void Start()
20:  {
21:   myAnimation=GetComponent<AnimationController>();
22:   }
23:
24:   void Update()
25:  {
26:   if(Input.GetAxis("Horizontal")>0)
27:     gameState=GameState.runRight;
28:   else if(Input.GetAxis("Horizontal")<0)
29:     gameState=GameState.runLeft;
30:   else
31:     gameState=GameState.idle;
32:
33:   switch(gameState)
34:   {
35:     case GameState.idle:
36:     transform.renderer.material.SetTexture("_MainTex",idle);
37:
38:         myAnimation.frameNumber=1;
39:         myAnimation.direction=false;
40:
41:         break;
42:     case GameState.runLeft:
43:     transform.renderer.material.SetTexture("_MainTex",run);
44:
45:         myAnimation.frameNumber=10;
46:         myAnimation.direction=true;
47:
48:         break;
49:     case GameState.runRight:
50:     transform.renderer.material.SetTexture("_MainTex",run);
51:
52:         myAnimation.frameNumber=10;
53:         myAnimation.direction=false;
```

```
54:
55:           break;
56:
57:     }
58:   }
59: }
```

在上述 C#代码中，主要包括两个部分。第一部分是第 4 行到第 9 行代码，设置了一个枚举类型 GameState，在其中定义了玩家的三种状态，分别是静止状态 idle、向左奔跑状态 runLeft 以及向右奔跑 runRight；通过设置 GameState，可以很好地分析游戏玩家所处的游戏状态，从而在第二部分代码中，根据玩家所处的游戏状态，实现相关的行为。

第二部分则是第 11 行到第 59 行的 PlayerStateController 类的代码。通过第 19 行到第 22 行的初始化部分，首先获得 myAnimation 的实例化对象，获得对 AnimationController 类的引用，这样就可以在后面代码部分设置动画组件的相关参数。这种在同一对象中访问其他代码的方法，大家一定要逐步掌握。

第 26 行到第 31 行的条件语句，用于判断玩家人物所处的游戏状态，如果按下了右方向键，则满足第 26 行语句的条件，第 27 行设置玩家人物的状态为向右奔跑 runRight；如果按下了左方向键，则满足第 28 行语句的条件，第 29 行设置玩家人物的状态为向左奔跑状态 runLeft；否则就执行第 31 行语句，设置玩家人物的状态为静止状态 idle。

第 33 行到第 57 行的 switch 条件语句，则根据玩家人物所处的状态，设置相关的动画。

第 35 行到第 41 行的代码，实现玩家人物静止图片的显示，其中第 36 行设置玩家人物的图片为静止状态的图片；第 38 行设置动画序列的帧数，由于静止的图片只有一帧，这里设置为 1；第 39 行设置玩家人物的方向，这里设置为 false。

第 42 行到第 48 行的代码，实现玩家人物向左奔跑的动画。其中第 43 行设置玩家人物的图片为奔跑的图片；第 45 行设置动画序列的帧数，由于奔跑的图片有 10 帧，这里设置为 10；第 46 行设置玩家人物的方向，这里设置为 true，表示向左方向。

第 49 行到第 55 行的代码，实现玩家人物向右奔跑的动画。其中第 50 行同样设置玩家人物的图片为奔跑的图片；第 52 行设置动画序列的帧数，由于奔跑的图片有 10 帧，这里设置为 10；第 53 行设置玩家人物的方向，这里设置为 false，表示向右方向。

对于 JavaScript 开发者来说，在项目 Project 窗格中，选择 Script 文件夹，在右键出现的快捷菜单中选择“Create”→“Javascript”命令，创建一个 JavaScript 文件，修改该文件的名称为 playerStateController.js，在 playerStateController.js 中书写相关代码，见代码 4-6。

代码 4-6　playerStateController 的 JavaScript 代码

```
1: enum GameState
2: {
3:   idle,
4:   runLeft,
5:   runRight
6: }
7:
8: var idle:Texture;
```

```
 9: var run:Texture;
10: var gameState:GameState;
11:
12: private var myAnimation:animationController;
13:
14: function Start()
15: {
16:   myAnimation=GetComponent("animationController");
17: }
18:
19: function Update()
20: {
21:
22:   if(Input.GetAxis("Horizontal")>0)
23:     gameState=GameState.runRight;
24:   else if(Input.GetAxis("Horizontal")<0)
25:     gameState=GameState.runLeft;
26:   else
27:     gameState=GameState.idle;
28:
29:   switch(gameState)
30:   {
31:     case GameState.idle:
32:        transform.renderer.material.SetTexture("_MainTex",idle);
33:
34:       myAnimation.frameNumber=1;
35:       myAnimation.direction=false;
36:
37:       break;
38:     case GameState.runLeft:
39:   transform.renderer.material.SetTexture("_MainTex",run);
40:
41:       myAnimation.frameNumber=10;
42:       myAnimation.direction=true;
43:
44:       break;
45:     case GameState.runRight:
46:   transform.renderer.material.SetTexture("_MainTex",run);
47:
48:       myAnimation.frameNumber=10;
49:       myAnimation.direction=false;
50:
51:       break;
52:   }
53: }
```

在上述 JavaScript 代码中，主要包括两个部分。第一部分是第 1 行到第 6 行代码，设置了一个枚举类型 GameState，在其中定义了玩家的三种状态，分别是静止状态 idle、向左奔跑状态 runLeft 以及向右奔跑 runRight；通过设置 GameState，可以很好地分析游戏玩家所处的游戏状态，从而在第二部分代码中，根据玩家所处的游戏状态，实现相关的行为。

第二部分则是第 8 行到第 53 行的 playerStateController 类的代码。通过第 14 行到第 17 行的初始化部分，首先获得 myAnimation 的实例化对象，获得对 animationController 类的引用，这样就可以在后面代码部分设置动画组件的相关参数。这种在同一对象中访问其他代码的方法，大家一定要逐步掌握。

第 22 行到第 27 行的条件语句，用于判断玩家人物所处的游戏状态，如果按下了右方向键，则满足第 22 行语句的条件，第 23 行设置玩家人物的状态为向右奔跑 runRight；如果按下了左方向键，则满足第 24 行语句的条件，第 25 行设置玩家人物的状态为向左奔跑状态 runLeft；否则就执行第 27 行语句，设置玩家人物的状态为静止状态 idle。

第 29 行到第 52 行的 switch 条件语句，则根据玩家人物所处的状态，设置相关的动画。

第 31 行到第 37 行的代码，实现玩家人物静止图片的显示，其中第 32 行设置玩家人物的图片为静止状态的图片；第 34 行设置动画序列的帧数，由于静止的图片只有一帧，这里设置为 1；第 35 行设置玩家人物的方向，这里设置为 false。

第 38 行到第 44 行的代码，实现玩家人物向左奔跑的动画。其中第 39 行设置玩家人物的图片为奔跑的图片；第 41 行设置动画序列的帧数，由于奔跑的图片有 10 帧，这里设置为 10；第 42 行设置玩家人物的方向，这里设置为 true，表示向左方向。

第 45 行到第 51 行的代码，实现玩家人物向右奔跑的动画。其中第 46 行同样设置玩家人物的图片为奔跑的图片；第 48 行设置动画序列的帧数，由于奔跑的图片有 10 帧，这里设置为 10；第 49 行设置玩家人物的方向，这里设置为 false，表示向右方向。

在项目 Project 窗格中，选择 PlayerStateController 代码文件或者 playerStateController 代码文件，将该文件拖放到层次 Hierarchy 窗格中的 player 对象之上，此时就会在检视器中出现 PlayerStateController 或者 playerStateController 代码组件。

设置 PlayerStateController 或者 playerStateController 代码组件中的 idle 和 run 图片变量，将项目 Project 窗格中 Images 目录下 player 文件夹中的 Idle 图片和 Run 图片，分别拖放到检视器中 idle 和 run 图片变量的右边，如图 4-39 所示。

单击 Unity3D 中的运行按钮，运行游戏，此时就会看到玩家人物处于静止状态；如果按下右方向键，显示玩家人物向右奔跑的动画；如果按下左方向键，则显示玩家人物向左奔跑的动画。

4. 人物状态

全面分析平台游戏项目中玩家人物的各种游戏状态，有利于后续游戏代码的开发。

这里将 PlayerStateController 或者 playerStateController 代码中的 GameState 枚举，单独作为一个开发类，便于代码的管理和开发。

对于 C#开发者来说，在项目 Project 窗格中，选择 Script 文件夹，在右键出现的快捷菜单中选择“Create”→“C# Script”命令，创建一个 C#文件，修改该文件的名称为 GameState.cs，在 GameState.cs 中书写相关代码，见代码 4-7。

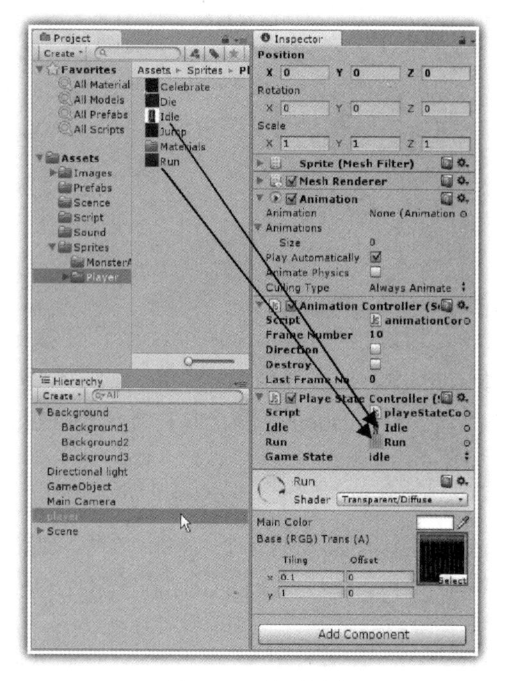

图 4-39　关联图片

代码 4-7　GameState 的 C#代码

```
 1: public enum GameState
 2: {
 3:   idle,
 4:   runLeft,
 5:   runRight,
 6:   jumpLeft,
 7:   jumpRight,
 8:   idleLeftJump,
 9:   idleRightJump,
10:   celebrate,
11:   die
12: }
```

在上述 C#代码中，通过枚举 GameState，设置了玩家人物的 9 种游戏状态，分别是静止状态 idle、向左奔跑 runLeft、向右奔跑 runRight、向左奔跑跳跃 jumpLeft、向右奔跑跳跃 jumpRight、静止向左跳跃 idleLeftJump、静止向右跳跃 idleRightJump、欢呼 celebrate 以及死亡 die。

对于 JavaScript 开发者来说，在项目 Project 窗格中，选择 Script 文件夹，在右键出现的快捷菜单中选择“Create”→“Javascript”命令，创建一个 JavaScript 文件，修改该文件的名称为 gameState.js，在 gameState.js 中书写相关代码，见代码 4-8。

代码 4-8　gameState 的 JavaScript 代码

```
 1: enum GameState
 2: {
```

```
 3:  idle,
 4:  runLeft,
 5:  runRight,
 6:  jumpLeft,
 7:  jumpRight,
 8:  idleLeftJump,
 9:  idleRightJump,
10:  celebrate,
11:  die
12: }
```

在上述 JavaScript 代码中，通过枚举 GameState，设置了玩家人物的 9 种游戏状态，分别是静止状态 idle、向左奔跑 runLeft、向右奔跑 runRight、向左奔跑跳跃 jumpLeft、向右奔跑跳跃 jumpRight、静止向左跳跃 idleLeftJump、静止向右跳跃 idleRightJump、欢呼 celebrate 以及死亡 die。

5. 人物状态动画控制

在实现人物状态动画控制之前，下面说明各个人物状态的序列动画图。

在 Images 文件夹 Sprites 中的 Player 目录下的 Celebrate 图片，是玩家人物欢呼的 11 帧序列图，如图 4-40 所示。

图 4-40　人物欢呼序列图

在 Images 文件夹 Sprites 中的 Player 目录下的 Die 图片，是玩家人物死亡的 12 帧序列图，如图 4-41 所示。

图 4-41　人物死亡序列图

在 Images 文件夹 Sprites 中的 Player 目录下的 Jump 图片，是玩家人物跳跃的 11 帧序列图，如图 4-42 所示。

图 4-42　人物跳跃序列图

为实现上述玩家人物的九种游戏状态的控制，这里需要修改前面的 PlayerStateController.cs 文件或者 playerStateController.js 文件。

对于 C#开发者来说，在 PlayerStateController.cs 中书写相关代码，见代码 4-9。

代码 4-9　PlayerStateController 的 C#代码

```
 1: using UnityEngine;
 2: using System.Collections;
 3:
 4: public class PlayerStateController : MonoBehaviour
 5: {
 6:
 7:   public Texture idle;
 8:   public Texture run;
 9:   public Texture jump;
10:   public Texture celebrate;
11:   public Texture die;
12:
13:   public AudioClip soundName;
14:   public AudioClip dieSound;
15:
16:   public Texture2D winTexture;
17:   public Texture2D dieTexture;
18:
19:   public GameState gameState;
20:
21:   private bool moveDirection=true;
22:   private bool exit=false;
23:   private bool youWin=false;
24:   private bool youDie=false;
25:
26:   private AnimationController myAnimation;
27:
28:   void Start()
29:   {
30:      myAnimation=GetComponent<AnimationController>();
31:    }
32:
33:    void Update()
34:   {
35:
36:      if(Input.GetAxis("Horizontal")>0)
37:     {
38:       moveDirection=false;
39:
40:       if(Input.GetButton("Jump"))
41:         gameState=GameState.jumpRight;
42:       else
43:         gameState=GameState.runRight;
44:
45:     }
46:     else if(Input.GetAxis("Horizontal")<0)
```

```
47:     {
48:       moveDirection=true;
49:
50:       if(Input.GetButton("Jump"))
51:         gameState=GameState.jumpLeft;
52:       else
53:         gameState=GameState.runLeft;
54:
55:     }
56:     else
57:     {
58:       if(Input.GetButton("Jump"))
59:       {
60:         if(moveDirection)
61:           gameState=GameState.idleLeftJump;
62:         else
63:           gameState=GameState.idleRightJump;
64:
65:       }
66:       else
67:         gameState=GameState.idle;
68:
69:     }
70:
71:     if(youWin)
72:       gameState=GameState.celebrate;
73:
74:     if(youDie)
75:       gameState=GameState.die;
76:
77:     switch(gameState)
78:     {
79:       case GameState.idle:
80:          transform.renderer.material.SetTexture("_MainTex",idle);
81:
82:         myAnimation.frameNumber=1;
83:         myAnimation.direction=false;
84:
85:         break;
86:       case GameState.runLeft:
87:         transform.renderer.material.SetTexture("_MainTex",run);
88:
89:         myAnimation.frameNumber=10;
90:         myAnimation.direction=true;
91:
92:         break;
93:       case GameState.runRight:
94:         transform.renderer.material.SetTexture("_MainTex",run);
```

```
95:
96:         myAnimation.frameNumber=10;
97:         myAnimation.direction=false;
98:
99:         break;
100:      case GameState.jumpLeft:
101:        transform.renderer.material.SetTexture("_MainTex",jump);
102:
103:        myAnimation.frameNumber=11;
104:        myAnimation.direction=true;
105:
106:        break;
107:      case GameState.jumpRight:
108:        transform.renderer.material.SetTexture("_MainTex",jump);
109:
110:        myAnimation.frameNumber=11;
111:        myAnimation.direction=false;
112:
113:        break;
114:      case GameState.idleLeftJump:
115:        transform.renderer.material.SetTexture("_MainTex",jump);
116:
117:        myAnimation.frameNumber=11;
118:        myAnimation.direction=true;
119:
120:        break;
121:      case GameState.idleRightJump:
122:        transform.renderer.material.SetTexture("_MainTex",jump);
123:
124:        myAnimation.frameNumber=11;
125:        myAnimation.direction=false;
126:
127:        break;
128:      case GameState.celebrate:
129:        transform.renderer.material.SetTexture("_MainTex",celebrate);
130:
131:        myAnimation.frameNumber=11;
132:        myAnimation.direction=false;
133:        myAnimation.lastFrameNo=8;
134:
135:        break;
136:      case GameState.die:
137:        transform.renderer.material.SetTexture("_MainTex",die);
138:
139:        myAnimation.frameNumber=12;
140:        myAnimation.direction=false;
141:        myAnimation.lastFrameNo=11;
142:
```

```
143:       break;
144:
145:     }
146:
147:     if(Input.GetButton("Jump") && youWin)
148:     {
149:       if(Application.loadedLevelName=="Level1")
150:         Application.LoadLevel("Level2");
151:       else if(Application.loadedLevelName=="Level2")
152:         Application.LoadLevel("Level3");
153:       else
154:         Application.LoadLevel("Level1");
155:
156:     }
157:
158:     if(Input.GetButton("Jump") && youDie)
159:     {
160:       transform.position=new Vector3(0,-2,0);
161:       transform.collider.enabled=true;
162:
163:       youDie=false;
164:
165:     }
166:
167:   }
168:
169:   IEnumerator OnTriggerEnter(Collider other)
170:   {
171:     if(other.tag=="exit" && GameObject.FindWithTag("gem")==null)
172:     {
173:       youWin=true;
174:       AudioSource.PlayClipAtPoint(soundName,new Vector3(0,0,-10));
175:     }
176:
177:     if(other.tag=="enemy")
178:     {
179:       youDie=true;
180:       AudioSource.PlayClipAtPoint(dieSound,new Vector3(0,0,-10));
181:
182:       yield return new  WaitForSeconds(0.5f);
183:       transform.collider.enabled=false;
184:
185:     }
186:
187:   }
188:
189:   void  OnGUI()
190:   {
```

```
191:    if(youWin)
192:      GUI.DrawTexture(new Rect(Screen.width/2-179,
              Screen.height/2-90,358,180),winTexture,
              ScaleMode.ScaleToFit,true,0);
193:    if(youDie)
194:      GUI.DrawTexture(new Rect(Screen.width/2-179,
              Screen.height/2+60,358,180),dieTexture,
              ScaleMode.ScaleToFit,true,0);
195:
196:  }
197:
198:}
```

在上述C#代码中，代码量相对较长，但是功能并不复杂，整个代码大体上可以划分为四个部分。

第一部分是第36行到第75行，检测玩家是否按下左、右方向键、空格跳跃键，实现玩家人物游戏状态的设置。

第36行判断玩家人物是否向右奔跑，如果是，则执行第38行语句，设置moveDirextion为false，表示向右移动；并在43行设置玩家人物的状态为向右奔跑状态runRight；如果此时还按下了空格键，则满足第40行语句的条件，执行第41行语句，设置玩家人物的状态为向右奔跑跳跃状态jumpRight。

第46行判断玩家人物是否向左奔跑，如果是，则执行第48行语句，设置moveDirextion为tue，表示向左移动；并在53行设置玩家人物的状态为向左奔跑状态runLeft；如果此时还按下了空格键，则满足第50行语句的条件，执行第51行语句，设置玩家人物的状态为向左奔跑跳跃状态jumpLeft。

第57行到69行的代码，则是实现玩家人物的静止状态。第67行设置玩家人物的状态为静止状态；第61行设置玩家人物的状态为静止向左跳跃状态；第63行则设置玩家人物的状态为静止向右跳跃状态。

如果玩家人物拿完所有的钻石，并且来到出口标志处，则满足第71行语句的条件，执行第72行语句，设置玩家人物的状态为欢呼状态。

如果玩家人物与敌人相遇（在第二关卡中），则满足第74行语句的条件，执行第75行语句，设置玩家人物的状态为死亡状态。

第二部分是代码第77行到第145行，根据玩家人物的游戏状态，调用AnimationController类，显示玩家相关状态的动画。

在第79行到第85行的代码中，第79行判断玩家人物状态是静止状态时，第80行设置静止状态的图片，由于该图片只是一帧画面，因此第82行设置的帧数为1，第83行设置direction值为false。

在第86行到第92行的代码中，第86行判断玩家人物状态是向左奔跑状态时，第87行设置奔跑状态的动画序列图片，由于该图片是10帧的画面，因此第89行设置的帧数为10，第90行设置direction值为true，表示向左方向。

在第93行到第99行的代码中，第93行判断玩家人物状态是向右奔跑状态时，第94行设置奔跑状态的动画序列图片，由于该图片是 10 帧的画面，因此第 96 行设置的帧数为 10，第 97 行设置 direction 值为 false，表示向右方向。

在第 100 行到第 106 行的代码中，第 100 行判断玩家人物状态是向左奔跑跳跃状态时，第 101 行设置跳跃状态的动画序列图片，由于该图片是 11 帧的画面，因此第 103 行设置的帧数为 11，第 104 行设置 direction 值为 true，表示向左方向。

在第 107 行到第 113 行的代码中，第 107 行判断玩家人物状态是向右奔跑跳跃状态时，第 108 行设置奔跑状态的动画序列图片，由于该图片是 11 帧的画面，因此第 110 行设置的帧数为 11，第 111 行设置 direction 值为 false，表示向右方向。

在第 114 行到第 120 行的代码中，第 114 行判断玩家人物状态是静止向左跳跃状态时，第 115 行设置跳跃状态的动画序列图片，由于该图片是 11 帧的画面，因此第 117 行设置的帧数为 11，第 118 行设置 direction 值为 true，表示向左方向。

在第 121 行到第 127 行的代码中，第 121 行判断玩家人物状态是静止向右跳跃状态时，第 122 行设置奔跑状态的动画序列图片，由于该图片是 11 帧的画面，因此第 124 行设置的帧数为 11，第 125 行设置 direction 值为 false，表示向右方向。

在第 128 行到第 135 行的代码中，第 128 行判断玩家人物状态是欢呼状态时，而第 129 行则设置欢呼状态的动画序列图片，由于该图片是 11 帧的画面，因此第 131 行设置的帧数为 11，第 132 行设置 direction 值为 false，表示向右方向；这里需要说明的是，当欢呼的动画播放完毕后，需要显示指定的图片，因此第 133 行设置了最后需要显示的图片为动画序列图中的第 8 帧图片。

在第 136 行到第 143 行的代码中，第 136 行判断玩家人物状态是死亡状态时，而第 137 行则设置死亡状态的动画序列图片，由于该图片是 12 帧的画面，因此第 139 行设置的帧数为 12，第 140 行设置 direction 值为 false，表示向右方向；这里同样需要说明的是，当死亡的动画播放完毕后，需要显示指定的图片，因此第 141 行设置了最后需要显示的图片为动画序列图中的最后一帧图片。

第三部分则是代码第 147 行到第 165 行，以及代码第 189 行到第 196 行。

如果玩家人物拿完了所有的钻石，此时玩家又按下空格键，那么满足第 147 行的条件，执行游戏关卡的转换；第 149 行判断目前的游戏关卡是否是“Level1”，如果是则执行第 150 行语句，转换到游戏关卡二“Level2”； 第 151 行判断目前的游戏关卡是否是“Level2”，如果是则执行第 152 行语句，转换到游戏关卡三“Level3”； 第 154 行则转换到游戏关卡一“Level1”，实现游戏关卡的循环转换。

如果玩家人物处于死亡状态，而此时玩家又按下空格键，那么满足第 158 行的条件，执行第 160 行语句，重新设置玩家人物的初始位置，并在第 161 行重新设置玩家人物的碰撞体为 true，163 行将 youDie 变量设置为 false。

在代码第 189 行到第 196 行中，第 192 行在屏幕中央显示一个玩家赢的用户界面；第 194 行则在屏幕中心下方显示一个玩家输的用户界面。

第四部分是代码第 169 行到第 187 行部分，该部分主要实现玩家人物与出口标志、敌人的碰撞检测。

由于出口标志的 IsTrigger 属性设置为 true，而玩家人物只要在后面的步骤中添加 CharacterController，就可以检测玩家人物与出口标志的碰撞，可以使用 OnTriggerEnter()方法检测碰撞；同样道理，要检测玩家人物与敌人的碰撞，在后面的步骤中，敌人对象也必须将 Is Trigger 属性设置为 true。

在第 171 行语句中，采用了 GameObject.FindWithTag("gem")方法来检测游当前戏场景中是否还存在钻石，前提是钻石对象都设置了标签 gem，这种方法大家要学习、借鉴。

如果玩家人物拿掉了所有的钻石，并且接触了出口标志，那么满足第 171 行的条件，执行第 173 行语句，设置 youWin 为 true，以便在上面的语句中显示玩家赢的用户界面，并执行第 174 行语句，在摄像机位置播放玩家赢的声音。

如果玩家人物与敌人发生碰撞，当然前提条件是敌人对象必须设置标签为 enemy，则执行第 179 行语句，设置 youDie 为 true，以便在上面的语句中显示玩家输的用户界面，并执行第 180 行语句，在摄像机位置播放玩家输的声音；为防止处于死亡状态的玩家人物不断与敌人发生碰撞检测，第 183 行设置了玩家人物的碰撞体不再有效，并且是执行 182 行语句延时 0.5 秒之后。

这里需要说明的是，由于采用了第 182 行的延时语句，必须在第 169 行的 OnTriggerEnter()方法中设置返回值为 Ienumerator。

对于 JavaScript 开发者来说，在 playerStateController.js 中书写相关代码，见代码 4-10。

代码 4-10　playerStateController 的 JavaScript 代码

```
 1: var idle:Texture;
 2: var run:Texture;
 3: var jump:Texture;
 4: var celebrate:Texture;
 5: var die:Texture;
 6:
 7: var soundName:AudioClip;
 8: var dieSound:AudioClip;
 9:
10: var winTexture:Texture2D;
11: var dieTexture:Texture2D;
12:
13: var gameState:GameState;
14:
15: private var myAnimation:animationController;
16: private var moveDirection:boolean=true;
17: private var exit:boolean=false;
18: private var youWin:boolean=false;
19: private var youDie:boolean=false;
20:
21: function Start()
22: {
23:   myAnimation=GetComponent("animationController");
24: }
25:
26: function Update()
27: {
```

```
28:
29:  if(Input.GetAxis("Horizontal")>0)
30:  {
31:    moveDirection=false;
32:
33:    if(Input.GetButton("Jump"))
34:      gameState=GameState.jumpRight;
35:    else
36:      gameState=GameState.runRight;
37:
38:  }
39:  else if(Input.GetAxis("Horizontal")<0)
40:  {
41:    moveDirection=true;
42:
43:    if(Input.GetButton("Jump"))
44:      gameState=GameState.jumpLeft;
45:    else
46:      gameState=GameState.runLeft;
47:
48:  }
49:  else
50:  {
51:    if(Input.GetButton("Jump"))
52:    {
53:      if(moveDirection)
54:        gameState=GameState.idleLeftJump;
55:      else
56:        gameState=GameState.idleRightJump;
57:
58:    }
59:    else
60:      gameState=GameState.idle;
61:
62:  }
63:
64:  if(youWin)
65:    gameState=GameState.celebrate;
66:
67:  if(youDie)
68:    gameState=GameState.die;
69:
70:  switch(gameState)
71:  {
72:    case GameState.idle:
73:      transform.renderer.material.SetTexture("_MainTex",idle);
74:
75:      myAnimation.frameNumber=1;
76:      myAnimation.direction=false;
77:
```

```
 78:      break;
 79:    case GameState.runLeft:
 80:      transform.renderer.material.SetTexture("_MainTex",run);
 81:
 82:      myAnimation.frameNumber=10;
 83:      myAnimation.direction=true;
 84:
 85:      break;
 86:    case GameState.runRight:
 87:      transform.renderer.material.SetTexture("_MainTex",run);
 88:
 89:      myAnimation.frameNumber=10;
 90:      myAnimation.direction=false;
 91:
 92:      break;
 93:    case GameState.jumpLeft:
 94:      transform.renderer.material.SetTexture("_MainTex",jump);
 95:
 96:      myAnimation.frameNumber=11;
 97:      myAnimation.direction=true;
 98:
 99:      break;
100:    case GameState.jumpRight:
101:      transform.renderer.material.SetTexture("_MainTex",jump);
102:
103:      myAnimation.frameNumber=11;
104:      myAnimation.direction=false;
105:
106:      break;
107:    case GameState.idleLeftJump:
108:      transform.renderer.material.SetTexture("_MainTex",jump);
109:
110:      myAnimation.frameNumber=11;
111:      myAnimation.direction=true;
112:
113:      break;
114:    case GameState.idleRightJump:
115:      transform.renderer.material.SetTexture("_MainTex",jump);
116:
117:      myAnimation.frameNumber=11;
118:      myAnimation.direction=false;
119:
120:      break;
121:    case GameState.celebrate:
122:      transform.renderer.material.SetTexture("_MainTex",celebrate);
123:
124:      myAnimation.frameNumber=11;
125:      myAnimation.direction=false;
126:      myAnimation.lastFrameNo=8;
127:
```

```
128:      break;
129:    case GameState.die:
130:      transform.renderer.material.SetTexture("_MainTex",die);
131:
132:      myAnimation.frameNumber=12;
133:      myAnimation.direction=false;
134:      myAnimation.lastFrameNo=11;
135:
136:      break;
137:
138:  }
139:
140:  if(Input.GetButton("Jump") && youWin)
141:  {
142:    if(Application.loadedLevelName=="Level1")
143:      Application.LoadLevel("Level2");
144:    else if(Application.loadedLevelName=="Level2")
145:      Application.LoadLevel("Level3");
146:    else
147:      Application.LoadLevel("Level1");
148:
149:  }
150:
151:  if(Input.GetButton("Jump") && youDie)
152:  {
153:    transform.position=new Vector3(0,-2,0);
154:    transform.collider.enabled=true;
155:
156:    youDie=false;
157:
158:  }
159: }
160:
161: function OnTriggerEnter(other:Collider)
162: {
163:  if(other.tag=="exit" && GameObject.FindWithTag("gem")==null)
164:  {
165:    youWin=true;
166:    AudioSource.PlayClipAtPoint(soundName,Vector3(0,0,-10));
167:  }
168:
169:  if(other.tag=="enemy")
170:  {
171:    youDie=true;
172:    AudioSource.PlayClipAtPoint(dieSound,Vector3(0,0,-10));
173:
174:    yield WaitForSeconds(0.5);
175:    transform.collider.enabled=false;
176:
177:  }
```

```
178:
179: }
180:
181: function OnGUI()
182: {
183:   if(youWin)
184:     GUI.DrawTexture(Rect(Screen.width/2-179,
            Screen.height/2-90,358,180),winTexture,
            ScaleMode.ScaleToFit,true,0);
185:   if(youDie)
186:     GUI.DrawTexture(Rect(Screen.width/2-179,
            Screen.height/2+60,358,180),dieTexture,
            ScaleMode.ScaleToFit,true,0);
187:
188: }
```

在上述 JavaScript 代码中，代码量相对较长，但是功能并不复杂，整个代码大体上可以划分为四个部分。

第一部分是第 29 行到第 62 行，检测玩家是否按下左、右方向键、空格跳跃键，实现玩家人物游戏状态的设置。

第 29 行判断玩家人物是否向右奔跑，如果是，则执行第 31 行语句，设置 moveDirextion 为 false，表示向右移动；并在 36 行设置玩家人物的状态为向右奔跑状态 runRight；如果此时还按下了空格键，则满足第 33 行语句的条件，执行第 34 行语句，设置玩家人物的状态为向右奔跑跳跃状态 jumpRight。

第 39 行判断玩家人物是否向左奔跑，如果是，则执行第 41 行语句，设置 moveDirextion 为 tue，表示向左移动；并在 46 行设置玩家人物的状态为向左奔跑状态 runLeft；如果此时还按下了空格键，则满足第 43 行语句的条件，执行第 44 行语句，设置玩家人物的状态为向左奔跑跳跃状态 jumpLeft。

第 50 行到 62 行的代码，则是实现玩家人物的静止状态。第 60 行设置玩家人物的状态为静止状态；第 54 行设置玩家人物的状态为静止向左跳跃状态；第 56 行则设置玩家人物的状态为静止向右跳跃状态。

如果玩家人物拿完所有的钻石，并且来到出口标志处，则满足第 64 行语句的条件，执行第 65 行语句，设置玩家人物的状态为欢呼状态。

如果玩家人物与敌人相遇（在第二关卡中），则满足第 67 行语句的条件，执行第 68 行语句，设置玩家人物的状态为死亡状态。

第二部分是代码第 70 行到第 138 行，根据玩家人物的游戏状态，调用 animationController 类，显示玩家相关状态的动画。

在第 72 行到第 78 行的代码中，第 72 行判断玩家人物状态是静止状态时，第 73 行设置静止状态的图片，由于该图片只是一帧画面，因此第 75 行设置的帧数为 1，第 76 行设置 direction 值为 false。

在第 79 行到第 85 行的代码中，第 79 行判断玩家人物状态是向左奔跑状态时，第 80 行设置奔跑状态的动画序列图片，由于该图片是 10 帧的画面，因此第 82 行设置的帧数为 10，第 83

行设置 direction 值为 true，表示向左方向。

在第 86 行到第 92 行的代码中，第 86 行判断玩家人物状态是向右奔跑状态时，第 87 行设置奔跑状态的动画序列图片，由于该图片是 10 帧的画面，因此第 89 行设置的帧数为 10，第 90 行设置 direction 值为 false，表示向右方向。

在第 93 行到第 99 行的代码中，第 93 行判断玩家人物状态是向左奔跑跳跃状态时，第 94 行设置跳跃状态的动画序列图片，由于该图片是 11 帧的画面，因此第 96 行设置的帧数为 11，第 97 行设置 direction 值为 true，表示向左方向。

在第 100 行到第 106 行的代码中，第 100 行判断玩家人物状态是向右奔跑跳跃状态时，第 101 行设置奔跑状态的动画序列图片，由于该图片是 11 帧的画面，因此第 103 行设置的帧数为 11，第 104 行设置 direction 值为 false，表示向右方向。

在第 107 行到第 113 行的代码中，第 107 行判断玩家人物状态是静止向左跳跃状态时，第 108 行设置跳跃状态的动画序列图片，由于该图片是 11 帧的画面，因此第 110 行设置的帧数为 11，第 111 行设置 direction 值为 true，表示向左方向。

在第 114 行到第 120 行的代码中，第 114 行判断玩家人物状态是静止向右跳跃状态时，第 115 行设置奔跑状态的动画序列图片，由于该图片是 11 帧的画面，因此第 117 行设置的帧数为 11，第 118 行设置 direction 值为 false，表示向右方向。

在第 121 行到第 128 行的代码中，第 121 行判断玩家人物状态是欢呼状态时，而第 122 行则设置欢呼状态的动画序列图片，由于该图片是 11 帧的画面，因此第 124 行设置的帧数为 11，第 125 行设置 direction 值为 false，表示向右方向；这里需要说明的是，当欢呼的动画播放完毕后，需要显示指定的图片，因此第 126 行设置了最后需要显示的图片为动画序列图中的第 8 帧图片。

在第 129 行到第 136 行的代码中，第 129 行判断玩家人物状态是死亡状态时，而第 130 行则设置死亡状态的动画序列图片，由于该图片是 12 帧的画面，因此第 132 行设置的帧数为 12，第 133 行设置 direction 值为 false，表示向右方向；这里同样需要说明的是，当死亡的动画播放完毕后，需要显示指定的图片，因此第 134 行设置了最后需要显示的图片为动画序列图中的最后一帧图片。

第三部分则是代码第 140 行到第 158 行，以及代码第 181 行到第 188 行。

如果玩家人物拿完了所有的钻石，此时玩家又按下空格键，那么满足第 140 行的条件，执行游戏关卡的转换；第 142 行判断目前的游戏关卡是否是“Level1”，如果是则执行第 143 行语句，转换到游戏关卡二“Level2”； 第 144 行判断目前的游戏关卡是否是“Level2”，如果是则执行第 145 行语句，转换到游戏关卡三“Level3”；第 147 行则转换到游戏关卡一“Level1”，实现游戏关卡的循环转换。

如果玩家人物处于死亡状态，而此时玩家又按下空格键，那么满足第 151 行的条件，执行第 153 行语句，重新设置玩家人物的初始位置，并在第 154 行重新设置玩家人物的碰撞体为 true，156 行将 youDie 变量设置为 false。

在代码第 181 行到第 188 行中，第 184 行在屏幕中央显示一个玩家赢的用户界面；第 186 行则在屏幕中心下方显示一个玩家输的用户界面。

第四部分是代码第 161 行到第 177 行部分，该部分主要实现玩家人物与出口标志、敌人的碰撞检测。

由于出口标志的 Is Trigger 属性设置为 true，而玩家人物只要在后面的步骤中添加 CharacterController，就可以检测玩家人物与出口标志的碰撞，可以使用 OnTriggerEnter()方法检测碰撞；同样道理，要检测玩家人物与敌人的碰撞，在后面的步骤中，敌人对象也必须将 Is Trigger 属性设置为 true。

在第 163 行语句中，采用了 GameObject.FindWithTag("gem")方法来检测游当前戏场景中是否还存在钻石，前提是钻石对象都设置了标签 gem，这种方法大家要学习、借鉴。

如果玩家人物拿掉了所有的钻石，并且接触了出口标志，那么满足第 163 行的条件，执行第 165 行语句，设置 youWin 为 true，以便在上面的语句中显示玩家赢的用户界面，并执行第 166 行语句，在摄像机位置播放玩家赢的声音。

如果玩家人物与敌人发生碰撞，当然前提条件是敌人对象必须设置标签为 enemy，则执行第 171 行语句，设置 youDie 为 true，以便在上面的语句中显示玩家输的用户界面，并执行第 172 行语句，在摄像机位置播放玩家输的声音；为防止处于死亡状态的玩家人物不断与敌人发生碰撞检测，第 175 行设置了玩家人物的碰撞体不再有效，并且是执行 174 行语句延时 0.5 秒之后。

修改了上述代码 PlayerStateController.cs 或者 playerStateController.js 之后，还需要在检视器中关联许多玩家人物图片以及声音文件等，如图 4-43 所示。

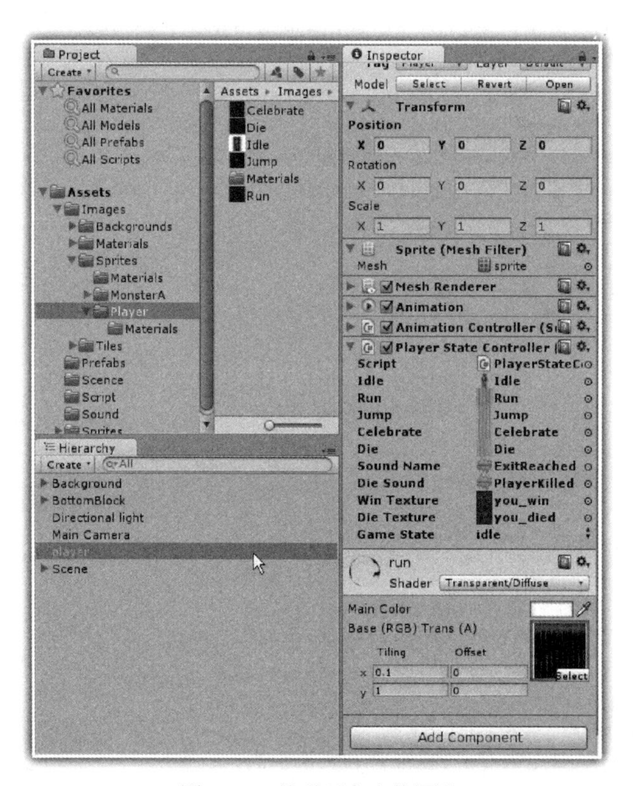

图 4-43　关联玩家人物图片

6. 人物运动控制

完成了上述的人物状态的动画控制之后，下面还需要添加新的代码，实现人物的运动控制，首先完成人物运动的最简单控制，实现人物的左、右运行以及静止状态的转换，以便大家理解人物运动控制的代码框架，然后给出完整的人物运动控制代码。

对于 C#开发者来说，在项目 Project 窗格中，选择 Script 文件夹，在右键出现的快捷菜单中选择“Create”→“C# Script”命令，创建一个 C#文件，修改该文件的名称为 PlayerController.cs，在 PlayerController.cs 中书写相关代码，见代码 4-11。

代码 4-11　PlayerController 的 C#代码

```
 1: using UnityEngine;
 2: using System.Collections;
 3:
 4: public class PlayerController : MonoBehaviour
 5: {
 6:
 7:   public float speed=2.0f;
 8:
 9:  private CharacterController controller;
10:  private Vector3  velocity= Vector3.zero;
11:  private float gravity =20.0f;
12:  private GameState gameState;
13:  private PlayerStateController myPlayerStateController;
14:
15:  void Start()
16:  {
17:    controller=GetComponent<CharacterController>();
18:    myPlayerStateController=GetComponent<PlayerStateController>();
19:
20:  }
21:
22:   void Update()
23:  {
24:
25:    gameState=myPlayerStateController.gameState;
26:
27:    if(controller.isGrounded)
28:    {
29:      switch(gameState)
30:      {
31:        case GameState.runRight:
32:      velocity=speed*(new Vector3(1,0,0));
33:
34:          break;
35:        case GameState.runLeft:
36:      velocity=speed*(new Vector3(-1,0,0));
37:
```

```
38:         break;
39:    default:
40:      velocity=Vector3.zero;
41:
42:      break;
43:
44:      }
45:
46:    }
47:    else
48:    {
49:      velocity.y -= gravity * Time.deltaTime;
50:
51:    }
52:
53:    controller.Move(velocity * Time.deltaTime);
54:
55:  }
56:}
```

在上述 C#代码中，第 17 行获得对 CharacterController 组件的引用，因此在后面的步骤中需要为玩家人物添加 CharacterController 组件，实际上该程序代码框架主要也是应用 CharacterController 组件，实现人物的运动控制。

第 18 行则获得对 PlayerStateController 类的引用，以便通过该类得到玩家人物的游戏状态。

在 Update()方法中，第 25 行通过 PlayerStateController 类中的 gameState 变量，获得玩家人物的游戏状态。

第 29 行到第 44 行的 switch 条件语句，根据玩家的游戏状态设置玩家的运动速度 velocity，是向右移动、向左移动还是处于静止状态。

该人物运动控制的代码框架最关键的语句，在于第 27 行语句、第 49 行语句以及第 53 行语句。

第 27 行语句通过 controller.isGrounded 可以判断玩家人物是否接触到平台，当然此时平台上要有碰撞体（Is Trigger 属性不能勾选），而这种碰撞检测是 CharacterController 组件所实现的。

第 49 行语句设置玩家人物的加速度向下降落过程，直到接触到平台；而第 53 行语句实现人物的移动，包括左、右方向的移动以及上、下的跳跃过程。

对于 JavaScript 开发者来说，在项目 Project 窗格中，选择 Script 文件夹，在右键出现的快捷菜单中选择“Create”→“Javascript”命令，创建一个 JavaScript 文件，修改该文件的名称为 playerController.js，在 playerController.js 中书写相关代码，见代码 4-12。

代码 4-12　playerController 的 JavaScript 代码

```
1: var speed:float=2.0f;
2:
3: private var controller:CharacterController;
4: private var velocity:Vector3= Vector3.zero;
5: private var gravity:float =20.0f;
```

```
 6:
 7: private var gameState:GameState;
 8: private var myPlayerStateController:playerStateController;
 9:
10: function Start()
11: {
12:   controller= GetComponent("CharacterController");
13:   myPlayerStateController=GetComponent("playerStateController");
14:
15: }
16:
17: function Update()
18: {
19:   gameState= myPlayerStateController.gameState;
20:
21:   if(controller.isGrounded)
22:   {
23:
24:     switch(gameState)
25:     {
26:       case GameState.runRight:
27:         velocity=speed*Vector3(1,0,0);
28:
29:         break;
30:       case GameState.runLeft:
31:     velocity=speed*Vector3(-1,0,0);
32:
33:         break;
34:       default:
35:     velocity=Vector3.zero;
36:         break;
37:
38:     }
39:
40:   }
41:   else
42:   {
43:     velocity.y -= gravity * Time.deltaTime;
44:
45:   }
46:
47:   controller.Move(velocity * Time.deltaTime);
48:
49: }
```

在上述 JavaScript 代码中，第 12 行获得对 CharacterController 组件的引用，因此在后面的步骤中需要为玩家人物添加 CharacterController 组件，实际上该程序代码框架主要也是应用 CharacterController 组件，实现人物的运动控制。

第 13 行则获得对 PlayerStateController 类的引用，以便通过该类得到玩家人物的游戏状态。

在 Update()方法中，第 19 行通过 PlayerStateController 类中的 gameState 变量，获得玩家人物的游戏状态。

第 22 行到第 38 行的 switch 条件语句，根据玩家的游戏状态设置玩家的运动速度 velocity，是向右移动、向左移动还是处于静止状态。

该人物运动控制的代码框架最关键的语句，在于第 21 行语句、第 43 行语句以及第 47 行语句。

第 21 行语句通过 controller.isGrounded 可以判断玩家人物是否接触到平台，当然此时平台上要有碰撞体（Is Trigger 属性不能勾选），而这种碰撞检测是 CharacterController 组件所实现的。

第 43 行语句设置玩家人物的加速度向下降落过程，直到接触到平台；而第 47 行语句实现人物的移动，包括左、右方向的移动以及上、下的跳跃过程。

在项目 Project 窗格中，选择 PlayerController 代码文件或者 playerController 代码文件，将该文件拖放到层次 Hierarchy 窗格中的 player 对象之上，此时就会在检视器中出现 PlayerController 或者 playerController 代码组件。

然后还需要为玩家人物添加 CharacterController 组件。

选择层次 Hierarchy 窗格中的 player 对象，然后单击菜单“Component”→“Physcis”→“Character Controller”命令，为 player 对象添加 CharacterController 组件，并设置 Radius 为 0.2，如图 4-44 所示。

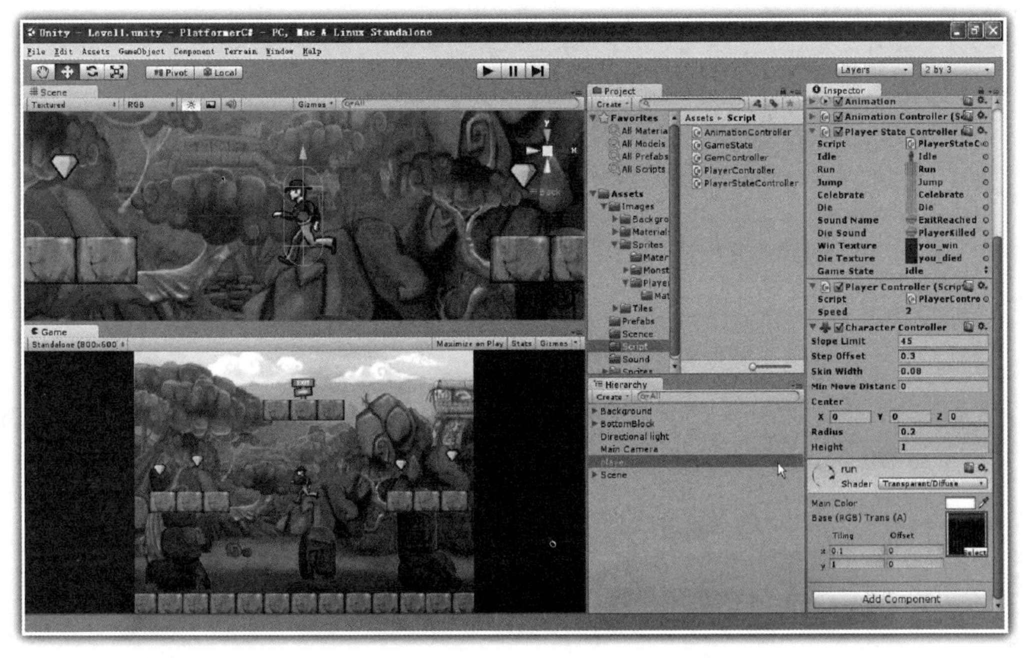

图 4-44　设置 CharacterController 组件

运行游戏，此时按下左方向键，会显示人物向左奔跑的动画；按下右方向键，则会显示人物向右奔跑的动画。

下面需要书写完整的人物运动控制代码。

对于 C#开发者来说，在 PlayerController.cs 中修改相关代码，见代码 4-13。

代码 4-13　PlayerController 的 C#代码

```
 1: using UnityEngine;
 2: using System.Collections;
 3:
 4: public class PlayerController: MonoBehaviour
 5: {
 6:
 7:   private float speed=2.0f;
 8:   private Vector3  velocity=Vector3.zero;
 9:   private float gravity=20.0f;
10:   private float jumpSpeed=4.5f;
11:   private GameState gameState;
12:   private CharacterController controller;
13:   private PlayerStateController myPlayerStateController;
14:
15:   void Start()
16:   {
17:      controller=GetComponent<CharacterController>();
18:    myPlayerStateController=GetComponent<PlayerStateController>();
19:    }
20:
21:    void Update()
22:   {
23:     gameState=myPlayerStateController.gameState;
24:
25:    if(controller.isGrounded)
26:     {
27:      switch(gameState)
28:       {
29:        case GameState.runRight:
30:       velocity=speed*new Vector3(1,0,0);
31:
32:           break;
33:        case GameState.runLeft:
34:       velocity=speed*new Vector3(-1,0,0);
35:
36:           break;
37:        case GameState.jumpLeft:
38:       velocity=speed*new Vector3(-1,jumpSpeed,0);
39:
40:           break;
41:        case GameState.jumpRight:
42:       velocity=speed*new Vector3(1,jumpSpeed,0);
```

```
43:
44:           break;
45:         case GameState.idleLeftJump:
46:        velocity=speed*new Vector3(0,jumpSpeed,0);
47:
48:           break;
49:         case GameState.idleRightJump:
50:        velocity=speed*new Vector3(0,jumpSpeed,0);
51:
52:           break;
53:         case GameState.celebrate:
54:        velocity=Vector3.zero;
55:
56:           break;
57:         default:
58:        velocity=Vector3.zero;
59:
60:         break;
61:
62:       }
63:     }
64:     else
65:     {
66:       velocity.y -= gravity * Time.deltaTime;
67:
68:     }
69:
70:     controller.Move(velocity * Time.deltaTime);
71:
72:    }
73: }
```

在上述 C#代码中，实现了完整的人物运动控制代码。根据玩家人物的 8 种游戏状态，设置相关的运动速度。

第 29 行语句根据玩家人物的向右奔跑状态，在第 30 行设置速度方向为右；第 33 行语句根据玩家人物的向左奔跑状态，在第 34 行设置速度方向为左；第 37 行语句根据玩家人物的向左跳跃奔跑状态，在第 38 行设置速度的方向不仅向左，还向上；第 41 行语句根据玩家人物的向右跳跃奔跑状态，在第 42 行设置速度的方向不仅向右，还向上。

而第 45 行语句根据玩家人物的静止向左状态，在第 46 行设置速度方向为上；第 49 行语句根据玩家人物的静止向右状态，在第 50 行设置速度方向为上；第 53 行语句根据玩家人物的欢呼状态，在第 54 行设置速度为 0；在默认状态，第 58 行则设置速度为 0。

对于 JavaScript 开发者来说，在 playerController.cs 中修改相关代码，见代码 4-14。

代码 4-14　playerController 的 JavaScript 代码

```
1: private var speed:float=2.0f;
2: private var jumpSpeed:float=4.5f;
```

```
 3: private var controller:CharacterController;
 4: private var velocity:Vector3=Vector3.zero;
 5: private var gravity:float=20.0f;
 6: private var gameState:GameState;
 7: private var myPlayerStateController:playerStateController;
 8:
 9: function Start()
10: {
11:   controller= GetComponent("CharacterController");
12:   myPlayerStateController=GetComponent("playerStateController");
13:
14: }
15:
16: function Update()
17: {
18:
19:   gameState= myPlayerStateController.gameState;
20:
21:   if(controller.isGrounded)
22:   {
23:
24:     switch(gameState)
25:     {
26:       case GameState.runRight:
27:     velocity=speed*Vector3(1,0,0);
28:
29:         break;
30:       case GameState.runLeft:
31:     velocity=speed*Vector3(-1,0,0);
32:
33:         break;
34:       case GameState.jumpLeft:
35:     velocity=speed*Vector3(-1,jumpSpeed,0);
36:
37:         break;
38:       case GameState.jumpRight:
39:     velocity=speed*Vector3(1,jumpSpeed,0);
40:
41:         break;
42:       case GameState.idleLeftJump:
43:     velocity=speed*Vector3(0,jumpSpeed,0);
44:
45:         break;
46:       case GameState.idleRightJump:
47:     velocity=speed*Vector3(0,jumpSpeed,0);
48:
49:         break;
50:       case GameState.celebrate:
```

```
51:     velocity=Vector3.zero;
52:
53:         break;
54:       default:
55:     velocity=Vector3.zero;
54:
55:         break;
56:
57:     }
58:   }
59:   else
60:   {
61:     velocity.y -= gravity * Time.deltaTime;
62:
63:   }
64:
65:   controller.Move(velocity * Time.deltaTime);
66: }
```

在上述JavaScript代码中，实现了完整的人物运动控制代码。根据玩家人物的8种游戏状态，设置相关的运动速度。

第26行语句根据玩家人物的向右奔跑状态，在第27行设置速度方向为右；第30行语句根据玩家人物的向左奔跑状态，在第31行设置速度方向为左；第34行语句根据玩家人物的向左跳跃奔跑状态，在第35行设置速度的方向不仅向左，还向上；第38行语句根据玩家人物的向右跳跃奔跑状态，在第39行设置速度的方向不仅向右，还向上。

而第42行语句根据玩家人物的静止向左状态，在第43行设置速度方向为上；第46行语句根据玩家人物的静止向右状态，在第47行设置速度方向为上；第50行语句根据玩家人物的欢呼状态，在第51行设置速度为0；在默认状态，第55行则设置速度为0。

完成了人物的运动控制代码之后，还需要为前面的钻石控制代码添加与玩家人物的碰撞检测代码。

对于C#开发者来说，在GemController.cs中书写相关代码，见代码4-15。

代码4-15　GemController的C#代码

```
 1: using UnityEngine;
 2: using System.Collections;
 3:
 4: public class GemController : MonoBehaviour
 5: {
 6:   public AudioClip soundName;
 7:   private float speed=0.3f;
 8:   private float startPosition;
 9:   private bool isDown=true;
10:
11:    void Start()
12:   {
13:     startPosition=transform.position.y;
```

```
14:  }
15:
16:   void Update()
17:   {
18:
19:     if(isDown)
20:        transform.Translate(Vector3.down*speed*Time.deltaTime);
21:     else
22:       transform.Translate(Vector3.up*speed*Time.deltaTime);
23:
24:    if((transform.position.y-startPosition)>0)
25:        isDown=true;
26:
27:     if((transform.position.y-startPosition)<-0.40)
28:        isDown=false;
29:
30:   }
31:
32:  void  OnTriggerEnter(Collider other)
33:   {
34:     if(other.tag=="Player")
35:     {
36:        AudioSource.PlayClipAtPoint(soundName,new Vector3(0,0,-10));
37:        Destroy(gameObject);
38:     }
39:
40:   }
41: }
```

在上述 C#代码中，与代码 4-1 相比较，添加了第 6 行语句，设置了钻石被玩家人物拿掉所播放声音的变量 soundName；然后添加了第 32 行到第 40 行的碰撞检测语句，如果钻石被玩家人物拿掉，则满足第 34 行语句的条件，从而执行 36 行语句播放钻石被拿掉的声音，并通过第 37 行语句销毁掉钻石。

这里同样需要说明的是，玩家人物由于具有 Character Controller 组件，不再需要单独的碰撞体和刚体，由于在钻石的碰撞体中设置了 Is Trigger 属性为 true，因此这里可以采用 OnTriggerEnter() 方法来检测碰撞。

对于 JavaScript 开发者来说，在 gemController.js 中书写相关代码，见代码 4-16。

代码 4-16　gemController 的 JavaScript 代码

```
1: private var speed:float=0.3f;
2: private var startPosition:float;
3: private var isDown:boolean =true;
4: var soundName:AudioClip;
5: function Start()
6: {
7:    startPosition=transform.position.y;
```

```
 8: }
 9:
10: function Update()
11: {
12:   if(isDown)
13:       transform.Translate(Vector3.down*speed*Time.deltaTime);
14:    else
15:       transform.Translate(Vector3.up*speed*Time.deltaTime);
16:
17:   if((transform.position.y-startPosition)>0)
18:       isDown=true;
19:
20:    if((transform.position.y-startPosition)<-0.40)
21:       isDown=false;
22:
23: }
24:
25: function OnTriggerEnter(other:Collider)
26: {
27:    if(other.tag=="Player")
28:    {
29:       AudioSource.PlayClipAtPoint(soundName,Vector3(0,0,-10));
30:       Destroy(gameObject);
31:    }
32:
33: }
```

在上述 JavaScript 代码中，与代码 4-2 相比较，添加了第 4 行语句，设置了钻石被玩家人物拿掉所播放声音的变量 soundName；然后添加了第 25 行到第 33 行的碰撞检测语句，如果钻石被玩家人物拿掉，则满足第 27 行语句的条件，从而执行 29 行语句播放钻石被拿掉的声音，并通过第 30 行语句销毁掉钻石。

这里同样需要说明的是，玩家人物由于具有 Character Controller 组件，不再需要单独的碰撞体和刚体，由于在钻石的碰撞体中设置了 Is Trigger 属性为 true，因此这里可以采用 OnTriggerEnter() 方法来检测碰撞。

在项目 Project 窗格中的 Prefabs 文件夹中，选择预制件 gem，然后在 Project 窗格中的 Sound 文件夹中，拖放 GemCollected 声音文件到 Sound Name 变量的右边，如图 4-45 所示。

运行游戏，此时按下左方向键，会显示人物向左奔跑的动画；按下右方向键，则会显示人物向右奔跑的动画；按下空格键，玩家人物将会跳跃；玩家人物接触到钻石，可以拾取钻石，如图 4-46 所示。

当玩家人物拾取完所有的钻石之后，如果此时跳跃到第三层平台，进入“Exit”图标，此时就会弹出一个“YOU WIN”对话框；单击空格键，这样就可以转移到第二关卡，如图 4-47 所示。

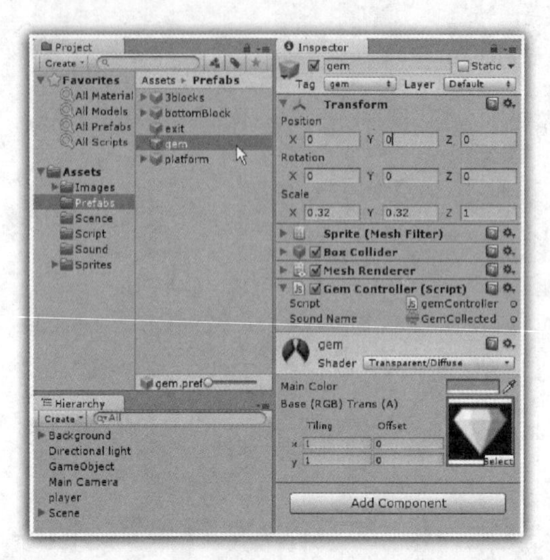

图 4-45　设置 GemController 的声音变量

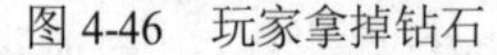

图 4-46　玩家拿掉钻石

图 4-47　玩家人物欢呼

4.3 游戏场景二

在前面游戏场景一的基础上修改而设计游戏场景二，首先需要修改游戏场景背景，然后添加不同的平台，实现敌人的动画左、右移动。

4.3.1　新建场景

下面介绍如何新建场景、修改背景以及添加不同的平台。

1．新建场景

打开前面所建立的场景一，单击菜单“File”→“Save Scene as”命令，在另存为场景对话框中输入场景二的名称为 Level2，出现如图 4-48 所示的游戏场景二开始的界面。

图 4-48　游戏场景二开始

在图 4-48 中，在层次 Hierarchy 窗格中选择 3dblocks，删除掉右边第二层的三个平台，以便下面添加新的平台，如图 4-49 所示。

图 4-49　设计游戏场景二

2. 修改背景

在如图 4-50 所示的项目 Project 窗格中，选择 Images 目录下 Backgrounds 文件夹中的 Layer1_2 图片，直接拖放到层次 Hierarchy 窗格中 Background1 之上，此时修改的是天空背景界面。

在如图 4-51 所示的项目 Project 窗格中，选择 Images 目录下 Backgrounds 文件夹中的 Layer2_2 图片，直接拖放到层次 Hierarchy 窗格中 Background2 之上，此时修改的是中间背景界面。

图 4-50　修改背景一

图 4-51　修改背景二

在如图 4-52 所示的项目 Project 窗格中，选择 Images 目录下 Backgrounds 文件夹中的 Layer3_2 图片，直接拖放到层次 Hierarchy 窗格中 Background3 之上，此时修改的是前面背景界面。

3. 添加平台

单击菜单“GameObject”，选择“Create Empty”命令，在游戏场景中创建一个空白的游戏对象 GameObject，在层次 Hierarchy 窗格中，将该对象的名称修改为 platform，并在检视器窗格中设置其位置坐标为原点（0,0,0）。

图 4-52　修改背景三

在项目 Project 窗格中，选择 Prefabs 文件夹中的 sprite 对象，直接拖放该对象到层次 Hierarchy 窗格的 platform 中去，并将该对象的名称修改为 block2，同样在检视器窗格中设置其位置坐标为原点（0,0,0）。

然后选择 Images 目录下 Tiles 文件夹中的 Platform 图片，直接拖放到层次 Hierarchy 窗格中 block2 之上，修改 block2 对象 Position 参数为：X=0，Y=0，Z=0；Scale 参数为：X=0.64，Y=0.48，Z=1。

再次单击菜单“Component”→“Physcis”→“Box Collider”命令，为预制件新建一个长方体碰撞体，并设置该碰撞体的 Size 参数为：X=1.92，Y=0.48，Z=1。

在层次 Hierarchy 窗格中，选择 block2，按下 Ctrl+D 四次，复制四个 block2，分别设置这四个 block2 的 Position 参数如下。

设置第一个 block2 对象的 Position 参数为：X=0.64，Y=0，Z=0；设置第二个 block2 对象的 Position 参数为：X=1.28，Y=0，Z=0；设置第三个 block2 对象的 Position 参数为：X=1.92，Y=0，Z=0；设置第四个 block2 对象的 Position 参数为：X=2.56，Y=0，Z=0。

然后设置 Platform 对象的 Position 参数为：X=-0.42，Y=-0.37，Z=0，将该对象拖放到 Scene 之中；设置原有的第二层左边 3blocks 对象的 Position 参数为：X=-3，Y=-0.39，Z=0；这样就添加了新的平台，如图 4-53 所示。

在图 4-53 所示的层次窗口中选择界面右边的钻石对象，按下 Ctrl+D 一次，复制一个钻石，分别设置这三个 gem 的 Position 参数如下。

图 4-53　添加平台

设置第一个 gem 对象的 Position 参数为：X=0.17，Y=0.4，Z=0；设置第二个 gem 对象的 Position 参数为：X=1.38，Y=0.8，Z=0；设置第三个 gem 对象的 Position 参数为：X=2，Y=0.4，Z=0；最后设计的游戏界面，如图 4-54 所示。

图 4-54　设置钻石

4.3.2　敌人动画

下面介绍如何实现在右边中间平台上，敌人左右循环移动的动画。

1. 显示敌人

在 Images 文件夹 Sprites 中的 MonsterA 目录下的 Run 图片，是敌人奔跑的 10 帧序列图，如图 4-55 所示。

图 4-55 敌人奔跑序列图

在项目 Project 窗格中，选择 Prefabs 文件夹中的 sprite 对象，直接拖放该对象到层次 Hierarchy 窗格中，并将该对象的名称修改为 enemy，同样在检视器窗格中设置其位置坐标为原点(0,0,0)。

在如图 4-56 所示的项目 Project 窗格中，选择 Images 目录下 MonsterA 文件夹中的 Run 图片，直接拖放到层次 Hierarchy 窗格中 enemy 之上，修改 enemy 对象 Position 参数为：X=0，Y=0.39，Z=0；并且设置 enemy 对象的 Tag 为 enemy。

图 4-56 显示敌人

另外需要说明的是，设置 player 对象的 Position 参数为：X=0，Y=-1.78，Z=0，以便玩家人物在最底部的平台上左、右奔跑。

为实现敌人与玩家人物的碰撞检测，还需要为敌人对象添加刚体和碰撞体。

单击菜单“Component”→“Physcis”→“Rigidbody”命令，为 enemy 对象添加一个刚体，并非勾选 Use Gravity。

再次单击菜单“Component”→“Physcis”→“Box Collider”命令，为 enemy 对象新建一个长方体碰撞体，并设置该碰撞体的 Size 参数为：X=0.66，Y=1，Z=1，如图 4-57 所示。

这里需要说明的是，如果此时敌人不添加刚体，当玩家人物处于静止状态时，就不能检测到敌人与玩家人物的碰撞。

图 4-57　添加刚体、碰撞体

2. 敌人动画

在项目 Project 窗格中，选择 Scripts 目录下的 AnimationController 或者 animationController 代码文件，拖放到层次 Hierarchy 窗格中的 enemy 对象之上，并在检视器中出现 Animation-Controller 代码组件中设置 frameNo 为 10。

运行游戏，此时可以看到敌人的奔跑的动画，如图 4-58 所示。

图 4-58　敌人动画

3. 敌人循环移动

要实现敌人的循环左、右移动，需要编写代码。

对于 C#开发者来说，在项目 Project 窗格中，选择 Script 文件夹，在右键出现的快捷菜单中选择“Create”→“C# Script”命令，创建一个 C#文件，修改该文件的名称为 EnemyController.cs，在 EnemyController.cs 中书写相关代码，见代码 4-17。

代码 4-17　EnemyController 的 C#代码

```
 1: using UnityEngine;
 2: using System.Collections;
 3:
 4: public class EnemyController : MonoBehaviour
 5: {
 6:
 7:  private float speed=1.0f;
 8:  private float startPosition;
 9:  private bool isRight=true;
10:  private AnimationController myAnimationController;
11:
12:  void Start()
13: {
14:
15:   myAnimationController=GetComponent<AnimationController>();
16:   startPosition=transform.position.x;
17:
18:  }
19:
20:  void Update()
21: {
22:
23:   if(isRight)
24:   {
25:      transform.Translate(Vector3.right*speed*Time.deltaTime);
26:
27:      myAnimationController.direction=false;
28:
29:   }
30:   else
31:   {
32:      transform.Translate(Vector3.left*speed*Time.deltaTime);
33:
34:     myAnimationController.direction=true;
35:
36:   }
37:
38:   if((transform.position.x-startPosition)<-0.5f)
39:      isRight=true;
40:
```

```
41:    if((transform.position.x-startPosition)>2.0f)
42:       isRight=false;
43:
44:   }
45:
46: }
```

在上述 C#代码中，实现的主要功能是敌人左、右循环移动，并伴随敌人动画。为实现敌人动画，主要是调用动画组件 AnimationController 的相关功能。

代码第 15 行首先获得对同一 enemy 对象中动画组件 AnimationController 的引用，以便在后续代码中控制敌人奔跑的方向，如第 27 行代码显示动画向右奔跑，第 34 行代码显示动画向左奔跑。

代码第 25 行实现敌人向右移动；代码第 32 行实现敌人向左移动；而第 38 行则是判断敌人是否处于移动位置的最左端，如果是，则执行第 39 行语句，设置向右移动的变量 isRight 为 true；第 41 行判断敌人是否处于移动位置的最右端，如果是，则执行第 42 行语句，设置向右移动的变量 isRight 为 false。

对于 JavaScript 开发者来说，在项目 Project 窗格中，选择 Script 文件夹，在右键出现的快捷菜单中选择“Create”→“Javascript”命令，创建一个 JavaScript 文件，修改该文件的名称为 enemyController.js，在 enemyController.js 中书写相关代码，见代码 4-18。

代码 4-18　enemyController 的 JavaScript 代码

```
 1: private var speed:float=1.0f;
 2: private var myAnimationController;
 3: private var startPosition:float;
 4: private var isRight:boolean=true;
 5:
 6: function Start()
 7: {
 8:    myAnimationController=GetComponent("animationController");
 9:    startPosition=transform.position.x;
10: }
11:
12: function Update()
13: {
14:
15:   if(isRight)
16:  {
17:    transform.Translate(Vector3.right*speed*Time.deltaTime);
18:
19:     myAnimationController.direction=false;
20:
21:   }
22:   else
23:   {
24:     transform.Translate(Vector3.left*speed*Time.deltaTime);
25:
```

```
26:     myAnimationController.direction=true;
27:
28:   }
29:
30:   if((transform.position.x-startPosition)<-0.5)
31:    isRight=true;
32:
33:  if((transform.position.x-startPosition)>2.0)
34:     isRight=false;
35:
36: }
```

在上述 JavaScript 代码中，实现的主要功能是敌人左、右循环移动，并伴随敌人动画。为实现敌人动画，主要是调用动画组件 AnimationController 的相关功能。

代码第 8 行首先获得对同一 enemy 对象中动画组件 AnimationController 的引用，以便在后续代码中控制敌人奔跑的方向，如第 19 行代码显示动画向右奔跑，第 26 行代码显示动画向左奔跑。

代码第 17 行实现敌人向右移动；代码第 24 行实现敌人向左移动；而第 30 行则是判断敌人是否处于移动位置的最左端，如果是，则执行第 31 行语句，设置向右移动的变量 isRight 为 true；第 33 行判断敌人是否处于移动位置的最右端，如果是，则执行第 34 行语句，设置向右移动的变量 isRight 为 false。

在项目 Project 窗格中，选择 Scripts 目录下的 EnemyController 或者 enemyController 代码文件，拖放到层次 Hierarchy 窗格中的 enemy 对象之上。

运行游戏，此时按下左方向键，会显示人物向左奔跑的动画；按下右方向键，则会显示人物向右奔跑的动画；按下空格键，玩家人物将会跳跃；玩家人物接触到钻石，可以拾取钻石；此时敌人左、右循环移动，如图 4-59 所示。

在图 4-59 中，人物向右奔跑，在第二层右边的平台中，还有敌人在左、右移动；如果玩家在该平台上与敌人相遇，玩家将会死掉，此时会弹出一个“YOU DIED”对话框，出现如图 4-60 所示的界面。

图 4-59　第二关卡人物向右奔跑

图 4-60　第二关卡输家界面

在图 4-60 中，单击空格键，游戏会重新开始第二关卡；如果玩家顺利拿完所有钻石之后，跳跃到第三层平台，进入“Exit”图标，则可以进入第三关卡。

4.4 游戏场景三

在前面游戏场景二的基础上修改、设计游戏场景三，首先需要修改游戏场景背景，然后设计不同的平台即可。

4.4.1 修改游戏场景背景

下面介绍如何新建场景、修改游戏场景背景。

1. 新建场景

打开前面所建立的场景二，单击菜单“File”→“Save Scene as”命令，在另存为场景对话框中输入场景二的名称为 Level3，出现如图 4-61 所示的游戏场景三开始的界面。

在图 4-61 中，在层次 Hierarchy 窗格中选择 3dblocks，删除掉左边第二层的三个平台，删除最上面的三个平台，并删除 enemy 对象，如图 4-62 所示。

图 4-61 游戏场景三开始

2. 修改背景

在如图 4-63 所示的项目 Project 窗格中，选择 Images 目录下 Backgrounds 文件夹中的 Layer1_3 图片，直接拖放到层次 Hierarchy 窗格中 Background1 之上，此时修改的是天空背景界面。

图 4-62　设计游戏场景三

图 4-63　修改背景一

在如图 4-64 所示的项目 Project 窗格中，选择 Images 目录下 Backgrounds 文件夹中的 Layer2_3 图片，直接拖放到层次 Hierarchy 窗格中 Background2 之上，此时修改的是中间背景界面。

在如图 4-65 所示的项目 Project 窗格中，选择 Images 目录下 Backgrounds 文件夹中的 Layer3_2 图片，直接拖放到层次 Hierarchy 窗格中 Background3 之上，此时修改的是前面背景界面。

图 4-64　修改背景二

图 4-65　修改背景三

4.4.2　设计平台

在游戏场景三中，还需要设计平台和设计钻石。

1. 设计平台

在如图 4-65 所示的层次 Hierarchy 窗格中，选择 Scene 对象中的 platform，按下 Ctrl+D 两次，复制两个 platform，分别设置这三个 platform 对象如下。

首先选择第一个 platform 对象，设置 platform 对象的 Position 参数为：X=-0.2，Y=1.05，Z=0；在层次 Hierarchy 窗格中展开该对象，该对象包含五个 block2 对象，删除最右边的两个 block2 对象。

然后选择第二个 platform 对象，设置 platform 对象的 Position 参数为：X=-3.7，Y=-0.5，Z=0。

最后选择第三个 platform 对象，设置 platform 对象的 Position 参数为：X=2.4，Y=1.7，Z=0；在层次 Hierarchy 窗格中展开该对象，该对象包含五个 block2 对象，删除最右边的两个 block2 对象。

选择 Scene 对象中 exit 出口标志对象，设置该对象的 Position 参数为：X=3.4，Y=2.17，Z=0。

平台设计完成之后的用户界面，如图 4-66 所示。

图 4-66　设计平台

2. 设计钻石

在如图 4-66 所示的层次 Hierarchy 窗格中，Scene 对象中包含五个 gem 钻石对象，从上到下，依次选择这五个 gem 对象，分别设置如下。

选择第一个 gem 钻石对象，设置该对象的 Position 参数为：X=-3.4，Y=0.8，Z=0；选择第二个 gem 钻石对象，设置该对象的 Position 参数为：X=-2.5，Y=1.1，Z=0；选择第三个 gem 钻石对象，设置该对象的 Position 参数为：X=-1.7，Y=0.4，Z=0。

选择第四个 gem 钻石对象，设置该对象的 Position 参数为：X=-0.15，Y=2，Z=0；最后选择第五个 gem 钻石对象，设置该对象的 Position 参数为：X=0.8，Y=1.8，Z=0。并注意设置 gem

钻石对象的标签 Tag 为 gem。

平台设计完成之后的游戏场景三用户界面，如图 4-67 所示。

图 4-67　游戏场景三

运行游戏，可以看到：当玩家人物拾取完毕所有钻石之后，跳跃到第三层平台，进入“Exit”图标，则重新进入第一关卡。

合金弹头游戏项目是一个基于 2D 的、较为复杂的游戏，学习者在学习了前面的 2D 游戏项目之后，再学习该综合游戏，可以复习前面的相关知识和技能，提高游戏开发的综合运用能力。

在合金弹头游戏项目中，学习如何分析游戏功能，如何实现游戏界面设计、各种游戏对象的动画实现，以及士兵角色、碰撞检测的实现，如何设置摄像机、声音播放，从而实现一个较为复杂的综合游戏项目。

05 CHAPTER FIVE 第五章 合金弹头游戏项目

>> 本章要点

- 游戏功能分析
- 游戏界面设计
- 各种动画实现
- 士兵角色实现
- 士兵碰撞检测
- 摄像机设置
- 声音播放

5.1 游戏功能分析

首先运行合金弹头游戏项目，了解合金弹头项目是一个什么样的游戏；然后对合金弹头游戏项目进行功能分析，对该游戏项目有一个比较深入的了解，以便后面逐步实现这个基于 2D 的合金弹头游戏。

5.1.1 运行游戏

在光盘中找到游戏项目——5.合金弹头游戏项目——RiceAttack，运行游戏，打开如图 5-1 所示的开始场景界面。

在开始界面中，单击“Play”按钮，此时会弹出一个使用说明界面，如图 5-2 所示。

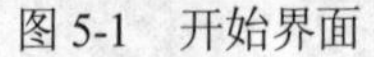
图 5-1 开始界面

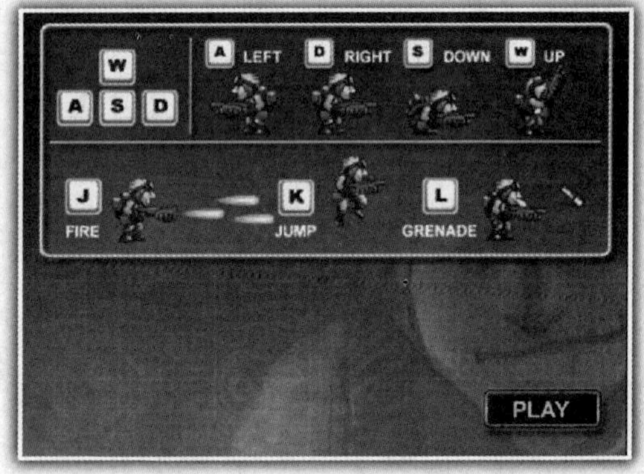

图 5-2 使用说明界面

在图 5-2 中，说明了如何玩该游戏，通过“A”、“D”键控制士兵的左、右移动；通过 “W”、“S”键实现士兵的向上瞄准、蹲下动作；按下“J”键，士兵发射子弹；按下“K”键，士兵向上跳跃；按下“L”键，士兵投射手榴弹。

在图 5-2 中，单击右下方的“PLAY”按钮，出现如图 5-3 所示的难度选择界面。

在图 5-3 中，一共显示了三个难度选择按钮，它们分别是“EASY”按钮、“MEDIUM”按钮以及“HARD”按钮，这三个按钮分别对应容易、一般难度、难度较高三种游戏难度，本游戏项目只实现了容易难度的按钮响应，单击“EASY”按钮，出现如图 5-4 所示的选择玩家角色界面。

在图 5-4 中，单击左边的 LEO 图像按钮，就会选择该士兵的角色作为玩家士兵，使得游戏进入游戏主场景，也就是游戏关卡的开始界面，如图 5-5 所示。

在图 5-5 中，首先汽车从左到右，移动到界面的中央，并停止在界面中央，伴随汽车刹车的声音，然后士兵从汽车的后部梯子滑下，降落到地面，士兵出现在游戏场景中，汽车再次启动，从游戏界面中央向右移动，离开界面，实现关卡的开始界面。

图 5-6 显示了玩家士兵向敌人射击的界面，按下“J”键，士兵可以发射子弹；通过“A”、“D”键控制士兵的左、右移动。

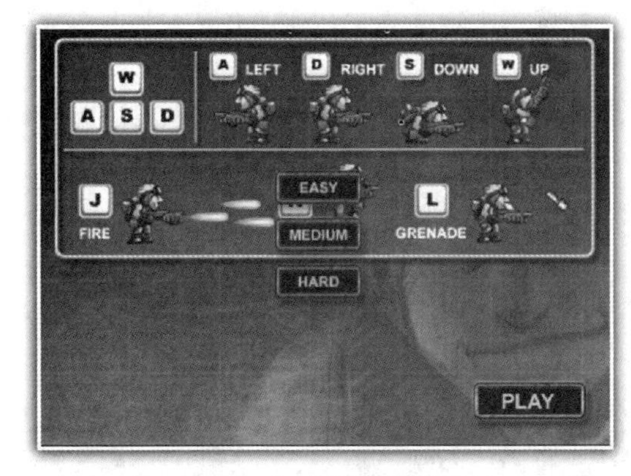

图 5-3　选择难度界面

图 5-4　选择玩家角色界面

图 5-5　关卡开始界面

图 5-6　玩家射击界面

当士兵发射的子弹击中敌人的时候，子弹首先被销毁，而敌人出现被击中的动画，然后也消失，如图 5-7 所示。

在游戏场景中，按下“L”键，士兵投射手榴弹，当手榴弹接触到地面或者敌人时，会发生爆炸，图 5-8 显示了手榴弹的爆炸界面。

图 5-7　敌人被击中界面

图 5-8　玩家投射手榴弹爆炸

在游戏场景中，敌人同样也会向士兵投射手榴弹，当手榴弹接触到地面或者士兵时，也会发生爆炸，图 5-9 显示了右边的敌人向士兵投射手榴弹，手榴弹发生的爆炸界面。

在游戏场景中，玩家士兵还需要解救人质，通过向人质发射子弹，可以解救人质，图 5-10 显示了两个需要被解救的人质。

图 5-9　敌人投射手榴弹爆炸

图 5-10　玩家解救人质

在合金弹头游戏中，这里被解救的人质一共有两个，一个人质被捆绑在地面，另外一个人质则被捆绑在树上。当地面的人质被解救之后，该人质会显示从右到左奔跑的动画，并且打开上衣，为士兵留下一个子弹包，然后消失，如图 5-11 所示。

当被捆绑在树上的人质被解救之后，该人质会出现相关动画，解脱绳索，然后从树上跳下到地面，显示从右到左奔跑的动画，并且打开上衣，同样为士兵留下一个医药包，然后消失，如图 5-12 所示。

图 5-11　人质动画一

图 5-12　人质动画二

在游戏场景中，士兵不断从左到右移动，在解救了人质之后，继续向右移动，此时会出现肩扛火箭筒的敌人，因此需要士兵发射子弹，消灭该敌人，如图 5-13 所示。

在游戏场景中，士兵继续向右移动，此时会出现一个木桶阻碍士兵的移动，不断射击该木桶，该木桶最后将会发生爆炸，如图 5-14 所示。

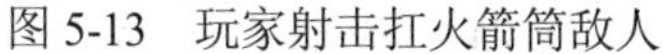
图 5-13　玩家射击扛火箭筒敌人

图 5-14　玩家射击木桶爆炸

在游戏关卡中，玩家士兵继续向右移动，此时在天空上方出现飞机轰炸士兵的游戏界面，如图 5-15 所示。

在图 5-15 中，飞机不断发射炸弹来轰炸士兵，当炸弹降落到地面就会发射爆炸，如果士兵位置在爆炸范围内，则士兵会被炸死，图中显示了炸弹爆炸的界面；士兵可以向上不断发射子弹，向飞机射击，当然需要在左、右移动的过程中来射击，以避免飞机发射的炸弹轰炸，当飞机被子弹击中二十次之后，飞机就会被击毁掉，飞降到地面，从而发生爆炸，如图 5-16 所示。

图 5-15　飞机发射炸弹爆炸

图 5-16　飞机爆炸

在游戏关卡中，玩家士兵继续向右移动，此时在游戏界面的右方会出现一辆坦克，坦克会定时发射炮弹，士兵需要蹲下以避免坦克炮弹，如图 5-17 所示。

在图 5-17 中，士兵可以发射子弹，也可以投射手榴弹，当坦克被子弹击中 10 次，或者被手榴弹炸中一次之后，坦克就会发生爆炸，如图 5-18 所示。

5.1.2　游戏功能分析

通过运行上述合金弹头游戏，可以发现：该游戏应该是一个较为复杂的综合游戏，整个游戏可以划分四个游戏场景，它们分别是开始场景、使用说明场景、玩家选择场景以及关卡场景。

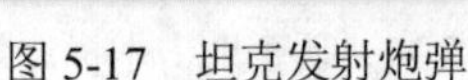
图 5-17　坦克发射炮弹

图 5-18　坦克爆炸

关卡场景是合金弹头游戏项目的主要场景，其中包括较多的游戏对象。如汽车动画、三种不同的敌人角色、两种不同的人质动画、木桶障碍物、飞机和坦克动画等。士兵在从左到右的行进中，可以发射子弹、投射手榴弹等，成功击中敌人、飞机、坦克等游戏项目，会获得不同的奖励分数，在最短的计时时间内，获得最高分数的是最后赢家。

完成该游戏后，游戏项目的目录结构如图 5-19 所示。其中 Images 目录存放各个游戏对象所对应的的图片；sound 目录存放各种声音文件，如飞机发射炸弹的声音、飞机炸弹的爆炸声等；四个游戏场景则位于 Scenes 目录之中。

图 5-20 则显示了 prefabs 目录中的相关预制件对象，如显示 2D 图片的 sprite 预制件、手榴弹 grenade 预制件等。

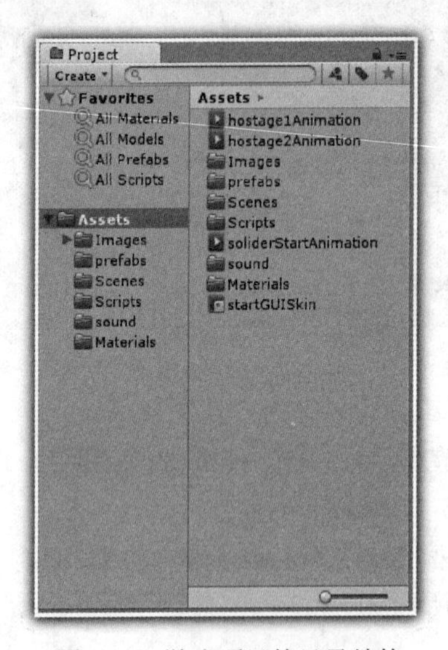

图 5-19　游戏项目的目录结构

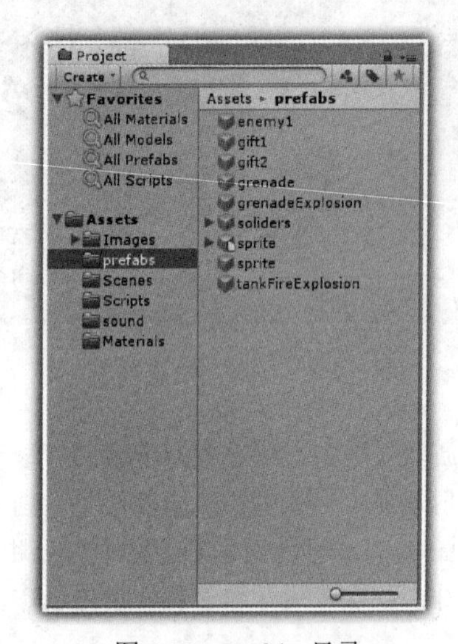

图 5-20　prefabs 目录

对于 C#开发者来说，图 5-21 显示了需要开发者开发的 C#文件，共有 24 个文件；对于 JavaScript 开发者来说，图 5-22 则显示了需要开发者开发的 JavaScript 文件，共有 24 个文件。

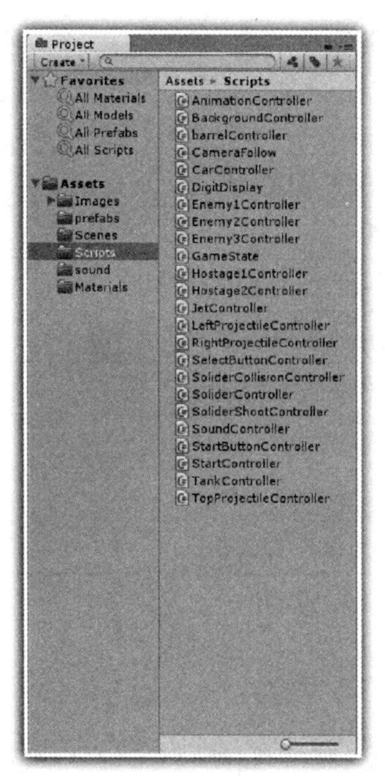

图 5-21　C#文件

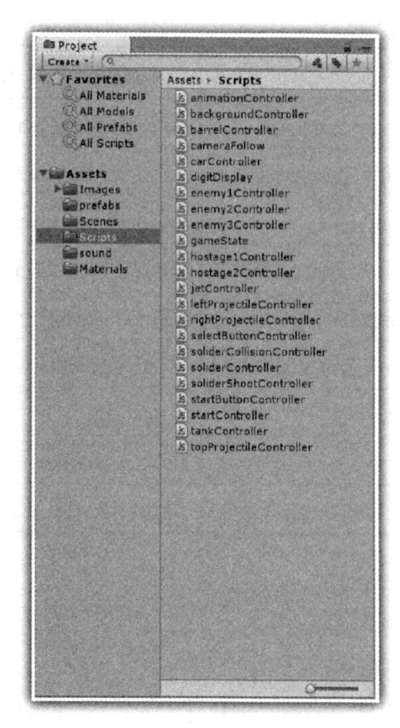

图 5-22　JavaScript 文件

这些开发文件的具体功能说明，见表 5-1。

表 5-1　开发文件的功能说明

C#文件名	JavaScript 文件名	功能说明
AnimationController	animationController	实现 2D 动画的组件
BackgroundController	backgroundController	实现对背景的控制
BarrelController	barrelController	实现对木桶障碍物的控制
CameraFollow	cameraFollow	实现对主摄像机的控制，跟随士兵移动而移动
CarController	carController	实现对汽车动画的控制
DigitDisplay	digitDisplay	实现底部面板数字、分数和计时器的显示
Enemy1Controller	enemy1Controller	实现对敌人角色 1 的动画控制
Enemy2Controller	enemy2Controller	实现对敌人角色 2 的动画控制
Enemy3Controller	enemy3Controller	实现对敌人角色 3 的动画控制
GameState	gameState	设置游戏总共十七种状态的枚举
Hostage1Controller	hostage1Controller	实现对人质 1 的动画
Hostage2Controller	hostage2Controller	实现对人质 2 的动画
JetController	jetController	实现对飞机动画的控制
LeftProjectileController	leftProjectileController	实现向左发射子弹的控制
RightProjectileController	rightProjectileController	实现向右发射子弹的控制

续表

C#文件名	JavaScript 文件名	功能说明
SelectButtonController	selectButtonController	实现对玩家角色选择按钮的控制
SoliderCollisionController	soliderCollisionController	实现士兵的碰撞检测
SoliderController	soliderController	实现士兵的运动状态控制
SoliderShootController	soliderShootController	实现士兵的射击状态控制
SoundController	soundController	实现在摄像机位置播放声音
StartButtonController	startButtonController	实现对相关按钮的选择控制
StartController	startController	实现对子弹发射位置火星的控制
TankController	tankController	实现对坦克动画的控制
TopProjectileController	topProjectileController	实现向上发射子弹的控制

5.2 游戏界面设计

在游戏界面设计中，包括三个游戏场景的设计，它们分别是开始场景、使用说明场景以及玩家角色选择场景。

5.2.1 新建场景

下面介绍如何打开游戏项目资源，设置游戏窗口分别率、摄像机等。

1. 打开游戏项目资源

首先找到光盘中的游戏项目资源——5.合金弹头游戏项目资源——RiceAttack，将整个文件夹 RiceAttack 拷贝到系统的 C 盘根目录，如图 4-23 所示。

图 4-23　RiceAttack 项目文件

然后启动 Unity3D 软件，单击菜单“File”→“Open Project”命令，选择文件夹 RiceAttack，这样就可以打开合金弹头游戏 RiceAttack 的项目资源，如图 4-24 所示。

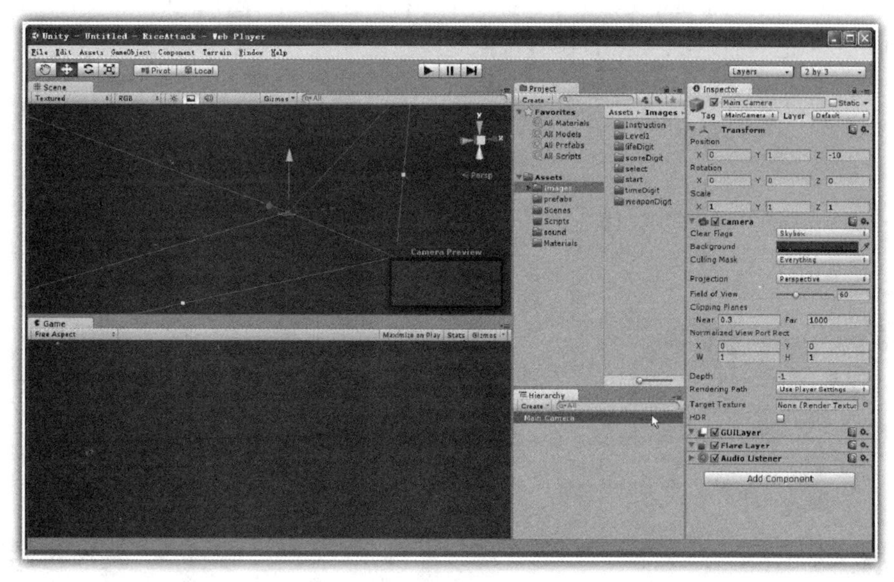

图 4-24　打开 RiceAttack 项目资源文件

在图 4-24 中，RiceAttack 项目资源文件中包括 6 个资源文件夹，它们分别是 Images、prefabs、Scenes、Scripts、sound 和 Materials。

在 Images 文件中以分类（文件夹）方式提供了各种图片，以便实现合金弹头游戏中的各种对象，如士兵、飞机、坦克、飞机炸弹、坦克炮弹以及爆炸的效果帧序列图等，如图 4-25 所示。

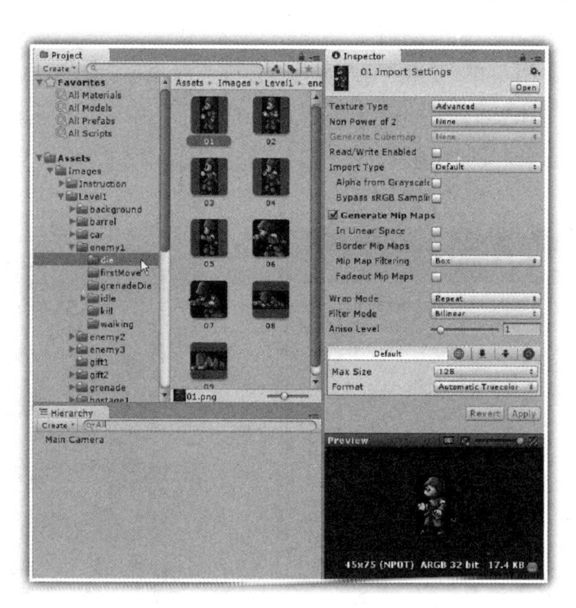

图 4-25　Images 目录下的各种图片资源

在 prefabs 文件中，则提供了一个 sprite 预制对象，用于专门显示 2D 图片，以便构建游戏场景，如图 4-26 所示。

在如图 4-27 所示的 sound 文件夹中，提供了各种声音文件，选择相关声音文件，单击图片右下方的播放按钮，可以在 Unity3D 中直接播放声音。

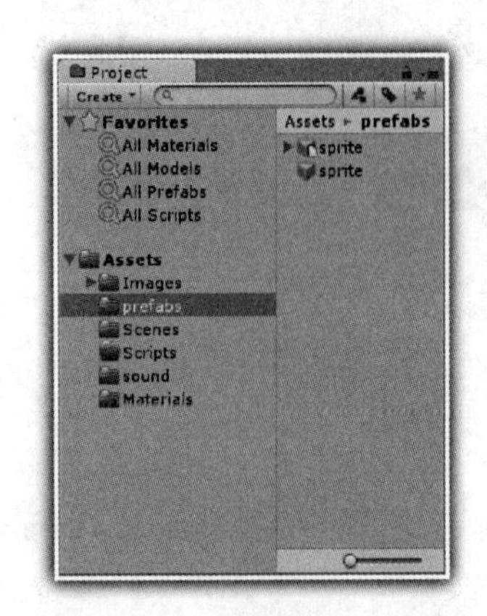

图 4-26　prefabs 目录下的资源

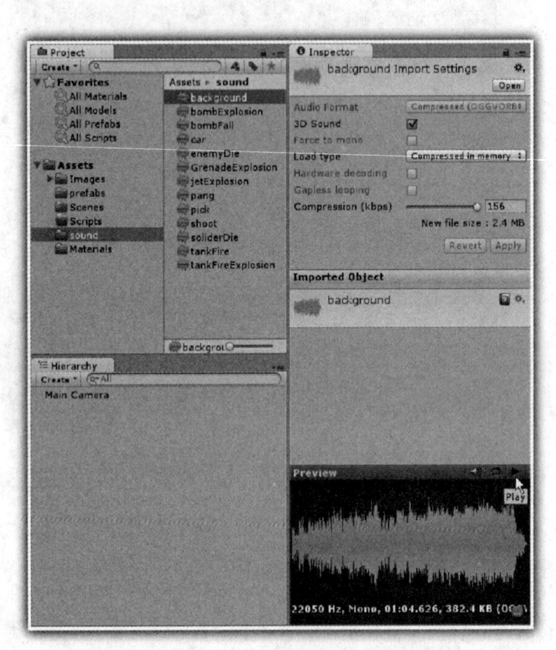

图 4-27　sound 目录下的各种声音文件

由此可见，在合金弹头这个 2D 游戏所提供的项目资源文件中，主要是图片、声音和预制对象。

在图 4-24 中，首先单击菜单“File”→“New Scene”命令；然后再单击菜单“File”→“Save Scene as”命令，打开如图 4-28 所示的保存场景对话框，在其中输入 Level1 场景名称，单击“保存”按钮，即可保存该场景。保存场景后的项目窗格如图 4-29 所示。

图 4-28　保存场景对话框

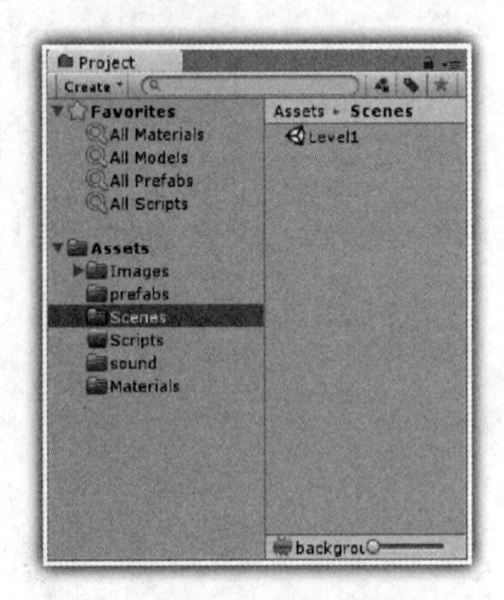

图 4-29　项目窗格中的场景

2. 设置游戏窗口分辨率

为方便游戏场景的设计，这里设置游戏的输出界面为固定大小，将游戏窗口的分辨率设置为560×400。

设置步骤与前面的游戏项目一样，这里不再重复。

单击菜单“GameObject”→“Create Other”→“Directional Light”命令，此时就会在游戏场景中创建一个平行光对象。设置该平行光的所有角度为0，以便直射照到background对象上，至于位置则无关紧要，并不影响游戏的效果，就像太阳的效果一样，只与角度有关，而与位置无关。

3. 设置摄像机

当新建游戏场景时，Unity3D会自动生成一个Main Camera摄像机对象。

在层次Hierarchy窗格中选择Main Camera对象，在检视器中就会显示摄像机的相关参数。在摄像机参数中，一个重要的参数就是投影方式Projection。如果设置投影方式Projection为正交投影Orthographic，则此时的投影方式转为2D投影，其摄像机形状是长方体。

需要说明的是：只有在这个长方体内的游戏对象，才能在游戏输出窗格中显示；超出这个长方体内的游戏对象，不能在游戏界面中显示。

需要开发的平台游戏项目是一个2D的游戏，这里需要设置投影方式Projection为正交投影Orthographic；摄像机的位置参数的X=0，Y=0，Z=-10；而摄像机的Size=2；近端平面Near=0.3、远端平面Far=20。

5.2.2 开始界面设计

在开始界面设计中，包括设置游戏场景背景、设置游戏名称标题、设置点缀的星星以及设置个性化按钮。

1. 设置游戏场景背景

在项目Project窗格中，选择prefabs文件夹中的sprite对象，直接拖放该对象到层次Hierarchy窗格中，并将该对象的名称修改为background，在检视器窗格中设置其位置坐标为原点(0,0,0)。

在如图5-30所示的项目Project窗格中，选择start目录下background图片，直接拖放到层次Hierarchy窗格中background之上，修改background对象Position参数为：X=0，Y=0，Z=0；Scale参数为：X=5.6，Y=4，Z=1。

2. 设置游戏名称标题

在项目Project窗格中，再次选择prefabs文件夹中的sprite对象，直接拖放该对象到层次Hierarchy窗格中，并将该对象的名称修改为riceAttack，在检视器窗格中设置其位置坐标为原点（0,0,0）。

在如图5-31所示的项目Project窗格中，选择start目录下riceAttack图片，直接拖放到层次Hierarchy窗格中riceAttack之上，修改riceAttack对象Position参数为：X=0，Y=-0.6，Z=-1；Scale参数为：X=4.69，Y=0.88，Z=1。

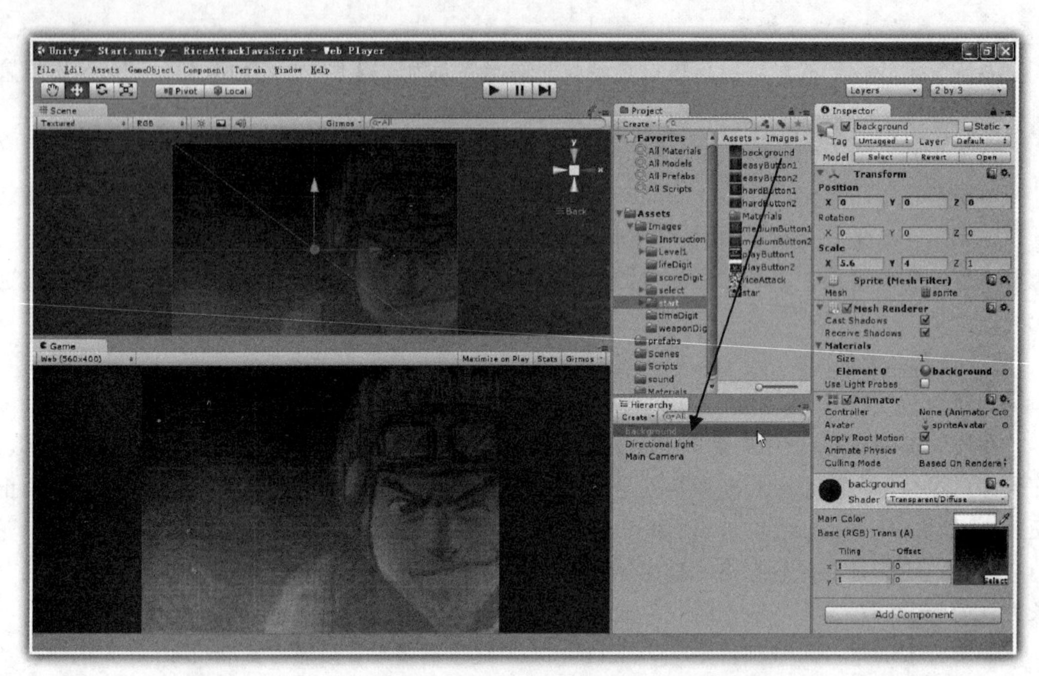

图 5-30　设置背景

图 5-31　设置游戏标题

3. 设置点缀的星星

在项目 Project 窗格中，选择 prefabs 文件夹中的 sprite 对象，直接拖放该对象到层次 Hierarchy

窗格中，并将该对象的名称修改为 star，在检视器窗格中设置其位置坐标为原点（0,0,0）。

在如图 5-32 所示的项目 Project 窗格中，选择 start 目录下 star 图片，直接拖放到层次 Hierarchy 窗格中 star 之上，修改 star 对象 Position 参数为：X=0.74，Y=1.24，Z=-1；Scale 参数为：X=0.5，Y=0.5，Z=1。

图 5-32　设置星星

在如图 5-32 所示的层次 Hierarchy 窗格中，选择 star 对象，按下 Ctrl+D，复制一个 star，设置 star 对象的 Position 参数为：X=-1.87，Y=1.49，Z=-1。

4. 设置个性化按钮

为了实现当鼠标悬浮在按钮之上时，按钮出现悬浮效果，需要设置个性化的按钮。当然此时首先需要设计按钮在这两种状态之下的不同形状，在合金弹头游戏项目中，设计了 playButton1 和 playButton2 两种不同图像的按钮。

在项目 Project 窗格中，在右键出现的快捷菜单中选择“Create”→“GUI Skin”命令，新建一个皮肤文件，将该皮肤文件的名称修改为 startGUISkin，如图 5-33 所示。

在图 5-33 中，双击新建的 startGUISkin 皮肤文件，在检视器中出现该皮肤文件的各个属性，在监视器中展开按钮 Button 的属性，分别将两种不同状态的按钮图片拖放到 Button 的属性之中。

将 playButton1 图像按钮，分别拖放到 Button 的属性 Normal 和 On Normal 的 Background 属性之中；将 playButton2 图像按钮，分别拖放到 Button 的属性 Hover、Active 和 On Hover、On Active 的 Background 属性之中，如图 5-34 所示。

下面需要通过编写代码，实现调用个性化按钮在适当位置的显示。

对于 C#开发者来说，在项目 Project 窗格中，选择 Scripts 文件夹，在右键出现的快捷菜单中选择“Create”→“C# Script”命令，创建一个 C#文件，修改该文件的名称为 StartButtonController.cs，在 StartButtonController.cs 中书写相关代码，见代码 5-1。

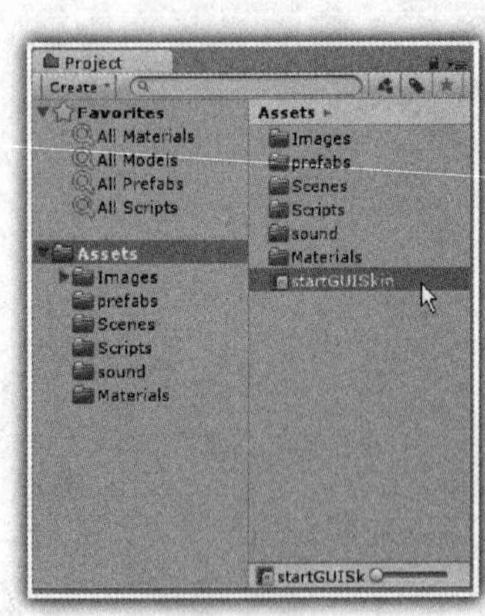

图 5-33　新建皮肤文件

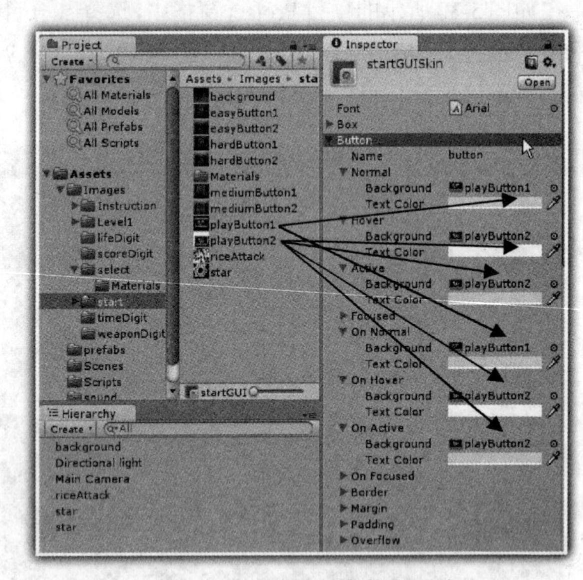

图 5-34　设置个性化按钮图片

代码 5-1　StartButtonController 的 C#代码

```
 1: using UnityEngine;
 2: using System.Collections;
 3:
 4: public class startButtonController : MonoBehaviour
 5: {
 6:
 7:   public GUISkin startGUISkin;
 8:   public float x;
 9:   public float y;
10:
11:   void OnGUI()
12:   {
13:       GUI.skin=startGUISkin;
14:
15:       if(GUI.Button(new Rect(x,y,128,65),""))
16:       {
17:          if(Application.loadedLevelName=="Start")
18:              Application.LoadLevel("Instruction");
19:       }
20:
21:   }
22:
23: }
```

在上述 C#代码中，实现的主要功能显示个性化的按钮，当鼠标悬浮在按钮之上时，出现按钮变化，如果单击按钮，则可以转换到下一个游戏场景。

第 7 行代码定义了一个公有属性的皮肤文件变量 startGUISkin，以便开发者在检视器中关联前面所定义的皮肤文件；第 8 行、第 9 行代码设置了按钮的位置，以便开发者可以在检视器中调整位置；第 13 行设置当前的皮肤文件；第 15 行设置按钮的位置，并给出按钮单击的响应事件。

对于 JavaScript 开发者来说，在项目 Project 窗格中，选择 Scripts 文件夹，在右键出现的快捷菜单中选择“Create”→“Javascript”命令，创建一个 JavaScript 文件，修改该文件的名称为 startButtonController.js，在 startButtonController.js 中书写相关代码，见代码 5-2。

代码 5-2　startButtonController 的 JavaScript 代码

```
 1: var startGUISkin:GUISkin;
 2: var x:float;
 3: var y:float;
 4:
 5: function OnGUI()
 6: {
 7:   GUI.skin=startGUISkin;
 8:
9:   if(GUI.Button(new Rect(x,y,128,65),""))
10:   {
11:     if(Application.loadedLevelName=="Start")
12:       Application.LoadLevel("Instruction");
13:   }
14:
15: }
```

在上述 JavaScript 代码中，实现的主要功能显示个性化的按钮，当鼠标悬浮在按钮之上时，出现按钮变化，如果单击按钮，则可以转换到下一个游戏场景。

第 1 行代码定义了一个公有属性的皮肤文件变量 startGUISkin，以便开发者在检视器中关联前面所定义的皮肤文件；第 2 行、第 3 行代码设置了按钮的位置，以便开发者可以在检视器中调整位置；第 7 行设置当前的皮肤文件；第 9 行设置按钮的位置，并给出按钮单击的响应事件。

在项目 Project 窗格中，选择 StartButtonController 代码文件或者 startButtonController 代码文件，将该文件拖放到层次 Hierarchy 窗格中的 Main Camera 对象之上，此时就会在检视器中出现 StartButtonController 或者 startButtonController 代码组件。

在图 5-35 中，拖放前面所创建的 startGUISkin，到 StartButtonController 或者 startButton-Controller 代码组件的 startGUISkin 变量的右边，并设置 X=220，Y=260。

运行游戏，此时就会出现如图 5-36 所示的开始界面。

在图 5-36 中，当鼠标悬浮在“PLAY”按钮之上时，该按钮将会变换少许位置，出现悬浮效果，如图 5-37 所示。

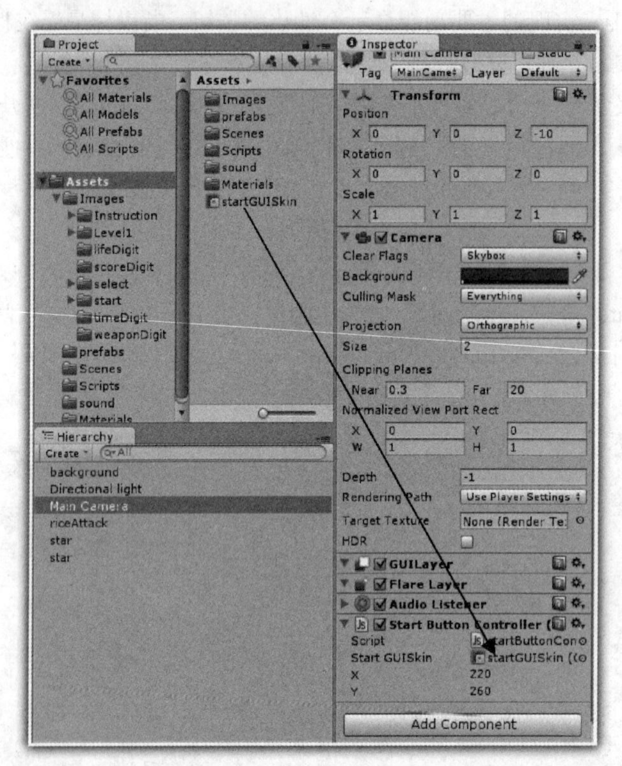

图 5-35　关联皮肤文件

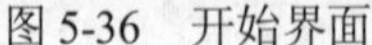

图 5-36　开始界面

图 5-37　按钮悬浮效果

5.2.3　使用说明界面设计

在使用说明界面设计中，包括新建场景和设置背景。

1. 新建场景

单击菜单“File”→“New Scene”命令，新建一个游戏场景；然后再次单击“File”→“Save Scene as”命令，在另存为场景对话框中输入游戏场景的名称为 Instruction，如图 5-38 所示。

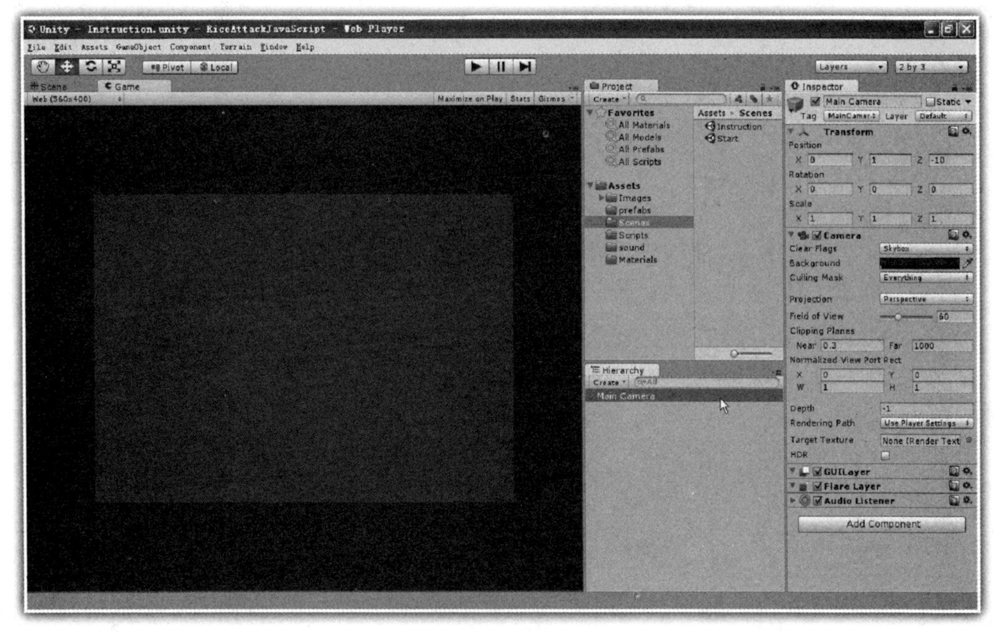

图 5-38　新建 Instruction 场景

当新建游戏场景时，Unity3D 会自动生成一个 Main Camera 摄像机对象。

在层次 Hierarchy 窗格中选择 Main Camera 对象，在检视器中就会显示摄像机的相关参数。在摄像机参数中，一个重要的参数就是投影方式 Projection。如果设置投影方式 Projection 为正交投影 Orthographic，则此时的投影方式转为 2D 投影，其摄像机形状是长方体。

需要说明的是：只有在这个长方体内的游戏对象，才能在游戏输出窗格中显示；超出这个长方体内的游戏对象，不能在游戏界面中显示。

需要开发的平台游戏项目是一个 2D 的游戏，这里需要设置投影方式 Projection 为正交投影 Orthographic；摄像机的位置参数的 X=0，Y=0，Z=-10；而摄像机的 Size=2；近端平面 Near=0.3、远端平面 Far=20。

单击菜单“GameObject”→“Create Other”→“Directional Light”命令，此时就会在游戏场景中创建一个平行光对象。设置该平行光的所有角度为 0，以便直射照到 background 对象上，至于位置则无关紧要，并不影响游戏的效果，就像太阳的效果一样，只与角度有关，而与位置无关。

2. 设置背景

在项目 Project 窗格中，选择 prefabs 文件夹中的 sprite 对象，直接拖放该对象到层次 Hierarchy 窗格中，并将该对象的名称修改为 background，同样在检视器窗格中设置其位置坐标为原点（0,0,0）。

在如图 5-39 所示的项目 Project 窗格中，选择 Images 目录下 Instruction 文件夹中的 background 图片，直接拖放到层次 Hierarchy 窗格中的 background 之上，修改 background 对象 Position 参数为：X=0，Y=0，Z=0；Scale 参数为：X=5.6，Y=4，Z=1。

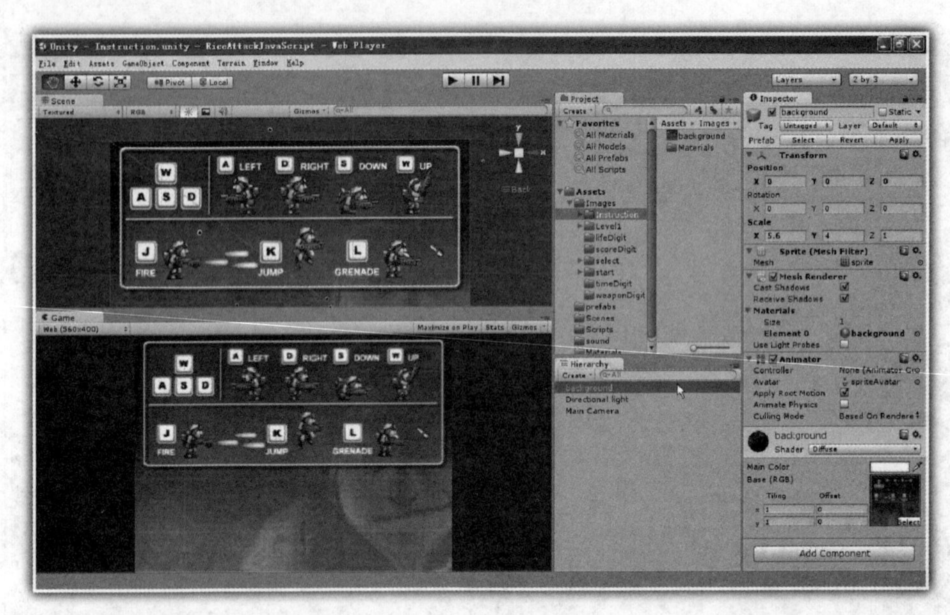

图 5-39　设置背景

在项目 Project 窗格中，选择 StartButtonController 代码文件或者 startButtonController 代码文件，将该文件拖放到层次 Hierarchy 窗格中的 Main Camera 对象之上，此时就会在检视器中出现 StartButtonController 或者 startButtonController 代码组件。

在图 5-40 中，拖放前面所创建的 startGUISkin，到 StartButtonController 或者 startButton-Controller 代码组件的 startGUISkin 变量的右边，并设置 X=220，Y=260。

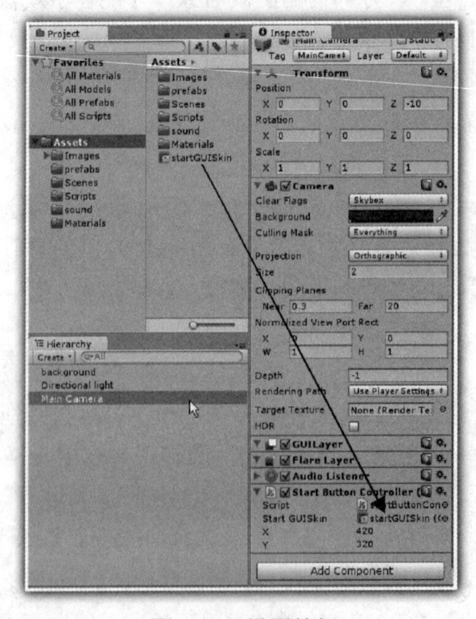

图 5-40　设置按钮

运行游戏，此时就会出现如图 5-41 所示的使用说明界面。在使用说明界面中，介绍了游戏玩家的左、右、上、下移动的方向键为 A、D、W 和 S 键；发射子弹为 J 键，跳跃为 K 键，L 键则为投手榴弹。

在图 5-41 中，当鼠标悬浮在“PLAY”按钮之上时，该按钮将会变换少许位置，出现悬浮效果，如图 5-42 所示。

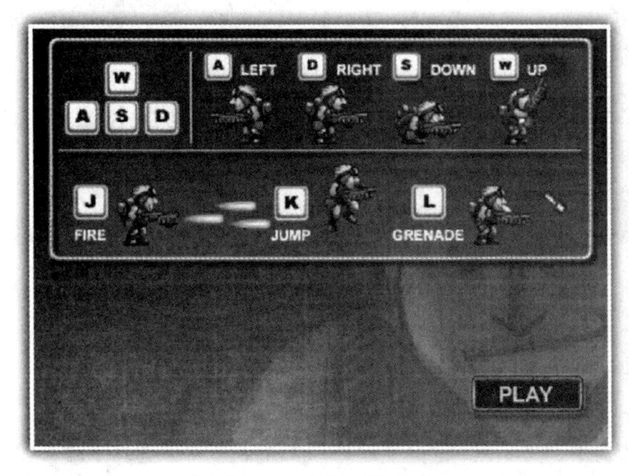

图 5-41　使用说明界面

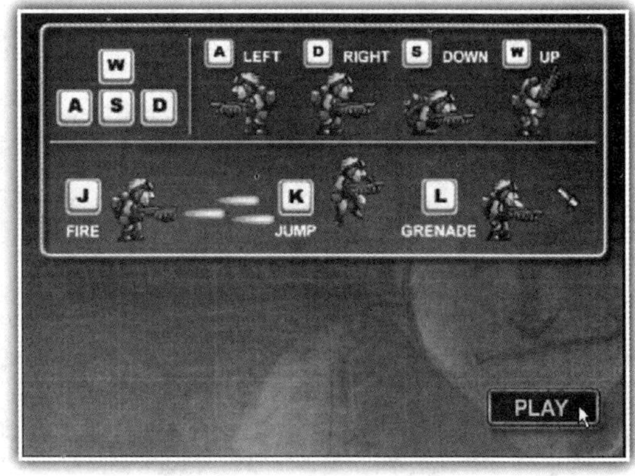

图 5-42　按钮悬浮效果

5.2.4　难度选择界面设计

在难度选择界面设计中，需要设计个性化的样式创建多个个性化按钮。

1. 设置个性化样式

前面通过皮肤文件，利用皮肤文件中按钮的属性，创建了一个个性化的按钮，如果需要创建多个个性化按钮，按照前面的方法则需要新建多个皮肤文件。

下面介绍在前面的皮肤文件中，设置个性化样式来新建多个个性化按钮。

在图 5-43 中，在项目 Project 窗格中，选择皮肤文件 startGUISkin，在检视器中展开 Custom Styles，在 Size 参数中输入参数 1，表示要新建一个个性化样式，在 Name 参数的右边输入需要个性化样式的名称为 easyButton。

然后将 easyButton1 图像按钮，分别拖放到个性化样式 easyButton 的属性 Normal 和 On Normal 的 Background 属性之中；将 easyButton2 图像按钮，分别拖放到个性化样式 easyButton 的属性 Hover、Active 和 On Hover、On Active 的 Background 属性之中，如图 5-44 所示。

在 Size 参数中修改参数为 3，表示要新建三个个性化样式，在 Name 参数的右边分别修改个性化样式的名称为 mediumButton 和 hardButton。同样将 mediumButton1、mediumButton2 和 hardButton1、hardButton2 图像按钮，分别拖放到相关的 Background 属性之中，如图 5-45 所示。

2. 修改代码

设置了上述的个性化按钮之后，还需要修改代码来调用这些个性化样式按钮。

对于 C#开发者来说，在 StartButtonController.cs 中书写相关代码，见代码 5-3。

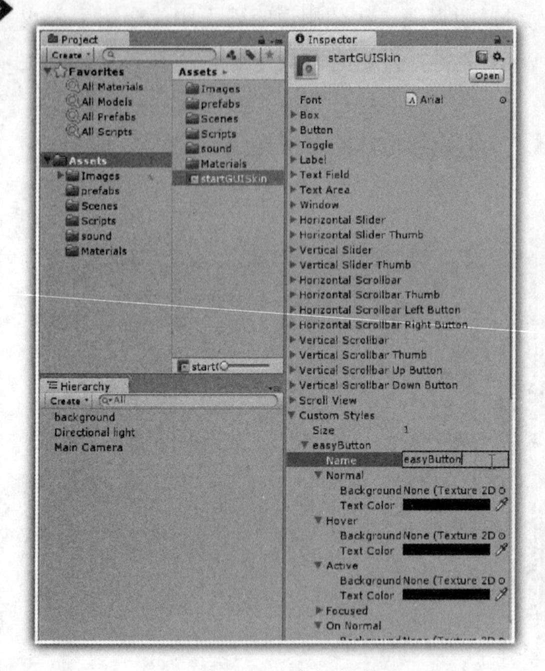

图 5-43　新建个性化样式

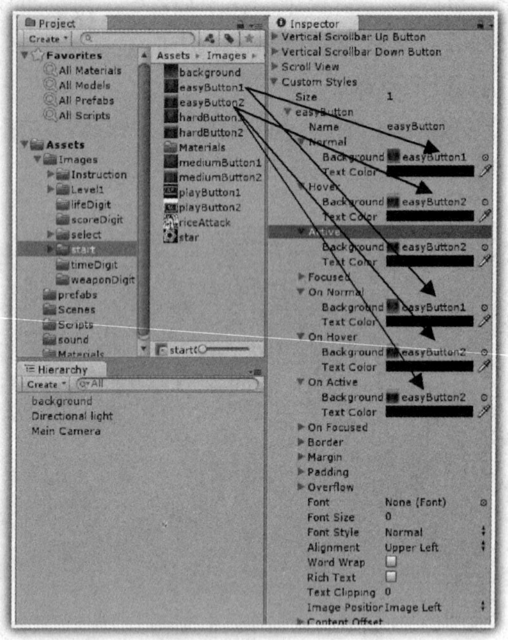

图 5-44　设置个性化样式

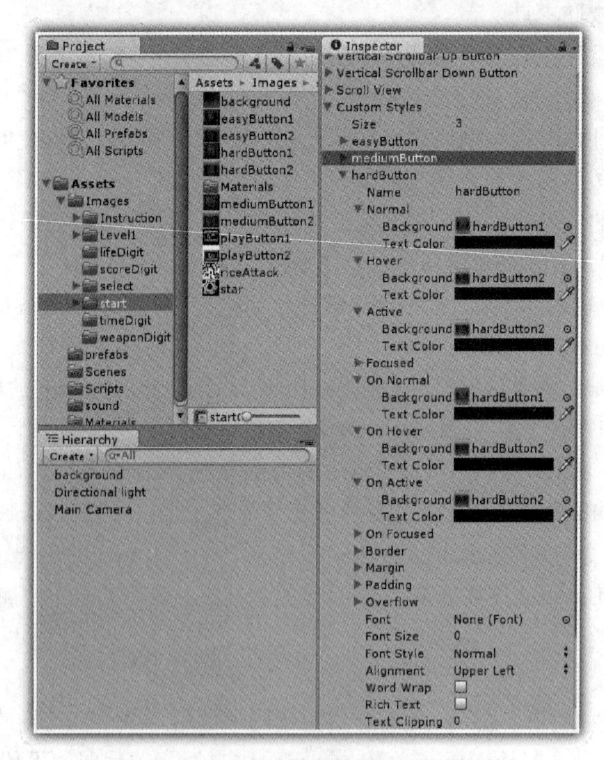

图 5-45　设置按其他个性化样式按钮

代码 5-3　StartButtonController 的 C#代码

```
 1: using UnityEngine;
 2: using System.Collections;
 3:
 4: public class startButtonController: MonoBehaviour
 5: {
 6:
 7:   public GUISkin startGUISkin;
 8:   public float x;
 9:   public float y;
10:
11:   bool showGUI=false;
12:
13:   void OnGUI()
14:   {
15:      GUI.skin=startGUISkin;
16:
17:      if(GUI.Button(new Rect(x,y,128,65),""))
18:      {
19:         if(Application.loadedLevelName=="Start")
20:              Application.LoadLevel("Instruction");
21:          else if(Application.loadedLevelName=="Instruction")
22:              showGUI=true;
23:       }
24:
25:      if(showGUI)
26:      {
27:         if(GUI.Button(new Rect(230,135,99,45),"",
                GUI.skin.GetStyle("easyButton")))
28:            Application.LoadLevel("Select");
29:
30:         GUI.Button(new Rect(230,180,99,45),"",
                GUI.skin.GetStyle("mediumButton"));
31:
32:         GUI.Button(new Rect(230,225,99,45),"",
                GUI.skin.GetStyle("hardButton"));
33:
34:       }
35:
36:   }
37: }
```

在上述 C#代码中，与代码 3-1 相比较，添加了代码第 11 行，设置了是否显示三个按钮的 showGUI 布尔类型的变量；添加了第 21 行、22 行，用于在说明界面中，显示三个按钮；然后就是第 25 行到 34 行的调用个性化样式，显示三个按钮的代码。其中采用 GUI.skin.GetStyle()方法获得个性化样式的引用。

对于 JavaScript 开发者来说，在 startButtonController.js 中书写相关代码，见代码 5-4。

代码 5-2 startButtonController 的 JavaScript 代码

```
 1: var startGUISkin:GUISkin;
 2: var x:float;
 3: var y:float;
 4: private var showGUI:boolean=false;
 5: function OnGUI()
 6: {
 7:   GUI.skin=startGUISkin;
 8:
 9:   if(GUI.Button(new Rect(x,y,128,65),""))
10:   {
11:     if(Application.loadedLevelName=="Start")
12:       Application.LoadLevel("Instruction");
13:     else if(Application.loadedLevelName=="Instruction")
14:        showGUI=true;
15:   }
16:
17:   if(showGUI)
18:    {
19:      if(GUI.Button(new Rect(230,135,99,45),"",
                 GUI.skin.GetStyle("easyButton")))
20:        Application.LoadLevel("Select");
21:
22:      GUI.Button(new Rect(230,180,99,45),"",
                 GUI.skin.GetStyle("mediumButton"));
23:
24:      GUI.Button(new Rect(230,225,99,45),"",
                 GUI.skin.GetStyle("hardButton"));
25:
26:    }
27:
28: }
```

在上述 JavaScript 代码中，与代码 3-2 相比较，添加了代码第 4 行，设置了是否显示三个按钮的 showGUI 布尔类型的变量；添加了第 13 行、14 行，用于在说明界面中，显示三个按钮；然后就是第 17 行到 26 行的调用个性化样式，显示三个按钮的代码。其中采用 GUI.skin.GetStyle() 方法获得个性化样式的引用。

运行游戏，此时就会出现如图 5-46 所示的难度选择界面。

在图 5-46 中，当鼠标悬浮在按钮“EASY”、“MEDIUM”、“HARD”之上时，该按钮将会变换少许位置，出现悬浮效果，如图 5-47 所示。

5.2.5 玩家角色选择界面设计

玩家角色选择界面，是合金弹头游戏项目中一个游戏场景。需要新建一个场景，实现个性化的样式。

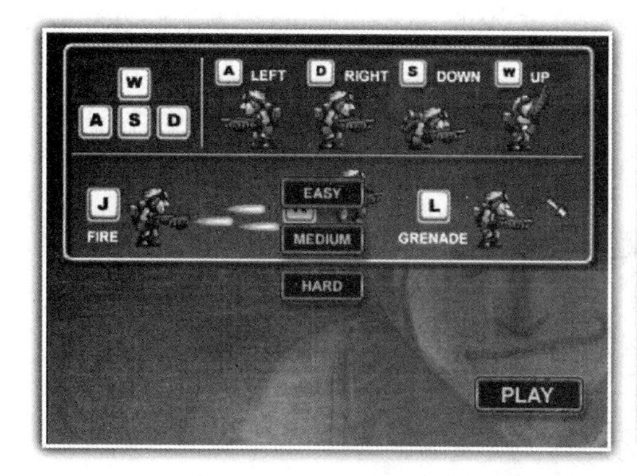

图 5-46　难度选择界面

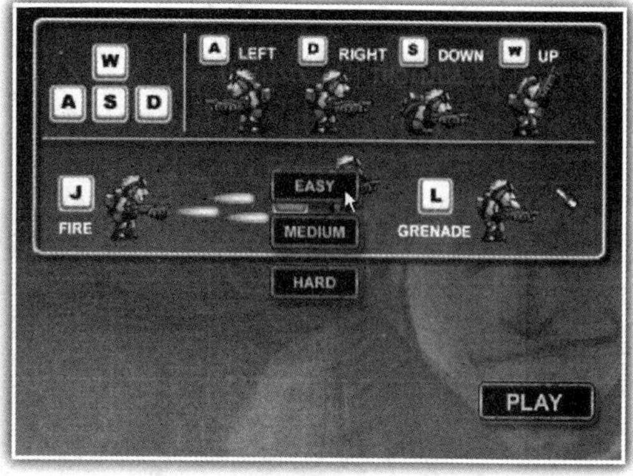

图 5-47　按钮悬浮效果

1. 新建场景

打开前面所建立的 Instruction 场景，单击菜单“File”→“Save Scene as”，在另存为场景对话框中输入场景二的名称为 Select，出现如图 5-48 所示的界面。

图 5-48　新建 Select 场景

在如图 5-48 所示的项目 Project 窗格中，选择 Images 目录 Level1 下的 background 文件夹中的 002 图片，直接拖放到层次 Hierarchy 窗格中 background 对象之上。

在层次 Hierarchy 窗格中选择 Main Camera 对象，删除原有的 StartButtonController 代码或者 startButtonController 代码。

2. 设置个性化样式

在项目 Project 窗格中，选择皮肤文件 startGUISkin，在检视器中展开 Custom Styles，在 Size

参数中，将原有的参数 3 修改为 4，表示要新建一个个性化样式，在 Name 参数的右边输入需要个性化样式的名称为 LEOButton。

然后将 LEO1、LEO2 图像按钮，分别拖放到个性化样式 LEOButton 的属性 Hover、Active 和 On Hover、On Active 的 Background 属性之中，如图 5-49 所示。

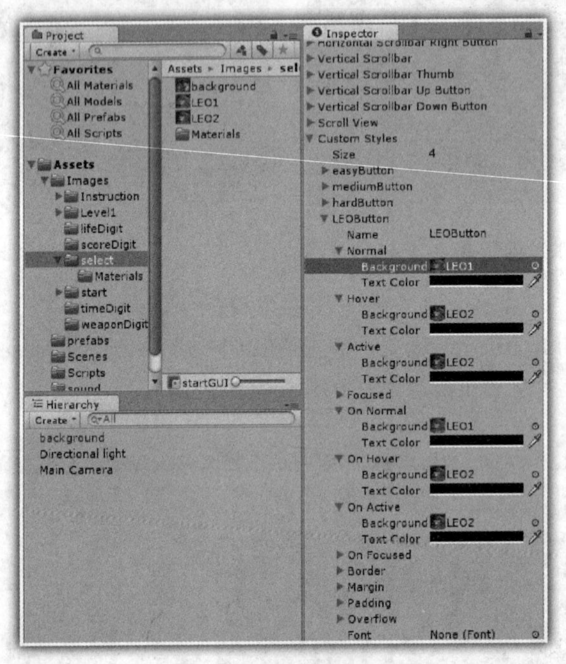

图 5-49　设置个性化样式

下面需要通过编写代码，实现调用个性化按钮在适当位置的显示。

对于 C#开发者来说，在项目 Project 窗格中，选择 Scripts 文件夹，在右键出现的快捷菜单中选择“Create”→“C# Script”命令，创建一个 C#文件，修改该文件的名称为 SelectButton-Controller.cs，在 SelectButtonController.cs 中书写相关代码，见代码 5-5。

代码 5-5　SelectButtonController 的 C#代码

```
 1: using UnityEngine;
 2: using System.Collections;
 3:
 4: public class selectButtonController : MonoBehaviour
 5: {
 6:    public GUISkin startGUISkin;
 7:
 8:    void OnGUI()
 9:    {
10:       GUI.skin=startGUISkin;
11:
12:       if(GUI.Button(new Rect(37,86.7f,222,292),"",
                 GUI.skin.GetStyle("LEObutton")))
```

```
13:         Application.LoadLevel("Level1");
14:
15:     }
16: }
```

在上述C#代码中，实现的主要功能是个性化角色选择图像按钮。

第6行代码定义了一个公有属性的皮肤文件变量startGUISkin，以便开发者在检视器中关联前面所定义的皮肤文件；第10行设置当前的皮肤文件；第12行设置图像按钮的位置，并通过第13行给出按钮单击的响应事件。其中采用GUI.skin.GetStyle()方法获得个性化样式的引用。

对于JavaScript 开发者来说，在项目Project窗格中，选择Scripts文件夹，在右键出现的快捷菜单中选择“Create”→“Javascript”命令，创建一个JavaScript文件，修改该文件的名称为selectButtonController.js，在selectButtonController.js中书写相关代码，见代码5-6。

代码5-6　selectButtonController 的 JavaScript 代码

```
 1: var  startGUISkin:GUISkin;
 2:
 3:  function OnGUI()
 4:  {
 5:   GUI.skin=startGUISkin;
 6:
 7:   if(GUI.Button(new Rect(37,86.7f,222,292),"",
              GUI.skin.GetStyle("LEObutton")))
 8:     Application.LoadLevel("Level1");
 9:
10: }
```

在上述JavaScript代码中，实现的主要功能是个性化角色选择图像按钮。

第1行代码定义了一个公有属性的皮肤文件变量startGUISkin，以便开发者在检视器中关联前面所定义的皮肤文件；第5行设置当前的皮肤文件；第7行设置图像按钮的位置，并通过第8行给出按钮单击的响应事件。其中采用GUI.skin.GetStyle()方法获得个性化样式的引用。

运行游戏，此时就会出现如图5-50所示的玩家角色选择界面。

在图5-50中，当鼠标悬浮在较模糊的图像按钮之上时，该按钮就会变换为清晰的图像，如图5-51所示。

图5-50　玩家角色选择界面

图5-51　按钮悬浮效果

5.3 士兵角色实现

士兵是合金弹头游戏项目中的重点对象，最终需要实现士兵的各种运动状态控制以及士兵的各种射击状态控制。

5.3.1 游戏背景设置

游戏背景设置包括场景的设置、碰撞体的添加以及设置背景音乐。

1. 新建场景

打开前面所建立的 Select 场景，单击菜单“File”→“Save Scene as”，在另存为场景对话框中输入场景二的名称为 Level1；并在层次 Hierarchy 窗格中选择 Main Camera 对象，删除原有的 SelectButtonController 代码或者 selectButtonController，如图 5-52 所示。

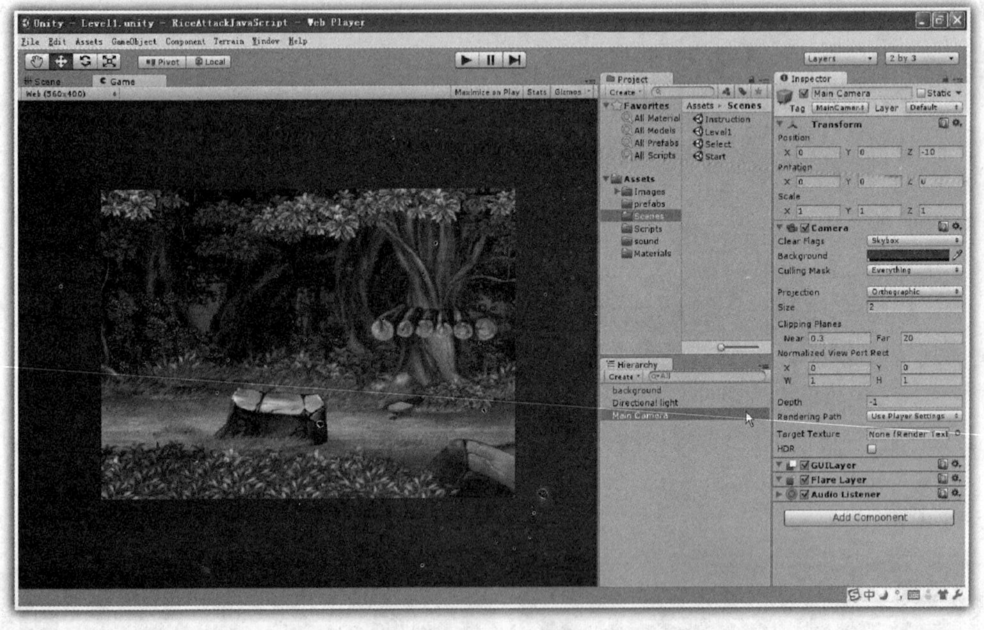

图 5-52 新建 Level1 场景

2. 设置背景

在图 5-52 中，单击菜单“GameObject”，选择“Create Empty”命令，在游戏场景中创建一个空白的游戏对象 GameObject，在层次 Hierarchy 窗格中，将该对象的名称修改为 background，并在检视器窗格中设置其位置坐标为原点（0,0,0）。

然后将原有的背景 background 修改为 background01，拖放到空对象 background 之中；在项目 Project 窗格中，选择 Images 目录 Level1 下的 background 文件夹中的 001 图片，直接拖放到层次 Hierarchy 窗格中 background01 对象之上，如图 5-53 所示。

在如图 5-53 所示的层次 Hierarchy 窗格中，选择 background01，按下 Ctrl+D，复制一个 background01 背景，修改该 background01 为 background02，设置 background02 对象的 Position 参数为：X=5.6，Y=0，Z=0，Scale 参数为：X=5.6，Y=4，Z=1；然后在 Project 窗格中，选择 Images 目录 Level1 下的 background 文件夹中的 002 图片，直接拖放到层次 Hierarchy 窗格中 background02 对象之上。

图 5-53　设置 Level1 背景一

在如图 5-53 所示的层次 Hierarchy 窗格中，选择 background01，按下 Ctrl+D，再次复制一个 background01 背景，修改该 background01 为 background03，设置 background03 对象的 Position 参数为：X=11.2，Y=0，Z=0，Scale 参数为：X=5.6，Y=4，Z=1；然后在 Project 窗格中，选择 Images 目录 Level1 下的 background 文件夹中的 003 图片，直接拖放到层次 Hierarchy 窗格中 background03 对象之上，如图 5-54 所示。

在如图 5-54 所示的层次 Hierarchy 窗格中，选择 background01，按下 Ctrl+D 四次，复制四个 background01 背景，分别修改这些 background01 为 background04、background05、background06、background07。

设置 background04 对象的 Position 参数为：X=16.8，Y=0，Z=0，Scale 参数为：X=5.6，Y=4，Z=1；然后在 Project 窗格中，选择 Images 目录 Level1 下的 background 文件夹中的 004 图片，直接拖放到层次 Hierarchy 窗格中 background04 对象之上。

设置 background05 对象的 Position 参数为：X=22.4，Y=0，Z=0，Scale 参数为：X=5.6，Y=4，Z=1；然后在 Project 窗格中，选择 Images 目录 Level1 下的 background 文件夹中的 005 图片，直接拖放到层次 Hierarchy 窗格中 background05 对象之上。

图 5-54　设置 Level1 背景二

设置 background06 对象的 Position 参数为：X=28，Y=0，Z=0，Scale 参数为：X=5.6，Y=4，Z=1；然后在 Project 窗格中，选择 Images 目录 Level1 下的 background 文件夹中的 006 图片，直接拖放到层次 Hierarchy 窗格中 background06 对象之上。

设置 background07 对象的 Position 参数为：X=33.6，Y=0，Z=0，Scale 参数为：X=5.6，Y=4，Z=1；然后在 Project 窗格中，选择 Images 目录 Level1 下的 background 文件夹中的 007 图片，直接拖放到层次 Hierarchy 窗格中 background07 对象之上。

七张背景设置完成后的界面如图 5-55 所示。

3. 添加碰撞体

在合金弹头游戏项目中，对于游戏的整个背景，需要添加两个石头的碰撞体，游戏开始界面和游戏结束界面的垂直方向的两个碰撞体，以及水平方向的一个地面碰撞体。

首先为背景中的两个石头添加碰撞体。

在图 5-55 中，单击菜单“GameObject”，选择“Create Empty”命令，在游戏场景中创建一个空白的游戏对象 GameObject，在层次 Hierarchy 窗格中，将该对象的名称修改为 stone；将该空白对象 stone 拖放到 background 对象之中，设置 stone 的 Position 参数为：X=-1.6，Y=-1，Z=-1。

在层次 Hierarchy 窗格中选择 stone 对象，然后单击菜单“Component”→“Physcis”→“Box Collider”命令，为该对象新建一个长方体碰撞体，并设置该碰撞体的 Center 参数为：X=0，Y=-0.06，Z=0；Size 参数为：X=0.5，Y=0.3，Z=1。

为第一个石头添加完成碰撞体之后的界面，如图 5-56 所示。

图 5-55　设置 Level1 背景三

图 5-56　添加石头碰撞体一

在如图 5-56 所示的层次 Hierarchy 窗格中，选择 stone 对象，按下 Ctrl+D，复制一个 stone 对象，设置该 stone 的 Position 参数为：X=5.2，Y=-1，Z=-1；设置该碰撞体的 Center 参数为：X=0，Y=-0.06，Z=0；Size 参数为：X=1.3，Y=0.37，Z=1；为第二个石头添加完成碰撞体之后的界面，如图 5-57 所示。

图 5-57　添加石头碰撞体二

然后说明如何为游戏开始界面和游戏结束界面的垂直方向添加两个碰撞体。

在如图 5-57 所示的层次 Hierarchy 窗格中，选择 stone 对象，按下 Ctrl+D，复制一个 stone 对象，修改该对象的名称为 vertical；设置该 vertical 的 Position 参数为：X=-2.9，Y=0，Z=-1；设置该碰撞体的 Center 参数为：X=0，Y=0，Z=0；Size 参数为：X=0.2，Y=4，Z=1；为游戏开始界面添加垂直碰撞体之后的界面，如图 5-58 所示。

图 5-58　添加垂直碰撞体一

在如图 5-58 所示的层次 Hierarchy 窗格中，选择 vertical 对象，按下 Ctrl+D，复制一个 vertical 对象；设置该 vertical 的 Position 参数为：X=36.5，Y=0，Z=-1；设置该碰撞体的 Center 参数为：

X=0，Y=0，Z=0；Size 参数为：X=0.2，Y=4，Z=1；为游戏开始界面添加垂直碰撞体之后的界面，如图 5-59 所示。

图 5-59　添加垂直碰撞体二

最后说明为整个游戏背景添加一个地面的碰撞体。

在如图 5-60 所示的层次 Hierarchy 窗格中，首先选择顶层的 background 对象，然后单击菜单“Component”→“Physcis”→“Box Collider”命令，为该对象新建一个长方体碰撞体，并设置该碰撞体的 Center 参数为：X=16.8，Y=-1.6，Z=-1；Size 参数为：X=40，Y=1，Z=1。

图 5-60　添加地面碰撞体

这样就为整个背景添加了一个地面碰撞体，并设置该地面碰撞体的标签为 background。

这里同样需要说明的是，前面所述的这四个碰撞体的 Z 轴方向的坐标都是-1，必须处于同样一个平面。

5.3.2　士兵简单动画

在实现士兵简单动画的过程中，首先需要显示士兵，然后实现士兵的简单动画。

1. 显示士兵

在合金弹头游戏项目中，士兵的动画不再是由一张序列帧图片所组成，而是由单张的图片组成，士兵的整个画面有上、下两个部分组成，上面是士兵的上半身，下面是士兵的脚步部分，如图 5-61 所示。

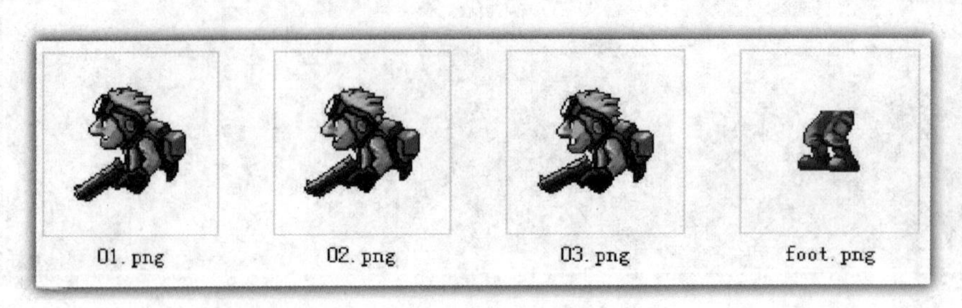

图 5-61　组成士兵动画的不同图片

在图 5-61 中，士兵上半身的动画由 01、02 和 03 图片组成；而士兵的下半身动画则只有 foot 图片组成。

下面说明如何显示士兵。

单击菜单“GameObject”，选择“Create Empty”命令，在游戏场景中创建一个空白的游戏对象 GameObject，在层次 Hierarchy 窗格中，将该对象的名称修改为 soliders，并在检视器窗格中设置其位置坐标为原点（0,0,-1），并设置该对象的标签 Tag 为 solider。

在项目 Project 窗格中，选择 prefabs 文件夹中的 sprite 对象，直接拖放该对象到层次 Hierarchy 窗格的 soliders 对象之中，并将该对象的名称修改为 solider，在检视器窗格中设置其位置坐标为原点（0,0,0）。

在项目 Project 窗格中，选择“Images”→“Level1”→“Solider”→“Idle”目录下的 001 图片，直接拖放到层次 Hierarchy 窗格中的 solider 对象之上，修改 solider 对象的 Scale 参数为：X=0.64，Y=0.64，Z=1。这样就显示了士兵的上半部分，如图 5-62 所示。

在如图 5-62 所示的层次 Hierarchy 窗格中，选择 solider 对象，按下 Ctrl+D，复制一个 solider 对象，修改该 solider 对象的名称为 foot，在项目 Project 窗格中，选择“Images”→“Level1”→“Solider”→“Idle”目录下的 foot 图片，直接拖放到层次 Hierarchy 窗格中的 foot 对象之上，设置 foot 对象的 Position 参数为：X=-0.12，Y=-0.3，Z=0.1；Scale 参数为：X=0.32，Y=0.32，Z=1。这样就显示了士兵的下半部分，如图 5-63 所示。

这里需要说明的是，原有的士兵图片头部是朝向左边的，而上述的士兵头部为何是朝向右边呢？这里设置了 Shader 属性的 Tiling 参数 X=-1。

图 5-62　显示士兵的上半部分

图 5-63　显示士兵

2. 士兵简单动画

由于士兵的动画不再是由一张序列帧图片所组成，因此需要重新书写动画组件。

对于 C#开发者来说，在项目 Project 窗格中，选择 Scripts 文件夹，在右键出现的快捷菜单中选择“Create”→“C# Script”命令，创建一个 C#文件，修改该文件的名称为 AnimationController.cs，在 AnimationController.cs 中书写相关代码，见代码 5-7。

代码 5-7　AnimationController 的 C#代码

```
 1: using UnityEngine;
 2: using System.Collections;
 3:
 4: public class AnimationController : MonoBehaviour
 5: {
 6:
 7:   public Texture [] frames;
 8:   public bool  direction=true;
 9:   public bool  destroy=false;
10:   public int lastFrameNo=0;
11:   public bool oneTime=false;
12:
13:   private int frameNumber=3;
14:   private int index=0;
15:   private float myTime=0;
16:   private int myIndex=0;
17:
18:   void Update()
19:   {
20:
21:     frameNumber=frames.Length;
22:
23:     if(!oneTime)
24:     {
25:       myTime+=Time.deltaTime;
26:       myIndex=(int)(myTime*(frameNumber-1));
27:       index=myIndex%frameNumber;
28:     }
29:
30:     renderer.material.mainTexture=frames[index];
31:
32:     if(direction)
33:       renderer.material.mainTextureScale=new Vector2(1.0f,1);
34:     else
35:       renderer.material.mainTextureScale=new Vector2(-1.0f,1);
36:
37:     if(index==frameNumber-1 && destroy)
38:       Destroy(gameObject);
39:
```

```
40:     if(lastFrameNo !=0)
41:     {
42:       if(index==lastFrameNo-1)
43:         oneTime=true;
44:
45:     }
46:
47:   }
48:
49: }
```

在上述C#代码中，实现的主要功能是显示各种不同图片组成的动画。

代码第7行设置了一个图片数组frames，让开发者在检视器中设置组成动画的各个序列图片；第8行设置了布尔型的变量direction，用于设置动画的方向，如士兵的朝向，是向右还是向左；第9行设置了布尔型的变量destroy，用于设置整个动画播放完毕之后，是否销毁动画，如爆炸效果，就需要播放后自动销毁；第10行设置当播放完动画之后，是否需要显示指定的图片帧数；第11行设置是否循环播放动画的布尔型变量oneTime。

实现动画播放的关键语句是代码第30行，分别播放不同的动画图片序列；第32行根据动画的设置方向，执行第33行语句；或者执行第35行语句，改变动画图片的水平朝向。

对于JavaScript 开发者来说，在项目Project窗格中，选择Scripts文件夹，在右键出现的快捷菜单中选择“Create”→“Javascript”命令，创建一个JavaScript文件，修改该文件的名称为animationController.js，在animationController.js中书写相关代码，见代码5-8。

代码5-8　animationController 的 JavaScript 代码

```
1: var frames:Texture [];
2:
3: var direction:boolean=true;
4: var destroy:boolean=false;
5: var lastFrameNo:int=0;
6: var oneTime:boolean=false;
7:
8: private var frameNumber:int=3;
9: private var index:int=0;
10: private var myTime:float=0;
11: private var myIndex:int =0;
12:
13: function Update()
14: {
15:
16:   frameNumber=frames.Length;
17:
18:   if(!oneTime)
19:   {
20:     myTime+=Time.deltaTime;
```

```
21:      myIndex=myTime*(frameNumber-1);
22:      index=myIndex%frameNumber;
23:    }
24:
25:    renderer.material.mainTexture=frames[index];
26:
27:    if(direction)
28:      renderer.material.mainTextureScale=new Vector2(1.0f,1);
29:    else
30:      renderer.material.mainTextureScale=new Vector2(-1.0f,1);
31:
32:    if(index==frameNumber-1 && destroy)
33:        Destroy(gameObject);
34:
35:    if(lastFrameNo!=0)
36:    {
37:      if(index==lastFrameNo-1)
38:        oneTime=true;
39:
40:    }
41:
42: }
```

在上述 JavaScript 代码中，实现的主要功能是显示各种不同图片组成的动画。

代码第 1 行设置了一个图片数组 frames，让开发者在检视器中设置组成动画的各个序列图片；第 3 行设置了布尔型的变量 direction，用于设置动画的方向，如士兵的朝向，是向右还是向左；第 4 行设置了布尔型的变量 destroy，用于设置整个动画播放完毕之后，是否销毁动画，如爆炸效果，就需要播放后自动销毁；第 5 行设置当播放完动画之后，是否需要显示指定的图片帧数；第 6 行设置是否循环播放动画的布尔型变量 oneTime。

实现动画播放的关键语句是代码第 25 行，分别播放不同的动画图片序列；第 27 行根据动画的设置方向，执行第 28 行语句；或者执行第 30 行语句，改变动画图片的水平朝向。

选择 AnimationController 代码文件或者 animationController 代码文件，拖放到层次 Hierarchy 窗格中的 solider 对象之上；在项目 Project 窗格中，选择“Images”→“Level1”→“Solider”→“Idle”目录下的 01、02 和 03 图片，分别拖放到检视器中的 Frames 数组变量之中，如图 5-64 所示。

选择 AnimationController 代码文件或者 animationController 代码文件，拖放到层次 Hierarchy 窗格中的 foot 对象之上；在项目 Project 窗格中，选择“Images”→“Level1”→“Solider”→“Idle”目录下的 foot 图片，拖放到检视器中的 Frames 数组变量之中，如图 5-65 所示。

运行游戏，此时会发现士兵的上半身出现动画效果，而下半身则静止不动，如图 5-66 所示。

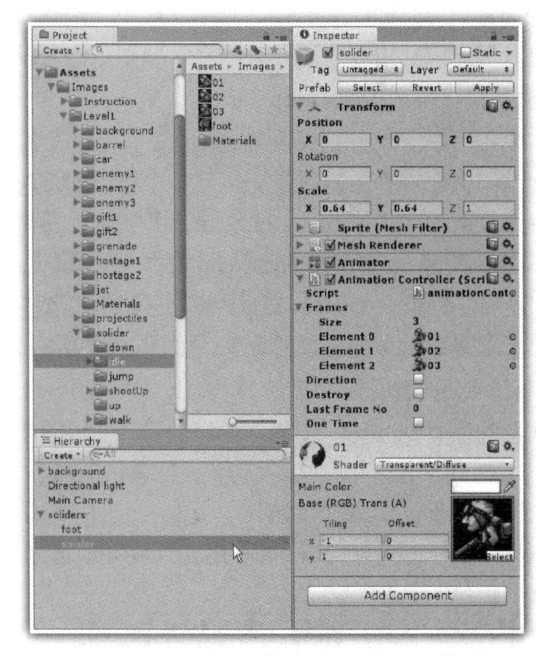

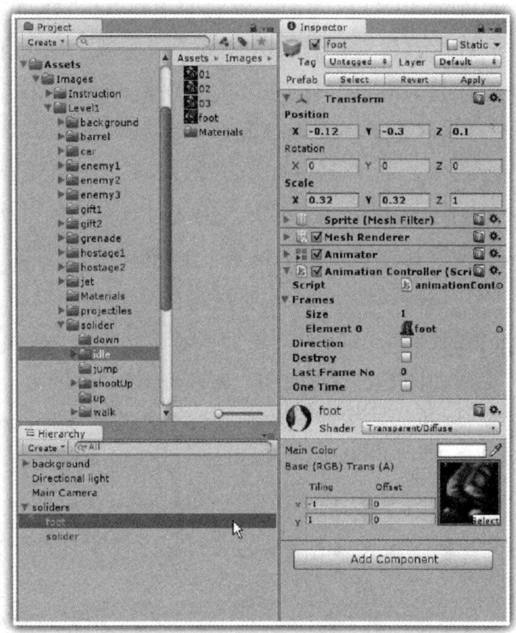

图 5-64　设置士兵上半身动画　　　　图 5-65　设置士兵脚部动画

图 5-66　士兵简单动画

5.3.3　子弹

由于士兵可以向左发射子弹，可以向右发射子弹，还可以朝向左向上发射子弹，朝向右向上发射子弹，因此需要设置三种子弹，分别是向左发射的子弹 leftProjectile，向右发射的子弹

rightProjectile，以及向上发射的子弹 topProjectile。

在士兵发射的枪管处还需要设置发射的火星，因此同样需要设置三种火星，分别是向左发射的火星 leftStart，向右发射的火星 rightStart，以及向上发射的子弹 topStart。

1．设置子弹开始位置

单击菜单“GameObject”，选择“Create Empty”命令，在游戏场景中创建一个空白的游戏对象 GameObject，在层次 Hierarchy 窗格中，将该对象的名称修改为 rightStart，并在检视器窗格中设置其位置坐标为原点（0,0,0），将该 rightStart 对象拖放到层次 Hierarchy 窗格中的 solider 之中，重新设置 rightStart 对象的 Position 参数为：X=0.588，Y=-0.1429，Z=0。这样就设置了 rightStart 对象的位置就是士兵射击子弹开始的位置以及发射子弹火星的位置，如图 5-67 所示。

在如图 5-67 所示的层次 Hierarchy 窗格中，选择 rightStart，按下 Ctrl+D，复制一个 rightStart 对象，修改该对象的名称为 leftStart，设置 leftStart 对象的 Position 参数为：X=-0.588，Y=-0.1429，Z=0。

在如图 5-67 所示的层次 Hierarchy 窗格中，选择 rightStart，按下 Ctrl+D，复制一个 rightStart 对象，修改该对象的名称为 leftTop，设置 leftTop 对象的 Position 参数为：X=-0.33，Y=0.49，Z=0。

图 5-67　设置右边开始位置

在如图 5-67 所示的层次 Hierarchy 窗格中，选择刚刚建立的 leftTop，按下 Ctrl+D，复制一个 leftTop 对象，修改该对象的名称为 rightTop，设置 rightTop 对象的 Position 参数为：X=0.33，Y=0.49，Z=0，如图 5-68 所示。

2．设置发射的火星

为在屏幕的坐标原点位置看到下面发射的火星，需要将前面的 soliders 对象的 Position 参数为：X=-2，Y=0，Z=0。

在项目 Project 窗格中，选择 prefabs 文件夹中的 sprite 对象，直接拖放该对象到层次 Hierarchy 窗格中，并将该对象的名称修改为 rightStart，在检视器窗格中设置 rightStart 对象的 Position 参数为：X=0，Y=0，Z=-1；Scale 参数为：X=0.16，Y=0.16，Z=1；然后在项目 Project 窗格中，选择 projectiles 文件夹中的 start 图片，直接拖放到层次 Hierarchy 窗格中 rightStart 之上，然后选择该 rightStart 对象，直接拖放到项目窗口中，创建一个 rightStart 预制件，如图 5-69 所示。

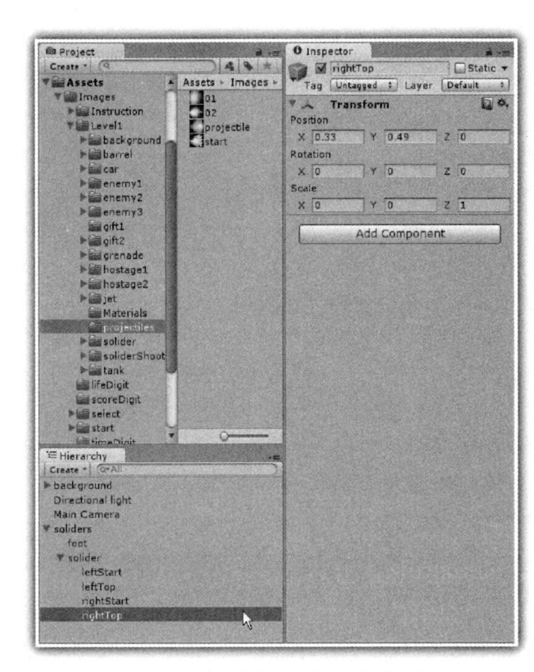

图 5-68 设置子弹开始位置

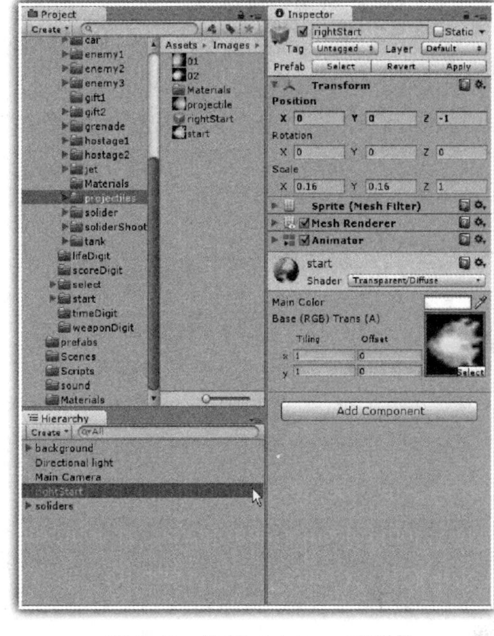

图 5-69 设置 rightStart 预制件

对于 C#开发者来说，在项目 Project 窗格中，选择 Scripts 文件夹，在右键出现的快捷菜单中选择“Create”→“C# Script”命令，创建一个 C#文件，修改该文件的名称为 StartController.cs，在 StartController.cs 中书写相关代码，见代码 5-9。

代码 5-9 StartController 的 C#代码

```
 1: using UnityEngine;
 2: using System.Collections;
 3:
 4: public class StartController : MonoBehaviour
 5: {
 6:
 7:   private float myTime=0;
 8:
 9:   void Update()
10:   {
11:
12:     myTime+=Time.deltaTime;
```

```
13:
14:    if(myTime>0.1)
15:      Destroy(gameObject);
16:
17:  }
18:
19: }
```

在上述 C#代码中，实现的主要功能是显示发射的火星一定时间之后（这里第 14 行设置的时间是 0.1 秒），就销毁掉火星，也就是显示一眨眼的功夫。

对于 JavaScript 开发者来说，在项目 Project 窗格中，选择 Scripts 文件夹，在右键出现的快捷菜单中选择“Create”→“Javascript”命令，创建一个 JavaScript 文件，修改该文件的名称为 startController.js，在 startController.js 中书写相关代码，见代码 5-10。

代码 5-10　startController 的 JavaScript 代码

```
 1: private var myTime:float=0;
 2:
 3: function Update()
 4: {
 5:
 6:   myTime+=Time.deltaTime;
 7:
 8:   if(myTime>0.1)
 9:     Destroy(gameObject);
10:
11: }
```

在上述 JavaScript 代码中，实现的主要功能是显示发射的火星一定时间之后（这里第 8 行设置的时间是 0.1 秒），就销毁掉火星，也就是显示一眨眼的功夫。

选择 StartController 代码文件或者 startController 代码文件，拖放到层次 Hierarchy 窗格中的是 start 对象之上；然后选择该 rightStart 对象，直接拖放到项目窗口中的 rightStart 预制件之上，更新 rightStart 预制件。

在如图 5-69 所示的项目 Project 窗格中，选择 rightStart 预制件，按下 Ctrl+D 两次，复制两个 rightStart 预制件，分别修改该对象的名称为 leftStart、topStart。

设置 leftStart 对象的 Rotation 参数为：X=0，Y=0，Z=180，这样就将发射的火星朝向设置为向左；设置 topStart 对象的 Rotation 参数为：X=0，Y=0，Z=90，这样就将发射的火星朝向设置为向右。

完成了上述的三个预制件之后，就可以选择 Hierarchy 窗格中的 rightStart 对象，在右键出现的快捷菜单中，选择 Delete 命令删除即可。

3. 设置发射的子弹

首先实现向右发射的子弹 rightProjectile。

在项目 Project 窗格中，选择 prefabs 文件夹中的 sprite 对象，直接拖放该对象到层次 Hierarchy 窗格中，并将该对象的名称修改为 rightProjectile，在检视器窗格中设置 rightProjectile 对象的 Position 参数为：X=0，Y=0，Z=-1；Scale 参数为：X=0.16，Y=0.08，Z=1；然后在项目 Project

窗格中，选择 projectiles 文件夹中的 projectile 图片，直接拖放到层次 Hierarchy 窗格中 rightProjectile 之上，并且设置 rightProjectile 的标签为 projectile，如图 5-70 所示。

在层次 Hierarchy 窗格中，选择 rightProjectile 对象，单击菜单“Component”→“Physics”→“Rigidbody”命令，为子弹 rightProjectile 添加一个刚体，展开 Constraints 参数，勾选 Freeze Position 的 Z，设置子弹不在 Z 轴上移动；勾选 Freeze Rotation 的 X、Y 和 Z，设置子弹不允许在 X、Y 和 Z 轴旋转，非勾选 Use Gravity，不使用重力属性；继续单击菜单“Component”→“Physics”→“Box Collider”命令，为子弹添加一个长方体碰撞体，设置该碰撞体的大小，让该碰撞体大概包围子弹；设置 Box Collider 下的 Size 参数为：X=1，Y=1，Z=1，勾选 Is Trigger 属性，如图 5-71 所示。

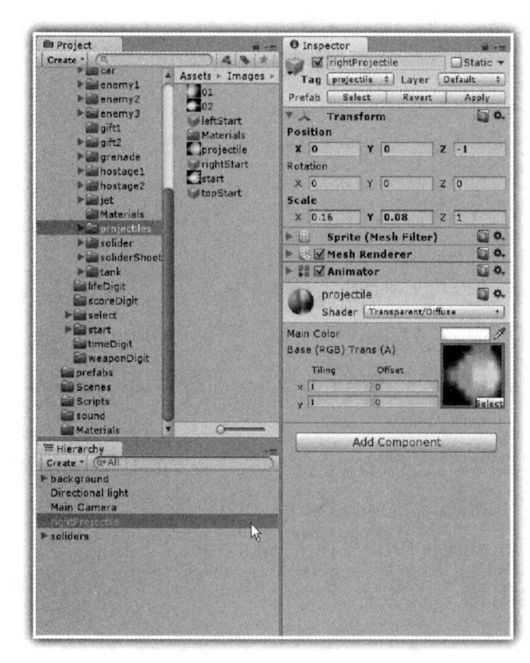

图 5-70　新建 rightProjectile 子弹

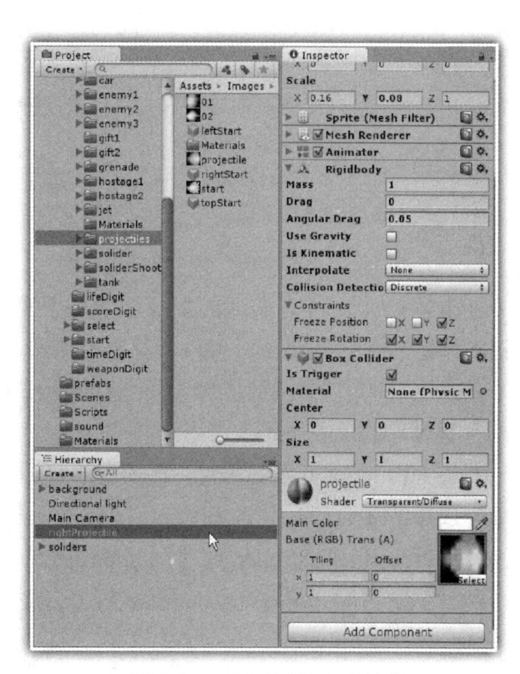

图 5-71　设置刚体、碰撞体

为实现子弹的向右移动以及子弹的自动销毁，需要编写代码。

对于 C#开发者来说，在项目 Project 窗格中，选择 Scripts 文件夹，在右键出现的快捷菜单中选择“Create”→“C# Script”命令，这样就会创建一个 C#文件，修改该文件的名称为 RightProjectileController.cs，在 RightProjectileController.cs 中书写相关代码，见代码 5-11。

代码 5-11　RightProjectileController 的 C#代码

```
1: using UnityEngine;
2: using System.Collections;
3:
4: public class rightProjectileController : MonoBehaviour
5: {
6:
```

```
 7:  float speed=3.0f;
 8:  GameObject soliders;
 9:
10:  void Start()
11:  {
12:    soliders=GameObject.Find("soliders");
13:  }
14:
15:  void Update()
16:  {
17:
18:    transform.Translate(new Vector3(speed*Time.deltaTime,0.0f,0.0f));
19:
20:    if((transform.position.x-soliders.transform.position.x)>5.0f)
21:       Destroy(gameObject);
22:
23:  }
24:
25: }
```

在上述 C#代码中，实现的主要功能是子弹向右运动（代码第 18 行），当子弹与士兵的距离超过 5 米之后（代码第 20 行），就执行代码第 21 行销毁子弹。

其中士兵的位置是移动的，因此通过第 12 行获得士兵对象 soliders，从而在第 20 行中得到此刻士兵对象的位置。

对于 JavaScript 开发者来说，在项目 Project 窗格中，选择 Scripts 文件夹，在右键出现的快捷菜单中选择“Create”→“Javascript”命令，这样就会创建一个 JavaScript 文件，修改该文件的名称为 rightProjectileController.js，在 rightProjectileController.js 中书写相关代码，见代码 5-12。

代码 5-12　rightProjectileController 的 JavaScript 代码

```
 1: var speed:float=3.0f;
 2: private var soliders:GameObject;
 3:
 4: function Start()
 5: {
 6:   soliders=GameObject.Find("soliders");
 7: }
 8:
 9: function Update()
10: {
11:
12:     transform.Translate(new Vector3(speed*Time.deltaTime,0.0f,0.0f));
13:
14:     if((transform.position.x-soliders.transform.position.x)>5.0f)
15:        Destroy(gameObject);
16:
17: }
```

在上述 JavaScript 代码中，实现的主要功能是子弹向右运动（代码第 12 行），当子弹与士兵的距离超过 5 米之后（代码第 14 行），就执行代码第 15 行销毁子弹。

其中士兵的位置是移动的，因此通过第 6 行获得士兵对象 soliders，从而在第 14 行中得到此刻士兵对象的位置。

选择 RightProjectileController 代码文件或者 rightProjectileController 代码文件，拖放到层次 Hierarchy 窗格中的 rightProjectile 对象之上；选择 sound 目录下的 shoot 文件，直接拖放到层次 Hierarchy 窗格中的 rightProjectile 对象之上，如图 5-72 所示。

最后在层次 Hierarchy 窗格中，选择 rightProjectile 对象，直接拖放到项目窗口中，创建一个 rightProjectile 预制件，如图 5-73 所示。

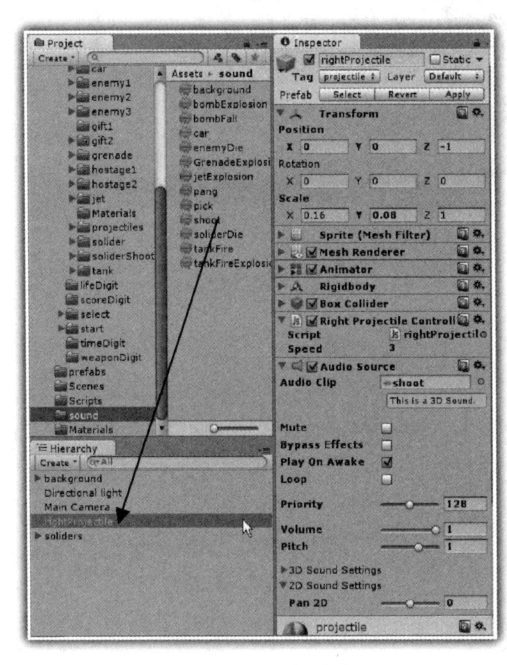

图 5-72　添加声音

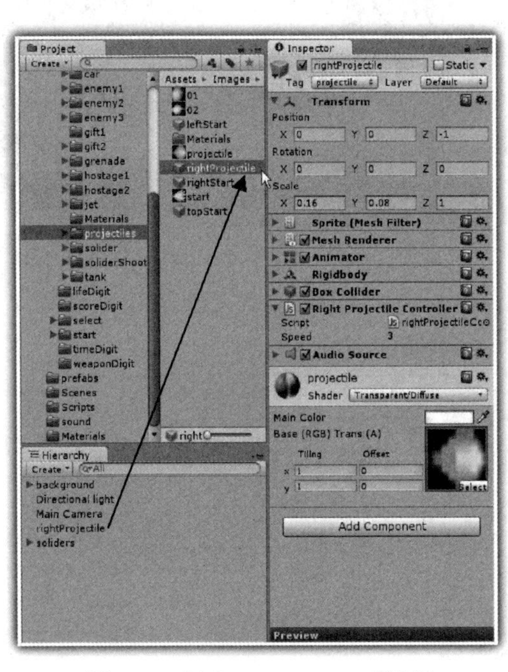

图 5-73　新建 rightProjectile 预制件

然后实现向左发射的子弹 leftProjectile。

在层次 Hierarchy 窗格中，选择 rightProjectile 对象，修改名称为 leftProjectile；设置 rightProjectile 对象的 Rotation 参数为：X=0，Y=0，Z=180；单击检视器中的 RightProjectileController 代码文件或者 rightProjectileController 代码文件，在出现的快捷菜单中选择“Remove Component”命令，删除前面的 RightProjectileController 代码文件或者 rightProjectileController 代码文件，如图 5-74 所示。

对于 C#开发者来说，在项目 Project 窗格中，选择 Scripts 文件夹，在右键出现的快捷菜单中选择“Create”→“C# Script”命令，这样就会创建一个 C#文件，修改该文件的名称为 LeftProjectileController.cs，在 LeftProjectileController.cs 中书写相关代码，见代码 5-13。

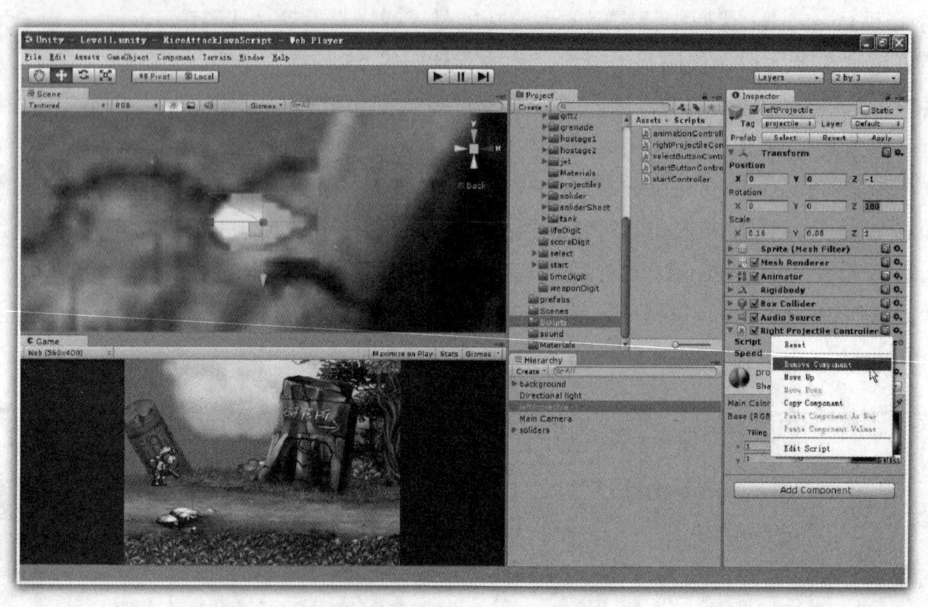

图 5-74　设置 leftProjectile

代码 5-13　LeftProjectileController 的 C#代码

```
 1: using UnityEngine;
 2: using System.Collections;
 3:
 4: public class leftProjectileController : MonoBehaviour
 5: {
 6:
 7:   float speed=3.0f;
 8:   GameObject soliders;
 9:
10:  void Start()
11:  {
12:     soliders=GameObject.Find("soliders");
13:   }
14:
15:  void Update()
16:  {
17:
18:     transform.Translate(new Vector3(-speed*Time.deltaTime,0.0f,0.0f),
            Space.World););
19:
20:     if((transform.position.x-soliders.transform.position.x)<-5.0f)
21:        Destroy(gameObject);
22:
23:   }
24:
25: }
```

在上述C#代码中，与代码5-11相比较，首先是第4行类的名称不同；第18行子弹是向左移动，speed参数前的符号是负号；第20行的判断条件是小于-5，而不是原来的大于5。

对于JavaScript开发者来说，在项目Project窗格中，选择Script文件夹，在右键出现的快捷菜单中选择“Create”→“Javascript”命令，这样就会创建一个JavaScript文件，修改该文件的名称为leftProjectileController.js，在leftProjectileController.js中书写相关代码，见代码5-14。

代码5-14　leftProjectileController的JavaScript代码

```
 1: var speed:float=3.0f;
 2: private var soliders:GameObject;
 3:
 4: function Start()
 5: {
 6:    soliders=GameObject.Find("soliders");
 7: }
 8:
 9: function Update()
10: {
11:
12:     transform.Translate(new Vector3(-speed*Time.deltaTime,0.0f,0.0f),
            Space.World););
13:
14:     if((transform.position.x-soliders.transform.position.x)<-5.0f)
15:       Destroy(gameObject);
16:
17: }
```

在上述JavaScript代码中，与代码5-12相比较，首先是类的名称不同；第12行子弹是向左移动，speed参数前的符号是负号；第14行的判断条件是小于-5，而不是原来的大于5。

选择LeftProjectileController代码文件或者leftProjectileController代码文件，拖放到层次Hierarchy窗格中的leftProjectile对象之上；在层次Hierarchy窗格中，选择leftProjectile对象，直接拖放到项目窗口中，创建一个leftProjectile预制件。

最后实现向上发射的子弹topProjectile。

在层次Hierarchy窗格中，选择leftProjectile对象，修改名称为topProjectile；设置topProjectile对象的Rotation参数为：X=0，Y=0，Z=90；单击检视器中的TopProjectileController代码文件或者topProjectileController代码文件，在出现的快捷菜单中选择“Remove Component”命令，删除前面的TopProjectileController代码文件或者topProjectileController代码文件。

对于C#开发者来说，在项目Project窗格中，选择Scripts文件夹，在右键出现的快捷菜单中选择“Create”→“C# Script”命令，这样就会创建一个C#文件，修改该文件的名称为TopProjectileController.cs，在TopProjectileController.cs中书写相关代码，见代码5-15。

代码5-15　TopProjectileController的C#代码

```
1: using UnityEngine;
2: using System.Collections;
3:
4: public class TopProjectileController : MonoBehaviour
```

```
 5: {
 6:
 7:   float speed=3.0f;
 8:
 9:   void Update()
10:  {
11:
12:    transform.Translate(new Vector3(0.0f,
             speed*Time.deltaTime,0.0f),Space.World);
13:
14:    if(transform.position.y >2.5f)
15:       Destroy(gameObject);
16:
17:  }
18:
19:}
```

在上述C#代码中，第12行设置子弹是向上移动，第14行的判断条件是查看y轴数值是否大于2.5，如果满足条件，执行第15行语句，删除子弹对象。

这里需要说明的是，由于topProjectile子弹对象在Z轴方向旋转了90度，因此在Translate()方法中，设置了另外一个参数Space.World，表示子弹在世界坐标系中向上移动，大家可以自己测试一下，如果不设置该参数，子弹的移动方向是向上吗？

对于JavaScript开发者来说，在项目Project窗格中，选择Scripts文件夹，在右键出现的快捷菜单中选择“Create”→“Javascript”命令，这样就会创建一个JavaScript文件，修改该文件的名称为topProjectileController.js，在topProjectileController.js中书写相关代码，见代码5-16。

代码5-16　topProjectileController的JavaScript代码

```
 1: var speed:float=3.0f;
 2:
 3: function Update()
 4: {
 5:
 6:   transform.Translate(new Vector3(0.0f,
             speed*Time.deltaTime,0.0f),Space.World);
 7:
 8:   if(transform.position.y >2.5f)
 9:      Destroy(gameObject);
10:
11: }
```

在上述JavaScript代码中，第6行设置子弹是向上移动，第8行的判断条件是查看y轴数值是否大于2.5，如果满足条件，执行第9行语句，删除子弹对象。

这里需要说明的是，由于topProjectile子弹对象在Z轴方向旋转了90度，因此在Translate()方法中，设置了另外一个参数Space.World，表示子弹在世界坐标系中向上移动，大家可以自己测试一下，如果不设置该参数，子弹的移动方向是向上吗？

选择TopProjectileController代码文件或者topProjectileController代码文件，拖放到层次Hierarchy窗格中的topProjectile对象之上；在层次Hierarchy窗格中，选择topProjectile对象，直接拖放到项

目窗口中，创建一个 topProjectile 预制件。最后在 Hierarchy 窗格中删除 topProjectile 对象。

完成上述三种子弹预制件之后的界面如图 5-75 所示。

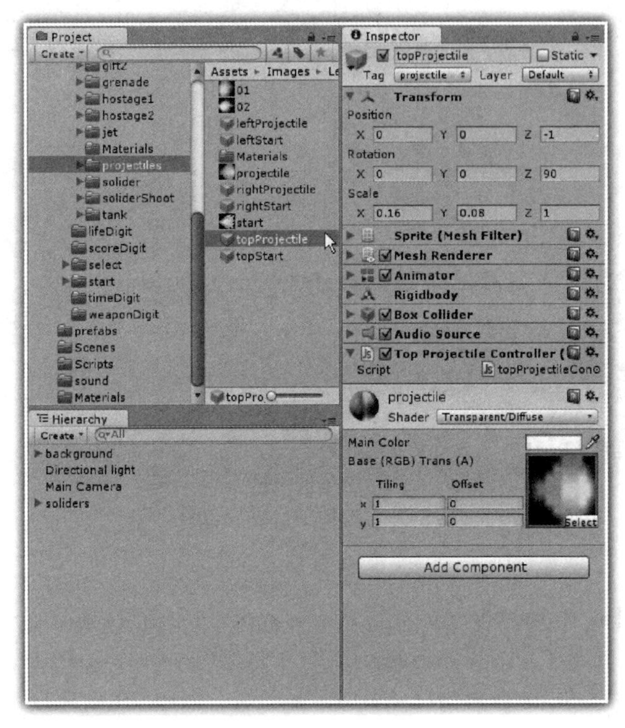

图 5-75　设置子弹

4. 设置子弹爆炸效果

在项目 Project 窗格中，选择 prefabs 文件夹中的 sprite 对象，直接拖放该对象到层次 Hierarchy 窗格中，并将该对象的名称修改为 projectileExplosion，在检视器窗格中设置 projectileExplosion 对象的 Position 参数为：X=0，Y=0，Z=-1；Scale 参数为：X=0.64，Y=0.16，Z=1；选择 AnimationController 代码文件或者 animationController 代码文件，拖放到层次 Hierarchy 窗格中的 projectileExplosion 对象之上；在项目 Project 窗格中，选择“Images”→“Level1”→“projectiles”目录下的 01 和 02 图片，分别拖放到检视器中的 Frames 数组变量之中；选择 sound 目录下的 pang 声音文件，直接拖放到层次 Hierarchy 窗格中的 projectileExplosion 对象之上，如图 5-76 所示。

在如图 5-76 所示的层次 Hierarchy 窗格中，选择 projectileExplosion 对象，直接拖放该 projectileExplosion 对象到项目窗口中，创建一个 projectileExplosion 预制件。最后在层次 Hierarchy 窗格中删除 projectileExplosion 对象。

5.3.4　手榴弹

按下“J”键，士兵就可以投射出一枚手榴弹。在实现手榴弹时，首先需要设置手榴弹，然后设置手榴弹的爆炸效果。

图 5-76　设置子弹爆炸效果

1. 设置手榴弹

在项目 Project 窗格中，选择 prefabs 文件夹中的 sprite 对象，直接拖放该对象到层次 Hierarchy 窗格中，并将该对象的名称修改为 grenade，在检视器窗格中设置 grenade 对象的 Position 参数为：X=0，Y=0，Z=-1；Scale 参数为：X=0.32，Y=0.16，Z=1；然后在项目 Project 窗格中，选择"Images"→"Level1"→"grenade"目录下的 grenade 图片，直接拖放到层次 Hierarchy 窗格中 grenade 之上，并且设置 grenade 对象的标签为 grenade，如图 5-77 所示。

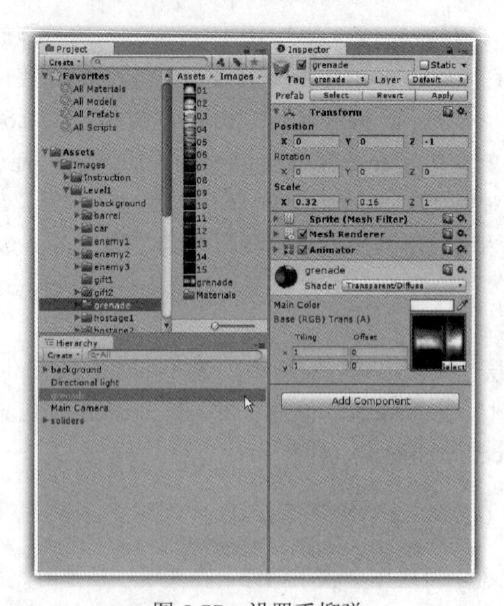

图 5-77　设置手榴弹

在如图 5-77 所示的层次 Hierarchy 窗格中，选择 grenade 对象，单击菜单“Component”→“Physics”→“Rigidbody”命令，为手榴弹 grenade 添加一个刚体，展开 Constraints 参数，勾选 Freeze Position 的 Z，设置手榴弹不在 Z 轴上移动；勾选 Freeze Rotation 的 X 和 Y，设置手榴弹不允许在 X、Y 轴旋转，但是允许在 Z 轴方向旋转，勾选 Use Gravity，使用重力属性，手榴弹的运动轨迹将呈现抛物线状；继续单击菜单“Component”→“Physics”→“Capsule Collider”命令，为手榴弹添加一个胶囊状碰撞体，设置该碰撞体的大小，让该碰撞体大概包围子弹；设置 Capsule Collider 下的 Radius=0.06，Height=2，Direction 为 X-Axis，并勾选 Is Trigger 属性；选择 sound 目录下的 bombFall 文件，直接拖放到层次 Hierarchy 窗格中的 grenade 对象之上，如图 5-78 所示。

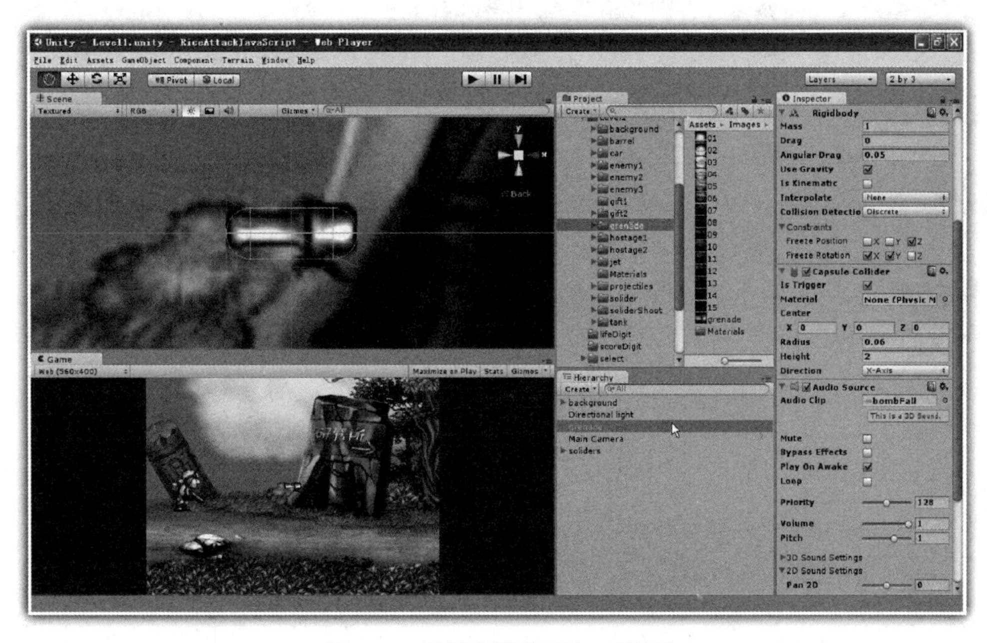

图 5-78　设置手榴弹刚体、碰撞体

在如图 5-78 所示的层次 Hierarchy 窗格中，选择 grenade 对象，直接拖放该 grenade 对象到项目窗口的 prefabs 文件之中，创建一个 grenade 预制件。最后在层次 Hierarchy 窗格中删除 grenade 对象。

2. 设置手榴弹爆炸效果

在项目 Project 窗格中，选择 prefabs 文件夹中的 sprite 对象，直接拖放该对象到层次 Hierarchy 窗格中，并将该对象的名称修改为 grenadeExplosion，选择“Images”→“Level1”→“grenade”目录下的 01 图片到 grenadeExplosion 对象之中；在检视器窗格中设置 grenadeExplosion 对象的 Position 参数为：X=0，Y=0，Z=-1；Scale 参数为：X=0.64，Y=1.28，Z=1；选择 AnimationController 代码文件或者 animationController 代码文件，拖放到层次 Hierarchy 窗格中的 grenadeExplosion 对象之上；在项目 Project 窗格中，选择“Images”→“Level1”→“grenade”目录下的 01、02、03，一直到 15 共十五张图片，分别拖放到检视器中的 Frames 数组变量之中；选择 sound 目录

下的 GrenadeExplosion 文件，直接拖放到层次 Hierarchy 窗格中的 grenadeExplosion 对象之上，并且设置 grenadeExplosion 的标签为 grenadeExplosion，如图 5-79 所示。

图 5-79　设置手榴弹爆炸效果

为实现爆炸效果与敌人各种角色的碰撞，还需要添加刚体和碰撞体。

单击菜单“Component”→“Physics”→“Rigidbody”命令，为手榴弹爆炸效果 grenadeExplosion 添加一个刚体，展开 Constraints 参数，勾选 Freeze Position 的 Z，设置手榴弹爆炸不在 Z 轴上移动；勾选 Freeze Rotation 的 X、Y 和 Z，设置手榴弹爆炸不允许在 X、Y 和 Z 轴旋转，非勾选 Use Gravity。

单击菜单“Component”→“Physics”→“Box Collider”命令，为手榴弹爆炸添加一个立方体碰撞体，让该碰撞体大概包围手榴弹爆炸效果，并勾选 Is Trigger 属性。

在层次 Hierarchy 窗格中，选择 grenadeExplosion 对象，直接拖放该 grenadeExplosion 对象到项目窗口的 prefabs 文件之中，创建一个 grenadeExplosion 预制件。最后在层次 Hierarchy 窗格中删除 grenadeExplosion 对象。

5.3.5　士兵动画

在士兵动画中，首先需要定义士兵的各种动画状态，这里采用专门的枚举定义士兵动画状态；然后编写代码实现士兵的运动状态控制，实现士兵的各种运动，如左、右行走，蹲下以及跳跃等；编写代码实现士兵的各种射击状态等。

1. 士兵动画状态

根据合金弹头游戏项目中士兵的功能分析，士兵的各种状态比较复杂，为此需要专门新建一个枚举类来管理士兵的各种状态。

对于C#开发者来说，在项目Project窗格中，选择Scripts文件夹，创建一个C#文件，修改该文件的名GameState.cs，在GameState.cs中书写相关代码，见代码5-17。

代码5-17　GameState的C#代码

```
 1: using UnityEngine;
 2: using System.Collections;
 3:
 4: public enum GameState
 5: {
 6:   idle,
 7:   idleUp,
 8:   idleDown,
 9:   idleJump,
10:   idleThrow,
11:   idleShowUp,
12:   idleShoot,
13:   idleDownShoot,
14:   idleUpShoot,
15:   walk,
16:   walkUp,
17:   walkDown,
18:   walkShoot,
19:   walkDownShoot,
20:   walkUpShoot,
21:   blank,
21:   killed
22:
23: }
```

在上述C#代码中，通过一个枚举定义了士兵的各种状态，总共有四大类状态，它们分别是idle静止状态、walk行走状态、killed被杀状态以及blank空白状态；具体的细分状态共十七种。

对于JavaScript 开发者来说，在项目Project窗格中，选择Scripts文件夹，在右键出现的快捷菜单中选择“Create”→“Javascript”命令，创建一个JavaScript文件，修改该文件的名称为gameState.js，在gameState.js中书写相关代码，见代码5-18。

代码5-18　gameState的JavaScript代码

```
 1: enum GameState
 2: {
 3:   idle,
 4:   walk,
 5:   idleShowUp,
 6:   idleUp,
 7:   idleDown,
 8:   idleJump,
 9:   idleThrow,
10:   walkUp,
11:   walkDown,
12:   idleShoot,
```

```
13:   idleDownShoot,
14:   idleUpShoot,
15:   walkShoot,
16:   walkDownShoot,
17:   walkUpShoot,
18:   blank,
19:   killed
20:
21: }
```

在上述 JavaScript 代码中，通过一个枚举定义了士兵的各种状态，总共有四大类状态，他们分别是 idle 静止状态、walk 行走状态、killed 被杀状态以及 blank 空白状态；具体的细分状态共十七种。

士兵的十七种状态分别是：

idle 状态，表示士兵的默认状态，可以称之为静止状态，在此状态下，士兵的上半部分是有动画效果的，而下半部分则处于静止状态。

walk 状态，表示士兵的行走状态，在此状态下，士兵的上半部分和下半部分均处于行走的动画状态。

killed 状态，表示士兵被杀的状态，在此状态下，根据游戏规则，当士兵被敌兵射中 XX 次之后，被敌兵刺杀 XXX 后，被飞机炸弹 XX，被坦克炮弹击中 XX 次之后，士兵处于被杀状态，也是一个动画。

blank 状态，表示士兵的空白状态，之所以设置这个状态，主要考虑是使用多个代码控制士兵的状态时，当其中一个代码控制士兵的实际状态时，需要将另外的一个代码控制士兵的状态为 blank 状态。

idleUp 状态，表示士兵的静止向上状态，在此状态下，士兵的上半部分显示向上的动画效果，而下半部分则处于静止状态。

idleDown 状态，表示士兵的静止蹲下状态，在此状态下，士兵的上半部分显示向下的动画效果，而下半部分则处于静止状态。

idleJump 状态，表示士兵的静止跳跃状态，在此状态下，士兵的上半部分和下半部分均显示跳跃的动画效果。

idleThrow 状态，表示士兵的静止投出手榴弹状态，在此状态下，士兵的上半部分出现透出手榴弹动画状态，而下半部分则处于静止状态。

idleShowUp 状态，表示士兵由静止状态到静止向上状态的过程，在此状态下，士兵的上半部分显示该过程的动画，而下半部分则处于静止状态。

idleShoot 表示士兵在静止状态下的射击状态，在此状态下，士兵的上半部分显示射击状态，而下半部分则处于静止状态。

idleDownShoot 表示士兵在静止蹲下状态下的射击状态，在此状态下，士兵的上半部分显示蹲下时的射击状态，而下半部分则处于静止状态。

idleUpShoot 表示士兵在静止向上状态下的射击状态，在此状态下，士兵的上半部分显示静止向上时的射击状态，而下半部分则处于静止状态。

walkUp 表示士兵的行走向上状态，在此状态下，士兵的上半部分显示向上状态，下半部分均处于行走的动画状态。

walkDown 表示士兵蹲下时的行走状态，在此状态下，士兵的上半部分显示蹲下状态，下半部分均处于蹲下行走的动画状态。

walkShoot 表示士兵在行走状态下的射击状态，在此状态下，士兵的上半部分显示射击状态，而下半部分则处于行走状态。

walkDownShoot 表示士兵在蹲下行走状态下的射击状态，在此状态下，士兵的上半部分显示蹲下射击状态，而下半部分则处于蹲下行走状态。

walkUpShoot 表示士兵在向上行走状态下的射击状态，在此状态下，士兵的上半部分显示向上射击状态，而下半部分则处于行走状态。

根据士兵的上述各种状态，设计了对应这些状态的各个图片序列形成的相关动画，下面分别加以说明。

在图 5-80 中，01、02、03 图片组成士兵 idle 状态上半部分的动画序列；而 foot 图片则组成士兵 idle 状态下半部分的图像。

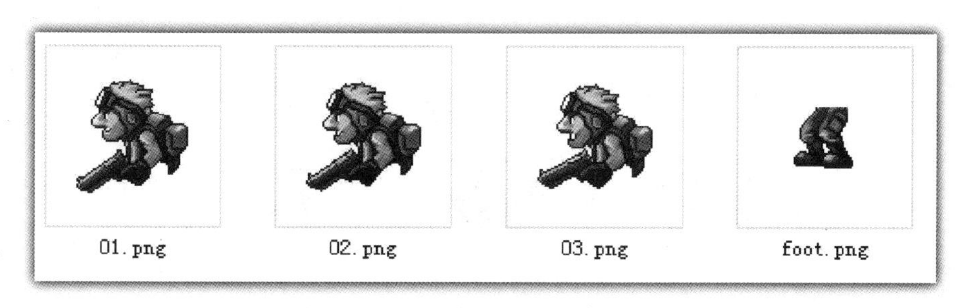

图 5-80　士兵的 idle 状态序列图片

在图 5-81 中，01、02、03 图片组成士兵 idledown 状态上半部分的动画序列；而 foot 图片则组成士兵 down 状态下半部分的图像。其中的 foot01、foot02、foot03、foot04、foot05 图片，则是士兵蹲下状态下的行走动画序列。

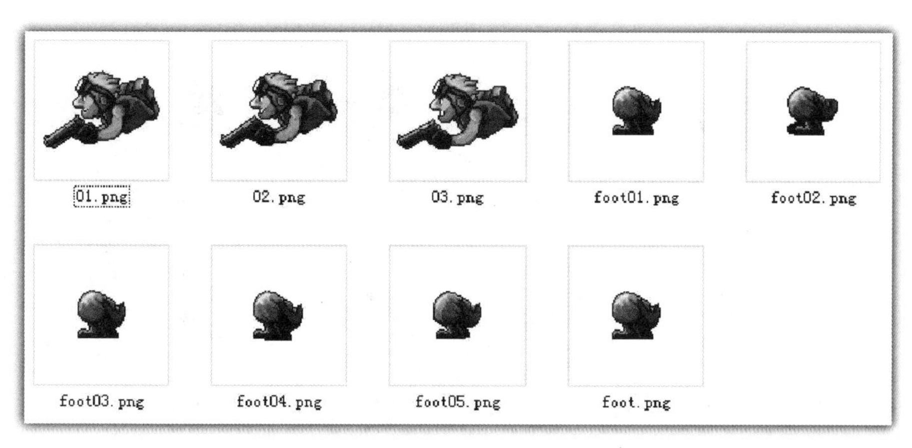

图 5-81　士兵的 idleDown 状态序列图片

在图 5-82 中，01、02、03、04 图片组成士兵 idleJump 状态上半部分的动画序列；而 foot01、foot02 图片，则组成士兵 idleJump 状态下士兵下半部分的动画序列。

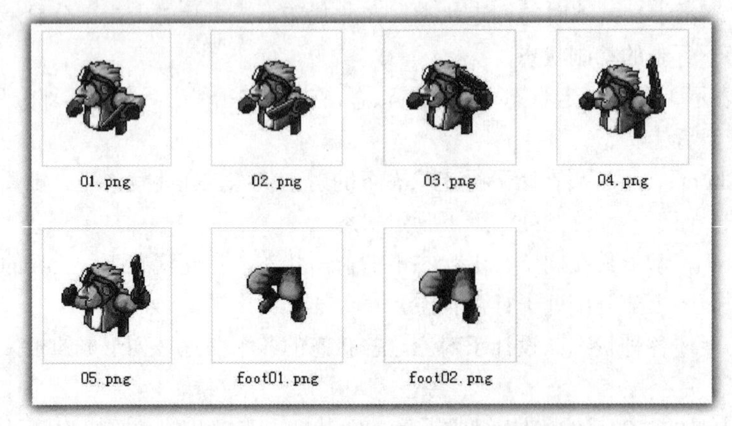

图 5-82　士兵的 idleJump 状态序列图片

在图 5-83 中，01、02 图片组成士兵 idleUp 状态上半部分的动画序列；而 foot 图片则组成士兵 idleUp 状态下半部分的图像。

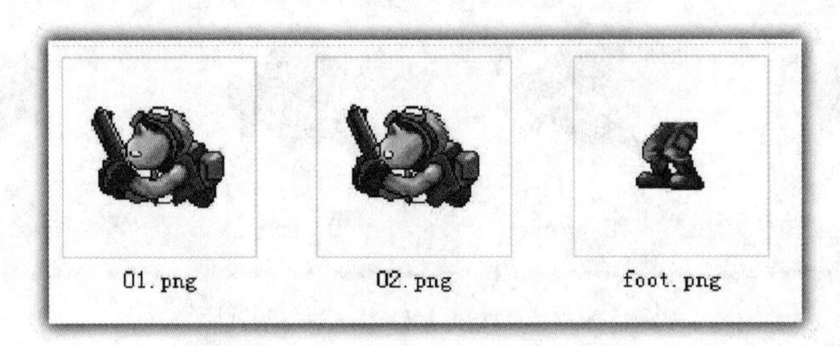

图 5-83　士兵的 idleUp 状态序列图片

在图 5-84 中，01、02、03 图片组成士兵 walk 状态上半部分的动画序列；而 foot01、foot02、foot03、foot04、foot05 图片，则是 walk 状态下士兵下半部分的行走动画序列。

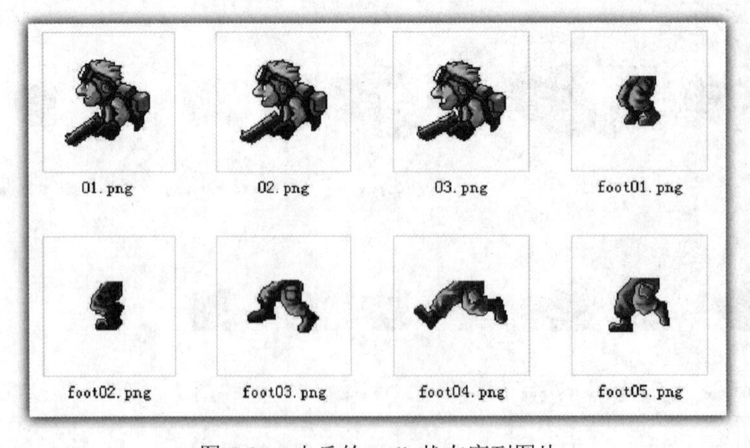

图 5-84　士兵的 walk 状态序列图片

在图 5-85 中，01、02、03 图片组成士兵 idleShowUp 状态上半部分的动画序列；而 foot 图片则组成士兵 idleShowUp 状态下士兵下半部分的图像。

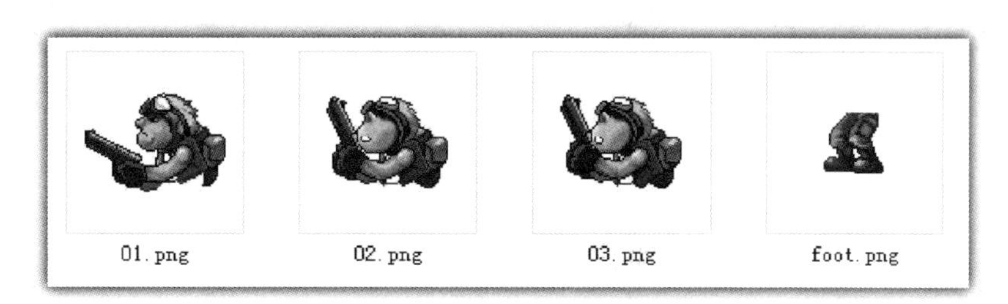

图 5-85　士兵的 idleShowUp 状态序列图片

在图 5-86 中，01 图片组成士兵 idleDownShoot 状态上半部分的图像；而 bottom 图片则组成士兵 idleDownShoot 状态下士兵下半部分的图像。

在图 5-87 中，01 图片组成士兵 idleShoot 状态上半部分的图像；而 foot 图片则组成士兵 idleShoot 状态下士兵下半部分的图像。

图 5-86　士兵的 idleDownShoot 状态序列图片

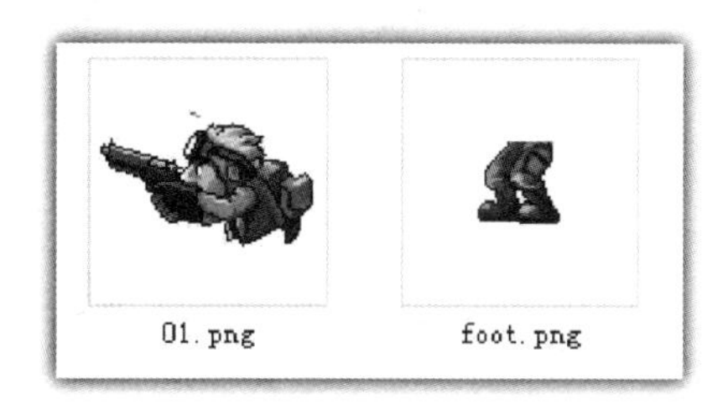

图 5-87　士兵的 idleShoot 状态序列图片

在图 5-88 中，01 图片组成士兵 idleThrow 状态上半部分的图像；而 foot 图片则组成士兵 idleThrow 状态下士兵下半部分的图像。

在图 5-89 中，01 图片组成士兵 idleUpShoot 状态上半部分的图像；而 foot 图片则组成士兵 idleUpShoot 状态下士兵下半部分的图像。

图 5-88　士兵的 idleThrow 状态序列图片

图 5-89　士兵的 idleUpShoot 状态序列图片

在图 5-90 中，01 图片组成士兵 walkDownShoot 状态上半部分的图像；而 foot01、foot02、foot03、foot04、foot05 图片，则组成士兵 walkDownShoot 状态下士兵下半部分的行走动画序列。

在图 5-91 中，01 图片组成士兵 walkShoot 状态上半部分的图像；而 foot01、foot02、foot03、foot04、foot05 图片，则组成士兵 walkShoot 状态下士兵下半部分的行走动画序列。

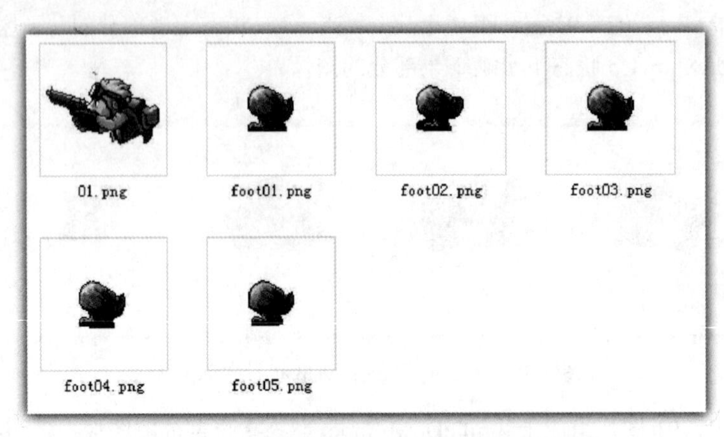

图 5-90　士兵的 walkDownShoot 状态序列图片

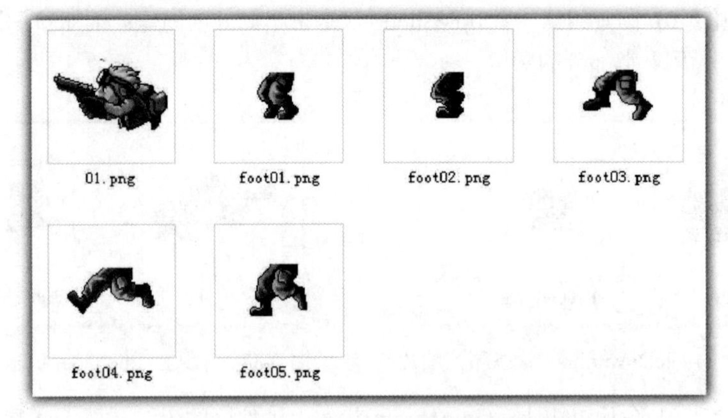

图 5-91　士兵的 walkShoot 状态序列图片

在图 5-92 中，01 图片组成士兵 walkUpShoot 状态上半部分的图像；而 foot01、foot02、foot03、foot04、foot05 图片，则组成士兵 walkUpShoot 状态下士兵下半部分的行走动画序列。

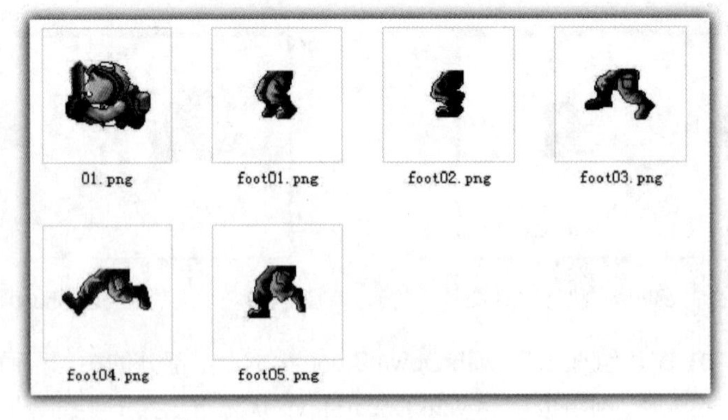

图 5-92　士兵的 walkUpShoot 状态

这里需要说明是，以上介绍了十三种士兵状态的序列图片，还有 killed 状态、walkUp 状态以及 walkDown 没有介绍。

对于 killed 状态，是士兵的死亡状态，没有为此状态设计专门的图片，此时将设置士兵在 idle 状态下的图片为黑暗即可。

对于 walkUp 状态的士兵序列图片，则是由 idleUp 状态的士兵上半部分的序列图片和 walk 状态的士兵下半部分的序列图片组合而形成。

对于 walkDown 状态的士兵序列图片，则是由 idleDown 状态的士兵上半部分的序列图片和 idleDown 状态中的士兵下半部分的序列图片组合而形成。

2. 士兵运动状态控制

在为士兵对象编写相关的运动状态控制代码之前，首先需要为士兵对象 Soliders 添加角色控制器。

选择层次 Hierarchy 窗格中的 soliders 士兵对象，然后单击菜单“Component”→“Physcis”→“Character Controller”命令，为 soliders 士兵对象添加 CharacterController 组件，并设置 Radius 为 0.34，Height 为 0.8，如图 5-93 所示。

图 5-93　添加角色控制器

对于 C#开发者来说，在项目 Project 窗格中，选择 Scripts 文件夹，在右键出现的快捷菜单中选择“Create”→“C# Script”命令，创建一个 C#文件，修改该文件的名称为 SoliderController.cs，在 SoliderController.cs 中书写相关代码，见代码 5-19。

代码 5-19　SoliderController 的 C#代码

```
1: using UnityEngine;
2: using System.Collections;
3:
```

```
 4: public class soliderController : MonoBehaviour
 5: {
 6:
 7:  public Texture [] idelFrames;
 8:  public Texture [] idelFoot;
 9:
10:  public Texture [] walkFrames;
11:  public Texture [] walkFoot;
12:
13:  public Texture [] shootUpFrames;
14:  public Texture [] shootUpFoot;
15:
16:  public Texture [] upFrames;
17:  public Texture [] upFoot;
18:
19:  public Texture [] DownFrames;
20:  public Texture [] DownFoot;
21:
22:  public Texture [] walkDownFrames;
23:  public Texture [] walkDownFoot;
24:
25:  public Texture [] walkUpFrames;
26:  public Texture [] walkUpFoot;
27:
28:  public Texture [] idleJump;
29:  public Texture [] idleJumpFoot;
30:  public bool moveDirection=false;
31:
32:  private CharacterController controller;
33:  private Vector3 velocity=Vector3.zero;
34:  private bool showShootUp=false;
35:  private bool up=false;
36:  private bool down=false;
37:  private bool jump=false;
38:
39:  private GameObject myGrenade;
40:  private float gravity=20.0f;
41:  private float myTime=0;
42:  private GameState myGameState;
43:
44:  private Transform soliderTransform;
45:  private Transform footTransform;
46:
47:  private AnimationController mySoliderAnimation;
48:  private AnimationController myFootAnimation;
49:  private bool blank=false;
50:
51:  void Start()
```

```
52:  {
53:
54:    controller= GetComponent<CharacterController>();
55:    soliderTransform=transform.FindChild("solider");
56:    footTransform=transform.FindChild("foot");
57:
58:    mySoliderAnimation=soliderTransform.
            GetComponent<AnimationController>();
59:
60:    myFootAnimation=footTransform.
           GetComponent<AnimationController>();
61:
62:  }
63:
64:  void Update()
65:  {
66:
67:    if(controller.isGrounded)
68:    {
69:
70:      if(Input.GetKeyDown(KeyCode.A))
71:        velocity =new  Vector3(-1,0,0);
72:
73:      if(Input.GetKeyDown(KeyCode.D))
74:        velocity =new  Vector3(1,0,0);
75:
76:      if(Input.GetKeyUp(KeyCode.A) || Input.GetKeyUp(KeyCode.D))
77:        velocity =new  Vector3(0,0,0);
78:
79:      if(Input.GetKey(KeyCode.W))
80:       {
81:        if(myTime<1)
82:          showShootUp=true;
83:        else
84:          up=true;
85:
86:       }
87:
88:      if(Input.GetKeyUp(KeyCode.W))
89:      {
90:        showShootUp=false;
91:        up=false;
92:        myTime=0;
93:
94:      }
95:
96:      if(showShootUp)
97:      {
```

```
 98:         myTime+=Time.deltaTime;
 99:
100:        if(myTime>1)
101:          showShootUp=false;
102:
103:      }
104:
105:      if(Input.GetKeyDown(KeyCode.S))
106:        down=true;
107:
108:      if(Input.GetKeyUp(KeyCode.S))
109:        down=false;
110:
111:      if(Input.GetKeyDown(KeyCode.K))
112:        jump=true;
113:
114:      if(jump)
115:      {
116:        velocity.y=5.0f;
117:
118:        jump=false;
119:      }
120:
121:      if(velocity.x==0)
122:      {
123:        if(showShootUp)
124:          myGameState=GameState.idleShowUp;
125:        else if(up)
126:          myGameState=GameState.idleUp;
127:        else if(down)
128:          myGameState=GameState.idleDown;
129:        else
130:          myGameState=GameState.idle;
131:
132:        if(blank)
133:          myGameState=GameState.blank;
134:
135:      }
136:      else if(velocity.x<0)
137:      {
138:        if(Input.GetKey(KeyCode.S))
139:          myGameState=GameState.walkDown;
140:        else if(Input.GetKey(KeyCode.W))
141:          myGameState=GameState.walkUp;
142:        else
143:          myGameState=GameState.walk;
144:
145:        if(blank)
```

```
146:          myGameState=GameState.blank;
147:
148:        moveDirection=true;
149:
150:      }
151:      else if(velocity.x>0)
152:      {
153:        if(Input.GetKey(KeyCode.S))
154:          myGameState=GameState.walkDown;
155:        else if(Input.GetKey(KeyCode.W))
156:          myGameState=GameState.walkUp;
157:        else
158:          myGameState=GameState.walk;
159:
160:        if(blank)
161:          myGameState=GameState.blank;
162:
163:        moveDirection=false;
164:
165:      }
166:
167:      switch(myGameState)
168:      {
169:        case GameState.idle :
170:
171:          RunAnimation(idelFrames,idelFoot,moveDirection);
172:          break;
173:        case GameState.walk:
174:
175:          RunAnimation(walkFrames,walkFoot,moveDirection);
176:          break;
177:        case GameState.idleShowUp:
178:
179:          RunAnimation(shootUpFrames,shootUpFoot,moveDirection);
180:          break;
181:        case GameState.idleUp:
182:
183:          RunAnimation(upFrames,upFoot,moveDirection);
184:          break;
185:        case GameState.idleDown:
186:
187:          RunAnimation(DownFrames,DownFoot,moveDirection);
188:          break;
189:        case GameState.walkDown:
190:
191:          RunAnimation(walkDownFrames,walkDownFoot, moveDirection);
192:          break;
193:        case GameState.walkUp:
```

```
194:
195:          RunAnimation(walkUpFrames, walkUpFoot, moveDirection);
196:          break;
197:        case GameState.blank:
198:
199:          break;
200:      }
201:
202:    }
203:    else
204:    {
205:      velocity.y -= gravity * Time.deltaTime;
206:
207:      if(velocity.x==0)
208:      {
209:        myGameState=GameState.idleJump;
210:        RunAnimation(idleJump,idleJumpFoot, moveDirection);
211:
212:      }
213:
214:    }
215:
216:    controller.Move(velocity * Time.deltaTime);
217:
218:  }
219:
220:  public void SetGameState(bool myBlank)
221:  {
222:    blank=myBlank;
223:  }
224:
225:  public void RunAnimation(Texture[] soliderFrames,
           Texture[] footFrames, bool moveDirection)
226:  {
227:
228:    mySoliderAnimation.frames=soliderFrames;
229:    myFootAnimation.frames=footFrames;
230:
231:    if(moveDirection)
232:    {
233:      mySoliderAnimation.direction=true;
234:      myFootAnimation.direction=true;
235:
236:      if(myGameState==GameState.idleDown ||
           myGameState==GameState.walkDown)
237:      {
238:        soliderTransform.position=new Vector3(soliderTransform.position.x,
           transform.position.y-0.15f,-1.0f);
```

```
239:
240:        footTransform.position=new Vector3 (soliderTransform.position.x+0.12f,
                   soliderTransform.position.y-0.16f,-0.9f);
241:
242:      }
243:       else if(myGameState==GameState.idleJump)
244:      {
245:      }
246:      else
247:      {
248:        soliderTransform.position=new Vector3(soliderTransform.position.x,
                transform.position.y,-1.0f);
249:
250:        footTransform.position=new Vector3 (soliderTransform.position.x+0.07f,
                soliderTransform.position.y-0.3f,-0.9f);
251:
252:      }
253:
254:  }
255:  else
256:  {
257:    mySoliderAnimation.direction=false;
258:    myFootAnimation.direction=false;
259:
260:    if(myGameState==GameState.idleDown||
                myGameState==GameState.walkDown)
261:    {
262:      soliderTransform.position=new Vector3(soliderTransform.position.x,
                transform.position.y-0.15f,-1.0f);
263:
264:      footTransform.position=new Vector3 (soliderTransform.position.x-0.12f,
                soliderTransform.position.y-0.16f,-0.9f);
265:
266:    }
267:    else if(myGameState==GameState.idleJump)
268:    {
269:    }
270:    else
271:    {
272:      soliderTransform.position=new Vector3(soliderTransform.position.x,
                transform.position.y,-1.0f);
273:
274:      footTransform.position=new Vector3 (soliderTransform.position.x-0.12f,
                soliderTransform.position.y-0.3f,-0.9f);
275:
276:    }
277:
278:  }
```

```
279:
280: }
281:}
```

在上述 C#代码中，实现的主要功能是士兵的左、右运动，即左、右蹲下运动、跳跃以及左右的向上状态运动。

整个代码可以划分为以下四大部分。

第一部分是变量说明，包括代码第 7 行到第 49 行。其中第 7 行到第 29 行设置了公有的变量，特别是各种数组变量，以便开发者在检视器中拖放相关图片到这些数值变量中，关联这些相关状态的序列图片；第 32 行到第 49 行则设置了许多私有变量，用于保存士兵对象相关的状态等。

第二部分是变量初始化，包括代码第 51 行到第 62 行。其中第 54 行获得对 soliders 对象中所设置的角色控制器 CharacterController 的引用，以便在主要代码中通过角色控制器 CharacterController 的相关方法，实现士兵的左、右运动和跳跃运动；第 55 行获得 soliders 对象的子对象 solider 的 transform 的引用，第 56 行获得 foot 对象的子对象 solider 的 transform 的引用，以便在主要代码中调整士兵上半部分和下半部分的相互位置；第 58 行获得子对象 solider 中 AnimationController 代码组件的引用，第 60 行则获得子对象 foot 中 AnimationController 代码组件的引用，从而在主要代码中调用动画组件 AnimationController，实现士兵的上半部分动画和下半部分动画。

第三部分是代码的主要部分，包括代码第 64 行到第 218 行。其中的代码又可以划分为三个小部分。第一小部分是第 67 行到 202 行代码。其中第 70 行到第 119 行，根据用户的按键状态，设置各种相关变量，例如第 70 行如果按下“A”键，设置速度向左；第 123 行到 165 行则根据相关变量设置士兵的各种状态；第 167 行到 200 行的 switch 代码，则根据士兵的各种状态，设置相关的士兵动画状态。第二小部分是第 204 行到 214 行代码，实现士兵的跳跃运动以及士兵的跳跃动画。第 205 行实现士兵的跳跃运动，也就是在 Y 轴方向的运动，因为在第 116 行设置了向上跳跃的初始速度；第 209 行设置士兵的状态为 idleJump，然后第 210 行则运行动画 idleJump。第三小部分代码极其简单，就是第 216 行，实现士兵的运动。

第四部分则是代码的辅助函数部分，包括代码第 220 行到第 280 行。其中第 220 行到第 223 行定义了一个 SetGameState()函数，用于设置 GameState 是否处于 blank 状态；代码第 225 行到 280 行，则设置了一个 RunAnimation()函数，用于实现士兵的各种动画。

首先，第 228 行设置士兵上半部分的动画序列图片，第 229 行设置士兵下半部分的动画序列图片。

然后根据士兵的左、右运动方向，其中的条件代码可分为两个部分；如果是向左运动，则执行第 231 行语句到 254 行语句。第 233 行、234 行分别设置士兵上半部分、下半部分的运动方向；如果士兵的状态是 idleDown 或者 walkDown，则需要执行第 238 行语句、240 行语句，重新组合士兵上半部分、下半部分的相互位置；如果士兵的状态是 idleJump，则不需要重新组合士兵上半部分、下半部分的相互位置；如果是其他的状态，则执行 248 行、250 行语句，重新组合士兵上半部分、下半部分的相互位置。

如果是向右运动，则执行第256行语句到278行语句。第257行、258行分别设置士兵上半部分、下半部分的运动方向；如果士兵的状态是idleDown或者walkDown，则需要执行第262行语句、264行语句，重新组合士兵上半部分、下半部分的相互位置；如果士兵的状态是idleJump，则不需要重新组合士兵上半部分、下半部分的相互位置；如果是其他的状态，则执行272行、274行语句，重新组合士兵上半部分、下半部分的相互位置。

对于JavaScript开发者来说，在项目Project窗格中，选择Scripts文件夹，在右键出现的快捷菜单中选择“Create”→“Javascript”命令，创建一个JavaScript文件，修改该文件的名称为soliderController.js，在soliderController.js中书写相关代码，见代码5-20。

代码5-20　soliderController的JavaScript代码

```
 1: var  idelFrames:Texture[];
 2: var  idelFoot:Texture[];
 3:
 4: var  walkFrames:Texture[];
 5: var  walkFoot:Texture[];
 6:
 7: var  shootUpFrames:Texture[];
 8: var  shootUpFoot:Texture[];
 9:
10: var  upFrames:Texture[];
11: var  upFoot:Texture[];
12:
13: var  DownFrames:Texture[];
14: var  DownFoot:Texture[];
15:
16: var  walkDownFrames:Texture[];
17: var  walkDownFoot:Texture[];
18:
19: var  walkUpFrames:Texture[];
20: var  walkUpFoot:Texture[];
21:
22: var  idleJump:Texture[];
23: var  idleJumpFoot:Texture[];
24:
25: var  moveDirection:boolean=false;
26:
27: private var  controller:CharacterController;
28: private var  velocity:Vector3 = Vector3.zero;
29:
30: private var showShootUp:boolean=false;
31: private var up:boolean=false;
32: private var down:boolean=false;
33: private var jump:boolean=false;
34:
35: private var myGrenade:GameObject;
36: private var gravity:float=20.0f;
```

```
37: private var myTime:float=0;
38:
39: private var myGameState:GameState;
40: private var soliderTransform:Transform;
41: private var footTransform:Transform;
42: private var mySoliderAnimation:animationController;
43: private var myFootAnimation:animationController;
44: private var blank:boolean=false;
45:
46: function Start()
47: {
48:
49:   controller= GetComponent("CharacterController");
50:
51:   soliderTransform=transform.FindChild("solider");
52:   footTransform=transform.FindChild("foot");
53:
54:   mySoliderAnimation=soliderTransform.GetComponent("animationController");
55:   myFootAnimation=footTransform.GetComponent("animationController");
56:
57: }
58:
59: function Update()
60: {
61:
62:   if(controller.isGrounded)
63:   {
64:
65:     if(Input.GetKeyDown(KeyCode.A))
66:       velocity =new  Vector3(-1, 0,0);
67:
68:     if(Input.GetKeyDown(KeyCode.D))
69:       velocity =new  Vector3(1, 0,0);
70:
71:     if(Input.GetKeyUp(KeyCode.A) || Input.GetKeyUp(KeyCode.D))
72:       velocity =new  Vector3(0, 0,0);
73:
74:     if(Input.GetKey(KeyCode.W))
75:     {
76:       if(myTime<1)
77:         showShootUp=true;
78:       else
79:         up=true;
80:     }
81:
82:     if(Input.GetKeyUp(KeyCode.W))
83:     {
84:       showShootUp=false;
```

```
 85:      up=false;
 86:      myTime=0;
 87:    }
 88:
 89:    if(showShootUp)
 90:    {
 91:      myTime+=Time.deltaTime;
 92:
 93:      if(myTime>1)
 94:        showShootUp=false;
 95:
 96:    }
 97:
 98:    if(Input.GetKeyDown(KeyCode.S))
 99:      down=true;
100:
101:    if(Input.GetKeyUp(KeyCode.S))
102:      down=false;
103:
104:    if(Input.GetKeyDown(KeyCode.K))
105:      jump=true;
106:
107:    if(jump)
108:    {
109:      velocity.y=5.0f;
110:
111:      jump=false;
112:    }
113:
114:    if(velocity.x==0)
115:    {
116:      if(showShootUp)
117:        myGameState=GameState.idleShowUp;
118:      else if(up)
119:        myGameState=GameState.idleUp;
120:      else if(down)
121:        myGameState=GameState.idleDown;
122:      else
123:        myGameState=GameState.idle;
124:
125:      if(blank)
126:        myGameState=GameState.blank;
127:
128:    }
129:    else if(velocity.x<0)
130:    {
131:      if(Input.GetKey(KeyCode.S))
132:        myGameState=GameState.walkDown;
```

```
133:        else if(Input.GetKey(KeyCode.W))
134:          myGameState=GameState.walkUp;
135:        else
136:          myGameState=GameState.walk;
137:
138:        if(blank)
139:         myGameState=GameState.blank;
140:
141:       moveDirection=true;
142:
143:     }
144:     else if(velocity.x>0)
145:     {
146:       if(Input.GetKey(KeyCode.S))
147:         myGameState=GameState.walkDown;
148:       else if(Input.GetKey(KeyCode.W))
149:         myGameState=GameState.walkUp;
150:       else
151:         myGameState=GameState.walk;
152:
153:       if(blank)
154:         myGameState=GameState.blank;
155:
156:       moveDirection=false;
157:     }
158:
159:     switch(myGameState)
160:     {
161:        case GameState.idle :
162:
163:          RunAnimation(idelFrames,idelFoot,moveDirection);
164:          break;
165:        case GameState.walk:
166:
167:          RunAnimation(walkFrames,walkFoot,moveDirection);
168:          break;
169:        case GameState.idleShowUp:
170:
171:          RunAnimation(shootUpFrames,shootUpFoot,moveDirection);
172:          break;
173:
174:        case GameState.idleUp:
175:
176:          RunAnimation(upFrames,upFoot,moveDirection);
177:          break;
178:        case GameState.idleDown:
179:
180:          RunAnimation(DownFrames,DownFoot,moveDirection);
```

```
181:         break;
182:       case GameState.walkDown:
183:
184:         RunAnimation(walkDownFrames,walkDownFoot, moveDirection);
185:         break;
186:       case GameState.walkUp:
187:
188:         RunAnimation(walkUpFrames, walkUpFoot, moveDirection);
189:         break;
190:       case GameState.blank:
191:
192:         break;
193:     }
194:
195:  }
196:  else
197:  {
198:
199:   velocity.y -= gravity * Time.deltaTime;
200:
201:   if(velocity.x==0)
202:   {
203:     myGameState=GameState.idleJump;
204:     RunAnimation(idleJump,idleJumpFoot, moveDirection);
205:   }
206:
207:  }
208:
209:  controller.Move(velocity * Time.deltaTime);
210:
211: }
212:
213: function SetGameState(myBlank:boolean)
214: {
215:   blank=myBlank;
216: }
217:
218: function RunAnimation(soliderFrames: Texture[],
          footFrames :Texture[], moveDirection: boolean)
219: {
220:   mySoliderAnimation.frames=soliderFrames;
221:   myFootAnimation.frames=footFrames;
222:
223:   if(moveDirection)
224:   {
225:     mySoliderAnimation.direction=true;
226:     myFootAnimation.direction=true;
227:
```

05
第五章
游戏项目
合金弹头

```
228:    if(myGameState==GameState.idleDown ||
                             myGameState==GameState.walkDown)
229:    {
230:      soliderTransform.position=new Vector3(
              soliderTransform.position.x,transform.position.y-0.15f,-1.0f);
231:
232:      footTransform.position=new Vector3 (soliderTransform.position.x+0.12f,
              soliderTransform.position.y-0.16f,-0.9f);
233:
234:    }
235:    else if(myGameState==GameState.idleJump)
236:    {
237:    }
238:    else
239:    {
240:      soliderTransform.position=new Vector3(
              soliderTransform.position.x,transform.position.y,-1.0f);
241:
242:      footTransform.position=new Vector3 (soliderTransform.position.x+0.07f,
              soliderTransform.position.y-0.3f,-0.9f);
243:
244:    }
245:
246:  }
247:  else
248:  {
249:    mySoliderAnimation.direction=false;
250:    myFootAnimation.direction=false;
251:
252:    if(myGameState==GameState.idleDown || myGameState==GameState.walkDown)
253:    {
254:      soliderTransform.position=new Vector3(
              soliderTransform.position.x,transform.position.y-0.15f,-1.0f);
255:
256:      footTransform.position=new Vector3(soliderTransform.position.x-0.12f,
              soliderTransform.position.y-0.16f,-0.9f);
257:
258:    }
259:    else if(myGameState==GameState.idleJump)
260:    {
261:    }
262:    else
263:    {
264:      soliderTransform.position=new Vector3(
              soliderTransform.position.x,transform.position.y,-1.0f);
265:
266:      footTransform.position=new Vector3(soliderTransform.position.x-0.12f,
              oliderTransform.position.y-0.3f,-0.9f);
```

```
267:
268:        }
269:
270:    }
271: }
```

在上述 JavaScript 代码中，实现的主要功能是士兵的左、右运动，即左、右蹲下运动、跳跃以及左右的向上状态运动。

整个代码可以划分为以下四大部分。

第一部分是变量说明，包括代码第 1 行到第 44 行。其中第 1 行到第 25 行设置了公有的变量，特别是各种数组变量，以便开发者在检视器中拖放相关图片到这些数值变量中，关联这些相关状态的序列图片；第 27 行到第 44 行则设置了许多私有变量，用于保存士兵对象相关的状态等。

第二部分是变量初始化，包括代码第 46 行到第 47 行。其中第 49 行获得对 soliders 对象中所设置的角色控制器 CharacterController 的引用，以便在主要代码中通过角色控制器 CharacterController 的相关方法，实现士兵的左、右运动和跳跃运动；第 50 行获得 soliders 对象的子对象 solider 的 transform 的引用，第 51 行获得 foot 对象的子对象 solider 的 transform 的引用，以便在主要代码中调整士兵上半部分和下半部分的相互位置；第 54 行获得子对象 solider 中 animationController 代码组件的引用，第 55 行则获得子对象 foot 中 animationController 代码组件的引用，从而在主要代码中调用动画组件 animationController，实现士兵的上半部分动画和下半部分动画。

第三部分是代码的主要部分，包括代码第 59 行到第 211 行。其中的代码又可以划分为三个小部分。第一小部分是第 62 行到 195 行代码。其中第 65 行到第 113 行，根据用户的按键状态设置各种相关变量，例如第 65 行如果按下“A”键，设置速度向左；第 114 行到 157 行则根据相关变量设置士兵的各种状态；第 159 行到 193 行的 switch 代码，则根据士兵的各种状态设置相关的士兵动画状态。第二小部分是第 197 行到 207 行代码，实现士兵的跳跃运动以及士兵的跳跃动画。第 199 行实现士兵的跳跃运动，也就是在 Y 轴方向的运动，因为在第 109 行设置了向上跳跃的初始速度；第 203 行设置士兵的状态为 idleJump，然后第 204 行则运行动画 idleJump。第三小部分代码极其简单，就是第 209 行，实现士兵的运动。

第四部分则是代码的辅助函数部分，包括代码第 213 行到第 271 行。其中第 213 行到第 216 行定义了一个 SetGameState()函数，用于设置 GameState 是否处于 blank 状态；代码第 218 行到 271 行，则设置了一个 RunAnimation()函数，用于实现士兵的各种动画。

首先，第 220 行设置士兵上半部分的动画序列图片，第 221 行设置士兵下半部分的动画序列图片。

然后根据士兵的左、右运动方向，其中的条件代码可分为两个部分：如果是向左运动，则执行第 223 行语句到 246 行语句。第 225 行、226 行分别设置士兵上半部分、下半部分的运动方向；如果士兵的状态是 idleDown 或者 walkDown，则需要执行第 230 行语句、232 行语句，重新组合士兵上半部分、下半部分的相互位置；如果士兵的状态是 idleJump，则不需要重新组合士兵上半部分、下半部分的相互位置；如果是其他的状态，则执行 240 行、242 行语句，重新组合士兵上半部分、下半部分的相互位置。

如果是向右运动，则执行第 248 行语句到 270 行语句。第 249 行、250 行分别设置士兵上半部分、下半部分的运动方向；如果士兵的状态是 idleDown 或者 walkDown，则需要执行第 254 行语句、256 行语句，重新组合士兵上半部分、下半部分的相互位置；如果士兵的状态是 idleJump，则不需要重新组合士兵上半部分、下半部分的相互位置；如果是其他的状态，则执行 264 行、266 行语句，重新组合士兵上半部分、下半部分的相互位置。

选择 SoliderController 代码文件或者 soliderController 代码文件，拖放到层次 Hierarchy 窗格中的 soliders 对象之上，如图 5-94 所示。

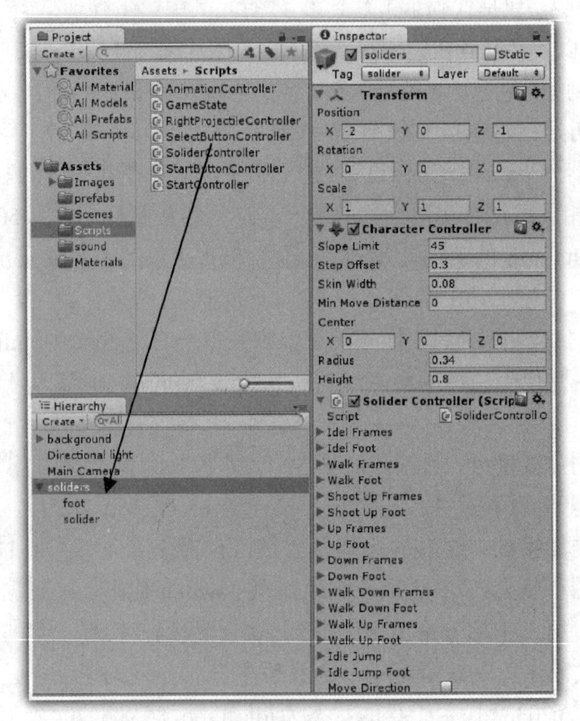

图 5-94　添加 SoliderController 代码文件

下面详细说明如何拖放相关的动画序列图片，到 SoliderController 代码文件或者 soliderController 代码文件中的相关数组变量中去，以便代码播放相关动画。

在项目 Project 窗格中，选择“Images”→“Level1”→“solider”→“idle”目录下的 01、02 和 03 图片，分别拖放到检视器中的 Idel Frames 数组变量之中；foot 图片拖放到 Idle Foot 数组变量之中，如图 5-95 所示。

在项目 Project 窗格中，选择“Images”→“Level1”→“solider”→“walk”目录下的 01、02 和 03 图片，分别拖放到检视器中的 Walk Frames 数组变量之中；foot01、foot02、foot03、foot04 和 foot05 图片，分别拖放到 Walk Foot 数组变量之中，如图 5-96 所示。

在项目 Project 窗格中，选择“Images”→“Level1”→“solider”→“shootUp”目录下的 01、02 和 03 图片，分别拖放到检视器中的 Shoot Up Frames 数组变量之中；foot 图片拖放到 Shoot Up Foot 数组变量之中，如图 5-97 所示。

在项目 Project 窗格中，选择“Images”→“Level1”→“solider”→“up”目录下的 01 和 02 图片，分别拖放到检视器中的 Up Frames 数组变量之中；foot 图片拖放到 Up Foot 数组变量之中，如图 5-98 所示。

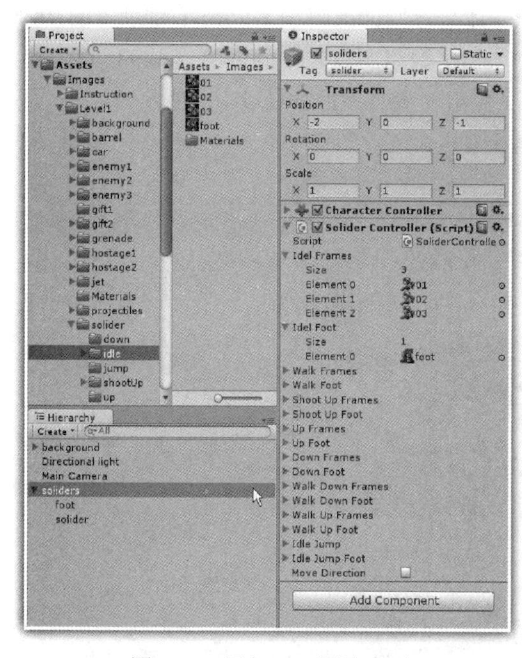

图 5-95　添加 idle 图片序列

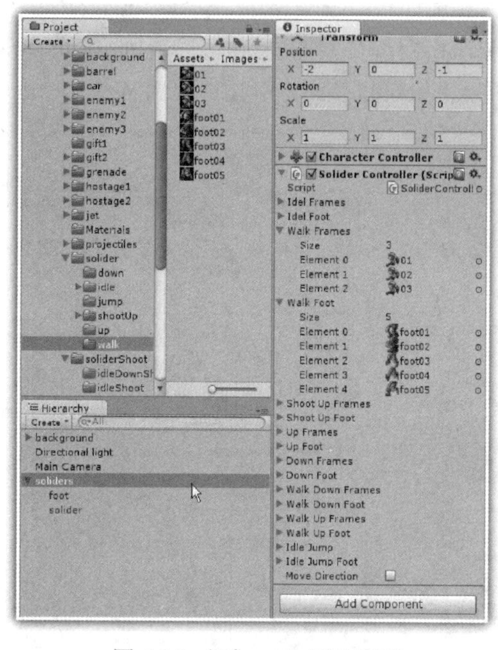

图 5-96　添加 walk 图片序列

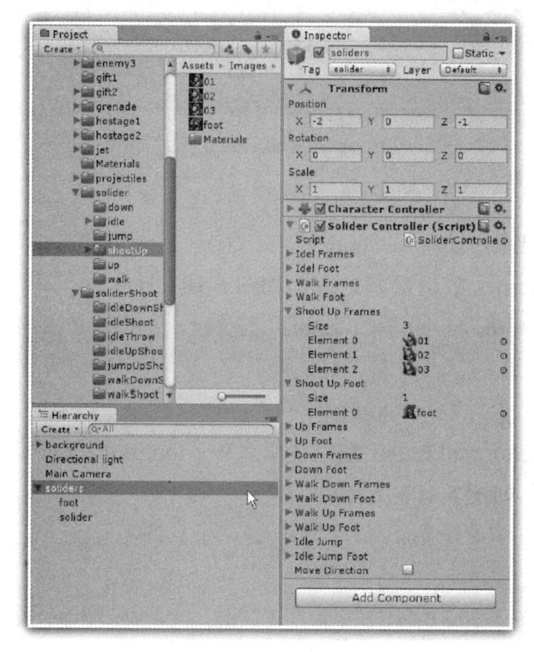

图 5-97　添加 idleshootUp 图片序列

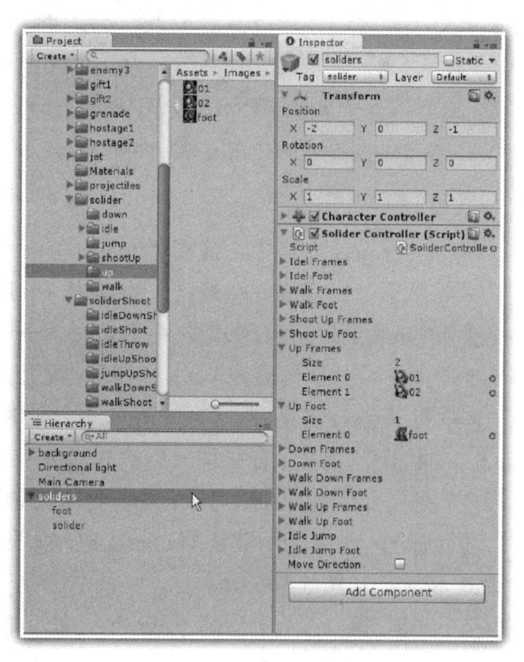

图 5-98　添加 idleUp 图片序列

在项目 Project 窗格中，选择“Images”→“Level1”→“solider”→“down”目录下的 01、02 和 03 图片，分别拖放到检视器中的 Down Frames 数组变量之中；bottom 图片拖放到 Down Foot 数组变量之中，如图 5-99 所示。

在项目 Project 窗格中，选择“Images”→“Level1”→“solider”→“down”目录下的 01、02 和 03 图片，分别拖放到检视器中的 Walk Down Frames 数组变量之中；foot01、foot02、foot03、foot04 和 foot05 图片，分别拖放到 Walk Down Foot 数组变量之中，如图 5-100 所示。

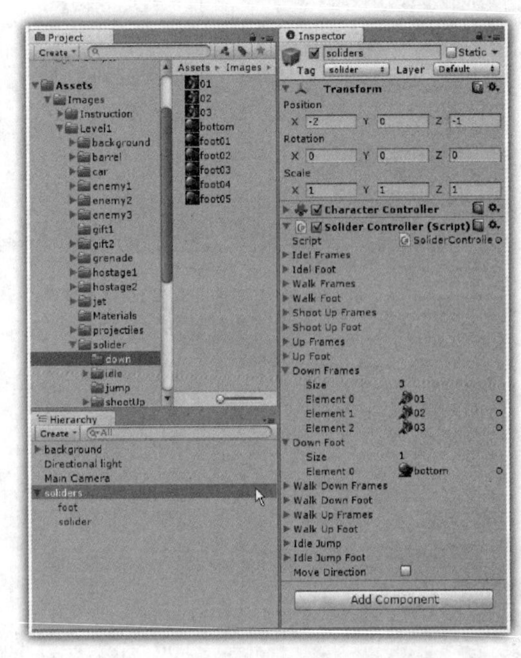

图 5-99　添加 idleDown 图片序列

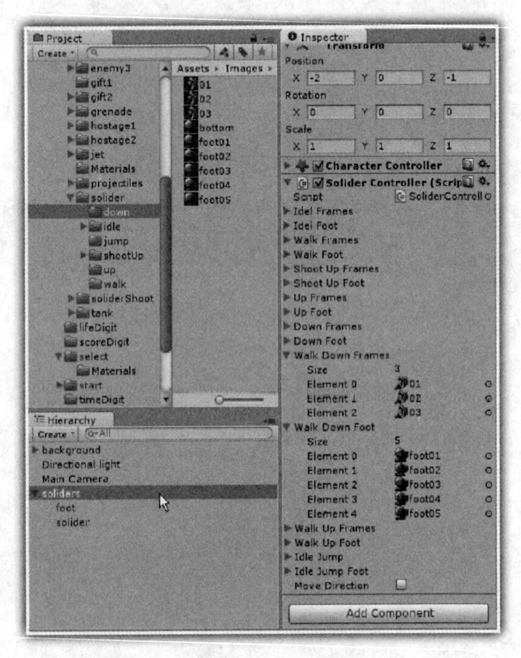

图 5-100　添加 walkDown 图片序列

在项目 Project 窗格中，选择“Images”→“Level1”→“solider”→“up”目录下的 01 和 02 图片，然后分别拖放到检视器中的 Walk Up Frames 数组变量之中，如图 5-101 所示。

选择“Images”→“Level1”→“solider”→“walk”目录下的 foot01、foot02、foot03、foot04 和 foot05 图片，分别拖放到 Walk Up Foot 数组变量之中，如图 5-102 所示。

在项目 Project 窗格中，选择“Images”→“Level1”→“solider”→“jump”目录下的 01、02、03、04 和 05 图片，分别拖放到检视器中的 IdleJumpFrames 数组变量之中；foot01 和 foot02 图片，分别拖放到 Idle Jump Foot 数组变量之中，如图 5-103 所示。

运行游戏，士兵处于默认的 idle 状态，如图 5-104 所示；按下“D”键，士兵向右行走，处于 walk 状态，如图 5-105 所示。

按下“S”键，士兵处于蹲下 down 状态，如图 5-106 所示；按下“W”键，士兵处于向上射击的 up 状态，如图 5-107 所示。

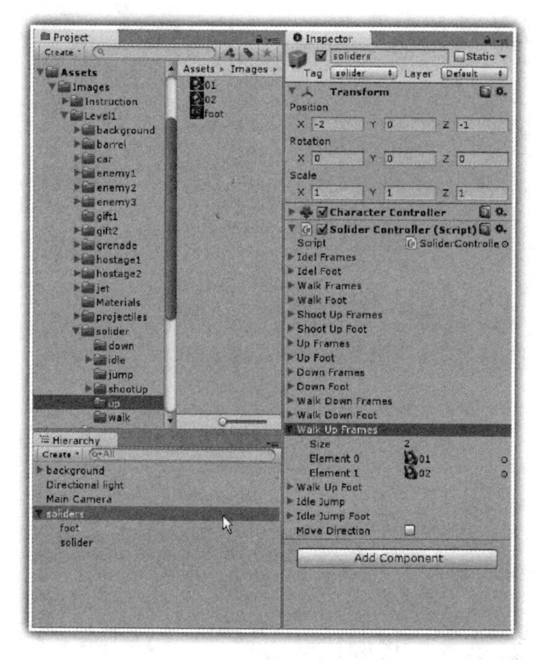

图 5-101　添加 walkUp 图片序列一

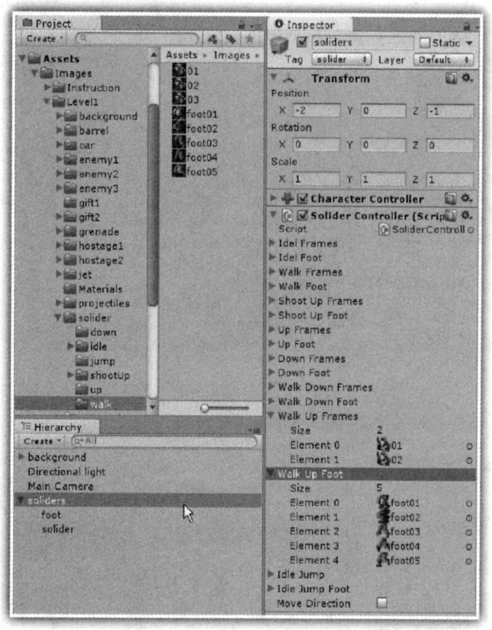

图 5-102　添加 walkUp 图片序列二

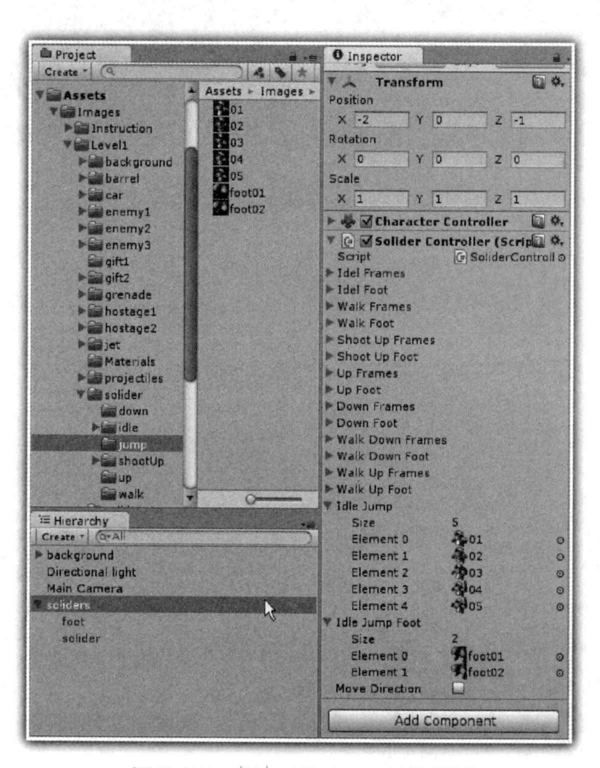

图 5-103　添加 idleJump 图片序列

图 5-104　士兵的 idle 状态

图 5-105　士兵的 walk 状态

图 5-106　士兵的 down 状态

图 5-107　士兵的 up 状态

同时按下“D”键和“S”键，士兵处于蹲下行走 walkDown 状态，如图 5-108 所示；同时按下“D”键和“W”键，士兵处于向上射击的行走 walkUp 状态，如图 5-109 所示。

图 5-108　士兵的 walkDown 状态

图 5-109　士兵的 walkUp 状态

3. 士兵射击状态控制

在为士兵对象编写相关的射击状态控制代码之前，首先介绍专门为士兵对象射击各个状态设计的各种动画序列图片。

在图 5-110 中，01 图片组成士兵 idleShoot 状态上半部分的图像，而 foot 图片则组成士兵 idleShoot 状态下半部分的图像；在图 5-111 中，01 图片组成士兵 idleDown 状态上半部分的图像，而 bottom 图片则组成士兵 idleDown 状态下半部分的图像。

图 5-110　士兵的 idleShoot 状态序列图片

图 5-111　士兵的 idleDown 状态序列图片

在图 5-112 中，01 图片组成士兵 idleThrow 状态上半部分的图像，而 foot 图片则组成士兵 idleThrow 状态下半部分的图像；在图 5-113 中，01 图片组成士兵 idleUP 状态上半部分的图像，而 foot 图片则组成士兵 idleUp 状态下半部分的图像。

图 5-112　士兵的 idleThrow 状态序列图片

图 5-113　士兵的 idleUp 状态序列图片

在图 5-114 中，01 图片组成士兵 jumpUpShoot 状态上半部分的图像，而 foot01、foot02 图片则组成士兵 jumpUpShoot 状态下半部分的动画序列图片。

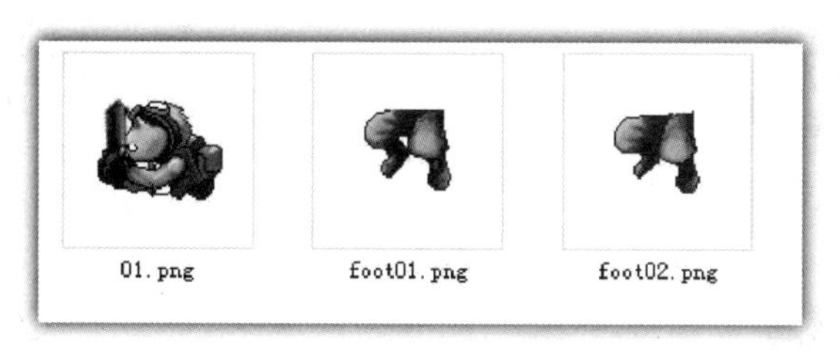

图 5-114　士兵的 jumpUpShoot 状态序列图片

在图 5-115 中，01 图片组成士兵 walkDownShoot 状态上半部分的图像，而 foot01、foot02、foot03、foot04 和 foot05 图片则组成士兵 walkDownShoot 状态下半部分的动画序列图片。

在图 5-116 中，01 图片组成士兵 walkShoot 状态上半部分的图像，而 foot01、foot02、foot03、foot04 和 foot05 图片则组成士兵 walkShoot 状态下半部分的动画序列图片。

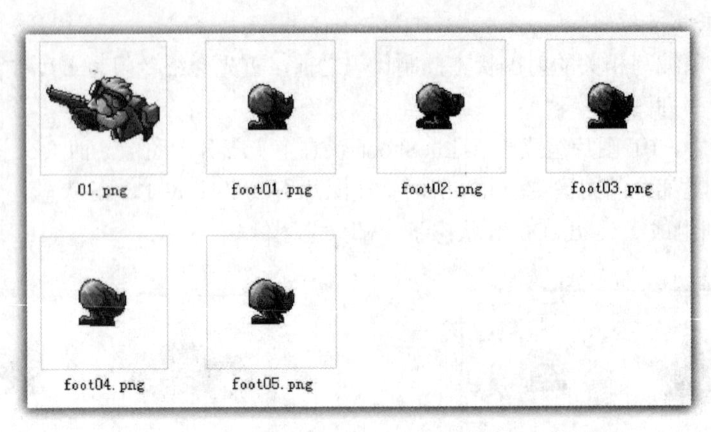

图 5-115　士兵的 walkDownShoot 状态序列图片

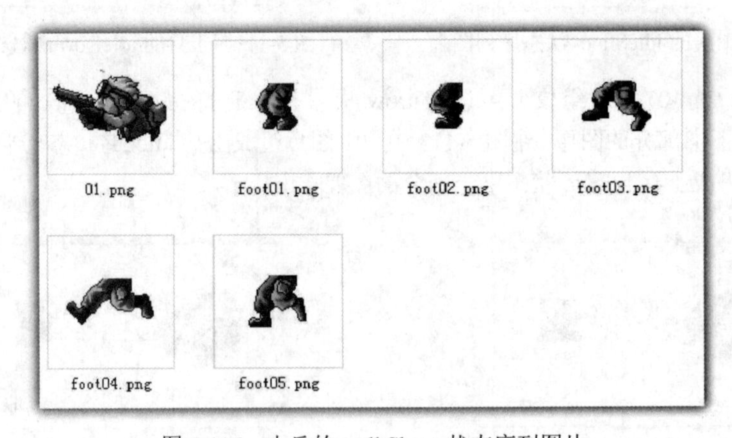

图 5-116　士兵的 walkShoot 状态序列图片

在图 5-117 中，01 图片组成士兵 walkThrow 状态上半部分的图像，而 foot01、foot02、foot03、foot04 和 foot05 图片则组成士兵 walkThrow 状态下半部分的动画序列图片。

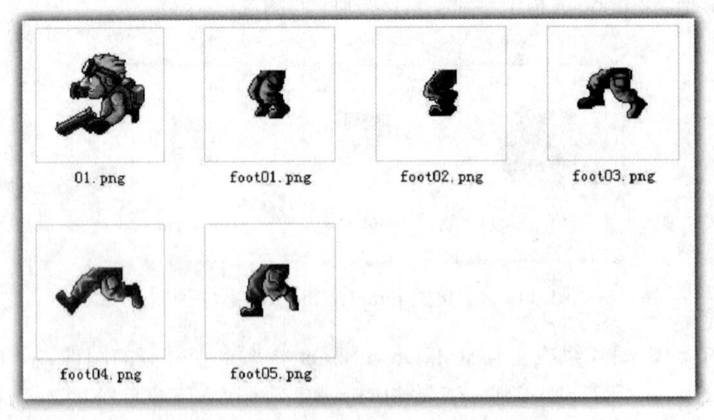

图 5-117　士兵的 walkThrow 状态序列图片

在图 5-118 中，01 图片组成士兵 walkUpShoot 状态上半部分的图像，而 foot01、foot02、foot03、 foot04 和 foot05 图片则组成士兵 walkUpShoot 状态下半部分的动画序列图片。

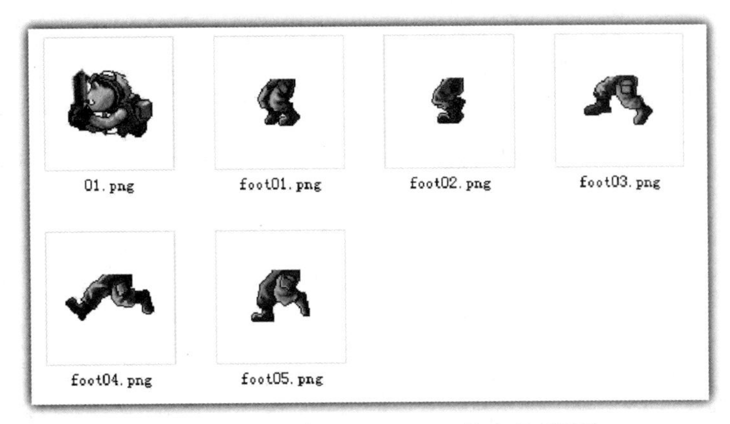

图 5-118　士兵的 walkUpShoot 状态序列图片

以上介绍了士兵对象射击状态的各种动画序列图片，下面说明为士兵对象编写相关的射击状态控制代码。

对于 C#开发者来说，在项目 Project 窗格中，选择 Scripts 文件夹，在右键出现的快捷菜单中选择“Create”→“C# Script”命令，创建一个 C#文件，修改该文件的名称为 SoliderShootController.cs，在 SoliderShootController.cs 中书写相关代码，见代码 5-21。

代码 5-21　SoliderShootController 的 C#代码

```
 1: using UnityEngine;
 2: using System.Collections;
 3:
 4: public class SoliderShootController : MonoBehaviour
 5: {
 6:  public Texture [] idleShootFrames;
 7:  public Texture [] idleShootFoot;
 8:
 9: public Texture [] idleDownShoot;
10: public Texture [] idleDownFoot;
11:
12: public Texture [] idleUpShoot;
13: public Texture [] idleUpFoot;
14:
15: public Texture [] idleThrow;
16: public Texture [] idleThrowFoot;
17:
18: public Texture [] walkShootFrames;
19: public Texture [] walkShootFoot;
20:
21: public Texture [] walkDownShoot;
22: public Texture [] walkDownShootFoot;
23:
```

```
24: public Texture [] walkUpShoot;
25: public Texture [] walkUpShootFoot;
26:
27: public Texture [] walkThrow;
28: public Texture [] walkThrowFoot;
29:
30: public GameObject rightProjectile;
31: public GameObject leftStart;
32: public GameObject rightStart;
33: public GameObject topStart;
34:
35: public GameObject leftProjectile;
36: public GameObject topProjectile;
37: public GameObject grenadeObject;
38:
39: public Transform rightProjectileTransform;
40: public Transform leftProjectileTransform;
41: public Transform rightTopProjectileTransform;
42: public Transform leftTopProjectileTransform;
43:
44: private Vector3 velocity=Vector3.zero;
45: private bool moveDirection=false;
46: private bool showShootUp=false;
47: private bool up=false;
48: private bool down=false;
49: private bool shoot=false;
50: private bool jump=false;
51: private bool grenade=false;
52: private GameObject myGrenade;
53: private float gravity=20.0f;
54: private float myTime1=0;
55: private float myTime2=0;
56:
57: private  SoliderController mySoliderController;
58: private  GameState myGameState;
59: private  Transform soliderTransform;
60: private  Transform footTransform;
61:
62: private  AnimationController mySoliderAnimation;
63: private  AnimationController myFootAnimation;
64:
65: void Start()
66: {
67:   mySoliderController= GetComponent<SoliderController>();
68: }
69:
70: voidfunction Update()
71: {
```

```
72:   if(Input.GetKeyUp(KeyCode.A) || Input.GetKeyUp(KeyCode.D))
73:     velocity =new  Vector3(0,0,0);
74:
75:   if(Input.GetKeyDown(KeyCode.A))
76:     velocity =new  Vector3(-1,0,0);
77:
78:   if(Input.GetKeyDown(KeyCode.D))
79:     velocity =new  Vector3(1,0,0);
80:
81:   if(Input.GetKeyDown(KeyCode.S))
82:     down=true;
83:
84:   if(Input.GetKeyUp(KeyCode.S))
85:     down=false;
86:
87:   if(Input.GetKey(KeyCode.W))
88:   {
89:     if(myTime1<1)
90:       showShootUp=true;
91:     else
92:       up=true;
93:
94:   }
95:
96:   if(Input.GetKeyUp(KeyCode.W))
97:   {
98:     showShootUp=false;
99:     up=false;
100:    myTime1=0;
101:  }
102:
103:  if(showShootUp)
104:  {
105:    myTime1+=Time.deltaTime;
106:
107:    if(myTime1>1)
108:      showShootUp=false;
109:  }
110:
111:  if(Input.GetKeyDown(KeyCode.J))
112:    shoot=true;
113:
114:  if(Input.GetKeyUp(KeyCode.J))
115:  {
116:    shoot=false;
117:    myTime2=0;
118:  }
119:
```

```
120:   if(shoot)
121:   {
122:     myTime2+=Time.deltaTime;
123:
124:     if(myTime2>0.5f)
125:       shoot=false;
126:   }
127:
128:   if(Input.GetKeyDown(KeyCode.L))
129:      grenade=true;
130:
131:   if(Input.GetKeyUp(KeyCode.L))
132:      grenade=false;
133:
134:   if(Input.GetKeyDown(KeyCode.K))
135:      jump=true;
136:
137:   if(jump)
138:   {
139:     velocity.y=5.0f;
140:     jump=false;
141:   }
142:
143:   if(velocity.x==0)
144:   {
145:     if(shoot)
146:       myGameState=GameState.idleShoot;
147:     else if(grenade)
148:       myGameState=GameState.idleThrow;
149:     else
150:       myGameState=GameState.idle;
151:
152:     if(down && shoot)
153:        myGameState=GameState.idleDownShoot;
154:
155:     if(up && shoot)
156:        myGameState=GameState.idleUpShoot;
157:
158:   }
159:   else if(velocity.x<0)
160:   {
161:     if(shoot)
162:        myGameState=GameState.walkShoot;
163:     else
164:        myGameState=GameState.walk;
165:
166:     if(down && shoot)
167:        myGameState=GameState.walkDownShoot;
```

```
168:
169:     if(up && shoot)
170:        myGameState=GameState.walkUpShoot;
171:
172:     moveDirection=true;
173:
174:   }
175:   else if(velocity.x>0)
176:   {
177:     if(shoot)
178:       myGameState=GameState.walkShoot;
179:     else
180:       myGameState=GameState.walk;
181:
182:     if(down && shoot)
183:       myGameState=GameState.walkDownShoot;
184:
185:     if(up && shoot)
186:       myGameState=GameState.walkUpShoot;
187:
188:     moveDirection=false;
189:   }
190:
191:   switch(myGameState)
192:   {
193:
194:     case GameState.idleShoot:
195:
196:       if(Input.GetKeyDown(KeyCode.J))
197:       {
198:         if(moveDirection)
199:         {
200:           Instantiate(leftProjectile,leftProjectileTransform.position,
                   transform.rotation);
201:
202:           Instantiate(leftStart,leftProjectileTransform.position,
                   transform.rotation);
203:
204:         }
205:         else
206:         {
207:            Instantiate(rightProjectile,rightProjectileTransform.
                   position,transform.rotation);
208:
209:            Instantiate(rightStart,rightProjectileTransform.
                   position,transform.rotation);
210:
211:         }
```

```
212:
213:            mySoliderController.SetGameState(true);
214:            StartCoroutine(WaitForTime());
215:
216:          }
217:
218:          mySoliderController.RunAnimation(idleShootFrames,
                    idleShootFoot, moveDirection);
219:          break;
220:        case GameState.idleDownShoot:
221:
222:          if(Input.GetKeyDown(KeyCode.J))
223:          {
224:            if(moveDirection)
225:            {
226:              Instantiate(leftProjectile,leftProjectileTransform.
                    position,transform.rotation);
227:
228:              Instantiate(leftStart,leftProjectileTransform.
                    position,transform.rotation);
229:
230:          }
231:           else
232:           {
233:             Instantiate(rightProjectile,rightProjectileTransform.
                    position,transform.rotation);
234:
235:             Instantiate(rightStart,rightProjectileTransform.
                    position,transform.rotation);
236:
237:          }
238:
239:          mySoliderController.SetGameState(true);
240:          StartCoroutine(WaitForTime());
241:        }
242:
243:        mySoliderController.RunAnimation(idleDownShoot,
                    idleDownFoot, moveDirection);
244:        break;
245:      case GameState.idleUpShoot:
246:
247:        if(Input.GetKeyDown(KeyCode.J))
248:        {
249:          if(moveDirection)
250:          {
251:            Instantiate(topProjectile,leftTopProjectileTransform.
                    position,topProjectile.transform.rotation);
252:
```

```
253:        Instantiate(topStart,leftTopProjectileTransform.position,
                        topProjectile.transform.rotation);
254:
255:      }
256:       else
257:      {
258:        Instantiate(topProjectile, rightTopProjectileTransform.
                  position,topProjectile.transform.rotation);
259:
260:         Instantiate(topStart, rightTopProjectileTransform.
                  position,topProjectile.transform.rotation);
261:
262:      }
263:
264:      mySoliderController.SetGameState(true);
265:      StartCoroutine(WaitForTime());
266:
267:    }
268:    mySoliderController.RunAnimation(idleUpShoot,idleUpFoot, moveDirection);
269:    break;
270:  case GameState.walkShoot:
271:
272:    if(Input.GetKeyDown(KeyCode.J))
273:    {
274:      if(moveDirection)
275:      {
276:        Instantiate(leftProjectile,leftProjectileTransform.
                  position,transform.rotation);
277:
278:        Instantiate(leftStart,leftProjectileTransform.
                  position,transform.rotation);
279:      }
280:      else
281:      {
282:
283:        Instantiate(rightProjectile,rightProjectileTransform.
                  position,transform.rotation);
284:
285:        Instantiate(rightStart,rightProjectileTransform.
                  position,transform.rotation);
286:      }
287:
288:      mySoliderController.SetGameState(true);
289:      StartCoroutine(WaitForTime());
290:
291:    }
292:
293:    mySoliderController.RunAnimation(walkShootFrames,
```

```
                walkShootFoot, moveDirection);
294:    break;
295:   case GameState.walkDownShoot:
296:
297:    if(Input.GetKeyDown(KeyCode.J))
298:    {
299:      if(moveDirection)
300:        Instantiate(leftProjectile,leftProjectileTransform.
                position,transform.rotation);
301:       else
302:        Instantiate(rightProjectile,rightProjectileTransform.
                position,transform.rotation);
303:
304:      mySoliderController.SetGameState(true);
305:      StartCoroutine(WaitForTime());
306:
307:    }
308:
309:    mySoliderController.RunAnimation(walkDownShoot,
                WalkDownShootFoot, moveDirection);
310:    break;
311:   case GameState.walkUpShoot:
312:
313:    if(Input.GetKeyDown(KeyCode.J))
314:    {
315:      if(moveDirection)
316:        Instantiate(topProjectile,leftTopProjectileTransform.
                position,topProjectile.transform.rotation);
317:      else
318:        Instantiate(topProjectile, rightTopProjectileTransform.
                position,topProjectile.transform.rotation);
319:
320:      mySoliderController.SetGameState(true);
321:      StartCoroutine(WaitForTime());
322:
323:    }
324:
325:    mySoliderController.RunAnimation(walkUpShoot,
                walkUpShootFoot, moveDirection);
326:    break;
327:   case GameState.idleThrow:
328:
329:   //if(DigitDisplay.grenade>0)
330:   //{
331:      if(Input.GetKeyDown(KeyCode.L))
332:      {
333:
334:       // DigitDisplay.grenade--;
```

```
335:
336:        if(moveDirection)
337:        {
338:          myGrenade=Instantiate(grenadeObject,leftProjectileTransform.
                  position, transform.rotation) as GameObject;
339:
340:          myGrenade.rigidbody.velocity=new Vector3(-2.5f,3.5f,0.0f);
341:        }
342:        else
343:        {
344:          myGrenade=Instantiate(grenadeObject,
                  rightProjectileTransform.position,
                    transform.rotation) as GameObject;
345:
346:          myGrenade.rigidbody.velocity=new Vector3(3.5f,3.5f,0.0f);
347:        }
348:
349:        mySoliderController.SetGameState(true);
350:        StartCoroutine(WaitForTime());
351:
352:    //}
353:
354:      if(myGrenade!=null)
355:        myGrenade.transform.localEulerAngles=new Vector3(0.0f,
                   0.0f,Random.Range(10,80));
356:
357:      mySoliderController.RunAnimation(idleThrow,
                  idleThrowFoot, moveDirection);
358:
359:    }
360:
361:    break;
362:
363:   }
364:
365: }
366:
367: IEnumerator WaitForTime()
368: {
369:   yield  return new WaitForSeconds(0.05f);
370:   mySoliderController.SetGameState(false);
371: }
372:}
```

在上述C#代码中，实现的主要功能是士兵的各种射击，如静止状态下的左、右射击，蹲下状态下的左、右射击，向上状态下的左、右射击以及行走状态下的左、右射击，还有投射手榴弹。

整个代码可以划分为以下四大部分。

第一部分是变量说明，包括代码第 6 行到第 63 行。其中第 6 行到第 28 行设置了公有的各种数组变量，以便开发者在检视器中拖放相关图片到这些数值变量中，关联这些相关状态的序列图片；第 30 行到第 42 行所设置的公有变量，主要目的是关联子弹的开始位置、各种子弹以及手榴弹；第 44 行到第 63 行则设置了许多私有变量，用于保存士兵对象相关的状态等。

第二部分是变量初始化，包括代码第 65 行到第 68 行。第 67 行获得对 soliders 对象中 soliderController 代码组件的引用，以便在后面的代码中，通过 soliderController 代码，调用其中的相关方法，实现游戏状态的设置（例如 blank 状态），士兵各种射击状态的动画等。

第三部分是代码的主要部分，包括代码第 70 行到第 365 行。其中的代码又可以划分为三个小部分。第一小部分是第 72 行到第 141 行代码，根据用户的按键状态，设置各种相关变量，例如第 75 行如果按下“A”键，第 76 行设置速度向左；第 128 行按下“L”键，第 19 行设置 grenade 变量为 true，表示要投射手榴弹；第二小部分是第 143 行到 189 行代码的条件语句，根据相关变量设置士兵的各种状态；第三小部分则是第 191 行到 363 行代码，其中通过 switch 条件语句，根据士兵的射击状态，则实例化相关的子弹初始位置，发射相关的子弹或者投射手榴弹。

这里需要说明的是，如果士兵处于投射手榴弹的 idleThrow 状态，代码中注释掉了代码第 329 行、第 330 行、334 行以及 352 行，这是为了在后面实现添加手榴弹的数字显示，以免再次粘贴本代码。

第 338 行实例化一个手榴弹对象 myGrenade，第 340 行则设置手榴弹的投射初始速度。当然该手榴弹的预制件必须设置了 rigidbody 属性，这样手榴弹就会自动被投射出去，形成一个抛物线，另外还通过代码第 355 行实现手榴弹在 Z 轴方向的随机旋转。

第四部分则是代码的辅助函数部分，包括代码第 367 行到第 371 行，其主要功能是实现延时 0.05 秒，使得士兵的状态由 SoliderShootController 控制 0.05 秒，然后再交给 SoliderController 代码控制士兵状态；其中第 369 行实现延时 0.05 秒，第 370 行则设置士兵的状态为非 blank 状态，使得 soliderController 代码控制士兵的运动状态。

对于 JavaScript 开发者来说，在项目 Project 窗格中，选择 Scripts 文件夹，在右键出现的快捷菜单中选择“Create”→“Javascript”命令，创建一个 JavaScript 文件，修改该文件的名称为 soliderShootController.js，在 soliderShootController.js 中书写相关代码，见代码 5-22。

代码 5-22　soliderShootController 的 JavaScript 代码

```
 1: var idleShootFrames:Texture [];
 2: var idleShootFoot:Texture [];
 3:
 4: var idleDownShoot:Texture [];
 5: var idleDownFoot:Texture [];
 6:
 7: var idleUpShoot:Texture [];
 8: var idleUpFoot:Texture [];
 9:
10: var idleThrow:Texture [];
11: var idleThrowFoot:Texture [];
12:
13: var walkShootFrames:Texture [];
```

```
14: var walkShootFoot:Texture [];
15:
16: var walkDownShoot:Texture [];
17: var walkDownShootFoot:Texture [];
18:
19: var walkUpShoot:Texture [];
20: var walkUpShootFoot:Texture [];
21:
22: var walkThrow:Texture [];
23: var walkThrowFoot:Texture [];
24:
25: var rightProjectile:GameObject;
26: var leftStart:GameObject;
27: var rightStart:GameObject;
28: var topStart:GameObject;
29:
30: var leftProjectile:GameObject;
31: var topProjectile:GameObject;
32: var grenadeObject:GameObject;
33:
34: var rightProjectileTransform:Transform;
35: var leftProjectileTransform:Transform;
36: var rightTopProjectileTransform:Transform;
37: var leftTopProjectileTransform:Transform;
38:
39: private var velocity:Vector3=Vector3.zero;
40: private var moveDirection:boolean=false;
41: private var showShootUp:boolean=false;
42: private var up:boolean=false;
43: private var down:boolean=false;
44: private var shoot:boolean=false;
45: private var jump:boolean=false;
46: private var grenade:boolean=false;
47: private var myGrenade:GameObject;
48: private var gravity:float=20.0f;
49: private var myTime1:float=0;
50: private var myTime2:float=0;
51:
52:
53: private var mySoliderController:soliderController;
54: private var myGameState:GameState;
55: private var soliderTransform:Transform;
56: private var footTransform:Transform;
57:
58: private var mySoliderAnimation:animationController;
59: private var myFootAnimation:animationController;
60:
61: function Start()
```

```
 62: {
 63:
 64:
 65:   mySoliderController=GetComponent("soliderController");
 66:
 67: }
 68:
 69: function Update()
 70: {
 71:
 72:   if(Input.GetKeyUp(KeyCode.A) || Input.GetKeyUp(KeyCode.D))
 73:      velocity=new Vector3(0,0,0);
 74:
 75:   if(Input.GetKeyDown(KeyCode.A))
 76:      velocity=new Vector3(-1,0,0);
 77:
 78:   if(Input.GetKeyDown(KeyCode.D))
 79:      velocity=new Vector3(1,0,0);
 80:
 81:   if(Input.GetKeyDown(KeyCode.S))
 82:      down=true;
 83:
 84:   if(Input.GetKeyUp(KeyCode.S))
 85:      down=false;
 86:
 87:   if(Input.GetKey(KeyCode.W))
 88:   {
 89:     if(myTime1<1)
 90:       showShootUp=true;
 91:     else
 92:       up=true;
 93:
 94:   }
 95:
 96:   if(Input.GetKeyUp(KeyCode.W))
 97:   {
 98:     showShootUp=false;
 99:     up=false;
100:     myTime1=0;
101:   }
102:
103:   if(showShootUp)
104:   {
105:     myTime1+=Time.deltaTime;
106:
107:     if(myTime1>1)
108:       showShootUp=false;
109:   }
```

```
110:
111:    if(Input.GetKeyDown(KeyCode.J))
112:      shoot=true;
113:
114:    if(Input.GetKeyUp(KeyCode.J))
115:    {
116:      shoot=false;
117:      myTime2=0;
118:    }
119:
120:    if(shoot)
121:    {
122:      myTime2+=Time.deltaTime;
123:
124:      if(myTime2>0.5f)
125:        shoot=false;
126:    }
127:
128:    if(Input.GetKeyDown(KeyCode.L))
129:       grenade=true;
130:
131:    if(Input.GetKeyUp(KeyCode.L))
132:       grenade=false;
133:
134:    if(Input.GetKeyDown(KeyCode.K))
135:       jump=true;
136:
137:    if(jump)
138:    {
139:      velocity.y=5.0f;
140:      jump=false;
141:    }
142:
143:    if(velocity.x==0)
144:    {
145:      if(shoot)
146:        myGameState=GameState.idleShoot;
147:      else if(grenade)
148:        myGameState=GameState.idleThrow;
149:      else
150:        myGameState=GameState.idle;
151:
152:      if(down && shoot)
153:          myGameState=GameState.idleDownShoot;
154:
155:      if(up && shoot)
156:         myGameState=GameState.idleUpShoot;
157:
```

```
158:  }
159:  else if(velocity.x<0)
160:  {
161:    if(shoot)
162:       myGameState=GameState.walkShoot;
163:    else
164:       myGameState=GameState.walk;
165:
166:    if(down && shoot)
167:       myGameState=GameState.walkDownShoot;
168:
169:    if(up && shoot)
170:       myGameState=GameState.walkUpShoot;
171:
172:    moveDirection=true;
173:
174:  }
175:  else if(velocity.x>0)
176:  {
177:    if(shoot)
178:      myGameState=GameState.walkShoot;
179:    else
180:      myGameState=GameState.walk;
181:
182:    if(down && shoot)
183:      myGameState=GameState.walkDownShoot;
184:
185:    if(up && shoot)
186:      myGameState=GameState.walkUpShoot;
187:
188:    moveDirection=false;
189:  }
190:
191:  switch(myGameState)
192:  {
193:
194:    case GameState.idleShoot:
195:
196:      if(Input.GetKeyDown(KeyCode.J))
197:      {
198:        if(moveDirection)
199:        {
200:          Instantiate(leftProjectile,leftProjectileTransform.position,
               transform.rotation);
201:
202:          Instantiate(leftStart,leftProjectileTransform.position,
               transform.rotation);
203:
```

```
204:            }
205:            else
206:            {
207:               Instantiate(rightProjectile,rightProjectileTransform.
                     position,transform.rotation);
208:
209:               Instantiate(rightStart,rightProjectileTransform.
                     position,transform.rotation);
210:
211:            }
212:
213:            mySoliderController.SetGameState(true);
214:            WaitForTime();
215:
216:         }
217:
218:         mySoliderController.RunAnimation(idleShootFrames,
                     idleShootFoot, moveDirection);
219:         break;
220:       case GameState.idleDownShoot:
221:
222:         if(Input.GetKeyDown(KeyCode.J))
223:         {
224:           if(moveDirection)
225:           {
226:             Instantiate(leftProjectile,leftProjectileTransform.
                     position,transform.rotation);
227:
228:             Instantiate(leftStart,leftProjectileTransform.
                     position,transform.rotation);
229:
230:         }
231:          else
232:          {
233:           Instantiate(rightProjectile,rightProjectileTransform.
                     position,transform.rotation);
234:
235:           Instantiate(rightStart,rightProjectileTransform.
                     position,transform.rotation);
236:
237:         }
238:
239:         mySoliderController.SetGameState(true);
240:         WaitForTime();
241:       }
242:
243:       mySoliderController.RunAnimation(idleDownShoot,
              idleDownFoot, moveDirection);
```

```
244:     break;
245:   case GameState.idleUpShoot:
246:
247:     if(Input.GetKeyDown(KeyCode.J))
248:     {
249:       if(moveDirection)
250:       {
251:         Instantiate(topProjectile,leftTopProjectileTransform.
             position,topProjectile.transform.rotation);
252:
253:         Instantiate(topStart,leftTopProjectileTransform.position,
             topProjectile.transform.rotation);
254:
255:       }
256:       else
257:       {
258:         Instantiate(topProjectile, rightTopProjectileTransform.
             position,topProjectile.transform.rotation);
259:
260:         Instantiate(topStart, rightTopProjectileTransform.
             position,topProjectile.transform.rotation);
261:
262:       }
263:
264:       mySoliderController.SetGameState(true);
265:       WaitForTime();
266:
267:     }
268:     mySoliderController.RunAnimation(idleUpShoot,
           idleUpFoot, moveDirection);
269:     break;
270:   case GameState.walkShoot:
271:
272:     if(Input.GetKeyDown(KeyCode.J))
273:     {
274:       if(moveDirection)
275:       {
276:         Instantiate(leftProjectile,leftProjectileTransform.
             position,transform.rotation);
277:
278:         Instantiate(leftStart,leftProjectileTransform.
             position,transform.rotation);
279:       }
280:       else
281:       {
282:
283:         Instantiate(rightProjectile,rightProjectileTransform.
             position,transform.rotation);
```

```
284:
285:          Instantiate(rightStart,rightProjectileTransform.
             position,transform.rotation);
286:        }
287:
288:      mySoliderController.SetGameState(true);
289:      WaitForTime();
290:
291:    }
292:
293:    mySoliderController.RunAnimation(walkShootFrames,
          walkShootFoot, moveDirection);
294:    break;
295:  case GameState.walkDownShoot:
296:
297:    if(Input.GetKeyDown(KeyCode.J))
298:    {
299:      if(moveDirection)
300:        Instantiate(leftProjectile,leftProjectileTransform.
            position,transform.rotation);
301:      else
302:        Instantiate(rightProjectile,rightProjectileTransform.
            position,transform.rotation);
303:
304:      mySoliderController.SetGameState(true);
305:      WaitForTime();
306:
307:    }
308:
309:    mySoliderController.RunAnimation(walkDownShoot,
          WalkDownShootFoot, moveDirection);
310:    break;
311:  case GameState.walkUpShoot:
312:
313:    if(Input.GetKeyDown(KeyCode.J))
314:    {
315:      if(moveDirection)
316:        Instantiate(topProjectile,leftTopProjectileTransform.
            position,topProjectile.transform.rotation);
317:      else
318:        Instantiate(topProjectile, rightTopProjectileTransform.
            position,topProjectile.transform.rotation);
319:
320:      mySoliderController.SetGameState(true);
321:      WaitForTime();
322:
323:    }
324:
```

```
325:    mySoliderController.RunAnimation(walkUpShoot,
            walkUpShootFoot, moveDirection);
326:    break;
327:  case GameState.idleThrow:
328:
329:  //if(digitDisplay.grenade>0)
330:  //{
331:      if(Input.GetKeyDown(KeyCode.L))
332:      {
333:
334:     // digitDisplay.grenade--;
335:
336:        if(moveDirection)
337:        {
338:          myGrenade=Instantiate(grenadeObject,leftProjectileTransform.
                position, transform.rotation) as GameObject;
339:
340:          myGrenade.rigidbody.velocity=new Vector3(-2.5f,3.5f,0.0f);
341:        }
342:        else
343:        {
344:          myGrenade= Instantiate(grenadeObject,
               rightProjectileTransform.position,
                    transform.rotation) as GameObject;
345:
346:          myGrenade.rigidbody.velocity=new Vector3(3.5f,3.5f,0.0f);
347:        }
348:
349:        mySoliderController.SetGameState(true);
350:        WaitForTime();
351:
352:    //}
353:
354:      if(myGrenade!=null)
355:        myGrenade.transform.localEulerAngles=new Vector3
              (0.0f,0.0f,Random.Range(10,80));
356:
357:      mySoliderController.RunAnimation(idleThrow,
            idleThrowFoot, moveDirection);
358:
359:    }
360:
361:    break;
362:
363:  }
364:
365: }
366:
367: function WaitForTime()
368: {
369:   yield  new WaitForSeconds(0.05f);
```

```
370:    mySoliderController.SetGameState(false);
371: }
```

在上述 JavaScript 代码中，实现的主要功能是士兵的各种射击，如静止状态下的左、右射击，蹲下状态下的左、右射击，向上状态下的左、右射击以及行走状态下的左、右射击，还有投射手榴弹。

整个代码可以划分为以下四大部分。

第一部分是变量说明，包括代码第 1 行到第 59 行。其中第 1 行到第 23 行设置了公有的各种数组变量，以便开发者在检视器中拖放相关图片到这些数值变量中，关联这些相关状态的序列图片；第 25 行到第 37 行所设置的公有变量，主要目的是关联子弹的开始位置、各种子弹以及手榴弹；第 39 行到第 59 行则设置了许多私有变量，用于保存士兵对象相关的状态等。

第二部分是变量初始化，包括代码第 61 行到第 67 行。第 65 行获得对 soliders 对象中 soliderController 代码组件的引用，以便在后面的代码中，通过 soliderController 代码，调用其中的相关方法，实现游戏状态的设置（例如 blank 状态），士兵各种射击状态的动画等。

第三部分是代码的主要部分，包括代码第 69 行到第 365 行。其中的代码又可以划分为三个小部分。第一小部分是第 72 行到第 141 行代码，根据用户的按键状态，设置各种相关变量，例如第 75 行如果按下“A”键，第 76 行设置速度向左；第 128 行按下“L”键，第 19 行设置 grenade 变量为 true，表示要投射手榴弹；第二小部分是第 143 行到 189 行代码的条件语句，根据相关变量设置士兵的各种状态；第三小部分则是第 191 行到 363 行代码，其中通过 switch 条件语句，根据士兵的射击状态，则实例化相关的子弹初始位置，发射相关的子弹或者投射手榴弹。

这里需要说明的是，如果士兵处于投射手榴弹的 idleThrow 状态，代码中注释掉了代码第 329 行、第 330 行、334 行以及 352 行，这是为了在后面实现添加手榴弹的数字显示，以免再次粘贴本代码。

第 338 行实例化一个手榴弹对象 myGrenade，第 340 行则设置手榴弹的投射初始速度。当然该手榴弹的预制件必须设置了 rigidbody 属性，这样手榴弹就会自动被投射出去，形成一个抛物线，另外还通过代码第 355 行实现手榴弹在 Z 轴方向的随机旋转。

第四部分则是代码的辅助函数部分，包括代码第 367 行到第 371 行，其主要功能是实现延时 0.05 秒，使得士兵的状态由 soliderShootController 控制 0.05 秒，然后再交给 soliderController 代码控制士兵状态；其中第 369 行实现延时 0.05 秒，第 370 行则设置士兵的状态为非 blank 状态，使得 soliderController 代码控制士兵的运动状态。

选择 SoliderShootController 代码文件或者 soliderShootController 代码文件，拖放到层次 Hierarchy 窗格中的 soliders 对象之上，如图 5-119 所示。

下面详细说明如何拖放相关的动画序列图片、子弹初始位置、子弹发射的火星、子弹和手榴弹预制件等，到 SoliderShootController 代码文件或者 soliderShootController 代码文件中的相关数组变量中去，以便代码播放相关动画。

在项目 Project 窗格中，选择“Images”→“Level1”→“soliderShoot”→“idleShoot”目录下的 01 图片，拖放到检视器中的 Idel Shoot Frames 数组变量之中；bottom 图片拖放到 Idle Shoot Foot 数组变量之中，如图 5-120 所示。

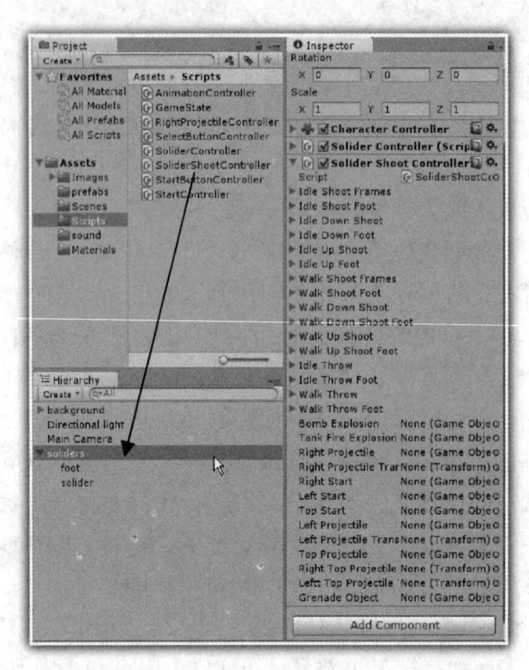

图 5-119　添加 SoliderShootController 代码文件

在项目 Project 窗格中，选择“Images”→“Level1”→“soliderShoot”→“idleDownShoot”目录下的 01 图片，拖放到检视器中的 Idel Down Shoot Frames 数组变量之中；bottom 图片拖放到 Idle Down Shoot Foot 数组变量之中，如图 5-121 所示。

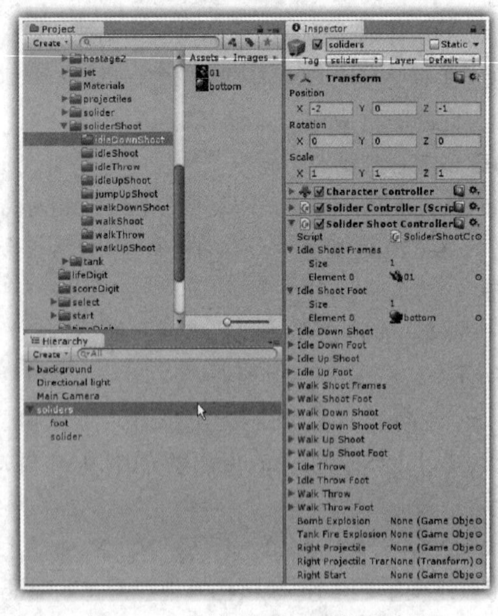

图 5-120　添加 idleShoot 图片序列

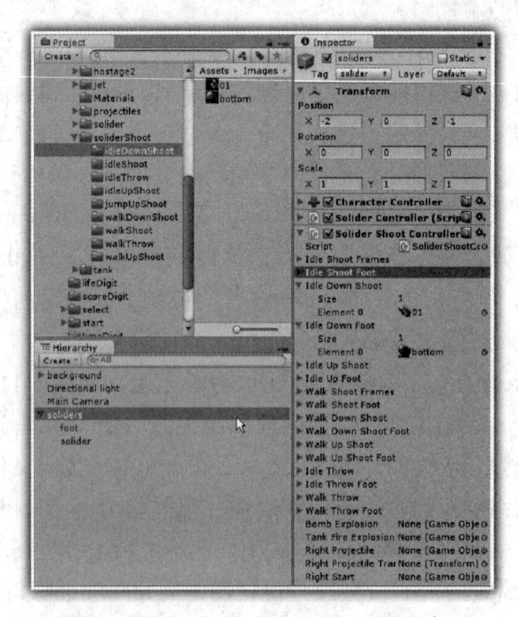

图 5-121　添加 idleDownShoot 图片序列

在项目 Project 窗格中，选择“Images”→“Level1”→“soliderShoot”→“idleUpShoot”目录下的 01 图片，拖放到检视器中的 IdelUpShootFrames 数组变量之中；foot 图片拖放到 Idle Up Shoot Foot 数组变量之中，如图 5-122 所示。

在项目 Project 窗格中，选择“Images”→“Level1”→“soliderShoot”→“walkShoot”目录下的 01 图片，拖放到检视器中的 Walk Shoot Frames 数组变量之中；foot01、foot02、foot03、foot04 和 foot05 图片，分别拖放到 Walk Shoot Foot 数组变量之中，如图 5-123 所示。

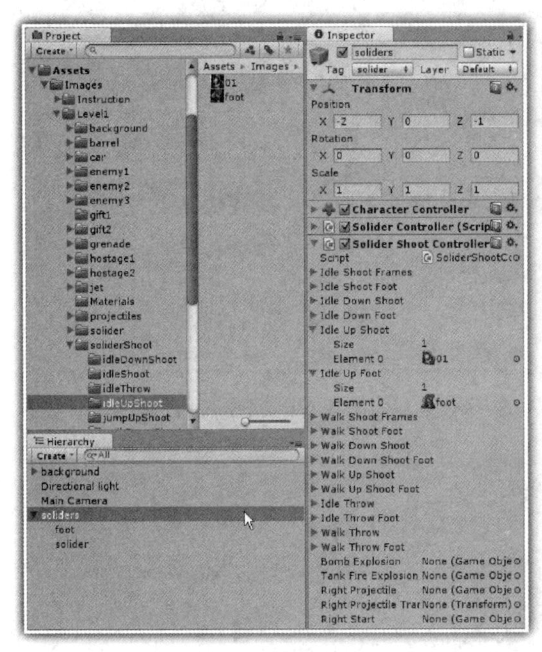

图 5-122　添加 idleUpShoot 图片序列

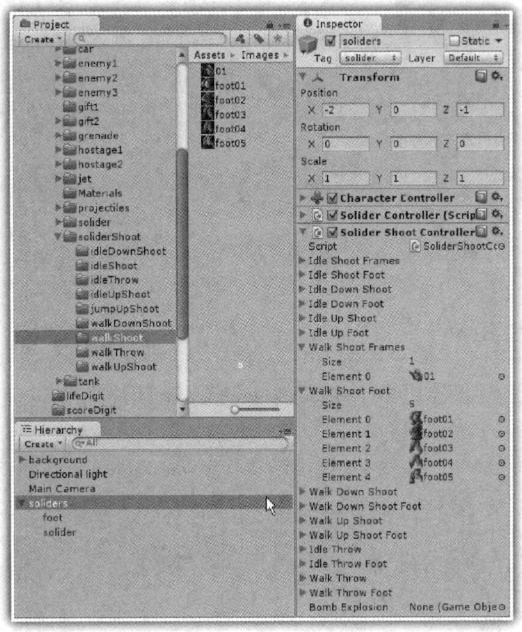

图 5-123　添加 walkShoot 图片序列

在项目 Project 窗格中，选择“Images”→“Level1”→“soliderShoot”→“walkDownShoot”目录下的 01 图片，拖放到检视器中的 Walk Down Shoot Frames 数组变量之中；foot01、foot02、foot03、foot04 和 foot05 图片，分别拖放到 Walk Down Shoot Foot 数组变量之中，如图 5-124 所示。

在项目 Project 窗格中，选择“Images”→“Level1”→“soliderShoot”→“walkUpShoot”目录下的 01 图片，拖放到检视器中的 Walk Up Shoot Frames 数组变量之中；foot01、foot02、foot03、foot04 和 foot05 图片，分别拖放到 Walk Up Shoot Foot 数组变量之中，如图 5-125 所示。

在项目 Project 窗格中，选择“Images”→“Level1”→“soliderShoot”→“idleThrow”目录下的 01 图片，拖放到检视器中的 Idle Throw Frames 数组变量之中；foot 图片拖放到 Idle Throw Foot 数组变量之中，如图 5-126 所示。

在项目 Project 窗格中，选择“Images”→“Level1”→“soliderShoot”→“walkThrow”目录下的 01 图片，拖放到检视器中的 Walk Throw Frames 数组变量之中；foot01、foot02、foot03、foot04 和 foot05 图片，分别拖放到 Walk Throw Foot 数组变量之中，如图 5-127 所示。

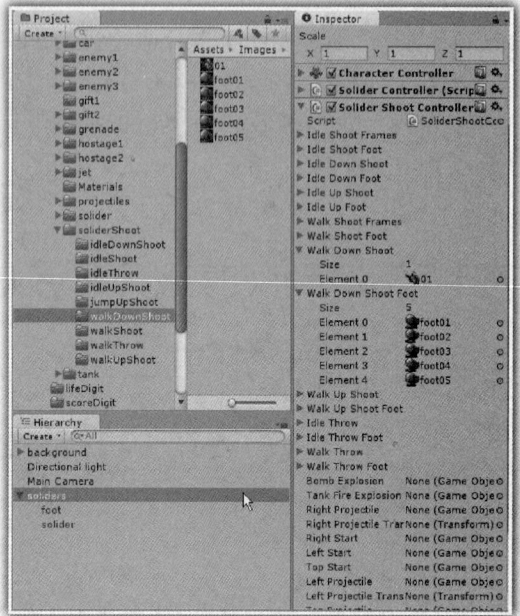

图 5-124　添加 walkDownShoot 图片序列

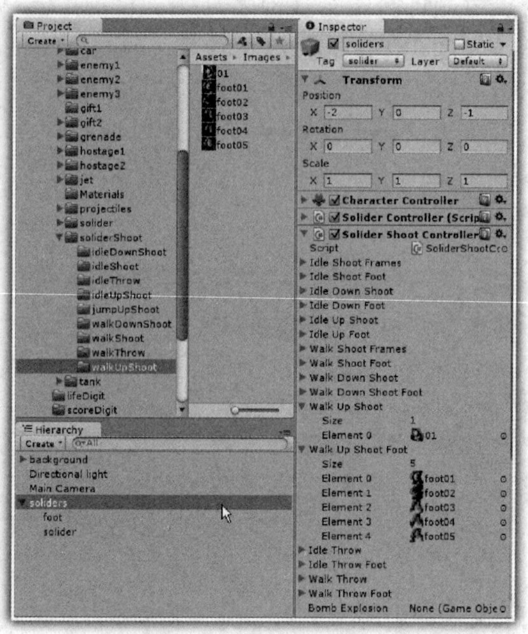

图 5-125　添加 walkUpShoot 图片序列

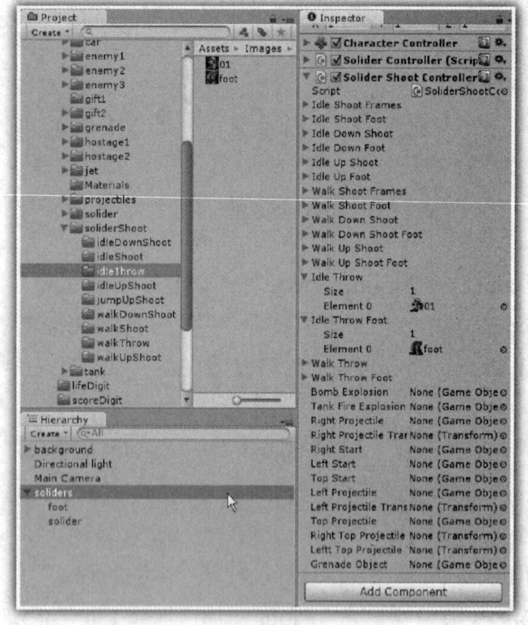

图 5-126　添加 idleThrow 图片序列

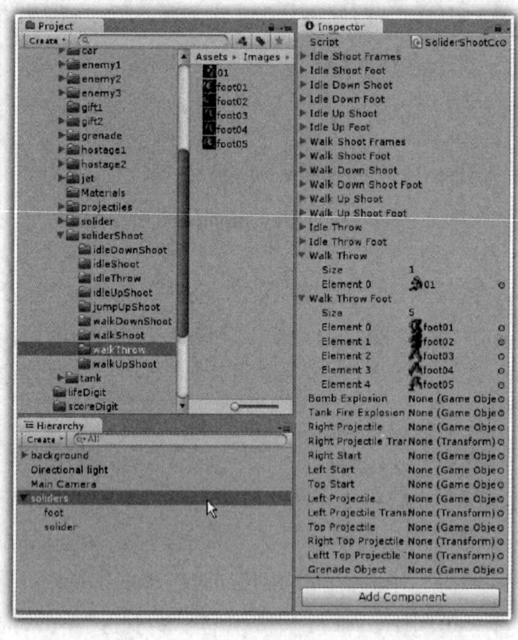

图 5-127　添加 walkThrow 图片序列

以上说明了如何关联相关射击状态的动画序列图片，下面接着介绍如何关联子弹开始位置、子弹发射的火星预制件、子弹预制件以及手榴弹预制件等。

在项目 Project 窗格中，选择“Images”→“Level1”→“projectiles”目录下的 rightProjectile

预制件、leftProjectile 预制件和 topProjectile 预制件，分别拖放到检视器中的 Right Projectile 变量、Left Projectile 变量和 Top Projectile 变量之中，如图 5-128 所示。

在项目 Project 窗格中，选择“Images”→“Level1”→“projectiles”目录下的 rightStart 预制件、leftStart 预制件和 topStart 预制件，分别拖放到检视器中的 Right Start 变量、Left Start 变量和 Top Start 变量之中，如图 5-129 所示。

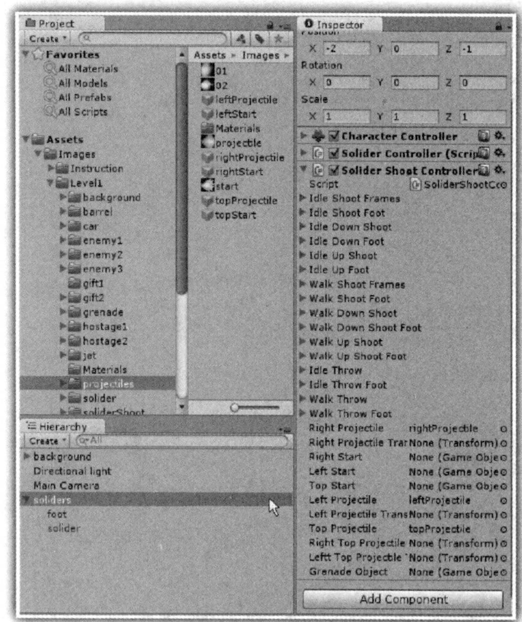

图 5-128 关联子弹预制件

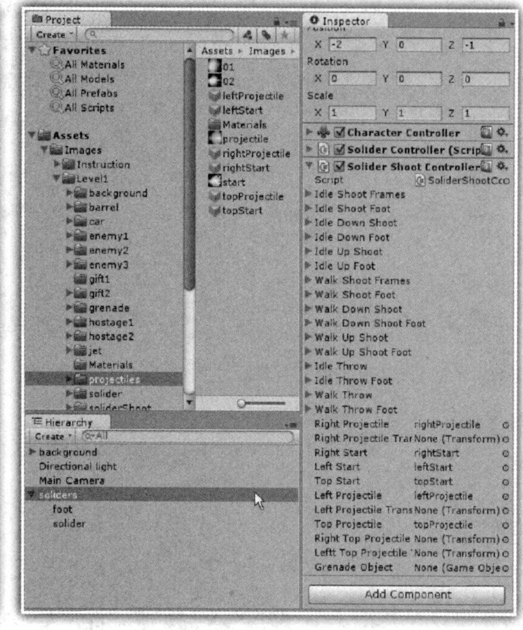

图 5-129 关联发射火星预制件

在层次 Hierarchy 窗格中，展开 solider 对象，选择 leftStart 对象、leftTop 对象、rightStart 对象和 rightTop 对象，分别拖放到检视器中的 Left Projectile Transform 变量、Left Top Projectile-Transform 变量、Right Projectile Transform 变量和 Right Top Projectile Transform 变量之中，如图 5-130 所示。

最后，还需要关联手榴弹预制件。

在图 5-131 中，在项目 Project 窗格中，选择 prefabs 目录下的 grenade 预制件，拖放到检视器中的 Grenade Object 变量之中。

运行游戏，士兵处于默认的 idle 状态，按下“J”键，士兵在 idle 状态下发射子弹，如图 5-132 所示；如果同时按下“S”键、“J”键，士兵则处于 idleDown 状态下发射子弹，如图 5-133 所示。

如果同时按下“D”键、“J”键，士兵则处于 walk 状态下发射子弹，如图 5-134 所示；如果同时按下“W”键、“J”键，士兵则处于 idleUp 状态下发射子弹，如图 5-135 所示。

如果同时按下“S”键、“D”键和“J”键，士兵则处于 walkDown 状态下发射子弹，如图 5-136 所示；如果同时按下“W”键、“D”键和“J”键，士兵则处于 walkUp 状态下发射子弹，如图 5-137 所示。

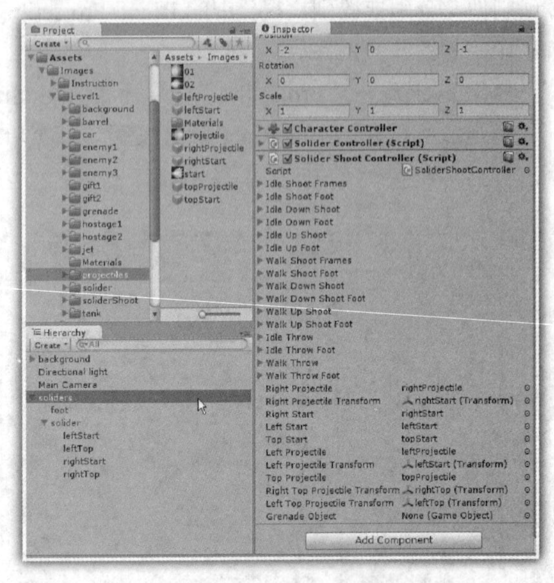

图 5-130　关联子弹开始位置

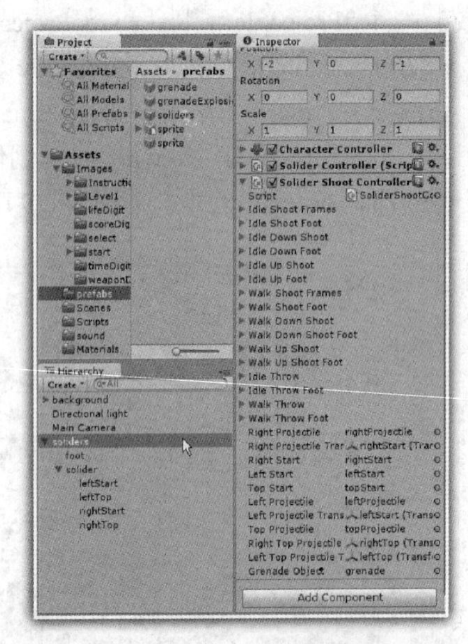

图 5-131　关联手榴弹预制件

图 5-132　idle 状态下发射子弹

图 5-133　idleDown 状态下发射子弹

图 5-134　walk 状态下发射子弹

图 5-135　idleUp 状态下发射子弹

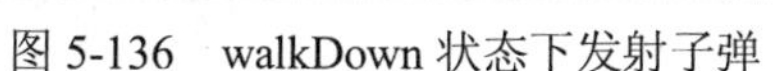

图 5-136　walkDown 状态下发射子弹　　　　图 5-137　walkUp 状态下发射子弹

如果按下“L”键，士兵则处于 idleThrow 状态下投射手榴弹，发射子弹，如图 5-138 所示；如果按下“K”键，士兵则处于 idleThrow 状态下投射手榴弹，如图 5-139 所示。

图 5-138　投射手榴弹　　　　图 5-139　士兵处于 idleJump 状态

这里需要说明的是，当士兵投射手榴弹时，手榴弹可以被投射出去，但是没有手榴弹的爆炸效果，下面为地面 background 对象添加代码，实现地面与手榴弹的碰撞检测，实现手榴弹的爆炸效果。

对于 C#开发者来说，在项目 Project 窗格中，选择 Scripts 文件夹，在右键出现的快捷菜单中选择“Create”→“C# Script”命令，创建一个 C#文件，修改该文件的名称为 BackgroundController.cs，在 BackgroundController.cs 中书写相关代码，见代码 5-23。

代码 5-23　BackgroundController 的 C#代码

```
1: using UnityEngine;
2: using System.Collections;
3:
4: public class BackgroundController : MonoBehaviour
5: {
6:
```

```
 7:   public GameObject grenadeExplosion;
 8:
 9:   void OnTriggerEnter(Collider other)
10:  {
11:
12:    if(other.transform.tag== "grenade")
13:    {
20:        Instantiate(grenadeExplosion, other.transform.position+
               new Vector3(0,0.64f,0),transform.rotation);
21:        Destroy(other.gameObject);
22:      }
23:
24:  }
25:
26:}
```

在上述C#代码中，实现的主要功能是检测手榴弹与地面的碰撞。由于手榴弹gerenade对象中的碰撞体isTrigger属性被设置为true，因此这里需要采用OnTriggerEnter()方法来检测它们之间的碰撞。

在碰撞检测中，通过第12行典型的标签判断碰撞对象是否是手榴弹，如果是则执行第20行语句，实例化手榴弹爆炸效果对象，并执行第21行语句销毁手榴弹对象。

对于JavaScript开发者来说，在项目Project窗格中，选择Scripts文件夹，在右键出现的快捷菜单中选择“Create”→“Javascript”命令，创建一个JavaScript文件，修改该文件的名称为backgroundController.js，在backgroundController.js中书写相关代码，见代码5-24。

代码5-24 backgroundController的JavaScript代码

```
 1: var grenadeExplosion:GameObject;
 2:
 3: function OnTriggerEnter(other:Collider)
 4: {
 5:
 6:   if(other.transform.tag=="grenade")
 7:   {
 8:       Instantiate(grenadeExplosion, other.transform.position+
              new Vector3(0,0.64f,0),transform.rotation);
 9:       Destroy(other.gameObject);
10:   }
11:
12: }
```

在上述JavaScript代码中，实现的主要功能是检测手榴弹与地面的碰撞。由于手榴弹gerenade对象中的碰撞体isTrigger属性设置为true，因此这里需要采用OnTriggerEnter()方法来检测碰撞。

在碰撞检测中，通过第6行典型的标签判断碰撞对象是否是手榴弹，如果是则执行第8行语句，实例化手榴弹爆炸效果对象，并执行第9行语句销毁手榴弹对象。

选择BackgroundController代码文件或者backgroundController代码文件，拖放到层次

Hierarchy 窗格中的 background 对象之上，如图 5-140 所示。

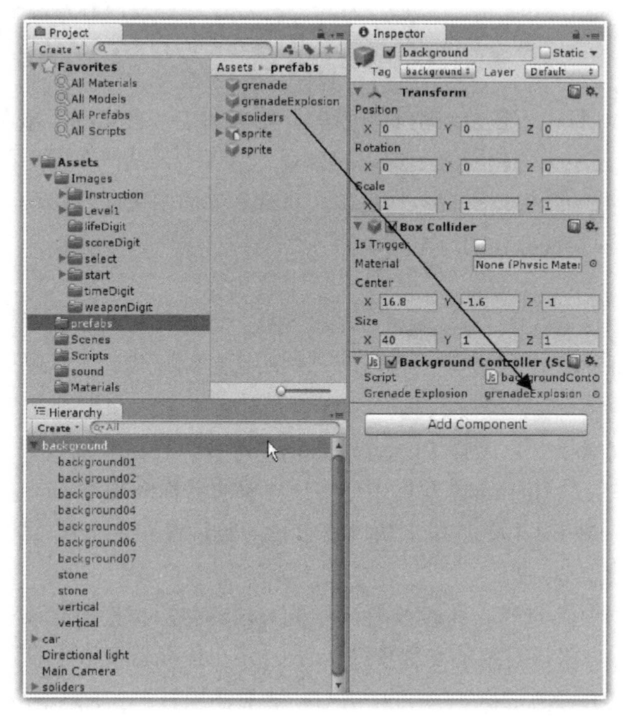

图 5-140　添加 backgroundController 代码文件

在如图 5-140 所示的项目 Project 窗格中，选择 prefabs 目录下的 generadeExplosion 预制件，拖放到层次检视器窗格中 generadeExplosion 变量的右边。

运行游戏，此时如果按下“K”键，士兵则投射出手榴弹，手榴弹与地面碰撞会发生手榴弹爆炸效果，如图 5-141 所示。

图 5-141　手榴弹爆炸效果

5.4 汽车动画

在合金弹头游戏项目中，在游戏主要场景的开始界面中，首先汽车从左到右，移动到界面的中央，并停止在界面中央，伴随汽车刹车的声音；然后士兵从汽车的后部梯子滑下，降落到地面，士兵出现在游戏场景中；汽车再次启动，从游戏界面中央向右移动，最后离开界面。

下面具体说明如何实现上述的汽车动画。

5.4.1 汽车动画

在汽车的移动动画中，首先实现显示汽车，然后通过编写代码，实现单独汽车的动画。

1. 显示汽车

单击菜单“GameObject”，选择“Create Empty”命令，在游戏场景中创建一个空白的游戏对象 GameObject，在层次 Hierarchy 窗格中，将该对象的名称修改为 car，并在检视器窗格中设置其位置坐标为原点（0,0,-1.1），这里之所以将 Z 轴的数字设置为-1.1，目的是距离摄像机更加近点，以便完全显示汽车对象。

在项目 Project 窗格中，选择 prefabs 文件夹中的 sprite 对象，直接拖放该对象到层次 Hierarchy 窗格的 car 对象之中，将该对象的名称修改为 car1，在检视器窗格中设置其位置坐标为原点（0,0,0），Scale 参数为：X=3.36，Y=1.59，Z=1；然后在项目 Project 窗格中，选择“Images”→“Level1”→“car”目录下的 car1 图片，拖放到 car1 对象中，以便显示汽车的整体框架，如图 5-142 所示。

图 5-142　显示汽车的整体框架

在如图 5-142 所示的层次 Hierarchy 窗格中，选择 cart1，按下 Ctrl+D 一次，复制一个 cart1，修改其名称为 car2，选择“Images”→“Level1”→“car”目录下的 cart2 图片，拖放到 car2 对象中；设置 car2 对象的 Position 参数为：X=-0.14，Y=0.13，Z=-0.01；Scale 参数为：X=3.08，Y=1.85，Z=1；这样就出现了汽车的大半部分，如图 5-143 所示。

图 5-143　显示汽车的大半部分

在项目 Project 窗格中，选择 prefabs 文件夹中的 sprite 对象，直接拖放该对象到层次 Hierarchy 窗格的 car 对象之中，将该对象的名称修改为 01，在检视器窗格中设置 Position 参数为：X=-1.4，Y=0.1，Z=-0.005；Scale 参数为：X=0.54，Y=0.7，Z=1；然后在项目 Project 窗格中，选择“Images”→“Level1”→“car”目录下的 01 图片，拖放到 01 对象中，以便显示汽车后部的左边帆布，如图 5-144 所示。

在如图 5-144 所示的层次 Hierarchy 窗格中，选择 01，按下 Ctrl+D 两次，复制两个 01，分别修改其名称为 02 和 03；选择“Images”→“Level1”→“car”目录下的 02 图片，拖放到 02 对象中，设置 02 对象的 Position 参数为：X=-0.86，Y=0.1，Z=-0.005；选择“Images”→“Level1”→“car”目录下的 03 图片，拖放到 03 对象中，设置 03 对象的 Position 参数为：X=-0.32，Y=0.1，Z=-0.005；这样就出现了汽车后部的三个帆布，如图 5-145 所示。

在项目 Project 窗格中，选择 prefabs 文件夹中的 sprite 对象，直接拖放该对象到层次 Hierarchy 窗格的 car 对象之中，将该对象的名称修改为 carWindow，在检视器窗格中设置 Position 参数为：X=0.5，Y=-0.005，Z=-0.02；Scale 参数为：X=0.66，Y=1.05，Z=1；然后在项目 Project 窗格中，选择“Images”→“Level1”→“car”目录下的 carWindow 图片，拖放到 carWindow 对象中，以便显示汽车前面部分的车窗，如图 5-146 所示。

图 5-144　显示汽车后部的左边帆布

图 5-145　显示汽车后部的帆布

下面接着添加两个汽车车轮。

在项目 Project 窗格中，选择 prefabs 文件夹中的 sprite 对象，直接拖放该对象到层次 Hierarchy 窗格的 car 对象之中，将该对象的名称修改为 wheel，在检视器窗格中设置 Position 参数为：X=1.01，Y=-0.77，Z=0； Scale 参数为：X=0.65，Y=0.65，Z=1；然后在项目 Project 窗格中，选择“Images”→“Level1”→“car”目录下的 wheel 图片，拖放到 wheel 对象中，以便显示汽车前面的轮子。

图 5-146　显示汽车车窗

在层次 Hierarchy 窗格中，选择 wheel，按下 Ctrl+D 一次，复制一个 wheel，设置该 wheel 对象的 Position 参数为：X=-1.25，Y=-0.77，Z=0；设置了汽车后面的轮子之后，这样就出现了汽车的两个车轮，如图 5-147 所示。

图 5-147　显示汽车车轮

接着来说明，为汽车添加前面的车灯。

在项目 Project 窗格中，选择 prefabs 文件夹中的 sprite 对象，直接拖放该对象到层次 Hierarchy 窗格的 car 对象之中，将该对象的名称修改为 light，在检视器窗格中设置 Position 参数为：X=1.45，Y=-0.55，Z=-0.02；Scale 参数为：X=0.25，Y=0.26，Z=1；然后在项目 Project 窗格中，选择“Images”→“Level1”→“car”目录下的 light 图片，拖放到 light 对象中，这样就可以显示汽车的前车灯，如图 5-148 所示。

图 5-148　显示汽车前车灯

在项目 Project 窗格中，选择 prefabs 文件夹中的 sprite 对象，直接拖放该对象到层次 Hierarchy 窗格的 car 对象之中，将该对象的名称修改为 04，在检视器窗格中设置 Position 参数为：X=1.57，Y=-0.43，Z=-0.02；　Scale 参数为：X=0.23，Y=0.39，Z=1；然后在项目 Project 窗格中，选择“Images”→“Level1”→“car”目录下的 04 图片，拖放到 04 对象中，这样就可以显示汽车前面的进气栅格，如图 5-149 所示。

最后需要实现显示汽车尾部的滑梯。

在项目 Project 窗格中，首先选择 prefabs 文件夹中的 sprite 对象，直接拖放该对象到层次 Hierarchy 窗格的 car 对象之中，将该对象的名称修改为 05，然后在检视器窗格中设置 Position 参数为：X=-1.78，Y=-0.68，Z=-0.02；Rotation 参数为：X=0，Y=0，Z=315；Scale 参数为：X=0.09，Y=0.41，Z=1；最后在项目 Project 窗格中，选择“Images”→“Level1”→“car”目录下的 05 图片，拖放到 05 对象中，这样就可以显示汽车尾部的滑梯，完成后的整个汽车，如图 5-150 所示。

2. 汽车动画

实现了上述的汽车显示之后，需要编写代码实现汽车从左到右移动到界面的中央，伴随刹车的声音，然后再继续向右移动，离开界面，最后销毁汽车对象。

图 5-149　显示汽车前面的进气栅格

图 5-150　显示汽车尾部滑梯

对于 C#开发者来说，在项目 Project 窗格中，选择 Scripts 文件夹，在右键出现的快捷菜单中选择“Create”→“C# Script”命令，创建一个 C#文件，修改该文件的名称为 CarController.cs，在 CarController.cs 中书写相关代码，见代码 5-23。

代码 5-23　CarController 的 C#代码

```
 1: using UnityEngine;
 2: using System.Collections;
 3:
 4: public class CarController : MonoBehaviour
 5: {
 6:
 7:   public AudioClip carSound;
 8:  float myTime=0;
 9:
10:  bool playSound=true;
11:
12: void Update()
13: {
14:
15:   if(transform.position.x< 0.16f)
16:   {
17:     transform.Translate(new Vector3(0.1f,0,0));
18:
19:     if(transform.position.x>-3.0f)
20:     {
21:       if(playSound)
22:       {
23:         AudioSource.PlayClipAtPoint(carSound, new Vector3(0,0,-10));
24:        playSound=false;
25:       }
26:     }
27:   }
28:   else
29:   {
30:     myTime+=Time.deltaTime;
31:
32:     if(myTime>2.0f)
33:      {
34:
35:       transform.Translate(new Vector3(0.1f,0,0));
36:     }
37:
38:     if(myTime>4.0f)
39:       Destroy(gameObject);
40:
41:   }
42:
43: }
```

在上述 C#代码中，实现的主要功能是，汽车首先从左到右运动到界面的中央，代码第 15 行判断是否运动到界面的中央，如果还没有运动到中央，就执行上述的第 17 行语句，从左到右移动，并执行一次第 23 行语句，播放汽车刹车的声音；在汽车移动到中央之后，汽车停止在中央，此时执行第 30 行语句，累计汽车停止的时间，在汽车停止 2 秒之后，执行第 35 行语句，汽车再次向右边移动，离开游戏界面，在累计时间 4 秒之后，执行第 33 行语句，销毁汽车对象。

对于 JavaScript 开发者来说，在项目 Project 窗格中，选择 Scripts 文件夹，在右键出现的快捷菜单中选择“Create”→“Javascript”命令，创建一个 JavaScript 文件，修改该文件的名称为 carController.js，在 carController.js 中书写相关代码，见代码 5-24。

代码 5-24　carController 的 JavaScript 代码

```
 1: var carSound:AudioClip;
 2: private var myTime:float=0;
 3: private var playSound:boolean=true;
 4:
 5: function Update()
 6: {
 7:
 8:    if(transform.position.x<0.16f)
 9:    {
10:      transform.Translate(new Vector3(0.1f,0,0));
11:
12:      if(transform.position.x>-3.0f)
13:      {
14:        if(playSound)
15:        {
16:          AudioSource.PlayClipAtPoint(carSound, new Vector3(0,0,-10));
17:            playSound=false;
18:        }
19:      }
20:    }
21:    else
22:     {
23:      myTime+=Time.deltaTime;
24:
25:      if(myTime>2.0f)
26:       {
27:
28:         transform.Translate(new Vector3(0.1f,0,0));
29:
30:       }
31:
32:      if(myTime>4.0f)
33:        Destroy(gameObject);
34:
35:     }
36:
37: }
```

在上述 JavaScript 代码中，实现的主要功能是，汽车从左到右运动到界面的中央，代码第 8

行判断是否运动的界面的中央，如果还没有运动的中央，就执行上述的第 10 行语句，从左到右移动，并执行一次第 16 行语句，播放汽车刹车的声音；在汽车移动到中央之后，汽车停止在中央，此时执行第 23 行语句，累计汽车停止的时间，在汽车停止 2 秒之后，执行第 28 行语句，汽车再次向右边移动，离开游戏界面，在累计时间 4 秒之后，执行第 33 行语句，销毁汽车对象。

选择 CarController 代码文件或者 carController 代码文件，拖放到层次 Hierarchy 窗格中的 car 对象之上；在项目 Project 窗格中，选择 sound 目录下的 car 声音文件，拖放到检视器中的 carSound 变量之中；并设置 car 对象的 Position 参数 X 为-5.6，使得 car 对象的初始位置不在游戏界面中显示，以便实现从左到右的移动，如图 5-151 所示。

图 5-151　设置汽车代码

运行游戏，此时会发现：汽车从左到右移动到界面中央而停止，伴随刹车的声音；汽车在停止 2 秒之后，继续向右移动，离开界面；最后实现汽车对象的销毁。

5.4.2　士兵动画

下面说明如何实现士兵动画，当汽车移动到界面中央而停止的时候，士兵从汽车尾部的滑梯降落到地面，然后汽车再次向右移动，直至离开界面。

1. *动画编辑器基本操作*

首先需要设置汽车和士兵的位置。

在层次 Hierarchy 窗格中，选择 car 对象，设置 car 对象的 Position 参数 X 为 0.16，这样此车就会显示在界面的中央；然后再选择 soliders 对象，设置 soliders 对象的 Position 参数为：X=-1，Y=0，Z=-2，这样就会显示士兵站立在汽车后部，如图 5-152 所示。

图 5-152　设置汽车、士兵

单击菜单“Windows”→“Animation”命令，打开 Unity 内置的动画编辑器，如图 5-153 所示。

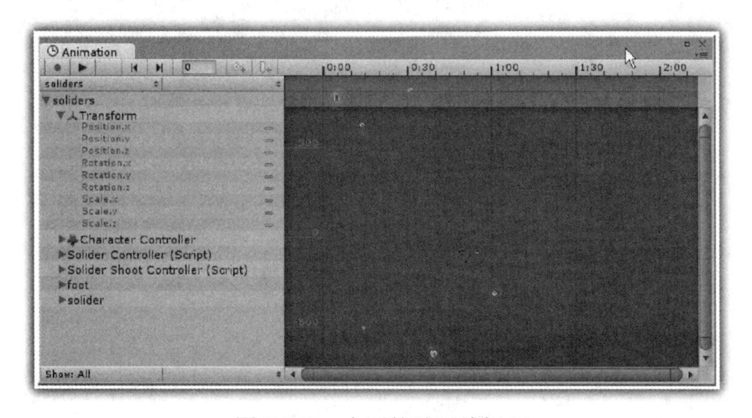

图 5-153　内置的动画编辑器

在图 5-153 所示的动画编辑器中，可以划分为左、右两个部分。左边部分显示所选择对象中可以被设置动画的各种参数。例如这里选择了 soliders 对象，则可以对 soliders 对象的 transform 组件中的各个参数设置动画，还可以对 soliders 对象中的代码组件或者子对象设置动画，如对 soliders 对象中的子对象 foot 对象等。

右边部分则是动画的编辑器界面，纵坐标轴显示设置相关动画的参数数字，横坐标则显示时间数值。滚动鼠标中间的滚轮，可以同时放大或者缩小横坐标和纵坐标的数字刻度；按下 Shift

键，滚动鼠标中间的滚轮，可以放大或者缩小纵坐标的数字刻度；按下 Ctrl 键，滚动鼠标中间的滚轮，可以放大或者缩小横坐标的数字刻度。

还可以直接调整相关坐标轴的滚动条，来放大或缩小相关坐标轴的数字刻度。在图 5-154 中，可以调整纵坐标的滚动条来放大纵坐标的数字刻度，此时图示中显示的纵坐标刻度是 100 个单位。

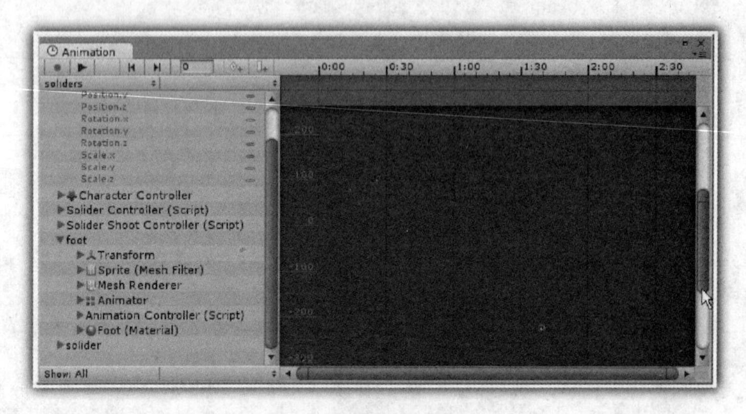

图 5-154　调整纵坐标滚动条前

通过调整纵坐标滚动条，显示的纵坐标刻度则放大为 10 个单位，如图 5-155 所示。

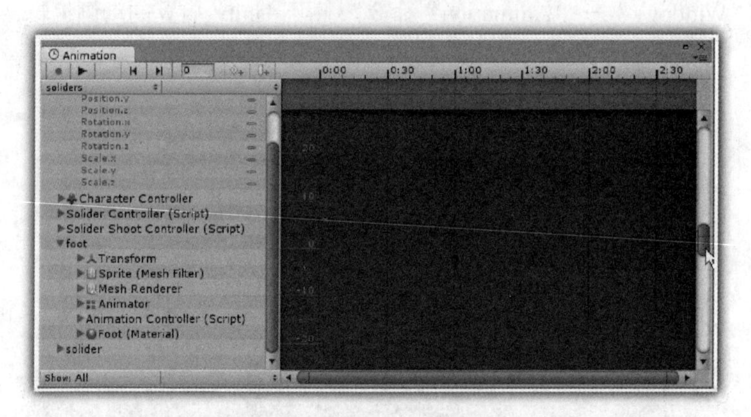

图 5-155　调整纵坐标滚动条后

在左边部分的上方有四个按钮，它们分别是“录制”按钮、“运行”按钮、“快退”按钮和“快进”按钮。

单击“录制”按钮，将会打开新建动画的文件对话框，从而使得动画编辑器，处于编辑状态；再次单击“录制”按钮，则可以退出动画编辑状态。

单击“运行”按钮，可以运行所设置的动画；单击“快退”按钮和“快进”按钮，则可以快速向后或者向前定位到相关的帧动画。

2. 士兵动画

在图 5-155 中，单击“录制”按钮，打开如图 5-156 所示的新建动画文件对话框，在其中输入“soliderStartAnimation”文件名称，单击“保存”按钮，此时就会要求新建一个动画文件，并出现如图 5-157 所示的动画编辑器编辑状态。

图 5-156　新建动画文件对话框

图 5-157　动画编辑器处于编辑状态

在图 5-157 中，动画编辑器处于编辑状态，此时的“录制”按钮处于红色状态，同时 Unity 开发工具中游戏运行等按钮也处于红色的锁定状态。

在设置士兵的动画时，在 0 秒钟处于图 5-157 所示的状态；在 0.5 秒时，士兵就会移动到汽车的尾部滑梯上；在 1 秒时，则会顺着滑梯滑下地面；在 1.5 秒时，则向后移动少许距离，以便游戏正式开始。

在图 5-158 所示的动画编辑器中，单击 Position.x 右方的“-”号，在出现的快捷菜单中选择“Add Key”命令，就会在动画开始的 0 秒时刻建立一个关键帧，如图 5-159 所示。

图 5-158　添加关键帧

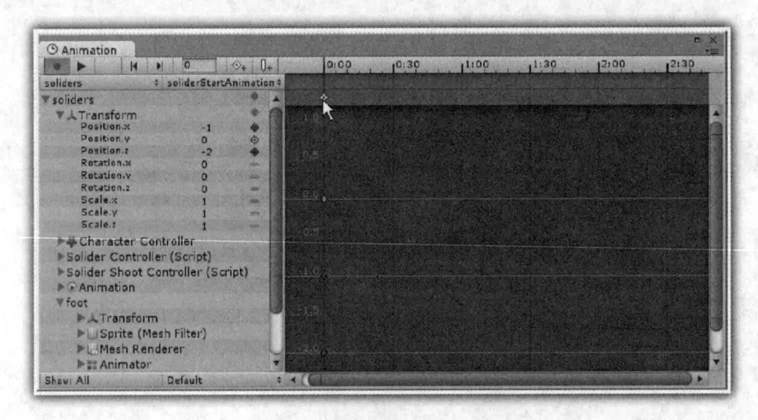

图 5-159　查看关键帧

在图 5-159 中，在动画开始的 0 秒时刻建立了关键帧，此时就会在鼠标指向的地方出现关键帧标志，对于士兵对象来说，士兵的相关初始参数就是士兵对象的动画初始参数。

在动画编辑器中，移动上述红色的时间线到 0.5 秒时刻，然后在游戏场景窗口中移动士兵对象到汽车尾部的滑梯上，此时士兵对象的 Position 参数为：X=-1.4248，Y=0，Z=-2；一旦设置好此时士兵对象的相关动画参数，动画编辑器会在该时刻自动建立关键帧，如图 5-160 所示。

在图 5-160 所示的动画编辑器中，再次移动上述红色的时间线到 1.0 秒时刻，然后在游戏场景窗口中移动士兵对象从汽车尾部的滑梯上降落到地面，此时士兵对象的 Position 参数为：X=-1.8796，Y=-0.4547，Z=-2；表示在 1.0 秒时刻，士兵的动画处于设置的位置，一旦设置好此时士兵对象的 Position 动画参数，动画编辑器同样会在该时刻自动建立关键帧，如图 5-161 所示。

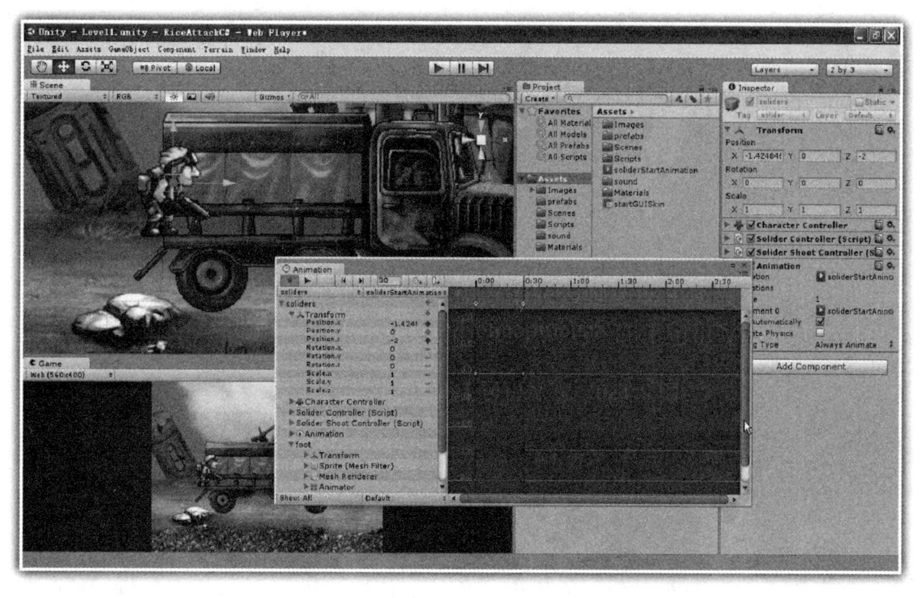

图 5-160　设置 0.5 秒时的动画参数

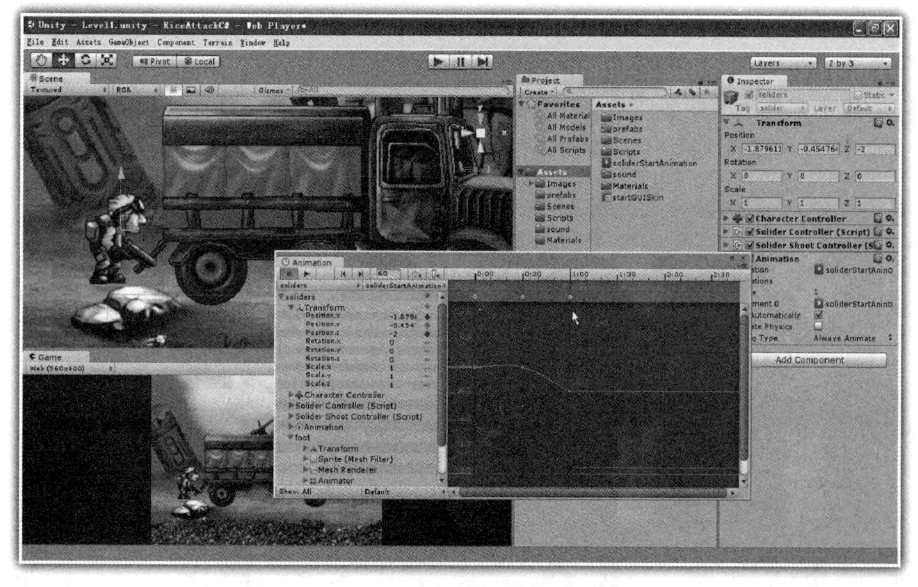

图 5-161　设置 1 秒时的动画参数

在图 5-161 所示的动画编辑器中，继续移动上述红色的时间线到 1.5 秒时刻，然后在游戏场景窗口中移动士兵对象从汽车尾部的滑梯上降落到地面，此时士兵对象的 Position 参数为：X=-2.3403，Y=-0.4547，Z=-2；表示在 1.5 秒时刻，上兵的动画处于设置的位置，一旦设置好此时士兵对象的 Position 动画参数，动画编辑器同样会自动在该时刻建立关键帧，如图 5-162 所示。

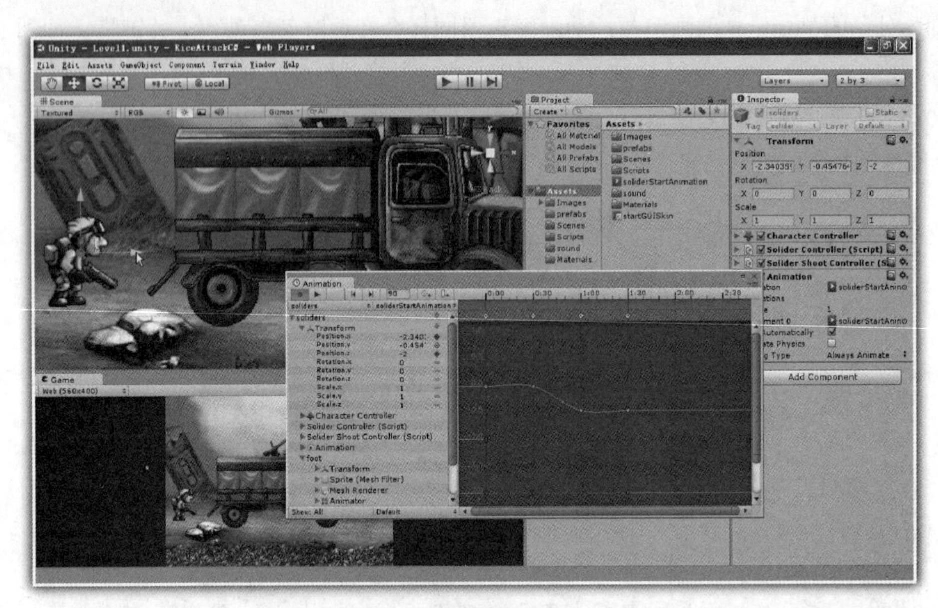

图 5-162　动画编辑器处于编辑器

在图 5-162 所示的动画编辑器中，单击“运行”按钮，可以看到：士兵将会从汽车后部向左移动，移动到汽车尾部的滑梯处，沿着滑梯降落到地面，然后再向左移动少许距离。

这里需要说明的是，游戏中的士兵在汽车后部应该是不可见的，在上述设置士兵动画的过程中，之所以设置为可见，主要是为了设置 Position 方便而已，因此需要将士兵在上述四个关键帧处的 Z 数值由原来的-2 修改为-1，这样士兵就会隐藏在汽车后部的帆布车厢中，如图 5-163 所示。

图 5-163　修改士兵 Z 数值

完成对士兵动画的设置之后，单击“录制”按钮，此时 Unity 就会返回到默认状态，关闭动画编辑器，此时所建立的动画 soliderStartAnimation 就会添加到 soliders 对象之中，需要注意的是，还应该非勾选“Play Automatically”属性，表明需要通过代码来调用上述的士兵动画，如图 5-164 所示。

图 5-164　设置士兵动画

对于 C#开发者来说，修改前面所写的 CarController.cs，见代码 5-25。

代码 5-25　CarController 的 C#代码

```
 1: using UnityEngine;
 2: using System.Collections;
 3:
 4: public class CarController : MonoBehaviour
 5: {
 6:
 7:   public AudioClip carSound;
 8:   float myTime=0;
 9:   bool playSound=true;
10:
11:   Animation myAnimation;
12:   GameObject mySolider;
13:
14:   void Start()
15:  {
16:    mySolider=GameObject.Find("soliders");
17:   }
18:
19:   void Update()
```

```
20: {
21:
22:   if(transform.position.x<0.16f)
23:   {
24:     transform.Translate(new Vector3(0.1f,0,0));
25:
26:     if(transform.position.x>-3.0f)
27:     {
28:       if(playSound)
29:       {
30:         AudioSource.PlayClipAtPoint(carSound, new Vector3(0,0,-10));
31:         playSound=false;
32:       }
33:     }
34:   }
35:   else
36:   {
37:     myTime+=Time.deltaTime;
38:
39:     if(myTime>0.5f)
40:     {
41:       myAnimation= mySolider.GetComponent<Animation>();
42:
43:       myAnimation.Play();
44:     }
45:
46:     if(myTime>2.0f)
47:     {
48:       myAnimation.Stop();
49:
50:       transform.Translate(new Vector3(0.1f,0,0));
51:     }
52:
53:     if(myTime>4.0f)
54:       Destroy(gameObject);
55:
56:   }
57:
58: }
59:
60:}
```

在上述 C#代码中，与前面的代码 5-23 相比较，添加了代码第 11 行、第 12 行，用于定义私有变量，获得对士兵对象的引用以及对士兵中动画的引用；添加的第 14 行到第 17 行的 Start()方法，主要是实现第 16 行的功能：获得士兵对象的引用，以便后面得到士兵对象中的动画；添加的第 39 行到第 44 行，则是在汽车动画开始 0.5 秒后，在第 41 行获得士兵动画的引用，并通过第 43 行调用动画的 Play()方法，实现动画的播放；添加的第 48 行，在汽车动画开始 2 秒之后，停止播放动画。

对于 JavaScript 开发者来说，修改前面所写的 carController.cs，见代码 5-26。

代码 5-26 carController 的 JavaScript 代码

```
 1: var carSound:AudioClip;
 2:
 3: private var myTime:float=0;
 4: private var playSound:boolean=true;
 5: private var myAnimation:Animation;
 6: private var mySolider:GameObject;
 7:
 8: function Start()
 9: {
10:   mySolider=GameObject.Find("soliders");
11:  }
12:
13: function Update()
14: {
15:
16:   if(transform.position.x<0.16f)
17:   {
18:     transform.Translate(new Vector3(0.1f,0,0));
19:
20:     if(transform.position.x>-3.0f)
21:     {
22:       if(playSound)
23:       {
24:         AudioSource.PlayClipAtPoint(carSound, new Vector3(0,0,-10));
25:           playSound=false;
26:         }
27:     }
28:
29:   }
30:   else
31:   {
32:     myTime+=Time.deltaTime;
33:
34:     if(myTime>0.5f)
35:     {
36:       myAnimation= mySolider.GetComponent("Animation");
37:       myAnimation.Play();
38:
39:     }
40:
41:     if(myTime>2.0f)
42:     {
43:       myAnimation.Stop();
44:       transform.Translate(new Vector3(0.1f,0,0));
```

```
45:
46:     }
47:
48:     if(myTime>4.0f)
49:       Destroy(gameObject);
50:
51:   }
52:
53: }
```

在上述 JavaScript 代码中，与前面的代码 5-24 相比较，添加了代码第 5 行、第 6 行，用于定义私有变量，获得对士兵对象的引用以及对士兵中动画的引用；添加的第 8 行到第 11 行的 Start()方法，主要是实现第 10 行的功能：获得士兵对象的引用，以便后面得到士兵对象中的动画；添加的第 34 行到第 39 行，则是在汽车动画开始 0.5 秒后，在第 36 行获得士兵动画的引用，并通过第 37 行调用动画的 Play()方法，实现动画的播放；添加的第 43 行，在汽车动画开始 2 秒之后，停止播放动画。

首先将 car 对象和 soliders 对象 Position 的参数 X 都设置为-5，使得它们隐藏在界面的左边，然后运行游戏，此时会看到：汽车动画运行正常，而士兵动画也运行正常。

5.5 敌人角色实现

在合金弹头游戏项目中，设计了三个不同种类的敌人角色，它们分别是敌人角色 1、敌人角色 2 和敌人角色 3。

5.5.1 敌人角色 1

敌人角色 1 根据需求，设计了六种动画序列图片，而在枚举中则细化设计了九种相关状态。首先需要显示敌人角色 1，介绍敌人角色 1 的动画序列图片，然后介绍如何实现敌人角色 1 的动画。

1. 显示敌人角色 1

在项目 Project 窗格中，选择 prefabs 文件夹中的 sprite 对象，直接拖放该对象到层次 Hierarchy 窗格中，将该对象的名称修改为 enemy1，在检视器窗格中设置其 Position 参数为：X=0，Y=0，Z=-1；Scale 参数为：X=0.49，Y=0.75，Z=1；然后在项目 Project 窗格中，选择“Images”→“Level1”→“enemy1”→“idle”目录下的 01 图片，拖放到 enemy1 对象中，以便显示敌人角色 1，如图 5-165 所示。

2. 敌人角色 1 动画序列图片

这里为敌人角色 1 总共设计了六种动画状态，它们分别是 idle 状态、firstMove 状态、walking 状态、die 状态、kille 状态以及 generadeDie 状态。为实现上述的敌人角色 1 的各种状态，这里设计了相关状态下的动画序列图片，以下分别予以说明。

图 5-166 显示了敌人角色 1 的 idle 状态序列图片，也就是默认的静止状态，该状态下的动

画序列图片由两张图片所组成。

图 5-165　显示敌人角色 1

图 5-166　敌人角色 1 的 idle 状态序列图片

图 5-167 显示了敌人角色 1 的 firstMove 状态序列图片，也就是敌人角色 1 第一次向左移动，该状态下的动画序列图片由三张图片所组成。

图 5-167　敌人角色 1 的 firstMove 状态序列图片

图 5-168 显示了敌人角色 1 的 walking 状态序列图片，也就是敌人角色 1 的向左移动的行走状态，该状态下的动画序列图片由四张图片所组成。

图 5-169 显示了敌人角色 1 的 die 状态序列图片，也就是敌人角色 1 被士兵子弹击中后的死亡状态，该状态下的动画序列图片由九张图片所组成。

图 5-168　敌人角色 1 的 walking 状态序列图片

图 5-169　敌人角色 1 的 die 状态序列图片

图 5-170 显示了敌人角色 1 的 kill 状态序列图片，也就是敌人角色 1 接触到士兵之后，将会刺杀士兵的刺杀状态，该状态下的动画序列图片由四张图片所组成。

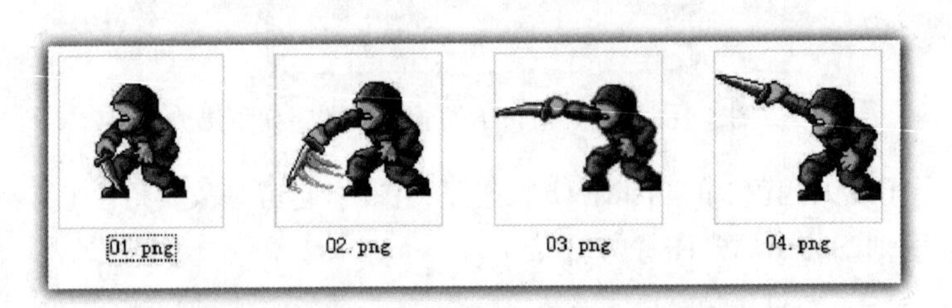

图 5-170　敌人角色 1 的 kill 状态序列图片

图 5-171 显示了敌人角色 1 的 generadeDie 状态序列图片，也就是敌人角色 1 被士兵投射的手榴弹炸中的状态，该状态下的动画序列图片由三张图片所组成。

图 5-171　敌人角色 1 的 generadeDie 状态序列图片

3. 实现敌人角色 1 动画

在实现敌人角色 1 动画之前，需要为敌人角色 1 添加刚体、添加碰撞体。

在层次 Hierarchy 窗格中，选择 enemy1 对象，单击菜单“Component”→“Physics”→“Rigidbody”命令，为子弹 enemy1 添加一个刚体，展开 Constraints 参数，勾选 Freeze Position 的 Z，设置子弹不在 Z 轴上移动；勾选 Freeze Rotation 的 X、Y 和 Z，设置子弹不允许在 X、Y 和 Z 轴旋转，非勾选 Use Gravity，不使用重力属性；继续单击菜单“Component”→“Physics”→“Capsule Collider”命令，为子弹添加一个胶囊碰撞体，设置该碰撞体的大小，让该碰撞体大概包围敌人角色 1；设置 Capsule Collider 下的 Radius 参数为 0.3，勾选 Is Trigger 属性，并设置 enemy1 对象的 Tag 标签为 enemy，如图 5-172 所示。

图 5-172　为敌人角色 1 添加刚体、碰撞体

在项目 Project 窗格中，选择 Scripts 文件夹中的 AnimationController 代码文件或者 animationController 代码文件，拖放到层次 Hierarchy 窗格中的 enemy1 对象之上；选择“Images”→“Level1”→“enemy1”→“idle”目录下的 01 和 02 图片，分别拖放到检视器中的 Frames 数组变量之中，如图 5-173 所示。此时，如果运行游戏，敌人角色 1 将会显示处于 idle 状态。

要实现敌人角色 1 所设计的相关动画，还是需要编写代码来实现。

对于 C#开发者来说，在项目 Project 窗格中，选择 Scripts 文件夹，在右键出现的快捷菜单中选择“Create”→“C# Script”命令，创建一个 C#文件，修改该文件的名称为 Enemy1Controller.cs，在 Enemy1Controller.cs 中书写相关代码，见代码 5-27。

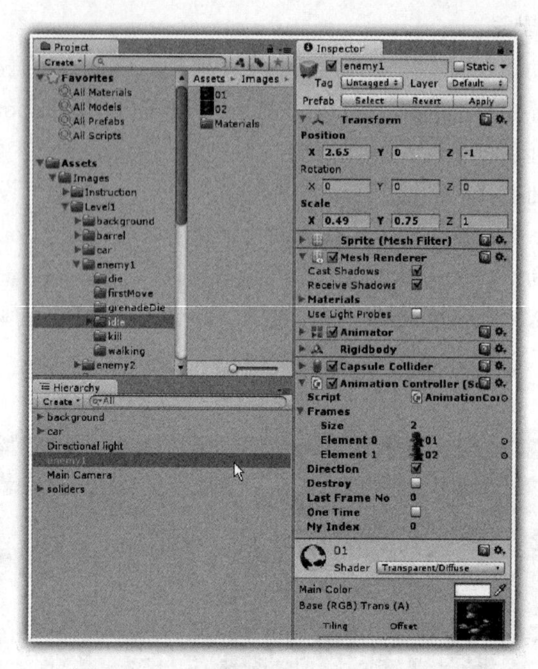

图 5-173　设置 AnimationController 代码

代码 5-27　Enemy1Controller 的 C#代码

```
 1: using UnityEngine;
 2: using System.Collections;
 3:
 4: enum Enemy1State
 5: {
 6:   firstIdle,
 7:   firstMove,
 8:   firstWalk,
 9:   secondIdle,
10:   secondWalk,
11:   kill,
12:   thirdIdle,
13:   die,
14:   grenadeDie
15:
16: }
17:
18: public class Enemy1Controller : MonoBehaviour
19: {
20:
21:   public Texture [] idleFrames;
22:   public Texture [] firstMoveFrames;
23:   public Texture [] walkFrames;
24:   public Texture [] killFrames;
```

```
25:  public Texture [] dieFrames;
26:  public Texture [] grenadeDieFrames;
27:
28:  public AudioClip dieSound;
29:  public AudioClip sound;
30:  GameObject myCamera;
31:
32:  public GameObject solider;
33:  public float x=1.73f;
34:  public float y=-1.1f;
35:
36:  float y3;
37:  float velocity=5.0f;
38:  Enemy1State enemyState;
39:  float distance;
40:  float myTime;
41:  float myTime2;
42:  float myDistance1;
43:  float myDistance2;
44:
45:  bool oneTime=true;
46:  bool isDie=false;
47:  bool isKill=false;
48:  bool isGrenadeDie=false;
49:
50:  AnimationController myAnimationController;
51:
52: void Start()
53: {
54:
55:  x=transform.position.x;
56:  myAnimationController=GetComponent<AnimationController>();
57:
58:  myAnimationController.frames=idleFrames;
59:
60: }
61:
62: void Update()
63: {
64:
65:  myTime+=Time.deltaTime;
66:
67:  if(myTime<2)
68:    enemyState=Enemy1State.firstIdle;
69:
70:  else if(myTime>2 && myTime<4)
71:    enemyState=Enemy1State.firstMove;
72:
```

```
 73:   else if(myTime>5)
 74:   {
 75:     if(Vector3.Distance(transform.position,
            solider.transform.position)> 0.5*myDistance1)
 76:       enemyState=Enemy1State.firstWalk;
 77:     else
 78:     {
 79:       myTime2+=Time.deltaTime;
 80:
 81:       if(myTime2<1)
 82:         enemyState=Enemy1State.secondIdle;
 83:       else
 84:         enemyState=Enemy1State.secondWalk;
 85:
 86:       if(isKill)
 87:         enemyState=Enemy1State.kill;
 88:
 89:       if(!oneTime)
 90:         enemyState=Enemy1State.thirdIdle;
 91:
 92:     }
 93:   }
 94:
 95:   if(isDie)
 96:     enemyState=Enemy1State.die;
 97:
 98:   if(isGrenadeDie)
 99:     enemyState=Enemy1State.grenadeDie;
100:
101:   switch(enemyState)
102:   {
103:     case Enemy1State.firstIdle:
104:
105:       transform.position=new Vector3(x,y,-0.99f);
106:
107:       break;
108:     case Enemy1State.firstMove:
109:
110:       myAnimationController.frames=firstMoveFrames;
111:       distance=0.25f*myTime;
112:       transform.position=new Vector3(x-distance,y,-0.99f);
113:       myDistance1=Vector3.Distance(transform.position,
              solider.transform.position);
114:
115:       break;
116:     case Enemy1State.firstWalk:
117:
118:       myAnimationController.frames=walkFrames;
```

```
119:      transform.Translate(new Vector3(-myTime*0.001f,0,0));
120:
121:      break;
122:    case Enemy1State.secondIdle:
123:
124:      myAnimationController.frames=idleFrames;
125:
126:      break;
127:    case Enemy1State.secondWalk:
128:
129:      myAnimationController.frames=walkFrames;
130:      transform.Translate(new Vector3(-myTime*0.002f,0,0));
131:
132:      break;
133:    case Enemy1State.kill:
134:
135:       if(oneTime)
136:       {
137:          myAnimationController.frames=killFrames;
138:          StartCoroutine(WaitForTime(1.0f));
139:       }
140:
141:      break;
142:
143:    case Enemy1State.thirdIdle:
144:
145:      myAnimationController.frames=idleFrames;
146:
147:      break;
148:    case Enemy1State.die:
149:
150:      myAnimationController.frames=dieFrames;
151:      Destroy(gameObject,0.9f);
152:
153:      break;
154:    case Enemy1State.grenadeDie:
155:
156:      myAnimationController.frames=grenadeDieFrames;
157:      velocity-=20*Time.deltaTime;
158:
159:      if(y3>y)
160:        y3+=velocity*Time.deltaTime;
161:      else
162:      {
163:        isGrenadeDie=false;
164:        isDie=true;
165:          myTime=0;
166:      }
```

```
167:
168:      transform.position=new Vector3(transform.position.x,y3, -1.0f);
169:
170:    break;
171:
172:   }
173:
174: }
175:
176: IEnumerator WaitForTime(float time)
177: {
178:   yield return new WaitForSeconds(time);
179:   oneTime=false;
180: }
181:
182: void OnTriggerEnter(Collider other)
183: {
184:    myCamera=GameObject.Find("Main Camera");
185:
186:    if(other.tag=="projectile")
187:    {
188:        AudioSource.PlayClipAtPoint(sound, new Vector3(
             myCamera.transform.position.x,0,-10));
189:
190:        Destroy(other.gameObject);
191:        isDie=true;
192:      //DigitDisplay.score+=100;
193:    }
194:    else if(other.tag=="solider")
195:    {
196:        isKill=true;
197:    }
198:    else if(other.tag=="grenadeExplosion")
199:    {
200:        isGrenadeDie=true;
201:        AudioSource.PlayClipAtPoint(dieSound, new Vector3(
             myCamera.transform.position.x,0,-10));
202:
203:        other.collider.enabled=false;
204:        //DigitDisplay.score+=200;
205:    }
206:
207: }
```

在上述 C#代码中，实现的主要功能是：首先敌人角色 1 处于 firstIdle 状态 2 秒钟，然后在 firstMove 状态下，向左移动 2 秒钟；在 firstWalk 状态下，再次向左移动，移动的距离是与士兵初始距离的一半；在 secondIdle 状态下，敌人角色 1 处于该状态等待 1 秒钟；再下一步就是敌人角色 1 继续向左移动，处于 secondWalk 状态，直到与士兵发生碰撞检测；一旦与士兵发生碰撞检测，敌人角色 1 处于 kill 状态，在该状态下，将播放 1 秒钟的敌人角色 1 的刺杀动画；最后敌人角色 1 处于 thirdIdle 状态，

如果士兵发射子弹，子弹击中敌人角色 1，敌人角色 1 将会处于 die 状态，在该状态下，将播放敌人角色 1 的 die 动画；士兵投射的手榴弹爆炸的冲击波可以炸毁敌人角色 1，将敌人角色 1 抛上空中，使得敌人角色 1 处于 grenadeDie 状态。

在上述代码中，可以划分为六个部分，第一部分代码是定义的枚举部分；第二部分代码是变量的定义部分；第三部分是 Start()方法代码；第四部分代码则是根据敌人角色 1 的需求，而分别设置敌人角色 1 的各种状态；第五部分代码根据敌人角色 1 的各种状态，实现相关的功能，如播放相关的动画，实现向左移动等；第六部分是两个辅助函数，分别实现延时功能和碰撞检测功能。

第一部分代码是代码第 4 行到 16 行，定义了敌人角色 1 的一个枚举 Enemy1State，其中定义了敌人角色 1 的九种状态，它们分别是 firstIdle、firstMove、firstWalk、secondIdle、secondWalk、kill、thirdIdle、die 以及 grenadeDie。

第二部分代码是代码第 21 行到 50 行，定义了各种相关变量，其中设置了许多公有的变量，这些公有变量可以在检视器来设置，以便开发者关联相关变量，如动画序列图片等。

第三部分代码是代码第 52 行到 61 行，设置了相关变量的初始化值。第 55 行获得敌人角色 1 的 x 数值；第 56 行获得敌人角色 1 中另外的代码 AnimationController 的引用；第 58 行则设置另外的代码 AnimationController 中的相关变量数值。这种在 Unity 中，调用本对象中的其他代码的方法，大家一定要掌握。

第四部分代码是代码第 65 行到 100 行，分别设置敌人角色 1 的各种状态。第 65 行得到一个累加的时间值 myTime；在开始的 2 秒钟内，执行第 67 行语句，然后在第 68 行语句中设置敌人角色 1 的状态为 firstIdle；在 2 秒到第 4 秒的时间之内，执行第 70 行语句，然后在第 71 行语句中设置敌人角色 1 的状态为 firstMove；在第 5 秒之后，执行第 73 行语句，通过第 75 行语句检测敌人角色 1 与士兵的距离是否大于开始时候距离的一半，如果是，则执行第 76 行语句，设置敌人角色 1 的状态为 firstWalk，也就是说，敌人角色 1 向左移动一半的开始距离；当敌人角色 1 与士兵的距离只是开始时候距离的一半时，执行第 79 行语句，获得另外的一个累加时间变量 myTime2，在重新开始的 1 秒钟内，执行第 82 行语句，设置敌人角色 1 的状态为 secondIdle；然后执行第 84 行语句，设置敌人角色 1 的状态为 secondWalk；第 86、87 行语句设置敌人角色 1 的状态为 kill 状态；第 89、90 行语句设置敌人角色 1 的状态为 thirdIdle 状态；第 95、96 行语句设置敌人角色 1 的状态为 die 状态；第 98、99 行语句设置敌人角色 1 的状态为 grenadeDie 状态。

第五部分代码是代码第 101 行到 172 行，通过 switch 条件判断语句，实现敌人角色 1 各种状态下的动画播放、向左移动等功能。如果敌人角色 1 的状态为 firstIdle（代码第 103 行），执行第 105 行语句，设置敌人角色 1 的初始位置，而该初始位置 x 和 y，是可以在检视器中来调整的；如果敌人角色 1 的状态为 firstMove（代码第 108 行），执行第 110 行语句，设置敌人角色 1 的动画序列图片 firstMoveFrames，最后在第 113 行语句获得敌人角色 1 与士兵的初始距离；如果敌人角色 1 的状态为 firstWalk（代码第 116 行），执行第 118 行语句，设置敌人角色 1 的动画序列图片 walkFrames，并在第 119 行语句实现敌人角色 1 的向左移动；如果敌人角色 1 的状

态为 secondIdle（代码第 122 行），执行第 124 行语句，设置敌人角色 1 的动画序列图片 idleFrames。

如果敌人角色 1 的状态为 secondWalk（代码第 127 行），执行第 129 行语句，设置敌人角色 1 的动画序列图片 walkFrames，并在第 130 行语句实现敌人角色 1 的向左移动；如果敌人角色 1 的状态为 kill（代码第 133 行），执行第 137 行语句，设置敌人角色 1 的动画序列图片 killFrames，并在第 138 行语句调用延时语句 WaitForTime()延时 1 秒钟，以便播放一次 kill 状态下的敌人角色 1 动画。

如果敌人角色 1 的状态为 thirdIdle（代码第 143 行），执行第 145 行语句，设置敌人角色 1 的动画序列图片 idleFrames；如果敌人角色 1 的状态为 die（代码第 148 行），执行第 150 行语句，设置敌人角色 1 的动画序列图片 dieFrames，并通过第 151 行语句延时 0.9 秒，销毁该敌人角色 1 对象；如果敌人角色 1 的状态为 grenadeDie（代码第 154 行），执行第 150 行语句，设置敌人角色 1 的动画序列图片 dieFrames，代码第 157 行设置一个向上的跳跃速度，第 168 行实现敌人角色 1 的向上跳跃。

第六部分代码是代码第 176 行到 207 行。第 176 行到 180 行的 WaitForTime()辅助函数，实现延时功能；而第 182 行到 207 行的 OnTriggerEnter()函数，实现敌人角色 1 与其他对象的碰撞检测。第 186 行到第 193 行实现敌人角色 1 与士兵发射子弹的碰撞检测，第 188 行播放敌人角色 1 被击中的声音，第 190 行销毁该子弹；第 194 行到第 197 行实现敌人角色 1 与士兵的碰撞检测，第 196 行设置变量 isKill 为 true；第 198 行到第 205 行实现敌人角色 1 与士兵投射手榴弹的碰撞检测，第 201 行播放敌人角色 1 被手榴弹击中的声音，为防止多次碰撞检测，第 203 语句设置手榴弹爆炸效果的碰撞体为 false。

这里需要说明的是，第 192 行、第 204 行语句被注释，在今后的语句修改中不再列出该代码的全部部分，而只是说明该语句为添加部分。

对于 JavaScript 开发者来说，在项目 Project 窗格中，选择 Scripts 文件夹，在右键出现的快捷菜单中选择“Create”→“Javascript”命令，创建一个 JavaScript 文件，修改该文件的名称为 enemy1Controller.js，在 enemy1Controller.js 中书写相关代码，见代码 5-28。

代码 5-28　enemy1Controller 的 JavaScript 代码

```
 1: enum Enemy1State
 2: {
 3:   firstIdle,
 4:   firstMove,
 5:   firstWalk,
 6:   secondIdle,
 7:   secondWalk,
 8:   kill,
 9:   thirdIdle,
10:   die,
11:   grenadeDie
12:
13: }
14:
15: var idleFrames:Texture [];
```

```
16: var firstMoveFrames:Texture [];
17: var walkFrames:Texture [];
18: var killFrames:Texture [];
19: var dieFrames:Texture [];
20: var grenadeDieFrames:Texture [];
21:
22: var dieSound:AudioClip;
23: var sound:AudioClip;
24: private var myCamera:GameObject;
25: var solider:GameObject;
26: var x:float=1.73f;
27: var y:float=-1.1f;
28:
29: private var y3:float;
30: private var velocity:float=5.0f;
31: private  var enemyState:Enemy1State;
32: private var distance:float;
33: private var myTime:float;
34: private var myTime2:float;
35: private var myDistance1:float;
36: private var myDistance2:float;
37: private var oneTime:boolean=true;
38: private var isDie:boolean=false;
39: private var isKill:boolean=false;
40: private var isGrenadeDie:boolean=false;
41: private var myAnimationController:animationController;
42:
43: function Start()
44: {
45:
46:   x=transform.position.x;
47:   myAnimationController=GetComponent("animationController");
48:   myAnimationController.frames=idleFrames;
49:
50: }
51:
52: function Update()
53: {
54:
55:   myTime+=Time.deltaTime;
56:
57:   if(myTime<2)
58:     enemyState=Enemy1State.firstIdle;
59:
60:   else if(myTime>2 && myTime<4)
61:     enemyState=Enemy1State.firstMove;
62:
63:   else if(myTime>5)
```

```
64:    {
65:     if(Vector3.Distance(transform.position,
              solider.transform.position)> 0.5*myDistance1)
66:
67:       enemyState=Enemy1State.firstWalk;
68:     else
69:     {
70:       myTime2+=Time.deltaTime;
71:
72:       if(myTime2<1)
73:         enemyState=Enemy1State.secondIdle;
74:       else
75:         enemyState=Enemy1State.secondWalk;
76:
77:       if(isKill)
78:         enemyState=Enemy1State.kill;
79:
80:       if(!oneTime)
81:         enemyState=Enemy1State.thirdIdle;
82:
83:       }
84:    }
85:
86:    if(isDie)
87:     enemyState=Enemy1State.die;
88:
89:    if(isGrenadeDie)
90:     enemyState=Enemy1State.grenadeDie;
91:
92:    switch (enemyState)
93:    {
94:     case Enemy1State.firstIdle:
95:
96:       transform.position=new Vector3(x,y,-0.99f);
97:
98:       break;
99:     case Enemy1State.firstMove:
100:
101:      myAnimationController.frames=firstMoveFrames;
102:
103:      distance=0.25f*myTime;
104:      transform.position=new Vector3(x-distance,y,-0.99f);
105:      myDistance1=Vector3.Distance(transform.position,
             solider.transform.position);
106:
107:      break;
108:    case Enemy1State.firstWalk:
109:
```

```
110:      myAnimationController.frames=walkFrames;
111:      transform.Translate(new Vector3(-myTime*0.001f,0,0));
112:
113:      break;
114:    case Enemy1State.secondIdle:
115:
116:      myAnimationController.frames=idleFrames;
117:
118:      break;
119:    case Enemy1State.secondWalk:
120:
121:      myAnimationController.frames=walkFrames;
122:      transform.Translate(new Vector3(-myTime*0.002f,0,0));
123:
124:      break;
125:    case Enemy1State.kill:
126:
127:      if(oneTime)
128:      {
129:        myAnimationController.frames=killFrames;
130:        WaitForTime(1.0f);
131:
132:      }
133:
134:      break;
135:    case Enemy1State.thirdIdle:
136:
137:      myAnimationController.frames=idleFrames;
138:
139:      break;
140:    case Enemy1State.die:
141:
142:      myAnimationController.frames=dieFrames;
143:      Destroy(gameObject,0.9f);
144:
145:      break;
146:    case Enemy1State.grenadeDie:
147:
148:      myAnimationController.frames=grenadeDieFrames;
149:
150:      velocity-=20*Time.deltaTime;
151:
152:      if(y3>y)
153:        y3+=velocity*Time.deltaTime;
154:      else
155:      {
156:        isGrenadeDie=false;
157:        isDie=true;
```

```
158:        myTime=0;
159:
160:      }
161:
162:      transform.position=new Vector3(transform.position.x,y3, -1.0f);
163:
164:      break;
165:
166:  }
167:
168: }
169:
170: function WaitForTime(time:float)
171: {
172:   yield  new WaitForSeconds(time);
173:   oneTime=false;
174: }
175:
176: function OnTriggerEnter(other:Collider)
177: {
178:    myCamera=GameObject.Find("Main Camera");
179:
180:    if(other.tag=="projectile")
181:    {
182:        AudioSource.PlayClipAtPoint(sound, new Vector3(
              myCamera.transform.position.x,0,-10));
183:
184:        Destroy(other.gameObject);
185:        isDie=true;
186:
187:      //  digitDisplay.score+=100;
188:    }
189:    else if(other.tag=="solider")
190:    {
191:      isKill=true;
192:    }
193:    else if(other.tag=="grenadeExplosion")
194:    {
195:        isGrenadeDie=true;
196:        AudioSource.PlayClipAtPoint(dieSound, new Vector3(
              myCamera.transform.position.x,0,-10));
197:
198:        other.collider.enabled=false;
199:        //digitDisplay.score+=200;
200:
201:    }
202:
203: }
```

在上述 JavaScript 代码中，实现的主要功能是：首先敌人角色 1 处于 firstIdle 状态 2 秒钟，然后在 firstMove 状态下，向左移动 2 秒钟；在 firstWalk 状态下，再次向左移动，移动的距离是与士兵初始距离的一半；在 secondIdle 状态下，敌人角色 1 处于该状态等待 1 秒钟；再下一步就是敌人角色 1 继续向左移动，处于 secondWalk 状态，直到与士兵发生碰撞检测；一旦与士兵发生碰撞检测，敌人角色 1 处于 kill 状态，在该状态下，将播放 1 秒钟的敌人角色 1 的刺杀动画；最后敌人角色 1 处于 thirdIdle 状态，

如果士兵发射子弹，子弹击中敌人角色 1，敌人角色 1 将会处于 die 状态，在该状态下，将播放敌人角色 1 的 die 动画；士兵投射的手榴弹爆炸的冲击波可以炸毁敌人角色 1，将敌人角色 1 抛上空中，使得敌人角色 1 处于 grenadeDie 状态。

在上述代码中，可以划分为六个部分，第一部分代码是定义的枚举部分；第二部分代码是变量的定义部分；第三部分是 Start()方法代码；第四部分代码则是根据敌人角色 1 的需求，而分别设置敌人角色 1 的各种状态；第五部分代码根据敌人角色 1 的各种状态，实现相关的功能，如播放相关的动画，实现向左移动等；第六部分是两个辅助函数，分别实现延时功能和碰撞检测功能。

第一部分代码是代码第 1 行到 13 行，定义了敌人角色 1 的一个枚举 Enemy1State，其中定义了敌人角色 1 的九种状态，它们分别是 firstIdle、firstMove、firstWalk、secondIdle、secondWalk、kill、thirdIdle、die 以及 grenadeDie。

第二部分代码是代码第 15 行到 41 行，定义了各种相关变量，其中设置了许多公有的变量，这些公有变量可以在检视器来设置，以便开发者关联相关变量，如动画序列图片等。

第三部分代码是代码第 43 行到 50 行，设置了相关变量的初始化值。第 46 行获得敌人角色 1 的 x 数值；第 47 行获得敌人角色 1 中另外的代码 AnimationController 的引用；第 48 行则设置另外的代码 AnimationController 中的相关变量数值。这种在 Unity 中调用本对象中其他代码的方法，大家一定要掌握。

第四部分代码是代码第 55 行到 91 行，分别设置敌人角色 1 的各种状态。第 55 行得到一个累加的时间值 myTime；在开始的 2 秒钟内，执行第 57 行语句，然后在第 58 行语句中设置敌人角色 1 的状态为 firstIdle；在 2 秒到第 4 秒的时间之内，执行第 60 行语句，然后在第 61 行语句中设置敌人角色 1 的状态为 firstMove；在第 5 秒之后，执行第 63 行语句，通过第 65 行语句检测敌人角色 1 与士兵的距离是否大于开始时候距离的一半，如果是，则执行第 67 行语句，设置敌人角色 1 的状态为 firstWalk，也就是说，敌人角色 1 向左移动一半的开始距离；当敌人角色 1 与士兵的距离只是开始时候距离的一半时，执行第 70 行语句，获得另外的一个累加时间变量 myTime2，在重新开始的 1 秒钟内，执行第 73 行语句，设置敌人角色 1 的状态为 secondIdle；然后执行第 75 行语句，设置敌人角色 1 的状态为 secondWalk；第 77、78 行语句设置敌人角色 1 的状态为 kill 状态；第 80、81 行语句设置敌人角色 1 的状态为 thirdIdle 状态；第 86、87 行语句设置敌人角色 1 的状态为 die 状态；第 89、90 行语句设置敌人角色 1 的状态为 grenadeDie 状态。

第五部分代码是代码第 92 行到 166 行，通过 switch 条件判断语句，实现敌人角色 1 各种状态下的动画播放、向左移动等功能。如果敌人角色 1 的状态为 firstIdle（代码第 94 行），执行第 96 行语句，设置敌人角色 1 的初始位置，而该初始位置 x 和 y，是可以在检视器中来调整的；

如果敌人角色 1 的状态为 firstMove（代码第 99 行），执行第 101 行语句，设置敌人角色 1 的动画序列图片 firstMoveFrames，最后在第 105 行语句获得敌人角色 1 与士兵的初始距离；如果敌人角色 1 的状态为 firstWalk（代码第 108 行），执行第 110 行语句，设置敌人角色 1 的动画序列图片 walkFrames，并在第 111 行语句实现敌人角色 1 的向左移动；如果敌人角色 1 的状态为 secondIdle（代码第 114 行），执行第 116 行语句，设置敌人角色 1 的动画序列图片 idleFrames。

如果敌人角色 1 的状态为 secondWalk（代码第 119 行），执行第 121 行语句，设置敌人角色 1 的动画序列图片 walkFrames，并在第 122 行语句实现敌人角色 1 的向左移动；如果敌人角色 1 的状态为 kill（代码第 125 行），执行第 129 行语句，设置敌人角色 1 的动画序列图片 killFrames，并在第 130 行语句调用延时语句 WaitForTime()延时 1 秒钟，以便播放一次 kill 状态下的敌人角色 1 动画。

如果敌人角色 1 的状态为 thirdIdle（代码第 135 行），执行第 137 行语句，设置敌人角色 1 的动画序列图片 idleFrames；如果敌人角色 1 的状态为 die（代码第 140 行），执行第 142 行语句，设置敌人角色 1 的动画序列图片 dieFrames，并通过第 143 行语句延时 0.9 秒，销毁该敌人角色 1 对象；如果敌人角色 1 的状态为 grenadeDie（代码第 146 行），执行第 148 行语句，设置敌人角色 1 的动画序列图片 dieFrames，代码第 150 行设置一个向上的跳跃速度，第 162 行实现敌人角色 1 的向上跳跃。

第六部分代码是代码第 170 行到 174 行。第 170 行到 174 行的 WaitForTime()辅助函数，实现延时功能；而第 176 行到 203 行的 OnTriggerEnter()函数，实现敌人角色 1 与其他对象的碰撞检测。第 180 行到第 188 行实现敌人角色 1 与士兵发射子弹的碰撞检测，第 182 行播放敌人角色 1 被击中的声音，第 184 行销毁该子弹；第 189 行到第 192 行实现敌人角色 1 与士兵的碰撞检测，第 191 行设置变量 isKill 为 true；第 193 行到第 201 行实现敌人角色 1 与士兵投射手榴弹的碰撞检测，第 196 行播放敌人角色 1 被手榴弹击中的声音，为防止多次碰撞检测，第 198 语句设置手榴弹爆炸效果的碰撞体为 false。

这里需要说明的是，第 187 行、第 199 行语句被注释，在今后的语句修改中不再列出该代码的全部部分，而只是说明该语句为添加部分。

选择 Enemy1Controller 代码文件或者 enemy1Controller 代码文件，拖放到层次 Hierarchy 窗格中的 enemy1 对象之上。

下面详细说明如何拖放相关的动画序列图片，到 Enemy1Controller 代码文件或者 enemy1Controller 代码文件中的相关数组变量中去，以便代码实现相关动画。

在项目 Project 窗格中，选择“Images”→“Level1”→“enemy1”→“idle”目录下的 01 和 02 图片，分别拖放到检视器中的 Idel Frames 数组变量之中，如图 5-174 所示。

在项目 Project 窗格中，选择“Images”→“Level1”→“enemy1”→“firstMove”目录下的 01、02 和 03 图片，分别拖放到检视器中的 First Move Frames 数组变量之中，如图 5-175 所示。

在项目 Project 窗格中，选择“Images”→“Level1”→“enemy1”→“walking”目录下的 01、02、03 和 04 图片，分别拖放到检视器中的 Walk Frames 数组变量之中，如图 5-176 所示。

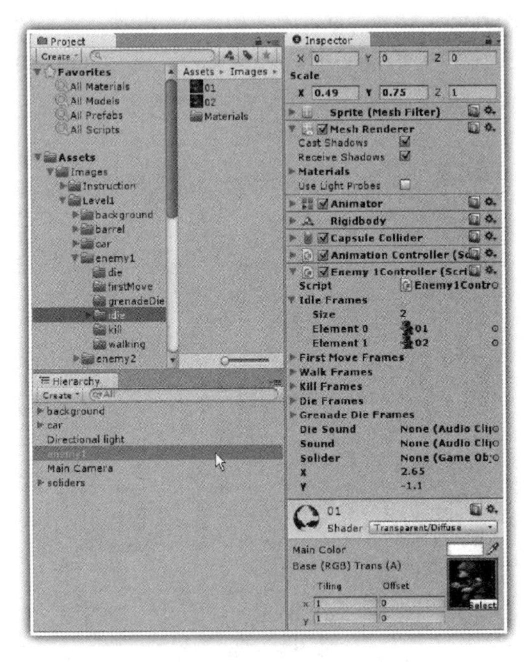

图 5-174　添加 idle 图片序列

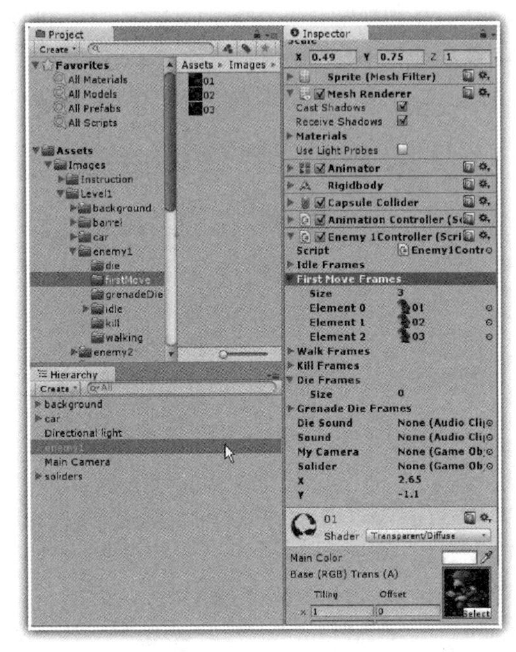

图 5-175　添加 firstMove 图片序列

在项目 Project 窗格中，选择“Images”→“Level1”→“enemy1”→“kill”目录下的 01、02、03 和 04 图片，分别拖放到检视器中的 Kill Frames 数组变量之中，如图 5-177 所示。

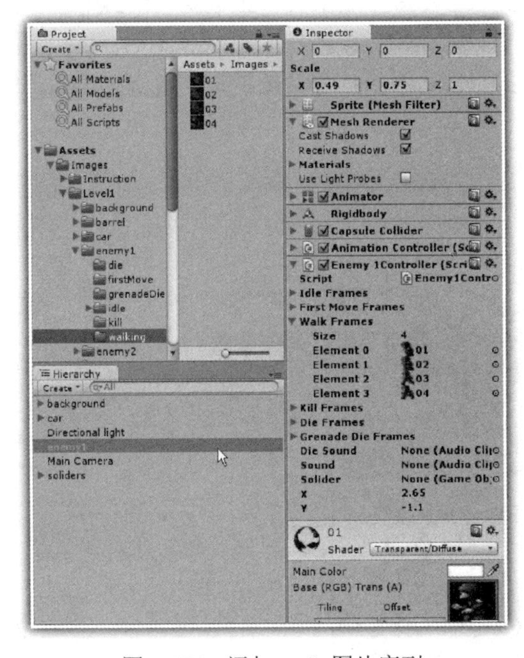

图 5-176　添加 walk 图片序列

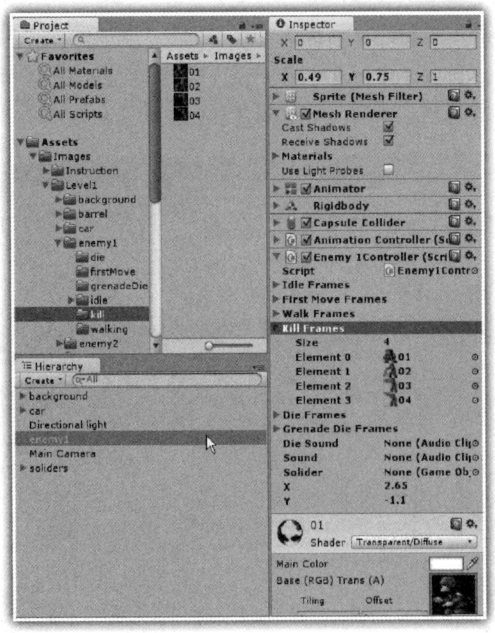

图 5-177　添加 kill 图片序列

在项目 Project 窗格中，选择“Images”→“Level1”→“enemy1”→“die”目录下的 01、02、

03、…、08 和 09 图片，分别拖放到检视器中的 Die Frames 数组变量之中，如图 5-178 所示。

在项目 Project 窗格中，选择“Images”→“Level1”→“enemy1”→“kill”目录下的 01、02 和 03 图片，分别拖放到检视器中的 Grenade Die Frames 数组变量之中，如图 5-179 所示。

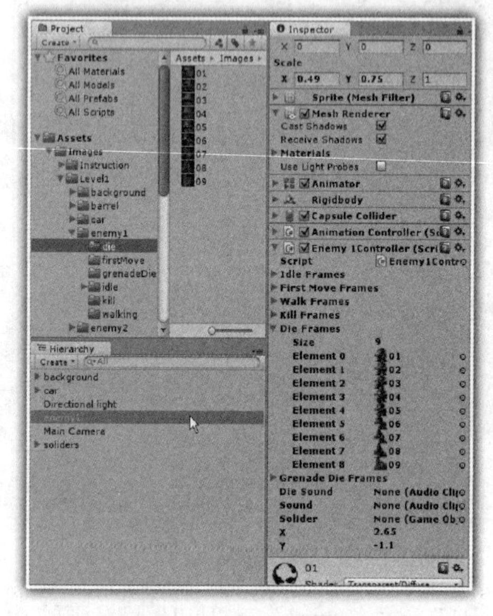

图 5-178 添加 die 图片序列

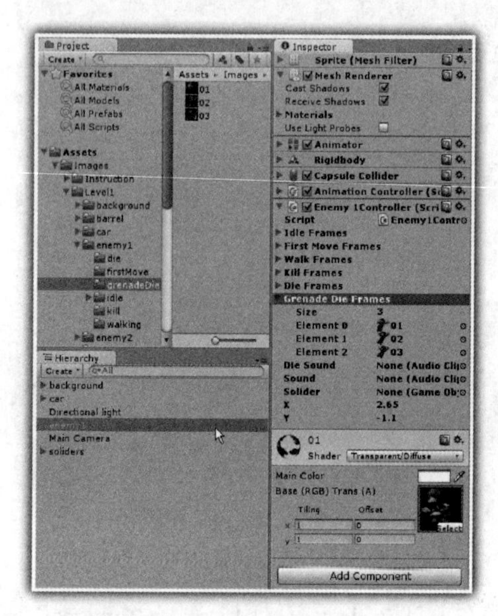

图 5-179 添加 grenadeDie 图片序列

在项目 Project 窗格中，选择 sound 目录下的 enemyDie 声音文件，拖放到检视器中的 Die Sound 变量之中；pang 声音文件，拖放到检视器中的 Sound 变量之中；在在层次 Hierarchy 窗格中，选择 enemy1 对象，拖放到检视器中的 Solider 变量之中，并设置 X 变量的数值为 2.65，Y 变量的数值为-0.67，如图 5-180 所示。

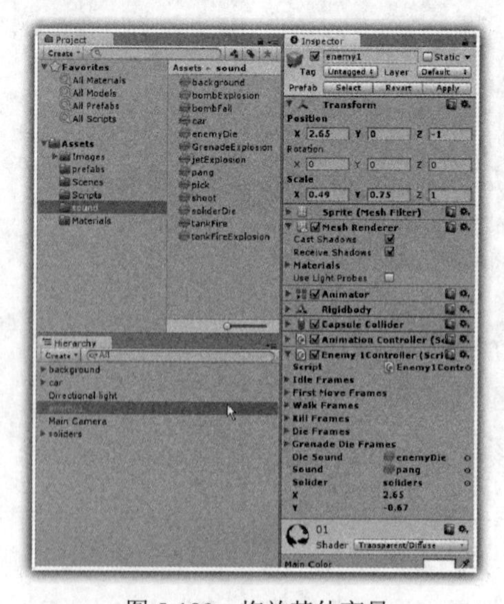

图 5-180 拖放其他变量

在图 5-180 中，设置 enemy1 对象的 Position 参数：X=2.65，Y=0，Z=-1；将敌人角色设置在界面的最右边。

运行游戏，观察敌人角色 1 的各种运动状态，图 5-181 显示了 enemy1 处于 firstIdle 状态，敌人角色 1 处于该状态持续 2 秒钟；图 5-182 显示了 enemy1 处于 firstMove 状态, 敌人角色 1 处于该状态也会持续 2 秒钟。

图 5-181　enemy1 的 firstIdle 状态

图 5-182　enemy1 的 firstMove 状态

图 5-183 显示了 enemy1 处于 firstWalk 状态，在此状态下，敌人角色 1 将移动与士兵初始距离的一半距离。

图 5-184 显示了 enemy1 处于 secondIdle 状态，敌人角色 1 处于该状态持续 1 秒钟。

图 5-183　enemy1 的 firstWalk 状态

图 5-184　enemy1 的 secondIdle 状态

图 5-185 显示了 enemy1 处于 secondWalk 状态，在此状态下，敌人角色 1 将移动到与士兵发生碰撞检测；而图 5-186 则显示了 enemy1 处于 kill 状态，在该状态下，将播放 1 秒钟的敌人角色 1 的刺杀动画。

敌人角色 1 在刺杀士兵之后，再次处于 thirdIdle 状态，如图 5-187 所示；如果士兵发射子弹，子弹击中敌人角色 1，敌人角色 1 将会处于 die 状态，在该状态下，将播放敌人角色 1 的 die 动画，如图 5-188 所示。

图 5-185　enemy1 的 secondWalk 状态

图 5-186　enemy1 的 kill 状态

图 5-187　enemy1 的 thirdIdle 状态

图 5-188　enemy1 的 kill 状态

如果按下“K”键，士兵则投射出手榴弹，如图 5-189 所示；手榴弹与地面碰撞会发生手榴弹爆炸效果，爆炸的冲击波可以炸毁敌人角色 1，将敌人角色 1 抛上空中，使得 enemy1 处于 grenadeDie 状态，如图 5-190 所示。

图 5-189　士兵投射手榴弹

图 5-190　enemy1 的 grenadeDie 状态

4. 设置敌人角色 1

在层次 Hierarchy 窗格中，选择前面已经创建的 enemy1 对象，直接拖放到项目 Project 窗格中的 prefabs 文件夹中，此时就会在 prefabs 文件夹中创建一个预制件 enemy1 敌人角色 1 ，如图 5-191 所示。

图 5-191 新建预预制件 enemy1

下面说明再新建两个 enemy1 敌人角色 1。

在层次 Hierarchy 窗格中，选择 enemy1，按下 Ctrl+D 两次，复制两个 enemy1，这样就总共有三个 enemy1 对象，分别设置这三个 enemy1 对象的 Position 参数如下。

设置第一个 enemy1 对象的 Position 参数为：X=4.13，Y=-0.75，Z=-1；设置第二个 enemy1 对象的 Position 参数为：X=6.1，Y=-0.75，Z=-1；设置第三个 enemy1 对象的 Position 参数为：X=6.7，Y=-0.75，Z=-1。

三个 enemy1 对象在游戏场景中的位置，如图 5-192 所示。

此时运行游戏，可以看到：三个 enemy1 对象将会向左移动，士兵可以发射子弹或者投射手榴弹，打击敌人角色 1；敌人角色 1 则可以刺杀士兵。

5.5.2 敌人角色 2

敌人角色 2 根据需求，设计了四种动画序列图片，而在枚举中则细化设计了五种相关状态。首先需要显示敌人角色 2，介绍敌人角色 2 的动画序列图片，创建手雷和手雷爆炸的预制件，然后介绍如何实现敌人角色 2 的动画，最后设置敌人角色 2。

1. 显示敌人角色 2

在项目 Project 窗格中，选择 prefabs 文件夹中的 sprite 对象，直接拖放该对象到层次 Hierarchy

窗格中，将该对象的名称修改为enemy2，在检视器窗格中设置其Position参数为：X=0，Y=-0.75，Z=-1；Scale参数为：X=1，Y=1，Z=1；然后在项目Project窗格中，选择“Images”→“Level1”→“enemy2”→“throw”目录下的01图片，拖放到enemy2对象中，以便显示敌人角色2，如图5-193所示。

图 5-192　设置三个 enemy1 对象的位置

图 5-193　显示 enemy2 对象

2. 敌人角色 2 动画序列图片

这里为敌人角色 2 总共设计了四种动画状态，它们分别是 idle 状态、throw 状态、die 状态以及 generadeDie 状态。为实现上述的敌人角色 2 的各种状态，这里设计了相关状态下的动画序列图片，以下分别予以说明。

图 5-194 显示了敌人角色 2 的 idle 状态序列图片，也就是默认的静止状态，该状态下的动画序列图片由两张图片所组成。

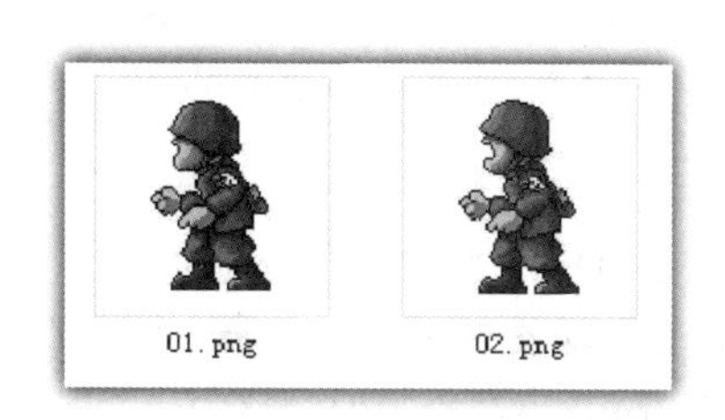

图 5-194 敌人角色 2 的 idle 状态序列图片

图 5-195 显示了敌人角色 2 的 throw 状态序列图片，也就是投射手雷的状态，该状态下的动画序列图片由四张图片所组成。

图 5-195 敌人角色 2 的 throw 状态序列图片

图 5-196 显示了敌人角色 2 的 die 状态序列图片，也就是敌人角色 2 被士兵发射的子弹击中的状态，该状态下的动画序列图片由九张图片所组成。

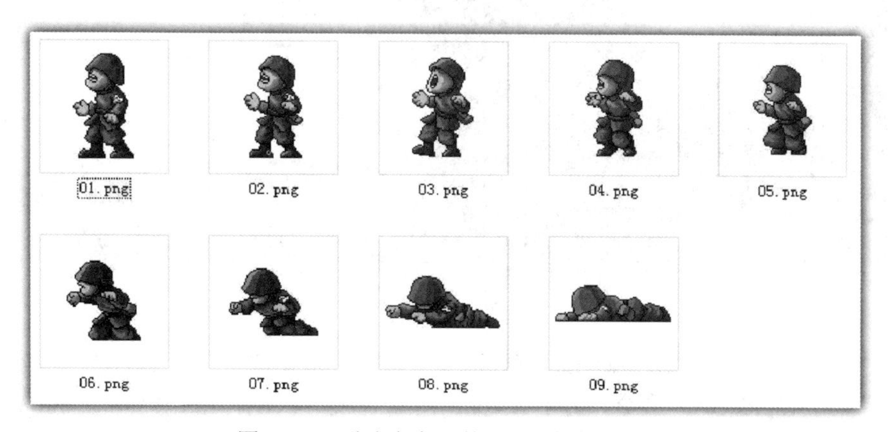

图 5-196 敌人角色 2 的 die 状态序列图片

图 5-197 显示了敌人角色 2 的 generadeDie 状态序列图片，也就是敌人角色 2 被士兵投射的

手榴弹炸中的状态，该状态下的动画序列图片由三张图片所组成。

图 5-197　敌人角色 2 的 generadeDie 状态序列图片

3. 创建手雷和手雷爆炸预制件

下面说明敌人角色 2 投射的手雷以及手雷爆炸的预制件。

在项目 Project 窗格中，选择 prefabs 文件夹中的 sprite 对象，直接拖放该对象到层次 Hierarchy 窗格中，将该对象的名称修改为 bomb，在检视器窗格中设置其 Position 参数为：X=0，Y=0，Z=-1；Scale 参数为：X=0.15，Y=0.18，Z=1；然后在项目 Project 窗格中，选择“Images”→“Level1”→“enemy2”目录下的 bomb 图片，拖放到 bomb 对象中，以便显示手雷对象，如图 5-198 所示。

图 5-198　显示手雷对象

在如图 5-198 所示的层次 Hierarchy 窗格中，选择 bomb 对象，单击菜单“Component”→“Physics”→“Rigidbody”命令，为手雷 bomb 对象添加一个刚体，展开 Constraints 参数，勾选 Freeze Position 的 Z，设置手雷不在 Z 轴上移动；勾选 Freeze Rotation 的 X 和 Y，设置手雷不允许在 X、Y 轴旋转，但是允许在 Z 轴方向旋转，勾选 Use Gravity，使用重力属性，手雷的运动轨迹将呈现抛物线状；继续单击菜单“Component”→“Physics”→“Sphere Collider”命令，为手雷添加一个球形碰撞体，设置该碰撞体的大小，让该碰撞体大概包围手雷；设置 Sphere Collider 下的 Radius=0.08，并勾选 Is Trigger 属性，设置手雷 bomb 对象的标签为 bomb，如图 5-199 所示。

图 5-199　设置手雷对象

在如图 5-199 所示的层次 Hierarchy 窗格中，选择 bomb 对象，直接拖放该 bomb 对象到项目窗口的 enemy2 文件之中，创建一个 bomb 预制件。最后在层次 Hierarchy 窗格中删除 bomb 对象。

在项目 Project 窗格中，选择 prefabs 文件夹中的 sprite 对象，直接拖放该对象到层次 Hierarchy 窗格中，将该对象的名称修改为 bombExplosion，在检视器窗格中设置其 Position 参数为：X=0，Y=0，Z=-1；Scale 参数为：X=0.5，Y=0.48，Z=1；然后在项目 Project 窗格中，选择“Images”→“Level1”→“enemy2”→“bombExplosion”目录下的 01 图片，拖放到 bombExplosion 对象中，以便显示手雷爆炸对象，如图 5-200 所示。

在如图 5-200 所示的层次 Hierarchy 窗格中，选择 bomb 对象，单击菜单“Component”→“Physics”→“Rigidbody”命令，为手雷爆炸 bombExplosion 对象添加一个刚体，展开 Constraints 参数，勾选 Freeze Position 的 Z，设置手雷爆炸对象不在 Z 轴上移动；勾选 Freeze Rotation 的 X、Y 和 Z，设置手雷不允许在 X、Y 和 Z 轴旋转，勾选 Use Gravity，使用重力属性，手雷的运动轨迹将呈现抛物线状；继续单击菜单“Component”→“Physics”→“Box Collider”命令，为手雷爆炸对象添加一个立方体碰撞体，设置该碰撞体的大小，让该碰撞体大概包围手雷；设置 Box Collider 下的 Size 参数：X=1，Y=1，Z=1；并勾选 Is Trigger 属性，设置手雷爆炸对象 bombExplosion 的标签为 bombExplosion。

选择 AnimationController 代码文件或者 animationController 代码文件，拖放到层次 Hierarchy

窗格中的bombExplosion对象之上；在项目Project窗格中，选择"Images"→"Level1"→"enemy2"→"bombExplosion"目录下的01、02、03，…，06共六张图片，分别拖放到检视器中的Frames数组变量之中；选择sound目录下的bombExplosion文件，直接拖放到层次Hierarchy窗格中的bombExplosion对象之上，如图5-201所示。

图 5-200 设置手雷爆炸对象

图 5-201 设置手雷爆炸对象动画序列图片

在如图 5-201 所示的层次 Hierarchy 窗格中，选择 bombExplosion 对象，直接拖放该 bombExplosion 对象到项目窗口的 enemy2 文件之中，创建一个 bombExplosion 预制件。最后在层次 Hierarchy 窗格中删除 bombExplosion 对象。

4. 敌人角色 2 动画

在实现敌人角色 2 动画之前，需要添加敌人角色 2 投射手雷的位置对象和碰撞体。

在图 5-202 中，单击菜单“GameObject”，选择“Create Empty”命令，在游戏场景中创建一个空白的游戏对象 GameObject，在层次 Hierarchy 窗格中，将该对象的名称修改为 bombPosition，并在检视器窗格中设置其位置坐标为原点（0,-0.75,-1）。然后将该 bombPosition 对象拖放到 enemy2 对象之中，调整 bombPosition 的位置，使得位于敌人角色 2 左手的相应位置，此时 bombPosition 对象的 Position 参数为：X=0.13，Y=0.4，Z=0。

图 5-202　设置投射手雷的初始位置

在如图 5-202 所示的层次 Hierarchy 窗格中，选择 enemy2 对象，单击菜单“Component”→“Physics”→“Box Collider”命令，为子弹添加一个立方体碰撞体，设置该碰撞体的大小，让该碰撞体大概包围敌人角色 2；勾选 Is Trigger 属性，如图 5-203 所示。

在项目 Project 窗格中，选择 Scripts 文件夹中的 AnimationController 代码文件或者 animationController 代码文件，拖放到层次 Hierarchy 窗格中的 enemy2 对象之上；选择“Images”→“Level1”→“enemy2”→“idle”目录下的 01 图片，拖放到检视器中的 Frames 数组变量之中，如图 5-204 所示。

图 5-203　添加碰撞体

图 5-204　添加 animationController 代码

对于 C#开发者来说，在项目 Project 窗格中，选择 Scripts 文件夹，在右键出现的快捷菜单中选择“Create”→“C# Script”命令，创建一个 C#文件，修改该文件的名称为 Enemy2Controller.cs，在 Enemy2Controller.cs 中书写相关代码，见代码 5-29。

代码 5-29　Enemy2Controller 的 C#代码

```
 1: using UnityEngine;
 2: using System.Collections;
 3:
 4: public enum Enemy2State
 5: {
 6:   idle,
 7:   throw,
 8:   disappear,
 9:   die,
10:   grenadeDie
11: }
12:
13: public class Enemy2Controller : MonoBehaviour
14: {
15:
16:   public Texture [] idleFrames;
17:   public Texture [] throwFrames;
18:   public Texture [] dieFrames;
19:   public Texture [] grenadeDieFrames;
20:
21:   public GameObject bomb;
22:   public Transform bombTransform;
23:   public AudioClip dieSound;
24:   public AudioClip sound;
25:
26:   float x=6.3f;
27:   float y=-0.65f;
28:   GameObject myCamera;
29:   GameObject myBomb;
30:   Enemy2State enemyState;
31:   float myTime;
32:   bool isDie=false;
33:   bool isBomb=true;
34:   bool isGrenadeDie=false;
35:   float y2;
36:   float y3;
37:   float velocity=5.0f;
38:
39:   AnimationController myAnimationController;
40:
41:   void Start()
42:   {
43:
44:     myAnimationController=GetComponent<AnimationController>();
45:
```

```
46:     myAnimationController.frames=idleFrames;
47:   }
48:
49:   void Update()
50:   {
51:
52:     myTime+=Time.deltaTime;
53:
54:    if(myTime<1)
55:    {
56:      enemyState=Enemy2State.idle;
57:       isBomb=true;
58:    }
59:    else if(myTime>1 && myTime<2)
60:       enemyState=Enemy2State.throw;
61:
62:    else if(myTime>2 && myTime<3)
63:    {
64:       enemyState=Enemy2State.idle;
65:       isBomb=true;
66:    }
67:
68:    else if(myTime>3 && myTime<4)
69:       enemyState=Enemy2State.throw;
70:
71:    else if(myTime>4 && myTime<5)
72:    {
73:       enemyState=Enemy2State.idle;
74:       isBomb=true;
75:    }
76:
77:   else if(myTime>5 && myTime<6)
78:       enemyState=Enemy2State.throw;
79:
80:   else if(myTime>6 && myTime<7)
81:   {
82:       enemyState=Enemy2State.idle;
83:       isBomb=true;
84:   }
85:
86:   else
87:       enemyState=Enemy2State.disappear;
88:
89:   if(isDie)
90:       enemyState=Enemy2State.die;
91:
92:   if(isGrenadeDie)
93:     enemyState=Enemy2State.grenadeDie;
```

```
 94:
 95:  switch(enemyState)
 96:  {
 97:    case Enemy2State.idle:
 98:
 99:      myAnimationController.frames=idleFrames;
100:
101:     break;
102:     case Enemy2State.throw:
103:
104:     myAnimationController.frames=throwFrames;
105:
106:     if(isBomb)
107:     {
108:       myBomb=Instantiate(bomb, bombTransform.position,
                              transform.rotation) as GameObject;
109:
110:       myBomb.rigidbody.velocity=new Vector3(-3.0f,3.0f,0.0f);
111:
112:       myBomb.transform.localEulerAngles=new Vector3 (0.0f,0.0f,
                   Random.Range(10,80));
113:
114:       isBomb=false;
115:     }
116:
117:     break;
118:    case Enemy2State.disappear:
119:
120:     Destroy(gameObject);
121:
122:     break;
123:    case Enemy2State.die:
124:
125:     myAnimationController.frames=dieFrames;
126:
127:     Destroy(gameObject,0.9f);
128:
129:     break;
130:    case Enemy2State.grenadeDie:
131:
132:     myAnimationController.frames=grenadeDieFrames;
133:
134:     velocity-=20*Time.deltaTime;
135:
136:     if(y3>y)
137:       y3+=velocity*Time.deltaTime;
138:  else
139:  {
```

```
140:     isGrenadeDie=false;
141:     isDie=true;
142:         myTime=0;
143:   }
144:
145:       transform.position=new Vector3(transform.position.x,y3,-1.0f);
146:
147:
148:
149:       break;
150:
151:  }
152:
153: }
154:
155: void OnTriggerEnter(Collider other)
156: {
157:   myCamera=GameObject.Find("Main Camera");
158:
159:   if(other.tag=="projectile")
160:   {
161:     AudioSource.PlayClipAtPoint(sound, new Vector3(
                 myCamera.transform.position.x,0,-10));
162:
163:     Destroy(other.gameObject);
164:   isDie=true;
165:
166:     //  DigitDisplay.score+=100;
167:   }
168:
169:   else if(other.tag=="grenadeExplosion")
170:   {
171:
172:     isGrenadeDie=true;
173:   AudioSource.PlayClipAtPoint(dieSound, new Vector3(
                 myCamera.transform.position.x,0,-10));
174:
175:     // DigitDisplay.score+=200;
176:   }
177: }
178:
179: public void SetTime(float time)
180: {
181:    myTime=time;
182: }
183:
184:}
```

在上述C#代码中，实现的主要功能是：首先敌人角色2处于idle状态1秒钟；然后在1秒到2秒钟内敌人角色2处于throw状态，投射出手雷；投射手雷之后，在2秒到3秒钟内敌人角色2再次处于idle状态；在3秒到4秒钟内敌人角色2再次处于throw状态，投射出手雷；投射手雷之后，在4秒到5秒钟内敌人角色2再次处于idle状态；在5秒到6秒钟内敌人角色2再次处于throw状态，投射出手雷；投射手雷之后，在6秒到7秒钟内敌人角色2再次处于idle状态；在7秒钟之后，敌人角色2处于disappear状态。

如果敌人角色2被士兵的子弹击中，则敌人角色2处于Die状态；如果敌人角色2被士兵的手榴弹击中，则敌人角色2处于grenadeDie状态。

在上述代码中，可以划分为六个部分，第一部分代码是定义的枚举部分；第二部分代码是变量的定义部分；第三部分是Start()方法代码；第四部分代码则是根据敌人角色2的需求，而分别设置敌人角色2的各种状态；第五部分代码根据敌人角色2的各种状态，实现相关的功能，如播放相关的动画，实现向左移动等；第六部分是实现碰撞检测功能。

第一部分代码是代码第4行到11行，定义了敌人角色2的一个枚举Enemy2State，其中定义了敌人角色2的五种状态，它们分别是idle、throw、disappear、die以及grenadeDie。

第二部分代码是代码第16行到40行，定义了各种相关变量，其中设置了许多公有的变量，这些公有变量可以在检视器来设置，以便开发者关联相关变量，如动画序列图片等。

第三部分代码是代码第41行到47行，设置了相关变量的初始化值。第44行获得敌人角色2中另外代码AnimationController的引用；第46行则设置另外的代码AnimationController中的动画序列图片。

第四部分代码是代码第52行到94行，分别设置敌人角色2的各种状态。第52行得到一个累加的时间值myTime；在开始的1秒钟内，执行第54行语句，然后在第56行语句中设置敌人角色2的状态为idle，并设置isBomb变量为true，以便在throw状态下投射出手雷；在1秒到第2秒的时间之内，执行第59行语句，然后在第60行语句中设置敌人角色2的状态为throw状态；在第2秒到第3秒之间之后，执行第62行语句，然后在第64行语句中设置敌人角色2的状态为idle，并设置isBomb变量为true；在3秒到第4秒的时间之内，执行第68行语句，然后在第69行语句中设置敌人角色2的状态为throw状态；在第4秒到第5秒之间，执行第71行语句，然后在第73行语句中设置敌人角色2的状态为idle，并设置isBomb变量为true；在5秒到第6秒的时间之内，执行第77行语句，然后在第78行语句中设置敌人角色2的状态为throw状态；在第6秒到第7秒之间，执行第80行语句，然后在第82行语句中设置敌人角色2的状态为idle，并设置isBomb变量为true；在第7秒之后，则执行第87行语句，敌人角色2处于disappear状态。

由此看见：敌人角色2将会向士兵方向投射三次手雷，然后就会自动消失。

如果敌人角色2被士兵的子弹击中，则执行第90行语句，敌人角色2处于die状态；如果敌人角色2被士兵的手榴弹击中，则执行第93行语句，敌人角色2处于grenadeDie状态。

第五部分代码是代码第95行到151行，通过switch条件判断语句，实现敌人角色2各种状态下的投射手雷动画等功能。如果敌人角色2的状态为idle（代码第97行），执行第99行语句，设置敌人角色2的动画序列图片；如果敌人角色2的状态为throw（代码第102行），执行第104

行语句，设置敌人角色 2 的动画序列图片 throwFrames；第 108 行实例化一个手雷对象 myBomb，第 110 行设置手雷被投射的速度，第 112 行则设置手雷被投射的随机旋转角度，最后在第 114 行设置 isBomb 变量为 false；如果敌人角色 2 的状态为 disappear（代码第 118 行），则执行第 120 行语句，销毁敌人角色 2 对象。

如果敌人角色 2 的状态为 Die（代码第 123 行），则执行第 125 行语句，在延迟 0.9 秒之后，让敌人角色 2 播放完毕死亡的动画，然后再销毁敌人角色 2 对象；如果敌人角色 2 的状态为 grenadeDie（代码第 130 行），则执行第 132 行语句，让敌人角色 2 播放完被手雷击中的动画，其中第 134 行、136 行实现敌人角色 2 被击中的跳跃距离计算，并通过第 145 行实现跳跃动画。

第六部分代码是代码第 155 行到 177 行的 OnTriggerEnter()函数，实现敌人角色 2 与其他对象的碰撞检测。第 159 行到第 167 行实现敌人角色 2 与士兵发射子弹的碰撞检测，第 161 行播放敌人角色 2 被击中的声音，第 163 行销毁该子弹；第 169 行到第 176 行实现敌人角色 2 与士兵投射手榴弹爆炸的碰撞检测，第 173 行播放敌人角色 2 被手榴弹击中的声音。

这里需要说明的是，第 166 行、第 175 行语句被注释，在今后的语句修改中不再列出该代码的全部部分，而只是说明该语句为添加部分。

对于 JavaScript 开发者来说，在项目 Project 窗格中，选择 Scripts 文件夹，在右键出现的快捷菜单中选择“Create”→“Javascript”命令，创建一个 JavaScript 文件，修改该文件的名称为 enemy2Controller.js，在 enemy2Controller.js 中书写相关代码，见代码 5-30。

代码 5-30　enemy2Controller 的 JavaScript 代码

```
 1: enum Enemy2State
 2: {
 3:  idle,
 4:  throw,
 5:  disappear,
 6:  die,
 7:  grenadeDie
 8: }
 9:
10:
11: var idleFrames:Texture [];
12: var throwFrames:Texture [];
13: var dieFrames:Texture [];
14: var grenadeDieFrames:Texture [];
15:
16: var bomb:GameObject;
17: var bombTransform:Transform;
18: var dieSound:AudioClip;
19: var sound:AudioClip;
20:
21: private var x:float=6.3f;
22: private var y:float=-0.65f;
23: private var myCamera:GameObject;
24: private var myBomb:GameObject;
```

```
25: private var enemyState:Enemy2State;
26: private var myTime:float;
27: private var isDie:boolean=false;
28: private var isBomb:boolean=true;
29: private var isGrenadeDie:boolean=false;
30: private var y2:float;
31: private var y3:float;
32: private var velocity:float=5.0f;
33: private var myAnimationController:animationController;
34:
35: function Start()
36: {
37:   myAnimationController=GetComponent("animationController");
38:   myAnimationController.frames=idleFrames;
39: }
40:
41: function Update()
42: {
43:
44:   myTime+=Time.deltaTime;
45:
46:   if(myTime<1)
47:   {
48:       enemyState=Enemy2State.idle;
49:       isBomb=true;
50:   }
51:
52:   else if(myTime>1 && myTime<2)
53:       enemyState=Enemy2State.throw;
54:
55:   else if(myTime>2 && myTime<3)
56:   {
57:       enemyState=Enemy2State.idle;
58:       isBomb=true;
59:   }
60:
61:   else if(myTime>3 && myTime<4)
62:       enemyState=Enemy2State.throw;
63:
64:   else if(myTime>4 && myTime<5)
65:   {
66:       enemyState=Enemy2State.idle;
67:       isBomb=true;
68:   }
69:   else if(myTime>5 && myTime<6)
70:       enemyState=Enemy2State.throw;
71:
72:   else if(myTime>6 && myTime<7)
```

```
73:  {
74:      enemyState=Enemy2State.idle;
75:      isBomb=true;
76:  }
77:  else
78:      enemyState=Enemy2State.disappear;
79:
80:  if(isDie)
81:      enemyState=Enemy2State.die;
82:
83:  if(isGrenadeDie)
84:    enemyState=Enemy2State.grenadeDie;
85:
86:  switch(enemyState)
87:  {
88:    case Enemy2State.idle:
89:
90:       myAnimationController.frames=idleFrames;
91:
92:      break;
93:    case Enemy2State.throw:
94:
95:      myAnimationController.frames=throwFrames;
96:
97:       if(isBomb)
98:       {
99:          myBomb=Instantiate(bomb, bombTransform.position,
                    transform.rotation) as GameObject;
100:
101:         myBomb.rigidbody.velocity=new Vector3(-3.0f,3.0f,0.0f);
102:
103:         myBomb.transform.localEulerAngles=new Vector3
                    (0.0f,0.0f,Random.Range(10,80));
104:
105:         isBomb=false;
106:      }
107:
108:     break;
109:   case Enemy2State.disappear:
110:
111:  Destroy(gameObject);
112:
113:     break;
114:   case Enemy2State.die:
115:
116:     myAnimationController.frames=dieFrames;
117:
118:  Destroy(gameObject,0.9f);
```

```
119:
120:        break;
121:      case Enemy2State.grenadeDie:
122:
123:        myAnimationController.frames=grenadeDieFrames;
124:
125:        velocity-=20*Time.deltaTime;
126:
127:    if(y3>y)
128:          y3+=velocity*Time.deltaTime;
129:    else
130:    {
131:           isGrenadeDie=false;
132:           isDie=true;
133:           myTime=0;
134:       }
135:
136:        transform.position=new Vector3(transform.position.x,y3, -1.0f);
137:
138:        break;
139:
140:   }
141:
142:}
143:
144:   function OnTriggerEnter(other:Collider)
145:   {
146:   myCamera=GameObject.Find("Main Camera");
147:
148:    if(other.tag=="projectile")
149:    {
150:      AudioSource.PlayClipAtPoint(sound, new Vector3(
                         myCamera.transform.position.x,0,-10));
151:
152:      Destroy(other.gameObject);
153:      isDie=true;
154:
155:      //  digitDisplay.score+=100;
156:    }
157:    else if(other.tag=="grenadeExplosion")
158:    {
159:      isGrenadeDie=true;
160:      AudioSource.PlayClipAtPoint(dieSound, new Vector3(
                        myCamera.transform.position.x,0,-10));
161:
162:      // digitDisplay.score+=200;
163:
164:   }
```

```
165:
166: function SetTime(time:float)
167: {
168:    myTime=time;
169: }
170:
171:}
```

在上述 JavaScript 代码中，实现的主要功能是：首先敌人角色 2 处于 idle 状态 1 秒钟；然后在 1 秒到 2 秒钟内敌人角色 2 处于 throw 状态，投射出手雷；投射手雷之后，在 2 秒到 3 秒钟内敌人角色 2 再次处于 idle 状态；在 3 秒到 4 秒钟内敌人角色 2 再次处于 throw 状态，投射出手雷；投射手雷之后，在 4 秒到 5 秒钟内敌人角色 2 再次处于 idle 状态；在 5 秒到 6 秒钟内敌人角色 2 再次处于 throw 状态，投射出手雷；投射手雷之后，在 6 秒到 7 秒钟内敌人角色 2 再次处于 idle 状态；在 7 秒钟之后，敌人角色 2 处于 disappear 状态。

如果敌人角色 2 被士兵的子弹击中，则敌人角色 2 处于 Die 状态；如果敌人角色 2 被士兵的手榴弹击中，则敌人角色 2 处于 grenadeDie 状态。

第一部分代码是代码第 1 行到 8 行，定义了敌人角色 2 的一个枚举 Enemy2State，其中定义了敌人角色 2 的五种状态，它们分别是 idle、throw、disappear、die 以及 grenadeDie。

第二部分代码是代码第 11 行到 33 行，定义了各种相关变量，其中设置了许多公有的变量，这些公有变量可以在检视器来设置，以便开发者关联相关变量，如动画序列图片等。

第三部分代码是代码第 35 行到 39 行，设置了相关变量的初始化值。第 37 行获得敌人角色 2 中另外代码 AnimationController 的引用；第 38 行则设置另外的代码 AnimationController 中的动画序列图片。

第四部分代码是代码第 44 行到 85 行，分别设置敌人角色 2 的各种状态。第 44 行得到一个累加的时间值 myTime；在开始的 1 秒钟内，执行第 46 行语句，然后在第 48 行语句中设置敌人角色 2 的状态为 idle，并设置 isBomb 变量为 true，以便在 throw 状态下投射出手雷；在 1 秒到第 2 秒的时间之内，执行第 52 行语句，然后在第 53 行语句中设置敌人角色 2 的状态为 throw 状态；在第 2 秒到第 3 秒之间之后，执行第 55 行语句，然后在第 57 行语句中设置敌人角色 2 的状态为 idle，并设置 isBomb 变量为 true；在 3 秒到第 4 秒的时间之内，执行第 61 行语句，然后在第 62 行语句中设置敌人角色 2 的状态为 throw 状态；在第 4 秒到第 5 秒之间，执行第 64 行语句，然后在第 66 行语句中设置敌人角色 2 的状态为 idle，并设置 isBomb 变量为 true；在 5 秒到第 6 秒的时间之内，执行第 69 行语句，然后在第 70 行语句中设置敌人角色 2 的状态为 throw 状态；在第 6 秒到第 7 秒之间，执行第 72 行语句，然后在第 74 行语句中设置敌人角色 2 的状态为 idle，并设置 isBomb 变量为 true；在第 7 秒之后，则执行第 78 行语句，敌人角色 2 处于 disappear 状态。

由此看见：敌人角色 2 将会向士兵方向投射三次手雷，然后就会自动消失。

如果敌人角色 2 被士兵的子弹击中，则执行第 81 行语句，敌人角色 2 处于 die 状态；如果敌人角色 2 被士兵的手榴弹击中，则执行第 84 行语句，敌人角色 2 处于 grenadeDie 状态。

第五部分代码是代码第 86 行到 140 行，通过 switch 条件判断语句，实现敌人角色 2 各种状态下的投射手雷动画等功能。如果敌人角色 2 的状态为 idle（代码第 88 行），执行第 90 行语句，设置敌人角色 2 的动画序列图片；如果敌人角色 2 的状态为 throw（代码第 93 行），执行第 95 行语句，设置敌人角色 2 的动画序列图片 throwFrames；第 99 行实例化一个手雷对象 myBomb，第 101 行设置手雷被投射的速度，第 103 行则设置手雷被投射的随机旋转角度，最后在第 105 行设置 isBomb 变量为 false；如果敌人角色 2 的状态为 disappear（代码第 109 行），则执行第 111 行语句，销毁敌人角色 2 对象。

如果敌人角色 2 的状态为 Die（代码第 114 行），则执行第 116 行语句，在延迟 0.9 秒之后，让敌人角色 2 播放完毕死亡的动画，然后再销毁敌人角色 2 对象；如果敌人角色 2 的状态为 grenadeDie（代码第 121 行），则执行第 123 行语句，让敌人角色 2 播放完被手雷击中的动画，其中第 125 行、128 行实现敌人角色 2 被击中的跳跃距离计算，并通过第 136 行实现跳跃动画。

第六部分代码是代码第 144 行到 166 行的 OnTriggerEnter()函数，实现敌人角色 2 与其他对象的碰撞检测。第 148 行到第 156 行实现敌人角色 2 与士兵发射子弹的碰撞检测，第 150 行播放敌人角色 2 被击中的声音，第 152 行销毁该子弹；第 157 行到第 164 行实现敌人角色 2 与士兵投射手榴弹爆炸的碰撞检测，第 160 行播放敌人角色 2 被手榴弹击中的声音。

这里需要说明的是，第 155 行、第 162 行语句被注释，在今后的语句修改中不再列出该代码的全部部分，而只是说明该语句为添加部分。

选择 Enemy2Controller 代码文件或者 enemy2Controller 代码文件，拖放到层次 Hierarchy 窗格中的 enemy2 对象之上。

下面详细说明如何拖放相关的动画序列图片，到 Enemy2Controller 代码文件或者 enemy2Controller 代码文件中的相关数组变量中去，以便代码实现相关动画。

在项目 Project 窗格中，选择“Images”→“Level1”→“enemy2”→“idle”目录下的 01 和 02 图片，分别将这些图片拖放到检视器中的 Idel Frames 数组变量之中，如图 5-205 所示。

在项目 Project 窗格中，选择“Images”→“Level1”→“enemy2”→“throw”目录下的 01、02、03 和 04 图片，分别将这些图片拖放到检视器中的 Throw Frames 数组变量之中，如图 5-206 所示。

在项目 Project 窗格中，选择“Images”→“Level1”→“enemy2”→“die”目录下的 01、02、…、09 图片，分别将这些图片拖放到检视器中的 Die Frames 数组变量之中，如图 5-207 所示。

在项目 Project 窗格中，选择“Images”→“Level1”→“enemy2”→“grenadeDie”目录下的 01、02 和 03 图片，分别将这些图片拖放到检视器中的 Grenade Die Frames 数组变量之中，如图 5-208 所示。

除了实现动画之外，还需要关联其他对象，如手雷对象、声音等。

在项目 Project 窗格中，选择“Images”→“Level1”→“enemy2”目录下的手雷 bomb 对象，拖放到检视器中的 bomb 变量之中；将层次 Hierarchy 窗格中的 bombPosition 对象，拖放到检视器中的 Bomb Transform 变量之中，如图 5-209 所示。

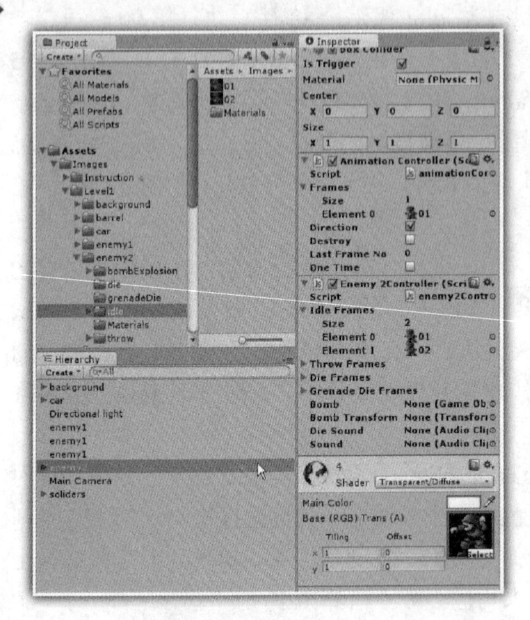

图 5-205　添加 idle 图片序列

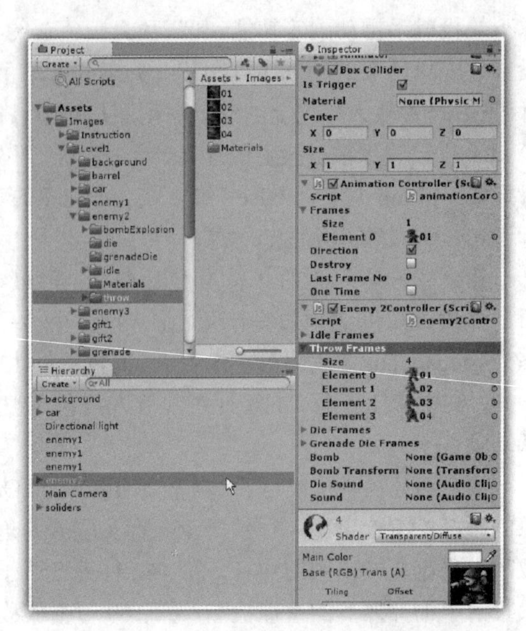

图 5-206　添加 throw 图片序列

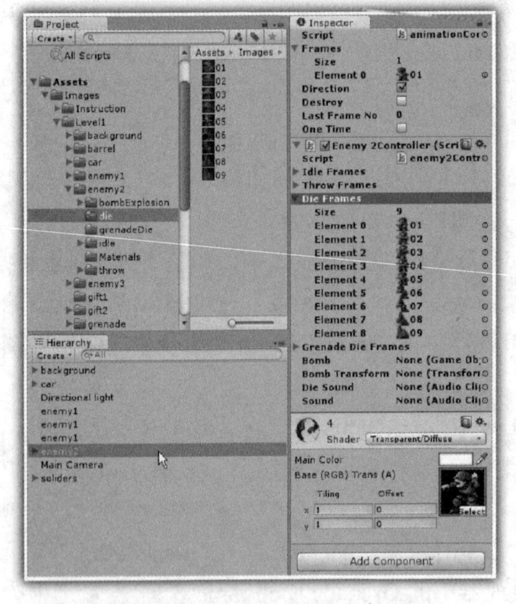

图 5-207　添加 die 图片序列

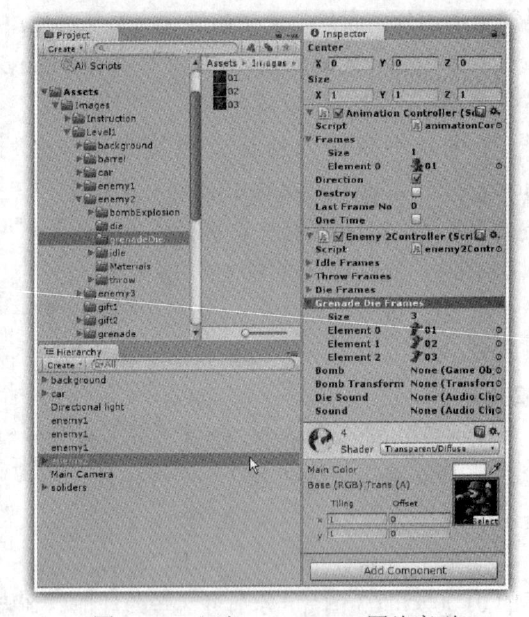

图 5-208　添加 grenadeDie 图片序列

在项目 Project 窗格中，选择 sound 目录下的 enemyDie 声音文件，拖放到检视器中的 Die Sound 变量之中；选择 sound 目录下的 pang 声音文件，拖放到检视器中的 Sound 变量之中，如图 5-210 所示。

运行游戏，可以发现：敌人角色 2 总共向士兵方向投射三次手雷；士兵的子弹可以击中敌人角色 2，杀死敌人角色 2；士兵发射的手榴弹也可以爆炸敌人角色 2，杀死敌人角色 2；唯一的遗憾就是，敌人角色 2 投射的手雷不能在地面出现爆炸效果。

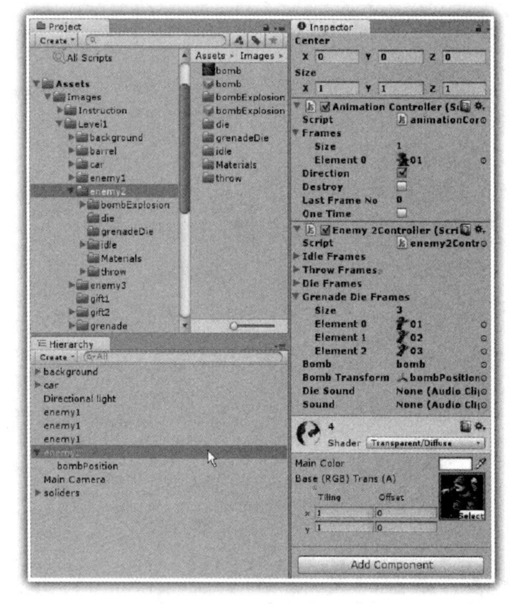

图 5-209　关联手雷等对象

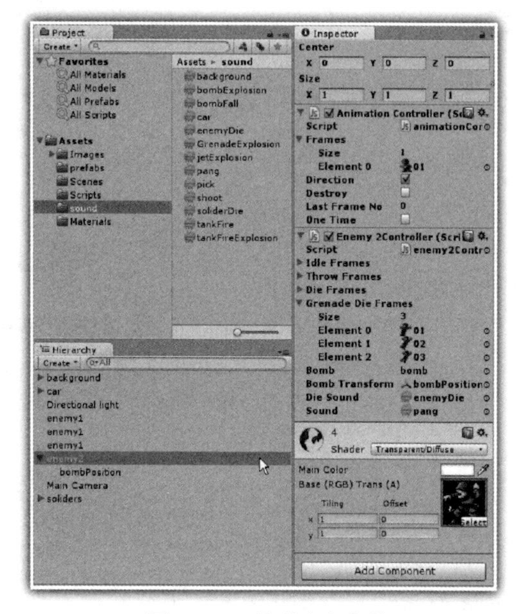

图 5-210　关联声音文件

下面需要在前面的 BackgroundController.cs 或者 backgroundController.js 代码中，添加相关代码，实现手雷与地面的碰撞检测。

对于 C#开发者来说，在 BackgroundController.cs 中书写相关代码，见代码 5-31。

代码 5-31　BackgroundController 的 C#代码

```
 1: using UnityEngine;
 2: using System.Collections;
 3:
 4: public class BackgroundController : MonoBehaviour
 5: {
 6:
 7:   public GameObject grenadeExplosion;
 8:   public GameObject bombExplosion;
 9:
10: void OnTriggerEnter(Collider other)
11: {
12:   if(other.transform.tag=="grenade")
13:    {
14:       Instantiate(grenadeExplosion, other.transform.position+new
             Vector3(0,0.64f,0),transform.rotation);
15:
16:       Destroy(other.gameObject);
17:    }
18:
19:   if(other.transform.tag=="bomb")
20:    {
21:       Instantiate(bombExplosion, other.transform.position+new
```

```
           Vector3(0,0.2f,0),transform.rotation);
22:
23:        Destroy(other.gameObject);
24:    }
25:
26: }
27:
28: }
```

在上述 C#代码中，与代码 5-23 相比较，添加了代码第 8 行，用于关联手雷的爆炸对象，以便在代码中实例化爆炸效果；添加了代码第 19 行到第 24 行，实现手雷与地面的碰撞检测，从而出现手雷的爆炸效果。

对于 JavaScript 开发者来说，在 backgroundController.js 中书写相关代码，见代码 5-32。

代码 5-32　backgroundController 的 JavaScript 代码

```
 1: var grenadeExplosion:GameObject;
 2: var bombExplosion:GameObject;
 3:
 4: function OnTriggerEnter(other:Collider)
 5: {
 6:
 7:   if(other.transform.tag=="grenade")
 8:    {
 9:        Instantiate(grenadeExplosion, other.transform.position+
               new Vector3(0,0.64f,0),transform.rotation);
10:        Destroy(other.gameObject);
11:    }
12:
13:   if(other.transform.tag=="bomb")
14:    {
15:        Instantiate(bombExplosion, other.transform.position+
               new Vector3(0,0.2f,0),transform.rotation);
16:        Destroy(other.gameObject);
17:    }
18:
19: }
```

在上述 JavaScript 代码中，与代码 5-24 相比较，添加了代码第 2 行，用于关联手雷的爆炸对象，以便在代码中实例化爆炸效果；添加了代码第 13 行到第 17 行，实现手雷与地面的碰撞检测，从而出现手雷的爆炸效果。

选择 BackgroundController 代码文件或者 backgroundController 代码文件，拖放到层次 Hierarchy 窗格中的 background 对象之上；在项目 Project 窗格中，选择“Images”→“Level1”→“enemy2”目录下的 bombExplosion 对象，拖放到检视器中的 Bomb Explosion 变量之中，如图 5-211 所示。

再次运行游戏，可以看到：敌人角色 2 投射的手雷可以在地面出现爆炸效果。

5. 设置敌人角色 2

在测试上面的敌人角色 2 的时候，由于游戏开始过程中的汽车动画，敌人角色看得不是很清楚，由于敌人角色 2 生存的时间只有 7 秒，因此不是需要的效果。

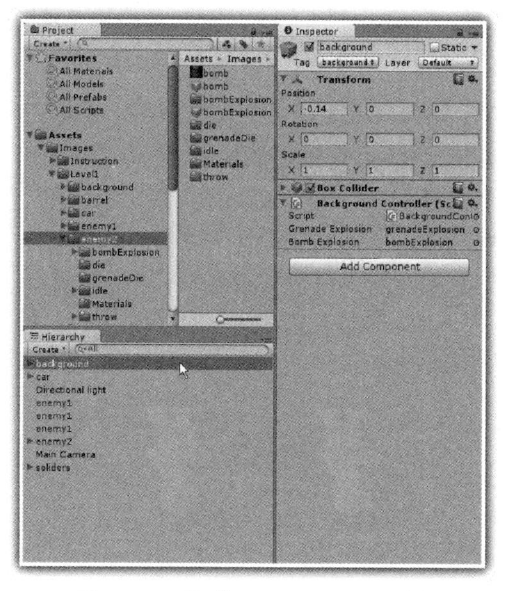

图 5-211　关联 bombExplosion 对象

下面介绍如何设置敌人角色 2 在固定游戏场景中的位置，编写相关代码，实现当士兵进入相关的游戏位置之后，才激活敌人角色 2，达到需要的游戏效果。

在图 5-212 中，设置 enemy2 的 Position 参数：X=6.3，Y=-0.75，Z=-1；并在检视器窗格中非勾选 enemy2 对象，这样 enemy2 对象就不会在游戏场景或者游戏窗口中显示，处于非 Active 的状态，但是在游戏场景窗格中可以看到坐标的指示位置。

图 5-212　设置敌人角色 2

对于 C#开发者来说，在项目 Project 窗格中，选择 Scripts 文件夹，在右键出现的快捷菜单中选择“Create”→“C# Script”命令，创建一个 C#文件，修改该文件的名称为 CameraFollow.cs，在 CameraFollow.cs 中书写相关代码，见代码 5-31。

代码 5-31　CameraFollow 的 C#代码

```
 1: using UnityEngine;
 2: using System.Collections;
 3:
 4: public class CameraFollow : MonoBehaviour
 5: {
 6:
 7:  public GameObject target;
 8:  public GameObject enemy2;
 9:
10: GameObject soliderGameObject;
11: SoliderController mySoliderController;
12: float velocity=0.0F;
13: float newPositionX;
14: float newPositionY;
15:
16: void Start()
17: {
18:
19:   soliderGameObject=GameObject.Find("soliders");
20:   mySoliderController=soliderGameObject.
          GetComponent<SoliderController>();
21: }
22:
23: void Update()
24: {
25:
26:     if(!mySoliderController.moveDirection)
27:     {
28:       if(target.transform.position.x>0 &&
              target.transform.position.x<33.5)
29:     {
30:        newPositionX=Mathf.SmoothDamp(transform.position.x,
              target.transform.position.x,ref velocity,1.0f);
31:
32:          transform.position=new Vector3(newPositionX,
              transform.position.y, transform.position.z);
33:
34:      }
35:
36:     }
37:     else
38:     {
39:      if(target.transform.position.x>0 &&
              target.transform.position.x<33.5)
```

```
40:          {
41:               newPositionX=Mathf.SmoothDamp(transform.position.x,
                    target.transform.position.x,ref velocity,1.0f);
42:
43:             transform.position=new Vector3(newPositionX,
                    0, transform.position.z);
44:          }
45:
46:        }
47:
48:        if(transform.position.x>2.8f)
49:         {
50:           if(enemy2!=null)
51:             enemy2.SetActive(true);
52:
53:         }
54:
55:    }
56:
57:  }
```

在上述C#代码中，实现的主要功能是：摄像机具有跟随士兵的功能。当士兵从左到右移动到最右边的时候，摄像机开始跟随士兵；当士兵移动到右边的某个距离时，将会激活敌人角色2，使得敌人角色2处于激活状态。

代码第7行定义的target变量，用于关联摄像机；第8行定义的enemy2变量，则用于关联敌人角色2；在第16行到第21行的Start()方法中，第19行获得士兵对象的引用soliderGameObject，然后代码第20行通过soliderGameObject对象获得其中代码SoliderController的引用。

代码第26行判断士兵的移动方向是否向右移动，如果是，则执行第28行语句（判断摄像机在一定的取值范围，直到游戏整个场景结束）；通过第30行语句，获得跟随士兵X轴方向的变量newPositionX，通过第32行语句，设置摄像机的位置。

如果士兵的移动方向是向左移动，则执行第39行语句（判断摄像机在一定的取值范围，直到游戏整个场景结束）；通过第30行语句，获得跟随士兵X轴方向的变量newPositionX，通过第32行语句，设置摄像机的位置。

当摄像机的位置超过2.8时，满足第48行语句的条件，执行第51行语句，可以激活敌人角色2。

对于JavaScript 开发者来说，在项目Project窗格中，选择Scripts文件夹，在右键出现的快捷菜单中选择“Create”→“Javascript”命令，创建一个JavaScript文件，修改该文件的名称为cameraFollow.js，在cameraFollow.js中书写相关代码，见代码5-32。

代码5-32　cameraFollow的JavaScript代码

```
1: var target:GameObject;
2: var enemy2:GameObject;
3:
4: private var soliderGameObject:GameObject;
```

```
 5: private var mySoliderController:soliderController;
 6: private var velocity:float=0.0F;
 7: private var newPositionX:float;
 8: private var newPositionY:float;
 9:
10: function Start()
11: {
12:
13:   soliderGameObject=GameObject.Find("soliders");
14:   mySoliderController=soliderGameObject.
              GetComponent("soliderController");
15:
16: }
17:
18: function Update()
19: {
20:
21:   if(!mySoliderController.moveDirection)
22:    {
23:     if(target.transform.position.x>0 &&
               target.transform.position.x<33.5)
24:     {
25:        newPositionX=Mathf.SmoothDamp(transform.position.x,
              target.transform.position.x,velocity,1.0f);
26:
27:        transform.position=new Vector3 (newPositionX,
              transform.position.y, transform.position.z);
28:
29:     }
30:
31:    }
32:   else
33:   {
34:      if(target.transform.position.x>0 &&
              target.transform.position.x<33.5)
35:      {
36:        newPositionX=Mathf.SmoothDamp(transform.position.x,
              target.transform.position.x,velocity,1.0f);
37:        transform.position=new Vector3 (newPositionX,0, transform.position.z);
38:
39:      }
40:
41:   }
42:
43:   if(transform.position.x>2.8f)
44:    {
45:     if(enemy2!=null)
46:       enemy2.SetActive(true);
```

```
47:
48:   }
49:
50: }
```

在上述 JavaScript 代码中，实现的主要功能是：摄像机具有跟随士兵的功能。当士兵从左到右移动到最右边的时候，摄像机开始跟随士兵；当士兵移动到右边的某个距离时，将会激活敌人角色 2，使得敌人角色 2 处于激活状态。

代码第 1 行定义的 target 变量，用于关联摄像机；第 2 行定义的 enemy2 变量，则用于关联敌人角色2；在第 10 行到第 16 行的 Start()方法中，第 13 行获得士兵对象的引用 soliderGameObject，然后代码第 14 行通过 soliderGameObject 对象获得其中代码 SoliderController 的引用。

代码第 21 行判断士兵的移动方向是否向右移动，如果是，则执行第 23 行语句（判断摄像机在一定的取值范围，直到游戏整个场景结束）；通过第 25 行语句，获得跟随士兵 X 轴方向的变量 newPositionX，通过第 27 行语句，设置摄像机的位置。

如果士兵的移动方向是向左移动，则执行第 34 行语句（判断摄像机在一定的取值范围，直到游戏整个场景结束）；通过第 36 行语句，获得跟随士兵 X 轴方向的变量 newPositionX，通过第 37 行语句，设置摄像机的位置。

当摄像机的位置超过 2.8 时，满足第 43 行语句的条件，执行第 46 行语句，可以激活敌人角色 2。

选择 CameraFollow.cs 代码文件或者 cameraFollow.js 代码文件，拖放到层次 Hierarchy 窗格中的 Main Camera 对象之上；然后在层次 Hierarchy 窗格中，选择 soliders 对象，拖放到 CameraFollow.cs 代码文件 target 变量的右边；选择 enemy2 对象，拖放到 CameraFollow.cs 代码文件 enemy2 变量的右边，如图 5-213 所示。

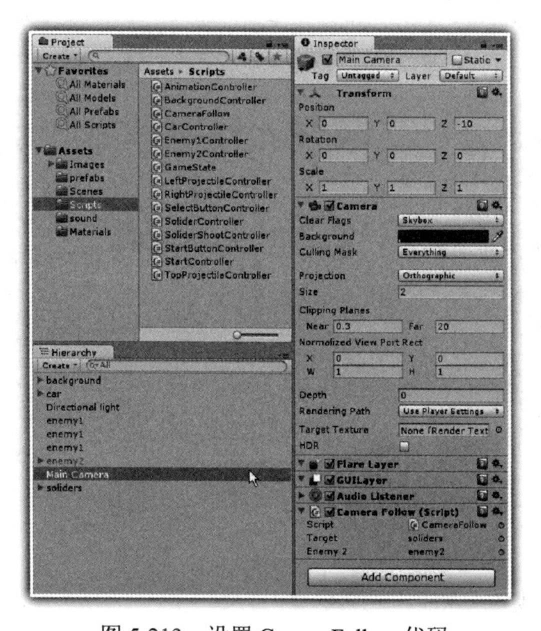

图 5-213　设置 CameraFollow 代码

再次运行游戏，可以看到：当士兵移动到如图 5-214 所示的位置时，摄像机开始跟随士兵移动，并且激活敌人角色 2；敌人角色 2 开始向士兵方向投射三次手雷，持续 7 秒钟的时间；此时士兵可以发射子弹，击中敌人角色 2；也可以投射手榴弹，炸中敌人角色 2。

图 5-214　敌人角色 2 的激活

当敌人角色 2 刚刚被激活时，敌人角色 2 处于 idle 状态，如图 5-215 所示；在 1 秒到 2 秒钟之间，敌人角色 2 向左边士兵方向，投射出手雷，处于 throw 状态，如图 5-216 所示。

图 5-215　enemy2 的 idle 状态

图 5-216　enemy2 的 throw 状态

在 2 秒到 3 秒钟之间，敌人角色 2 再次处于 idle 状态，如图 5-217 所示；在 3 秒到 4 秒钟之间，敌人角色 2 向左边士兵方向，再次投射出一枚手雷，并发生爆炸，处于 throw 状态，如图 5-218 所示。

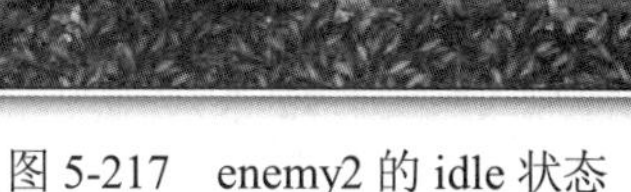

图 5-217　enemy2 的 idle 状态

图 5-218　enemy2 的 throw 状态

在 4 秒到 5 秒钟之间，敌人角色 2 第三次处于 idle 状态，如图 5-219 所示；在 5 秒到 6 秒钟之间，敌人角色 2 向左边士兵方向，第三次投射出一枚手雷，处于 throw 状态，如图 5-220 所示。

图 5-219　enemy2 的 idle 状态

图 5-220　enemy2 的 throw 状态

在 6 秒到 7 秒钟之间，敌人角色 2 第四次处于 idle 状态；然后敌人角色 2 就会处于 disappear 状态，自动销毁敌人角色 2 对象。

5.5.3　敌人角色 3

敌人角色 3 根据需求，设计了五种动画序列图片，并在枚举中则设计了五种相关状态。首先需要显示敌人角色 3，介绍敌人角色 3 的动画序列图片，介绍如何实现敌人角色 3 的动画，最后设置敌人角色 3。

1. 显示敌人角色 3

在项目 Project 窗格中，选择 prefabs 文件夹中的 sprite 对象，直接拖放该对象到层次 Hierarchy 窗格中，将该对象的名称修改为 enemy3，在检视器窗格中设置其 Position 参数为：X=0，Y=-0.75，Z=-1；Scale 参数为：X=0.93，Y=0.75，Z=1；然后在项目 Project 窗格中，选择“Images”→“Level1”

→“enemy3”→“shoot”目录下的 01 图片，拖放到 enemy3 对象中，以便显示敌人角色 3，如图 5-221 所示。

图 5-221　显示敌人角色 3

2. 敌人角色 3 动画序列图片

这里为敌人角色 3 总共设计了五种动画状态，它们分别是 idle 状态、walk 状态、shoot 状态、die 状态以及 generadeDie 状态。为实现上述的敌人角色 3 的各种状态，这里设计了相关状态下的动画序列图片，以下分别予以说明。

图 5-222 显示了敌人角色 3 的 idle 状态序列图片，也就是默认的静止状态，该状态下的动画序列图片由两张图片所组成。

图 5-222　敌人角色 3 的 idle 状态序列图片

图 5-223 显示了敌人角色 3 的 walk 状态序列图片，也就是射击行走状态，该状态下的动画序列图片由四张图片所组成。

图 5-224 显示了敌人角色 3 的 shoot 状态序列图片，也就是敌人角色 3 的射击状态，该状态下的动画序列图片由两张图片所组成。

图 5-225 显示了敌人角色 3 的 die 状态序列图片，也就是敌人角色 3 被士兵发射的子弹所击

中的死亡状态，该状态下的动画序列图片由九张图片所组成。

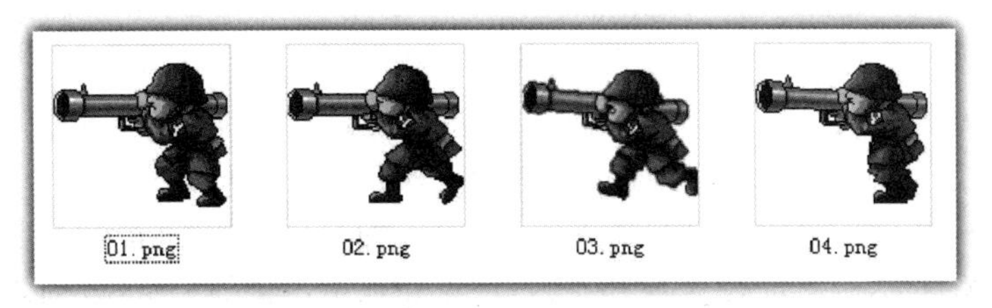

图 5-223　敌人角色 3 的 walk 状态序列图片

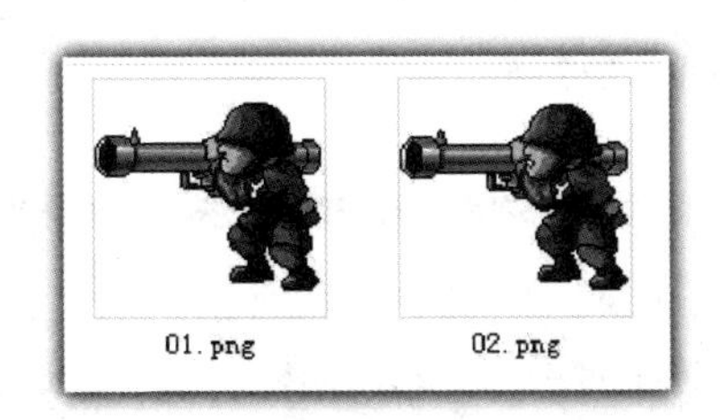

图 5-224　敌人角色 3 的 shoot 状态序列图片

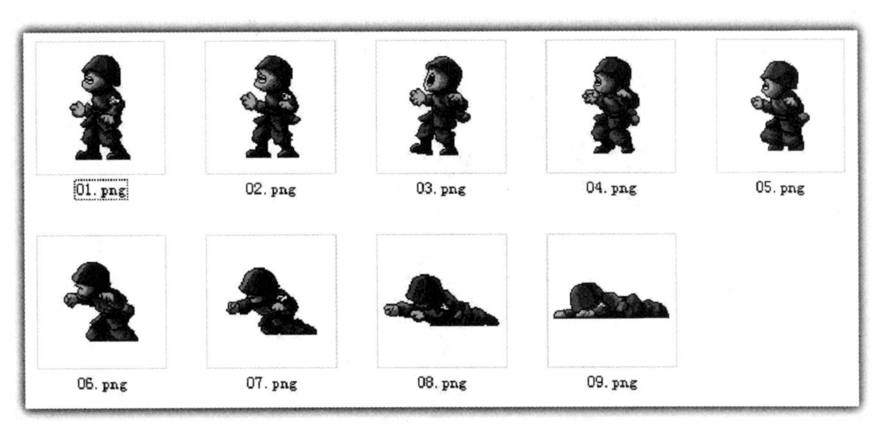

图 5-225　敌人角色 3 的 die 状态序列图片

图 5-226 显示了敌人角色 3 的 generadedie 状态序列图片，也就是敌人角色 3 被士兵投射的手榴弹所击中的死亡状态，该状态下的动画序列图片由三张图片所组成。

图 5 226　敌人角色 3 的 generadeDie 状态序列图片

3．敌人角色 3 动画

在实现敌人角色 3 动画之前，为实现敌人角色 3 的碰撞检测，同样需要为敌人角色 3 添加刚体、添加碰撞体。

在层次 Hierarchy 窗格中，选择 enemy3 对象，单击菜单“Component”→“Physics”→“Rigidbody”命令，为子弹 enemy3 添加一个刚体，展开 Constraints 参数，勾选 Freeze Position 的 Z，设置子弹不在 Z 轴上移动；勾选 Freeze Rotation 的 X、Y 和 Z，设置子弹不允许在 X、Y 和 Z 轴旋转，非勾选 Use Gravity，不使用重力属性；继续单击菜单“Component”→“Physics”→“Capsule Collider”命令，为子弹添加一个胶囊碰撞体，设置该碰撞体的大小，让该碰撞体大概包围敌人角色 3；设置 Capsule Collider 下的 Radius 参数为 0.25；Center 参数：X=0.2，Y=0，Z=0；勾选 Is Trigger 属性，如图 5-227 所示。

图 5-227　为敌人角色 3 添加刚体、碰撞体

在项目 Project 窗格中，选择 Scripts 文件夹中的 AnimationController 代码文件或者 animationController 代码文件，拖放到层次 Hierarchy 窗格中的 enemy1 对象之上；选择“Images”→“Level1”→“enemy3”→“shoot”目录下的 01 和 02 图片，分别拖放到检视器中的 Frames 数组变量之中，如图 5-228 所示。

此时，如果运行游戏，敌人角色 3 将会显示处于 shoot 状态。

要实现敌人角色 3 所设计的相关动画，还是需要编写代码来实现。

对于 C#开发者来说，在项目 Project 窗格中，选择 Scripts 文件夹，在右键出现的快捷菜单中选择“Create”→“C# Script”命令，创建一个 C#文件，修改该文件的名称为 Enemy3Controller.cs，在 Enemy3Controller.cs 中书写相关代码，见代码 5-33。

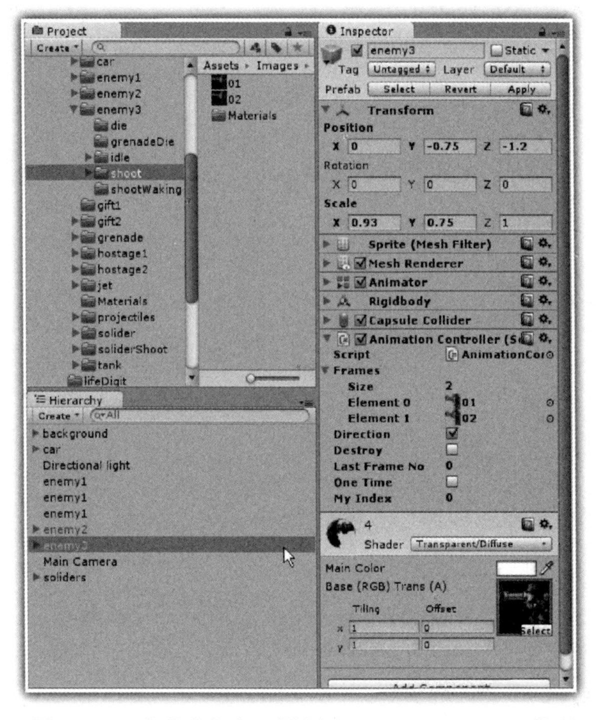

图 5-228　为敌人角色 3 设置 AnimationController 代码

代码 5-33　EnemyController 的 C#代码

```
 1: using UnityEngine;
 2: using System.Collections;
 3:
 4: enum Enemy3State
 5: {
 6:   idle,
 7:   shoot,
 8:   walk,
 9:   disappear,
10:   die,
11:   grenadeDie
12: }
13:
14: public class Enemy3Controller : MonoBehaviour
15: {
16:
17:   public Texture [] idleFrames;
18:   public Texture [] shootFrames;
19:   public Texture [] walkFrames;
20:   public Texture [] dieFrames;
21:   public Texture [] grenadeDieFrames;
22:   public AudioClip sound;
```

```
23:  public AudioClip dieSound;
24:
25:  float x=0.0f;
26:  float y=-0.75f;
27:  GameObject myCamera;
28:  Enemy3State enemyState;
29:  float myTime;
30:  float distance;
31:  bool isDie=false;
32:  bool isBomb=true;
33:  bool isGrenadeDie=false;
34:  float y3;
35:  float velocity=5.0f;
36:
37:  AnimationController myAnimationController;
38:
39:  void Start()
40:  {
41:
42:   myAnimationController=GetComponent<AnimationController>();
43:   myAnimationController.frames=idleFrames;
44:  }
45:
46:  void Update()
47:  {
48:
49:   myTime+=Time.deltaTime;
50:
51:   if(myTime<1)
52:     enemyState=Enemy3State.idle;
53:
54:   else if(myTime>1 && myTime<4)
55:     enemyState=Enemy3State.walk;
56:
57:   else if(myTime>4 && myTime<8)
58:     enemyState=Enemy3State.shoot;
59:
60:   else
61:     enemyState=Enemy3State.disappear;
62:
63:   if(isDie)
64:     enemyState=Enemy3State.die;
65:
66:   if(isGrenadeDie)
67:     enemyState=Enemy3State.grenadeDie;
68:
69:   switch(enemyState)
70:   {
```

```
71:       case Enemy3State.idle:
72:
73:         myAnimationController.frames=idleFrames;
74:         transform.position=new Vector3(transform.position.x,y,-0.99f);
75:
76:         break;
77:       case Enemy3State.walk:
78:
79:           myAnimationController.frames=walkFrames;
80:           distance=0.005f*myTime;
81:       transform.position=new Vector3(transform.position.x-distance,y,-0.99f);
82:
83:         break;
84:       case Enemy3State.shoot:
85:
86:           myAnimationController.frames= shootFrames;
87:
88:           break;
89:       case Enemy3State.disappear:
90:
91:             Destroy(gameObject);
92:
93:             break;
94:       case Enemy3State.die:
95:
96:             myAnimationController.frames=dieFrames;
97:             Destroy(gameObject,0.9f);
98:
99:             break;
100:      case Enemy3State.grenadeDie:
101:
102:          myAnimationController.frames=grenadeDieFrames;
103:
104:          velocity-=20*Time.deltaTime;
105:
106:          if(y3>y)
107:            y3+=velocity*Time.deltaTime;
108:          else
109:          {
110:            isGrenadeDie=false;
111:            isDie=true;
112:            myTime=0;
113:          }
114:
115:          transform.position=new Vector3(transform.position.x,y3, -1.0f);
116:
117:          break;
118:
```

```
119:     }
120:
121: }
122:
123: void OnTriggerEnter(Collider other)
124: {
125:   myCamera=GameObject.Find("Main Camera");
126:
127:   if(other.tag=="projectile")
128:   {
129:
130:     AudioSource.PlayClipAtPoint(sound, new Vector3(
             myCamera.transform.position.x,0,-10));
131:
132:     Destroy(other.gameObject);
133:     isDie=true;
134:
135:  //DigitDisplay.score+=100;
136:
137:   }
138:   else if(other.tag=="grenadeExplosion")
139:   {
140:     isGrenadeDie=true;
141:     AudioSource.PlayClipAtPoint(dieSound, new Vector3(
             myCamera.transform.position.x,0,-10));
142:
143:   //DigitDisplay.score+=200;
144:
145:   }
146:
147: }
148:
149:}
```

在上述 C#代码中，实现的功能相对简单：首先敌人角色 3 处于 idle 状态 1 秒钟；然后在 1 秒到 4 秒钟内敌人角色 3 处于 walk 状态，向右行走；在 4 秒到 8 秒钟内敌人角色 3 处于 Shoot 状态，瞄准士兵方向射击；在 8 秒钟之后，敌人角色 3 处于 disappear 状态，自动销毁敌人角色 3。

在上述代码中，同样可以划分为六个部分，第一部分代码是定义的枚举部分；第二部分代码是变量的定义部分；第三部分是 Start()方法代码；第四部分代码则是根据敌人角色 3 的需求，而分别设置敌人角色 3 的各种状态；第五部分代码根据敌人角色 3 的各种状态，实现相关的功能，如播放相关的动画，实现向左移动等；第六部分是实现碰撞检测功能。

第一部分代码是代码第 4 行到 12 行，定义了敌人角色 3 的一个枚举 Enemy3State，其中定义了敌人角色 3 的六种状态，它们分别是 idle、shoot、walk、disappear、die 以及 grenadeDie 状态。

第二部分代码是代码第 17 行到 37 行，定义了各种相关变量，其中设置了许多公有的变量，例如 idleFrames 变量，开发者可以在检视器中设置这些公有变量，使得代码关联相关变量，如动画序列图片等。

第三部分代码是代码第 39 行到 44 行，设置了相关变量的初始化值。第 42 行获得敌人角色 3 中另外代码 AnimationController 的引用；第 43 行则设置代码 AnimationController 中的动画序列图片。

第四部分代码是代码第 49 行到 67 行，分别设置敌人角色 3 的各种状态。第 49 行得到一个累加的时间值 myTime；在开始的 1 秒钟内，执行第 51 行语句，然后在第 52 行语句中设置敌人角色 3 的状态为 idle；在 1 秒到第 4 秒的时间之内，执行第 54 行语句，然后在第 55 行语句中设置敌人角色 3 的状态为 walk 状态；在第 4 秒到第 8 秒之间之后，执行第 57 行语句，然后在第 58 行语句中设置敌人角色 3 的状态为 shoot；在第 8 秒之后，则执行第 64 行语句，敌人角色 3 处于 disappear 状态。

如果敌人角色 3 被士兵的子弹击中，则执行第 64 行语句，敌人角色 3 处于 die 状态；如果敌人角色 3 被士兵的手榴弹击中，则执行第 67 行语句，敌人角色 3 处于 grenadeDie 状态。

第五部分代码是代码第 69 行到 119 行，通过 switch 条件判断语句，实现敌人角色 3 各种状态下的动画等功能。如果敌人角色 3 的状态为 idle（代码第 71 行），执行第 73 行语句，设置敌人角色 3 的动画序列图片，通过第 74 行语句设置敌人角色 3 的位置；如果敌人角色 3 的状态为 walk（代码第 77 行），执行第 79 行语句，设置敌人角色 3 的动画序列图片 walkFrames，执行第 81 行语句，实现敌人角色 3 的向左行走；如果敌人角色 3 的状态为 shoot（代码第 84 行），则执行第 86 行语句，设置敌人角色 3 的动画序列图片 shootFrames，实现敌人角色 3 的射击动画。

如果敌人角色 3 的状态为 disappear（代码第 89 行），那么执行第 91 行语句，自动销毁敌人角色 3 对象；如果敌人角色 3 的状态为 die（代码第 94 行），则执行第 96 行语句，在延迟 0.9 秒之后，让敌人角色 3 播放完毕死亡动画之后，再销毁敌人角色 3 对象。

如果敌人角色 3 的状态为 grenadeDie（代码第 100 行），则执行第 102 行语句，让敌人角色 3 播放被手榴弹击中的动画，其中第 104 行、107 行实现敌人角色 3 被击中的跳跃距离计算，并通过第 115 行实现跳跃动画。

第六部分代码是代码第 123 行到 147 行的 OnTriggerEnter()函数，实现敌人角色 3 与其他对象的碰撞检测。第 127 行到第 137 行实现敌人角色 2 与士兵发射子弹的碰撞检测，第 130 行播放敌人角色 3 被击中的声音，第 132 行销毁该子弹；第 138 行到第 145 行实现敌人角色 3 与士兵投射手榴弹爆炸的碰撞检测，第 141 行播放敌人角色 3 被手榴弹击中的声音。

这里需要说明的是，第 135 行、第 143 行语句被注释，在今后的语句修改中不再列出该代码的全部部分，而只是说明该语句为添加部分。

对于 JavaScript 开发者来说，在项目 Project 窗格中，选择 Scripts 文件夹，在右键出现的快捷菜单中选择“Create”→“Javascript”命令，创建一个 JavaScript 文件，修改该文件的名称为 enemy3Controller.js，在 enemy3Controller.js 中书写相关代码，见代码 5-34。

代码 5-34　enemy3Controller 的 JavaScript 代码

```
1: enum Enemy3State
```

```
 2: {
 3:   idle,
 4:   shoot,
 5:   walk,
 6:   disappear,
 7:   die,
 8:   grenadeDie
 9: }
10:
11: var idleFrames:Texture [];
12: var shootFrames:Texture [];
13: var walkFrames:Texture [];
14: var dieFrames:Texture [];
15: var grenadeDieFrames:Texture [];
16:
17: var sound:AudioClip;
18: var dieSound:AudioClip;
19:
20: private var x:float=0.0f;
21: private var y:float=-0.75f;
22: private var myCamera:GameObject;
23: private var enemyState:Enemy3State;
24: private var myTime:float;
25: private var distance:float;
26: private var isDie:boolean=false;
27: private var isBomb:boolean=true;
28: private var isGrenadeDie:boolean=false;
29: private var y3:float;
30: private var velocity:float=5.0f;
31: private var myAnimationController:animationController;
32:
33: function Start()
34: {
35:   myAnimationController=GetComponent("animationController");
36:   myAnimationController.frames=idleFrames;
37: }
38:
39: function Update()
40: {
41:
42:   myTime+=Time.deltaTime;
43:
44:   if(myTime<1)
45:     enemyState=Enemy3State.idle;
46:
47:   else if(myTime>1 && myTime<4)
48:     enemyState=Enemy3State.walk;
49:
```

```
50:   else if(myTime>4 && myTime<8)
51:     enemyState=Enemy3State.shoot;
52:
53:   else
54:     enemyState=Enemy3State.disappear;
55:
56:   if(isDie)
57:     enemyState=Enemy3State.die;
58:
59:   if(isGrenadeDie)
60:     enemyState=Enemy3State.grenadeDie;
61:
62:   switch(enemyState)
63:   {
64:     case Enemy3State.idle:
65:
66:       myAnimationController.frames=idleFrames;
67:       transform.position=new Vector3(transform.position.x,y,-0.99f);
68:
69:       break;
70:     case Enemy3State.walk:
71:
72:       myAnimationController.frames=walkFrames;
73:
74:       distance=0.005f*myTime;
75:       transform.position=new Vector3(transform.position.x-distance,y,-0.99f);
76:
77:       break;
78:     case Enemy3State.shoot:
79:
80:       myAnimationController.frames= shootFrames;
81:
82:       break;
83:     case Enemy3State.disappear:
84:
85:       Destroy(gameObject);
86:
87:       break;
88:     case Enemy3State.die:
89:
90:       myAnimationController.frames=dieFrames;
91:       Destroy(gameObject,0.9f);
92:
93:       break;
94:     case Enemy3State.grenadeDie:
95:
96:       myAnimationController.frames=grenadeDieFrames;
97:
```

```
 98:      velocity-=20*Time.deltaTime;
 99:
100:     if(y3>y)
101:       y3+=velocity*Time.deltaTime;
102:     else
103:     {
104:       isGrenadeDie=false;
105:       isDie=true;
106:       myTime=0;
107:     }
108:
109:     transform.position=new Vector3(transform.position.x,y3,-1.0f);
110:
111:     break;
112:
113:  }
114:
115: }
116:
117: function OnTriggerEnter(other:Collider)
118: {
119:
120:   myCamera=GameObject.Find("Main Camera");
121:
122:   if(other.tag=="projectile")
123:   {
124:
125:     AudioSource.PlayClipAtPoint(sound, new Vector3(
             myCamera.transform.position.x,0,-10));
126:
127:     Destroy(other.gameObject);
128:     isDie=true;
129:
130:   //  digitDisplay.score+=100;
131:
132:   }
133:   else if(other.tag=="grenadeExplosion")
134:   {
135:     isGrenadeDie=true;
136:     AudioSource.PlayClipAtPoint(dieSound, new Vector3(
             myCamera.transform.position.x,0,-10));
137:
138:     //digitDisplay.score+=200;
139:
140:   }
141:
142: }
```

在上述 JavaScript 代码中，实现的功能相对简单：首先敌人角色 3 处于 idle 状态 1 秒钟；然后在 1 秒到 4 秒钟内敌人角色 3 处于 walk 状态，向右行走；在 4 秒到 8 秒钟内敌人角色 3 处于 shoot 状态，瞄准士兵方向射击；在 8 秒钟之后，敌人角色 3 处于 disappear 状态，自动销毁敌人角色 3。

在上述代码中，同样可以划分为六个部分，第一部分代码是定义的枚举部分；第二部分代码是变量的定义部分；第三部分是 Start()方法代码；第四部分代码则是根据敌人角色 3 的需求，而分别设置敌人角色 3 的各种状态；第五部分代码根据敌人角色 3 的各种状态，实现相关的功能，如播放相关的动画，实现向左移动等；第六部分是实现碰撞检测功能。

第一部分代码是代码第 1 行到 9 行，定义了敌人角色 3 的一个枚举 Enemy3State，其中定义了敌人角色 3 的六种状态，它们分别是 idle、shoot、walk、disappear、die 以及 grenadeDie 状态。

第二部分代码是代码第 11 行到 31 行，定义了各种相关变量，其中设置了许多公有的变量，例如 idleFrames 变量，开发者可以在检视器中设置这些公有变量，使得代码关联相关变量，如动画序列图片等。

第三部分代码是代码第 33 行到 37 行，设置了相关变量的初始化值。第 35 行获得敌人角色 3 中另外代码 animationController 的引用；第 36 行则设置代码 animationController 中的动画序列图片。

第四部分代码是代码第 42 行到 60 行，分别设置敌人角色 3 的各种状态。第 42 行得到一个累加的时间值 myTime；在开始的 1 秒钟内，执行第 44 行语句，然后在第 45 行语句中设置敌人角色 3 的状态为 idle；在 1 秒到第 4 秒的时间之内，执行第 47 行语句，然后在第 48 行语句中设置敌人角色 3 的状态为 walk 状态；在第 4 秒到第 8 秒之间之后，执行第 50 行语句，然后在第 51 行语句中设置敌人角色 3 的状态为 shoot；在第 8 秒之后，则执行第 54 行语句，敌人角色 3 处于 disappear 状态。

如果敌人角色 3 被士兵的子弹击中，则执行第 57 行语句，敌人角色 3 处于 die 状态；如果敌人角色 3 被士兵的手榴弹击中，则执行第 60 行语句，敌人角色 3 处于 grenadeDie 状态。

第五部分代码是代码第 62 行到 113 行，通过 switch 条件判断语句，实现敌人角色 3 各种状态下的动画等功能。如果敌人角色 3 的状态为 idle（代码第 64 行），执行第 66 行语句，设置敌人角色 3 的动画序列图片，通过第 67 行语句设置敌人角色 3 的位置；如果敌人角色 3 的状态为 walk（代码第 70 行），执行第 72 行语句，设置敌人角色 3 的动画序列图片 walkFrames，执行第 75 行语句，实现敌人角色 3 的向左行走；如果敌人角色 3 的状态为 shoot（代码第 78 行），则执行第 80 行语句，设置敌人角色 3 的动画序列图片 shootFrames，实现敌人角色 3 的射击动画。

如果敌人角色 3 的状态为 disappear（代码第 83 行），那么执行第 85 行语句，自动销毁敌人角色 3 对象；如果敌人角色 3 的状态为 die（代码第 88 行），则执行第 90 行语句，在延迟 0.9 秒之后，让敌人角色 3 播放完毕死亡动画之后，再销毁敌人角色 3 对象。

如果敌人角色 3 的状态为 grenadeDie（代码第 94 行），则执行第 96 行语句，让敌人角色 3 播放被手榴弹击中的动画，其中第 98 行、101 行实现敌人角色 3 被击中的跳跃距离计算，并通过第 109 行实现跳跃动画。

第六部分代码是代码第 117 行到 142 行的 OnTriggerEnter()函数，实现敌人角色 3 与其他对象的碰撞检测。第 123 行到第 133 行实现敌人角色 3 与士兵发射子弹的碰撞检测，第 125 行播放敌人角色 3 被击中的声音，第 127 行销毁该子弹；第 133 行到第 140 行实现敌人角色 3 与士兵投射手榴弹爆炸的碰撞检测，第 136 行播放敌人角色 3 被手榴弹击中的声音。

这里需要说明的是，第 130 行、第 138 行语句被注释，在今后的语句修改中不再列出该代码的全部部分，而只是说明该语句为添加部分。

选择 Enemy3Controller 代码文件或者 enemy3Controller 代码文件，拖放到层次 Hierarchy 窗格中的 enemy3 对象之上。

下面详细说明如何拖放相关的动画序列图片，到 Enemy3Controller 代码文件或者 enemy3Controller 代码文件中的相关数组变量中去，以便代码实现相关动画。

在项目 Project 窗格中，选择“Images”→“Level1”→“enemy3”→“idle”目录下的 01 和 02 图片，分别将这些图片拖放到检视器中的 Idel Frames 数组变量之中，如图 5-229 所示。

在项目 Project 窗格中，选择“Images”→“Level1”→“enemy3”→“shoot”目录下的 01 和 02 图片，分别将这些图片拖放到检视器中的 Shoot Frames 数组变量之中，如图 5-230 所示。

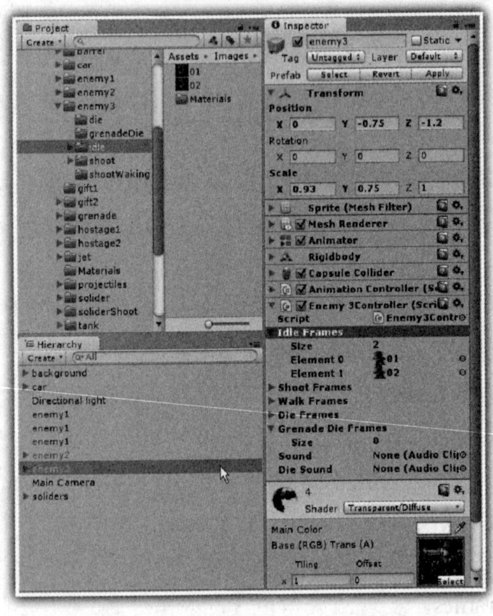

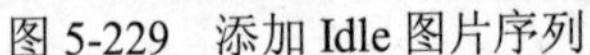
图 5-229　添加 Idle 图片序列

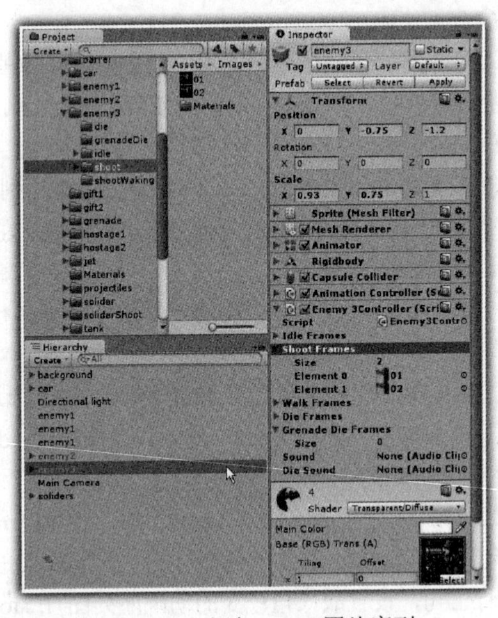

图 5-230　添加 Shoot 图片序列

在项目 Project 窗格中，选择“Images”→“Level1”→“enemy3”→“shootWalking”目录下的 01、02、03 和 04 图片，分别将这些图片拖放到检视器中的 Walk Frames 数组变量之中，如图 5-231 所示。

在项目 Project 窗格中，选择“Images”→“Level1”→“enemy3”→“die”目录下的 01、02、…、09 图片，分别将这些图片拖放到检视器中的 Die Frames 数组变量之中，如图 5-232 所示。

在项目 Project 窗格中，选择“Images”→“Level1”→“enemy3”→“generadeDie”目录下的 01、02 和 03 图片，分别将这些图片拖放到检视器中的 Grenade Die Frames 数组变量之中，如图 5-233 所示。

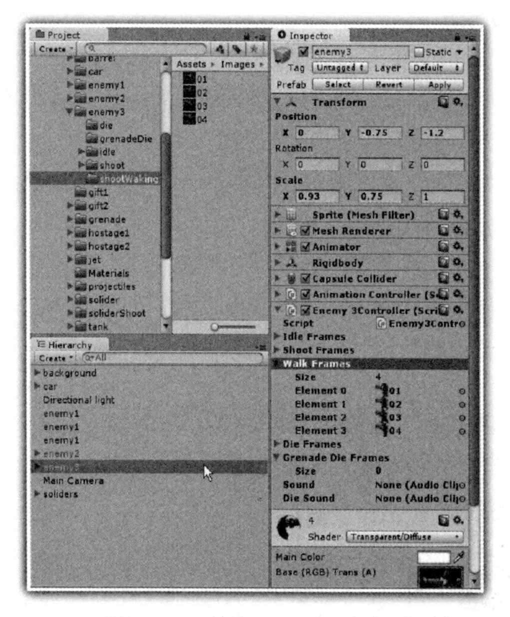

图 5-231　添加 Walk 图片序列

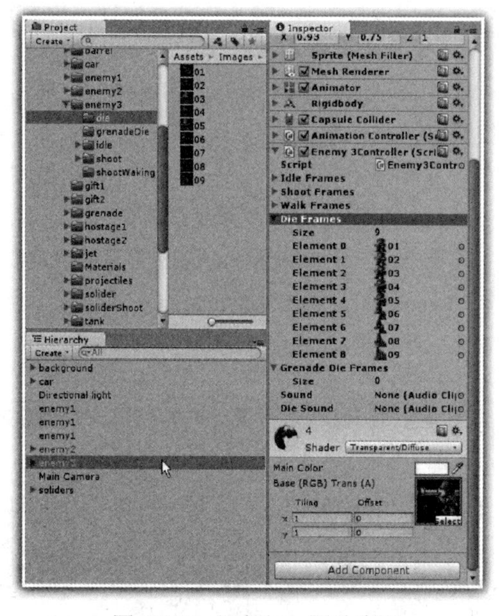

图 5-232　添加 Die 图片序列

在项目 Project 窗格中，首先选择 sound 目录下的 enemyDie 声音文件，拖放到检视器中的 Die Sound 变量之中；然后选择 pang 声音文件，拖放到检视器中的 Sound 变量之中，如图 5-234 所示。

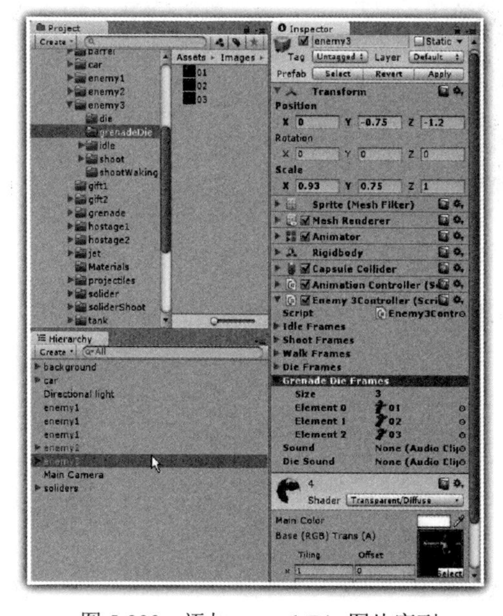

图 5-233　添加 grenadeDie 图片序列

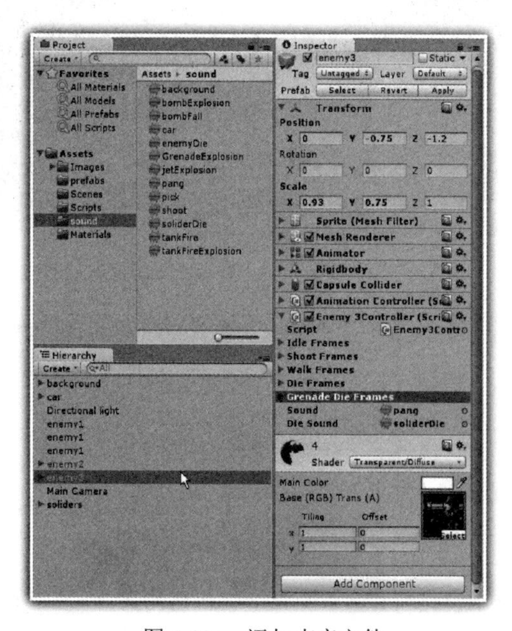

图 5-234　添加声音文件

运行游戏，可以发现：敌人角色 3 在处于 idle 状态 1 秒钟之后，转换到 walk 状态，行走 3

秒钟，然后再转换到 shoot 状态 4 秒钟，最后自动销毁。

4. 设置敌人角色 3

在测试上面的敌人角色 3 的时候，同样由于游戏开始过程中的汽车动画，敌人角色看得不是很清楚，由于敌人角色 3 生存的时间只有 8 秒，因此不是所需要的效果。

下面介绍如何设置敌人角色 3 在固定游戏场景中的位置，编写相关代码，实现当士兵进入相关的游戏位置之后，才激活敌人角色 3，从而达到所需要的游戏效果。

在图 5-235 中，设置 enemy3 的 Position 参数：X=6.3，Y=-0.75，Z=-1；并在检视器窗格中非勾选 enemy3 对象，这样 enemy3 对象就不会在游戏场景或者游戏窗口中显示，处于非 Active 的状态，但是在游戏场景窗格中可以看到坐标的指示位置。

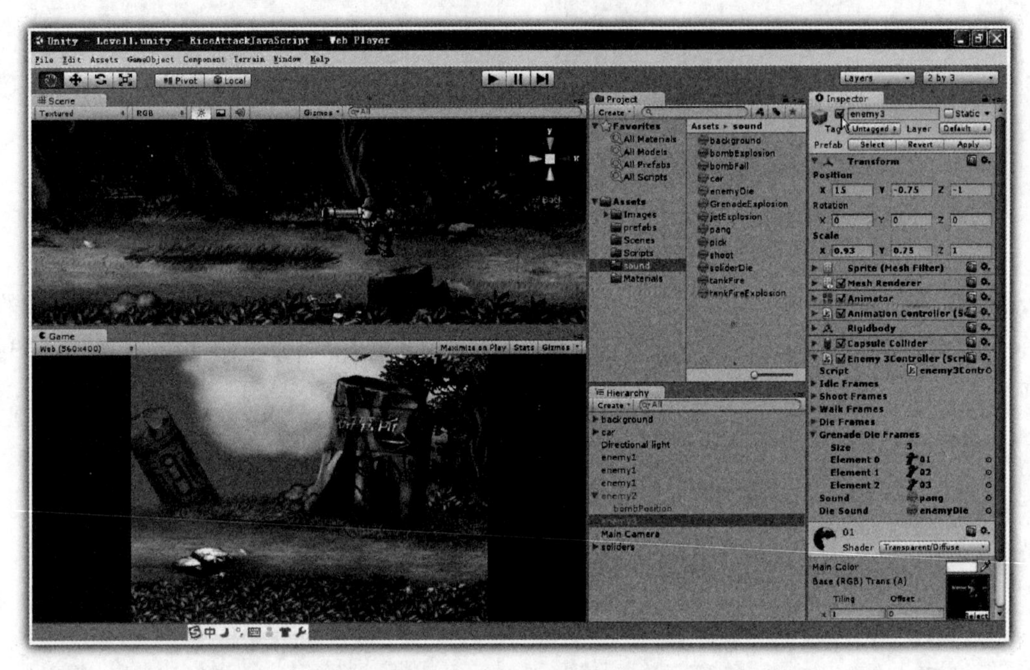

图 5-235　设置敌人角色 3

对于 C#开发者来说，在 CameraFollow.cs 中添加相关代码，见代码 5-33。

代码 5-33　CameraFollow 的 C#代码

```
 1: using UnityEngine;
 2: using System.Collections;
 3:
 4: public class CameraFollow : MonoBehaviour
 5: {
 6:
 7:   public GameObject target;
 8:   public GameObject enemy2;
 9:   public GameObject enemy3;
10:   GameObject soliderGameObject;
```

```
11:  SoliderController mySoliderController;
12:  float velocity=0.0F;
13:  float newPositionX;
14:  float newPositionY;
15:
16:  void Start()
17:  {
18:
19:    soliderGameObject=GameObject.Find("soliders");
20:    mySoliderController=soliderGameObject.
               GetComponent<SoliderController>();
21:  }
22:
23:  void Update()
24:  {
25:
26:      if(!mySoliderController.moveDirection)
27:      {
28:        if(target.transform.position.x>0 &&
               target.transform.position.x<33.5)
29:      {
30:         newPositionX=Mathf.SmoothDamp(transform.position.x,
               target.transform.position.x,ref velocity,1.0f);
31:
32:            transform.position=new Vector3(newPositionX,
               transform.position.y, transform.position.z);
33:
34:       }
35:
36:      }
37:      else
38:      {
39:       if(target.transform.position.x>0 &&
               target.transform.position.x<33.5)
40:       {
41:             newPositionX=Mathf.SmoothDamp(transform.position.x,
               target.transform.position.x,ref velocity,1.0f);
42:
43:          transform.position=new Vector3(newPositionX,
               0, transform.position.z);
44:       }
45:
46:     }
47:
48:     if(transform.position.x>2.8f)
49:      {
50:        if(enemy2!=null)
51:          enemy2.SetActive(true);
```

```
52:
53:      }
54:
55:    if(transform.position.x>12.0f)
56:      {
57:        if(enemy3!=null)
58:          enemy3.SetActive(true);
59:
60:      }
61:  }
62:
63: }
```

在上述 C#代码中，与代码 5-31 相比较，只是添加了代码第 9 行，用于关联敌人角色 3；添加了代码第 55 行到第 60 行，当士兵移动到右边的某个距离时，将会激活敌人角色 3，使得敌人角色 3 处于激活状态。

对于 JavaScript 开发者来说，在 cameraFollow.js 中添加相关代码，见代码 5-34。

代码 5-34　cameraFollow 的 JavaScript 代码

```
 1: var target:GameObject;
 2: var enemy2:GameObject;
 3: var enemy3:GameObject;
 4: private var soliderGameObject:GameObject;
 5: private var mySoliderController:soliderController;
 6: private var velocity:float=0.0F;
 7: private var newPositionX:float;
 8: private var newPositionY:float;
 9:
10: function Start()
11: {
12:
13:   soliderGameObject=GameObject.Find("soliders");
14:   mySoliderController=soliderGameObject.GetComponent("soliderController");
15:
16: }
17:
18: function Update()
19: {
20:
21:   if(!mySoliderController.moveDirection)
22:    {
23:     if(target.transform.position.x>0 &&
                              target.transform.position.x<33.5)
24:     {
25:         newPositionX=Mathf.SmoothDamp(transform.position.x,
              target.transform.position.x,velocity,1.0f);
26:
27:         transform.position=new Vector3(newPositionX,
```

```
                transform.position.y, transform.position.z);
28:
29:     }
30:
31:    }
32:   else
33:   {
34:       if(target.transform.position.x>0 && target.transform.position.x<33.5)
35:       {
36:         newPositionX=Mathf.SmoothDamp(transform.position.x,
                target.transform.position.x,velocity,1.0f);
37:         transform.position=new Vector3 (newPositionX,0,transform.position.z);
38:
39:       }
40:
41:    }
42:
43:   if(transform.position.x>2.8f)
44:    {
45:     if(enemy2!=null)
46:       enemy2.SetActive(true);
47:
48:    }
49:
50:   if(transform.position.x>12.0f)
51:    {
52:     if(enemy3!=null)
53:       enemy3.SetActive(true);
54:
55:   }
56:
57: }
```

在上述 JavaScript 代码中，与代码 5-32 相比较，只是添加了代码第 3 行，用于关联敌人角色 3；添加了代码第 55 行到第 60 行，当士兵移动到右边的某个距离时，将会激活敌人角色 3，使得敌人角色 3 处于激活状态。

在层次 Hierarchy 窗格中，选择 enemy3 对象，拖放到 CameraFollow.cs 或者 cameraFollow.js 代码文件 enemy3 变量的右边，如图 5-236 所示。

运行游戏，可以看到：当士兵移动到如图 5-237 所示的位置时，由于摄像机也是跟随士兵移动，此时摄像机的位置 X 大于 12 时，就会激活敌人角色 3；敌人角色 3 在第 1 秒钟处于 idle 状态；在随后的 3 秒钟处于 walk 状态，向左行走；然后再转换到 shoot 状态 4 秒钟，最后自动销毁。

在敌人角色 3 被激活时，敌人角色 3 在开始的第 1 秒钟处于 Idle 状态，如图 5-238 所示；而在第 1 秒到 4 秒钟之间，此时敌人角色 3 处于 walk 状态，向左边士兵方向行走，如图 5-239 所示。

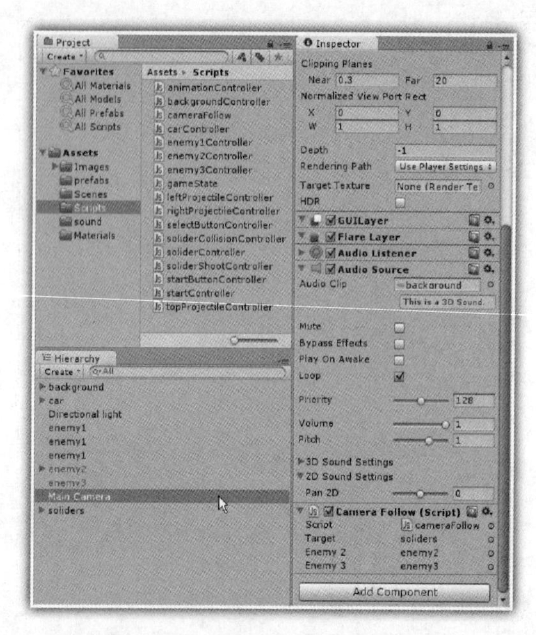

图 5-236　设置 cameraFollow 代码

图 5-237　敌人角色 3 的激活

在随后的 4 秒钟时间内，敌人角色 3 处于 shoot 状态，如图 5-240 所示；当士兵发射的子弹击中敌人角色 3 时，敌人角色 3 处于 die 状态，播放死亡动画，如图 5-241 所示。

这里需要说明的是，当敌人角色处于 shoot 状态时，只是播放瞄准动画，并没有实现向士兵发射火箭弹等功能。

当士兵投射的手榴弹击中敌人角色 3 时，敌人角色 3 处于 grenadeDie 状态，播放手榴弹爆炸动画，如图 5-242 所示。

图 5-238　enemy3 的 idle 状态

图 5-239　enemy3 的 walk 状态

图 5-240　enemy3 的 shoot 状态

图 5-241　enemy3 的 die 状态

图 5-242　enemy3 的 grenadeDie 状态

5.6 人质动画

人质动画，是合金弹头游戏项目中的游戏对象。在游戏中，设计了两个人质动画，分别是人质动画 1 和人质动画 2，士兵通过解救人质 1 和人质 2，可以获得人质留下的医药包和子弹包。

5.6.1 人质 1 动画

人质 1 动画根据需求，首先需要显示人质 1，介绍编辑人质 1 动画，然后设置 pang 对象，设置医药包，最后实现人质 1 动画。

1. 显示人质 1

在项目 Project 窗格中，选择 prefabs 文件夹中的 sprite 对象，直接拖放该对象到层次 Hierarchy 窗格中，将该对象的名称修改为 hostage1，在检视器窗格中设置其 Position 参数为：X=0，Y=-0.75，Z=-1；Scale 参数为：X=0.62，Y=1.03，Z=1；然后在项目 Project 窗格中，选择“Images”→“Level1”→“hostage1”→“Idle”目录下的 01 图片，拖放到 hostage1 对象中，以便显示人质 1，如图 5-243 所示。

图 5-243　显示人质 1

在层次 Hierarchy 窗格中，选择 hostage1 对象，单击菜单“Component”→“Physics”→“Rigidbody”命令，为人质 hostage1 对象添加一个刚体，展开 Constraints 参数，勾选 Freeze Position 的 Z，设置人质不在 Z 轴上移动；勾选 Freeze Rotation 的 X、Y 和 Z，设置人质不允许在 X、Y 和 Z 轴旋转，非勾选 Use Gravity，不使用重力属性；继续单击菜单“Component”→“Physics”→“Capsule Collider”命令，为人质添加一个胶囊碰撞体，设置该碰撞体的大小，让该碰撞体大概包围人质；设置 Capsule Collider 下的 Radius 参数为 0.3，勾选 Is Trigger 属性，如图 5-244 所示。

在项目 Project 窗格中，选择 Scripts 文件夹中的 AnimationController 代码文件或者 animationController 代码文件，拖放到层次 Hierarchy 窗格中的 hostage1 对象之上；选择“Images”→“Level1”→“hostage1”→“Idle”目录下的 01、02、03、…、12 共十二张图片，分别拖放

到检视器中的 Frames 数组变量之中，并重新设置 hostage1 对象 Position 参数为：X=7.1，Y=0.86，Z=-1；摄像机的 Position 参数为：X=5.4，Y=0，Z=-10，此时的界面如图 5-245 所示。

图 5-244　添加刚体、碰撞体

图 5-245　设置动画组件

运行游戏，此时发现：人质 1 的动画运行时间较快，这是因为动画组件在大约 1 秒钟内运行完毕，没有指定运行时间的功能，下面说明如何修改前面所述的 AnimationController 代码文件或者 animationController 代码文件。

对于 C#开发者来说，在 AnimationController.cs 中添加相关代码，见代码 5-33。

代码 5-33　AnimationController 的 C#代码

```
 1: using UnityEngine;
 2: using System.Collections;
 3:
 4: public class AnimationController : MonoBehaviour
 5: {
 6:
 7:  public Texture [] frames;
 8:  public bool  direction=true;
 9:  public bool  destroy=false;
10:  public int lastFrameNo=0;
11:  public int index=0;
12:  public float timeLength=1.0f;
13:
14:  private bool oneTime=false;
15:  private int frameNumber=3;
16:  private float myTime=0;
17:  private  int myIndex=0;
18:
19:  void Update()
20:  {
21:
22:   frameNumber=frames.Length;
23:
24:   if(!oneTime)
25:   {
26:     myTime+=Time.deltaTime;
27:     myIndex=(int)(myTime*(frameNumber-1)/timeLength);
28:     index=myIndex%frameNumber;
29:   }
30:
31:   renderer.material.mainTexture=frames[index];
32:
33:   if(direction)
34:     renderer.material.mainTextureScale=new Vector2(1.0f,1);
35:   else
36:     renderer.material.mainTextureScale=new Vector2(-1.0f,1);
37:
38:   if(index==frameNumber-1 && destroy)
39:     Destroy(gameObject);
40:
41:   if(lastFrameNo!=0)
42:   {
43:     if(index==lastFrameNo-1)
44:       oneTime=true;
45:
46:   }
```

```
47:
48:  }
49:
50:  public void Reset()
51:  {
52:    myTime=0;
53:
54:  }
55:
56:}
```

在上述 C#代码中，与原有的代码 5-7 相比较，添加了第 12 行，用于设置动画的运行时间 timeLength；修改了代码第 27 行，设置在动画运行时间参数下 myIndex 的计算；添加了代码第 50 行到 54 行的 Reset()方法，实现动画组件的重置。

对于 JavaScript 开发者来说，在 animationController.js 中添加相关代码，见代码 5-34。

代码 5-34　animationController 的 JavaScript 代码

```
 1: var frames:Texture [];
 2: var index:int=0;
 3: var direction:boolean=true;
 4: var destroy:boolean=false;
 5: var lastFrameNo:int=0;
 6: var timeLength:float=1.0f;
 7:
 8: private var oneTime:boolean=false;
 9: private var frameNumber:int=3;
10: private var myTime:float=0;
11: private var myIndex:int =0;
12:
13: function Update()
14: {
15:
16:   frameNumber=frames.Length;
17:
18:   if(!oneTime)
19:   {
20:     myTime+=Time.deltaTime;
21:     myIndex=myTime*(frameNumber-1)/timeLength;
22:     index=myIndex%frameNumber;
23:   }
24:
25:   renderer.material.mainTexture=frames[index];
26:
27:   if(direction)
28:     renderer.material.mainTextureScale=new Vector2(1.0f,1);
29:   else
30:     renderer.material.mainTextureScale=new Vector2(-1.0f,1);
31:
```

```
32:    if(index==frameNumber-1 && destroy)
33:      Destroy(gameObject);
34:
35:    if(lastFrameNo!=0)
36:    {
37:      if(index==lastFrameNo-1)
38:        oneTime=true;
39:
40:    }
41:
42:  }
43:
44:  function Reset()
45:  {
46:     myTime=0;
47:
48:  }
```

在上述 JavaScript 代码中，与原有的代码 5-8 相比较，添加了第 6 行，用于设置动画的运行时间 timeLength；修改了代码第 21 行，设置在动画运行时间参数下 myIndex 的计算；添加了代码第 44 行到 48 行的 Reset()方法，实现动画组件的重置。

在图 5-246 中，设置 timeLength 的参数为 3，表示动画的运行时间是 3 秒，也就是说在 3 秒之内运行完毕 12 帧动画，动画的速度将会变慢。通过设置 timeLength 参数，可以调整动画的运行快慢。

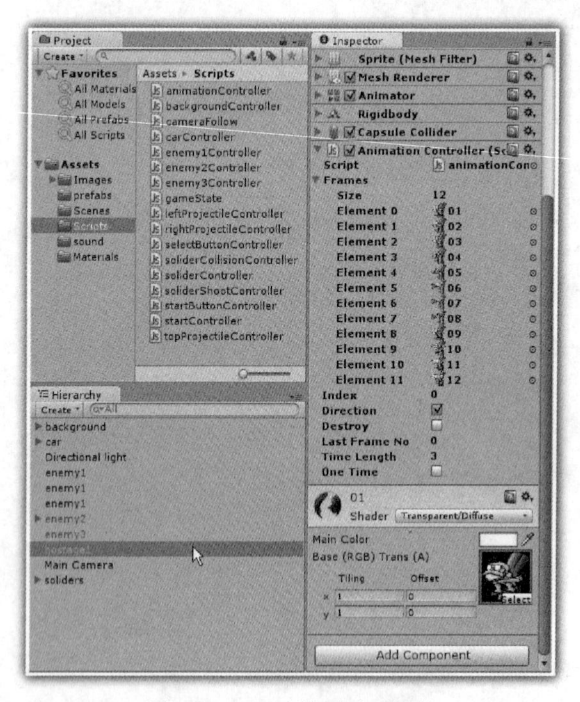

图 5-246　再次设置动画组件

再次运行程序，可以看到：人质 1 动画在 3 秒钟内执行完毕，此时的人质 1 动画运行的快慢是合适的。

2. 编辑人质 1 动画

在开始编辑人质动画 1 之前，需要在项目 Project 窗格中，选择“Images”→“Level1”→“hostage1”→“released”目录下的 10 图片，拖放到 hostage1 对象中，以便显示人质 1 的另外图片，便于编辑人质 1 动画，如图 5-247 所示。

图 5-247 重新显示人质 1

在图 5-247 中，单击“Window”→“Animation”，打开动画 Animation 编辑器窗格，将该窗格调整到左下方的窗口中，如图 5-248 所示。

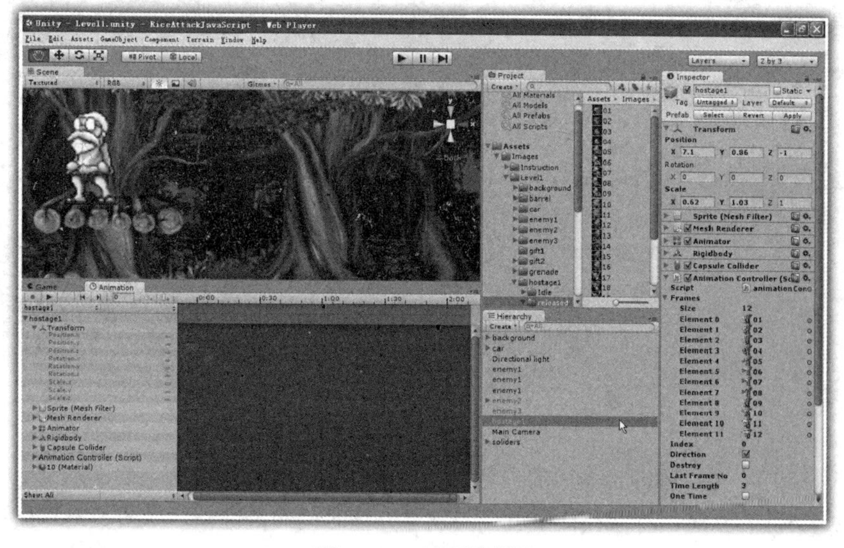

图 5-248 动画编辑器

在上述的图 5-248 中，单击动画编辑器中的“录制”按钮，在弹出的“Add Animation Component”对话框中，单击“Add Component”按钮，在出现的文件对话框中输入动画文件的名称为“hostage1”，出现如图 5-249 所示的开始界面。

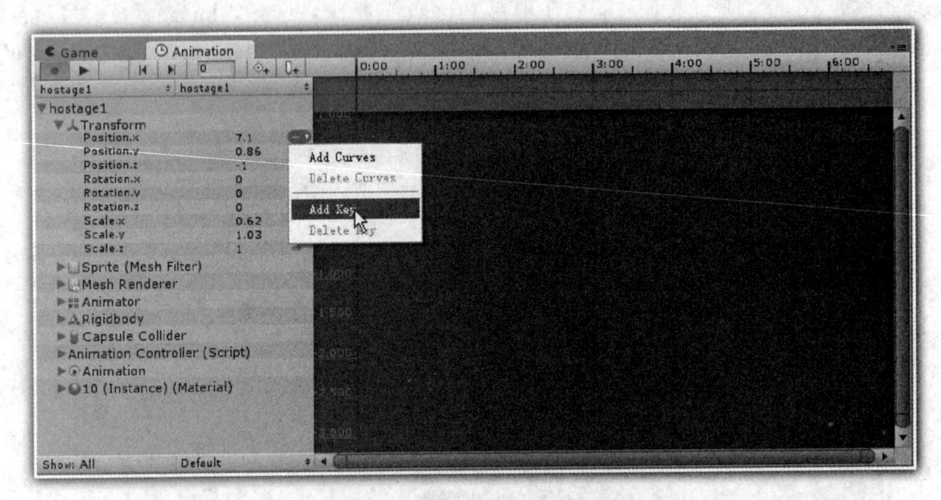

图 5-249　动画编辑器开始界面

在图 5-249 中，单击“Position.x”右边的“-”号按钮，在出现的快捷菜单中单击“Add Key”命令，就会在 0 秒种时刻，建立一个关键帧，此时人质 1 的 Position 参数为：X=7.1，Y=0.86，Z=-1；将动画编辑器中的红色时间线移动到 1 秒钟的时刻，此时的人质 1 位置不发生变化，与 0 秒钟时一样，因此重复建立一个关键帧即可，如图 5-250 所示。

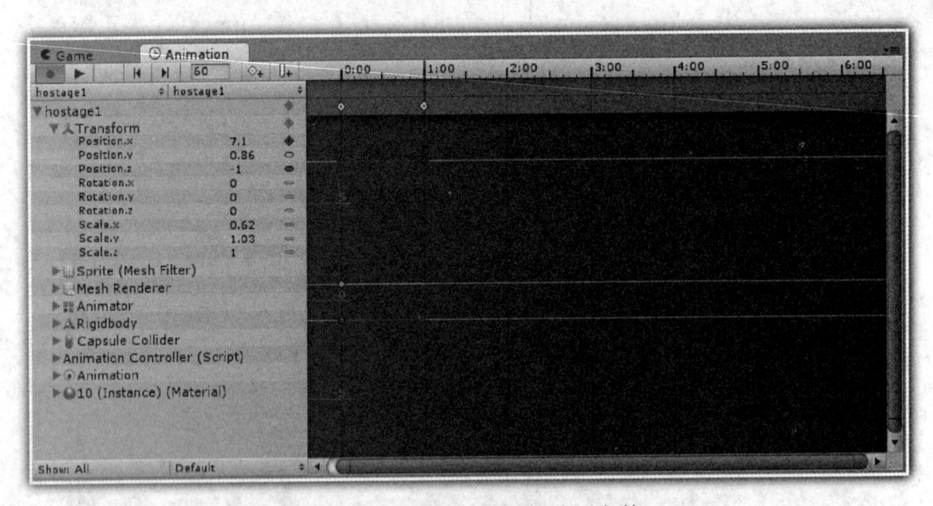

图 5-250　设置 1 秒时的动画参数

在图 5-250 中，将动画编辑器中的红色时间线移动到 2 秒钟的时刻，设置人质 1 的 Position 参数为：X=8.5，Y=0.86，Z=-1；此时就会自动建立该时刻的关键帧，如图 5-251 所示。

在图 5-251 中，再次将动画编辑器中的红色时间线移动到 3 秒钟的时刻，设置人质 1 的

Position 参数为：X=8.7，Y=-0.64，Z=-1；此时的设计界面如图 5-252 所示。

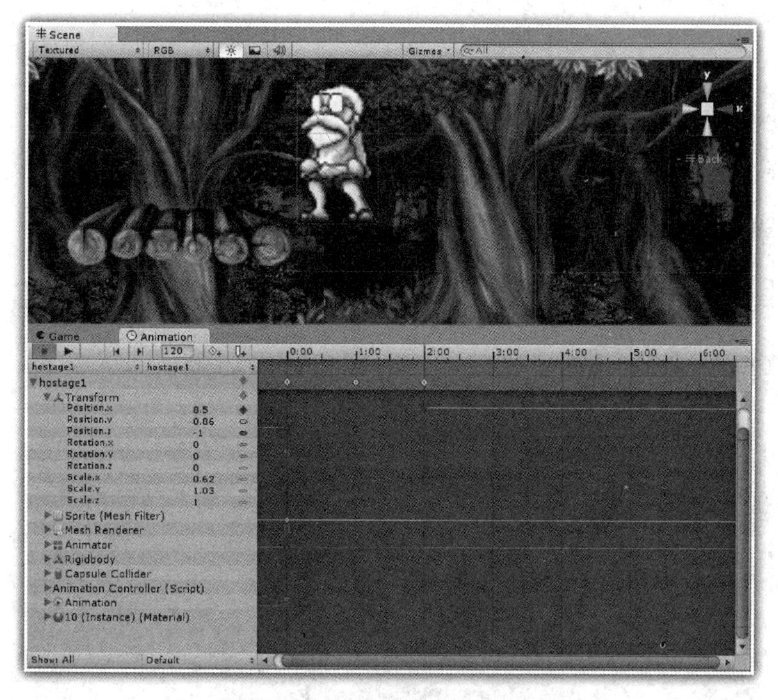

图 5-251　设置 2 秒时的动画参数

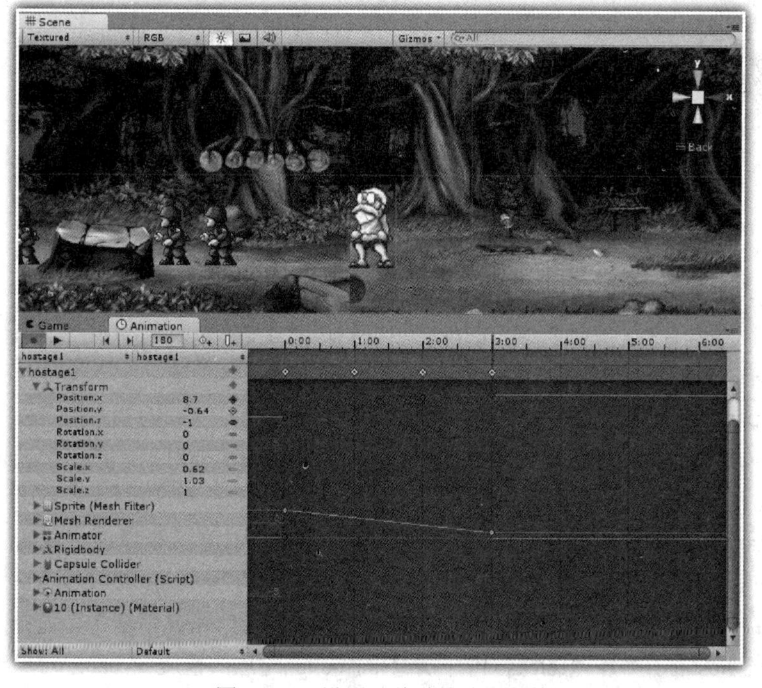

图 5-252　设置 3 秒时的动画参数

在图 5-252 中，将动画编辑器中的红色时间线移动到 6 秒钟的时刻，设置人质 1 的 Position 参数为：X=10，Y=-0.64，Z=-1；此时的设计界面如图 5-253 所示。

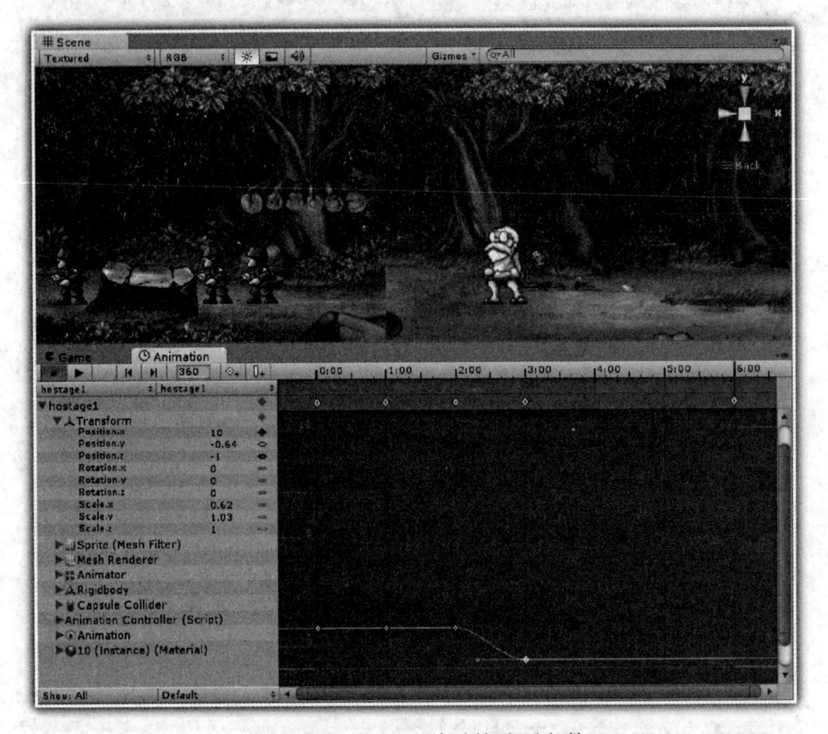

图 5-253　设置 6 秒时的动画参数

因此，在设置人质 1 的动画中，人质 1 在 1 秒钟内保持位置不变；在 1 秒到 2 秒之间，人质 1 从左向右运动，离开树木平台；在 2 秒到 3 秒之间，人质 1 从树木平台跳跃到地面；在 3 秒到 6 秒之间，人质 1 从左到右在地面运动。

在上述的图 5-253 中，单击动画编辑器中动画的“运行”按钮，可以在游戏场景窗格中，查看人质 1 动画的运行过程；如果不是设计者所需要的动画位置，可以再次修改。

再次单击动画编辑器中的“录制”按钮，退出动画编辑状态。

运行游戏，可以看到：此时人质 1 的动画运行轨迹是正确的，但是动画不是所需要的动画，需要在后面添加相关代码来实现。

3. 设置 pang 对象

设置 pang 对象的目的是：当人质 1、人质 2 甚至后面的木桶对象，被士兵发射的子弹击中之后，会出现 pang 对象，提高与玩家的交互性。

在项目 Project 窗格中，选择 prefabs 文件夹中的 sprite 对象，直接拖放该对象到层次 Hierarchy 窗格中，将该对象的名称修改为 pang，在检视器窗格中设置其 Position 参数为：X=0，Y=0，Z=-1.1；Scale 参数为：X=0.74，Y=0.29，Z=1；然后在项目 Project 窗格中，选择“Images”→“Level1”→“hostage1”→“released”目录下的 pang 图片，拖放到 pang 对象中，以便显示 pang 对象，并拖放 sound 文件夹中的 pang 声音文件到 pang 对象中，最后非勾选该 pang 对象，使得在游戏场景中或者游戏中不显示 pang 对象，需要通过后面的代码，来实现 pang 对象的显示或者隐藏，如图 5-254 所示。

图 5-254　设置 pang 对象

4. 设置医药包

设置医药包对象的目的是：当人质 1 被士兵解救之后，人质 1 会留下一个医药包，以便提高士兵的生命值。

在项目 Project 窗格中，选择 prefabs 文件夹中的 sprite 对象，直接拖放该对象到层次 Hierarchy 窗格中，将该对象的名称修改为 gift1，在检视器窗格中设置其 Position 参数为：X=0，Y=0，Z=-1；Scale 参数为：X=0.32，Y=0.32，Z=1；然后在项目 Project 窗格中，选择“Images”→“Level1”→“gift1”目录下的 01 图片，拖放到 gift1 对象中，以便显示 gift1 对象。

选择 Scripts 文件夹中的 AnimationController 代码文件或者 animationController 代码文件，拖放到层次 Hierarchy 窗格中的 gift1 对象之上；再次选择“Images”→“Level1”→“gift1”目录下的 01 和 02 图片，分别拖放到检视器中的 Frames 数组变量之中，如图 5-255 所示。

在层次 Hierarchy 窗格中，选择 gift1 对象，单击菜单“Component”→“Physics”→“Rigidbody”命令，为 gift1 对象添加一个刚体，展开 Constraints 参数，勾选 Freeze Position 的 Z，设置 gift1 对象不在 Z 轴上移动；勾选 Freeze Rotation 的 X、Y 和 Z，设置 gift1 对象不允许在 X、Y 和 Z 轴旋转，非勾选 Use Gravity，不使用重力属性。

继续单击菜单“Component”→“Physics”→“Box Collider”命令，为 gift1 对象添加一个长方体碰撞体，设置该碰撞体的大小，让该碰撞体大概包围医药包，勾选 Is Trigger 属性，如图 5-256 所示。

在如图 5-256 所示的层次 Hierarchy 窗格中，选择 gift1 对象，设置 gift1 对象的标签 Tag 为

gift1，然后直接拖放该 gift1 对象到项目窗口的 prefabs 文件之中，创建一个 gift1 预制件。最后在层次 Hierarchy 窗格中删除 gift1 对象。

图 5-255　设置 gift1 对象

图 5-256　添加刚体、碰撞体

5. 实现人质 1 动画

下面说明如何通过代码实现人质 1 动画。

对于C#开发者来说，在项目Project窗格中，选择Scripts文件夹，在右键出现的快捷菜单中选择“Create”→“C# Script”命令，创建一个C#文件，修改该文件的名称为Hostage1-Controller.cs，在Hostage1Controller.cs中书写相关代码，见代码5-35。

代码 5-35　Hostage1Controller 的 C#代码

```
 1: using UnityEngine;
 2: using System.Collections;
 3:
 4: public class hostage1Controller : MonoBehaviour
 5: {
 6:
 7:   public Texture [] hostageFrames;
 8:   public Texture [] releasedHostageFrames;
 9:   public GameObject pang;
10:   public GameObject gift1;
11:
12:   float x=7.45f;
13:   float y=0.86f;
14:   float width;
15:   float height;
16:   int hitTimes=0;
17:   float myTime=0;
18:   bool release=false;
19:
20:  AnimationController myAnimationController;
21:
22:  void Start()
23:  {
24:
25:   myAnimationController=GetComponent<AnimationController>();
26:   myAnimationController.frames=hostageFrames;
27:
28:  }
29:
30:  void Update()
31:  {
32:
33:   width=myAnimationController.frames[
                 myAnimationController.index].width/100.0f;
34:   height=myAnimationController.frames[
                 myAnimationController.index].height/100.0f;
35:
36:   transform.localScale=new Vector3 (width,height,1.0f);
37:
38:   myTime+=Time.deltaTime;
39:
40:   if(release)
```

```
41:    {
42:
43:      transform.position=new Vector3(x-width/2.0f,y+height/2.0f,-1.0f);
44:
45:      animation.Play();
46:
47:       if(myTime>1.0f)
48:         myAnimationController.direction=false;
49:
50:      if(myTime>3.2f)
51:      {
52:        Instantiate(gift1,new Vector3(8.5f,-0.64f,-1.0f),transform.rotation);
53:        myTime=0;
54:
55:      }
56:
57:    }
58:    else
59:    {
60:      transform.position=new Vector3(x-width/2.0f,y,-1.0f);
61:
62:    }
63:
64:  }
65:
66:  void OnTriggerEnter(Collider other)
67:  {
68:    if(other.tag=="projectile")
69:    {
70:      Destroy(other.gameObject);
71:
72:      hitTimes++;
73:
74:      if(hitTimes>=3)
75:      {
76:        pang.transform.position=new Vector3(transform.position.x,
                      transform.position.y,-1.1f);
77:
78:        pang.SetActive(true);
79:        StartCoroutine(WaitForTime());
80:
81:        myAnimationController.Reset();
82:        myAnimationController.frames=releasedHostageFrames;
83:        myAnimationController.timeLength=6.0f;
84:        myAnimationController.direction=false;
85:        myAnimationController.destroy=true;
86:
87:        y=0.14f;
```

```
 88:        myTime=0;
 89:        hitTimes=0;
 90:        release=true;
 91:      }
 92:
 93:    }
 94:
 95:  }
 96:
 97:  IEnumerator WaitForTime()
 98:  {
 99:    yield return new WaitForSeconds(0.5f);
100:   pang.SetActive(false);
101:
102: }
103:
104:}
```

在上述C#代码中，实现的主要功能是人质1的动画。在默认状态下，人质1被绑在树木上，人质1向士兵呼叫寻求解脱。当士兵发射的子弹击中人质1对象三次之后，人质1对象被解脱，并播放被解脱的动画，从树木上跳跃到地面，并为士兵留下添加生命值的医药包，最后消失在游戏场景中。

代码第7行到第20行定义了各种变量，其中第7行设置了人质1默认状态下的动画序列数组变量hostageFrames；第8行则设置了人质1在被解救状态下的动画序列数组变量releasedHostageFrames；第9行设置pang变量用于关联前面所建立的pang对象；第10行则设置了gift1变量，用于关联医药包。

代码第22行到第28行所定义的Start()方法中，用于初始化相关变量。代码第25行获得人质1对象中的代码AnimationController的引用，并通过第26行设置动画序列图片为默认状态下的hostageFrames变量。

代码第30行到第64行所定义的Update()方法中，代码第33行、34行分别获得动画序列图片的宽度和高度，并在第36行设置适当的图片尺寸；第38行设置动画运行的累计时间，在默认状态下，执行第60行语句，也就是AnimationController所设置的默认Idle动画；如果released为true，则执行第45行语句，也就是前面通过动画编辑器所编辑的hostage1动画。

在执行hostage1动画的第1秒钟之内，人质1的位置保持不变；当1秒钟之后，人质1动画的朝向向右（代码第48行）；在第3.2秒之后，执行第52行语句，此时人质1已经落在地面，留下医药包；然后继续向右移动直到人质1对象消失。

代码第66行到第95行所定义的OnTriggerEnter()方法中，实现士兵发射的子弹与人质1动画的碰撞检测。第70行语句销毁子弹对象；如果子弹击中人质1对象超过三次，则出现pang对象（代码第78行），并通过第81行到85行设置相关动画参数。

代码第97行到第102行所定义的WaitForTime()方法，用于延时0.5秒，也就是说显示pang对象0.5秒钟之后，就再次隐藏。

对于JavaScript 开发者来说，在项目Project窗格中，选择Scripts文件夹，在右键出现的快捷菜单中选择“Create”→“Javascript”命令，创建一个 JavaScript 文件，修改该文件的名称为 hostage1Controller.js，在 hostage1Controller.js 中书写相关代码，见代码 5-36。

代码 5-36　hostage1Controller 的 JavaScript 代码

```
 1: var hostageFrames:Texture [];
 2: var releasedHostageFrames:Texture [];
 3: var pang:GameObject;
 4: var gift1:GameObject;
 5:
 6: private var x:float=7.45f;
 7: private var y:float=0.86f;
 8: private var width:float;
 9: private var height:float;
10: private var hitTimes:int=0;
11: private var myTime:float=0;
12: private var release:boolean=false;
13:
14: private var myAnimationController:animationController;
15:
16: function Start()
17: {
18:
19:   myAnimationController=GetComponent("animationController");
20:   myAnimationController.frames=hostageFrames;
21: }
22:
23: function Update()
24: {
25:
26:   width=myAnimationController.frames[
                    myAnimationController.index].width/100.0f;
27:   height=myAnimationController.frames[
                    myAnimationController.index].height/100.0f;
28:
29:   transform.localScale=new Vector3(width,height,1.0f);
30:
31:   myTime+=Time.deltaTime;
32:
33:   if(release)
34:   {
35:
36:     transform.position=new Vector3(x-width/2.0f,y+height/2.0f,-1.0f);
37:
38:     animation.Play();
39:
40:     if(myTime>1.0f)
41:       myAnimationController.direction=false;
42:
```

```
43:     if(myTime>3.2f)
44:     {
45:       Instantiate(gift1,new Vector3(8.5f,-0.64f,-1.0f),transform.rotation);
46:       myTime=0;
47:
48:     }
49:
50:   }
51:   else
52:   {
53:     transform.position=new Vector3(x-width/2.0f,y,-1.0f);
54:
55:   }
56:
57: }
58:
59: function OnTriggerEnter(other:Collider)
60:  {
61:   if(other.tag=="projectile")
62:   {
63:     Destroy(other.gameObject);
64:
65:     hitTimes++;
66:
67:     if(hitTimes>=3)
68:     {
69:       pang.transform.position=new Vector3(
                    transform.position.x,transform.position.y,-1.1f);
70:       pang.SetActive(true);
71:        WaitForTime();
72:
73:       myAnimationController.Reset();
74:       myAnimationController.frames= releasedHostageFrames;
75:       myAnimationController.timeLength=6.0f;
76:       myAnimationController.direction=false;
77:       myAnimationController.destroy=true;
78:
79:       y=0.14f;
80:       myTime=0;
81:       hitTimes=0;
82:       release=true;
83:     }
84:
85:   }
86:
87:  }
88:
89: function WaitForTime()
```

```
90:  {
91:    yield new WaitForSeconds(0.5f);
92:    pang.SetActive(false);
93:
94:  }
```

在上述 JavaScript 代码中，实现的主要功能是人质 1 的动画。在默认状态下，人质 1 被绑在树木上，人质 1 向士兵呼叫寻求解脱。当士兵发射的子弹击中人质 1 对象三次之后，人质 1 对象被解脱，并播放被解脱的动画，从树木上跳跃到地面，并为士兵留下添加生命值的医药包，最后消失在游戏场景中。

代码第 1 行到第 14 行定义了各种变量，其中第 1 行设置了人质 1 默认状态下的动画序列数组变量 hostageFrames；第 2 行则设置了人质 1 在被解救状态下的动画序列数组变量 releasedHostageFrames；第 3 行设置 pang 变量用于关联前面所建立的 pang 对象；第 4 行则设置了 gift1 变量，用于关联医药包。

代码第 16 行到第 21 行所定义的 Start()方法中，用于初始化相关变量。代码第 19 行获得人质 1 对象中的代码 AnimationController 的引用，并通过第 20 行设置动画序列图片为默认状态下的 hostageFrames 变量。

代码第 23 行到第 57 行所定义的 Update()方法中，代码第 26 行、27 行分别获得动画序列图片的宽度和高度，并在第 29 行设置适当的图片尺寸；第 31 行设置动画运行的累计时间，在默认状态下，执行第 53 行语句，也就是 AnimationController 所设置的默认 Idle 动画；如果 released 为 true，则执行第 38 行语句，也就是前面通过动画编辑器所编辑的 hostage1 动画。

在执行 hostage1 动画的第 1 秒钟之内，人质 1 的位置保持不变；当 1 秒钟之后，人质 1 动画的朝向向右（代码第 41 行）；在第 3.2 秒之后，执行第 45 行语句，此时人质 1 已经落在地面，留下医药包；然后继续向右移动直到人质 1 对象消失。

代码第 59 行到第 87 行所定义的 OnTriggerEnter()方法中，实现士兵发射的子弹与人质 1 动画的碰撞检测。第 63 行语句销毁子弹对象；如果子弹击中人质 1 对象超过三次，则出现 pang 对象（代码第 70 行），并通过第 73 行到 77 行设置相关动画参数。

代码第 89 行到第 94 行所定义的 WaitForTime()方法，用于延时 0.5 秒，也就是说显示 pang 对象 0.5 秒钟之后，就再次隐藏。

在项目 Project 窗格中，选择 Scripts 文件夹中的 Hostage1Controller 代码文件或者 hostage1Controller 代码文件，拖放到层次 Hierarchy 窗格中的 hostage1 对象之上；选择“Images”→“Level1”→“hostage1”→“Idle”目录下的 01、02、…、11 和 12 图片，分别拖放到检视器中的 Hostage Frames 数组变量之中，如图 5-257 所示。

选择“Images”→“Level1”→“hostage1”→“released”目录下的 01、02、…、23 和 24 图片，分别拖放到检视器中的 Released Hostage Frames 数组变量之中，如图 5-258 所示。

在层次 Hierarchy 窗格中，选择 pang 对象，拖放到检视器中的 pang 变量的右边；在项目 Project 窗格中，选择 prefabs 文件夹中的 gift1 预制件，拖放到检视器中 gift1 变量的右边，如图 5-259 所示。

这里需要说明的是，在图 5-229 中，在组件 Animation 中，需要非勾选“Play Automatically”，

以便让代码 Hostage1Controller 或者 hostage1Controller，运行前面动画编辑器所编辑的动画 hostage1Animation。

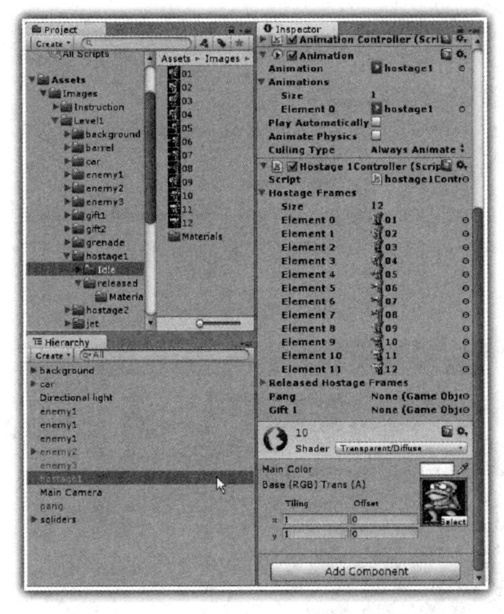

图 5-257　添加 Hostage Frames 图片序列

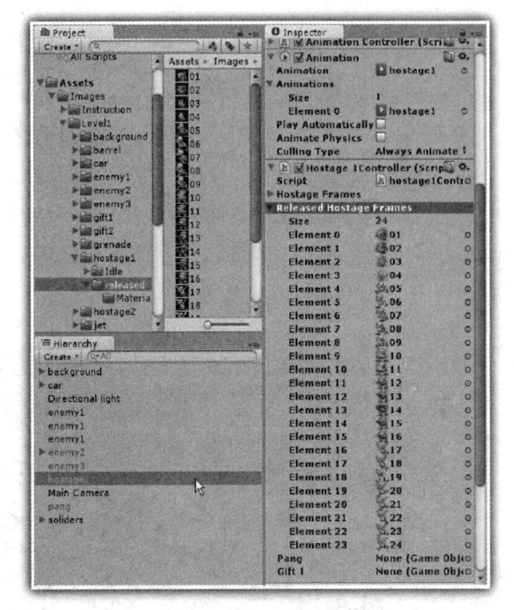

图 5-258　添加 Released Hostage Frames 图片序列

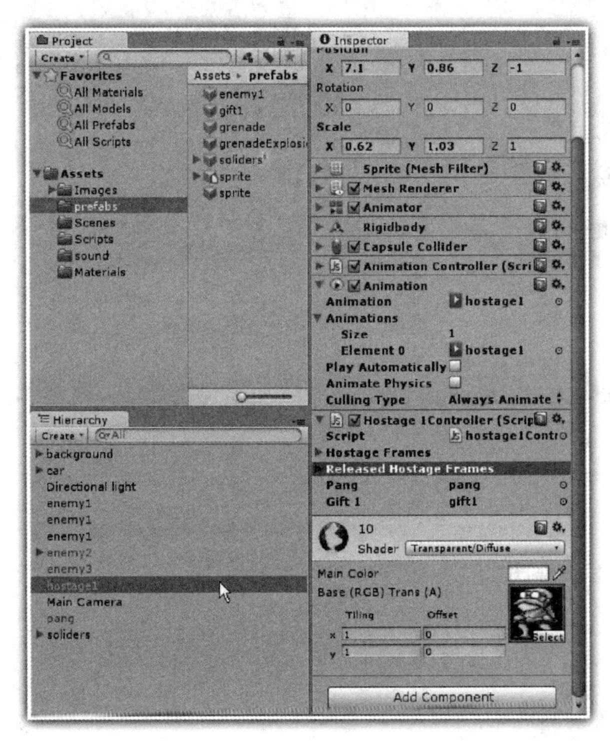

图 5-259　关联 pang 对象、gift1 对象

运行游戏，可以发现：当士兵子弹击中人质 1 对象三次以上，人质 1 被解救，并且跳跃到地面向右移动，留下医药包，然后消失。

6. 设置人质 1

下面介绍如何设置人质 1 对象在游戏场景中不被显示，然后编写相关代码，实现当士兵进入相关的游戏位置之后，才激活人质 1，从而达到所需要的游戏效果。

在层次 Hierarchy 窗格中选择 hostage1 对象，然后在项目 Project 窗格中，选择“Images”→“Level1”→“hostage1”→“Idle”目录下的 01 图片，拖放到 hostage1 对象中，以便显示人质 1，并在检视器中非勾选 hostage1 对象，这样 hostage1 对象就不会在游戏场景或者游戏窗口中显示，处于非 Active 的状态，但是在游戏场景窗格中可以看到坐标的指示位置。如图 5-260 所示。

图 5-260 设置人质 1 对象

对于 C#开发者来说，在 CameraFollow.cs 中添加相关代码，见代码 5-37。

代码 5-37 CameraFollow 的 C#代码

```
 1: using UnityEngine;
 2: using System.Collections;
 3:
 4: public class CameraFollow : MonoBehaviour
 5: {
 6:   public GameObject myHostage1;
 7:   public GameObject target;
 8:   public GameObject enemy2;
 9:   public GameObject enemy3;
10:   GameObject soliderGameObject;
```

```
11: SoliderController mySoliderController;
12: float velocity=0.0F;
13: float newPositionX;
14: float newPositionY;
15:
16: void Start()
17: {
18:
19:   soliderGameObject=GameObject.Find("soliders");
20:   mySoliderController=soliderGameObject.GetComponent<SoliderController>();
21: }
22:
23: void Update()
24: {
25:
26:     if(!mySoliderController.moveDirection)
27:     {
28:       if(target.transform.position.x>0 && target.transform.position.x<33.5)
29:     {
30:         newPositionX=Mathf.SmoothDamp(transform.position.x,
                    target.transform.position.x,ref velocity,1.0f);
31:
32:           transform.position=new Vector3(newPositionX,
                    transform.position.y, transform.position.z);
33:
34:       }
35:
36:     }
37:     else
38:     {
39:      if(target.transform.position.x>0 && target.transform.position.x<33.5)
40:      {
41:           newPositionX=Mathf.SmoothDamp(transform.position.x,
                    target.transform.position.x,ref velocity,1.0f);
42:
43:          transform.position=new Vector3 (newPositionX,
                    0, transform.position.z);
44:      }
45:
46:    }
47:
48:    if(transform.position.x>2.8f)
49:     {
50:       if(enemy2!=null)
51:         enemy2.SetActive(true);
52:
53:     }
54:
```

05
第五章
合金弹头
游戏项目

```
55:     if(transform.position.x>12.0f)
56:      {
57:        if(enemy3!=null)
58:          enemy3.SetActive(true);
59:
60:      }
61:
62:     if(transform.position.x>3.6f)
63:      {
64:
65:        if(myHostage1!=null)
66:          myHostage1.SetActive(true);
67:
68:      }
69:
70:  }
71:
72: }
```

在上述 C#代码中，与代码 5-33 相比较，只是添加了代码第 6 行，用于关联人质 1 对象；添加了代码第 62 行到第 68 行，当士兵移动到右边的某个距离时，将会激活人质 1 对象，使得人质 1 对象处于激活状态。

对于 JavaScript 开发者来说，在 cameraFollow.js 中添加相关代码，见代码 5-38。

代码 5-38　cameraFollow 的 JavaScript 代码

```
 1: var target:GameObject;
 2: var enemy2:GameObject;
 3: var enemy3:GameObject;
 4: var hostage1:GameObject;
 5: private var soliderGameObject:GameObject;
 6: private var mySoliderController:soliderController;
 7: private var velocity:float=0.0F;
 8: private var newPositionX:float;
 9: private var newPositionY:float;
10: function Start()
11: {
12:
13:   soliderGameObject=GameObject.Find("soliders");
14:   mySoliderController=soliderGameObject.GetComponent("soliderController");
15:
16: }
17:
18: function Update()
19: {
20:
21:   if(!mySoliderController.moveDirection)
22:    {
23:     if(target.transform.position.x>0 &&
```

```
                         target.transform.position.x<33.5)
24:        {
25:            newPositionX=Mathf.SmoothDamp(transform.position.x,
                        target.transform.position.x,velocity,1.0f);
26:
27:            transform.position=new Vector3(newPositionX,
                        transform.position.y, transform.position.z);
28:
29:        }
30:
31:     }
32:   else
33:   {
34:          if(target.transform.position.x>0 &&
                        target.transform.position.x<33.5)
35:          {
36:            newPositionX=Mathf.SmoothDamp(transform.position.x,
                        target.transform.position.x,velocity,1.0f);
37:            transform.position=new Vector3 (newPositionX,0,transform.position.z);
38:
39:          }
40:
41:     }
42:
43:   if(transform.position.x>2.8f)
44:     {
45:      if(enemy2!=null)
46:        enemy2.SetActive(true);
47:
48:     }
49:
50:   if(transform.position.x>12.0f)
51:     {
52:      if(enemy3!=null)
53:        enemy3.SetActive(true);
54:
55:   }
56:
57:   if(transform.position.x>3.6f)
58:     {
59:      if(hostage1 !=null)
60:        hostage1.SetActive(true);
61:
62:     }
63:
64: }
```

在上述 JavaScript 代码中，与代码 5-34 相比较，只是添加了代码第 4 行，用于关联人质 1 对象；添加了代码第 57 行到第 62 行，当士兵移动到右边的某个距离时，将会激活人质 1 对象，使得人质1对象处于激活状态。

在层次Hierarchy窗格中，选择hostage1对象，拖放到CameraFollow.cs或者cameraFollow.js代码文件hostage1变量的右边，如图5-261所示。

运行游戏，可以看到：当士兵移动到如图5-261所示的位置时，由于摄像机也是跟随士兵移动，此时摄像机的位置x大于3.6时，就会激活人质1。

图5-261　设置cameraFollow代码

人质1在默认状态下的动画，如图5-262所示；如果士兵向上发射子弹，子弹击中人质1超过三次以上，则人质1会被解救，出现pang状态，如图5-263所示。

图5-262　人质1的默认状态

图5-263　人质1的pang状态

人质1在被解救的1秒钟之内，人质1保持位置不变，在原有的位置出现挣脱被绑的绳索动画，如图5-264所示；然后在第2秒钟之内，向右奔跑，如图5-265所示。

人质1在向右奔跑后，准备跳跃到地面，如图5-266所示；而图5-267则显示了人质1跳跃的地面的界面。

图 5-264　人质 1 被解救开始状态

图 5-265　人质 1 被解救逃跑状态

图 5-266　人质 1 被解救跳跃状态

图 5-267　人质 1 被解救跳跃到地面状态

人质 1 跳跃到地面之后，会为士兵留下医药包，如图 5-268 所示；人质 1 继续再向右奔跑 3 秒钟，然后消失在场景中，如图 5-269 所示。

图 5-268　人质 1 留下医药包

图 5-269　人质 1 从右到左奔跑

5.6.2 人质 2 动画

人质 2 动画根据需求，首先需要显示人质 2，介绍编辑人质 2 动画，然后设置子弹包，最后实现人质 2 动画。

1. 显示人质 2

在项目 Project 窗格中，选择 prefabs 文件夹中的 sprite 对象，直接拖放该对象到层次 Hierarchy 窗格中，将该对象的名称修改为 hostage2，在检视器窗格中设置其 Position 参数为：X=0，Y=-0.75，Z=-1；Scale 参数为：X=0.63，Y=0.64，Z=1；然后在项目 Project 窗格中，选择“Images”→“Level1”→“hostage2”→“idle”目录下的 01 图片，拖放到 hostage2 对象中，以便显示人质 2，如图 5-270 所示。

图 5-270 显示人质 2

在层次 Hierarchy 窗格中，选择 hostage2 对象，单击菜单“Component”→“Physics”→“Rigidbody”命令，为人质 hostage2 对象添加一个刚体，展开其中的 Constraints 参数，勾选 Freeze Position 的 Z，设置人质不在 Z 轴上移动；勾选 Freeze Rotation 的 X、Y 和 Z，设置人质不允许在 X、Y 和 Z 轴旋转，非勾选 Use Gravity，不使用重力属性；继续单击菜单“Component”→“Physics”→“Capsule Collider”命令，为人质添加一个胶囊碰撞体，设置该碰撞体的大小，让该碰撞体大概包围人质；设置 Capsule Collider 下的 Radius 参数为 0.3，勾选 Is Trigger 属性，如图 5-271 所示。

在项目 Project 窗格中，选择 Scripts 文件夹中的 AnimationController 代码文件或者 animationController 代码文件，拖放到层次 Hierarchy 窗格中的 hostage2 对象之上；选择“Images”→“Level1”→“hostage2”→“idle”目录下的 01、02 和 03 共三张图片，分别拖放到检视器中的 Frames 数组变量之中，并重新设置 hostage2 对象 Position 参数为：X=7.95，Y=-0.75，Z=-1；

摄像机的 Position 参数为：X=7.2，Y=0，Z=-10；此时的界面如图 5-272 所示。

图 5-271　添加刚体、碰撞体

图 5-272　设置动画组件

2. 编辑人质 2 动画

在层次 Hierarchy 窗格中，选择 hostage2 对象，然后单击“Window”→“Animation”，打开动画 Animation 编辑器窗格，将该窗格调整到左下方的窗口中，如图 5-273 所示。

图 5-273　动画编辑器

在上述的图 5-273 中，单击动画编辑器中的“录制”按钮，在弹出的“Add Animation Component”对话框中，单击“Add Component”按钮，在出现的文件对话框中输入动画文件的名称为“hostage2”，出现如图 5-274 所示的开始界面。

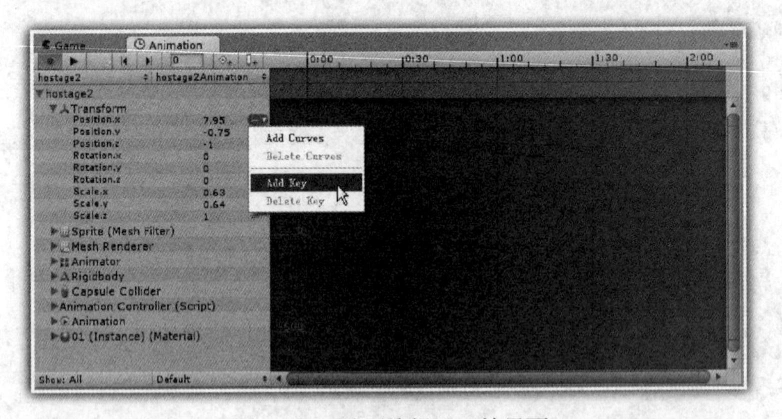

图 5-274　动画编辑器开始界面

在图 5-274 中，单击“Position.x”右边的“-”号按钮，在出现的快捷菜单中单击“Add Key”命令，就会在 0 秒种时刻，建立一个关键帧，此时人质 2 的 Position 参数为：X=7.95，Y=-0.75，Z=-1；将动画编辑器中的红色时间线移动到 1 秒钟的时刻，保持此时人质 2 位置不发生变化，与 0 秒钟时一样，因此重复建立一个关键帧即可，如图 5-275 所示。

在图 5-275 中，将动画编辑器中的红色时间线移动到 3 秒钟的时刻，设置人质 2 的 Position

参数为：X=7，Y=-0.75，Z=-1；此时会自动建立该时刻的关键帧，如图 5-276 所示。

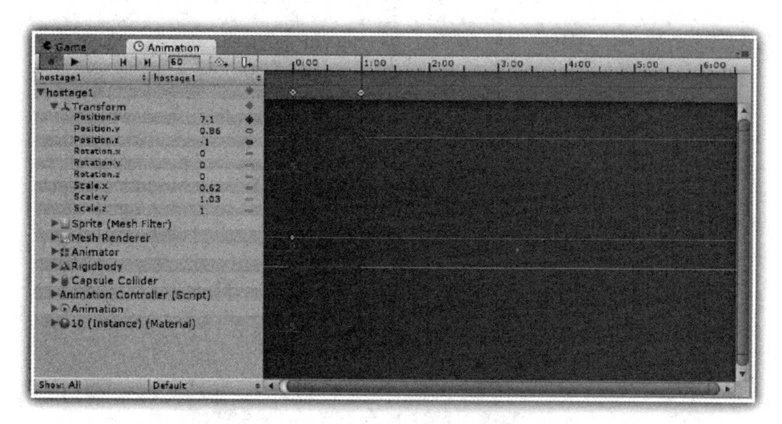

图 5-275　设置 1 秒时的动画参数

图 5-276　设置 3 秒时的动画参数

在图 5-276 中，再次将动画编辑器中的红色时间线移动到 4 秒钟的时刻，保持设置人质 2 的位置不变，也就是说，此时人质 2 在此位置停留 1 秒钟，建立一个关键帧，如图 5-277 所示。

在图 5-277 中，将动画编辑器中的红色时间线移动到 6 秒钟的时刻，设置人质 2 的 Position 参数为：X=6.1，Y=-0.75，Z=-1；此时的设计界面如图 5-278 所示。

因此，在设置人质 2 的动画中，人质 2 在 1 秒钟内保持位置不变；在 1 秒到 3 秒之间，人质 2 从右向左运动；在 3 秒到 4 秒之间，人质 2 再次保持位置不变；在 4 秒到 6 秒之间，人质 2 从右向左在地面运动。

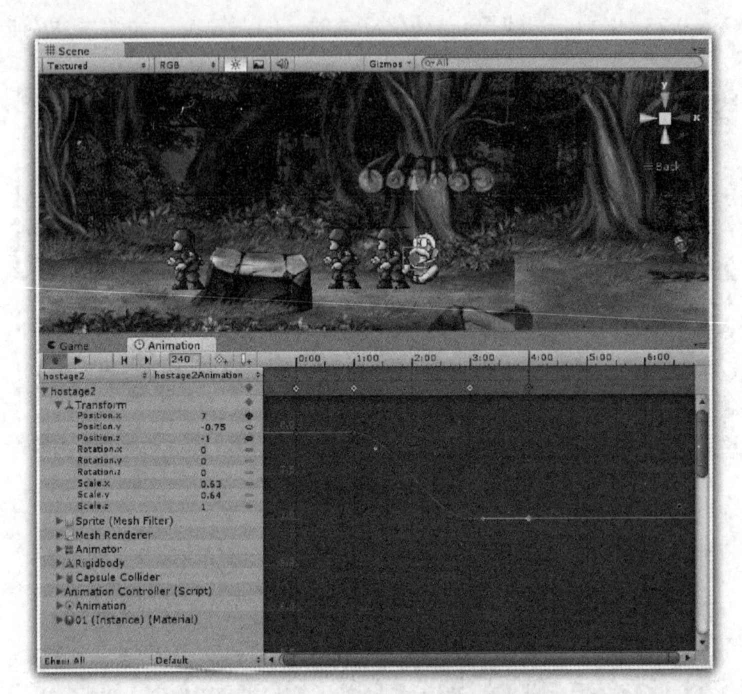

图 5-277　设置 4 秒时的动画参数

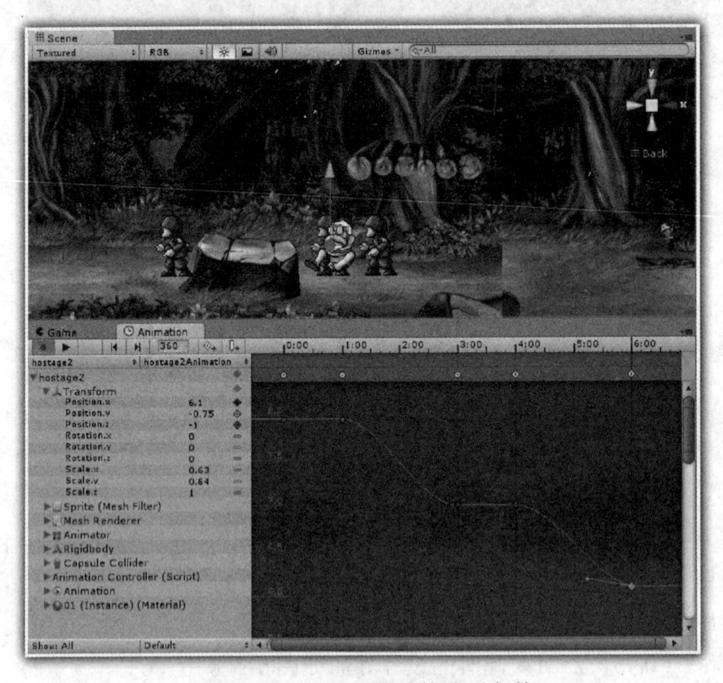

图 5-278　设置 6 秒时的动画参数

在上述的图 5-278 中，单击动画编辑器中动画的“运行”按钮，可以在游戏场景窗格中，查看人质 2 动画的运行过程；如果不是设计者所需要的动画位置，可以再次修改。

再次单击动画编辑器中的“录制”按钮，即可退出动画编辑状态。

3. 设置子弹包

设置子弹包对象的目的是：当人质 2 被士兵解救之后，人质 2 会留下一个子弹包，以便士兵添加子弹的数量。

在项目 Project 窗格中，选择 prefabs 文件夹中的 sprite 对象，直接拖放该对象到层次 Hierarchy 窗格中，将该对象的名称修改为 gift1，在检视器窗格中设置其 Position 参数为：X=0，Y=0，Z=-1；Scale 参数为：X=0.32，Y=0.32，Z=1；然后在项目 Project 窗格中，选择“Images”→“Level1”→“gift2”目录下的 01 图片，拖放到 gift2 对象中，以便显示 gift2 对象。

选择 Scripts 文件夹中的 AnimationController 代码文件或者 animationController 代码文件，拖放到层次 Hierarchy 窗格中的 gift1 对象之上；再次选择“Images”→“Level1”→“gift2”目录下的 01 和 02 图片，分别拖放到检视器中的 Frames 数组变量之中，如图 5-279 所示。

图 5-279　设置 gift2 对象

在层次 Hierarchy 窗格中，选择 gift1 对象，单击菜单“Component”→“Physics”→“Rigidbody”命令，为 gift1 对象添加一个刚体，展开 Constraints 参数，勾选 Freeze Position 的 Z，设置 gift1 对象不在 Z 轴上移动；勾选 Freeze Rotation 的 X、Y 和 Z，设置 gift1 对象不允许在 X、Y 和 Z 轴旋转，非勾选 Use Gravity，不使用重力属性。

继续单击菜单“Component”→“Physics”→“Box Collider”命令，为 gift2 对象添加一个长方体碰撞体，设置该碰撞体的大小，让该碰撞体大概包围子弹包，勾选 Is Trigger 属性，如图 5-280 所示。

在如图 5-280 所示的层次 Hierarchy 窗格中，选择 gift2 对象，设置 gift2 对象的标签 tag 为 gift2，然后直接拖放该 gift1 对象到项目窗口的 prefabs 文件之中，创建一个 gift2 预制件。最后在层次 Hierarchy 窗格中删除 gift2 对象。

图 5-280　添加刚体、碰撞体

4. 实现人质 2 动画

下面说明如何通过代码实现人质 2 动画。

对于 C#开发者来说，在项目 Project 窗格中，选择 Scripts 文件夹，在右键出现的快捷菜单中选择“Create”→“C# Script”命令，创建一个 C#文件，修改该文件的名称为 Hostage2Controller.cs，在 Hostage2Controller.cs 中书写相关代码，见代码 5-39。

代码 5-39　Hostage2Controller 的 C#代码

```
 1: using UnityEngine;
 2: using System.Collections;
 3:
 4: public class hostage2Controller : MonoBehaviour
 5: {
 6:
 7:   public Texture [] hostageFrames;
 8:   public Texture [] releasedHostageFrames;
 9:   public GameObject pang;
10:   public GameObject gift2;
11:
12:  float x=7.95f;
13:  float y=-0.75f;
14:  float width;
15:  float height;
16:  int hitTimes=0;
17:  float myTime=0;
```

```
18:  bool release=false;
19:
20:  AnimationController myAnimationController;
21:
22:  void Start()
23:  {
24:
25:    myAnimationController=GetComponent<AnimationController>();
26:    myAnimationController.frames=hostageFrames;
27:
28:  }
29:
30:  void Update()
31:  {
32:
33:    width=myAnimationController.frames[
                         myAnimationController.index].width/100.0f;
34:    height=myAnimationController.frames[
                         myAnimationController.index].height/100.0f;
35:
36:    transform.localScale=new Vector3(width,height,1.0f);
37:
38:    myTime+=Time.deltaTime;
39:
40:    if(release)
41:    {
42:
43:      transform.position=new Vector3(x-width/2.0f,y+height/2.0f,-1.0f);
44:
45:      animation.Play();
46:
47:        if(myTime>1.0f)
48:          myAnimationController.direction=true;
49:
50:      if(myTime>3.2f)
51:      {
52:        Instantiate(gift2,new Vector3(6.74f,-0.75f,-1.0f),transform.rotation);
53:        myTime=0;
54:
55:      }
56:
57:    }
58:    else
59:    {
60:      transform.position=new Vector3(x-width/2.0f,y,-1.0f);
61:
62:    }
63:
```

```
 64: }
 65:
 66: void OnTriggerEnter(Collider other)
 67: {
 68:   if(other.tag=="projectile")
 69:   {
 70:     Destroy(other.gameObject);
 71:
 72:     hitTimes++;
 73:
 74:     if(hitTimes >=3)
 75:     {
 76:       pang.transform.position=new Vector3(transform.position.x,
                   transform.position.y,-1.1f);
 77:
 78:       pang.SetActive(true);
 79:       StartCoroutine(WaitForTime());
 80:
 81:       myAnimationController.Reset();
 82:       myAnimationController.frames= releasedHostageFrames;
 83:       myAnimationController.timeLength=6.0f;
 84:       myAnimationController.direction=true;
 85:       myAnimationController.destroy=true;
 86:
 87:      // y=0.14f;
 88:       myTime=0;
 89:       hitTimes=0;
 90:       release=true;
 91:     }
 92:
 93:   }
 94:
 95: }
 96:
 97: IEnumerator WaitForTime()
 98: {
 99:   yield return new WaitForSeconds(0.5f);
100:   pang.SetActive(false);
101:
102: }
103:
104:}
```

在上述 C#代码中，与代码 5-35 相比较基本一样，下面说明不同之处。

代码第 10 行，将变量名称修改为 gift2；代码第 12、13 行修改了人质 2 的所处位置坐标；代码第 52 行，修改了实例化的对象为 gift2，实例化对象的位置也发生了变化；修改了代码第 48 行、第 84 行，设置人质 2 的朝向是左方向；另外删除了第 87 行。

对于 JavaScript 开发者来说，在项目 Project 窗格中，选择 Scripts 文件夹，在右键出现的快捷菜单中选择“Create”→“Javascript”命令，创建一个 JavaScript 文件，修改该文件的名称为 hostage2Controller.js，在 hostage2Controller.js 中书写相关代码，见代码 5-40。

代码 5-40　hostage2Controller 的 JavaScript 代码

```
 1: var hostageFrames:Texture [];
 2: var releasedHostageFrames:Texture [];
 3: var pang:GameObject;
 4: var gift1:GameObject;
 5:
 6: private var x:float=7.95f;
 7: private var y:float=-0.75f;
 8: private var width:float;
 9: private var height:float;
10: private var hitTimes:int=0;
11: private var myTime:float=0;
12: private var release:boolean=false;
13:
14: private var myAnimationController:animationController;
15:
16: function Start()
17: {
18:
19:   myAnimationController=GetComponent("animationController");
20:   myAnimationController.frames=hostageFrames;
21: }
22:
23: function Update()
24: {
25:
26:   width=myAnimationController.frames[
                      myAnimationController.index].width/100.0f;
27:   height=myAnimationController.frames[
                      myAnimationController.index].height/100.0f;
28:
29:   transform.localScale=new Vector3(width,height,1.0f);
30:
31:   myTime+=Time.deltaTime;
32:
33:   if(release)
34:   {
35:
36:     transform.position=new Vector3(x-width/2.0f,y+height/2.0f,-1.0f);
37:
38:     animation.Play();
39:
40:     if(myTime>1.0f)
```

```
41:        myAnimationController.direction=true;
42:
43:      if(myTime>3.2f)
44:      {
45:        Instantiate(gift2,new Vector3(6.74f,-0.75f,-1.0f),transform.rotation);
46:        myTime=0;
47:
48:      }
49:
50:    }
51:    else
52:    {
53:      transform.position=new Vector3(x-width/2.0f,y,-1.0f);
54:
55:    }
56:
57:  }
58:
59:  function OnTriggerEnter(other:Collider)
60:  {
61:    if(other.tag=="projectile")
62:    {
63:      Destroy(other.gameObject);
64:
65:      hitTimes++;
66:
67:      if(hitTimes>=3)
68:      {
69:        pang.transform.position=new Vector3(
                 transform.position.x,transform.position.y,-1.1f);
70:        pang.SetActive(true);
71:         WaitForTime();
72:
73:        myAnimationController.Reset();
74:        myAnimationController.frames=releasedHostageFrames;
75:        myAnimationController.timeLength=6.0f;
76:        myAnimationController.direction=true;
77:        myAnimationController.destroy=true;
78:
79:       // y=0.14f;
80:        myTime=0;
81:        hitTimes=0;
82:        release=true;
83:      }
84:
85:    }
86:
87:  }
```

```
88:
89: function WaitForTime()
90:  {
91:    yield new WaitForSeconds(0.5f);
92:    pang.SetActive(false);
93:
94:  }
```

在上述 JavaScript 代码中，与代码 5-36 相比较基本一样，下面说明不同之处。

代码第 4 行，将变量名称修改为 gift2；代码第 6、7 行修改了人质 2 的所处位置坐标；代码第 45 行，修改了实例化的对象为 gift2，实例化对象的位置也发生了变化；修改了代码第 41 行、第 76 行，设置人质 2 的朝向是左方向；另外删除了第 79 行。

在项目 Project 窗格中，选择 Scripts 文件夹中的 Hostage2Controller 代码文件或者 hostage2Controller 代码文件，拖放到层次 Hierarchy 窗格中的 hostage2 对象之上；选择“Images”→“Level1”→“hostage2”→“idle”目录下的 01、02、和 03 图片，分别拖放到检视器中的 Hostage Frames 数组变量之中，如图 5-281 所示。

选择“Images”→“Level1”→“hostage2”→“released”目录下的 01、02、…、23 和 24 图片，分别拖放到检视器中的 Released Hostage Frames 数组变量之中，如图 5-282 所示。

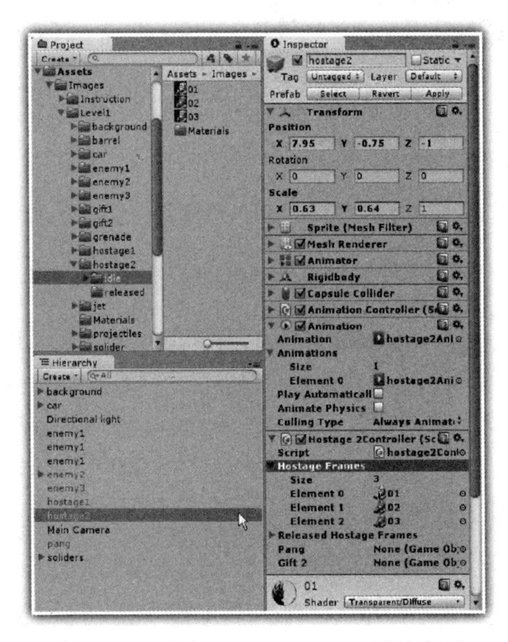

图 5-281　添加 Hostage Frames 图片序列

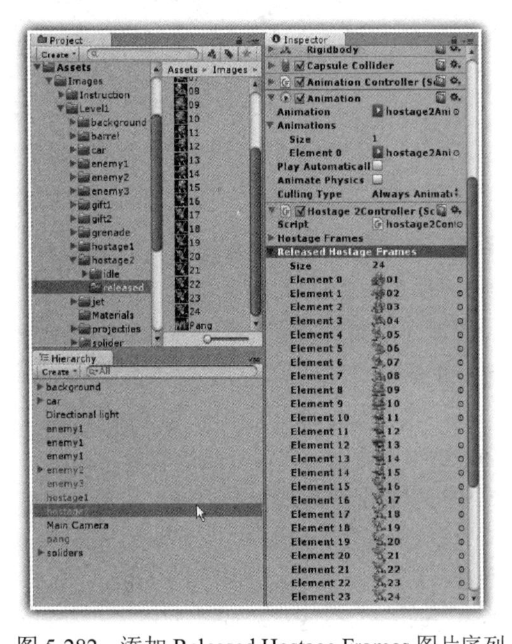

图 5-282　添加 Released Hostage Frames 图片序列

在层次 Hierarchy 窗格中，选择“pang”对象，拖放到检视器中的 pang 变量的右边；在项目 Project 窗格中，选择 prefabs 文件夹中的 gift2 预制件，拖放到检视器中 gift2 变量的右边，如图 5-283 所示。

这里需要说明的是，在图 5-283 中，在组件 Animation 中，需要非勾选“Play Automatically”，以便让代码 Hostage2Controller 或者 hostage2Controller，运行前面动画编辑器所编辑的动画

hostage2Animation。

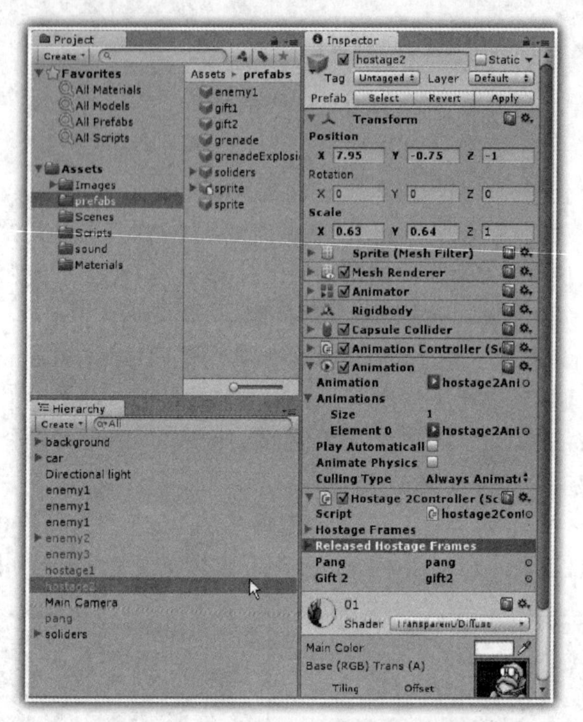

图 5-283　关联 pang 对象、gift2 对象

运行游戏，可以发现：当士兵子弹击中人质 2 对象三次以上，人质 2 被解救，并且从右到左移动，留下子弹包，然后消失。

5. 设置人质 2

下面介绍如何设置人质 2 对象在游戏场景中不被显示，然后编写相关代码，实现当士兵进入相关的游戏位置之后，才激活人质 2，从而达到所需要的游戏效果。

在层次 Hierarchy 窗格中选择 hostage2 对象，并在检视器中非勾选 hostage2 对象，这样 hostage2 对象就不会在游戏场景或者游戏窗口中显示，处于非 Active 的状态，但是在游戏场景窗格中可以看到坐标的指示位置，如图 5-284 所示。

对于 C#开发者来说，在 CameraFollow.cs 中添加相关代码，见代码 5-41。

代码 5-41　CameraFollow 的 C#代码

```
1: using UnityEngine;
2: using System.Collections;
3: public class CameraFollow : MonoBehaviour
4: {
5:   public GameObject myHostage1;
6:   public GameObject myHostage2;
7:   public GameObject target;
8:   public GameObject enemy2;
9:   public GameObject enemy3;
```

图 5-284　设置人质 2 对象

```
10:  GameObject soliderGameObject;
11:  SoliderController mySoliderController;
12:  float velocity=0.0F;
13:  float newPositionX;
14:  float newPositionY;
15:
16:  void Start()
17:  {
18:
19:    soliderGameObject=GameObject.Find("soliders");
20:    mySoliderController=soliderGameObject.GetComponent<SoliderController>();
21:  }
22:
23:  void Update()
24:  {
25:
26:     if(!mySoliderController.moveDirection)
27:     {
28:       if(target.transform.position.x>0 && target.transform.position.x<33.5)
29:     {
30:        newPositionX=Mathf.SmoothDamp(transform.position.x,
                   target.transform.position.x,ref velocity,1.0f);
31:
32:          transform.position=new Vector3 (newPositionX,
                   transform.position.y, transform.position.z);
33:
34:      }
35:
36:     }
37:     else
```

```
38:     {
39:      if(target.transform.position.x>0 && target.transform.position.x<33.5)
40:      {
41:           newPositionX=Mathf.SmoothDamp(transform.position.x,
                   target.transform.position.x,ref velocity,1.0f);
42:
43:         transform.position=new Vector3 (newPositionX,0, transform.position.z);
44:      }
45:
46:    }
47:
48:    if(transform.position.x>2.8f)
49:     {
50:       if(enemy2!=null)
51:         enemy2.SetActive(true);
52:
53:     }
54:
55:    if(transform.position.x>12.0f)
56:     {
57:       if(enemy3!=null)
58:         enemy3.SetActive(true);
59:
60:     }
61:
62:    if(transform.position.x>3.6f)
63:     {
64:
65:       if(myHostage1!=null)
66:         myHostage1.SetActive(true);
67:
68:       if(myHostage2!=null)
69:         myHostage2.SetActive(true);
70
71:     }
72:
73:  }
74:
75: }
```

在上述 C#代码中，与代码 5-37 相比较，只是添加了代码第 6 行，用于关联人质 2 对象；添加了代码第 68 行、69 行，当士兵移动到右边的某个距离时，将会激活人质 2 对象，使得人质 2 对象处于激活状态。

对于 JavaScript 开发者来说，在 cameraFollow.js 中添加相关代码，见代码 5-42。

代码 5-42　cameraFollow 的 JavaScript 代码

```
1: var target:GameObject;
2: var enemy2:GameObject;
3: var enemy3:GameObject;
4: var hostage1:GameObject;
5: var hostage2:GameObject;
```

```
 6: private var soliderGameObject:GameObject;
 7: private var mySoliderController:soliderController;
 8: private var velocity:float=0.0F;
 9: private var newPositionX:float;
10: private var newPositionY:float;
11: function Start()
12:{
13:   soliderGameObject=GameObject.Find("soliders");
14:   mySoliderController=soliderGameObject.GetComponent("soliderController");
15:
16: }
17:
18: function Update()
19: {
20:
21:   if(!mySoliderController.moveDirection)
22:    {
23:     if(target.transform.position.x>0 &&target.transform.position.x<33.5)
24:     {
25:         newPositionX=Mathf.SmoothDamp(transform.position.x,
                      target.transform.position.x,velocity,1.0f);
26:
27:         transform.position=new Vector3(newPositionX,
                      transform.position.y, transform.position.z);
28:
29:     }
30:
31:    }
32:   else
33:   {
34:       if(target.transform.position.x>0 && target.transform.position.x<33.5)
35:       {
36:         newPositionX=Mathf.SmoothDamp(transform.position.x,
                      target.transform.position.x,velocity,1.0f);
37:         transform.position=new Vector3 (newPositionX,0,transform.position.z);
38:
39:       }
40:
41:    }
42:
43:   if(transform.position.x>2.8f)
44:    {
45:     if(enemy2!=null)
46:       enemy2.SetActive(true);
47:
48:    }
49:
50:   if(transform.position.x>12.0f)
```

```
51:    {
52:     if(enemy3!=null)
53:       enemy3.SetActive(true);
54:
55:    }
56:
57:   if(transform.position.x>3.6f)
58:    {
59:     if(hostage1!=null)
60:       hostage1.SetActive(true);
61:
62:     if(hostage2!=null)
63:       hostage2.SetActive(true);
64:
65:    }
66:
67: }
```

在上述 JavaScript 代码中，与代码 5-38 相比较，只是添加了代码第 5 行，用于关联人质 2 对象；添加了代码第 62 行、63 行，当士兵移动到右边的某个距离时，将会激活人质 2 对象，使得人质 2 对象处于激活状态。

在层次 Hierarchy 窗格中，选择 hostage2 对象，拖放到 CameraFollow.cs 或者 cameraFollow.js 代码文件 hostage2 变量的右边，如图 5-285 所示。

图 5-285　设置 cameraFollow 代码

运行游戏，可以看到：当士兵移动到如图 5-285 所示的位置时，由于摄像机也是跟随士兵移动，此时摄像机的位置X大于3.6时，就会激活人质2。

人质2在默认状态下的动画，如图5-286所示；如果士兵向右发射子弹，子弹击中人质2超过三次以上，则人质2会被解救，出现pang状态，如图5-287所示。

图5-286　人质2的默认状态

图5-287　人质2的pang状态

人质2在被解救的1秒钟之内，人质1保持位置不变，在原有的位置出现挣脱被绑的绳索动画，然后向右奔跑，如图5-288所示；随后为士兵留下子弹包，消失在游戏场景中，如图5-289所示。

图5-288　人质2从左到右奔跑

图5-289　人质2留下子弹包

5.7 木桶障碍物

木桶障碍物，是合金弹头游戏项目中的另外一个游戏对象，在士兵的前进过程中，阻碍士兵的前行，需要士兵炸毁木桶障碍物后，才能继续向右前进。

5.7.1　木桶障碍物

木桶障碍物根据需求，首先需要显示木桶，然后实现木桶障碍物。

1. 显示木桶

在项目 Project 窗格中，选择 prefabs 文件夹中的 sprite 对象，直接拖放该对象到层次 Hierarchy 窗格中，将该对象的名称修改为 barrel，在检视器窗格中设置其 Position 参数为：X=0，Y=-0.75，Z=-1；Scale 参数为：X=0.59，Y=0.79，Z=1；然后在项目 Project 窗格中，选择“Images”→“Level1”→“barrel”目录下的 01 图片，拖放到 barrel 对象中，以便显示木桶，如图 5-290 所示。

图 5-290　显示木桶

2. 木桶障碍物

在层次 Hierarchy 窗格中，选择 barrel 对象，单击菜单“Component”→“Physics”→“Rigidbody”命令，为木桶 barrel 对象添加一个刚体，展开 Constraints 参数，勾选 Freeze Position 的 Z，设置人质不在 Z 轴上移动；勾选 Freeze Rotation 的 X、Y 和 Z，设置木桶 barrel 不允许在 X、Y 和 Z 轴旋转，非勾选 Use Gravity，不使用重力属性；继续单击菜单“Component”→“Physics”→“Box Collider”命令，为木桶 barrel 对象添加一个长方体碰撞体，设置该碰撞体的大小，让该碰撞体大概包围木桶 barrel 对象，如图 5-291 所示。

这里需要说明的是，在图 5-291 中，设置了 Is Trigger 属性为非勾选，与前面碰撞体设置的不一样。当 Is Trigger 属性为非勾选时，如果士兵与木桶发生碰撞，士兵不能再穿越木桶而过，木桶将成为木桶障碍物，阻碍士兵前进。

5.7.2　木桶被炸毁

要实现木桶被炸毁，首先需要设计木桶的各种状态，实现木桶的爆炸效果，然后实现木桶被炸毁的效果，最后设置木桶在指定的位置激活。

图 5-291　木桶障碍物

1．木桶的各种状态

这里为木桶总共设计了四种动画状态，它们分别是 Start 状态、Broken 状态、Small 状态以及 Explosion 状态。

为实现上述木桶的各种状态，这里设计了相关状态下的图片，以下分别予以说明。

图 5-292 显示了木桶的 Start 状态图片，也就是木桶默认的静止状态。

图 5-292　木桶的 Start 状态图片

图 5-293 显示了木桶的 Broken 状态图片，当木桶被子弹射中三次以上，即会出现木桶的 Broken 状态。

图 5-294 显示了木桶的 Small 状态图片，当木桶被子弹射中六次以上，即会出现木桶的 Small 状态。

图 5-293　木桶的 Broken 状态图片

图 5-294　木桶的 Small 状态图片

图 5-295 显示了木桶的 Explosion 状态图片，当木桶被子弹射中九次以上，即会出现木桶的

Explosion 状态。木桶的 Explosion 状态由十张动画序列图片组成。

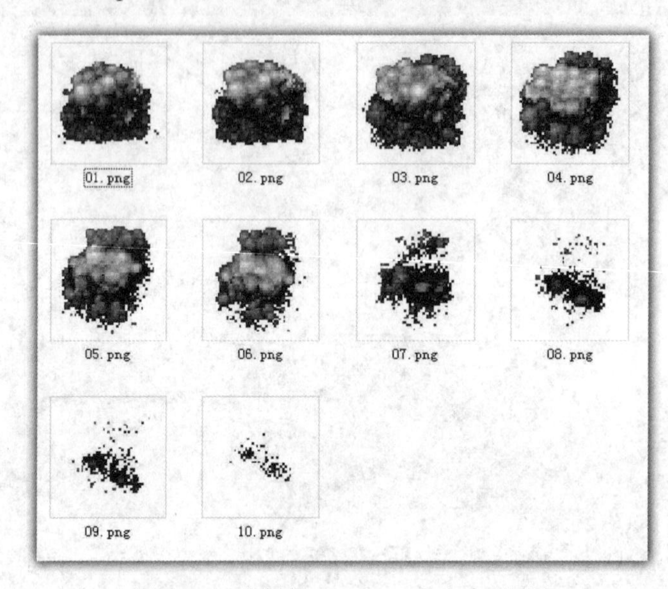

图 5-295　木桶的 Explosion 状态序列图片

2. 木桶的爆炸效果

在项目 Project 窗格中，选择 prefabs 文件夹中的 sprite 对象，直接拖放该对象到层次 Hierarchy 窗格中，将该对象的名称修改为 tankFireExplosion，在检视器窗格中设置其 Position 参数为：X=-1，Y=0，Z=-1；Scale 参数为：X=1，Y=1，Z=1；然后在项目 Project 窗格中，选择“Images”→“Level1”→“tank”→“tankFireExplosion”目录下的 01 图片，拖放到 tankFireExplosion 对象中，以便显示爆炸效果，如图 5-296 所示。

图 5-296　显示木桶的爆炸效果

选择 AnimationController 代码文件或者 animationController 代码文件，拖放到层次 Hierarchy 窗格中的 tankFireExplosion 对象之上；在项目 Project 窗格中，选择“Images”→“Level1”→“tank”→“tankFireExplosion”目录下的 01、02、…、09 和 10 共十张图片，分别拖放到检视器中的 Frames 数组变量之中，并注意勾选 Destroy 变量，表示爆炸效果会自动销毁；然后拖放 sound 文件夹中的 tankFireExplosion 声音文件，拖放到层次 Hierarchy 窗格中的 tankFireExplosion 对象之上，以便 tankFireExplosion 对象伴随爆炸声音，如图 5-297 所示。

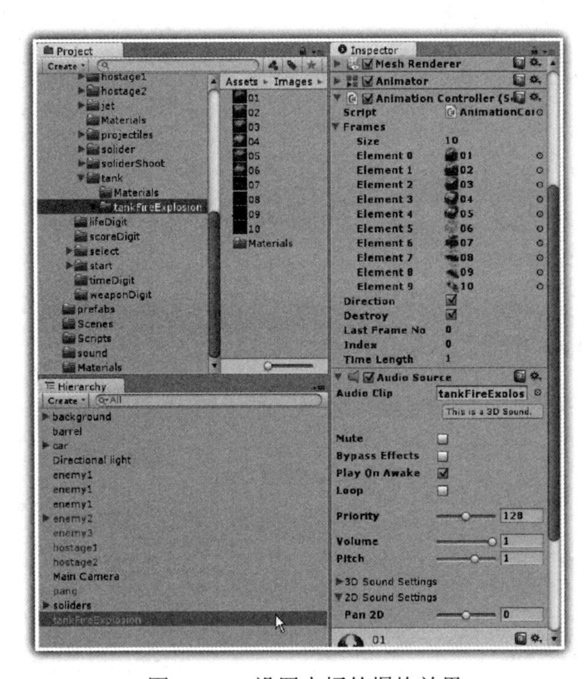

图 5-297　设置木桶的爆炸效果

在如图 5-297 所示的层次 Hierarchy 窗格中，选择 tankFireExplosion 对象，然后直接拖放该 tankFireExplosion 对象到项目窗口的 prefabs 文件之中，创建一个 tankFireExplosion 预制件。最后在层次 Hierarchy 窗格中删除 tankFireExplosion 对象。

3. 木桶被炸毁

要实现木桶被士兵子弹击中、炸毁的功能，需要编写代码来实现。

对于 C#开发者来说，在项目 Project 窗格中，选择 Scripts 文件夹，在右键出现的快捷菜单中选择“Create”→“C# Script”命令，创建一个 C#文件，修改该文件的名称为 BarrelController.cs，在 BarrelController.cs 中书写相关代码，见代码 5-43。

代码 5-43　BarrelController 的 C#代码

```
1: using UnityEngine;
2: using System.Collections;
3:
4: enum BarrelState
5: {
6:    Start,
```

```
 7:    Broken,
 8:    Small,
 9:    Explosion
10:}
11:
12: public class barrelController : MonoBehaviour
13: {
14:   public Texture broken;
15:   public Texture small;
16:   public GameObject explosion;
17:
18:   GameObject myCamera;
19:   int myTimes=0;
20:   BarrelState barrelState;
21:
22:   void Update()
23:   {
24:
25:     switch(barrelState)
26:     {
27:       case BarrelState.Broken:
28:
29:         renderer.material.mainTexture=broken;
30:
31:           break;
32:       case BarrelState.Small:
33:
34:         renderer.material.mainTexture=small;
35:           transform.localScale=new Vector3(0.59f,0.39f,1.0f);
36:           transform.position=new Vector3(transform.position.x,-0.9f,-1.0f);
37:
38:           break;
39:       case BarrelState.Explosion:
40:
41:         Instantiate(explosion,transform.position+
                    new Vector3(0,0,-1.1f),Quaternion.identity);
42:
43:         Destroy(gameObject);
44:
45:           break;
46:
47:     }
48:
49:   }
50:
51:   void OnTriggerEnter(Collider other)
52:   {
53:     myCamera=GameObject.Find("Main Camera");
```

```
54:
55:     if(other.tag=="projectile")
56:     {
57:
58:        Destroy(other.gameObject);
59:
60:        myTimes++;
61:
62:        if(myTimes>=3)
63:          barrelState=BarrelState.Broken;
64:
65:        if(myTimes>=6)
66:          barrelState=BarrelState.Small;
67:
68:        if(myTimes>=9)
69:        {
70:          barrelState=BarrelState.Explosion;
71:
72:      //  DigitDisplay.score+=300;
73:
74:        }
75:     }
76: }
77:
78:}
```

在上述 C#代码中，代码第 4 行到第 10 行定义了一个枚举 BarrelState，设置了木桶的四种状态，它们分别是 Start、Broken、Small 以及 Explosion。

代码第 14 行到第 20 行设置了相关变量，其中第 14 行到第 16 行，设置了公有变量，以便在检视器中关联相关状态下的图片、爆炸效果。

代码第 25 行到第 47 行所定义的 switch 语句，根据木桶所处的不同状态，设置木桶不同的图片。当木桶处于 Broken 状态时（代码第 27 行），木桶显示 broken 图片；当木桶处于 Small 状态时（代码第 32 行），木桶显示 small 图片；当木桶处于 Explosion 状态时（代码第 39 行），实例化爆炸效果，木桶会销毁。

代码第 51 行到第 76 行所定义的 OnTriggerEnter()方法，主要实现士兵发射的子弹与木桶的碰撞检测。

这里需要说明的是，尽管木桶的 Is Trigger 属性为 false，但由于士兵发射的子弹对象的 Is Trigger 属性为 true，因此还是可以采用 OnTriggerEnter()方法来检测碰撞的。

代码第 58 行销毁发生碰撞的子弹对象；代码第 60 行实现碰撞次数的累加；当子弹击中木桶三次以上（代码第 62 行），代码第 63 行设置木桶为 Broken 状态；当子弹击中木桶六次以上（代码第 65 行），代码第 66 行设置木桶为 Small 状态；当子弹击中木桶九次以上（代码第 68 行），代码第 70 行设置木桶为 Explosion 状态。

这里需要说明的是，第 72 行语句被注释，在今后的语句修改中不再列出该代码的全部部分，而只是说明该语句为添加部分。

对于 JavaScript 开发者来说，在项目 Project 窗格中，选择 Scripts 文件夹，在右键出现的快捷菜单中选择“Create”→“Javascript”命令，创建一个 JavaScript 文件，修改该文件的名称为 barrelController.js，在 barrelController.js 中书写相关代码，见代码 5-44。

代码 5-44　barrelController 的 JavaScript 代码

```
 1: enum BarrelState
 2: {
 3:
 4:    Start,
 5:    Broken,
 6:    Small,
 7:    Explosion
 8: }
 9:
10: var  broken:Texture;
11: var small:Texture;
12: var  explosion:GameObject;
13: private var  myCamera:GameObject;
14: private var myTimes:int=0;
15: private var barrelState:BarrelState;
16:
17: function Update()
18: {
19:
20:   switch (barrelState)
21:   {
22:     case BarrelState.Broken:
23:
24:       renderer.material.mainTexture=broken;
25:
26:       break;
27:     case BarrelState.Small:
28:
29:       renderer.material.mainTexture=small;
30:       transform.localScale=new Vector3 (0.59f,0.39f,1.0f);
31:       transform.position=new Vector3(transform.position.x,-0.9f,-1.0f);
32:
33:       break;
34:     case BarrelState.Explosion:
35:
36:       Instantiate(explosion,transform.position+
                       new Vector3(0,0,-1.1f),Quaternion.identity);
37:       Destroy(gameObject);
38:       break;
39:
40:   }
41:
```

```
42:  }
43:
44: function OnTriggerEnter(other:Collider)
45:  {
46:
47:   myCamera=GameObject.Find("Main Camera");
48:
49:   if(other.tag=="projectile")
50:   {
51:     Destroy(other.gameObject);
52:
53:     myTimes++;
54:
55:     if(myTimes>=3)
56:       barrelState=BarrelState.Broken;
57:
58:     if(myTimes>=6)
59:       barrelState=BarrelState.Small;
60:
61:     if(myTimes>=9)
62:      {
63:       barrelState=BarrelState.Explosion;
64:
65:        //digitDisplay.score+=300;
66:
67:      }
68:
69:    }
70:
71:  }
```

在上述 JavaScript 代码中，代码第 1 行到第 8 行定义了一个枚举 BarrelState，设置了木桶的四种状态，它们分别是 Start、Broken、Small 以及 Explosion。

代码第 10 行到第 15 行设置了相关变量，其中第 10 行到第 12 行，设置了公有变量，以便在检视器中关联相关状态下的图片、爆炸效果。

代码第 20 行到第 40 行所定义的 switch 语句，根据木桶所处的不同状态，设置木桶不同的图片。当木桶处于 Broken 状态时（代码第 22 行），木桶显示 broken 图片；当木桶处于 Small 状态时（代码第 27 行），木桶显示 small 图片；当木桶处于 Explosion 状态时（代码第 34 行），实例化爆炸效果，木桶会销毁。

代码第 44 行到第 71 行所定义的 OnTriggerEnter()方法，主要实现士兵发射的子弹与木桶的碰撞检测。

这里需要说明的是，尽管木桶的 Is Trigger 属性为 false，但由于士兵发射的子弹对象的 Is Trigger 属性为 true，因此还是可以采用 OnTriggerEnter()方法来检测碰撞的。

代码第 51 行销毁发生碰撞的子弹对象；代码第 53 行实现碰撞次数的累加；当子弹击中木桶三次以上（代码第 55 行），代码第 56 行设置木桶为 Broken 状态；当子弹击中木桶六次以上

（代码第 58 行），代码第 59 行设置木桶为 Small 状态；当子弹击中木桶九次以上（代码第 61 行），代码第 63 行设置木桶为 Explosion 状态。

这里需要说明的是，第 65 行语句被注释，在今后的语句修改中不再列出该代码的全部部分，而只是说明该语句为添加部分。

在项目 Project 窗格中，选择 Scripts 文件夹中的 BarrelController 代码文件或者 barrelController 代码文件，拖放到层次 Hierarchy 窗格中的 barrel 对象之上；选择“Images”→“Level1”→“barrel”→“idle”目录下的 02、03 图片，分别拖放到检视器中的 broken、small 变量之中；选择 prefabs 目录下的 tankFireExplosion 预制件，拖放到检视器中的 Explosion 变量之中，如图 5-298 所示。

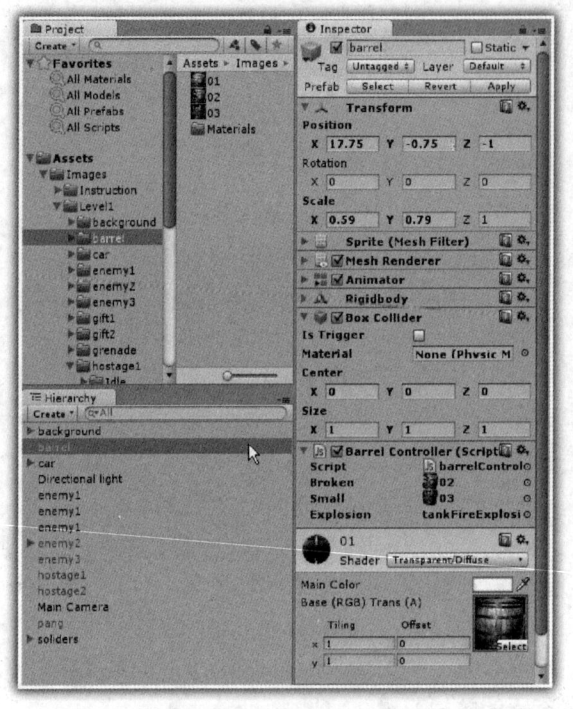

图 5-298　关联相关变量

在图 5-298 中，设置木桶的 Position 参数为：X=17.75，Y=-0.75，Z=-1；然后运行游戏，当士兵向右移动到木桶所处位置时，木桶作为障碍物阻碍士兵向右前进，如图 5-299 所示；当士兵向右发射子弹，如果子弹击中木桶超过三次以上，木桶会处于 Broken 状态，如图 5-300 所示。

当士兵向右继续发射子弹，如果子弹击中木桶超过六次以上，木桶会处于 Small 状态，如图 5-301 所示；当士兵向右继续发射子弹，如果子弹击中木桶超过九次以上，木桶会处于 Explosion 状态，如图 5-302 所示。

4. 设置木桶

下面介绍如何编写相关代码，实现当士兵进入相关的游戏位置之后，才激活木桶对象，从而达到所需要的游戏效果。

图 5-299　木桶障碍物

图 5-300　木桶处于 Broken 状态

图 5-301　木桶处于 Small 状态

图 5-302　木桶处于 Explosion 状态

在层次 Hierarchy 窗格中选择 barrel 对象，并在检视器中非勾选 barrel 对象，这样 barrel 对象就不会在游戏场景或者游戏窗口中显示，处于非 Active 的状态，但是在游戏场景窗格中可以看到坐标的指示位置。

对于 C#开发者来说，在 CameraFollow.cs 中添加相关代码，见代码 5-45。

代码 5-45　CameraFollow 的 C#代码

```
 1: using UnityEngine;
 2: using System.Collections;
 3:
 4: public class CameraFollow : MonoBehaviour
 5: {
 6:
 7:   public GameObject myHostage1;
 8:   public GameObject myHostage2;
 9:   public GameObject target;
10:   public GameObject enemy2;
```

```
11:   public GameObject enemy3;
12:   public GameObject barrel;
13:
14:
15:  GameObject soliderGameObject;
16:  SoliderController mySoliderController;
17:  float velocity=0.0F;
18:  float newPositionX;
19:  float newPositionY;
20:
21:
22:  void Start()
23:  {
24:
25:    soliderGameObject=GameObject.Find("soliders");
26:    mySoliderController=soliderGameObject.GetComponent<SoliderController>();
27:  }
28:
29:  void Update()
30:  {
31:
32:      if(!mySoliderController.moveDirection)
33:      {
34:        if(target.transform.position.x>0 &&
                        target.transform.position.x<33.5)
35:      {
36:          newPositionX=Mathf.SmoothDamp(transform.position.x,
                        target.transform.position.x,ref velocity,1.0f);
37:
38:            transform.position=new Vector3 (newPositionX,
                        transform.position.y, transform.position.z);
39:
40:       }
41:
42:      }
43:      else
44:      {
45:       if(target.transform.position.x>0 && target.transform.position.x<33.5)
46:       {
47:             newPositionX=Mathf.SmoothDamp(transform.position.x,
                        target.transform.position.x,ref velocity,1.0f);
48:
49:           transform.position=new Vector3 (newPositionX,0, transform.position.z);
50:       }
51:
52:     }
53:
54:     if(transform.position.x>2.8f)
```

```
55:      {
56:        if(enemy2!=null)
57:          enemy2.SetActive(true);
58:
59:      }
60:
61:     if(transform.position.x>12.0f)
62:      {
63:        if(enemy3!=null)
64:          enemy3.SetActive(true);
65:
66:      }
67:
68:     if(transform.position.x>3.6f)
69:      {
70:
71:        if(myHostage1!=null)
72:          myHostage1.SetActive(true);
73:
74:        if(myHostage2!=null)
75:          myHostage2.SetActive(true);
76
77:      }
78:
79:     if(transform.position.x>14.5f)
80:      {
81:        if(barrel !=null)
82:          barrel.SetActive(true);
83:
84:      }
85:
86:  }
87:
88: }
```

在上述C#代码中，与代码5-41相比较，只是添加了代码第12行，用于关联木桶对象；添加了代码第79行到84行，当士兵移动到右边的某个距离时，将会激活木桶对象，使得木桶对象处于激活状态。

对于JavaScript 开发者来说，在cameraFollow.js中添加相关代码，见代码5-46。

代码5-46　cameraFollow 的 JavaScript 代码

```
1: var target:GameObject;
2: var enemy2:GameObject;
3: var enemy3:GameObject;
4: var hostage1:GameObject;
5: var hostage2:GameObject;
6: var barrel:GameObject;
7:
```

```
 8: private var soliderGameObject:GameObject;
 9: private var mySoliderController:soliderController;
10: private var velocity:float=0.0F;
11: private var newPositionX:float;
12: private var newPositionY:float;
13:
14: function Start()
15: {
16:
17:   soliderGameObject=GameObject.Find("soliders");
18:   mySoliderController=soliderGameObject.GetComponent("soliderController");
19:
20: }
21:
22: function Update()
23: {
24:
25:   if(!mySoliderController.moveDirection)
26:    {
27:     if(target.transform.position.x>0 && target.transform.position.x<33.5)
28:     {
29:         newPositionX=Mathf.SmoothDamp(transform.position.x,
                        target.transform.position.x,velocity,1.0f);
30:
31:         transform.position=new Vector3(newPositionX,
                        transform.position.y, transform.position.z);
32:
33:     }
34:
35:    }
36:   else
37:   {
38:       if(target.transform.position.x>0 && target.transform.position.x<33.5)
39:       {
40:         newPositionX=Mathf.SmoothDamp(transform.position.x,
                        target.transform.position.x,velocity,1.0f);
41:         transform.position=new Vector3 (newPositionX,0,transform.position.z);
42:
43:       }
44:
45:    }
46:
47:   if(transform.position.x>2.8f)
48:    {
49:     if(enemy2!=null)
50:       enemy2.SetActive(true);
51:
52:    }
```

```
53:
54:   if(transform.position.x>12.0f)
55:    {
56:     if(enemy3!=null)
57:       enemy3.SetActive(true);
58:
59:   }
60:
61:   if(transform.position.x>3.6f)
62:    {
63:     if(hostage1!=null)
64:       hostage1.SetActive(true);
65:
66:     if(hostage2!=null)
67:       hostage2.SetActive(true);
68:
69:    }
70:
71:   if(transform.position.x>14.5f)
72:    {
73:     if(barrel!=null)
74:       barrel.SetActive(true);
75:
76:   }
77:
78: }
```

在上述 JavaScript 代码中，与代码 5-42 相比较，只是添加了代码第 6 行，用于关联木桶对象；添加了代码第 71 行到 76 行，当士兵移动到右边的某个距离时，将会激活木桶对象，使得木桶对象处于激活状态。

在层次 Hierarchy 窗格中，选择 barrel 对象，拖放到 CameraFollow.cs 或者 cameraFollow.js 代码文件 barrel 变量的右边。

运行游戏，可以看到：当士兵移动到相关位置时，由于摄像机也是跟随士兵移动，此时摄像机的位置 X 大于 14.5 时，就会激活木桶对象。

5.8 飞机动画

飞机，是合金弹头游戏项目中的一个游戏对象，在士兵的前进过程中，当士兵向右移动到某个距离，飞机将会出现在游戏场景中。飞机会自动跟踪士兵，向士兵发射飞机炸弹。

5.8.1 显示飞机

在实现飞机游戏对象的过程中，首先需要显示飞机，然后为飞机添加碰撞体，由于飞机的形状不规则，这里需要为飞机添加多个标准的碰撞体，形成组合碰撞体。

1. 显示飞机

单击菜单“Game Object”，选择“Create Empty”命令，在游戏场景中创建一个空白的游戏对象 GameObject，在层次 Hierarchy 窗格中，将该对象的名称修改为 jets，并在检视器窗格中设置其位置坐标为原点（0,0,-1）。

在项目 Project 窗格中，选择 prefabs 文件夹中的 sprite 对象，直接拖放该对象到层次 Hierarchy 窗格的 jets 对象之中，并将该对象的名称修改为 jet，在检视器窗格中设置其位置坐标为原点（0,0,0）；设置 Scale 参数为：X=2.1，Y=1.07，Z=1；选择“Images”→“Level1”→“jet”目录下的 jet 图片，拖放到 jet 对象中，以便显示飞机，如图 5-303 所示。

图 5-303　显示飞机

在项目 Project 窗格中，再次选择 prefabs 文件夹中的 sprite 对象，直接拖放该对象到层次 Hierarchy 窗格的 jets 对象之中，并将该对象的名称修改为 propeller，在检视器窗格中设置 Scale 参数为：X=0.91，Y=0.19，Z=1；选择“Images”→“Level1”→“jet”目录下的 propeller01 图片，拖放到 propeller 对象中，以便显示飞机的螺旋桨，并设置其 Position 参数为：X=-0.19，Y=0.51，Z=1。

在项目 Project 窗格中，选择 Scripts 文件夹中的 AnimationController 代码文件或者 animationController 代码文件，拖放到层次 Hierarchy 窗格中的 propeller 对象之上；选择“Images”→“Level1”→“jet”目录下的 01、02 和 03 图片，分别拖放到检视器中的 Frames 数组变量之中，设置 timeLength 为 0.1，如图 5-304 所示。

2. 添加飞机碰撞体

单击菜单“GameObject”，选择“Create Empty”命令，在游戏场景中创建一个空白的游戏对象 GameObject，在层次 Hierarchy 窗格中，将该对象的名称修改为 collider，然后直接拖放该 collider 对象到层次 Hierarchy 窗格的 jets 对象之中，并在检视器窗格中设置其位置坐标为原点（0,0,0）。

图 5-304　显示飞机、螺旋桨

在层次 Hierarchy 窗格中，选择 collider 对象，单击菜单“Component”→“Physics”→“Box Collider”命令，为 collider 对象添加一个长方体碰撞体，设置该碰撞体的参数 Size 参数：X=0.7，Y=0.5，Z=1；重新设置 collider 对象的 Position 参数：X=-0.6，Y=-0.2，Z=0，如图 5-305 所示。

图 5-305　为飞机添加碰撞体一

在图 5-305 的层次 Hierarchy 窗格中，选择 collider 对象，按下 Ctrl+D 一次，复制一个 collider

对象，设置该碰撞体的参数 Size 参数：X=0.7，Y=0.7，Z=1；重新设置 collider 对象的 Position 参数：X=-0.16，Y=0.16，Z=0，如图 5-306 所示。

图 5-306　为飞机添加碰撞体二

在图 5-306 的层次 Hierarchy 窗格中，选择 collider 对象，再次按下 Ctrl+D 一次，复制一个 collider 对象，设置该碰撞体的参数 Size 参数：X=0.9，Y=0.2，Z=1；重新设置 collider 对象的 Position 参数：X=0.6，Y=0.16，Z=0，如图 5-307 所示。

图 5-307　为飞机添加碰撞体三

通过上述操作，为飞机添加了三个碰撞体，实际上组成了一个组合碰撞体。需要说明的是，在使用组合碰撞体的时候，必须在组合碰撞体的父对象 jets 中添加刚体。

在层次 Hierarchy 窗格中，选择 jets 对象，单击菜单“Component”→“Physics”→“Rigidbody”命令，为飞机 jets 对象添加一个刚体，展开 Constraints 参数，勾选 Freeze Position 的 Z，设置不在 Z 轴上移动；勾选 Freeze Rotation 的 X 和 Y，设置飞机不允许在 X 和 Y 旋转，但是允许在 Z 轴方向旋转，非勾选 Use Gravity，不使用重力属性，如图 5-308 所示。

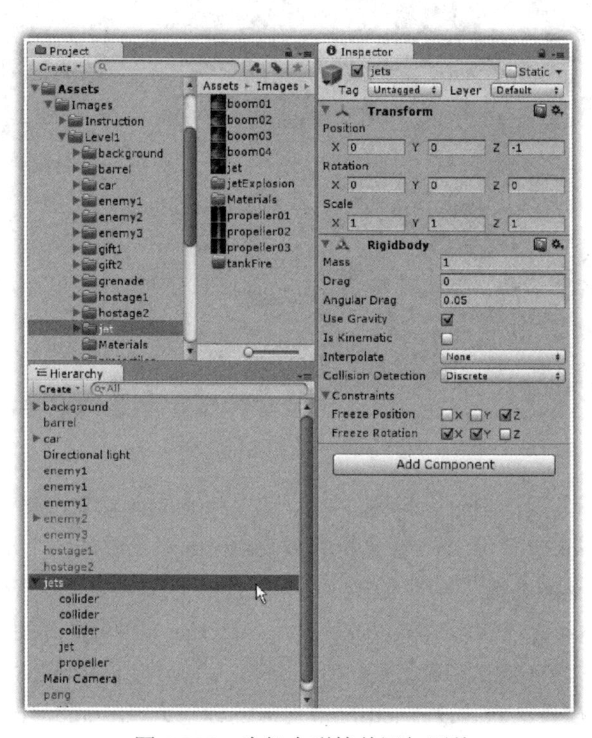

图 5-308　为组合碰撞体添加刚体

5.8.2　飞机动画

在实现飞机动画时，需要实现飞机炸弹以及飞机爆炸效果的预制件，然后编写相关代码，实现飞机动画。

1. 飞机炸弹预制件

在项目 Project 窗格中，选择 prefabs 文件夹中的 sprite 对象，直接拖放该对象到层次 Hierarchy 窗格中，并将该对象的名称修改为 jetBomb，在检视器窗格中设置其 Position 参数为：X=-2，Y=0，Z=-1；Scale 参数为：X=0.29，Y=0.44，Z=1；选择“Images”→“Level1”→“jet”目录下的 boom01 图片，拖放到 jetBomb 对象中，以便显示飞机炸弹。

在项目 Project 窗格中，选择 Scripts 文件夹中的 AnimationController 代码文件或者 animationController 代码文件，拖放到层次 Hierarchy 窗格中的 jetBomb 对象之上；选择“Images”→“Level1”→“jet”目录下的 boom01、boom02、boom03 和 boom04 图片，分别拖放到检视

器中的 Frames 数组变量之中，设置 timeLength 为 0.2，如图 5-309 所示。

图 5-309　显示飞机炸弹

在如图 5-309 所示的层次 Hierarchy 窗格中，选择 jetBomb 对象，单击菜单“Component”→“Physics”→“Rigidbody”命令，为飞机炸弹 jetBomb 对象添加一个刚体，展开 Constraints 参数，勾选 Freeze Position 的 Z，设置 jetBomb 不在 Z 轴上移动；勾选 Freeze Rotation 的 X、Y 和 Z，设置 jetBomb 不允许在 X、Y 和 Z 轴旋转，勾选 Use Gravity，使用重力属性；继续单击菜单“Component”→“Physics”→“Box Collider”命令，为 jetBomb 对象添加一个长方体碰撞体，勾选 Is Trigger 属性，并且设置 jetBomb 对象的标签为 jetBomb，如图 5-310 所示。

为实现飞机炸弹的声音，选择 sound 目录下的 bombFall 声音文件，直接拖放到层次 Hierarchy 窗格中的 jetBomb 对象之上。

在层次 Hierarchy 窗格中，选择 jetBomb 对象，直接拖放该 jetBomb 对象到项目窗口的 jet 目录中，创建一个 jetBomb 预制件。最后在层次 Hierarchy 窗格中删除 jetBomb 对象。

2. 飞机爆炸效果预制件

在项目 Project 窗格中，选择 prefabs 文件夹中的 sprite 对象，直接拖放该对象到层次 Hierarchy 窗格中，并将该对象的名称修改为 jetExplosion，在检视器窗格中设置其 Position 参数为：X=-2，Y=0，Z=-1；Scale 参数为：X=1，Y=1，Z=1；选择“Images”→“Level1”→“jet”→“jetExplosion”目录下的 01 图片，拖放到 jetbExplosion 对象中，以便显示飞机爆炸效果。

在项目 Project 窗格中，选择 Scripts 文件夹中的 AnimationController 代码文件或者 animationController 代码文件，拖放到层次 Hierarchy 窗格中的 jetBomb 对象之上；选择“Images”→“Level1”→“jet”→“jetExplosion”目录下的 01、02、03、…、15 和 16 图片，分别拖放到检视器中的 Frames 数组变量之中；为实现飞机炸弹爆炸的声音，选择 sound 目录下的 jetExplosion 声

音文件，直接拖放到层次 Hierarchy 窗格中的 jetExplosion 对象之上，如图 5-311 所示。

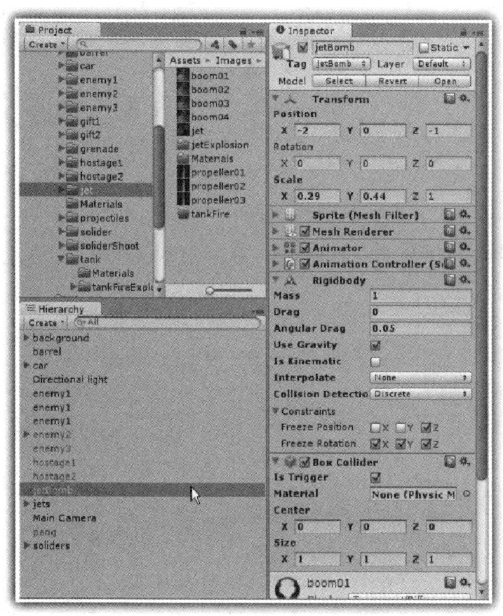

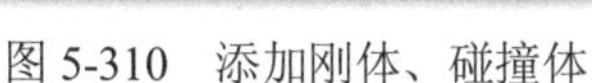
图 5-310　添加刚体、碰撞体

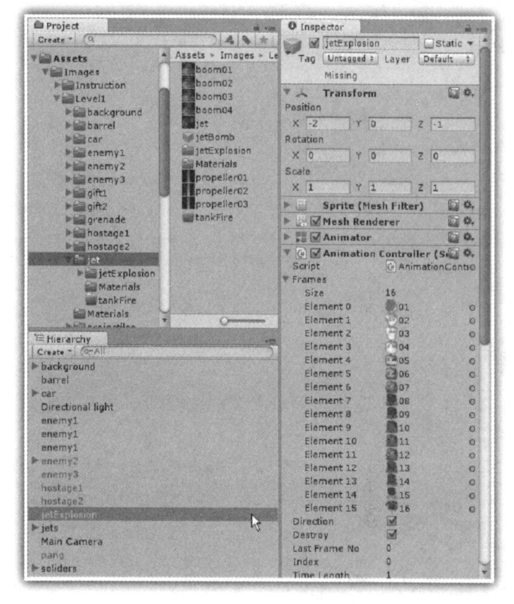

图 5-311　设置飞机爆炸效果

这里需要说明的是，由于爆炸效果动画只需要播放一次，因此这里设置了 Destroy 属性为 true，一旦播放完毕爆炸动画，就自我销毁。

在层次 Hierarchy 窗格中，选择 jetExplosion 对象，直接拖放该 jetExplosion 对象到项目窗口的 jet 目录中，创建一个 jetExplosion 预制件。最后在层次 Hierarchy 窗格中删除 jetExplosion 对象。

3．飞机动画

下面说明如何通过代码实现飞机的动画。

对于 C#开发者来说，在项目 Project 窗格中，选择 Scripts 文件夹，在右键出现的快捷菜单中选择“Create”→“C# Script”命令，创建一个 C#文件，修改该文件的名称为 JetController.cs，在 JetController.cs 中书写相关代码，见代码 5-47。

代码 5-47　JetController 的 C#代码

```
 1: using UnityEngine;
 2: using System.Collections;
 3:
 4: public class jetController : MonoBehaviour {
 5:
 6:  public GameObject target;
 7:  public GameObject jetBomb;
 8:  public GameObject projectileExplosion;
 9:  public GameObject jetExplosion;
10:
11: float newPositionX;
```

```
12: float velocity=0.0f;
13: float smoothTime=1.0f;
14: float myTime=0;
15: int hitTimes=0;
16:
17: void Update()
18: {
19:
20:    newPositionX=Mathf.SmoothDamp(transform.position.x,
                    target.transform.position.x,ref velocity,smoothTime);
21:
22:    transform.position=new Vector3(newPositionX,
                    transform.position.y, transform.position.z);
23:
24:    myTime+=Time.deltaTime;
25:
26:    if(myTime>1.0f && Mathf.Abs(transform.position.x-
                    target.transform.position.x)<0.2f)
27:    {
28:      Instantiate(jetBomb,transform.position,transform.rotation);
29:
30:      myTime=0;
31:    }
32:
33:   }
34:
35:   public void SetTime(float time)
36:   {
37:     myTime=time;
38:   }
39:
40: void OnTriggerEnter(Collider other)
41:   {
42:
43:   if(other.tag=="projectile")
44:     {
45:
46:       Instantiate(projectileExplosion,other.transform.position,
                    Quaternion.Euler(0,0,90));
47:
48:       Destroy(other.gameObject);
49:
50:       hitTimes++;
51:
51:       if(hitTimes>20)
52:         transform.rigidbody.useGravity=true;
53:
54:     }
```

```
55:
56:  }
57:
58: void OnCollisionEnter(Collision collision)
59:  {
60:
61:    if(collision.transform.tag=="background")
62:    {
63:    Instantiate(jetExplosion, new Vector3(transform.position.x,
         collision.transform.position.y-0.5f,-1.2f),Quaternion.identity);
64:
65:       // DigitDisplay.score+=1000;
66:
67:    Destroy(gameObject,2.0f);
68:
69:   }
70:
71:  }
72:
73: }
```

在上述 C#代码中，实现的主要功能是：飞机自动在水平 X 轴方向跟踪士兵，并向士兵投射飞机炸弹，炸毁士兵。

代码第 6 行到第 15 行，设置了许多相关变量，其中第 6 行设置了公有的 target 变量，用于关联士兵对象，以便飞机自动跟踪士兵；第 7 行设置了公有的 jetBomb 变量，用于关联飞机发射的炸弹对象；第 8 行设置了公有的 projectileExplosion 变量，用于关联士兵发射的子弹击中飞机的爆炸效果；第 9 行设置了公有的 jetExplosion 变量，关联飞机被击中降落到地面的爆炸效果。

在代码第 17 行到 33 行的 Update()方法中，第 20 行语句实现飞机在水平 X 轴方向上自动跟踪士兵 target 对象，这里使用了 Mathf 类中的 SmoothDamp()方法；当飞机与士兵在 X 轴方向上的距离小于 0.2 时（代码第 26 行），通过第 28 行语句实现投射飞机炸弹；而且投射炸弹频率是每 1 秒钟发射一次。

代码第 40 行到 56 行，实现士兵发射的子弹与飞机的碰撞检测。由于在士兵发射的子弹 projectile 中，其碰撞体的 Is Trigger 属性为 true，因此可以采用 OnTriggerEnter()方法检测碰撞。如果士兵发射的子弹击中飞机（代码第 43 行），执行 46 行语句，在被子弹击中飞机的地方出现子弹击中飞机的爆炸效果；一旦士兵发射的子弹击中飞机超过 20 次，那么就通过设置飞机中刚体的 useGravity 属性为 true（代码第 52 行），这样飞机就会从空中降落到地面，实现飞机被击中炸毁的降落效果。

代码第 58 行到 69 行，实现飞机与地面的碰撞检测。由于在飞机和地面的碰撞体中，is Trigger 属性为 false，因此可以采用 OnCollisionEnter()方法检测碰撞。当飞机被击中炸毁降落到地面（代码第 61 行），执行 63 行语句，出现飞机在地面的爆炸效果。

这里需要说明的是，第 65 行语句被注释，在今后的语句修改中不再列出该代码的全部部分，而只是说明该语句为添加部分。

对于 JavaScript 开发者来说，在项目 Project 窗格中，选择 Scripts 文件夹，在右键出现的快捷菜单中选择“Create”→“Javascript”命令，创建一个 JavaScript 文件，修改该文件的名称为 jetController.js，在 jetController.js 中书写相关代码，见代码 5-48。

代码 5-48　jetController 的 JavaScript 代码

```
 1: var target:GameObject;
 2: var jetBomb:GameObject;
 3: var projectileExplosion:GameObject;
 4: var jetExplosion:GameObject;
 5:
 6: private var newPositionX:float;
 7: private var velocity:float=0.0f;
 8: private var smoothTime:float=1.0f;
 9: private var myTime:float=0;
10: private var hitTimes:int=0;
11:
12: function Update()
13: {
14:
15:   newPositionX=Mathf.SmoothDamp(transform.position.x,
                    target.transform.position.x,velocity,smoothTime);
16:
17:   transform.position=new Vector3(newPositionX,
                    transform.position.y, transform.position.z);
18:
19:   myTime+=Time.deltaTime;
20:
21:   if(myTime>1.0f && Mathf.Abs(transform.position.x-
                    target.transform.position.x)<0.2f)
22:   {
23:     Instantiate(jetBomb,transform.position,transform.rotation);
24:
25:     myTime=0;
26:   }
27:
28: }
29:
30: function SetTime(time:float)
31: {
32:   myTime=time;
33: }
34:
35:
36: function OnTriggerEnter(other:Collider)
37: {
38:
39:   if(other.tag=="projectile")
40:   {
```

```
41:     Instantiate(projectileExplosion,other.transform.position+
                         new Vector3(0,0.2,0),Quaternion.Euler(0,0,90));
42:
43:     Destroy(other.gameObject);
44:     hitTimes++;
45:
46:     if(hitTimes>20)
47:       transform.rigidbody.useGravity=true;
48:
49:   }
50:
51: }
52:
53: function OnCollisionEnter(collision:Collision)
54: {
55:
56:   if(collision.transform.tag=="background")
57:   {
58:     Instantiate(jetExplosion, new Vector3(transform.position.x,
         collision.transform.position.y-0.5f,-1.2f),Quaternion.identity);
59:
60:       // digitDisplay.score+=1000;
61:
62:       Destroy(gameObject,1.0f);
63:
64:   }
65:
66: }
```

在上述 JavaScript 代码中，实现的主要功能是：飞机自动在水平 X 轴方向跟踪士兵，并向士兵投射飞机炸弹，炸毁士兵。

代码第 1 行到第 10 行，设置了许多相关变量，其中第 1 行设置了公有的 target 变量，用于关联士兵对象，以便飞机自动跟踪士兵；第 2 行设置了公有的 jetBomb 变量，用于关联飞机发射的炸弹对象；第 3 行设置了公有的 projectileExplosion 变量，用于关联士兵发射的子弹击中飞机的爆炸效果；第 4 行设置了公有的 jetExplosion 变量，关联飞机被击中降落到地面的爆炸效果。

在代码第 12 行到 28 行的 Update()方法中，第 15 行语句实现飞机在水平 X 轴方向上自动跟踪士兵 target 对象，这里使用了 Mathf 类中的 SmoothDamp()方法；当飞机与士兵在 X 轴方向上的距离小于 0.2 时（代码第 21 行），通过第 23 行语句实现投射飞机炸弹；而且投射炸弹频率是每 1 秒钟发射一次。

代码第 36 行到 51 行，实现士兵发射的子弹与飞机的碰撞检测。由于在士兵发射的子弹 projectile 中，其碰撞体的 is Trigger 属性为 true，因此可以采用 OnTriggerEnter()方法检测碰撞。如果士兵发射的子弹击中飞机（代码第 39 行），执行 41 行语句，在被子弹击中飞机的地方出现子弹击中飞机的爆炸效果；一旦士兵发射的子弹击中飞机超过 20 次，那么就通过设置飞机中刚体的 useGravity 属性为 true（代码第 47 行），这样飞机就会从空中降落到地面，实现飞机被击中炸毁的降落效果。

代码第 53 行到 66 行，实现飞机与地面的碰撞检测。由于在飞机和地面的碰撞体中，is Trigger 属性为 false，因此可以采用 OnCollisionEnter()方法检测碰撞。当飞机被击中炸毁降落到地面（代码第 56 行），执行 58 行语句，出现飞机在地面的爆炸效果。

这里需要说明的是，第 60 行语句被注释，在今后的语句修改中不再列出该代码的全部部分，而只是说明该语句为添加部分。

在项目 Project 窗格中，选择 Scripts 文件夹中的 JetController 代码文件或者 jetController 代码文件，拖放到层次 Hierarchy 窗格中的飞机 jets 对象之上；选择“Images”→“Level1”→“jet”目录下的 jetBomb、jetBombExplosion 预制件，分别拖放到检视器中的 Jet Bomb、Jet Explosion 变量之中；选择“Images”→“Level1”→“projectiles”目录下的 projectileExplosion 预制件，拖放到检视器中的 Projectile Explosion 变量之中；选择层次 Hierarchy 窗格中的 soliders 对象，拖放到检视器中的 Target 变量之中，如图 5-312 所示。

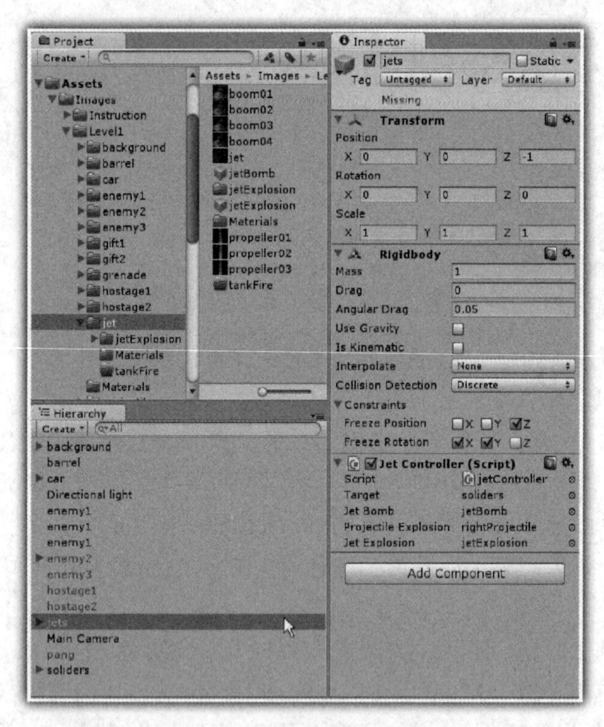

图 5-312　设置 jetController 代码

这里需要说明的是，在拖放 projectileExplosion 预制件时，请首先选择 projectileExplosion 预制件，然后设置 projectileExplosion 预制件中的 time Length 变量为 0.1，使得播放动画的速度很快。

重新设置 jets 对象的 Position 参数：X=0，Y=1.4，Z=-1；运行游戏，可以看到：飞机在水平方向来回跟踪士兵，并向士兵投射炸弹；士兵向上向发射子弹，可以看到子弹击中飞机的爆炸效果。但是飞机向士兵投射的炸弹，并没有爆炸效果，下面接着介绍实现飞机炸弹的爆炸效果。

对于 C#开发者来说，在 BackgroundController.cs 中书写相关代码，见代码 5-49。

代码 5-49　BackgroundController 的 C#代码

```
 1: using UnityEngine;
 2: using System.Collections;
 3:
 4: public class BackgroundController : MonoBehaviour
 5: {
 6:
 7:   public GameObject grenadeExplosion;
 8:   public GameObject bombExplosion;
 9:   public GameObject jetBombExplosion;
10:
11: void OnTriggerEnter(Collider other)
12: {
13:   if(other.transform.tag=="grenade")
14:   {
15:     Instantiate(grenadeExplosion, other.transform.position+
                     new Vector3(0,0.64f,0),transform.rotation);
16:
17:     Destroy(other.gameObject);
18:    }
19:
20:    if(other.transform.tag=="bomb")
21:    {
22:       Instantiate(bombExplosion, other.transform.position+
                     new Vector3(0,0.2f,0),transform.rotation);
23:
24:       Destroy(other.gameObject);
25:    }
26:
27:   if(other.transform.tag=="jetBomb")
28:    {
29:       Instantiate(jetBombExplosion,other.transform.position+
                     new Vector3(0,0.6f,0),transform.rotation);
30:
31:       Destroy(other.gameObject);
32:    }
33:
34: }
35:
36:  }
```

在上述 C#代码中，与代码 5-31 相比较，添加了代码第 10 行，用于关联飞机发射炸弹的爆炸对象 jetBombExplosion；添加了代码第 27 行到 32 行，当飞机炸弹碰撞到地面时(代码度 27 行)，出现爆炸效果（代码第 29 行），执行第 31 行代码，销毁掉飞机炸弹对象。

对于 JavaScript 开发者来说，在 backgroundController.js 中书写相关代码，见代码 5-50。

代码 5-50　backgroundController 的 JavaScript 代码

```
 1: var grenadeExplosion:GameObject;
 2: var bombExplosion:GameObject;
 3: var jetBombExplosion:GameObject;
 4:
 5: function OnTriggerEnter(other:Collider)
 6: {
 7:
 8:   if(other.transform.tag=="grenade")
 9:    {
10:
11:    Instantiate(grenadeExplosion,other.transform.position+
                      new Vector3(0,0.64f,0),transform.rotation);
12:
13:    Destroy(other.gameObject);
14:    }
15:
16:  if(other.transform.tag=="bomb")
17:    {
18:
19:    Instantiate(bombExplosion, other.transform.position+
                      new Vector3(0,0.2f,0),transform.rotation);
20:
21:    Destroy(other.gameObject);
22:    }
23:
24:  if(other.transform.tag=="jetBomb")
25:    {
26:
27:     Instantiate(jetBombExplosion, other.transform.position+
                      new Vector3(0,0.6f,0),transform.rotation);
28:
29:       Destroy(other.gameObject);
30:    }
31:
32: }
```

在上述 JavaScript 代码中，与代码 5-32 相比较，添加了代码第 3 行，用于关联飞机发射炸弹的爆炸对象 jetBombExplosion；添加了代码第 24 行到 30 行，当飞机炸弹碰撞到地面时（代码度 24 行），出现爆炸效果（代码第 27 行），执行第 29 行代码，销毁掉飞机炸弹对象。

在项目 Project 窗格中，选择 prefabs 目录下的 generadeExplosion 预制件，拖放到层次检视器窗格中 Jet Bomb Explosion 变量的右边。

再次运行游戏，可以看到：飞机向士兵投射的炸弹，此时就会在地面出现爆炸效果。

4. 设置飞机

下面介绍如何编写相关代码，实现当士兵进入相关的游戏位置之后，才激活飞机对象，从而达到所需要的游戏效果。

在层次 Hierarchy 窗格中选择 jets 对象，并在检视器中非勾选 jets 对象，这样飞机 jets 对象就不会在游戏场景或者游戏窗口中显示，处于非 Active 的状态，但是在游戏场景窗格中可以看到坐标的指示位置。

对于 C#开发者来说，在 CameraFollow.cs 中添加相关代码，见代码 5-51。

代码 5-51　CameraFollow 的 C#代码

```
 1: using UnityEngine;
 2: using System.Collections;
 3:
 4: public class CameraFollow : MonoBehaviour
 5: {
 6:
 7:   public GameObject myHostage1;
 8:   public GameObject myHostage2;
 9:   public GameObject target;
10:   public GameObject enemy2;
11:   public GameObject enemy3;
12:   public GameObject barrel;
13:   public GameObject jet;
14:
15:  GameObject soliderGameObject;
16:  SoliderController mySoliderController;
17:  float velocity=0.0F;
18:  float newPositionX;
19:  float newPositionY;
20:
21:
22:  void Start()
23:  {
24:
25:    soliderGameObject=GameObject.Find("soliders");
26:    mySoliderController=soliderGameObject.GetComponent<SoliderController>();
27:  }
28:
29:  void Update()
30:  {
31:
32:      if(!mySoliderController.moveDirection)
33:      {
34:        if(target.transform.position.x>0 && target.transform.position.x<33.5)
35:      {
36:        newPositionX=Mathf.SmoothDamp(transform.position.x,
                  target.transform.position.x,ref velocity,1.0f);
37:
38:          transform.position=new Vector3(newPositionX,
                  transform.position.y, transform.position.z);
```

```
39:
40:       }
41:
42:     }
43:     else
44:     {
45:       if(target.transform.position.x>0 && target.transform.position.x<33.5)
46:       {
47:           newPositionX=Mathf.SmoothDamp(transform.position.x,
                      target.transform.position.x,ref velocity,1.0f);
48:
49:         transform.position=new Vector3(newPositionX,0,transform.position.z);
50:       }
51:
52:     }
53:
54:     if(transform.position.x>2.8f)
55:     {
56:       if(enemy2!=null)
57:         enemy2.SetActive(true);
58:
59:     }
60:
61:     if(transform.position.x>12.0f)
62:     {
63:       if(enemy3!=null)
64:         enemy3.SetActive(true);
65:
66:     }
67:
68:     if(transform.position.x>3.6f)
69:     {
70:
71:       if(myHostage1!=null)
72:         myHostage1.SetActive(true);
73:
74:       if(myHostage2!=null)
75:         myHostage2.SetActive(true);
76
77:     }
78:
79:     if(transform.position.x>14.5f)
80:     {
81:       if(barrel!=null)
82:         barrel.SetActive(true);
83:
84:     }
85:
```

```
86:   if(transform.position.x>22f)
87:    {
88:     if(jet!=null)
89:       jet.SetActive(true);
90:
91:    }
92:
93:  }
94:
95: }
```

在上述C#代码中，与代码5-45相比较，只是添加了代码第13行，用于关联飞机jets对象；添加了代码第86行到91行，当士兵移动到右边的某个距离时，就会激活飞机jets对象，使得飞机jets对象处于激活状态。

对于JavaScript 开发者来说，在cameraFollow.js中添加相关代码，见代码5-52。

代码5-52　cameraFollow的JavaScript代码

```
 1: var target:GameObject;
 2: var enemy2:GameObject;
 3: var enemy3:GameObject;
 4: var hostage1:GameObject;
 5: var hostage2:GameObject;
 6: var barrel:GameObject;
 7: var jet:GameObject;
 8: private var soliderGameObject:GameObject;
 9: private var mySoliderController:soliderController;
10: private var velocity:float=0.0F;
11: private var newPositionX:float;
12: private var newPositionY:float;
13:
14: function Start()
15: {
16:
17:   soliderGameObject=GameObject.Find("soliders");
18:   mySoliderController=soliderGameObject.GetComponent("soliderController");
19:
20: }
21:
22: function Update()
23: {
24:
25:   if(!mySoliderController.moveDirection)
26:    {
27:     if(target.transform.position.x>0 && target.transform.position.x<33.5)
28:     {
29:         newPositionX=Mathf.SmoothDamp(transform.position.x,
                        target.transform.position.x,velocity,1.0f);
30:
31:         transform.position=new Vector3 (newPositionX,
                        transform.position.y, transform.position.z);
```

```
32:
33:         }
34:
35:       }
36:     else
37:     {
38:         if(target.transform.position.x>0 && target.transform.position.x<33.5)
39:         {
40:           newPositionX=Mathf.SmoothDamp(transform.position.x,
                      target.transform.position.x,velocity,1.0f);
41:           transform.position=new Vector3(newPositionX,0, transform.position.z);
42:
43:         }
44:
45:       }
46:
47:     if(transform.position.x>2.8f)
48:       {
49:        if(enemy2!=null)
50:          enemy2.SetActive(true);
51:
52:       }
53:
54:     if(transform.position.x>12.0f)
55:       {
56:        if(enemy3!=null)
57:          enemy3.SetActive(true);
58:
59:     }
60:
61:     if(transform.position.x>3.6f)
62:       {
63:        if(hostage1!=null)
64:          hostage1.SetActive(true);
65:
66:        if(hostage2!=null)
67:          hostage2.SetActive(true);
68:
69:       }
70:
71:     if(transform.position.x>14.5f)
72:       {
73:        if(barrel!=null)
74:          barrel.SetActive(true);
75:
76:     }
77:
78:     if(transform.position.x>22f)
79:       {
80:        if(jet!=null)
```

```
81:        jet.SetActive(true);
82:
83:    }
84:
85: }
```

在上述 JavaScript 代码中，与代码 5-46 相比较，只是添加了代码第 7 行，用于关联飞机 jets 对象；添加了代码第 78 行到 83 行，当士兵移动到右边的某个距离时，就会激活飞机 Jets 对象，使得飞机 jets 对象处于激活状态。

在层次 Hierarchy 窗格中，选择 jets 对象，拖放到 CameraFollow.cs 或者 cameraFollow.js 代码文件 jet 变量的右边，以便关联飞机 jets 对象。

运行游戏，可以看到：当士兵移动到相关位置时，由于摄像机也是跟随士兵移动，此时摄像机的位置 X 大于 22 时，就会激活飞机 jets 对象，出现飞机场景，如图 5-313 所示；飞机在水平方向跟踪士兵，并向士兵投射炸弹，如图 5-314 所示。

图 5-313　飞机场景

图 5-314　飞机投射炸弹

图 5-315 是飞机炸弹爆炸的游戏场景；士兵可以向上发射子弹，发射的子弹击中飞机会出现击中爆炸效果，如图 5-316 所示。

图 5-315　飞机炸弹爆炸

图 5-316　士兵向上射击

当士兵发射的子弹击中飞机超过二十次以上，飞机就会被击落，图 5-317 是飞机击落时的降落场景；被击落的飞机，降落到地面，将会出现爆炸效果，如图 5-318 所示。

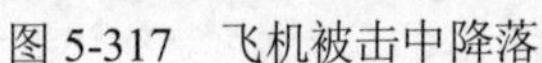

图 5-317　飞机被击中降落

图 5-318　飞机击毁后爆炸

5.9 坦克动画

坦克，是合金弹头游戏项目中的一个游戏对象，在士兵的前进过程中，当士兵向右移动到某个距离，坦克将会出现在游戏场景中。坦克会每隔 1 秒钟，向士兵发射坦克炮弹。

5.9.1　显示坦克

在实现坦克游戏对象的过程中，首先需要显示坦克，然后为坦克添加碰撞体，由于坦克的形状不规则，这里同样需要为飞机添加多个标准的碰撞体，形成组合碰撞体。

1. 显示坦克

单击菜单“GameObject”，选择“Create Empty”命令，在游戏场景中创建一个空白的游戏对象 GameObject，在层次 Hierarchy 窗格中，将该对象的名称修改为 tank，并在检视器窗格中设置其位置坐标为原点（0,0,-1）。

在项目 Project 窗格中，选择 prefabs 文件夹中的 sprite 对象，直接拖放该对象到层次 Hierarchy 窗格的 tank 对象之中，并将该对象的名称修改为 wheel，在检视器窗格中设置其位置坐标为原点（0,0,0）；设置 Scale 参数为：X=1.53，Y=0.48，Z=1；选择“Images”→“Level1”→“tank”目录下的 wheel01 图片，拖放到 wheel 对象中，以便显示坦克的履带部分。

选择 prefabs 文件夹中的 sprite 对象，拖放该对象到层次 Hierarchy 窗格的 tank 对象之中，并将该对象的名称修改为 body，在检视器窗格中设置 Position 参数为：X=0.08，Y=0.16，Z=-0.01；设置 Scale 参数为：X=1.45，Y=0.38，Z=1；选择“Images”→“Level1”→“tank”目录下的 body 图片，拖放到 body 对象中，以便显示坦克的 body 部分。

选择 prefabs 文件夹中的 sprite 对象，拖放该对象到层次 Hierarchy 窗格的 tank 对象之中，并将该对象的名称修改为 top，在检视器窗格中设置 Position 参数为：X=-0.35，Y=0.5，Z=-0.011；设置 Scale 参数为：X=1.55，Y=0.55，Z=1；选择“Images”→“Level1”→“tank”目录下的 top 图片，拖放到 top 对象中，以便显示坦克的 top 部分；选择 prefabs 文件夹中的 sprite 对象，拖放该对象到层次 Hierarchy 窗格的 tank 目录下的 top 对象中，并将该对象的名称修改为 01，在检视器窗格中设置 Position 参数为：X=0.25，Y=0.56，Z=0；设置 Scale 参数为：X=0.26，Y=0.18，Z=1；选择“Images”→“Level1”→“tank”目录下的 01 图片拖放到 01 对象中，以便显示坦克的顶盖，如图 5-319 所示。

图 5-319　显示部分坦克

下面说明如何显示坦克的排气管动画。

在项目 Project 窗格中，选择 prefabs 文件夹中的 sprite 对象，直接拖放该对象到层次 Hierarchy 窗格的 tank 对象之中，并将该对象的名称修改为 pipe，在检视器窗格中 Position 参数为：X=0.67，Y=0.4，Z=-0.011；设置 Scale 参数为：X=0.64，Y=0.32，Z=1；选择“Images”→“Level1”→“tank”目录下的 pipe01 图片放到 pipe 对象中，以便显示坦克的排气管部分。

在项目 Project 窗格中，选择 Scripts 文件夹中的 AnimationController 代码文件或者 animationController 代码文件，拖放到层次 Hierarchy 窗格中的 pipe 对象之上；选择“Images”→“Level1”→“tank”目录下的 pipe01 和 pipe02 图片，分别拖放到检视器中的 Frames 数组变量之中，设置 Time Length 的值为 0.2，如图 5-320 所示。

重新设置 tank 对象的 Position 参数为：X=0，Y=-0.85，Z=-1，此时的设计界面如图 5-321 所示。

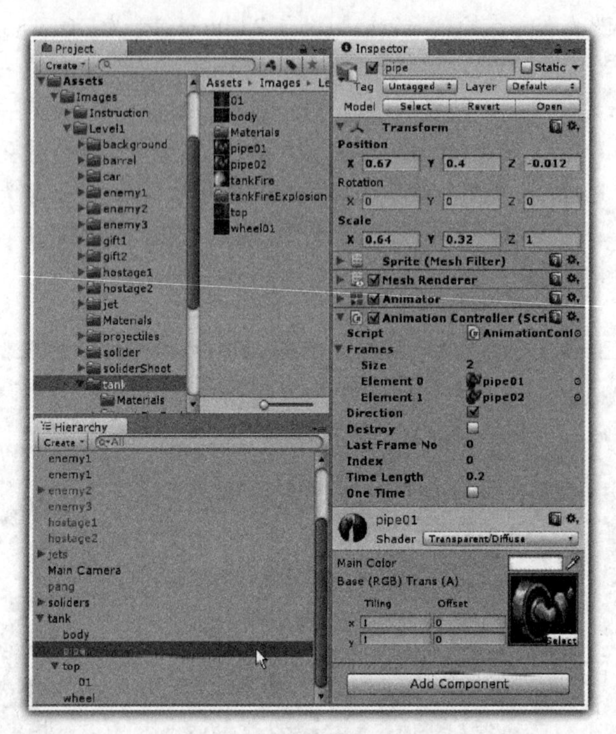

图 5-320　设置坦克排气管动画

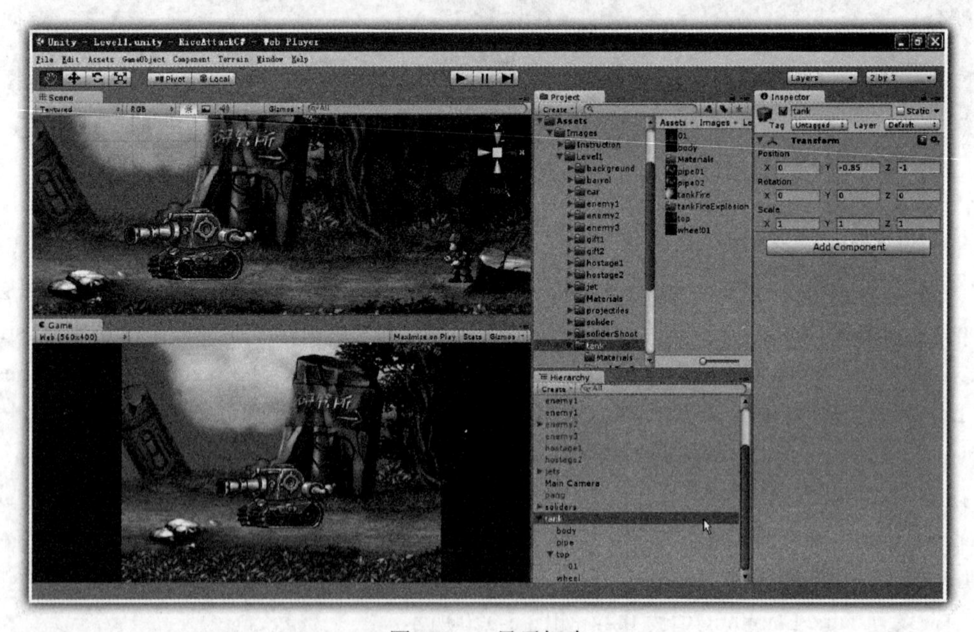

图 5-321　显示坦克

2．添加坦克碰撞体

单击菜单“GameObject”，选择“Create Empty”命令，在游戏场景中创建一个空白的游戏对象 GameObject，在层次 Hierarchy 窗格中，将该对象的名称修改为 collider，然后直接拖放该 collider 对象到层次 Hierarchy 窗格的 tank 对象之中，并在检视器窗格中设置其位置坐标为原点（0,0,0）。

在层次 Hierarchy 窗格中，选择 collider 对象，单击菜单“Component”→“Physics”→“Box Collider”命令，为 collider 对象添加一个长方体碰撞体，设置 Is Trigger 属性为 true；设置该碰撞体的 Size 参数：X=1.25，Y=0.47，Z=1；设置 collider 对象的 Center 参数：X=0.09，Y=0，Z=0；这样就为坦克履带部分添加了碰撞体，如图 5-322 所示。

图 5-322　添加坦克碰撞体一

在如图 5-322 所示的层次 Hierarchy 窗格中，选择 collider 对象，按下 Ctrl+D 一次，复制一个 collider 对象，设置 Is Trigger 属性为 true；设置该碰撞体的 Size 参数：X=0.63，Y=0.47，Z=1；设置 collider 对象的 Center 参数：X=0.12，Y=0.5，Z=0；这样就为坦克的炮塔部分添加了碰撞体，如图 5-323 所示。

在如图 5-323 所示的层次 Hierarchy 窗格中，选择 collider 对象，再次按下 Ctrl+D 一次，复制一个 collider 对象，设置 Is Trigger 属性为 true；设置该碰撞体的 Size 参数：X=0.64，Y=0.22，Z=1；设置 collider 对象的 Center 参数：X=-0.72，Y=0.45，Z=0；这样就为坦克的炮管部分添加了碰撞体，如图 5-324 所示。

在如图 5-324 所示的层次 Hierarchy 窗格中，再次选择 collider 对象，再次按下 Ctrl+D 一次，复制一个 collider 对象，设置 Is Trigger 属性为 true；设置该碰撞体的 Size 参数：X=0.47，Y=0.22，Z=1；设置 collider 对象的 Center 参数：X=0.69，Y=0.38，Z=0；这样就为坦克的排气管部分添加了碰撞体，如图 5-325 所示。

图 5-323　添加坦克碰撞体二

图 5-324　添加坦克碰撞体三

通过上述操作，为坦克添加了四个碰撞体，正如前面所说，实际上为坦克组成了一个组合碰撞体。需要说明的是，在使用组合碰撞体的时候，还必须在组合碰撞体的父对象 tank 中添加刚体。

图 5-325　添加坦克碰撞体四

在层次 Hierarchy 窗格中，选择 jets 对象，单击菜单“Component”→“Physics”→“Rigidbody”命令，为飞机 tank 对象添加一个刚体，展开 Constraints 参数，勾选 Freeze Position 的 Z，设置不在 Z 轴上移动；勾选 Freeze Rotation 的 X、Y 和 Z，设置坦克不允许在 X、Y 和 Z 轴方向旋转，非勾选 Use Gravity，不使用重力属性，如图 5-326 所示。

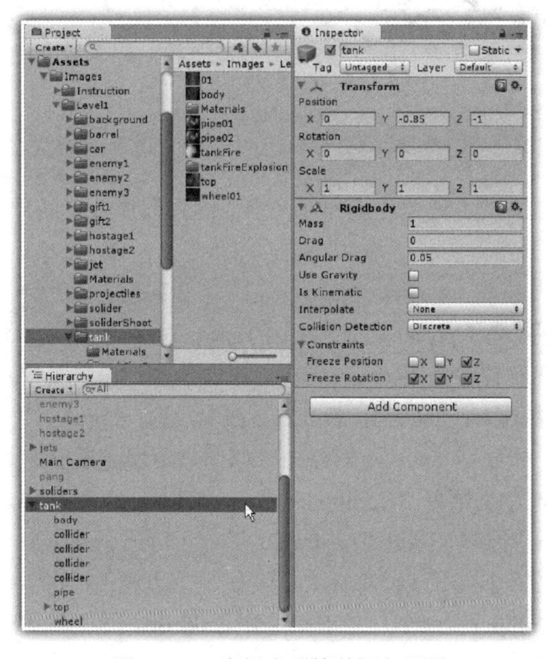

图 5-326　为组合碰撞体添加刚体

下面说明如何为坦克发射炮弹，设置发射炮弹的位置。

单击菜单“GameObject”，选择“Create Empty”命令，在游戏场景中创建一个空白的游戏对象 GameObject，在层次 Hierarchy 窗格中，将该对象的名称修改为 firePosition，将该对象拖放到 tank 对象之中，在检视器窗格中设置 Position 参数为：X=0，Y=0，Z=0；然后调整 firePosition 在游戏场景中的位置，将 firePosition 对象移动到坦克炮管的出口位置，也就是坦克发射炮弹的位置，如图 5-327 所示。

图 5-327　设置发射炮弹位置

5.9.2　坦克动画

在实现坦克动画时，需要实现坦克炮弹以及坦克炮弹爆炸效果的预制件，然后编写相关代码，实现坦克动画。

1. 坦克炮弹预制件

在项目 Project 窗格中，选择 prefabs 文件夹中的 sprite 对象，直接拖放该对象到层次 Hierarchy 窗格中，并将该对象的名称修改为 tankFire，在检视器窗格中设置其 Position 参数为：X=-1.5，Y=0，Z=-1；设置 Scale 参数为：X=0.46，Y=0.21，Z=1；选择“Images”→“Level1”→“tank”目录下的 tankFire 图片，拖放到 tankFire 对象中，以便显示坦克发射的炮弹。

选择 tankFire 对象，单击菜单“Component”→“Physics”→“Rigidbody”命令，为坦克炮弹 tankFire 对象添加一个刚体，展开 Constraints 参数，勾选 Freeze Position 的 Z；勾选 Freeze Rotation 的 X、Y 和 Z，以及非勾选 Use Gravity，不使用重力属性；继续单击菜单“Component”→“Physics”→“Box Collider”命令，为坦克炮弹 tankFire 对象添加一个长方体碰撞体，勾选 Is Trigger 属性，并且设置坦克炮弹 tankFire 对象的标签为 tankFire。

为实现坦克发射炮弹的声音，选择 sound 目录下的 tankFire 声音文件，直接拖放到层次 Hierarchy 窗格中的坦克炮弹 tankFire 对象之上，如图 5-328 所示。

图 5-328　设置坦克发射的炮弹

在如图 5-328 所示的层次 Hierarchy 窗格中，选择坦克炮弹 tankFire 对象，直接拖放该 tankFire 对象到项目窗口的 tank 目录中，创建一个 tankFire 预制件。最后在层次 Hierarchy 窗格中删除 tankFire 对象。

2. 坦克炮弹爆炸预制件

在项目 Project 窗格中，选择 prefabs 文件夹中的 sprite 对象，直接拖放该对象到层次 Hierarchy 窗格中，并将该对象的名称修改为 tankFireExplosion，在检视器窗格中设置其 Position 参数为：X=-1.5，Y=0，Z=-1；设置 Scale 参数为：X=1，Y=1，Z=1；选择"Images"→"Level1"→"tank"→"tankFireExplosion"目录下的 01 图片拖放到 tankFireExplosion 对象中，以便显示坦克炮弹的爆炸。

在项目 Project 窗格中，选择 Scripts 文件夹中的 AnimationController 代码文件或者 animationController 代码文件，拖放到层次 Hierarchy 窗格中的 tankFireExplosion 对象之上；选择"Images"→"Level1"→"tank"→"tankFireExplosion"目录下的 01、02、03、…、09 和 10 图片，分别拖放到检视器中的 Frames 数组变量之中；勾选 Destroy 属性，表示播放完毕爆炸效果之后，自动销毁。

为实现坦克炮弹爆炸的声音，选择 sound 目录下的 tankFireExplosion 声音文件，直接拖放到层次 Hierarchy 窗格中的 tankFireExplosion 对象之上，如图 5-329 所示。

在如图 5-329 所示的层次 Hierarchy 窗格中，选择坦克炮弹爆炸 tankFireExplosion 对象，直接拖放该 tankFireExplosion 对象到项目窗口的 tank 目录中，创建一个 tankFireExplosion 预制件。

最后在层次 Hierarchy 窗格中删除 tankFireExplosion 对象。

图 5-329　设置坦克炮弹爆炸

3. 坦克动画

下面说明如何通过代码实现坦克的动画。

对于 C#开发者来说，在项目 Project 窗格中，选择 Scripts 文件夹，在右键出现的快捷菜单中选择“Create”→“C# Script”命令，创建一个 C#文件，修改该文件的名称为 TankController.cs，在 TankController.cs 中书写相关代码，见代码 5-53。

代码 5-53　TankController 的 C#代码

```
 1: using UnityEngine;
 2: using System.Collections;
 3:
 4: public class tankController : MonoBehaviour
 5: {
 6:
 7:   public GameObject tankFire;
 8:   public GameObject projectileExplosion;
 9:   public GameObject explosion;
10:   public Transform firePosition;
11:
12:   Transform myTop;
13:   GameObject myFire;
14:   float myTime=0;
15:   int hitTimes=0;
16:
17:  void Start()
18:  {
```

```
19:
20:   myTop=transform.FindChild("top");
21:  }
22:
23:  void Update()
24:  {
25:
26:   myTime+=Time.deltaTime;
27:
28:   if(myTime>2)
29:   {
30:
21:     if(myTop.position.x-transform.position.x>-0.32f)
22:       myTop.Translate(new Vector3(0.5f*Time.deltaTime,0,0));
23:     else
24:     {
25:       myTime=0;
26:       myFire=Instantiate(tankFire,firePosition.position,
                   transform.rotation) as GameObject;
27:
28:       myFire.rigidbody.velocity=new Vector3(-4.0f,0,0);
29:       Destroy(myFire,2.0f);
30:
31:     }
32:
33:   }
34:   else
35:   {
36:
37:     myTop.position=new Vector3(-0.35f+transform.position.x,
                   myTop.position.y,myTop.position.z);
38:   }
39:
40:  }
41:
42:  public void SetTime(float time)
43:   {
44:   myTime=time;
45:   }
46:
47:   void OnTriggerEnter(Collider other)
48:   {
49:
50:   if(other.tag=="projectile")
51:    {
52:     Instantiate(projectilcExplosion,other.transform.position+
                   new Vector3(0,0,-1.1f),Quaternion.identity);
53:
```

```
54:      Destroy(other.gameObject);
55:
56:      hitTimes++;
57:
58:      if(hitTimes>10)
59:      {
60:        Instantiate(explosion,transform.position+
                     new Vector3(0,0.4f,-1.1f),Quaternion.identity);
61:
62:       // DigitDisplay.score+=2000;
63:
64:         Destroy(gameObject,1.0f);
65:
66:        }
67:
68:     }
69:
70:     if(other.tag=="grenade")
71:     {
72:
73:      Destroy(other.gameObject);
74:      Instantiate(explosion,transform.position+
                     new Vector3(0,0.4f,-1.1f),Quaternion.identity);
75:
76:       // DigitDisplay.score+=2000;
77:
78:      Destroy(gameObject,1.0f);
79:
80:     }
81:
82:  }
83:
84: }
```

在上述 C#代码中，实现的主要功能是：坦克对象一旦被激活，每 2 秒钟向左方向发射一枚炮弹；在发射炮弹的过程中，坦克的炮塔将会向前、向后移动，以便较为真实地模拟发射炮弹的过程。

代码第 7 行到第 15 行，设置了许多相关变量，其中第 7 行设置了公有的 tankFire 变量，用于关联坦克发射的炮弹；第 8 行设置了公有的 projectileExplosion 变量，用于关联士兵发射的子弹击中坦克的爆炸效果；第 9 行设置了公有的 explosion 变量，关联坦克被击毁后的爆炸效果；第 10 行设置了公有的 firePosition 变量，关联坦克发射炮弹的位置。

在代码第 17 行到 20 行的 Start()方法中，第 20 行代码获得坦克的炮塔 myTop 对象的引用，以便在后面的代码中，实现炮塔的前、后移动。

在代码第 23 行到 40 行的 Update()方法中，第 26 行语句获得一个累加的时间 myTime；如果累加时间大于 2 秒钟（代码第 28 行），坦克即将发射炮弹，此时执行第 22 行语句，使得坦克炮塔向后移动少少距离，模拟发射炮弹的后座力；第 25 行重置时间 myTime 为 0；第 26 行语句发射坦克炮弹；第 27 行设置炮弹的发射速度；第 29 行设置发射的炮弹在 2 秒钟后自动销毁；发射炮弹之后，执行第 37 行语句，向前移动坦克的炮塔。这里坦克将会每 2 秒钟发射一枚炮弹。

代码第 47 行到 82 行，实现坦克与士兵发射子弹以及投射的手榴弹的碰撞检测。代码第 50 行到 68 行，实现坦克与士兵发射子弹的碰撞检测；第 52 行显示士兵发射的子弹击中坦克的爆炸效果；如果子弹击中坦克超过 10 次（代码第 58 行），执行第 60 行语句，出现坦克爆炸效果，并且销毁坦克对象（代码第 64 行）。

代码第 70 行到 80 行，实现坦克与士兵投射手榴弹的的碰撞检测；手榴弹一旦击中坦克，执行第 74 行语句，出现坦克爆炸效果，并且销毁坦克对象（代码第 78 行）。

这里需要说明的是，第 62 行、76 行语句被注释，在今后的语句修改中不再列出该代码的全部部分，而只是说明该语句为添加部分。

对于 JavaScript 开发者来说，在项目 Project 窗格中，选择 Scripts 文件夹，在右键出现的快捷菜单中选择“Create”→“Javascript”命令，创建一个 JavaScript 文件，修改该文件的名称为 tankController.js，在 tankController.js 中书写相关代码，见代码 5-54。

代码 5-54　tankController 的 JavaScript 代码

```
 1: var tankFire:GameObject;
 2: var projectileExplosion:GameObject;
 3: var explosion:GameObject;
 4: var firePosition:Transform;
 5:
 6: private var myTop:Transform;
 7: private var myFire:GameObject;
 8: private var myTime:float=0;
 9: private var hitTimes:int =0;
10:
11: function Start()
12: {
13:
14:   myTop=transform.FindChild("top");
15: }
16:
17: function Update()
18: {
19:
20:   myTime+=Time.deltaTime;
21:
22:   if(myTime>2)
23:   {
24:     if(myTop.position.x-transform.position.x>-0.32f)
25:       myTop.Translate(new Vector3(0.5f*Time.deltaTime,0,0));
26:     else
27:     {
28:       myTime=0;
```

```
29:
30:       myFire=Instantiate(tankFire,firePosition.position,
                      transform.rotation) as GameObject;
31:
32:       myFire.rigidbody.velocity=new Vector3(-4.0f,0,0);
33:       Destroy(myFire,2.0f);
34:
35:     }
36:
37:   }
38:   else
39:   {
40:     myTop.position=new Vector3(-0.35f+transform.position.x,
                      myTop.position.y,myTop.position.z);
41:   }
42:
43: }
44:
45: function SetTime(time:float)
46: {
47:       myTime=time;
49: }
50:
51: function OnTriggerEnter(other:Collider)
52: {
53:
54:   if(other.tag=="projectile")
55:   {
56:     Instantiate(projectileExplosion,other.transform.position+
                      new Vector3(0,0,-1.1f),Quaternion.identity);
57:
58:     Destroy(other.gameObject);
59:     hitTimes++;
60:
61:     if(hitTimes>10)
62:     {
63:       Instantiate(explosion,transform.position+
                      new Vector3(0,0.4f,-1.1f),Quaternion.identity);
64:
65:       // digitDisplay.score+=2000;
66:
67:       Destroy(gameObject,1.0f);
68:
69:     }
70:
71:   }
72:
73:   if(other.tag=="grenade")
```

```
74:  {
75:
76:     Destroy(other.gameObject);
77:     Instantiate(explosion,transform.position+
                      new Vector3(0,0.4f,-1.1f),Quaternion.identity);
78:
79:       // digitDisplay.score+=2000;
80:
81:       Destroy(gameObject,1.0f);
82:     }
83:
84:  }
```

在上述 JavaScript 代码中，实现的主要功能是：坦克对象一旦被激活，每 2 秒钟向左方向发射一枚炮弹；在发射炮弹的过程中，坦克的炮塔将会向前、向后移动，以便较为真实地模拟发射炮弹的过程。

代码第 1 行到第 9 行，设置了许多相关变量，其中第 1 行设置了公有的 tankFire 变量，用于关联坦克发射的炮弹；第 2 行设置了公有的 projectileExplosion 变量，用于关联士兵发射的子弹击中坦克的爆炸效果；第 3 行设置了公有的 explosion 变量，关联坦克被击毁后的爆炸效果；第 4 行设置了公有的 firePosition 变量，关联坦克发射炮弹的位置。

在代码第 11 行到 15 行的 Start()方法中，第 14 行代码获得坦克的炮塔 myTop 对象的引用，以便在后面的代码中，实现炮塔的前、后移动。

在代码第 17 行到 43 行的 Update()方法中，第 20 行语句获得一个累加的时间 myTime；如果累加时间大于 2 秒钟（代码第 22 行），坦克即将发射炮弹，此时执行第 25 行语句，使得坦克炮塔向后移动少少距离，模拟发射炮弹的后座力；第 28 行重置时间 myTime 为 0；第 30 行语句发射坦克炮弹；第 32 行设置炮弹的发射速度；第 33 行设置发射的炮弹在 2 秒钟后自动销毁；发射炮弹之后，执行第 40 行语句，向前移动坦克的炮塔。这里坦克将会每 2 秒钟发射一枚炮弹。

代码第 51 行到 84 行，实现坦克与士兵发射子弹以及投射的手榴弹的碰撞检测。代码第 54 行到 71 行，实现坦克与士兵发射子弹的碰撞检测；第 56 行显示士兵发射的子弹击中坦克的爆炸效果；如果子弹击中坦克超过 10 次（代码第 61 行），执行第 63 行语句，出现坦克爆炸效果，并且销毁坦克对象（代码第 67 行）。

代码第 73 行到 84 行，实现坦克与士兵投射手榴弹的的碰撞检测；手榴弹一旦击中坦克，执行第 77 行语句，出现坦克爆炸效果，并且销毁坦克对象（代码第 81 行）。

这里需要说明的是，第 65 行、79 行语句被注释，在今后的语句修改中不再列出该代码的全部部分，而只是说明该语句为添加部分。

在项目 Project 窗格中，选择 Scripts 文件夹中的 TankController 代码文件或者 tankController 代码文件，拖放到层次 Hierarchy 窗格中的坦克 tank 对象之上；选择"Images"→"Level1"→"tank"目录下的 tankFire 预制件，拖放到检视器中的 Tank Fire 变量之中；选择"Images"→"Level1"→"projectiles"目录下的 projectileExplosion 预制件，拖放到检视器中的 Projectile Explosion 变量之中；选择"Images"→"Level1"→"jet"目录下的 jetExplosion 预制件，拖放

到检视器中的Explosion变量之中；选择层次Hierarchy窗格中的tank目录下的firePosition对象，拖放到检视器中的Fire Position变量之中，如图5-330所示。

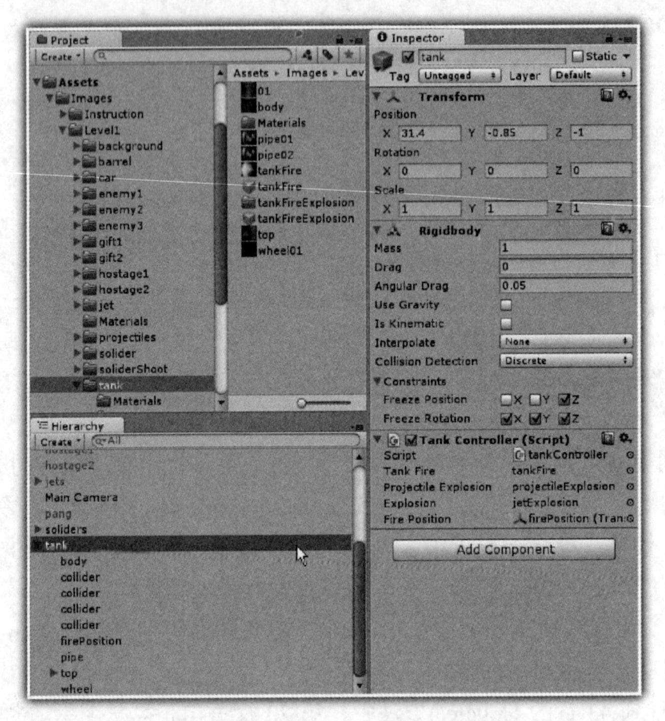

图 5-330　设置 tankController 代码

重新设置tank对象的Position参数：X=31.4，Y=-0.85，Z=-1；运行游戏，可以看到：坦克每隔2秒钟，就发射一枚炮弹。

4. 设置坦克

下面介绍如何编写相关代码，实现当士兵进入相关的游戏位置之后，才激活飞机对象，从而达到所需要的游戏效果。

在层次Hierarchy窗格中选择tank对象，并在检视器中非勾选tank对象，这样飞机tank对象就不会在游戏场景或者游戏窗口中显示，处于非Active的状态，但是在游戏场景窗格中可以看到坐标的指示位置。

对于C#开发者来说，在CameraFollow.cs中添加相关代码，见代码5-55。

代码 5-55　CameraFollow 的 C#代码

```
1: using UnityEngine;
2: using System.Collections;
3:
4: public class CameraFollow : MonoBehaviour
5: {
6:
7:   public GameObject myHostage1;
8:   public GameObject myHostage2;
```

```
 9:  public GameObject target;
10:  public GameObject enemy2;
11:  public GameObject enemy3;
12:  public GameObject barrel;
13:  public GameObject jet;
14:  public GameObject tank;
15:  GameObject soliderGameObject;
16:  SoliderController mySoliderController;
17:  float velocity=0.0F;
18:  float newPositionX;
19:  float newPositionY;
20:
21:
22: void Start()
23: {
24:
25:   soliderGameObject=GameObject.Find("soliders");
26:   mySoliderController=soliderGameObject.GetComponent<SoliderController>();
27: }
28:
29: void Update()
30: {
31:
32:     if(!mySoliderController.moveDirection)
33:     {
34:       if(target.transform.position.x>0 &&
                      target.transform.position.x<33.5)
35:     {
36:        newPositionX=Mathf.SmoothDamp(transform.position.x,
                      target.transform.position.x,ref velocity,1.0f);
37:
38:           transform.position=new Vector3(newPositionX,
                      transform.position.y, transform.position.z);
39:
40:      }
41:
42:     }
43:     else
44:     {
45:      if(target.transform.position.x>0 &&
                      target.transform.position.x<33.5)
46:      {
47:            newPositionX=Mathf.SmoothDamp(transform.position.x,
                      target.transform.position.x,ref velocity,1.0f);
48:
49:          transform.position=new Vector3(newPositionX,
                      0, transform.position.z);
50:      }
```

```
51:
52:     }
53:
54:     if(transform.position.x>2.8f)
55:      {
56:        if(enemy2!=null)
57:          enemy2.SetActive(true);
58:
59:      }
60:
61:     if(transform.position.x>12.0f)
62:      {
63:        if(enemy3!=null)
64:          enemy3.SetActive(true);
65:
66:      }
67:
68:     if(transform.position.x>3.6f)
69:      {
70:
71:        if(myHostage1!=null)
72:          myHostage1.SetActive(true);
73:
74:        if(myHostage2!=null)
75:          myHostage2.SetActive(true);
76
77:      }
78:
79:     if(transform.position.x>14.5f)
80:      {
81:        if(barrel!=null)
82:          barrel.SetActive(true);
83:
84:      }
85:
86:   if(transform.position.x>22f)
87:    {
88:     if(jet!=null)
89:       jet.SetActive(true);
90:
91:    }
92:
93:  if(transform.position.x>26.0f)
94:    {
95:      if(tank!=null)
96:       tank.SetActive(true);
97:    }
98:
```

```
99:  }
100:
101: }
```

在上述C#代码中，与代码5-51相比较，只是添加了代码第14行，用于关联坦克tank对象；添加了代码第93行到99行，当士兵移动到右边的某个距离时，就会激活坦克tank对象，使得坦克tank对象处于激活状态。

对于JavaScript 开发者来说，在cameraFollow.js中添加相关代码，见代码5-56。

代码5-56　cameraFollow的JavaScript代码

```
 1: var target:GameObject;
 2: var enemy2:GameObject;
 3: var enemy3:GameObject;
 4: var hostage1:GameObject;
 5: var hostage2:GameObject;
 6: var barrel:GameObject;
 7: var jet:GameObject;
 8: private var soliderGameObject:GameObject;
 9: private var mySoliderController:soliderController;
10: private var velocity:float=0.0F;
11: private var newPositionX:float;
12: private var newPositionY:float;
13: var tank:GameObject;
14: function Start()
15: {
16:
17:   soliderGameObject=GameObject.Find("soliders");
18:   mySoliderController=soliderGameObject.GetComponent("soliderController");
19:
20: }
21:
22: function Update()
23: {
24:
25:   if(!mySoliderController.moveDirection)
26:    {
27:     if(target.transform.position.x>0 &&
                              target.transform.position.x<33.5)
28:      {
29:          newPositionX=Mathf.SmoothDamp(transform.position.x,
                       target.transform.position.x,velocity,1.0f);
30:
31:          transform.position=new Vector3(newPositionX,
                       transform.position.y, transform.position.z);
32:
33:      }
34:
35:    }
36:   else
37:   {
```

```
38:      if(target.transform.position.x>0 &&
                     target.transform.position.x<33.5)
39:      {
40:        newPositionX=Mathf.SmoothDamp(transform.position.x,
                     target.transform.position.x,velocity,1.0f);
41:        transform.position=new Vector3(newPositionX,0,transform.position.z);
42:
43:      }
44:
45:   }
46:
47:  if(transform.position.x>2.8f)
48:   {
49:    if(enemy2!=null)
50:      enemy2.SetActive(true);
51:
52:   }
53:
54:  if(transform.position.x>12.0f)
55:   {
56:    if(enemy3!=null)
57:      enemy3.SetActive(true);
58:
59:  }
60:
61:  if(transform.position.x>3.6f)
62:   {
63:    if(hostage1!=null)
64:      hostage1.SetActive(true);
65:
66:    if(hostage2!=null)
67:      hostage2.SetActive(true);
68:
69:   }
70:
71:  if(transform.position.x>14.5f)
72:   {
73:    if(barrel!=null)
74:      barrel.SetActive(true);
75:
76:  }
77:
78:  if(transform.position.x>22f)
79:   {
80:    if(jet!=null)
81:      jet.SetActive(true);
82:
83:   }
84:
85:  if(transform.position.x>26.0f)
86:  {
```

```
87:     if(tank!=null)
88:       tank.SetActive(true);
89:   }
90:
91: }
```

在上述 JavaScript 代码中，与代码 5-52 相比较，只是添加了代码第 13 行，用于关联坦克 tank 对象；添加了代码第 85 行到 89 行，当士兵移动到右边的某个距离时，就会激活坦克 tank 对象，使得坦克 tank 对象处于激活状态。

在层次 Hierarchy 窗格中，选择坦克 tank 对象，拖放到 CameraFollow.cs 或者 cameraFollow.js 代码文件 tank 变量的右边，以便关联坦克 tank 对象。

运行游戏，可以看到：当士兵移动到相关位置时，由于摄像机也是跟随士兵移动，此时摄像机的位置 X 大于 26 时，就会激活坦克 tank 对象，出现坦克飞机场景，如图 5-331 所示；坦克每隔 2 秒钟就向士兵的左边方向，发射一枚炮弹，如图 5-332 所示。

图 5-331　坦克游戏场景

图 5-332　坦克发射炮弹

士兵可以向坦克发射子弹或者投射手榴弹，如图 5-333 所示是士兵发射的子弹，击中坦克出现的爆炸效果；如果士兵发射的子弹，击中坦克超过十次，或者士兵投射的手榴弹击中坦克一次，坦克就会被炸毁，如图 5-334 所示。

图 5-333　士兵发射子弹

图 5-334　坦克爆炸

5.10 士兵碰撞检测

士兵的碰撞检测，是合金弹头游戏项目开发中的一个重要内容。需要实现士兵拾取医药包、子弹包的碰撞检测；实现与敌人角色刺杀的碰撞检测，与手雷爆炸、飞机炸弹爆炸等的碰撞检测。

5.10.1 拾取医药包、子弹包

在前面的 5.7 节人质动画中，人质 1 被士兵解救之后，会留下医药包；人质 2 被士兵解救之后，会留下子弹包；下面说明士兵如何拾取医药包和子弹包。

1. 拾取医药包

要实现士兵拾取人质 1 留下的医药包，就是要实现士兵与医药包的碰撞检测，在碰撞检测中，实现拾取医药包的声音播放，销毁医药包。

对于 C#开发者来说，在项目 Project 窗格中，选择 Scripts 文件夹，在右键出现的快捷菜单中选择“Create”→“C# Script”命令，创建一个 C#文件，修改该文件的名称为 SoliderCollisionController.cs，然后在 SoliderCollisionController.cs 中书写相关代码，见代码 5-57。

代码 5-57　SoliderCollisionController 的 C#代码

```
 1: using UnityEngine;
 2: using System.Collections;
 3:
 4: public class SoliderCollisionController : MonoBehaviour
 5: {
 6:
 7:   public AudioClip giftSound;
 8:   GameObject myCamera;
 9:
10:  void OnTriggerEnter(Collider other)
11:   {
12:
13:    myCamera=GameObject.Find("Main Camera");
14:
15:    if(other.tag=="gift1")
16:     {
17:
18:      AudioSource.PlayClipAtPoint(giftSound, new Vector3(
                      myCamera.transform.position.x,0,-10));
19:
20:        // DigitDisplay.life++;
21:
22:      Destroy(other.gameObject);
23:     }
24:
25:  }
```

```
26:}
```

在上述 C#代码中，实现的主要功能是：士兵一旦接触到人质 1 留下的医药包，就会拾取医药包，播放拾取的声音，并且销毁医药包。

代码第 7 行设置了公有的声音片段变量 giftSound，以便开发者在检视器中，关联士兵拾取医药包的声音。

代码第 10 行到 25 行所定义的 OnTriggerEnter()方法，实现士兵与其他游戏对象的碰撞检测。由于医药包 gift1 中添加了刚体，其中碰撞体的 is Trigger 属性为 true，因此可以采用 OnTriggerEnter()方法检测士兵与医药包 gift1 的碰撞。

代码第 13 行获得摄像机的引用；如果士兵与医药包 gift1 发生了碰撞（代码第 15 行），则在第 18 行播放拾取医药包的声音 giftSound，并且是在摄像机所处的位置播放该声音，由于摄像机的位置随着士兵移动而移动，因此播放声音的位置是变化的，但是总是处于摄像机的位置而播放，在此位置播放的声音是最大的。代码第 22 行则销毁医药包，这样在游戏场景中就实现了士兵拾取医药包的功能。

这里需要说明的是，第 20 行语句被注释，在今后的语句修改中不再列出该代码的全部部分，而只是说明该语句为添加部分。

对于 JavaScript 开发者来说，在项目 Project 窗格中，选择 Scripts 文件夹，在右键出现的快捷菜单中选择“Create”→“Javascript”命令，创建一个 JavaScript 文件，修改该文件的名称为 soliderCollisionController.js，在 soliderCollisionController.js 中书写相关代码，见代码 5-58。

代码 5-58　soliderCollisionController 的 JavaScript 代码

```
 1: var  giftSound:AudioClip;
 2: private var myCamera:GameObject;
 3:
 4: function OnTriggerEnter(other:Collider)
 5:  {
 6:   myCamera=GameObject.Find("Main Camera");
 7:
 8:   if(other.tag=="gift1")
 9:   {
10:
11:     AudioSource.PlayClipAtPoint(giftSound, new Vector3(
             myCamera.transform.position.x,0,-10));
12:
13:      // digitDisplay.life++;
14:     Destroy(other.gameObject);
15:   }
16:
17: }
```

在上述 JavaScript 代码中，实现的主要功能是：士兵一旦接触到人质 1 留下的医药包，就会拾取医药包，播放拾取的声音，并且销毁医药包。

代码第 1 行设置了公有的声音片段变量 giftSound，以便开发者在检视器中，关联士兵拾取医药包的声音。

代码第 4 行到 17 行所定义的 OnTriggerEnter()方法，实现士兵与其他游戏对象的碰撞检测。由于医药包 gift1 中添加了刚体，其中碰撞体的 is Trigger 属性为 true，因此可以采用 OnTriggerEnter()方法检测士兵与医药包 gift1 的碰撞。

代码第 6 行获得摄像机的引用；如果士兵与医药包 gift1 发生了碰撞（代码第 8 行），则在第 11 行播放拾取医药包的声音 giftSound，并且是在摄像机所处的位置播放该声音，由于摄像机的位置随着士兵移动而移动，因此播放声音的位置是变化的，但是总是处于摄像机的位置而播放，在此位置播放的声音是最大的。代码第 14 行则销毁医药包，这样在游戏场景中就实现了士兵拾取医药包的功能。

这里需要说明的是，第 13 行语句被注释，在今后的语句修改中不再列出该代码的全部部分，而只是说明该语句为添加部分。

在项目 Project 窗格中，选择 Scripts 文件夹中的 SoliderCollisionController.cs 代码文件或者 soliderCollisionController.js 代码文件，拖放到层次 Hierarchy 窗格中的士兵 soliders 对象之上；选择 sound 目录下的 pick 文件，拖放到检视器中的 Gift Sound 变量之中。

运行游戏，可以看到：被解救的人质 1 会为士兵留下医药包，如图 5-335 所示；当士兵接触到医药包时，将会发出拾取医药包的声音，并且医药包会消失在游戏场景中，被士兵拾取，如图 5-336 所示。

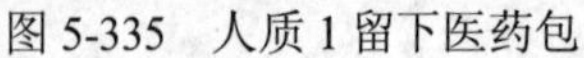

图 5-335　人质 1 留下医药包

图 5-336　士兵拾取医药包

2. 拾取子弹包

要实现士兵拾取人质 2 留下的子弹包，同样要实现士兵与子弹包的碰撞检测，在碰撞检测中，实现拾取子弹包的声音播放，销毁子弹包。

对于 C#开发者来说，在 SoliderCollisionController.cs 中书写相关代码，见代码 5-59。

代码 5-59　SoliderCollisionController 的 C#代码

```
1: using UnityEngine;
2: using System.Collections;
3:
4: public class SoliderCollisionController : MonoBehaviour
5: {
```

```
 6:
 7:  public AudioClip giftSound;
 8:  GameObject myCamera;
 9:
10: void OnTriggerEnter(Collider other)
11:  {
12:
13:   myCamera=GameObject.Find("Main Camera");
14:
15:   if(other.tag=="gift1")
16:    {
17:
18:     AudioSource.PlayClipAtPoint(giftSound, new Vector3(
          myCamera.transform.position.x,0,-10));
19:
20:      // DigitDisplay.life++;
21:
22:     Destroy(other.gameObject);
23:    }
24:
25:    if(other.tag=="gift2")
26:    {
27:
28:        AudioSource.PlayClipAtPoint(giftSound, new Vector3(
          myCamera.transform.position.x,0,-10));
29:
30:      // DigitDisplay.grenade++;
31:
32:        Destroy(other.gameObject);
33:    }
34:
35:   }
36:
37:}
```

在上述C#代码中，与代码5-57相比较，添加了代码第25行到33行，实现士兵对象与子弹包的碰撞检测。

如果士兵接触到子弹包（代码第25行），则执行第28行语句，播放拾取子弹包的声音，并通过第32行语句销毁子弹包，这样在游戏场景中就实现了士兵拾取子弹包的功能。

对于JavaScript 开发者来说，在soliderCollisionController.js中书写相关代码，见代码5-60。

代码5-60　soliderCollisionController 的 JavaScript 代码

```
1: var  giftSound:AudioClip;
2: private var myCamera:GameObject;
3:
4: function OnTriggerEnter(other:Collider)
5:  {
6:   myCamera=GameObject.Find("Main Camera");
```

```
 7:
 8:  if(other.tag=="gift1")
 9:  {
10:
11:    AudioSource.PlayClipAtPoint(giftSound, new Vector3(
           myCamera.transform.position.x,0,-10));
12:
13:     // digitDisplay.life++;
14:    Destroy(other.gameObject);
15:  }
16:
17:  if(other.tag=="gift2")
18:  {
19:
20:    AudioSource.PlayClipAtPoint(giftSound, new Vector3(
           myCamera.transform.position.x,0,-10));
21:
22:     // digitDisplay.grenade++;
23:    Destroy(other.gameObject);
24:  }
25:
26: }
```

在上述 JavaScript 代码中，与代码 5-58 相比较，添加了代码第 17 行到 24 行，实现士兵对象与子弹包的碰撞检测。

如果士兵接触到子弹包（代码第 17 行），则执行第 20 行语句，播放拾取子弹包的声音，并通过第 23 行语句销毁子弹包，这样在游戏场景中就实现了士兵拾取子弹包的功能。

运行游戏，可以看到：被解救的人质 2 会为士兵留下子弹包，如图 5-337 所示；当士兵接触到子弹包时，将会发出拾取子弹包的声音，并且子弹包会消失在游戏场景中，被士兵拾取，如图 5-338 所示。

图 5-337　人质 2 留下子弹包

图 5-338　士兵拾取子弹包

5.10.2　士兵碰撞检测

在下面的士兵碰撞检测中，需要实现与其他四个游戏对象的碰撞检测。这四个游戏对象分别是敌人角色 1、敌人角色 2 投射的手雷爆炸效果、飞机发射的炸弹爆炸效果以及坦克发射的炮弹。

1. 与敌人角色刺杀的碰撞检测

当敌人角色 1 接触到士兵时，敌人角色 1 将会刺杀士兵，士兵需要实现与敌人角色 1 的碰撞检测。

对于 C#开发者来说，在 SoliderCollisionController.cs 中书写相关代码，见代码 5-61。

代码 5-61　SoliderCollisionController 的 C#代码

```
 1: using UnityEngine;
 2: using System.Collections;
 3:
 4: public class SoliderCollisionController : MonoBehaviour
 5: {
 6:
 7:   public AudioClip giftSound;
 8:   GameObject myCamera;
 9:   public AudioClip sound;
10:   GameState myGameState;
11:   bool killed=false;
12:   bool oneTimeSound=false;
13:   float myTime3=0;
14:
15:  void OnTriggerEnter(Collider other)
16:   {
17:
18:    myCamera=GameObject.Find("Main Camera");
19:
20:    if(other.tag=="gift1")
21:     {
22:
23:      AudioSource.PlayClipAtPoint(giftSound, new Vector3(
            myCamera.transform.position.x,0,-10));
24:
25:        // DigitDisplay.life++;
26:
27:      Destroy(other.gameObject);
28:     }
29:
30:     if(other.tag=="gift2")
31:     {
32:
33:         AudioSource.PlayClipAtPoint(giftSound, new Vector3(
            myCamera.transform.position.x,0,-10));
34:
35:       // DigitDisplay.grenade++;
36:
37:         Destroy(other.gameObject);
```

```
38:   }
39:
40:  }
41:
42: void Update()
43: {
44:
45:    if(killed)
46:    {
47:     oneTimeSound=true;
48:     myGameState=GameState.killed;
49:    }
50:
51:   switch (myGameState)
52:    {
53:     case GameState.killed:
54:
55:       transform.localScale=new Vector3(1.0f,1.0f,0);
56:         StartCoroutine(KilledForTime());
57:
58:       break;
59:
60:    }
61:
62: }
63:
64: IEnumerator KilledForTime()
65:  {
66:
67:   yield return new WaitForSeconds(1.5f);
68:
69:   transform.localScale=new Vector3(1.0f,1.0f,1.0f);
70:   myCamera=GameObject.Find("Main Camera");
71:
72:   if(oneTimeSound)
73:     {
74:      AudioSource.PlayClipAtPoint(sound, new Vector3(
            myCamera.transform.position.x,0,-10));
75:      oneTimeSound=false;
76:
77:       // DigitDisplay.life--;
78:
79:     }
80:
81:     killed=false;
82:  }
83:
84:   void  OnTriggerStay(Collider other)
```

```
85: {
86:    myTime3+=Time.deltaTime;
87:
88:    if(myTime3>1 && other.tag=="enemy")
89:    {
90:      killed=true;
91:        myTime3=0;
92:
93:      Destroy(other.gameObject);
94:    }
95:
96: }
97:
98:}
```

在上述C#代码中，与代码5-59相比较，添加了代码第9行到13行；其中第9行定义了一个公有的声音片段变量sound，用于关联士兵死亡时的惨叫声音；第10行设置了游戏状态变量myGameState；第11行定义了killed布尔变量，用于判断士兵是否处于死亡状态。

添加了代码第42行到第62行的Update()方法，如果killed变量为true（代码第45行），则设置oneTimeSound变量为true（代码第47行），执行第48行语句设置士兵游戏状态为killed状态；代码第51行到第60行的switch条件语句，判断如果士兵处于killed状态（代码第53行），则设置士兵的图像为黑暗状态（代码第55行），然后通过第56行执行一个延时函数killedForTime()。

在代码64行到82行的延时函数KilledForTime()中，第67行设置延时1.5秒钟；然后执行第69行，恢复士兵的图像为正常状态；最后在摄像机位置播放士兵死亡的惨叫声音（代码第74行）。

代码第84行到96行的OnTriggerStay()方法，用于检测敌人角色1刺杀士兵的碰撞。由于敌人角色1与士兵接触的时候，需要播放敌人角色1的刺杀动画，因此此时的碰撞是已经发生了，并且一直在互相碰撞的过程中，因此这里采用了OnTriggerStay()方法检测碰撞。

如果敌人角色1与士兵发生碰撞有了一段时间（代码第88行），则执行第90行代码，设置killed变量为true，并销毁敌人角色1（代码第93行）。

对于JavaScript开发者来说，在soliderCollisionController.js中书写相关代码，见代码5-62。

代码5-62　soliderCollisionController的JavaScript代码

```
1: var  giftSound:AudioClip;
2: private var myCamera:GameObject;
3:
4: var sound:AudioClip;
5: private var myGameState:GameState;
6: private var killed:boolean=false;
7: private var oneTimeSound:boolean=false;
8: private var myTime3:float=0;
9:
10: function OnTriggerEnter(other:Collider)
```

```
11:  {
12:   myCamera=GameObject.Find("Main Camera");
13:
14:   if(other.tag=="gift1")
15:   {
16:
17:     AudioSource.PlayClipAtPoint(giftSound, new Vector3(
            myCamera.transform.position.x,0,-10));
18:
19:      // digitDisplay.life++;
20:     Destroy(other.gameObject);
21:   }
22:
23:   if(other.tag=="gift2")
24:   {
25:
26:     AudioSource.PlayClipAtPoint(giftSound, new Vector3(
            myCamera.transform.position.x,0,-10));
27:
28:      // digitDisplay.grenade++;
29:     Destroy(other.gameObject);
30:   }
31:
32: }
33:
34: function Update()
35: {
36:
37:   if(killed)
38:    {
39:     oneTimeSound=true;
40:     myGameState=GameState.killed;
41:   }
42:
43:   switch(myGameState)
44:   {
45:     case GameState.killed:
46:
47:       transform.localScale=new Vector3(1.0f,1.0f,0);
48:
49:       KilledForTime();
50:
51:       break;
52:
53:    }
54:
55: }
56:
```

```
57:  function KilledForTime()
58:  {
59:    yield  new WaitForSeconds(1.5f);
60:
61:    transform.localScale=new Vector3(1.0f,1.0f,1.0f);
62:
63:    myCamera=GameObject.Find("Main Camera");
64:
65:    if(oneTimeSound)
66:    {
67:       AudioSource.PlayClipAtPoint(sound, new Vector3(
            myCamera.transform.position.x,0,-10));
68:        oneTimeSound=false;
69:
70:       // digitDisplay.life--;
71:    }
72:
73:    killed=false;
74:  }
75:
76: function  OnTriggerStay(other:Collider)
77: {
78:     myTime3+=Time.deltaTime;
79:
80:     if(myTime3>1 && other.tag=="enemy")
81:     {
82:        killed=true;
83:        myTime3=0;
84:
85:       Destroy(other.gameObject);
86:    }
87:
88: }
```

在上述 JavaScript 代码中，与代码 5-60 相比较，添加了代码第 4 行到 8 行；其中第 4 行定义了一个公有的声音片段变量 sound，用于关联士兵死亡时的惨叫声音；第 5 行设置了游戏状态变量 myGameState；第 6 行定义了 killed 布尔变量，用于判断士兵是否处于死亡状态。

添加了代码第 34 行到第 55 行的 Update()方法，如果 killed 变量为 true（代码第 37 行），则设置 oneTimeSound 变量为 true（代码第 39 行），执行第 40 行语句设置士兵游戏状态为 killed 状态；代码第 43 行到第 53 行的 switch 条件语句，判断如果士兵处于 killed 状态（代码第 45 行），则设置士兵的图像为黑暗状态（代码第 47 行），然后通过第 49 行执行一个延时函数 killedForTime()。

在代码 57 行到 74 行的延时函数 KilledForTime()中，第 59 行设置延时 1.5 秒钟；然后执行第 61 行，恢复士兵的图像为正常状态；最后在摄像机位置播放士兵死亡的惨叫声音（代码第 67 行）。

代码第 76 行到 88 行的 OnTriggerStay()方法，用于检测敌人角色 1 刺杀士兵的碰撞。由于敌人角色 1 与士兵接触的时候，需要播放敌人角色 1 的刺杀动画，因此此时的碰撞是已经发生了，并且一直在互相碰撞的过程中，因此这里采用了 OnTriggerStay()方法检测碰撞。

如果敌人角色 1 与士兵发生碰撞有了一段时间（代码第 80 行），则执行第 82 行代码，设置 killed 变量为 true，并销毁敌人角色 1（代码第 85 行）。

在项目 Project 窗格中，选择 sound 目录下的 soliderDie 声音文件，拖放到检视器中的 sound 变量之中。

运行游戏，可以看到：敌人角色 1 接触到士兵时，将会刺杀士兵，如图 5-339 所示；当士兵被敌人角色 1 刺杀，处于 killed 状态时，士兵的图像显示为黑暗，如图 5-340 所示。

图 5-339　敌人角色 1 刺杀士兵

图 5-340　士兵处于死亡状态

2. 与手雷爆炸、飞机炸弹爆炸等的碰撞检测

要实现士兵对象与其他三个游戏对象的碰撞检测，需要在前面的代码中继续添加相关代码。对于 C#开发者来说，在 SoliderCollisionController.cs 中继续书写相关代码，见代码 5-63。

代码 5-63　SoliderCollisionController 的 C#代码

```
 1: using UnityEngine;
 2: using System.Collections;
 3:
 4: public class SoliderCollisionController : MonoBehaviour
 5: {
 6:
 7:   public AudioClip giftSound;
 8:   GameObject myCamera;
 9:   public AudioClip sound;
10:   GameState myGameState;
11:   bool killed=false;
12:   bool oneTimeSound=false;
13:   float myTime3=0;
14:
15:   public GameObject bombExplosion;
16:   public GameObject tankFireExplosion;
```

```
17:
18:   void OnTriggerEnter(Collider other)
19:   {
20:    myCamera=GameObject.Find("Main Camera");
21:
22:    if(other.tag=="gift1")
23:    {
24:      AudioSource.PlayClipAtPoint(giftSound, new Vector3(
             myCamera.transform.position.x,0,-10));
25:      // DigitDisplay.life++;
26:
27:      Destroy(other.gameObject);
28:    }
29:
30:    if(other.tag=="gift2")
31:    {
32:
33:        AudioSource.PlayClipAtPoint(giftSound, new Vector3(
             myCamera.transform.position.x,0,-10));
34:
35:      // DigitDisplay.grenade++;
36:
37:        Destroy(other.gameObject);
38:    }
39:
40:    if(other.tag=="bombExplosion")
41:    {
42:
43:      killed=true;
44:
45:      Destroy(other.gameObject);
46:
47:      GameObject enemy2=GameObject.Find("enemy2");
48:      Enemy2Controller myEnemy2Controller=enemy2.
             GetComponent<Enemy2Controller>();
49:
50:      myEnemy2Controller.SetTime(-3.0f);
51:    }
52:    else if(other.tag=="grenadeExplosion")
53:    {
54:       killed=true;
55:       Destroy(other.gameObject,0.5f);
56:
57:      GameObject myJet=GameObject.Find("jets");
58:      JetController myJetController=myJet.GetComponent<JetController>();
59:      myJetController.SetTime(-2.0f);
60:    }
61:    else if(other.tag=="tankFire")
62:    {
63:
```

```
64:        Instantiate(tankFireExplosion, other.transform.position+
               new Vector3(-0.1f,0.0f,-0.1f),transform.rotation);
65:
66:        killed=true;
67:        Destroy(other.gameObject);
68:
69:       GameObject myTank=GameObject.Find("tank");
70:       TankController myTankController=myTank.GetComponent<TankController>();
71:       myTankController.SetTime(-2.0f);
72:     }
73:
74:   }
75:
76: void Update()
77: {
78:
79:     if(killed)
80:     {
81:       oneTimeSound=true;
82:       myGameState=GameState.killed;
83:     }
84:
85:     switch(myGameState)
86:     {
87:       case GameState.killed:
88:
89:         transform.localScale=new Vector3(1.0f,1.0f,0);
90:          StartCoroutine(KilledForTime());
91:
92:         break;
93:
94:     }
95:
96: }
97:
98: IEnumerator KilledForTime()
99:  {
100:
101:   yield return new WaitForSeconds(1.5f);
102:
103:   transform.localScale=new Vector3(1.0f,1.0f,1.0f);
104:   myCamera=GameObject.Find("Main Camera");
105:
106:   if(oneTimeSound)
107:   {
108:      AudioSource.PlayClipAtPoint(sound, new Vector3(
              myCamera.transform.position.x,0,-10));
109:      oneTimeSound=false;
110:
111:       // DigitDisplay.life--;
```

```
112:
113:   }
114:
115:   killed=false;
116: }
117:
118: void  OnTriggerStay(Collider other)
119: {
120:    myTime3+=Time.deltaTime;
121:
122:    if(myTime3>1 && other.tag=="enemy")
123:    {
124:      killed=true;
125:      myTime3=0;
126:
127:      Destroy(other.gameObject);
128:    }
129:
130: }
131:
132:}
```

在上述 C#代码中，与代码 5-61 相比较，首先添加了代码第 15 行、16 行；其中第 15 行定义了一个公有的变量 bombExplosion，用于关联敌人角色 2 投射的手雷爆炸效果；第 16 行设置了一个公有的变量 tankFireExplosion，用于关联坦克发射炮弹的爆炸效果。

然后添加了代码第 40 行到 72 行，主要实现士兵对象与敌人角色 2 投射手雷爆炸效果的碰撞检测、与飞机炸弹爆炸效果的碰撞检测以及与坦克发射炮弹的碰撞检测。

如果士兵与敌人角色 2 投射手雷的爆炸效果发生了碰撞检测（代码第 40 行），则执行第 43 行语句，设置 killed 变量为 true；第 47 行到第 49 行代码，获得敌人角色 2 中的代码 Enemy2Controller，设置其中的 myTime 取值为-3.0，防止在士兵处于死亡状态时，敌人角色 2 继续投射手雷，让敌人角色 2 对象暂停 3 秒钟。

如果士兵与飞机炸弹爆炸效果发生了碰撞检测（代码第 52 行），则执行第 54 行语句，设置 killed 变量为 true；第 57 行到第 59 行代码，获得飞机对象中的代码 JetController，设置其中的 myTime 取值为-3.0，防止在士兵处于死亡状态时，飞机继续投射炸弹，让飞机对象暂停 2 秒钟。

如果士兵与坦克发射的炮弹发生了碰撞检测（代码第 61 行），执行第 64 行语句，显示坦克炮弹的爆炸效果；执行第 66 行语句，设置 killed 变量为 true；而第 57 行到第 59 行代码，获得坦克对象中的代码 TankController，设置其中的 myTime 取值为-3.0，防止在士兵处于死亡状态时，坦克继续发射炮弹，让坦克暂停 2 秒钟。

对于 JavaScript 开发者来说，在 soliderCollisionController.js 中继续书写相关代码，见代码 5-64。

代码 5-64　soliderCollisionController 的 JavaScript 代码

```
1: var  giftSound:AudioClip;
2: private var myCamera:GameObject;
3:
```

```
 4: var sound:AudioClip;
 5: private var myGameState:GameState;
 6: private var killed:boolean=false;
 7: private var oneTimeSound:boolean=false;
 8: private var myTime3:float=0;
 9:
10: var bombExplosion:GameObject;
11: var tankFireExplosion:GameObject;
12:
13: function OnTriggerEnter(other:Collider)
14: {
15:   myCamera=GameObject.Find("Main Camera");
16:
17:   if(other.tag=="gift1")
18:   {
19:
20:     AudioSource.PlayClipAtPoint(giftSound, new Vector3(
              myCamera.transform.position.x,0,-10));
21:
22:     // digitDisplay.life++;
23:     Destroy(other.gameObject);
24:   }
25:
26:   if(other.tag=="gift2")
27:   {
28:
29:     AudioSource.PlayClipAtPoint(giftSound, new Vector3(
              myCamera.transform.position.x,0,-10));
30:
31:     // digitDisplay.grenade++;
32:     Destroy(other.gameObject);
33:   }
34:
35:   if(other.tag=="bombExplosion")
36:   {
37:
38:
39:     killed=true;
40:     Destroy(other.gameObject);
41:
42:     var enemy2:GameObject=GameObject.Find("enemy2");
43:     var myEnemy2Controller:enemy2Controller=enemy2.
              GetComponent("enemy2Controller");
44:     myEnemy2Controller.SetTime(-3.0f);
45:   }
46:   else if(other.tag=="grenadeExplosion")
47:   {
48:     killed=true;
```

```
49:     Destroy(other.gameObject,0.5f);
50:
51:     var myJet:GameObject=GameObject.Find("jets");
52:     var myJetController:jetController=myJet.
             GetComponent("jetController");
53:     myJetController.SetTime(-2.0f);
54:   }
55:   else if(other.tag=="tankFire")
56:   {
57:
58:     Instantiate(tankFireExplosion, other.transform.position+
             new Vector3(-0.1f,0.0f,-0.1f),transform.rotation);
59:
60:     killed=true;
61:     Destroy(other.gameObject);
62:
63:     var myTank:GameObject=GameObject.Find("tank");
64:     var myTankController:tankController=myTank.
             GetComponent("tankController");
65:     myTankController.SetTime(-2.0f);
66:   }
67:
68: }
69:
70: function Update()
71: {
72:
73:   if(killed)
74:   {
75:     oneTimeSound=true;
76:     myGameState=GameState.killed;
77:   }
78:
79:   switch(myGameState)
80:   {
81:     case GameState.killed:
82:
83:       transform.localScale=new Vector3(1.0f,1.0f,0);
84:
85:       KilledForTime();
86:
87:       break;
88:
89:   }
90:
91: }
92:
93: function KilledForTime()
```

```
 94: {
 95:   yield  new WaitForSeconds(1.5f);
 96:
 97:   transform.localScale=new Vector3(1.0f,1.0f,1.0f);
 98:
 99:   myCamera=GameObject.Find("Main Camera");
100:
101:  if(oneTimeSound)
102:  {
103:  AudioSource.PlayClipAtPoint(sound, new Vector3(
             myCamera.transform.position.x,0,-10));
104:  oneTimeSound=false;
105:
106:      // digitDisplay.life--;
107:   }
108:
109:   killed=false;
110: }
111:
112: function  OnTriggerStay(other:Collider)
113: {
114:   myTime3+=Time.deltaTime;
115:
116:   if(myTime3>1 && other.tag=="enemy")
117:   {
118:     killed=true;
119:     myTime3=0;
120:
121:      Destroy(other.gameObject);
122:    }
123:
124: }
```

在上述 JavaScript 代码中，与代码 5-62 相比较，首先添加了代码第 10 行、11 行；其中第 10 行定义了一个公有的变量 bombExplosion，用于关联敌人角色 2 投射的手雷爆炸效果；第 11 行设置了一个公有的变量 tankFireExplosion，用于关联坦克发射炮弹的爆炸效果。

然后添加了代码第 35 行到 66 行，主要实现士兵对象与敌人角色 2 投射手雷爆炸效果的碰撞检测、与飞机炸弹爆炸效果的碰撞检测以及与坦克发射炮弹的碰撞检测。

如果士兵与敌人角色 2 投射手雷的爆炸效果发生了碰撞检测（代码第 35 行），则执行第 39 行语句，设置 killed 变量为 true；第 42 行到第 44 行代码，获得敌人角色 2 中的代码 enemy2Controller，设置其中的 myTime 取值为-3.0，防止在士兵处于死亡状态时，敌人角色 2 继续投射手雷，让敌人角色 2 对象暂停 3 秒钟。

如果士兵与飞机炸弹爆炸效果发生了碰撞检测（代码第 46 行），则执行第 48 行语句，设置 killed 变量为 true；第 51 行到第 53 行代码，获得飞机对象中的代码 jetController，设置其中的 myTime 取值为-3.0，防止在士兵处于死亡状态时，飞机继续投射炸弹，让飞机对象暂停 2 秒钟。

如果士兵与坦克发射的炮弹发生了碰撞检测（代码第 55 行），执行第 58 行语句，显示坦克炮弹的爆炸效果；执行第 60 行语句，设置 killed 变量为 true；而第 63 行到第 65 行代码，获得坦克对象中的代码 tankController，设置其中的 myTime 取值为-3.0，防止在士兵处于死亡状态时，坦克继续发射炮弹，让坦克暂停 2 秒钟。

在项目 Project 窗格中，选择 Sound 目录下的 soliderDie 声音文件，拖放到检视器中的 sound 变量之中；选择 prefabs 目录下的 grenadeExplosion 预制件、tankFireExplosion 预制件，分别拖放到检视器中的 Bomb Explosion 和 Tank Fire Explosion 变量之中。

运行游戏，可以看到：敌人角色 2 会向士兵投射手雷，手雷在士兵处发生爆炸，如图 5-341 所示；当士兵处于手雷的爆炸范围之内，士兵就会处于死亡状态，士兵的图像为黑暗，如图 5-342 所示。

图 5-341　敌人角色 2 投射手雷爆炸

图 5-342　士兵处于死亡状态

在图 5-343 所示的游戏场景中，飞机向士兵发射炸弹，显示飞机炸弹爆炸效果；如果士兵处于飞机炸弹的爆炸范围之内，士兵就会处于死亡状态，士兵的图像为黑暗，如图 5-344 所示。

图 5-343　飞机投射炸弹爆炸

图 5-344　士兵处于死亡状态

在图 5-345 所示的游戏场景中，坦克会向士兵发射炮弹，图中显示了坦克炮弹发生爆炸的效果；此时士兵会处于死亡状态，士兵的图像为黑暗，如图 5-346 所示。

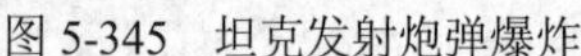

图 5-345　坦克发射炮弹爆炸

图 5-346　士兵处于死亡状态

5.11 摄像机设置

摄像机是游戏开发中的一个重要组件，根据游戏开发需求，可以设置多个摄像机，即采用深度摄像机来显示底部面板；显示游戏场景中的底部面板数字、计时器、分数等。

5.11.1　显示底部面板

底部面板显示士兵的生命个数、子弹数以及手榴弹等，通过使用深度摄像机，专门显示底部面板，让底部面板固定在屏幕的底部。

1. 显示底部面板

在项目 Project 窗格中，选择 prefabs 文件夹中的 sprite 对象，拖放该对象到层次 Hierarchy 窗格中，并将该对象的名称修改为 bottom，在检视器窗格中设置 Position 参数为：X=0，Y=-1.83，Z=0；设置 Scale 参数为：X=5.6，Y=0.36，Z=1；选择“Images”→“Level1”目录下的 bottom 图片，拖放到 bottom 对象中，以便显示底部面板，如图 5-347 所示。

运行游戏，可以看到：当士兵向右移动的过程中，由于摄像机也随着士兵的移动而移动，这样上述设置的底部面板也随着士兵的向右移动，这样底部面板出现了不需要的移动，如图 5-348 所示。

2. 新建深度摄像机

为了让上述底部面板固定在游戏场景中的底部，不随着士兵的移动而移动，下面介绍如何新建深度摄像机来实现。

首先需要为底部面板 bottom 对象新建层。

在层次 Hierarchy 窗格中，首先选择 bottom 对象，在如图 5-349 所示的检视器中，单击 Layer 右边的“Default”按钮。

在如图 5-349 所示的快捷菜单中选择“Add Layer...”命令，出现如图 5-350 所示的新建层窗口界面，在其中输入 bottom 对象所定义的层名称为 bottom。

图 5-347　设置底部面板

图 5-348　底部面板向左移动

在层次 Hierarchy 窗格中，再次选择 bottom 对象，在如图 5-351 所示的检视器中，再次单击 Layer 右边的“Default”按钮，如图 5-352 所示。

在如图 5-351 所示的快捷菜单中，选择前面所建立的层“bottom”，出现如图 5-352 所示的已经关联层的界面。

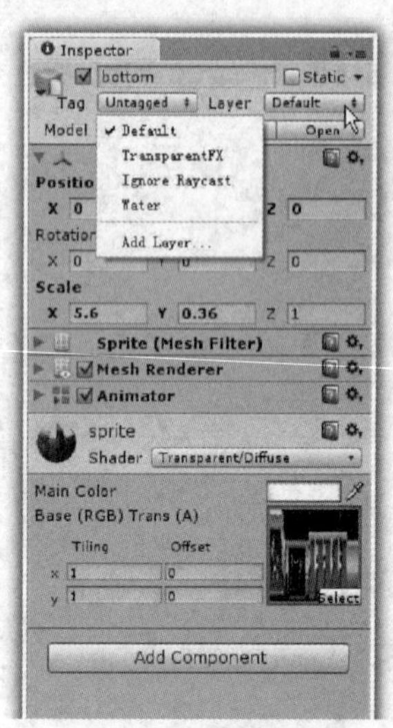

图 5-349　添加层

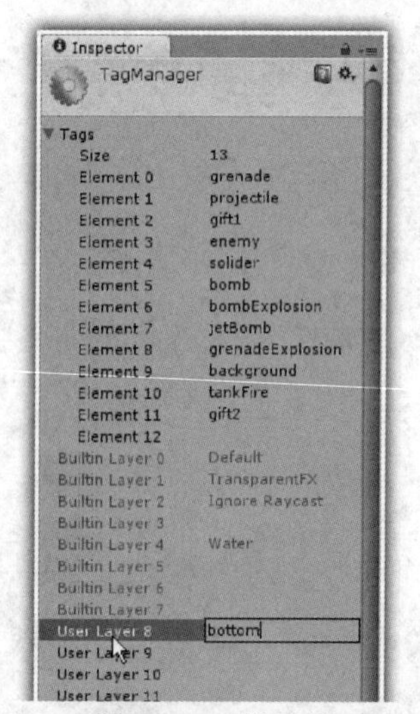

图 5-350　新建层

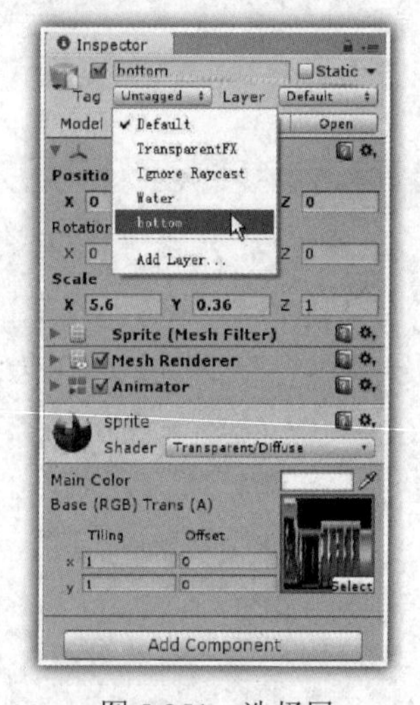

图 5-351　选择层

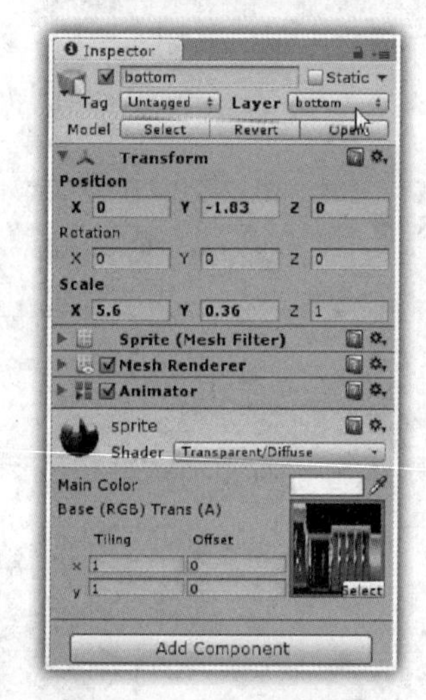

图 5-352　已经关联的层

然后需要为底部面板 bottom 对象新建一个深度摄像机。

单击菜单“GameObject”→“Create Other”→“Camera”，新建一个摄像机。设置摄像机的投影方式 Projection 为正交投影 Orthographic；摄像机的 Position 参数的 X=0，Y=0，Z=-10；而摄像机的 Size=2；近端平面 near=0.3、远端平面 Far=20，如图 5-353 所示。

在 Camera 对象的检视器中，单击“Clear Flags”右边的按钮，在弹出的快捷菜单中选择“Depth only”参数，设置深度摄像机，如图 5-354 所示。

单击“Culling Mask”右边的按钮，在弹出的快捷菜单中选择“Nothing”参数，如图 5-355 所示。

在如图 5-355 所示的检视器中，继续单击“Culling Mask”右边的按钮，在弹出的快捷菜单中选择“bottom”参数，如图 5-356 所示。

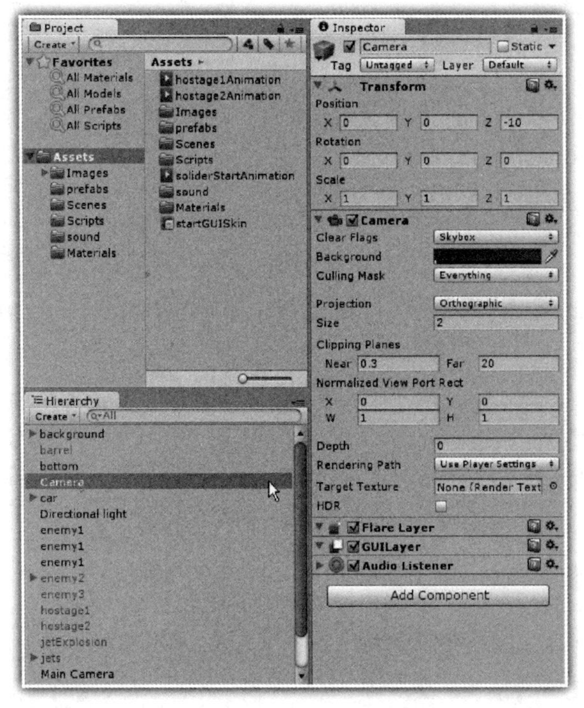

图 5-353　新建摄像机

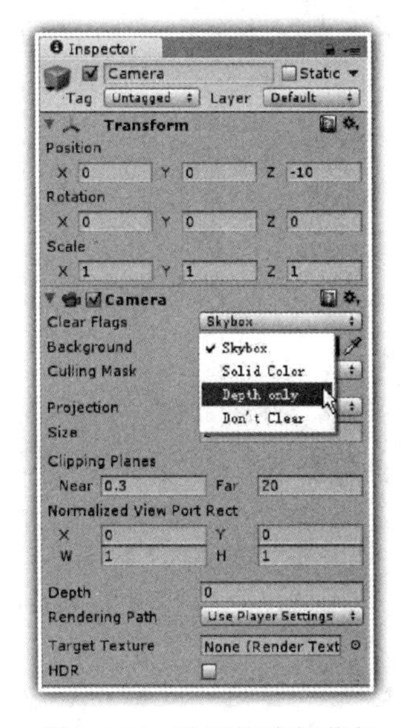

图 5-354　选择深度摄像机

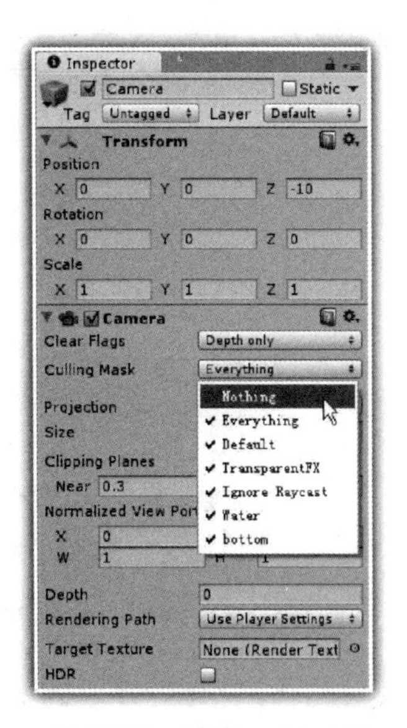

图 5-355　选择 nothing 层

在如图 5-357 所示的检视器中，设置 Depth 参数为 0。

在层次 Hierarchy 窗格中，选择 Main Camera 对象，单击“Culling Mask”右边的按钮，在

弹出的快捷菜单中，不要选择“bottom”参数；Depth 参数为-1，如图 5-358 所示。

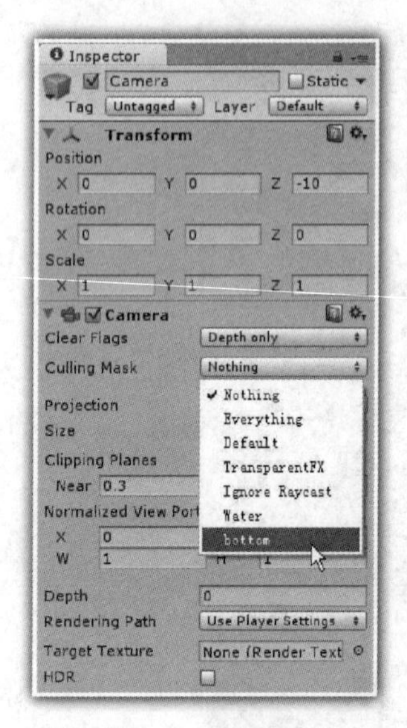

图 5-356　选择 bottom 层

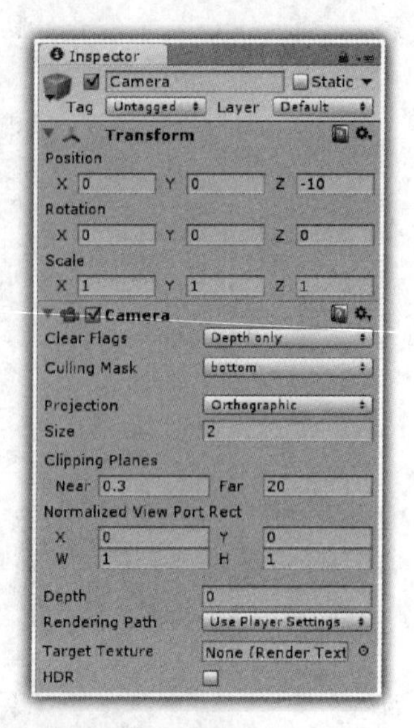

图 5-357　设置 depth 参数

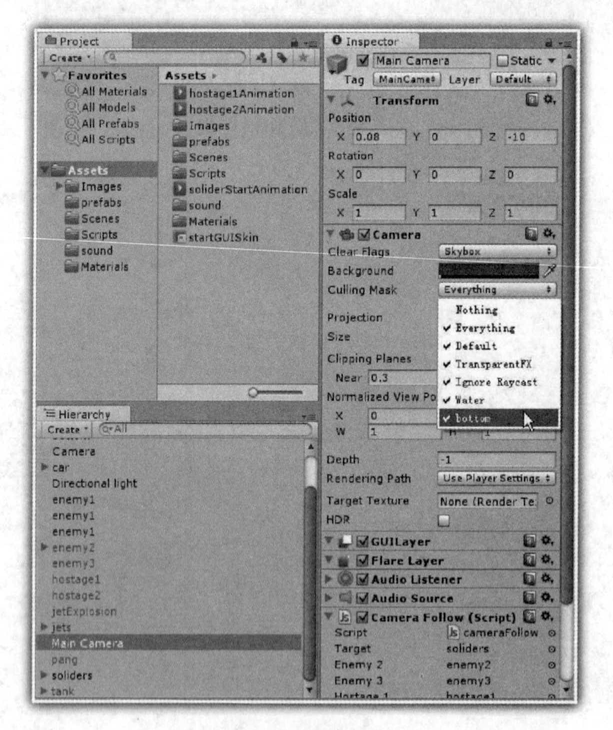

图 5-358　不要选择 bottom

在层次 Hierarchy 窗格中，选择 Camera 对象，删除其中的“Audio Source”组件。

运行游戏，可以看到：当士兵向右移动的过程中，底部面板由于使用了深度摄像机，底部面板不再移动，底部面板固定在屏幕的底部。

5.11.2 显示各种数字

在合金弹头游戏项目中，需要显示底部面板的数字，如士兵的生命个数、子弹和手榴弹的数量，倒数的计时器以及分数等。

1. 显示底部面板数字

单击菜单“GameObject”，选择“Create Empty”命令，在游戏场景中创建一个空白的游戏对象 GameObject，在层次 Hierarchy 窗格中，将该对象的名称修改为 score，并在检视器窗格中设置其 Position 参数为：X=0，Y=0，Z=0。

为了在底部面板显示个性化的数字，这里设计了相应的个性化数字序列图片。

如图 5-359 所示是显示士兵生命的数字图片序列，该数字设置为黄色的字体，与底部面板的士兵图像的黄色色调是一致的。

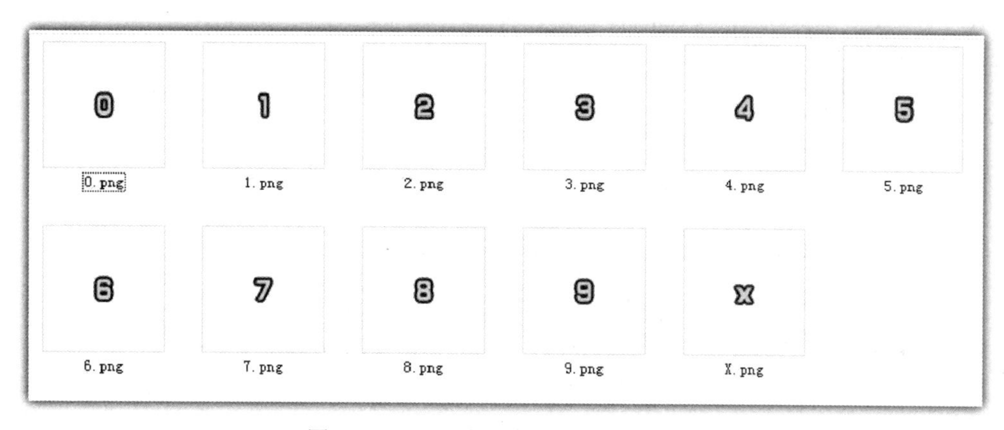

图 5-359 显示士兵生命的数字图片序列

如图 5-360 所示是显示子弹、手榴弹的数字图片序列，该数字设置为绿色的字体，与底部面板的子弹、手榴弹图标的绿色色调是一致的。

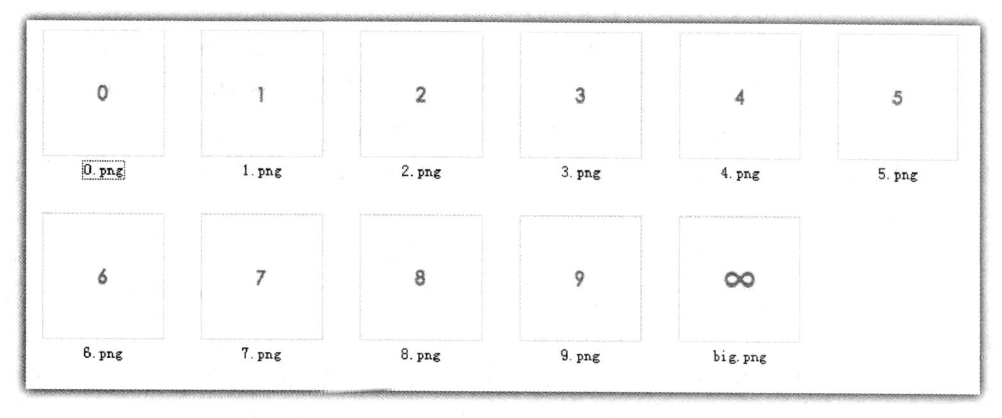

图 5-360 显示子弹、手榴弹的数字图片序列

下面介绍如何书写相关代码，实现显示底部面板的数字。

对于 C#开发者来说，在项目 Project 窗格中，选择 Scripts 文件夹，在右键出现的快捷菜单中选择“Create”→“C# Script”命令，创建一个 C#文件，修改该文件的名称为 DigitDisplay.cs，在 DigitDisplay.cs 中书写相关代码，见代码 5-65。

代码 5-65　DigitDisplay 的 C#代码

```
 1: using UnityEngine;
 2: using System.Collections;
 3:
 4: public class DigitDisplay : MonoBehaviour
 5: {
 6:
 7:   public Texture [] lifeNumbers;
 8:   public Texture [] weaponNumbers;
 9:   public static int life=8;
10:   public static int grenade=10;
11:
12:   void  OnGUI()
13:   {
14:
15:    GUI.DrawTexture(new Rect(50,375,20,23),lifeNumbers[life]);
16:
17:    GUI.DrawTexture(new Rect(147,384,24,12),weaponNumbers[10]);
18:
19:    for(int i=0; i<grenade.ToString().Length; i++)
20:      GUI.DrawTexture(new Rect(204+i*9,384,9,12),weaponNumbers[
           System.Int32.Parse((grenade.ToString())[i].ToString())]);
21:
22:  }
23:
24:}
```

在上述 C#代码中，实现的主要功能是：在底部面板显示士兵的生命数值是 8，表示有 8 条命；显示子弹的数量是无穷大；显示手榴弹的数量是 10。

代码第 7 行、第 8 行定义了公有的图片数组变量 lifeNumbers、weaponNumbers，以便开发者在检视器中关联士兵的生命数字序列图片以及子弹、手榴弹的数字序列图片；第 9 行、第 10 行设置了公有的变量 life、grenade 变量，设置了士兵生命数量的初始值为 8 条命，手榴弹数量的初始值为 10；之所以将这两个变量设置为公有，并且是静态变量，主要是为了在其他类中设置该变量，让该变量只有一个实例化的数字。

所有的 GUI 显示必须在 OnGUI()方法中来实现（代码第 12 行到 22 行）。代码第 15 行显示士兵的生命数值为 8；代码第 17 行显示子弹的数量是无穷大；而代码第 19 行、20 行则显示手榴弹的数量是 10。

对于 JavaScript 开发者来说，在项目 Project 窗格中，选择 Scripts 文件夹，在右键出现的快捷菜单中选择“Create”→“Javascript”命令，创建一个 JavaScript 文件，修改该文件的名称为

digitDisplay.js，在 digitDisplay.js 中书写相关代码，见代码 5-66。

代码 5-66　digitDisplay 的 JavaScript 代码

```
 1: var lifeNumbers:Texture[];
 2: var weaponNumbers:Texture [];
 3: static var life:int=8;
 4: static var grenade:int=10;
 5:
 6: function  OnGUI()
 7: {
 8:
 9:   GUI.DrawTexture(new Rect(50,375,20,23),lifeNumbers[life]);
10:
11:   GUI.DrawTexture(new Rect(147,384,24,12),weaponNumbers[10]);
12:
13:   for(var i:int =0; i<grenade.ToString().Length; i++)
14:     GUI.DrawTexture(new Rect(204+i*9,384,9,12),weaponNumbers[
          System.Int32.Parse((grenade.ToString())[i].ToString())]);
15:
16: }
```

在上述 JavaScript 代码中，实现的主要功能是：在底部面板显示士兵的生命数值是 8，表示有 8 条命；显示子弹的数量是无穷大；显示手榴弹的数量是 10。

代码第 1 行、第 2 行定义了公有的图片数组变量 lifeNumbers、weaponNumbers，以便开发者在检视器中关联士兵的生命数字序列图片以及子弹、手榴弹的数字序列图片；第 3 行、第 4 行设置了公有的变量 life、grenade 变量，设置了士兵生命数量的初始值为 8 条命，手榴弹数量的初始值为 10；之所以将这两个变量设置为公有，并且是静态变量，主要是为了在其他类中设置该变量，让该变量只有一个实例化的数字。

所有的 GUI 显示必须在 OnGUI()方法中来实现（代码第 6 行到 16 行）。代码第 9 行显示士兵的生命数值为 8；代码第 11 行显示子弹的数量是无穷大；而代码第 13 行、14 行则显示手榴弹的数量是 10。

在项目 Project 窗格中，选择 Scripts 文件夹中的 DigitDisplay.cs 代码文件或者 digitDisplay.js 代码文件，拖放到层次 Hierarchy 窗格中的 score 对象之上；选择“Images”→“lifeDigit”目录下的 0、1、2、…、9 和 X 图片，分别拖放到检视器中的 lifeNumbers 数值变量之中，如图 5-361 所示；选择“Images”→“weaponDigit”目录下的 0、1、2、…、9 和 big 图片，分别拖放到检视器中的 weaponNumbers 数值变量之中，如图 5-362 所示。

运行游戏，可以看到：底部面板数字被正确显示，如图 5-363 所示。

下面介绍如何在前面所完成的代码中，将相关被注释的语句修改为可以执行的语句，实现士兵生命值的更新，手榴弹数量的更新。

请参看前面 5.11 节士兵碰撞检测中与手雷爆炸的碰撞检测内容。

对于 C#开发者来说，在代码 5-63 中，修改 SoliderCollisionController.cs 代码第 25 行、第 35 行以及第 111 行，去掉注释语句“//”，执行 DigitDisplay.life++，当士兵拾取医药包时，为士兵添加生命值；执行 DigitDisplay.grenade++，当士兵拾取子弹包时，为士兵添加一枚手榴弹数量；执行 DigitDisplay.life--，当士兵处于死亡状态时，士兵的生命值减去 1。

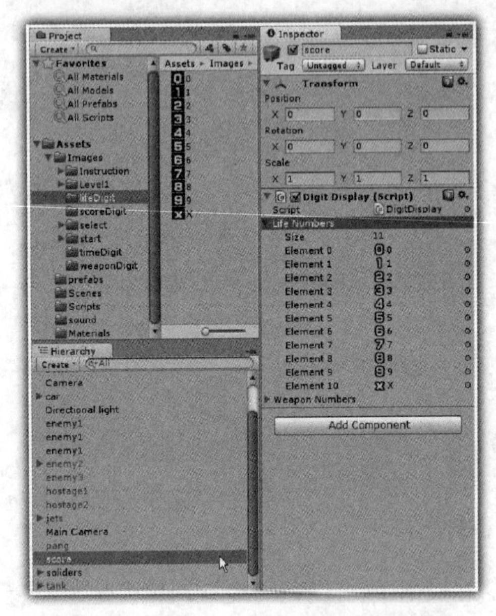

图 5-361　设置士兵生命的数字图片序列

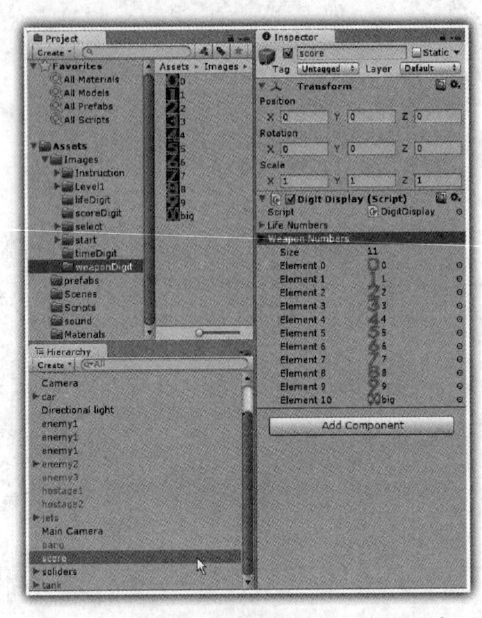

图 5-362　设置子弹、手榴弹的数字图片序列

图 5-363　显示底部面板数字

对于 Java Script 开发者来说，在代码 5-64 中，修改 soliderCollisionController.js 代码第 22 行、31 行以及第 106 行，去掉注释语句，执行 digitDisplay.life++，当士兵拾取医药包时，为士兵添加生命值；执行 digitDisplay.grenade++，当士兵拾取子弹包时，为士兵添加一枚手榴弹数量；执行 DigitDisplay.life--，当士兵处于死亡状态时，士兵的生命值减去 1。

当士兵投射手榴弹之后，需要更新手榴弹的数量。请参看前面 5.3 节士兵角色实现中士兵射击状态控制内容。

对于 C#开发者来说，在代码 5-21 中，修改 SoliderShootController.cs 代码第 329 行、第 330 行、第 334 行以及第 352 行，去掉注释语句“//”，执行第 334 行语句 DigitDisplay.grenade--，当

士兵投射手榴弹之后，将手榴弹的数量减 1。

对于 Java Script 开发者来说，在代码 5-22 中，修改 soliderShootController.js 代码第 329 行、第 330 行、第 334 行以及第 352 行，去掉注释语句“//”，执行第 334 行语句 digitDisplay.grenade--，当士兵投射手榴弹之后，将手榴弹的数量减 1。

运行游戏，可以看到：在游戏的开始界面中，士兵的生命值为 8，如图 5-364 所示；如果士兵被敌人角色 1 刺杀死亡，士兵的生命值减去 1，此时士兵的生命值显示为 7，如图 5-365 所示。

图 5-364　士兵被刺杀前

图 5-365　士兵死亡后生命值减 1

按下“L”键一次，士兵会投射出一枚手榴弹，手榴弹的数量会减去 1，此时显示的手榴弹数量为 9，如图 5-366 所示；当士兵移动到如图 5-367 所示的位置时，敌人角色 2 将会向士兵投射手雷，手雷炸中士兵，士兵的生命值也会减去 1。

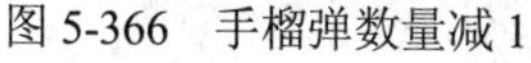

图 5-366　手榴弹数量减 1

图 5-367　士兵被手雷爆炸

在图 5-368 中，此时士兵的生命值显示为 6；在图 5-369 中，显示了士兵拾取子弹包前的状态。

一旦士兵拾取了子弹包，手榴弹的数量会加上 1，显示为 10，如图 5-370 所示；而在图 5-371 中，显示了士兵拾取医药包前的状态。

一旦士兵拾取了医药包，士兵的生命值会加上 1，显示为 7，如图 5-372 所示；而在图 5-373 中，则显示了士兵投射完所有的手榴弹之后，不能再次投射出手榴弹，显示手榴弹的数量为 0。

图 5-368　士兵被手雷炸中生命值减 1

图 5-369　士兵拾取子弹包前

图 5-370　手榴弹数量加 1

图 5-371　士兵拾取医药包前

图 5-372　士兵生命值加 1

图 5-373　手榴弹数量为 0

2. 显示分数、计时器

分数显示的是玩家士兵所获得的分数，如士兵每射杀一个敌人角色 1，就会加分 100；计时器则是一个倒计时器，每一秒钟数量减去 1，直到计时器为 0，游戏结束。

为了显示美观的分数和计时器，这里同样设计了相应的个性化数字序列图片。

如图 5-374 所示是显示士兵分数的数字图片序列，该数字设置为白色的字体；如图 5-375 所示是显示计时器的数字图片序列，该数字设置为黄色的字体。

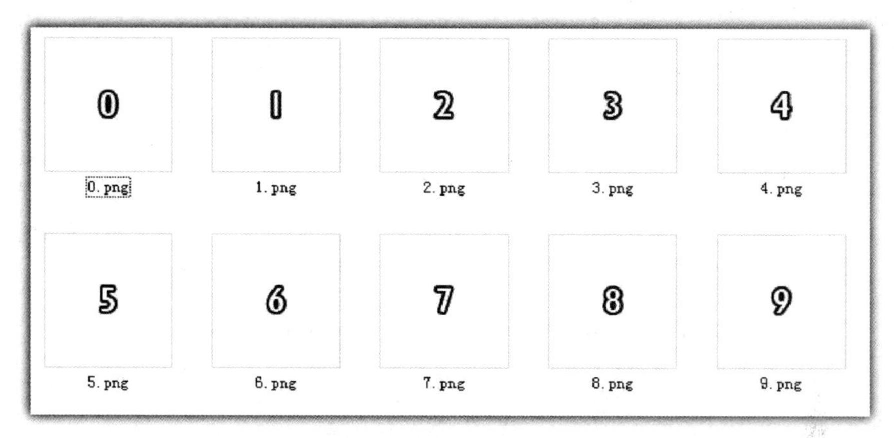

图 5-374　显示士兵分数数字图片序列

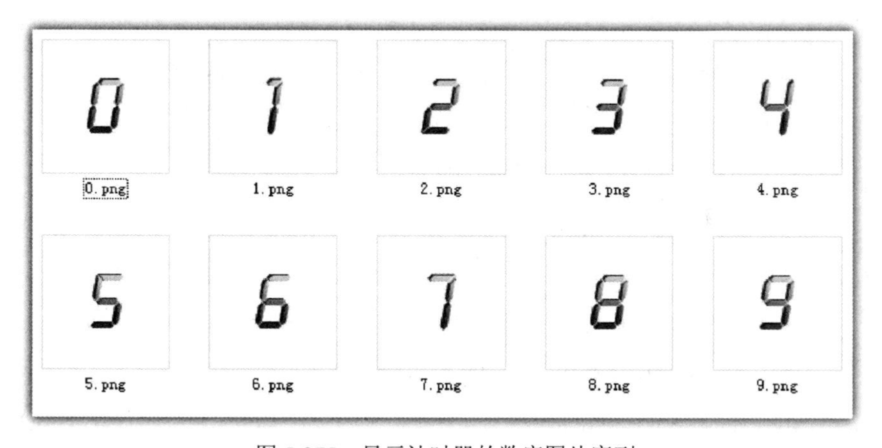

图 5-375　显示计时器的数字图片序列

下面介绍如何在上述的代码中添加相关代码，实现显示分数、计时器功能。

对于 C#开发者来说，在 DigitDisplay.cs 中添加相关代码，见代码 5-67。

代码 5-67　DigitDisplay 的 C#代码

```
1: using UnityEngine;
2: using System.Collections;
3:
4: public class DigitDisplay : MonoBehaviour
5: {
6:
7:  public Texture [] lifeNumbers;
8:  public Texture [] weaponNumbers;
9:  public static int life=8;
```

```
10: public static int grenade=10;
11:
12: public Texture [] scoreNumbers;
13: public Texture [] timeNumbers;
14: public static int leftTime=200;
15: public static int score=0;
16:
17: float myTime;
18:
19: void  OnGUI()
20: {
21:
22:   GUI.DrawTexture(new Rect(50,375,20,23),lifeNumbers[life]);
23:
24:   GUI.DrawTexture(new Rect(147,384,24,12),weaponNumbers[10]);
25:
26:   for(int i=0; i<grenade.ToString().Length; i++)
27:     GUI.DrawTexture(new Rect(204+i*9,384,9,12),weaponNumbers[
          System.Int32.Parse((grenade.ToString())[i].ToString())]);
28:
29:   for(int i=0; i<score.ToString().Length; i++)
30:     GUI.DrawTexture(new Rect(50+i*16,18,16,24),scoreNumbers[
          System.Int32.Parse((score.ToString())[i].ToString())]);
31:
32:   for(int i=0; i<leftTime.ToString().Length; i++)
33:     GUI.DrawTexture(new Rect(250+i*32,5,32,45),timeNumbers[
          System.Int32.Parse((leftTime.ToString())[i].ToString())]);
34:
35: }
36:
37: void Update()
38: {
39:   myTime+=Time.deltaTime;
40:
41:     if(myTime>1)
42:     {
43:         leftTime--;
44:         myTime=0;
45:     }
46:
47:     if(leftTime<=0||life<=0)
48:        Time.timeScale=0;
49:
50: }
51:
52:}
```

在上述 C#代码中，与代码 5-65 相比较，添加了代码第 12 行到第 17 行。代码第 12 行、第

13 行定义了公有的图片数组变量 scoreNumbers、timeNumbers，以便开发者在检视器中关联分数的数字序列图片以及计时器的数字序列图片；第 14 行、第 15 行设置了公有的静态变量 score、leftTime 变量，设置了士兵分数的初始值为 0，计时器的初始值为 200。

添加的代码第 29 行、第 30 行，实现显示分数的功能；添加的代码第 32 行、第 33 行，则实现显示计时器的功能。

在添加的代码第 37 行到第 50 行中，第 39 行获得游戏运行的累计时间 myTime，第 41 行到第 45 行代码，实现计时器倒数功能；当计时器为 0 或者士兵生命值为 0 时（代码第 47 行），设置游戏停止（代码第 48 行）。

对于 JavaScript 开发者来说，在 digitDisplay.js 中添加相关代码，见代码 5-68。

代码 5-68　digitDisplay 的 JavaScript 代码

```
 1:  var lifeNumbers:Texture [];
 2:  var weaponNumbers:Texture [];
 3:  static var life:int=8;
 4:  static var grenade:int=10;
 5:
 6:  static var score:int=0;
 7:  static var leftTime:int=200;
 8:
 9:  var scoreNumbers:Texture [];
10:  var timeNumbers:Texture [];
11:
12:  private var myTime:float;
13:
14:  function  OnGUI()
15:  {
16:
17:    GUI.DrawTexture(new Rect(50,375,20,23),lifeNumbers[life]);
18:
19:    GUI.DrawTexture(new Rect(147,384,24,12),weaponNumbers[10]);
20:
21:    for(var i:int =0; i<grenade.ToString().Length; i++)
22:      GUI.DrawTexture(new Rect(204+i*9,384,9,12),weaponNumbers[
           System.Int32.Parse((grenade.ToString())[i].ToString())]);
23:
24:  for(var j:int=0; j<score.ToString().Length; j++)
25:     GUI.DrawTexture(new Rect(50+j*16,18,16,24),scoreNumbers[
           System.Int32.Parse((score.ToString())[j].ToString())]);
26:
27:  for(var k:int=0; k<leftTime.ToString().Length; k++)
28:     GUI.DrawTexture(new Rect(250+k*32,5,32,45),timeNumbers[
         System.Int32.Parse((leftTime.ToString())[k].ToString())]);
29:
30:}
31:
32:  function Update()
```

```
33:  {
34:  myTime+=Time.deltaTime;
35:
36:   if(myTime>1)
37:   {
38:    leftTime--;
39:      myTime=0;
40:   }
41:
42:  if(leftTime<=0 || life<=0)
43:      Time.timeScale=0;
44:
45:}
```

在上述 JavaScript 代码中，与代码 5-66 相比较，添加了代码第 6 行到第 12 行。第 6 行、第 7 行设置了公有的静态变量 score、leftTime 变量，设置了士兵分数的初始值为 0，计时器的初始值为 200；代码第 9 行、第 10 行定义了公有的图片数组变量 scoreNumbers、timeNumbers，以便开发者在检视器中关联分数的数字序列图片以及计时器的数字序列图片。

添加的代码第 24 行、第 25 行，实现显示分数的功能；添加的代码第 27 行、第 28 行，则实现显示计时器的功能。

在添加的代码第 32 行到第 45 行中，第 34 行获得游戏运行的累计时间 myTime，第 36 行到第 40 行代码，实现计时器倒数功能；当计时器为 0 或者士兵生命值为 0 时（代码第 42 行），设置游戏停止（代码第 43 行）。

在项目 Project 窗格中，选择“Images”→“scoreDigit”目录下的 0、1、2、…、8 和 9 图片，分别拖放到检视器中的 Score Numbers 数值变量之中，如图 5-376 所示；选择“Images”→“timeDigit”目录下的 0、1、2、…、8 和 9 图片，分别拖放到检视器中的 Time Numbers 数值变量之中，如图 5-377 所示。

下面介绍如何在前面所完成的代码中，将相关被注释的语句修改为可以执行的语句，实现士兵分数的更新。

请参看前面 5.5 节敌人角色实现中与士兵子弹、士兵投射手榴弹爆炸的碰撞检测内容。

对于 C#开发者来说，在代码 5-27 的 Enemy1Controller.cs 中，修改代码第 192 行、第 204 行，去掉注释语句“//”，执行 DigitDisplay.score+=100，当子弹击中敌人角色 1 时，分数添加 100；执行 DigitDisplay.score+=200，当手榴弹爆炸击中敌人角色 1 时，分数添加 200。

在代码 5-29 的 Enemy2Controller.cs 中，修改代码第 166 行、第 175 行，去掉注释语句“//”，执行 DigitDisplay.score+=100，当子弹击中敌人角色 2 时，分数添加 100；执行 DigitDisplay.score+=200，当手榴弹爆炸击中敌人角色 2 时，分数添加 200。

在代码 5-33 的 Enemy3Controller.cs 中，修改代码第 135 行、第 143 行，去掉注释语句“//”，执行 DigitDisplay.score+=100，当子弹击中敌人角色 3 时，分数同样添加 100；执行 DigitDisplay.score+=200，当手榴弹爆炸击中敌人角色 3 时，分数添加 200。

对于 JavaScript 开发者来说，在代码 5-28 的 enemy1Controller.js 中，修改代码第 187 行、第 199 行，去掉注释语句“//”，执行 digitDisplay.score+=100，当子弹击中敌人角色 1 时，分数

添加 100；执行 digitDisplay.score+=200，当手榴弹爆炸击中敌人角色 1 时，分数添加 200。

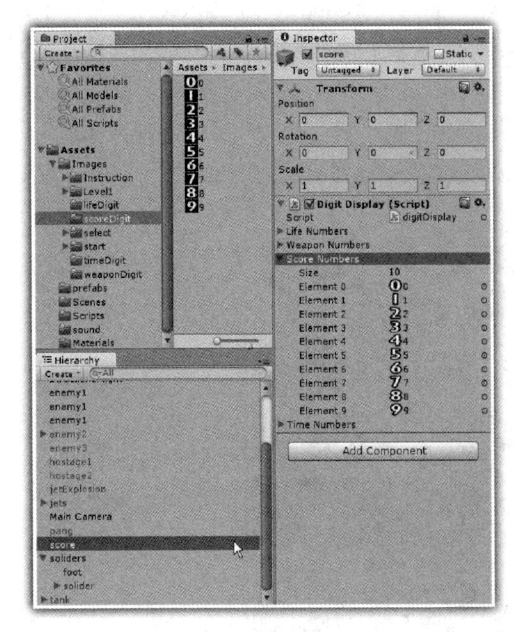

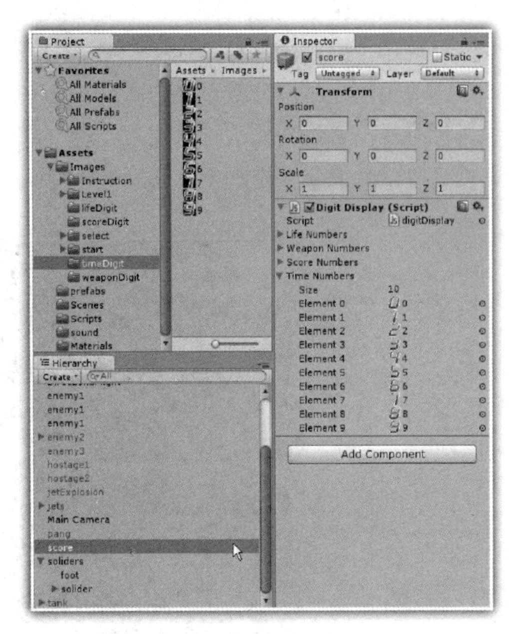

图 5-376　设置士兵分数的数字图片序列　　　　图 5-377　设置计时器的数字图片序列

在代码 5-30 的 enemy2Controller.cs 中，修改代码第 155 行、第 162 行，去掉注释语句“//”，执行 digitDisplay.score+=100，当子弹击中敌人角色 2 时，分数添加 100；执行 digitDisplay.score+=200，当手榴弹爆炸击中敌人角色 2 时，分数添加 200。

在代码 5-34 的 enemy3Controller.cs 中，修改代码第 130 行、第 138 行，去掉注释语句“//”，执行 digitDisplay.score+=100，当子弹击中敌人角色 3 时，分数同样添加 100；执行 digitDisplay.score+=200，当手榴弹爆炸击中敌人角色 3 时，分数添加 200。

请参看前面 5.8 节木桶障碍物中与士兵子弹的碰撞检测内容。

对于 C#开发者来说，在代码 5-43 中，修改 BarrelController.cs 代码第 72 行，去掉注释语句“//”，执行 DigitDisplay.score+=300 语句，当子弹击毁木桶时，分数添加 300。

对于 Java Script 开发者来说，在代码 5-44 中，修改 barrelController.cs 代码第 65 行，去掉注释语句“//”，执行 digitDisplay.score+=300 语句，当子弹击毁木桶时，分数添加 300。

请参看前面 5.9 节飞机动画中与士兵子弹的碰撞检测内容。

对于 C#开发者来说，在代码 5-47 中，修改 JetController.cs 代码第 65 行，去掉注释语句“//”，执行 DigitDisplay.score+=1000 语句，当士兵发射的子弹击毁飞机时，分数添加 1000。

对于 JavaScript 开发者来说，在代码 5-48 中，修改 jetController.cs 代码第 60 行，去掉注释语句“//”，执行 digitDisplay.score+=1000 语句，当士兵发射的子弹击毁飞机时，分数添加 1000。

请参看前面 5.10 节坦克动画中与士兵子弹、士兵发射的手榴弹爆炸的碰撞检测内容。

对于 C#开发者来说，在代码 5-53 中，修改 TankController.cs 代码第 62 行、第 76 行，去掉注释语句“//”，分别执行同样的 DigitDisplay.score+=2000 语句，当士兵发射的子弹或者手榴弹爆炸击毁坦克时，分数添加 2000。

对于 JavaScript 开发者来说，在代码 5-54 中，修改 tankController.cs 代码第 65 行、第 79 行，去掉注释语句“//”，分别执行同样的 DigitDisplay.score+=2000 语句，当士兵发射的子弹或者手榴弹爆炸击毁坦克时，分数添加 2000。

运行游戏，可以看到：士兵发射子弹，或者投射手榴弹，一旦击中或者击毁敌人角色、飞机和坦克等，分数就会添加，如图 5-378 所示，则是游戏完成后的界面。

图 5-378　游戏完成后的界面

5.12 声音播放

声音播放，是游戏开发中的另外一个重要功能。声音的播放源所处的位置不同，在游戏场景中的播放效果不同。在合金弹头游戏项目中，建议在摄像机位置播放相关声音。

5.12.1　播放背景音乐

将背景音乐拖放到不同的对象之中播放，具有不同的声音效果；一般情况下，建议将相关的背景音乐拖放到摄像机对象之中播放。

1. 拖放背景音乐文件

在项目 Project 窗格中，选择 sound 目录下的 background 声音文件，直接拖放到层次 Hierarchy 窗格中的 background 之上，并勾选 Loop，循环播放声音，如图 5-379 所示，为游戏添加背景音乐。

运行游戏，可以发现：在游戏的开始界面中，可以听到清晰的声音，但是当游戏进入到最后的坦克界面时，基本上就听不到背景音乐的声音了。

这里需要说明的是，被播放的声音是处于 3D 场景中的一个位置的，如果该声音的播放源距离摄像机近，声音就越大；距离摄像机远，声音就越小。

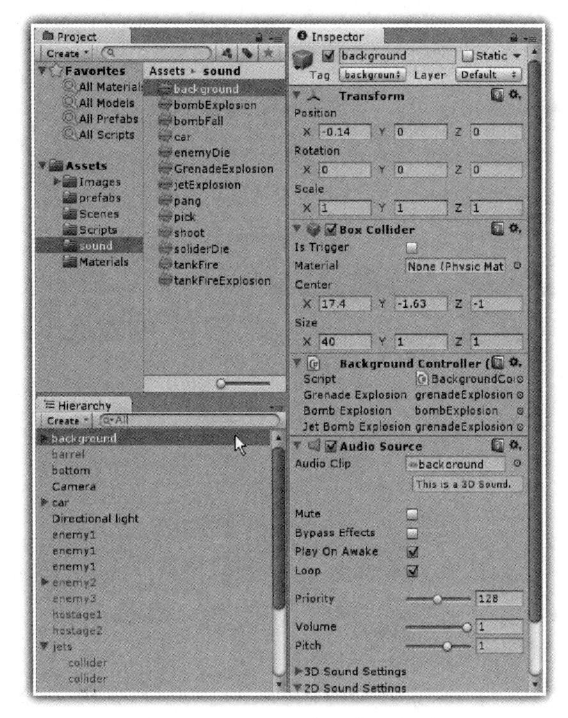

图 5-379　设置游戏背景音乐

2. 在摄像机位置播放音乐

首先在层次 Hierarchy 窗格中，选择 background 对象，删除前面的 Audio Source 组件。然后在项目 Project 窗格中，选择 sound 目录下的 background 声音文件，直接拖放到层次 Hierarchy 窗格中的 Main Camera 之上，并勾选 Loop，设置循环播放声音，为游戏添加背景音乐。

运行游戏，可以发现：在游戏的整个过程中，都可以听到清晰的声音。

5.12.2　修改相关声音的播放

合金弹头游戏是一个 2D 游戏，下面介绍编写相关代码，修改相关声音的播放，让声音在摄像机的位置播放。

1. 在摄像机位置播放声音

对于 C#开发者来说，在项目 Project 窗格中，选择 Scripts 文件夹，在右键出现的快捷菜单中选择“Create”→“C# Script”命令，创建一个 C#文件，修改该文件的名称为 SoundController.cs，在 SoundController.cs 中书写相关代码，见代码 5-69。

代码 5-69　SoundController 的 C#代码

```
1: using UnityEngine;
2: using System.Collections;
3:
4: public class SoundController : MonoBehaviour
5: {
```

```
 6:
 7:  public AudioClip sound;
 8:
 9:  GameObject myCamera;
10:
11: void Start()
12: {
13:
14:     myCamera=GameObject.Find("Main Camera");
15:
16:     AudioSource.PlayClipAtPoint(sound, new Vector3(
            myCamera.transform.position.x,0,-10));
17:
18: }
19:
20: }
```

在上述 C#代码中，实现的主要功能是在摄像机位置播放相关声音。

代码第 7 行设置了声音片段变量 sound，以便在检视器中关联需要播放的声音；代码第 14 行获得摄像机的当前对象，然后通过第 16 行在摄像机位置播放声音。

对于 JavaScript 开发者来说，在项目 Project 窗格中，选择 Scripts 文件夹，在右键出现的快捷菜单中选择“Create”→“Javascript”命令，创建一个 JavaScript 文件，修改该文件的名称为 soundController.js，在 soundController.js 中书写相关代码，见代码 5-70。

代码 5-70 soundController 的 JavaScript 代码

```
 1: var sound: AudioClip;
 2: private var myCamera: GameObject;
 3:
 4: function Start()
 5: {
 6:
 7:     myCamera=GameObject.Find("Main Camera");
 8:
 9:     AudioSource.PlayClipAtPoint(sound, new Vector3(
            myCamera.transform.position.x,0,-10));
10
11: }
```

在上述 JavaScript 代码中，实现的主要功能是在摄像机位置播放相关声音。

代码第 1 行设置了声音片段变量 sound，以便在检视器中关联需要播放的声音；代码第 7 行获得摄像机的当前对象，然后通过第 9 行在摄像机位置播放声音。

下面说明如何修改前面的子弹预制件中声音的播放。

在项目 Project 窗格中，选择“Images”→“level1”→“projectiles”文件夹中的 leftProjectile 预制件，拖放到层次 Hierarchy 窗格中；在检视器中删除 Left Projectile 对象中的 Auido Source 组件，如图 5-380 所示。

选择 Scripts 文件夹中的 SoundController.cs 代码文件或者 soundController.js 代码文件，拖放

到层次 Hierarchy 窗格中的 leftProjectile 对象之上；选择 sound 文件夹中的 shoot 声音文件，拖放到 Sound Controller 中的 Sound 变量之中，如图 5-381 所示。

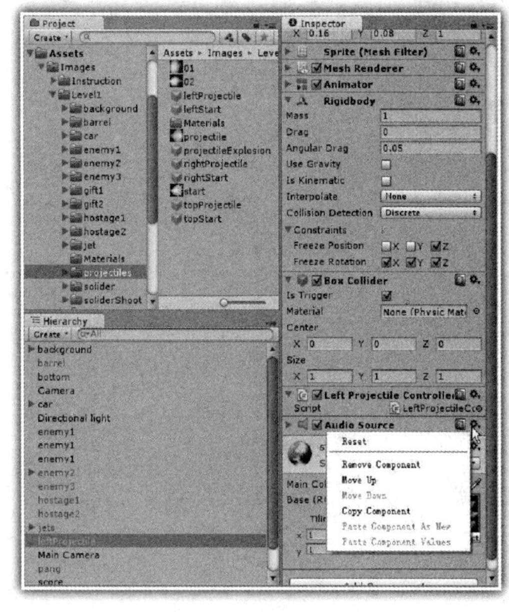

图 5-380　删除 Audio Source 组件

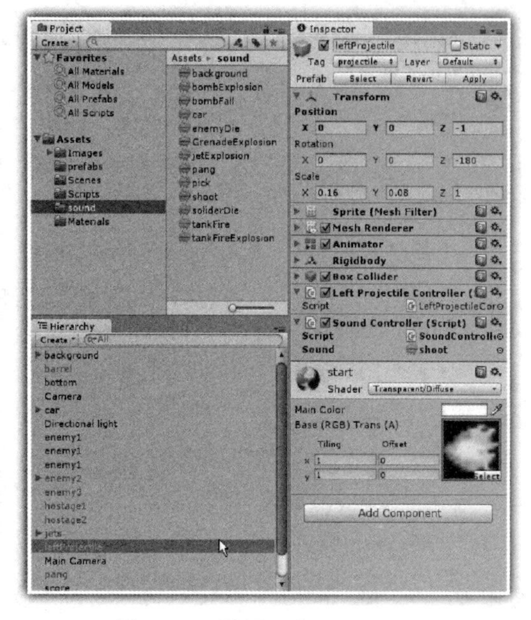

图 5-381　设置 Sound Controller

然后在层次 Hierarchy 窗格中，选择 leftProjectile 对象，拖放到项目 Project 窗格的 leftProjectile 预制件之中，以便更新 leftProjectile 预制件；最后删除层次 Hierarchy 窗格中的 leftProjectile 对象。

在项目 Project 窗格中，分别选择 projectiles 文件夹中的 rightProjectile、topProjectile、projectileExplosion 预制件，分别重复上述过程，修改、更新这三个预制件。

2. 修改其他预制件的声音播放

下面首先说明如何修改手榴弹预制件中声音的播放。

在项目 Project 窗格中，选择 prefabs 文件夹中的 grenade 预制件，拖放到层次 Hierarchy 窗格中并选择该 grenade 对象；在检视器中删除 grenade 对象对象中的 Auido Source 组件，如图 5-382 所示。

选择 Scripts 文件夹中的 SoundController.cs 代码文件或者 soundController.js 代码文件，拖放到层次 Hierarchy 窗格中的 grenade 对象之上；选择 sound 文件夹中的 bombFall 声音文件，拖放到 SoundController 中的 sound 变量之中，如图 5-383 所示。

然后在层次 Hierarchy 窗格中，选择 grenade 对象，拖放到项目 Project 窗格的 grenade 预制件之中，以便更新 grenade 预制件；最后删除层次 Hierarchy 窗格中的 grenade 对象。

在项目 Project 窗格中，分别选择 prefabs 文件夹中的 grenadeExplosion、tankFireExplosion 预制件，分别重复上述过程，修改、更新这两个预制件。

其他的相关对象的声音播放，这里不再重复。

再次运行游戏，可以发现：在游戏的整个过程中，可以听到各种清晰的声音。

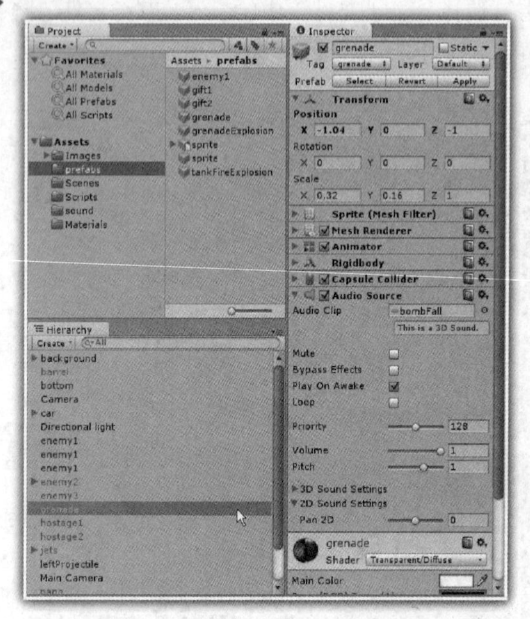

图 5-382 删除 Audio Source 组件

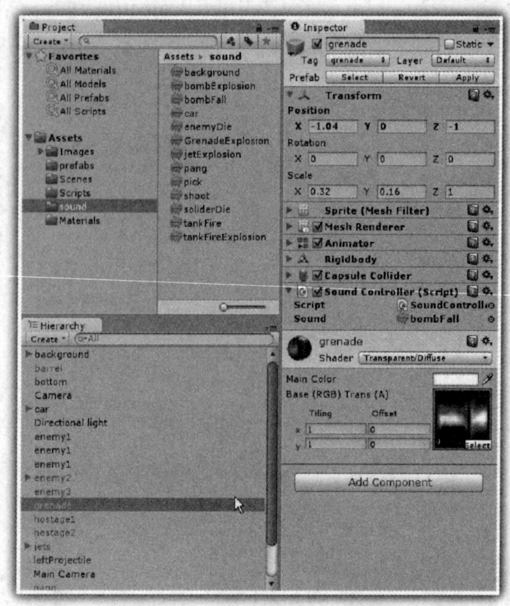

图 5-383 设置 SoundController

大炮射击飞碟 3D 游戏项目是一个基于 3D 的射击类游戏，该游戏项目相对简单，非常适合于 Unity3D 初学者在学习了前面的 2D 游戏之后，掌握基础的 3D 开发技能，开始进入 Unity3D 开发 3D 游戏开发领域。

在该游戏项目中，学习如何创建地形、添加天空盒；如何使用父对象修改子对象的某些属性；使用局部坐标系、世界坐标系；讲解碰撞检测；多个摄像机的切换以及瞄准等。

06 CHAPTER SIX 第六章 大炮射击飞碟 3D 游戏项目

>> 本章要点

- 创建地形、天空盒
- 父对象、子对象
- 局部坐标系、世界坐标系
- 碰撞检测
- 多个摄像机的切换
- 瞄准

6.1 游戏功能分析

首先运行大炮射击飞碟3D游戏项目，了解大炮射击飞碟3D游戏项目是一个什么样的游戏；然后对大炮射击飞碟 3D 游戏项目进行功能分析，对该游戏项目有一个比较深入的了解，以便后面逐步实现这个基于 3D 的射击类游戏。

6.1.1 运行游戏

在光盘中找到游戏项目——6.大炮射击飞碟 3D 游戏项目——UFO3D，运行游戏，打开如图 6-1 所示的开始场景界面。

在开始界面中，左、右移动鼠标，将会左、右旋转大炮的底座；上、下移动鼠标，将会上、下提升、降低大炮炮管的高度，如图 6-2 所示。

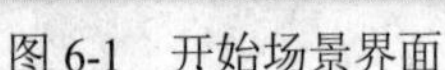

图 6-1 开始场景界面

图 6-2 炮塔旋转、炮管提升

在游戏场景界面中，按下数字键“2”，可以切换摄像机到瞄准飞碟的界面，上、下、左、右移动鼠标，可以移动“十字星”瞄准飞碟；单击鼠标，可以发射炮弹，如图 6-3 所示。

当发射的炮弹击中飞碟之时，会发生爆炸；飞碟将会被重置初始位置，继续向大炮位置飞来，如图 6-4 所示。

按下数字键“1”，可以切换到主摄像机，单击鼠标，同样可以发射炮弹，当然在此种界面下，很难瞄准飞碟，如图 6-5 所示是大炮发射炮弹的界面。

如果在主摄像界面中，一旦炮弹击中飞碟，同样发生爆炸效果，如图 6-6 所示。

6.1.2 游戏功能分析

通过运行上述大炮射击飞碟 3D 游戏游戏，可以发现：该游戏是一个比较简单的 3D 游戏，整个游戏只是一个游戏场景，也就是射击场景。

在游戏场景中，飞碟不断向大炮飞来，需要大炮瞄准，然后发射炮弹；如果一旦炮弹击中飞碟，就会出现爆炸效果。

图 6-3　瞄准飞碟发射炮弹

图 6-4　击中飞碟发生爆炸

图 6-5　发射炮弹

图 6-6　击中飞碟发生爆炸

为了比较容易地瞄准飞碟，这里设计了两个摄像机，一个是显示普通的 3D 场景；一个是专门用来瞄准 3D 场景中的飞碟。

在游戏场景中，主要有三个游戏对象，分别是大炮、飞碟和发射的炮弹。

完成该游戏后，游戏项目的目录结构如图 6-7 所示。其中 models 目录存放各个游戏对象所对应 3D 模型；sounds 目录存放各种声音文件，如大炮发射炮弹的声音、爆炸声等。

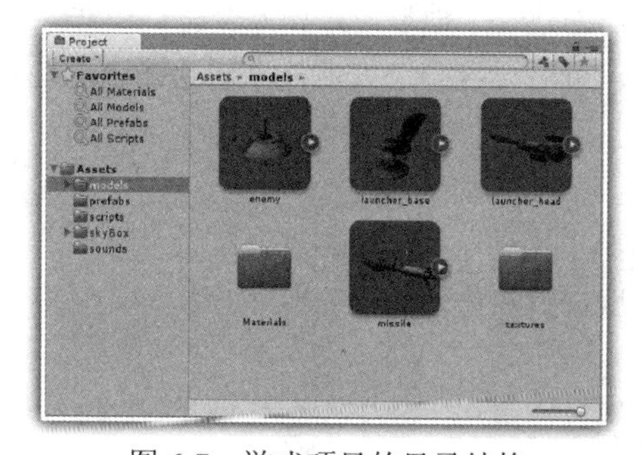

图 6-7　游戏项目的目录结构

对于C#开发者来说，图6-8显示了需要开发者开发的C#文件，共有6个文件；对于JavaScript开发者来说，图6-9则显示了需要开发者开发的JavaScript文件，共有6个文件。

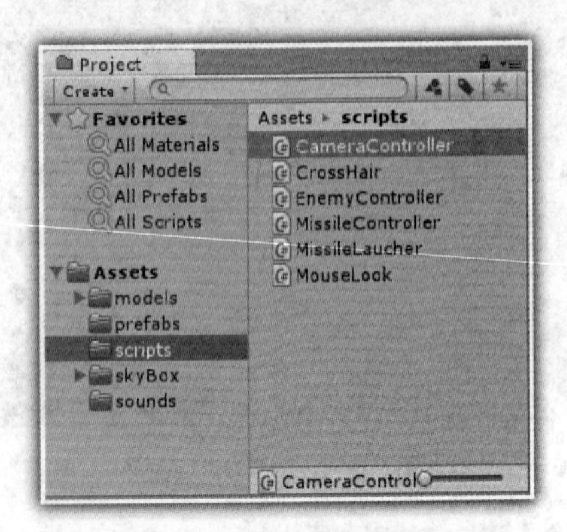

图6-8 C#文件

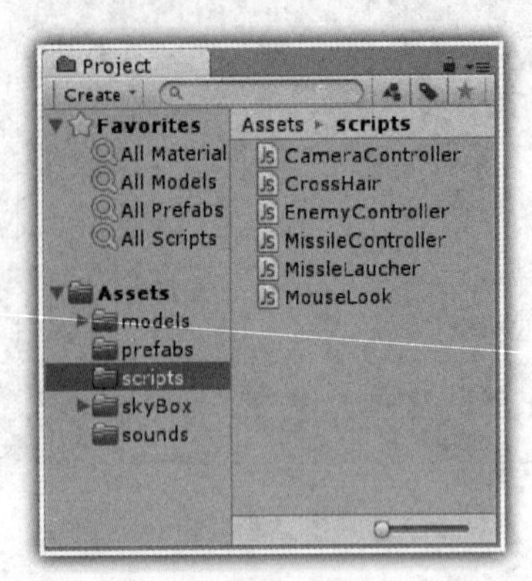

图6-9 JavaScript文件

这些开发文件的具体功能说明，见表6-1。

表6-1 开发文件的功能说明

C#文件名	JavaScrlpt文件名	功能说明
CameraController	cameraController	实现主摄像机、瞄准摄像机之间的转换
CrossHair	crossHair	在瞄准摄像机场景中，显示瞄准十字
EnemyController	enemyController	实现对飞碟的飞行控制
MissileController	missileController	实现对炮弹的控制、碰撞检测
MissileLaucher	missileLaucher	实现发射炮弹
MouseLook	mouseLook	实现对鼠标在屏幕中横向、纵向移动的捕捉，实现对大炮底座的旋转，大炮炮管的提升或者降低

6.2 游戏场景构建

在游戏场景构建中，首先创建一个地形，添加天空盒，构建一个基本的3D场景；然后设置大炮的底座、大炮的炮管，最后设置整个大炮，以便能够自由旋转大炮的底座，以及提升炮管等。

6.2.1 构造3D游戏场景

下面介绍如何打开游戏项目资源，创建一个地形，并在游戏场景中，添加天空盒。

1. 打开游戏项目资源

首先找到光盘中的游戏项目资源——6.大炮射击飞碟3D游戏项目——UFO3D，将整个文件夹UFO3D拷贝到系统的C盘根目录，如图6-10所示。

图 6-10 UFO3D 项目文件

然后启动 Unity3D 软件，单击菜单“File”→“Open Project”命令，选择上述文件夹 UFO3D，这样就可以打开大炮射击飞碟 3D 游戏项目——UFO3D 的项目资源，如图 6-11 所示。

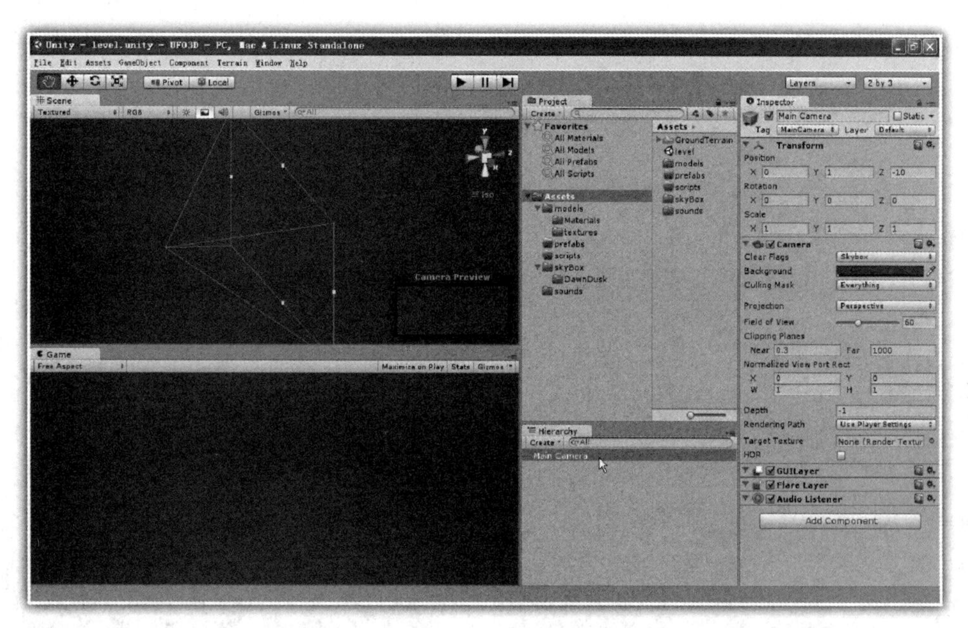

图 6-11 打开 UFO3D 项目资源文件

在图 6-11 中，UFO3D 项目资源文件中包括 5 个资源文件夹，它们分别是 modles、prefabs、scripts、skyBox 和 sounds。

在 models 文件中提供了游戏对象的 3D 模型，如飞碟 enemy、大炮底座、大炮炮管以及炮弹等，如图 6-12 所示。

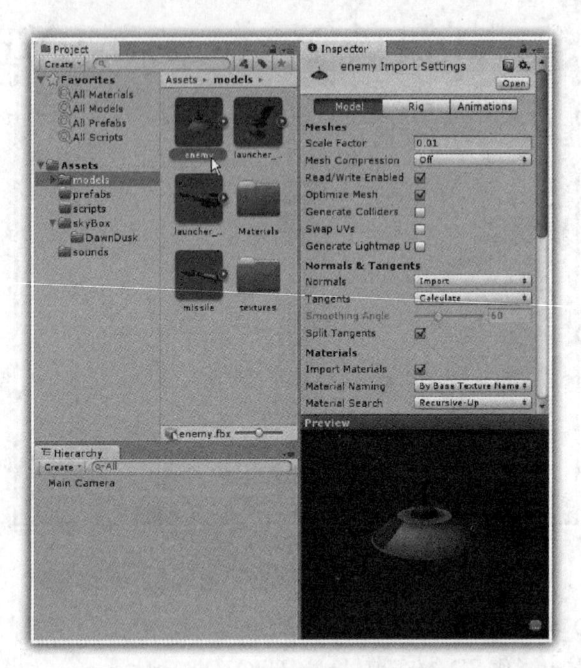

图 6-12　models 目录下的各种 3D 模型

在如图 6-13 所示的 skyBox 文件夹中，提供了黄昏天空盒的六张图片资源；在如图 6-14 所示的 sounds 文件夹中，提供了各种声音文件，选择相关声音文件，单击图片右下方的播放按钮，可以在 Unity3D 中直接播放声音。

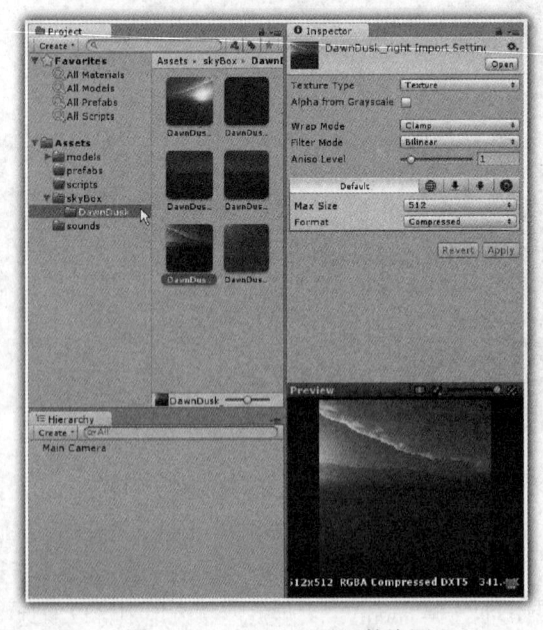

图 6-13　skyBox 目录下的资源

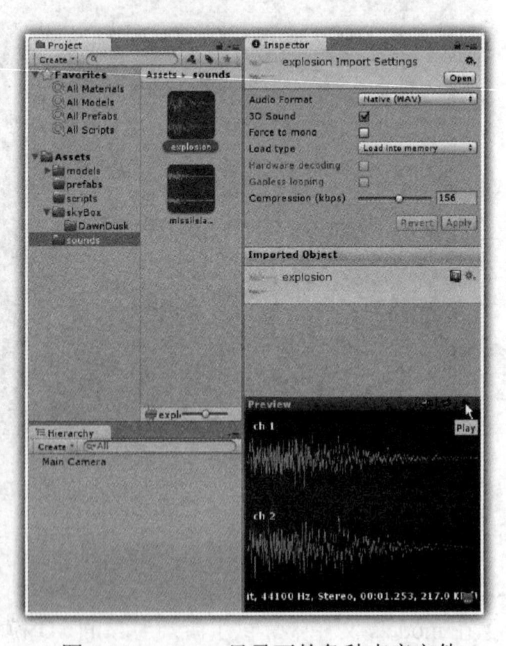

图 6-14　sounds 目录下的各种声音文件

由此可见，在合金弹头这个 2D 游戏所提供的项目资源文件中，主要是图片、声音和预制对象。

在图 6-11 中，首先单击菜单“File”→“New Scene”命令；然后再单击菜单“File”→“Save Scene as”命令，打开保存场景对话框，在其中输入 Level 场景名称，单击“保存”按钮，即可保存该场景 Level。

为方便游戏场景的设计，这里设置游戏的输出界面为固定大小，将游戏窗口的分辨率设置为 800×600，如图 6-15 所示。

图 6-15　新建场景

2. 创建地形

在图 6-15 中，单击菜单“Terrain”→“Create Terrain”，在游戏场景中创建一个地形，如图 6-16 所示。

在图 6-16 中，设置 Terrain 地形对象在检视器中的 Position 参数为：X=-900，Y=-4，Z=-800；单击菜单“GameObject”→“Create Other”，在出现的快捷菜单中选择“Directuional Light”命令，此时就会在游戏场景中创建一个平行光对象。设置该平行光的 Rotation 参数为：X=30，Y=0，Z=0，出现如图 6-17 所示的界面。

在图 6-17 所示的层次 Hierarchy 窗格中，选择 Terrain 地形对象，在检视器中单击“Paint Texture”按钮，如图 6-18 所示。

在如图 6-19 所示的界面中，单击“Edit Texture”按钮，在出现的快捷菜单中选择“Add Texture”命令，打开如图 6-20 所示的“Add Terrain Texture”对话框界面。

图 6-16　新建地形

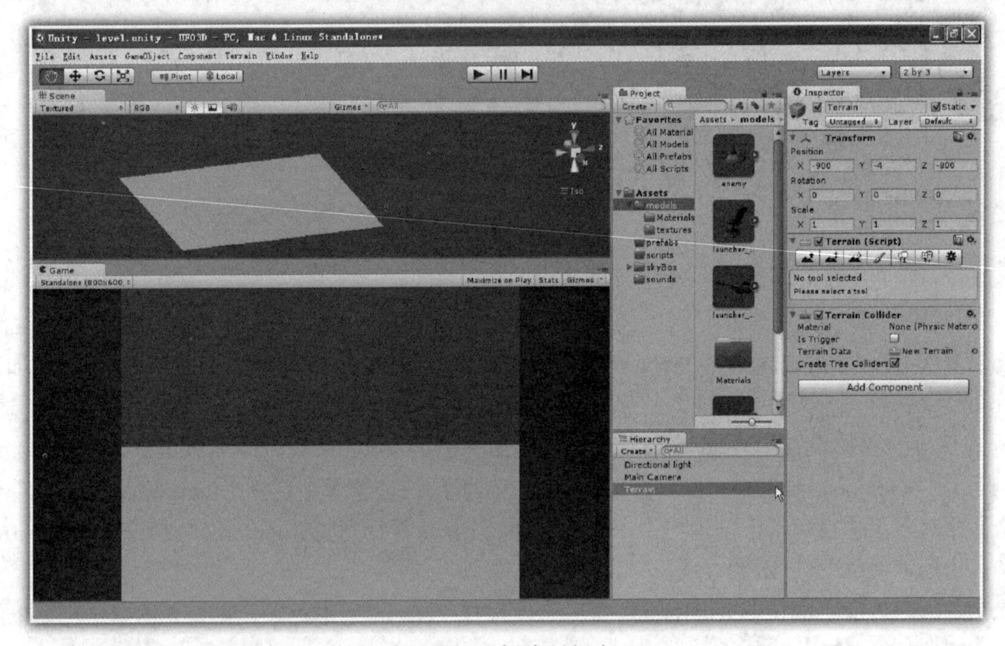

图 6-17　新建平行光

在如图 6-20 所示的添加地形材质对话框界面中，单击“Select”按钮，打开选择材质界面，如图 6-21 所示。

在图 6-21 中，选择“Grass & Rock”材质，就会回到如图 6-22 所示的界面，单击其中的

"Add"按钮，就会为地形添加一个材质，如图 6-23 所示。

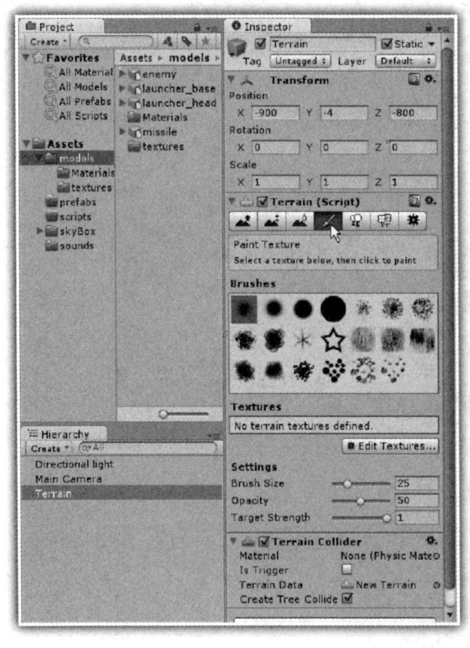

图 6-18　单击"Paint Texture"按钮

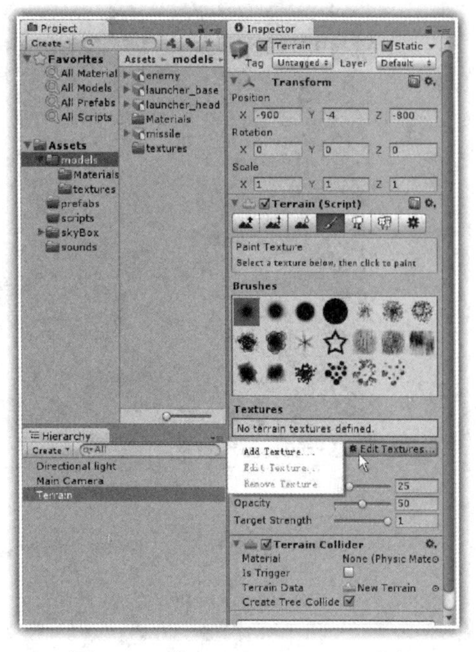

图 6-19　单击"Edit Texture"按钮

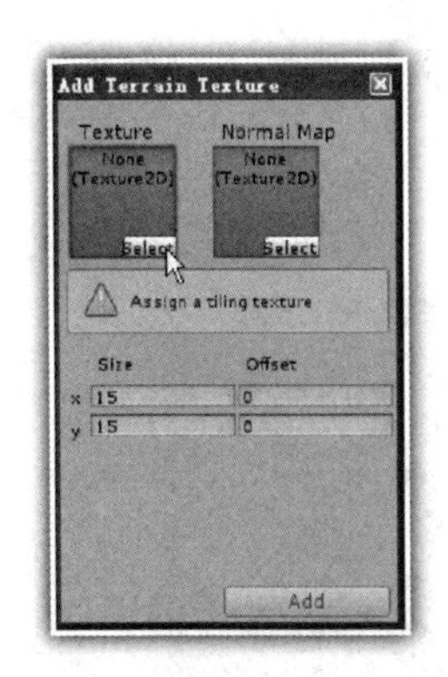

图 6-20　添加地形材质对话框

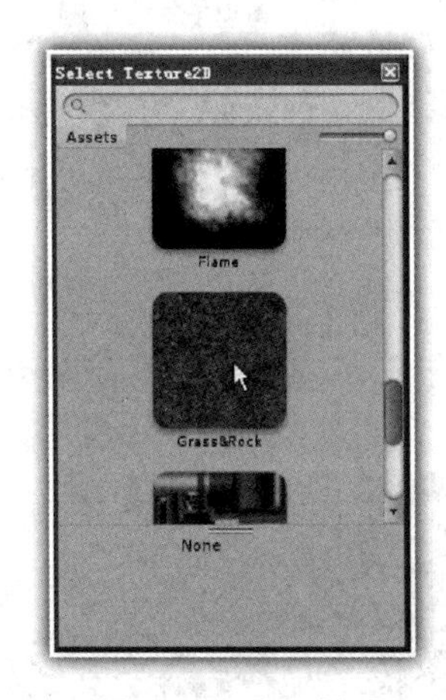

图 6-21　选择材质

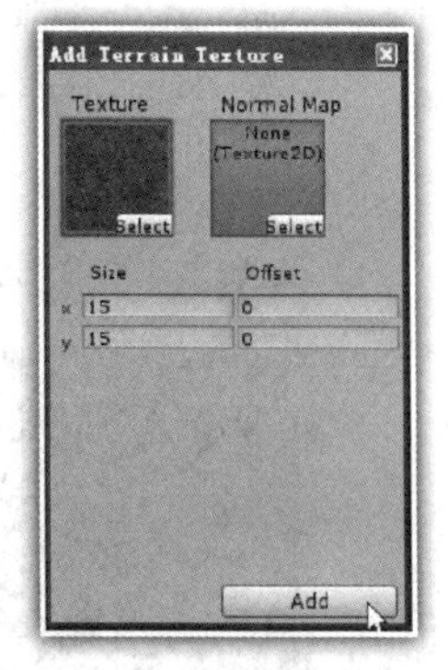

图 6-22　添加材质

3. 添加天空盒

在图 6-23 中，单击菜单"Edit"→"Render Settings"，出现如图 6-24 所示的检视器界面；在项目 Project 窗格中，选择 skyBox 目录下的"DawnDusk Skybox"材质，拖放到检视器的 Skybox Material 变量的右边，为场景添加一个天空盒，如图 6-25 所示。

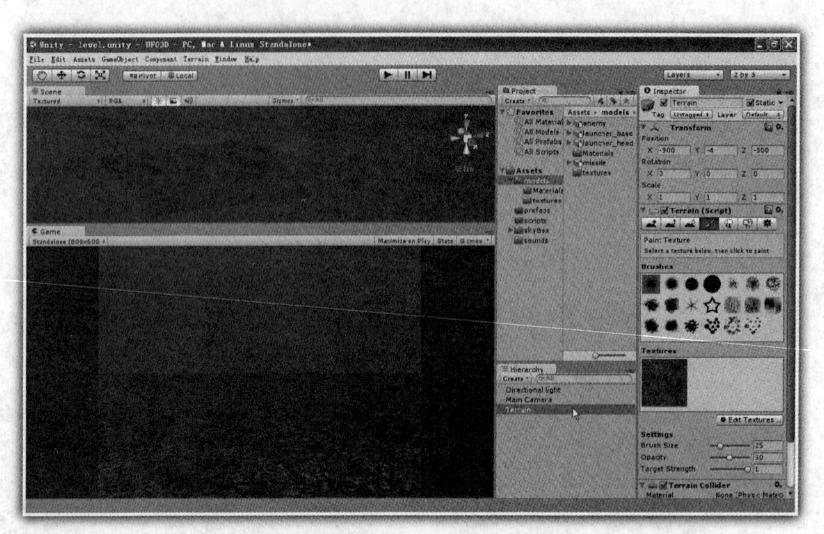

图 6-23　地形构建

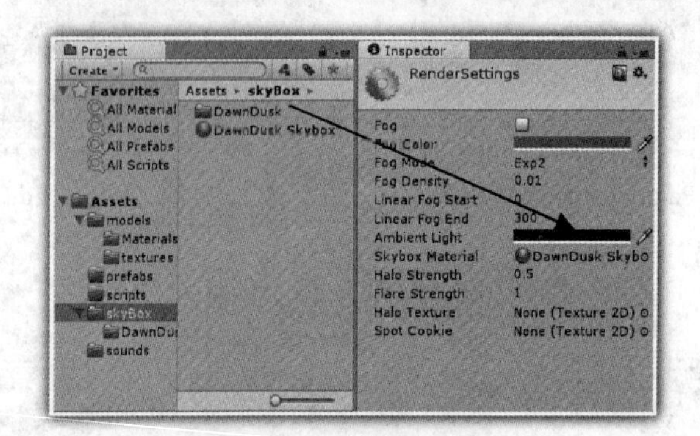

图 6-24　拖放天空盒材质

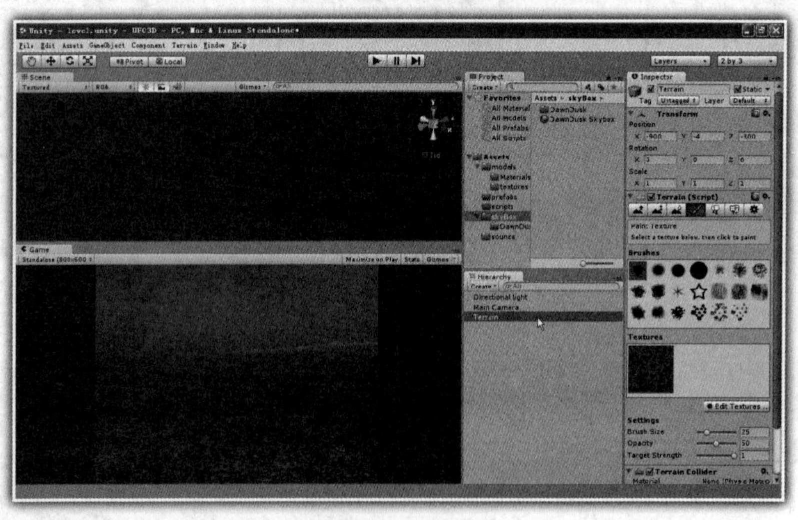

图 6-25　天空盒

6.2.2 构建大炮

下面介绍如何设置大炮的底座、大炮的炮管，最后设置整个大炮，以便能够自由旋转大炮的底座，以及拉高、降低炮管等。

1. 设置大炮底座

在设置大炮底座之前，需要修改 Main Camera 的一些参数。

在层次 Hierarchy 窗格中，选择 Main Camera 对象，在检视器中设置该摄像机的 Position 参数为：X=0，Y=0，Z=-8；设置 Clipping Planes 的 Far 参数为 150，如图 6-26 所示。

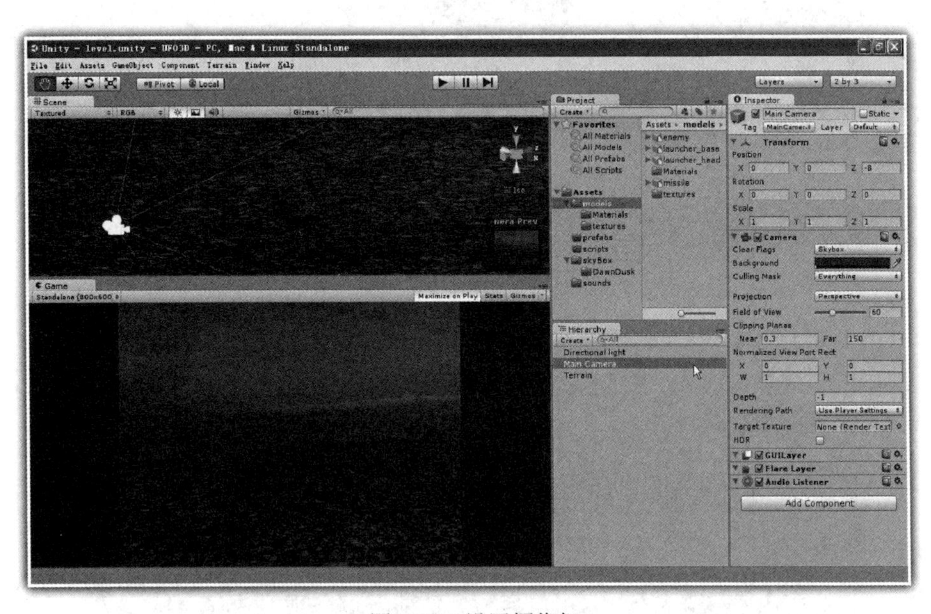

图 6-26 设置摄像机

在如图 6-26 所示的项目 Project 窗格中，选择 models 目录下的大炮底座 laucher_base，拖放到游戏场景 Scene 窗格之中，在检视器中修改大炮底座 laucher_base 的 Position 参数为：X=0，Y=-4，Z=0；Rotation 参数设置为：X=0，Y=180，Z=0；Scale 参数设置为：X=2，Y=2，Z=2，如图 6-27 所示。

在如图 6-27 所示的界面中，如果动态调整大炮底座 Rotation 参数中的 Y 数值，那么大炮底座就会围绕绿色的 Y 轴旋转；由于 Y 轴并不是处于底座的中心，因此在旋转过程中没有围绕底座中心旋转，而是一个偏心的旋转。

下面说明如何通过父对象来修改大炮底座的 Y 轴位置，最后使得旋转父对象，实现大炮底座围绕底座中心旋转。

单击菜单“GameObject”→“Create Empty”，创建一个空白对象，将该对象的名称修改为 base，移动该 base 对象处于大炮底座的中心位置，如图 6-28 所示。

在图 6-28 中，首先要设置坐标轴为 Top 顶视图，然后要单击工具栏中“移动”按钮，以便在游戏场景 Scene 中，显示 base 对象的坐标位置。

图 6-27　设置大炮底座

图 6-28　设置 base 对象位置

然后在层次 Hierarchy 窗格中，选择大炮底座 laucher_base 对象，直接拖放到上述的 base 对象之中，如图 6-29 所示。

在图 6-29 中，如果再次动态调整 base 对象 Rotation 参数中的 Y 数值，那么大炮底座就会围绕绿色的 Y 轴中心旋转了。

2. 设置大炮炮管

在如图 6-29 所示的项目 Project 窗格中，选择 models 目录下的大炮底座 laucher_head，拖放到游戏场景 Scene 窗格之中，在检视器中修改大炮炮管 laucher_head 的 Position 参数为：X=0，Y=-1.74，Z=0.24；Rotation 参数设置为：X=0，Y=180，Z=0；Scale 参数设置为：X=3，Y=3，

Z=3，如图 6-30 所示。

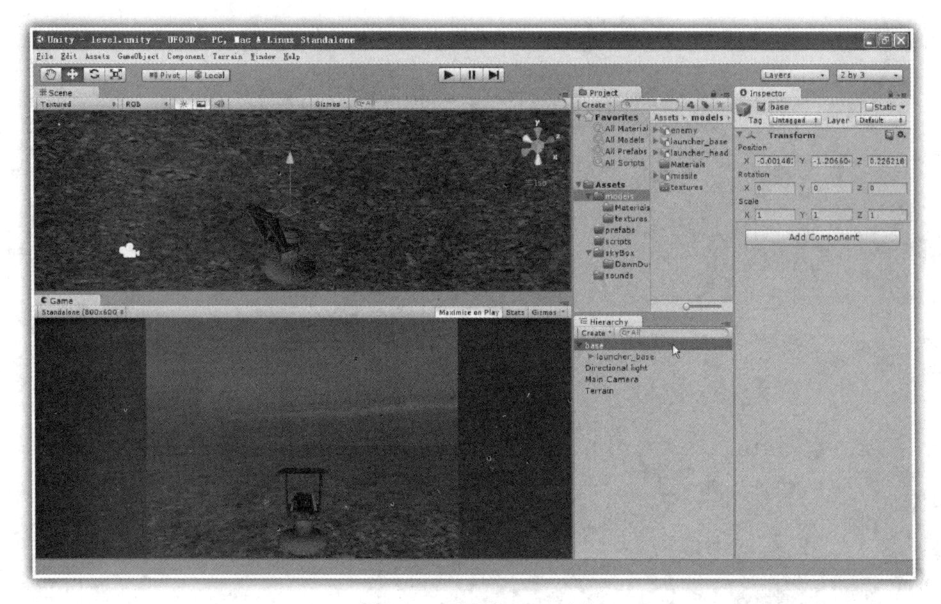

图 6-29　设置 base 对象

图 6-30　设置炮管 laucher_head 对象

在图 6-30 中，需要设置坐标轴为 Right 右视图，然后要单击工具栏中“移动”按钮，以便在游戏场景 Scene 中，显示大炮炮管 laucher_head 对象的坐标位置。

在图 6-30 中，如果动态调整大炮炮管 laucher_head 对象 Rotation 参数中的 X 数值，那么就可以提高或者降低炮管的位置。

再次单击菜单“GameObject”→“Create Empty”，创建一个空白对象，将该对象的名称修改为 laucher，设置该对象的 Position 参数与 base 对象的完全一样，然后分别将 base 对象、

lauchar_head 对象拖放到 laucher 对象之中，如图 6-31 所示。

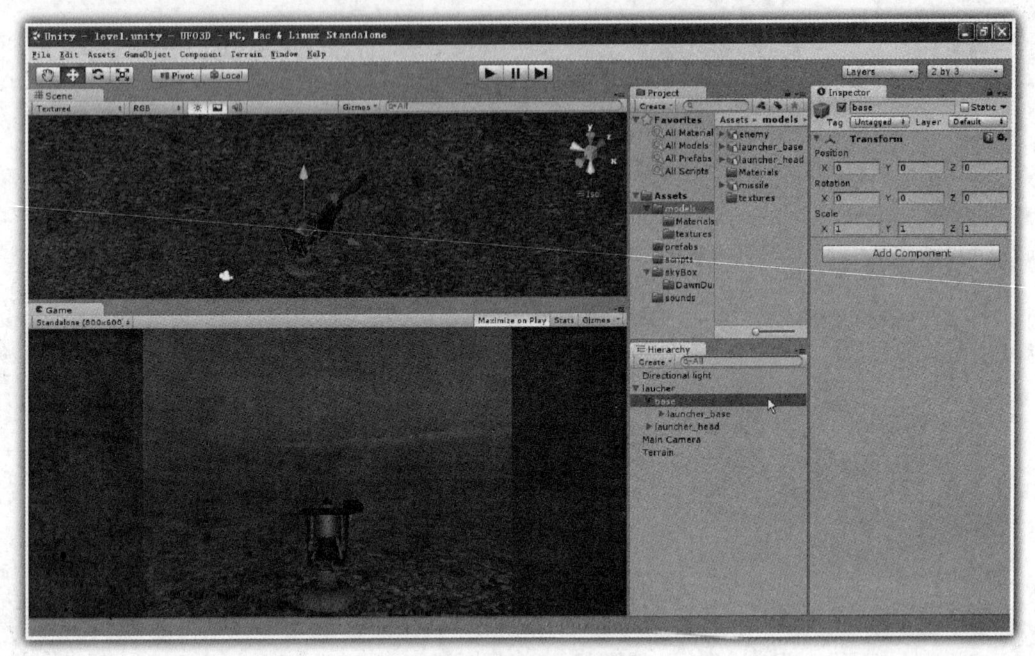

图 6-31　设置 laucher 对象

在图 6-31 中，要实现大炮的炮台的旋转，可以修改 laucher 对象 Rotation 参数中的 Y 数值；而要实现大炮的炮管的提升或者降低，则可以修改 laucher_head 对象 Rotation 参数中的 X 数值。

3. 实现大炮底座旋转

下面介绍如何通过书写代码，随着鼠标的横向移动，实现大炮底座的旋转。

对于 C#开发者来说，在项目 Project 窗格中，选择 Scripts 文件夹，在右键出现的快捷菜单中选择“Create”→“C# Script”命令，创建一个 C#文件，修改该文件的名称为 MouseLook.cs，在 MouseLook.cs 中书写相关代码，见代码 6-1。

代码 6-1　MouseLook 的 C#代码

```
 1: using UnityEngine;
 2: using System.Collections;
 3:
 4: public class MouseLook : MonoBehaviour
 5: {
 6:
 7:    public enum RotationAxes { MouseX = 1, MouseY = 2 }
 8:
 9:    public RotationAxes  axes= RotationAxes.MouseX;
10:    public float sensitivityX= 15F;
11:    public float sensitivityY= 15F;
12:    public float minimumX= -360F;
13:    public float maximumX= 360F;
```

```
14:  public float minimumY= -60F;
15:  public float maximumY= 60F;
16:
17:  private float rotationX= 0F;
18:  private float rotationY= 0F;
19:
20:  void  Update()
21:  {
22:
23:    if(axes == RotationAxes.MouseX)
24:    {
25:      rotationX += Input.GetAxis("Mouse X") * sensitivityX;
26:      rotationX = Mathf.Clamp (rotationX, minimumX, maximumX);
27:
28:      transform.localEulerAngles = new Vector3(0, rotationX, 0);
29:
30:    }
31:    else if(axes == RotationAxes.MouseY)
32:    {
33:      rotationY +=-Input.GetAxis("Mouse Y") * sensitivityY;
34:      rotationY = Mathf.Clamp (rotationY, minimumY, maximumY);
35:
36:      transform.localEulerAngles = new Vector3(-rotationY,
           transform.localEulerAngles.y, 0);
37:
38:    }
39:
40:  }
41:
42:}
```

在上述C#代码中，实现的主要功能有两个。一个功能是当鼠标横向移动时，实现大炮底座的旋转；另外一个功能是当鼠标纵向移动时，实现大炮炮管的提升或者降低。

代码第7行定义了一个枚举RotationAxes，其中设置了两个状态，分别是MouseX和MouseY，分别表示鼠标的横向、纵向移动。

代码第9行到第15行设置了公有的相关变量，以便开发者在检视器中设置相关数字，适用于不同的游戏场景。

如果设置了捕捉鼠标在屏幕上的横向运动（代码第23行），那么通过代码第15行获得鼠标在屏幕上的横向距离rotationX；并执行第26行语句，就会得到一个大于minimumX数值，小于maximumX数值的横向距离rotationX；最后通过第28行语句，实现大炮底座围绕Y轴旋转。

如果设置了捕捉鼠标在屏幕上的纵向运动（代码第31行），那么通过代码第33行获得鼠标在屏幕上的横向距离rotationY；并执行第34行语句，就会得到一个大于minimumY数值，小于maximumY数值的纵向距离rotationY；最后通过第36行语句，实现大炮炮管围绕X轴旋转，也就是实现炮管的提升或者降低。

对于JavaScript开发者来说，在项目Project窗格中，选择Scripts文件夹，在右键出现的快捷菜单中选择“Create”→“Javascript”命令，创建一个JavaScript文件，修改该文件的名称为mouseLook.js，在mouseLook.js中书写相关代码，见代码6-2。

代码6-2 mouseLook的JavaScript代码

```
 1:  enum RotationAxes { MouseX = 1, MouseY = 2 }
 2:
 3:  var  axes:RotationAxes=RotationAxes.MouseX;
 4:  var  sensitivityX:float=15F;
 5:  var  sensitivityY:float=15F;
 6:  var  minimumX:float=-360F;
 7:  var  maximumX:float=360F;
 8:  var  minimumY:float=-60F;
 9:  var  maximumY:float=60F;
10:
11:  private var rotationX:float=0F;
12:  private var rotationY:float=0F;
13:
14:  function Update()
15:  {
17:
18:    if(axes == RotationAxes.MouseX)
19:    {
20:      rotationX+=Input.GetAxis("Mouse X") * sensitivityX;
21:      rotationX=Mathf.Clamp(rotationX, minimumX, maximumX);
22:
23:       transform.localEulerAngles=new Vector3(0, rotationX, 0);
24:
25:    }
26:    else if(axes==RotationAxes.MouseY)
27:    {
28:      rotationY+=-Input.GetAxis("Mouse Y") * sensitivityY;
29:      rotationY=Mathf.Clamp(rotationY, minimumY, maximumY);
30:
31:      transform.localEulerAngles=new Vector3(-rotationY,
             transform.localEulerAngles.y, 0);
32:
33:    }
34:
35:  }
```

在上述JavaScript代码中，实现的主要功能有两个。一个功能是当鼠标横向移动时，实现大炮底座的旋转；另外一个功能是当鼠标纵向移动时，实现大炮炮管的提升或者降低。

代码第7行定义了一个枚举RotationAxes，其中设置了两个状态，分别是MouseX和MouseY，分别表示鼠标的横向、纵向移动。

代码第9行到第15行设置了公有的相关变量，以便开发者在检视器中设置相关数字，适用于不同的游戏场景。

如果设置了捕捉鼠标在屏幕上的横向运动（代码第23行），那么通过代码第15行获得鼠标在屏幕上的横向距离 rotationX；并执行第 26 行语句，就会得到一个大于 minimumX 数值，小于 maximumX 数值的横向距离 rotationX；最后通过第 28 行语句，实现大炮底座围绕 Y 轴旋转。

如果设置了捕捉鼠标在屏幕上的纵向运动（代码第 31 行），那么通过代码第 33 行获得鼠标在屏幕上的横向距离 rotationY；并执行第 34 行语句，就会得到一个大于 minimumY 数值，小于 maximumY 数值的纵向距离 rotationY；最后通过第 36 行语句，实现大炮炮管围绕 X 轴旋转，也就是实现炮管的提升或者降低。

在项目 Project 窗格中，选择 MouseLook.cs 代码文件或者 mouseLook.js 代码文件，将该文件拖放到层次 Hierarchy 窗格中的 launcher 对象之上，此时就会在检视器中出现 MouseLook 或者 mouseLook 代码组件。

在 MouseLook 或者 mouseLook 代码组件中，设置相关的变量如图 6-32 所示。

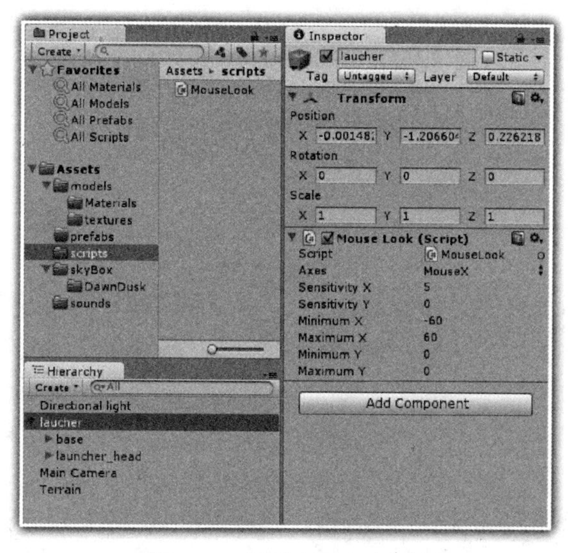

图 6-32　设置大炮旋转参数

在图 6-32 中，axes 设置为 MouseX，表示需要捕捉鼠标在屏幕上的横向运动；设置 sensitivityX 的数值为 5；minimumX 和 maximumX 数值分别为-60 和 60，表示大炮底座的旋转范围在-60 到 60 之间，其他的参数值则设置为 0。

运行程序，可以看到：当鼠标在屏幕横向运动时，大炮底座会跟随旋转。

4. 实现大炮炮管提升

要实现大炮炮管的提升或者降低，只需要将前面的 MouseLook.cs 代码文件或者 mouseLook.js 代码文件，将该文件拖放到层次 Hierarchy 窗格中的 laucher_head 对象之中，如图 6-33 所示。

在图 6-33 中，axes 设置为 MouseY，表示需要捕捉鼠标在屏幕上的纵向运动；设置 sensitivityY 的数值为 5；minimumY 和 maximumY 数值分别为-60 和 0，表示大炮炮管的旋转范围在-60 到 0 之间，其他的参数值则设置为 0。

运行程序，可以看到：当鼠标在屏幕纵向运动时，大炮的炮管会跟随拉高或者降低。

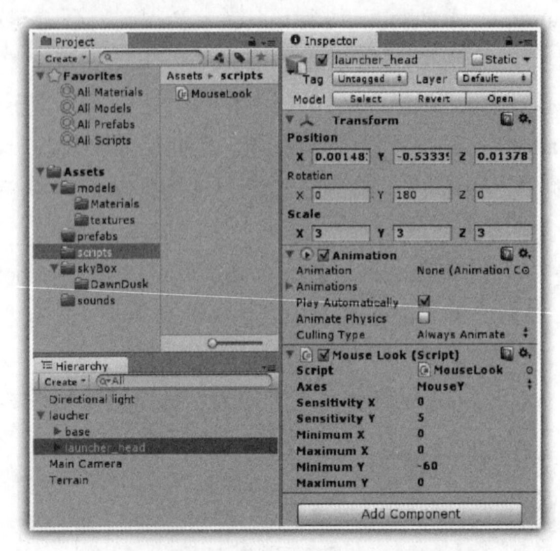

图 6-33　设置大炮炮管提升参数

在图 6-34 中，显示了大炮旋转、炮管的初始位置；当鼠标在屏幕中横向、纵向移动时，大炮底座会旋转，大炮炮管会提升，如图 6-35 所示。

图 6-34　大炮旋转、炮管提高位置 1

图 6-35　大炮旋转、炮管提高位置 2

6.3 构建炮弹、飞碟

在实现游戏场景中的炮弹、飞碟对象时，首先需要设置发射炮弹的位置，然后实现显示炮弹，发射炮弹；实现显示敌方飞碟，实现飞碟的不断循环飞行。

6.3.1　发射炮弹

下面说明如何设置发射炮弹的位置，显示炮弹，然后实现发射炮弹。

1. 设置发射炮弹位置

单击菜单“GameObject”→“Create Empty”，创建一个空白对象，将该对象的名称修改为 luncherPosition，将该 luncherPosition 对象拖放到 laucher_head 对象之中；然后移动该 luncherPosition 对象处于大炮炮管的前端，也就是炮弹被发射出炮管的开始位置，如图 6-36 所示。

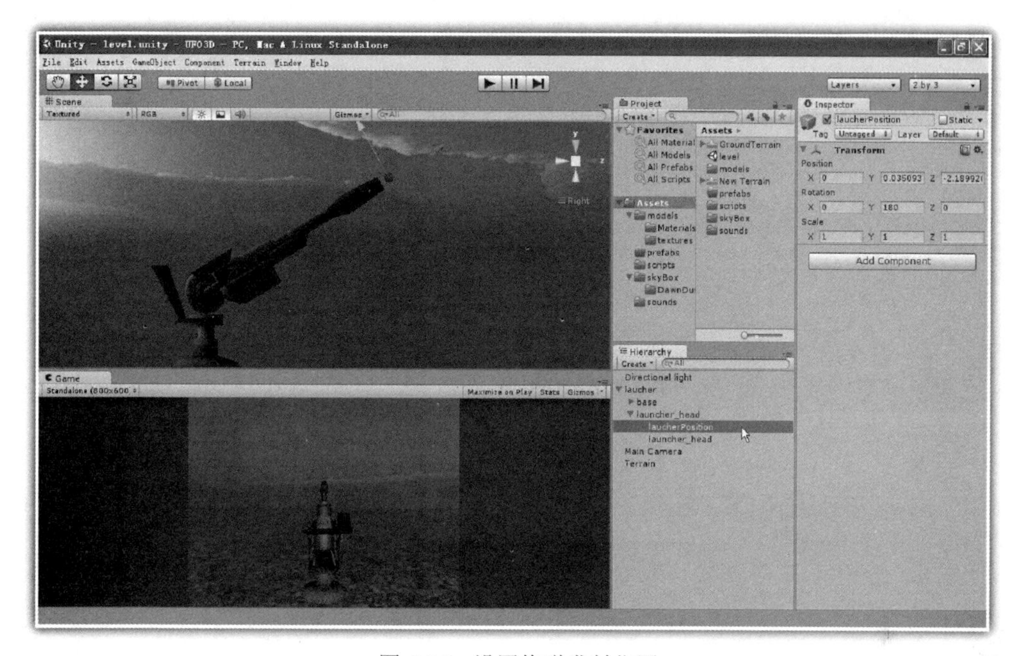

图 6-36　设置炮弹发射位置

2. 设置炮弹

然后在项目 Project 窗格中，选择 models 目录下的大炮 missile，拖放到层次 Hierarchy 窗格的 missile 对象之中，在检视器中设置该对象的 Position 参数为：X=0，Y=0，Z=0；Rotation 参数设置为：X=0，Y=180，Z=0；Scale 参数设置为：X=20，Y=20，Z=20，如图 6-37 所示。下面介绍如何为炮弹添加尾部被发射的火焰。

单击菜单“GameObject”→“Create Empty”，创建一个空白对象，将该对象的名称修改为 smallFlames，然后拖放到层次 Hierarchy 窗格中的 missile 对象之中，在检视器中修改大炮 missile Position 参数为：X=0，Y=0，Z=0.049；Rotation 参数设置为：X=0，Y=180，Z=0；Scale 参数设置为：X=0.05，Y=0.05，Z=0.05；然后单击菜单“Component”→“Effects”→“Particle System”，为 smallFlames 对象添加一个粒子系统，如图 6-38 所示。

在图 6-38 中，设置 Duration 参数为 1；勾选 Looping 变量；设置 Start Lifetime 为 0.05，Start Speed 为 3，Start Size 为 0.05。在 Emission 属性中，设置 Rate 为 500；在 Shape 属性中，设置 Radius 为 0.03。

在设置 Color over Lifetime 属性中，如图 6-39 所示，单击其中的颜色条块，打开如图 6-40 所示的设置颜色渐变对话框。

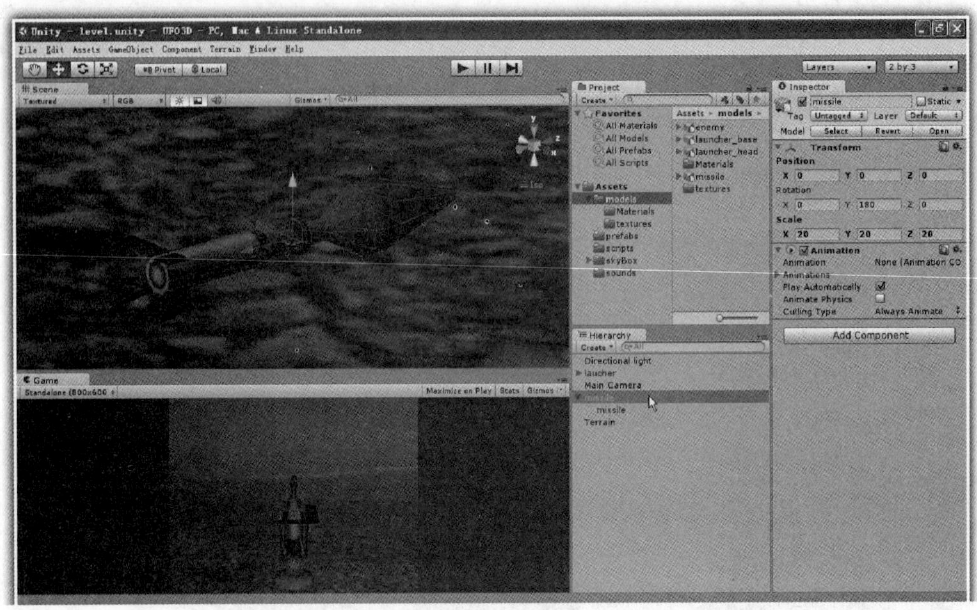

图 6-37　设置炮弹

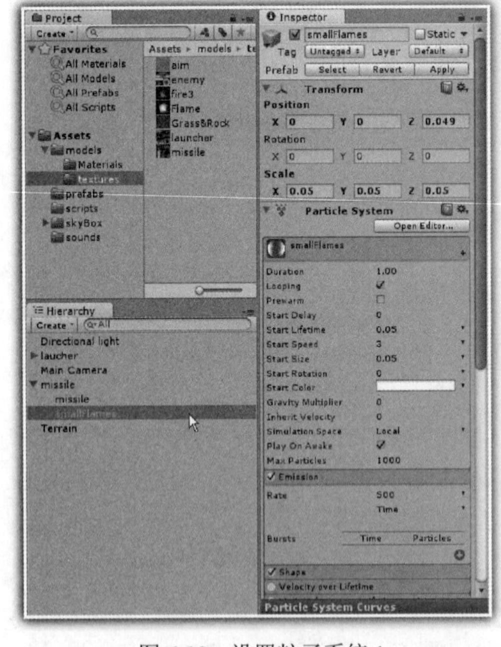

图 6-38　设置粒子系统 1

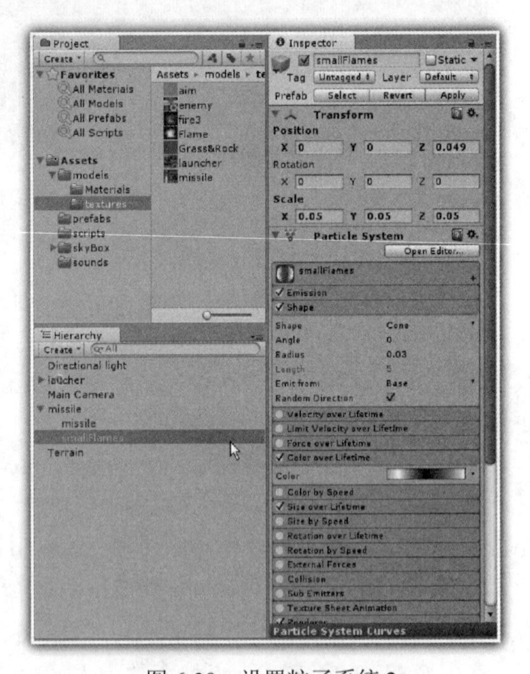

图 6-39　设置粒子系统 2

在图 6-41 中，添加一个渐变点，可以左、右移动该渐变点滑块，使得 Location 位于 14.1% 处；单击下方的 Color 颜色条块，打开如图 6-42 所示的颜色选取框，设置 RGB 的数值分别为 255、200 和 25。

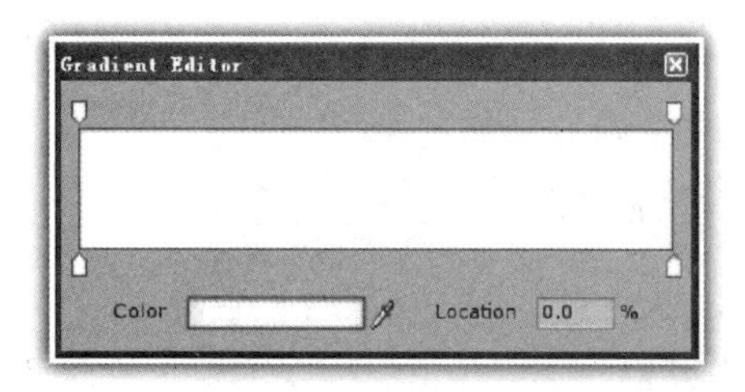

图 6-40　设置颜色渐变

图 6-41　添加渐变点

图 6-42　设置颜色 2

再次在 Location 位于 49.1%处添加一个渐变点，设置此处 RGB 的数值分别为 111、0 和 0。

在图 6-43 中，勾选 Size over Lifetime 属性；勾选 Render 属性，在展开的参数中设置相关参数，选择项目 Project 窗格中的“models”→“textures”目录下的 Flame 图片，直接拖放到层次 Hierarchy 窗格中的 smallFlames 对象之中。

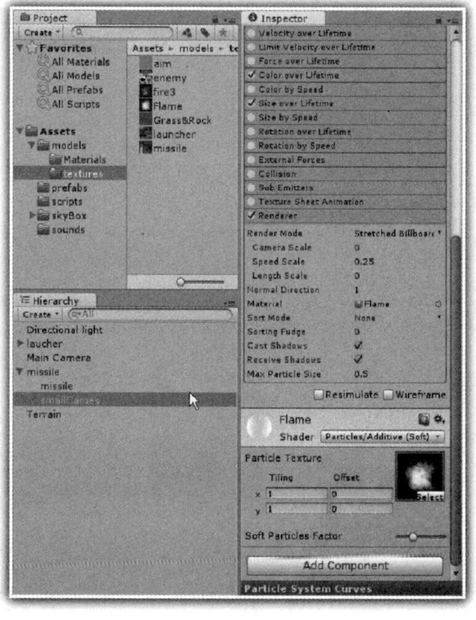

图 6-43　设置粒子系统 3

粒子系统设置完成之后，炮弹尾部的动态燃烧火焰，如图 6-44 所示。

图 6-44　炮弹尾部火焰

单击菜单“Component”→“Physcis”→“Capsule Collider”命令，为 missile 对象新建一个胶囊碰撞体，设置该碰撞体的 Radius 参数为 0.006；Height 为 0.07；Direction 为 Z-Axis，勾选 Is Trigger 属性，如图 6-45 所示。

图 6-45　添加碰撞体

在层次 Hierarchy 窗格中，选择整个 missile 对象，然后单击菜单“Component”→“Physcis”→“Rigidbody”命令，为 missile 对象添加一个刚体，并非勾选 Use Gravity，如图 6-46 所示。

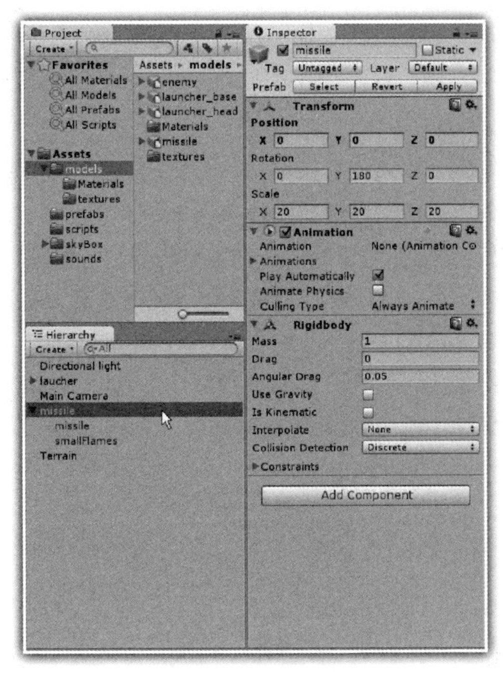

图 6-46　添加刚体

为实现发射炮弹的声音以及炮弹的自动销毁，下面通过代码来实现。

对于 C#开发者来说，在项目 Project 窗格中，选择 Scripts 文件夹，在右键出现的快捷菜单中选择“Create”→“C# Script”命令，创建一个 C#文件，修改该文件的名称为 MissileController.cs，在 MissileController.cs 中书写相关代码，见代码 6-3。

代码 6-3　MissileController 的 C#代码

```
 1: using UnityEngine;
 2: using System.Collections;
 3:
 4: public class MissileController : MonoBehaviour
 5: {
 6:
 7:   public AudioClip missileClip;
 8:
 9:   void Start()
10:  {
11:
12:    AudioSource.PlayClipAtPoint(missileClip, new Vector3(0, 0, -8));
13:  }
14:
15:  void Update()
16:  {
17:
18:    if(transform.position.z>150)
```

```
19:         Destroy(transform.parent.gameObject);
20:
21:   }
22:
23:}
```

在上述 C#代码中，实现的主要功能有两个。一个功能是在摄像机位置播放发射炮弹的声音，以便声音最大化；另外一个功能是当炮弹被发射超过 150 米之后，自动销毁炮弹。

其中代码第 12 行实现发射炮弹的声音，在指定摄像机位置播放；第 18 行判断炮弹发射的距离，一旦超过 150 米，执行第 19 行语句，销毁 missile 对象的父对象 missile 对象，也就是销毁整个炮弹（包括尾部火焰 smallFlames）。

对于 JavaScript 开发者来说，在项目 Project 窗格中，选择 Script 文件夹，在右键出现的快捷菜单中选择“Create”→“Javascript”命令，创建一个 JavaScript 文件，修改该文件的名称为 missileController.js，在 missileController.js 中书写相关代码，见代码 6-4。

代码 6-4　missileController 的 JavaScript 代码

```
 1: var missileClip : AudioClip;
 2:
 3: function Start()
 4: {
 5:
 6:   AudioSource.PlayClipAtPoint(missileClip, Vector3(0, 0, -8));
 7: }
 8:
 9: function Update()
10: {
11:
12:   if(transform.position.z>150)
13:     Destroy(transform.parent.gameObject);
14:
15: }
```

在上述 JavaScript 代码中，实现的主要功能有两个。一个功能是在摄像机位置播放发射炮弹的声音，以便声音最大化；另外一个功能是当炮弹被发射超过 150 米之后，自动销毁炮弹。

其中代码第 6 行实现发射炮弹的声音，在指定摄像机位置播放；第 12 行判断炮弹发射的距离，一旦超过 150 米，执行第 13 行语句，销毁 missile 对象的父对象 missile 对象，也就是销毁整个炮弹（包括尾部火焰 smallFlames）。

在项目 Project 窗格中，选择 MissileController.cs 代码文件或者 missileController.js 代码文件，将该文件拖放到层次 Hierarchy 窗格中的 missile 对象之上，此时就会在检视器中出现 MissileController 或者 missileController 代码组件；选择项目 Project 窗格 sounds 目录下的 missilelaucher 声音文件，拖放到 missileClip 变量之中，如图 6-47 所示。

在如图 6-48 所示的层次 Hierarchy 窗格中，首先选择整个 missile 对象，然后直接拖放这个 missile 对象，到项目窗口中的 prefabs 目录之中，从而创建一个 missile 预制件；最后在 Hierarchy 窗格中删除 missile 对象。

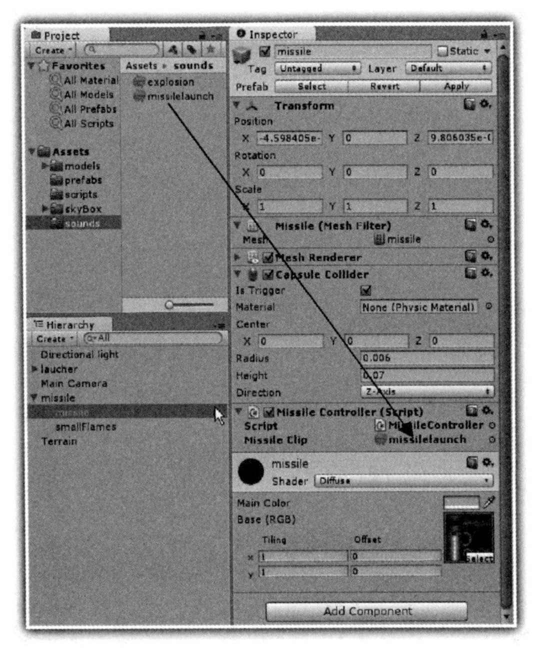

图 6-47　设置发射炮弹声音

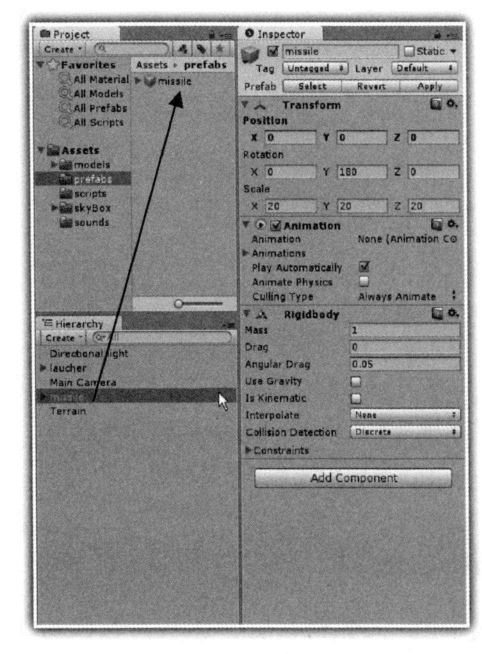

图 6-48　创建 missile 预制件

3. 发射炮弹

要实现发射炮弹，需要书写代码来实现。

对于 C#开发者来说，在项目 Project 窗格中，选择 Scripts 文件夹，在右键出现的快捷菜单中选择“Create”→“C# Script”命令，创建一个 C#文件，修改该文件的名称为 MissileLaucher.cs，在 MissileLaucher.cs 中书写相关代码，见代码 6-5。

代码 6-5　MissileLaucher 的 C#代码

```
 1: using UnityEngine;
 2: using System.Collections;
 3:
 4: public class MissileLaucher : MonoBehaviour
 5: {
 6:
 7:  public Rigidbody projectile;
 8:  public float speed=20;
 9:
10:
11: void  Update()
12: {
13:
14:   if(Input.GetButtonDown("Fire1"))
15:   {
16:     Rigidbody instantedProjectile=Instantiate(projectile,
          transform.position, transform.rotation) as Rigidbody;
```

```
17:
18:     instantedProjectile.velocity=transform.TransformDirection(
            new Vector3(0,0,speed));
19:
20:   }
21:
22: }
23:
24:}
```

在上述 C#代码中，实现的主要功能是：当单击鼠标时，大炮发射炮弹。

代码第 7 行定义了一个类型为 Rigidbody 的公有变量 projectile，以便开发者在检视器中关联前面说建立的炮弹 missile 预制件；如果玩家单击鼠标（代码第 14 行），则执行第 16 行语句，动态创建一个炮弹，炮弹的发射位置为炮管口位置，也就是 laucherPosition 对象所处的位置，因此本代码需要拖放到 laucherPosition 对象中来执行；代码 18 行则为炮弹设置一个速度方向，对于炮管口的局部坐标系来说，就是让炮弹沿着 Z 轴方向飞行，因此设置的速度需要执行 new Vector3(0,0,speed)。

这里需要说明的是，由于是一个 3D 的游戏，在局部坐标系中飞行的炮弹，一定要转换到世界坐标系中，因此这里使用了 transform.TransformDirection()方法，在世界坐标系中实现炮弹的飞行。

对于 JavaScript 开发者来说，在项目 Project 窗格中，选择 Scripts 文件夹，在右键出现的快捷菜单中选择"Create"→"Javascript"命令，创建一个 JavaScript 文件，修改该文件的名称为 missileLaucher.js，在 missileLaucher. js 中书写相关代码，见代码 6-6。

代码 6-6　missileLaucher 的 JavaScript 代码

```
 1: var projectile:Rigidbody;
 2: var speed=20;
 3:
 4: function Update()
 5: {
 6:
 7:   if(Input.GetButtonDown("Fire1"))
 8:   {
 9:     var instantedProjectile:Rigidbody=Instantiate(projectile,
           transform.position, transform.rotation);
10:
11:     instantedProjectile.velocity=transform.TransformDirection(
           Vector3(0,0,speed));
12:
13:   }
14:
15: }
```

在上述 JavaScript 代码中，实现的主要功能是：当单击鼠标时，大炮发射炮弹。

代码第 1 行定义了一个类型为 Rigidbody 的公有变量 projectile，以便开发者在检视器中关联前面说建立的炮弹 missile 预制件；如果玩家单击鼠标（代码第 7 行），则执行第 9 行语句，动态创建一个炮弹，炮弹的发射位置为炮管口位置，也就是 LaucherPosition 对象所处的位置，因此本代码需要拖放到 laucherPosition 对象中来执行；代码 11 行则为炮弹设置一个速度方向，对于炮管口的局部坐标系来说，就是让炮弹沿着 Z 轴方向飞行，因此设置的速度需要执行 Vector3(0,0,speed)。

这里需要说明的是，由于是一个 3D 的游戏，在局部坐标系中飞行的炮弹，一定要转换到世界坐标系中，因此这里使用了 transform.TransformDirection()方法，在世界坐标系中实现炮弹的飞行。

在项目 Project 窗格中，选择 MissileLaucher.cs 代码文件或者 missileLaucher.js 代码文件，将该文件拖放到层次 Hierarchy 窗格中的 laucherPosition 对象之上，此时就会在检视器中出现 missileLaucher 或者 MissileLaucher 代码组件；选择项目 Project 窗格 prefabs 目录下的 missile 预制件对象，拖放到 Projectile 变量之中，如图 6-49 所示。

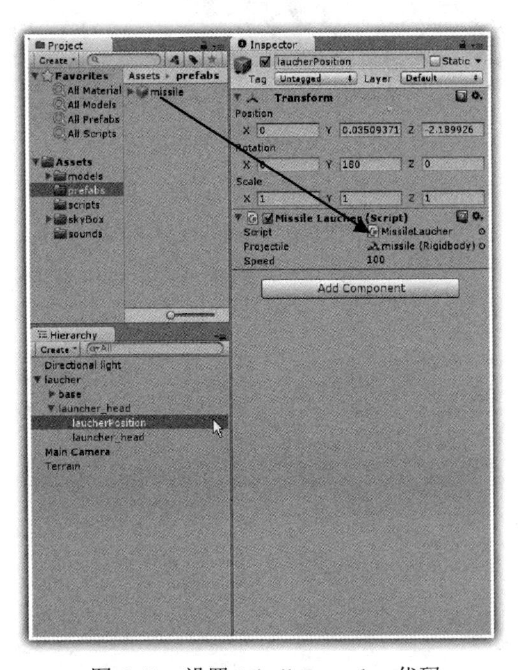

图 6-49　设置 MissileLauncher 代码

运行程序，可以看到：当单击鼠标时，大炮将会发射炮弹；在大炮底座旋转、大炮炮管拉升或者降低的过程中，单击鼠标时，大炮仍然会正常发射炮弹。

6.3.2　飞碟运动

下面介绍如何构建敌方飞碟，实现飞碟的不断循环运动。

1．构建飞碟

在项目 Project 窗格中，选择 models 目录下的 enemy 预制件，直接拖放到层次 Hierarchy 窗格中，在检视器中设置该对象的 Position 参数为：X=0，Y=0，Z=15；Scale 参数为：X=0.4，

Y=0.4，Z=0.4；在检视器中设置该对象的 Scale 参数为：X=1，Y=1，Z=1，如图 6-50 所示。

图 6-50　设置 MissileLauncher 代码

在层次 Hierarchy 窗格中，选择整个 enemy 对象，然后单击菜单“Component”→“Physcis”→“Rigidbody”命令，为整个 enemy 对象添加一个刚体，并非勾选 Use Gravity，如图 6-51 所示。

单击菜单“Component”→“Physcis”→“Mesh Collider”命令，为 enemy 对象新建一个碰撞体，勾选该碰撞体的 Is Trigger 参数，如图 6-52 所示。

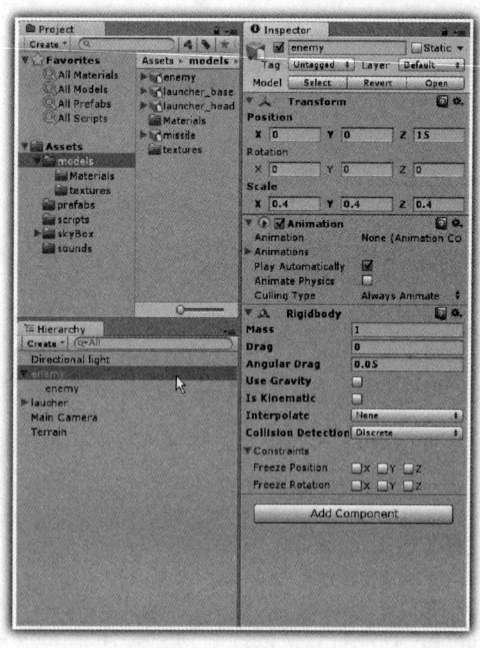

图 6-51　添加刚体

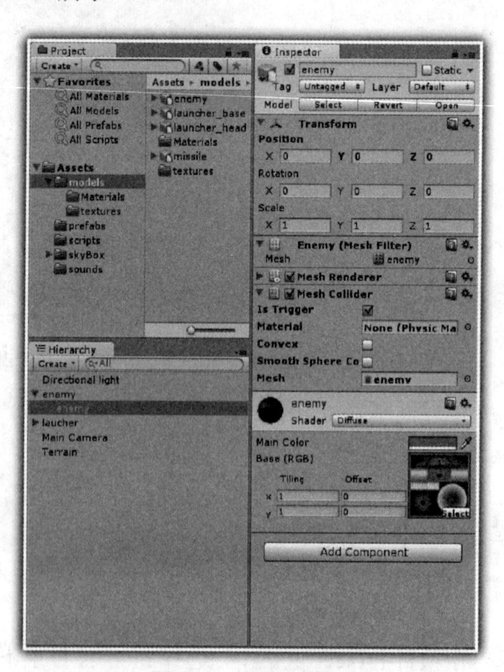

图 6-52　添加碰撞体

2. 飞碟运动

要实现飞碟的不断循环运动，同样需要书写代码。

对于 C#开发者来说，在项目 Project 窗格中，选择 Scripts 文件夹，在右键出现的快捷菜单中选择"Create"→"C# Script"命令，创建一个 C#文件，修改该文件的名称为 EnemyController.cs，在 EnemyController.cs 中书写相关代码，见代码 6-7。

代码 6-7 EnemyController 的 C#代码

```
 1: using UnityEngine;
 2: using System.Collections;
 3:
 4: public class EnemyController : MonoBehaviour
 5: {
 6:
 7:   private float x=0;
 8:   private float y=0;
 9:   private float z=0;
10:
11:  void Start()
12:  {
13:    SetPosition();
14:
15:  }
16:
17:  void Update()
18:  {
19:
20:    z-=0.1f;
21:
22:    if(z>0)
23:      transform.position=new Vector3(x,y,z);
24:    else
25:      SetPosition();
26:
27:  }
28:
29:  public void SetPosition()
30:  {
31:
32:    x=Random.Range(-90f,90f);
33:    y=Random.Range(10f,60f);
34:    z=130;
35:
36:  }
37:
38:}
```

在上述 C#代码中，实现的主要功能是让飞碟不断向大炮方向循环飞行。

飞碟沿着 Z 轴方向，向大炮方向飞行（代码第 20 行），当在 Z 轴的数值小于 0 时，执行第 25 行语句，也就是代码第 29 行到 36 行的语句块，在 X 轴、Y 轴方向重新设置随机的数字，而距离大炮的 Z 轴方向则为固定值 130。

对于 JavaScript 开发者来说，在项目 Project 窗格中，选择 Scripts 文件夹，在右键出现的快捷菜单中选择“Create”→“Javascript”命令，创建一个 JavaScript 文件，修改该文件的名称为 enemyController.js，在 enemyController.js 中书写相关代码，见代码 6-8。

代码 6-8　enemyController 的 JavaScript 代码

```
 1: private var x=0;
 2: private var y=0;
 3: private var z=0f;
 4:
 5: function Start()
 6: {
 7:   SetPosition();
 8: }
 9:
10: function Update()
11: {
12:
13:   z-=0.1;
14:
15:   if(z>0)
16:     transform.position=new Vector3(x,y,z);
17:   else
18:     SetPosition();
19:
20: }
21:
22: function SetPosition()
23: {
24:
25:   x=Random.Range(-90f,90f);
26:   y=Random.Range(10f,60f);
27:   z=130;
28: }
```

在上述 JavaScript 代码中，实现的主要功能是让飞碟不断向大炮方向循环飞行。

飞碟沿着 Z 轴方向，向大炮方向飞行（代码第 13 行），当在 Z 轴的数值小于 0 时，执行第 18 行语句，也就是代码第 22 行到 28 行的语句块，在 X 轴、Y 轴方向重新设置随机的数字，而距离大炮的 Z 轴方向则为固定值 130。

在项目 Project 窗格中，选择 EnemyController.cs 代码文件或者 enemyController.js 代码文件，将该文件拖放到层次 Hierarchy 窗格中的 enemy 对象之上，此时就会在检视器中出现 EnemyController 或者 enemyController 代码组件，并设置 enemy 对象的标签 tag 为 enemy，如图 6-53 所示。

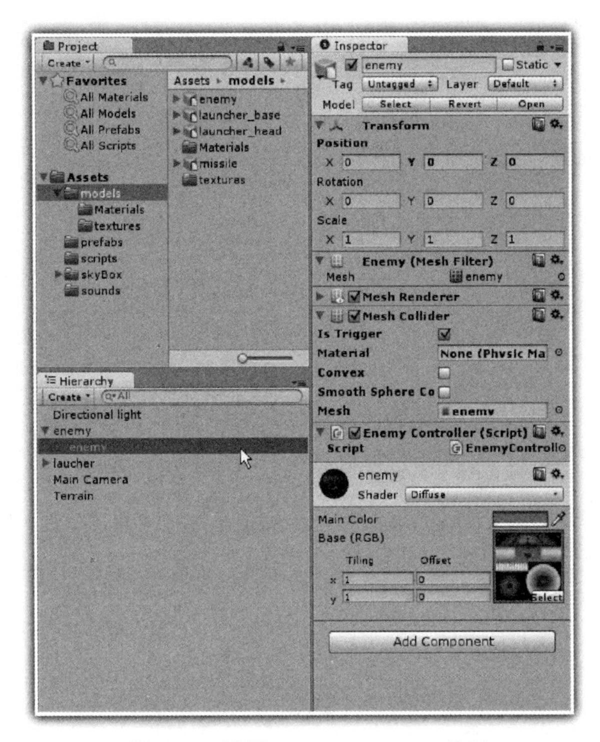

图 6-53　设置 EnemyController 代码

运行程序，可以看到：敌方飞碟向大炮方向飞来，当飞越大炮后又重新随机设置飞碟的位置，不断循环向大炮方向飞来。

6.3.3　碰撞检测

下面介绍如何设置炮弹爆炸的粒子系统，实现炮弹与飞碟的碰撞检测。

1. 炮弹爆炸粒子系统

单击菜单“GameObject”→“Create Empty”，创建一个空白对象，将该对象的名称修改为 explosion，在检视器中设置该对象的 Position 参数为：X=0，Y=0，Z=0；然后单击菜单“Component”→“Effects”→“Particle System”，为 explosion 对象添加一个粒子系统，如图 6-54 所示。

在图 6-54 中，设置 Duration 参数为 1；非勾选 Looping 变量；设置 Start Lifetime 为 1，Start Speed 为 5，Start Size 为 5，Simulation Space 为 World。在 Emission 属性中，设置 Burst 中的 Particles 为 500。

在 Shape 属性中，设置 Shape 为 Sphere，Radius 为 0.03；勾选 Color over Lifetime；设置 Size over Lifetime 属性的曲线，如图 6-55 所示。

在图 6-66 中，勾选 Render 属性，在展开的参数中设置相关参数，选择项目 Project 窗格中，“models”→“textures”目录下的 fire3 图片，直接拖放到层次 Hierarchy 窗格中的 explosion 对象之中。

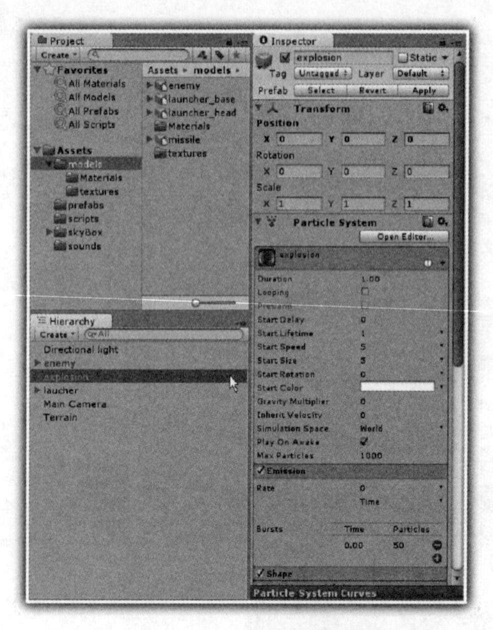
图 6-54　设置粒子系统 1

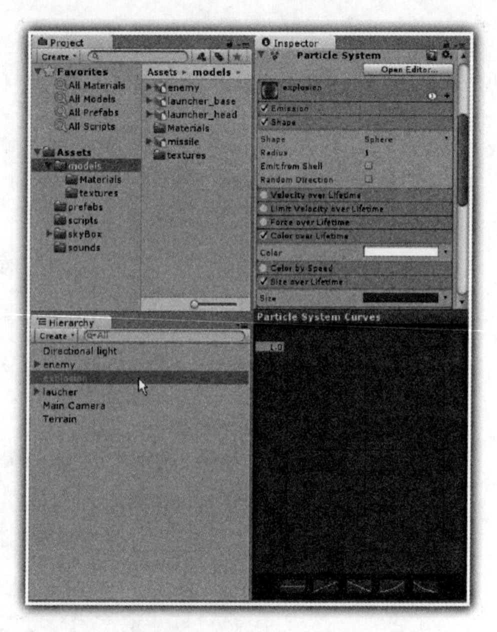
图 6-55　设置粒子系统 2

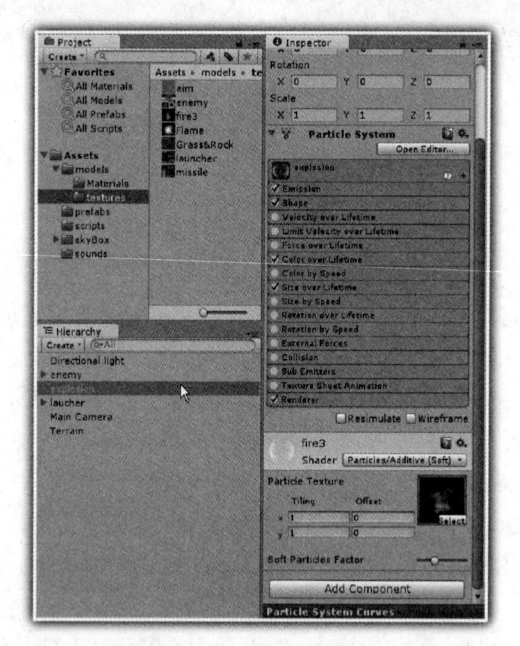
图 6-56　设置粒子系统 3

最后的设置的粒子系统的爆炸效果，如图 6-57 所示。

在如图 6-56 所示的层次 Hierarchy 窗格中，首先选 explosion 对象，然后直接拖放这个 explosion 对象，到项目窗口中的 prefabs 目录之中，从而创建一个 explosion 预制件；最后在 Hierarchy 窗格中删除 explosion 对象。

图 6-57　爆炸效果

2. 碰撞检测

要实现炮弹与飞碟的碰撞检测，需要修改前面的 MissileController.cs 代码或者 missileController.js 代码。

对于 C#开发者来说，修改前面的 MissileController.cs 代码，见代码 6-9。

代码 6-9　MissileController 的 C#代码

```
 1: using UnityEngine;
 2: using System.Collections;
 3:
 4: public class MissileController : MonoBehaviour
 5: {
 6:
 7:  public AudioClip missileClip;
 8:  public AudioClip explosionClip;
 9:  public GameObject explosion;
10:
11: void Start()
12: {
13:
14:   AudioSource.PlayClipAtPoint(missileClip, new Vector3(0, 0, -8));
15: }
16:
17: void Update()
18: {
19:
20:   if(transform.position.z>150)
21:     Destroy(transform.parent.gameObject);
```

```
22:
23: }
24:
25: void OnTriggerEnter(Collider other)
26: {
27:
28:   Instantiate(explosion,transform.position,transform.rotation);
29:   AudioSource.PlayClipAtPoint(explosionClip, new Vector3 (0, 0, -8));
30:
31:   Destroy(transform.parent.gameObject);
32:
33:   if(other.gameObject.tag=="enemy")
34:   {
35:     EnemyController enemyController=other.gameObject.
          GetComponent<EnemyController>();
36:     enemyController.SetPosition();
37:   }
38:   else
39:     Destroy(other.gameObject);
40:
41: }
42:
43: }
```

在上述 C#代码中，与代码 6-3 相比较，添加了代码第 8 行、第 9 行，分别设置了发生爆炸的声音片段变量 explosionClip 和爆炸效果 explosion。

在添加的第 25 行到 41 行代码块中，实现炮弹与飞碟的碰撞检测。一旦炮弹与飞碟发生碰撞，执行第 28 行语句，实例化一个爆炸效果，也就是前面所建立的炮弹爆炸粒子系统；执行第 29 行语句，播放爆炸的声音；执行第 31 行语句，删除整个炮弹对象。

如果发生碰撞的对象是飞碟（代码第 33 行），那么执行第 35 行语句，得到另外一个对象中的 EnemyController 代码的引用，并通过第 36 行语句重新设置飞碟的位置。

这里需要说明的是，在相对复杂的 Unity3D 游戏开发中，常常需要使用上述方法，控制另外一个对象中代码的相关方法，希望大家要掌握。

对于 JavaScript 开发者来说，修改前面的 missileController.js 代码，见代码 6-10。

代码 6-10　missileController 的 JavaScript 代码

```
1: var missileClip:AudioClip;
2: var explosionClip:AudioClip;
3: var explosion:GameObject;
4:
5: function Start()
6: {
7:
8:   AudioSource.PlayClipAtPoint(missileClip, Vector3(0, 0, -8));
```

```
 9: }
10:
11: function Update()
12: {
13:
14:   if(transform.position.z>150)
15:     Destroy(transform.parent.gameObject);
16:
17: }
18:
19: function OnTriggerEnter(other:Collider)
20: {
21:   Instantiate(explosion,transform.position,transform.rotation);
22:   AudioSource.PlayClipAtPoint(explosionClip, Vector3(0, 0, -8));
23:
24:   Destroy(transform.parent.gameObject);
25:
26:   if(other.gameObject.tag=="enemy")
27:   {
28:     var enemyController:EnemyController =other.gameObject.
           GetComponent("EnemyController");
29:     enemyController.SetPosition();
30:   }
31:   else
32:     Destroy(other.gameObject);
33:
34: }
```

在上述 JavaScript 代码中，与代码 6-4 相比较，添加了代码第 2 行、第 3 行，分别设置了发生爆炸的声音片段变量 explosionClip 和爆炸效果 explosion。

在添加的第 19 行到 34 行代码块中，实现炮弹与飞碟的碰撞检测。一旦炮弹与飞碟发生碰撞，执行第 21 行语句，实例化一个爆炸效果，也就是前面所建立的炮弹爆炸粒子系统；执行第 22 行语句，播放爆炸的声音；执行第 24 行语句，删除整个炮弹对象。

如果发生碰撞的对象是飞碟（代码第 26 行），那么执行第 28 行语句，得到另外一个对象中的 EnemyController 代码的引用，并通过第 29 行语句重新设置飞碟的位置。

这里需要说明的是，在相对复杂的 Unity3D 游戏开发中，常常需要使用上述方法，控制另外一个对象中代码的相关方法，希望大家要掌握。

在项目 Project 窗格中，选择 prefabs 目录下的 missile 预制件，然后拖放 explosion 预制件到检视器中 MissileController 代码的 explosion 变量之中；选择 sounds 目录下的 explosion 声音文件，拖放到 MissileController 代码的 Explosion Clip 变量之中；如图 6-58 所示。

在层次 Hierarchy 窗格中，选择 enemy 对象中的子对象 enemy，非勾选代码 EnemyController 或者代码 enemyController，如图 6-59 所示。

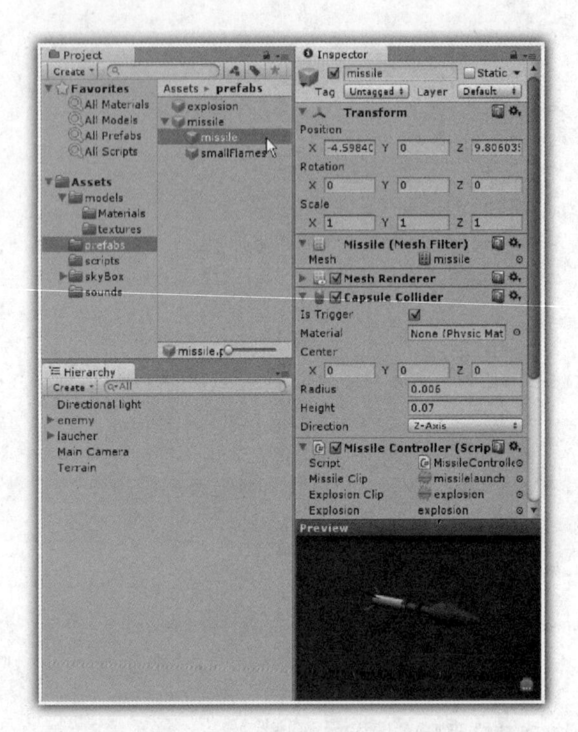

图 6-58　设置 missile 预制件

图 6-59　非勾选代码 EnemyController

在图 6-59 中，单击游戏“运行”按钮，单击鼠标发射炮弹，炮弹击中飞碟，就会出现如图 6-60 所示的爆炸场景。

图 6-60　炮弹击中飞碟爆炸场景

6.4 构建两个摄像机、实现瞄准

在大炮射击飞碟 3D 游戏场景中，需要构建两个摄像机，一个是主摄像机，一个是瞄准摄像机，需要实现两个摄像机之间的切换；实现在瞄准场景中，显示瞄准十字，发射炮弹，从而击中飞碟。

6.4.1　构建两个摄像机

下面介绍添加第二个瞄准摄像机，然后编写代码实现两个摄像机之间的切换。

1. 设置瞄准摄像机

单击菜单“GameObject”→“Create Other”→“Camera”，新建一个瞄准摄像机 Camera，在层次 Hierarchy 窗格中，选择这个瞄准摄像机 Camera 对象，然后拖放到 laucherPosition 对象之中，设置 Camera 对象的 Position 参数为：X=0，Y=0，Z=0；Scale 参数为：X=1，Y=1，Z=1，如图 6-61 所示。

在图 6-61 中，单击 Audio Listenner 右边的齿轮状按钮，在弹出的快捷菜单中选择“Remove Component”命令，删除 Audio Listenner 组件。

2. 实现摄像机切换

要实现原有的主摄像机 Main Camera 和瞄准摄像机 Camra 之间的切换，需要编写代码来实现。

对于 C#开发者来说，在项目 Project 窗格中，选择 Scripts 文件夹，在右键出现的快捷菜单中选择“Create”→“C# Script”命令，创建一个 C#文件，修改该文件的名称为 CameraController.cs，在 CameraController.cs 中书写相关代码，见代码 6-11。

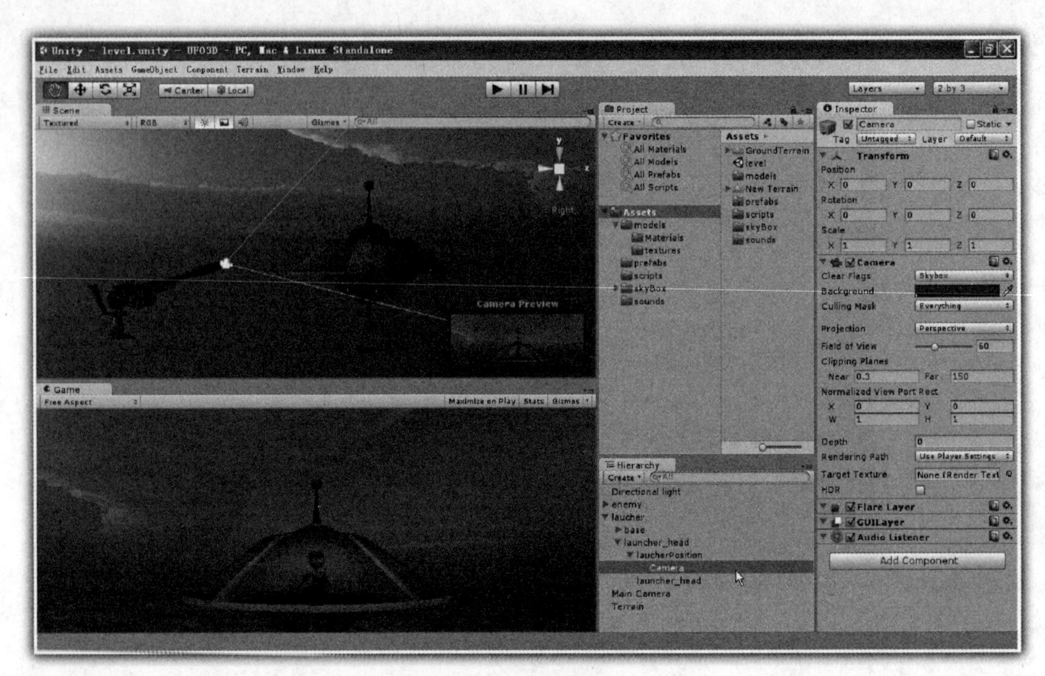

图 6-61　添加瞄准摄像机

代码 6-11　CameraController 的 C#代码

```
 1: using UnityEngine;
 2: using System.Collections;
 3:
 4: public class CameraController:MonoBehaviour
 5: {
 6:
 7:   public Camera mainCamera;
 8:   public Camera shootCamera;
 9:
10: void Update()
11: {
12:
13:   if(Input.GetKeyDown("1"))
14:   {
15:     mainCamera.enabled=true;
16:     shootCamera.enabled=false;
17:   }
18:   else if(Input.GetKeyDown("2"))
19:   {
20:     mainCamera.enabled=false;
21:     shootCamera.enabled=true;
22:   }
23:
24:}
```

在上述C#代码中，代码第7行、第8行设置了Camera类型的变量mainCamera和shootCamera，以便开发者关联主摄像机和瞄准摄像机；如果玩家按下数字键“1”（代码第13行），则将主摄像机设置为true（代码第15行），瞄准摄像机设置为false（代码第16行）；如果玩家按下数字键“2”（代码第18行），则将主摄像机设置为false（代码第20行），瞄准摄像机设置为true（代码第21行）；这样通过按下数字键“1”或者“2”，就可以实现摄像机之间的转换。

对于JavaScript开发者来说，在项目Project窗格中，选择Scripts文件夹，在右键出现的快捷菜单中选择“Create”→“Javascript”命令，创建一个JavaScript文件，修改该文件的名称为cameraController.js，在cameraController.js中书写相关代码，见代码6-12。

代码6-12　cameraController的JavaScript代码

```
 1: var mainCamera:Camera;
 2: var shootCamera:Camera;
 3:
 4: function Update()
 5: {
 6:
 7:   if(Input.GetKeyDown("1"))
 8:   {
 9:     mainCamera.enabled=true;
10:     shootCamera.enabled=false;
11:   }
12:   else if(Input.GetKeyDown("2"))
13:   {
14:     mainCamera.enabled=false;
15:     shootCamera.enabled=true;
16:   }
17:
18: }
```

在上述JavaScript代码中，代码第1行、第2行设置了Camera类型的变量mainCamera和shootCamera，以便开发者关联主摄像机和瞄准摄像机；如果玩家按下数字键“1”（代码第7行），则将主摄像机设置为true（代码第9行），瞄准摄像机设置为false（代码第10行）；如果玩家按下数字键“2”（代码第12行），则将主摄像机设置为false（代码第14行），瞄准摄像机设置为true（代码第15行）；这样通过按下数字键“1”或者“2”，就可以实现摄像机之间的转换。

在层次Hierarchy窗格中，选择瞄准摄像机Camera对象，拖放到shootCamera变量之中；选择主摄像机Main Camera对象，拖放到mainCamera变量之中，如图6-62所示。

运行游戏，可以看到：当按下数字键“1”时，出现的游戏场景为主摄像机场景，如图6-63所示。

当按下数字键“2”时，则出现的游戏场景为瞄准摄像机场景，如图6-64所示。

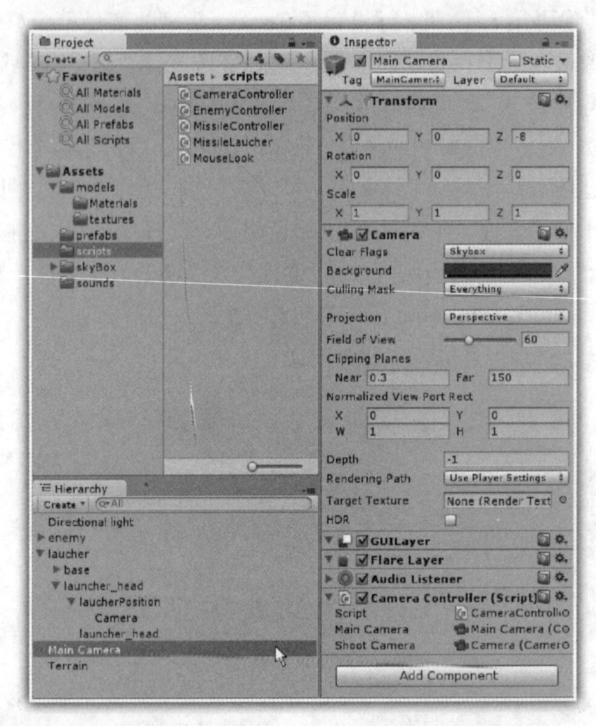

图 6-62　设置 CameraController 代码

图 6-63　主摄像机场景

图 6-64　瞄准摄像机场景

6.4.2　实现瞄准

下面介绍如何在屏幕中央显示一个瞄准十字，然后在瞄准摄像机中显示瞄准十字，实现大炮的瞄准。

1. 显示瞄准十字

单击菜单“GameObject”→“Create Empty”，创建一个空白对象，将该对象的名称修改为 crossHair，在检视器中设置该对象的 Position 参数为：X=0，Y=0，Z=0。

下面说明如何编写代码，实现瞄准十字的显示。

对于 C#开发者来说，在项目 Project 窗格中，选择 Scripts 文件夹，在右键出现的快捷菜单中选择"Create"→"C# Script"命令，创建一个 C#文件，修改该文件的名称为 CrossHairController.cs，在 CrossHairController.cs 中书写相关代码，见代码 6-13。

代码 6-13　CrossHairController 的 C#代码

```
 1: using UnityEngine;
 2: using System.Collections;
 3:
 4: public class CrossHair:MonoBehaviour
 5: {
 6:
 7:   public Texture2D crosshairTexture;
 8:   private Rect position;
 9:
10:
11:   void Start()
12: {
13:   position=new Rect((Screen.width-crosshairTexture.width)/2,
                    (Screen.height-crosshairTexture.height)/2,
                     crosshairTexture.width,crosshairTexture.height);
14: }
15:
16: void  OnGUI()
17: {
18:
19:
20:   GUI.DrawTexture(position,crosshairTexture);
21:
22: }
23:
24:}
```

在上述 C#代码中，代码第 7 行设置了变量 crosshairTexture，以便开发者在监视器中关联瞄准十字图片；代码第 12 行设置瞄准十字在屏幕中央的位置；代码第 20 行实现在屏幕中央显示瞄准十字。

对于 JavaScript 开发者来说，在项目 Project 窗格中，选择 Scripts 文件夹，在右键出现的快捷菜单中选择"Create"→"Javascript"命令，创建一个 JavaScript 文件，修改该文件的名称为 crossHairController.js，在 crossHairController.js 中书写相关代码，见代码 6-14。

代码 6-14　crossHairController 的 JavaScript 代码

```
 1: var crosshairTexture:Texture2D;
 2: private var position:Rect;
 3:
 4:
 5: function Start()
 6: {
 7:
```

```
 8:  position=Rect((Screen.width-crosshairTexture.width)/2,
               (Screen.height-crosshairTexture.height)/2,
                crosshairTexture.width,crosshairTexture.height);
 9: }
10:
11: function OnGUI()
12: {
13:
14:
15:  GUI.DrawTexture(position,crosshairTexture);
16:
17: }
```

在上述 JavaScript 代码中，代码第 1 行设置了变量 crosshairTexture，以便开发者在监视器中关联瞄准十字图片；代码第 8 行设置瞄准十字在屏幕中央的位置；代码第 15 行实现在屏幕中央显示瞄准十字。

在项目 Project 窗格中，选择 CrossHairController.cs 代码文件或者 crossHairController.js 代码文件，将该文件拖放到层次 Hierarchy 窗格中的 crossHair 对象之上，此时就会在检视器中出现 CrossHairController 或者 crossHairController 代码组件；选择项目 Project 窗格“modles”→“textures”目录下的 aim 图片，拖放到 crossHair 对象之中，如图 6-65 所示。

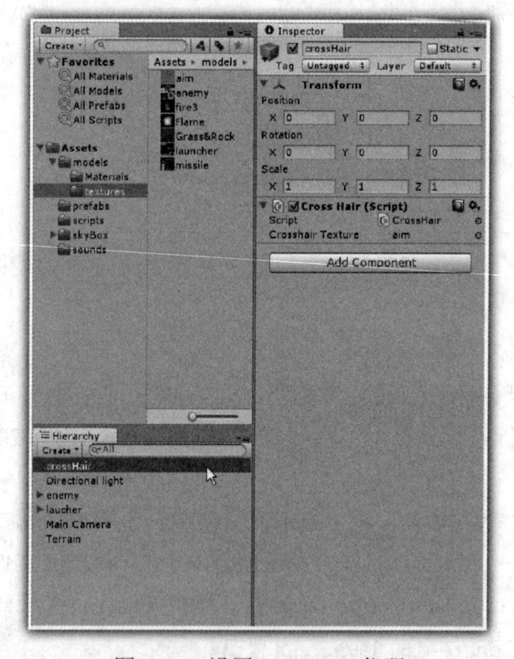

图 6-65　设置 CrossHair 代码

运行游戏，可以看到：在主摄像机场景中，显示了瞄准十字，而这是不需要的，如图 6-66 所示。

在瞄准摄像机场景中，正确显示了瞄准十字，移动鼠标，可以实现对目标的瞄准，如图 6-67 所示。

图 6-66　主摄像机场景

图 6-67　瞄准摄像机场景

2. 在瞄准摄像机中显示瞄准十字

下面说明在前面的代码中，添加相关代码，实现只在瞄准摄像机中显示瞄准十字。

对于 C#开发者来说，修改 CrossHairController.cs 代码文件，见代码 6-15。

代码 6-15　CrossHairController 的 C#代码

```
 1: using UnityEngine;
 2: using System.Collections;
 3:
 4: public class CrossHair:MonoBehaviour
 5: {
 6:
 7:   public Texture2D crosshairTexture;
 8:   private Rect position;
 9:   public Camera mainCamera;
10:
11:    void Start()
12: {
13:    position=new Rect((Screen.width-crosshairTexture.width)/2,
                     (Screen.height-crosshairTexture.height)/2,
                      crosshairTexture.width,crosshairTexture.height);
14: }
15:
16: void  OnGUI()
17: {
18:
19:   if(!mainCamera.enabled)
20:     GUI.DrawTexture(position,crosshairTexture);
21:
22: }
23:
24:}
```

在上述 C#代码中，与代码 6-13 相比较，添加了代码第 9 行，用于关联主摄像机；添加了代码第 19 行，用于判断是否不在主摄像机场景中，如果在瞄准摄像机场景中，则执行第 20 行语句，显示瞄准十字。

对于 JavaScript 开发者来说，修改 crossHairController.js 代码，见代码 6-16。

代码 6-16 crossHairController 的 JavaScript 代码

```
 1: var crosshairTexture:Texture2D;
 2: private var position:Rect;
 3: var mainCamera:Camera;
 4:
 5: function Start()
 6: {
 7:
 8:   position=Rect((Screen.width-crosshairTexture.width)/2,
                         (Screen.height-crosshairTexture.height)/2,
                         crosshairTexture.width,crosshairTexture.height);
 9: }
10:
11: function OnGUI()
12: {
13:
14:   if(!mainCamera.enabled)
15:     GUI.DrawTexture(position,crosshairTexture);
16:
17: }
```

在上述 JavaScript 代码中，与代码 6-14 相比较，添加了代码第 3 行，用于关联主摄像机；添加了代码第 14 行，用于判断是否不在主摄像机场景中，如果在瞄准摄像机场景中，则执行第 15 行语句，显示瞄准十字。

在层次 Hierarchy 窗格中，选择主摄像机 Main Camera 对象，拖放到 CrossHairController.cs 代码文件或者 crossHairController.js 代码文件的 mainCamera 变量之中；在层次 Hierarchy 窗格中，选择 enemy 对象中的子对象 enemy，勾选代码 EnemyController 或者代码 enemyController，以便飞碟能够运行代码被重新设置。

最后运行程序，可以看到：在瞄准场景中，瞄准十字一旦瞄准了飞碟，发射炮弹就可以击中飞碟，如图 6-68 所示。

图 6-68 击中飞碟发生爆炸

塔桥防御游戏项目是一个基于 2D 的射击类游戏，该游戏项目相对较为复杂，是 Unity3D 初学者，通过最新 Unity3D 4.3 版本中内置的 2D 工具，开发 2D 游戏的最佳官方推荐游戏项目。

在该游戏项目中，学习如何使用 Unity3D 4.3 版本中内置的 2D 工具，实现游戏对象的显示；如何使用新的动画系统实现人物动画等；使用新的粒子系统实现各种爆炸效果等；讲解碰撞检测等，从而进入最新 Unity3D 版本的游戏开发领域。

第三部分 Unity 4.3 内置 2D 工具应用篇

07 CHAPTER SEVEN 第七章 塔桥防御游戏项目

>> 本章要点

- 游戏功能分析
- Unity3D 4.3 版本内置的 2D 开发工具
- 新动画系统
- 新粒子系统
- 碰撞检测

7.1 游戏功能分析

首先运行塔桥防御游戏项目，了解塔桥防御游戏项目是一个什么样的游戏；然后对塔桥防御游戏项目进行功能分析，对该游戏项目有一个比较深入的了解，以便后面利用 Unity3D 内置的 2D 工具，逐步实现这个游戏。

7.1.1 运行游戏

在光盘中找到游戏项目——7.塔桥防御游戏项目——TowerBirdgeDefense，运行游戏，打开如图 7-1 所示的开始场景界面。

在开始界面中，单击空格键，人物就会跳跃，如图 7-2 所示。

图 7-1 开始场景界面

图 7-2 人物跳跃

在游戏场景中，从天空将会不断地、随机降落敌人小毛虫、敌人飞船以及地雷、医药包等，如图 7-3 所示。

在游戏场景界面中，按下左、右键，人物可以左、右移动，单击空格键，人物可以发射子弹，如图 7-4 所示是人物发射的子弹，在击中天空降落的地雷之前的界面。

图 7-3 从天空降落敌人、地雷等

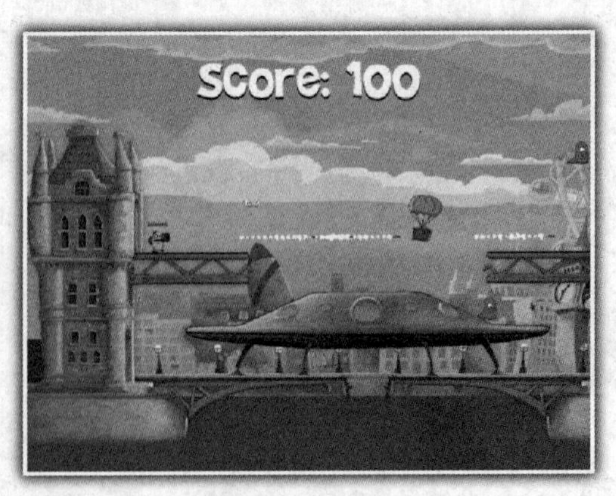

图 7-4 击中地雷之前

人物发射的子弹，一旦击中空降的地雷，就会发生爆炸，并伴随爆炸的声音，如图 7-5 所示。

人物发射的子弹，还可以击中敌方飞船，如图 7-6 所示是子弹击中敌人飞船之前的界面。

图 7-5　击中地雷发生爆炸

图 7-6　击中敌人飞船之前

敌方飞船一旦被击中一次，飞船就会被失去遮罩，如图 7-7 所示，显示了飞船失去遮罩的界面；如果飞船被第二次击中，那么飞船就会被击毁。

在图 7-7 中，人物移动到飞碟上，可以拾取地雷；单击鼠标右键，人物可以存放拾取的地雷，如图 7-8 所示是地雷被爆炸前的界面。

图 7-7　飞船击中一次被去掉遮罩

图 7-8　人物设置拾取的地雷

地雷在放置约 2 秒之后，会发生爆炸，如图 7-9 所示。在地雷爆炸时，在地雷附近的敌人会被炸毁。

在人物的移动过程中，如果与敌人相遇，人物将被敌人伤害，人物上方的血条将会不断减少，如图 7-10 所示。

在游戏场景中，人物的血条减少后，人物可以移动到医药包处，拾取医药包，为人物添加血条数值，如图 7-11 所示。

在游戏场景中，为实现较为真实的界面，天空中有白云在漂浮、白天鹅在飞翔，地面则有出租车、公共汽车在地面行驶，如图 7-12 所示。

图 7-9 地雷爆炸

图 7-10 人物被敌人伤害

图 7-11 人物可以拾取医药包

图 7-12 出租车、公共汽车、白天鹅等

7.1.2 游戏功能分析

通过运行上述塔桥防御游戏，可以发现：该游戏是一个相对较为复杂的游戏，整个游戏虽然只有一个游戏场景，但是其中的游戏对象还是比较多的。

在塔桥防御游戏项目中，敌人分为两个种类，分别是小毛虫和太空飞船，敌人与玩家人物接触，人物将减少生命值；一旦生命值为 0，重新开始游戏。

玩家人物可以左、右移动和跳跃，可以发射子弹，还可以存放地雷，从而消灭敌人；游戏随机创建空降地雷、空降医药包，人物可以拾取空降地雷，人物可以拾取空降医药包，为人物添加生命值。

在人物的移动过程中，摄像机具有跟随功能；不同远、近的背景移动的速度也不同，具有视差效果；在背景中，还用随机出现而移动的公共汽车、出租车和白天鹅等。

完成该游戏后，游戏项目的目录结构如图 7-13 所示。其中 Sprites 目录存放各个游戏对象所对应的图片；Audio 目录存放各种声音文件，如人物发射子弹的声音、爆炸声等。各种动画文件存放在 Animation 目录之中。

图 7-14 则显示了 prefabs 目录中的相关预制件对象，如地雷 bomb 预制件、公共汽车 Bus 预制件等。

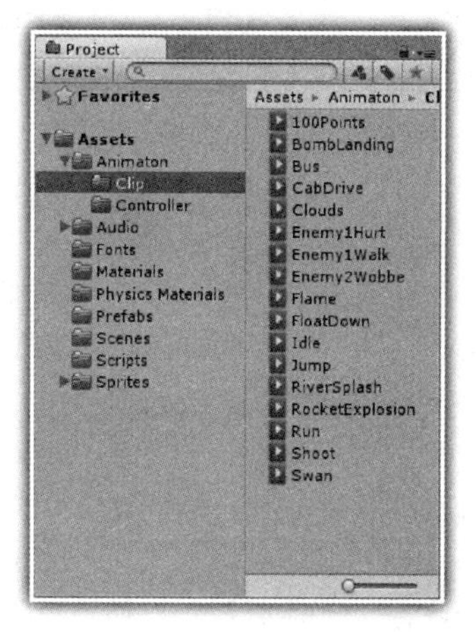

图 7-13　游戏项目的目录结构

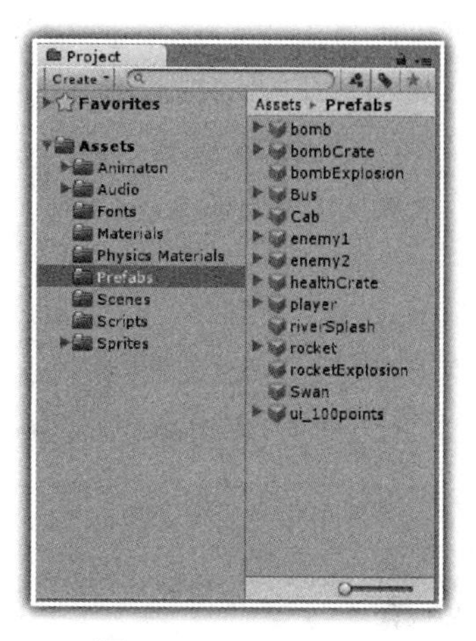

图 7-14　prefabs 目录

对于 C#开发者来说，图 7-15 显示了需要开发者开发的 C#文件，共有 18 个文件；对于 JavaScript 开发者来说，图 7-16 则显示了需要开发者开发的 JavaScript 文件，共有 18 个文件。

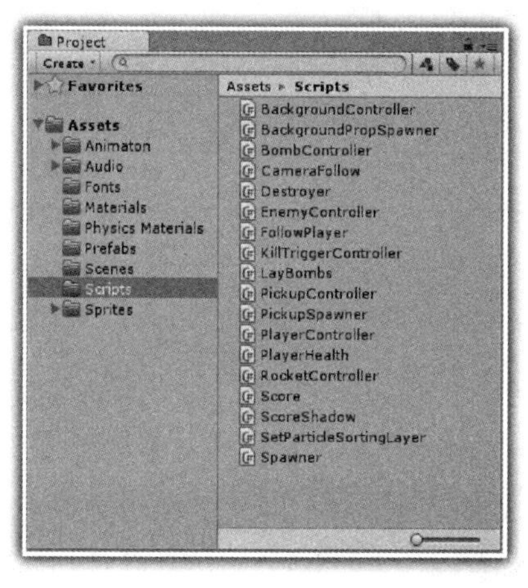

图 7-15　C#文件

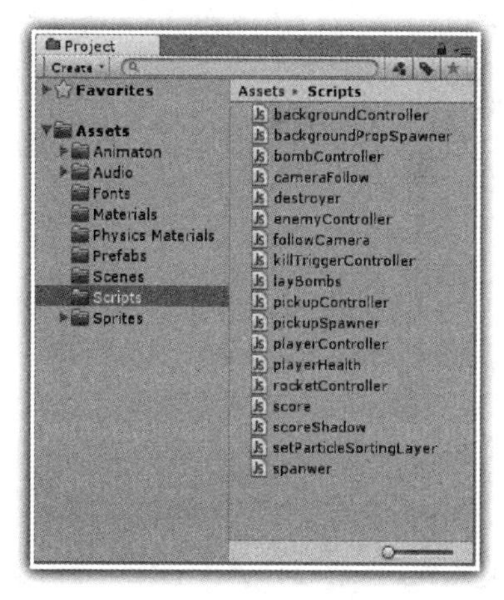

图 7-16　JavaScript 文件

这些开发文件的具体功能说明见表 7-1。

表 7-1　开发文件的功能说明

C#文件名	JavaScript 文件名	功能说明
BackgroundController	backgroundController	实现对背景的视差运动控制
BackgroundPropSpawner	backgroundPropSpawner	实现对背景对象（如白天鹅、公共汽车和出租车）的动画运动控制

续表

C#文件名	JavaScript 文件名	功能说明
BombController	bombController	实现对地雷的爆炸效果，以及爆炸范围内的碰撞检测
CameraFollow	cameraFollow	摄像机跟随人物运动而运动
Destroyer	destroyer	自动销毁对象，用于动画系统中的事件响应
Enemy	enemy	实现对敌方小毛虫、飞船的各种运动动画控制，碰撞检测和分数更新
FollowPlayer	followPlayer	实现人物上方血条的跟随
LayBombs	layBombs	实现放置地雷和地雷图标显示
PickupController	pickupController	实现人物拾取地雷和医药包对象；实现地雷和医药包对象着陆功能
PickupSpawner	pickupSpawner	实现随机生成地雷和医药包对象
PlayerController	playerController	实现人物的各种运动动画控制
PlayerHealth	playerHealth	实现对人物上方血条的控制
Remover	remover	对所有掉进河中的游戏对象，自动销毁；对人物对象则重置游戏
RocketController	rocketController	实现对人物发射子弹的碰撞检测和爆炸
Score	score	在屏幕显示分数
ScoreShadow	scoreShadow	在屏幕显示带有阴影的分数
SetParticlesSortingLayer	setParticlesSortingLayer	设置显示对象的排序层
Spawner	spawner	实现随机生成敌方小毛虫、飞船对象

7.2 游戏场景构建

在塔桥防御游戏中，游戏场景构建包括游戏场景的背景设计和游戏场景的前景设计两个部分。

7.2.1 游戏场景背景设计

在游戏场景的背景设计中，包括如何设置背景，实现背景的视差移动；实现白云的动画运动。

1．打开游戏项目资源

首先找到光盘中的游戏项目资源——7.塔桥防御游戏项目资源——TowerBridgeDefense，将整个文件夹 TowerBridgeDefense 拷贝到系统的 C 盘根目录，如图 7-17 所示。

然后启动 Unity3D 软件，单击菜单“File”→“Open Project”命令，选择上述文件夹 TowerBridgeDefense，这样就可以打开塔桥防御游戏项目——TowerBridgeDefense 的项目资源，如图 7-18 所示。

图 7-17　TowerBridgeDefense 项目文件

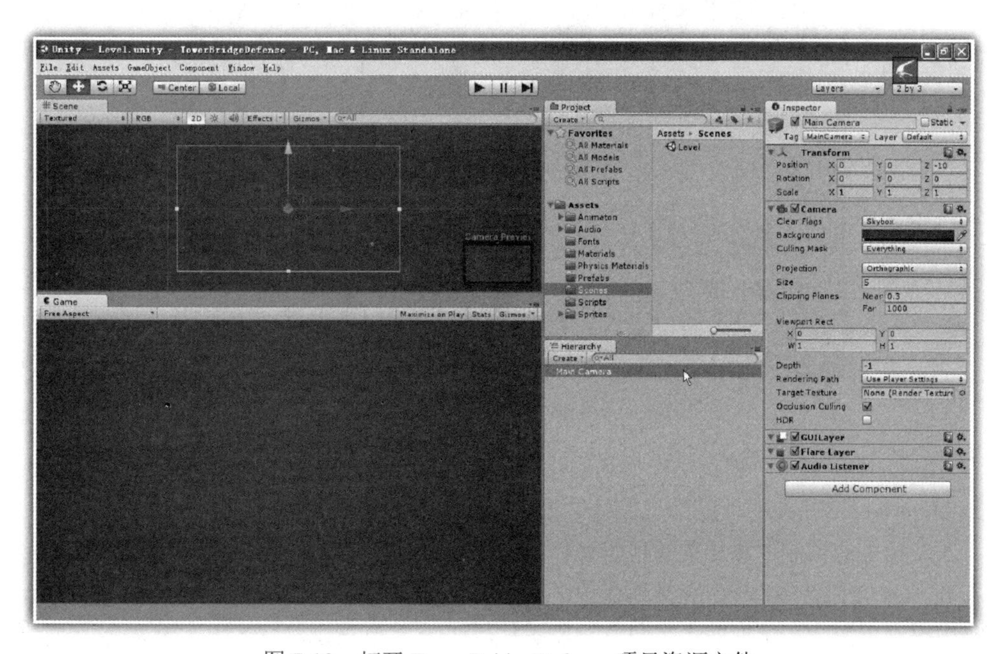

图 7-18　打开 TowerBridgeDefense 项目资源文件

在图 7-18 中，TowerBridgeDefense 项目资源文件中总共包括有 9 个文件夹，它们分别是 Animation、Audio、Fonts、Materials、Physics Materials、Prefabs、Scenes、Scripts 和 Sprites。

在 Animation 文件中包含两个文件夹，分别是 Clip 和 Controller，分别用于存放动画系统文件片段以及动画控制器。

在 Audio 文件夹中，分门别类地存放了许多游戏对象需要使用的声音文件。如在 Enemy 文件夹中提供了敌人被杀死的三个声音文件；在 Player 文件夹中的 Jumps 目录中则提供了人物跳跃的三种声音文件，选择相关声音文件，单击图片右下方的播放按钮，可以在 Unity3D 中直接播放声音，如图 7-19 所示。

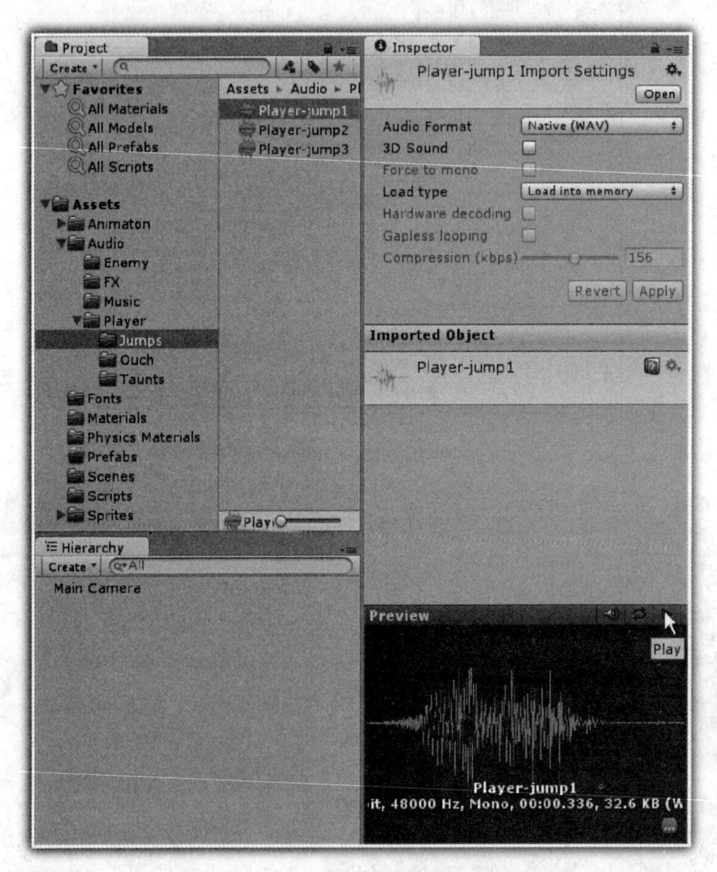

图 7-19　Audio 目录下的各种声音文件

在 Fonts 文件夹中，提供了个性化的字体，以便在屏幕显示游戏的分数；在 Materials 和 Physics Materials 文件夹中，提供了各种材质文件；而在 Prefabs 和 Scripts 文件夹中，需要开发者自行开发相关的预制件和相关的代码文件。

在 Sprites 文件夹中，分门别类地存放了许多游戏对象需要使用的图片文件。如在_Character 文件夹中提供了游戏场景中的多个角色对象图片，如图 7-20 所示。

由此可见，在塔桥防御游戏项目这个 2D 游戏所提供的项目资源文件中，主要是图片、声音等。

在图 7-18 中，首先设置摄像机的 Projection 为 Orthographic，表示所开发的游戏为 2D 游戏；设置 Size 参数为 18；并注意在游戏场景窗口中，选择上方的按钮为“2D”；为方便游戏场景的设计，这里设置游戏的输出界面为固定大小，将游戏窗口的分辨率设置为 800×600，如图 7-21 所示。

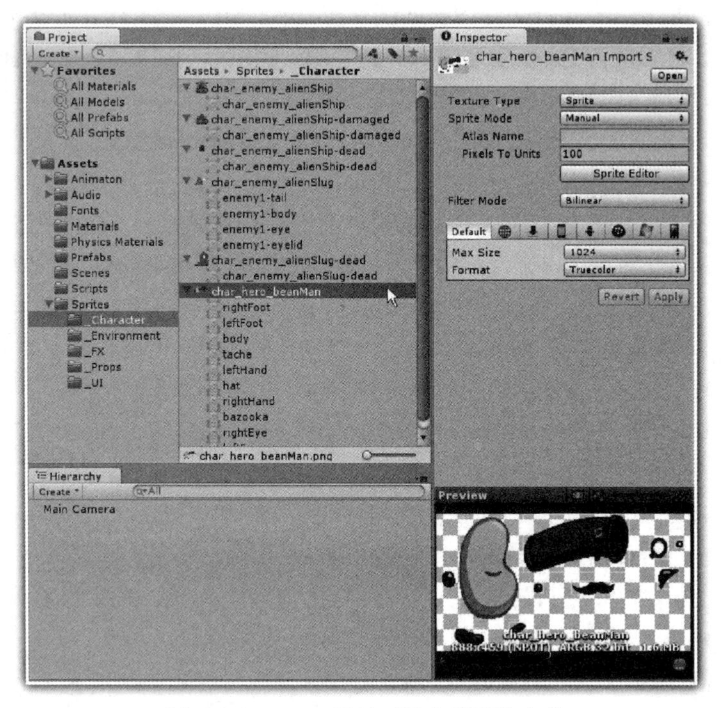

图 7-20　Sprites 目录下的各种图片文件

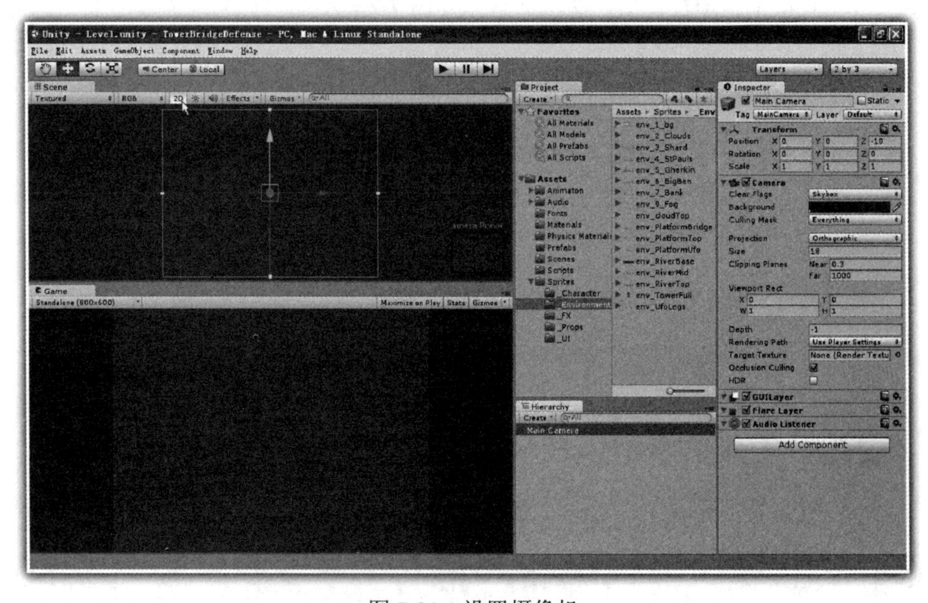

图 7-21　设置摄像机

2. 设置背景

单击菜单“GameObject”→“Create Empty”，创建一个空白对象，将该对象的名称修改为 backgrounds；在项目 Project 窗格中，分别选择“Sprites”→“_Enviroment”目录下的七张背景图片，分别是 env_1_bg 图片、env_3_Shard 图片、env_4_StPauls 图片、env_5_Gherkin 图片、env_6_BigBen 图片、env_7_Bank 图片和 env_RiverBase 图片，拖放到到层次 Hierarchy 窗格中对象 backgrounds 之中，分别设置这七个对象的参数如下：

设置 env_1_bg 对象的 Position 参数为：X=0，Y=7，Z=0；Scale 参数为：X=1.5，Y=1，Z=1；Sorting Layer 设置为 Background；Order in Layer 设置为数字 1，该数字越大，表示在同一顺序层 Background 中，距离摄像机越近，也就是说，数字越大的图片，会显示在图片的上方。

设置 env_3_Shard 对象的 Position 参数为：X=0，Y=0，Z=0；Scale 参数为：X=1，Y=1，Z=1；Sorting Layer 设置为 Background；Order in Layer 设置为数字 3。

设置 env_4_StPauls 对象的 Position 参数为：X=0，Y=0，Z=0；Scale 参数为：X=1，Y=1，Z=1；Sorting Layer 设置为 Background；Order in Layer 设置为数字 4。

设置 env_5_Gherkin 对象的 Position 参数为：X=0，Y=0，Z=0；Scale 参数为：X=1，Y=1，Z=1；Sorting Layer 设置为 Background；Order in Layer 设置为数字 5。

设置 env_6_BigBen 对象的 Position 参数为：X=0，Y=0，Z=0；Scale 参数为：X=1，Y=1，Z=1；Sorting Layer 设置为 Background；Order in Layer 设置为数字 6。

设置 env_7_Bank 对象的 Position 参数为：X=0，Y=0，Z=0；Scale 参数为：X=1，Y=1，Z=1；Sorting Layer 设置为 Background；Order in Layer 设置为数字 7。

设置 env_RiverBase 对象的 Position 参数为：X=0，Y=-11.2，Z=0；Scale 参数为：X=1.7，Y=1.7，Z=1；Sorting Layer 设置为 Background；Order in Layer 设置为数字 8。

设置完成上述的七张图片之后，实现的背景如图 7-22 所示。

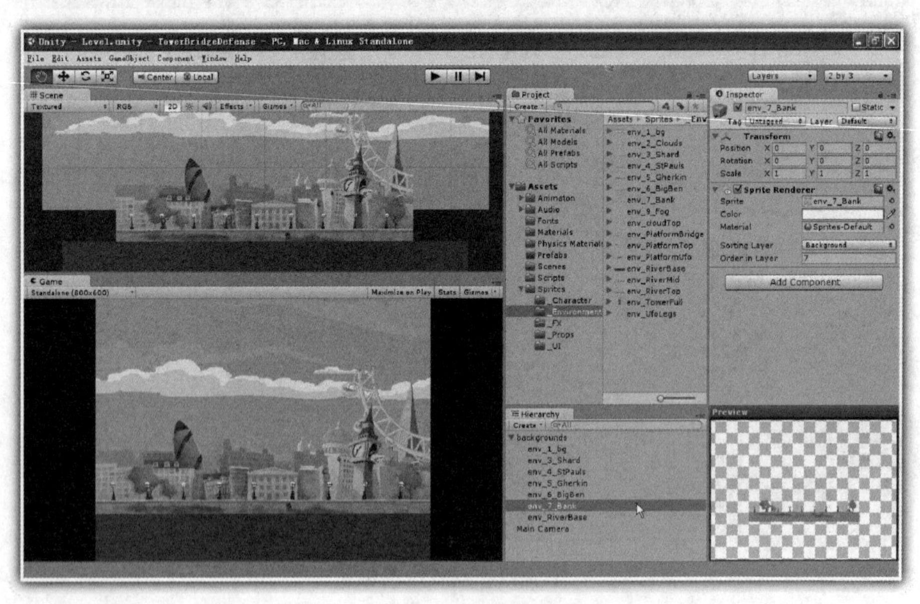

图 7-22　设置背景

3. 设置视差背景

下面介绍通过书写代码，实现上述相关背景的水平移动，距离远的背景移动缓慢，距离近的背景移动较快，实现背景移动的视差效果。

对于C#开发者来说，在项目Project窗格中，选择Scripts文件夹，在右键出现的快捷菜单中选择“Create”→“C# Script”命令，创建一个C#文件，修改该文件的名称为BackgroundController.cs，在BackgroundController.cs中书写相关代码，见代码7-1。

代码7-1　BackgroundController的C#代码

```
 1: using UnityEngine;
 2: using System.Collections;
 3:
 4: public class BackgroundController : MonoBehaviour
 5: {
 6:
 7:   public Transform[] backgrounds;
 8:   public float parallaxScale;
 9:   public float parallaxReductionFactor;
10:   public float smoothing;
11:
12:   private Transform cam;
13:   private Vector3 previousCamPos;
14:
15:   void Awake()
16:   {
17:    cam=Camera.main.transform;
18:   }
19:
20:  void Start()
21:   {
22:    previousCamPos=cam.position;
23:   }
24:
25:  void Update()
26:   {
27:     float parallax=(previousCamPos.x - cam.position.x) * parallaxScale;
28:
29:     for(int i=0;i<backgrounds.Length; i++)
30:   {
31:       float backgroundTargetPosX = backgrounds[i].position.x +
              parallax * (i * parallaxReductionFactor + 1);
32:
33:       Vector3 backgroundTargetPos = new Vector3(backgroundTargetPosX,
              backgrounds[i].position.y, backgrounds[i].position.z);
34:
35:       backgrounds[i].position = Vector3.Lerp(backgrounds[i].position,
              backgroundTargetPos, smoothing * Time.deltaTime);
36:
37:    }
38:
39:    previousCamPos = cam.position;
40:
41:  }
42:
43:}
```

在上述 C#代码中，代码第 7 行到第 10 行定义了相关的公有变量，以便开发者在检视器中设置、关联相关对象；通过设置数组类型的变量 backgrounds，以便关联游戏场景背景中需要视差移动的相关图片对象。

代码第 15 行到第 18 行所定义的 Awake()方法，执行的时间最早，先于后面所定义的 Start()方法，执行第 17 行语句，获得摄像机对象的引用 cam。

代码第 20 行到第 23 行所定义的 Start()方法，执行的时间在 Awake()方法之后，执行第 22 行语句，获得摄像机位置参数 previousCamPos。

在代码第 25 行到第 41 行所定义的 Update()方法中，第 27 行首先获得摄像机移动的视差距离 parallax，然后通过第 29 行到第 37 行的循环语句，分别设置不同图片对象的位置，其中第 35 行语句实现图片对象跟随摄像机的视差移动；第 39 行更新摄像机的位置参数 previousCamPos。

对于 JavaScript 开发者来说，在项目 Project 窗格中，选择 Scripts 文件夹，在右键出现的快捷菜单中选择“Create”→“Javascript”命令，创建一个 JavaScript 文件，修改该文件的名称为 backgroundController.js，在 backgroundController.js 中书写相关代码，见代码 7-2。

代码 7-2　backgroundController 的 JavaScript 代码

```
 1: var backgrounds:Transform[];
 2: var parallaxScale:float;
 3: var parallaxReductionFactor:float;
 4: var smoothing:float;
 5:
 6: private var cam:Transform;
 7: private var previousCamPos:Vector3;
 8:
 9: function Awake()
10: {
11:   cam = Camera.main.transform;
12:  }
13:
14: function Start()
15:  {
16:   previousCamPos = cam.position;
17:  }
18:
19:  function Update()
20:  {
21:   var parallax:float = (previousCamPos.x - cam.position.x)* parallaxScale;
22:
23:   for(var i:int = 0; i<backgrounds.Length; i++)
24:   {
25:     var backgroundTargetPosX:float = backgrounds[i].position.x +
             parallax * (i * parallaxReductionFactor + 1);
26:
27:     var backgroundTargetPos:Vector3=new Vector3(backgroundTargetPosX,
             backgrounds[i].position.y,backgrounds[i].position.z);
28:
29:     backgrounds[i].position = Vector3.Lerp(backgrounds[i].position,
             backgroundTargetPos, smoothing * Time.deltaTime);
```

```
30:
31:   }
32:
33:   previousCamPos = cam.position;
34:
35: }
```

在上述 JavaScript 代码中，代码第 1 行到第 4 行定义了相关的公有变量，以便开发者在检视器中设置、关联相关对象；通过设置数组类型的变量 backgrounds，以便关联游戏场景背景中需要视差移动的相关图片对象。

代码第 9 行到第 12 行所定义的 Awake()方法，执行的时间最早，先于后面所定义的 Start()方法，执行第 11 行语句，获得摄像机对象的引用 cam。

代码第 14 行到第 17 行所定义的 Start()方法，执行的时间在 Awake()方法之后，执行第 16 行语句，获得摄像机位置参数 previousCamPos。

在代码第 19 行到第 35 行所定义的 Update()方法中，第 21 行首先获得摄像机移动的视差距离 parallax，然后通过第 23 行到第 31 行的循环语句，分别设置不同图片对象的位置，其中第 29 行语句实现图片对象跟随摄像机的视差移动；第 33 行更新摄像机的位置参数 previousCamPos。

选择 BackgroundController 代码文件或者 backgroundController 代码文件，拖放到层次 Hierarchy 窗格中的 background 对象之上；在项目 Project 窗格中，选择"Sprites"→"_Enviroment"目录下的六张背景图片，也就是 env_1_bg 图片、env_3_Shard 图片、env_4_StPauls 图片、env_5_Gherkin 图片、env_6_BigBen 图片和 env_7_Bank 图片，分别拖放到数组变量 backgrounds 之中，设置参数 parallaxScale 为 0.5，参数 parallaxReductionFactor 为 0.4，参数 smoothing 为 8，如图 7-23 所示。

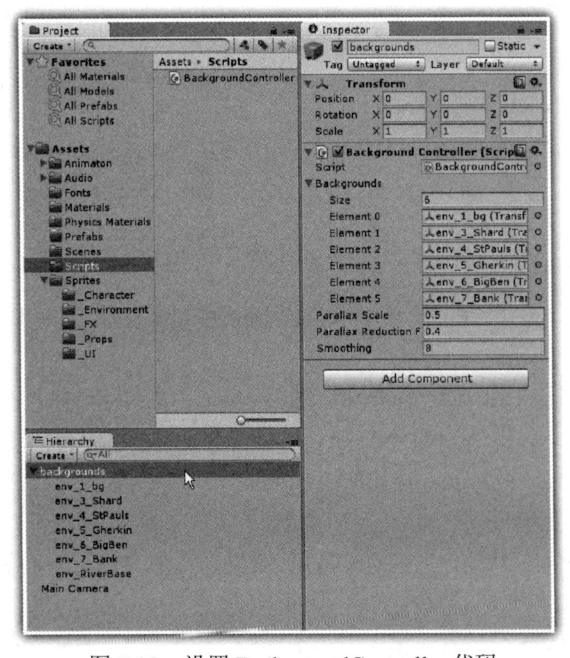

图 7-23　设置 BackgroundController 代码

运行代码，由于此时摄像机的位置还不能移动，所以暂时还不能看到效果。在如图 7-24 所示的界面中，在运行过程中，直接调整摄像机的 X 轴数值，可以看到视差移动效果。

图 7-24　移动摄像机位置测试视差代码

4. *白云循环移动*

单击菜单“GameObject”→“Create Empty”，创建一个空白对象，将该对象的名称修改为 clouds，设置 clouds 对象的 Position 参数为：X=0，Y=0，Z=0；Scale 参数为：X=1，Y=1，Z=1；然后在层次 Hierarchy 窗格中，将该 clouds 对象拖放到 background 对象之中；最后在项目 Project 窗格中，选择“Sprites”→“_Enviroment”目录下的 env_2_Clouds 图片，拖放到层次 Hierarchy 窗格中的 clouds 对象之中；设置 env_2_Clouds 对象的 Position 参数为：X=0，Y=3.2，Z=0；Scale 参数为：X=1，Y=1，Z=1；Sorting Layer 设置为 Background；Order in Layer 设置为数字 2，如图 7-25 所示。

在图 7-25 所示的层次 Hierarchy 窗格中，选择 env_2_Clouds 对象，按下 Ctrl+D 两次，复制两个 env_2_Clouds 对象，设置其中的一个 env_2_Clouds 对象的 Position 参数为：X=48，Y=3.2，Z=0；设置另外一个 env_2_Clouds 对象的 Position 参数为：X=-48，Y=3.2，Z=0，使得三张 env_2_Clouds 图片首尾无缝连接，如图 7-26 所示。

为实现上述白云的向右飘动，也就是 Clouds 对象的向右移动，下面通过设置动画的方式来完成。

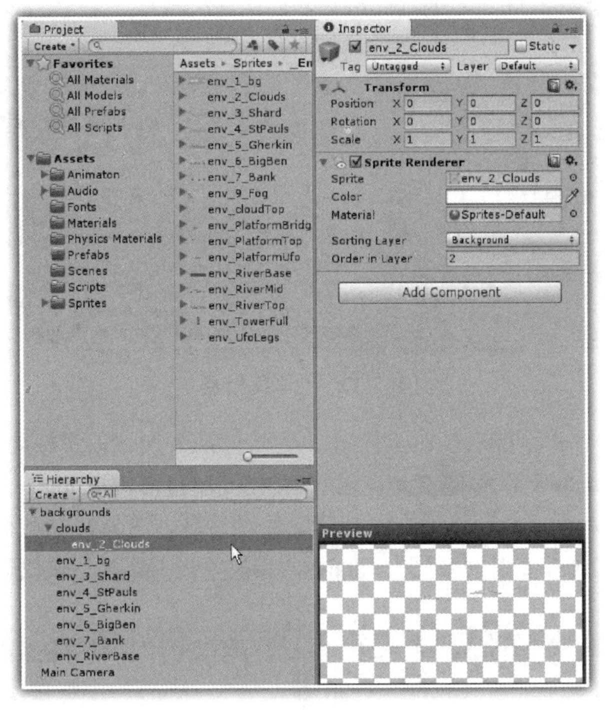

图 7-25　设置白云图片

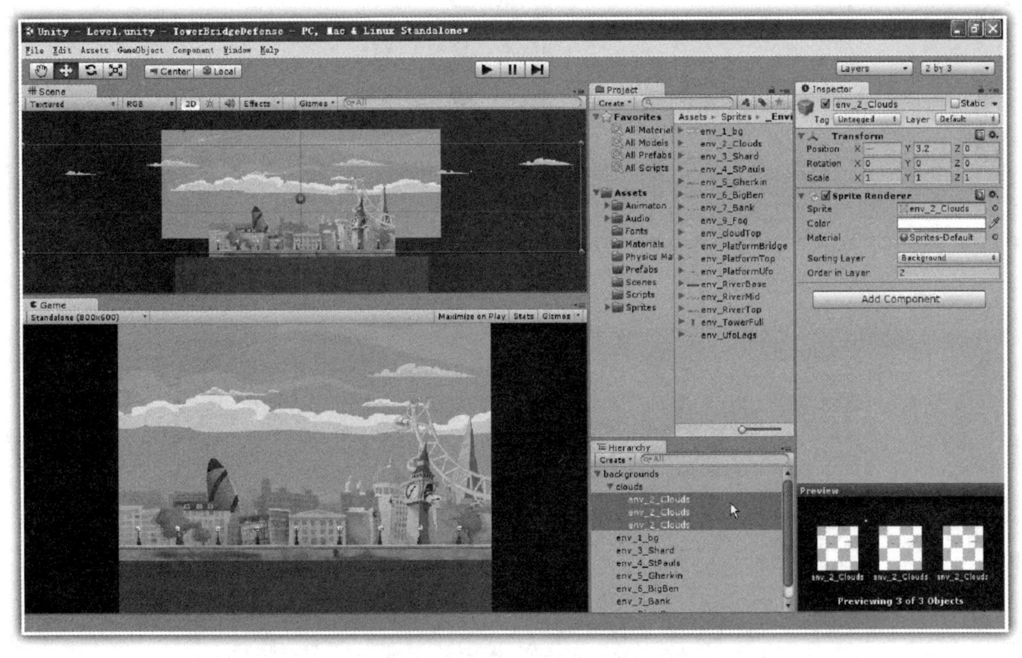

图 7-26　设置三张白云图片

在如图 7-26 所示的层次 Hierarchy 窗格中，选择 clouds 对象，然后单击菜单“Window”→

"Animation"，打开如图 7-27 所示的动画编辑器界面。

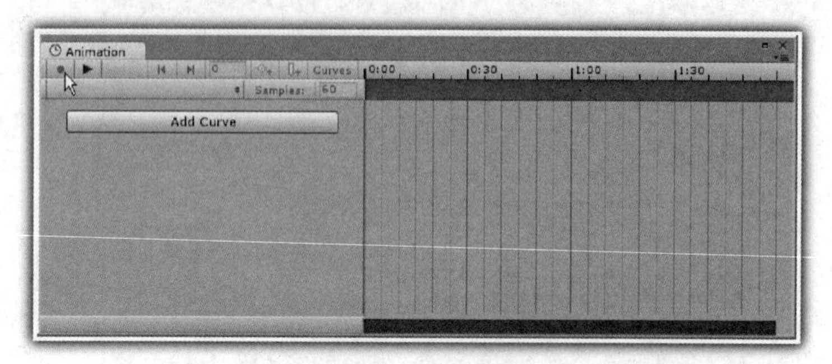

图 7-27　动画编辑器

在图 7-27 中，单击"录制"按钮，首先打开如图 7-28 所示的设置动画片段文件对话框，选择文件路径为"Animation"→"Clip"，输入动画片段的名称为 Clouds，单击"保存"按钮；然后又打开如图 7-29 所示的设置动画控制器文件对话框，选择文件路径为"Animation"→"Controller"，输入动画控制器的名称为 Clouds，最后单击"保存"按钮即可。

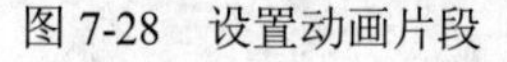
图 7-28　设置动画片段

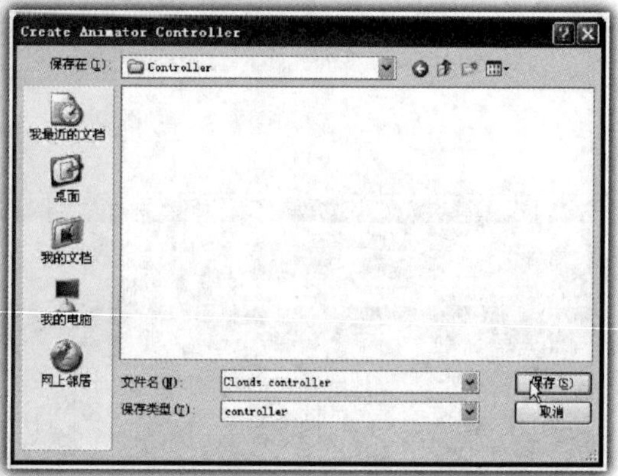

图 7-29　设置动画控制器

此时动画编辑器的界面，如图 7-30 所示。

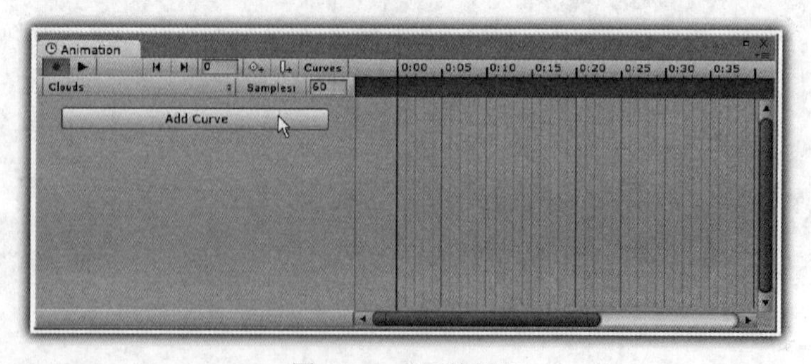

图 7-30　动画编辑器

在图 7-30 中，单击“Add Curve”按钮，在出现的快捷菜单中，如图 7-31 所示，选择“Position”旁边的“+”按钮，打开如图 7-32 所示的界面。

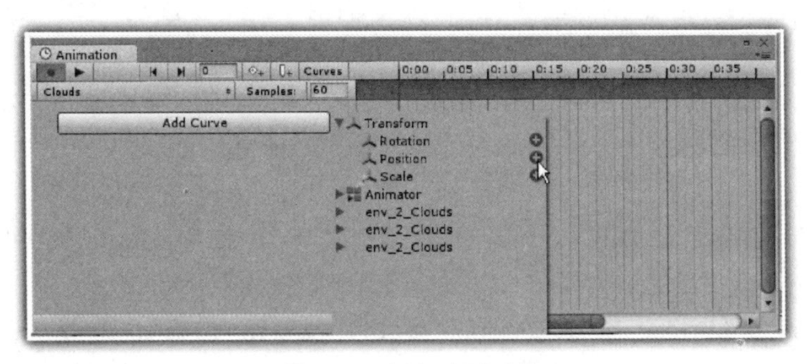

图 7-31　添加动画对象

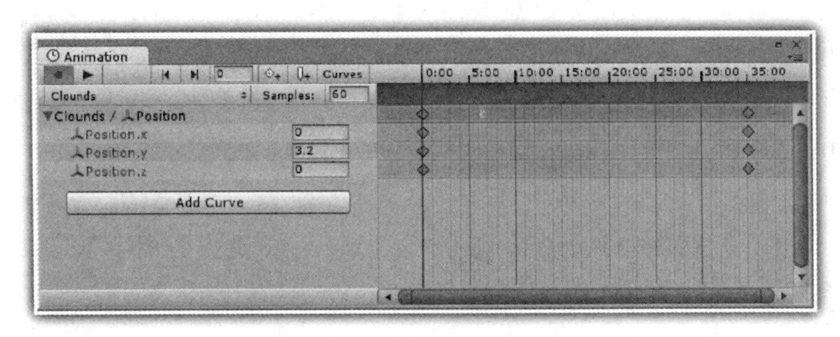

图 7-32　设置动画关键帧 1

在图 7-32 中，选择在开始处的关键帧位置，设置 Position 的参数为：X=0，Y=3.2，Z=0；然后移动关键帧到 35 秒的位置，如图 7-33 所示。

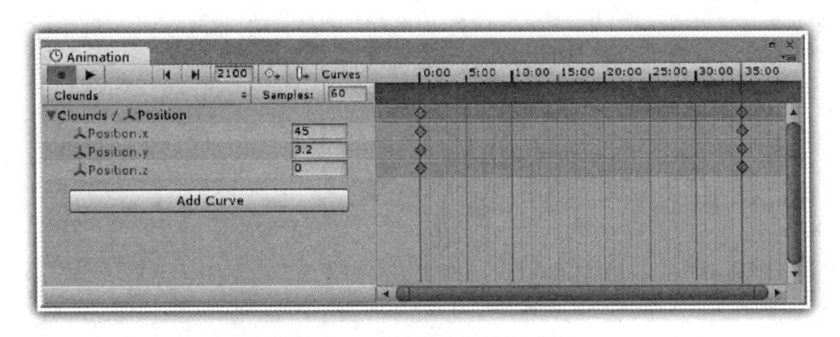

图 7-33　设置动画关键帧 2

在图 7-33 中，选择在 35 秒关键帧位置，设置 Position 的参数为：X=45，Y=3.2，Z=0；最后关闭动画编辑器。

运行游戏，可以看到：所设置的 Clouds 对象，按照所设置的动画，向右移动。

7.2.2　游戏场景前景设计

在游戏场景的前景设计中，包括如何设置前景，对前景中的相关对象添加碰撞体，说明如何编辑多边形碰撞体。

1. 设置前景

单击菜单“GameObject”→“Create Empty”，创建一个空白对象，将该对象的名称修改为 foregrounds，设置 foregrounds 对象的 Position 参数为：X=1，Y=0，Z=0；在项目 Project 窗格中，分别选择“Sprites”→“_Enviroment”目录下的六张前景图片，分别是 env_cloudTop 图片、env_PlatformBridge 图片、env_PlatformTop 图片、env_PlatformUfo 图片、env_TowerFull 图片和 env_UfoLegs 图片，拖放到到层次 Hierarchy 窗格中对象 foregrounds 之中，分别设置这五个对象的参数如下：

设置 env_cloudTop 对象的 Position 参数为：X=0，Y=-2，Z=0；Scale 参数为：X=6，Y=6，Z=6；Sorting Layer 设置为 Foreground；Order in Layer 设置为数字 0。

设置 env_PlatformBridge 对象的 Position 参数为：X=-10.7，Y=-11.4，Z=0；Scale 参数为：X=1，Y=1，Z=1；Sorting Layer 设置为 Foreground；Order in Layer 设置为数字 1。

设置 env_PlatformTop 对象的 Position 参数为：X=-15，Y=-0.8，Z=0；Scale 参数为：X=1，Y=1，Z=1；Sorting Layer 设置为 Foreground；Order in Layer 设置为数字 1。

设置 env_PlatformUfo 对象的 Position 参数为：X=0，Y=-5.21，Z=0；Scale 参数为：X=1，Y=1，Z=1；Sorting Layer 设置为 Foreground；Order in Layer 设置为数字 1。

设置 env_TowerFull 对象的 Position 参数为：X=-23，Y=-1.8，Z=0；Scale 参数为：X=1，Y=1，Z=1；Sorting Layer 设置为 Foreground；Order in Layer 设置为数字 1。

设置 env_UfoLegs 对象的 Position 参数为：X=0，Y=-1.59，Z=0；Scale 参数为：X=1，Y=1，Z=1；Sorting Layer 设置为 Foreground；Order in Layer 设置为数字 1。

完成上述设置之后，游戏场景的设计界面如图 7-34 所示。

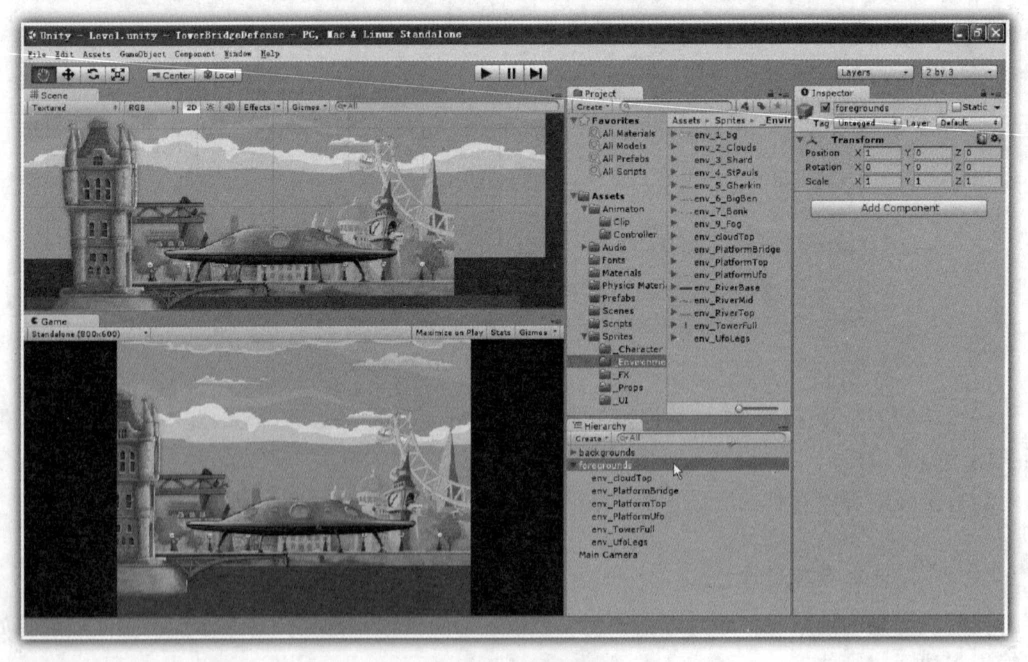

图 7-34　设置前景

图 7-35　设置完成后的前景

在图 7-34 中，还需要完成前景设计中右边的对称部分设计。在图 7-34 所示的层次 Hierarchy 窗格中，选择 env_PlatformBridge 对象，按下 Ctrl+D 一次，复制一个 env_PlatformBridge 对象，设置其中的一个 env_PlatformBridge 对象的 Position 参数为：X=10.7，Y=-11.4，Z=0；Scale 参数为：X=-1，Y=1，Z=1。

在图 7-34 所示的层次 Hierarchy 窗格中，选择 env_PlatformTop 对象，按下 Ctrl+D 一次，复制一个 env_PlatformTop 对象，设置其中的一个 env_PlatformTop 对象的 Position 参数为：X=15，Y=-0.8，Z=0；Scale 参数为：X=-1，Y=1，Z=1。

在图 7-34 所示的层次 Hierarchy 窗格中，选择 env_TowerFull 对象，按下 Ctrl+D 一次，复制一个 env_TowerFull 对象，设置其中的一个 env_TowerFull 对象的 Position 参数为：X=23，Y=-1.8，Z=0；Scale 参数为：X=-1，Y=1，Z=1。

完成上述设置之后，游戏场景的设计界面，如图 7-35 所示。

2. 设置碰撞体

为实现后面游戏场景中所需要的碰撞检测，还需要为上述的相关前景对象添加相应的碰撞体。

首先需要对 env_PlatformBridge 对象添加一个 Box Collider 2D 碰撞体。

在层次 Hierarchy 窗格中，同时选择前面所建立的两个 env_PlatformBridge 对象，然后单击菜单“Component”→“Physcis 2D”→“Box Collider 2D”，为 env_PlatformBridge 对象建立碰撞体，设置 Box Collider 2D 的 Size 参数为：X=18，Y=1.6；Center 参数为：X=0，Y=0.8；在项目 Project 窗格中，选择“Physics Materials”目录下的 Platform 材质，拖放到 Box Collider 2D 碰撞体的 Material 中，如图 7-36 所示。

图 7-36　为 env_PlatformBridge 对象添加碰撞体

这里需要说明的是，碰撞体中的材质主要设置了碰撞体的摩擦力和反弹力两个物理属性。

然后需要对 env_PlatformTop 对象，添加一个 Box Collider 2D 碰撞体。

在层次 Hierarchy 窗格中，同时选择前面所建立的两个 env_PlatformTop 对象，然后单击菜单“Component”→“Physcis 2D”→“Box Collider 2D”，为 env_PlatformBridge 对象建立碰撞体，设置 Box Collider 2D 的 Size 参数为：X=10，Y=2.5；Center 参数为：X=0，Y=0；在项目 Project 窗格中，选择“Physics Materials”目录下的 Platform 材质，拖放到 Box Collider 2D 碰撞体的 Material 中。

下面说明如何对 env_TowerFull 对象添加一个 Box Collider 2D 碰撞体。

在层次 Hierarchy 窗格中，同时选择前面所建立的两个 env_TowerFull 对象，然后单击菜单“Component”→“Physcis 2D”→“Box Collider 2D”，为 env_TowerFull 对象建立碰撞体，设置 Box Collider 2D 的 Size 参数为：X=8，Y=20；Center 参数为：X=0，Y=0；在项目 Project 窗格中，选择“Physics Materials”目录下的 PlatformEnd 材质，拖放到 Box Collider 2D 碰撞体的 Material 中。

下面继续说明如何对 env_PlatformUfo 对象添加多边形碰撞体。

在层次 Hierarchy 窗格中，选择前面所建立的 env_PlatformUfo 对象，然后单击菜单“Component”→“Physcis 2D”→“Polygon Collider 2D”，为 env_PlatformUfo 对象建立一个多边形碰撞体，如图 7-37 所示；在项目 Project 窗格中，选择“Physics Materials”目录下的 PlatformEnd 材质，拖放到 Box Collider 2D 碰撞体的 Material 中。

最后说明如何添加一个对象以及碰撞体，实现游戏对象落入水中的碰撞检测。

单击菜单“GameObject”→“Create Empty”，创建一个空白对象，将该对象的名称修改为

killTrigger，将该 killTrigger 对象拖放到到层次 Hierarchy 窗格中对象 foregrounds 之中，设置 foregrounds 对象的 Position 参数为：X=0，Y=-12.3，Z=0；单击菜单“Component”→“Physcis 2D”→“Box Collider 2D”，为 killTrigger 对象建立碰撞体，设置 Box Collider 2D 的 Size 参数为：X=40，Y=2，如图 7-38 所示。

图 7-37　设置多边形碰撞体

图 7-38　设置 killTrigger 碰撞体

在为上述相关对象添加了碰撞体之后，还需要为上述相关对象，设置层 Layer 和标签 Tag，以方便后面实现碰撞检测。

在层次 Hierarchy 窗格中，同时选择前面所建立的五个对象，也就是两个 env_PlatformBridge 对象、两个 env_PlatformTop 对象和一个 env_PlatformUfo 对象，选择标签 Tag 为 ground，设置层 Layer 为 Ground，如图 7-39 所示。

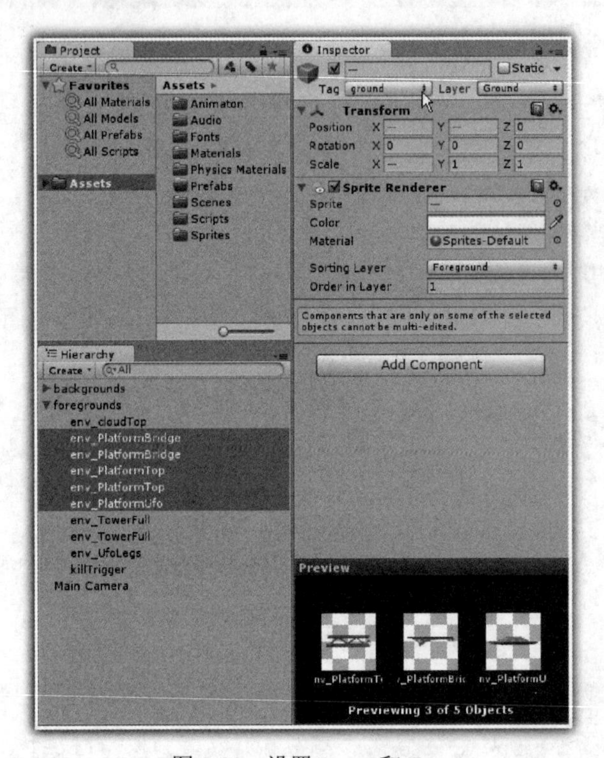

图 7-39　设置 Layer 和 Tag

7.3 人物构建

在塔桥防御游戏中，人物是其中的一个重要游戏对象，首先需要设置人物，为人物添加碰撞体；通过最新的动画控制器，实现人物基本动作的动画；实现人物射击动画；人物发射子弹以及实现人物健康状态条等。

7.3.1　设置人物

通过使用 2D 工具中的 Sprite Renderer 组件，实现人物各个部分的显示；通过设置 Sorting Layer 参数和 Order in Layer 参数，实现图片的叠加。

1. 设置身体

单击菜单“GameObject”→“Create Empty”，创建一个空白对象，将该对象的名称修改为

player，设置 player 对象的 Position 参数为：X=0，Y=0，Z=0。

在项目 Project 窗格中，选择“Sprites”→“_Chararcter”→“char_hero_beanMan”目录下 body 图片，直接拖放到层次 Hierarchy 窗格的对象 player 之中，Sorting Layer 设置为 Character；Order in Layer 设置为数字 1，如图 7-40 所示。

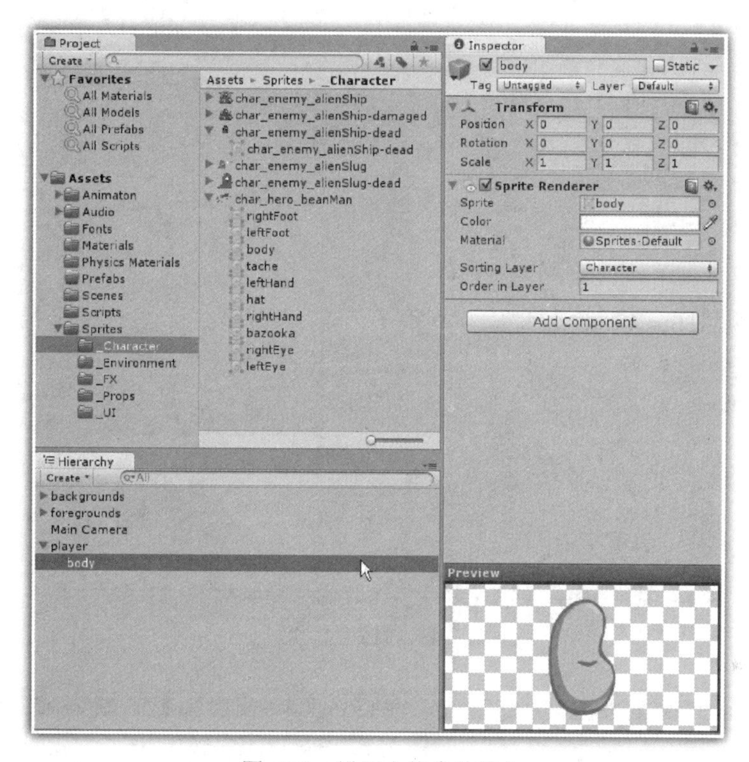

图 7-40　设置人物身体部分

2. 设置火箭筒

在项目 Project 窗格中，选择“Sprites”→“_Chararcter”→“char_hero_beanMan”目录下 bazooka 图片，直接拖放到层次 Hierarchy 窗格的对象 player 之中，设置 bazooka 对象的 Position 参数为：X=0.25，Y=0.46，Z=0；Sorting Layer 设置为 Character；Order in Layer 设置为数字 0，如图 7-41 所示。

3. 设置眼睛

在项目 Project 窗格中，选择“Sprites”→“_Chararcter”→“char_hero_beanMan”目录下 leftEye 图片，直接拖放到层次 Hierarchy 窗格的对象 player 之中，设置 leftEye 对象的 Position 参数为：X=0.35，Y=0.82，Z=0；Sorting Layer 设置为 Character；Order in Layer 设置为数字 2。

选择“Sprites”→“_Chararcter”→“char_hero_beanMan”目录下 rightEye 图片，直接拖放到层次 Hierarchy 窗格的对象 player 之中，设置 rightEye 对象的 Position 参数为：X=-0.26，Y=0.82，Z=0；Sorting Layer 设置为 Character；Order in Layer 设置为数字 2，如图 7-42 所示。

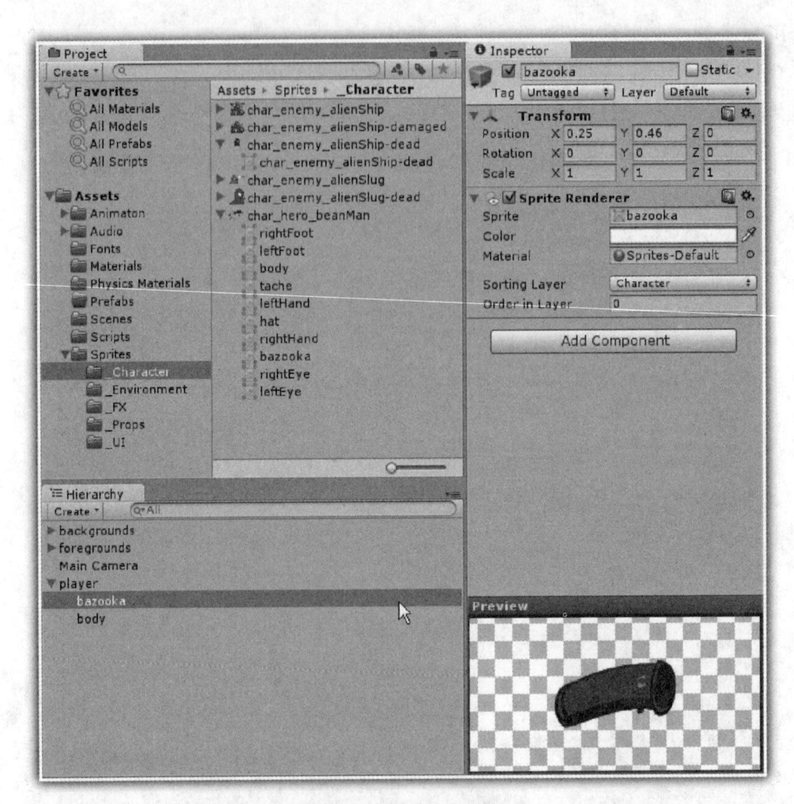

图 7-41　设置火箭筒

图 7-42　设置眼睛

4. 设置胡子

在项目 Project 窗格中，选择“Sprites”→“_Chararcter”→“char_hero_beanMan”目录下 tache 图片，直接拖放到层次 Hierarchy 窗格的对象 player 之中，设置 tache 对象的 Position 参数为：X=0，Y=0.17，Z=0；Sorting Layer 设置为 Character；Order in Layer 设置为数字 2，如图 7-43 所示。

图 7-43　设置胡子

5. 设置手

在项目 Project 窗格中，选择“Sprites”→“_Chararcter”→“char_hero_beanMan”目录下 leftHand 图片，直接拖放到层次 Hierarchy 窗格的对象 player 之中，设置 leftHand 对象的 Position 参数为：X=0.96，Y=-0.07，Z=0；Sorting Layer 设置为 Character；Order in Layer 设置为数字 0。

选择“Sprites”→“_Chararcter”→“char_hero_beanMan”目录下 rightHand 图片，直接拖放到层次 Hierarchy 窗格的对象 player 之中，设置 rightHand 对象的 Position 参数为：X=-0.94，Y=-0.3，Z=0；Sorting Layer 设置为 Character；Order in Layer 设置为数字 0，如图 7-44 所示。

6. 设置脚

在项目 Project 窗格中，选择“Sprites”→“_Chararcter”→“char_hero_beanMan”目录下 leftFoot 图片，直接拖放到层次 Hierarchy 窗格的对象 player 之中，设置 leftFoot 对象的 Position 参数为：X=0.83，Y=-1.6，Z=0；Sorting Layer 设置为 Character；Order in Layer 设置为数字 1。

选择“Sprites”→“_Chararcter”→“char_hero_beanMan”目录下 rightFoot 图片，直接

拖放到层次 Hierarchy 窗格的对象 player 之中，设置 rightFoot 对象的 Position 参数为：X=-0.48，Y=-1.87，Z=0；Sorting Layer 设置为 Character；Order in Layer 设置为数字 1，如图 7-45 所示。

图 7-44　设置手

图 7-45　设置脚

7. 设置帽子

在项目 Project 窗格中，选择“Sprites”→“_Chorarcter”→“char_hero_beanMan”目录下 hat 图片，直接拖放到层次 Hierarchy 窗格中的对象 player 之中，设置 hat 对象的 Position 参数为：X=-0.51，Y=1.38，Z=0；Sorting Layer 设置为 Character；Order in Layer 设置为数字 1，如图 7-46 所示。

图 7-46　设置帽子

从图 7-46 中可以看出，基本完成了人物的设置。

8. 添加 groundCheck 对象

为了在后面书写的代码中，判断人物是否降落在相关对象之上（即前面所建立 Ground 层对象），实现人物跳跃，这里还需要为人物添加 groundCheck 对象。

单击菜单“GameObject”→“Create Empty”，创建一个空白对象，将该对象的名称修改为 groundCheck，设置 player 对象的 Position 参数为：X=0，Y=-3，Z=0；单击检视器左边的对象图标按钮，在出现的快捷菜单中，选择一个对象图标，如图 7-47 所示。

7.3.2　添加碰撞体

下面介绍为人物 player 对象添加刚体和碰撞体。

1. 添加刚体

在层次 Hierarchy 窗格中，选择 player 对象，然后单击菜单“Component”→“Physics 2D”→“Rigidbody 2D”命令，为人物 player 对象添加一个刚体。勾选刚体的 Fixed Angle 属性，不允许人物对象在屏幕中旋转；设置了 Gravity Scale 的数值为 1，表示使用重力属性，如果不需要使用重力属性，则设置为 0，如图 7-48 所示。

图 7-47　设置 groundCheck

2. 添加碰撞体

单击菜单“Component”→“Physcis 2D”→“Circle Collider 2D”，为 player 对象建立一个圆形碰撞体，设置 Circle Collider 2D 的 Radius 参数为 2.15，使得该圆形刚好包围人物的右脚即可，如图 7-49 所示。

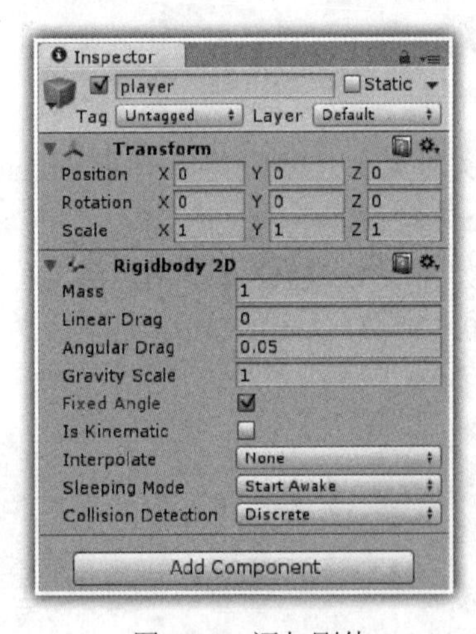

图 7-48　添加刚体

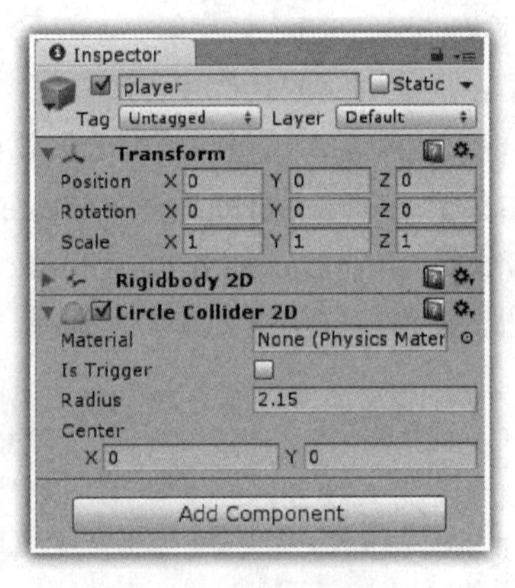

图 7-49　添加碰撞体

由于为人物添加了刚体和碰撞体，此时运行游戏，可以看到：人物将降落到飞碟表面而不再继续降落，这是因为静止的飞碟已经在前面添加了碰撞体，从而阻止人物继续降落。

7.3.3 设置人物动画

在人物动画中，首先需要设置 Idle 动画、Jump 动画以及 Run 动画，然后设置动画状态机，通过代码实现动画。

1. 新建 Idle 动画

在层次 Hierarchy 窗格中，选择 player 对象，然后单击菜单“Window”→“Animation”，在打开的动画编辑器界面中，单击“录制”按钮，此时会打开一个设置动画片段文件对话框，选择文件路径为“Animation”→“Clip”，输入动画片段的名称为 Idle，单击“保存”按钮；然后会打开另外一个设置动画控制器文件对话框，选择文件路径为“Animation”→“Controller”，输入动画控制器的名称为 Character，最后单击“保存”按钮即可。

在动画编辑器中，单击“Add Curve”按钮，在出现如图 7-50 所示的快捷菜单中，选择“body”→“Transform”→“Position”旁边的“+”按钮，此时打开如图 7-51 所示的界面。

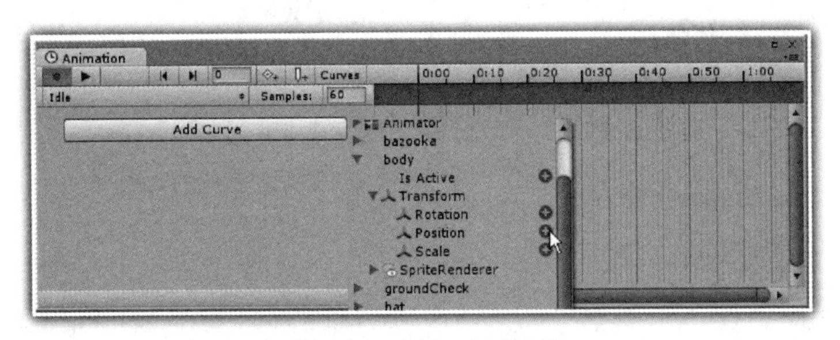

图 7-50　添加动画对象

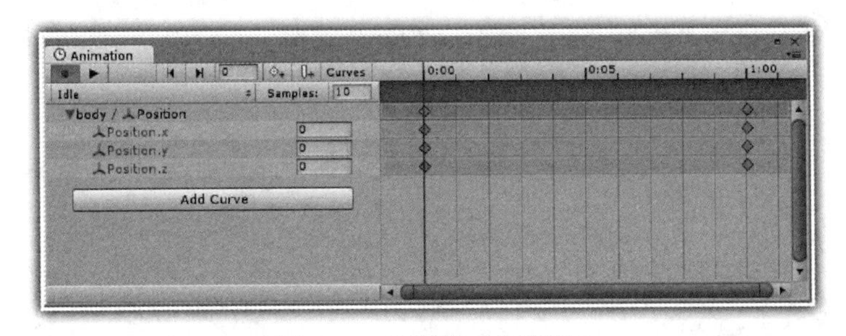

图 7-51　设置动画关键帧 1

在图 7-51 中，首先设置 Samples 参数为 10，表示 1 秒钟内有 10 帧动画；选择在开始处的关键帧 1 位置，设置 Position 的参数为：X=0，Y=0，Z=0；然后移动关键帧到 0:05 的位置，如图 7-52 所示。

在图 7-52 中，在关键帧 2 位置，设置 Position 的参数为：X=-0.09，Y=-0.06，Z=0；然后移动关键帧到 1:00 的位置，如图 7-53 所示。

在图 7-53 中，在关键帧 3 的 1:00 位置，设置 Position 的参数为：X=0，Y=0，Z=0；最后关闭动画编辑器。

此时运行游戏，可以看到：所设置的人物运行 Idle 动画，实现人物的默认动画运动。

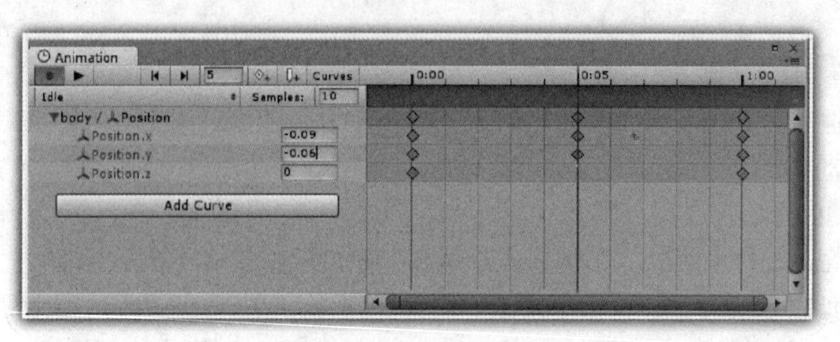

图 7-52　设置动画关键帧 2

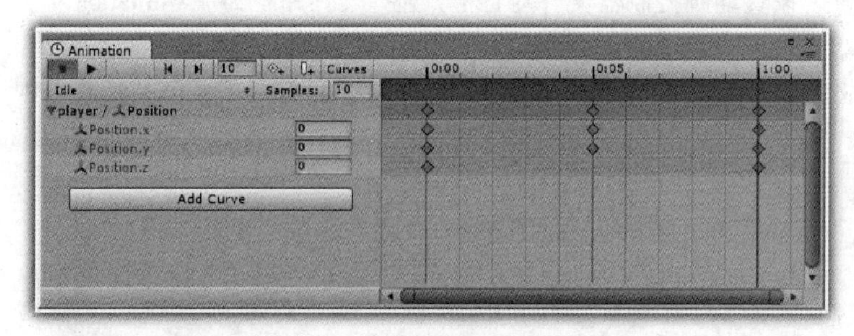

图 7-53　设置动画关键帧 3

2. 新建 Jump 动画

下面说明如何为人物添加 Jump 动画。

在如图 7-54 所示的动画编辑器中，单击“Idle”按钮，在出现的快捷菜单中，选择“Create new Clip”命令，此时会打开一个设置动画片段文件对话框，选择文件路径为“Animation”→“Clip”，输入动画片段的名称为 Jump，单击“保存”按钮，此时就会添加一个 Jump 动画，如图 7-55 所示。

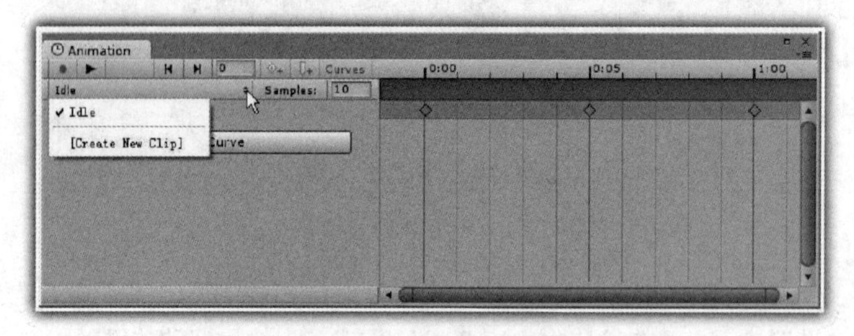

图 7-54　添加 Jump 动画

在如图 7-55 所示的动画编辑器中，单击“Add Curve”按钮，在出现的快捷菜单中，选择“hat”→“Transform”→“Position”旁边的“+”按钮，添加“hat/Position”对象；选择“leftFoot”→“Transform”→“Position”旁边的“+”按钮，添加“leftFoot/Position”对象；按照同样步骤，添加“rightFoot/Position”对象、“leftHand/Position”对象和“rightHand/Position”对象，也就是说，需要添加人物中帽子、手和脚动画对象，最后的动画编辑器界面，如图 7-56 所示。

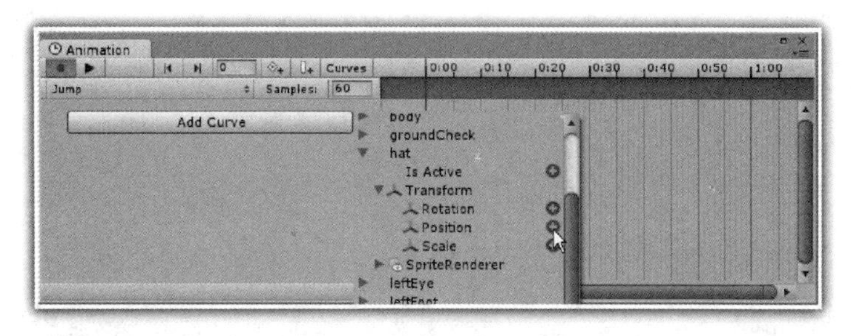

图 7-55　添加动画对象

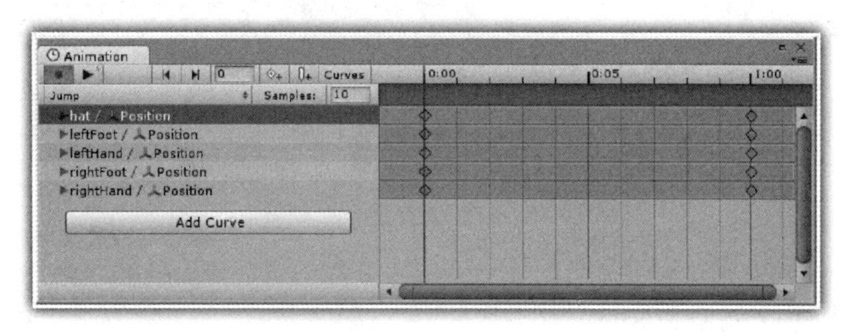

图 7-56　设置动画对象

在如图 7-56 所示的界面中，设置 Samples 参数为 10，在开始处关键帧 1 的 0:00 位置，设置 Position 的相关参数，如图 7-57 所示。

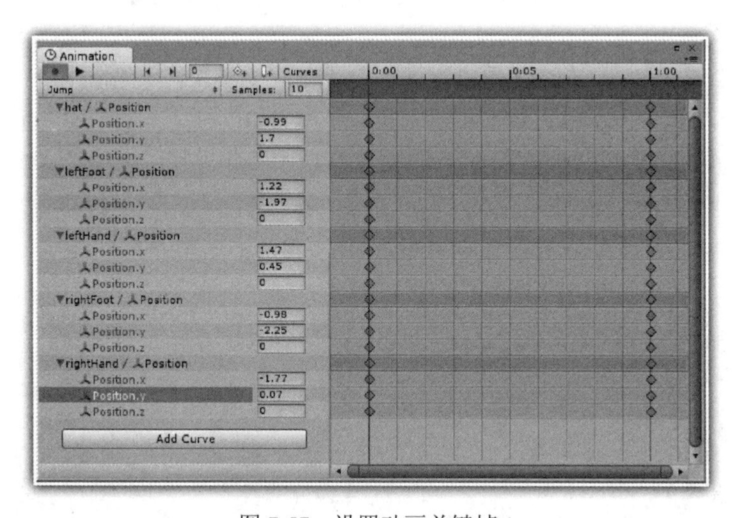

图 7-57　设置动画关键帧 1

在图 7-57 中，移动关键帧到 0:05 的位置，设置 Position 的相关参数为人物的初始位置参数，如图 7-58 所示。

可以在图 7-58 所示的动画编辑器界面中，单击“播放”按钮，查看设置的动画效果。此时人物在跳跃的过程中，手、脚和帽子会出现动画效果。

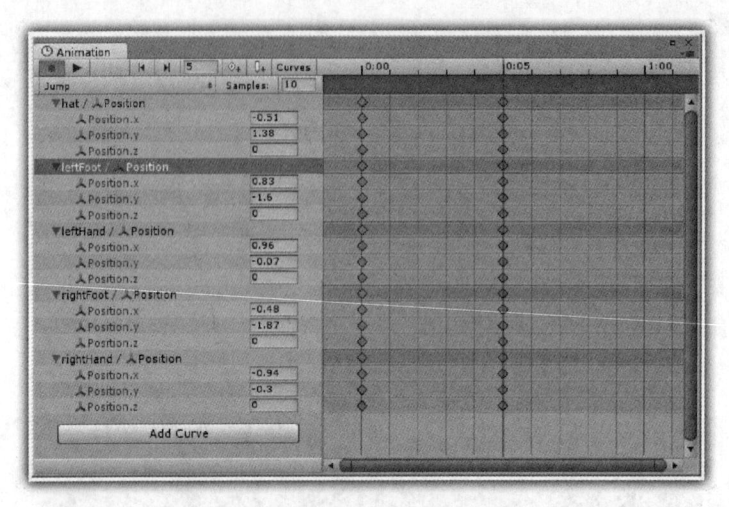

图 7-58　设置动画关键帧 2

3. *新建 Run 动画*

下面说明如何为人物添加 Run 动画。

在动画编辑器中，单击“Idle”按钮，在出现的快捷菜单中，选择“Create new Clip”命令，此时会打开一个设置动画片段文件对话框，选择文件路径为“Animation”→“Clip”，输入动画片段的名称为 Run，然后单击“保存”按钮，此时就会在动画编辑器中添加一个 Run 动画。

在动画编辑器中，要实现 Run 动画，需要添加人物的火箭筒对象、手对象、脚对象以及胡子对象等八个对象。

单击“Add Curve”按钮，在出现的快捷菜单中，选择“bazooka”→“Transform”→“Position”旁边的“+”按钮，添加“bazooka /Position”对象；选择“leftFoot”→“Transform”→“Rotation”旁边的“+”按钮，添加“leftFoot/Rotation”对象；按照同样步骤，添加“leftFoot/Position”对象、“leftHand/Position”对象、“rightFoot/Rotation”对象、“rightFoot/Position”对象、“righHand/Position”对象和“tache/Rotation”对象，最后的动画编辑器界面，如图 7-59 所示。

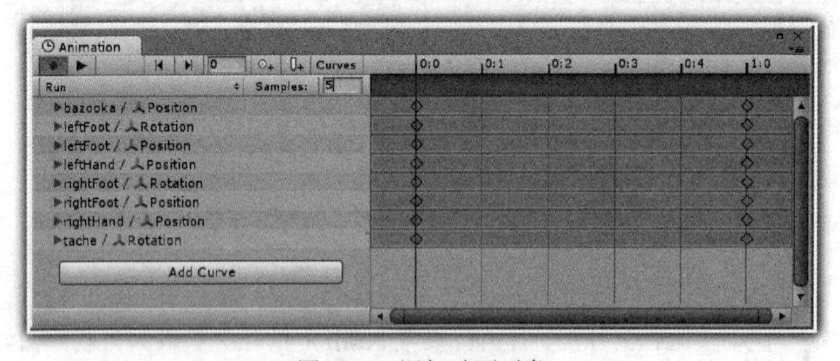

图 7-59　添加动画对象

在如图 7-59 所示的界面中，设置 Samples 参数为 5，在开始处关键帧 1 的 0:0 位置，设置动画对象的相关参数为相关动画对象的初始位置，如图 7-60 所示。

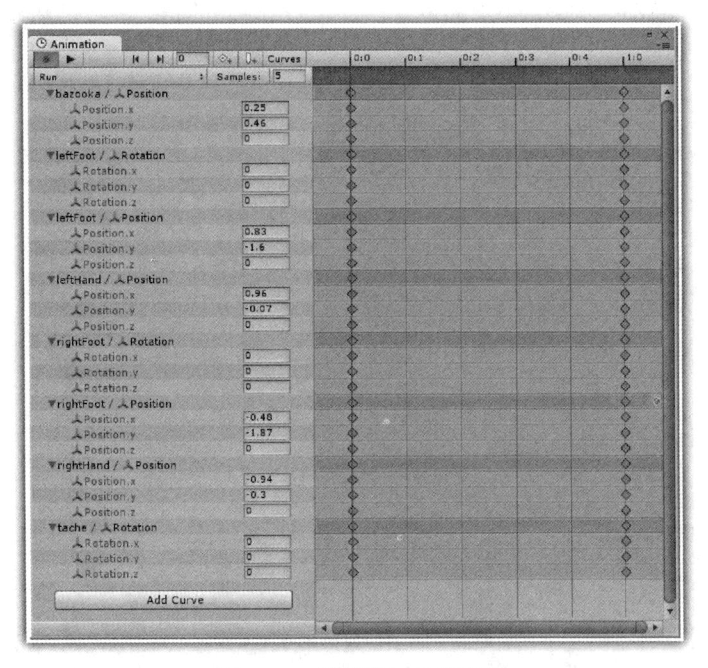

图 7-60　设置动画关键帧 1

在图 7-60 中，移动关键帧到 0:2 的位置，设置 Position 的相关参数为人物的初始位置参数，如图 7-61 所示。

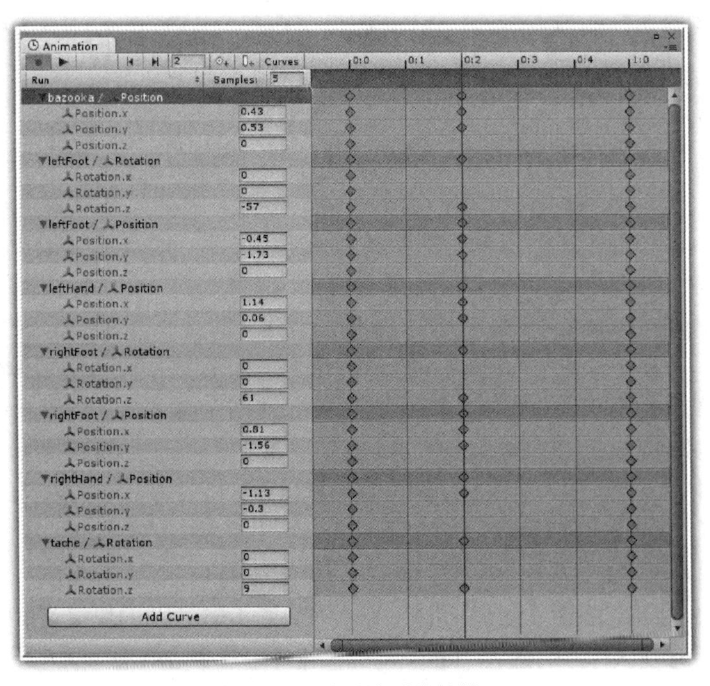

图 7-61　设置动画关键帧 2

在图 7-61 中，移动关键帧到 0:4 的位置，设置 Position 的相关参数仍然为人物的初始位置参数，如图 7-62 所示。

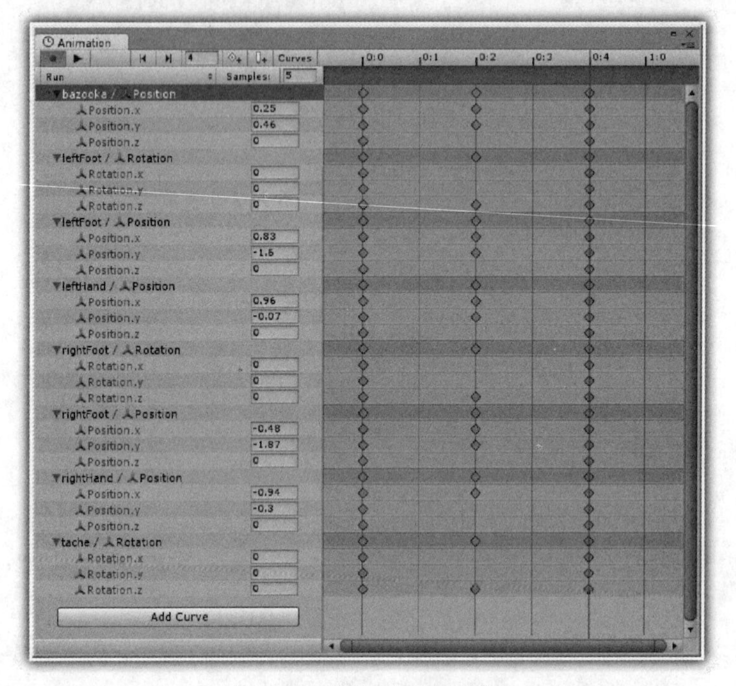

图 7-62　设置动画关键帧 3

同样可以在图 7-62 所示的动画编辑器界面中，单击“播放”按钮，查看设置的动画效果。此时人物在奔跑的过程中，手、脚、火箭筒和胡子等对象会出现动画效果。

4. 设置动画状态机

下面介绍新动画系统的动画状态机，设置上述三种动画状态之间的转换条件以及如何播放指定的动画。

在如图 7-63 所示的界面中，在层次 Hierarchy 窗格中选择 player 对象，在 player 对象的检视器中，单击其中的“Character”控制器，就会打开动画状态机 Animator 界面。

在图 7-63 所示的 Animator 窗格中，显示了前面所建立的三种动画状态，分别是 Idle 动画、Run 动画和 Jump 动画；如果只看到其中的一个 Idle 动画，拖放、移动该 Idle 动画按钮后，就可以看到被覆盖的其他两个动画按钮。其中黄色的动画按钮，表示人物的默认动画状态。

这里需要说明的是：在图 7-63 所示的检视器中，还要非勾选“Apply Root Motion”属性，勾选“Animate Physics”属性，后面的动画设置过程也要这样设置，不再重复。

此时如果运行游戏，可以看到：人物动画就会运行黄色状态的默认 Idle 动画，并在黄色按钮下方显示蓝色的运行条，显示动画的运行状态，如图 7-64 所示。

在 Animator 窗格中，右键“Idle”动画按钮，在如图 7-65 所示的快捷菜单中，选择“Make Transition”命令，移动鼠标，就会从“Idle”动画按钮产生一个带箭头的状态迁移线，如图 7-66 所示。

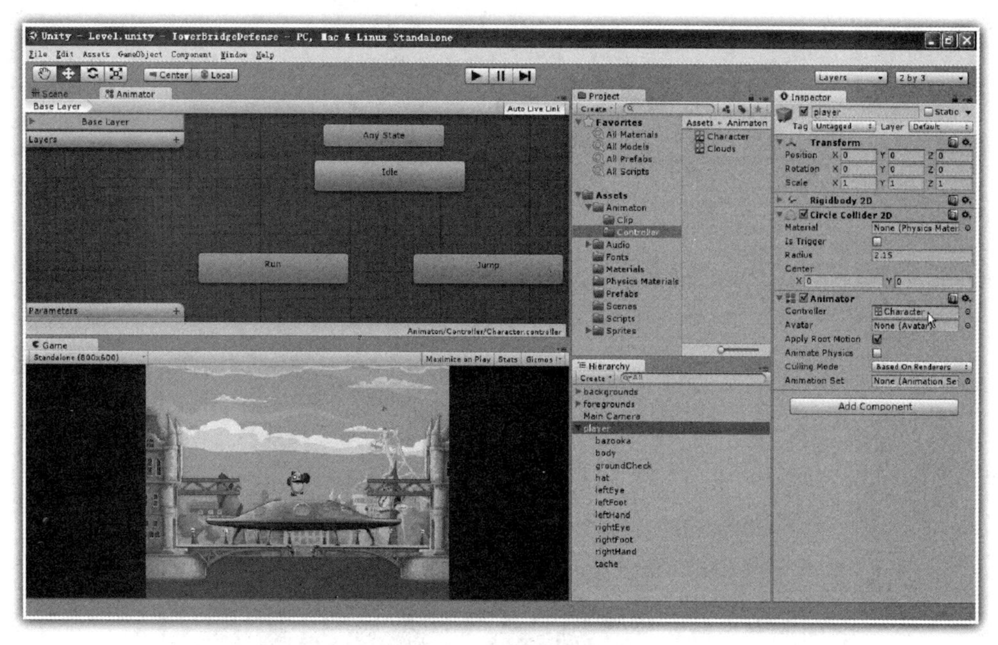

图 7-63　动画状态机

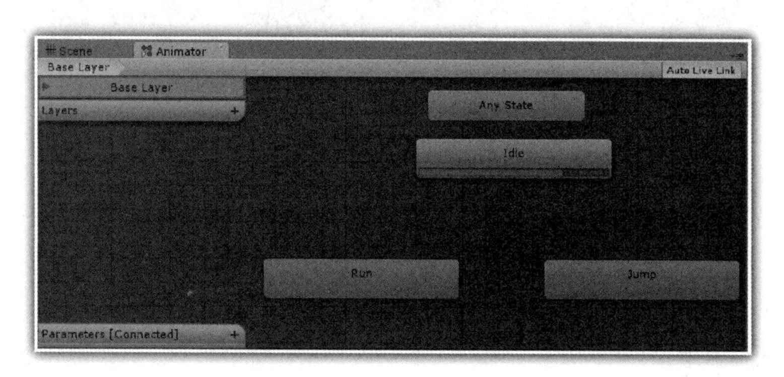

图 7-64　默认动画运行状态

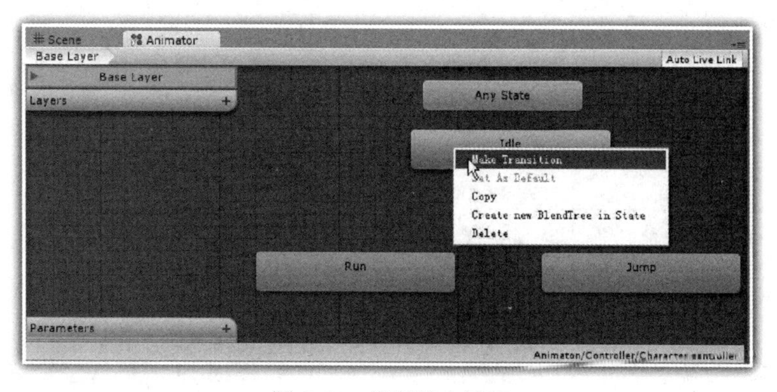

图 7-65　设置状态迁移

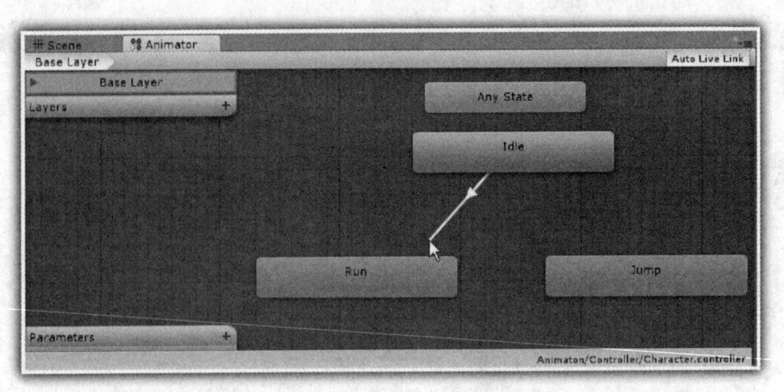

图 7-66　状态迁移线

在图 7-66 中，移动鼠标到“Run”动画按钮之上，则状态迁移线就会固定下来；按照同样步骤，设置“Idle”动画、“Run”动画以及“Jump”动画三者状态之间，相互转换的状态迁移线完成之后，如图 7-67 所示。

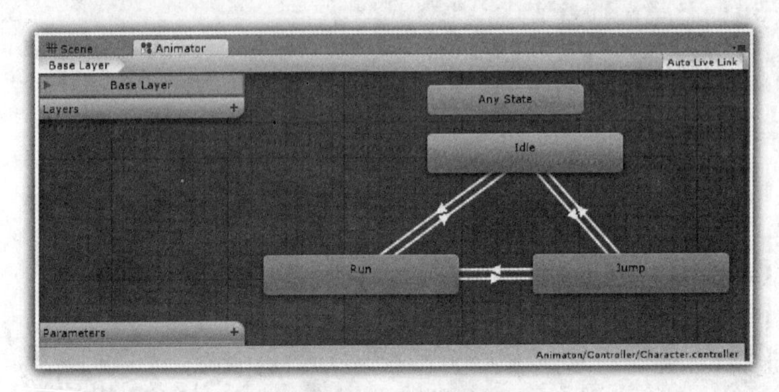

图 7-67　设置状态迁移线

设置了状态机的状态迁移线之后，还需要设置每个状态迁移线的转换条件。在具体设置转换条件之前，必须在 Animator 窗格中添加相关的状态控制参数。

在图 7-67 所示的 Animator 窗格中，单击左下方的“Parameters”按钮右边的“+“号，添加一个 Float 类型的速度 Speed 变量；再次添加一个 Trigger 类型的 Jump 变量，如图 7-68 所示。

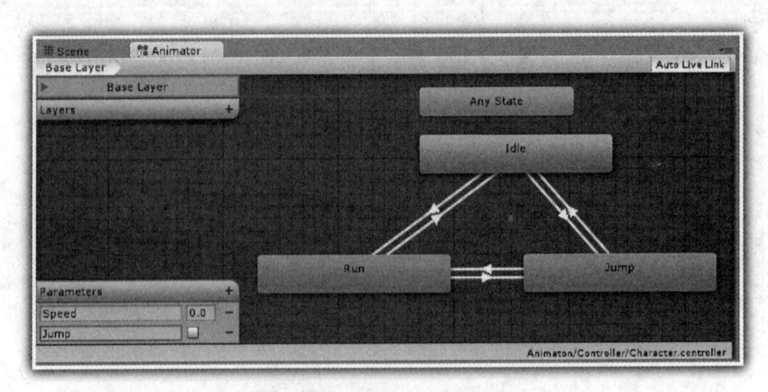

图 7-68　添加状态控制参数

通过在图 7-68 中所示的参数 Speed 和参数 Jump，可以设置动画状态之间相互转换的条件；在游戏运行状态下，直接在参数界面中设置数字或者勾选相关变量，可以测试相关状态之间的相互转换。

单击“Idle”状态到“Run”状态之间的状态迁移线，在检视器窗格中显示该状态迁移线的转换条件，设置该条件为：“Speed Greater 0.1”，如图 7-69 所示。

图 7-69　设置 Idle 到 Run 的转换条件

在图 7-69 所示的检视器窗格中的下半部分，单击“运行”按钮，可以预览这两种动画状态之间的相互转换过程。

单击“Run”状态到“Idle”之间的状态迁移线，在检视器窗格中同样显示，从“Run”状态到“Idle”状态迁移的转换条件，设置该条件为“Speed Less 0.1”，如图 7-70 所示。

按照同样的步骤，可以设置其他的状态迁移线的转换条件，具体如下：

首先选择“Idle”状态到“Jump”状态之间的状态迁移线，设置的转换条件为“Jump”；然后再选择“Jump”状态到“Idle”状态之间的状态迁移线，则设置的转换条件为“Exit Time 0.50”。

首先选择“Run”状态到“Jump”状态之间的状态迁移线，设置的转换条件为“Jump”；然后再选择“Jump”状态到“Run”状态之间的状态迁移线，则设置的转换条件为“Exit Time 0.50”。

运行游戏，在 Animator 窗格中的参数界面中，勾选 Jump 变量，表示 Jump 变量的取值为 true，满足从“Idle”状态到“Jump”状态之间的状态迁移，此时状态机的运行界面如图 7-71 所示。

然后动画状态迁移到“Jump”状态的运行，如图 7 72 所示。

图 7-70　设置 Run 到 Idle 的转换条件

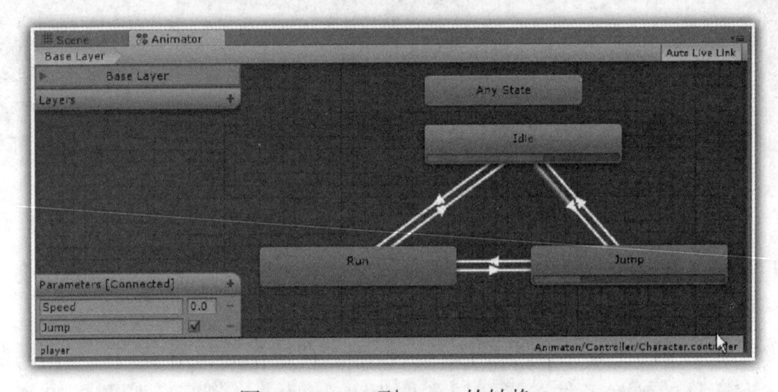

图 7-71　Idle 到 Jump 的转换 1

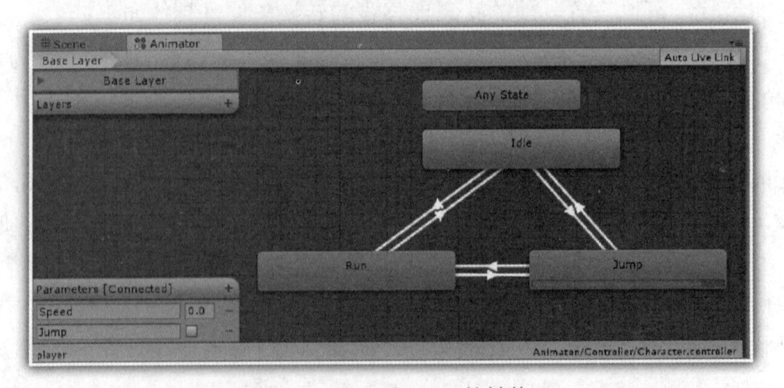

图 7-72　Idle 到 Jump 的转换 2

在游戏运行状态下，在参数界面中设置Speed的数字为0.5，此时满足从“Idle”状态到“Run”状态之间的状态迁移，将会运行“Run”状态；还可以在参数界面中同时设置Speed的数字为0.5，勾选Jump变量，此时满足从“Run”状态到“Jump”状态之间的状态转换，运行“Jump”状态之后，返回到“Run”状态。

总之，在游戏运行状态下，在参数界面中设置数字或者勾选相关变量，可以非常方便地测试相关状态之间的相互转换。

5. 代码实现动画

下面介绍如何书写代码来控制状态机中的相关参数，实现相关人物动画。

对于C#开发者来说，在项目Project窗格中，选择Scripts文件夹，在右键出现的快捷菜单中选择“Create”→“C# Script”命令，创建一个C#文件，修改该文件的名称为PlayerController.cs，在PlayerController.cs中书写相关代码，见代码7-3。

代码7-3 PlayerController的C#代码

```
 1: using UnityEngine;
 2: using System.Collections;
 3:
 4: public class PlayerController:MonoBehaviour
 5: {
 6:
 7:   [HideInInspector]
 8:    public bool jump=false;
 9:
10:    private bool grounded=false;
11:    private Animator anim;
12:    private Transform groundCheck;
13:
14:  void Start()
15:  {
16:
17:    groundCheck = transform.Find("groundCheck");
18:    anim = GetComponent<Animator>();
19:
20:    }
21:
22:  void Update()
23:  {
24:
25:    grounded = Physics2D.Linecast(transform.position,
           groundCheck.position, 1 << LayerMask.NameToLayer("Ground"));
26:
27:    if(Input.GetButtonDown("Jump") && grounded)
28:      jump = true;
29:
30:    float h = Input.GetAxis("Horizontal");
31:      anim.SetFloat("Speed", Mathf.Abs(h));
```

```
32:
33:   if(jump)
34:   {
35:     anim.SetTrigger("Jump");
36:     jump = false;
37:   }
38:
39: }
40:
41:}
```

在上述 C#代码中，实现的主要功能是：控制状态机中的 Speed 参数和 Jump 参数，实现指定动画的播放。

代码第 7 行通过设置标志，使得第 8 行的公有变量 jump 不再在检视器中显示，允许其他类访问该变量。

在代码第 14 行到第 20 行所定义的 Start()方法中，第 17 行获得 groundCheck 对象的引用，以便后面的代码实现人物下方的射线检测，判断人物是否在地面；第 18 行则获得对 Animator 组件的引用，以便后续代码实现控制状态机中的 Speed 参数和 Jump 参数，实现指定动画的播放。

在代码第 22 行到第 39 行所定义的 Update()方法中，第 25 行检测人物在脚部方向，是否与设置了层为 Ground 的地面（例如飞碟、env_PlatformBridge 和 env_PlatformTop）发生了碰撞，实际上就是检测人物是否在地面；如果按下空格键，并且人物在地面的话（代码第 27 行），则人物处于跳跃状态，执行代码第 28 行，设置 jump 为 true。

第 30 行检测玩家是否按下了左、右方向键，如果按下，则 h 值为 1 或者-1；第 31 行设置状态控制机中的 Speed 参数为 1（如果按下左、右方向键时），这就是控制状态机中相关参数的方法代码。

如果人物处于跳跃状态（代码第 33 行），则执行第 35 行语句，触发状态控制机中的 Jump 参数，这是控制状态机中触发参数的方代码，从而实现 Jump 状态动画。

对于 JavaScript 开发者来说，在项目 Project 窗格中，选择 Scripts 文件夹，在右键出现的快捷菜单中选择“Create”→“Javascript”命令，创建一个 JavaScript 文件，修改该文件的名称为 playerController.js，在 playerController.js 中书写相关代码，见代码 7-4。

代码 7-4　playerController 的 JavaScript 代码

```
 1: @HideInInspector
 2: var jump:boolean = false;
 3:
 4:  private var grounded:boolean = false;
 5:  private var anim:Animator;
 6:  private var groundCheck:Transform;
 7:
 8: function Start()
 9: {
10:
```

```
11:   groundCheck = transform.Find("groundCheck");
12:   anim = GetComponent("Animator");
13:
14:  }
15:
16:  function Update()
17: {
18:
19:   grounded = Physics2D.Linecast(transform.position,
        groundCheck.position, 1 << LayerMask.NameToLayer("Ground"));
20:
21:   if(Input.GetButtonDown("Jump") && grounded)
22:     jump = true;
23:
24:    var h:float = Input.GetAxis("Horizontal");
25:    anim.SetFloat("Speed", Mathf.Abs(h));
26:
27:   if(jump)
28:   {
29:     anim.SetTrigger("Jump");
30:
31:     jump = false;
32:   }
33:
34: }
```

在上述 JavaScript 代码中，实现的主要功能是：控制状态机中的 Speed 参数和 Jump 参数，实现指定动画的播放。

代码第 1 行通过设置标志，使得第 2 行的公有变量 jump 不再在检视器中显示，允许其他类访问该变量。

在代码第 8 行到第 14 行所定义的 Start()方法中，第 11 行获得 groundCheck 对象的引用，以便后面的代码实现人物下方的射线检测，判断人物是否在地面；第 12 行则获得对 Animator 组件的引用，以便后续代码实现控制状态机中的 Speed 参数和 Jump 参数，实现指定动画的播放。

在代码第 16 行到第 34 行所定义的 Update()方法中，第 19 行检测人物在脚部方向，是否与设置了层为 Ground 的地面（例如飞碟、env_PlatformBridge 和 env_PlatformTop）发生了碰撞，实际上就是检测人物是否在地面；如果按下空格键，并且人物在地面的话（代码第 21 行），则人物处于跳跃状态，执行代码第 22 行，设置 jump 为 true。

第 24 行检测玩家是否按下了左、右方向键，如果按下，则 h 值为 1 或者-1；第 25 行设置状态控制机中的 Speed 参数为 1（如果按下左、右方向键时），这就是控制状态机中相关参数的方法代码。

如果人物处于跳跃状态（代码第 27 行），则执行第 29 行语句，触发状态控制机中的 Jump 参数，这是控制状态机中触发参数的方法代码，从而实现 Jump 状态动画。

选择 PlayerController 代码文件或者 playerController 代码文件，拖放到层次 Hierarchy 窗格

中的 player 对象之上，然后运行游戏，可以看到：当按下空格键时，人物播放 Jump 动画；当按下左或者右方向键时，人物播放 Run 动画。

这里需要说明的是，在人物播放 Jump 动画时，人物没有实现跳跃；在人物播放 Run 动画是，人物也没有实现左、右奔跑。要实现人物的跳跃和奔跑，还需要修改上述代码。

对于 C#开发者来说，在 PlayerController.cs 中添加相关代码，见代码 7-5。

代码 7-5　PlayerController 的 C#代码

```
 1: using UnityEngine;
 2: using System.Collections;
 3:
 4: public class PlayerController : MonoBehaviour
 5: {
 6:
 7:  [HideInInspector]
 8:   public bool jump=false;
 9:   public AudioClip[] jumpClips;
10:   public float moveForce=35f;
11:   public float jumpForce=1000f;
12:
13:   private bool grounded=false;
14:   private Animator anim;
15:   private Transform groundCheck;
16:
17:  void Start()
18:  {
19:    groundCheck=transform.Find("groundCheck");
20:    anim=GetComponent<Animator>();
21:    }
22:
23:  void Update()
24:  {
25:    grounded=Physics2D.Linecast(transform.position,
         groundCheck.position, 1 << LayerMask.NameToLayer("Ground"));
26:
27:    if(Input.GetButtonDown("Jump") && grounded)
28:      jump=true;
29:
30:    float h=Input.GetAxis("Horizontal");
31:      anim.SetFloat("Speed", Mathf.Abs(h));
32:
33:    rigidbody2D.AddForce(Vector2.right * h * moveForce);
34:
35:    if(jump)
36:    {
37:      anim.SetTrigger("Jump");
38:
39:      int i=Random.Range(0, jumpClips.Length);
```

```
40:      AudioSource.PlayClipAtPoint(jumpClips[i], transform.position);
41:
42:      rigidbody2D.AddForce(new Vector2(0f, jumpForce));
43:
44:      jump = false;
45:    }
46:
47:  }
48:
49:}
```

在上述 C#代码中，与代码 7-3 相比较，添加了代码第 9 行到第 11 行，其中第 9 行设置人物跳跃时的各种声音文件，随机选择播放；第 10 行设置人物左、右移动的推力；第 11 行则设置人物跳跃的力量。

添加了代码第 33 行，实现人物在水平方向上的移动；添加了代码第 39 行、第 40 行，实现人物跳跃过程中，随机选择多种声音文件之一播放；添加了代码第 42 行，实现人物垂直方向上的跳跃。

对于 JavaScript 开发者来说，在 playerController.js 中添加相关代码，见代码 7-6。

代码 7-6　playerController 的 JavaScript 代码

```
 1: @HideInInspector
 2: var jump:boolean=false;
 3: var jumpClips:AudioClip[];
 4: var moveForce:float=35f;
 5: var jumpForce:float=1000f;
 6:
 7:  private var grounded:boolean=false;
 8:  private var anim:Animator;
 9:  private var groundCheck:Transform;
10:
11: function Start()
12: {
13:   groundCheck = transform.Find("groundCheck");
14:   anim = GetComponent("Animator");
15:  }
16:
17:  function Update()
18: {
19:   grounded = Physics2D.Linecast(transform.position,
        groundCheck.position, 1 << LayerMask.NameToLayer("Ground"));
20:
21:   if(Input.GetButtonDown("Jump") && grounded)
22:     jump = true;
23:
24:    var h:float = Input.GetAxis("Horizontal");
25:    anim.SetFloat("Speed", Mathf.Abs(h));
26:
```

```
27:  rigidbody2D.AddForce(Vector2.right * h * moveForce);
28:
29:  if(jump)
30:  {
31:    anim.SetTrigger("Jump");
32:
33:    int i = Random.Range(0, jumpClips.Length);
34:    AudioSource.PlayClipAtPoint(jumpClips[i], transform.position);
35:
36:    rigidbody2D.AddForce(new Vector2(0f, jumpForce));
37:
38:    jump = false;
39:  }
40:
41: }
```

在上述 JavaScript 代码中，与代码 7-4 相比较，添加了代码第 3 行到第 5 行，其中第 3 行设置人物跳跃时的各种声音文件，随机选择播放；第 4 行设置人物左、右移动的推力；第 5 行则设置人物跳跃的力量。

添加了代码第 27 行，实现人物在水平方向上的移动；添加了代码第 33 行、第 34 行，实现人物跳跃过程中，随机选择多种声音文件之一播放；添加了代码第 36 行，实现人物垂直方向上的跳跃。

在正常运行游戏之前，还需要为 player 对象拖放三个人物跳跃的声音文件。

在项目 Project 窗格中，选择“Audio”→“Player”→“Jumps”目录下的三个声音文件，分别拖放到检视器中的 jumpClip 变量之中，如图 7-73 所示。

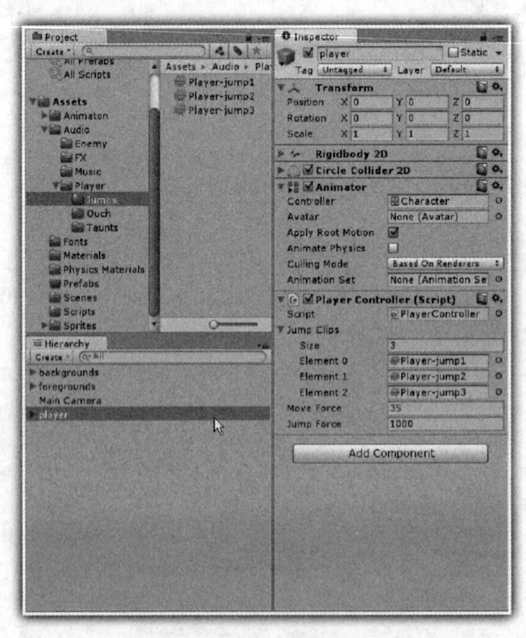

图 7-73　设置 jumpClip 变量

此时运行游戏，可以看到：当按下空格键时，人物跳跃，并播放 Jump 动画，在人物跳跃的过程中，随机播放跳跃的声音；当按下左或者右方向键时，人物可以水平移动，并播放 Run 动画。

但是这里需要说明的是，人物的移动还只能是向右移动，还没有实现向左移动；另外人物水平移动的速度，设置得不是太恰当，还需要修改上述的代码。

对于 C#开发者来说，在 PlayerController.cs 中添加相关代码，见代码 7-7。

代码 7-7　PlayerController 的 C#代码

```
 1: using UnityEngine;
 2: using System.Collections;
 3:
 4: public class PlayerController : MonoBehaviour
 5: {
 6:
 7:   [HideInInspector]
 8:    public bool jump = false;
 9:
10:   [HideInInspector]
11:   public bool facingRight = true;
12:
13:   public AudioClip[] jumpClips;
14:   public float moveForce = 35f;
15:   public float jumpForce = 1000f;
16:   public float maxSpeed = 5f;
17:
18:   private bool grounded = false;
19:   private Animator anim;
20:   private Transform groundCheck;
21:
22:  void Start()
23:  {
24:
25:    groundCheck = transform.Find("groundCheck");
26:    anim = GetComponent<Animator>();
27:
28:   }
29:
30:   void Update()
31: {
32:
33:    grounded = Physics2D.Linecast(transform.position,
        groundCheck.position, 1 << LayerMask.NameToLayer("Ground"));
34:
35:    if(Input.GetButtonDown("Jump") && grounded)
36:      jump = true;
37:
38:    float h = Input.GetAxis("Horizontal");
```

```
39:     anim.SetFloat("Speed", Mathf.Abs(h));
40:
41:    if(h * rigidbody2D.velocity.x < maxSpeed)
42:      rigidbody2D.AddForce(Vector2.right * h * moveForce);
43:
44:    if(Mathf.Abs(rigidbody2D.velocity.x) > maxSpeed)
45:      rigidbody2D.velocity = new Vector2(
         Mathf.Sign(rigidbody2D.velocity.x) * maxSpeed,rigidbody2D.velocity.y);
46:
47:    if(jump)
48:    {
49:      anim.SetTrigger("Jump");
50:
51:      int i = Random.Range(0, jumpClips.Length);
52:      AudioSource.PlayClipAtPoint(jumpClips[i], transform.position);
53:
54:      rigidbody2D.AddForce(new Vector2(0f, jumpForce));
55:
56:      jump = false;
57:
58:    }
59:
60:    if(h > 0 && !facingRight)
61:      Flip();
62:    else if(h < 0 && facingRight)
63:      Flip();
64:
65: }
66:
67: void Flip()
68: {
69:    facingRight = !facingRight;
70:
71:    Vector3 theScale = transform.localScale;
72:    theScale.x *= -1;
73:    transform.localScale = theScale;
74:
75: }
76:
77:}
```

在上述 C#代码中，与代码 7-5 相比较，添加了代码第 10 行、第 11 行，用于定义人物是否向右移动的布尔变量 facingRight，并且不在检视器中显示该变量；添加了代码第 16 行，设置了人物水平移动的最大速度 maxSpeed 变量。

添加了代码第 41 行，用于判断人物的速度是否小于最大速度 maxSpeed；如果超过最大速度（代码第 44 行），则执行第 45 行语句，设置速度为 maxSpeed 或者-maxSpeed。

添加了代码第 60 行到 63 行，实现人物左、右移动的判断。如果人物向右移动，但是朝向是向左的（代码第 60 行），则需要变换人物方向，执行第 61 行语句的 Flip()方法；如果人物向左移动，但是朝向是向右的（代码第 62 行），则同样需要变换人物方向，执行第 63 行语句的 Flip()方法。

在添加的代码第 67 行到第 75 行的 Flip()方法中，实现人物的朝向变换，也就是说，如果原来是向右的，转换为向左；如果是向左的，则转换为向右。其中的关键之处就是将 Scale 中的 X 数值加上一个负号即可。

对于 JavaScript 开发者来说，在 playerController.js 中添加相关代码，见代码 7-8。

代码 7-8　playerController 的 JavaScript 代码

```
 1: @HideInInspector
 2: var jump:boolean = false;
 3: @HideInInspector
 4: var facingRight:boolean = true;
 5:
 6: var jumpClips:AudioClip[];
 7: var moveForce:float = 35f;
 8: var jumpForce:float = 1000f;
 9: var maxSpeed:float = 5f;
10:
11: private var grounded:boolean = false;
12: private var anim:Animator;
13: private var groundCheck:Transform;
14:
15: function Start()
16: {
17:
18:  groundCheck = transform.Find("groundCheck");
19:  anim = GetComponent("Animator");
20:
21: }
22:
23: function Update()
24: {
25:
26:  grounded = Physics2D.Linecast(transform.position,
        groundCheck.position, 1 << LayerMask.NameToLayer("Ground"));
27:
28:  if(Input.GetButtonDown("Jump") && grounded)
29:    jump = true;
30:
31:  var h:float = Input.GetAxis("Horizontal");
32:  anim.SetFloat("Speed", Mathf.Abs(h));
33:
34:  if(h * rigidbody2D.velocity.x < maxSpeed)
35:    rigidbody2D.AddForce(Vector2.right * h * moveForce);
36:
```

```
37:   if(Mathf.Abs(rigidbody2D.velocity.x) > maxSpeed)
38:     rigidbody2D.velocity = new Vector2(
          Mathf.Sign(rigidbody2D.velocity.x) * maxSpeed, rigidbody2D.velocity.y);
39:
40:   if(jump)
41:   {
42:     anim.SetTrigger("Jump");
43:
44:     var i:int = Random.Range(0, jumpClips.Length);
45:     AudioSource.PlayClipAtPoint(jumpClips[i], transform.position);
46:
47:     rigidbody2D.AddForce(new Vector2(0f, jumpForce));
48:
49:     jump = false;
50:
51:   }
52:
53:   if(h > 0 && !facingRight)
54:     Flip();
55:   else if(h < 0 && facingRight)
56:     Flip();
57:
58: }
59:
60: function Flip()
61: {
62:   facingRight = !facingRight;
63:
64:   var theScale:Vector3 = transform.localScale;
65:   theScale.x *= -1;
66:   transform.localScale = theScale;
67:
68: }
```

在上述 JavaScript 代码中，与代码 7-6 相比较，添加了代码第 3 行、第 4 行，用于定义人物是否向右移动的布尔变量 facingRight，并且不在检视器中显示该变量；添加了代码第 9 行，设置了人物水平移动的最大速度 maxSpeed 变量。

添加了代码第 34 行，用于判断人物的速度是否小于最大速度 maxSpeed；如果超过最大速度（代码第 37 行），则执行第 38 行语句，设置速度为 maxSpeed 或者-maxSpeed。

添加了代码第 53 行到 56 行，实现人物左、右移动的判断。如果人物向右移动，但是朝向是向左的（代码第 53 行），则需要变换人物方向，执行第 54 行语句的 Flip()方法；如果人物向左移动，但是朝向是向右的（代码第 55 行），则同样需要变换人物方向，执行第 56 行语句的 Flip()方法。

在添加的代码第 60 行到第 68 行的 Flip()方法中，实现人物的朝向变换，也就是说，如果原来是向右的，转换为向左；如果是向左的，则转换为向右。其中的关键之处就是将 Scale 中的 X

数值加上一个负号即可。

运行游戏，可以看到：人物能够跳跃；人物能够以适当的速度左、右水平移动，但是还存在一个问题，人物会被塔桥卡住而不能移动到飞碟的下方，如图 7-74 所示。

图 7-74　人物被塔桥卡住

在层次 Hierarchy 窗格中，展开 foregrounds 对象，同时选择其中的两个 env_PlatformTop 对象，将它们的 Position 参数 Y 由原来的-0.8 修改为 1。

再次运行游戏，可以看到：人物可以正常移动到飞碟的下方。

7.3.4　设置人物射击动画

在人物射击动画中，需要将新建的 Shoot 动画，拖放到新建的动画层中，以便与前面的动画状态所处的动画层混合。

1. 新建 Shoot 动画

在层次 Hierarchy 窗格中，选择 player 对象，然后单击菜单“Window”→“Animation”，在打开的动画编辑器界面中，单击“Idle”按钮，在出现的快捷菜单中选择“Create new Clip”命令，此时会打开一个设置动画片段文件对话框，选择文件路径为“Animation”→“Clip”，输入动画片段的名称为 Shoot，然后单击“保存”按钮，此时就会在动画编辑器中，添加一个 Shoot 动画。

单击“Add Curve”按钮，在出现的快捷菜单中选择“bazooka”→“Transform”→“Position”旁边的“+”按钮，添加“bazooka /Position”对象如图 7-75 所示。

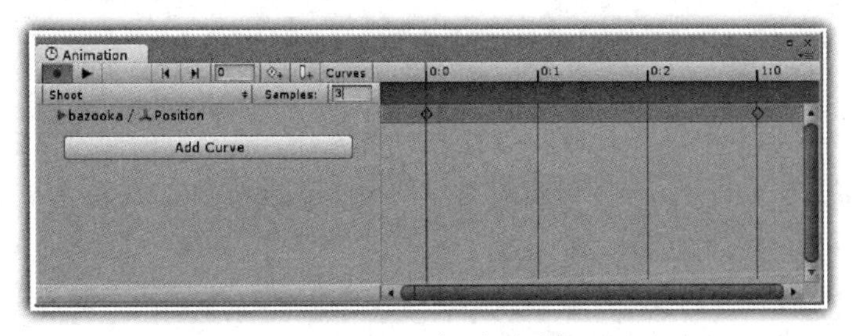

图 7-75　添加动画对象

在如图 7-76 所示的界面中，设置 Samples 参数为 3，在开始处关键帧 1 的 0:0 位置，设置动画对象的相关参数为相关动画对象的初始位置，如图 7-76 所示。

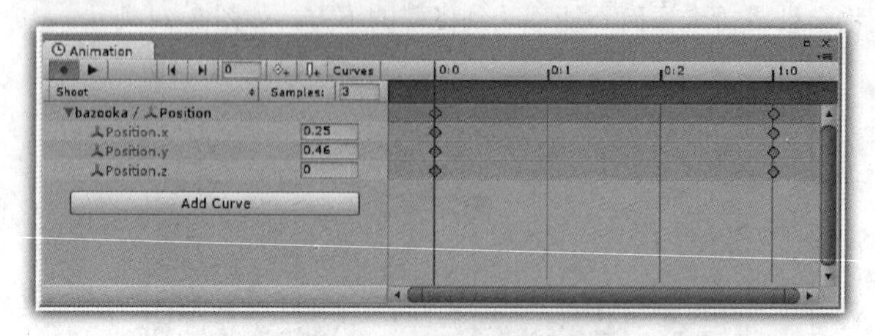

图 7-76　设置动画关键帧 1

在图 7-76 中，移动关键帧到 0:1 的位置，设置 Position 的相关参数，如图 7-77 所示。

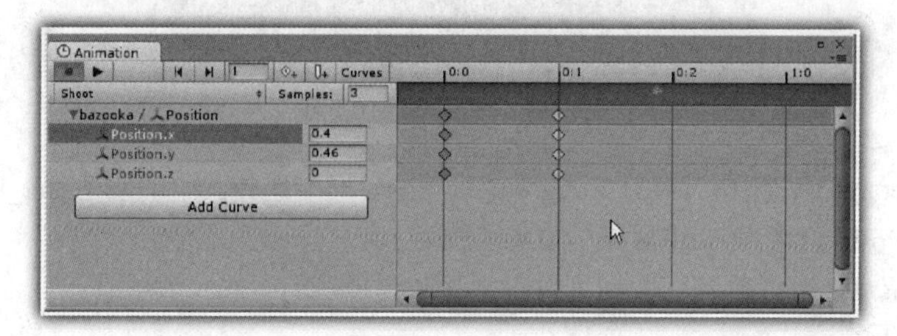

图 7-77　设置动画关键帧 2

2. 新建动画混合层 Shooting

在图 7-78 所示的 Animator 窗格中，需要将新建的 Shoot 动画设置在新的动画混合层中。

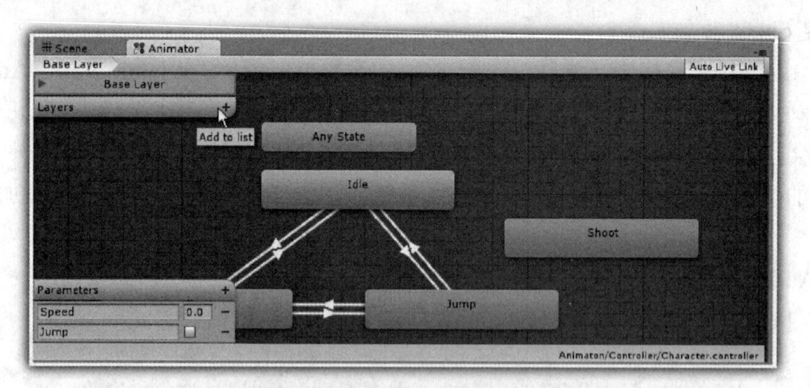

图 7-78　新建动画混合层

在图 7-78 中，单击左上方“Layer”右边的“+”按钮，在打开的如图 7-79 所示的界面中，输入新建的动画混合层名称 Name 为 Shooting，权重 Weight 为 1，设置混合方式 Blending 为 Override。

在原有的“Base Layer”动画层中，右键“Shoot”动画按钮，在弹出的快捷菜单中选择 Delete 命令，删除该 Shoot 动画，如图 7-80 所示。

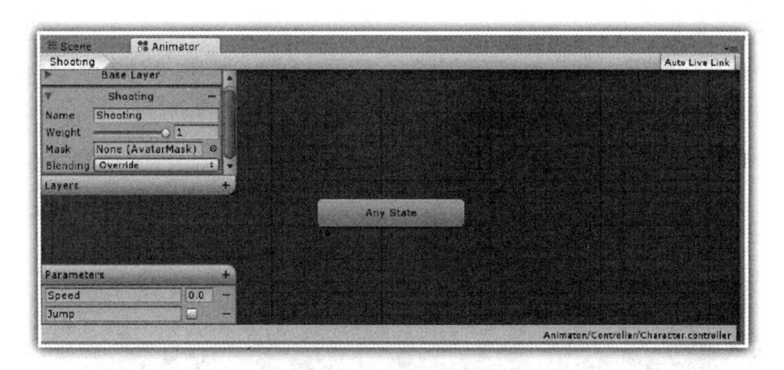

图 7-79　设置动画混合层

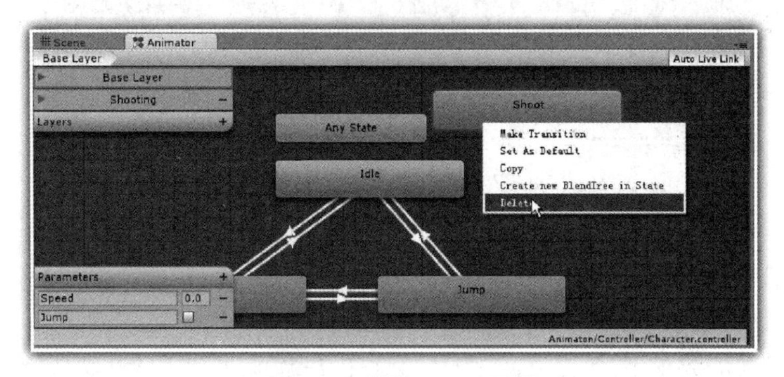

图 7-80　删除 Shoot 动画

单击“Shooting”动画层，在项目 Project 窗格中，选择“Animation”→“Clip”目录下的 Shoot 动画，直接拖放到 Animator 窗格中；右键“Create State”→“Empty”，创建一个新的动画，修改名称为 Empty State，然后右键“Set As Default”，设置 Empty State 为默认动画；最后新建一个 Trigger 类型的 Shoot 变量，如图 7-81 所示。

图 7-81　设置新动画混合层动画

3. 设置动画状态机

在“Shooting”动画层中，包括三种动画状态，分别是“Any State”、“Empty State”和“Shoot”动画。添加“Any State”状态到“Shoot”的状态迁移线，添加“Shoot”状态到“Empty State”的状态迁移线，如图 7-82 所示。

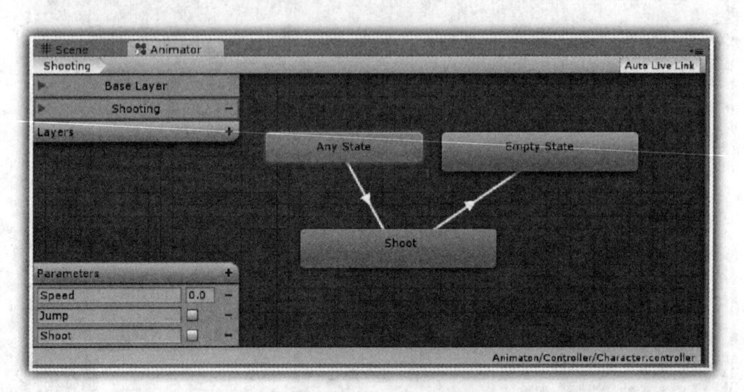

图 7-82　添加状态迁移线

在图 7-82 中，首先选择“Any State”状态到“Shoot”状态之间的状态迁移线，设置的转换条件为“Shoot”；然后再选择“Shoot”状态到“Empty State”状态之间的状态迁移线，设置的转换条件为“Exit Time 0.50”。

在层次 Hierarchy 窗格中，选择 player 对象，然后运行游戏，此时人物状态处于“Empty State”，如图 7-83 所示。

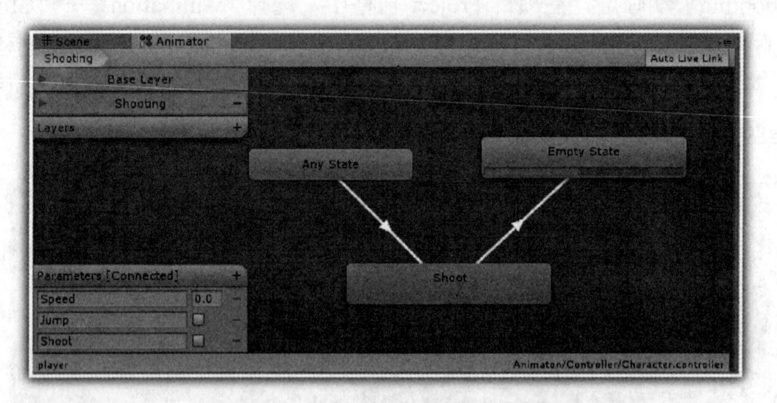

图 7-83　处于“Empty State”状态

在 Animator 窗格中的参数界面中，勾选 Shoot 变量，表示 Shoot 变量的取值为 true，满足从“Any State”状态到“Shoot”状态之间的状态迁移，此时状态机的运行界面如图 7-84 所示。

7.3.5　设置人物发射子弹

要实现人物发射子弹，首先需要显示子弹，实现子弹的粒子系统和子弹动画；然后实现子弹的发射等。

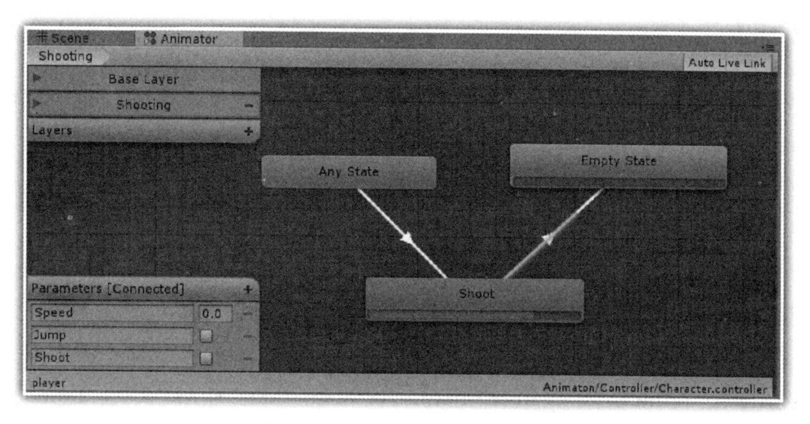

图 7-84　处于“Shoot”状态

1. 显示子弹

单击菜单“GameObject”→“Create Empty”，创建一个空白对象，将该对象的名称修改为 rocket，设置 rocket 对象的 Position 参数为：X=0，Y=4，Z=0。

在项目 Project 窗格中，选择“Sprites”→“_Props”目录下 part_rock 图片，直接拖放到层次 Hierarchy 窗格中的对象 rocket 之中，设置该对象的 Scale 参数为：X=0.2，Y=0.2，Z=0.2；Sorting Layer 设置为 Character；Order in Layer 设置为数字 1，如图 7-85 所示。

在项目 Project 窗格中，选择“Sprites”→“_Props”目录下 part_flame 图片，拖放到层次 Hierarchy 窗格中的对象 rocket 之中，设置该对象的 Scale 参数为：X=0.2，Y=0.2，Z=0.2；Position 参数为：X=-1.4，Y=0，Z=0；Sorting Layer 设置为 Character；Order in Layer 设置为数字 0，如图 7-86 所示。

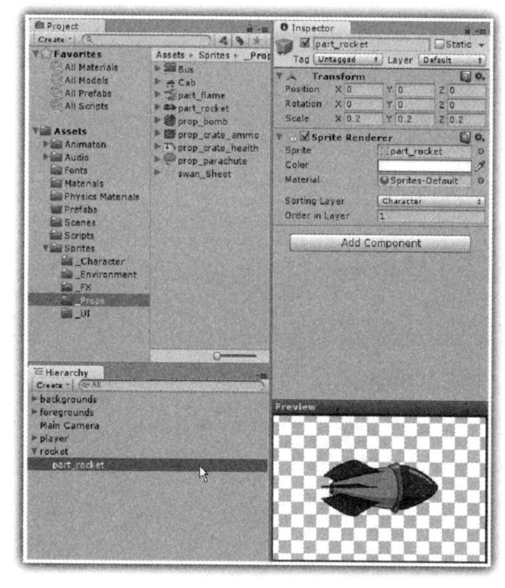

图 7-85　设置 part_rock 图片

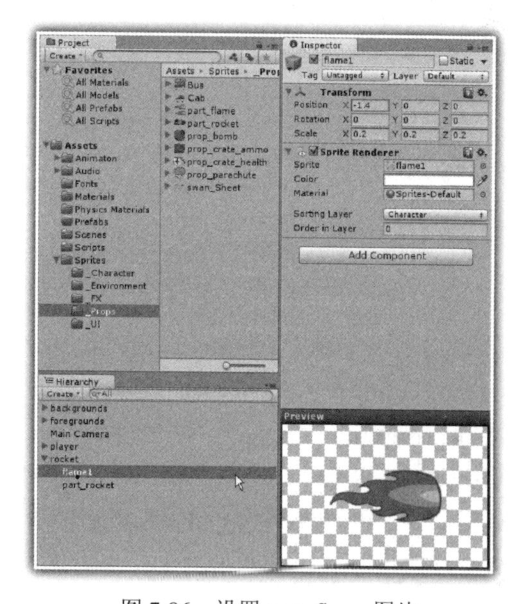

图 7-86　设置 part_flame 图片

2．设置子弹粒子系统

在设置了子弹头、子弹火焰之后，还需要设置子弹的烟雾粒子系统。

单击菜单“GameObject”→“Create Empty”，创建一个空白对象，将该对象的名称修改为trail，拖放到层次Hierarchy窗格中的对象rocket之中，设置该对象的Position参数为：X=-1.7，Y=0，Z=0；然后单击菜单“Component”→“Effects”→“Particle System”，为trail对象添加一个粒子系统。

在粒子系统中，设置Duration参数为5；勾选Looping变量；设置Start Lifetime为0.3；Start Speed为0.3到0.8；Start Size为1.5；Start Roitation为-30到30；Simulation Space为World。在Emission属性中，设置Rate为40，如图7-87所示。

在图7-88中，在Limit Velocity over Lifetime属性中，设置Speed为1，Dampen为0.7；勾选Render属性，在展开的参数中设置相关参数，选择项目Project窗格中“Materials”目录下的Smoke材质，拖放到Render属性中的Material变量中；在Texture Sheet Animation属性中，设置Tiles的X=4，Y=1；Animation为Whole Sheet；Frame over Time为1到4。

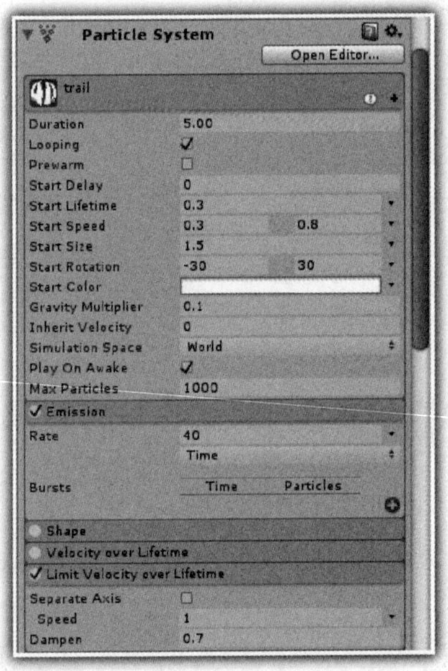

图7-87 设置粒子系统1

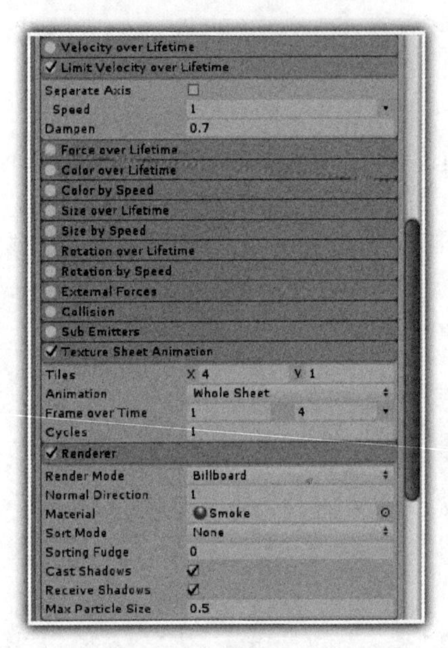

图7-88 设置粒子系统2

设置了子弹的粒子系统之后，还需要通过代码设置该粒子系统的Sorting Layer。

对于C#开发者来说，在项目Project窗格中，选择Scripts文件夹，在右键出现的快捷菜单中选择“Create”→“C# Script”命令，创建一个C#文件，修改该文件的名称为SetParticleSortingLayer.cs，在SetParticleSortingLayer.cs中书写相关代码，见代码7-9。

代码7-9 SetParticleSortingLayer的C#代码

```
1: using UnityEngine;
2: using System.Collections;
3:
```

```
 4: public class SetParticleSortingLayer : MonoBehaviour
 5: {
 6:
 7:   public string sortingLayerName;
 8:
 9:   void Start()
10:   {
11:       particleSystem.renderer.sortingLayerName = sortingLayerName;
12:   }
13:
14:}
```

在上述 C#代码中，代码非常简单，主要功能就是通过代码第 11 行，实现粒子系统 Sorting Layer 的设置。

对于 JavaScript 开发者来说，在项目 Project 窗格中，选择 Scripts 文件夹，在右键出现的快捷菜单中选择“Create”→“Javascript”命令，创建一个 JavaScript 文件，修改该文件的名称为 setParticleSortingLayer.js，在 setParticleSortingLayer.js 中书写相关代码，见代码 7-10。

代码 7-10　setParticleSortingLayer 的 JavaScript 代码

```
1: var sortingLayerName:String;
2:
3: function Start()
4: {
5:  particleSystem.renderer.sortingLayerName = sortingLayerName;
6:
7: }
```

在上述 JavaScript 代码中，代码非常简单，主要功能就是通过代码第 5 行，实现粒子系统 Sorting Layer 的设置。

选择 SetParticleSortingLayer 代码文件或者 setParticleSortingLayer 代码文件，然后拖放到层次 Hierarchy 窗格中的 trail 对象之上，设置 sortingLayerName 变量为 Character，如图 7-89 所示。

在如图 7-89 所示的层次 Hierarchy 窗格中，选择 rocket 对象，然后单击菜单“Component”→“Physics 2D”→“Rigidbody 2D”命令，为子弹 rocket 对象添加一个刚体。勾选刚体的 Fixed Angle 属性，不允许子弹对象在屏幕中旋转；设置了 Gravity Scale 的数值为 0，表示不使用重力属性。

单击菜单“Component”→“Physcis 2D”→“Box Collider 2D”，为子弹 rocket 对象建立一个长方形碰撞体，设置 Box Collider 2D 的 Center 参数为：X=0.12，Y=0；使得该长方形刚好覆盖子弹的头部即可，并勾选 Is Trigger 属性，如图 7-90 所示。

3. 设置子弹动画

在层次 Hierarchy 窗格中，选择 flame1 对象，然后单击菜单“Window”→“Animation”，在打开的动画编辑器界面中，单击“录制”按钮，此时会打开一个设置动画片段文件对话框，选择文件路径为“Animation”→“Clip”，输入动画片段的名称为 Flame，单击“保存”按钮；然后会打开另外一个设置动画控制器文件对话框，选择文件路径为“Animation”→“Controller”，输入动画控制器的名称为 Flame，最后单击“保存”按钮即可。

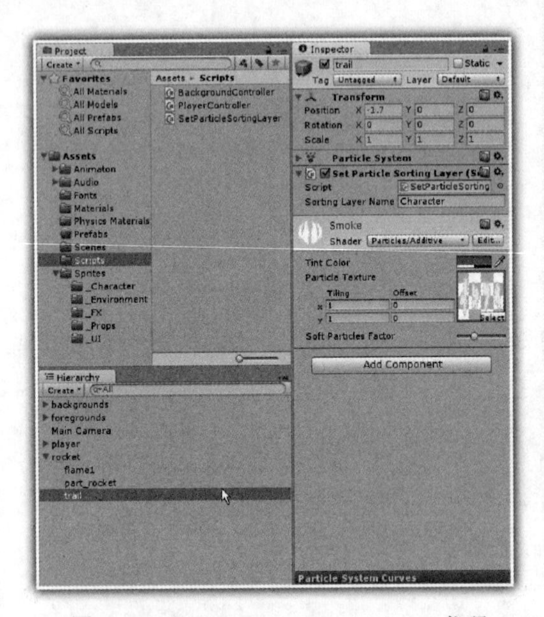

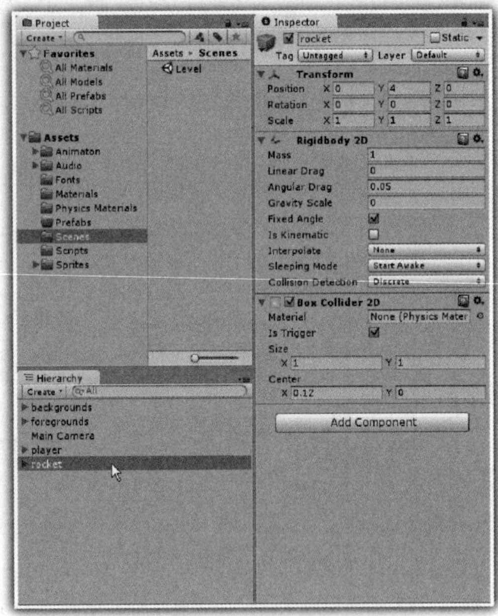

图 7-89　设置 SetParticleSortingLayer 代码　　　　图 7-90　设置 SetParticleSortingLayer 代码

在动画编辑器中，单击“Add Curve”按钮，在出现如图 7-91 所示的快捷菜单中，选择“SpriteRenderer”→“Sprite”旁边的“+”按钮，此时打开如图 7-92 所示的界面。

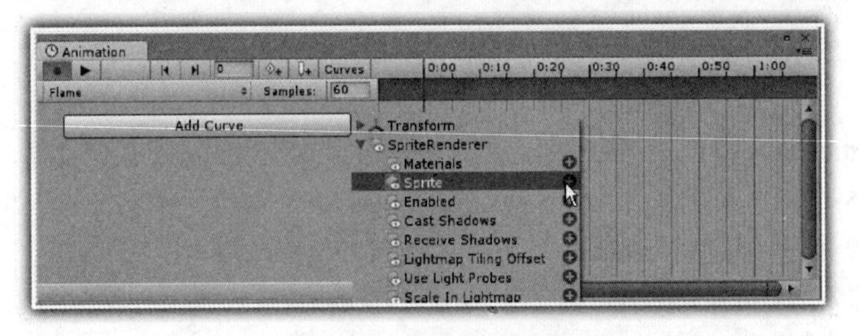

图 7-91　添加动画对象

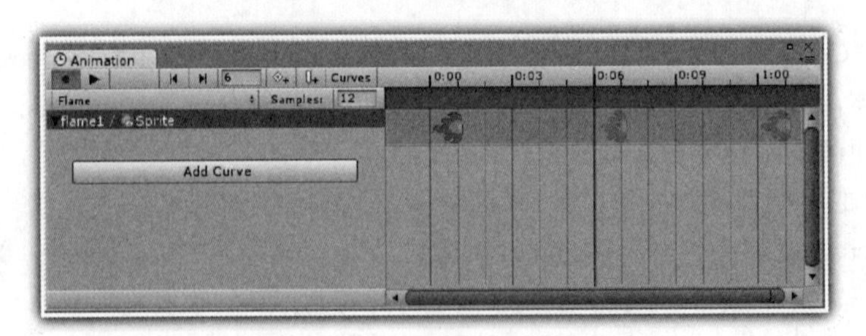

图 7-92　设置动画关键帧

在图 7-92 中，设置 Samples 参数为 12；单击“Flame1/Sprite”的左边展开按钮，在动画编辑器中显示图标；移动关键帧到 0:06 的位置，选择“Sprites”→“_Props”目录下 flame2 图片，拖放到动画编辑器的关键帧中，这样就设置了火焰的动画。

运行游戏，可以看到：子弹的火焰动画以及子弹粒子系统动画如图 7-93 所示。

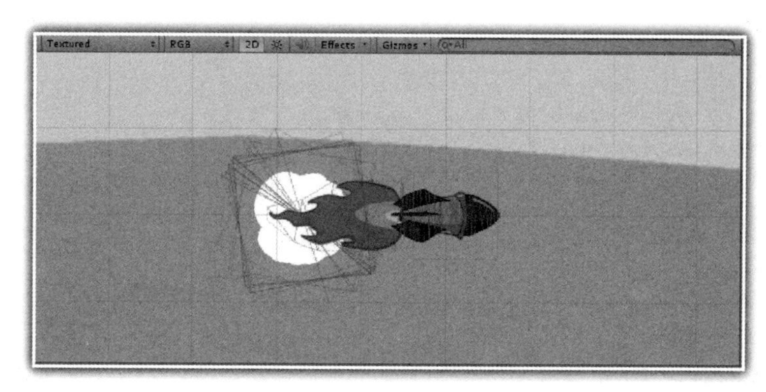

图 7-93 子弹的运行界面

最后在层次 Hierarchy 窗格中，选择 rocket 对象，直接拖放到项目窗口的 Prefab 目录之中，创建一个 rocket 预制件。

4. 设置子弹被发射

要实现子弹发射，需要在前面的 PlayerController 代码中添加相关代码。

对于 C#开发者来说，在 PlayerController.cs 中添加相关代码，见代码 7-11。

代码 7-11 PlayerController 的 C#代码

```
 1: using UnityEngine;
 2: using System.Collections;
 3:
 4: public class PlayerController : MonoBehaviour
 5: {
 6:
 7:   [HideInInspector]
 8:   public bool jump = false;
 9:
10:  [HideInInspector]
11:  public bool facingRight = true;
12:
13:  public AudioClip[] jumpClips;
14:  public float moveForce = 35f;
15:  public float jumpForce = 1000f;
16:  public float maxSpeed = 5f;
17:
18:  private bool grounded = false;
19:  private Animator anim;
20:  private Transform groundCheck;
21:
22:  public AudioClip bulletSound;
```

```
23: public Rigidbody2D rocket;
24: public Transform bulletTransform;
25: private float speed=20f;
26:
27: void Start()
28: {
29:
30:   groundCheck = transform.Find("groundCheck");
31:   anim = GetComponent<Animator>();
32:
33: }
34:
35: void Update()
36: {
37:
38:   grounded = Physics2D.Linecast(transform.position,
        groundCheck.position, 1 << LayerMask.NameToLayer("Ground"));
39:
40:   if(Input.GetButtonDown("Jump") && grounded)
41:     jump = true;
42:
43:   float h = Input.GetAxis("Horizontal");
44:   anim.SetFloat("Speed", Mathf.Abs(h));
45:
46:   if(h * rigidbody2D.velocity.x < maxSpeed)
47:     rigidbody2D.AddForce(Vector2.right * h * moveForce);
48:
49:   if(Mathf.Abs(rigidbody2D.velocity.x) > maxSpeed)
50:     rigidbody2D.velocity = new Vector2(
        Mathf.Sign(rigidbody2D.velocity.x) * maxSpeed,rigidbody2D.velocity.y);
51:
52:   if(jump)
53:   {
54:     anim.SetTrigger("Jump");
55:
56:     int i = Random.Range(0, jumpClips.Length);
57:     AudioSource.PlayClipAtPoint(jumpClips[i], transform.position);
58:
59:     rigidbody2D.AddForce(new Vector2(0f, jumpForce));
60:
61:     jump = false;
62:   }
63:
64:   if(h > 0 && !facingRight)
65:     Flip();
66:   else if(h < 0 && facingRight)
67:     Flip();
68:
```

```
69:    if(Input.GetButtonDown("Fire1"))
70:    {
71:      anim.SetTrigger("Shoot");
72:
73:      AudioSource.PlayClipAtPoint(bulletSound,new Vector3(0,0,-10));
74:
75:       if(facingRight)
76:      {
77:        Rigidbody2D bulletInstance = Instantiate(rocket,
         bulletTransform.position, Quaternion.identity) as Rigidbody2D;
78:
79:        bulletInstance.velocity = new Vector2(speed, 0);
80:         Destroy(bulletInstance.gameObject,2);
81:      }
82:      else
83:      {
84:        Rigidbody2D bulletInstance = Instantiate(rocket,
         bulletTransform.position, Quaternion.identity) as Rigidbody2D;
85:
86:        bulletInstance.velocity = new Vector2(-speed, 0);
87:
88:        Destroy(bulletInstance.gameObject,2);
89:
90:      }
91:
92:    }
93:
94:  }
95:
96:  void Flip()
97:  {
98:    facingRight = !facingRight;
99:
100:   Vector3 theScale = transform.localScale;
101:   theScale.x *= -1;
102:   transform.localScale = theScale;
103: }
104:
105:}
```

在上述C#代码中，与代码7-7相比较，添加了代码22行到25行，主要关联发射子弹的声音，发射的子弹以及发射子弹的位置等。

添加了代码第69行到92行，如果按下左键（代码第69行），则执行第71行，控制状态机中的Shoot参数，播放Shoot动画；第73行语句在摄像机位置播放发射子弹的声音；第75行到92行的条件语句，判断子弹是向右边发射还是向左边发射；如果是向右边发射（代码第75行），那么执行第77行语句，实例化一个子弹对象bulletInstance，并通过第79行语句设置该子弹的速度为向右方向，并在2秒钟之后，销毁子弹对象（代码第80行）；如果是向左边发射，那么执行第 84 行语句，实例化一个子弹对象 bulletInstance，并通过第 86 行语句设置该子弹的速度为向左方向，并在 2 秒钟之后，销毁子弹对象（代码第 88 行）。

对于 JavaScript 开发者来说，在 playerController.js 中添加相关代码，见代码 7-12。

代码 7-12　playerController 的 JavaScript 代码

```
 1: @HideInInspector
 2: var jump:boolean = false;
 3:
 4: @HideInInspector
 5: var facingRight:boolean = true;
 6:
 7: var jumpClips:AudioClip[];
 8: var moveForce:float = 35f;
 9: var jumpForce:float = 1000f;
10: var maxSpeed:float = 5f;
11:
12: private var grounded:boolean = false;
13: private var anim:Animator;
14: private var groundCheck:Transform;
15:
16: var bulletSound:AudioClip;
17: var  rocket:Rigidbody2D;
18: var bulletTransform:Transform;
19: private var speed:float=20f;
20:
21: function Start()
22: {
23:
24:   groundCheck = transform.Find("groundCheck");
25:   anim = GetComponent("Animator");
26:
27: }
28:
29: function Update()
30: {
31:
32:   grounded = Physics2D.Linecast(transform.position,
          groundCheck.position, 1 << LayerMask.NameToLayer("Ground"));
33:
34:   if(Input.GetButtonDown("Jump") && grounded)
35:     jump = true;
36:
37:   var h:float = Input.GetAxis("Horizontal");
38:   anim.SetFloat("Speed", Mathf.Abs(h));
39:
40:   if(h * rigidbody2D.velocity.x < maxSpeed)
41:     rigidbody2D.AddForce(Vector2.right * h * moveForce);
```

```
42:
43:   if(Mathf.Abs(rigidbody2D.velocity.x) > maxSpeed)
44:     rigidbody2D.velocity = new Vector2(
          Mathf.Sign(rigidbody2D.velocity.x) * maxSpeed, rigidbody2D.velocity.y);
45:
46:   if(jump)
47:   {
48:     anim.SetTrigger("Jump");
49:
50:     var i:int = Random.Range(0, jumpClips.Length);
51:     AudioSource.PlayClipAtPoint(jumpClips[i], transform.position);
52:
53:     rigidbody2D.AddForce(new Vector2(0f, jumpForce));
54:
55:     jump = false;
56:   }
57:
58:   if(h > 0 && !facingRight)
59:     Flip();
60:   else if(h < 0 && facingRight)
61:     Flip();
62:
63:   if(Input.GetButtonDown("Fire1"))
64:   {
65:     anim.SetTrigger("Shoot");
66:
67:     AudioSource.PlayClipAtPoint(bulletSound,new Vector3(0,0,-10));
68:
69:     if(facingRight)
70:     {
71:       var bulletInstance1:Rigidbody2D = Instantiate(rocket,
            bulletTransform.position, Quaternion.identity) as Rigidbody2D;
72:
73:       bulletInstance1.velocity = new Vector2(speed, 0);
74:       Destroy(bulletInstance1.gameObject,2);
75:
76:     }
77:     else
78:     {
79:       var bulletInstance2:Rigidbody2D = Instantiate(rocket,
            bulletTransform.position, Quaternion.identity) as Rigidbody2D;
80:
81:       bulletInstance2.velocity = new Vector2(-speed, 0);
82:       Destroy(bulletInstance2.gameObject,2);
83:
84:     }
85:
86:   }
```

```
87:
88: }
89:
90:  function Flip()
91:  {
92:   facingRight = !facingRight;
93:
94:   var theScale:Vector3 = transform.localScale;
95:   theScale.x *= -1;
96:   transform.localScale = theScale;
97:  }
```

在上述 JavaScript 代码中，与代码 7-8 相比较，添加了代码 16 行到 19 行，主要关联发射子弹的声音、发射的子弹以及发射子弹的位置等。

添加了代码第 63 行到 86 行，如果按下左键（代码第 63 行），则执行第 65 行，控制状态机中的 Shoot 参数，播放 Shoot 动画；第 67 行语句在摄像机位置播放发射子弹的声音；第 69 行到 84 行的条件语句，判断子弹是向右边发射，还是向左边发射；如果是向右边发射（代码第 69 行），那么执行第 71 行语句，实例化一个子弹对象 bulletInstance1，并通过第 73 行语句设置该子弹的速度为向右方向，并在 2 秒钟之后，销毁子弹对象（代码第 74 行）；如果是向左边发射，那么执行第 79 行语句，实例化一个子弹对象 bulletInstance2，并通过第 81 行语句设置该子弹的速度为向左方向，并在 2 秒钟之后，销毁子弹对象（代码第 82 行）。

要实现发射子弹，还需要在 player 对象中，设置子弹发射的位置。

单击菜单“GameObject”→“Create Empty”，首先创建一个空白对象，将该对象的名称修改为 rocketPosition；然后将 rocketPosition 对象拖放到 player 对象之中，移动 rocketPosition 的位置到人物火箭头的出口位置，此时的 Position 参数为：X=1.8，Y=0.6，Z=0，如图 7-94 所示。

图 7-94 设置子弹发射的位置

在图 7-95 中，选择项目 Project 窗格中“Audio”→“FX”目录下的 bazooka 声音文件，拖放到 Bullet Sound 变量之中；选择 Prefabs 目录下的 rocket 预制件，拖放到 Rocket 变量之中；选择层次 Hierarchy 窗格中的 rockPosition 对象，拖放到 Bullet Transform 变量之中。

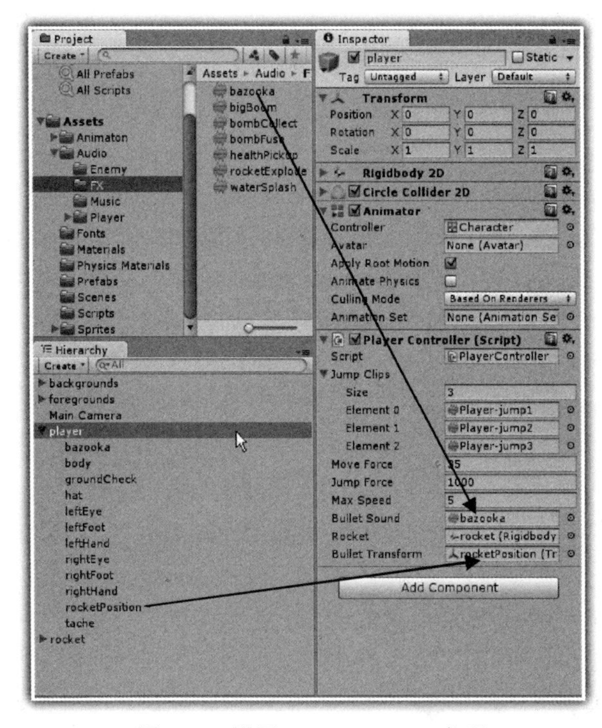

图 7-95　设置 PlayerController 代码

运行游戏，可以看到：按下左键，可以发射子弹；当人物向右时，向右发射子弹；当人物向左时，向左发射子弹。

5. 子弹爆炸效果

在实现子弹爆炸效果动画之前，需要书写代码，以便在动画中实现事件编程。

对于 C#开发者来说，在项目 Project 窗格中，选择 Scripts 文件夹，在右键出现的快捷菜单中选择“Create”→“C# Script”命令，创建一个 C#文件，修改该文件的名称为 Destroyer.cs，在 Destroyer.cs 中书写相关代码，见代码 7-13。

代码 7-13　Destroyer 的 C#代码

```
1: using UnityEngine;
2: using System.Collections;
3:
4: public class Destroyer:MonoBehaviour
5: {
6:
7:   void DestroyGameObject()
8:   {
```

```
 9:    Destroy(gameObject);
10:  }
11:
12:  void Start()
13:   {
14:     Destroy(gameObject,1.0f);
15:  }
16:
17:}
```

在上述 C#代码中，代码非常简单，设置了一个 DestroyGameObject()方法，实现对象的销毁，主要用于动画编辑器中事件。而 Start()方法，则是在 1 秒钟之后，删除对象。

对于 JavaScript 开发者来说，在项目 Project 窗格中，选择 Scripts 文件夹，在右键出现的快捷菜单中选择“Create”→“Javascript”命令，创建一个 JavaScript 文件，修改该文件的名称为 destroyer.js，在 destroyer.js 中书写相关代码，见代码 7-14。

代码 7-14　destroyer 的 JavaScript 代码

```
1: function DestroyGameObject()
2:  {
3:   Destroy(gameObject);
4:  }
5:
6: function Start()
7:  {
8:   Destroy(gameObject,1.0f);
9: }
```

在上述 JavaScript 代码中，代码非常简单，设置了一个 DestroyGameObject()函数，实现对象的销毁，主要用于动画编辑器中事件。而 Start()方法，则是在 1 秒钟之后，删除对象。

在项目 Project 窗格中，选择“Sprites”→“_FX”目录下 part_explosion_0 图片，拖放到层次 Hierarchy 窗格之中，将该对象的名称设置为 rocketExplosion；设置该对象的 Position 参数为：X=0，Y=8，Z=0；Sorting Layer 设置为 Foreground；Order in Layer 设置为数字 0；选择“Materials”目录下的 HalfAlpha 材质，拖放到 Sprite Rendere 组件的 Material 变量之中；最后拖放前面的 Destroyer 代码或者 destroyer 代码到 rocketExplosion 对象之中，如图 7-96 所示。

在如图 7-96 所示的层次 Hierarchy 窗格中，选择 rocketExplosion 对象，然后单击菜单“Window”→“Animation”，在打开的动画编辑器界面中，单击“录制”按钮，此时会打开一个设置动画片段文件对话框，选择文件路径为“Animation”→“Clip”，输入动画片段的名称为 RocketExplosion，单击“保存”按钮；然后会打开另外一个设置动画控制器文件对话框，选择文件路径为“Animation”→“Controller”，输入动画控制器的名称为 RocketExplosion，最后单击“保存”按钮即可。

在动画编辑器中，单击“Add Curve”按钮，在出现如图 7-97 所示的快捷菜单中，选择“SpriteRenderer”→“Sprite”旁边的“+”按钮，此时打开如图 7-98 所示的界面。

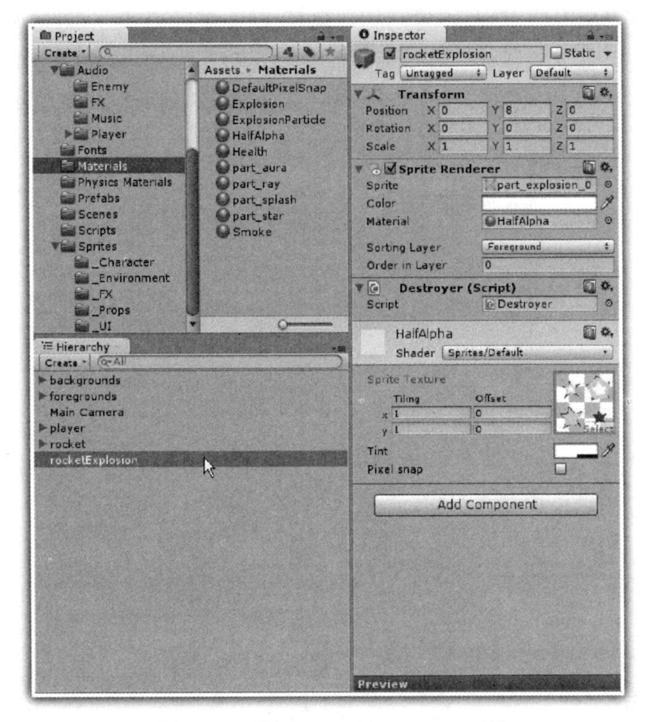

图 7-96　设置 rockerExplosion 对象

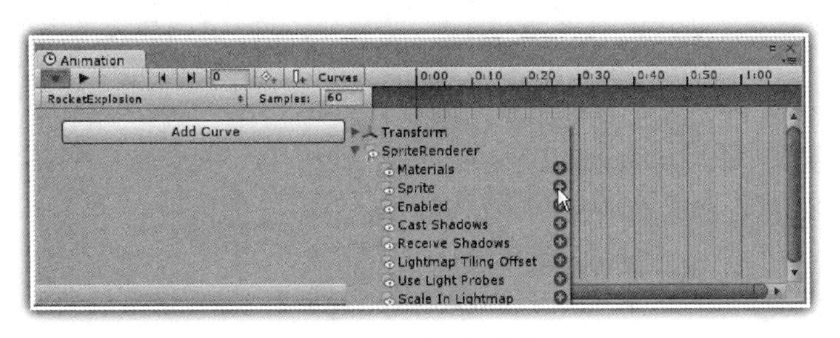

图 7-97　添加动画对象

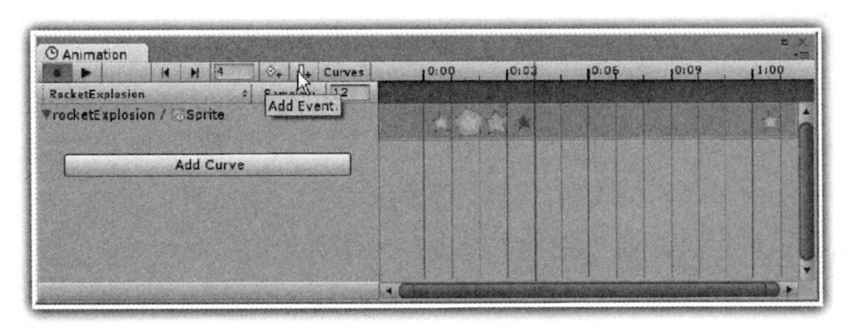

图 7-98　设置动画关键帧

在图 7-98 中，设置 Samples 参数为 12；单击“RockExplosion/Sprite”的左边展开按钮，在动画编辑器中显示图标；在项目 Project 窗格中，选择“Sprites”→“_FX”目录下 part_explosion_1

图片，拖放到动画编辑器中的 0:01 关键帧中；选择 part_explosion_2 图片，拖放到动画编辑器中的 0:02 关键帧中；选择 part_explosion_3 图片，拖放到动画编辑器中的 0:03 关键帧中。

移动关键帧到 0:04 位置，单击“Add Event”按钮，打开如图 7-99 所示的编辑动画事件对话框。

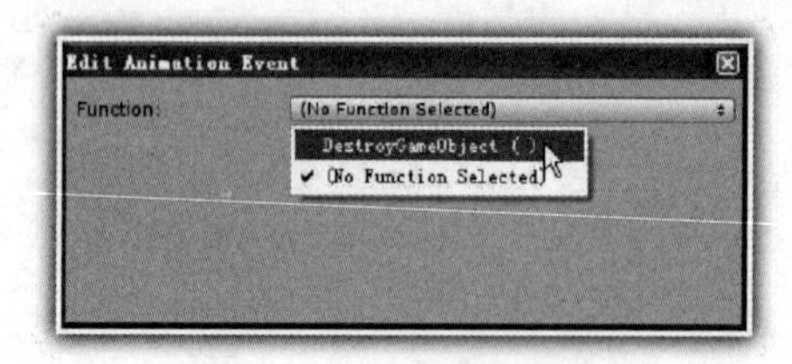

图 7-99　动画事件对话框

在图 7-99 中，选择 Destroyer 类中的 DestroyGameObject()方法，然后关闭对话框，就会在动画编辑器的 0:04 位置后出现蓝色的动画事件图标，如图 7-100 所示。

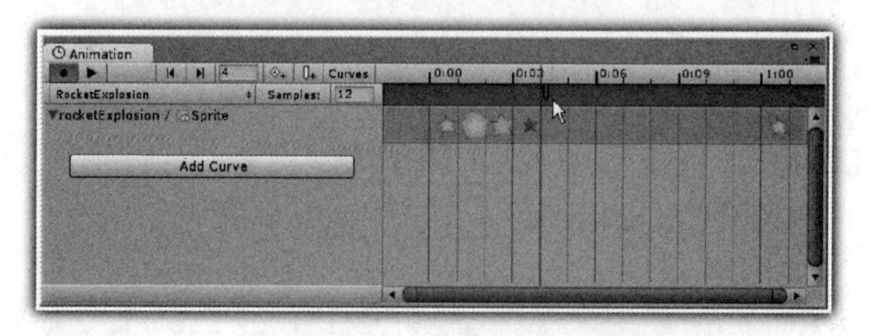

图 7-100　动画事件图标

为子弹爆炸效果设置了爆炸动画之后，还需要为子弹爆炸效果添加爆炸的声音。

在项目 Project 窗格中，选择“Audio”→“FX”目录下的 rockerExplode 声音文件，层次 Hierarchy 窗格中的 rocketExplosion 对象之中。

最后在层次 Hierarchy 窗格中，选择 rocketExplosion 对象，直接拖放到项目窗口的 Prefab 目录之中，创建一个 rocketExplosion 预制件；删除层次 Hierarchy 窗格中的 rocketExplosion 对象。

下面介绍如何为前面的子弹 rocket 对象书写代码，实现子弹的碰撞检测。

对于 C#开发者来说，在项目 Project 窗格中，选择 Scripts 文件夹，在右键出现的快捷菜单中选择“Create”→“C# Script”命令，创建一个 C#文件，修改该文件的名称为 RocketController.cs，在 RocketController.cs 中书写相关代码，见代码 7-15。

代码 7-15　RocketController 的 C#代码

```
1: using UnityEngine;
2: using System.Collections;
3:
4: public class RocketController : MonoBehaviour
5: {
6:
```

```
 7:  public GameObject explosion;
 8:
 9:  void OnExplode()
10:  {
11:   Quaternion randomRotation = Quaternion.Euler(0f, 0f, Random.Range(0f, 360f));
12:
13:   Instantiate(explosion, transform.position, randomRotation);
14:  }
15:
16: void OnTriggerEnter2D(Collider2D col)
17:  {
18:
19:   if(col.gameObject.tag!="Player")
20:   {
21:     OnExplode();
22:     Destroy(gameObject);
23:
24:   }
25:
26:  }
27:
28:  }
```

在上述C#代码中，实现的主要功能是：子弹一旦与其他非人物player对象（标签tag设置为Player）发生碰撞，就会出现子弹的爆炸效果。

代码第7行设置的explosion变量用于关联子弹爆炸对象预制件；第9行到第14行定义的OnExplode()方法中，第11行设置爆炸对象的随机旋转角度，第13行实例化爆炸对象；第16行到第26的碰撞检测方法中，执行第21行语句，显示爆炸对象，并删除子弹对象（代码第22行）。

对于JavaScript开发者来说，在项目Project窗格中，选择Scripts文件夹，在右键出现的快捷菜单中选择“Create”→“Javascript”命令，创建一个JavaScript文件，修改该文件的名称为rocketController.js，在rocketController.js中书写相关代码，见代码7-16。

代码7-16　rocketController的JavaScript代码

```
 1: var explosion:GameObject;
 2:
 3: function OnExplode()
 4:  {
 5:
 6:   var randomRotation:Quaternion = Quaternion.Euler(0f, 0f, Random.Range(0f, 360f));
 7:
 8:   Instantiate(explosion, transform.position, randomRotation);
 9:
10:  }
11:
12: function OnTriggerEnter2D(col:Collider2D)
13: {
```

```
14:
15:   if(col.gameObject.tag != "Player")
16:   {
17:     OnExplode();
18:     Destroy(gameObject);
19:   }
20:
21: }
```

在上述 JavaScript 代码中，实现的主要功能是：子弹一旦与其他非人物 player 对象（标签 tag 设置为 Player）发生碰撞，就会出现子弹的爆炸效果。

代码第 1 行设置的 explosion 变量用于关联子弹爆炸对象预制件；第 3 行到第 10 行定义的 OnExplode()方法中，第 6 行设置爆炸对象的随机旋转角度，第 8 行实例化爆炸对象；第 12 行到第 21 的碰撞检测方法中，执行第 17 行语句，显示爆炸对象，并删除子弹对象（代码第 18 行）。

选择 RocketController 代码文件或者 rocketController 代码文件，拖放到层次 Hierarchy 窗格中的 rocket 对象之上；然后在项目 Project 窗格中，选择 Prefabs 目录下的 rocketExplosion 预制件，拖放到 Explosion 变量之中；最后设置 rocket 对象的标签 tag 为 Bullet，如图 7-101 所示。

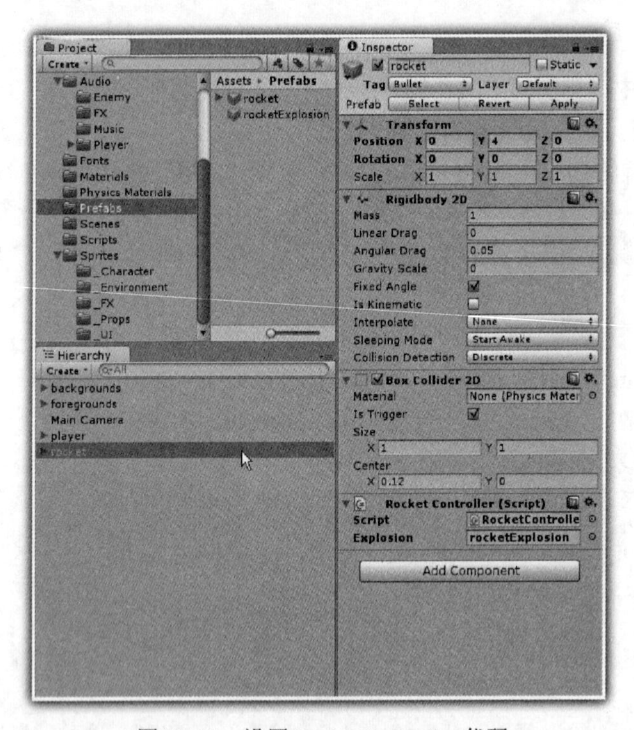

图 7-101　设置 RocketController 代码

最后在层次 Hierarchy 窗格中，选择 rocket 对象，直接拖放到项目窗口的 Prefab 目录的 rocket 预制件中，更新该 rocket 预制件；删除层次 Hierarchy 窗格中的 rocket 对象。

运行游戏，可以看到：人物可以发射子弹，子弹遇到碰撞体之后，出现爆炸效果。

6. 摄像机跟随

在塔桥防御游戏项目中，随着人物的左、右行走，跳跃等，摄像机要跟随人物的运动而运动，因此需要书写代码。

对于 C#开发者来说，在项目 Project 窗格中，选择 Scripts 文件夹，在右键出现的快捷菜单中选择“Create”→“C# Script”命令，创建一个 C#文件，修改该文件的名称为 CameraFollow.cs，在 CameraFollow.cs 中书写相关代码，见代码 7-17。

代码 7-17　CameraFollow 的 C#代码

```
 1: using UnityEngine;
 2: using System.Collections;
 3:
 4: public class CameraFollow : MonoBehaviour
 5: {
 6:
 7:   public float xMargin = 1f;
 8:   public float yMargin = 1f;
 9:   public float xSmooth = 8f;
10:   public float ySmooth = 8f;
11:   public Vector2 maxXAndY;
12:   public Vector2 minXAndY;
13:
14:   private Transform player;
15:
16: void Awake()
17: {
18:    player = GameObject.FindGameObjectWithTag("Player").transform;
19: }
20:
21: bool CheckXMargin()
22: {
23:    return Mathf.Abs(transform.position.x - player.position.x) > xMargin;
24: }
25:
26: bool CheckYMargin()
27: {
28:    return Mathf.Abs(transform.position.y - player.position.y) > yMargin;
29: }
30:
31: void FixedUpdate()
32: {
33:    TrackPlayer();
34: }
35:
36: void TrackPlayer()
37: {
38:   float targetX = transform.position.x;
39:   float targetY = transform.position.y;
```

```
40:
41:   if(CheckXMargin())
42:     targetX = Mathf.Lerp(transform.position.x, player.position.x,
           xSmooth * Time.deltaTime);
43:
44:   if(CheckYMargin())
45:     targetY = Mathf.Lerp(transform.position.y, player.position.y,
           ySmooth * Time.deltaTime);
46:
47:   targetX = Mathf.Clamp(targetX, minXAndY.x, maxXAndY.x);
48:   targetY = Mathf.Clamp(targetY, minXAndY.y, maxXAndY.y);
49:
50:   transform.position = new Vector3(targetX, targetY, transform.position.z);
51:
52:   }
53:
54:}
```

在上述C#代码中，实现的主要功能是：摄像机要跟随人物的运动而运动。

代码第7行到第12行，定义了相关变量以便开发者在检视器中随时设置这些变量的取值。其中第7行设置了X轴方向上移动的最小距离后，摄像机开始跟随；第8行设置了Y轴方向上移动的最小距离后，摄像机开始跟随；第9行设置X轴方向跟随的速度；第10行设置Y轴方向跟随的速度；第11行、第12行则设置摄像机的跟随范围。

在代码第16行到第19行所定义的Awake()方法中，第18行获得player对象的引用，当然前提是player对象的标签必须设置为Player，这种获得其他对象引用的方法，请读者一定要掌握。

在代码第21行到第24行所定义的CheckXMargin()方法中，第23行判断X轴方向上移动的距离是否超过xMargin数值，如果是，则为true；否则，则为false。

在代码第26行到第29行所定义的CheckXMargin()方法中，第28行判断Y轴方向上移动的距离是否超过yMargin数值，如果是，则为true；否则，则为false。

在代码第36行到第52行所定义的TrackPlayer()方法中，第42行实现相机X轴方向上的跟随运动；第45行实现相机Y轴方向上的跟随运动；第47行、第48行限定摄像机在规定的取值范围之内。

对于JavaScript开发者来说，在项目Project窗格中，选择Scripts文件夹，在右键出现的快捷菜单中选择“Create”→“Javascript”命令，创建一个JavaScript文件，修改该文件的名称为cameraFollow.js，在cameraFollow.js中书写相关代码，见代码7-18。

代码7-18　cameraFollow的JavaScript代码

```
1: var xMargin:float=1f;
2: var yMargin:float=1f;
3: var xSmooth:float=8f;
4: var ySmooth:float=8f;
5: var maxXAndY:Vector2;
6: var minXAndY:Vector2;
```

```
 7:
 8:  private var player:Transform;
 9:
10: function Awake()
11:  {
12:    player = GameObject.FindGameObjectWithTag("Player").transform;
13:  }
14:
15: function CheckXMargin()
16:  {
17:    return Mathf.Abs(transform.position.x - player.position.x) > xMargin;
18:  }
19:
20: function CheckYMargin()
21:  {
22:    return Mathf.Abs(transform.position.y - player.position.y) > yMargin;
23:  }
24:
25: function FixedUpdate()
26:  {
27:    TrackPlayer();
28:  }
29:
30: function TrackPlayer()
31:  {
32:   var targetX:float = transform.position.x;
33:   var targetY:float = transform.position.y;
34:
35:   if(CheckXMargin())
36:     targetX = Mathf.Lerp(transform.position.x, player.position.x,
        xSmooth * Time.deltaTime);
37:
38:   if(CheckYMargin())
39:     targetY = Mathf.Lerp(transform.position.y, player.position.y,
        ySmooth * Time.deltaTime);
40:
41:   targetX = Mathf.Clamp(targetX, minXAndY.x, maxXAndY.x);
42:   targetY = Mathf.Clamp(targetY, minXAndY.y, maxXAndY.y);
43:
44:   transform.position = new Vector3(targetX, targetY, transform.position.z);
45:
46:  }
```

在上述 JavaScript 代码中，实现的主要功能是：摄像机要跟随人物的运动而运动。

代码第 1 行到第 6 行，定义了相关变量以便开发者在检视器中随时设置这些变量的取值。其中第 1 行设置了 X 轴方向上移动的最小距离后，摄像机开始跟随；第 2 行设置了 Y 轴方向上移动的最小距离后，摄像机开始跟随；第 3 行设置 X 轴方向跟随的速度；第 4 行设置 Y 轴方向跟随的速度；第 5 行、第 6 行则设置摄像机的跟随范围。

在代码第 10 行到第 13 行所定义的 Awake()方法中，第 12 行获得 player 对象的引用，当然前提是 player 对象的标签必须设置为 Player，这种获得其他对象引用的方法，请读者一定要掌握。

在代码第 15 行到第 18 行所定义的 CheckXMargin()方法中，第 17 行判断 X 轴方向上移动的距离是否超过 xMargin 数值，如果是，则为 true；否则，则为 false。

在代码第 20 行到第 23 行所定义的 CheckYMargin()方法中，第 22 行判断 Y 轴方向上移动的距离是否超过 yMargin 数值，如果是，则为 true；否则，则为 false。

在代码第 30 行到第 46 行所定义的 TrackPlayer()方法中，第 36 行实现相机 X 轴方向上的跟随运动；第 39 行实现相机 Y 轴方向上的跟随运动；第 41 行、第 42 行限定摄像机在规定的取值范围之内。

选择 CameraFollow 代码文件或者 cameraFollow 代码文件，拖放到层次 Hierarchy 窗格中的 Main Camera 对象之上；然后在层次 Hierarchy 窗格中选择 player 对象，重新设置 player Scale 的参数为：X=0.5，Y=0.5，Z=0.5；设置 PlayerController 代码的 jumpForce 变量为 1200。

运行游戏，可以看到：摄像机将会跟随人物的运动而运动。

7.3.6 设置人物健康状态条

人物健康状态条显示人物的健康状态，一旦人物生命值为 0，则塔桥防御游戏项目会重置游戏。

下面介绍如何显示健康状态条，如何设置健康状态条以及如何更新健康状态条。

1. 显示健康状态条

单击菜单“GameObject”→“Create Empty”，创建一个空白对象，将该对象的名称修改为 ui_healthDisplay，设置 ui_healthDisplay 对象的 Position 参数为：X=0，Y=5，Z=0。

在项目 Project 窗格中，选择“Sprites”→“_UI”目录下的 Health 图片，拖放到层次 Hierarchy 窗格中的对象 ui_healthDisplay 之中，修改该图片对象为 HealthBar，设置 Position 参数为：X=-0.84，Y=0，Z=0；Sorting Layer 设置为 Foreground，Order in Layer 设置为数字 0；拖放“Materials”目录下的 Helath 材质到 Sprite Renderer 组件的 Material 变量之中。

选择“Sprites”→“_UI”目录下的 Health 图片，拖放到层次 Hierarchy 窗格中的对象 ui_healthDisplay 之中，修改该图片对象为 HealthOutline，Sorting Layer 设置为 Foreground，Order in Layer 设置为数字 0，如图 7-102 所示。

2. 放置健康状态条

要实现在人物上方出现健康状态条，需要书写代码。

对于 C#开发者来说，在项目 Project 窗格中，选择 Scripts 文件夹，在右键出现的快捷菜单中选择“Create”→“C# Script”命令，创建一个 C#文件，修改该文件的名称为 FollowPlayer.cs，在 FollowPlayer.cs 中书写相关代码，见代码 7-19。

图 7-102　显示健康状态条

代码 7-19　FollowPlayer 的 C#代码

```
 1: using UnityEngine;
 2: using System.Collections;
 3:
 4: public class FollowPlayer : MonoBehaviour
 5: {
 6:
 7:  public Vector3 offset;
 8:  private Transform player;
 9:
10: void Awake()
11:   {
12:   player = GameObject.FindGameObjectWithTag("Player").transform;
13:   }
14:
15: void Update()
16:   {
17:       transform.position = player.position + offset;
18:   }
19:
20:}
```

在上述 C#代码中，实现的主要功能是：健康状态条处于人物的上方，并跟随任务的运动而运动。

代码第 7 行设置了一个三维的矢量值 offset，用于开发者设置健康状态条在人物附近的具体位置；第 12 行获得人物 player 对象的引用，第 17 行设置健康状态条的位置，随着人物运动而运动。

对于 JavaScript 开发者来说，在项目 Project 窗格中，选择 Scripts 文件夹，在右键出现的快捷菜单中选择“Create”→“Javascript”命令，创建一个 JavaScript 文件，修改该文件的名称为 followPlayer.js，在 followPlayer.js 中书写相关代码，见代码 7-1。

代码 7-20　followPlayer 的 JavaScript 代码

```
 1: var offset:Vector3;
 2:
 3: private var player:Transform;
 4:
 5: function Awake()
 6: {
 7:   player = GameObject.FindGameObjectWithTag("Player").transform;
 8:  }
 9:
10: function Update()
11:  {
12:   transform.position = player.position + offset;
13:  }
```

在上述 JavaScript 代码中，实现的主要功能是：健康状态条处于人物的上方，并跟随任务的运动而运动。

代码第 1 行设置了一个三维的矢量值 offset，用于开发者设置健康状态条在人物附近的具体位置；第 7 行获得人物 player 对象的引用；第 12 行设置健康状态条的位置，随着人物运动而运动。

选择 FollowPlayer 代码文件或者 followPlayer 代码文件，拖放到层次 Hierarchy 窗格中的 ui_healthDisplay 对象之上；然后设置 followPlayer 代码的 offSet 变量为：X=0，Y=2，Z=0；表示健康状态条处于人物上方的 2 米之处，如图 7-103 所示。

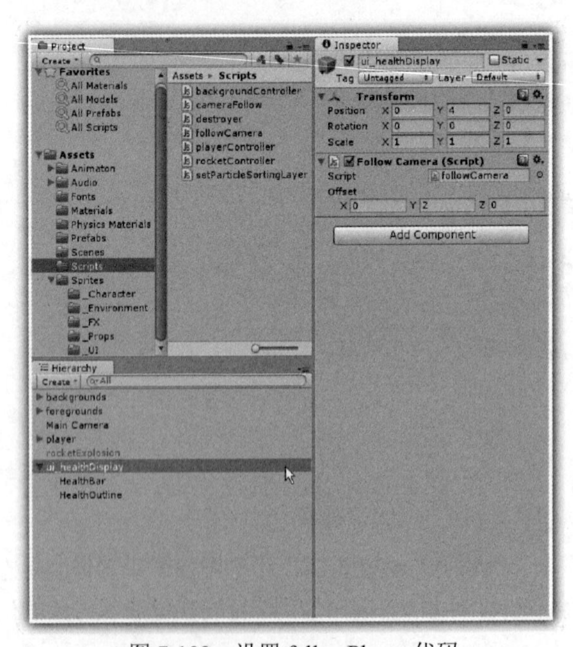

图 7-103　设置 followPlayer 代码

运行游戏，可以看到：健康状态条处于人物上方，并会跟随人物的运动而运动。

3. 更新健康状态条

要实现更新健康状态条，下面需要书写代码。

对于 C#开发者来说，在项目 Project 窗格中，选择 Scripts 文件夹，在右键出现的快捷菜单中选择“Create”→“C# Script”命令，创建一个 C#文件，修改该文件的名称为 PlayerHealth.cs，在 PlayerHealth.cs 中书写相关代码，见代码 7-21。

代码 7-21　PlayerHealth 的 C#代码

```
 1: using UnityEngine;
 2: using System.Collections;
 3:
 4: public class PlayerHealth : MonoBehaviour
 5: {
 6:   public float health = 100f;
 7:   public float repeatDamagePeriod = 2f;
 8:   public AudioClip[] ouchClips;
 9:
10:   private SpriteRenderer healthBar;
11:   private float lastHitTime;
12:   private Vector3 healthScale;
13:   private PlayerController playerControl;
14:
15:  void Awake()
16:   {
17:   playerControl = GetComponent<PlayerController>();
18:   healthBar = GameObject.Find("HealthBar").GetComponent<SpriteRenderer>();
19:
20:   healthScale = healthBar.transform.localScale;
21:  }
22:
23:  void OnCollisionStay2D (Collision2D col)
24:  {
25:   if(col.gameObject.tag == "Enemy")
26:   {
27:     if(Time.time > lastHitTime + repeatDamagePeriod)
28:     {
29:       if(health > 0f)
30:        {
31:         TakeDamage(col.transform);
32:         lastHitTime = Time.time;
33:       }
34:       else
35:         Application.LoadLevel(Application.loadedLevel);
36:
37:     }
38:   }
39:  }
```

```
40:
41: void TakeDamage (Transform enemy)
42:   {
43:    playerControl.jump = false;
44:    health -= 10f;
45:
46:    UpdateHealthBar();
47:
48:    int i = Random.Range (0, ouchClips.Length);
49:    AudioSource.PlayClipAtPoint(ouchClips[i], transform.position);
50:   }
51:
52:
53:  public void UpdateHealthBar()
54:   {
55:    healthBar.material.color = Color.Lerp(Color.green, Color.red,
         1 - health * 0.01f);
56:
57:    healthBar.transform.localScale = new Vector3(
         healthScale.x * health * 0.01f, 1, 1);
58:
59:   }
60:
61:}
```

在上述C#代码中，实现的主要功能是：更新健康状态条。

在代码第15行到第21行所定义的Awake()方法中，第17行获得同一个人物player对象中，其他代码PlayerController的引用；第18行获得健康状态显示条HealthBar对象的引用。

在代码第23行到第39行所定义的OnCollisionStay2D()方法中，用于检测人物是否与后面的敌人一直在碰撞之中？如果碰撞的时间超过所设定的数值（代码第27行），则执行第29行到35行的条件语句。只要健康值大于0（代码29行），则执行第31行语句，实现健康状态条的更新，并播放人物受伤的声音；否则，则重新开始新的游戏场景（代码第35行）。

在代码第41行到第50行所定义的TakeDamage()方法中，第43行设置人物一旦被敌人持续碰撞，不再具有跳跃功能；第44行减少健康值；第49行随机播放人物受伤的声音。

在代码第53行到第59行所定义的UpdateHealthBar()方法中，第55行修改健康状态条的颜色，健康值越小，颜色越趋于红色；第57行设置健康状态条的当前更新长度。

对于JavaScript开发者来说，在项目Project窗格中，选择Scripts文件夹，在右键出现的快捷菜单中选择“Create”→“Javascript”命令，创建一个JavaScript文件，修改该文件的名称为playerHealth.js，在playerHealth.js中书写相关代码，见代码7-22。

代码7-22　playerHealth的JavaScript代码

```
1: var health:float = 100f;
2: var repeatDamagePeriod:float = 2f;
3: var ouchClips:AudioClip[];
4:
```

```
 5:  private var healthBar:SpriteRenderer;
 6:  private var lastHitTime:float;
 7:  private var healthScale:Vector3;
 8:  private var playerControl:playerController;
 9:
10: function Awake()
11:  {
12:   playerControl = GetComponent("PlayerController");
13:   healthBar = GameObject.Find("HealthBar").GetComponent("SpriteRenderer");
14:
15:   healthScale = healthBar.transform.localScale;
16:  }
17:
18: function OnCollisionStay2D(col:Collision2D)
19:  {
20:   if(col.gameObject.tag == "Enemy")
21:    {
22:     if(Time.time>lastHitTime + repeatDamagePeriod)
23:     {
24:       if(health>0f)
25:       {
26:         TakeDamage(col.transform);
27:         lastHitTime = Time.time;
28:       }
29:       else
30:         Application.LoadLevel(Application.loadedLevel);
31:     }
32:   }
33: }
34:
35: function TakeDamage(enemy:Transform)
36:  {
37:   playerControl.jump = false;
38:
39:   health-=10f;
40:
41:   UpdateHealthBar();
42:
43:   var i:int = Random.Range(0, ouchClips.Length);
44:   AudioSource.PlayClipAtPoint(ouchClips[i], transform.position);
45:
46: }
47:
48: function UpdateHealthBar()
49:  {
50:   healthBar.material.color = Color.Lerp(Color.green, Color.red,
          1 - health * 0.01f);
51:
```

```
52:   healthBar.transform.localScale = new Vector3(
          healthScale.x * health * 0.01f, 1, 1);
53:
54: }
```

在上述 JavaScript 代码中，实现的主要功能是：更新健康状态条。

在代码第 10 行到第 16 行所定义的 Awake()方法中，第 12 行获得同一个人物 player 对象中，其他代码 PlayerController 的引用；第 13 行获得健康状态显示条 HealthBar 对象的引用。

在代码第 18 行到第 33 行所定义的 OnCollisionStay2D()方法中，用于检测人物是否与后面的敌人一直在碰撞之中？如果碰撞的时间超过所设定的数值（代码第 22 行），则执行第 24 行到 30 行的条件语句。只要健康值大于 0（代码 24 行），则执行第 26 行语句，实现健康状态条的更新，并播放人物受伤的声音；否则，重新开始新的游戏场景（代码第 30 行）。

在代码第 35 行到第 46 行所定义的 TakeDamage()方法中，第 37 行设置人物一旦被敌人持续碰撞，不再具有跳跃功能；第 39 行减少健康值；第 44 行随机播放人物受伤的声音。

在代码第 48 行到第 54 行所定义的 UpdateHealthBar()方法中，第 50 行修改健康状态条的颜色，健康值越小，颜色越趋于红色；第 52 行设置健康状态条的当前更新长度。

选择 PlayerHealth 代码文件或者 playerHealth 代码文件，拖放到层次 Hierarchy 窗格中的 player 对象之上；然后在项目 Project 窗格中，分别选择“Audio”→“Player”→“Ouch”目录下的四个声音文件，拖放到 PlayerHealth 代码的 ouchClip 变量数组之中，如图 7-104 所示。

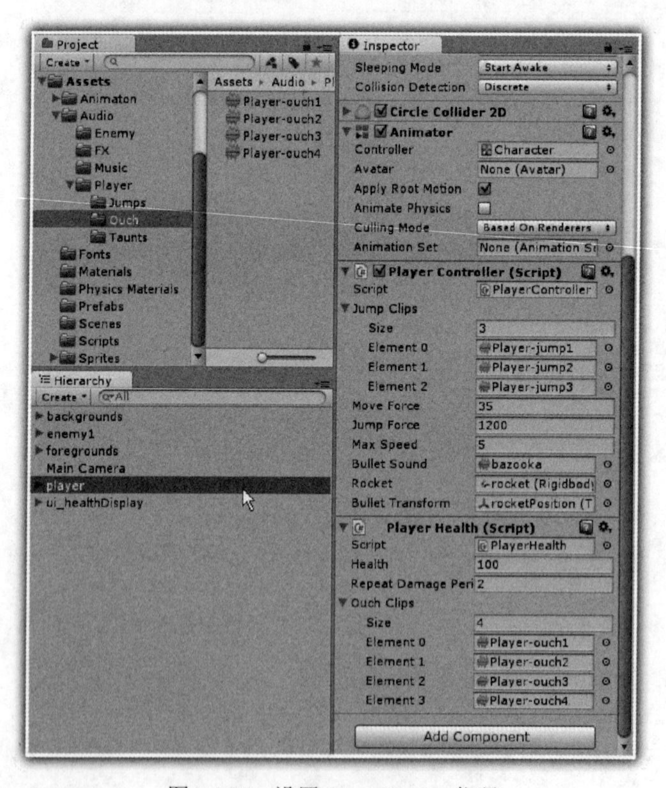

图 7-104　设置 PlayerHealth 代码

7.4 敌人构建

在塔桥防御游戏项目中，敌人是一个重要对象，包括小毛虫和飞船两种类型的敌人，需要实现小毛虫的构建、飞船的构建以及如何创建敌人。

7.4.1 分数显示

在分数显示中，包括 100 分对象的设置、100 分动画以及屏幕分数的更新和显示。

1. 100 分对象

单击菜单“GameObject”→“Create Empty”，创建一个空白对象，将该对象的名称修改为 ui_100points，设置 ui_100points 对象的 Position 参数为：X=0，Y=5，Z=0。

在项目 Project 窗格中，选择“Sprites”→“_UI”目录下的 numeric-1 图片，拖放到层次 Hierarchy 窗格中的对象 ui_100points 之中，设置 Position 参数为：X=-0.4，Y=0，Z=0；Sorting Layer 设置为 UI，Order in Layer 设置为数字 0。

选择“Sprites”→“_UI”目录下的 numeric-0 图片，拖放到层次 Hierarchy 窗格中的对象 ui_100points 之中，修改名称为 numeric-0a，设置 Position 参数为：X=0，Y=0，Z=0；Sorting Layer 设置为 UI，Order in Layer 设置为数字 0。

选择“Sprites”→“_UI”目录下的 numeric-0 图片，拖放到层次 Hierarchy 窗格中的对象 ui_100points 之中，修改名称为 numeric-0b，设置 Position 参数为：X=0.5，Y=0，Z=0；Sorting Layer 设置为 UI，Order in Layer 设置为数字 0。

100 分对象设置完成之后，如图 7-105 所示。

图 7-105 设置 100 分对象

2. 100 分动画

在设置 100 分动画之前，需要选择 Destroyer 代码文件或者 destroyer 代码文件，拖放到层次 Hierarchy 窗格中的 ui_100points 对象之上。

在层次 Hierarchy 窗格中，选择 ui_100points 对象，然后单击菜单“Window”→“Animation”，在打开的动画编辑器界面中，单击“录制”按钮，此时会打开一个设置动画片段文件对话框，选择文件路径为“Animation”→“Clip”，输入动画片段的名称为 100Points，单击“保存”按钮；然后会打开另外一个设置动画控制器文件对话框，选择文件路径为“Animation”→“Controller”，输入动画控制器的名称为 100Points，最后单击“保存”按钮即可。

在动画编辑器中，要实现 100Points 动画，需要三个数字 numeric-0a、numeric-0b 和 numeric-1 对象。

单击“Add Curve”按钮，在出现的快捷菜单中，选择“numeric-0a”→“Transform”→“Position”旁边的“+”按钮，添加“numeric-0a/Position”对象；选择“numeric-0b”→“Transform”→“Position”旁边的“+”按钮，添加“numeric-0b/Position”对象；选择“numeric-1”→“Transform”→“Position”旁边的“+”按钮，添加“numeric-1/Position”对象；最后的动画编辑器界面，如图 7-106 所示。

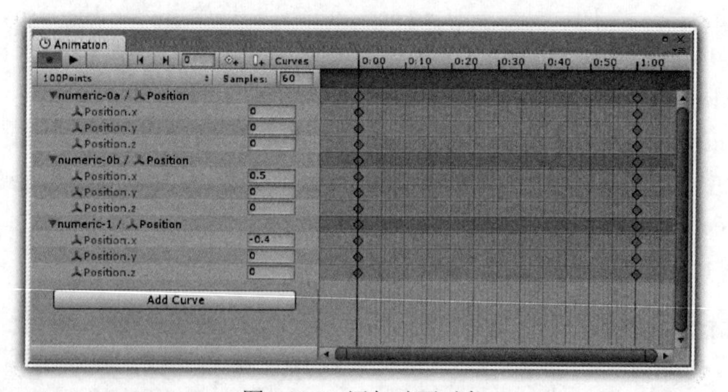

图 7-106 添加动画对象

在图 7-106 中，首先设置 Samples 参数为 60；选择在开始处的关键帧 0:00 位置，设置 Position 的相关参数；然后移动关键帧到 0:30 位置，设置如图 7-107 所示的参数。

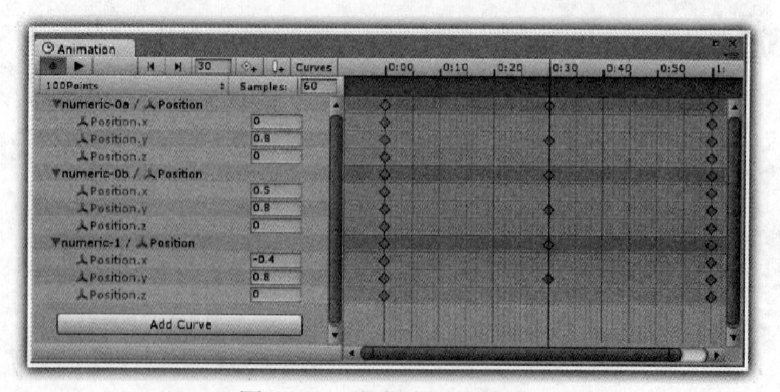

图 7-107 设置动画关键帧 1

在图 7-107 中，移动时间线到 1:00 位置，设置如图 7-108 所示的参数。

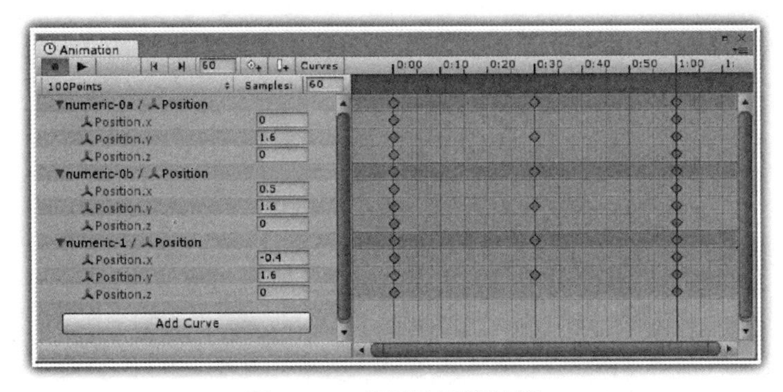

图 7-108　设置动画关键帧 2

在图 7-108 中，移动时间线到 1:00 位置后一点，单击“Add Event”按钮，在打开的编辑动画事件对话框中，选择 Destroyer 类中的 DestroyGameObject()方法，为上述动画设置一个动画事件，以便自动销毁 ui_100points 对象。

最后在层次 Hierarchy 窗格中，选择 ui_100points 对象，直接拖放到项目窗口的 Prefab 目录之中，创建一个 ui_100points 预制件；删除层次 Hierarchy 窗格中的 ui_100points 对象。

3. 显示分数

单击菜单“GameObject”→“Create Empty”，创建一个空白对象，将该对象的名称修改为 UI，设置 UI 对象的 Position 参数为：X=0，Y=0，Z=0。

单击菜单“GameObject”→“Create Other”→“GUI Text”，创建一个 GUI Text 对象，将该对象名称修改为 Score，拖放到 UI 对象之中，设置 Score 的相关参数，如图 7-109 所示。

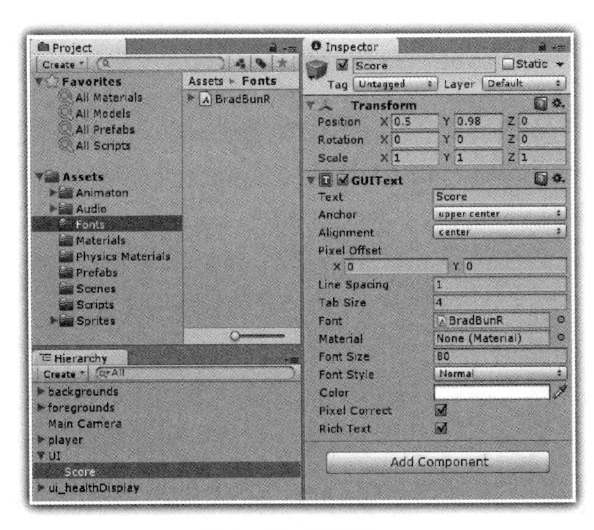

图 7-109　设置 Score

在图 7-109 所示的层次 Hierarchy 窗格中，选择 Score 对象，按下 Ctrl+D 一次，复制一个

Score 对象，修改该对象的名称为 ScoreShadow，设置 ScoreShadow 的 Position 参数为：X=0.5，Y=0.97，Z=0；Color 则设置为黑色。这样设置之后的分数 Score，就会有阴影的效果，如图 7-110 所示。

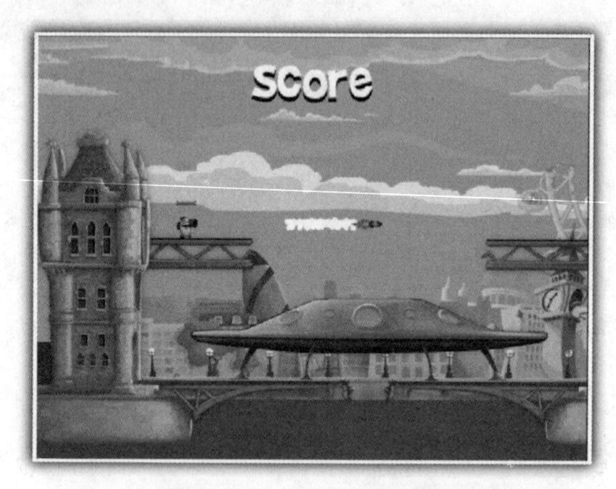

图 7-110 Score 的阴影效果

下面介绍如何书写相关代码，实现分数的显示。

对于 C#开发者来说，在项目 Project 窗格中，选择 Scripts 文件夹，在右键出现的快捷菜单中选择“Create”→“C# Script”命令，创建一个 C#文件，修改该文件的名称为 Score.cs，在 Score.cs 中书写相关代码，见代码 7-23。

代码 7-23 Score 的 C#代码

```
 1: using UnityEngine;
 2: using System.Collections;
 3:
 4: public class Score : MonoBehaviour
 5: {
 6:   public int score = 0;
 7:
 8:   void Update()
 9:   {
10:    guiText.text = "Score: " + score;
11:
12:    }
13:
14:}
```

上述的 C#代码非常简单，就是实现在屏幕中分数的显示。

对于 JavaScript 开发者来说，在项目 Project 窗格中，选择 Scripts 文件夹，在右键出现的快捷菜单中选择“Create”→“Javascript”命令，创建一个 JavaScript 文件，修改该文件的名称为 score.js，在 score.js 中书写相关代码，见代码 7-24。

代码 7-24 score 的 JavaScript 代码

```
1: var score:int = 0;
```

```
2:
3: function Update()
4: {
5:
6:   guiText.text = "Score: " + score;
7:
8: }
```

上述的 JavaScript 代码非常简单，就是实现在屏幕中分数的显示。

选择 Score 代码文件或者 score 代码文件，拖放到层次 Hierarchy 窗格中的 Score 对象之上，然后书写 ScoreShadow 代码。

对于 C#开发者来说，在项目 Project 窗格中，选择 Scripts 文件夹，在右键出现的快捷菜单中选择“Create”→“C# Script”命令，创建一个 C#文件，修改该文件的名称为 ScoreShadow.cs，在 ScoreShadow.cs 中书写相关代码，见代码 7-25。

代码 7-25　ScoreShadow 的 C#代码

```
 1: using UnityEngine;
 2: using System.Collections;
 3:
 4: public class ScoreShadow : MonoBehaviour
 5: {
 6:   public GameObject guiCopy;
 7:
 8:   void Awake()
 9:   {
10:    Vector3 behindPos = transform.position;
11:    behindPos = new Vector3(guiCopy.transform.position.x,
         guiCopy.transform.position.y-0.005f,guiCopy.transform.position.z-1);
12:
13:    transform.position = behindPos;
14:
15:   }
16:
17:  void Update()
18:   {
19:    guiText.text = guiCopy.guiText.text;
20:   }
21:
22:}
```

在上述 C#代码中，实现的主要功能是显示分数阴影效果。

代码第 6 行设置的 guiCopy 变量，用于关联普通分数的显示对象；代码第 10 行获得普通分数的位置 behindPos；代码第 11 行设置新的位置 behindPos，为实现分数阴影效果，Y 轴方向的距离向下偏移一点，这里 Z 轴方向距离摄像机稍远一点，保证黑色的分数在后面。第 13 行代码设置黑色分数的位置。代码第 19 行则实现黑色分数显示。

对于 JavaScript 开发者来说，在项目 Project 窗格中，选择 Scripts 文件夹，在右键出现的快捷菜单中选择“Create”→“Javascript”命令，创建一个 JavaScript 文件，修改该文件的名称为

scoreShadow.js，在 scoreShadow.js 中书写相关代码，见代码 7-1。

代码 7-26　scoreShadow 的 JavaScript 代码

```
 1: var guiCopy:GameObject;
 2:
 3: function Awake()
 4: {
 5:   var behindPos:Vector3 = transform.position;
 6:   behindPos = new Vector3(guiCopy.transform.position.x,
          guiCopy.transform.position.y-0.005f, guiCopy.transform.position.z-1);
 7:
 8:   transform.position = behindPos;
 9: }
10:
11: function Update()
12: {
13:   guiText.text = guiCopy.guiText.text;
14:
15: }
```

在上述 JavaScript 代码中，实现的主要功能是显示分数阴影效果。

代码第 1 行设置的 guiCopy 变量，用于关联普通分数的显示对象；代码第 5 行获得普通分数的位置 behindPos；代码第 6 行设置新的位置 behindPos，为实现分数阴影效果，Y 轴方向的距离向下偏移一点，这里 Z 轴方向距离摄像机稍远一点，保证黑色的分数在后面。第 8 行代码设置黑色分数的位置。代码第 13 行则实现黑色分数显示。

选择 ScoreShadow 代码文件或者 scoreShadow 代码文件，拖放到层次 Hierarchy 窗格中的 ScoreShadow 对象之上；然后拖放 Hierarchy 窗格中的 Score 对象，到 ScoreShadow 代码的 guiCopy 变量之中，如图 7-111 所示。

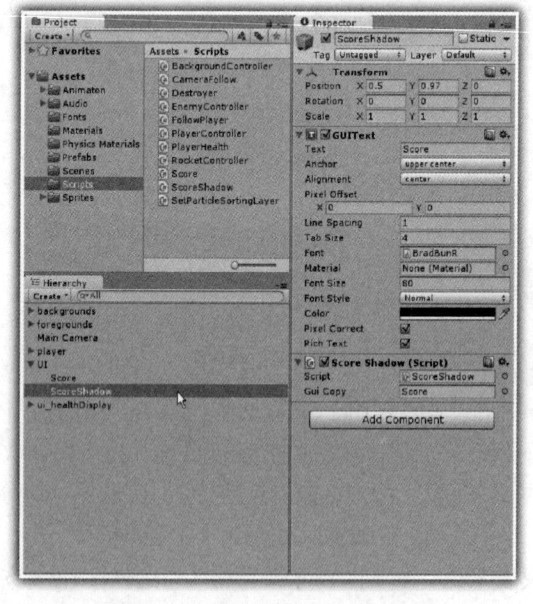

图 7-111　设置 ScoreShadow 代码

7.4.2 小毛虫构建

小毛虫是两个种类敌人的其中一种，首先需要显示小毛虫，然后实现小毛虫的动画，最后实现小毛虫的运动和碰撞检测。

1. 显示小毛虫

首先选择层次 Hierarchy 窗格中的 player 对象，设置 Position 参数为：X=-12，Y=5，Z=0，不要在屏幕中央显示人物，以便在后面显示小毛虫。

单击菜单“GameObject”→“Create Empty”，创建一个空白对象，将该对象的名称修改为 enmey1，设置 enemy1 对象的 Position 参数为：X=0，Y=0，Z=0。

在项目 Project 窗格中，选择“Sprites”→“_Chararcter”→“char_enemy_alienSlug”目录下的 enemy1-body 图片，直接拖放到层次 Hierarchy 窗格的 enemy1 对象之中，设置 Scale 参数为：X=0.3，Y=0.3，Z=0.3；Sorting Layer 设置为 Character；Order in Layer 设置为数字 1。

选择“Sprites”→“_Chararcter”→“char_enemy_alienSlug”目录下的 enemy1-eye 图片，直接拖放到层次 Hierarchy 窗格的对象 enemy1 对象之中，设置 Scale 参数为：X=0.3，Y=0.3，Z=0.3；设置 Position 参数为：X=0.01，Y=0.16，Z=0；Sorting Layer 设置为 Character；Order in Layer 设置为数字 0。

选择“Sprites”→“_Chararcter”→“ char_enemy_alienSlug”目录下的 enemy1-eyelid 图片，直接拖放到层次 Hierarchy 窗格的对象 enemy1 对象之中，设置 Scale 参数为：X=0.3，Y=0.3，Z=0.3；设置 Position 参数为：X=0，Y=0.35，Z=0；Sorting Layer 设置为 Character；Order in Layer 设置为数字 0。

选择“Sprites”→“_Chararcter”→“ char_enemy_alienSlug”目录下的 enemy1-tail 图片，直接拖放到层次 Hierarchy 窗格的对象 enemy1 对象之中，设置 Scale 参数为：X=0.3，Y=0.3，Z=0.3；设置 Position 参数为：X=-0.4，Y=-0.4，Z=0；Sorting Layer 设置为 Character；Order in Layer 设置为数字 0。

再次单击菜单“GameObject”→“Create Empty”，创建一个空白对象，将该对象的名称修改为 frontCheck，直接拖放到层次 Hierarchy 窗格的对象 enemy1 对象之中，然后设置 frontCheck 对象的 Position 参数为：X=0.9，Y=0，Z=0。

最后设置完成的小毛虫如图 7-112 所示。

2. 小毛虫动画

在层次 Hierarchy 窗格中，选择 enemy1 对象，然后单击菜单“Window”→“Animation”，在打开的动画编辑器界面中，单击“录制”按钮，此时会打开一个设置动画片段文件对话框，选择文件路径为“Animation”→“Clip”，输入动画片段的名称为 Enemy1Walk，单击“保存”按钮；然后会打开另外一个设置动画控制器文件对话框，选择文件路径为“Animation”→“Controller”，输入动画控制器的名称为 Enemy1，最后单击“保存”按钮即可。

在动画编辑器中，单击“Add Curve”按钮，在出现如图 7-113 所示的快捷菜单中，选择“enemy1-tail”→“Transform”→“Scale”旁边的“+”按钮，此时打开如图 7-114 所示的界面。

图 7-112　设置小毛虫

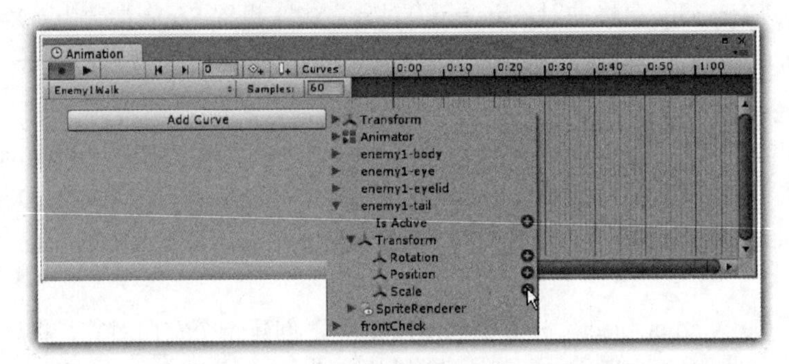

图 7-113　添加动画对象

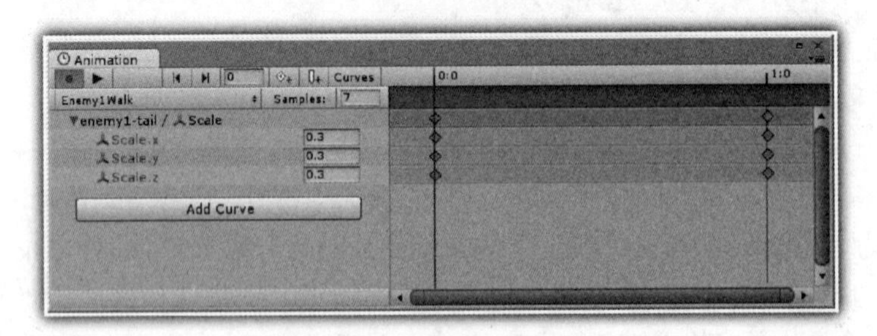

图 7-114　设置动画关键帧 1

在图 7-114 中，首先设置 Samples 参数为 7，表示 1 秒钟内有 7 帧动画；选择在开始处的关键帧 1 位置，设置 Scale 的参数为：X=0.3，Y=0.3，Z=0.3；然后移动关键帧到第 1 帧的位置，如图 7-115 所示。

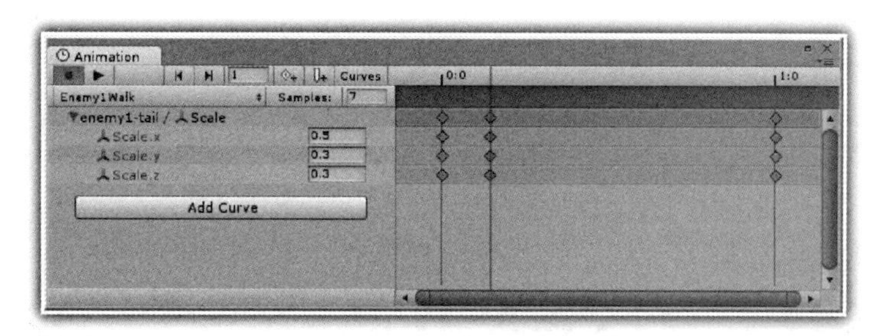

图 7-115　设置动画关键帧 2

在图 7-115 中，在关键帧 2 位置，设置 Scale 的参数为：X=0.5，Y=0.3，Z=0.3；然后移动关键帧到 1:0 的位置，设置此时的 Scale 参数为初始位置的参数。

在打开的动画编辑器界面中，单击“Enemy1Walk”按钮，在出现的快捷菜单中，选择“Create new Clip”命令，此时会打开一个设置动画片段文件对话框，选择文件路径为“Animation”→“Clip”，输入动画片段的名称为 Enemy1Hurt，然后单击“保存”按钮，此时就会在动画编辑器中，添加一个 Enemy1Hurt 动画。

在动画编辑器中，要实现 Enemy1Hurt 动画，需要添加人物的眼睛 Position 对象以及眼睛 Scale 对象。

单击“Add Curve”按钮，在出现的快捷菜单中，选择“enemy1-eye”→“Transform”→“Position”旁边的“+”按钮，添加“enemy1-eye /Position”对象；选择“enemy1-eye”→“Transform”→“Scale”旁边的“+”按钮，添加“enemy1-eye /Scale”对象；设置相关参数，如图 7-117 所示。

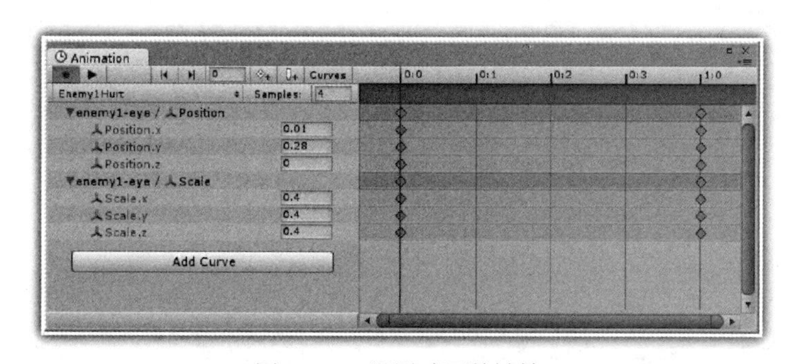

图 7-116　设置动画关键帧 1

在图 7-116 中，首先设置 Samples 参数为 4，然后移动关键帧到第 1:0 位置，设置相关参数，如图 7-117 所示。

关闭上述动画编辑器，下面介绍如何设置状态之间的迁移。

在如图 7-118 所示的界面中，在层次 Hierarchy 窗格中选择 enemy1 对象，在 enemy1 对象的检视器中，单击其中的“Enemy1”控制器，就会打开动画状态机 Animator 界面。

在图 7-118 所示的动画状态机中，设置“Enemy1Walk”动画状态与“Enemy1Hurt”动画状态之间的状态迁移线之后，如图 7-119 所示。

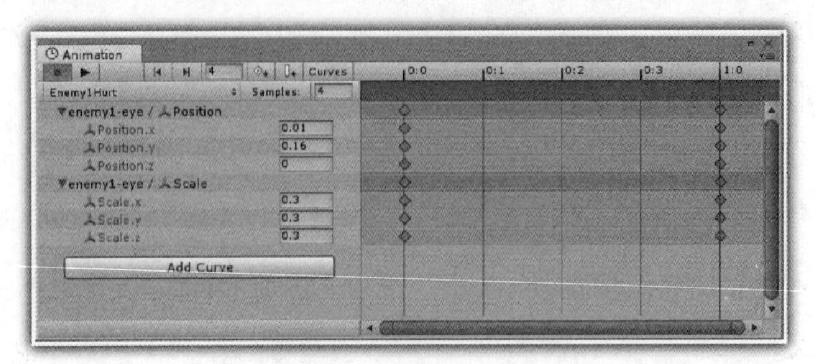

图 7-117　设置动画关键帧 2

图 7-118　动画状态机

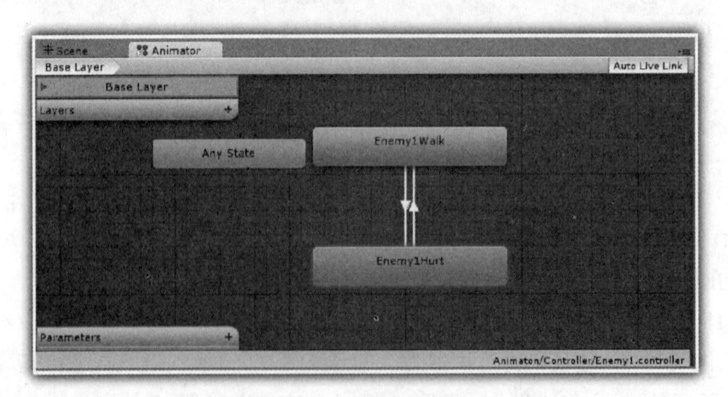

图 7-119　设置状态迁移线

在设置了上述状态机的状态迁移线之后，还需要在 Animator 窗格中，添加相关的状态控制参数。

在图 7-119 所示的 Animator 窗格中，单击左下方的“Parameters”按钮右边的“+“号，添加一个 Trigger 类型的 Hurt 变量，如图 7-120 所示。

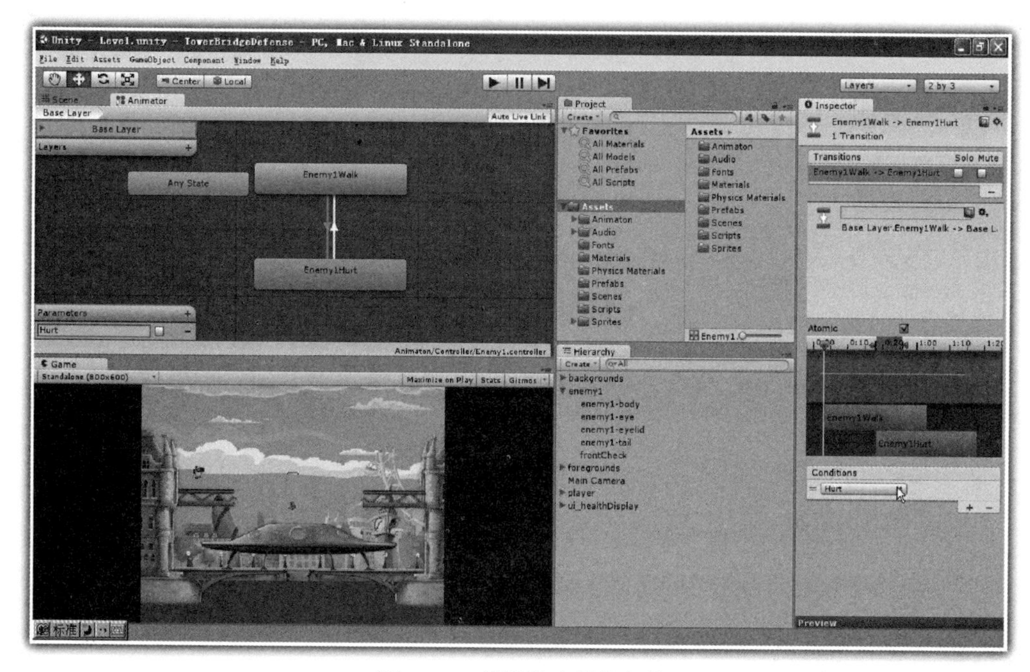

图 7-120　设置状态转换条件

在图 7-120 中，单击“Enemy1Walk”状态到“Enemy1Hurt”状态之间的状态迁移线，在检视器窗格中显示该状态迁移线的转换条件，设置该条件为“Hurt”。

然后再选择“Enemy1Hurt”状态到“Enemy1Walk”状态之间的状态迁移线，设置转换条件为“Exit Time 0.75”。

5. 小毛虫的碰撞检测、运动

对于 C#开发者来说，在项目 Project 窗格中，选择 Scripts 文件夹，在右键出现的快捷菜单中选择“Create”→“C# Script”命令，创建一个 C#文件，修改该文件的名称为 EnemyController.cs，在 EnemyController.cs 中书写相关代码，见代码 7-27。

代码 7-27　EnemyController 的 C#代码

```
1: using UnityEngine;
2: using System.Collections;
3:
4: public class EnemyController : MonoBehaviour
5: {
6:     public float moveSpeed = 4f;
7:     public int HP = 2;
8:     public Sprite deadEnemy;
```

```
 9:    public Sprite damagedEnemy;
10:    public AudioClip[] deathClips;
11:    public GameObject hundredPointsUI;
12:
13:    private SpriteRenderer ren;
14:    private Transform frontCheck;
15:    private bool dead = false;
16:    private Animator anim;
17:    private Score score;
18:
19:  void Awake()
20:   {
21:    ren = transform.Find("enemy1-body").GetComponent<SpriteRenderer>();
22:    frontCheck = transform.Find("frontCheck").transform;
23:    score = GameObject.Find("Score").GetComponent<Score>();
24:    anim = GetComponent<Animator>();
25:   }
26:
27:  void FixedUpdate()
28:   {
29:    Collider2D[] frontHits=Physics2D.OverlapPointAll(
        frontCheck.position, 1);
30:
31:    foreach(Collider2D c in frontHits)
32:     {
33:      if(c.tag=="Obstacle")
34:       {
35:        Flip();
36:        break;
37:       }
38:     }
39:
40:    rigidbody2D.velocity = new Vector2(transform.localScale.x
        * moveSpeed, rigidbody2D.velocity.y);
41:
42:    if(HP==1&&damagedEnemy!=null)
43:      ren.sprite = damagedEnemy;
44:
45:    if(HP<=0&&!dead)
46:      Death();
47:
48:   }
49:
50:  public void Flip()
51:   {
52:    Vector3 enemyScale=transform.localScale;
53:    enemyScale.x*=-1;
54:    transform.localScale=enemyScale;
```

```
55:  }
56:
57: void OnTriggerEnter2D (Collider2D col)
58:  {
59:   if(col.tag=="Bullet")
60:   {
61:     HP--;
62:
63:       anim.SetTrigger("Hurt");
64:   }
65:
66:  }
67:
68:  void Death()
69:  {
70:   SpriteRenderer[] otherRenderers = GetComponentsInChildren<SpriteRenderer>();
71:
72:   foreach(SpriteRenderer s in otherRenderers)
73:     s.enabled = false;
74:
75:   dead = true;
76:
77:   rigidbody2D.fixedAngle = false;
78:   rigidbody2D.AddTorque(-50f);
79:
80:   Collider2D[] cols = GetComponents<Collider2D>();
81:
82:   foreach(Collider2D c in cols)
83:     c.isTrigger = true;
84:
85:   ren.enabled = true;
86:   ren.sprite = deadEnemy;
87:
88:   int i = Random.Range(0, deathClips.Length);
89:   AudioSource.PlayClipAtPoint(deathClips[i], transform.position);
90:
91:   Vector3 scorePos;
92:   scorePos = transform.position;
93:   scorePos.y += 1.5f;
94:
95:   Instantiate(hundredPointsUI, scorePos, Quaternion.identity);
96:
97:   score.score += 100;
98:  }
99:}
```

在上述C#代码中，实现的主要功能是：实现小毛虫的左、右自动移动、碰撞检测以及100分动画和分数更新等。

代码第 6 行定义小毛虫左、右移动的速度 moveSpeed；第 7 行定义小毛虫的生命值；第 8 行、第 9 行设置小毛虫的死亡图片、损伤图片；第 10 行设置死亡时的声音文件数组；第 11 行则设置 100 分动画对象。

在代码第 19 行到第 25 行的 Awake()方法中，第 21 行获得 enemy1-body 对象中 SpriteRenderer 类型的 ren，以便后续代码设置死亡时的图片；第 22 行获得 frontCheck 对象，以便检测小毛虫是向左移动，还是向右移动；第 23 行获得 UI 对象中的子对象 Score 中的 Score 代码，以便显示分数；第 24 行获得 Animator 类型的 anim 变量，以便控制动画。

在代码第 27 行到第 48 行的 FixedUpdate()方法中，第 29 行检测小毛虫 1 米范围内的碰撞检测，如果与标签为 Obstacle 的 env_TowerFull 的对象发生碰撞（代码第 33 行），则执行第 35 行语句，实现移动方向的改变，因此这里需要设置两个 env_TowerFull 对象的标签为 Obstacle。代码第 40 行设置小毛虫的左、右移动速度；第 42 行判断小毛虫的生命值是否为 1，从而更换为死亡的照片（代码第 43 行）；代码第 45 行判断是否死亡，执行 46 行语句。

在代码第 50 行到第 55 行的 Flip()方法中，通过第 53 行设置小毛虫检测小毛虫 localScale 在 X 轴方向为相反方向，实现反向运动。

在代码第 57 行到第 66 行的 OnTriggerEnter2D()方法中，实现与人物发射子弹的碰撞检测。如果与子弹发生了碰撞检测（代码第 59 行），则将生命值 HP 减 1（代码第 59 行），代码第 63 行设置动画编辑器中的 Hurt，从而调用 Enemy1Hurt 动画。

在代码第 68 行到第 98 行的 Death()方法中，第 73 行首先不再显示所有的图片；第 77 行、78 行让小毛虫旋转；第 83 行设置 is Trigger 属性为 true，以便小毛虫与其他对象碰撞时，能够穿透其他对象；第 85、86 行只显示死亡时的图片；第 89 行随机播放死亡的声音；第 95 行显示死亡时的 100 分动画；第 97 行实现分数计分和显示，也就是说，小毛虫每死亡一个，就添加 100 分。

对于 JavaScript 开发者来说，在项目 Project 窗格中，选择 Scripts 文件夹，在右键出现的快捷菜单中选择“Create”→“Javascript”命令，创建一个 JavaScript 文件，修改该文件的名称为 enemyController.js，在 enemyController.js 中书写相关代码，见代码 7-28。

代码 7-28　enemyController 的 JavaScript 代码

```
 1: var moveSpeed:float = 4f;
 2: var HP:int = 2;
 3: var deadEnemy:Sprite;
 4: var damagedEnemy:Sprite;
 5: var deathClips:AudioClip[];
 6: var hundredPointsUI:GameObject;
 7:
 8: private var ren:SpriteRenderer;
 9: private var frontCheck:Transform;
10: private var dead:boolean = false;
11: private var anim:Animator;
12: private var score:score;
13:
14: function Awake()
```

```
15: {
16:  ren = transform.Find("enemy1-body").GetComponent("SpriteRenderer");
17:  frontCheck = transform.Find("frontCheck").transform;
18:  score = GameObject.Find("Score").GetComponent("score");
19:   anim = GetComponent("Animator");
20: }
21:
22: function FixedUpdate()
23: {
24:  var frontHits:Collider2D[]=Physics2D.
        OverlapPointAll(frontCheck.position, 1);
25:
26:  for(var c:Collider2D in frontHits)
27:  {
28:    if(c.tag == "Obstacle")
29:    {
30:      Flip();
31:      break;
32:    }
33:  }
34:
35:  rigidbody2D.velocity = new Vector2(transform.localScale.x
        * moveSpeed, rigidbody2D.velocity.y);
36:
37:  if(HP == 1 && damagedEnemy != null)
38:    ren.sprite = damagedEnemy;
39:
40:  if(HP <= 0 && !dead)
41:    Death();
42:
43: }
44:
45: function Flip()
46: {
47:  var enemyScale:Vector3 = transform.localScale;
48:  enemyScale.x *= -1;
49:  transform.localScale = enemyScale;
50: }
51:
52: function OnTriggerEnter2D(col:Collider2D)
53: {
54:  if(col.tag=="Bullet")
55:  {
56:    HP--;
57:
58:    anim.SetTrigger("Hurt");
59:
60:  }
```

```
61:
62: }
63:
64: function Death()
65: {
66:   var otherRenderers:SpriteRenderer[]=
          GetComponentsInChildren(SpriteRenderer);
67:
68:   for(var s:SpriteRenderer in otherRenderers)
69:     s.enabled = false;
70:
71:   dead = true;
72:
73:   rigidbody2D.fixedAngle = false;
74:   rigidbody2D.AddTorque(-50f);
75:
76:   var cols:Collider2D[] = GetComponents(Collider2D);
77:
78:   for(var c:Collider2D in cols)
79:     c.isTrigger = true;
80:
81:   ren.enabled = true;
82:   ren.sprite = deadEnemy;
83:
84:   var i:int = Random.Range(0, deathClips.Length);
85:   AudioSource.PlayClipAtPoint(deathClips[i], transform.position);
86:
87:   var scorePos:Vector3;
88:   scorePos = transform.position;
89:   scorePos.y += 1.5f;
90:
91:   Instantiate(hundredPointsUI, scorePos, Quaternion.identity);
92:
93:   score.score += 100;
94:
95: }
```

在上述 JavaScript 代码中，实现的主要功能是：实现小毛虫的左、右自动移动、碰撞检测以及 100 分动画和分数更新等。

代码第 1 行定义小毛虫左、右移动的速度 moveSpeed；第 2 行定义小毛虫的生命值；第 3 行、第 4 行设置小毛虫的死亡图片、损伤图片；第 5 行设置死亡时的声音文件数组；第 6 行则设置 100 分动画对象。

在代码第 14 行到第 20 行的 Awake()方法中，第 16 行获得 enemy1-body 对象中 SpriteRenderer 类型的 ren，以便后续代码设置死亡时的图片；第 17 行获得 frontCheck 对象，以便检测小毛虫是向左移动还是向右移动；第 18 行获得 UI 对象中的子对象 Score 中的 Score 代码，以便显示分数；第 19 行获得 Animator 类型的 anim 变量，以便控制动画。

在代码第 22 行到第 43 行的 FixedUpdate()方法中，第 24 行检测小毛虫 1 米范围内的碰撞检测，如果与标签为 Obstacle 的 env_TowerFull 的对象发生碰撞（代码第 28 行），则执行第 30 行语句，实现移动方向的改变，因此这里需要设置两个 env_TowerFull 对象的标签为 Obstacle。代码第 35 行设置小毛虫的左、右移动速度；第 37 行判断小毛虫的生命值是否为 1，从而更换为死亡的照片（代码第 38 行）；代码第 40 行判断是否死亡，执行 41 行语句。

在代码第 45 行到第 50 行的 Flip()方法中，通过第 48 行设置小毛虫检测小毛虫 localScale 在 X 轴方向为相反方向，实现反向运动。

在代码第 52 行到第 62 行的 OnTriggerEnter2D()方法中，实现与人物发射子弹的碰撞检测。如果与子弹发生了碰撞检测（代码第 54 行），则将生命值 HP 减 1（代码第 56 行），代码第 58 行，设置动画编辑器中的 Hurt，从而调用 Enemy1Hurt 动画。

在代码第 64 行到第 95 行的 Death()方法中，第 69 行首先不再显示所有的图片；第 73 行、74 行让小毛虫旋转；第 79 行设置 isTrigger 属性为 true，以便小毛虫与其他对象碰撞时，能够穿透其他对象；第 81、82 行只显示死亡时的图片；第 85 行随机播放死亡的声音；第 91 行显示死亡时的 100 分动画；第 93 行实现分数计分和显示，也就是说，小毛虫每死亡一个，就添加 100 分。

首先选择 EnemyController 代码文件或者 enemyController 代码文件，拖放到层次 Hierarchy 窗格中的 Enemy1 对象之上；设置 moveSpeed 的数值为 4，HP 为 1，表示生命值为 1，一旦被子弹击中一次就会死亡；拖放“Sprites”→“_Character”目录下的 char_enemy_alienSlug-dead 图片，到 deadEnemy 变量之中；分别拖放“Audio”→“Eenemy”目录下的三个声音文件，到 deathClip 数组之中；拖放 Prefabs 目录下 ui_100Points 预制件到 hundredPointsUI 变量之中。

然后在层次 Hierarchy 窗格中，首先选择 Enemy1 对象，然后单击菜单“Component”→“Physics 2D”→“Rigidbody 2D”命令，为人物 Enemy1 对象添加一个刚体。勾选刚体的 Fixed Angle 属性，不允许人物对象在屏幕中旋转；设置了 Gravity Scale 的数值为 1，表示使用重力属性。

单击菜单“Component”→“Physcis 2D”→“Circle Collider 2D”，为 Enemy1 对象的下方建立一个圆形碰撞体，设置 Circle Collider 2D 的 Radius 参数为 0.5，Center 参数为：X=0，Y=-0.19；再次单击菜单“Component”→“Physcis 2D”→“Box Collider 2D”，为 Enemy1 对象的上方建立一个长方形碰撞体，设置 Box Collider 2D 的 Size 参数为 X=0.8，Y=0.6；Center 参数为：X=0，Y=0.3。

最后完成以上设置之后的界面如图 7-121 所示。

运行游戏，可以看到：小毛虫可以自动判断方向而左、右移动，在运动中实现 Enemy1Walk 动画；一旦被击中，实现 Enemy1Hurt 动画，然后显示 100 分动画，并且添加 100 分的总计分。

最后在层次 Hierarchy 窗格中，选择 enemy1 对象，设置 tag 标签为 Enemy，Layer 为 Enemies，然后直接拖放到项目窗口的 Prefabs 目录之中，创建一个 enemy1 预制件；删除层次 Hierarchy 窗格中的 enemy1 对象。

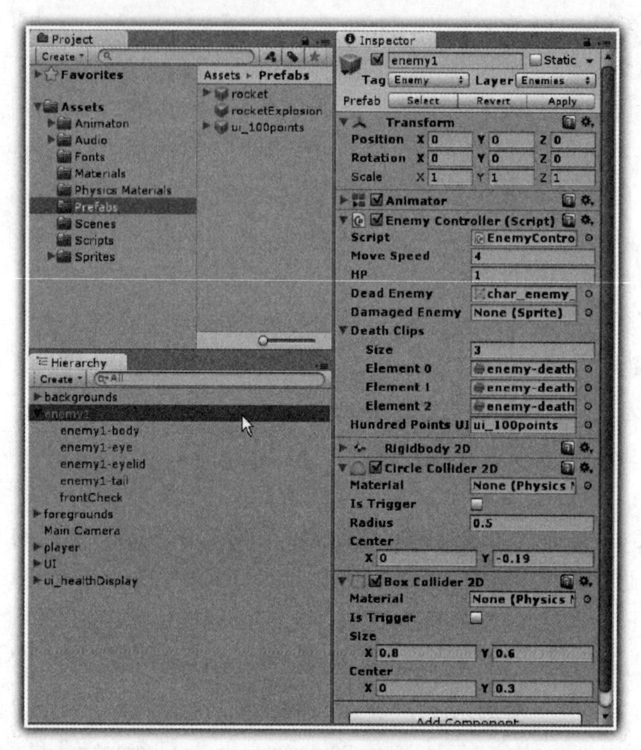

图 7-121　设置 enemy1 对象

7.4.3　飞船构建

飞船是两个种类敌人的另外一种，首先需要显示飞船，然后实现飞船的动画，最后实现飞溅对象等。

1. 显示飞船

单击菜单“GameObject”→“Create Empty”，创建一个空白对象，将该对象的名称修改为 enmey2，设置 enemy2 对象的 Position 参数为：X=0，Y=0，Z=0。

在项目 Project 窗格中，选择“Sprites”→“_Chorarcter”目录下的 char_enemy_alienShip 图片，拖放到层次 Hierarchy 窗格的 enemy2 对象之中，修改名称为 body，设置 Scale 参数为：X=0.25，Y=0.25，Z=0.25；Sorting Layer 设置为 Character；Order in Layer 设置为数字 1。

再次单击菜单“GameObject”→“Create Empty”，创建一个空白对象，将该对象的名称修改为 frontCheck，直接拖放到层次 Hierarchy 窗格的对象 enemy2 对象之中，然后设置 frontCheck 对象的 Position 参数为：X=2，Y=0，Z=0。

设置 enmey2 的 tag 标签为 Enemy，Layer 为 Enemies。

在层次 Hierarchy 窗格中，首先选择 Enemy2 对象，然后单击菜单“Component”→“Physics 2D”→“Rigidbody 2D”命令，为人物 Enemy2 对象添加一个刚体。勾选刚体的 Fixed Angle 属性，不允许人物对象在屏幕中旋转；设置了 Gravity Scale 的数值为 1，表示使用重力属性。

单击菜单“Component”→“Physcis 2D”→“Circle Collider 2D”，为 Enemy1 对象的下方

建立一个圆形碰撞体，设置 Circle Collider 2D 的 Radius 参数为 0.5，Center 参数为：X=0，Y=0。

修改 EnemyController 代码文件中的第 21 行，将“enemy1-body”修改为 body；修改 enemyController 代码文件中的第 16 行，将“enemy1-body”修改为 body；当然还需要修改 Prefabs 中 enemy1 子对象的 enemy1-body 名称为 body。

然后选择 EnemyController 代码文件或者 enemyController 代码文件，拖放到层次 Hierarchy 窗格中的 Enemy2 对象之上；设置 moveSpeed 的数值为 4，HP 为 2，表示生命值为 2，一旦被子弹击中两次才会死亡，击中一次将会出现损伤图片；拖放“Sprites”→“_Character”目录下的 char_enemy_alienShip-dead 图片，到 deadEnemy 变量之中；拖放“Sprites”→“_Character”目录下的 char_enemy_alienShip-damaged 图片，到 damagedEnemy 变量之中；分别拖放“Audio”→“Eenemy”目录下的三个声音文件，到 deathClip 数组之中；拖放 Prefabs 目录下 ui_100Points 预制件，到 hundredPointsUI 变量之中。

最后完成以上设置之后的界面如图 7-122 所示。

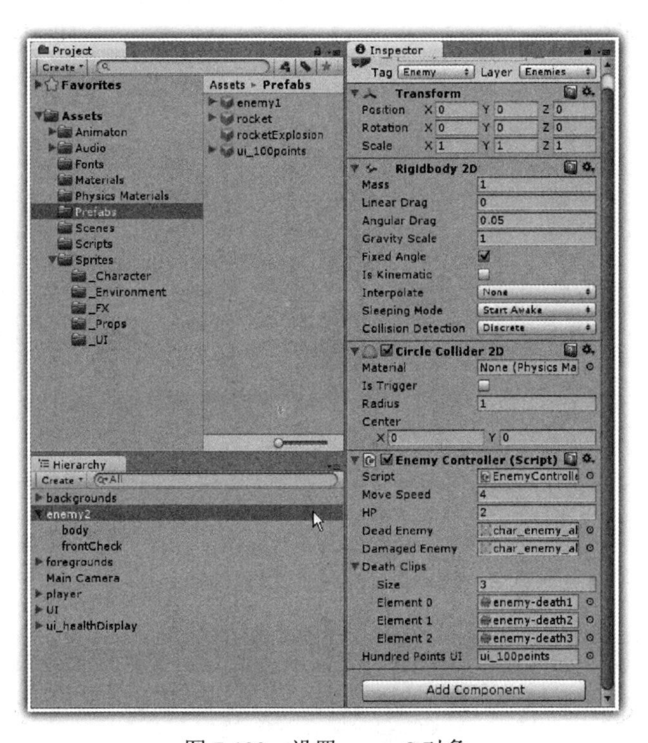

图 7-122　设置 enemy2 对象

运行游戏，可以看到：飞船可以自动判断方向而左、右移动；一旦被击中一次，出现损伤图片；被击中两次，则出现死亡图片，然后显示 100 分动画，并且添加 100 分的总计分。但是还缺少飞船的左、右移动动画。

2. 飞船动画

在层次 Hierarchy 窗格中，选择 enemy1 对象，然后单击菜单“Window”→“Animation”，在打开的动画编辑器界面中，单击“录制”按钮，此时会打开一个设置动画片段文件对话框，选择文件路径为“Animation”→“Clip”，输入动画片段的名称为 Enemy2Wobbe，单击“保存”按钮；然后会打开另外一个设置动画控制器文件对话框，选择文件路径为“Animation”→“Controller”，输入动画控制器的名称为 Enemy2，最后单击“保存”按钮即可。

在动画编辑器中，单击“Add Curve”按钮，在出现如图 7-123 所示的快捷菜单中，选择“Transform”→“Rotation”旁边的“+”按钮，此时打开如图 7-124 所示的界面。

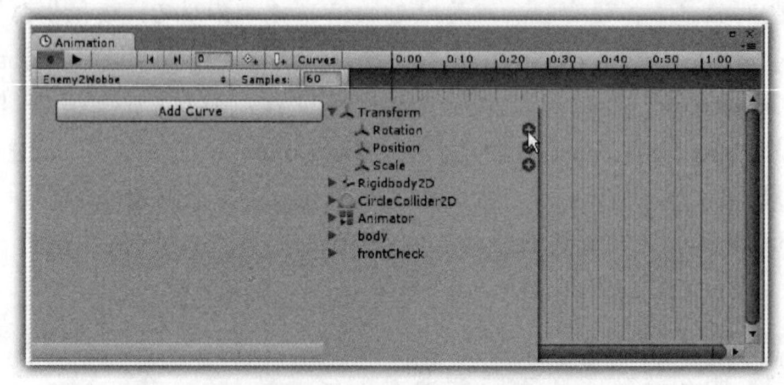

图 7-123　添加动画对象

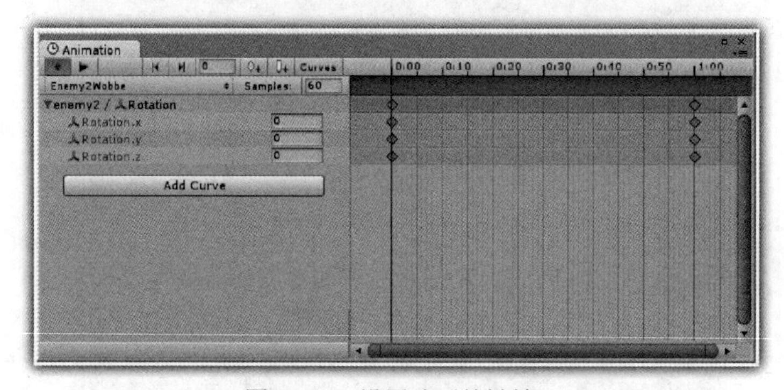

图 7-124　设置动画关键帧 1

在图 7-124 中，选择在开始处的关键帧 1 位置，设置如图所示的 Rotation 初始参数；然后移动关键帧到第 15 帧的位置，如图 7-125 所示。

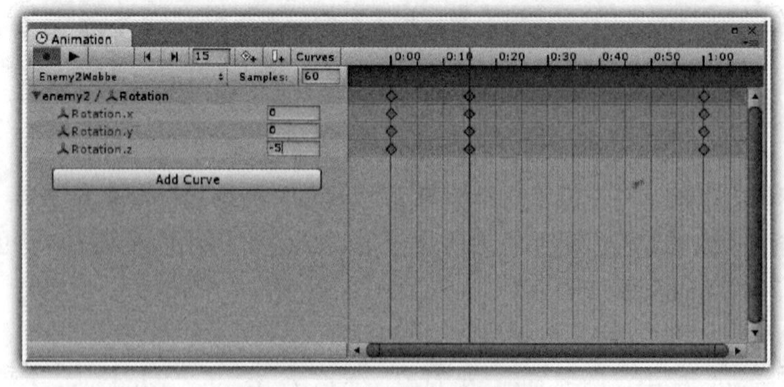

图 7-125　设置动画关键帧 1

在图 7-125 中，设置 Rotation.z 的参数为-5；移动关键帧到第 30 帧的位置，设置 Rotation.z 的参数为 0；移动关键帧到第 45 帧的位置，设置 Rotation.z 的参数为 5；在最后的第 60 帧的位置，参数仍然保持为默认的初始参数，这样的动画就是左右摇晃。

再次运行游戏，此时可以看到：飞船在左、右移动的过程中，正常运行左右摇晃的动画。

最后在层次 Hierarchy 窗格中，选择 enemy2 对象，然后直接拖放到项目窗口的 Prefabs 目录之中，创建一个 enemy2 预制件；删除层次 Hierarchy 窗格中的 enemy2 对象。

3. 飞溅对象

在塔桥防御游戏项目中，当人物，或者敌人（小毛虫、飞船）跌落到河中之时，将会出现飞溅效果，并被自动销毁。

下面说明如何创建飞溅对象，以及实现河中对象与所述对象的碰撞检测。

在项目 Project 窗格中，选择“Sprites”→“_FX”目录下的 splash_0 图片，拖放到层次 Hierarchy 窗格中，修改名称为 riverSplash，Sorting Layer 设置为 Foreground；Order in Layer 设置为数字 5；拖放 Scripts 目录下的 Destroyer 代码或者 destroyer 代码到 riverSplash 对象之中，以便后续的动画事件编程；拖放“Audio”→“FX”目录下的 waterSplash 声音文件到 riverSplash 对象之中，使得 riverSplash 对象播放声音，如图 7-126 所示。

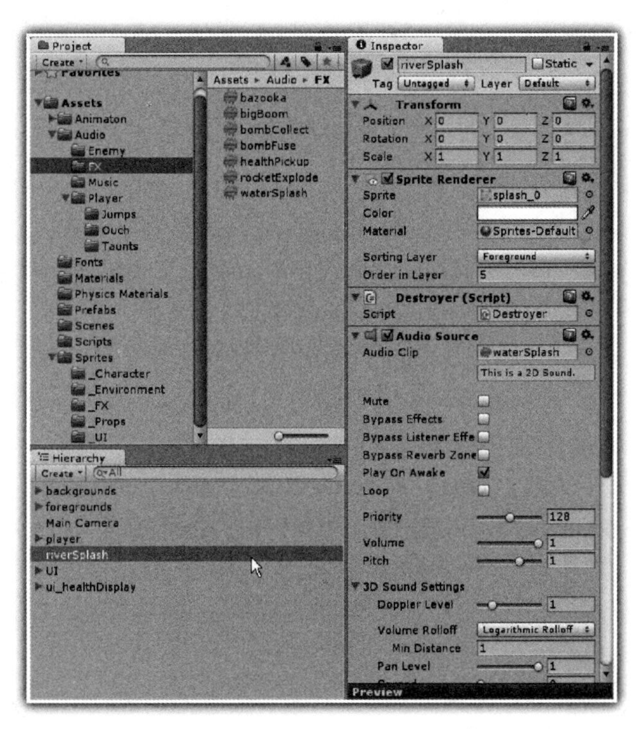

图 7-126　设置 riverSplash 对象

在层次 Hierarchy 窗格中，选择 riverSplash 对象，然后单击菜单“Window”→“Animation”，在打开的动画编辑器界面中，单击“录制”按钮，此时会打开一个设置动画片段文件对话框，选择文件路径为“Animation”→“Clip”，输入动画片段的名称为 RiverSplash，单击“保存”按钮；然后会打开另外一个设置动画控制器文件对话框，选择文件路径为“Animation”→“Controller”，输入动画控制器的名称为 RiverSplash，最后单击“保存”按钮即可。

在动画编辑器中，单击“Add Curve”按钮，在出现如图 7-127 所示的快捷菜单中，选择“SpriteRenderer”→“Sprite”旁边的“+”按钮，此时打开如图 7-128 所示的界面。

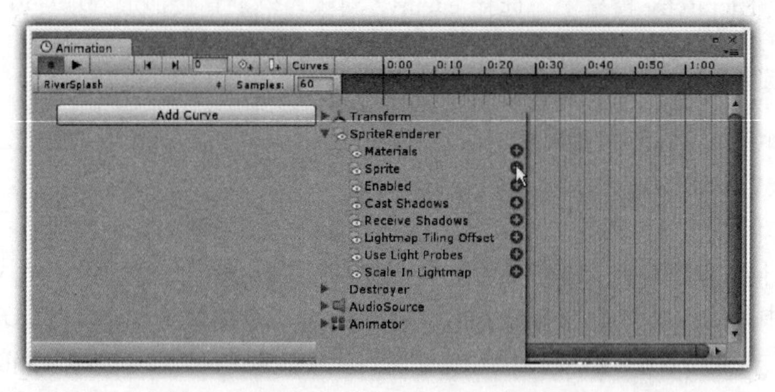

图 7-127　添加动画对象

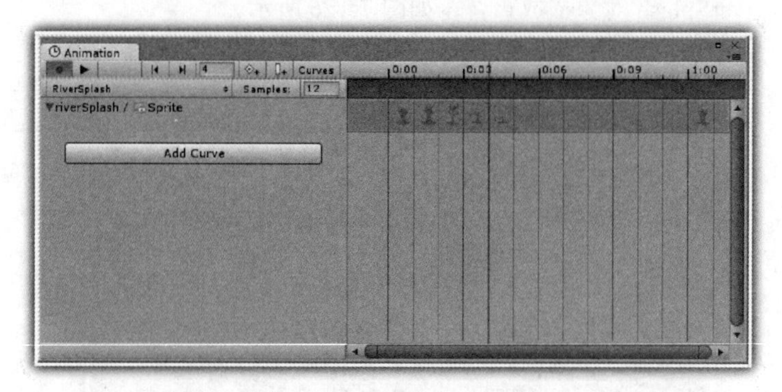

图 7-128　设置动画关键帧

在图 7-129 中，设置 Samples 参数为 12；单击“RiverSplash/Sprite”的左边展开按钮，在动画编辑器中显示图标；移动关键帧到第 1 帧的位置，选择“Sprites”→“_FX”目录下 splash_1 图片，拖放到动画编辑器中的关键帧中；同样道理，移动关键帧到第 2 帧的位置，选择“Sprites”→“_FX”目录下 splash_2 图片，拖放到动画编辑器中的关键帧中；移动关键帧到第 3 帧的位置，选择“Sprites”→“_FX”目录下 splash_3 图片，拖放到动画编辑器中的关键帧中；移动关键帧到第 4 帧的位置，选择“Sprites”→“_FX”目录下 splash_4 图片，拖放到动画编辑器中的关键帧中。

下面说明为该动画添加事件编程。

移动关键帧到 0:06 位置，单击“Add Event”按钮，在打开的编辑动画事件对话框中，选择 Destroyer 类中的 DestroyGameObject()方法，然后关闭对话框，就会为上述动画添加一个自动销毁动画对象的事件。

在层次 Hierarchy 窗格中，选择 riverSplash 对象，然后直接拖放到项目窗口的 Prefabs 目录之中，创建一个 riverSplash 预制件；删除层次 Hierarchy 窗格中的 riverSplash 对象。

下面介绍如何实现河中对象与所述对象的碰撞检测。

对于 C#开发者来说，在项目 Project 窗格中，选择 Scripts 文件夹，在右键出现的快捷菜单中选择“Create”→“C# Script”命令，创建一个 C#文件，修改该文件的名称为 KillTriggerController.cs，在 KillTriggerController.cs 中书写相关代码，见代码 7-29。

代码 7-29　KillTriggerController 的 C#代码

```
 1: using UnityEngine;
 2: using System.Collections;
 3:
 4: public class KillTriggerController : MonoBehaviour
 5: {
 6:
 7:  public GameObject splash;
 8:
 9:  void OnTriggerEnter2D(Collider2D col)
10:  {
11:   if(col.gameObject.tag == "Player")
12:     Application.LoadLevel(Application.loadedLevel);
13:   else
14:   {
15:     Instantiate(splash, col.transform.position, transform.rotation);
16:
17:     Destroy(col.gameObject);
18:   }
19:
20:  }
21:
22:}
```

在上述 C#代码中，实现的主要功能是：当人物跌落到河中之时，重新开始游戏；当敌人（小毛虫或者飞船）跌落到河中之时，出现飞溅效果，并销毁敌人对象。

代码第 7 行设置了 GameObject 类型的变量 splash，以便关联前面开发的飞溅对象 riverSplash 预制件。

在代码第 9 行到第 20 行所定义的 OnTrigger2Denter()方法中，如果是人物跌落到河之中（代码第 11 行），那么执行第 12 行语句，重新开始游戏；当敌人（小毛虫或者飞船）跌落到河中之时，执行第 15 行代码，出现飞溅效果，并销毁敌人对象（代码第 17 行）。

对于 JavaScript 开发者来说，在项目 Project 窗格中，选择 Scripts 文件夹，在右键出现的快捷菜单中选择“Create”→“Javascript”命令，创建一个 JavaScript 文件，修改该文件的名称为 killTriggerController.js，在 killTriggerController.js 中书写相关代码，见代码 7-30。

代码 7-30　killTriggerController 的 JavaScript 代码

```
1: var splash:GameObject;
2:
3:  function OnTriggerEnter2D(col:Collider2D)
4:  {
```

```
 5:
 6:   if(col.gameObject.tag == "Player")
 7:     Application.LoadLevel(Application.loadedLevel);
 8:   else
 9:   {
10:     Instantiate(splash, col.transform.position, transform.rotation);
11:
12:     Destroy (col.gameObject);
13:   }
14:
15: }
```

在上述 JavaScript 代码中，实现的主要功能是：当人物跌落到河中之时，重新开始游戏；当敌人（小毛虫或者飞船）跌落到河中之时，出现飞溅效果，并销毁敌人对象。

代码第 1 行设置了 GameObject 类型的变量 splash，以便关联前面开发的飞溅对象 riverSplash 预制件。

在代码第 3 行到第 13 行所定义的 OnTrigger2Denter()方法中，如果是人物跌落到河之中（代码第 6 行），那么执行第 7 行语句，重新开始游戏；当敌人（小毛虫或者飞船）跌落到河中之时，执行第 10 行代码，出现飞溅效果，并销毁敌人对象（代码第 12 行）。

选择 KillTriggerControllcr 代码文件或者 killTriggerController 代码文件，拖放到层次 Hierarchy 窗格中的 killTrigger 对象之上；拖放 Prefabs 目录下的 riverSplash 预制件到 splash 变量之中，如图 7-129 所示。

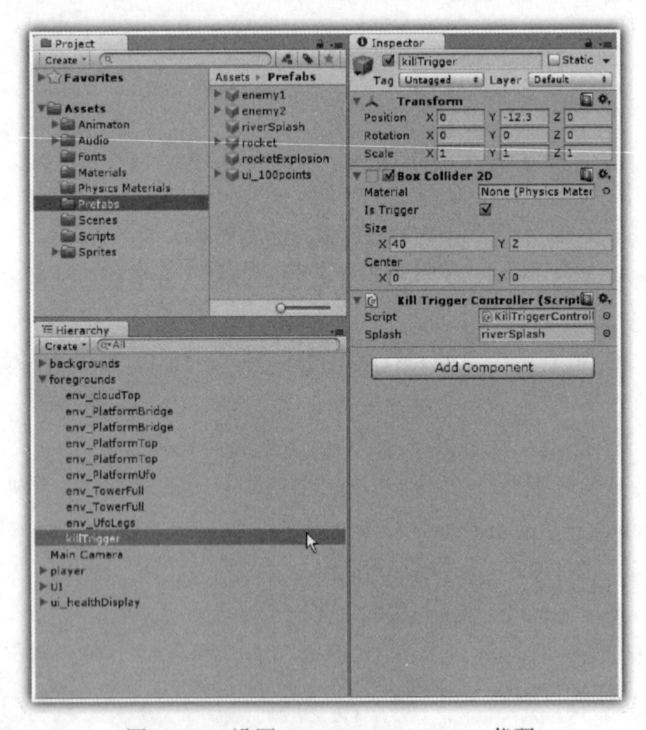

图 7-129　设置 KillTriggerController 代码

7.4.4　创建敌人

下面介绍如何在塔桥防御游戏项目中，随机地生成上述建立的小毛虫、飞船，并在生成的地方出现闪烁效果。

1．创建敌人

单击菜单“GameObject”→“Create Empty”，创建一个空白对象，然后将该对象的名称修改为 Spawners，设置 Spawners 对象的 Position 参数为：X=0，Y=17，Z=0，如图 7-130 所示。

再次单击菜单“GameObject”→“Create Empty”，创建一个空白对象，将该对象的名称修改为 spawner，将该 spawner 对象拖放到层次 Hierarchy 窗格中的 Spawners 对象之中，设置 spawner 对象的 Position 参数为：X=0，Y=0，Z=0，并设置该对象的图标为黄色，这样就会在游戏场景（Scene）中显示该对象的图标，如图 7-131 所示。

图 7-130　设置 Spawners

对于 C#开发者来说，在项目 Project 窗格中，选择 Scripts 文件夹，在右键出现的快捷菜单中选择“Create”→“C# Script”命令，创建一个 C#文件，修改该文件的名称为 Spawner.cs，在 Spawner.cs 中书写相关代码，见代码 7-31。

代码 7-31　Spawner 的 C#代码

```
1: using UnityEngine;
2: using System.Collections;
3:
4: public class Spawner : MonoBehaviour
5: {
6:
```

图 7-131　设置 spawner

```
 7:   public float spawnTime = 5f;
 8:   public float spawnDelay = 3f;
 9:   public GameObject[] enemies;
10:
11: void Start()
12: {
13:   InvokeRepeating("Spawn", spawnDelay, spawnTime);
14: }
15:
16: void Spawn()
17:   {
18:
19:   int enemyIndex = Random.Range(0, enemies.Length);
20:   Instantiate(enemies[enemyIndex], transform.position, transform.rotation);
21:
22:   foreach(ParticleSystem p in GetComponentsInChildren<ParticleSystem>())
23:   {
24:
25:     p.Play();
26:   }
27:
28:   }
29:
30:}
```

在上述 C#代码中，实现的主要功能是：定时随机选择敌人，生成敌人，并在生成敌人的地方出现闪烁效果。

代码第 7 行设置的 spawnTime 变量，表示游戏开始多长时间之后，第一次生成敌人；代码第 8 行设置的 spawnDelay 变量，表示游戏生成敌人的频率，也就是说，每隔多长时间生成敌人一次；第 9 行设置的数组变量 enemies，用于关联需要生成的敌人种类，如小毛虫 enemy1、飞船 enemy2 等。

代码第 13 行通过 InvokeRepeating()方法，不断调用 Spawan()方法，第一次调用的时间是在 spawnTime 时间之后，这里是在 5 秒之后；然后每隔 3 秒钟就调用 Spawan()方法一次。

在第 16 行到第 28 行的 Spawan()方法中，第 19 行随机获得敌人的种类，要么是小毛虫 enemy1，要么是飞船 enemy2；第 20 行实例化一个敌人；第 22 行到 26 行的循环语句，则是执行该对象所包括的子对象中的粒子系统，让该粒子系统播放，显示需要后面来实现该粒子系统。

对于 JavaScript 开发者来说，在项目 Project 窗格中，选择 Scripts 文件夹，在右键出现的快捷菜单中选择“Create”→“Javascript”命令，创建一个 JavaScript 文件，修改该文件的名称为 spawner.js，在 spawner.js 中书写相关代码，见代码 7-32。

代码 7-32 enemyController 的 JavaScript 代码

```
 1: var spawnTime:float = 5f;
 2: var spawnDelay:float = 3f;
 3: var enemies:GameObject[];
 4:
 5: function Start()
 6: {
 7:   InvokeRepeating("Spawn", spawnDelay, spawnTime);
 8: }
 9:
10: function Spawn()
11: {
12:
13:   var enemyIndex:int = Random.Range(0, enemies.Length);
14:   Instantiate(enemies[enemyIndex], transform.position, transform.rotation);
15:
16:   for(var p:ParticleSystem  in GetComponentsInChildren(ParticleSystem))
17:   {
18:     p.Play();
19:   }
20:
21: }
```

在上述 JavaScript 代码中，实现的主要功能是：定时随机选择敌人，生成敌人，并在生成敌人的地方出现闪烁效果。

代码第 1 行设置的 spawnTime 变量，表示游戏开始多长时间之后，第一次生成敌人；代码第 2 行设置的 spawnDelay 变量，表示游戏生成敌人的频率，也就是说，每隔多长时间生成敌人一次；第 3 行设置的数组变量 enemies，用于关联需要生成的敌人种类，如小毛虫 enemy1、飞船 enemy2 等。

代码第 7 行通过 InvokeRepeating()方法，不断调用 Spawan()方法，第一次调用的时间是在

spawnTime 时间之后，这里是在 5 秒之后；然后每隔 3 秒钟就调用 Spawan()方法一次。

在第 10 行到第 21 行的 Spawan()方法中，第 13 行随机获得敌人的种类，要么是小毛虫 enemy1，要么是飞船 enemy2；第 14 行实例化一个敌人；第 16 行到 19 行的循环语句，则是执行该对象所包括的子对象中的粒子系统，让该粒子系统播放，显示需要后面来实现该粒子系统。

选择 Spawner 代码文件或者 spawner 代码文件，拖放到层次 Hierarchy 窗格的 spawner 对象之上；设置 spawnTime 的数值为 4，spawnDelay 为 2；分别拖放 Prefabs 目录下的 enemy1、enemy2 预制件到 enemies 数组之中，如图 7-132 所示。

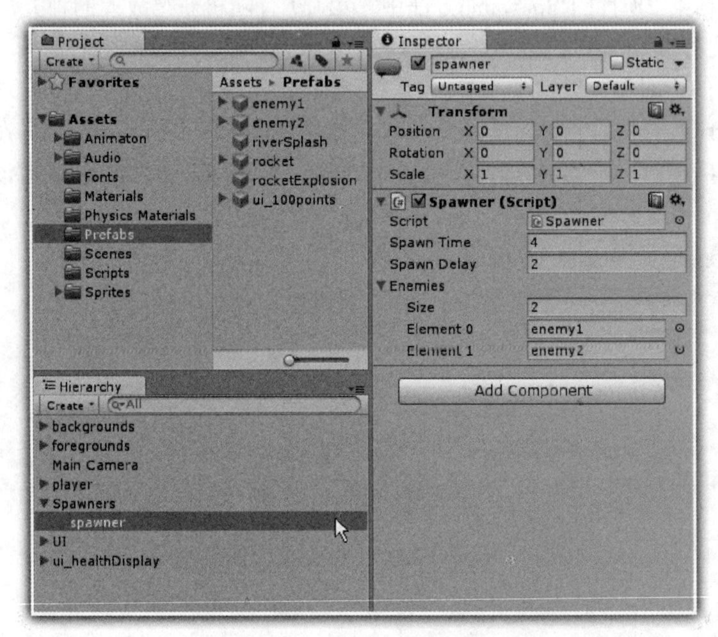

图 7-132　设置 Spawner 代码

2. 粒子系统

单击菜单“GameObject”→“Create Empty”，创建一个空白对象，将该对象的名称修改为 auro，将该 auro 对象拖放到层次 Hierarchy 窗格中的 spawner 对象之中，设置 auro 对象的 Position 参数为：X=0，Y=0，Z=0；单击菜单“Component”→“Effects”→“Particle System”，为 auro 对象添加一个粒子系统。

设置粒子系统的基本参数，如图 7-133 所示。

对于 Size over Lifttime 参数，设置的曲线如图 7-134 所示，曲线的开始地方纵坐标为 3，结束的地方纵坐标为 10；拖放项目 Project 窗口中 Materials 目录下的 part_star 材质到 Renderer 组件的 Material 变量之中。

完成了上述的粒子系统设置之后，在层次 Hierarchy 窗格中，选择 spawner 对象，按下 Ctrl+D 两次，复制两个 spawner 对象，在其中一个 spawner 对象中，设置 spawnTime 的数值为 5，spawnDelay 为 2.5；在另一个 spawner 对象中，设置 spawnTime 的数值为 3，spawnDelay 为 1.5，完成之后的界面如图 7-135 所示。

图 7-133　设置粒子系统 1

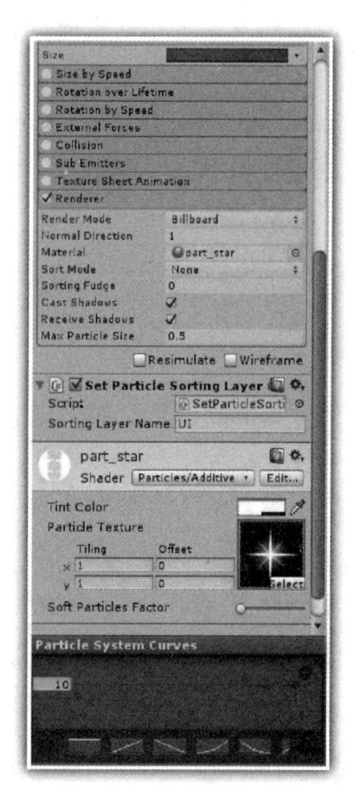

图 7-134　设置粒子系统 2

图 7-135　设置 Spawners 界面

运行游戏，可以看到：随机创建的小毛虫或者飞船从天而降，自由地左、右移动，但是它们相互之间，居然发生了相互碰撞，互相挤在了一起，如图 7-136 所示。

单击菜单“Edit”→“Project Settings”→“Physics 2D”，打开如图 7-137 所示的界面，在 Layer Collision Matrix 中，非勾选 Enemies 最右边的空格，表示具有层 Enemies 的所有对象之间，系统不再实施碰撞检测。

图 7-136　敌人之前相互碰撞

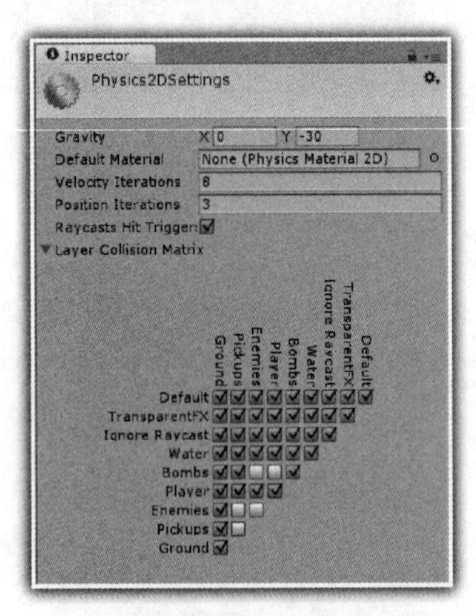

图 7-137　敌人之前相互碰撞

再次运行游戏，可以看到：多个小毛虫或者飞船，可以自由地左、右移动，它们相互之间不再发生相互碰撞。

7.5 其他对象构建

在塔桥防御游戏项目中，自动创建空降地雷或者空降医药包，人物可以拾取空降地雷或者空降医药包。

7.5.1　空降地雷构建

在塔桥防御游戏项目中，玩家可以拾取空降地雷，显示地雷图标，存放地雷，以便使用地雷消灭敌人。

1. 显示空降地雷

单击菜单“GameObject”→“Create Empty”，创建一个空白对象，将该对象的名称修改为 bombCrate，设置 bombCrate 对象的 Position 参数为：X=0，Y=5，Z=0。

在项目 Project 窗格中，选择“Sprites”→“_Props”目录下的 prop_crate_ammo 图片，直接拖放到层次 Hierarchy 窗格中的 bombCrate 对象之中，修改名称为 crate，设置 Scale 参数为：X=0.5，Y=0.5，Z=0.5；设置 Position 参数为：X=0，Y=0，Z=0；Sorting Layer 设置为 Foreground；Order in Layer 设置为数字 0。

选择“Sprites”→“_Props”目录下的 prop_parachute 图片，直接拖放到层次 Hierarchy 窗

格中的 bombCrate 对象之中，修改名称为 parachute，设置 Position 参数为：X=0，Y=-2，Z=0；Sorting Layer 设置为 Foreground；Order in Layer 设置为数字 0，如图 7-138 所示。

图 7-138　显示空降地雷

下面为空降地雷添加刚体和碰撞体。

在如图 7-138 所示的层次 Hierarchy 窗格中，选择 bombCrate 对象，然后单击菜单"Component"→"Physics 2D"→"Rigidbody 2D"命令，为 bombCrate 对象添加一个刚体，设置刚体中 Gravity Scale 的数值为 1，表示使用重力属性，然后设置 bombCrate 的 Layer 为 Pickups。

选择 bombCrate 对象中的子对象 crate，然后单击菜单"Component"→"Physcis 2D"→"Box Collider 2D"，为 crate 对象建立一个长方体碰撞体，设置该碰撞体的 Size 参数为：X=3.52，Y=2.88，设置对象 crate 的标签 tag 为 BombPickup；Layer 设置为 Pickups。

由于为空降地雷添加了刚体和碰撞体，此时运行游戏，可以看到：空降地雷降落到飞碟表面而不再继续降落，如图 7-139 所示。

2. 空降地雷动画

在层次 Hierarchy 窗格中，选择 bombCrate 对象，然后单击菜单"Window"→"Animation"，在打开的动画编辑器界面中，单击"录制"按钮，此时会打开一个设置动画片段文件对话框，选择文件路径为"Animation"→"Clip"，输入动画片段的名称为 FloatDown，单击"保存"按钮；然后会打开另外一个设置动画控制器文件对话框，选择文件路径为"Animation"→"Controller"，输入动画控制器的名称为 Crate，最后单击"保存"按钮即可。

在动画编辑器中，单击"Add Curve"按钮，在出现如图 7-140 所示的快捷菜单中，选择"Transform"→"Rotation"旁边的"+"按钮，此时打开如图 7-141 所示的界面。

图 7-139　空降地雷在飞碟表面

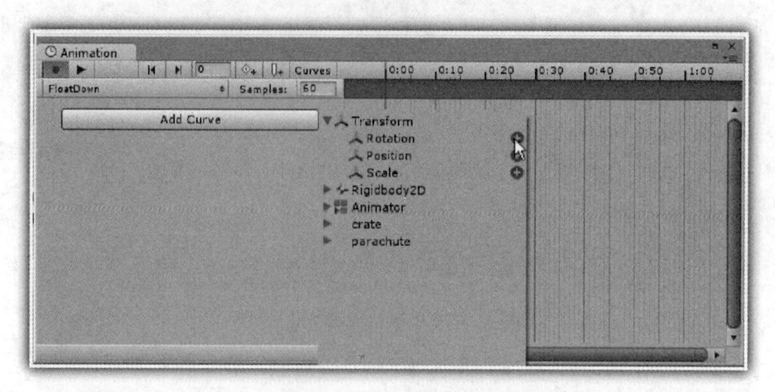

图 7-140　添加动画对象

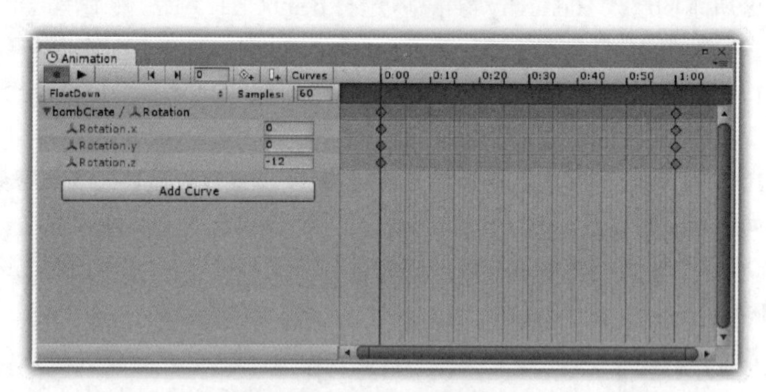

图 7-141　设置动画关键帧 1

在图 7-141 中，选择在开始处的关键帧 1 位置，设置 Rotation 的参数为：X=0，Y=0，Z=-12；然后移动关键帧到 0:30 帧的位置，如图 7-142 所示。

在图 7-141 中，设置 Rotation 的参数为：X=0，Y=0，Z=12；表示空降地雷先左摇晃 12 度，然后右摇晃 12 度；再次移动关键帧到 1:00 帧的位置，如图 7-143 所示。

在图 7-143 中，设置 Rotation 的参数为：X=0，Y=0，Z=-12；表示空降地雷继续左、右摇晃。

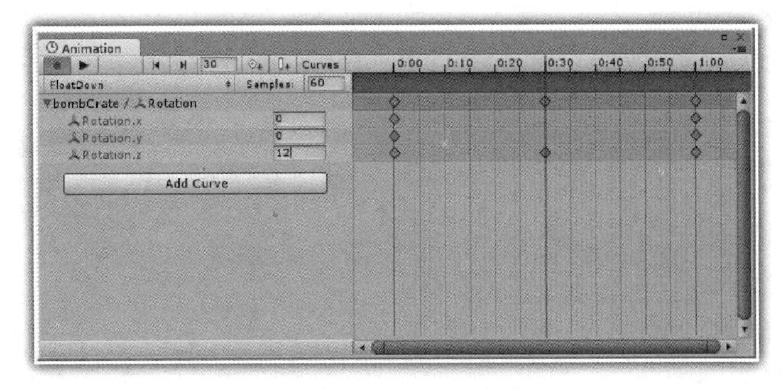

图 7-142　设置动画关键帧 2

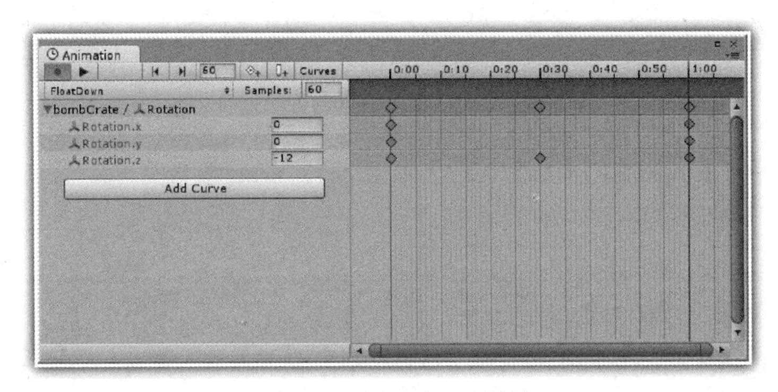

图 7-143　设置动画关键帧 3

在动画编辑器中，单击“FloatDown”按钮，在出现的快捷菜单中，选择“Create new Clip”命令，此时会打开一个设置动画片段文件对话框，选择文件路径为“Animation”→“Clip”，输入动画片段的名称为 BombLanding，单击“保存”按钮，此时就会添加一个 BombLanding 动画。

单击“Add Curve”按钮，在出现如图 7-144 所示的快捷菜单中，选择“parachute”→“Transform”→“Scale”旁边的“+”按钮，添加“parachute/Scale”动画对象。

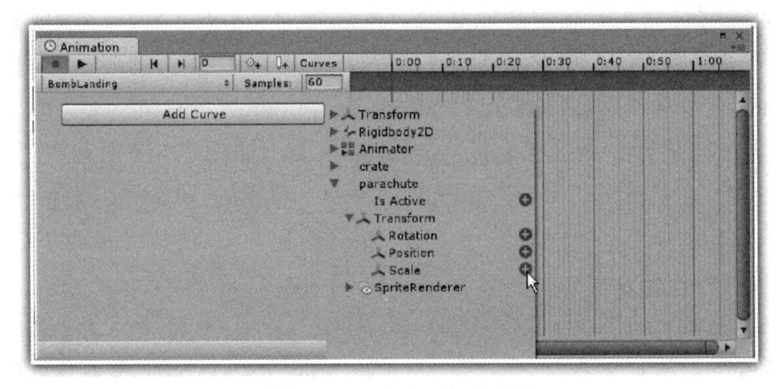

图 7-144　添加动画对象

再次单击“Add Curve”按钮，选择“parachute”→“Is Active”旁边的“+”按钮，添加“parachute/Is Active”动画对象，如图 7-145 所示。

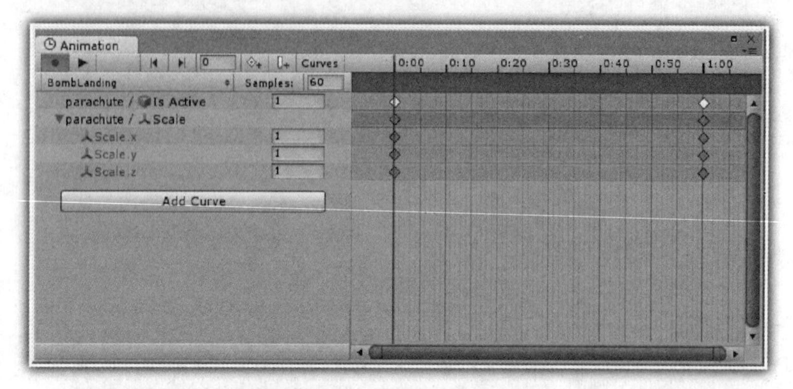

图 7-145　设置动画关键帧 1

在图 7-145 中，设置初始位置的 Is Active 参数为 1；Scale 参数为：X=1，Y=1，Z=1；然后移动关键帧到 1:00 帧的位置，如图 7-146 所示。

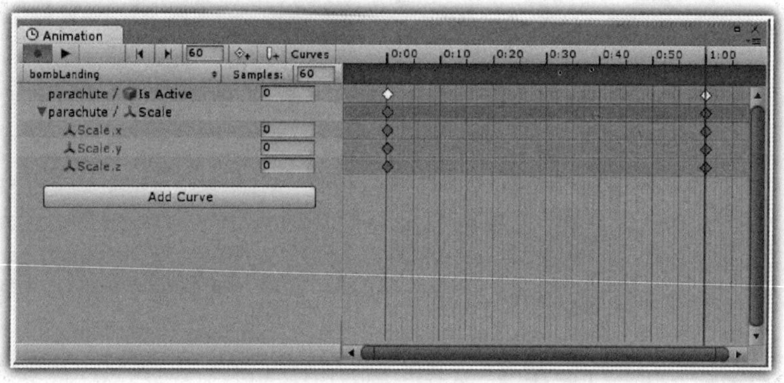

图 7-146　设置动画关键帧 2

在图 7-146 中，设置 Is Active 参数为 0；Scale 参数为：X=0，Y=0，Z=0；表示在 1 秒钟的动画之内，降落伞逐渐变小，直到全部消失。

在层次 Hierarchy 窗格中，选择 bombCrate 对象，在 bombCrate 对象的检视器中，单击其中的“Crate”控制器，就会打开动画状态机 Animator 界面，如图 7-147 所示。

新建一个从“FloatDown”状态到“BombLanding”状态的迁移线，新建一个 Trigger 类型的参数 Land，设置迁移条件为“Land”，如图 7-148 所示。

下面介绍如何书写代码实现空降地雷降落到地面的动画播放。

对于 C#开发者来说，在项目 Project 窗格中，选择 Scripts 文件夹，在右键出现的快捷菜单中选择“Create”→“C# Script”命令，创建一个 C#文件，修改该文件的名称为 PickupController.cs，在 PickupController.cs 中书写相关代码，见代码 7-33。

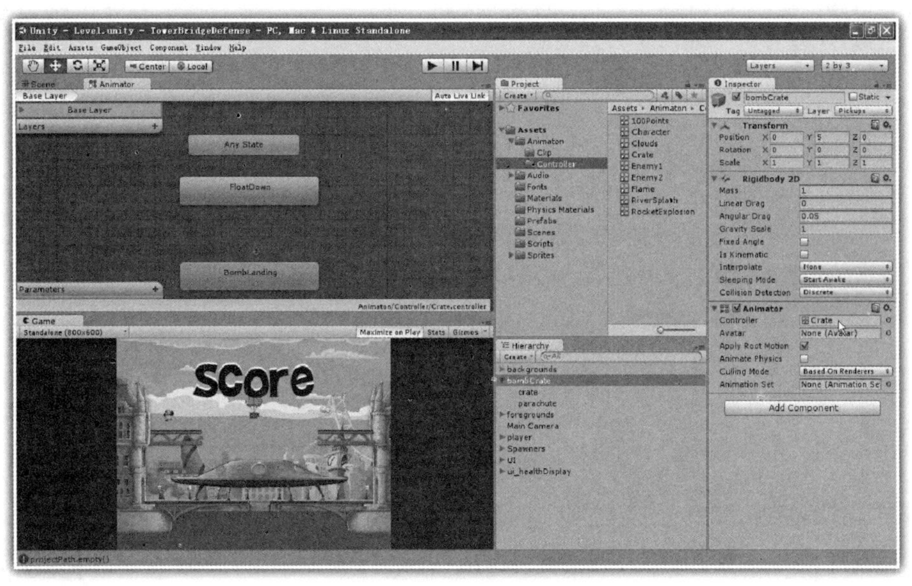

图 7-147　动画状态机

图 7-148　设置动画状态机

代码 7-33　PickupController 的 C#代码

```
1: using UnityEngine;
2: using System.Collections;
3:
4: public class PickupController : MonoBehaviour
5: {
6:
```

```
 7:   private Animator anim;
 8:   private bool landed = false;
 9:   private GameObject parentGameObject;
10:
11: void Awake()
12:   {
13:   anim = transform.root.GetComponent<Animator>();
14:   parentGameObject=transform.root.gameObject;
15: }
16:
17:   void OnTriggerEnter2D (Collider2D other)
18:   {
19:   if(other.tag == "ground" && !landed)
20:   {
21:     anim.SetTrigger("Land");
22:
23:     transform.parent = null;
24:     Destroy(parentGameObject);
25:     gameObject.AddComponent<Rigidbody2D>();
26:     landed = true;
27:
28:   }
29:
30:   }
31:
32:}
```

在上述 C#代码中，实现的主要功能是：空降地雷在下降过程中左、右摇晃，然后降落到地面（如飞碟表面），将会播放 BombLanding 动画，收起降落伞。

在代码第 11 行到第 15 行的 Awake()方法中，第 13 行获得父对象 bombCrate 中 Animator 组件的引用；第 14 行获得父对象 bombCrate 的引用。

在代码第 17 行到第 30 行的 OnTriggerEnter2D()方法中，实现空降地雷与地面（如飞碟）的碰撞检测。由于使用 OnTriggerEnter2D()方法，因此还需要在 crate 对象中添加一个碰撞体（如 Circle Collider 2D），并且设置 Is Trigger 属性才能满足碰撞检测条件。

第 21 行调用 BombLanding 动画；第 23 行、第 24 行删除父对象 bombCrate；第 25 行为降落到地面（如飞碟表面）的 crate 对象添加一个碰撞体，以便 crate 对象满足进一步碰撞检测的条件。

对于 JavaScript 开发者来说，在项目 Project 窗格中，选择 Scripts 文件夹，在右键出现的快捷菜单中选择“Create”→“Javascript”命令，创建一个 JavaScript 文件，修改该文件的名称为 pickupController.js，在 pickupController.js 中书写相关代码，见代码 7-34。

代码 7-34　pickupController 的 JavaScript 代码

```
1: private var anim:Animator;
2: private var landed:boolean = false;
3: private var parentGameObject:GameObject;
```

```
 4:
 5: function Awake()
 6: {
 7:   anim = transform.root.GetComponent(Animator);
 8:   parentGameObject=transform.root.gameObject;
 9:  }
10:
11: function OnTriggerEnter2D (other:Collider2D)
12:  {
13:   if(other.tag == "ground" && !landed)
14:   {
15:     anim.SetTrigger("Land");
16:
17:     transform.parent = null;
18:     Destroy(parentGameObject);
19:     gameObject.AddComponent<Rigidbody2D>();
20:     landed = true;
21:   }
22:
23:  }
```

在上述 JavaScript 代码中，实现的主要功能是：空降地雷在下降过程中左、右摇晃，然后降落到地面（如飞碟表面），将会播放 BombLanding 动画，收起降落伞。

在代码第 5 行到第 9 行的 Awake()方法中，第 7 行获得父对象 bombCrate 中 Animator 组件的引用；第 8 行获得父对象 bombCrate 的引用。

在代码第 11 行到第 22 行的 OnTriggerEnter2D()方法中，实现空降地雷与地面（如飞碟）的碰撞检测。由于使用 OnTriggerEnter2D()方法，因此还需要在 crate 对象中添加一个碰撞体（如 Circle Collider 2D），并且设置 Is Trigger 属性才能满足碰撞检测条件。

第 15 行调用 BombLanding 动画；第 17 行、第 18 行删除父对象 bombCrate；第 19 行为降落到地面（如飞碟表面）的 crate 对象添加一个碰撞体，以便 crate 对象满足进一步碰撞检测的条件。

下面需要为 crate 对象中添加一个碰撞体。

单击菜单“Component”→“Physcis 2D”→“Circle Collider 2D”，为 crate 对象建立一个圆形碰撞体，设置 Circle Collider 2D 的 Radius 参数为 2。

选择 PickupController 代码文件或者 pickupController 代码文件，拖放到层次 Hierarchy 窗格中的 crate 对象之上，如图 7-149 所示。

运行游戏，可以看到：空降地雷在降落伞的牵引下，左、右摇晃下降，当降落到地面时，就会收起降落伞，将地雷木箱放置在地面。

这里需要注意的是，由于书写的代码不够完善，空降地雷并没有播放应该出现的收起降落伞的动画过程。

下面说明如何修改上述代码，实现播放 BombLanding 动画，收起降落伞。

对于 C#开发者来说，在 PickupController.cs 中修改相关代码，见代码 7-35。

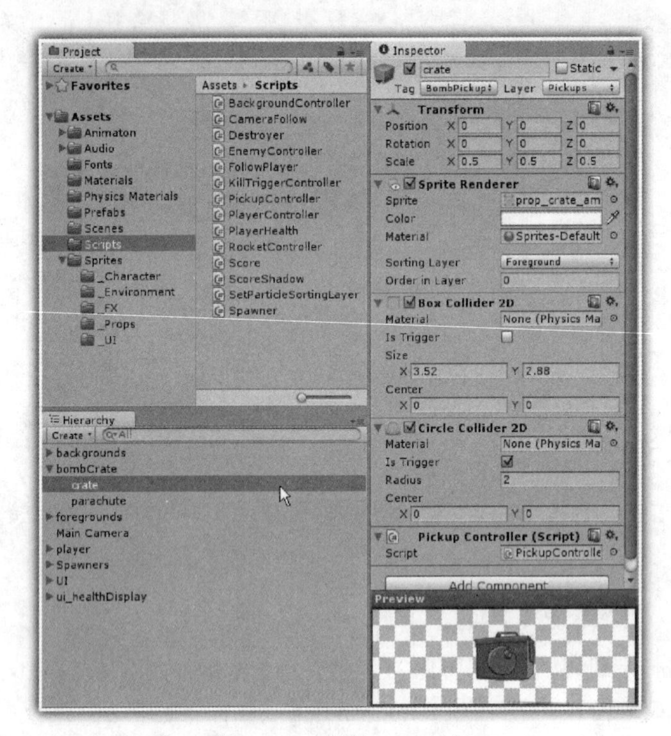

图 7-149　设置 crate 对象

代码 7-35　PickupController 的 C#代码

```
 1: using UnityEngine;
 2: using System.Collections;
 3:
 4: public class PickupController : MonoBehaviour
 5: {
 6:
 7:   private Animator anim;
 8:   private bool landed = false;
 9:   private GameObject parentGameObject;
10:
11: void Awake()
12:   {
13:   anim = transform.root.GetComponent<Animator>();
14:   parentGameObject=transform.root.gameObject;
15: }
16:
17:   void OnTriggerEnter2D(Collider2D other)
18:   {
19:   if(other.tag == "ground" && !landed)
20:   {
21:     anim.SetTrigger("Land");
22:
```

```
23:      StartCoroutine(WaitSeconds());
24:    landed = true;
25:   }
26:   }
27:
28: IEnumerator WaitSeconds()
29:   {
30:   yield return new WaitForSeconds(1.0f);
31:
32:   transform.parent = null;
33:   Destroy(parentGameObject);
34:   gameObject.AddComponent<Rigidbody2D>();
35:
36: }
37:}
```

在上述C#代码中，与代码7-33相比较，为实现延时1秒功能，以便执行代码21行，播放完毕收起降落伞的动画，添加了代码第28行到36行的WaitSeconds()方法。

这里需要说明的是，实现延时的WaitSeconds()方法，必须设置为IEnumerator类型的返回值，其中第30行设置延时1秒钟，然后再执行后续的第32行到第34行代码。

要调用延时的WaitSeconds()方法，需要采用第23行的StartCoroutine()方法。

对于JavaScript 开发者来说，在pickupController.js中修改相关代码，见代码7-36。

代码7-36　pickupController 的 JavaScript 代码

```
 1: private var anim:Animator;
 2: private var landed:boolean = false;
 3: private var parentGameObject:GameObject;
 4:
 5: function Awake()
 6: {
 7:  anim = transform.root.GetComponent(Animator);
 8:  parentGameObject=transform.root.gameObject;
 9:  }
10:
11: function OnTriggerEnter2D(other:Collider2D)
12:  {
13:   if(other.tag=="ground" && !landed)
14:   {
15:     anim.SetTrigger("Land");
16:
17:     WaitSeconds()
18:     landed = true;
19:   }
20:
21:  }
22:
23: function WaitSeconds()
24:  {
```

```
25:   yield new WaitForSeconds(1.0f);
26:
27:   transform.parent = null;
28:   Destroy(parentGameObject);
29:   gameObject.AddComponent(Rigidbody2D);
30:
31:  }
```

在上述 JavaScript 代码中，与代码 7-34 相比较，为实现延时 1 秒功能，以便执行代码 15 行，播放完毕收起降落伞的动画，添加了代码第 23 行到 31 行的 WaitSeconds()方法。

这里需要说明的是，为实现延时的 WaitSeconds()方法，第 25 行设置延时 1 秒钟，然后再执行后续的第 27 行到第 29 行代码。

要调用延时的 WaitSeconds()方法，直接采用第 17 行的方法即可。

再次运行游戏，此时可以看到：当空降地雷降落到地面之时，播放收起降落伞的动画，最后地雷木箱放置在地面。

3. 存放的地雷、地雷爆炸

存放的地雷在爆炸前出现爆炸火星，然后就出现地雷爆炸。

首先介绍如何创建地雷爆炸预制件。

为了在设置粒子系统时，能够看到设置粒子的效果，在层次 Hierarchy 窗格中选择 backgrounds 对象，在检视器中非勾选 backgrounds，不显示 backgrounds，如图 7-150 所示。

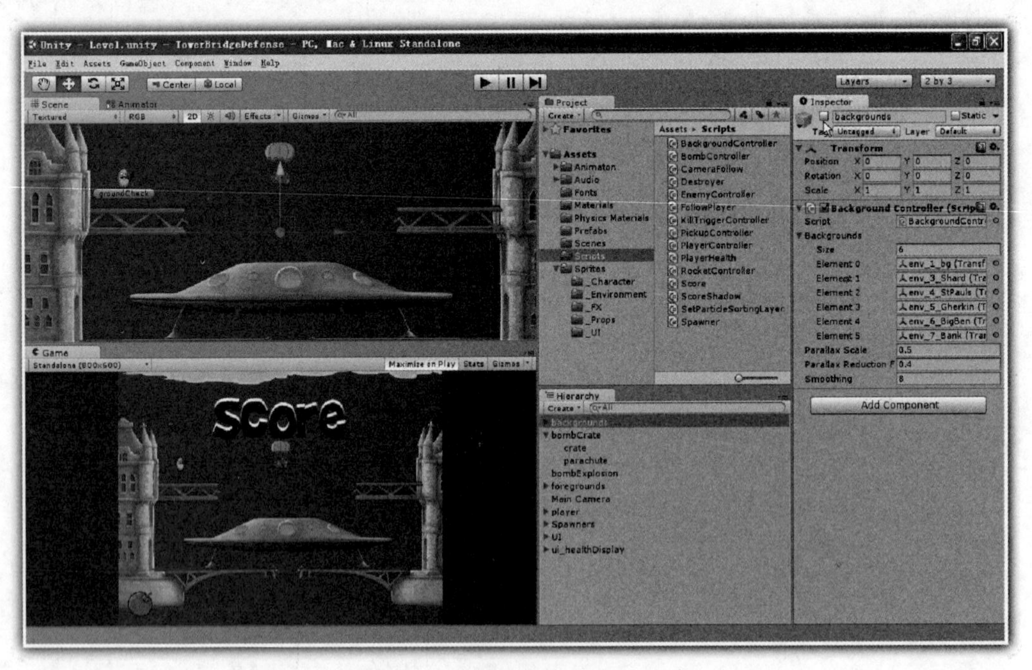

图 7-150　不显示 backgrounds 对象

单击菜单“GameObject”→“Create Empty”，创建一个空白对象，将该对象的名称修改为 bombExplosion，设置 bombExplosion 对象的 Position 参数为：X=0，Y=5，Z=0；Rotation 参数

为：X=270，Y=0，Z=0。

单击菜单“Component”→“Effects”→“Particle System”，为bombExplosion对象添加一个粒子系统。

在粒子系统中，设置Duration参数为1；非勾选Looping变量；设置Start Lifetime为1；Start Speed为20；Start Size为1；Start Rotation为0到180；Simulation Space为Local。在Emission属性中，设置Particles为30；Shape为Sphere，Raidus为0.5，如图7-151所示。

在图7-152中，勾选Render属性，在展开的参数中设置相关参数，选择项目Project窗格中Materials目录下的ExplosionParticle材质，拖放到Render属性中的Material变量之中；在Texture Sheet Animation属性中，设置Tiles中X=2，Y=2。

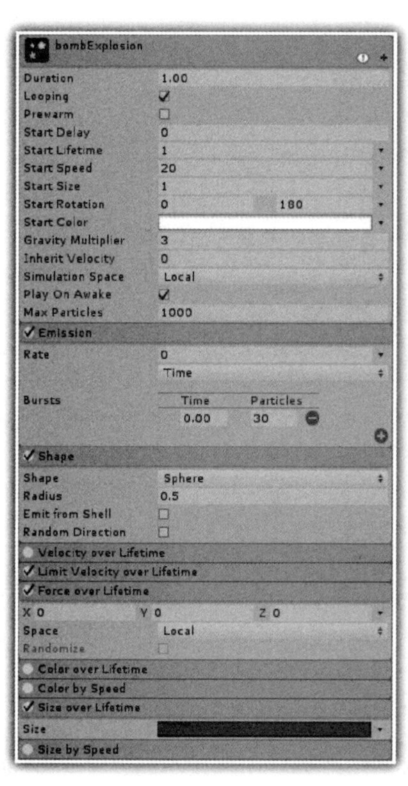

图7-151　设置粒子系统1

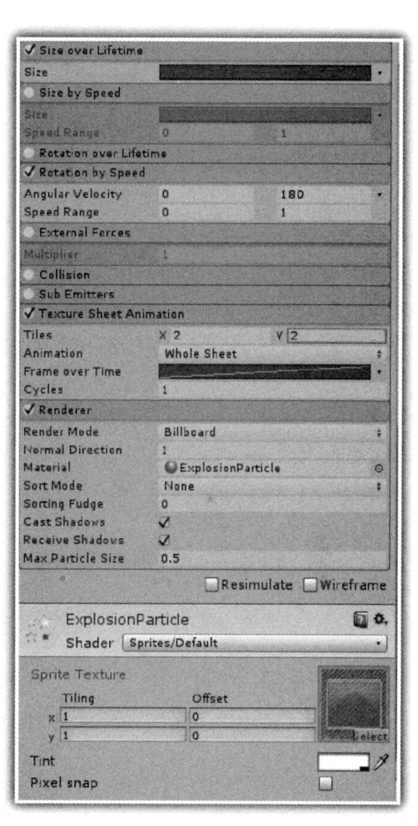

图7-152　设置粒子系统2

设置完成上述的粒子系统之后，选择Script目录中的SetParticleSortingLayer代码，拖放到bombExplosion对象之中，在Sorting Layer Name变量的右边输入Foreground；再次选择Script目录中的Destroyer代码，拖放到bombExplosion对象之中，如图7-153所示。

最后在层次Hierarchy窗格中，选择bombExplosion对象，然后直接拖放到项目窗口的Prefabs目录之中，创建一个bombExplosion预制件；删除层次Hierarchy窗格中的bombExplosion对象。

下面介绍存放的地雷，也就是出现火星的地雷。

选择“Sprites”→“_Props”目录下的prop_bomb图片，拖放到层次Hierarchy窗格中，修

改该对象的名称为 bomb，设置 Scale 参数为：X=0.5，Y=0.5，Z=0.5；Sorting Layer 设置为 Character；Order in Layer 设置为数字 3。在层次 Hierarchy 窗格中，首先选择 bomb 对象，然后单击菜单“Component”→“Physics 2D”→“Rigidbody 2D”命令，为 bomb 对象添加一个刚体。勾选刚体的 Fixed Angle 属性，不允许人物对象在屏幕中旋转；设置了 Gravity Scale 的数值为 1，表示使用重力属性。

再次单击菜单“Component”→“Physcis 2D”→“Circle Collider 2D”，为 bomb 对象建立一个圆形碰撞体，设置 Circle Collider 2D 的 Radius 参数为 1.28；最后设置 bomb 对象的 Layer 为 Bombs，如图 7-154 所示。

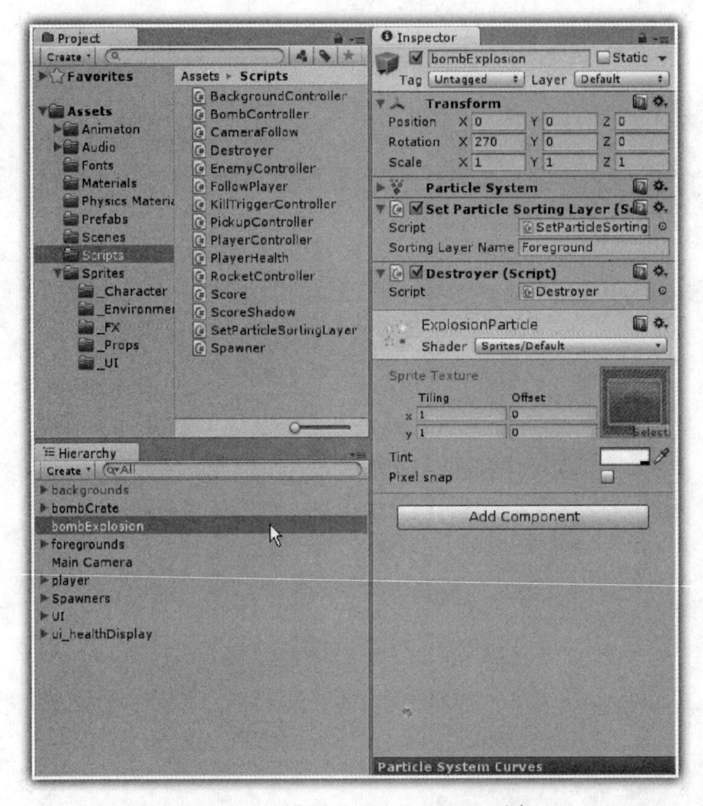

图 7-153　设置 bombExplosion 对象

单击菜单“GameObject”→“Create Empty”，创建一个空白对象，将该对象的名称修改为 spark，将该对象拖放到 bomb 对象之中，移动 spark 对象的位置到地雷引信的位置，设置 spark 对象的 Position 参数为：X=1.2，Y=1.1，Z=0；Rotation 参数为：X=-41.16，Y=90，Z=-90；Scale 参数为：X=2，Y=2，Z=2，如图 7-155 所示。

在图 7-155 中，单击菜单“Component”→“Effects”→“Particle System”，为 spark 对象添加一个粒子系统。

设置粒子系统的基本参数，分别如图 7-156 和图 7-157 所示。

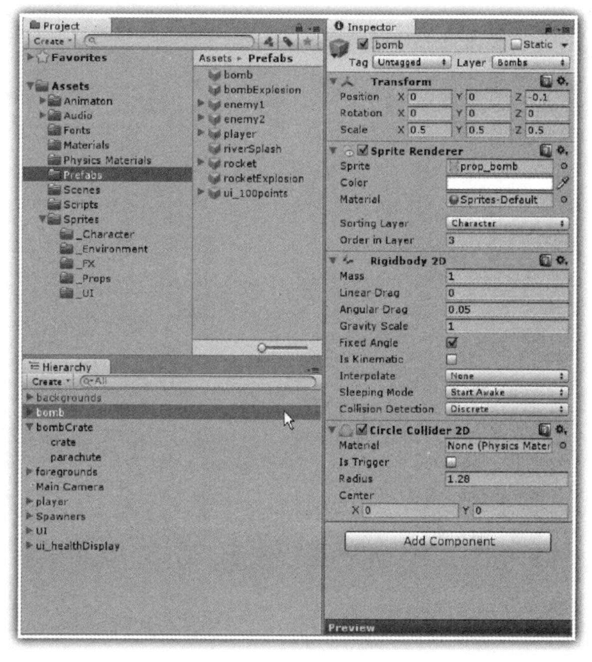

图 7-154　设置 bomb 对象

图 7-155　设置 spark 对象

在图 7-157 所示，选择 Script 目录中的 SetParticleSortingLayer 代码，拖放到 spark 对象之中，在 Sorting Layer Name 变量的右边输入 Character。

粒子系统的运行效果，如图 7-158 所示。

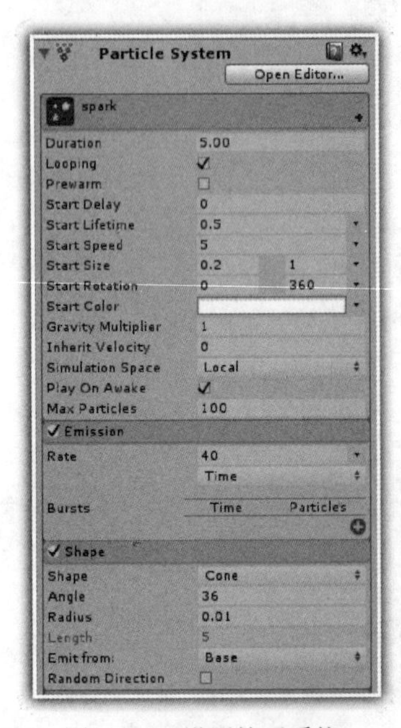

图 7-156　设置粒子系统 1

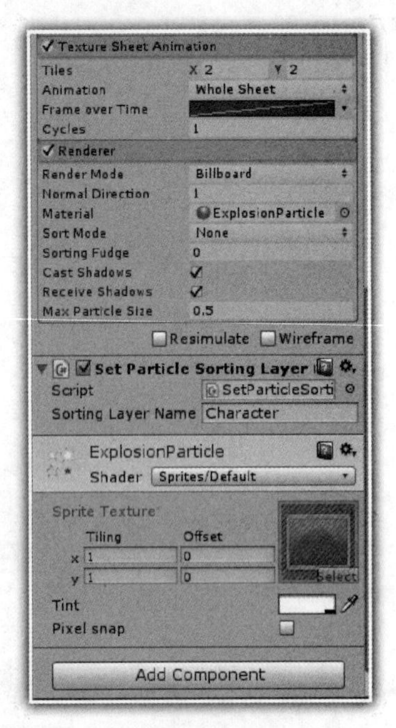

图 7-157　设置粒子系统 2

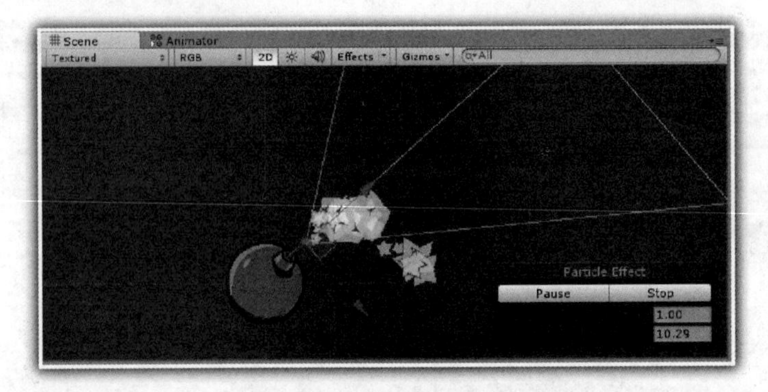

图 7-158　spark 对象的粒子效果

对于 C#开发者来说，在项目 Project 窗格中，选择 Scripts 文件夹，在右键出现的快捷菜单中选择“Create”→“C# Script”命令，创建一个 C#文件，修改该文件的名称为 BombController.cs，在 BombController.cs 中书写相关代码，见代码 7-37。

代码 7-37　BombController 的 C#代码

```
1: using UnityEngine;
2: using System.Collections;
3:
4: public class BombController:MonoBehaviour
5: {
6:
7:    public float bombRadius = 10f;
```

```
 8: public float bombForce = 100f;
 9: public AudioClip boom;
10: public AudioClip fuse;
11: public GameObject explosion;
12: public bool bombLaid=false;
13:
14: void Start()
15: {
16:  if(transform.root == transform)
17:    StartCoroutine(BombDetonation());
18: }
19:
20: IEnumerator BombDetonation()
21: {
22:  AudioSource.PlayClipAtPoint(fuse, transform.position);
23:
24:  yield return new WaitForSeconds(2);
25:  Explode();
26: }
27:
28: public void Explode()
29: {
30:
31:  bombLaid = false;
32:
33:  Collider2D[] enemies = Physics2D.OverlapCircleAll(transform.position,
        bombRadius, 1 << LayerMask.NameToLayer("Enemies"));
34:
35:  foreach(Collider2D en in enemies)
36:  {
37:    Rigidbody2D rb = en.rigidbody2D;
38:
39:    if(rb!= null && rb.tag == "Enemy")
40:    {
41:      rb.gameObject.GetComponent<EnemyController>().HP = 0;
42:
43:      Vector3 deltaPos = rb.transform.position - transform.position;
44:      Vector3 force = deltaPos.normalized * bombForce;
45:      rb.AddForce(force);
46:
47:    }
48:  }
49:
50:  Instantiate(explosion,transform.position, Quaternion.identity);
51:
52:  AudioSource.PlayClipAtPoint(boom, transform.position);
53:  Destroy(gameObject);
54: }
55:
56:}
```

在上述 C#代码中，实现的主要功能是：首先播放地雷燃烧引信的声音约 2 秒钟，然后调用地雷爆炸效果，播放地雷爆炸的声音；并检测 10 米之内是否存在敌人，如果存在则消灭敌人。

代码第 17 行调用延时方法 BombDetonation()；在代码第 20 行到第 26 行的 BombDetonation()延时方法中，第 22 行播放地雷燃烧引信的声音；第 24 行延时 2 秒钟；第 25 行调用 Explode()方法。

在代码第 28 行到第 54 行的 Explode()方法中，第 31 行设置 bombLaid 变量为 false，表明不能连续放置对个地雷；第 33 行检测 10 米之内是否存在敌人；第 35 行到 48 行的循环语句中，第 41 行设置敌人的生命值为 0；并在第 45 行给敌人添加一个爆炸力。第 50 行实例化地雷爆炸对象；第 52 行播放地雷爆炸的声音；第 53 行自动销毁地雷对象。

对于 JavaScript 开发者来说，在项目 Project 窗格中，选择 Scripts 文件夹，在右键出现的快捷菜单中选择“Create”→“Javascript”命令，创建一个 JavaScript 文件，修改该文件的名称为 bombController.js，在 bombController.js 中书写相关代码，见代码 7-38。

代码 7-38　bombController 的 JavaScript 代码

```
 1: var bombRadius:float = 10f;
 2: var bombForce:float = 100f;
 3: var boom:AudioClip;
 4: var fuse:AudioClip;
 5: var explosion:GameObject;
 6: var bombLaid:boolean=false;
 7:
 8: function Start()
 9: {
10:   if(transform.root==transform)
11:     BombDetonation();
12:
13: }
14:
15: function BombDetonation()
16:  {
17:   AudioSource.PlayClipAtPoint(fuse, transform.position);
18:
19:   yield new WaitForSeconds(2);
20:
21:   Explode();
22: }
23:
24: function Explode()
25:  {
26:
27:   bombLaid = false;
28:
29:    var enemies:Collider2D[]=Physics2D.OverlapCircleAll(transform.position,
          bombRadius, 1 << LayerMask.NameToLayer("Enemies"));
30:
31:   for(var en:Collider2D in enemies)
32:   {
33:     var rb:Rigidbody2D=en.rigidbody2D;
34:
35:     if(rb!= null && rb.tag=="Enemy")
```

```
36:    {
37:      rb.gameObject.GetComponent(enemyController).HP = 0;
38:
39:       var deltaPos:Vector3=rb.transform.position - transform.position;
40:
41:       var force:Vector3=deltaPos.normalized * bombForce;
42:      rb.AddForce(force);
43:    }
44:
45:  }
46:
47:  Instantiate(explosion,transform.position, Quaternion.identity);
48:
49:  AudioSource.PlayClipAtPoint(boom, transform.position);
50:
51:  Destroy(gameObject);
52:
53: }
```

在上述 JavaScript 代码中，实现的主要功能是：首先播放地雷燃烧引信的声音约 2 秒钟，然后调用地雷爆炸效果，播放地雷爆炸的声音；并检测 10 米之内是否存在敌人，如果存在则消灭敌人。

代码第 11 行调用延时方法 BombDetonation()；在代码第 15 行到第 22 行的 BombDetonation()延时方法中，第 17 行播放地雷燃烧引信的声音；第 19 行延时 2 秒钟；第 21 行调用 Explode()方法。

在代码第 24 行到第 53 行的 Explode()方法中，第 27 行设置 bombLaid 变量为 false，表明不能连续放置多个地雷；第 29 行检测 10 米之内是否存在敌人；第 31 行到 45 行的循环语句中，第 37 行设置敌人的生命值为 0；并在第 42 行给敌人添加一个爆炸力。第 47 行实例化地雷爆炸对象；第 49 行播放地雷爆炸的声音；第 51 行自动销毁地雷对象。

选择 BombController 代码文件或者 bombController 代码文件，拖放到层次 Hierarchy 窗格中的 Bomb 对象之上；分别拖放“Audio”→“FX”目录下的 bingBoom、bombFuse 声音文件到 bomb、fuse 变量之中；选择 Prefabs 目录下的 bombExplosion 预制件，拖放到 explosion 变量之中，设置 tag 标签为 bomb，如图 7-159 所示。

此时运行游戏，可以看到：存放的地雷在引信位置冒着火星，然后发生爆炸。

在层次 Hierarchy 窗格中，选择 bomb 对象，直接拖放到项目窗口的 Prefabs 目录之中，创建一个 bomb 预制件；删除层次 Hierarchy 窗格中的 bomb 对象。

最后在层次 Hierarchy 窗格中选择 backgrounds 对象，在检视器中勾选 backgrounds，恢复显示 backgrounds。

4. 拾取、存放空降地雷

在塔桥防御游戏项目中，当人物接触到空降地雷时，就会拾取地雷；当右键时，则会存放地雷。

下面首先介绍如何显示地雷图标，然后说明如何存放地雷以及如何拾取地雷。

单击菜单“Game Object”→“Create Other”→“GUI Texture”，修改该对象的名称为

ui_bombHUD，拖放到层次 Hierarchy 窗格中的 UI 对象之中，设置 Position 参数为：X=0，Y=0，Z=0；选择“Sprites”→“_Props”目录下的 prop_bomb 图片，拖放到 Texture 变量之中；设置 Pixel Inset 参数为：X=10，Y=10；W=35，H=35，如图 7-160 所示。

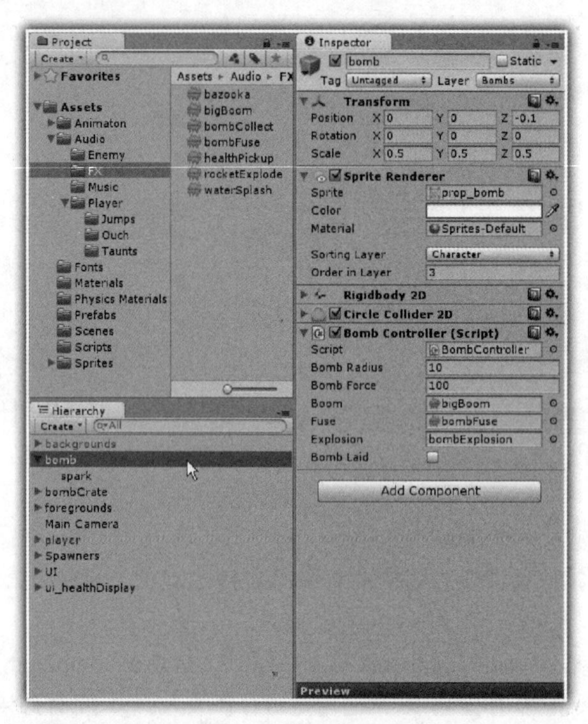

图 7-159　设置 bombController

图 7-160　设置地雷图标

对于C#开发者来说，在项目 Project 窗格中，选择 Scripts 文件夹，在右键出现的快捷菜单中选择“Create”→“C# Script”命令，创建一个C#文件，修改该文件的名称为 LayBombs.cs，在 LayBombs.cs 中书写相关代码，见代码 7-39。

代码 7-39　LayBombs 的 C#代码

```
 1: using UnityEngine;
 2: using System.Collections;
 3:
 4: public class LayBombs : MonoBehaviour
 5: {
 6:   [HideInInspector]
 7:   public bool bombLaid=false;
 8:   public int bombCount=0;
 9:   public AudioClip bombsAway;
10:   public GameObject bomb;
11:
12:   private GUITexture bombHUD;
13:
14:  void Awake()
15:   {
16:    bombHUD = GameObject.Find("ui_bombHUD").guiTexture;
17:
18:   }
19:
20: void Update()
21:   {
22:   if(Input.GetButtonDown("Fire2") && !bombLaid && bombCount > 0)
23:   {
24:     bombCount--;
25:
26:     bomb.GetComponent<BombController>().bombLaid = true;
27:     bombLaid=true;
28:     AudioSource.PlayClipAtPoint(bombsAway,transform.position);
29:
30:     Instantiate(bomb, transform.position, transform.rotation);
31:
32:   }
33:
34:   bombHUD.enabled = bombCount > 0;
35:
36:   }
37:
38:}
```

在上述 C#代码中，实现的主要功能是：当地雷数量大于 0 时，显示地雷图标；右键时可以放置地雷，播放存放地雷的声音，显示地雷引信处的火花，然后地雷发生爆炸。

代码第 16 行获得地雷图标的引用，通过代码第 34 行设置地雷图标是否显示；如果地雷数量大于 0 时，就会显示地雷图标。

当右键时，地雷数量大于 0，并且 bombLaid 为 false 的时候（代码第 22 行），就可以存放地雷，代码第 28 行播放存放地雷的声音，代码第 30 行实例化地雷。

对于 JavaScript 开发者来说，在项目 Project 窗格中，选择 Scripts 文件夹，在右键出现的快捷菜单中选择“Create”→“Javascript”命令，创建一个 JavaScript 文件，修改该文件的名称为 layBombs.js，在 layBombs.js 中书写相关代码，见代码 7-40。

代码 7-40　layBombs 的 JavaScript 代码

```
 1: @HideInInspector
 2: var bombLaid:boolean = false;
 3:
 4: var bombCount:int = 0;
 5: var bombsAway:AudioClip;
 6: var bomb:GameObject;
 7:
 8: private var bombHUD:GUITexture;
 9:
10:  function Awake()
11:  {
12:   bombHUD = GameObject.Find("ui_bombHUD").guiTexture;
13:
14:  }
15:
16: function Update()
17:  {
18:
19:   if(Input.GetButtonDown("Fire2") && !bombLaid && bombCount > 0)
20:   {
21:     bombCount--;
22:
23:     bomb.GetComponent(bombController).bombLaid = true;
24:     bombLaid=true;
25:     AudioSource.PlayClipAtPoint(bombsAway,transform.position);
26:
27:     Instantiate(bomb, transform.position, transform.rotation);
28:
29:   }
30:
31:   bombHUD.enabled = bombCount > 0;
32:
33:  }
```

在上述 JavaScript 代码中，实现的主要功能是：当地雷数量大于 0 时，显示地雷图标；右键时可以放置地雷，播放存放地雷的声音，显示地雷引信处的火花，然后地雷发生爆炸。

代码第 12 行获得地雷图标的引用，通过代码第 31 行设置地雷图标是否显示；如果地雷数量大于 0 时，就会显示地雷图标。

当右键时，地雷数量大于 0，并且 bombLaid 为 false 的时候（代码第 19 行），就可以存放地雷，代码第 25 行播放存放地雷的声音，代码第 27 行实例化地雷。

选择 LayBombs 代码文件或者 layBombs 代码文件，拖放到层次 Hierarchy 窗格中的 player 对象之上，为测试改代码，设置 bombCount 变量为 1；拖放“Audio”→“Player”→“Taunts”目录下的 player-bombsAway 声音文件，到 bombAway 变量之中；选择 Prefabs 目录下的 bomb 预制件，拖放到 bomb 变量之中。

运行游戏，可以看到：由于设置了 bombCount 变量为 1，地雷的数量大于 0，因此在游戏屏幕的左下方，显示了地雷图标；有了地雷图标，表示玩家就可以防止地雷来消灭敌人；右键就可以存放地雷，并播放存放地雷的声音；地雷在引信处冒着火花，大约 2 秒钟后就发生爆炸，同时播放爆炸声音；在地雷附近 10 米之内的敌人，都可以被消灭。

如图 7-161 所示是存放地雷时的游戏运行界面，从图中可以看出：地雷在引信位置冒着火星，此时的分数为 0。

当地雷爆炸时，在地雷 10 米之内的敌人，都可以被消灭。地雷爆炸时的游戏运行界面，如图 7-162 所示；此时地雷消灭了三个敌人，分数显示为 300 分。

图 7-161　存放地雷

图 7-162　地雷爆炸

下面介绍如何让玩家人物拾取地雷。

对于 C#开发者来说，在 PickupController.cs 中修改相关代码，见代码 7-41。

代码 7-41　PickupController 的 C#代码

```
 1: using UnityEngine;
 2: using System.Collections;
 3:
 4: public class PickupController : MonoBehaviour
 5: {
 6:
 7:   private Animator anim;
 8:   private bool landed = false;
 9:   private GameObject parentGameObject;
10:   public AuidoClip pickupClip;
```

```
11: void Awake()
12:   {
13:   anim = transform.root.GetComponent<Animator>();
14:   parentGameObject=transform.root.gameObject;
15: }
16:
17:   void OnTriggerEnter2D (Collider2D other)
18:   {
19:   if(other.tag == "Player")
20:   {
21:     AudioSource.PlayClipAtPoint(pickupClip, transform.position);
22:
23:     other.GetComponent<LayBombs>().bombCount++;
24:
25:     Destroy(transform.root.gameObject);
26:     }
27:   else if(other.tag == "ground" && !landed)
28:   {
29:     anim.SetTrigger("Land");
30:
31:     StartCoroutine(WaitSeconds());
32:     landed = true;
33:   }
34:   }
35:
36: IEnumerator WaitSeconds()
37:   {
38:   yield return new WaitForSeconds(1.0f);
39:
40:   transform.parent = null;
41:   Destroy(parentGameObject);
42:   gameObject.AddComponent<Rigidbody2D>();
43:
44: }
45:}
```

在上述 C#代码中，与代码 7-35 相比较，添加了代码第 10 行，用于关联拾取地雷的声音文件；添加了代码第 19 行到第 26 行，当人物拾取地雷时（代码第 19 行），第 20 行播放拾取地雷的声音，第 23 行设置地雷数量，第 25 行销毁整个空降地雷。

对于 JavaScript 开发者来说，在 pickupController.js 中修改相关代码，见代码 7-42。

代码 7-42　pickupController 的 JavaScript 代码

```
1: private var anim:Animator;
2: private var landed:boolean = false;
3: private var parentGameObject:GameObject;
4: var pickupClip:AuidoClip;
5: function Awake()
6: {
```

```
 7:   anim = transform.root.GetComponent(Animator);
 8:   parentGameObject=transform.root.gameObject;
 9:  }
10:
11: function OnTriggerEnter2D (other:Collider2D)
12:  {
13:   if(other.tag == "Player")
14:   {
15:     AudioSource.PlayClipAtPoint(pickupClip, transform.position);
16:
17:     other.GetComponent<LayBombs>().bombCount++;
18:
19:     Destroy(transform.root.gameObject);
20:    }
21:   else if(other.tag == "ground" && !landed)
22:   {
23:     anim.SetTrigger("Land");
24:
25:     WaitSeconds()
26:     landed = true;
27:   }
28:
29:  }
30:
31: function WaitSeconds()
32:  {
33:   yield new WaitForSeconds(1.0f);
34:
35:   transform.parent = null;
36:   Destroy(parentGameObject);
37:   gameObject.AddComponent(Rigidbody2D);
38:
39:  }
```

在上述 JavaScript 代码中，与代码 7-36 相比较，添加了代码第 4 行，用于关联拾取地雷的声音文件；添加了代码第 13 行到第 20 行，当人物拾取地雷时（代码第 13 行），第 15 行播放拾取地雷的声音，第 17 行设置地雷数量，第 19 行销毁整个空降地雷。

选择“Audio”→“FX”目录下的 bombCollect 声音文件，拖放到 pickupClip 变量之中，然后运行游戏，此时可以看到：人物可以正常拾取地雷了。

最后在层次 Hierarchy 窗格中，选择 bombCrate 对象，直接拖放到项目窗口的 Prefabs 目录之中，创建一个 bombCrate 预制件；删除层次 Hierarchy 窗格中的 bombCrate 对象。

7.5.2 空降医药构建

在塔桥防御游戏项目中，玩家可以拾取空降医药包，为人物添加生命值。

1. 实现空降医药包

在项目窗口的 Prefabs 目录之中，选择 bombCrate 预制件，拖放到层次 Hierarchy 窗格中，修改名称为healthCrate，设置Position参数为：X=0，Y=8，Z=0；修改子对象crate的名称为health，设置health对象的Tag标签为heath。

此时运行游戏，可以看到：当空降医药包左右摇晃降落到地面之时，播放收起降落伞的动画，最后医药包放置在地面。

2. 玩家拾取空降医药包

在设置了空降医药包的动画之后，还需要修改PickupController代码，实现玩家拾取空降医药包。

对于C#开发者来说，在PickupController.cs中修改相关代码，见代码7-43。

代码 7-43 PickupController 的 C#代码

```
 1: using UnityEngine;
 2: using System.Collections;
 3:
 4: public class PickupController : MonoBehaviour
 5: {
 6:
 7:   private Animator anim;
 8:   private bool landed = false;
 9:   private GameObject parentGameObject;
10:
11:   public AudioClip pickupClip;
12:   public float healthBonus=25;
13: //private PickupSpawner pickupSpawner;
14: void Awake()
15:   {
16:   anim = transform.root.GetComponent<Animator>();
17:   parentGameObject=transform.root.gameObject;
18:  // pickupSpawner = GameObject.Find("pickupManager").
           GetComponent<PickupSpawner>();
19: }
20: void OnTriggerEnter2D (Collider2D other)
21:  {
22:   if(other.tag == "Player")
23:     {
24:
25:       if(transform.tag=="health")
26:     {
27:       PlayerHealth playerHealth = other.GetComponent<PlayerHealth>();
28:
29:       playerHealth.health += healthBonus;
30:       playerHealth.health = Mathf.Clamp(playerHealth.health, 0f, 100f);
31:       playerHealth.UpdateHealthBar();
32:
33:     }
34:     else
35:       other.GetComponent<LayBombs>().bombCount++;
```

```
36:
37:      //pickupSpawner.StartCoroutine(pickupSpawner.DeliverPickup());
38:
39:    AudioSource.PlayClipAtPoint(pickupClip, transform.position);
40:      Destroy(transform.root.gameObject);
41:    }
42:  else if(other.tag == "ground" && !landed)
43:  {
44:    anim.SetTrigger("Land");
45:
46:    StartCoroutine(WaitSeconds());
47:
48:    landed = true;
49:  }
50:
51: }
52:
53: IEnumerator WaitSeconds()
54: {
55:  yield return new WaitForSeconds(1.0f);
56:  transform.parent = null;
57:
58:  Destroy(parentGameObject);
59:  gameObject.AddComponent<Rigidbody2D>();
60:
61: }
62:
63:}
```

在上述C#代码中，与代码7-41相比较，添加了代码第12行，以便为玩家添加生命值；添加了代码第25行到33行，使得该代码也可以用在空降医药包中，更新玩家的生命值。

这里需要说明的是，这里注释掉了代码第13行、18行和37行，在后续代码修改中，直接修改该语句即可，不再重复说明整个代码。

对于JavaScript 开发者来说，在pickupController.js中修改相关代码，见代码7-44。

代码7-44　pickupController 的 JavaScript 代码

```
 1: private var anim:Animator;
 2: private var landed:boolean = false;
 3: private var parentGameObject:GameObject;
 4:
 5:  var pickupClip:AudioClip;
 6:  var healthBonus:float=25;
 7:  //private var pickupSpawner:pickupSpawner;
 8:  function Awake()
 9:  {
10:   anim = transform.root.GetComponent(Animator);
11:   parentGameObject=transform.root.gameObject;
12:  // pickupSpawner = GameObject.Find("pickupManager").
          GetComponent(pickupSpawner);
```

```
13: }
14: function OnTriggerEnter2D(other:Collider2D)
15: {
16:
17:   if(other.tag == "Player")
18:   {
19:
20:    if(transform.tag=="health")
21:    {
22:      var playerHealth:playerHealth = other.GetComponent(playerHealth);
23:
24:      playerHealth.health += healthBonus;
25:      playerHealth.health = Mathf.Clamp(playerHealth.health, 0f, 100f);
26:      playerHealth.UpdateHealthBar();
27:
28:    }
29:    else
30:      other.GetComponent(layBombs).bombCount++;
31:
32:      // pickupSpawner.StartCoroutine(pickupSpawner.DeliverPickup());
33:
34:    AudioSource.PlayClipAtPoint(pickupClip, transform.position);
35:
36:    Destroy(transform.root.gameObject);
37:   }
38:   else if(other.tag == "ground" && !landed)
39:   {
40:    anim.SetTrigger("Land");
41:
42:    WaitSeconds();
43:    landed = true;
44:
45:   }
46:
47: }
48:
49: function WaitSeconds()
50: {
51:  yield new WaitForSeconds(1.0f);
52:  transform.parent = null;
53:  Destroy(parentGameObject);
54:  gameObject.AddComponent(Rigidbody2D);
55:
56: }
```

在上述 JavaScript 代码中，与代码 7-43 相比较，添加了代码第 6 行，以便为玩家添加生命值；添加了代码第 20 行到 28 行，使得该代码也可以用在空降医药包中，更新玩家的生命值。

这里需要说明的是，这里注释掉了代码第 7 行、12 行和 32 行，在后续代码修改中，直接修改该语句即可，不再重复说明整个代码。

选择“Audio”→“FX”目录下的 healthPickup 声音文件，拖放到 pickupClip 变量之中，然后运行游戏，可以看到：玩家人物可以拾取空降医药包，并为人物添加生命值。

最后在层次 Hierarchy 窗格中，选择 healthCrate 对象，直接拖放到项目窗口的 Prefabs 目录之中，创建一个 healthCrate 预制件；删除层次 Hierarchy 窗格中的 healthCrate 对象。

7.5.3 创建空降地雷、空降医药包

在设置了上述的空降地雷 bombCrate 和空降医药包 healthCrate 之后，还需要书写代码，实现空降地雷和空降医药包的随机创建。

对于 C#开发者来说，在项目 Project 窗格中，选择 Scripts 文件夹，在右键出现的快捷菜单中选择“Create”→“C# Script”命令，创建一个 C#文件，修改该文件的名称为 PickupSpawner.cs，在 PickupSpawner.cs 中书写相关代码，见代码 7-45。

代码 7-45 PickupSpawner 的 C#代码

```
 1: using UnityEngine;
 2: using System.Collections;
 3:
 4: public class PickupSpawner : MonoBehaviour
 5: {
 6:
 7:  public GameObject[] pickups;
 8:  public float pickupDeliveryTime=2f;
 9:  public float dropRangeLeft;
10:  public float dropRangeRight;
11:  public float highHealthThreshold=75f;
12:  public float lowHealthThreshold=25f;
13:
14:  private PlayerHealth playerHealth;
15:
16: void Awake()
17:  {
18:    playerHealth = GameObject.FindGameObjectWithTag("Player").
          GetComponent<PlayerHealth>();
19:
20:  }
21:
22: void Start()
23:  {
24:  StartCoroutine(DeliverPickup());
25:
26:  }
27:
28:
29:  public IEnumerator DeliverPickup()
```

```
30:  {
31:   yield return new WaitForSeconds(pickupDeliveryTime);
32:
33:   float dropPosX = Random.Range(dropRangeLeft, dropRangeRight);
34:
35:   Vector3 dropPos = new Vector3(dropPosX, 15f, 1f);
36:
37:   if(playerHealth.health >= highHealthThreshold)
38:     Instantiate(pickups[0], dropPos, Quaternion.identity);
39:
40:   else if(playerHealth.health <= lowHealthThreshold)
41:     Instantiate(pickups[1], dropPos, Quaternion.identity);
42:
43:   else
44:   {
45:    int pickupIndex = Random.Range(0, pickups.Length);
46:      Instantiate(pickups[pickupIndex], dropPos, Quaternion.identity);
47:
48:   }
49:
50:  }
51:
52:}
```

在上述 C#代码中，实现的主要功能是：根据规则自动生成空降地雷或者空降医药包。

在代码第 29 行到第 50 行的 DeliverPickup()方法中，第 31 行实现延时 2 秒钟；当人物的健康生命值大于 75%（代码第 37 行），则实例化空降地雷（代码第 38 行）；当人物的健康生命值或者小于 25%时（代码第 40 行），则实例化空降医药包（代码第 41 行）；其他情况则随机实例化空降地雷或者空降医药包（代码第 46 行）。

对于 JavaScript 开发者来说，在项目 Project 窗格中，选择 Scripts 文件夹，在右键出现的快捷菜单中选择“Create”→“Javascript”命令，创建一个 JavaScript 文件，修改该文件的名称为 pickupSpawner.js，在 pickupSpawner.js 中书写相关代码，见代码 7-46。

代码 7-46　pickupSpawner 的 JavaScript 代码

```
 1: var pickups:GameObject[];
 2: var pickupDeliveryTime:float = 2f;
 3: var dropRangeLeft:float;
 4: var dropRangeRight:float;
 5: var highHealthThreshold:float=75f;
 6: var lowHealthThreshold:float=25f;
 7:
 8: private var playerHealth:playerHealth;
 9:
10: function Awake()
11:  {
12:   playerHealth = GameObject.FindGameObjectWithTag("Player").
          GetComponent("playerHealth");
```

```
13:
14: }
15:
16: function Start()
17: {
18:  StartCoroutine(DeliverPickup());
19: }
20:
21: function DeliverPickup()
22: {
23:  yield new WaitForSeconds(pickupDeliveryTime);
24:
25:  var dropPosX:float=Random.Range(dropRangeLeft, dropRangeRight);
26:  var dropPos:Vector3=new Vector3(dropPosX, 15f, 1f);
27:
28:  if(playerHealth.health>=highHealthThreshold)
29:    Instantiate(pickups[0], dropPos, Quaternion.identity);
30:
31:  else if(playerHealth.health<=lowHealthThreshold)
32:    Instantiate(pickups[1], dropPos, Quaternion.identity);
33:
34:  else
35:  {
36:    var pickupIndex:int = Random.Range(0, pickups.Length);
37:     Instantiate(pickups[pickupIndex], dropPos, Quaternion.identity);
38:  }
39:
40: }
```

在上述 JavaScript 代码中，实现的主要功能是：根据规则自动生成空降地雷或者空降医药包。

在代码第 21 行到第 40 行的 DeliverPickup()方法中，第 23 行实现延时 2 秒钟；当人物的健康生命值大于 75%（代码第 28 行），则实例化空降地雷（代码第 29 行）；当人物的健康生命值或者小于 25%时（代码第 31 行），则实例化空降医药包（代码第 32 行）；其他情况则随机实例化空降地雷或者空降医药包（代码第 37 行）。

单击菜单“GameObject”→“Create Empty”，创建一个空白对象，将该对象的名称修改为 pickupManager，设置 pickupManager 对象的 Position 参数为：X=0，Y=5，Z=0。

选择 PickupSpawner 代码文件或者 pickupSpawner 代码文件，拖放到层次 Hierarchy 窗格中的 pickupManager 对象之上；选择 Prefabs 目录下的 bombCrate、healthCrate 预制件，拖放到 pickups 数组变量之中，设置其他变量，如图 7-163 所示。

在前面的代码 7-43 中，恢复注释掉的语句第 13 行、18 行和 37 行；或者在前面的代码 7-44 中，恢复注释掉的语句第 7 行、12 行和 32 行。

运行游戏，可以看到：根据需要，此时自动创建空降地雷或者空降医药包，人物可以拾取它们。

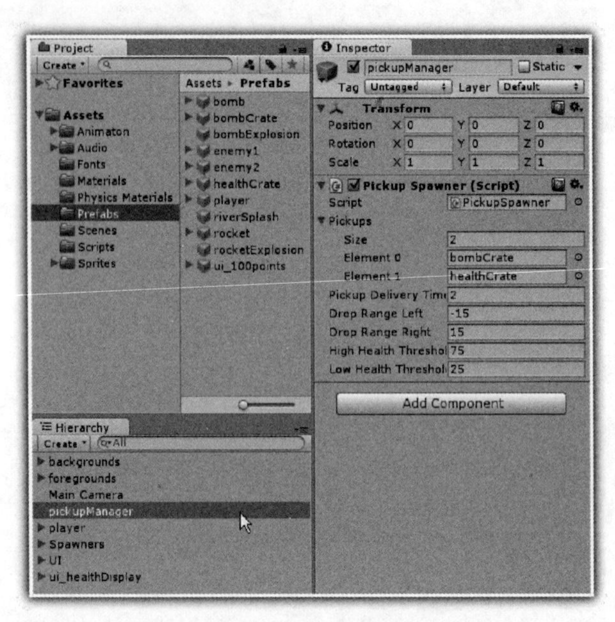

图 7-163　设置 pickupSpawner 代码

7.5.4　公共汽车等对象构建

在塔桥防御游戏项目中，在背景界面设计了公共汽车、出租车和白天鹅三种游戏对象，这些对象随机被创建，在背景中左、右移动。

1. 显示公共汽车、出租册、白天鹅

首先显示公共汽车。

在项目 Project 窗格中，选择“Sprites”→“_Props”目录下的 Bus 图片，直接拖放到层次 Hierarchy 窗格中，修改名称为 Bus，设置 Position 参数为：X=-5，Y=0，Z=0；Sorting Layer 设置为 background；Order in Layer 设置为数字 9。

选择“Sprites”→“_Props”目录下的 Wheels 图片，直接拖放到层次 Hierarchy 窗格中的 Bus 对象之中，修改名称为 Wheels，设置 Position 参数为：X=0，Y=-1.65，Z=0；Sorting Layer 设置为 background；Order in Layer 设置为数字 10。

在层次 Hierarchy 窗格中，选择 Bus 对象，然后单击菜单“Component”→“Physics 2D”→“Rigidbody 2D”命令，为人物 Bus 对象添加一个刚体。设置 Gravity Scale 的数值为 0，表示不使用重力属性。

然后显示出租车。

在项目 Project 窗格中，选择“Sprites”→“_Props”目录下的 Cab 图片，直接拖放到层次 Hierarchy 窗格中，修改名称为 Cab，设置 Position 参数为：X=0，Y=0，Z=0；Sorting Layer 设置为 background；Order in Layer 设置为数字 9。

选择“Sprites”→“_Props”目录下的 Wheels 图片，直接拖放到层次 Hierarchy 窗格中的 Bus 对象之中，修改名称为 Wheels，设置 Position 参数为：X=0，Y=-0.73，Z=0；Sorting Layer

设置为 background；Order in Layer 设置为数字 10。

在层次 Hierarchy 窗格中，选择 Cab 对象，然后单击菜单“Component”→“Physics 2D”→“Rigidbody 2D”命令，为人物 Cab 对象添加一个刚体。设置 Gravity Scale 的数值为 0，表示不使用重力属性。

最后显示白天鹅。

在项目 Project 窗格中，选择“Sprites”→“_Props”目录下的 Swan_Sheet 1_0 图片，直接拖放到层次 Hierarchy 窗格中，修改名称为 Swan，设置 Position 参数为：X=5，Y=0，Z=0；Sorting Layer 设置为 background；Order in Layer 设置为数字 9。

在层次 Hierarchy 窗格中，选择 Cab 对象，然后单击菜单“Component”→“Physics 2D”→“Rigidbody 2D”命令，为人物 Cab 对象添加一个刚体。设置 Gravity Scale 的数值为 0，表示不使用重力属性。

完成上述三种显示对象之后的界面，如图 7-164 所示。

图 7-164　设置三种显示对象

2. 公共汽车、出租册、白天鹅动画

首先实现公共汽车的动画。

在层次 Hierarchy 窗格中，选择 Bus 对象，然后单击菜单“Window”→“Animation”，在打开的动画编辑器界面中，单击“录制”按钮，此时会打开一个设置动画片段文件对话框，选择文件路径为“Animation”→“Clip”，输入动画片段的名称为 Bus，单击“保存”按钮；然后会打开另外一个设置动画控制器文件对话框，选择文件路径为“Animation”→“Controller”，输入动画控制器的名称为 Bus，最后单击“保存”按钮即可。

单击“Add Curve”按钮，在出现的快捷菜单中，首先选择“Transform”→“Rotation”旁边的“+”按钮，添加“Bus/Rotation”对象；然后选择“Wheels”→“Transform”→“Position”旁边的“+”按钮，添加“Wheels/Position”对象；最后的动画编辑器界面，如图 7-165 所示。

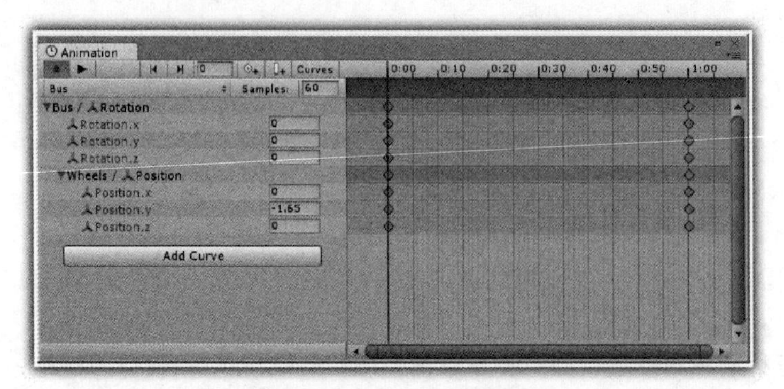

图 7-165　添加动画对象

在图 7-165 中，首先设置 Samples 参数为 60；选择在开始处的关键帧 0:00 位置，设置 Wheels 对象的 Position 参数：Y=-1.65；然后移动关键帧到 0:30 位置，设置如图 7-166 所示的参数。

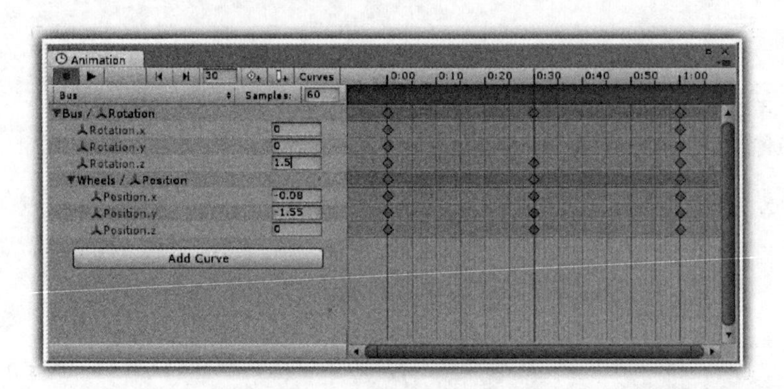

图 7-166　设置动画关键帧

在图 7-166 中，设置如图所示的参数，然后移动关键帧到 1:00 位置，设置相关参数与初始位置相同。

最后在层次 Hierarchy 窗格中，选择 Bus 对象，直接拖放到项目窗口的 Prefabs 目录之中，创建一个 Bus 预制件；删除层次 Hierarchy 窗格中的 Bus 对象。

然后实现出租车的动画。

在层次 Hierarchy 窗格中，选择 Bus 对象，然后单击菜单“Window”→“Animation”，在打开的动画编辑器界面中，单击“录制”按钮，此时会打开一个设置动画片段文件对话框，选择文件路径为“Animation”→“Clip”，输入动画片段的名称为 CabDrive，单击“保存”按钮；然后会打开另外一个设置动画控制器文件对话框，选择文件路径为“Animation”→“Controller”，输入动画控制器的名称为 Cab，最后单击“保存”按钮即可。

单击“Add Curve”按钮，在出现的快捷菜单中，首先选择“Transform”→“Rotation”旁边的“+”按钮，添加“Cab/Rotation”对象；然后选择“Wheels”→“Transform”→“Position”旁边的“+”按钮，添加“Wheels/Position”对象；最后的动画编辑器界面，如图 7-167 所示。

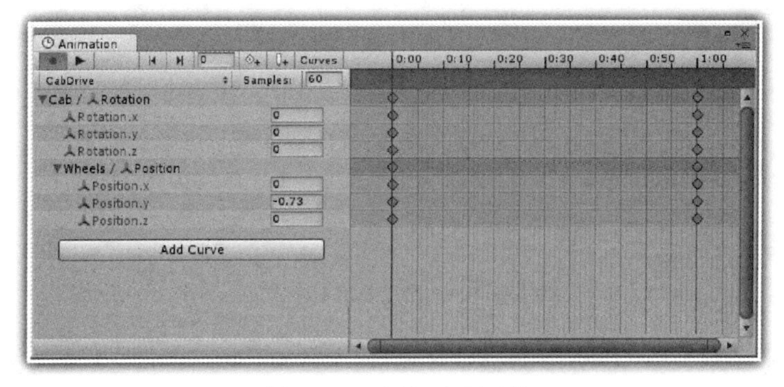

图 7-167　添加动画对象

在图 7-167 中，首先设置 Samples 参数为 60；选择在开始处的关键帧 0:00 位置，设置 Wheels 对象的 Position 参数：Y=-0.73；然后移动关键帧到 0:30 位置，设置如图 7-168 所示的参数。

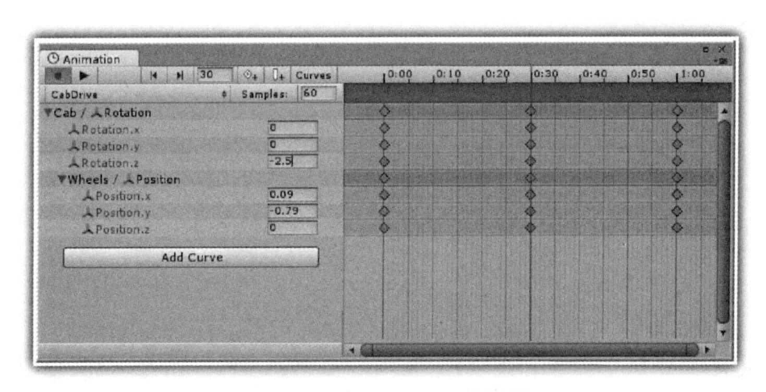

图 7-168　设置动画关键帧

在图 7-168 中，设置如图所示的参数，然后移动关键帧到 1:00 位置，设置相关参数与初始位置相同。

最后在层次 Hierarchy 窗格中，选择 Cab 对象，直接拖放到项目窗口的 Prefabs 目录之中，创建一个 Cab 预制件；删除层次 Hierarchy 窗格中的 Cab 对象。

下面介绍如何实现白天鹅的动画。

在层次 Hierarchy 窗格中，选择 Swan 对象，然后单击菜单“Window”→“Animation”，在打开的动画编辑器界面中，单击“录制”按钮，此时会打开一个设置动画片段文件对话框，选择文件路径为“Animation”→“Clip”，输入动画片段的名称为 Swan，单击“保存”按钮；然后会打开另外一个设置动画控制器文件对话框，选择文件路径为“Animation”→“Controller”，输入动画控制器的名称为 Swan，最后单击“保存”按钮即可。

单击“Add Curve”按钮，在出现的快捷菜单中，首先选择“SpritcRenderer”→“Sprite”旁边的“+”按钮，添加“Swan/Sprite”对象；此时的动画编辑器界面如图 7-169 所示。

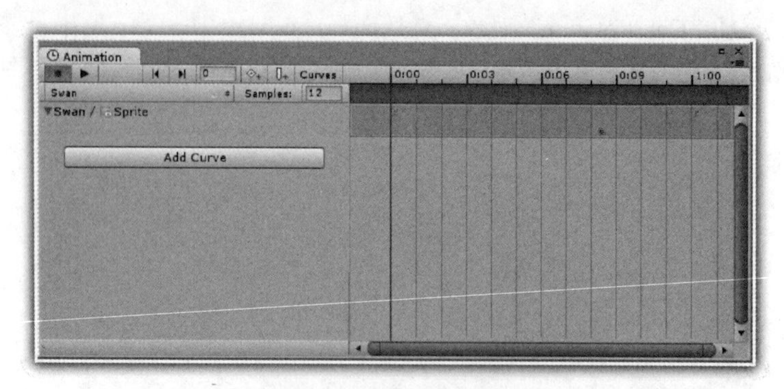

图 7-169　添加动画对象

在图 7-169 中，设置 Samples 参数为 12；单击“Swan/Sprite”的左边展开按钮，在动画编辑器中显示图标；移动关键帧到第 1 帧的位置，选择“Sprites”→“_Props”目录下 Swan_Sheet 1_1 图片，拖放到动画编辑器的关键帧中；移动关键帧到第 2 帧的位置，选择“Sprites”→“_Props”目录下 Swan_Sheet 1_2 图片，拖放到动画编辑器的关键帧中；以此类推，移动关键帧到第 7 帧的位置，选择“Sprites”→“_Props”目录下 Swan_Sheet 1_7 图片，拖放到动画编辑器中的关键帧，如图 7-170 所示。

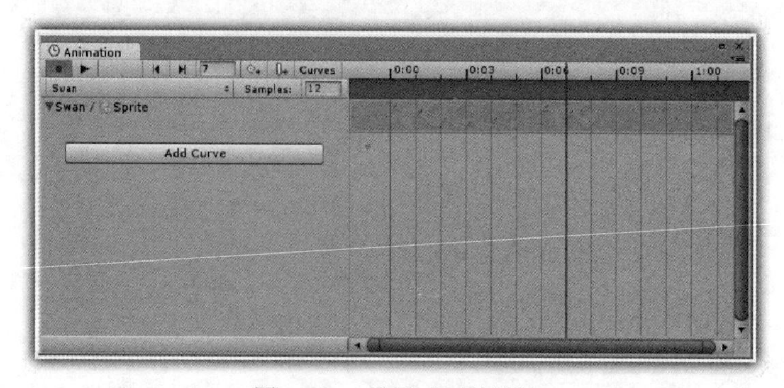

图 7-170　设置动画关键帧

最后在层次 Hierarchy 窗格中，选择 Swan 对象，直接拖放到项目窗口的 Prefabs 目录之中，创建一个 Swan 预制件；删除层次 Hierarchy 窗格中的 Swan 对象。

3. 创建公共汽车、出租车、白天鹅

单击菜单“GameObject”→“Create Empty”，创建一个空白对象，将该对象的名称修改为 backgroundAnimation，设置 backgroundAnimation 对象的 Position 参数为：X=0，Y=0，Z=0。

再次单击菜单“GameObject”→“Create Empty”，首先创建一个空白对象，将该对象的名称修改为 busCreator，将该对象 busCreator 拖放到层次 Hierarchy 窗格中的 backgroundAnimation 对象之中，然后设置 busCreator 对象的 Position 参数为：X=0，Y=0，Z=0。

对于 C#开发者来说，在项目 Project 窗格中，选择 Scripts 文件夹，在右键出现的快捷菜单中选择“Create”→“C# Script”命令，创建一个 C#文件，修改该文件的名称为 Background-PropSpawner.cs，在 BackgroundPropSpawner.cs 中书写相关代码，见代码 7-47。

代码 7-47　BackgroundPropSpawner 的 C#代码

```
 1: using UnityEngine;
 2: using System.Collections;
 3:
 4: public class BackgroundPropSpawner : MonoBehaviour
 5: {
 6:
 7:   public Rigidbody2D backgroundProp;
 8:   public float leftSpawnPosX;
 9:   public float rightSpawnPosX;
10:   public float minSpawnPosY;
11:   public float maxSpawnPosY;
12:   public float minTimeBetweenSpawns;
13:   public float maxTimeBetweenSpawns;
14:   public float minSpeed;
15:   public float maxSpeed;
16:
17:  void Start()
18:  {
19:    Random.seed = System.DateTime.Today.Millisecond;
20:    StartCoroutine("Spawn");
21:  }
22:
23:  IEnumerator Spawn()
24:   {
25:    float waitTime = Random.Range(minTimeBetweenSpawns, maxTimeBetweenSpawns);
26:
27:    yield return new WaitForSeconds(waitTime);
28:
29:    bool facingLeft = Random.Range(0,2) == 0;
30:    float posX = facingLeft ? rightSpawnPosX : leftSpawnPosX;
31:    float posY = Random.Range(minSpawnPosY, maxSpawnPosY);
32:    Vector3 spawnPos = new Vector3(posX, posY, transform.position.z);
33:
34:    Rigidbody2D propInstance = Instantiate(backgroundProp, spawnPos,
           Quaternion.identity) as Rigidbody2D;
35:
36:    if(!facingLeft)
37:    {
38:      Vector3 scale = propInstance.transform.localScale;
39:      scale.x *= -1;
40:      propInstance.transform.localScale = scale;
41:    }
42:
43:    float speed = Random.Range(minSpeed, maxSpeed);
44:    speed *= facingLeft ? -1f : 1f;
45:    propInstance.velocity = new Vector2(speed, 0);
```

```
46:
47:   StartCoroutine(Spawn());
48:
49:   while(propInstance!= null)
50:   {
51:     if(facingLeft)
52:     {
53:       if(propInstance.transform.position.x < leftSpawnPosX - 0.5f)
54:         Destroy(propInstance.gameObject);
55:
56:     }
57:      else
58:     {
59:       if(propInstance.transform.position.x > rightSpawnPosX + 0.5f)
60:         Destroy(propInstance.gameObject);
61:
62:     }
63:
64:     yield return null;
65:   }
66:
67:  }
68:
69:}
```

在上述 C#代码中，实现的主要功能是：随机生成公共汽车或者出租车、白天鹅。

代码第 34 行是生成公共汽车或者出租车、白天鹅的关键代码；代码第 36 行到第 41 行实现对象移动的方向转换；代码第 49 行到第 65 行，则实现对象的自动销毁。

对于 JavaScript 开发者来说，在项目 Project 窗格中，首先选择 Scripts 文件夹，在右键出现的快捷菜单中选择“Create”→“Javascript”命令，创建一个 JavaScript 文件，修改该文件的名称为 backgroundPropSpawner.js，在 backgroundPropSpawner.js 中书写相关代码，见代码 7-48。

代码 7-48　backgroundPropSpawner 的 JavaScript 代码

```
 1: var backgroundProp:Rigidbody2D;
 2: var leftSpawnPosX:float;
 3: var rightSpawnPosX:float;
 4: var minSpawnPosY:float;
 5: var maxSpawnPosY:float;
 6: var minTimeBetweenSpawns:float;
 7: var maxTimeBetweenSpawns:float;
 8: var minSpeed:float;
 9: var maxSpeed:float;
10:
11: function Start()
12: {
13:   Random.seed = System.DateTime.Today.Millisecond;
14:   Spawn();
15: }
```

```
16:
17: function Spawn()
18: {
19:   var waitTime:float = Random.Range(minTimeBetweenSpawns, maxTimeBetweenSpawns);
20:
21:   yield new WaitForSeconds(waitTime);
22:
23:   var facingLeft:boolean = Random.Range(0,2) == 0;
24:   var posX:float = facingLeft ? rightSpawnPosX : leftSpawnPosX;
25:   var posY:float = Random.Range(minSpawnPosY, maxSpawnPosY);
26:   var spawnPos:Vector3 = new Vector3(posX, posY, transform.position.z);
27:   var propInstance:Rigidbody2D = Instantiate(backgroundProp, spawnPos,
          Quaternion.identity) as Rigidbody2D;
28:
29:   if(!facingLeft)
30:   {
31:     var scale:Vector3 = propInstance.transform.localScale;
32:     scale.x *= -1;
33:     propInstance.transform.localScale = scale;
34:   }
35:
36:   var speed:float = Random.Range(minSpeed, maxSpeed);
37:   speed *= facingLeft ? -1f : 1f;
38:   propInstance.velocity = new Vector2(speed, 0);
39:
40:   StartCoroutine("Spawn");
41:
42:   while(propInstance!= null)
43:   {
44:     if(facingLeft)
45:     {
46:       if(propInstance.transform.position.x < leftSpawnPosX - 0.5f)
47:         Destroy(propInstance.gameObject);
48:
49:     }
50:     else
51:     {
52:       if(propInstance.transform.position.x > rightSpawnPosX + 0.5f)
53:         Destroy(propInstance.gameObject);
54:
55:     }
56:
57:     yield null;
58:
59:   }
60:
61: }
```

在上述 JavaScript 代码中，实现的主要功能是：随机生成公共汽车或者出租车、白天鹅。

代码第 27 行是生成公共汽车或者出租车、白天鹅的关键代码；代码第 29 行到第 34 行实现对象移动的方向转换；代码第 42 行到第 59 行，则实现对象的自动销毁。

选择 BackgroundPropSpawner 代码文件或者 backgroundPropSpawner 代码文件，拖放到层次 Hierarchy 窗格的 backgroundAnimation 对象之中；选择 Prefabs 目录下的 Bus 预制件，拖放到 backgroundProp 变量之中，设置其他变量，如图 7-171 所示。

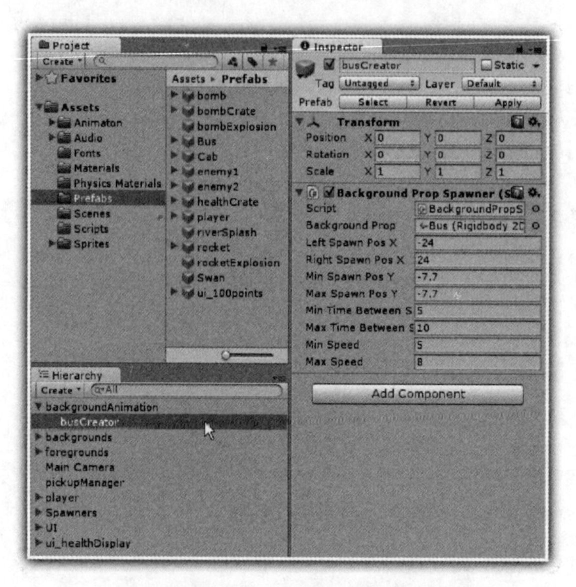

图 7-171　设置公共汽车

在图 7-171 中，变量 minSpawnPosY 和变量 maxSpawnPosY 均设置为-7.7，即公共汽车的 Y 取值就是-7.7，表示在背景的道路处创建公共汽车。

运行游戏，可以看到：公共汽车在背景的道路处随机创建，左、右正常移动，如图 7-172 所示。

图 7-172　公共汽车

在图 7-171 所示的层次 Hierarchy 窗格中，选择 busCreator 对象，按下 Ctrl+D 两次，复制两个 busCreator 对象，分别修改这两个 busCreator 对象的名称为 cabCreator 和 swanCreator；选择 Prefabs 目录下的 Cab 预制件拖放到 backgroundProp 变量之中，设置其他变量如图 7-173 所示。

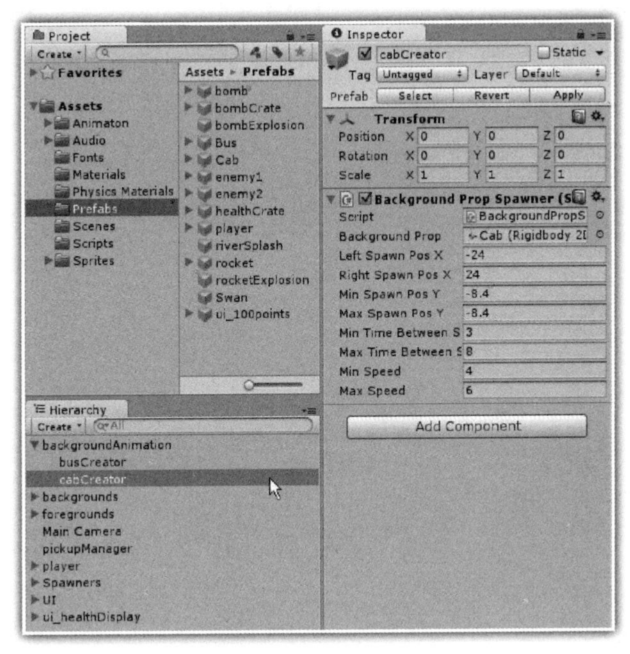

图 7-173　设置出租车

运行游戏，可以看到：出租车在背景的道路处随机创建，左、右正常移动，如图 7-174 所示。

图 7-174　出租车

选择 Prefabs 目录下的 Swan 预制件，拖放到 backgroundProp 变量之中，设置其他变量，如图 7-175 所示。

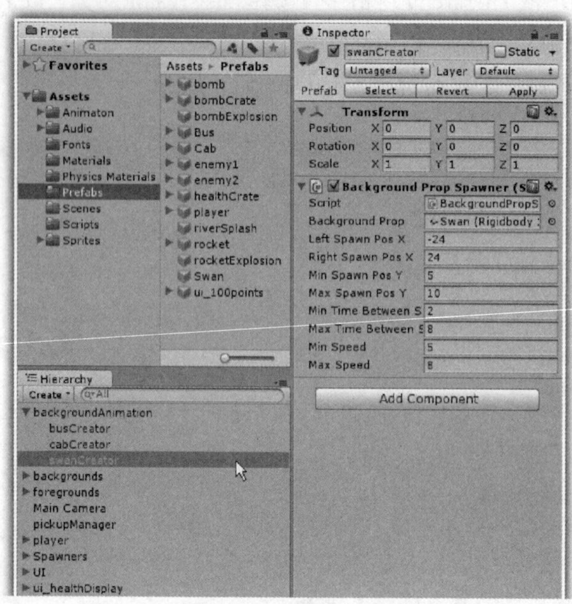

图 7-175　设置白天鹅

运行游戏，可以看到：白天鹅在天空背景中随机创建，左、右正常移动、飞行，如图 7-176 所示

图 7-176　白天鹅

最后，在项目 Project 窗格中，选择“Audio”→“Music”目录下的 MainTheme 声音文件，拖放到层次 Hierarchy 窗格的 Main Camera 对象之中，使得运行游戏的时候播放背景音乐。